U0187015

液化天然气技术手册

第2版

主　编　顾安忠
副主编　白改玲
参　编　林文胜　巨永林
郭宗华　郭撰常　等
主　审　顾建明

机械工业出版社

本手册主要阐述了液化天然气的基本理论、新技术和工程应用实践，全面反映了国内外液化天然气的最新应用和技术进展，内容全面、新颖，讨论深入浅出，是一本实用性很强的工具书。本手册主要包括液化天然气技术理论基础、天然气的液化、液化天然气接收站、浮式液化天然气装置、液化天然气站场工程设计、液化天然气贮存和运输、液化天然气设备的主要工艺和材料、液化天然气冷能利用、液化天然气装置的主要设备、液化天然气相关的安全技术、液化天然气应用装置共11章。

本手册可供能源领域，尤其是液化天然气专业的工程技术人员阅读使用，也可供大专院校相关专业的师生教学参考。

图书在版编目（CIP）数据

液化天然气技术手册/顾安忠主编. —2版. —北京：机械工业出版社，2024. 1

ISBN 978-7-111-74511-2

Ⅰ. ①液… Ⅱ. ①顾… Ⅲ. ①液化天然气－技术手册 Ⅳ. ①TE626. 7-62

中国国家版本馆CIP数据核字（2024）第043668号

机械工业出版社（北京市百万庄大街22号 邮政编码100037）
策划编辑：沈 红 责任编辑：沈 红 王永新
责任校对：樊钟英 王 延 封面设计：陈 沛
责任印制：邓 博
北京盛通数码印刷有限公司印刷
2024年6月第2版第1次印刷
184mm×260mm · 46. 25印张 · 2插页 · 1583字
标准书号：ISBN 978-7-111-74511-2
定价：239. 00元

电话服务 网络服务
客服电话：010-88361066 机 工 官 网：www. cmpbook. com
010-88379833 机 工 官 博：weibo. com/cmp1952
010-68326294 金 书 网：www. golden-book. com
封底无防伪标均为盗版 机工教育服务网：www. cmpedu. com

编 委 会

第2版前言

天然气是一种优质洁净的低碳化石能源，在国民经济中具有很高的应用价值。当今在“双碳”目标背景下，在我国能源转型中天然气具有特殊的地位和意义。液化天然气是天然气开发利用的一项关键技术，近年来在能源消费结构中发展很快。液化天然气已形成了一个完整的产业链，它包含天然气液化工厂、液化天然气接收站、液化天然气储运设备等。从1995年发展至今，我国已成为一个天然气产业大国，产业链中的每个环节，其技术、工程和装备都有了长足进步。大量的相关设计、施工和研究工作，迫切需要相应的技术资料的支持。然而，相关的书籍非常缺乏。2010年机械工业出版社出版了《液化天然气技术手册》(以下简称第1版)，受到业界和社会上的广泛欢迎。第1版面市以来，液化天然气领域出现了很多的新技术和新装备，为满足社会对该领域研究、设计、运行和管理的需求，对第1版进行修订是适时和必要的。

本手册主编以上海交通大学LNG团队为核心，特邀请国内在液化天然气领域从事设计、施工、研究、开发和教学方面具有丰富经验的专家一起编写，希望本手册的出版发行，能让读者与时俱进，对液化天然气技术有更及时、更具体、更详尽的了解。这是一本具有很高实用价值的专业工具书。

本手册除了介绍液化天然气的理论基础，还涵盖了液化天然气产业链各个环节的工作原理、工程技术、运行管理和应用实例，并引入了工程实际技术数据、图表、技术标准和规范等。本手册主要包括液化天然气技术理论基础、天然气的液化、液化天然气接收站、浮式液化天然气装置、液化天然气站场工程设计、液化天然气贮存和运输、液化天然气设备的主要工艺和材料、液化天然气冷能利用、液化天然气装置的主要设备、液化天然气相关的安全技术、液化天然气应用装置共11章。

本手册由顾安忠（上海交通大学教授，博士生导师）任主编，白改玲（中国寰球工程有限公司教授级高工）任副主编，参编人员还有林文胜（上海交通大学副教授，博士生导师）、巨永林（上海交通大学教授，博士生导师）、郭宗华（陕西燃气设计院原院长，教授级高工）和郭揆常（上海石油天然气总公司原总工程师、教授级高工）等。还特邀宋炜（沪东中华造船集团主任工程师）、陈文锋（查特公司原总工程师）、鲁国文（上海能源建设工程设计研究有限公司副总工程师）等参与专题撰写。本手册一大亮点是在液化天然气领域占有重要位置的中国寰球工程有限公司和陕西燃气设计院，组织了一批具有丰富工程实践经验的工程技术人员参加本书的编写，提高了手册的权威性。他们有：安小霞、孙金英、宋媛玲、穆长春、贾保印、王红、李卓燕、林畅、李娜、范吉全、兰天、贾琦月、肖峰、邵晨、黄永刚、舒小芹、赵欣、张凯、程玉排、吴鹏程、胡海、刘广智等。顾建明（上海交通大学教授，博士生导师）担任全书主审。

在编写本手册过程中，还得到我国众多能源企业、低温企业的领导、专家和工程技术人员的关注和帮助。特别还得到成都深冷空分设备工程公司、东华科技工程公司、合肥通用机械研究院的大力支持和帮助，在此深表感谢。

本手册由众多著作者撰写，书中难免存在疏漏和不足之处，恳请读者批评指正。

编　者

第1版前言

天然气是一种优质洁净的化石能源，在国民经济中具有十分诱人的应用价值。液化天然气是天然气开发利用的一项关键技术，在国内外已形成一个产业，每年以平均8%的速度增长。近年来在中国能源消费结构中，增长很快。液化天然气是一个产业链，包括液化厂、接收终端、储运设备等。大量的相关设计、生产、施工、研究工作要做，迫切需要相应的著作和手册给予知识上的支持，然而目前相关的书籍非常缺乏。2004年由机械工业出版社出版的《液化天然气技术》一书，受到业界和社会上的广泛欢迎，已经四次印刷。为满足该领域研究、设计、运行、管理的需要，编写出版《液化天然气技术手册》是适时和必要的。

上海交通大学低温学科从20世纪70年代开始，就将液化天然气技术作为主要研究目标之一。三十多年来，持续不断地从基础研究到工程实践，从本科专业教学到高层次人才培养，做了大量工作，获得了宝贵的积累。在成功奉献了《液化天然气技术》一书的基础上，主编以上海交通大学LNG技术团队为核心，邀请了国内在液化天然气领域从事设计、施工、研究和教学多年，积累丰富经验的专家一起编写本手册。希望此书的出版发行，能让读者对液化天然气技术有更具体、更详尽的了解。这是一本具有实用价值的专业工具书。

本手册除有液化天然气的理论基础外，主要涵盖液化天然气产业链各个环节的工作原理、工程技术、运行管理和应用实例。作为手册，还引入工程实用技术数据、图表、技术标准和规范等。中心内容包括：液化天然气技术理论基础，天然气液化，液化天然气装置的相关设备，液化天然气接收终端，液化天然气的储存和运输，液化天然气设备的制造工艺和材料，液化天然气工厂和接收终端的设计基础，液化天然气应用技术，液化天然气冷能回收技术，以及液化天然气安全技术等。

参加本书编写工作的有顾安忠（上海交通大学教授、博士生导师），鲁雪生（上海交通大学研究员），巨永林（上海交通大学博士、教授、博士生导师），金国强（中石化上海工程公司教授级高级工程师、副总工程师），陈文煜（中海石油气电集团高级工程师），王经（上海交通大学教授、博士生导师），林文胜（上海交通大学博士、副教授）；还有杨晓东（美国康泰斯公司博士），张超（中原理工学院博士），陈煜（上海工程技术大学博士），李品友（上海海事大学副教授），郭怀东（河南中原绿能高科公司高级工程师），唐家雄（张家港圣达因低温设备公司高级工程师），郭揆常（上海石油天然气总公司教授级高级工程师），潘俊兴（青岛中油通用机械有限公司高级工程师），吕谦（中石化上海工程公司高级工程师）等。顾建明教授（上海交通大学博士生导师）为全书审校。本书由顾安忠教授为主编，并承担第2、5、6章的主笔；鲁雪生研究员为副主编，并承担第8、9章的撰写；巨永林教授承担第1章1.4节、第2章2.1节和第6章的撰写；金国强教授级高级工程师撰写第4章；陈文煜高级工程师撰写第3章和第2章的2.3节；王经教授撰写第1章1.1~1.3节；林文胜博士撰写第7章。

编写过程中，还得到能源领域许多企业、低温制造企业的领导、专家和工程技术人员的关心和支持，尤其是得到成都深冷空分设备工程公司、成都星星能源公司、康泰斯（中国）工程有限公司、河南中原绿能高科有限责任公司大力支持和帮助，在此深表感谢。

在本手册的编写中，各位作者查阅了大量文献论文、专著、工程设计文件，以及相关的标准、规范和产品样本等，主要参考文献列在各章末尾。在此对所有资料的原作者和提供者表示感谢。由于液化天然气产业是随着天然气的国际贸易发展起来的，至今已有近半个世纪了，本书采用了一些来自西方发达国家的资料，为了便于行业内国际交流，保留了一些英制线图和英文名称信息，望能给予谅解。

本手册由多位作者联合撰写，在内容深度和全书整体性等方面会存在不协调、不一致和交叉重复的地方，疏漏之处也在所难免，对此恳请读者不吝指正。

编　者

目 录

第1章　液化天然气技术理论基础

天然气是一种优质洁净燃料，在能源、交通等领域具有广泛用途和发展前景。天然气的液化和贮存是其开发利用的关键技术。进入21世纪以来，随着人类对能源需求日益强劲的增长，液化天然气技术已经形成一门高科技技术，并受到越来越多科学技术学科的重视。本章是向读者介绍液化天然气开发利用的基础知识，包括工程热力学、传热学、流体力学的基础知识及液化天然气的一般特性等内容。

工程热力学、传热学与流体力学是研究能量转换、物体内部及其运动过程，包括流体流动过程中的热量传递现象和规律的学科。当不同物体接触或物体发生运动时，只要有温差存在就会不可避免地出现热量的转移和交换。在机械工程、天然气技术领域，无论是贮存、运输，都会出现涉及安全、效率、能耗及设备性能的多种相关技术问题。

1.1　工程热力学基础

1.1.1　基本概念和定义

1. 热力学

热力学是研究能量（特别是热能）性质及其转换规律的科学。

自然界中可供大量产生动力的主要能源有风能、水能、太阳能、地热能、燃料化学能、原子能等。目前利用得最多的仍然是矿物燃料（石油、煤、天然气等）的化学能。各种能源除风能（空气的动能）和水能（水的位能）可以向人们直接提供机械能以外，其他各种能源往往只能直接或间接地（通过燃烧、核反应）提供热能。大量的要通过热机（如蒸汽轮机、内燃机、燃气轮机、喷气发动机等）使这些热能部分地转变为机械能，或进一步转变为电能，以满足人类生产和生活的需求。掌握热能性质及其转换规律具有重要实用价值和理论意义。

2. 热机和工质

热机是将热能转变为机械能的机械设备，载能物质便是工质。热机对外做功时，要求工质有良好的膨胀性和良好的流动性，才能实现持续不断地做功。由于气体同时具备良好的膨胀性和流动性，热机中的工质一般是气态物质。

3. 热力学与工程热力学

工程热力学根据热力学的两个基本定律，运用严密的逻辑推理，对物体的宏观性质和宏观现象进行分析研究，并利用所获的定律、结果和公式进行工程设计和计算。

热力学除了宏观研究理论外，还有微观理论研究，即根据物理学的微观理论——统计物理学，从物质的微观结构出发，依据微观粒子的力学规律，应用概率理论和统计平均的方法，研究大量微观粒子（它们构成宏观物体）的运动表现出来的宏观性质。

4. 工程热力学常用的计量单位

国际单位制是我国法定计量单位的基础，一切属于国际单位制的单位都是我国法定计量单位。工程热力学中各常用物理量牵涉到的基本单位有5个，即长度、质量、时间、热力学温度和物质的量。

表1-1和表1-2列出了工程热力学中常用的国家法定计量单位的基本单位和导出单位。

表1-1　国家法定计量单位的基本单位

物理量	单位名称	单位符号
长度	米	m
质量	千克（公斤）	kg
时间	秒	s
热力学温度	开［尔文］	K
物质的量	摩［尔］	mol

表1-2　国家法定计量单位的导出单位（部分）

物理量	单位名称	单位符号
力	牛［顿］	N
功、热量、能［量］	焦［耳］	J
压力	帕［斯卡］	Pa
功率	瓦［特］	W
比热力学能、比焓	焦［耳］每千克	J/kg
比热容、比熵	焦［耳］每千克开［尔文］	J/(kg·K)

5. 热力系

热力系就是具体指定的热力学研究对象。与热力系有相互作用的周围物体通称为外界。为了避免把热力系和外界混淆起来，设想有界面将它们分开。

在做热力学分析时，既要考虑热力学内部的变化，也要考虑热力系通过界面和外界发生的能量交换和物质交换，而外界的变化，一般不予考虑。

根据热力系内部情况的不同，热力系可以分为：①单元系——由单一的化学成分组成；②多元系——由多种化学成分组成；③单相系——由单一的相（如气相或液相）组成；④复相系——由多种相（如气-液两相或气-液-固三相等）组成；⑤均匀系——各部分性质均匀一致；⑥非均匀系——各部分性质不均匀。

根据热力系和外界相互作用情况的不同，热力系又可以分为：①闭口系——和外界无物质交换；②开口系——和外界有物质交换；③绝热系——和外界无热量交换；④孤立系——和外界无任何相互作用。

6. 状态和状态参数

状态是热力系在指定瞬间所呈现的全部宏观性质的总称。从各个不同方面描写这种宏观状态的物理量便是各个状态参数。

在工程热力学中常用的状态参数有6个，即压力㊀、比体积、温度、热力学能、焓和熵。其中压力、比体积和温度可以直接测量比较直观，称为基本状态参数。

（1）压力　指单位面积上承受的垂直作用力：

$$p=\frac{F}{A} \tag{1-1}$$

式中，p是压力（Pa）；F是垂直作用力（N）；A是面积（m^2）。

气体的压力是组成气体的大量分子在紊乱的热运动中对容积壁频繁碰撞的结果。

1）绝对压力：式（1-1）所定义的压力是气体的真正压力，称为绝对压力。

2）表压力：由测量压力的仪表在大气环境中所得到的读数。读数为正（负）称为表压力（真空度）。

法定单位制中，压力的单位是Pa（帕）。表1-3列出常见非法定压力单位的换算关系。

表1-3　常见非法定压力单位的换算关系

单位名称	单位符号	换算关系
标准大气压	atm	1atm = 101325Pa
工程大气压	at	$1at = 1kgf/cm^2 = 98066.5Pa$
毫米汞柱	mmHg	1mmHg = 133.3Pa
毫米水柱	mmH_2O	$1mmH_2O = 9.80Pa$
千克力每平方厘米	kgf/cm^2	$1kgf/cm^2 = 98066.5Pa$
磅力每平方英尺	lbf/ft^2	$1lbf/ft^2 = 47.8Pa$
磅力每平方英寸	lbf/in^2	$1lbf/in^2 = 6894.7Pa$

（2）比体积　比体积就是单位质量的物质所占有的体积，即

$$\nu=\frac{V}{m} \tag{1-2}$$

式中，ν是比体积（m^3/kg）；V是体积（m^3）；m是质量（kg）。

比体积的倒数就是密度（ρ）。密度是单位体积的物质所具有的质量，即

$$\rho=\frac{m}{V}=\frac{1}{\nu} \tag{1-3}$$

密度的常用单位为kg/m^3。

（3）温度　温度表示物体的冷热程度。法定计量单位中采用热力学温度，符号用T表示，单位为K（开）。摄氏温度用t表示，单位为℃（摄氏度）。它们之间的换算关系如下：

$$t=T-T_0 \tag{1-4}$$

式中，$T_0=273.15K$。

（4）热力学能　热力学能是指热力系本身具有的能量（不包括热力系宏观运动的能量和外场作用的能量），包括分子的动能、分子力所形成的位能、构成分子的化学能和构成原子的原子能等。热力学能的单位为J。

由于在热能和机械能的转换过程中，后两种能量不发生变化，故工程热力学能为

$$热力学能(U)\begin{cases}分子的动能(U_k)\\分子力所形成的位能(U_p)\end{cases}$$

对于气体，分子动能包括分子的移动能、转动能和分子内部的振动能。

（5）焓和比焓　焓是一个组合的状态参数，其计算公式如下：

$$H=U+pV \tag{1-5}$$

式中，H是焓（J）；U是热力学能（J）；p是压力（Pa）；V是体积（m^3）。

比焓h是焓除以质量（H/m），单位为J/kg。

（6）熵和比熵　熵是一个导出的状态参数。对

㊀ 力学中称为“压强”，但工程上习惯称为压力。本书统一用“压力”这一名称。

简单可压缩均匀系（即只有两个独立变量或自由度的均匀的热力系），它可以由其他状态参数按下列关系式导出：

$$S=\int\frac{\mathrm{d}U+p\mathrm{d}V}{T}+S_0,\quad \mathrm{d}S=\frac{\mathrm{d}U+p\mathrm{d}V}{T} \tag{1-6}$$

式中，S 为熵；S_0 为熵常数。

在法定单位制中，熵的单位为 J/K，在工程单位制中，熵的单位为 kcal/K。

比熵 s 是熵除以质量（S/m），单位为 J/(kg·K)。

7. 平衡状态

平衡状态是指热力系在没有外界作用的情况下，宏观性质不随时间变化的状态。

处于平衡状态的单相流体（气体或液体），如果忽略重力的影响，又没有其他外场作用，那么它内部各处的各种性质都是均匀一致的。不仅流体内部的压力均匀一致（这是建立力平衡的必要条件）、温度均匀一致（这是建立热平衡的必要条件），而且所有其他宏观性质，例如：如比体积、比热力学能、比焓、比熵等也都是均匀一致的。

处于气－液两相平衡的流体，流体内部的压力和温度均匀一致，但气相和液相的比体积（或密度）、比热力学能、比焓、比熵不同。

8. 状态方程和状态参数坐标图

处于平衡（均匀）状态的热力系，两个相互独立的状态参数就可以规定它的平衡状态。在其他状态参数和这两个相互独立的状态参数之间，必定存在某种单值的函数关系。压力、温度、比体积这三个可以直接测量的基本状态参数之间存在 $\nu=f(p,\ T)$ 的关系。这一函数关系称为状态方程。状态方程也可以写为如下隐函数的形式：

$$F(p,\nu,T)=0 \tag{1-7}$$

9. 热力过程和热力循环

热力过程是指热力系从一个状态向另一个状态变化时所经历的全部状态的总和。

热力循环就是封闭的热力过程，即热力系从某一状态开始，经过一系列中间状态后，又回复到原来状态。

10. 功和热量

热力系通过界面和外界进行的机械能的交换量称为做功量，简称功（机械功）。它们之间的热能的交换量称为传热量，简称热量。功和热量是和热力系的状态变化（即过程）联系在一起的。它们不是状态量而是过程量。

功的符号是 W，热量的符号是 Q。对于单位质量的热力系，功用 w 表示，热量用 q 表示。热力学中通常规定：热力系对外界做功为正（$W>0$），外界对热力系做功为负（$W<0$）；热力系从外界吸热为正（$Q>0$），热力系向外界放热为负（$Q<0$）。

11. 实际气体和理想气体

气体通常具有较大的比体积，气体分子之间的平均距离通常要比液体和固体的大得多。气体分子本身的体积通常比气体所占的体积小得多，气体分子之间的作用力（分子力）也较小，分子运动所受到的约束较弱，分子运动很自由。

在工程计算中，当气体的比体积不很大时，必须考虑气体分子本身体积和分子间作用力的影响时，把气体处理为实际气体。实际气体的性质比较复杂。

为使问题简化，热力学中提出理想气体的概念，即认为理想气体的分子本身不具有体积，分子之间也没有作用力，是由大量相互之间没有作用力的质点组成的可压缩流体。实际气体当比体积趋于无穷大时也就成了理想气体。这时分子间的作用力随着距离的无限增大而消失了，分子本身的体积比起气体的极大体积来也完全可以忽略了。

12. 理想气体状态方程和摩尔气体常数

理想气体的状态方程为

$$\frac{pv}{T}=R_g \text{ 或 } pv=R_gT \tag{1-8}$$

式中，R_g 是气体常数。各种气体的气体常数不同，对于同一种气体，R_g 是一个常数。气体常数的单位在我国法定计量单位中是 J/(kg·K)。

如果对不同气体都取 1mol，则式（1-8）变为

$$Mpv=MR_gT \quad \text{或} \quad pV_m=R_mT \tag{1-9}$$

式中，M 是摩尔质量（kg/mol）；V_m 是摩尔体积（m^3/mol）；R_m 是摩尔气体常数或通用气体常数，与气体种类无关。

13. 理想混合气体

（1）混合气体的成分　工程上所遇到的气体有许多是若干种不同气体的混合物，例如天然气。如果将各组分的气体都按照理想气体计算，则称之为理想混合气体，简称混合气体。混合气体的成分可以用质量（m）、物质的量（n），或体积（V）标出。通常都用标准状况下的体积标出。工程上常用相对成分表示（相对成分是各分量占气体总量的比值）。对理想混合气体来说，摩尔分数在数值上等于其体积分数。

（2）混合气体的平均摩尔质量和气体常数　混合气体的平均摩尔质量可以根据各组成气体的摩尔质量和各相对成分来计算。任何物质的摩尔质量都等于质量除以物质的量。混合气体的平均摩尔质量等于各

组成气体的摩尔质量与摩尔分数乘积的总和。

知道了混合气体的平均摩尔质量后，就可以用摩尔气体常数除以平均摩尔质量而得到混合气体的气体常数：

$$R_{g,mix} = \frac{R}{M_{mix}} \tag{1-10}$$

（3）理想混合气体的压力与各组成气体的分压力　道尔顿定律指出，理想混合气体的压力（p_{mix}）等于各组成气体的分压力（p_i）的总和：

$$p_{mix} = \sum_{i=1}^{n} p_i \tag{1-11}$$

所谓分压力，就是假定混合气体中各组成气体单独存在，并具有与混合气体相同的温度和体积时给予容器壁的压力。

14. 气体的热力性质

（1）气体的比热容　比热容定义为单位质量的物质发生单位温度变化时所吸收或放出的热量：

$$c_x = \left(\frac{\delta q}{\delta T}\right)_x \tag{1-12}$$

比热容的单位在法定计量单位制中是J/(kg·K)，在工程单位制中是kcal/(kg·K)。1kcal/(kg·K) = 4186.8J/(kg·K)

比热容不仅因物质和过程而异，而且还和压力和温度有关。对应于定容过程和定压过程，分别有比定容热容（c_V）和比定压热容（c_p）：

$$c_V = \left(\frac{\delta q}{\delta T}\right)_V = \frac{\delta q_V}{\delta T} \tag{1-13}$$

$$c_p = \left(\frac{\delta q}{\delta T}\right)_p = \frac{\delta q_p}{\delta T} \tag{1-14}$$

气体的比定容热容和比定压热容在计算热力学能、焓、熵及过程的热量等方面很有用。

（2）理想气体的比热容、热力学能和焓、迈耶公式　理想气体的热力学能仅是温度的函数，$u = u(T)$，理想气体的比焓也是温度的函数，$h = u + pv = u(T) + R_g T = h(T)$。

根据理想气体的比定容热容和比定压热容，得

$$c_{V0} = \frac{du}{dT}, du = c_{V0}dT \tag{1-15}$$

$$c_{p0} = \frac{dh}{dT}, dh = c_{p0}dT \tag{1-16}$$

根据焓的定义式 $h = u + pv$，微分后可得 $dh = du + d(pv)$。对理想气体可写为

$$c_{p0} = c_{V0} + R_g \tag{1-17}$$

式（1-17）称为迈耶公式，它建立了理想气体比定容热容和比定压热容之间的关系。

因为理想气体的热力学能和焓都只是温度的函数，理想气体的比定压热容和比定容热容也都只是温度的函数。通常可以用三次多项式表示：

$$c_{p0} = a_0 + a_1T + a_2T^2 + a_3T^3 \tag{1-18}$$

$$c_{V0} = (a_0 - R_g) + a_1T + a_2T^2 + a_3T^3 \tag{1-19}$$

对不同气体，a_0，a_1，a_2，a_3 各有一套不同的经验数值。

需要指出：单原子气体的比定容热容和比定压热容基本上是定值，可以认为与温度无关。对双原子气体和多原子气体，如果温度接近常温，为简化计算，也可将比热容看作定值。通常取298K（25℃）时气体比热容的值为比定压热容的值。

（3）理想气体的熵　根据熵的定义式 $ds = \frac{du + pdv}{T}$，而对理想气体有 $du = c_{V0}dT$，$\frac{p}{T} = \frac{R_g}{v}$，所以理想气体的熵为 $ds = \frac{c_{V0}}{T}dT + \frac{R_g}{v}dv$。理想气体的熵不仅是温度的函数，它还和压力或体积有关。

1.1.2 热力学基本定律

1. 热力学第一定律及其表达式

热力学第一定律表达的是不同形式的能量在传递与过程中守恒的原理。

各种不同形式的能量都可以转移（从一个物体传递到另一个物体），也可以相互转换（从一种能量形式转变为另一种能量形式），但在转移和转换过程中，它们的总量保持不变。即热能和机械能在转移和转换时，能量的总量必定守恒。

对一热力系，其总能量为 E。所谓总能量是指热力学能（U）、宏观动能（E_k）和重力位能（E_p）的总和，即 $E = U + E_k + E_p$。

（1）闭口系的能量方程　若闭口系和外界无物质交换，与外界只有膨胀功，即由热力系体积变化所做的功，则与外界交换的热量 $Q = \Delta U + W = U_2 - U_1 + W$。

（2）开口系的能量方程　在开口系中，由于工质进出口体系所做的功为技术功，其定义式为$W_t = W_{进气} + W - W_{排气}$。开口系工质能量变化为焓值变化，即

$$H_2 - H_1 = (U_2 - U_1) + (p_2V_2 - p_1V_1) \tag{1-20}$$

则有

$$Q = H_2 - H_1 + W_t \tag{1-21}$$

（3）稳定流动的能量方程　稳定流动是指流道中任何位置上流动的流速及其他状态参数都不随时间而变化的流动。各种工业设备处于正常运行状态时，流动工质所经历的过程都接近于稳定流动。对于稳定流动1kg的工质，其热力学第一定律表达式如下：

$$q=(h_2-h_1)+\frac{1}{2}(c_2^2-c_1^2)+g(z_2-z_1)+w_{sh} \quad (1\text{-}22)$$

2. 热力学第二定律及其表达式

热力学第二定律是反映自然界各种过程的方向性、自发性、不可逆性及能量品质、能量转换的条件和限度等的基本规律。自然界所有宏观过程进行时，必定伴随着熵的产生。

(1) 有关热力学第二定律的基本概念

1) 过程的方向性。过程总是自发地朝着一定的方向进行：热能总是自发地从温度较高的物体传向温度较低的物体；机械能总是自发地转变为热能；气体总是自发地膨胀；等等。但热量不会自发地从温度较低的物体传向温度较高的物体；热能不会自发地转变为机械能；气体不会自发地压缩；等等。

2) 可逆过程和不可逆过程。任何实际热力过程在进行机械运动时不可避免地存在着摩擦（力不平衡），在传热时必定存在着温差（热不平衡）。因此，实际的热力过程在过程沿原路线反向进行，并使热力系回复到原状态，必然要补偿能量，这就是实际过程的不可逆性。这样的过程统称为不可逆过程。一切实际的过程都是不可逆过程。

所谓可逆过程是在过程进行后，如果热力系沿原过程的路线反向进行并恢复到原状态，不需补偿任何能量。可逆过程必须满足下述条件：a）热力系原来处于平衡状；b）进行机械运动时热力系和外界保持力平衡（无摩擦）；c）传热时热力系和外界保持热平衡（无温差）。

(2) 热力学第二定律的表达式——熵方程 热力学第二定律用熵方程来表达。建立熵方程涉及两个影响热力系熵变化的过程量（不是状态量）：熵流和熵产的重要概念。

1) 熵流和熵产。对内部平衡（均匀）的闭口系，在单位时间内熵的变化为

$$\mathrm{d}S=\frac{\mathrm{d}U+p\mathrm{d}V}{T}=\frac{\mathrm{d}U+\delta W+\delta W_{\mathrm{L}}}{T}=\frac{\delta Q+\delta Q_{\mathrm{g}}}{T}$$

$$=\frac{\delta Q}{T}+\frac{\delta Q_{\mathrm{g}}}{T}=\delta S_{\mathrm{f}}+\delta S_{\mathrm{g}}^{Q_{\mathrm{g}}} \quad (1\text{-}23)$$

式中，δS_{f} 是熵流 $\delta S_{\mathrm{f}}=\delta Q/T$，它表示热力系与外界交换热量而导致的熵的流动量。对热力系而言，当它从外界吸热时，熵流为正；当向外界放热时，熵流为负。$\delta S_{\mathrm{g}}^{Q_{\mathrm{g}}}$ 是热力系内部过程不可逆程度的度量，$\delta S_{\mathrm{g}}^{Q_{\mathrm{g}}}=\delta Q_{\mathrm{g}}/T$。

热力系内部过程的不可逆因素引起的耗散效应，使损失的机械功在工质内部重新转化为热能，即产生耗散热被工质吸收，而引起的熵产。因为耗散热产恒为正，所以热产引起的熵产亦恒为正，极限情况（可逆过程）为零。

2) 熵方程。设有一热力系，如图1-1中虚线（界面）包围的体积所示，其总熵为 S（图1-1中Ⅰ）。假定在一段极短的时间 $\mathrm{d}\tau$ 内，由于传热，从外界进入热力系的熵流为 δS_{f}，又从外界流进了比熵为 s_1 的质量 δm_1，并向外界流出了比熵为 s_2 的质量 δm_2；与此同时，热力系内部的熵产为 δS_{g}（图1-1中Ⅱ）经过这段极短的时间 $\mathrm{d}\tau$ 后，热力系的总熵变为 $S+\mathrm{d}S$（图1-1中Ⅲ）这时，熵方程为：热力系总熵的增量＝流入熵的总和＋热力系的熵产－流出的熵的总和。即

$$(\delta S_{\mathrm{f}}+s_1\delta m_1)+\delta S_{\mathrm{g}}-s_2\delta m_2=(S+\mathrm{d}S)-S$$

所以

$$\mathrm{d}S=\delta S_{\mathrm{f}}+\delta S_{\mathrm{g}}+s_1\delta m_1-s_2\delta m_2 \quad (1\text{-}24)$$

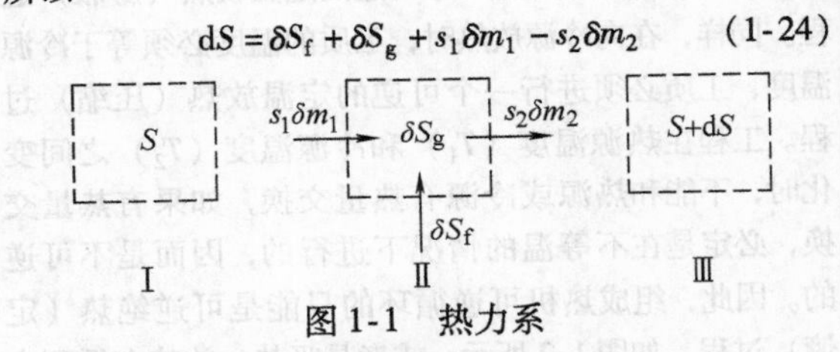

图1-1 热力系

将式(1-24)对时间积分，可得

$$\Delta S=S_{\mathrm{f}}+S_{\mathrm{g}}+\int_{(\tau)}(s_1\delta m_1-s_2\delta m_2) \quad (1\text{-}25)$$

式(1-24)和式(1-25)是熵方程的基本关系式。式中，$s\delta m$ 也是一种熵流，它是随物质流进或流出热力系的熵流。流进热力系为正，流出热力系为负。热力系的熵的变化等于总的熵流与熵产之和。

熵方程中的核心是熵产，它是热力学第二定律的实质问题。由于能量在转移和转换过程中总是有其他形式的能量转变成热能（功损变为热产），而热能又总是由高温部分传向低温部分，这些都会引起熵产。这正是热能区别于其他能量的特性，也正是一切热力过程的自发性、方向性和不可逆性的根源。

(3) 热力学第二定律各种表述的等效性 热力学第二定律揭示了实际热力过程的方向性和不可逆性，鉴于热力过程的多样性，热力学第二定律有以下表述形式：

1) 克劳修斯表述。“不可能将热量由低温物体传送到高温物体而不引起其他变化”。

2) 开尔文－普朗克表述。“不可能制造出从单一热源吸热而使之全部转变为功的循环发动机”，或者说：“第二类永动机是不可能制成的”。

3) 由于在分析任何具体问题时，都可以将参与过程的全部物体包括进来而构成孤立系，则孤立系的

熵增原理作为热力学第二定律的概括表述，即“自然界的一切过程总是自发地、不可逆地朝着使孤立系熵增加的方向进行。”

（4）卡诺定理和卡诺循环

1）卡诺定理。工作在两个恒温热源（T_1 和 T_2）之间的循环，不管采用什么工质，如果是可逆的，其热效率均为 $1-T_2/T_1$；如果是不可逆，其热效率恒小于 $1-T_2/T_1$。

2）卡诺循环。所有工作在两个恒温热源（T_1、T_2）之间的可逆热机，不管采用什么工质，也不管具体经历什么循环，其热效率都等于 $1-T_2/T_1$。

保证热机进行可逆循环的必备条件是：工质内部必须是平衡的。当工质从热源吸热时，工质的温度必须等于热源的温度，即传热无温差；当工质在吸热膨胀时无摩擦，即工质必须进行一个可逆的定温吸热（膨胀）过程。同样，在向冷源放热时，工质的温度必须等于冷源温度，工质必须进行一个可逆的定温放热（压缩）过程。工程在热源温度（T_1）和冷源温度（T_2）之间变化时，不能和热源或冷源有热量交换，如果有热量交换，必定是在不等温的情况下进行的，因而是不可逆的。因此，组成热机可逆循环的只能是可逆绝热（定熵）过程，如图1-2所示；或者是吸热、放热在循环内部正好抵消的可逆过程，如图1-3所示。

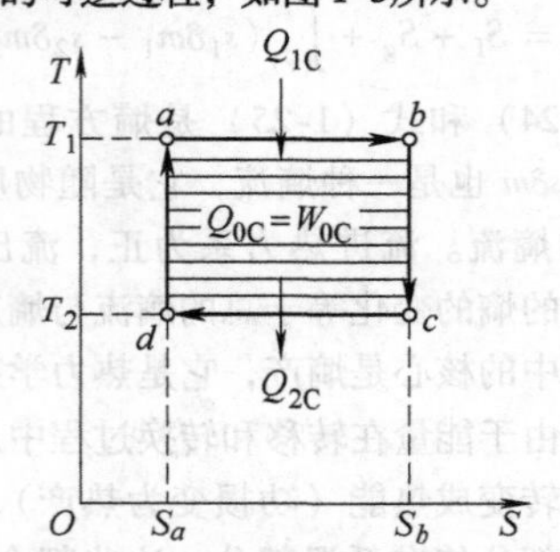

图1-2 可逆绝热（定熵）过程

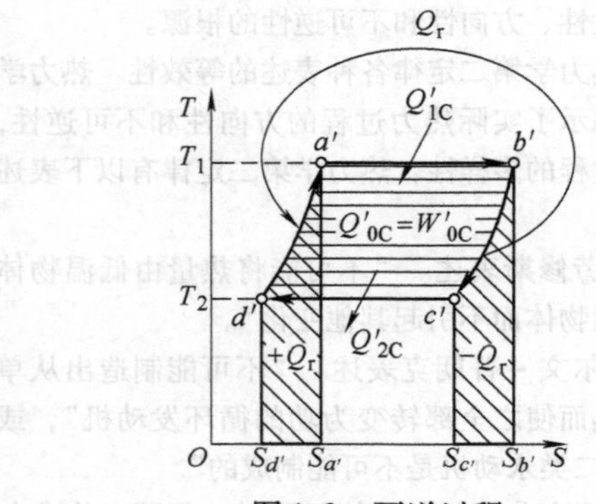

图1-3 可逆过程

（5）克劳修斯积分式 克劳修斯积分式包括一个等式和一个不等式：

$$\oint \frac{\delta Q}{T'} \leqslant 0 \tag{1-26}$$

式中，T'为外界温度；等号对可逆循环而言；不等号对不可逆循环而言。它所表达的意思是：任何闭口热力系，在进行了一个循环后，它和外界交换的微元热量与参与这一微元换热过程时外界温度的比值（商）的循环积分，不可能大于零，而只能小于零（如果循环是不可逆的），或者最多等于零（如果循环是可逆的）。

（6）热量的可用能及其不可逆损失 热力学第一定律确定了各种热力过程中总能量在数量上的守恒，而热力学第二定律则说明了各种实际热力过程（不可逆过程）中，能量在品质上的退化和贬值，即能量的可用性降低和可用能减少。

事实上，各种形式的能量并不都具有同样的可用性。机械能和电能等具有完全的可用性，它们全部是可用能；而热能则不具有完全的可用性，即使通过理想的可逆循环，热能也不能全部转变为机械能。热能中可用能所占的比例，既与热能的温度高低有关，也与环境温度有关。

1.2 流体力学基础

流体力学是研究流体的平衡和运动规律的科学。在液化天然气技术和工程中，不仅要解决流体在流动过程中所发生的物理量的变化、转化等问题，还必须解决流体与固体的相互作用力的计算，以保证液化、输送设备的安全运行。

1.2.1 流体的物理性质

1. 固态、液态和气态

在常温常压下，物质有固态、液态和气态三种聚集状态，它们分别称为固体、液体和气体，液体和气体又合称为流体。固体具有一定的形状，不易变形；而流体则无一定的形状，且易于变形，即具有一定的流动性。流体中气体在受到的压力或温度变化时，体积有较大的改变；液体则存在自由表面。

2. 相变

物质三态在一定的条件下会相互转化。当温度变化到一定程度，分子热运动足以破坏某种特定相互作用形成的秩序时，物质的宏观状态就可能发生突变，形成另一种聚态，这就是所谓相变。相变中体积会发生变化。相变时物质会吸热或放热，汽化、熔解、升华时吸热；凝结、凝固、凝华时放热等。表1-4列出一些物质和元素的熔解热及汽化热。

表 1-4 一些物质和元素的熔解热与汽化热

物质名称	正常熔点/K	熔解热/(kJ/kg)	正常沸点/K	汽化热/(kJ/kg)
水 H_2O	273	334	373	2257.0
乙酸 CH_3COOH	290	196.7	391	406
苯 C_6H_6	279	126	353	393.9
氧 O_2	54.6	13.8	90.1	213.9
二氧化碳 CO_2	217	180.8	195（升华）	554.2（升华）
酒精 C_2H_5OH	159	109.3	351	837.2
氨 NH_3	195	351.6	240	1336.3
铁 Fe	1881	314.0	3023	6279
硫 S	385.8	39.1	717.7	287.2

物质形成三态是分子间相互作用的有序倾向及分子热运动的无序倾向共同作用的结果。

1.2.2 流体的可压缩性与热膨胀性

1. 流体的密度和比体积

密度与比体积是流体最基本的物理量。流体密度 ρ 是流体中某空间点上单位体积的平均质量，密度是空间位置及时间的函数，其单位为 kg/m^3。

比体积是密度的倒数，即单位质量流体所占有的体积，以 v 表示：$v=\dfrac{1}{\rho}$，其单位为 m^3/kg。表 1-5 列出几种常见流体的密度。

表 1-5 几种常见流体的密度

流体名称	温度/K	密度/(kg/m^3)	流体名称	温度/K	密度/(kg/m^3)
二氧化碳	300	1.7730	乙二醇	300	1111.4
空气	250	1.3947	氟利昂	280	1374.4
氧气	300	1.284	润滑油	300	884.1
氮气	300	1.1233	甘油	300	1259.9
一氧化碳	300	1.1233	汞	300	13529
氦气	300	0.1625	纯水	288	999.1
氢气	300	0.08078	纯水	278	1000.0
水蒸气	400	0.5542			

决定流体密度值大小的因素有：流体的种类、压力和温度，对多组分流体，密度还是各组分含量的函数。如海水是水与各种溶解盐的混合物，海水密度常认为是压力、温度及盐度（盐度是单位质量海水中溶解盐的质量，以 ζ 表示）的函数：$\rho=\rho(p,\ T,\ \zeta)$；大气是干空气与水蒸气的混合物，大气密度是压力、温度及比湿（单位质量空气中含有的水蒸气质量，以 q 表示）的函数：$\rho=\rho(p,\ T,\ q)$。

2. 流体的可压缩性与热膨胀性

（1）流体的压缩性与体积压缩系数　当作用于流体上的压力增加时，其体积将会减小的特性称为流体的压缩性。压缩性用流体的体积压缩系数 β_p 度量。β_p 定义为流体在温度不变时，增加一个单位压力所引起的体积变化率，即 $\beta_p=-\dfrac{dV}{V}/dp$，其单位是 m^2/N。

液体的压缩系数很小，故其压缩性一般可以忽略不计。气体的压缩系数远大于液体，且与温度、压力有关。

等温压缩系数是衡量流体可压缩性的物理量，它表示在一定温度下压力增加一个单位时，流体密度的相对增加率。由于比体积 v 为密度 ρ 的倒数：$v\rho=1$，因此

$$\gamma_T=\frac{1}{\rho}\left(\frac{\partial\rho}{\partial p}\right)_T \quad \gamma_T=-\frac{1}{v}\left(\frac{\partial v}{\partial p}\right)_T \tag{1-27}$$

式（1-27）表示，等温压缩系数表示在一定温度下压力增加一个单位时流体体积的相对缩小率。

等温压缩系数 γ_T 的倒数为体积弹性模量 E：

$$E=\frac{1}{\gamma_T}=\rho\left(\frac{\partial p}{\partial\rho}\right)_T=-v\left(\frac{\partial p}{\partial v}\right)_T \tag{1-28}$$

它表示流体体积的相对变化所需的压力增量。

表 1-6 是一些常见流体的等温压缩系数 γ_T 及体积弹性模量 E 的值。

表 1-6 一些常见流体的 γ_T 及 E 值

流体名称	γ_T/(10^{-11} m^2/N)	E/(10^9 Pa)
二氧化碳	64	1.56
酒精	110	0.909
甘油	21	4.762
汞	3.7	27.03
水	49	2.04

严格地说，实际流体都是可以压缩的。在流体力学中，为了处理问题的方便，常将压缩性很小的流体近似看作不可压缩流体，其密度可看作为常数。

（2）流体的热膨胀性与体膨胀系数　流体的膨胀性是指当温度升高时，流体的体积增大的特性。膨胀性的大小用体膨胀系数 α_V 度量，α_V 的单位为 K^{-1}。α_V 定义为单位温升所引起的体积的变化率，其数学表达式为

$$\alpha_V=\frac{dV}{Vdt} \tag{1-29}$$

式中，dt 是温度的增量（℃）。

流体在温度改变时，其体积或密度可以改变的性质，称为流体的热膨胀性，热膨胀系数表示在一定压力下，温度升高 1K 时流体密度的相对减小率。

$$\beta = -\frac{1}{\rho}\left(\frac{\partial \rho}{\partial T}\right)_p \tag{1-30}$$

表 1-7 列出一些液体的热膨胀系数。

表 1-7 一些液体的热膨胀系数

液体名称	温度/K	$\beta/(10^{-3}\text{K}^{-1})$
润滑油	300	0.7
乙二醇	300	0.65
甘油	300	0.48
氟利昂	300	2.75
汞	300	0.181
饱和水	300	0.276

1.2.3 流体的传输特性

流体由非平衡态转向平衡态时物理量的传递性质，称为流体的传输特性。流体的传输特性，主要指动量输运、能量输运、质量输运。从宏观上看，它们分别表现为黏滞现象、导热现象、扩散现象，并具有各自的宏观规律。

1. 动量输运（黏滞现象）

（1）牛顿黏性定律　对于平行于 x 轴的水平流动，当各层流体的速度不同时，任意两层流体之间将互施作用力以阻碍各层流体之间的相对运动，这种现象称为黏滞现象。

设在两相距 h 的平行平板之间充满黏性流体，若令下平板固定不动，而使上平板在其自身平面内以等速 u 向右运动，则附于上下平板的流体质点其速度分布为 u 及 0。两平板间的速度分布如图 1-4 所示。

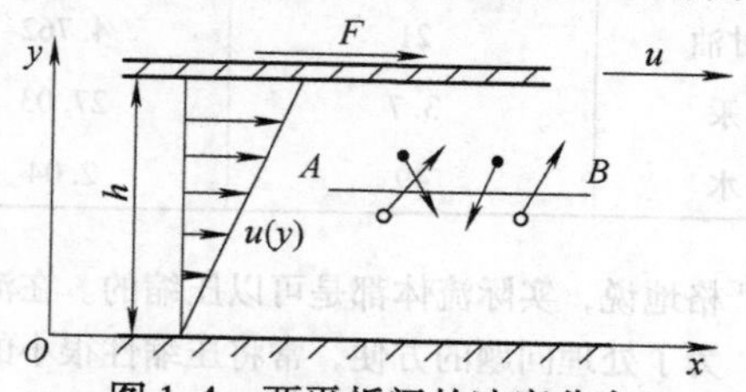

图 1-4 两平板间的速度分布

实验表明，使上平板以速度 u 运动的外力为 F，则该力与速度 u 及平板面积 A 成正比，与平板间距 h 成反比，即

$$F = \mu \frac{u}{h} A \tag{1-31}$$

或

$$\tau = \frac{F}{A} = \mu \frac{u}{h} \tag{1-32}$$

式中，u/h 是速度梯度。一般而言，当速度分布为 $u(y)$ 时，流体层 y 处的剪切力

$$\tau = \mu \frac{du}{dy} \tag{1-33}$$

式中，$\frac{du}{dy}$是速度梯度；μ 是动力黏度，其值随流体不同而不同。μ 的法定单位为 Pa · s。

（2）温度、压力对流体黏度系数的影响

1）温度的影响。对于液体，温度升高时，分子间的间隙增大，吸引力减小，黏度也减小。对于气体，温度增高，热运动加剧，动量交换加快，黏度增大。

2）压力的影响。压力对流体黏度系数的影响很小，但在高压作用下，流体的黏度均随压力的增加而增加。

（3）动力黏度 μ、运动黏度 ν　工程中除了用动力黏度 μ 外，还常用到运动黏度 ν，它是黏度系数 μ 与流体密度 ρ 之比，即

$$\nu = \frac{\mu}{\rho} \tag{1-34}$$

运动黏度 ν 的法定单位是 m^2/s。表 1-8 列出一些流体的动力黏度 μ 及运动黏度 ν 值。

表 1-8 一些流体的动力黏度 μ 及运动黏度 ν 值

流体名称	温度/K	动力黏度系数 μ/(10^{-7}Pa · s)	运动黏度系数 ν/($10^{-6}m^2/s$)
空气	300	184.6	15.87
氨	300	101.5	14.7
二氧化碳	300	149	8.4
一氧化碳	300	175	15.6
氦	300	199	122
氢	300	89.6	111
氮	300	178.2	15.86
氧	300	207.2	16.14
水蒸气	400	134.4	24.25
润滑油	300	48.6×10^5	550
乙二醇	300	1.57×10^5	14.1
甘油	300	79.9×10^5	634
氟利昂	300	0.0254×10^5	0.195
水银	300	0.1523×10^5	0.1125

（4）无黏性流动　实际流体都是有黏性的，但若流体的黏度很小，而且流场中速度梯度不大，那么，这时流场中出现的黏性力很小，可以将这种流体

流动近似地认为是无黏性流动。

2. 质量输运（扩散现象）

当流体的密度分布不均匀时，流体的质量就会从高密度区迁移到低密度区，这种现象称为扩散现象。一般分为两类：一类是在单组分流体中，由于其自身密度差所引起的扩散，称为自扩散；另一类是在两种组分的混合介质（如气体或液体与可溶固体，两不相混的液体等）中，由于各组分的各自密度差在另一组分中所引起的扩散，称为互扩散。

（1）自扩散与自扩散系数　自扩散是由于自身密度差所引起的扩散现象。当流体分子进行动量与热能交换，也同时伴有质量的交换，因此质量输运的机理与动量和热能输运的机理完全相同。

（2）互扩散与菲克扩散定律　互扩散是指在两种组分的混合介质中，由于各组分各自的密度差在另一组分中所引起的扩散现象。

A组分、B组分中每单位面积的质量扩散量及扩散系数分别用j_{AB}和D_{AB}表示。扩散系数D_{AB}的单位为m^2/s，它的大小与压力、温度和混合物的成分有关。一般来说，液体的扩散系数比气体的小几个数量级，j_{AB}的单位为kg/s。表1-9与表1-10列出了几种物质在空气和水中的扩散系数。

表1-9　几种物质在空气中的扩散系数

溶质	溶剂	温度/K	$D_{AB}/(m^2/s)$
水	空气	298	0.26×10^{-4}
二氧化碳	空气	298	0.16×10^{-4}
氧	空气	298	0.21×10^{-4}
丙酮	空气	273	0.11×10^{-4}
苯	空气	298	0.88×10^{-5}
萘	空气	300	0.62×10^{-5}

表1-10　几种物质在水中的扩散系数

溶质	溶剂	温度/K	$D_{AB}/(m^2/s)$
食盐	水	288	1.1×10^{-9}
葡萄糖	水	298	0.69×10^{-9}
酒精	水	298	1.2×10^{-9}
甘油	水	298	0.94×10^{-9}

流体的动量、热能和质量三种传输特性，都是通过分子的热运动及分子的相互碰撞，输运了它们原先所在区域的宏观性质，从而使原先区域的状态不平衡渐渐趋向状态平衡。在宏观上，三种传输特性的规律、表达式的结构相类似，即

黏性　$\tau=\mu\dfrac{du}{dy}$　牛顿定律

热传导　$q=-k\dfrac{dT}{dy}$　傅里叶定律

扩散　$j_{AB}=-D_{AB}\dfrac{d\rho_A}{dy}$　菲克第一定律

三种输运过程均为不可逆过程，且这些分子输运现象主要在层流流动中考虑。一旦流动为湍流时，由于湍流输运远较分子输运强烈，分子输运常常被忽略。

1.2.4　表面张力和毛细现象

液体表面具有一种不同于液体内部的特殊性质。在液体内部，相邻液体间的相互作用表现为压力；而在液体表面，界面上液体间的相互作用表现为张力。由于这种力的存在，引起弯曲液面内外出现压力差以及常见的毛细现象等。

1. 表面张力

在液体表面（简称液面）有自动收缩的趋势。若液面内画一截线，截线两边的液面存在着相互作用的力，此力与截线垂直并与该处液面相切，这种力即为液体的表面张力。表面张力的大小与液面截线的长度L成正比，即

$$T=\sigma L \tag{1-35}$$

式中，σ是表面张力系数（N/m），它表示液面上单位长度截线上的表面张力，其大小主要由物质种类决定。表1-11列出了一些液体的表面张力系数值，表1-12列出了饱和水的表面张力系数与温度的关系。

表1-11　一些液体的表面张力系数

液体	温度/K	$\sigma/(10^{-3}N/m)$
水与空气	291	73
汞与空气	291	490
汞与水	293	472
酒精与空气	291	23
乙醚与空气	293	16.5
肥皂水与空气	293	40

表1-12　饱和水的表面张力系数与温度的关系

温度/K	$\sigma/(10^{-3}N/m)$
273	75.5
290	73.7
310	70.0
350	63.2
400	53.6

2. 接触角和毛细现象

（1）接触角　当液体及固体表面接触时，接触处会产生相互润湿或不润湿的表面现象，常用接触角

来表明润湿的程度。在液体、固体壁和空气交界处做液体表面的切面，此面与固体壁在液体侧所夹的角度 θ，称为这种液体对该固体的接触角，如图 1-5 所示。当 θ 为锐角时，液体润湿固体；当 θ 为钝角时，液体不润湿固体。若 $\theta=0$，则液体完全润湿固体；若 $\theta=\pi$，则液体完全不润湿固体。如水与洁净玻璃的 $\theta=0$，汞与玻璃的 $\theta=138°$。

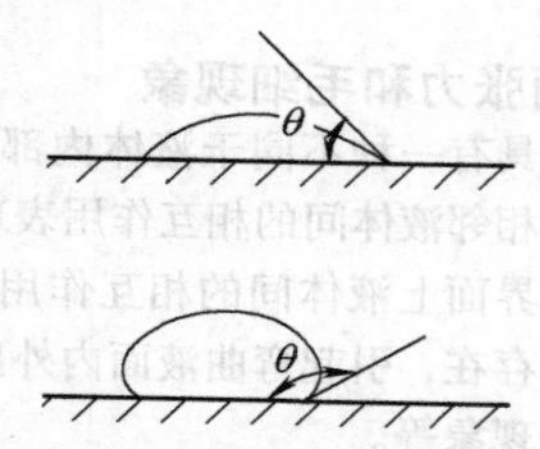

图 1-5 液体的润湿与接触角

（2）毛细现象 将细管插入液体后管内水面会升高或下降，这种现象称为毛细现象。毛细现象是由表面张力及接触角所决定的。

在液体润湿表面的情况下，毛细管刚插入液体中时，由于接触角为锐角，液面就变为凹面，使液面下方 B 点的压力比液面上方的大气压小，而在与 B 点同高的平液面处的 C 点的压力，仍与液面上的大气压相等，如图 1-6 所示。根据液体静力学原理，同高两点的压力应相等，因此液面不能平衡而要在管中上升，直至 B 点与 C 点的压力相等。

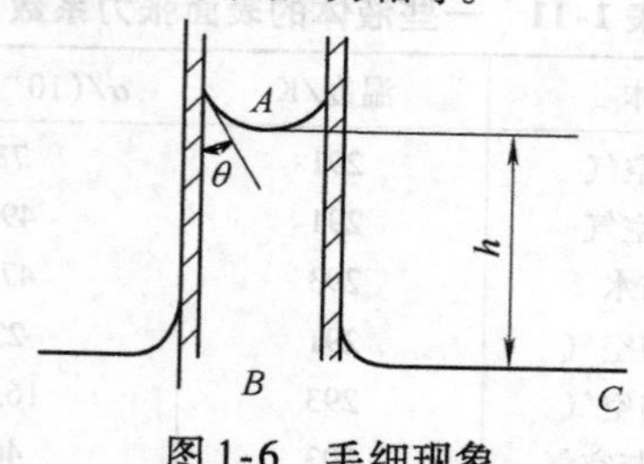

图 1-6 毛细现象

1.2.5 流体的平衡——流体静力学基础

如果流体相对于某一坐标系静止不动，即流体在力学上处于平衡状态。流体在平衡状态下的力学规律称为流体静力学。所谓流体静止状态，是指所有的流体质点相对于某一选定的坐标系没有运动。通常把地球选择为惯性参考坐标系，若所选参考坐标系相对于地球表面没有运动，在该坐标系下的静止为绝对静止（简称静止）；若所选参考坐标系相对于地球表面有运动，在该坐标系下的静止为相对静止。

流体处于静止或相对静止状态时所具有的共性是：由于流体质点间没有相对运动，流体不呈现黏性，流体内每一点的切应力都为零。作用在静止流体的表面力只有静压力。此时在外力作用下，流体处于平衡的力学规律就是压力（压强）分布规律。

1. 平衡状态下流体中的应力特征

当流体处于静止或相对静止状态时，作用在流体上的静压力就是负的法向应力。具有两个重要特征：

1）流体静压力的方向垂直于作用面，并沿作用面的内法线方向。

2）流体静压力的大小与作用面的方向无关，只是该点坐标的函数。即在静止流体中的任意给定点上，不论来自何方的静压力均相等。

2. 流体静力学基本方程

作用在流体上的质量力仅仅是重力，而流体又近似为均质不可压缩的（$\rho=$ 常数）。流体静力学基本方程适用在重力场中处于静止状态的均质不可压缩流体。

$$p=p_0+\gamma h \tag{1-36}$$

这就是压力传递的帕斯卡原理（Blaise Pascal）。

3. 压力

压力可以用绝对压力、表压力和真空度来表示。以完全真空为基准计量的压力称为绝对压力；以大气压力为基准的压力称为表压力。绝对压力 p 与表压力 p_g 和大气压力 p_a 之间的关系为 $p_g=p-p_a$。

当流体处于真空状态时，表压力的大小通常用真空度 p_v 来表示。真空度与绝对压力、大气压力和表压力之间的关系为 $p_v=p_a-p=-p_g$。

4. 作用在物体表面的液体总压力

工程上在设计各种阀、容器、管道、水工建筑物时，不仅要知道流体中压力的分布，而且还需求得浸没在静止液体中的物体表面所受总压力的大小及其作用点。

均质流体作用在平面上的液体总压力 图 1-7 所示一个浸没在静止流体中的平面与水平面之间的交角为 α，它的面积为 A。取坐标系如图所示，x 轴和 y 轴在平面上，z 轴垂直于平面。平面上各点的淹深不一样，故各点的压力亦不相同。压力都沿法向指向平壁，故流体合力的方向显然垂直于平壁并指向内侧。作用在整个面积 A 上的总压力 p_t 为

$$p_t=\int_A p\mathrm{d}A=\gamma\int_A h\mathrm{d}A$$

由于

$$h=\gamma\sin\alpha$$

所以

$$p_t=\gamma\sin\alpha\int_A y\mathrm{d}A$$

积分 $\int_A y\mathrm{d}A$ 是面积 A 对 OX 轴的静面矩，如果面积 A 的形心 C 点的 y 坐标为 y_C，则

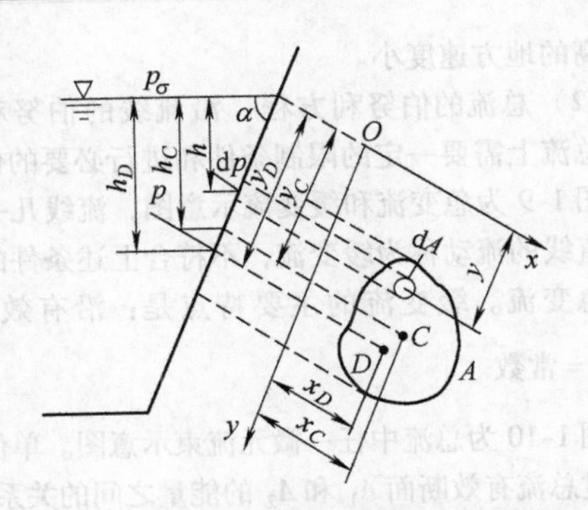

图1-7 平面上所受均质流体的作用示意图

$$\int_A y\mathrm{d}A = y_C A$$

因此

$$p_t = \gamma y_C \sin\alpha A = \gamma h_C A \quad (1\text{-}37)$$

式中，h_C 是形心点 C 的淹深，$h_C = y_C \sin\alpha$。静止液体作用在平面上的总压力等于平面形心点处的表压力 γh_C 与平面面积 A 的乘积。

总压力的作用点压力中心，根据理论力学中“平行力系中的诸力对某轴的力矩之和等于合力对该轴的力矩”可得

$$p_t y_D = \int_A y\mathrm{d}p_t \quad (1\text{-}38)$$

y_D 是压力中心 D 的 y 坐标。$\mathrm{d}p_t = \gamma y \sin\alpha \mathrm{d}A$，$p_t = \gamma y_C \sin\alpha A$，则

$$\gamma y_C \sin\alpha A y_D = \gamma \sin\alpha \int_A y^2 \mathrm{d}A \quad (1\text{-}39)$$

式中，$\int_A y^2 \mathrm{d}A$ 为面积 A 对 OX 轴的惯性矩，用 J_x 表示，故式（1-39）可整理为

$$y_D = \frac{J_x}{A y_C} \quad (1\text{-}40)$$

根据惯性矩的平行转移轴公式 $J_x = J_C + y_C^2 A$，得到压力中心的坐标 y_D 为

$$y_D = y_C + \frac{J_C}{A y_C} \quad (1\text{-}41)$$

压力中心 D 总是位于形心点 C 的下方。

1.2.6 理想流体运动的基本方程——流体动力学基础

1. 理想流体运动的分类

1）若运动参数与时间无关，则称此流动为定常流动；反之，称为非定常流动。定常流动的流场中速度为

$$u = u(x,y,z), \quad v = v(x,y,z), \quad w = w(x,y,z) \quad (1\text{-}42)$$

压力和密度表示为

$$p = p(x,y,z), \quad \rho = \rho(x,y,z) \quad (1\text{-}43)$$

2）按照流场空间自变量数，可将流体流动分为一维、二维或三维流动。

2. 连续性方程

流体在流动过程中应该遵循质量守恒定律，且不违背连续介质假设，连续性方程就是流体上述性质的数学表达形式。

对于不可压缩流体，ρ 是常数，连续性方程简化为

$$\frac{\partial u}{\partial x} + \frac{\partial v}{\partial y} + \frac{\partial w}{\partial z} = 0 \quad (1\text{-}44)$$

式（1-44）表明六面表面净流入的体积流量为零。

对于一元管流定常流动，引用平均速度，则得连续性方程为

$$v_1 A_1 = v_2 A_2 \quad (1\text{-}45)$$

式中，v_1、v_2 分别是有效断面 A_1、A_2 上的平均速度。

3. 理想流体的伯努利方程

（1）伯努利方程　在上述条件下，且质量力仅仅是重力，即 $f_x = 0$，$f_y = 0$，$f_z = -g$，势函数 $\pi = gz$；流体是不可压缩的，可得出伯努利方程为

$$z + \frac{p}{\gamma} + \frac{v^2}{2g} = 常数 \quad (1\text{-}46)$$

$$z_1 + \frac{p_1}{\gamma} + \frac{v_1^2}{2g} = z_2 + \frac{p_2}{\gamma} + \frac{v_2^2}{2g} \quad (1\text{-}47)$$

使用伯努利方程时应满足下列条件：①流体必须是理想的、不可压缩的；②流动必须是定常的；③质量力仅仅是重力；④在流动无旋时，它在整个流场上成立，在流动有旋时，它仅沿流线成立。

伯努利方程的物理意义。从物理角度看，式（1-46）中第一项 z 表示单位质量流体所具有的位势能；第二项 $\frac{p}{\gamma}$ 表示单位质量流体所具有的压力势能；第三项 $\frac{v^2}{2g}$ 表示单位质量流体所具有的动能。以上三种能量之和称为总机械能。这表明：在整个流场中沿流线，单位质量流体所具有的位势能、压力势能、动能之和是常数；或者说，总机械能是常数。

伯努利方程的几何意义。从几何角度看，式（1-46）的第一项 z 表示位置水头；第二项 $\frac{p}{\gamma}$ 表示压力水头；第三项 $\frac{v^2}{2g}$ 表示速度水头。三种水头之和称为总水头，前两种水头之和称为测压管水头。这表明：在整个流场中沿流线，任意点的位置水头、压力水头和速度水头之和是常数。如果把基准面作为起点，画出每一点的总水头，则所有水头高度线的端点应落在

同一水平线上，这条水平线称为总水头线。各点测压管水头的连线称为测压管水头线，如图1-8所示。

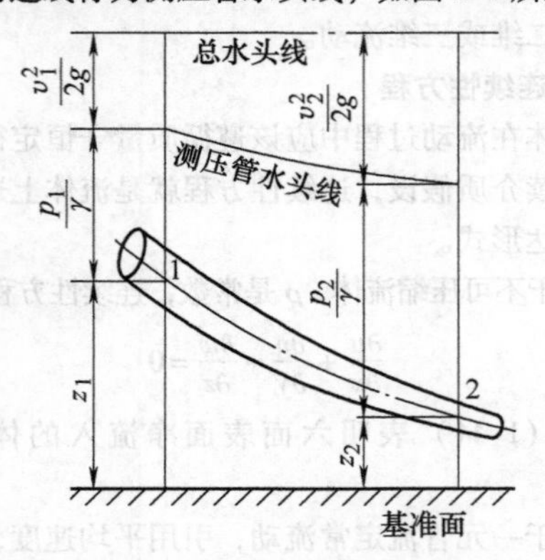

图1-8　伯努利方程的几何意义图示

忽略重量的影响伯努利方程可简化为

$$\frac{p}{\rho}+\frac{v^2}{2}=常数 \tag{1-48}$$

即不考虑重力影响，在流体内压力低的地方速度大，压力高的地方速度小。

（2）总流的伯努利方程　沿流线的伯努利方程用于总流上需要一定的限制条件和进行必要的修正。

图1-9为急变流和缓变流示意图，流线几乎是平行的直线的流动称为缓变流，不符合上述条件的流动称为急变流。缓变流的主要特点是：沿有效断面，$z+\dfrac{p}{\gamma}=常数$。

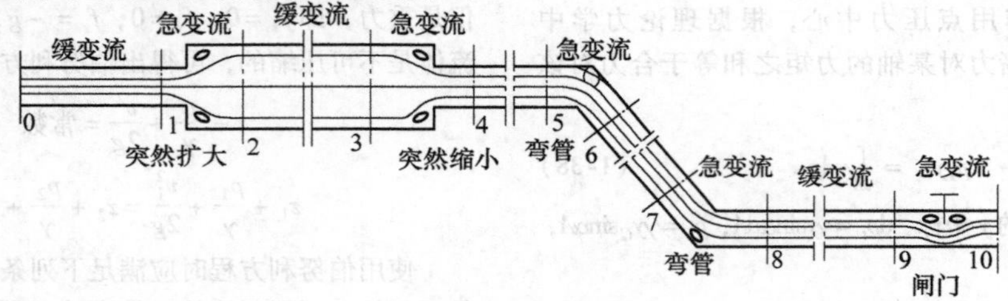

图1-9　急变流和缓变流示意图

0～10—断面（序号）

图1-10为总流中任一微元流束示意图。单位时间内通过总流有效断面A_1和A_2的能量之间的关系式为

$$\int_{A_1}(z_1+\frac{p_1}{\gamma}+\frac{v_1^2}{2g})\gamma v_1 \mathrm{d}A_1=\int_{A_2}(z_2+\frac{P_2}{\gamma}+\frac{v_2^2}{2g})\gamma v_2 \mathrm{d}A_2 \tag{1-49}$$

假设A_1，A_2都处在缓变流中，则有

$$\gamma(z_1+\frac{p_1}{\gamma})\int_{A_1}v_1\mathrm{d}A_1+\gamma\int_{A_1}\frac{v_1^2}{2g}v_1\mathrm{d}A_1$$
$$=\gamma(z_2+\frac{p_2}{\gamma})\int_{A_2}v_2\mathrm{d}A_2+\gamma\int_{A_2}\frac{v_2^2}{2g}v_2\mathrm{d}A_2 \tag{1-50}$$

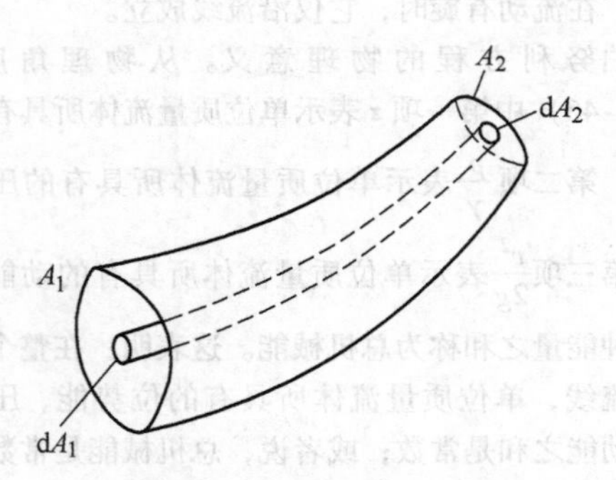

图1-10　总流中任一微元流束示意图

用平均速度$\overline{v_1}$，$\overline{v_2}$表示通过A_1和A_2的流体所具有的动能，并考虑到有效断面上速度分布的不均匀性，引入动能修正系数α：$\alpha=\dfrac{1}{A}\displaystyle\int_A(\frac{v}{\overline{v}})^3\mathrm{d}A$，在工业管道通常的工作状态下$\alpha=1.05\sim1.12$，一般可近似地取$\alpha=1$，则

$$\gamma(z_1+\frac{p_1}{\gamma})Q+\alpha_1\gamma\frac{\overline{v_1^2}}{2g}Q=\gamma(z_2+\frac{p_2}{\gamma})Q+\alpha_2\gamma\frac{\overline{v_2^2}}{2g}Q \tag{1-51}$$

用v_1和v_2代表平均速度，则有总流的伯努利方程为

$$z_1+\frac{p_1}{\gamma}+\alpha_1\frac{v_1^2}{2g}=z_2+\frac{p_2}{\gamma}+\alpha_2\frac{v_2^2}{2g} \tag{1-52}$$

如果取$\alpha_1=\alpha_2=1$，则有广泛应用得总流的伯努利方程

$$z_1+\frac{p_1}{\gamma}+\frac{v_1^2}{2g}=z_2+\frac{p_2}{\gamma}+\frac{v_2^2}{2g} \tag{1-53}$$

总流伯努利方程应用的条件如下：

1）流体是理想、不可压缩的；流动是定常的；质量力仅仅是重力。

2）所取的两个有效断面一定要处于缓变流区域，但在这两个有效断面之间可以有急变流。

3）在所取的两个有效断面之间不能有能量输入

或输出。

4) $z+\frac{p}{\gamma}$在缓变流的同一有效断面上是常数，因此，可以在断面上任意点取值，一般取断面形心处的值较方便。

1.3 传热学基础

传热学是研究热量传递规律的科学。随着现代科学技术的飞速发展，在动力机械、能源、化工、冶金、建筑、机械制造、电子、生命科学、航空航天、农业及环境保护等领域，不断涌现出多种多样的热量传递问题，需要应用传热学解决。人类进入21世纪以来，传热学的理论体系日趋完善，内容不断丰富，已经发展成为现代科学技术中充满活力和具有挑战性的重要技术基础学科。

1.3.1 导热

1. 导热理论基础

物体的温度分布，即物体的温度在时间和空间的分布函数表达式 $t=t(x, y, z, \tau)$。

（1）温度场　温度场是时间和空间的函数，即

$t=t(x, y, z, \tau)$

式中，t 为温度；x, y, z 为空间坐标；τ 为时间坐标。

温度不随时间变化，$\frac{\partial t}{\partial \tau}=0$，此时的导热称为稳态导热。稳态温度分布的表达式可简化为：$t=t(x, y, z)$。根据物体的温度在几个坐标上发生变化，又可分为一维稳态分布、二维稳态分布和三维稳态分布。

对于温度随时间变化，即$\frac{\partial t}{\partial \tau}\neq 0$的导热称为非稳态导热。

（2）等温面与等温线　温度场中同一时刻同温度的各点连成的面，称为等温面。在任何一个二维截面上等温面表现为等温线。温度场常用等温面与等温线图来表示，图1-11是用等温线图表示温度场的实例。

等温面与等温线具有以下特点：①温度不同的等温面或等温线彼此不能相交；②在连续的温度场中，等温面或等温线不会中断，它们或者是物体中完全封闭的曲面（曲线），或者就终止在物体的表面上；③等温线的疏密可直观地反映出不同区域导热热流密度的相对大小。

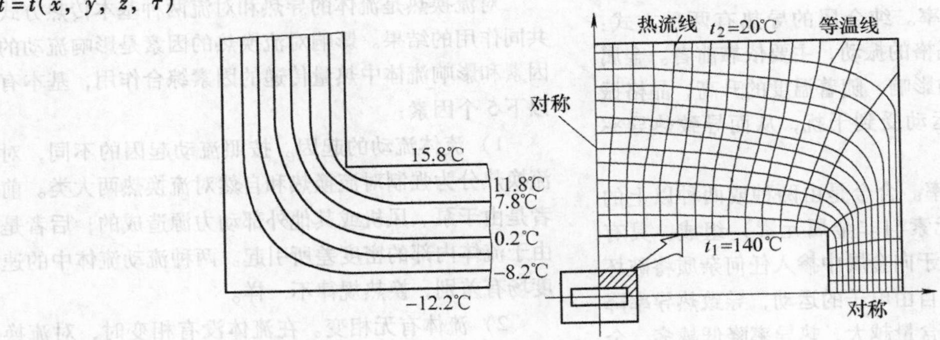

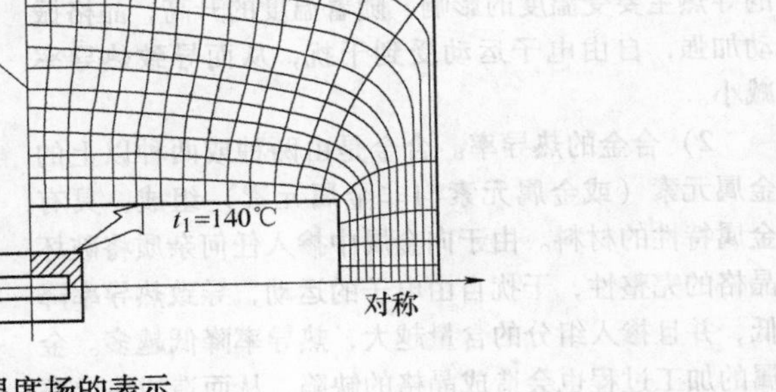

图1-11　温度场的表示

（3）温度梯度（温度变化率）　温度梯度是指沿等温面法线方向上的温度增量与法向距离比值的极限。温度梯度的数学表达式如下：

$$\operatorname{grad}t=\frac{\delta t}{\delta x}i+\frac{\delta t}{\delta y}j+\frac{\delta t}{\delta z}k \tag{1-54}$$

温度变化值与距离变化值都是标量。

（4）热流密度　单位时间、单位面积上所传递的热量称为热流密度，在不同方向上的热流密度的大小不同。热流密度符号为 q，单位为 W/m^2。

2. 导热基本定律（傅里叶定律）

傅里叶定律是反映导热现象的最基本的物理定律，其文字表述为：单位时间内通过单位截面积所传递的热量，正比例垂直于截面方向上的温度变化率，热量传递的方向与温度升高的方向相反。用热流密度 q 表示为

$$q=-\lambda\frac{\partial t}{\partial x} \tag{1-55}$$

式中，λ 是热导率 [W/(m·K)]。

3. 热导率

热导率是物质的重要热物性参数，其定义为单位温度梯度在单位时间内经单位导热面积所传递的热量。热导率的数值表征物质的导热能力大小。工程计算用的数值都由专门实验测定，列于图表及手册中供查用。影响热导率的因素主要有物质的种类、材料成分、温度、湿度、压力、密度等。通常金属的热导率很大，非金属与液体次之，气体最小。

（1）气体的导热机理及变化规律　气体的导热是由于分子的热运动和相互碰撞时发生能量传递。影响气体热导率的因素如下：

1）压力变化。气体的压力升高时，密度增大、平均自由行程减小，而两者的乘积保持不变。除非压力很低或很高，在 $2.67\times10^{-3}\sim2.0\times10^{3}$ MPa 范围内，气体的热导率基本不随压力变化。

2）温度变化。气体的温度升高时，气体分子运动速度和比定容热容随温度升高而增大，因此气体的热导率随温度升高而增大。

3）分子质量小的气体（H_2、He），因为分子运动速度大，因此热导率较大。

（2）液体的热导率　液体主要依靠晶格的振动进行导热。影响液体热导率的因素如下：

1）温度变化。大多数液体的相对分子质量不变。但随着温度的升高，液体密度降低，从而导致液体热导率降低，反之亦然。对于水和甘油等强缔合液体，分子量随温度而变化。在不同温度下，热导率随温度的变化规律不一样。

2）压力变化。液体的热导率随压力的升高而增大。

（3）固体的热导率

1）金属的热导率。纯金属的导热有两种方式：自由电子的迁移和晶格的振动，主要依靠前者。金属的导热主要受温度的影响，随着温度的升高，晶格振动加强，自由电子运动受到干扰，从而导致热导率减小。

2）合金的热导率。合金是由两种或两种以上的金属元素（或金属元素与非金属元素）组成，具有金属特性的材料。由于向金属中掺入任何杂质将破坏晶格的完整性，干扰自由电子的运动，导致热导率降低，并且掺入组分的含量越大，热导率降低越多。金属的加工过程也会造成晶格的缺陷，从而造成热导率的减小。

合金的导热依靠自由电子的迁移和晶格的振动，主要依靠后者。因此随着温度升高，晶格振动加强，导致热导率的增大。

3）非金属的热导率。非金属的导热依靠晶格的振动传递热量。一般非金属的热导率比金属的小。非金属的热导率与温度有关：温度升高、晶格振动加强，都会导致热导率的增大。非金属材料的热导率范围：$\lambda\approx0.025\sim3\text{W/(m·K)}$。

保温材料的国家标准：温度低于350℃时，热导率小于0.12W/(m·K)的材料为隔热材料，即保温材料。

4. 热扩散率

热扩散率 $a=\dfrac{\lambda}{\rho c}$，单位为 m^2/s，过去称为导温系数。反映了导热过程中材料的导热能力（λ）与沿途物质储热能力（ρc）之间的关系。热扩散率的大小表征了物体被加热或冷却时，物体内各部分温度趋向于均匀一致的能力。从温度的角度出发，在同样加热条件下，物体的热扩散率越大，物体内部各处的温度差别越小。热扩散率 a 的大小表征了物体传播温度变化的能力，它是反应物体导热过程动态特性的重要物理量，是研究不稳态导热的重要物性参数。

1.3.2　对流换热的理论基础及计算

1. 对流换热的理论基础

在工程实践中，存在大量的对流换热实例，如换热器管内流动、沸腾换热等。流体流过固体表面所发生的热量交换称为对流换热。

（1）牛顿冷却公式及影响对流换热的因素　对流换热是指流体流经固体时流体与固体表面之间的热量传递现象。对流换热的基本计算公式是牛顿冷却公式，即热流密度 $q=h\Delta t$，其中，h 为对流换热系数；对于面积为 A 的接触面，则对流换热量 $\Phi=hA\Delta t_m$。其中，Δt_m 为换热面与流经该面流体的平均温差。约定 q 和 Φ 总是取正值，Δt 和 Δt_m 也总是取正值。

对流换热是流体的导热和对流两种基本传热方式共同作用的结果。影响对流换热的因素是影响流动的因素和影响流体中热量传递的因素综合作用，基本有以下5个因素：

1）流体流动的起因。按照流动起因的不同，对流换热分为强制对流换热和自然对流换热两大类。前者是由于泵、风机或其他外部动力源造成的；后者是由于流体内部的密度差所引起。两种流动流体中的速度场有差别，换热规律不一样。

2）流体有无相变。在流体没有相变时，对流换热中的热量交换是由于流体的显热变化而实现的；而在有相变的换热过程中（如沸腾或凝结时），流体的相变潜热往往起着主要作用，因而换热规律与无相变时不同。

3）流体的流动（单相流动）状态。黏性流体在层流时，流体微团沿着主流方向做有规则的分层流动，而湍流时，流体各部分之间发生剧烈的混合。因此，在其他条件相同时，两种流态的换热能力不相同。

4）流体的物理性质。流体的物理性质，如流体密度，动力黏度，热导率等对流体的流动和流体中的热量传递都有影响。

5）换热表面的几何因素。换热表面的形状、大小、换热表面与流体运动方向不同的流动条件，对换热的影响是不同的。

（2）相似原理与对流换热问题的无量纲准则方程

式的建立　通过实验求取对流换热的实验关联式，是传热学解决问题的重要手段。但对于存在着许多影响因素的复杂物理现象，要找出众多变量间的函数关系，实验次数十分庞大。为了减少实验次数，得出具有一定通用性的结果，必须在相似原理的指导下进行实验。

1）相似。同类的物理现象，在相应的时刻与相应的地点上与现象有关的物理量一一对应成比例，即为彼此相似。相似的概念只限于在同类的物理现象之间，即指用相同形式并具有相同内容的微分方程式所描写的现象。两个彼此相似的稳态对流换热现象，必须具备几何形状相似、温度场分布相似、速度场分布相似及热物性场相似等。凡是相似的物理现象，其物理量的场一定可以用一个统一的无量纲的场来表示。

2）判断两个同类现象相似的条件。相似原理规定物理现象相似所必须满足的条件。

① 同名的已定特征数相等。已定特征数是由所研究问题的已知量组成的特征数。

② 单值性条件相似。包括初始条件、边界条件、几何条件和物理条件。

3）物理量无量纲化和特征数方程。物理量无量纲化，是通过确定某一特征尺度，使物理量无量纲。表示物理现象的解的无量纲量之间的函数关系式，称为特征数方程。

4）相似分析法。相似分析法根据相似现象的基本定义——各个物理量的场对应成比例，对于过程有关的量引入两个现象之间的一系列比例系数（称相似倍数），然后应用描述该过程的一些数学关系式，导出制约这些相似倍数间的关系，从而得出相应的相似特征数。

① 雷诺数 Re。若流体的两个运动现象相似，则 $Re'=Re''$，其中 Re 为表示流动相似的无量纲数，且 $Re=\frac{ud}{\nu}$。

② 贝克莱数 Pe。如两热量传递现象相似，则有 $Pe'=Pe''$，其中 Pe 表示热量传递现象相似的无量纲数，且 $Pe=\frac{ud}{a}$。

③ 普朗特数 Pr。$Pr=\frac{\nu}{a}$也是一个无量纲数，表示动量扩散厚度与热量扩散厚度之比的一种度量。

④ 努塞尔数 Nu。图 1-12 表示流体与固体间的对流换热现象，有

$$h'=-\frac{\lambda'}{\Delta t'}\left.\frac{\partial t'}{\partial y'}\right|_{y'=0}=0$$

由相似现象定义导得

$$\frac{h'y'}{\lambda'}=\frac{h''y''}{\lambda''}$$

即

$$Nu'=Nu''$$

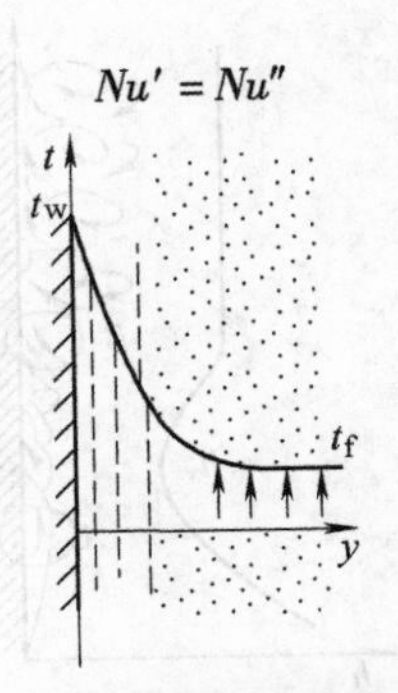

图 1-12　流体中的温度分布

式中，Nu 为无量纲数，$Nu=\frac{hy}{\lambda}$（y 是边界层厚度）。

⑤ 格拉晓夫数 Gr。表明自然对流中浮升力的影响，是浮升力与黏性力之比的一种量度。$Gr=\frac{g\alpha\Delta tl^3}{\nu^2}$，$\Delta t=t_w-t_\infty$。

式中，α 是流体的体胀系数；l 是特征长度。

应用相似原理可指导试验的安排及试验数据的处理，并将结果整理成特征数间的关系式，但具体的函数形式以及定性温度和特征长度的确定，则带有经验的性质。

2. 对流换热问题

（1）自然对流换热　不依靠泵或风机等外力推动，由流体自身温度场的不均匀所引起的流动称为自然对流。

自然对流分为层流和湍流。图 1-13 为贴近热竖壁的自然对流情况。在壁的下部，流动刚开始形成，它是有规则的层流；若壁面足够高，则上部流动会转变为湍流。不同的流动状态对换热具有决定性的影响。层流时，换热热阻主要取决于薄层的厚度。从换热壁面下端开始，随着高度的增加，层流薄层的厚度也逐渐增加。图中的曲线表示换热系数 h_x 沿竖壁高度 x 的变化。可见，h_x 随高度增加而减小。如果壁面高度足够，流体的流动将逐渐转变为湍流。湍流时换热规律有所变化。旺盛湍流时，局部表面换热系数 h_x 几乎是常量。

自然对流换热分为大空间和有限空间两类。在大空间自然对流换热情况下，流体的冷却和加热过程互不影响。

（2）强制对流换热　影响强制对流换热的主要因素有：

1）层流和湍流流动形态的影响。当 $Re<2300$ 时，流动为层流；当 $2300<Re<10000$ 时，流动处于过渡区内；当 $10000<Re$ 时，流动为旺盛湍流。

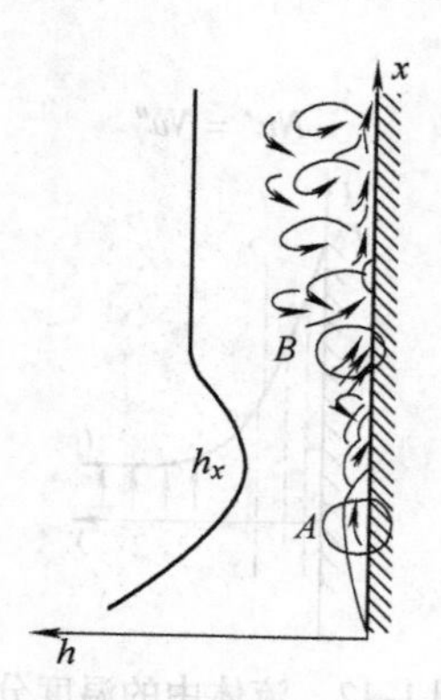

图 1-13　贴近热竖壁的自然对流情况

2）入口段的影响。入口段的热边界层薄，表面传热系数高。层流入口段的 $l/d\approx0.05RePr$；湍流入口段，$l/d\approx60$。层流、湍流入口段示意图如图 1-14 所示。

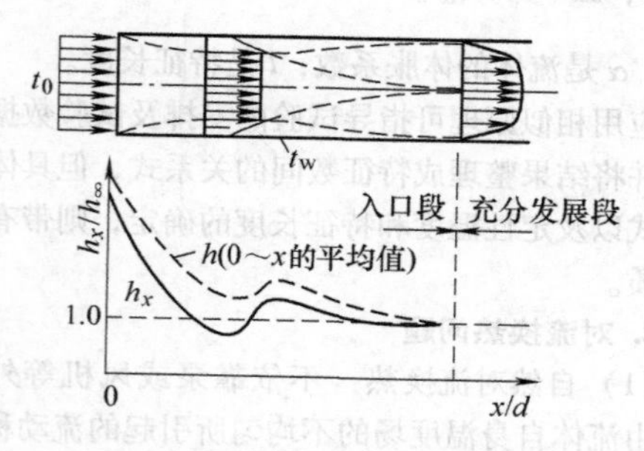

图 1-14　层流、湍流入口段示意图

3）热边界条件的影响。热边界条件指均匀壁温和均匀热流。除液态金属外，湍流对两种条件的差别可不计；层流的两种边界条件下的换热系数差别明显。流体温度和壁面温度沿主流方向的变化如图 1-15所示。

4）特征速度及定性温度的确定。特征速度一般取截面平均流速。定性温度多为截面上流体的平均温度，或进出口截面平均温度。

5）牛顿冷却公式中的平均温差。对恒热流条件，可取 (t_w-t_f) 作为 Δt_m。此时有

$$h_m A\Delta t_m = q_m c_p(t''_f - t'_f)$$

式中，q_m 是质量流量；t''_f、t'_f分别是出口、进口截面上的平均温度；Δt_m 是对数平均温差，$\Delta t_m = \dfrac{t''_f - t'_f}{\ln\left(\dfrac{t_w - t'_f}{t_w - t''_f}\right)}$。

1.3.3　辐射换热的基础理论

热辐射是热量传递的三种基本方式之一，在许多领域中具有重要应用。日常生活中也随处可见热辐射

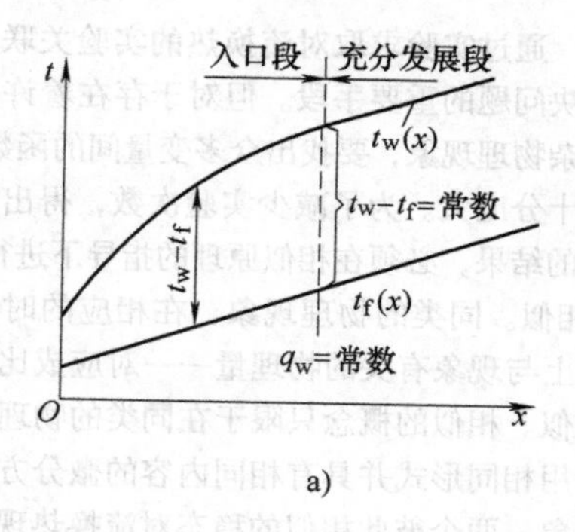

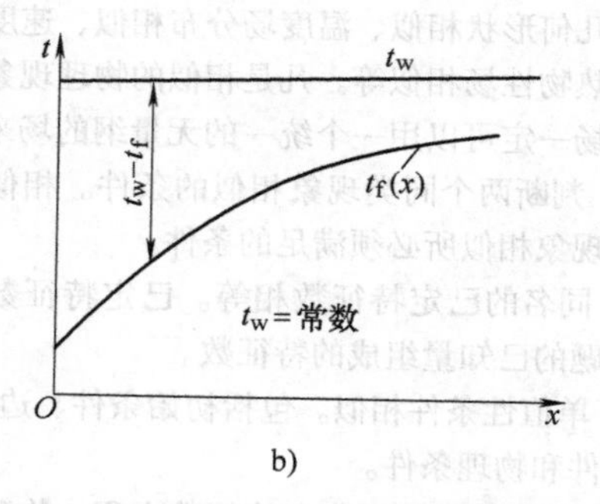

图 1-15　流体温度和壁面温度沿主流方向的变化
a）均匀热流密度　b）均匀壁温

的例子。

1. 辐射换热的理论基础

（1）热辐射的基本概念

1）热辐射及其特点。辐射是电磁波传递能量的现象。热辐射是由热运动产生的电磁波辐射，是一种以电磁波形式传递热量的传热方式。

热辐射的特点为：①热辐射可以在真空中传播，并且具有强烈的方向性；②热辐射不同于导热和对流传热，在热量传递过程中伴随着能量形式的转变，辐射换热则是指物体之间相互辐射和吸收的总效果；③热辐射的辐射能与温度和波长均有关，物体辐射力与热力学温度的 4 次方成正比。

热辐射具有一般辐射现象的共性。热辐射的传播速度与其他电磁波辐射一样为光速。电磁波的速率、波长和频率存在如下关系：

$$c = f\lambda$$

式中，c 是电磁波传播速率，在真空中 $c=3\times10^8$m/s，在大气中的传播速率略低于此值；f 是频率（s^{-1}）；λ 是波长（m），常用单位为 μm。

2）吸收比、反射比和穿透比。当热辐射投射到物体表面上时，一般会发生三种现象，即吸收、反射、穿透。设外界投射到物体表面上的总能量为 Q，其中 Q_α 被物体吸收，Q_ρ 被物体反射，Q_τ 穿透过物

体。各能量之比 $\alpha=Q_\alpha/Q$、$\rho=Q_\rho/Q$ 和 $\tau=Q_\tau/Q$ 分别称为该物体对投入辐射的吸收比、反射比和穿透比，且有 $\alpha+\rho+\tau=1$。

3）镜面反射、漫反射，黑体、白体和透明体。和可见光一样，辐射能投射到物体表面后会发生镜面反射和漫反射，这取决于表面粗糙程度。当表面的不平整尺寸小于投入辐射的波长时，形成镜面反射，此时入射角等于反射角，如图1-16所示。当表面的不平整尺寸大于投入辐射的波长时，形成漫反射，即从某一方向投射到物体表面上的辐射向空间各个方向反射出去，如图1-17所示。

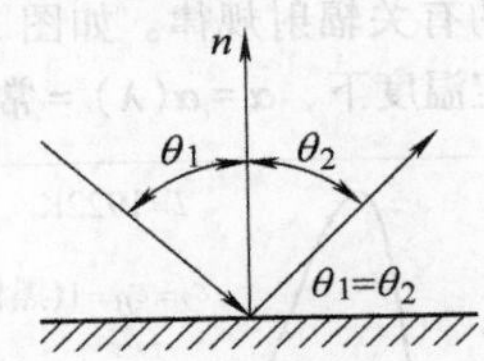

图1-16　镜面反射

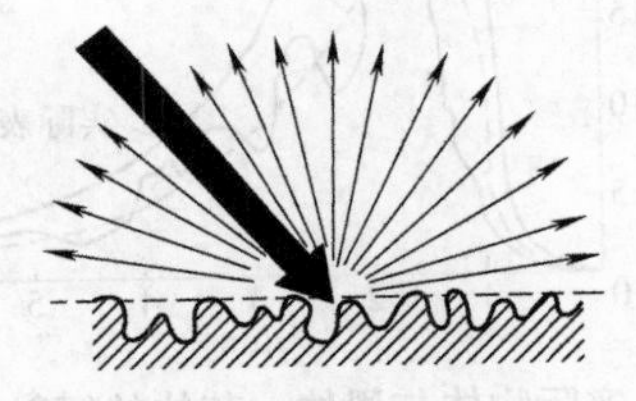

图1-17　漫反射

吸收比 $\alpha=1$ 的物体为绝对黑体（简称黑体）；反射比 $\rho=1$ 的物体为镜体或白体；穿透比 $\tau=1$ 的物体为绝对透明体（简称透明体）。显然，黑体、白体、镜体和透明体都是假定的理想物体。

4）人工黑体。黑体是吸收比 $\alpha=1$ 的物体，即黑体能吸收投入到其表面上的所有热辐射能，在相同温度的物体中，黑体的辐射能力最大。黑体是一个假想的概念。人造黑体是人工制造出近似的黑体。就辐射特性而言，小孔具有黑体表面一样的性质。黑体模型如图1-18所示。

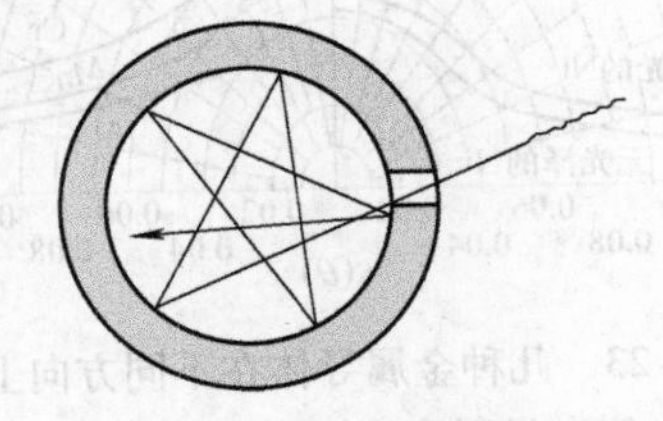

图1-18　黑体模型

（2）黑体辐射的基本概念与基本定律

1）辐射力 E 及光谱辐射力 E_λ。

① 辐射力 E。辐射力是单位时间内，物体的单位表面积向半球空间发射的全部波长的能量总和，单位为 W/m^2。辐射力从总体上表征物体发射辐射能本领的大小。

② 黑体辐射力可表示为 $E_b=\int_0^\infty E_{b\lambda}d\lambda$。

2）黑体辐射的基本定律。

① 普朗克定律（Planck）。普朗克定律揭示了黑体辐射能按照波长的分布规律，它给出了黑体光谱辐射力 $E_{b\lambda}$ 与波长和温度的依变关系。根据量子力学理论推导得到的普朗克定律的数学表达式为

$$E_{b\lambda}=\frac{c_1\lambda^{-5}}{e^{c_2/(\lambda T)}-1}$$

式中，λ 是波长（m）；T 是黑体温度（K）；c_1、c_2 是常数，$c_1=3.742\times10^{-16}\ W\cdot m^2$，$c_2=1.4388\times10^{-2}m\cdot K$。

普朗克定律的图示如图1-19所示。

② 斯忒藩－玻尔兹曼（Stefan－Boltzmann）定律。将普朗克定律表达式代入 $E_b=\int_0^\infty E_{b\lambda}d\lambda$ 积分，得

$$E_b=\int_0^\infty E_{b\lambda}d\lambda=\int_0^\infty\frac{c_1\lambda^{-5}}{e^{c_2/(\lambda T)}-1}d\lambda=\sigma T^4$$

式中，σ 是斯忒藩－波尔兹曼常数，$\sigma=5.67\times10^{-8}\ W/(m^2\cdot K^4)$。

斯忒藩－波尔兹曼定律又称四次方定律，它说明黑体辐射力正比例于其热力学温度的四次方。该定律说明在相应温度下黑体在全波长内的总的辐射力。

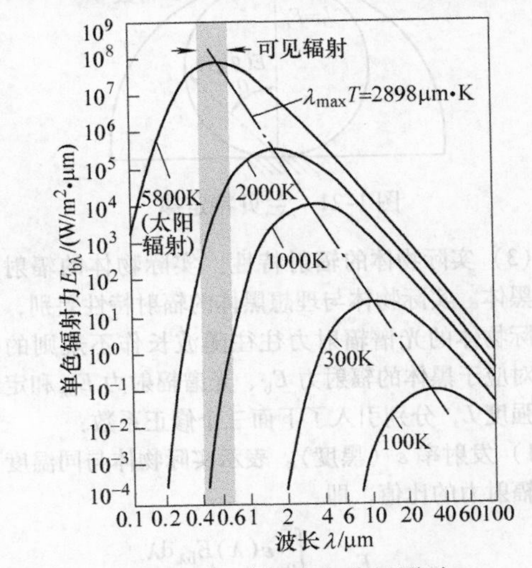

图1-19　普朗克定律的图示

为计算方便，改写上式为

$$E_b = C_b\left(\frac{T}{100}\right)^4$$

式中，C_b 是黑体辐射系数，$C_b = 5.67\text{W}/(\text{m}^2\cdot\text{K}^4)$。

③ 兰贝特（Lambert）定律。定向辐射强度 L 与方向无关的规律称为兰贝特定律。黑体辐射是符合兰贝特定律的，即 $L(\theta,\varphi) = L =$ 常量。对于服从兰贝特定律的辐射表达式为

$$\frac{\mathrm{d}\Phi(\theta,\varphi)}{\mathrm{d}A\mathrm{d}\Omega} = L\cos\theta$$

上式表明，单位面积发出的辐射能，落到空间不同方向单位立体角内的能量的数值不等，其值正比于该方向与辐射面发射方向夹角 θ 的余弦。所以兰贝特定律又称余弦定律。

立体角 Ω 是一空间角度，其计算式是球面面积除以球半径的平方，即：$\Omega = \frac{A_c}{r^2}$，单位为 sr（球面度）。定向辐射强度的定义如图 1-20 所示，兰贝特定律如图 1-21 所示。

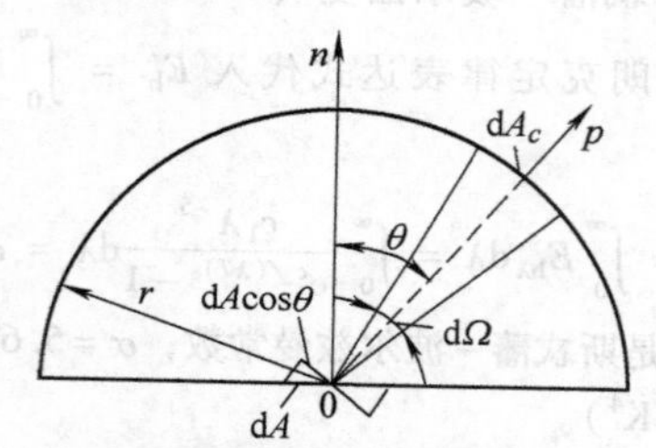

图 1-20 定向辐射强度的定义

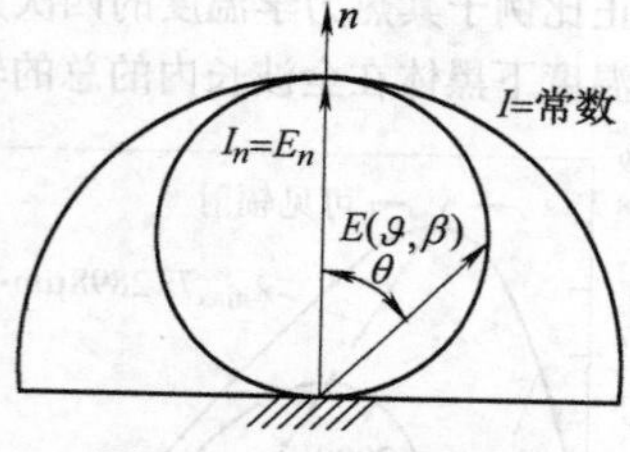

图 1-21 兰贝特定律

（3）实际物体的辐射特性 实际物体的辐射不同于黑体。实际物体与理想黑体的辐射特性差别，在于实际物体的光谱辐射力往往随波长作不规则的变化。对应于黑体的辐射力 E_b、光谱辐射力 $E_{b\lambda}$ 和定向辐射强度 L，分别引入了下面三个修正系数：

1）发射率 ε（黑度）。表示实际物体与同温度下黑体辐射力的比值，即

$$\varepsilon = \frac{E}{E_b} = \frac{\int_0^\infty \varepsilon(\lambda)E_{b\lambda}\mathrm{d}\lambda}{\sigma T^4}$$

2）光谱发射率 $\varepsilon(\lambda)$（单色黑度）。表示实际物体的光谱辐射力 E_λ 与同温度下黑体光谱辐射力 $E_{b\lambda}$ 的比值，即

$$\varepsilon(\lambda) = \frac{E_\lambda}{E_{b\lambda}}$$

3）定向发射率 $\varepsilon(\theta)$（定向黑度）。表示实际物体的定向辐射强度与同温度下黑体的定向辐射强度之比，即

$$\varepsilon(\theta) = \frac{L(\theta)}{L_b(\theta)} = \frac{L(\theta)}{L_b}$$

4）灰体与实际物体的辐射特性。灰体也是一种理想的物体。把光谱吸收比与波长无关的物体称为灰体。它与黑体的区别在于其吸收率小于 1，但灰体遵守黑体所遵循的有关辐射规律。如图 1-22 中虚线所示。灰体在一定温度下，$\alpha = \alpha(\lambda) =$ 常数。

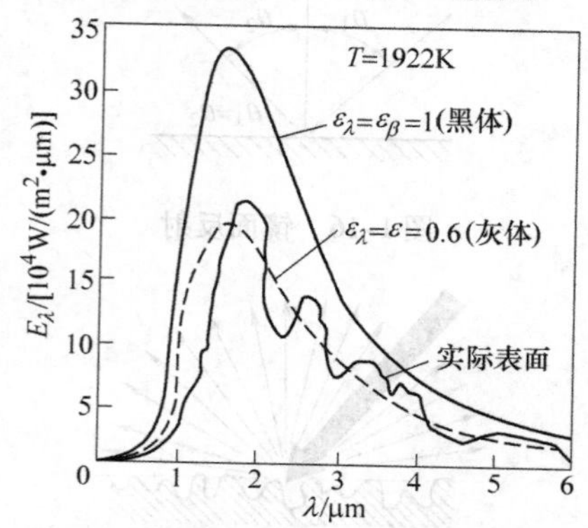

图 1-22 实际物体与黑体、灰体的辐射能量光谱

实际物体与黑体、灰体不同：a）实际物体的辐射力与黑体、灰体的辐射力特征存在明显的差别，如图 1-22 所示。b）实际物体的辐射力并不完全与热力学温度的四次方成正比。c）实际物体的定向辐射强度也不严格遵守兰贝特定律等。实际物体的辐射特性在定性上与黑体相似，但定量上比较复杂，一般需要实验来确定。图 1-23、图 1-24 所示为一些材料的定向发射率 $\varepsilon(\theta)$。

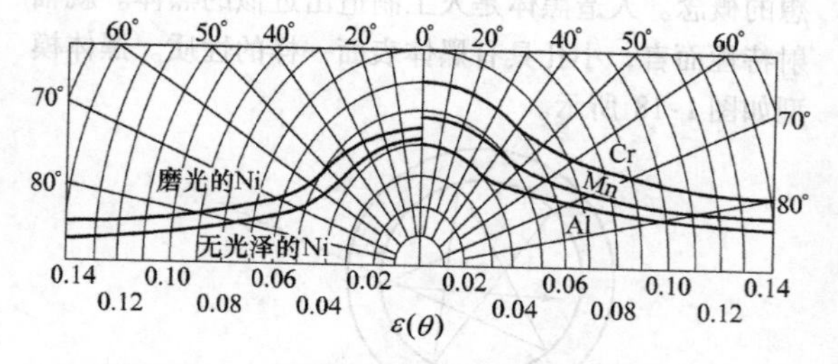

图 1-23 几种金属导体在不同方向上的定向发射率 $\varepsilon(\theta)$（$t = 150℃$）

（4）实际物体的吸收比和基尔霍夫定律

1）投入辐射。单位时间内从外界辐射到物体单

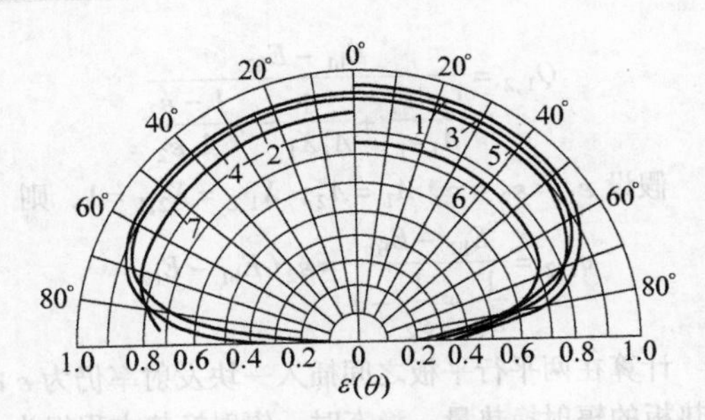

图1-24　几种非导电体材料在不同方向上的定向发射率 $\varepsilon(\theta)$（$t=0\sim93.3$℃）

1—潮湿的冰　2—木材　3—玻璃　4—纸　5—黏土　6—氧化铜　7—氧化铝

位表面积上的能量称为该物体的投入辐射。物体对投入辐射所吸收的分数称为该物体的吸收比，即

$$\alpha=\frac{\text{吸收的能量}}{\text{投入的能量（投入辐射）}}$$

实际物体的吸收比 α 取决于两方面的因素：吸收物体的本身情况（物质的种类、表面温度和表面状况）和投入辐射的特性。

2）光谱吸收比（单色吸收比）。物体对某一特定波长的辐射能所吸收的分数称为光谱吸收比，也叫单色吸收比，即

$$\alpha(\lambda,T_1)=\frac{\text{吸收的某一特定波长的能量}}{\text{投入的某一特定波长的能量}}$$

图1-25和图1-26所示分别为室温下几种材料的光谱吸收比同波长的关系。

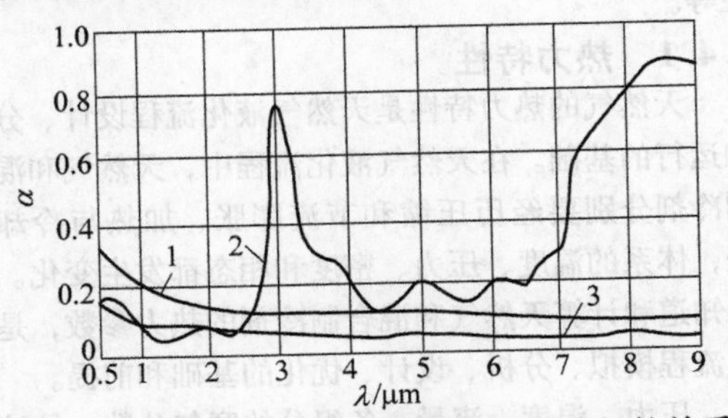

图1-25　金属导电体的光谱吸收比同波长的关系

1—磨光的铝　2—阳极氧化的铝　3—磨光的铜

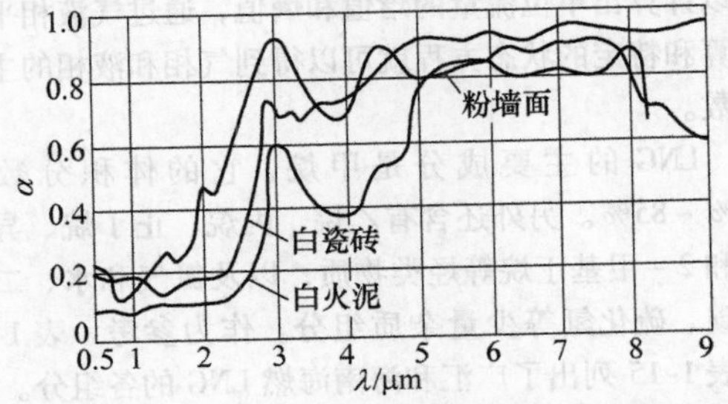

图1-26　非导电体材料的光谱吸收比同波长的关系

物体的吸收比除与自身表面的性质和温度（T_1）有关外，还与投入辐射按波长的能量分布有关。投入辐射按波长的能量分布取决于发出投入辐射的物体的性质和温度（T_2）。因此，物体的吸收比要根据吸收一方和发出投入辐射的一方这两方的性质和温度来确定。设下标1、2分别代表所研究的物体及产生投入辐射的物体，则物体1的吸收比的数学表达式为

$$\alpha_1=\frac{\int_0^\infty\alpha(\lambda,T_1)\varepsilon(\lambda,T_2)E_{b\lambda}(T_2)\mathrm{d}\lambda}{\int_0^\infty\varepsilon(\lambda,T_2)E_{b\lambda}(T_2)\mathrm{d}\lambda}=f(T_1,T_2,\text{表面1和表面2的性质})$$

如果投入辐射来自黑体，由于 $\varepsilon_b(\lambda,T_2)=1$，则

$$\alpha_1=\frac{\int_0^\infty\alpha(\lambda,T_1)E_{b\lambda}(T_2)\mathrm{d}\lambda}{\int_0^\infty E_{b\lambda}(T_2)\mathrm{d}\lambda}=\frac{\int_0^{\infty}\alpha(\lambda,T_1)E_{b\lambda}(T_2)\mathrm{d}\lambda}{\sigma T_2^4}=f(T_1,T_2,\text{表面1的性质})$$

对一定的物体，其对黑体辐射的吸收比是温度 T_1、T_2 的函数。图1-27所示为一些材料的物体表面对黑体辐射的吸收比与温度的关系。

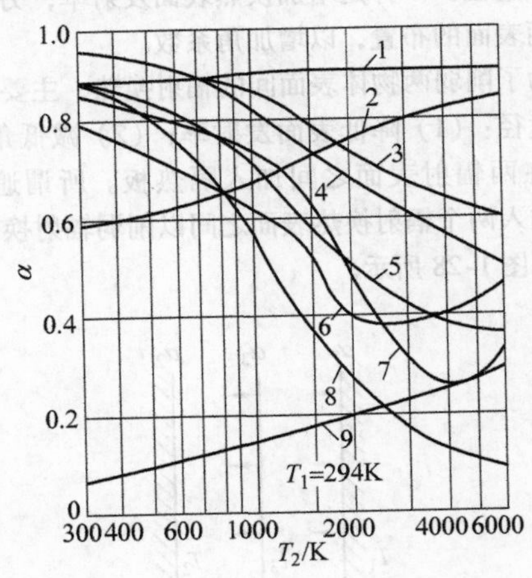

图1-27　物体表面对黑体辐射的吸收比与温度的关系

1—房顶瓦　2—石墨　3—混凝土　4—陶瓷　5—石棉　6—软木　7—木材　8—白色耐火土　9—铝

（5）基尔霍夫（Kirchhoff）定律　基尔霍夫定律的数学表达式为

$$\alpha E_b=E\ \Rightarrow\ \alpha=\frac{E}{E_b}=\varepsilon$$

该式说明，在热力学平衡状态下，物体的吸收率等于

它的发射率。

基尔霍夫定律揭示了实际物体的发射辐射能的能力与它的吸收能力的相对关系。在实际工程应用中，按照多种适用条件，基尔霍夫定律的不同表达式见表1-13。对于大多数工程计算，主要应用其中“全波段、半球”的表达式。

表1-13　基尔霍夫定律的不同表达式

层　次	数学表达式	成立条件
光谱、定向	$\varepsilon(\lambda,T)=\alpha(\lambda,T)$	无条件
光谱、半球	$\varepsilon(\lambda,T)=\alpha(\lambda,T)$	漫射表面
全波段、半球	$\varepsilon(T)=\alpha(T)$	与黑体处于热平衡或对漫灰表面

在大多数条件下物体可按灰体处理，即物体的光谱吸收比与波长无关，其发射和吸收辐射与黑体在形式上完全一样，只是减小了一个相同的比例。根据基尔霍夫定律可知，物体的辐射力越大，其吸收能力也越大，即善于辐射的物体必善于吸收，反之亦然。同温度下，黑体的辐射力最大。

2. 辐射换热的强化与削弱

工程上根据不同情况需要对辐射换热予以强化或削弱。在一定温度下要强化两表面间的辐射换热主要有两种途径：一种是增加换热表面发射率，另一种是改变两表面的布置，以增加角系数。

为了削弱两物体表面间的辐射换热，主要有以下三种途径：（1）降低表面发射率；（2）减低角系数；（3）在两辐射表面之间加入隔热板。所谓遮热板，是指插入两个辐射换热表面之间以削弱辐射换热的薄板，如图1-28所示。

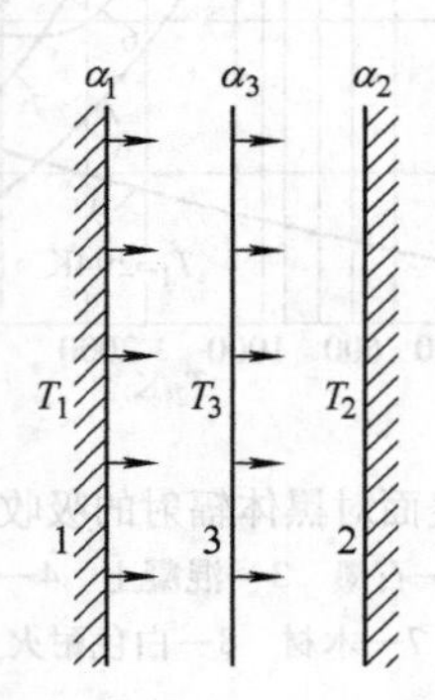

图1-28　遮热板

对于两个无限大平面组成的封闭系统，其换热量为

$$Q_{1,2}=\frac{E_{b1}-E_{b2}}{\dfrac{1-\varepsilon_1}{A_1\varepsilon_1}+\dfrac{1}{A_1X_{1,2}}+\dfrac{1-\varepsilon_2}{A_2\varepsilon_2}}$$

假设 $\varepsilon_1=\varepsilon_2=\varepsilon$，$A_1=A_2$，$X_{1,2}=X_{2,1}=1$，则

$$q_{1,2}=\frac{E_{b1}-E_{b2}}{\dfrac{1}{\varepsilon_1}+\dfrac{1}{\varepsilon_2}-1}=\varepsilon_2(E_{b1}-E_{b2})$$

计算在两平行平板之间插入一块发射率仍为 ε 的遮热板的辐射换热量，稳态时，辐射换热方程组为

$$\begin{cases}q_{1,3}=\varepsilon_s(E_{b1}-E_{b3})\\ q_{3,2}=\varepsilon_s(E_{b3}-E_{b2})\Rightarrow q_{1,2}=\dfrac{1}{2}\varepsilon_s(E_{b1}-E_{b2})\\ q_{1,2}=q_{1,3}=q_{3,2}\end{cases}$$

与没有遮热板时相比，辐射换热量减小了一半。

1.4　液化天然气的一般特性

液化天然气（LNG）的一般特征主要由其热物理性质决定，可以分为热力学性质和迁移性质两大类。热力学性质包括密度、比热容、焓、熵、逸度系数等，近年来对热力学性质的研究有了很大进展，采用状态方程可以比较准确地预测混合工质的热力学性质。迁移性质则包括热导率、黏度、扩散系数，这些都是压缩机、换热器、泵的设计所必需的物性参数，涉及动量、热量和质量传递计算。下面主要从工程设计、计算和应用的角度，介绍热力特性和传输特性等。

1.4.1　热力特性

天然气的热力特性是天然气液化流程设计、分析和运行的基础。在天然气液化流程中，天然气和混合制冷剂分别要经历压缩和节流膨胀、加热与冷却过程，体系的温度、压力、密度和相态都发生变化。精确知道和计算天然气和混合制冷剂的热力参数，是液化流程模拟、分析、设计、优化的基础和前提。

压力、温度、流量、各组分的摩尔分数，是计算一个节点其他热力参数的基本数据，知道了它们，就可以计算出单位流量的焓值和熵值，通过气液相平衡计算和特定的状态方程就可以得到气相和液相的主要参数。

LNG的主要成分是甲烷，它的体积分数为80%～85%。另外还含有乙烷、丙烷、正丁烷、异丁烷和2－甲基丁烷等烃类物质，以及氮气和水、二氧化碳、硫化氢等少量杂质组分。作为参考，表1-14和表1-15列出了广汇和海南海燃LNG的各组分。

表1-14　广汇 LNG 组分（体积分数）

组分名称	含量（%）	饱和温度/℃	密度/（kg/m³）
CH_4（甲烷）	85.26	-136.58	429.41
C_2H_6（乙烷）	13.7		
C_3H_8（丙烷）	0.512		
$i-C_4H_{10}$（异丁烷）	0.017		
$n-C_4H_{10}$（正丁烷）	0.007		
N_2（氮）	0.558		

表1-15　海南海燃 LNG 的组分（摩尔分数）

组分名称	含量（%）	饱和温度/℃	密度/（kg/m³）
CH_4（甲烷）	79.021	-137.77	453.31
C_2H_6（乙烷）	16.886		
C_3H_8（丙烷）	2.743		
$i-C_4H_{10}$（异丁烷）	0.053		
$n-C_4H_{10}$（正丁烷）	0.024		
$i-C_5H_{12}$（异戊烷）	0.001		
N_2（氮）	1.270		
CO_2（二氧化碳）	0.002		

甲烷，分子式 CH_4。甲烷是最简单的烷烃，也是有机物中最简单的稳定化合物。植物在没有空气的条件下腐烂及一些复杂分子经过断裂最终会生成甲烷。天然气的主要成分是甲烷，煤矿瓦斯气、沼气池中的沼气也含有大量甲烷。甲烷为无色无臭的可燃气体，也是优质民用燃料。乙烷，结构式为 CH_3-CH_3，亦是无色无臭的可燃气体。丙烷，结构式为 $CH_3-CH_2-CH_3$，常温常压下丙烷为无色无臭的易燃气体。丁烷有两种异构体，即正丁烷和异丁烷。正丁烷，结构式为 $CH_3-CH_2-CH_2-CH_3$。异丁烷，又名2-甲基丙烷，结构式为 $(CH_3)_2CH-CH_3$。常温常压下丁烷亦为无色可燃气体，有轻微的令人不愉快的气味。LNG 组分的一般热力特性见表1-16。

氮是一种常见的元素，氮气是空气中最主要的成分，大气中氮气的体积分数为78.484%。氮气主要分布在地球表面的大气层中，在地层中也蕴藏有氮气。氮气在常温常压下是无色、无味、无臭气体，低温下冷凝为无色的液体，继续降温可凝固成固体。

自然界中稳定存在的氮同位素有两种，即 ^{14}N 和 ^{15}N，相对比率分别为99.635%和0.365%。重同位素可以用来作为示踪剂。

表1-16　LNG 组分的热力特性

性质		甲烷	乙烷	丙烷	正丁烷	异丁烷
摩尔质量/(g/mol)		16.04	30.07	44.094	58.124	58.124
摩尔体积（标准状态）/(L/mol)		22.38	22.16	21.99	21.50	21.73
密度（标准状态）/(kg/m³)		0.7167	1.3567	2.005	2.703	2.675
沸点	温度/K	111.75	184.55	230.95	272.65	261.42
	汽化热/(kJ/mol)	509.74	488.77	426.05	385.56	366.60
	气体密度/(kg/m³)	1.8	2.06	2.32	2.715	2.786
	液体密度/(kg/m³)	426	546.87	582	601	596
临界点	温度/K	190.7	305.45	369.95	425.16	408.13
	压力/MPa	4.64	4.89	4.26	3.797	3.648
	密度/(kg/m³)	160.4	204.5	220.5	228.0	221.0
三相点	温度/K	90.6	90.4	85.47	134.81	113.56
	压力/kPa	11.65	9.22×10^{-4}	5.42×10^{-7}	5.40×10^{-4}	2.03×10^{-5}
	固体密度/(kg/m³)	—	698	—	—	—
	液体密度/(kg/m³)	450.7	652.5	731.9	—	—
熔点	温度/K	90.65	89.85	85.45	134.85	113.55
	熔解热/(kJ/kg)	58.189	95.195	79.97	80.248	78.159
比热容（标准态）/[kJ/(kg·K)]	c_p	2.202	1.712	1.624	1.662	1.620
	c_V	1.675	1.453	1.436	1.511	1.457

（续）

性质	甲烷	乙烷	丙烷	正丁烷	异丁烷
热导率（标准态）/[W/(m·K)]	0.030	0.0184	0.0150	0.0136	0.0140
气/液（体积比）	591	403	290	222	223
表面张力/(mN/m)	15.8（103K）	17.93	15.15（233K）	20.88（0℃）	18.7（0℃）
黏度（标准状态）/(μPa·s)	10.3	8.5	7.5	8.0	7.47
燃烧热/(kJ/m³)	35877	64473	93018	118960	122142
闪点/K	85	138	169.2	199	190
燃点（空气中，101.3kPa）/K	811	788	741	693	693
在空气中的爆炸极限（20℃）（%）	5.3～14.0	3.0～12.5	2.3～9.5	1.86～8.41	1.8～8.5

在通常条件下，氮是化学惰性的。在常温、常压下，除金属锂等极少数元素外，氮几乎不与任何物质发生反应。只有在极高的温度下，双原子分子氮才会分解为单原子。在高温、高压或有催化剂存在的特定条件下，氮可以与许多物质发生反应。反应生成物中，氮主要表现为正五价或负三价。

氮气一般从空气中分离得到。从空气分离制氮可以采取低温精馏法、变压吸附法、膜分离法等方法。此外，氮也可以通过燃烧法、氨热分解法、叠氮化钠（NaN_3）热分解法等方法制取。氮的一般物理性质见表1-17。

一氧化碳（CO）由碳或含碳化合物的不完全燃烧产生，是碳的低价氧化物。二氧化碳是碳的高价氧化物。一氧化碳是无色、无味、无臭、无刺激性、可燃烧的有毒气体。低温下，固态一氧化碳有两种同素异形体。在3.75kPa压力下，形体转变温度为61.55K，低于61.55K为立方体一氧化碳，高于61.55K时转变为六方体一氧化碳，转变热0.632kJ/mol。工业上，一氧化碳主要由煤的汽化，天然气或石油烃的蒸气转化来制备。作为工业气体时，其纯度不低于98%～99%。

表1-17 氮的一般物理性质

性质		数值
摩尔质量/(g/mol)		28.0164
摩尔体积（标准状态）/(L/mol)		22.40
密度（标准状态）/(kg/m³)		1.2507
临界状态	温度/K	126.21
	压力/MPa	3.3978
	密度/(kg/m³)	313.22
三相点	温度/K	63.148
	压力/MPa	0.01253
	液体密度/(kg/m³)	873
	固体密度/(kg/m³)	947
	熔解热/(kJ/kg)	25.73
沸点	温度（0.101MPa）/K	77.35
	气体密度/(kg/m³)	4.69
	液体密度/(kg/m³)	810
	汽化热/(kJ/mol)	196.895

性质		数值
熔点	温度/K	63.29
	熔解热/(kJ/mol)	719.6
热导率/[W/(m·K)]	气体	0.2579
	液体	1.4963
比热容（288.8K，0.101MPa）/[kJ/(kg·K)]	C_p	1.04
	C_V	0.741
$\kappa = C_p/C_V$		1.40
气体黏度（63K，0.101MPa）/(μPa·s)		879.2×10^{-2}
液体黏度（64K，0.101MPa）/(Pa·s)		2.10×10^{-5}
液体表面张力（70K）/(N/m)		4.624×10^{-3}
折射率（293.16K，0.101MPa）		1.00052
声速（300K，0.101MPa）/(m/s)		353.1
气/液（体积比）		643
气体常数/[J/(mol.K)]		8.3093

在自然界中，二氧化碳（CO_2）是最丰富的化学物质之一，是大气组成的一部分，也包含在某些天然气或油田伴生气中及以碳酸盐形式存在的矿石中。大气中二氧化碳的体积分数为0.03%～0.04%，总量约2.75×10^{12}t，主要由含碳物质燃烧和动物的新陈代谢过程产生。作为工业气体产品，二氧化碳主要是从合成氨、氢气生产过程中的原料气、发酵气、石灰窑气和烟道气中提取和回收，其纯度不应低于99.5%（体积分数）。二氧化碳比空气重，约为空气密度的1.53倍，是无色而略带刺鼻气味和微酸味的气体。

一氧化碳和二氧化碳的主要物理性质见表1-18。

表1-18　一氧化碳和二氧化碳的主要物理性质

一氧化碳		
摩尔质量/(g/mol)		28.0104
摩尔体积（标准状态）/(L/mol)		22.40
气体密度（标准状态）/(kg/m^3)		1.2504
临界状态	温度/K	132.91
	压力/MPa	3.4987
	密度/(kg/m^3)	301.0
沸点	温度（0.101MPa）/K	81.63
	气体密度/(kg/m^3)	4.355
	液体密度/(kg/m^3)	788.6
	汽化热/(kJ/mol)	6.042
三相点	温度/K	68.14
	压力/kPa	15.35
	液体密度/(kg/m^3)	846
	固体密度（65K）/(kg/m^3)	929
	升华热/(kJ/mol)	7.366
熔解热/(J/mol)		837.3
熔点	温度/K	68.15
	熔解热/(J/mol)	836.8
比热容(标准状态)/[kJ/(kg·K)]	c_p	1.0393
	c_V	0.7443
热导率/[mW/(m·K)]	气体（标准状况）	23.15
	液体（80K）	142.8
气体黏度（273K，0.101MPa）/μPa·s		16.62
液体表面张力（80K）/(mN/m)		9.8
气/液（体积比）		632

二氧化碳		
摩尔质量/(g/mol)		44.0098
摩尔体积（标准状态）/(L/mol)		22.26
气体密度（标准状态）/(kg/m^3)		1.977
临界状态	温度/℃	31.06
	压力/MPa	7.382
	密度/(kg/m^3)	467
三相点	温度/℃	-56.57
	压力/MPa	0.518
升华状态(0.101MPa)	温度/℃	-78.5
	升华热/(kJ/kg)	573.6
	固态密度/(kg/m^3)	1562
	气态密度/(kg/m^3)	2.814
	汽化热/(kJ/kg)	347.86
	熔解热/(kJ/kg)	195.82
比热容（标准状态）/[kJ/(kg·K)]	c_p	0.845
	c_V	0.651
气体热导率（标准状态）/[mW/(m·K)]		52.75
气体黏度（标准状态）/μPa·s		13.8
表面张力（-25℃）/(mN/m)		9.13
汽化热（0℃）/(kJ/kg)		235
气/液（体积比）（气体288K，0.101MPa）		641

硫化氢，分子式为 H_2S。硫化氢是大气的污染物，产生于煤、石油、天然气的燃烧及加工过程。随着高硫原油的利用和煤液化技术的发展，由加氢脱硫技术产生的硫化氢将日趋增加。硫化氢在硫的自然循环中起重要作用。

硫化氢容易液化为无色液体，是具有恶臭气味（臭鸡蛋味）的无色有毒气体，其密度略大于空气，易燃烧，能与空气形成爆炸性混合物，在空气中燃烧时发出蓝色火焰。硫化氢的主要物理性质见表1-19。

表1-19　硫化氢的主要物理性质

项目		数值
摩尔质量/(g/mol)		34.07994
气体密度（标准状态）/(kg/m^3)		1.539
气体常数/[J/(mol·K)]		8.3152
热导率（标准状态）/[W/(m·K)]		0.0131
动力黏度（标准状态）/(μPa·s)		11.79
临界点	温度/℃	100.4
	压力/MPa	8.94
	密度/(g/cm^3)	0.31
	摩尔体积/(cm^3/mol)	98.5
沸点	温度（0.101MPa）/℃	-60.75
	汽化热/(kJ/mol)	18.674
	液体密度/(kg/m^3)	960
熔点	温度（0.101MPa）/℃	-85.06
	熔解热/(kJ/mol)	2.38
三相点	温度/℃	-85.65
	压力/kPa	27.46
	气/液（体积比）	621
比热容（标准状态）/[kJ/(kg·K)]	c_p	1.05855
	c_V	0.80333
燃点/℃		260
燃烧热/(kJ/m^3)		2.4×10^4
在空气中的爆炸极限（20℃）(%)		4.3~46
摩尔体积（标准状态）/(L/mol)		22.14

1.4.2 传输特性

天然气的传输特性是天然气传热和流动阻力计算的关键数据，在模拟与天然气输送、液化、贮存相关的生产过程时，需要有能应用于烃混合物及过程条件的范围很大的迁移性质关联式。天然气液化流程中不可避免地存在着流体的流动、不同工质间的传热传质问题，为了更合理有效地发挥各流程设备的作用，需要了解天然气在不同工况下的流动和传热传质特性，而这些也需要有精确的天然气迁移物性数据作为保证。

黏度、热导率和扩散系数，是液化天然气传输特性的主要决定因素，在涉及动量、热量和质量传递计算的场合发挥着重要作用，是液化天然气流动和传热计算的关键数据，也是天然气输送、贮存相关过程的计算、分析和设计时首先需要精确知道的参数。

1. 天然气的黏度

（1）常用黏度计算方法综述 天然气的黏度计算涉及天然气的气态、液态的黏度预测，因此首先分别对常用的气态、液态黏度计算方法进行评述。用于气体黏度估算较好的方法有 Chung、Lucas、Reichenberg 等法，对于非极性物，误差为0.5%～1.5%，对于极性物，误差为2%～4%。Lucas 法和 Chung 法可用于非极性和极性化合物，Reichenberg 法主要针对有机物。高压气体的计算则要考虑压力对气体黏度的影响，对上述算法进行修正或采用剩余黏度法计算。

关于液体黏度的理论研究很多，但是目前液体黏度和热导率的理论计算方法十分复杂，需要多个特性参数，难以直接计算。工程上，一般可以采用经验公式或关联式计算。与气体黏度相反，液体黏度随温度升高而减小。低于常沸点时，可采用 Andrade 方程关联；高于常沸点时，可用 Antoine 方程关联。在液体黏度的计算模型中，当 $T_r<0.75$K 时，以 Van Velzen 的基团贡献法和 Przeziecki－Sridhar 的对应状态法较好；$T_r>0.75$K 时，宜用 Letsou－Stiel 法。总的说来，上述模型计算误差均偏大，一般在10%～15%。

中、低压力下，压力对液体黏度的影响较小。随着压力的增大，其影响逐渐增大。压力的影响还与温度有关，温度越低，压力影响越大。目前尚无成熟的理论预测压力对黏度的影响规律，主要有一些经验、半经验关联式，如 Barus 方程、Eyring 方程、Dymond 模型等。液体混合物的黏度和组成之间一般无直线关系，有时还会出现极大值和极小值甚至 S 曲线关系，目前尚难理论预测。

综合来说，低压天然气的黏度计算较为准确的算法有 Chung 法和 Lucas 法，高压天然气的计算要考虑压力对气体黏度的影响，采用修正后的 Chung 和 Lucas 高压黏度模型或剩余黏度法计算；液化天然气的黏度计算则以 Jamieson 经验关联式与 Teja－Rice 法结合使用较好。由于天然气为多组分混合物，计算混合物的迁移性质时要考虑组分的影响。有关纯组分迁移性质计算的算法很多，而能适用于混合物迁移物性计算的算法则相对较少，所以最直接有效的方法，就是在纯物质迁移性质计算的基础上，通过引入混合规则，将混合物看作具有一套按一定规则求出的虚拟临界参数、性质均一的虚拟纯物质，进而关联混合物迁移性质与组成的关系。这种方法能够准确地预测宽广范围内的混合物迁移性质，已成为混合物物性计算的最重要手段。

（2）混合规则的选取 混合规则是把混合参数 Q_m 表示为混合物组成和纯组分参数的关系式：

$$Q_m = \sum_i \sum_j x_i x_j Q_{i,j} \tag{1-56}$$

式中，x_i，x_j 是组分 i，j 的摩尔分数。

根据纯物质参数 Q_i 确定混合物参数 Q_m 有三种常用的组合方式，即线性组合、平方根组合、洛伦兹组合。混合规则的确定，通常要先从理论上提出模型，然后根据混合物的实验数据，利用分析及数学方法，拟合混合物的参数与纯物质参数间的关系。混合规则的优劣，最终由它是否正确反映混合物的实验结果鉴定。一般而言，混合物迁移物性的混合规则是与其相关的算法紧密联系的。目前，天然气混合物迁移物性计算中主要的混合规则有 Lucas 混合规则、Chung 混合规则和 Teja 对应态混合规则，下面分别加以说明。

1）Lucas 混合规则：

$$T_{c,m} = \sum_i x_i T_{c,i} \tag{1-57}$$

$$p_{c,m} = RT_{c,m} \sum_i x_i Z_{c,i} / \sum_i x_i V_{c,i} \tag{1-58}$$

$$M_{r,m} = \sum_i x_i M_{r,i} \tag{1-59}$$

式中，$T_{c,m}$是混合物的虚拟临界温度；$p_{c,m}$是混合物的虚拟临界压力；$Z_{c,i}$是组分 i 的临界压缩因子；$T_{c,i}$是组分 i 的临界温度；$V_{c,i}$是组分 i 的临界摩尔体积；$M_{r,m}$是混合物相对分子质量；$M_{r,i}$是组分 i 的相对分子质量；x_i 是组分 i 的摩尔分数。

2）Chung 混合规则：

$$T_{c,m} = 1.2593\,(\varepsilon/\kappa)_m \tag{1-60}$$

$$V_{c,m} = (\sigma_m/0.809)^3 \tag{1-61}$$

$$M_m^{1/2} = \left[\sum_i \sum_j x_i x_j (\varepsilon_{ij}/\kappa) \sigma_{ij}^2 M_{ij}^{1/2}\right] / [(\varepsilon/\kappa)_m \sigma_m^2] \tag{1-62}$$

$$(\varepsilon/\kappa)_m = \left[\sum_i\sum_j x_i x_j(\varepsilon_{ij}/\kappa)\sigma_{ij}^3\right]/\sigma_m^3 \tag{1-63}$$

$$\omega_m = \left(\sum_i\sum_j x_i x_j \omega_{ij}\sigma_{ij}^3\right)/\sigma_m^3 \tag{1-64}$$

$$\mu_m^4 = \sigma_m^3\sum_i\sum_j(x_i x_j \mu_i^2\mu_j^2\sigma_{ij}^{-3}) \tag{1-65}$$

$$\sigma_m^3 = \sum_i\sum_j x_i x_j \sigma_{ij}^3 \tag{1-66}$$

$$\sigma_{ii} = \sigma_i = 0.809V_{c,i}^{1/3} \tag{1-67}$$

$$\sigma_{ij} = (\sigma_i\sigma_j)^{1/2} \tag{1-68}$$

$$\varepsilon_{ii}/\kappa = \varepsilon_i/\kappa = T_{c,i}/1.2593 \tag{1-69}$$

$$\varepsilon_{ij}/\kappa = [(\varepsilon_i/\kappa)(\varepsilon_j/\kappa)]^{1/2} \tag{1-70}$$

$$\omega_{ii} = \omega_i \tag{1-71}$$

$$\omega_{ij} = (\omega_i + \omega_j)/2 \tag{1-72}$$

$$M_{ij} = 2M_iM_j/(M_i + M_j) \tag{1-73}$$

式中，$V_{c,m}$是混合物虚拟临界摩尔体积；ω_m是混合物偏心因子；μ_m是混合物偶极矩；σ_m是混合物碰撞直径。

3）Teja对应态混合规则：

$$T_{c,m} = \sum_i\sum_j z_i z_j T_{c,ij}V_{c,ij}/V_{c,m} \tag{1-74}$$

$$V_{c,m} = \sum_i\sum_j z_i z_j V_{c,ij} \tag{1-75}$$

$$\omega_m = \sum_i z_i\omega_i \tag{1-76}$$

$$V_{c,ij} = \frac{1}{8}(V_{c,i}^{1/3} + V_{c,j}^{1/3})^3 \tag{1-77}$$

$$T_{c,ij}V_{c,ij} = \psi_{ij}(T_{c,i}T_{c,j}V_{c,i}V_{c,j})^{1/2} \tag{1-78}$$

式中，ψ_{ij}是相互作用因子，必须由实验数据回归确定；ω_m是混合物偏心因子。

混合规则所需要的天然气常见组分物性数据见表1-20。

表1-20　天然气常见组分物性数据

组分名称	摩尔质量 M/(kg/kmol)	临界温度 T_c/K	临界压力 p_c/MPa	临界摩尔体积 V_c/(m³/mol)	临界压缩因子 Z_c	偏心因子 ω
氮	28.013	126.25	3.394	89.5×10^{-6}	0.292	0.040
甲烷	16.043	190.58	4.600	99.0×10^{-6}	0.288	0.008
乙烷	30.070	305.42	4.884	148.0×10^{-6}	0.284	0.098
丙烷	44.097	369.82	4.246	203.0×10^{-6}	0.280	0.152
正丁烷	58.124	425.18	3.797	255.0×10^{-6}	0.274	0.193
异丁烷	58.124	408.14	3.648	263.0×10^{-6}	0.282	0.176
正戊烷	72.151	469.65	3.369	304.0×10^{-6}	0.262	0.251
异戊烷	72.151	460.43	3.384	306.0×10^{-6}	0.270	0.227
二氧化碳	44.010	304.20	7.280	94.0×10^{-6}	0.274	0.225

（3）不同压力范围的天然气的黏度计算

1）气体黏度压力修正界限的判别准则。气体压力对气体黏度影响很大，在临界点附近及对比温度T_r为1~2时，气体黏度随压力的上升而增加；当对比压力很大时，可使气体黏度随温度升高而降低。因此，高、低压气体黏度的计算公式不同，需要考虑压力对气体黏度的影响。为此，首先需要确定气体黏度压力修正的界限。天然气在压力p、温度T下的对比压力、对比温度分别为

$$p_{r,m} = \frac{p}{p_{c,m}} \tag{1-79}$$

$$T_{r,m} = \frac{T}{T_{c,m}} \tag{1-80}$$

式中，$p_{r,m}$、$T_{r,m}$是混合物的虚拟对比压力和对比温度。

由气体修正黏度可得如下判别准则：

$$p_{r,m} > 0.188T_{c,m} \tag{1-81}$$

高压气体混合物以式（1-81）为界限。压力低于此限，可忽略压力对气体黏度的影响。

2）低压天然气的黏度计算公式。低压气体黏度计算较好的计算公式有Lucas法和Chung法。

① Lucas法：

$$\eta_m = \frac{F_m}{\xi_m}f(T_{r,m}) \tag{1-82}$$

$$f(T_{r,m}) = 8.07T_{r,m}^{0.618} - 3.57\exp(-0.449T_{r,m}) + 3.4\exp(-4.058T_{r,m}) + 0.18 \tag{1-83}$$

$$\xi_m = 1.76(T_{c,m}p_{c,m}^{-4}M_m^{-3})^{1/6} \tag{1-84}$$

$$F_m = \sum_i z_iF_i \tag{1-85}$$

式中，η_m是混合物的黏度；F_m是极性气体的校正系数；M_m是混合物相对分子质量。

混合物的参数计算采用式（1-82）至式（1-85）的Lucas混合规则。

② Chung法：

$$\eta_m = \frac{26.69F_{c,m}(M_{r,m}T)^{1/2}}{\sigma_m^2\Omega_m} \tag{1-86}$$

$$F_{c,m}=1-0.275\omega_m+0.059035\mu_{c,m}^4 \quad (1\text{-}87)$$

$$\mu_{c,m}=131.3\mu_m(V_{c,m}T_{c,m})^{1/2} \quad (1\text{-}88)$$

式中，$F_{c,m}$是极性气体的校正系数；$M_{r,m}$是混合物相对分子质量；σ_m 是混合物的碰撞直径；Ω_m 是混合物碰撞积分；ω_m 是混合物的偏心因子；μ_m 是混合物偶极矩。

混合物的参数计算采用式（1-86）至式（1-88）的 Chung 混合规则。

3）高压天然气的黏度计算公式。高压气体黏度较好的计算公式有修正后的 Lucas 法、Chung 法和剩余黏度法。

① 修正后的 Lucas 法：

$$\eta_{pm}=\frac{KF_{pm}}{\zeta_m} \quad (1\text{-}89)$$

$$K=\eta_m\xi_m\left[1+\frac{ap_{r,m}^{1.3088}}{bp_{r,m}^e+(1+cp_{r,m}^d)^{-1}}\right] \quad (1\text{-}90)$$

$$F_{pm}=[1+(F_m-1)Y^{-3}]/F_m \quad (1\text{-}91)$$

$$e=0.9425\exp(-0.1853T_{c,m}^{0.4489}) \quad (1\text{-}92)$$

$$Y=\frac{K}{\eta_m\zeta_m} \quad (1\text{-}93)$$

式中，K是压力修正相，定义为对比压力、对比温度的函数；η_{pm}是高压气体混合物黏度；F_{pm}是高压下极性气体的校正系数；ζ_m 是混合物的黏度对比化参数；Y是修正系数；a、b、c 是与气体种类有关的常数。

计算时不需要求解混合物密度。η_m 由式（1-82）计算。

② 修正后的 Chung 法：

$$\eta_{pm}=36.344\eta_m(M_{r,m}T_{c,m})^{1/2}V_{c,m}^{-2/3} \quad (1\text{-}94)$$

$$\eta_m=\Omega_m^{-1}(T_m^*)^{1/2}F_{c,m}(G_2^{-1}+E_6\gamma)+\eta_m^* \quad (1\text{-}95)$$

$$\gamma=\rho V_{c,m}/6 \quad (1\text{-}96)$$

$$G_2=\frac{E_1[(1-e^{-E_4\gamma})/\gamma]+E_2G_1e^{E_5\gamma}+E_3G_1}{E_1E_4+E_2+E_3} \quad (1\text{-}97)$$

$$G_1=\frac{1-0.5\gamma}{(1-\gamma)^3} \quad (1\text{-}98)$$

$$\eta_m^*=E_7\gamma^2G_2\exp[E_8+E_9(T_m^*)^{-1}+E_{10}(T_m^*)^{-2}] \quad (1\text{-}99)$$

Chung 法将压力修正项定义为气体密度的函数，计算中需要混合物密度值。式中，$E_1\sim E_{10}$为偏心因子 ω、无量纲偶极矩 μ_r 及缔合因子 κ 的线性函数。G_1、G_2 为计算方便定义的函数。

③ 剩余黏度法：

$$(\eta_{pm}-\eta_m^0)\zeta_m=1.08[\exp(1.439\rho_{r,m})-\exp(-1.111\rho_{r,m}^{1.858})] \quad (1\text{-}100)$$

$$\zeta_m=\frac{T_{c,m}^{1/6}}{M_m^{1/2}P_{c,m}^{2/3}} \quad (1\text{-}101)$$

式中，η_{pm}是高压气体混合物黏度；η_m^0 是低压气体混合物黏度；$\rho_{r,m}$是虚拟混合物对比密度。

剩余黏度法混合规则为

$$z_{c,m}=\sum_i z_iz_{ci} \quad (1\text{-}102)$$

$$V_{c,m}=\sum_i z_iV_{ci} \quad (1\text{-}103)$$

$$p_{c,m}=Z_{c,m}\frac{RT_{c,m}}{V_{c,m}} \quad (1\text{-}104)$$

$T_{c,m}$、M_m 的混合规则与 Lucas 混合规则相同。

4）液化天然气的黏度计算。液体黏度的理论研究较为复杂，需要多个特性参数，尚难以直接计算液体黏度。一般而言，液体沸点在 $T_r^{-1}=1.5\text{K}$ 附近。当 $T_r^{-1}<1.5\text{K}$ 时，$\ln\eta$ 与 T_r^{-1} 呈线性关系，可由经验公式计算；而沸点以上无此关系，要采用对应态关联式估算。液体混合物的黏度由单组分黏度通过混合规则导出。

液化天然气各组分的黏度可由以下经验公式计算，相应的公式参数见表 1-21。

$$\ln\eta=A+\frac{B}{T} \quad (1\text{-}105)$$

$$\ln\eta=A+\frac{B}{T}+CT+DT^2 \quad (1\text{-}106)$$

液化天然气黏度根据各组分的黏度，采用 Teja 和 Rice 对应态法计算：

$$\ln(\eta_m\zeta_m)=\ln(\eta\zeta)^{(r1)}+[\ln(\eta\zeta)^{(r2)}-\ln(\eta\zeta)^{(r1)}]\frac{\omega_m-\omega^{(r1)}}{\omega^{(r2)}-\omega^{(r1)}} \quad (1\text{-}107)$$

$$\zeta_m=\frac{V_{c,m}^{2/3}}{(T_{c,m}M_m)^{1/2}} \quad (1\text{-}108)$$

式中，上标（$r1$），（$r2$）代表两种参考流体，可选天然气中摩尔组分最大的两种组分。混合物的参数计算采用式（1-74）至式（1-78）的 Teja 混合规则。

表 1-21　液体黏度的经验公式参数

组　分	适用公式号	参数 A	参数 B	参数 C	参数 D	温度范围/℃
氮	1-10⁶	-2.795×10	8.660×10^2	2.763×10^{-1}	-1.084×10^{-3}	$-205\sim-195$
甲烷	1-10⁶	-2.687×10	1.150×10^3	1.871×10^{-1}	-5.211×10^{-4}	$-180\sim-84$
乙烷	1-10⁶	-1.023×10	6.680×10^2	4.386×10^{-2}	-9.588×10^{-5}	$-180\sim32$

（续）

组　分	适用公式号	参　数 A	B	C	D	温度范围/℃
丙烷	1-10^6	−7.764	7.219×10^{2}	2.381×10^{-2}	-4.665×10^{-5}	−180~96
正丁烷	1-10^5	−3.821	6.121×10^{2}			−90~0
异丁烷	1-10^5	−4.093	6.966×10^{2}			−80~0
正戊烷	1-10^5	−3.958	7.222×10^{2}			−130~40
异戊烷	1-10^5	−4.415	8.458×10^{2}			−50~30

（4）统一天然气黏度计算模型　上述根据不同压力、相态范围的天然气黏度计算方法在实际应用中显得较为复杂。下面给出一种应用范围广、准确、简洁的天然气黏度计算模型，即基于对应态原理的统一黏度模型，可以对天然气气相和液相黏度进行预测，且计算精度优于 Chung 模型、Lucas 模型和剩余黏度法。

1）对应态原理。以临界点参数为基准，物质的黏度可通过对比参数表示。对比参数定义为实际条件下的参数除以临界点参数。根据对应态原理，如果一组物质中所有物质的对比黏度 η_r 与对比密度 ρ_r 和对比温度 T_r 的函数关系均相同，则该组物质的黏度遵循对应态原理。在这种情况下，仅需要组内一个组分的详细黏度数据，其他组分的黏度以此作为参比就可以很容易地求出。

天然气是以甲烷为主（质量分数为75%以上）的轻烃混合物，各组分的化学性质较为近似，且甲烷拥有大量精确的黏度实验数据。因此，选取甲烷作为参比物质，采用对应态原理可以较好地预测天然气黏度。为校正简单对应态原理与实际混合物黏度计算的偏差，Ely 和 Hanley 提出了形状因子的概念，将对比黏度 η_r 表示为对比压力 p_r 和对比温度 T_r 的函数。由于形状因子的表达式复杂，且需要通过密度的迭代求解确定，致使该算法较为烦琐，并直接影响到黏度计算的精度。为有效解决上述问题，在黏度对应态模型中，将 η_r 表示为对比压力 p_r 和对比温度 T_r 的函数：

$$\eta_r=\eta\zeta=f(p_r,T_r) \tag{1-109}$$

式中，ζ 是由气体运动理论导出的黏度对比化参数，由式（1-110）确定：

$$\zeta=T_c^{1/6}M^{-1/2}p_c^{-2/3} \tag{1-110}$$

则压力 p、温度 T 状态下混合物的黏度可由下式计算：

$$\eta_m(p,T)=\frac{\alpha_m\zeta_0}{\alpha_0\zeta_m}\eta_0(p_0,T_0) \tag{1-111}$$

$$p_0=\frac{pp_{c0}\alpha_0}{p_{c,m}\alpha_m} \tag{1-112}$$

$$T_0=\frac{TT_{c0}\alpha_0}{T_{c,m}\alpha_m} \tag{1-113}$$

式中，ζ_0、ζ_m 分别是参比物质甲烷和混合物的黏度对比化参数；α_m、α_0 是混合物和甲烷的转动耦合系数；η_0 是甲烷在压力 p_0、温度 T_0 状态下的黏度。

2）混合规则。根据对应态原理，混合物可看作具有一套按一定规则求出的假临界参数、性质均一的虚拟的纯物质。通过引入混合规则，仅需天然气各组分的摩尔质量、偏心因子和临界参数即可预测混合物黏度。考虑到较重的组分对混合物黏度有较大影响，根据已有的黏度数据可导出如下的混合规则：

$$V_{c,m}=\sum_i\sum_j x_ix_jV_{cij} \tag{1-114}$$

$$T_{c,m}V_{c,m}=\sum_i\sum_j x_ix_jT_{cij}V_{cij} \tag{1-115}$$

$$p_{c,m}=\frac{RZ_{c,m}T_{c,m}}{V_{c,m}} \tag{1-116}$$

$$M_{c,m}=1.304\times10^{-4}(\overline{M}_w^{2.303}-\overline{M}_n^{2.303})+\overline{M}_n \tag{1-117}$$

$$V_{cij}=\frac{1}{8}(V_{ci}^{1/3}+V_{cj}^{1/3}) \tag{1-118}$$

$$T_{cij}=(T_{ci}T_{cj})^{1/2} \tag{1-119}$$

$$V_{ci}=\frac{RZ_{ci}T_{ci}}{p_{ci}} \tag{1-120}$$

式中，$V_{c,m}$、$T_{c,m}$、$p_{c,m}$、$M_{c,m}$ 分别表示混合物的摩尔体积、假临界温度、假临界压力和摩尔质量；x_i 和 x_j 是组分 i 与 j 的摩尔分数；$\overline{M}_w$ 和 $\overline{M}_n$ 是重量平均摩尔质量和平均摩尔质量。

3）算法。由式（1-111）可计算天然气黏度。天然气和参比物质甲烷的转动耦合系数 α_m 和 α_o 可分别由下式估算：

$$\alpha_m=1.0+7.378\times10^{-3}\rho_r^{1.847}M_m^{0.5173} \tag{1-121}$$

$$\alpha_o=1.0+0.031\rho_r^{1.847} \tag{1-122}$$

$$\rho_r=\rho_o(TT_{co}/T_{c,m},pp_{co}/p_{c,m})/\rho_{co} \tag{1-123}$$

式中，p_{co}、T_{co}、ρ_{co} 分别是参比物质甲烷的临界压力、临界温度和临界密度。

参比物甲烷的黏度计算采用 Hanley 提出的甲烷

黏度模型。该模型建立在大量实验数据的基础上，适用范围广，可用于计算温度 95～400K，压力由常压直至 50MPa 范围的天然气气相和液相黏度，误差为 2%，具体表达式如下：

$$\eta(\rho,T)=\eta_0(T)+\eta_1(T)\rho+\Delta\eta(\rho,T) \tag{1-124}$$

式中，ρ 是密度；η_0 是稀薄气体黏度项；η_1 是黏度的密度一阶修正项；$\Delta\eta$ 是余项。

稀薄气体黏度项 η_o 可由气体运动理论计算。对于甲烷可采用如下的多项式：

$$\eta_o(T)=G_1T^{-1}+G_2T^{-2/3}+G_3T^{-1/3}+G_4+G_5T^{1/3}+G_6T^{2/3}+G_7T+G_8T^{4/3}+G_9T^{5/3} \tag{1-125}$$

黏度的密度一阶修正项 η_1 由式（1-126）计算：

$$\eta_1=A+B\left(C-\ln\frac{T}{F}\right)^2 \tag{1-126}$$

余项 $\Delta\eta$ 由式（1-127）计算：

$$\Delta\eta(\rho,T)=\exp(j_1+j_4/T)\{\exp[\rho^{0.1}(j_2+j_3/T^{3/2})+\theta\rho^{0.5}(j_5+j_6/T+j_7/T^2)]-1.0\} \tag{1-127}$$

精确求解甲烷密度是黏度计算的关键，甲烷的密度采用 McCarty 提出的 32 个参数的甲烷状态方程计算：

$$p=\sum_{n=1}^{9}a_n(T)\rho^n+\sum_{n=10}^{15}a_n(T)\rho^{2n-17}e^{-\gamma\rho^2} \tag{1-128}$$

具体参数取值可见参考文献［5］。上述方程采用牛顿法迭代求解。

4）计算结果对比分析。分别采用统一对应态黏度模型、Chung 法、Lucas 法、剩余黏度法对三种天然气试样的高压气体黏度进行了预测，其中，剩余黏度法计算中所需要的低压天然气黏度值由 Lucas 法计算。并采用 Anthony 测得的高压天然气黏度数据对不同黏度算法的精度进行验证。详细的计算结果参见文献[8]。通过上述不同算法对高压天然气黏度的预测值与实验数据的比较，得到如下结论：对应态黏度模型的精度最高，平均绝对误差为 2.13%；Lucas 法、剩余黏度法、Chung 法的计算精度次之，平均绝对误差分别为 2.16%、3.32% 和 3.82%。

应用对应态黏度模型对二元烃混合物的黏度进行预测，计算结果与 Diller 测得的甲烷－氮气、甲烷－乙烷和甲烷－丙烷二元烃混合物共计 749 点的黏度数据进行了比较。结论是，混合物的状态从液相区到稀薄气相区，对应态黏度模型预测结果的平均绝对误差为 4.13%。对于液体黏度的预测而言，对应态黏度模型的平均绝对误差为 4.428%，优于 Teja 和 Rice 模型 6.18% 的预测精度。

计算结果表明，对应态黏度模型具有以下优点：该模型将混合物黏度表示为对比压力而不是对比密度的函数，可直接由温度、压力和混合物组成进行计算，简便可行，在高密度区计算误差小。由于参比物质甲烷拥有大量的黏度实验数据和精确的黏度关联式，可充分利用天然气与甲烷性质的相似性预测天然气的迁移性质。大量实验数据与对应态模型的预测结果的比较表明，该模型在宽广的温度和压力范围内对天然气黏度预测具有较高的精度。

2. 天然气的热导率

（1）常用热导率计算方法综述 气体热导率常用的计算方法有单原子气体理论方程、Chung 热导率模型、Ely－Hanley 模型及 Stiel－Thodos 模型。高压下气体的热导率随压力变化较为复杂，常用的计算模型有 Chung 热导率模型、Ely－Hanley 模型。Chung 热导率模型对非极性气体的平均计算误差为 5%～8%。Ely－Hanley 模型则较为复杂，对于烃类的计算误差为 3%～8%，最大可达 15%。气体混合物热导率的计算一般可采用 Mason－saxena 法、Chung 法、Stiel－Thodos 模型计算。

由于液体对流的存在，液体的热导率测定非常困难，实验数据更显缺乏。目前，理论研究虽然很多，但尚难以直接预测热导率，一般还是采用估算法。液体热导率较为重要的几种计算方法为 Sato－Reidel 法、Latini 法、Sheffy－Johnson 法、Jamieson 双参数方程。相比较而言，Jamieson 双参数方程适用的物质类别和温度范围较广。总的来说，液体热导率的计算还是以采用经验关联式较为准确。由于实验数据的缺乏，多元液体混合物热导率的研究还很不成熟。目前，液体混合物热导率的估算方法有指数方程、Li 方程等。

（2）不同压力范围及相态的天然气的热导率计算模型 热导率的理论研究较为复杂，需针对物质所处的不同状态选择合适的计算模型。

1）低压天然气的热导率计算。精度较高的可直接对混合物热导率进行计算的模型有 Chung 热导率模型，另外若已知混合物各组分的热导率值，也可采用 Mason－Saxenafa 法计算混合物热导率。

① Chung 热导率模型。采用式（1-60）～式(1-73)的 Chung 混合规则，低压气体热导率的计算公式为

$$\frac{\lambda_m M_m}{\eta_m C_{V,m}}=3.75\frac{\psi_m}{C_{V,m}/R} \tag{1-129}$$

式中，λ_m 是混合物热导率；M_m 是混合物摩尔质量；η_m 是气体混合物黏度；ψ_m 是校正系数。$C_{V,m}$是混合物摩尔定容热容，由式（1-130）计算：

$$C_{V,m} = \sum_i y_i C_{Vi} \tag{1-130}$$

② Mason－Saxenafa 法。将混合物的热导率表示不同组分热导率的关系式：

$$\lambda_m = \sum_{i=1}^{n}\left(y_i\lambda_i / \sum_{j=1}^{n} y_i A_{ij}\right) \tag{1-131}$$

$$A_{ij} = [1+(\lambda_{tri}/\lambda_{trj})^{1/2}(M_i/M_j)^{1/4}]^2[8(1+M_i/M_j)]^{-1/2} \tag{1-132}$$

$$\frac{\lambda_{tri}}{\lambda_{trj}} = \frac{\Gamma_j[\exp(0.0464T_{ri})-\exp(-0.2412T_{ri})]}{\Gamma_i[\exp(0.0464T_{rj})-\exp(-0.2412T_{rj})]} \tag{1-133}$$

$$\Gamma_i = 210(T_{ci}p_{ci}^{-4}M_i^3)^{1/6} \tag{1-134}$$

式中，λ_{tri}、λ_{trj}是组分 i 和 j 的单原子热导率；Γ_i、Γ_j 是组分 i 和 j 的对比热导率的倒数。

Mason－Saxenafa 算法在已知混合物各组分热导率的情况下，对非极性低压气体混合物的计算误差为 3%～4%。当混合物各组分热导率未知时，必须通过其他的纯物质热导率模型计算各组分热导率。Stiel－Thodos 模型是单组分热导率模型中精度较高的一种，计算公式如下：

$$\lambda = \frac{\eta C_{V,m}}{M}\left(1.15+\frac{2.03}{C_{V,m}/R}\right) \tag{1-135}$$

2）高压天然气的热导率计算。当压力在 10^{-4}～1MPa 时，压力对气体热导率的影响可忽略不计。高于 1MPa 时，气体热导率随压力的变化关系比较复杂。高压天然气热导率计算可采用 Chung 热导率模型和 Stiel－Thodos 模型。

① 考虑压力的影响，Chung 高压气体热导率的计算公式为

$$\lambda_m = \frac{31.2\eta^0\psi}{M_m}(G_2^{-1}+B_6\rho_r)+qB_7\rho_r^{\ 2}T_r^{1/2}G_2 \tag{1-136}$$

$$q = 3.586\times10^{-3}(T_{c,m}/M_m)^{1/2}V_{c,m}^{-2/3} \tag{1-137}$$

式中，ρ_r 为对比密度；η^0 为低压气体黏度；G_2 为校正因子。

Chung 法将压力修正项定义为气体密度的函数，需要计算混合物密度。

② Stiel－Thodos 高压热导率模型的具体表达式如下：

$$(\lambda_m-\lambda_m^0)\Gamma Z_{c,m}^5 = 1.22\times10^{-2}[\exp(0.535\rho_{r,m})-1]\quad \rho_{r,m}<0.5 \tag{1-138a}$$

$$(\lambda_m-\lambda_m^0)\Gamma Z_{c,m}^5 = 1.14\times10^{-2}[\exp(0.67\rho_{r,m})-1.069]\quad 0.5<\rho_{r,m}<2.0 \tag{1-138b}$$

$$(\lambda_m-\lambda_m^0)\Gamma Z_{c,m}^5 = 2.6\times10^{-3}[\exp(1.155\rho_{r,m})+2.016]\quad 2.0<\rho_{r,m}<2.8 \tag{1-138c}$$

$$\Gamma = 210(T_{c,m}M_m^3p_{c,m}^{-4})^{1/6} \tag{1-139}$$

式中，λ_m 是高压气体混合物热导率；λ_m^0 是低压气体混合物热导率；$\rho_{r,m}$是混合物虚拟对比密度；$Z_{c,m}$是混合物的虚拟临界压缩因子。

Stiel－Thodos 模型的混合规则与 Teja 对应态相同。

3）液化天然气的热导率计算。大多数液体的热导率随温度升高而减小，但不像黏度那样对温度敏感。在沸点前，热导率与温度近似成直线关系。常温下，压力对液体的影响较小。直至 5～6MPa 的中压范围，工程上仍可忽略压力对热导率的影响。液体混合物的热导率一般由单组分热导率通过混合规则导出。目前较为成熟的混合物热导率模型多针对二组分混合物，多组分液体混合物的热导率公式相对较少，以 Li 模型较为方便、准确。本节液化天然气的热导率计算采用热导率经验关联式与 Li 模型结合使用的方法。

液化天然气各组分的热导率可由以下经验公式计算，有机物采用式（1-140），无机物采用式（1-141），相应的公式参数见表 1-22。

$$\lg\lambda = A+B[1-T/C]^{2/7} \tag{1-140}$$

$$\lambda = A+BT+CT^2 \tag{1-141}$$

表 1-22　液化天然气组分液体热导率的经验公式参数

组分	适用公式号	参数			温度范围/K
		A	B	C	
氮	1－141	0.213	-4.2050×10^{-4}	-7.2951×10^{-6}	70～126
甲烷	1－140	－1.0976	0.5387	190.58	91～181
乙烷	1－140	－1.3474	0.7003	305.42	90～290
丙烷	1－140	－1.2127	0.6611	369.82	85～351
正丁烷	1－140	－1.8929	1.2885	425.18	135～404
异丁烷	1－140	－1.6862	0.9802	408.14	114～388
正戊烷	1－140	－1.2287	0.5322	469.65	143～446
异戊烷	1－140	－1.6824	0.9955	460.43	113～437

Li模型如下：

$$\lambda_m = \sum_i^n \sum_j^n \phi_i \phi_j \lambda_{ij} \tag{1-142}$$

$$\lambda_{ij} = 2(\lambda_i^{-1} + \lambda_j^{-1})^{-1} \tag{1-143}$$

$$\phi_i = \frac{x_i V_i}{\sum_{j=1}^n x_j v_j} \tag{1-144}$$

式中，x_i 是组分 i 的摩尔分数；ϕ_i 是组分 i 的体积分数；V_i 是组分 i 纯液体的摩尔体积。

（3）天然气的热导率对应态预测模型 同前面对天然气黏度算法的计算分析可知，采用对应态模型预测天然气黏度具有适用范围广、精度高的优点。这主要是由于参比物质甲烷和天然气的化学结构和分子量近似相同，较好地符合了对应态原理。因此，这里也采用对应态理论计算天然气热导率。

1）对应态原理。简单热导率对应态模型中，对于一组遵循对应态原理的物质，对比热导率可以表示为对比压力 p_r 和对比温度 T_r 的函数：

$$\lambda_r = \lambda\zeta = f(p_r, T_r) \tag{1-145}$$

式中，ζ 是由气体运动理论导出的热导率对比化参数，由式（1-146）确定：

$$\zeta = T_c^{1/6} M^{1/2} p_c^{-2/3} \tag{1-146}$$

混合物的热导率计算必须对简单的对应态原理进行校正，将热导率分成两部分：

$$\lambda = \lambda_{tr} + \lambda_{int} \tag{1-147}$$

式中，λ_{tr}是平移能量传递对热导率的贡献；λ_{int}是内能传递对热导率的贡献。

对应态理论只适用于计算混合物热导率中的平移项。

采用校正系数 α 校正混合物热导率与简单对应态模型之间的偏离，得到如下的混合物热导率的模型：

$$\lambda_m(p,T) = \frac{\alpha_m \zeta_0}{\alpha_0 \zeta_m}[\lambda_0(p_0,T_0) - \lambda_{int,0}(T_0)] + \lambda_{int,m}(T) \tag{1-148}$$

$$p_0 = pp_{c0}\alpha_0/(p_{c,m}\alpha_m) \tag{1-149}$$

$$T_0 = TT_{c0}\alpha_0/(T_{c,m}\alpha_m) \tag{1-150}$$

式中，ζ_0、ζ_m 是混合物和参比物质的热导率对比化参数；α_m、α_0 是混合物和参比物质的热导率校正项；λ_0 是参比物质在压力 p_0、温度 T_0 状态下的热导率；$\lambda_{int,0}$、$\lambda_{int,m}$是参比物和混合物热导率的内能项。

$$\lambda_{int} = 1.18653\eta_1(c_p^{id} - 2.5R)f(\rho_r)/M \tag{1-151}$$

$$f(\rho_r) = 1 + 0.053432\rho_r - 0.03182\rho_r^2 - 0.029725\rho_r^3 \tag{1-152}$$

式中，η_1 是混合工质在温度 T 和 101kPa 下的黏度；c_p^{id} 是温度 T 时理想气体的比定压热容。

2）混合规则。热导率的混合规则与天然气黏度对应态模型类似，$T_{c,m}$、$p_{c,m}$ 可分别由式（1-114）~式（1-120）计算，混合物分子量 M_m 由 Chapman - Enskog 理论导出：

$$M_m = \frac{1}{8}\left\{\sum_i \sum_j [y_i y_j (1/M_i + 1/M_j)^{1/2}(T_{ci}T_{cj})^{1/4}] / [(T_{ci}/p_{ci})^{1/3} + (T_{cj}/p_{cj})^{1/3}]^2\right\}^{-2} T_{c,m}^{-1/3} p_{c,m}^{4/3} \tag{1-153}$$

3）算法。由式（1-148）即可根据甲烷的热导率计算天然气的热导率，混合物的热导率校正项 α_m 由下式估算：

$$\alpha_m = \sum_i \sum_j y_i y_j (\alpha_i \alpha_j)^{0.5} \tag{1-154}$$

$$\alpha_i = 1 + 0.0006004\rho_{ri}^{2.043} M_i^{1.086} \tag{1-155}$$

$$\rho_{ri} = \rho_0(TT_{c0}/T_{ci}, pp_{c0}/p_{ci})/\rho_{c0} \tag{1-156}$$

本书采用 Hanley 提出的甲烷热导率模型，该模型建立在大量实验数据的基础上，适用范围广，可用于计算温度 95 ~ 400K，压力由常压直至 50MPa 范围内的甲烷气态、液态的热导率，最大误差为 2%。甲烷热导率模型的具体表达式如下：

$$\lambda(\rho,T) = \lambda_0(T) + \lambda_1(T)\rho + \Delta\lambda(\rho,T) + \Delta\lambda_c(\rho,T) \tag{1-157}$$

式中，ρ 是密度；λ_0 是稀薄气体热导率项；λ_1 是热导率的密度一阶修正项；$\Delta\lambda$ 是余项；$\Delta\lambda_c$ 是热导率的临界点增强项。

4）计算结果对比分析。采用对应态热导率模型、Chung 法和 Stiel - Thodos 模型对二元混合物气体的热导率进行了预测，预测结果与 Christensen 测得的甲烷 - 氮气、甲烷 - 二氧化碳进行了对比。从预测结果可知，对应态热导率模型的平均绝对误差为 5.03%，Chung 法、Stiel - Thodos 模型的平均绝对误差分别为 4.93% 和 7.57%。

采用上述热导率模型对一组氮烃类混合物的热导率进行了预测，混合物组分的摩尔分数为：N_2（0.367），CH_4（0.246），C_2H_6（0.12），C_3H_8（0.267）。对应态热导率模型对混合物气相预测的平均绝对误差为 2.09%，Chung 法、Stiel - Thodos 模型的平均绝对误差分别为 2.35% 和 4.38%。对应态热导率模型对混合物液相的平均绝对误差为 4.35%，而 Li 模型的计算平均绝对误差为 7.51%。

由上述计算结果可知，对应态热导率模型、Chung 法的计算精度要优于 Stiel - Thodos 模型。而且对应态热导率模型的适用温度、压力范围广，精度较高，优点较为明显。

参考文献

[1] 顾安忠，等．液化天然气技术［M］．北京：机械工业出版社，2003.

[2] 王福安．化工数据导引［M］．北京：化学工业出版社，1995.

[3] ZHANG L. Gu A Z. Prediction of viscosities of LNG mixtures by two corresponding states principle［J］. Journal of Shanghai Jiaotong University，1997（1）：88－92.

[4] 佩德森 K S. 石油与天然气的性质［M］．郭天民，译．北京：中国石化出版社，1992.

[5] MO K C. GUBBINS K E. Conformal solution theory for viscosity and thermal conductivity of mixtures［J］. Molecular Physics，1976（31）：825－847.

[6] HANLEY H J. MCCARTY R D. Equations for the viscosity and thermal conductivity coefficients of methane［J］. Cryogenics，1975（15）：413－418.

[7] ELY J F. Hanley H J. Prediction of transport properties 1. viscosity of fluids and mixtures［J］. Ind Eng Chem Fundam，1981（20）：323－332.

[8] ANTHONY L L. The viscosity of natural gases［J］. Journal of Petroleum Technology，1966：997－1000.

[9] 朱刚．天然气迁移性质与调峰型液化流程的优化研究［D］．上海：上海交通大学，2000.

[10] ROBERT C R. The properties of gases and liquids［M］. 4th ed. New York：MGGraw Hill Book Company，1987.

[11] CHRISTENSEN H J. FREDENSLUND A. A corresponding states model for the thermal conductivity of gases and liquids［J］. Chemical Enginering Science，1980（35）：871－875.

[12] CHRISTENSEN P L. Thermal conductivity of gaseous mixtures of methane with nitrogen and carbon dioxide［J］. Journal of Chemical and Engineering Data，1979，24（4）：281－286.

第2章　天然气的液化

2.1　液化前原料气处理

天然气进入液化装置和设备前，必须进行预处理。天然气的预处理是指脱除原料天然气中的硫化氢、二氧化碳、水分、重烃和汞等杂质，以免这些杂质腐蚀设备及在低温下冻结而堵塞设备和管道。另外还包括需要脱除多余氮气、氦气等。

对于调峰型 LNG 工厂，其原料气大多是已先期净化的管输天然气。但管输天然气的气质标准比液化前对原料气的气质要求低，因此必须对管输气再次净化。

对于基本负荷型 LNG 工厂，其靠近气源建立，井口气或先期简单处理，或直接进入 LNG 工厂，其原料气的杂质含量较高。进行天然气液化前，一定要脱除原料气中的有害杂质及深冷过程中可能固化的物质。

按液化天然气的溶解度考虑时，液化天然气中允许的原料气杂质在 LNG 中的含量见表 2-1。

表 2-1　原料气杂质在 LNG 中的含量

组分	在 LNG 中的含量①	组分	在 LNG 中的含量①
CO_2	4×10^{-5}（体积分数）	壬烷	10^{-7}（体积分数）
H_2S	7.35×10^{-4}（体积分数）	癸烷	5×10^{-12}（体积分数）
甲硫醇	4.7×10^{-5}（体积分数）	环己烷	1.15×10^{-4}（体积分数）
乙硫醇	1.34×10^{-4}（体积分数）	甲基环戊烷	0.575%（摩尔分数）
COS	3.2%（摩尔分数②）	甲基环己烷	0.335%（摩尔分数）
异丁烷	62.6%（摩尔分数②）	苯	1.53×10^{-6}（体积分数）
正丁烷	15.3%（摩尔分数②）	甲苯	2.49×10^{-5}（体积分数）
异戊烷	2.3%（摩尔分数）	邻二甲苯	2.2×10^{-7}（体积分数）
正戊烷	0.89%（摩尔分数）	间二甲苯	1.54×10^{-6}（体积分数）
己烷	2.17×10^{-4}（体积分数）	对二甲苯	0.012%（摩尔分数）
庚烷	7×10^{-5}（体积分数）	H_2O	10^{-11}（体积分数③）
辛烷	5×10^{-7}（体积分数）	汞	—④

① 以在储罐中纯 LNG 的含量为基准，再校正为原料气杂质含量。考虑数据误差则乘以 1.2 的系数。
② 如果含量达到表中数值，这样高的摩尔分数会改变溶剂（LNG）的性质，故应重新计算其他组分的含量。这样做并非十分合理，因此表中列出的全部含量是将纯净 LNG 当作溶剂来计算的。
③ 根据经验，水的体积百分数达到 0.5×10^{-6}时，不会出现水的冷凝析出问题。
④ 由于汞对铝有害，原料气中不允许有任何形式的汞存在。

不同地区的原料天然气的组分都不相同，有时差异很大。下面给出我国几个地区的主要天然气组分。辽河油田原料气是由石油开采过程中经气液分离器后出来的石油天然气，为伴生气，特点是 C_2^+ 含量高。其组分见表 2-2。该天然气不含硫，CO_2 含量不高，但含有饱和水蒸气。

表 2-2　辽河油田原料天然气组分　（摩尔分数,%）

C_1	C_2	C_3	iC_4	nC_4	iC_5	nC_5	C_6	CO_2	N_2
71.15	7.184	9.142	2.141	3.175	1.137	1.126	1.142	0.192	0.112

长庆气田的靖边气区目前建成规模 $60\times10^8\,m^3/a$。原料气为气田气，C_2^+ 含量较低。其组分见表 2-3。该天然气硫含量低，CO_2 含量较高。净化一厂处理后，净化气中 CO_2 的质量分数为 1.2%，含 $H_2S\leqslant$

$20mg/m^3$。

表 2-3 长庆气田原料天然气组分 （摩尔分数,%）

C_1	C_2	C_3	C_4	C_5	He	N_2	H_2S	CO_2
93.89	0.621	0.079	0.018	0.003	0.0223	0.159	0.048	5.136

川渝地区天然气田多数为含硫甚至高含硫气田，90%以上天然气都含硫化氢，有的气井硫化氢的摩尔分数高达17%以上，有的 CO_2/H_2S 比值达20%以上，有的还含高达 $500mg/m^3$ 的有机硫。例如重庆卧龙河63井的天然气中 H_2S 的摩尔分数达到31.95%，是我国已开发气井中硫含量最高的，见表2-4。

中华煤气拟建50万 m^3/d 的煤层气液化项目，天然气组分见表2-5。预处理指标见表2-6。

表 2-4 卧龙河63井原料天然气组分 （摩尔分数,%）

C_1	C_2	C_3	C_4	C_5	N_2	H_2S	CO_2
64.91	0.35	0.09	0.093	0.033	0.69	31.95	1.65

表 2-5 中华煤气拟建项目天然气组分 （摩尔分数,%）

C_1	H_2S	H_2O	CO_2	N_2
97.80	<0.0001	7.0×10^5Pa、20℃下饱和	0.19	2.01

表 2-6 中华煤气拟建项目天然气预处理指标

杂质	H_2O	CO_2	H_2S	硫化物总量	正已烷	汞
预处理指标（摩尔系数）	$<0.5\sim1\times10^{-6}$	$<50\sim100\times10^{-6}$	$<4\times10^{-6}$	$10\sim50mg/m^3$	<0.05% 摩尔分数	$0.01\mu g/m^3$

表2-7列出了基本负荷LNG工厂预处理指标及限制依据。

表 2-7 基本负荷LNG工厂预处理指标及限制依据

杂质	预处理指标	限制依据
水	$<0.1\times10^{-6}m^3/m^3$	A
CO_2	$(50\sim100)\times10^{-6}m^3/m^3$	B
H_2S	$4\times10^{-6}m^3/m^3$	C
COS	$<0.5\times10^{-6}m^3/m^3$	C
硫化物总量	$10\sim50mg/m^3$	C
汞	$<0.01\mu g/m^3$	A
芳香族化合物	$(1\sim10)\times10^{-6}m^3/m^3$	A或B

注：A为无限制生产下的累积允许值；B为溶解度限制；C为产品规格。

2.1.1 脱水

自地层中采出的天然气及脱硫后的净化天然气中，一般都含有饱和量的水蒸气（简称水汽），水汽是天然气中有害无益的组分。原因如下：①天然气中水汽的存在，减小了输气管道对其他有效组分的输送能力，降低了天然气的热值；②在液化装置中，水在低于零度时，将以冰或霜的形式冻结在换热器的表面和节流阀的工作部分；③天然气和水会形成天然气水合物，它是半稳定的固态化合物，可以在零度以上形成，这些物质的存在会增加输气压降，减小油气管线通过能力，严重时还会堵塞阀门和管线，影响平稳供气。

水合物形成温度的影响因素主要有以下方面：①混合物中重烃，特别是异丁烷的含量；②混合物的组分，即使密度相同而组分不同，气体混合物形成水合物的温度也大不相同；③压力愈高，生成水合物的起始温度也愈高；④在输送含有酸性组分的天然气时，液态水的存在还会加速酸性组分（H_2S，CO_2 等）对管壁、阀门件的腐蚀，缩短管线的使用寿命。因此，在一般情况下，天然气必须进行脱水处理，达到规定的含水汽量指标后，才允许进入输气干线。所以，天然气脱水净化是保证天然气正常传输和使用的基本环节。

目前各国对管输天然气中含水汽量指标要求不一，有“绝对含水汽量”及“露点温度”两种表示方法。绝对含水汽量是指单位体积天然气中含有的水汽的重量，单位为 mg/m^3。天然气的露点温度，是指在一定的压力下，天然气中水蒸气开始冷凝结露的温度，用℃表示。为了表示天然气管输过程中，由于温度降低从天然气中凝析出水的倾向，用露点温度表示天然气的含水汽量更为方便。一般情况下管输天然气的露点温度应该比输气管沿线最低环境温度低5～15℃。表2-8为各国天然气含水汽量指标。

表 2-8　各国天然气含水汽量指标

国家	德国	荷兰	伊朗	俄罗斯	美国	法国
含水汽量/(mg/m^3)	80	47	64	—	95～125	68
露点温度/℃	<0	-8	—	南，中部：-15～-5 北部：-35～-30	—	-5
备注	—	70atm 下	—	50atm 下	—	—

注：1atm = 101325Pa。

1. 脱水的方法和选择

为了避免天然气中由于水的存在造成堵塞现象，通常需在高于水合物形成温度时，就将原料气中的游离水脱除，使其露点达到-100℃以下。可用于天然气工业的脱水方法有多种，现在还不能判定哪种方法最佳，往往视具体情况而定。因而从事此项工作的技术人员应尽可能地熟悉各种主要的天然气脱水方法，并根据具体情况，对各种可能采用的方法进行技术和经济指标的对比，选出最佳的天然气脱水工艺。

目前可用于天然气的脱水方法有冷却法、溶剂吸收法、固体吸附法、化学反应法，以及近年发展起来的膜分离法。随着天然气压力升高、温度降低，天然气中饱和含水汽量也降低，因此，含饱和水汽的天然气可通过直接冷却至低温的方法，也可采用先将天然气增压，再将天然气冷却至低温的方法脱水。天然气脱水时，冷却达到的温度必须低于管输天然气要求的水露点温度，否则用冷却脱水不能防止天然气中水汽在输气管中凝析和积聚。因此当天然气田压力不足，使用冷却法脱水的天然气达不到管输天然气的水露点要求，而增压或引入冷源又不经济时，则需采用其他脱水工艺。

目前采用化学试剂脱水在天然气工业中用得极少，某些化学试剂和天然气中的水汽发生化学反应，生成的产物具有非常低的蒸汽压，可使气体得到较完全的脱水。这类化学试剂吸水后再生是很困难的，因此使用化学干燥剂脱水的法在工业上难以实现，这个方法主要应用于实验室中测试气体的含水汽量，在这里不做介绍。表 2-9 对其他四类脱水方法进行了一般性的比较。

表 2-9　天然气脱水方法

类别	方法	脱湿度	大气露点/℃	安装面积	运转维修	分离理论	主要设备	适用范围
冷却法	加压、降温、节流、制冷方式等	低	-20～0	大	中	凝聚	冷冻机、换热器或节流设备、透平膨胀机	大量水分的粗分离
溶剂吸收法	醇类脱水吸收剂	中	-30～0	大	难	吸收	吸收塔、换热器、泵	大型液化装置中，脱除原料气所含的大部分水分
固体吸附法	活性氧化铝、硅胶、分子筛	高	-50～-30	中	中	吸附	吸附塔、换热器、转换开关、鼓风机	要求露点降低或小流量气体的脱水
膜分离法	吹扫、真空	中-高	-40～-20	小	易	透过	膜换热器、过滤器、真空泵	净化厂集中脱水和集气站、边远井站单井脱水

（1）冷却法　冷却脱水的原理是利用当压力不变时，天然气的含水量随温度降低而减少的原理实现天然气脱水。此法只适用于大量水分的粗分离。

天然气是多组分的混合物，各组成部分的液化温度都不同，其中水和重烃是较易液化的两种物质。天然气中的水的露点随气体中水分降低而下降。脱水的目的就是使天然气中水的露点足够低，从而防止低温下水冷凝、冻结及水合物的形成。

1）直接冷却法和加压冷却法。对于气体，降低气体的温度和增加气体的压力，都会促使气体的液化。所以，采用降温和加压措施，可促使天然气中的水分冷凝析出。

直接冷却法是当压力不变时天然气的水含量（即饱和水蒸气含量）随温度降低而减少。如果气体温度非常高时，采用直接冷却法有时也是经济的。但是，由于冷却脱水往往不能达到气体露点要求，故常与其他方法结合使用。冷却脱水后的气体温度即为该压力下的气体露点。因此，只有使气体温度上升或压力下降，才能使气体温度高于露点，所以此法的使用大受限制。

加压冷却法是根据在较高压力下天然气水含量减少的原理，将气体加压使部分水蒸气冷凝，并由压缩机出口冷却后的气液分离器中排出。但是，这种方法通常也难以达到气体露点要求，故也多与其他脱水方法结合使用。

2）膨胀制冷冷却法。对于井口压力很高的气体，可直接利用井口的压力，对气体进行节流，降压到管输气的压力，根据焦耳－汤姆孙效应，在降压过程中，天然气的温度也会相应降低。若天然气中水的含量很高，露点在节流后的温度以上，则节流后就会有水析出，从而达到脱水的目的。

3）机械制冷冷却法。对于低压伴生气，可以采用机械制冷方式（多采用蒸气压缩制冷）获得低温。可以使天然气中更多的烃类气体（同时还有水蒸气）冷凝析出，达到回收烃又同时脱水的目的。

辽河油田石油天然气脱水预处理装置的工艺流程如图2-1所示。该脱水装置是将直接冷却法和机械制冷冷却法结合脱水。E1、E2、E4为不锈钢串片板式换热器，E3为不锈钢钎焊板式换热器。原料气先经循环水在换热器E1中冷却至40左右，并经分离器S1分离后进入换热器E2，将返回的冷干气复热至30，然后进入换热器E3，依靠R22继续降温至0～2℃（以不发生冻结为原则），并经分离器S2分离后进入换热器E4作深度冷冻脱水（机械制冷冷却）。

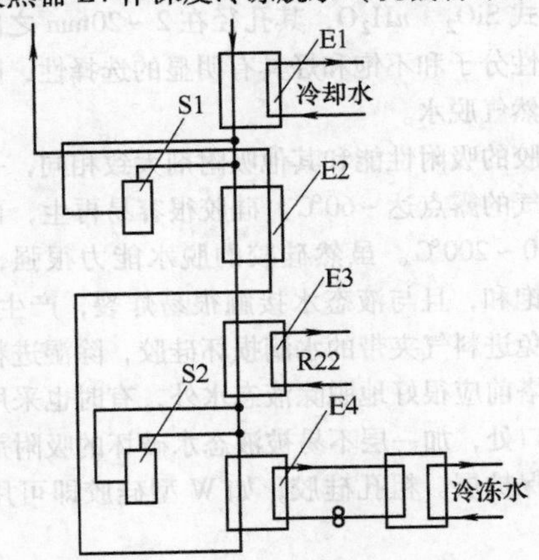

图2-1　辽河油田石油天然气脱水预处理装置的工艺流程

E1、E2、E4—不锈钢串片板式换热器
E3—不锈钢钎焊板式换热器
S1、S2—分离器

20世纪90年代，国内开发了一项新的天然气脱水净化技术，即气波制冷法。其工作原理是利用天然气自身压力做功，高速气流射入特殊设计的旋转喷嘴周围均布的接收管内，产生的膨胀波使气体降温，分离脱水后外输。气波制冷可以得到－10～－40℃的外输露点。

若冷却脱水达不到作为液化厂原料气中对水露点的要求，则还应采用其他方法对天然气进行进一步的脱水。通常用冷却脱水法脱出水分的过程中，还会脱除部分重烃。

（2）吸收法　吸收脱水是利用溶剂与水的亲和力，用吸湿性液体（或活性固体）吸收脱除天然气中的水蒸气。

用作脱水吸收剂的物质应具有以下特点：对天然气有很强的脱水能力，热稳定性好；脱水时不发生化学反应，容易再生；黏度小，对天然气和烃的溶解度较低；起泡和乳化倾向小，对设备无腐蚀性；同时还应当价格低廉，容易得到。现在广泛使用的是醇类脱水吸收剂，常用的是甘醇胺、二甘醇、三甘醇溶液，以下是它们的优缺点比较。

1）甘醇胺溶液。其优点：可同时脱除水、CO_2和H_2S，甘醇能降低醇胺溶液起泡倾向。其缺点：携带损失量比三甘醇大；需要较高的再生温度，易产生严重腐蚀；露点降小于三甘醇脱水装置，仅限于酸性天然气脱水。

2）二甘醇水溶液。其优点：浓溶液不会凝固；天然气中有硫、氧和CO_2存在时，在一般操作温度下溶液性能稳定，高的吸湿性。其缺点：携带损失比三甘醇大；虽然溶剂容易再生，但用一般方法再生的二甘醇水溶液的体积分数不超过95%；露点降小于三甘醇溶液，当贫液的质量分数为95%～96%时，露点降约为28℃；投资高。

3）三甘醇水溶液。其优点：浓溶液不会凝固；天然气中硫、氧和CO_2存在时，在一般操作条件下性能稳定；高的吸湿性；容易再生，用一般再生方法可以得到体积分数98.7%的三甘醇水溶液；蒸汽压低，携带损失量小，露点降大，三甘醇的质量分数为98%～99%时，露点降可达33～42℃。其缺点：投资高；当有轻质烃液体存在时会有一定程度的起泡倾向，有时需要加入消泡剂。

三甘醇脱水由于露点降大和运行可靠，在各种甘醇类化合物中其经济效果最好，因而国外广为采用。我国主要使用二甘醇或三甘醇，在三甘醇脱水吸收剂和固体脱水吸附剂两者脱水都能满足露点降的要求时，采用三甘醇脱水，经济效益更好。

常压甘醇脱水装置的典型工艺流程如图2-2所示。湿原料气经分离器粗脱水后，从底部进入吸收塔2，被甘醇贫液将水吸收脱除，从塔顶排出干燥气体，经过雾沫分离器1后，送去进一步脱水。塔底的甘醇富液经换热器6吸热后，经闪蒸罐7和过滤器8，进入再生塔9加热脱水后，用甘醇泵输送至吸收塔顶循环使用。

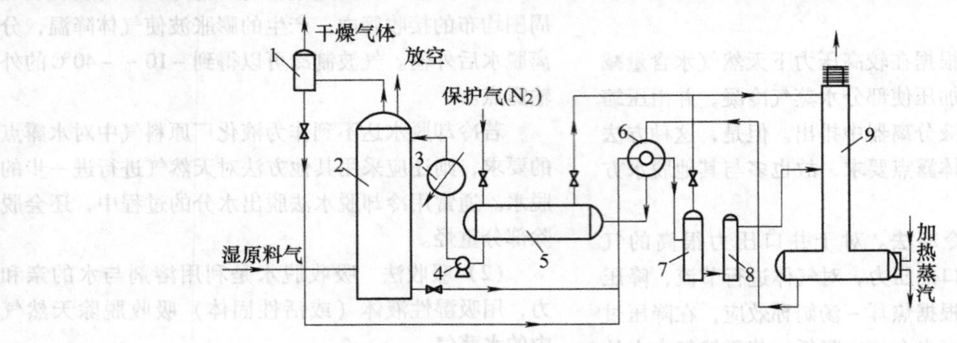

图2-2　常压甘醇脱水装置的典型工艺流程

1—雾沫分离器　2—吸收塔　3—冷却器　4—甘醇循环泵
5—中间缸　6—换热器　7—闪蒸罐　8—过滤器　9—再生塔

利用此法需注意防止甘醇分解。当再生温度超过204℃且系统中有氧气及液态烃存在时，都会降低甘醇的pH值，促使甘醇分解。因此需要定期检查甘醇的pH值，要控制pH值大于7。在有条件时将甘醇用氮气保护，以防止氧化。

甘醇法适用于较大规模的天然气脱水。

(3) 固体吸附法　吸附的定义：一个或多个组分在界面上的富集（正吸附或简单吸附）或损耗（负吸附）。其机理是在两相界面上，由于异相分子间作用力不同于主体分子间作用力，使相界面上流体的分子密度异于主体密度而发生“吸附”。

与液体吸收脱水的方法比较，固体吸附脱水能够提供非常低的露点，可使水的含量降至$1\times10^{-6}m^3/m^3$以下；吸附法对气温、流速、压力等变化不敏感，相比之下没有腐蚀、形成泡沫等问题，适合对于少量气体的廉价脱水过程。它的主要缺陷是基本建设投资大；一般情况下压力降较大；吸附剂易于中毒或碎裂；再生时需要的热量较多。

在某些情况下，特别是在气体流量、温度、压力变化频繁的情况下，由于吸附法脱水适应性强、操作灵活，而且可保证脱水后的气体中无液体，所以成本虽高仍采用吸附法脱水。

目前在天然气净化过程中，主要使用的吸附剂有活性氧化铝、硅胶和分子筛三大类。活性炭的脱水能力甚微，主要用于从天然气回收液烃。

1）活性氧化铝。其主要成分是部分水化的、多孔的和无定型的氧化铝，并含有少量的其他金属化合物。活性氧化铝是一种极性吸附剂，它对多数气体和蒸汽都是稳定的，是没有毒性的坚实颗粒，浸入水或液体中不会软化、溶胀或崩碎破裂，抗冲击和磨损的能力强。它常用于气体、油品和石油化工产品的脱水干燥。活性氧化铝干燥后的气体露点可低达-73℃。活性氧化铝循环使用后，其物化性能变化不大。

为了防止生成胶质沉淀，活性氧化铝宜在177～316℃下再生，即床层再生气体在出口时，最低温度需维持在177℃，方可恢复至原有的吸附能力，因此其再生时耗热量较高。活性氧化铝吸附的重烃在再生时不易除去。氧化铝呈碱性，可与无机酸发生化学反应，故不宜处理酸性天然气。

2）硅胶。是一种坚硬无定形链状和网状结构的硅酸聚合物颗粒，为一种亲水性的极性吸附剂。硅胶的分子式$SiO_2 \cdot nH_2O$，其孔径在2～20mm之间。硅胶对极性分子和不饱和烃具有明显的选择性，因此可用于天然气脱水。

硅胶的吸附性能和其他吸附剂大致相同，一般可使天然气的露点达-60℃。硅胶很容易再生，再生温度为180～200℃。虽然硅胶的脱水能力很强，但易于被水饱和，且与液态水接触很易炸裂，产生粉尘。为了避免进料气夹带的水滴损坏硅胶，除湿进料气进入吸附塔前应很好地脱除液态水外，有时也采用在吸附床进口处，加一层不易被液态水破坏的吸附剂作为吸附剂保护层。粗孔硅胶，如W型硅胶即可用于此目的。

3）分子筛。这是一种天然或人工合成的沸石型硅铝酸盐，天然分子筛也称沸石，人工合成的则多称分子筛。

分子筛对于极性分子即使在低浓度下也有相当高的吸附容量。对一些化合物的吸附强度按以下顺序递减：$H_2O > NH_3 > CH_3OH > CH_3SH > H_2S > COS > CO_2 > CH_4 > N_2$。分子筛可用于脱水、脱硫和同时脱硫脱水。应当指出，水较各种硫化物更优先强烈吸附，可达到高净化度。

分子筛的物理性质取决于其化学组成和晶体结构。在分子筛的结构中，有许多孔径均匀的孔道与排列整齐的孔穴。这些孔穴不仅提供了很大的比表面积，而且它只允许直径比孔径小的分子进入，而比孔径大的分子则不能进入，从而使分子筛吸附分子有很强的选择性。

根据孔径的大小不同，以及分子筛中 SiO_2 与 Al_2O_3 的摩尔比不同，分子筛可分为几种不同的型号，见表2-10。X型分子筛能吸附所有能被A型分子筛吸附的分子，并且具有稍高的湿容量。

表2-10　几种常用的分子筛

型号	SiO_2/Al_2O_3（摩尔比）	孔径/10^{-10}m	化学组成
3A（钾A型）	2	3~3.3	$2/3K_2O \cdot 1/3Na_2O \cdot Al_2O_3 \cdot SiO_2 \cdot 4.5H_2O$
4A（钠A型）	2	4.2~4.7	$Na_2O \cdot Al_2O_3 \cdot 2SiO_2 \cdot 4.5H_2O$
5A（钙A型）	2	4.9~5.6	$0.7CaO \cdot 0.3Na_2O \cdot Al_2O_3 \cdot 2SiO_2 \cdot 4.5H_2O$
10X（钙X型）	2.2~3.3	8~9	$0.8CaO \cdot 0.2Na_2O \cdot Al_2O_3 \cdot 2.5SiO_2 \cdot 6H_2O$
13X（钠X型）	2.3~3.3	9~10	$Na_2O \cdot Al_2O_3 \cdot 2.5SiO_2 \cdot 6H_2O$
Y（钠Y型）	3.3~6	9~10	$Na_2O \cdot Al_2O_3 \cdot 5SiO_2 \cdot 8H_2O$
钠丝光沸石	3.3~6	~5	$Na_2O \cdot Al_2O_3 \cdot 10SiO_2 \cdot 6\sim7H_2O$

在天然气净化过程中常见的几种物质分子的直径见表2-11。

表2-11　常见的几种物质分子的直径

分子	直径/10^{-10}m	分子	直径/10^{-10}m
H_2	2.4	CH_4	4.0
CO_2	2.8	C_2H_6	4.4
N_2	3.0	C_3H_8	4.9
水	3.2	nC_4-nC_{22}	4.9
H_2S	3.6	iC_4-iC_{22}	5.6
CH_3OH	4.4	苯	6.7

根据表2-10和表2-11可得出，要用分子筛脱水，选择4A分子筛是比较合适的，因为4A分子筛的孔径为（4.2~4.7）$\times 10^{-10}$m，水的分子直径为 3.2×10^{-10}m。4A分子筛也可吸附 CO_2 和 H_2O 等杂质，但不能吸附重烃，所以分子筛是优良的水吸附剂。现在的LNG工厂一般采用4A型沸石分子筛进行天然气深度脱水。这种分子筛虽然吸收性好，但经过分子筛吸附器的天然气压力降较大。为解决这个问题，有种TRIVIS分子筛吸附剂，不仅可以减少气体的压力降，其微粒结构增大了与气体的接触面积，提高了脱水效率。

综上所述，分子筛与活性氧化铝和硅胶相比较，具有以下显著优点：

① 吸附选择性强，只吸附最大公称直径比分子筛孔径小的分子；另外，对极性分子也具有高度选择性，能牢牢地吸附住这些分子。

② 脱水用分子筛，如4A分子筛，它不吸附重烃，从而避免因吸附重烃而使吸附剂失效。

③ 具有高效吸附性能，在相对湿度或分压很低时，仍保持相当高的吸附容量，特别适用于深度干燥。

④ 吸附水时，同时可以进一步脱除残余酸性气体。

⑤ 不易受液态水的损害。

现代液化天然气工厂采用的吸附脱水方法大多是分子筛吸附。在天然气液化或深冷之前，要求先将天然气的露点降低至很低值，此时用分子筛脱水比较适合。分子筛的主要缺点是当有油滴或醇类等化学品带入时，会使分子筛变质，再生时耗热高。

在实际使用中，可将分子筛同硅胶或活性氧化铝等串联使用。需干燥的天然气首先通过硅胶床层脱去大部分饱和水，再通过分子筛床层深度脱除残余的微量水分，以获得很低的露点。表2-12为用分子筛脱除天然气中水分的典型操作条件。

表2-12　用分子筛脱除天然气中水分的典型操作条件

参数	操作条件
天然气流量/(m^3/h)	$10^4 \sim 1.67\times10^6$
天然气进口水含量	$150\times10^{-6}m^3/m^3$ ~饱和
天然气压力/MPa	1.5~10.5
吸附循环时间/h	8~24
天然气出口水含量	$<10^{-7}m^3/m^3$ 或 −170℃露点
再生气体	干燥装置尾气，压力等于或低于原料气压力，根据再压缩条件确定
再生气体加热温度/℃	230~290（床层进口）

图 2-3 所示为吸附法高压天然气脱水的典型双塔流程图。在吸附时，为了减少气流对吸附剂床层扰动的影响，需干燥的天然气一般自上而下流过吸附塔。1 号干燥塔吸附时，湿天然气经阀 1 进入塔顶，自上而下流过干燥塔，经阀 4 输出干燥的天然气。2 号干燥塔吸附时，湿天然气经阀 7 进入塔顶，自上而下流过干燥塔，经 10 输出干燥的天然气。

当一个塔吸附时，另一个塔再生。吸附剂再生需要吸热，所以当一个吸附塔在脱水再生时，先对再生气用某种方式进行加热，然后再生气自下而上流过再生塔，对吸附层进行脱水再生。再生气自下而上流动，可以确保与湿原料气脱水时，最后接触的底部床层得到充分再生，因为底部床层的再生效果直接影响流出床层的干天然气质量。再生气加热器可以采用直接燃烧的加热炉，也可以采用热油、蒸汽或其他热源的间接加热器。再生气可以采用湿原料气，也可以采用出口干气。1 号干燥塔再生气时，再生气经阀 6 进入塔底，自下而上流过干燥塔，经阀 2 至再生气冷凝冷却器冷却。2 号干燥塔再生气时，再生气经阀 12 进入塔底，自下而上流过干燥塔，经阀 8 至再生气冷凝冷却器冷却。再生脱出的水分在此冷凝，并由分离器底部排出。

对吸附剂再生后，还需经过冷却后才能具有较好的吸附能力。在对再生后的床层进行冷却时，可以停用加热器，或使冷却气流从加热器的旁通阀 13 流过，以冷却再生后的热床层。冷却气通常是自上而下流过吸附剂床层，从而使冷却气中的水分被吸附在床层的顶部。这样，在脱水操作中，床层顶部的水分不会对干燥后的天然气露点产生过大影响。1 号干燥塔冷却时，经阀 3 进入塔顶，自上而下流过干燥塔，经阀 5 至再生气冷凝冷却器冷却。2 号干燥塔冷却时，经阀 9 进入塔顶，自上而下流过干燥塔，经阀 11 至再生气冷凝冷却器冷却。

一般可用定时切换的自控阀门来控制吸附塔的脱水、再生和冷却。

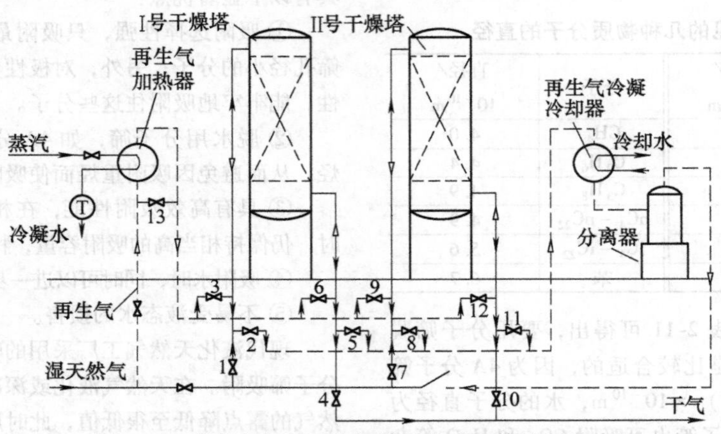

图 2-3　吸附法高压天然气脱水典型双塔流程示意图

1～13—阀门

- - - -再生流程　——吸附流程　—▷—再生气方向　—▶—吸附气方向

吸附脱水一般适用于小流量气体的脱水。对于大流量高压天然气脱水，如要求的露点降仅为 22～28℃，一般情况下采用甘醇吸收脱水较经济；如要求的露点降为 28～44℃，则甘醇法和吸附法均可考虑，可参照其他影响因素确定；如要求的露点降高于 44℃，一般情况下应考虑吸附法脱水，至少也应先采用甘醇吸收脱水，再串接吸附法脱水。

（4）膜分离法　天然气膜分离法（简称膜法）脱水是近年来发展起来的新技术。它克服了传统净化的许多不足，具有投资少、能耗低、维修保养费用低、环境友好及结构紧凑等优点，表现出较大的发展潜力和广阔的应用前景，尤其适用于海上采油平台等对空间要求较严格的场所。另外，膜分离法在天然气脱水同时，还可以进行部分轻烃回收。

膜分离法脱水材料主要有聚砜、醋酸纤维素、聚酰亚胺等，通常制备成中空纤维或卷式膜组件。

天然气膜分离技术是利用特殊设计和制备的高分子气体分离膜，对天然气中酸性组分优先选择渗透性，当原料天然气流经膜表面时，其酸性组分（如 H_2O、CO_2 和少量 H_2S）优先透过分离膜而被脱除掉。膜分离法脱水基本原理如图 2-4 所示。

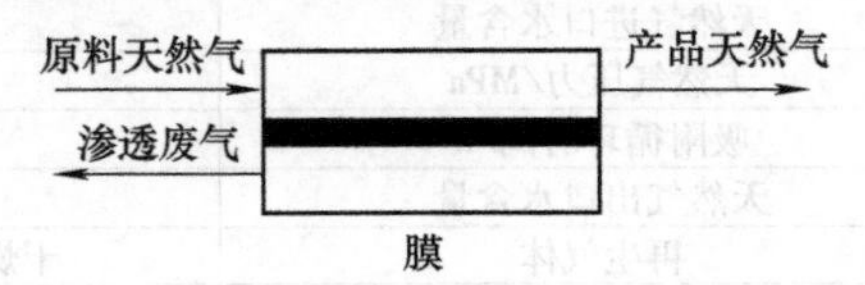

图 2-4　膜分离法脱水基本原理

膜分离法具有以下几方面的特点：

1）利用天然气自身压力作为净化的推动力，几乎无压力损失。

2）无试剂加入，属“干法”净化。净化过程中无额外材料消耗；无须再生，无二次污染。

3）工艺相容性强，具有同时脱除性，如在脱水的同时，部分地脱除 H_2S、CO_2。

4）工艺简单，组装方便；易操作，易撬装。

5）技术单元灵活，占地面积小。

从表2-9可以看出，与其他几种脱水方法相比，膜分离法脱水占地面积小，运转维修方便，所能达到的脱水露点范围较宽。另外，膜分离法脱水装置规模主要由膜组件的数量决定，装置较为灵活，因此它不仅适用于净化厂集中脱水和集气站小站脱水，同时也能够灵活方便地应用于边远井站单井脱水。

天然气中水蒸气为微量、可凝性组分，水蒸气分压较低，从而膜两侧水蒸气渗透推动力较低；另外，水蒸气在膜的渗透侧富集，可能产生冷凝，降低传质推动力，影响膜的寿命。因此，在膜分离法脱水过程中，一般采用渗透侧干燥气体吹扫或抽真空工艺，以迅速排出渗透侧水蒸气，提高传质推动力。另外，还有将渗透侧的水蒸气干燥的膜吸收法和温差推动技术。

1）吹扫法。图2-5和图2-6所示分别为两种吹扫法脱水工艺流程。图2-5中采用脱水干燥天然气部分反吹作为吹扫气，排出渗透侧水蒸气，提高膜两侧水蒸气分压差。若天然气中 CO_2 或 H_2S 等酸性组分已被处理过，为减少甲烷损失，吹扫气与渗透气一起返回原料气，再压缩后循环回膜系统，整个系统几乎无烃类损失。否则，吹扫气和渗透气必须至少部分排放，以避免操作循环系统中 CO_2 或 H_2S 含量不断升高，影响天然气品质。图2-6中压缩空气经膜富氮、脱水后，干燥氮气作为吹扫气，渗透端的吹扫气或渗透气混合组分作为燃料燃烧。该工艺仅需低压空气压缩机，而不需要高压天然气压缩机，但有少量渗透烃类损失。

采用吹扫天然气脱水工艺，干燥天然气露点主要取决于吹扫气的流量和水含量。吹扫气水含量越低，吹扫气量越大，产品气露点越低，单位膜面积的处理量越大。

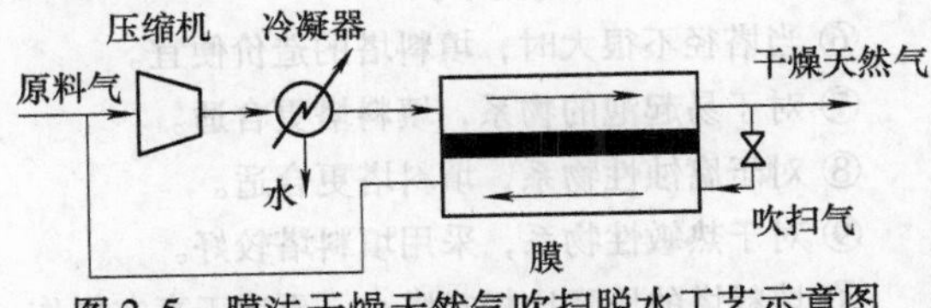

图2-5　膜法干燥天然气吹扫脱水工艺示意图

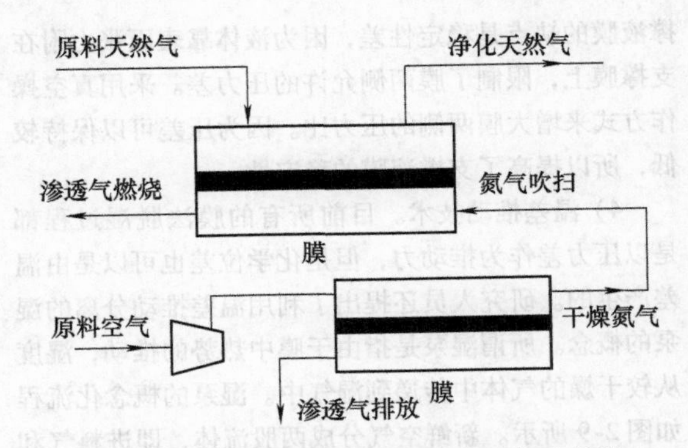

图2-6　膜法干燥氮气吹扫脱水工艺示意图

2）真空法。图2-7所示为真空法膜脱水工艺示意图。图2-8为天然气膜法脱水现场试验工艺示意图。采用真空工艺是解决水蒸气传质效率低的有效方法。这种工艺无须吹扫气和二次压缩就能达到较高的气体回收率；但需建立真空系统，增加了设备投资和运行费用。渗透的甲烷量较小，一般仅为原料气的2%～3%，可作为现场热源或动力源加以利用。净化天然气露点与渗透气真空度有关。

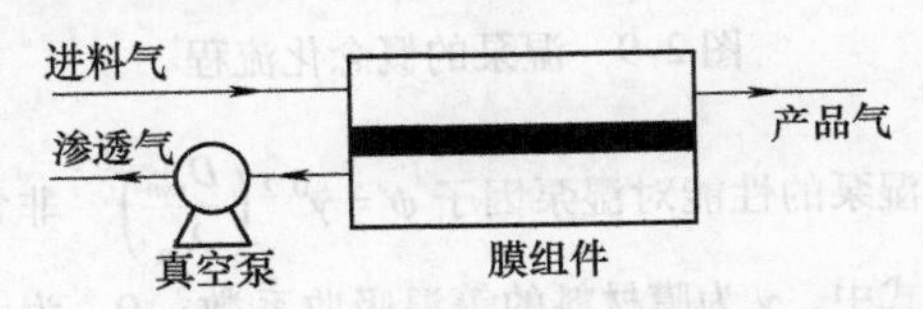

图2-7　真空法膜脱水工艺示意图

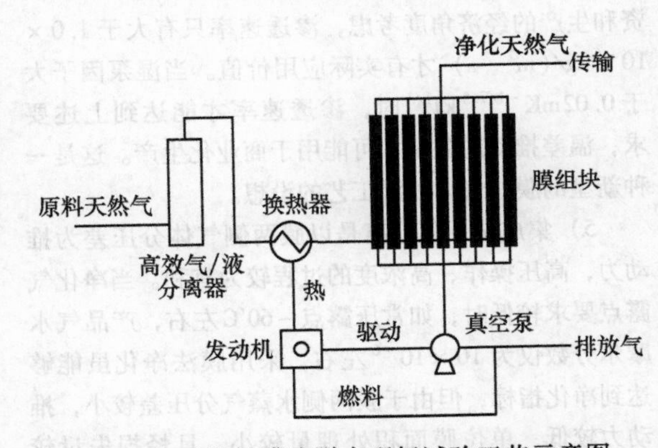

图2-8　天然气膜法脱水现场试验工艺示意图

3）膜吸附法。这是指采用固体、液体选择吸附膜（支撑液膜），或在渗透侧填充固体或液体吸收剂，通过吸收剂吸收水蒸气得到干燥气体的方法。

Sircar等将氧化铝、硅胶制成1～50μm厚、孔径小于1.5nm的多孔吸附膜，涂在支撑层上，支撑层直径大于0.005μm，小于20μm，用于气体脱湿。支撑液膜是最近几年发展起来的一种气体除湿方法。支撑液膜的缺点是稳定性差，因为液体靠表面张力附在支撑膜上，限制了膜两侧允许的压力差。采用真空操作方式来增大膜两侧的压力比。因为压差可以保持较低，所以提高了支撑液膜的稳定性。

4）温差推动技术。目前所有的膜法脱湿过程都是以压力差作为推动力，但是化学位差也可以是由温差产生的。研究人员还提出了利用温差推动分离的湿泵的概念。所谓湿泵是指由于膜中热势的推动，湿度从较干燥的气体中传递到湿气中。湿泵的概念化流程如图2-9所示。新鲜空气分成两股流体，即进料气和吹扫气，以逆流方式通过膜分离器。吹扫气首先和脱湿气进行热交换，再经过二级换热器，被低品位的废热加热到需要的温度。在膜分离器中，两股流体的温差产生的热势是水蒸气反向渗透的推动力。

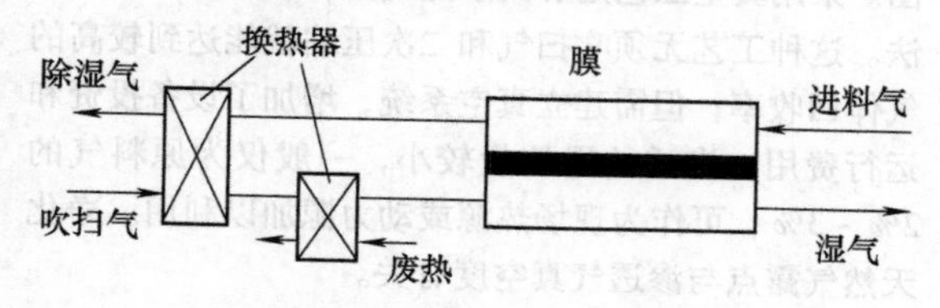

图2-9 湿泵的概念化流程

湿泵的性能对湿泵因子 $\psi=\gamma^{0.2}\left(\frac{D_{wm}}{\lambda_m}\right)^{1/3}$ 非常敏感。式中，γ 为膜材料的等温吸收系数；D_{wm} 为水蒸气在膜中的扩散系数；λ_m 为膜材料的热导率。从投资和生产的经济角度考虑，渗透速率只有大于 1.0×10^{-5}kg/(m^2·s) 才有实际应用价值。当湿泵因子大于 0.02mK$^{-1/7.5}$kJ$^{1/3}$ 时，渗透速率才能达到上述要求，温差推动的湿泵才可能用于商业化生产。这是一种新型的膜法气体脱湿工艺的设想。

5）集成法。膜分离是以膜两侧气体分压差为推动力，高压操作、高浓度的过程较为有利。当净化气露点要求较低时，如常压露点 -60℃左右，产品气水摩尔分数仅为 10×10^{-6} 左右，采用膜法净化虽能够达到净化指标，但由于膜两侧水蒸气分压差较小，推动力较低，单位膜面积处理量较小，且烃损失量较大。吸附法能得到较低露点，但当原料水蒸气含量较高时，吸附剂需频繁再生，并且容易破碎污染气源。采用膜分离技术与吸附法集成的方法如图2-10所示，在较高水含量时用膜法脱水，当水含量降低到一定程度，如 100×10^{-6}，再采用吸附法脱水。这样一方面利用了较高水蒸气浓度时膜两侧的推动力；另一方面，吸附剂再生周期延长，同时使烃类损失达到最小。

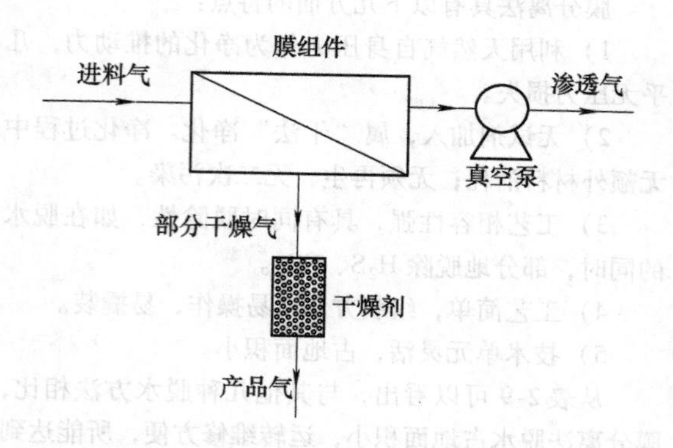

图2-10 膜分离技术与吸附法集成的方法

2. 常用脱水方法的设备选择及设计计算

（1）甘醇吸收脱水法 其流程如图2-2所示，包括分离、吸收、再生过程。主要设备有吸收塔、再生塔、换热器、分离器、重沸器、循环泵、过滤器等。

1）吸收塔、再生塔的设计计算。进吸收塔的天然气温度应维持在15～48℃。如果高于48℃，应在进口分离器之前设冷却装置。进入吸收塔顶层塔板的贫液温度宜冷却到高于气流温度10～30℃。且贫甘醇进塔温度宜低于60℃。吸收塔的操作压力应不低于2.5MPa，但不宜超过10.0MPa。每吸收1kg水所需甘醇量，三甘醇为0.02～0.03m³；二甘醇为0.04～0.1m³。

填料塔和板式塔是常用的吸收设备。设计者必须根据具体情况进行选用：

① 填料塔操作范围较小，特别是对于液体负荷的变化更为敏感。

② 填料塔不宜用于处理易聚合或含有固体悬浮物的物料。

③ 当气液接触过程中需要冷却，以移出反应热或溶解热时，不适宜用填料塔。另外，当有侧线出料时，填料塔也不如板式塔方便。

④ 填料塔的塔径可以很小，但板式塔的塔径一般不小于0.6m。

⑤ 板式塔的设计资料更容易得到，而且更为可靠，安全系数可以取得更小。

⑥ 当塔径不很大时，填料塔的造价便宜。

⑦ 对于易起泡的物系，填料塔更合适。

⑧ 对于腐蚀性物系，填料塔更合适。

⑨ 对于热敏性物系，采用填料塔较好。

⑩ 填料塔的压降比板式塔小，更适于真空操作。

2）填料塔设计计算。

① 塔径计算：

$$D=\sqrt{\frac{4q_{V,S}}{\pi u}} \tag{2-1}$$

式中，$q_{V,S}$是入塔混合气体流量（m^3/s）；u 是适宜的空塔气速（m/s），一般可取为泛点气速 u_F 的 50%～85%。

泛点气速是确定塔径的关键参数，其值与填料种类特性关系密切。填料塔开始出现液泛现象的气速，称为泛点气速。它是填料塔正常操作气速的上限值。目前工程设计中广泛采用埃特克提出的填料塔泛点和压降的通用关联图来计算它，如图2-11所示，适用于各种乱堆填料，如拉西环、鲍尔环、鞍形填料等。图2-11中左上方绘制了整个拉西环和栅形填料的泛点线。

关联图的纵坐标为 $\frac{u_F^2\phi\psi}{g}\frac{\rho_V}{\rho_L}\mu_L^{0.2}$，横坐标为 $\frac{q_{m,L}}{q_{m,V}}\left(\frac{\rho_V}{\rho_L}\right)^{0.5}$。

式中，u_F 是泛点气速（m/s）；ϕ 是填料因子（m^{-1}），可查所选用填料的特性数据表；g 是重力加速度，$g=9.81m/s^2$；$q_{m,V}$是气体的质量流量（kg/s），按塔顶出气计算；$q_{m,L}$是液体的质量流量（kg/s），按吸收剂进口计算；ρ_V 是气体的密度（kg/m^3），按塔顶出气计算；ρ_L 是液体的密度（kg/m^3）；μ_L 是液体黏度（cP，$1cP=1\times10^{-3}Pa\cdot s$）；$\psi$ 是水的密度与液体密度之比。

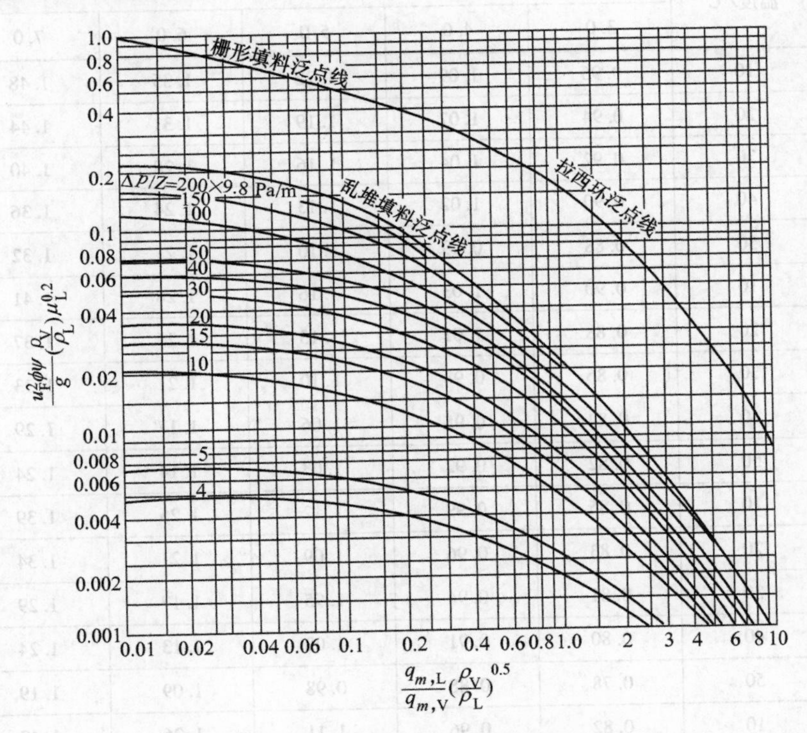

图2-11　填料塔泛点和压降的通用关联图

② 最小吸收剂用量：

$$L_{\min}=\left(\frac{L}{q_V}\right)_{\min}V \tag{2-2}$$

其中
$$\left(\frac{L}{q_VA}\right)_{\min}=\frac{y_1-y_2}{x_1^*-x_2}$$

式中，$\left(\frac{L}{q_V}\right)_{\min}$ 是最小气液比；q_V是进气中除了被吸收气体之外的气体流量；L 是吸收剂用量，一般为最小用量的1.1倍；x_2 是初始时刻被吸收气体在液相中摩尔分数；y_1 是初始时刻被吸收气体在气相中的摩尔分数；y_2 是终了时刻被吸收气体在气相中的摩尔分数；x_1^* 为根据 y_1 在吸收平衡线查得的平衡液相摩尔分数。

③ 填料层高度：$Z=H_{OG}N_{OG}$

其中 $H_{OG}=\frac{V}{K_{V,a}A}$　$N_{OG}=\int_{y_2}^{y_1}\frac{dy}{y-y^*}$

式中，H_{OG} 是传质单元高度；N_{OG} 是传质单元数；$K_{V,a}$是气相体积吸收总系数；A 是塔截面面积。

根据两相流动参数可确定横坐标值，由图 2-11 查得所使用填料的泛点线对应的纵坐标值，再在纵坐标值对应的关联式中代入有关的物性数据和填料特性数据，便可算出泛点速度 u_F。

通用关联图还有如下两个用途：①用操作气速 u 代替 u_F，求出纵坐标值，再算出横坐标值，则可从图上读得每米填料层的压强降 Δp 值；②若已知每米填料层压强降值 Δp 及横坐标值，则可由图上读得纵坐标值，进一步从中求出流速，此流速就是操作的气速。

3）板式塔设计计算。吸收塔直径与气流在其中的流速有关，而流速可由表 2-13 确定的 K 值和表 2-14确定的最大气体流率换算。

表 2-13　速度因数 K 的量值

塔盘间距/mm	K 值
600	0.0488
560	0.0457
450	0.0366

注：板式塔的塔间距不应小于0.45m。

表 2-14　吸收塔最大气体流率推荐值　［单位：$10^6m^3/(d·m^2)$］

相对密度	温度/℃	操作压力/MPa					
		3.0	4.0	5.0	6.0	7.0	8.0
0.6	10	0.96	1.09	1.22	1.35	1.48	1.60
	20	0.94	1.07	1.19	1.31	1.44	1.50
	30	0.92	1.04	1.16	1.28	1.40	1.52
	40	0.90	1.02	1.13	1.24	1.36	1.46
	50	0.88	0.99	1.10	1.21	1.32	1.43
0.7	10	0.90	1.03	1.16	1.28	1.41	1.54
	20	0.88	1.01	1.13	1.25	1.37	1.49
	30	0.86	0.98	1.10	1.21	1.33	1.45
	40	0.84	0.95	1.06	1.17	1.29	1.40
	50	0.82	0.92	1.03	1.14	1.24	1.35
0.8	10	0.85	0.99	1.12	1.25	1.39	1.52
	20	0.83	0.96	1.09	1.21	1.34	1.47
	30	0.81	0.94	1.95	1.17	1.29	1.41
	40	0.80	0.91	1.02	1.13	1.24	1.35
	50	0.78	0.88	0.98	1.09	1.19	1.29
0.9	10	0.82	0.96	1.11	1.26	1.43	1.58
	20	0.80	0.93	1.07	1.21	1.36	1.50
	30	0.78	0.90	1.03	1.16	1.29	1.42
	40	0.76	0.87	0.99	1.11	1.22	1.34
	50	0.74	0.84	0.95	1.05	1.15	1.26

注：表中数值为 $K=0.0488$ 时取得。

表2-14 给出的允许气体流速是基于 Souders - Brown 公式：

$$v_c = K[(\rho_t - \rho_g)/\rho_g]^{0.5} \tag{2-3}$$

式中，v_c是允许气体速度（m/s）；ρ_t是甘醇在操作状态下的密度（kg/m^3）；K是经验常数。

甘醇循环流率计算公式：

$$V_L = L_W G_L \tag{2-4}$$

式中，V_L 是甘醇循环流率（m^3/h）；L_W是每吸收 1kg

水所需甘醇循环量（m^3/kg）；G_L是吸收塔每小时的脱水量（kg/h）。

甘醇再生塔应采用不锈钢填料。要得到高浓度的甘醇，可根据实际条件选取先进合理的甘醇再生方法。目前可采用的再生方法有气提法、负压法和共沸法。气提法再生，气提气宜用干燥过的天然气或芳烃，宜在贫液精馏柱下方通入。负压法再生适用于处理规模较大，且不宜用气提气的场合。共沸法再生主要用于要求露点很低（－90以下）的场合，共沸剂应采用能与水形成共沸混合物的低沸点物质，如异辛烷、甲苯等。

4）气提量的计算。采用气提法再生三甘醇，可采用查图2-12估算气提量。

5）分离器的设计计算。分离器直径可用确定吸收塔直径相同的方法，由表2-15和表2-16确定。表2-15中给出的允许气体流速是基于Souders－Brown公式，即式（2-3），采用的是立式分离器。速度因素K的量值见表2-17。

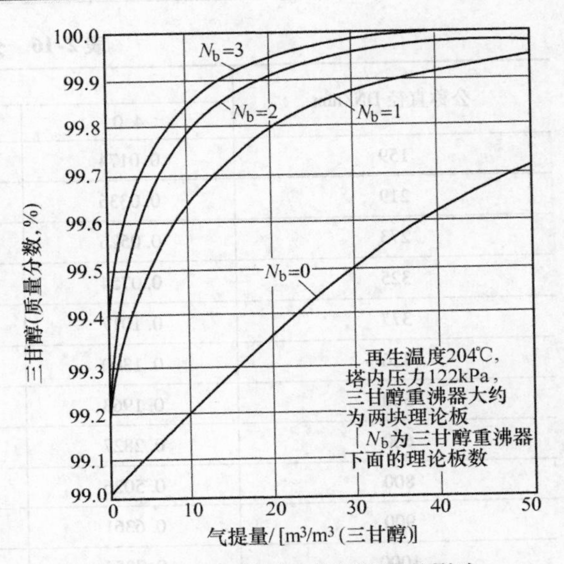

图2-12　气提量对三甘醇溶液的影响

表2-15　进口分离器最大气体流率推荐值　［单位：$10^6m^3/(d \cdot m^2)$］

相对密度	温度/℃	操作压力/MPa					
		3.0	4.0	5.0	6.0	7.0	8.0
0.6	10	1.61	1.89	2.11	2.32	2.53	2.75
	20	1.57	1.84	2.05	2.26	2.46	2.67
	30	1.53	1.79	2.00	2.19	2.39	2.59
	40	1.49	1.74	1.94	2.13	2.32	2.51
	50	1.45	1.69	1.88	2.07	2.25	2.43
0.7	10	1.56	1.78	1.99	2.22	2.41	2.62
	20	1.52	1.73	1.93	2.14	2.34	2.54
	30	1.49	1.69	1.88	2.07	2.26	2.45
	40	1.45	1.64	1.82	2.00	2.19	2.67
	50	1.41	1.56	1.76	1.93	2.11	2.28
0.8	10	1.48	1.71	1.92	2.14	2.36	2.57
	20	1.45	1.66	1.86	2.07	2.27	2.47
	30	1.41	1.60	1.79	1.99	2.19	2.38
	40	1.37	1.55	1.73	1.92	2.10	2.28
	50	1.33	1.50	1.67	1.84	2.01	2.18
0.9	10	1.42	1.66	1.90	2.23	2.38	2.62
	20	1.38	1.61	1.83	2.14	2.27	2.49
	30	1.34	1.55	1.75	2.05	2.16	2.37
	40	1.30	1.49	1.68	1.96	2.05	2.24
	50	1.26	1.43	1.61	1.87	1.94	2.11

注：表中数值为$K=0.107$时得出，该系数适合于处理微量或少量液体的分离器。其他与分离器类型有关的经验值或含有大量游离液的气流应符合现行的《油气分离规范》。

表2-16 分离器横截面积 （单位：m^2）

公称直径DN/mm	设计压力/MPa			
	4.0	5.0	8.0	10.0
159	0.0174	0.0172	0.0162	0.0156
219	0.0336	0.0330	0.0317	0.0305
273	0.0526	0.0518	0.0490	0.0482
325	0.0754	0.0744	0.0701	0.0683
377	0.1017	0.1000	0.0950	0.0918
426	0.1300	0.1281	0.1218	0.1169
500	0.1963	0.1963	0.1963	0.1963
600	0.2827	0.2827	0.2827	0.2827
800	0.5026	0.5026	0.5026	0.5026
900	0.6361	0.6361	0.6361	0.6361
1000	0.7854	0.7854	0.7854	0.7854
1200	1.1309	1.1309	1.1309	1.1309
1400	1.539	1.539	1.539	1.539
1500	1.767	1.767	1.767	1.767

表2-17 速度因数K的量值

分离器形式	分离器长度或高度/m	K的范围/(m/s)
立式分离器	1.5	0.037～0.072
	3.0	0.055～0.107
卧式分离器	3.0	0.122～0.152
	其他	0.122～0.152
球形分离器	—	0.061～0.107

进口分离器应紧靠吸收塔。如果来气较清洁，且含液很少，进口分离器宜与吸收塔一体，且直径应与吸收塔相同，最小直径由吸收塔内允许气体流速决定。分离器至吸收塔的升气管管口应超过甘醇在停工或操作不正常时出现的最高液位以上，并应有防止甘醇溢入分离器的措施。

甘醇闪蒸分离器操作压力宜为0.17～0.52MPa，宜先换热后闪蒸，或在闪蒸分离器内设加热盘管。表2-18和表2-19列出了常用立式两相和三相甘醇闪蒸分离器的尺寸和沉降容积。计算式如下：

$$V = q_{V,L}t/60 \tag{2-5}$$

式中，V是闪蒸分离器中要求的沉降容积（m^3）；$q_{V,L}$是甘醇循环体积流量（m^3/h）；t是停留时间(min)，两相分离器停留时间为5min，三相分离器停留时间为20～30min。

表2-18 常用立式两相甘醇闪蒸分离器尺寸

公称直径/mm	长度L/mm	沉降容积V/m^3
325	1200	0.028
426	1200	0.052
500	1200	0.080
600	1200	0.120

注：1. 甘醇闪蒸分离器公称直径DN≥500mm，以内径计；DN<500mm，以外径计。
2. 沉降容积是指底封头环焊缝以上至300mm高以下部分的容积。

表2-19 常用立式三相甘醇闪蒸分离器尺寸

公称直径DN/mm	长度L/mm	沉降容积V/m^3	
		1/2直径高	2/3直径高
600	1200	0.1660	0.2409
	1800	0.2507	0.3609
800	2400	0.6050	0.70
1000	2000	0.8016	1.2659
	3000	1.1941	2.4949

注：1. 甘醇闪蒸分离器两端封头焊缝之间的距离为闪蒸分离器的长度L。
2. 沉降部分的长度为L减去溢流堰到焊缝的距离150mm。

6）重沸器的设计计算。常压再生时，重沸器内三甘醇溶液温度不应超过204℃，二甘醇溶液温度不应超过162℃。重沸剂的设计压力应大于等于0.0103MPa、内压或连同再生塔全部充满水的静压。采用三甘醇脱水时，重沸器火管散热表面的热流密度的正常范围是18～25kW/m²，最高不超过31kW/m²。燃烧器火焰形状和火焰长度的设计，应避免在火管处产生热斑，管壁温度宜在甘醇分解温度以下，最高不超过221℃。

$$Q_R = q_{V,L}Q_C \tag{2-6}$$

式中，Q_R是重沸器所需要的热负荷（kJ/h）；Q_C是循环1m³甘醇需用的供热量（kJ/m³）。

7）脱水装置的燃料气的耗量。

$$燃料气耗量 = \frac{热负荷}{燃烧效率 \times 热值} \tag{2-7}$$

燃烧效率查图2-13估算，仅设烟道气中的残余燃料气量低于0.1%，这是安全有效操作的最大燃烧极限。

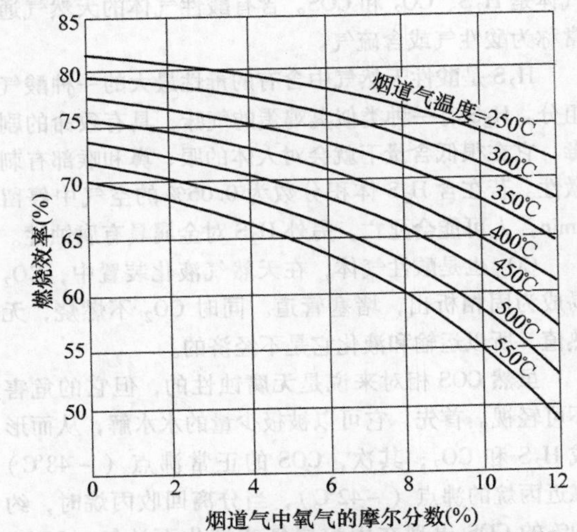

图2-13　天然气甘醇脱水装置燃烧效率近似值（高发热值38530kJ/m³）

（2）分子筛吸附脱水法　吸附脱水法的主要设备有吸附塔、换热器、分离器。

LNG工厂的脱水工艺流程采用的装置主要是固定床吸附塔。为保证连续运行，至少需要两个吸附塔，一塔进行脱水操作，另一塔进行吸附剂的再生和冷却，然后切换。在三塔或多塔装置中，切换程序有所不同。对于普通的三塔流程，一般是一塔脱水，一塔再生，另一塔冷却。

脱水器床层吸附周期，应根据原料气中含水量、空塔气速、床层高径比（不应小于1.6）、再生气能耗、吸附剂寿命等做技术经济比较后确定，一般为8～24h。对压力不高，含水量较多的天然气脱水，吸附周期宜小于等于8h。进床层的原料气温度不宜高于50℃。对于双塔流程，冷却气流量一般宜与再生气流量相近，冷却气出口温度宜低于50℃。吸附时气体通过床层的压降宜小于等于0.035MPa，不宜高于0.055MPa，否则需重新调整空塔气速。对于双塔流程，吸附剂加热时间一般是总再生时间的1/2～5/8，总再生时间包括加热时间、冷却时间和切换时间。再生气的入口温度应根据脱水深度确定，一般为232～315℃

1）吸附塔的塔径计算。

塔径初选计算：

$$D_1 = [q_V/(v_2 \times 0.785)]^{0.5} \tag{2-8}$$

式中，q_V是气体在操作条件下的体积流量（m³/h）；v_2是允许空塔气速（m/h），如图2-14所示。

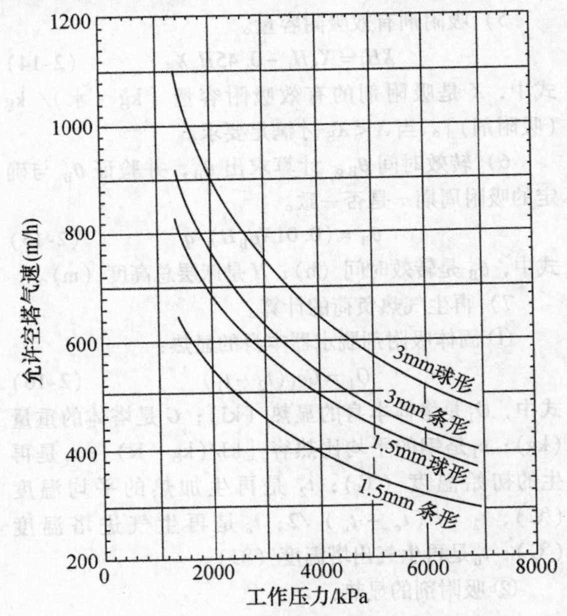

图2-14　分子筛吸附脱水器允许空塔气速

$$D_2 = (0.5092958V_w)^{1/3} \tag{2-9}$$

所以塔径的估算初值为$D = (D_1 + D_2)/2$，单位为m。

用估算的直径求实际的空塔气速v_2，并验证是否在图2-14的允许速度以内，否则应调整初选的塔径，以求得合适的空塔气速为止。

2）吸附剂用量计算。

$$V_w = 1.3[G_1\tau/(24X_S\rho_B)] \tag{2-10}$$

式中，V_w是每吸附周期的含水总量被吸附剂饱和吸附所需要的吸附剂用量（m³）；G_1是吸附剂脱出的水量（kg/d）；τ是所选的吸附周期（h）；X_S是吸附剂的动态饱和吸附量［kg（水）/kg（吸附剂）］；ρ_B是吸附剂的堆积密度（kg/m³）。

3）传质区长度计算。

$$H_z=(1.41q^{0.7895})/(v_2^{0.5506}\phi^{0.2646}) \quad (2\text{-}11)$$

式中，H_z 是吸附剂为硅胶时的传质长度（m）；q 是床层截面积水负荷［kg/(h·m²)］；ϕ 是相对湿度（%）。

床层截面积水负荷为

$$q=0.05305G_1/D^2 \quad (2\text{-}12)$$

若吸附剂为分子筛或氧化铝，其传质区长度分别为硅胶的60%和80%。

4）床层高度的计算。

$$H_t=V_w/A=(0.05417G_1\tau)/(X_S\rho_B A) \quad (2\text{-}13)$$

式中，H_t 是吸附传质段前边线距床层进口端距离（m）；A 是床层的横断面积（m²）。

5）吸附剂有效吸附容量。

$$XH_t=X_SH_t-0.45H_zX_S \quad (2\text{-}14)$$

式中，X 是吸附剂的有效吸附容量［kg（水）/kg（吸附剂）］。当 $X<X_S$ 才满足要求。

6）转效时间 θ_B。计算求出 θ_B，并验证 θ_B 与确定的吸附周期 τ 是否一致。

$$\theta_B=(0.01X\rho_B H)/q \quad (2\text{-}15)$$

式中，θ_B 是转效时间（h）；H 是床层总高度（m）。

7）再生气热负荷的计算。

① 固体吸附剂脱水器本身的显热：

$$Q_1=Gc_1(t_2-t_1) \quad (2\text{-}16)$$

式中，Q_1 是塔体本身的显热（kJ）；G 是塔体的重量（kg）；c_1 是钢的平均比热容［kJ/(kg·K)］；t_1 是再生的初始温度（℃）；t_2 是再生加热的平均温度（℃），$t_2=(t_e+t_u)/2$；t_e 是再生气进塔温度（℃）；t_u 是再生气出塔温度（℃）。

② 吸附剂的显热：

$$Q_2=G_Sc_2(t_2-t_1) \quad (2\text{-}17)$$

式中，Q_2 是吸附剂的显热（kJ）；c_2 是吸附剂的平均比热［kJ/(kg·K)］；G_S 是吸附剂重量（kg）。

③ 水的脱附热：

$$Q_3=G_2\Delta H \quad (2\text{-}18)$$

式中，Q_3 是水的脱附热（kJ）；G_2 是每周期的吸附水量（kg）；ΔH 是每千克水的脱附热，取 $\Delta H=4186.8$ kJ/kg。

④ 瓷球的显热：

$$Q_4=G_zC_4(t_2-t_1) \quad (2\text{-}19)$$

式中，Q_4 是瓷球的显热（kJ）；G_z 是瓷球的重量（kg）；C_4 是瓷球的比热［kJ/(kg·K)］。

考虑热损失为再生吸附剂总热量的10%。

8）床层压降计算。

$$\frac{\Delta p}{H}=B\mu v_2+C\rho_0 v_2^2 \quad (2\text{-}20)$$

式中，Δp 是脱水器床层压降（kPa）；μ 是气体黏度（Pa·s）；B、C 是常数，查表2-20。

表2-20　吸附剂粒子类型常数 B、C

粒子类型	B	C
直径3.2mm球形	4.155	0.00135
当量直径3.2mm条形	5.357	0.00188
直径1.6mm球形	11.278	0.00207
当量直径1.6mm条形	17.660	0.00319

注：条形当量直径 $=d_0/[(2/3)+(d_0+3l_0)]$ 式中，d_0 是圆柱（条）直径（mm）；l_0 是条长度（mm）。

2.1.2　脱酸性气体（CO_2、H_2S）

由地层采出的天然气除通常含有水蒸气外，往往还含有一些酸性气体。这些酸性气体一般是 H_2S、CO_2、COS 与 RSH 等气相杂质。天然气最常见的酸性气体是 H_2S、CO_2 和 COS。含有酸性气体的天然气通常称为酸性气或含硫气。

H_2S 是酸性天然气中含有的毒性最大的一种酸气组分。H_2S 有一种类似臭鸡蛋的气味，具有致命的剧毒。它在很低含量下就会对人体的眼、鼻和喉部有刺激性。若在含 H_2S 体积分数为0.06%的空气中停留2min，人可能会死亡。另外 H_2S 对金属具有腐蚀性。

CO_2 也是酸性气体，在天然气液化装置中，CO_2 易成为固相析出，堵塞管道。同时 CO_2 不燃烧，无热值，所以运输和液化它是不经济的。

虽然 COS 相对来说是无腐蚀性的，但它的危害不可轻视。首先，它可以被极少量的水水解，从而形成 H_2S 和 CO_2；其次，COS 的正常沸点（-48℃）靠近丙烷的沸点（-42℃），当分离回收丙烷时，约90%的 COS 出现在丙烷尾气或液化石油气（LPG）中，如果在运输和贮存中出现潮湿，即使是 0.5×10^{-6} 的 COS 被水解，也会产生腐蚀故障。

酸性气体不但对人身有害，对设备管道有腐蚀作用，而且因其沸点较高，在降温过程中易呈固体析出，故必须脱除。脱除酸性气体常被称为脱硫脱碳，或习惯上称为脱硫。在净化天然气时，可考虑同时脱除 H_2S 和 CO_2，因为醇胺法和用分子筛吸附净化中，这两种组分可以一起被脱除。

1. 脱硫方法分类

脱硫方法一般可分为化学吸收法、物理吸收法、联合吸收法、直接转化法、非再生性法、膜分离法和低温分离法等。其中采用溶液或溶剂作脱硫剂的化学吸收法、物理吸收法、联合吸收法及直接转化法，习惯上统称湿法；采用固体床脱硫的海绵铁法、分子筛法统称为干法。表2-21列出了有代表性的天然气脱硫方法。

表 2-21　天然气脱硫方法

类别	方法	原理	主要特点
化学吸收法	MEA、DEA、SNPA－DEA、Adip、E－Conamine（DGA）、MDEA、FLEXSORB、Benfield、Catacarb 等	靠中和反应吸收酸气，升温脱除酸气	净化度高，适应性宽，经验丰富，应用广泛
物理吸收法	Selexol、Purisol、Flour Solvent 等	靠物理溶解吸收酸气，闪蒸脱除酸气	再生能耗低，吸收重烃，高净化度需有特别再生措施
联合吸收法	Sunfinol（－D，－M）、Selefining、Optisol、Amisol 等	兼有化学及物理吸收法两者的优点	脱有机硫较好，再生能耗较低，吸收重烃
直接转化法	Stretford、Sulfolin、Lo－Cat、Sulferox、Unisulf 等	靠氧化还原反应，将 H_2S 氧化为元素硫	集脱硫与硫回收为一体，溶液硫容低
非再生性法	Chemsweet、Slurrisweet、Sulfatreat 等	与 H_2S 反应，定期排放	简易，废液需妥善处理
膜分离法	Prism、Separex、Gasep、Delsep 等	靠气体中各个组分渗透速率不同而分离	能耗低，适于处理高 CO_2 气
低温分离法	Ryan－Holmes、Cryofrae 等	靠低温分馏而分离	用于 CO_2 驱油伴生气
干法	海绵铁法、分子筛法	利用固体脱硫剂表面对酸性气体的吸附作用	适于含 H_2S 不高和含水量较低，再生温度高

（1）化学吸收法　这是以弱碱性溶液为吸收溶剂，与天然气中的酸性气体（主要是 H_2S 和 CO_2）反应形成化合物。当吸收了酸性气体的溶液（富液）温度升高、压力降低时，该化合物即分解放出酸性气体。

在化学吸收法中，各种烷醇胺法（简称醇胺法）应用最广。醇胺法的优点是成本低、高反应率、良好的稳定性和易再生。一般对于 H_2S 和 CO_2，胺吸收法更易吸收 H_2S。对于 CO_2，当胺溶液的循环流量足够大时，浓度可降至 $2.5\times10^{-5}m^3/m^3$。

常用的醇胺类溶剂有乙醇胺（MEA）、二乙醇胺（DEA）、二异丙醇胺（DIPA）、甲基二乙醇胺（MDEA）等，这几种溶剂的物化性质及技术参数见表2-22。

表 2-22　几种醇胺溶剂的物化性质及技术参数

种类		MEA	DEA	DIPA	MDEA
物化性质	相对分子质量	61.08	105.14	133.19	119.16
	沸点/℃	171	247	269	248
	凝固点/℃	10.5	27.8	42	－21
	密度(20)/(kg/m³)	1016	1092（30）	989（45℃）	1047.8
	蒸气压（20）/Pa	47.996	1.333	1.333	0.093（25℃）
	黏度/mPa·s	24.1（20℃）	350（20℃） （90%溶液）	870（30℃） 198（45℃） 86（54℃）	101（20℃）
	与 H_2S 反应热/(kJ/kg)	1924.6	1196.6	1112.9	1054.4
	与 CO_2 反应热/(kJ/kg)	1937.2	1531.1	1481.1	1425.9
	汽化热/(kJ/kg)	825.6	669	430	518
	水中溶解度/(kg/kg)	完全互溶	96.4	87	完全互溶
技术参数	常用溶剂质量分数(%)	10～15	20～25	20～25	30～40
	酸气负荷/[mol(H_2S+CO_2)/mol(胺)]	0.3～0.35	0.35～0.4	0.4～0.45	0.4～0.45

1）乙醇胺（MEA）。这是各种醇胺中最强的碱，所以它与酸气反应最迅速，很容易使原料气中的 H_2S 降到 $5mg/m^3$，最低可到 $1.5mg/m^3$，脱除 H_2S 同时，CO_2 脱除率超过90%，在两种酸性组分之间没有选择性。化学性能稳定，可以最大限度地降低溶剂降解损失，用蒸汽气提容易使它与酸气组分分离。缺点是蒸汽压高，溶剂损失量大，腐蚀性强；与COS和 CS_2 发生不可逆反应、不易除去硫醇、蒸发损失大。当原料气中含有大量的COS和 CS_2 时，要用DEA法净化。

2）二乙醇胺（DEA）。其碱性较MEA弱，同样对 H_2S 和 CO_2 没有选择性。其净化度没有MEA高，即使采用SNPA（法国阿基坦国家石油公司）改进型工艺，也只能达到 $2.29mg/m^3$。优点是溶剂蒸发损失较MEA小，腐蚀性弱，再生时具有较MEA溶剂低的残余酸性组分浓度。

3）二异丙醇胺（DIPA）和甲基二乙醇胺（MDEA）。这两种溶剂均是近年来用于炼厂气和天然气的选择性溶剂。DIPA在天然气净化领域主要应用是与环丁砜组成砜胺－Ⅱ溶液，其水溶液在处理炼厂气及克劳斯加氢尾气方面应用广泛。MDEA在 CO_2 存在时，对 H_2S 有较高的选择性。其溶剂具有高使用浓度、高酸气负荷、低腐蚀性、抗降解能力强、高脱硫选择性、低能耗等优点。有三个固有的弱点：一是与伯、仲胺相比，其碱性较弱，在较低的吸收压力下，净化气中 H_2S 含量不易达到 $20mg/m^3$ 的管输标准；二是若 CO_2/H_2S 比值高，这时MDEA与 CO_2 的反应速率较低，净化气中 CO_2 含量不易达到≤3%的管输要求；三是如果需要深度脱碳，仅采用MDEA不能达到要求。

上述四种胺溶剂对于原料气中单独存在的 H_2S 或 H_2S/CO_2 较高，同时不要求 CO_2 净化度的情况，净化气完全可以达到管输要求；对于 H_2S 与 CO_2 共存，且 H_2S/CO_2 较低，同时对两种酸性组分都有深度要求（天然气中 H_2S 小于 $5mg/m^3$ 和 CO_2 小于 $50mg/m^3$）的情况，尽管MEA醇胺溶剂有腐蚀性强、溶剂蒸发损失大等缺点，采用MEA醇胺溶剂仍然是较合适的选择。

化学吸收法中另外还有碱性盐溶液法，如改良热钾碱法和氨基酸盐法。

化学吸收法用于酸性气体分压低的天然气脱硫，特别是 CO_2 含量高、H_2S 含量低的天然气，这样可以降低成本。其原因是化学吸收法的溶剂用量与天然气中酸性气体含量成正比，再生富液时所需的蒸汽耗量则与溶剂循环量成正比。

（2）物理吸收法　此法采用有机化合物作为吸收溶剂，吸收天然气中的酸性气体。主要的物理吸收法有冷甲醇法、多乙二醇二甲醚法、碳酸丙烯酯法、N－甲基吡咯烷酮法等，见表2-23所示。

表2-23　物理吸收法

方法	冷甲醇法	多乙二醇二甲醚法	碳酸丙烯酯法	N－甲基吡咯烷酮法
应用范围	低于0℃条件下吸收，主要用于煤气及合成气净化中，也可用于天然气预净化	NHD法，天然气及合成气中均有应用	主要用于合成气	天然气或合成气
国外商业名称	Rectisd	Selexol	Fluor Solvent	Purisol
技术拥有者	德国Lurgi	美国Allied化学、南京化工研究院	美国Fluor、杭州化工研究所	德国Lurgi
国内应用情况	有	有	有	无

由于酸气在物理溶剂中的溶解热大大低于其与化学溶剂的反应热，故溶剂再生能耗低。

物理吸收法的溶剂用量与原料气中的酸性气体含量无关。因此，如果天然气中的酸性气体分压高，最好采用物理吸收法。

由于物理溶剂对天然气中的重烃有较大的溶解度，因而物理吸收法常用于酸气分压大于0.35MPa、重烃含量低的天然气脱硫，其中某些方法可选择性地脱除 H_2S。

（3）联合吸收法　此法兼有化学吸收和物理吸收两类方法的特点。目前在工业上应用较多的是砜胺法（Sulfinol）法、二乙醇胺－热碳酸盐联合法或称海培尔（Hi－Pure）法。

在净化高含量的 CO_2 和 H_2S 气体时，吸收过程可分为初步净化和最终净化二级。初步净化可用不完全再生的一乙醇胺溶液，最终净化使用完全再生的溶液。对含高含量的 H_2S 气体或高含量的 CO_2 气体，也可用水来净化，但需要较大的水耗量。

（4）直接转化法　此法也称为氧化还原法。它以氧化-还原反应为基础，借助于溶液中氧载体的催化作用，把被碱性溶液吸收的 H_2S 氧化为硫，然后鼓入空气，使吸收液再生。直接转化法主要有以铁为氧载体的铁法和以钒为氧载体的钒法，见表2-24。

表2-24　直接转化法

铁法	铁碱法、Lo-cat类（232）、SulFerox（20）、FD、Bio-SR、Cataban、Hiperion（4）、Fumaks、Konox等
钒法	Stretford（>150）、Sulfolin（6）、Unisulf（4）、栲胶、茶多酚、KCA、氧化煤等
其他	Takahax、PDS、MSQ、GV、氨水催化等

直接转化法与醇胺法相比较具有以下特点：

1）流程简单、投资较低。直接转化法无需硫回收装置。

2）主要脱除 H_2S、仅吸收少量的 CO_2。

3）能耗结构不同。醇胺溶液再生需要消耗大量蒸汽；而直接转化法蒸汽用量不多，但由于溶液硫容低、循环量大而电耗高，当吸收塔压力高时尤为突出。

4）环保方面的问题不同。醇胺法对 SO_2 尾气排放有达标要求；而直接转化法基本无气相污染，但是因液相运行中产生 $Na_2S_2O_3$ 及有机物降解，需要适量排放以保持溶液稳定性，故废液处理是直接转化法的问题所在。

5）有较多操作问题。醇胺法操作中主要会出现的问题是腐蚀、起泡。这可以通过在溶液中加抑制剂等方法改善；而直接转化法在脱硫中出现固相硫，产生硫堵塞、腐蚀-磨蚀的操作问题。另外，直接转化法吸收硫的质量较低，一般不超过 $1kg/m^3$，所以处理的气量不大，且 H_2S 浓度不能太高；所需的再生设备大；副反应较多，生成的硫黄质量差。

（5）非再生性法　此法使用脱硫剂脱除硫后，脱硫剂不能再生，直接丢弃。适用于边远 H_2S 含量很低的小气井脱硫。按照脱硫剂的样态可分为固体脱硫剂（氧化铁为基质）、浆液脱硫剂、液体脱硫剂。

1）固体脱硫剂。主要有天然气CT8-4B和美国Sulfatreat公司的脱硫剂。CT8-4B已在四川气田等获应用，以处理小股低 H_2S 天然气。Sulfatreat公司的脱硫剂，用于长庆气田等处的天然气脱硫。Sulfatreat法工艺使用质量分数30%的单一的铁化合物，与质量分数30%的蒙脱石和30%~40%水组合而成，呈黑色颗粒状。Sulfatreat的脱硫剂具有均匀的孔隙度和渗透率，对压力不敏感，并且不受气体中任何其他组分的影响。Sulfatreat工艺完全有选择性地脱除 H_2S，并且不产生任何废气，不与其他组分发生反应，因此没有副作用和腐蚀，适合于小规模的深度脱硫。

2）浆液脱硫剂。由于固体脱硫剂装卸麻烦，发展了将细粒脱硫剂悬浮于液体中的浆液方法。浆液脱硫剂有氧化铁浆液及锌盐浆液两类。其中，化学净化法（Chemsweet法）使用氧化锌、醋酸锌及水的混合物作脱硫剂，并用分散剂使固体颗粒呈悬浮状态。

3）液体脱硫剂。表2-25列出国外的一些液体脱硫剂。

表2-25　液体脱硫剂

商品名称	主组分	商品名称	主组分
Sulfa-Check	亚硝酸盐	Sulfurid	醇胺
Magnatreat	三嗪	Gas Treat 102	非再生胺
Sulfa Guard	三嗪	Tretolite	非再生胺
Sulfa-scrub	三嗪	Inhibit 101	硫化胺
Gas Treat 114	非再生胺	Surflo 2341	二氧化氯
Scavinox	甲醛-甲醇	Dichlor	二氧化氯

（6）膜分离法　20世纪80年代以来，为解决酸气含量很高的天然气净化问题，国外致力于开发利用物理原理进行分离的方法，其中膜分离是较成功的一种。膜分离器应用于气体分离有下列优点：①在分离过程不发生相变，因而能耗甚低；②分离过程不涉及化学药剂，副反应很少，基本不存在常见的腐蚀问题；③设备简单，占地面积小，过程容易控制。

从天然气中脱除 H_2S、CO_2、H_2O，是利用气体通过膜的速率各不相同这一原理达到分离的目的。气体渗透过程可分为三个阶段：①气体分子溶解于膜表面；②溶解的气体分子在膜内活性扩散、移动；③气体分子从膜的另一侧解吸。气体分离是一个浓缩驱动过程，它直接与进料气和渗透气的压力和组成有关。

为了提高膜的分离效率，目前工业上采用的膜分离单元主要有中空纤维型和螺旋卷型两类，可根据具体的处理条件恰当进行选择。中空纤维型膜的单位面积价格要比螺旋卷型薄膜便宜，但膜的渗透性较差，因而需要的膜面积就较大。另外，螺旋卷型比中空纤维型具有更高的渗透流量和膜承受能力。同时，还可根据特殊的要求将单元设计成适当的尺寸，以便于安装和操作。

操作条件对分离效果有如下影响：

1）H_2S 和 CO_2 的渗透系数随压力升高而显著增加。

2）随着操作时间的增加，膜的渗透率下降。

3）原料气流量增加时，进入渗透气中的 CO_2 量减少，即 CO_2 渗透系数变小，但甲烷渗透系数比 CO_2 降得更快，实际上 CO_2 与甲烷的分离因子有所提高，渗透气中 CO_2 的绝对量虽然减少了，但其浓度增加了。

4）CO_2 与甲烷的分离因子随操作温度升高而变小，即分离效果变差，实际确定操作温度时，其上限约为60℃，高于此温度会使膜的抗压强度变差而严重影响分离能力。当原料气中 CO_2 体积分数超过60%后，渗透过程中会有明显的“冷却效应”，即原料气和渗透气之间出现高达20℃以上的温差。其原因是 CO_2 渗透过程中，由于压力差而膨胀产生温降。

5）原料气中 CO_2 含量越高，经济上越有利，但当压力为一定值时，只有原料气中的 CO_2 含量超过一定值时，CO_2 和甲烷的渗透率才会增加。

膜分离技术适合处理原料气流量较低、含酸气浓度较高的天然气，对原料气流量或酸气浓度发生变化的情况也同样适用，但不能作为获取高纯度的气体的处理方法。对原料气流量大、酸气含量低的天然气不适合，而且过多水分与酸气同时存在会对膜的性能产生不利影响。另外，膜分离技术烃损较大，为6.3%~7.5%，烃损随原料气压力升高而增大。目前，国外膜分离技术处理天然气，主要是除去其中的 CO_2，分离 H_2S 的应用比较少，而且处理的 H_2S 浓度一般也比较低，多数应用的处理流量不大，常作为 CO_2 和 H_2S 的初级净化，有些仅用于边远地区的单口气井。但膜分离技术作为一种脱除大量酸气的处理工艺，或者与传统工艺混合使用，则为含高浓度酸气的天然气处理提供了一种可行的方法。

（7）低温分离法　此法是专用于 CO_2 驱油伴生气处理的方法，可根据对产品的不同要求而采用二塔、三塔及四塔流程。应用注 CO_2 以提高原油采收率的技术（CO_2/EOR）比较普遍，采出的油田气中 CO_2 体积分数可从初期的约10%上升至70%~80%，然后稳定在此水平上。此类原料气不仅 CO_2 含量高，而且酸气含量波动很大，一般化学吸收法（如醇胺法、热钾碱法等）很难处理，而低温分离技术提供了合理的解决途径。该技术的实质是在恒定的压力下，把一个二元组成的气体混合物分馏成两个纯组分。

酸性天然气的低温分馏需要解决3个技术问题：

1）在 CH_4-CO_2 分离过程中防止生成固体 CO_2。

2）防止 $C_2H_6-CO_2$ 形成共沸混合物。

3）原料气中存在 H_2S 时，如何分离 H_2S-CO_2。

低温分馏技术主要应用于EOR过程采出的油田气脱 CO_2，应该和油田的EOR工艺过程结合考虑，关键是原料气的压力有多少可以利用。国外此类装置的冷量基本自给，故能耗很低。

（8）干法（固体床脱硫法）　此法是利用酸性气体在固体脱硫剂表面的吸附作用，或与表面上的某些组分反应，脱除天然气中的酸性气体。

常用的干法的固体脱硫剂为氧化铁（或称海绵铁），采用浸透了水合氧化铁的木屑作为脱硫剂；分子筛法用分子筛作为脱硫剂。

固体吸附剂常用于小型装置，含 H_2S 不高和含水量也较低时，可用分子筛选择性地脱除 H_2S。从热力学上讲，用液体吸收剂的净化比用吸附剂更合理，因为液体吸收剂对 H_2S 和 CO_2 有较高的吸收能力，而用吸附剂须有较高的再生温度，且吸附热较大。

（9）其他工艺方法　包括以MDEA为主溶剂的脱硫工艺、变压吸附（PSA）技术和低温甲醇洗工艺等。

1）以MDEA为主溶剂的脱硫工艺。MDEA可以选择性脱除 H_2S，同时仅吸收部分 CO_2。经过20多年的发展，除了MDEA溶液及MDEA－环丁砜溶液，目前还有以MDEA为主溶剂的、三类不同的溶液体系：

① MDEA配方溶液。在MDEA溶液中加有改善其某些方面性能的添加剂。长庆净化三厂使用该技术，大量脱除 CO_2，并达到了节能的效果。

② 混合胺溶液。MDEA/DEA或MDEA/MEA溶液，取MEA和DEA可获高净化度的优点与MDEA节能的优点加以组合。

③ 活化MDEA溶液。加有提高溶液吸收 CO_2 速率的活化剂。

以MDEA为主剂的体系应用领域已涵盖了除精脱硫之外的整个气体净化领域，几乎可以满足不同组成天然气的净化要求。表2-26列出了以MDEA为主剂的脱硫溶液的组分、牌号与应用领域。

表2-26　以MDEA为主剂的脱硫溶液

体系	MDEA配方溶液	混合胺溶液	活化MDEA溶液
组分	MDEA，水，一种或几种添加剂	MDEA/DEA或MEA	MDEA，水，活化剂
商业牌号	CT8－5，YZS－93，SSH－1，Ucarsol HS－101，HS－102，HS－103，GAS/SpecSS，SS Plus 等	—	aMEA

（续）

体系	MDEA 配方溶液	混合胺溶液	活化 MDEA 溶液
特点	改善 MDEA 某些方面的性能	有利于保证净化度	低能耗的脱 CO_2 方法
应用领域	天然气、炼厂气、克劳斯尾气、酸气提浓等的选择脱硫	天然气及炼油厂气同时脱除 H_2S 及 CO_2	天然气及合成气脱除 CO_2
技术拥有者	天然气研究院，Dow 化学，UCC 等	Bryan 公司，天然气研究院，Dow 化学，俄罗斯 VNIIGAS	南化公司研究院，BASF 等

2）PSA 是一种重要的气体分离技术，其特点是通过降低被吸附组分的分压，使吸附剂得到再生，而分压的快速下降又是靠降低系统总压或使用吹扫气实现的。把 PSA 技术应用于天然气净化，始于 20 世纪 80 年代后期，现已引起普遍重视。近年发表的大量文章报道了反应机理、吸附剂选择、数学模型和室内试验等各方面的数据。与传统的化学吸收法相比，以 PSA 技术从天然气中脱除并回收 H_2S，在经济上很有吸引力，目前正在大力开发中。实验结果令人鼓舞，因为此工艺有可能在原料气 CO_2/H_2S 甚高的条件下，既保持高的脱硫选择性，又保持净化度。

3）低温甲醇洗法用于天然气净化过程具有以下特点：溶解度高，甲醇在低温高压下，对 CO_2、H_2S、COS 和 H_2O 有较大的溶解度，是热钾碱溶液的 10 倍；而且不用化学法再生时的大量热能，大大降低了净化成本，减少了设备投资；选择性强，甲醇对 CO_2、H_2S、COS 和 H_2O 的溶解度大，但是对其他组分的溶解度小，这样就可以同时将有害物质吸收分离掉；化学稳定性和热稳定性好，在吸收过程中不起泡，有利于稳定生产；低温下甲醇黏度小，具有良好的传热、传质性能；腐蚀性小，不需要特殊的防腐材料，节省设备投资；甲醇价廉易得。它的缺点是有毒，并且需要冷源。在天然气液化过程中，原料气首先要经过预冷，冷却温度为 -40℃左右，可以给低温甲醇洗法提供合适的低温条件；解析出来的解析气含大量的 CH_4 等可燃气体，可以作为燃料气外输利用，节约能源。

2. 常用的脱硫净化方法

针对天然气的特点及特定的脱硫装置，选择脱硫方法时不仅要考虑脱硫方法本身，还要综合考虑对于下游设备工艺的影响、投资及操作费用、环境保护等。在具体的天然气液化装置中，目前常用的净化方法有三种，即醇胺法、热钾碱法、砜胺法。

（1）**醇胺法** 利用以胺为溶质的水溶液，与天然气中的酸性气体发生化学反应来脱除天然气中的酸性气体，原理为弱酸和弱碱反应形成水溶性盐类的可逆过程。此法可同时脱除 CO_2 和 H_2S。目前主要采用一乙醇胺及二乙醇胺为溶剂。当原料气中只含有 CO_2，采用一乙醇胺；若原料气中含有大量的 COS 和 CS_2 时，一乙醇胺会发生降解，要用二乙醇胺法净化。

图 2-15 所示为醇胺法脱除酸性气体流程。采用传统的填料塔与板式塔直接进行气液逆流接触。原料气自吸收塔 2 的底部进入，与塔顶喷淋下的胺水溶液相接触，其中的酸性气体被溶剂洗涤吸收后自塔顶逸出，经分离器 1 脱去游离水再进入下一道预处理工序。塔底含有酸性气体的富液，经贫 - 富液换热器 4 被加热，然后进入再生塔 6 的顶部，沿再生塔的填料层向下流动，被上升的气体加热而解吸；然后流入重沸器 9，被水蒸气加热后返回再生塔 6 的底部，其中的酸性气体（并带有胺蒸汽）便蒸发出来，流过填料塔自塔顶排出，经冷却器 7 冷却并经分离器 8 脱去夹带的胺液后，去回收装置进行硫回收。分离器 8 中的胺液流入再生塔 6。再生塔底的贫液由胺液泵 5 抽出，经贫 - 富液换热器 4 冷却后，再引入吸收塔 2 的顶部供循环使用。

要获得更高的 CO_2 净化度，还可采用分流式吸收塔和二段式吸收再生工艺，净化气中 CO_2 的含量可分别降至 0.10% 和 0.05%。

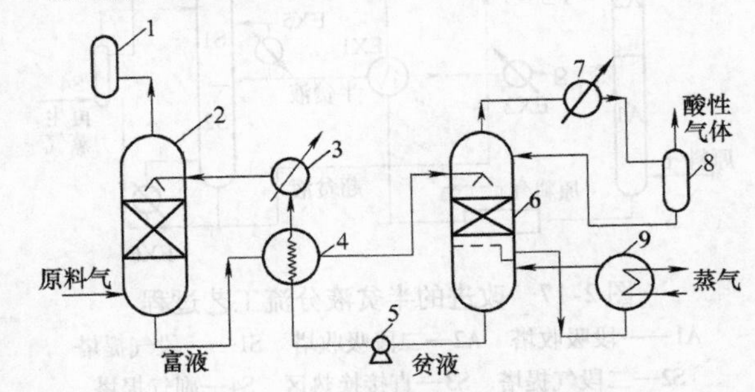

图 2-15 醇胺法脱除酸性气体流程

1、8—分离器 2—吸收塔 3、7—冷却器 4—贫 - 富液换热器 5—胺液泵 6—再生塔 9—重沸器

图 2-16 所示为传统半贫液分流工艺流程，在传统的半贫液分流中，大部分溶剂从气提塔中部引出，

并返回到吸收塔中部，而剩余的一小部分溶剂经气提塔完全再生后返回到吸收塔顶。由于气提塔气液比较高，因而可保证在充分再生溶剂的同时，大大降低能耗水平。但基于气提过程热力学的限制，这种工艺能耗仍旧较高。

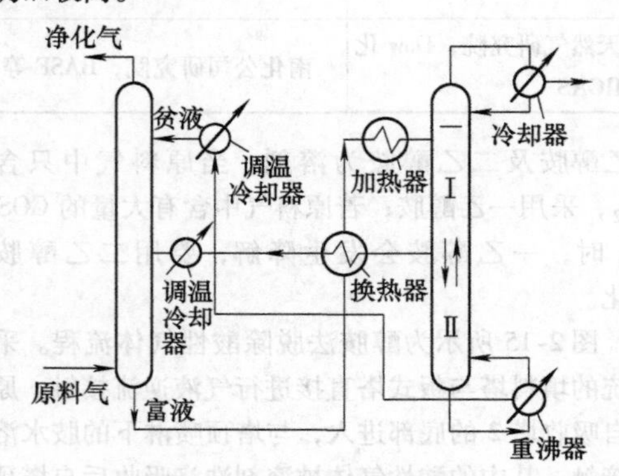

图 2-16　传统半贫液分流工艺过程

图 2-17 所示为改进的半贫液分流工艺流程，是英国曼彻斯特大学理工学院的 G. P. Towler 和 H. K. Shethna 开发。工艺仍采用半贫液分流、二段吸收。来自吸收塔塔底的富液经闪蒸后进入主气提塔再生。主气提塔再生产生的酸气经初级冷凝器 EX4 冷凝，冷凝液返回主气提塔上部的 S3 进行部分气提，然后进入副气提塔 S4，进一步再生到 H_2S 浓度极低，最后返回到主气提塔塔底重沸器 EX6。主气提塔中间重沸器 EX5 用于调整半贫液浓度，使其与再生塔塔底贫液浓度保持一致。

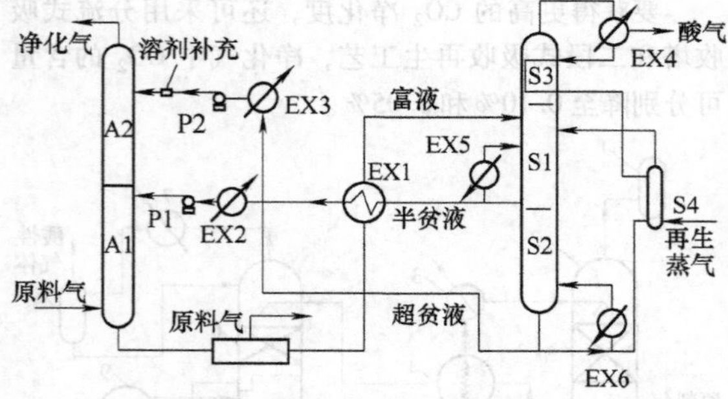

图 2-17　改进的半贫液分流工艺过程

A1—一段吸收塔　A2—二段吸收塔　S1—一段气提塔
S2—二段气提塔　S3—直接换热区　S4—副气提塔
P1—一段泵　P2—二段泵　EX1—主换热器
EX2—溶剂冷却器（一段）　EX3—溶剂冷却器（二段）
EX4—初级冷凝器　EX5—中间重沸器　EX6—塔底重沸器

（2）热钾碱法（Benfield）　热钾碱法是目前应用最广泛的工艺，处理各种气体的装置数量超过了 700 套。Benfield 溶剂是碳酸与催化剂、防腐剂的多组分水成混合物。供气压力在 7MPa 以上，酸性气体超过 50% 的工作条件，它都可以适应。碳酸钾水溶液吸收 CO_2 生成碳酸氢钾，碳酸氢钾加热后分解释放出 CO_2。

Benfield 工艺的工艺流程与醇胺法相近。此外，为了适应各种净化气的不同要求，同时降低能耗、提高效率，在原有基本工艺流程基础上又出现了 HiPure、Benfield－100 等工艺流程。

LNG 工业中成功运用了的 BenfieldHipure 流程，是由 Benfield 系统与胺系统联合的混合方案。碳酸钾除去大量的酸气成分，胺溶液用于最后商品气的纯化。所有酸气都从碳酸盐再生塔的顶部抽出。该流程在天然气预处理方面有着良好的可靠性记录，其优越性已在印度尼西亚、阿联酋的 8 套 LNG 装置中充分得到显示。

Benfield－100 流程是由碳酸钾吸收分子和分子筛吸收设备组合而成的高效系统。前者去除天然气中大量的酸性气体和 COS，后者脱水并去除剩余的酸性气体及汞。产品气部分返流用于分子筛再生，并被再循环进入原料气，由此可使烃成分损失最小。Benfield－100 流程的主要优点是：几乎可以清除所有的硫化物，对 COS 的清除效率达 80% ~99%，对甲基汞的清除可达 95% ~100%；烃产品的回收率可达 100%；无须另外的脱水装置，流程的经济性好。

Benfield 流程的新型吸收剂 P1，是美国环球石油公司和联合碳化物公司的有关机构经过上百种物质的筛选，研制出的新型吸收剂，取代了常用的二乙醇胺（DEA）等物质。对于初建工厂，选择 P1 吸收剂，比 DEA 可减少 25% 塔高、5% ~15% 塔直径，以及 5% ~15% 的能耗，同时 CO_2 在产品气中的含量可明显降低。对原装置改用 P1 吸收剂，可以提高产量和节约能耗。此外，P1 吸收剂无毒、无泡沫、无腐蚀性，能满足环境安全要求。

近年来，Benfield 工艺所取得的技术新进展，主要是开发出新型高效活化剂 ACT－1 和采用高效填料的工艺设计。Benfield 工艺从最初发展以来，一直采用浓度为 30% 的碳酸钾溶液作吸收液，并添加活化剂及腐蚀抑制剂。DEA 是其标准的活化剂，至今仍在许多装置上应用。但由于 DEA 较易发生热降解，当原料气中存在氧气时还会发生氧化降解，同时可能与原料气中的杂质组分反应而发生化学降解，因此 DEA 在实际应用操作中降解较为严重。最近 UOP 公司开发的新型活化剂 ACT－1 仍然是一种胺，但其性能更稳定，更不易降解，且用量更少，在溶液中的质量分数为 0.3% ~1.0%（DEA 为 3%）。UOP 公司在

Benfield 工艺的吸收塔和再生塔中，推荐采用的标准填料为钢质鲍尔环或类似填料，这些类型的填料来源较广，拥有多种规格和材质，而且其效率完全能够满足工业应用。最近，通过对 Norton 公司的 IMTP 填料、Glitsch 公司的 Mini 环填料、Nutter 工程公司的 Nutter 环填料及 Koch 工程公司的 Fleximax 填料进行测试，结果发现它们均比鲍尔环具有更高的传质效率，目前它们已被 UOP 公司在针对新建装置或改造装置的设计中确立为新的标准，并在最初的几套新建装置上获得确认。

（3）砜胺法（Sulfinol） 砜胺法净化天然气的工艺流程与醇胺法相同，差别仅仅是使用的吸收溶液不同。砜胺法采用的溶液包含有物理吸收溶剂和化学吸收溶剂。通过物理与化学作用，选择性地吸收或同时吸收原料气中的 CO_2 和 H_2S，然后在常压（或稍高于常压）下将溶液加热再生以供循环使用。物理吸收溶剂是环丁砜，化学吸收溶剂可以用任何一种醇胺化合物，MEA 与环丁砜组成砜胺－Ⅰ溶液，DIPA 与环丁砜组成砜胺－Ⅱ溶液，MDEA 与环丁砜组成砜胺－Ⅲ溶液，后两者分别又称 Sulfinol－D，Sulfinol－M 溶液。

砜胺法溶液的酸气负荷几乎正比于气相中酸气分压，因此，处理高酸气分压的气体时，砜胺法比化学吸收法有较高的酸气负荷，因为砜胺溶液中含有醇胺类化合物，因此净化气中酸气含量低，较易达到管输要求的气质标准。由于砜胺法兼有物理吸收法和化学吸收法两者的优点，因而自 1964 年工业化以来发展很快，现在已成为天然气脱硫的重要方法之一。但是该方法不能深度脱硫，常用于硫的粗脱，与其他方法配合使用。

天然气标准对硫的总含量有限制（其实质是有机硫含量）。砜胺法具有良好的脱有机硫能力，主要依靠环丁砜物理溶解有机硫。当原料气中有机硫含量较高时，采用砜胺法是一种合理的选择。当然，纯物理的溶剂大多也有良好的脱除有机硫的能力，但应用不如砜胺法广泛。

砜胺法对中至高酸气分压的天然气有广泛的适应性，而且有良好的脱有机硫能力，能耗也比较低。适合在高压下净化，净化度较高，在高温部分的腐蚀率只有一乙醇胺法的 1/4～1/10。此法的缺点是对烃类有较高的溶解度，脱硫后的富液中溶解较多的烃类，造成有效组分的损失。需要指出的是，溶解烃只是富液带出烃的一部分，另一部分是溶液夹带烃类。砜胺溶液由于环丁砜良好的消泡作用，可以减少夹带烃量，故其总的富液带出烃量并不高。为解决烃含量的问题，可以提高闪蒸温度，不低于 60℃，就可达到 80% 以上的闪蒸效率。

对于低温装置，经环丁砜洗涤后的天然气还要经过吸附处理，以达到低温装置对 H_2S 和 CO_2 含量的要求。

（4）三种常用方法的比较及具体应用 醇胺法、热钾碱法和砜胺法是目前天然气脱除酸气工艺中最常用的方法，它们各有特点，根据不同的天然气条件被广泛地应用。表 2-27 列出了三种常用方法的比较。

表 2-28 列出了国外天然气液化装置中的脱酸系统。表 2-29 列出了国内天然气净化厂脱硫装置。

表 2-27 三种常用脱除酸气方法比较

方法	脱酸剂	脱酸情况及应用
MEA（一乙醇胺法）	质量分数为 15%～25% 的一乙醇胺水溶液	主要是化学吸收过程，操作压力影响较小，当酸气分压较低时用此法较为经济。此法工艺成熟，同时吸收 CO_2 和 H_2S 的能力强，尤在 CO_2 含量比 H_2S 含量较高时应用，亦可部分脱除有机硫。缺点是需较高再生热、溶液易发泡、与有机硫作用易变质等
Benfield 或 Pot Carb（改良热钾碱法）	在质量分数为 20%～30% 的碳酸钾溶液中，加入烷基醇胺和硼酸盐等活化剂	主要是化学吸收过程，在酸气分压较高时用此方法较为经济。压力对操作的压强影响较大，在 CO_2 含量比 H_2S 含量较高时适用。此法溶液损耗少、价格低，所需的再生热小
Sulfinol（砜胺法）	环丁砜和二异丙醇胺或甲基二醇胺水溶液	兼有化学吸收和物理吸收作用，天然气中酸气分压较高，H_2S 含量比 CO_2 含量较高时，此法较经济。此法净化能力强，能脱除有机硫化合物，对设备腐蚀小；缺点是价格较高，吸收重烃

表 2-28 国外天然气液化装置中的脱酸系统

公司（工厂所在地）	投产年	天然气预处理流程	总生产能力/(Mm^3/h)	生产线数	进气 H_2S 含量	进气 CO_2 含量（%）	进气压力/MPa
Sonatrach（GL4-2）（阿索，阿尔及利亚）	1964	MEA	270	3	0	0.2	3.66
Philips-Marathon（可奈，阿拉斯加）	1969	MEA	220	1		0.05	4.49
Sirte Oil（马萨布兰卡，利比亚）	1970	类 Benfield	450	2			4.66
Sonatrach（GL1.2&3K）（斯堪答，阿尔及利亚）	1972	MEA	1120	6	0	0.2	3.66
文莱 LNG（拉姆特，文莱）	1972	Sulfinol	850	5			5.28
阿联酋燃气（塔斯岛，阿联酋）	1977	Benfield Hipure	500	2	4.7%	4.9	5.20
Pertamina/Huffco（巴答卡，加里曼丹，印度尼西亚）	1977	MEA&UCARSOL	2230	5	3×10^{-6}*	5.8	4.59
Pertamina-Mobil Arum（苏门答腊，印度尼西亚）	1978	Benfield Hipure	2450	6	8×10^{-5}*	15.1	7.59
Sonatrach（LNG-1/GL 1-Z）（阿索，阿尔及利亚）	1978	MEA	1300	6	0	0.2	3.66
Sonatrach（LNG-2/GL 2-Z）（阿索，阿尔及利亚）	1981	MEA	1400	6	0	0.2	3.66
马来西亚 LNG（宾士卢，马来西亚）	1982	Sulfinol	1120	3	$<2\times10^{-5}$*	5.5	5.22
Woodside 石油（西北大陆架，澳大利亚）	1989	Sulfinol	690	2	2×10^{-6}*	4.0	5.42

注：表中*处的含量为体积分数；其余含量指摩尔分数。

表 2-29 我国天然气净化厂脱硫装置

省市	工厂		套数	工艺方法	处理能力/($\times10^4m^3/d$)
四川省	川西南气矿	净化一厂	2	MEA	2×70
		净化二厂	2	MDEA（砜胺-Ⅰ，砜胺-Ⅱ）	2×70
	川西北气矿	净化厂	1	砜胺-Ⅱ	120
	川中油气矿	引进装置	1	MDEA	50
		净化厂	1	MDEA	80
重庆市	川东净化总厂	东溪装置	1	MEA	15
		垫江分厂	3	MDEA（砜胺-Ⅰ，砜胺-Ⅱ）	3×125
		引进分厂	1	砜胺-Ⅲ（砜胺-Ⅱ）	400
		渠县分厂	2	MDEA	2×200
		长寿分厂	2	MDEA 配方	2×200
贵州省	赤水天然气化肥厂	脱硫分厂	2	ADA-$NaVO_3$	2×100
陕西省	长庆石油勘探局	靖边净化厂	3	MDEA	3×250
湖北省	江汉石油管理局	利川脱硫装置	1	MDEA	15
河南省	中原石油勘探局	—	—	MEA	30

3. 天然气脱硫方法的选择

脱硫方法的选择不仅对于脱硫过程本身，就是对于下游工艺过程，包括酸气处理和硫黄回收、脱水、天然气液回收等都有很大的影响。针对一个特定的脱硫装置，选择脱硫方法要考虑以下因素：

1）有关大气污染的脱硫及/或尾气处理规范。

2）酸性气体中气相杂质的类型及含量。

3）对脱除酸性气体后脱硫气（或净化气）的技术要求。

4）对酸气的技术要求。

5）需要处理的酸性气的体积流量。

6）酸性气中的烃类组成。

7）对需要脱除的酸气组分的选择性要求。

8）需要处理的酸性气体温度和压力，脱硫气外输时所要求的温度和压力。

9）投资及操作费用。

10）方法的专利费。

11）对液体产品的技术要求。

以下是选择天然气脱硫方法的一些经验：

1）处理量比较大的脱硫装置，应首先考虑醇胺法及砜胺法。

2）酸气分压低、CO_2 浓度比 H_2S 浓度较高时，H_2S 指标要求严格并需同时脱除 CO_2 时，可选 MEA、DEA 或混合醇胺法。若含有较多 COS、CS_2，可选用砜胺法或 DEA（轻微降解），不应采用 MEA。

3）酸气分压高、烃类含量低，可选砜胺法或物理溶剂法。若烃含量高，不应选择物理溶剂法。考察经济性，可选用 MEA、DEA 或 MDEA 方法，工艺中应升高富液闪蒸温度，提高烃回收效率。

4）H_2S 含量高，选择性脱硫，可选用 MDEA、砜胺－Ⅲ溶液、DIPA，MDEA 优于 DIPA。当 CO_2 也有严格的净化规格时，可采用活化 MDEA 或 MDEA 配方溶液。

5）CO_2/H_2S 比较大（如大于 6 时），可选用 MDEA 或 MDEA 配方溶液，气液比大，节能效果好。

6）主要脱除天然气中大量 CO_2 时，可选用活化 MDEA 法，物理溶剂法亦可考虑。小流量、烃量少的可选用膜分离法。

7）CO_2 驱油伴生气应用低温分离法。

8）除 H_2S 及 CO_2 外，天然气中含有相当量有机硫需要脱除才能达到质量指标时，宜选用砜胺－Ⅱ或砜胺－Ⅲ型工艺。若还需要选择性脱除 H_2S，应选用砜胺－Ⅲ型工艺。

9）处理 H_2S 含量低的小股天然气（其硫含量低于 0.1t/d，最多不超过 0.5t/d），可采用固体氧化铁脱硫剂或氧化铁浆液等方法。处理 H_2S 含量不高、潜硫量在 0.5～5t/d 间的天然气，亦可考虑采用直接转化的铁法、钒法或 PDS 法等。

10）高寒及沙漠缺水区域，可选择二甘醇胺法（DGA）。DGA 在较高吸收温度也可保证 H_2S 的净化度，故再生后溶液的冷却可只用空冷而无须水冷，故可用于缺水区域。DGA 的质量分数通常在 60% 以上，凝点在 −20℃ 以下，故可用于严寒地区。

表 2-30 列出了气体脱硫方法的特征，可供选择脱硫方法时参考。

表 2-30　气体脱硫方法的特征

脱硫方法	可否达到 $6mg/m^3$① 技术要求	脱除 RSH、COS 等硫化物的情况	可否选择性地脱除 H_2S	括号中的物质可否造成溶剂降解
MEA 法	可	部分脱除	否	可（COS，CO_2，CS_2）
DEA 法	可	部分脱除	否	轻度（COS，CO_2，CS_2）
DGA 法	可	部分脱除	否	可（COS，CO_2，CS_2）
MDEA 法	可	略微脱除	可⑤	否
Sulfinol 法	可	可以脱除	可⑤	轻度（CO_2，CS_2）
Selexol 法	可	略微脱除	可⑤	否
Hot Pot－Benfield 法	可②	不能脱除④	否	否
Flour 法	否③	不能脱除	否	否
海绵铁法	否	部分脱除	可	—
分子筛法	否	可以脱除	可	—
蒽醌法	否	不能脱除	可	高浓度的 CO_2
Lo－Cat 法	否	不能脱除	可	高浓度的 CO_2
Chemsweet	否	部分脱除 COS	可	否

① 表头的 mg/m^3 是指在标准状态下的。

② 高纯度型。

③ COS 仅仅水解。

④ 这方法稍有选择性。

⑤ 可以满足特定的设计要求。

4. 天然气脱硫工艺流程主要设备的选择

醇胺法、Benfield法、砜胺法的流程及主要设备是相同的，包括吸收、闪蒸、换热及再生部分。其中，吸收部分将天然气中的酸气脱除至规定指标；闪蒸用于除去富液中的烃类（以降低酸气中的烃含量）；换热系以富液回收热贫液的热量；再生部分系将富液中的酸气解析出来，以恢复其脱硫性能。脱硫装置的主要设备有：分离器、吸收塔、再生塔与重沸器、换热器。设备的设计计算方法详见本章2.1.1中2.。

（1）原料气分离器　油气田上常用的分离器按照外形主要，可分为卧式分离器、立式分离器和球型分离器；按实现分离所利用的能量，可分为重力式、离心式和混合式。试验表明，立式分离器适用于处理含固体杂质较多的气、液混合物；卧式分离器适用于处理含液体较多的气、液混合物。

在天然气脱硫工艺设计中，原料气进吸收塔之前一般为二级分离。试验表明，一级分离采用重力分离器，既可分离瞬间流量较大的液体，又可使直径大于100μm的固体和液体沉降分离，并通过设在分离器出口处的丝网除雾器后，可除去部分5～10μm的雾滴；二级分离采用卧式快开式过滤分离器，可以除去大部分直径大于5μm的固体和液滴。多年的生产操作证明，卧式重力分离器相对于立式重力分离器来说，分离原料气夹带的气田水的能力较强，排污频率较高，排污量较多，原料气进入吸收塔较干净，溶液发泡频率低，阻泡剂耗量小；同时，卧式重力分离器能更好地合理配管，操作方便，便于维修保养。因此认为，卧式重力分离器更适合天然气净化的进厂原料气分离、出厂净化器分离和酸气分离。

（2）吸收塔　大型装置大多使用浮阀塔，小型装置宜用填料塔或筛板塔。

（3）再生塔与重沸器　再生塔可用填料塔或板式塔，顶部安排有回流入塔。重沸器有罐式和热虹吸式，与之相适应的再生塔在结构设计上也有所不同。一种方式是，半贫液从再生塔中下部流出，通过热虹吸式重沸器壳程中部进口进入重沸器，管程蒸汽换热后，气液混相从上部出口返回到再生塔底部溶液缓冲容积段，H_2S气体充分解析，气相经过升汽帽上升。另一种方式是，半贫液从再生塔底部流进罐式重沸器，经过管程蒸汽换热，由于罐式重沸器上部有解析空间，H_2S气体充分解析，二次蒸汽经工艺管道返回再生塔，贫液则经过罐式重沸器内部溢流堰流到重沸器溶液缓冲容积段。无论哪种方式，半贫液加热后，H_2S必须要有充分的解析空间，贫液中H_2S含量不得大于1g/L。

再生系统是脱硫装置腐蚀最严重的部位，因为这是酸气从溶液中逸出而温度又最高的地方。从防腐角度来讲，由于罐式重沸器气液分相流动，动能较低，因而腐蚀程度较轻。但只要设计和操作合理，选用热虹吸式重沸器也是可行的。卧式热虹吸式重沸器的液体返回管线应合理设计，管径过大时，出现柱塞流，引起压力波动；管径过小时，会增大流动阻力，加剧返回管线腐蚀。再生塔汽液返回管线入口接管应使用加厚管，正对返回管线入口的塔壁处应加焊防冲挡板；为减少重沸器与再生塔的腐蚀，应监视重沸器半贫液酸性组分含量，且再生塔顶温度不宜超过108℃。

（4）换热器　列管式（又称管壳式）换热器是目前应用较广的一种换热设备，其传热面积大，传热效果好，结构紧凑、坚固，且能用多种材料来制造，适应性强。它可分为固定管板式、浮头式和U形管式换热器。当壳程与管程间流体温差较大且管束空间需定期清洗时，应优先采用浮头式换热器。为了提高管壳式溶液换热器的温差校正系数，不应只设1台，而应选用2台或2台以上串联设备。在通常设计中，贫液从缓冲容积段经过贫－富液换热器换热，经串联的贫液冷却器与循环水换热，温度进一步降低，贫液进入吸收塔后，吸收效果更好。

2.1.3　脱其他杂质

其他杂质包括重烃、汞、氮气、氧气、氦气等。

1. 重烃

重烃常指C_5^+的烃类。在烃类中，分子量由小到大时，其沸点是由低到高变化的，所以在冷凝天然气的循环中，重烃总是先被冷凝下来。如果未把重烃先分离掉，或在冷凝后分离掉，则重烃将可能冻结，从而堵塞设备。

极少量的C_6^+馏分特性的微小变化，对于预测烃系统的相特性有相当大的影响。C_6^+馏分对气体混合物影响如此之大的原因，被认为是气体的露点受混合物中最重组分的影响较大，重组分的变化对露点温度或压力有惊人的影响。

在－183.3℃以上，乙烷和丙烷能以各种含量溶解于LNG中。最不易溶解的是C_6^+烃（特别是环状化合物），还有CO_2和水。在用分子筛、活性氧化物或硅胶吸附脱水时，重烃可被部分脱除。脱除的程度取决于吸附剂的负荷和再生的形式等，但采用吸附剂不可能使重烃的含量降低到很低的要求，余下的重烃在低温区中的一个或多个分离器中除去，此法也称为深冷分离法。液化天然气过程中，通常天然气预冷后，进分离器脱出重烃。如图2-18所示，中原油田

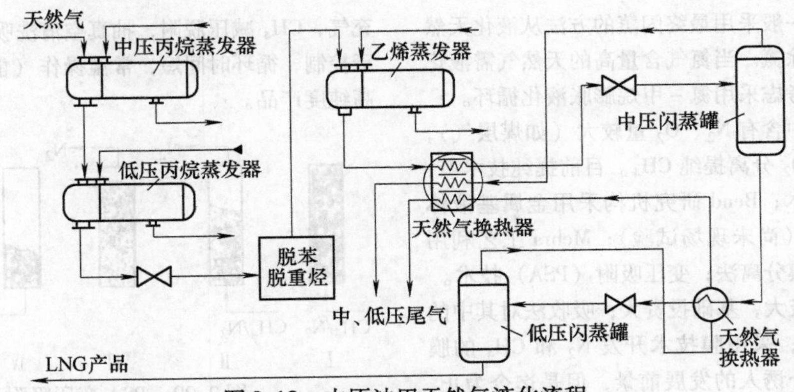

图2-18 中原油田天然气液化流程

的天然气液化流程：丙烷预冷+乙烯制冷+节流膨胀制冷。净化后的高压天然气，先经过丙烷预冷至-30℃后，再经乙烯制冷系统冷却至-85℃，再经过一级节流产生1MPa的LNG和低温尾气。然后进行二次节流至0.3MPa，产生0.3MPa的LNG和低温尾气。经丙烷预冷后，天然气中的重烃组分都已到达冷凝点并析出，通过气液分离器即可回收重烃。

2. 汞

汞的存在会严重腐蚀铝制设备。1973年12月，在斯基柯达天然气液化装置的低温换热铝管中，发生了严重的汞腐蚀现象，致使该液化系统停工14个月之久。当汞（包括单质汞、汞离子及有机汞化合物）存在时，铝会与水反应生成白色粉末状的腐蚀产物，严重破坏铝的性质。极微量的汞含量足以给铝制设备带来严重的破坏，而且汞还会造成环境污染，以及检修过程中对人员的危害，所以汞的含量应受到严格的控制。

脱除汞依据的原理是汞与硫在催化反应器中的反应。在高的流速下，可脱除含量低于0.001μg/m^3的汞，汞的脱出不受可凝混合物C_5^+烃及水的影响。过去采用不可再生的含硫活性炭、含硫分子筛、金属硫化物在固定床中脱除汞。UOP公司开发了一种可再生的吸附剂HgSIV，它可以同时对气体干燥和脱除汞，能使汞含量从25μg/m^3降到0.01μg/m^3。美国匹兹堡Colgon公司活性炭分公司，研制了一种专门用于从气体中脱除汞的硫浸煤基活性炭HGR。日本东京的JGC公司，采用了一种新的MR-3吸收剂用于净化天然气中的汞。它能使汞含量降低至0.001μg/m^3以下，比HGR的性能优良。

图2-19示出UOP公司HgSIV汞脱除、干燥及再生系统。天然气经过两个吸收塔脱除汞和水分，同时将产生的无汞干气的一部分用于吸附剂再生，然后经冷却分离，再经压缩机后与进气混合。HgSIV吸附剂与传统的分子筛相似，用相同方法安装在吸附塔内。无需专门费用，只要在现有干燥用的吸附剂上加一层脱汞HgSIV吸附剂，就能同时达到脱水及脱汞的目的。

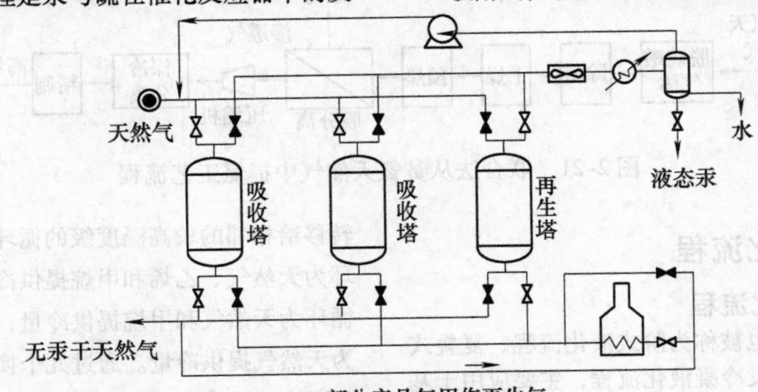

图2-19 UOP公司HgSIV汞脱除、干燥及再生系统

3. 氮气、氧气

氮气的液化温度（常压下77K）比天然气的主要成分甲烷的液化温度（常压下约110K）低。当天然气中的氮含量越多，液化天然气越困难，则液化过程的动力消耗增加。氧气的液化温度与氮气相近（常压下90K）。高温下，氧气的存在还会导致净化溶液降解。

对于氮气，一般采用最终闪蒸的方法从液化天然气中选择性地脱除氮。当氮气含量高的天然气需液化用于调峰时，可考虑采用氮－甲烷膨胀液化循环。

如果原料气中含有 N_2、O_2 量较大（如煤层气），需要对 $CH_4/N_2/O_2$ 分离提纯 CH_4。目前提纯技术有：低温深冷分离技术；Bend 研究机构采用金属基液体吸收剂吸收脱除（尚未现场试验）；Mehra 工艺利用碳氢溶剂脱除；膜分离法；变压吸附（PSA）技术。

深冷法能耗极大，基础投资大；吸收法对其中的 O_2 可能没有效果；采用膜技术开发 N_2 和 CH_4 的膜分离技术具有十分诱人的发展前景，但是迄今为止，在开发 N_2 和 CH_4 分离膜方面还没有成功的报道，须进一步深入研究。Nitrotec 工程公司已开发出变压吸附工艺，该工艺利用碳分子筛从 N_2 和 O_2 中吸附 CH_4，利用天然沸石将 CH_4 混合物中的 N_2 和 O_2 吸附出来。1983 年我国在河南焦作矿务局使用过煤层气的变压吸附提浓甲烷的装置，能够将甲烷浓度从 20% ~40% 浓缩至 80% ~90%。

变压吸附技术利用吸附剂吸附混合气体中的 CH_4 或 N_2 和 O_2，从而达到分离的目的。吸附剂的选择是 PSA 能否实现分离的关键一步，气体组分在吸附剂中分离系数越高，分离效果越好。从目前常用的吸附剂看，分离系数 $\alpha_{CH_4/N_2}<3$，主要使用的吸附剂是分子筛沸石和活性炭或者采用几种吸附剂的不同形式的组合，活性炭对 CH_4 的吸附容量最大，T103 活性炭作 JP2 为吸附剂，其 α_{CH_4/N_2} 可达到 2.9。

PSA 变压吸附过程如图 2-20 所示。PSA 技术由已工业化的充压Ⅰ、吸附Ⅱ、并流减压Ⅲ、逆流减压Ⅳ、抽真空Ⅴ组成。T103 吸附剂吸附 CH_4 气体，停止充气，CH_4 减压脱附，抽真空清洗吸附剂。该技术易于控制，循环时间短，常温操作（能耗低），可获得高纯度产品。

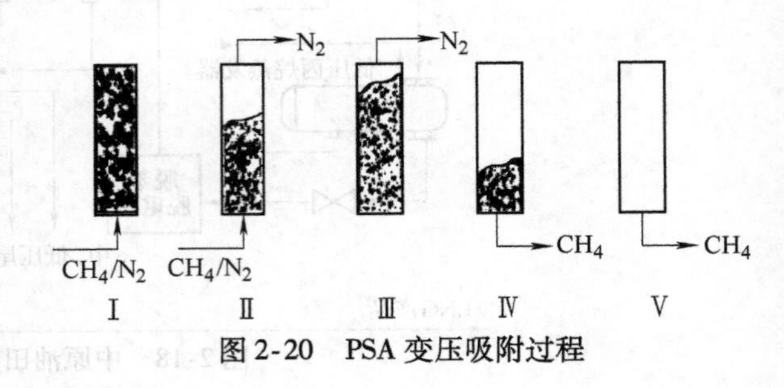

图 2-20 PSA 变压吸附过程

4. 氦

氦气是现代工业、国防和近代技术不可缺少的气体之一。氦在核反应堆、超导体、空间模拟装置、薄膜工业、飞船和导弹工业等现代技术中，作为低温流体和惰性气体是必不可少的。世界上唯一供大量开采的氦资源是含氦天然气。所以天然气中的氦应该分离提取出来加以利用。

天然气中含氦 0.2% ~2%，是氦气生产的主要来源。我国的天然气中氦的含量很低，若仅用传统的深冷法制取高纯氦气（$\varphi_{He}\geqslant 99.9\%$），则需液化大量的甲烷和氮，经多次提浓，能耗大，成本高，操作费用很高。膜法从天然气中提氦有一定的优势。目前已开发出能从贫氦天然气中提浓氦的工业化气体分离膜，但高纯氦的收率不高。因此利用膜分离技术和深冷分离技术相结合的方法，即采用联合法从天然气中提取氦气，在经济上具有较强的竞争力。图 2-21 示出联合法从贫氦天然气中提氦的工艺流程。

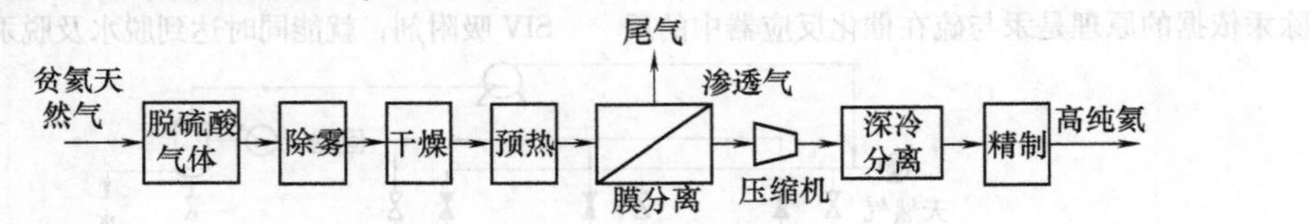

图 2-21 联合法从贫氦天然气中提氦工艺流程

2.2 天然气液化流程

2.2.1 级联式液化流程

级联式液化流程也被称为阶式液化流程、复叠式液化流程，或串联蒸发冷凝液化流程，主要应用于基本负荷型天然气液化装置。

图 2-22 所示为级联式天然气液化流程示意图。该液化流程由三级独立的制冷循环组成，制冷剂分别为丙烷、乙烯和甲烷。每个制冷循环中均含有三个换热器。级联式液化流程中较低温度级的循环，将热量转移给相邻的较高温度级的循环。第一级丙烷制冷循环为天然气、乙烯和甲烷提供冷量；第二级乙烯制冷循环为天然气和甲烷提供冷量；第三级甲烷制冷循环为天然气提供冷量。通过九个换热器的冷却，天然气的温度逐步降低，直至液化。

丙烷预冷循环中，丙烷经压缩机压缩后，用水冷却后节流、降压、降温，一部分丙烷进换热器吸收乙烯、甲烷和天然气的热量后汽化，进入丙烷第三级压缩机的入口。余下的液态丙烷再经过节流、降温、降

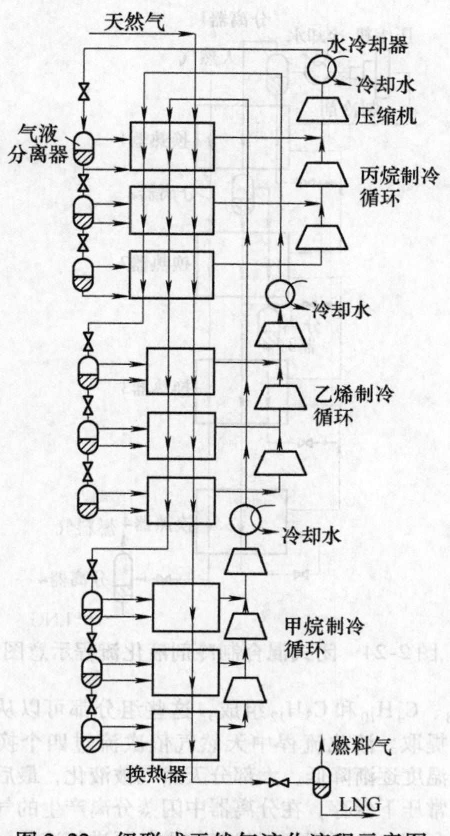

图2-22　级联式天然气液化流程示意图

压，一部分丙烷进换热器吸收乙烯、甲烷和天然气的热量后汽化，进入丙烷第二级压缩机的入口。余下的液态丙烷再节流、降温、降压，全部进换热器吸收乙烯、甲烷和天然气的热量后汽化，进入丙烷第一级压缩机的入口。

乙烯制冷循环与丙烷制冷循环的不同之处，就是经压缩机压缩并水冷后，先流经丙烷的三个换热器进行预冷，再进行节流降温，为甲烷和天然气提供冷量。在级联式液化流程中，乙烷可替代乙烯作为第二级制冷循环的制冷剂。

甲烷制冷循环中，甲烷压缩并水冷后，先流经丙烷和乙烯的六个换热器进行预冷，再进行节流、降温，为天然气提供冷量。

天然气经过各个换热器后的出口温度一般为：第一个丙烷换热器出口273K；第二个丙烷换热器出口253K；第三个丙烷换热器出口233K。第一个乙烯换热器出口213K；第二个乙烯换热器出口193K；第一个乙烯换热器出口173K。第一个甲烷换热器出口153K；第二个甲烷换热器出口133K；第一个甲烷换热器出口113K。

图2-23所示为级联式液化流程示意图。图中列出了运行参数。丙烷经压缩到压力为1206kPa后，经冷却节流后压力降至41kPa、温度为-35℃；然后丙烷流过三个换热器，依次冷却乙烯、甲烷和天然气，丙烷则自身吸热汽化，最后返回压缩机完成一个循环。乙烯经压缩达到2MPa，经丙烷预冷和节流后压力降至41kPa、温度为-100℃，然后乙烯流过二个换热器，依次冷却甲烷和天然气。甲烷经压缩达到3.24MPa，经丙烷、乙烯预冷和节流后压力降至41kPa、温度为-155℃，然后进换热器冷却天然气。在该流程中需液化的天然气增压至3.8MPa后，经水、丙烷、乙烯和甲烷冷却后，压力为3.65MPa、温度降为-150℃；最后节流后进一步降压、降温为0.1034MPa、-162℃。

级联式液化流程的优点是：①能耗低；②制冷剂为纯物质，无配比问题；③技术成熟，操作稳定。缺

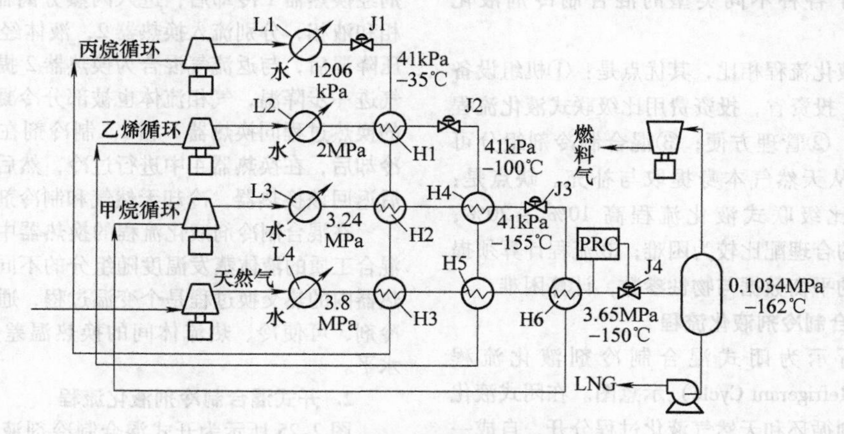

图2-23　级联式液化流程示意图
L1～L4—冷却器　H1～H6—换热器　J1～J4—节流阀

点是：①机组多，流程复杂；②附属设备多，要有专门生产和贮存多种制冷剂的设备；③管道与控制系统复杂，维护不便。

表2-31列出了级联式液化流程的使用情况。由表可知，这种流程用得较少。

表2-31 级联式液化流程的使用情况

生产链	所在国家或地区	起用年代
Arzew	阿尔及利亚	1965
Kenai	阿拉斯加	1969
Point Fortin	特立尼达和多巴哥	1999

级联式液化流程中，每级制冷循环都是三级压缩。在实际的循环中采用的压缩级数要综合考虑初投资费用、运行费用等多方面的因素来决定。级数多，则初投资成本大、功耗低、运行费用小；级数少，则初投资成本低，但功耗大、运行费用高。级联式液化流程的突出缺点是流程设备多、流程复杂、初投资大。

2.2.2 混合制冷剂液化流程

1934年，美国的波特北尼克提出了混合制冷剂液化流程（Mixed－Refrigerant Cycle，MRC）的概念。之后法国Tecknip公司的佩雷特，详细描述了混合制冷剂液化流程用于天然气液化的工艺过程。

MRC是以 C_1 至 C_5 的碳氢化合物及 N_2 等五种以上的多组分混合制冷剂为工质，进行逐级的冷凝、蒸发、节流膨胀得到不同温度水平的制冷量，以达到逐步冷却和液化天然气的目的。MRC既达到类似级联式液化流程的目的，又克服了其系统复杂的缺点。自20世纪70年代以来，对于基本负荷型天然气液化装置，广泛采用了各种不同类型的混合制冷剂液化流程。

与级联式液化流程相比，其优点是：①机组设备少、流程简单、投资省，投资费用比级联式液化流程低15%～20%；②管理方便；③混合制冷剂组分可以部分或全部从天然气本身提取与补充。缺点是：①能耗较高，比级联式液化流程高10%～20%；②混合制冷剂的合理配比较为困难；③流程计算须提供各组分可靠的平衡数据与物性参数，计算困难。

1. 闭式混合制冷剂液化流程

图2-24所示为闭式混合制冷剂液化流程（Closed Mixed Refrigerant Cycle）示意图。在闭式液化流程中，制冷剂循环和天然气液化过程分开，自成一个独立的制冷循环。

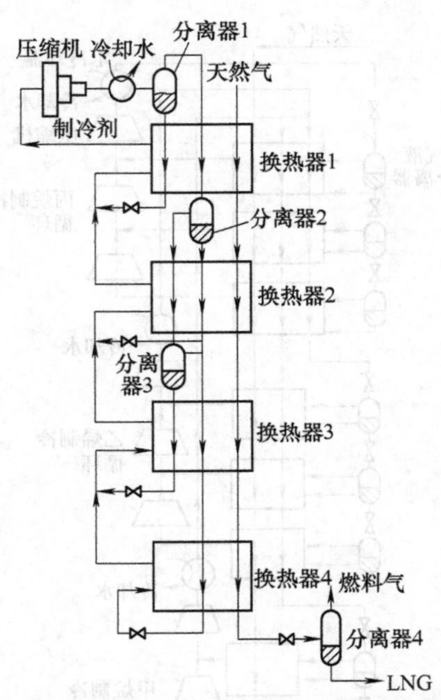

图2-24 闭式混合制冷剂液化流程示意图

制冷循环中混合制冷剂常由 N_2、CH_4、C_2H_6、C_3H_8、C_4H_{10}和 C_5H_{12} 组成，这些组分都可以从天然气中提取。液化流程中天然气依次流过四个换热器后，温度逐渐降低，大部分天然气被液化，最后节流后在常压下保存，在分离器中闪蒸分离产生的气体可直接利用，也可回到天然气的入口再进行液化。

液化流程中的混合制冷剂经过压缩机压缩至高温高压后，首先用水进行冷却，然后进入气液分离器1，分离的气体和液体分别进入换热器1。液体在换热器1中过冷，再经过节流阀节流降温，与后续流程的返流气混合后，共同为换热器1提供冷量，冷却天然气、气态制冷剂和需过冷的液态制冷剂。气态制冷剂经换热器1冷却后，进入闪蒸分离器2，分离成气相和液相，分别流入换热器2，液体经过冷和节流降压降温后，与返流气混合为换热器2提供冷量，天然气进一步降温，气相流体也被部分冷凝。换热器3中的换热过程同换热器1和2。制冷剂在换热器3中被冷却后，在换热器4中进行过冷，然后节流降压降温后返回该换热器，冷却天然气和制冷剂。

在混合制冷剂液化流程的换热器中，提供冷量的混合工质的液体蒸发温度随组分的不同而不同，在换热器内的热交换过程是个变温过程，通过合理选择制冷剂，可使冷、热流体间的换热温差保持比较低的水平。

2. 开式混合制冷剂液化流程

图2-25所示为开式混合制冷剂液化流程（Open Mixed Refrigerant Cycle）示意图。在开式液化流程，天然气既是制冷剂又是需要液化的对象。

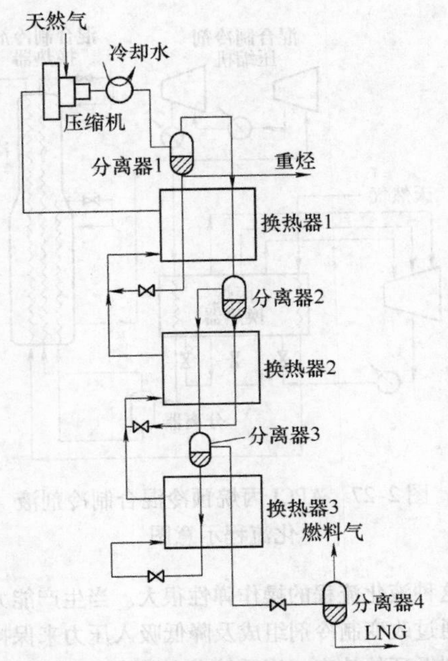

图2-25　开式混合制冷剂液化流程示意图

原料天然气经净化后，经压缩机压缩后达到高温高压，首先用水冷却，然后进入气液分离器1，分离掉重烃，得到的液体经换热器1冷却，并经节流后，与返流气混合后为换热器1提供冷量。分离器1产生的气体经换热器1冷却后，进入气液分离器2。产生的液体经换热器2冷却，并经节流后，与返流气混合为换热器2提供冷量。气液分离器2产生的气体经换热器2冷却后，进入气液分离器3。产生的液体经换热器3冷却，并经节流后，为换热器3提供冷量。气液分离器3产生的气体经换热器3冷却，并经节流后，进入气液分离器4，产生的液体进入液化天然气储罐贮存。

3. 丙烷预冷混合制冷剂液化流程

丙烷预冷混合制冷剂液化流程（Propane - Mixed Refrigerant Cycle，C3/MRC）如图2-26所示。此流程结合了级联式液化流程和混合制冷剂液化流程的优点，既高效又简单。所以自20世纪70年代以来，这类液化流程在基本负荷型天然气液化装置中得到了广泛的应用。目前世界上80%以上的基本负荷型天然气液化装置中，采用了丙烷预冷混合制冷剂液化流程。

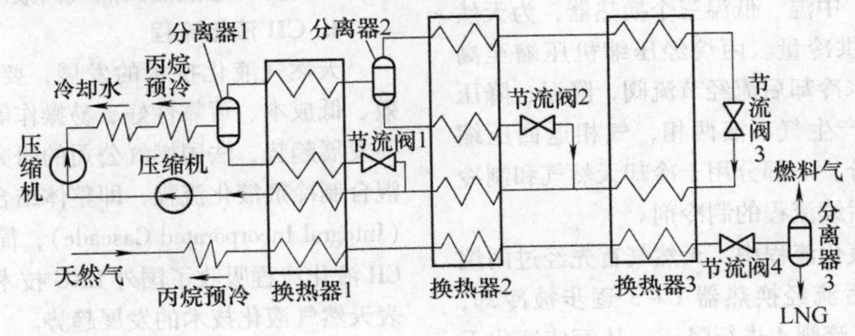

a)

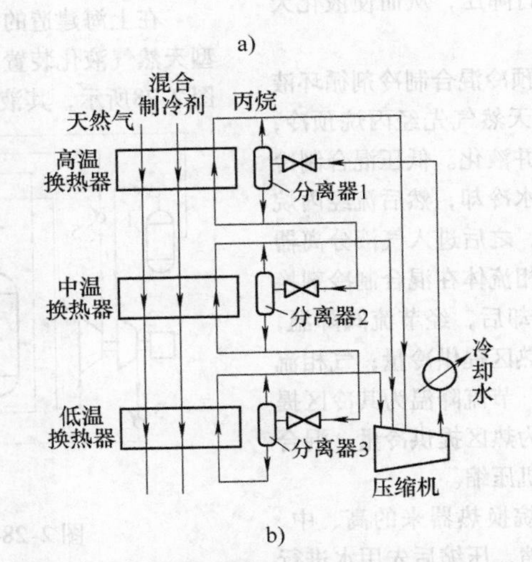

b)

图2-26　丙烷预冷混合制冷剂液化流程示意图
a）混合制冷剂循环　b）丙烷预冷循环

丙烷预冷混合制冷剂液化流程由三部分组成：①混合制冷剂循环；②丙烷预冷循环；③天然气液化回路。在此液化流程中，丙烷预冷循环用于预冷混合制冷剂和天然气，而混合制冷剂循环用于深冷和液化天然气。

混合制冷剂循环如图 2-26a 所示。混合制冷剂经两级压缩机压缩至高压，首先用水冷却，带走一部分热量，然后通过丙烷预冷循环预冷，预冷后进入气液分离器 1，分离成液相和气相。液相经换热器 1 冷却后，节流、降温、降压，与返流的混合制冷剂混合后，为换热器 1 提供冷量，冷却天然气和从分离器出来的气相和液相两股混合制冷剂；气相制冷剂经换热器 1 冷却后，进入气液分离器 2，分离成气相和液相。液相经换热器 2 冷却后，节流、降温、降压，与返流的混合制冷剂混合后，为换热器 2 提供冷量，冷却天然气和从分离器出来的气相和液相两股混合制冷剂。从换热器 2 出来的气相制冷剂，经换热器 3 冷却后，节流、降温后进入换热器 3，冷却天然气和气相混合制冷剂。

丙烷预冷循环如图 2-26b 所示。丙烷预冷循环中，丙烷通过高温、中温、低温三个换热器，为天然气和混合制冷剂提供冷量。丙烷经压缩机压缩至高温、高压，经冷却水冷却后流经节流阀，降温、降压后，再经分离器 1 产生气、液两相，气相返回压缩机，液相分成两部分，一部分用于冷却天然气和制冷剂，另一部分作为后续流程的制冷剂。

在混合制冷剂液化流程中，天然气首先经过丙烷预冷循环预冷，然后流经换热器 1 ~ 3 逐步被冷却，最后经图 2-26a 中节流阀 4 进行降压，从而使液化天然气在常压下贮存。

图 2-27 所示为 APCI 丙烷预冷混合制冷剂循环液化天然气流程。在此流程中，天然气先经丙烷预冷，然后用混合制冷剂进一步冷却并液化。低压混合制冷剂经两级压缩机压缩后，先用水冷却，然后流经丙烷换热器进一步降温至约 -35℃，之后进入气液分离器分离成气、液两相。生成的液相流体在混合制冷剂换热器温度较高区域（热区）冷却后，经节流阀降温，并与返流的气相流体混合后为热区提供冷量；气相流体经混合制冷剂换热器冷却后，节流降温为其冷区提供冷量，之后与液相流体混合为热区提供冷量。混合后的低压混合制冷剂进入压缩机压缩。

在丙烷预冷循环中，从丙烷换热器来的高、中、低压的丙烷，用一个压缩机压缩，压缩后先用水进行预冷，然后节流、降温、降压后为天然气和混合制冷剂提供冷量。

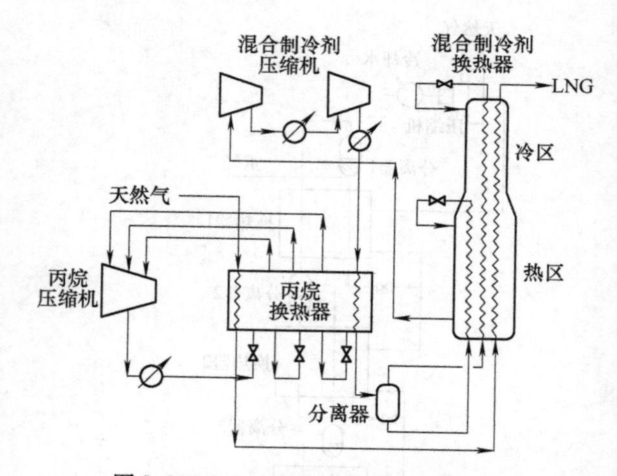

图 2-27　APCI 丙烷预冷混合制冷剂液化流程示意图

这种液化流程的操作弹性很大。当生产能力降低时，通过改变制冷剂组成及降低吸入压力来保持混合制冷剂循环的效率；当需液化的原料气发生变化时，可通过调整混合制冷剂组成及混合制冷剂压缩机吸入和排出压力，也能使天然气高效液化。

4. CII 液化流程

天然气液化技术的发展，要求液化循环具有高效、低成本、可靠性好、易操作等特点。为了适应这一发展趋势，法国燃气公司的研究部门开发了新型的混合制冷剂液化流程，即整体结合式级联型液化流程（Integral Incorporated Cascade），简称为 CII 液化流程。CII 液化流程吸收了国外 LNG 技术最新发展成果，代表天然气液化技术的发展趋势。

在上海建造的 CII 液化流程，是我国第一座调峰型天然气液化装置中所采用的流程。CII 液化流程如图 2-28所示，其液化流程的主要设备包括混合制冷

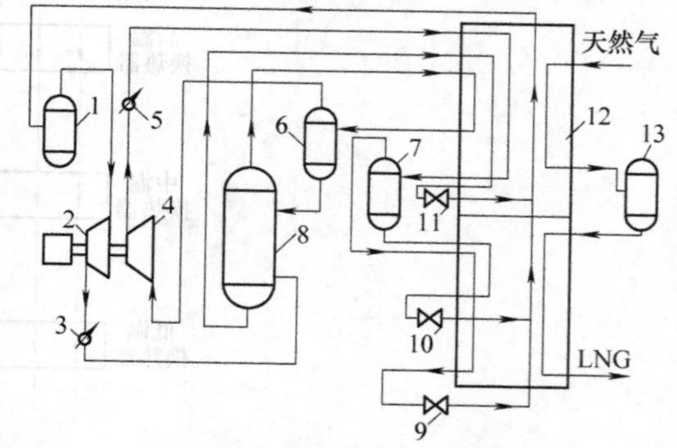

图 2-28　CII 液化流程示意图

1、6、7、13—气液分离器　2—低压压缩机　3、5—冷却器　4—高压压缩机　8—分馏塔　9、10、11—节流阀　12—冷箱

剂压缩机、混合制冷剂分馏设备和整体式冷箱三部分。整个液化流程可分为天然气液化系统和混合制冷剂循环两部分。

在天然气液化系统中，预处理后的天然气进入冷箱 12 上部被预冷，在气液分离器 13 中进行气液分离，气相部分进入冷箱 12 下部被冷凝和过冷，最后节流至 LNG 储槽。

在混合制冷剂循环中，混合制冷剂是 N_2 和 C_1 ~ C_5 的烃类混合物。冷箱 12 出口的低压混合制冷剂蒸气被气液分离器 1 分离后，被低压压缩机 2 压缩至中间压力，然后经冷却器 3 部分冷凝后，进入分馏塔 8。混合制冷剂分馏后分成两部分：分馏塔底部的重组分液体主要含有丙烷、丁烷和戊烷，进入冷箱 12，经预冷后节流降温，再返回冷箱上部蒸发制冷，用于预冷天然气和混合制冷剂；分馏塔上部的轻组分气体主要成分是氮、甲烷和乙烷，进入冷箱 12 上部被冷却并部分冷凝，进气液分离器 6 进行气液分离，液体作为分馏塔 8 的回流液，气体经高压压缩机 4 压缩后，经水冷却器 5 冷却后，进入冷箱上部预冷，进气液分离器 7 进行气液分离，得到的气液两相分别进入冷箱下部预冷后，节流降温返回冷箱的不同部位，为天然气和混合制冷剂提供冷量，实现天然气的冷凝和过冷。

CII 流程具有如下特点：

1）流程精简、设备少。CII 液化流程出于降低设备投资和建设费用的考虑，简化了预冷制冷机组的设计。在流程中增加了分馏塔，将混合制冷剂分馏为重组分（以丁烷和戊烷为主）和轻组分（以氮、甲烷、乙烷为主）两部分。重组分冷却、节流降温后返流，作为冷源进入冷箱上部预冷天然气和混合制冷剂；轻组分气液分离后进入冷箱下部，用于冷凝、过冷天然气。

2）冷箱采用高效钎焊铝板翅式换热器，体积小，便于安装。整体式冷箱结构紧凑，分为上下两部分，由经过优化设计的高效钎焊铝板翅式换热器平行排列，换热面积大，绝热效果好。天然气在冷箱内由环境温度冷却至 -160℃左右液体，减少了漏热损失，并较好解决了两相流体分布问题。冷箱以模块化的形式制造，便于安装，只需在施工现场对预留管路进行连接，降低了建设费用。

3）压缩机和驱动机的形式简单、可靠，降低了投资与维护费用。

2.2.3　带膨胀机的液化流程

带膨胀机液化流程（Expander - Cycle），是指利用高压制冷剂通过透平膨胀机绝热膨胀的克劳德循环制冷，实现天然气液化的流程。气体在膨胀机中膨胀降温的同时，能输出功，可用于驱动流程中的压缩机。当管路输来的进入装置的原料气与离开液化装置的商品气有“自由”压差时，液化过程就可能不要“从外界”加入能量，而是靠“自由”压差通过膨胀机制冷，使进入装置的天然气液化。流程的关键设备是透平膨胀机。

根据制冷剂的不同，可分为氮气膨胀液化流程和天然气膨胀液化流程。这类流程的优点是：①流程简单、调节灵活、工作可靠、易起动、易操作、维护方便；②用天然气本身为工质时，省去专门生产、运输、贮存冷冻剂的费用。缺点是：①送入装置的气流需全部深度干燥；②回流压力低，换热面积大，设备金属投入量大；③受低压用户多少的限制；④液化率低，如再循环，则在增加循环压缩机后，功耗大大增加。

由于带膨胀机的液化流程操作比较简单，投资适中，特别适用于液化能力较小的调峰型天然气液化装置。下面介绍常用的几种带膨胀机的液化流程。

1. 天然气膨胀液化流程

天然气膨胀液化流程，是指直接利用高压天然气在膨胀机中绝热膨胀到输出管道压力而使天然气液化的流程。这种流程的最突出优点是它的功耗小、只对需液化的那部分天然气脱除杂质，因而预处理的天然气量可大为减少（占气量的 20% ~35%）。但液化流程不能获得像氮气膨胀液化流程那样低的温度、循环气量大、液化率低。膨胀机的工作性能受原料气压力和组成变化的影响较大，对系统的安全性要求较高。

天然气膨胀液化流程如图 2-29 所示。原料气经

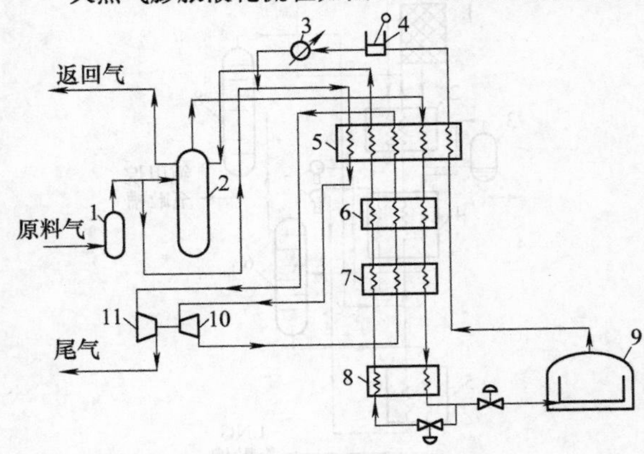

图 2-29　天然气膨胀液化流程

1—脱水器　2—脱二氧化碳塔　3—水冷却器　4—返回气压缩机　5、6、7—换热器　8—过冷器　9—储罐　10—膨胀机　11—压缩机

脱水器1脱水后，部分进入脱二氧化碳塔2进行脱除二氧化碳。这部分天然气脱除二氧化碳后，经换热器5~7及过冷器8后液化，部分节流后进入储罐9贮存，另一部分节流后为换热器5~7和过冷器8提供冷量。储罐9中自蒸发的气体，首先为换热器5提供冷量，再进入返回气压缩机4，压缩并冷却后与未进脱二氧化碳塔的原料气混合，进换热器5冷却后，进入膨胀机10膨胀降温后，为换热器5~7提供冷量。

对于这类流程，为了能得到较大的液化量，在流程中增加了一台压缩机，这种流程称为带循环压缩机的天然气膨胀液化流程，其缺点是流程功耗大。

图2-29所示的天然气直接膨胀液化流程属于开式循环，即高压的原料气经冷却、膨胀制冷与回收冷量后，低压天然气直接（或经增压达到所需的压力）作为商品气去配气管网。若将回收冷量后的低压天然气用压缩机增压到与原料气相同的压力后，返回至原料气中开始下一个循环，则这类循环属于闭式循环。

2. 氮气膨胀液化流程

与混合制冷剂液化流程相比，氮气膨胀液化流程（N_2 Cycle）较为简化、紧凑，造价略低。起动快，热态起动1~2h即可获得满负荷产品，运行灵活、适应性强，易于操作和控制、安全性好，放空不会引起火灾或爆炸危险，制冷剂采用单组分气体；但其能耗要比混合制冷剂液化流程高40%左右。

二级氮膨胀液化流程是经典氮膨胀液化流程的一种变形，如图2-30所示。该液化流程由原料气液化回路和N_2膨胀液化循环组成。

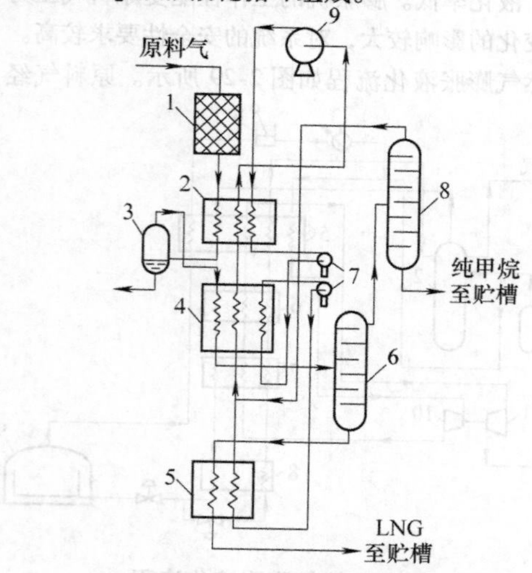

图2-30　氮气膨胀液化流程

1—预处理装置　2、4、5—换热器　3—重烃分离器　6—氮气提塔　7—透平膨胀机　8—氮－甲烷分离塔　9—循环压缩机

在天然气液化回路中，原料气经预处理装置1预处理后，进入换热器2冷却，再进入重烃分离器3分离掉重烃，经换热器4冷却后，进入氮气提塔6分离掉部分N_2，再进入换热器5进一步冷却和过冷后，LNG进储罐贮存。

在氮气膨胀液化循环中，氮气经循环压缩机9压缩和换热器2冷却后，进入透平膨胀机7膨胀降温后，为换热器4提供冷量，再进入透平膨胀机7膨胀降温后，为换热器5、4、2提供冷量。离开换热器2的低压氮气进入循环压缩机9压缩，开始下一轮的循环。天然气液化回路中由氮－甲烷分离器8产生的低温气体，与二级膨胀后的氮气混合，共同为换热器4、2提供冷量。

3. 氮－甲烷膨胀液化流程

为了降低膨胀机的功耗，采用N_2-CH_4混合气体代替纯N_2，发展了N_2-CH_4膨胀液化流程。与混合制冷剂液化流程相比较，氮－甲烷膨胀液化流程（N_2/CH_4 Cycle）具有起动时间短、流程简单、控制容易、混合制冷剂测定及计算方便等优点。由于缩小了冷端换热温差，它比纯氮膨胀液化流程节省10%~20%的动力消耗。

图2-31所示为氮－甲烷膨胀液化流程示意图。N_2-CH_4膨胀机液化流程由天然气液化系统与N_2-CH_4制冷系统两个各自独立的部分组成。

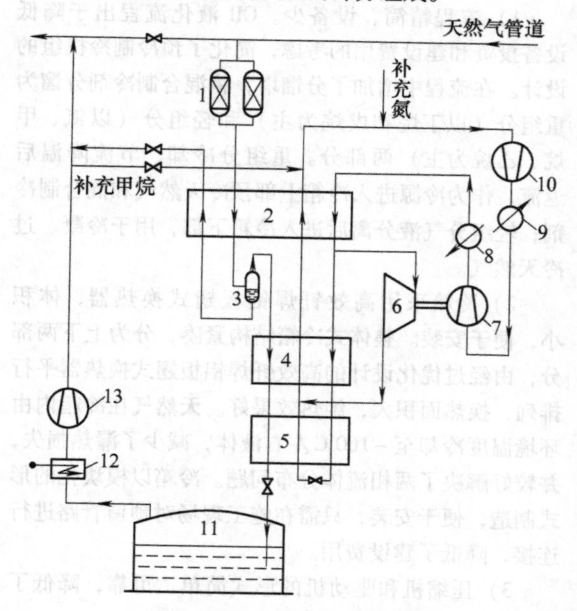

图2-31　氮－甲烷膨胀液化流程

1—预处理装置　2、4、5—换热器　3—气液分离器　6—透平膨胀机　7—制动压缩机　8、9—水冷却器　10—循环压缩机　11—储罐　12—预热器　13—压缩机

天然气液化系统中，经过预处理装置1脱酸、脱水后的天然气，经换热器2冷却后，在气液分离器3中进行气液分离，气相部分进入换热器4冷却液化，在换热器5中过冷，节流降压后进入储槽11。

N_2-CH_4 制冷系统中，制冷剂 N_2-CH_4 经循环压缩机10和制动压缩机7压缩到工作压力，经水冷却器8冷却后，进入换热器2被冷却到透平膨胀机的入口温度。一部分制冷剂进入膨胀机6，膨胀到循环压缩机10的入口压力，与返流制冷剂混合后，作为换热器4的冷源，回收的膨胀功用于驱动制动压缩机7；另外一部分制冷剂经换热器4和5冷凝和过冷后，经节流阀节流降温后返流，为过冷换热器提供冷量。

4. 其他膨胀液化流程

带膨胀机的液化流程中，由于换热器的传热温差太大，从而使流程的火用损很大，为了降低流程的㶲损，可采取以下措施：

1）采用预冷方法，对制冷剂进行预冷。

2）提高进入透平膨胀机气流的压力，并降低其温度。

3）将带膨胀机液化流程与其他液化流程（如混合冷剂液化流程）结合起来使用。

图2-32所示为带丙烷预冷的天然气膨胀液化流程图。用两级丙烷压缩制冷循环对天然气进行预冷后，进入膨胀机11进行膨胀。膨胀后的天然气进入

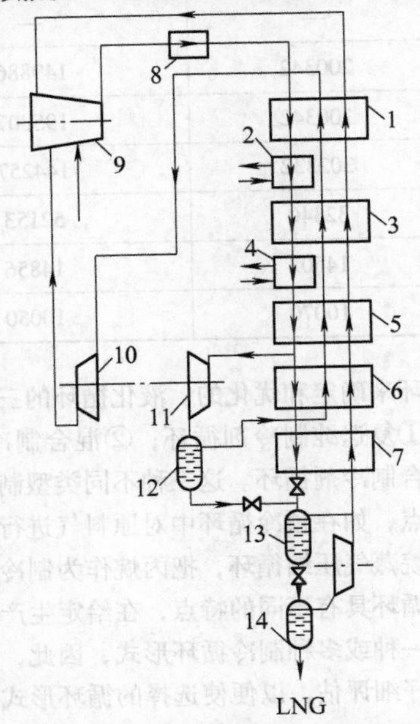

图2-32 带丙烷预冷的天然气膨胀液化流程图
1、3、5、6、7—换热器 2、4—丙烷换热器
8—水冷却器 9—压缩机 10—制动压缩机
11—膨胀机 12～14—气液分离器

气液分离器12，产生的气相流体返流，为换热器1、3、5和6提供冷量；产生的液相流体经节流后，与原料天然气混合进入气液分离器13，产生的气相流体为换热器1、3、5～7提供冷量，产生的液体经节流降压后，进入气液分离器14，产生的LNG进入储槽。

在这种流程中，当原料气压力为5MPa，增压后为7MPa并进行液化时，经计算其单位能耗可降低到0.38～0.42kW·h/kg液化天然气。如果预冷后的温度进一步降低，则液化过程的能耗还可大幅度减少。

表2-32列出了几种液化流程能耗的比较。典型级联式液化流程的比功耗为0.33kW·h/kg。在表中以级联式液化流程的比功耗为比较标准，取为1。

表2-32 液化流程能耗比较

液化流程	能耗比较
级联式液化流程	1
单级混合制冷剂液化流程	1.25
丙烷预冷的单级混合制冷剂液化流程	1.15
多级混合制冷剂液化流程	1.05
单级膨胀机液化流程	2.00
丙烷预冷的单级膨胀机液化流程	1.70
两级膨胀机液化流程	1.70

2.3 天然气液化装置

天然气液化装置由天然气预处理流程、液化流程、贮存系统、控制系统和消防系统等组成。液化流程是其最重要的组成部分。大型LNG工厂常包括几套天然气液化装置，在一套液化装置中可能包括几条生产线。

基本负荷型液化装置，是指生产供当地使用或外运的大型液化装置。调峰型液化装置，是指为调节负荷或补充冬季燃料供应的天然气液化装置，通常将低峰负荷时过剩的天然气液化贮存，在高峰时或紧急情况下再汽化使用。近些年来，随着项目开发者们不断寻求小型独立气田的开发，出现一种中小型液化装置，容量规模为30万～100万t/a。

浮式液化天然气生产储卸装置，是一种新型的海上边际气田的液化装置，以其投资较低、建设周期短、便于迁移等优点倍受青睐。

液化天然气接收终端，是指接收用LNG运输船从基本负荷型天然气液化装置中运输来的LNG的装置。

2.3.1 基本负荷型（基地型）液化装置

基本负荷型（基地型）天然气液化装置的生产容量稳步上升。这一方面是经济上合理；另一方面是现代LNG生产装置应用了比以往更大的设备。基本负荷型液化装置的液化和贮存连续进行，装置的液化能力一般在$10^6m^3/d$以上。基本负荷型天然气液化装置主要用于天然气的远洋运输，进行国际LNG的贸易。它除了液化装置和公用工程以外，还配有港口设备、栈桥及其他装运设备。在相应的输入国，要建设LNG进口接收站，配备卸货装置、储罐、再汽化装置和送气设备等。

基本负荷型天然气液化装置由天然气预处理流程、液化流程、贮存系统、控制系统、装卸设施和消防系统等组成，是一个复杂庞大的系统工程，投资高达数十亿美元。如年产600万t的LNG项目，从天然气生产、液化到LNG运输，不包括LNG接收和下游用户，投资需要60亿~80亿美元。项目建设一般需以20~25年的长期供货合同为前提。由于项目投资巨大，LNG项目大多由壳牌、道达尔等大型跨国石油公司与资源拥有国政府合资建设。

对于基本负荷型天然气液化装置，其液化单元常采用级联式液化流程和混合制冷剂液化流程。20世纪60年代最早建设的天然气液化装置，采用当时技术成熟的级联式液化流程。到20世纪70年代又转而采用流程大为简化的混合制冷剂液化流程。20世纪80年代后，新建与扩建的基本负荷型天然气液化装置，几乎无例外地采用丙烷预冷混合制冷剂液化流程。

基本负荷型天然气液化装置主要采用上述三种液化装置，其主要指标的比较见表2-33。

表2-33　三种液化装置主要指标的比较

比较项目		级联式液化流程	闭式混合制冷剂液化流程	丙烷预冷混合制冷剂液化流程
生产液化天然气的气量/($\times10^4m^3/d$)		1087	1087	1087
用作厂内燃料的气量/($\times10^4m^3/d$)		168	191	176
进厂天然气总量/($\times10^4m^3/d$)		1255	1278	1263
制冷压缩机功率/kW	丙烷压缩机	58971	—	45921
	乙烯压缩机	72607	—	—
	甲烷压缩机	42810	—	—
	混合制冷剂压缩机	—	200342	149886
	总功率	175288	200342	195807
换热器总面积/m^2	翅片式换热器	175063	302332	144257
	绕管式换热器	64141	32340	52153
需要钢材及合金/t		15022	14502	14856
工厂总投资/$\times10^4$美元		9980	10070	10050

1. LNG生产线的规模

许多因素会对LNG生产线的规模产生影响，例如：气田的规模；液化工艺的驱动设备可获得性；终端市场的大小。许多生产规模小于450万t/a的LNG生产线备受推崇，这是因为它们易于融资，并且可以扩建以满足市场需求的发展。许多较大规模项目（>450万t/a），目的是实现更大的规模经济。

2000—2010年的LNG生产线的年产规模集中在200万~520万t的范围。全世界LNG生产线规模的发展历史如图2-33所示。

2. 液化循环类型

LNG厂的规模通常是根据其使用的设备和液化或冷却循环来确定和优化的。液化循环的三种主要类型包括：①复迭纯制冷剂循环；②混合制冷剂循环；③膨胀混合制冷剂循环。这三种不同类型制冷循环有其共同特点，如在预冷循环中对原料气进行预冷，经常使用丙烷蒸气压缩循环，把丙烷作为制冷剂。由于三种液化循环具有不同的特点，在给定生产能力范围可以使用一种或多种制冷循环形式，因此，确定循环模式时应仔细评估，以便使选择的循环形式最适合项目的特点。

由于LNG加工技术在不断改进，选择合用的技术还要看气田储量、市场需求、原料气质、厂址和投资情况。任何选择都要着眼于LNG产量最大化，成本最小化，提高项目的经济性。选择合适的液化技术和相关设备是提高项目可行性的关键。

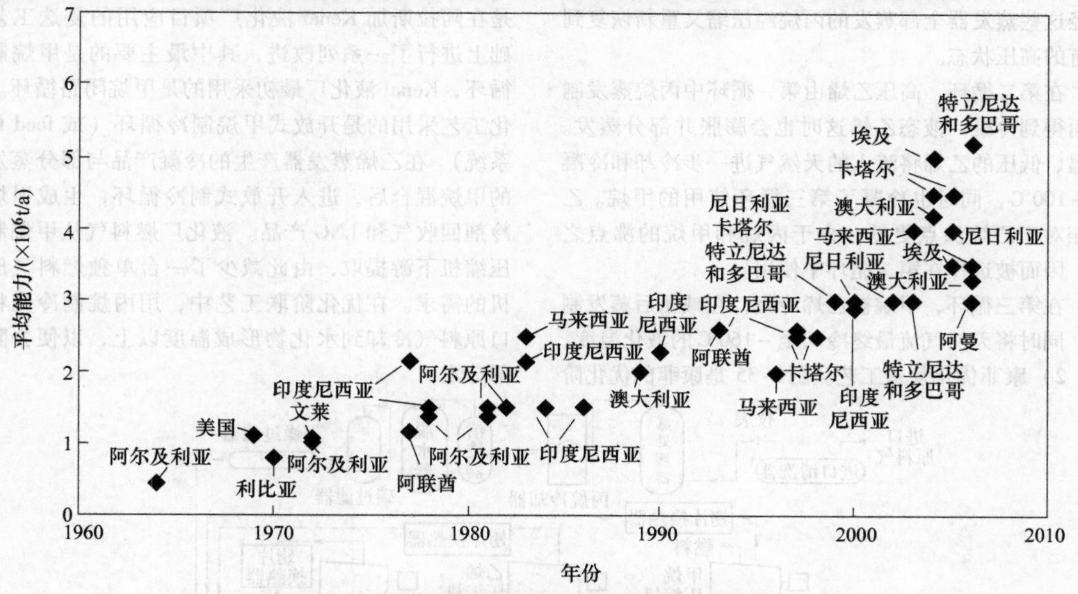

图2-33　全世界LNG生产线规模的发展历史

3. 液化技术

液化工艺技术的选择可以在诸多技术的比较中进行权衡，并等待广泛深入的设计研究后再做出最终抉择。为了保持竞争，业主通常会就不同的工艺承担做FEED研究的费用。

任何一个LNG项目EPC承包商的最终选择，将依据对其项目经验、项目管理能力和建造施工等因素的综合考评。

（1）纯组分制冷剂复迭技术

1）基本复迭。在图2-34所示的纯组分制冷剂阶联工艺中，处理过的原料气逐步经纯丙烷、乙烯和甲烷制冷剂冷却和冷凝，这三种制冷剂分别用在构成复迭的三个独立制冷循环中。

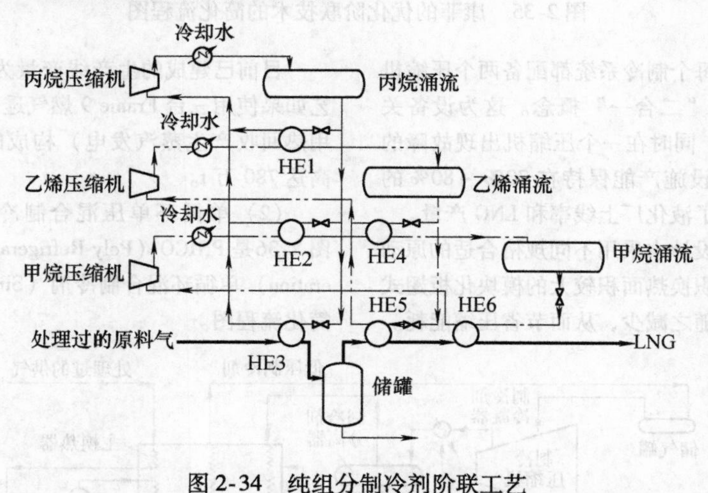

图2-34　纯组分制冷剂阶联工艺

——主气流　—·—甲烷制冷剂　—··—乙烯制冷剂　——丙烷制冷剂

HE1～HE6—换热器

在第一循环，高压丙烷通过水或空气冷却后冷凝。之后液态丙烷在减压（Joule Thomson）阀膨胀达到冷却并部分蒸发。部分蒸发的丙烷在通过一系列蒸发器后全部蒸发。用这些蒸发器制冷来冷凝第二级循环中的乙烯，同时也将天然气初步降温至 -30℃。这时经这些蒸发器全部蒸发的丙烷经压缩又重新恢复到原有的高压状态。

在第二循环，高压乙烯由第一循环中丙烷蒸发制冷而得到冷凝。液态乙烯这时也会膨胀并部分蒸发。低温、低压的乙烯将流入的天然气进一步冷却和冷凝至 -100℃，同时也冷凝了第三循环使用的甲烷。乙烯相对于乙烷沸点更低，介于丙烷和甲烷的沸点之间，因而被选择在第二循环中使用。

在第三循环，甲烷被乙烯冷凝，在减压后蒸发制冷，同时将天然气流最终冷却至 -160℃的液化温度。

2）康菲优化复迭工艺。图 2-35 是康菲的优化阶联技术的简化流程图。康菲专有技术优化复迭工艺是在阿拉斯加 Kenai 液化厂项目应用的复迭工艺基础上进行了一系列改进，其中最主要的是甲烷制冷循环，Kenai 液化厂最初采用的是甲烷闭路循环。优化工艺采用的是开放式甲烷制冷循环（或 feed flash 系统）。在乙烯蒸发器产生的冷凝产品与部分蒸发了的甲烷混合后，进入开放式制冷循环，生成甲烷制冷剂回收气和 LNG 产品。液化厂燃料气从甲烷制冷压缩机下游提取，由此减少了一台单独燃料气压缩机的需求。在优化阶联工艺中，用丙烷制冷先将入口原料气冷却到水化物形成温度以上，以便去除大部分水。

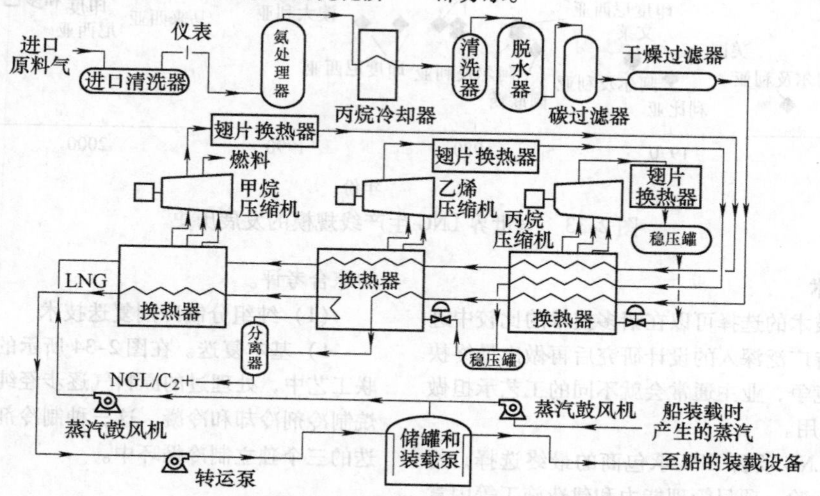

图 2-35　康菲的优化阶联技术的简化流程图

在这一工艺中，每个制冷系统都配备两个压缩机并列工作，因而称作“二合一”概念。这为设备关停维护提供了灵活性，同时在一个压缩机出现故障的情况下，仍可将液化设施产能保持在 70%～80%的运营水平，因此提高了液化厂上线率和 LNG 产量。

这项技术允许在设计中采用不同规格合适的原动机，还采用了单位体积换热面积较大的模块化板翅式换热器，同时压降也随之减少，从而节省压缩能耗。

目前已建成的生产线产量为每年 360 万 t，该工艺如果使用三台 Frame 9 燃气透平驱动压缩组合（利用热回收产生蒸汽发电）构成的生产线，年产量可高达 780 万 t。

（2）单循环单压混合制冷剂技术（PRICO）　图 2-36是 PRICO（Poly Refrigerant Integrated Cycle Operation）单循环混合制冷剂（Single MR）制冷技术的简化流程图。

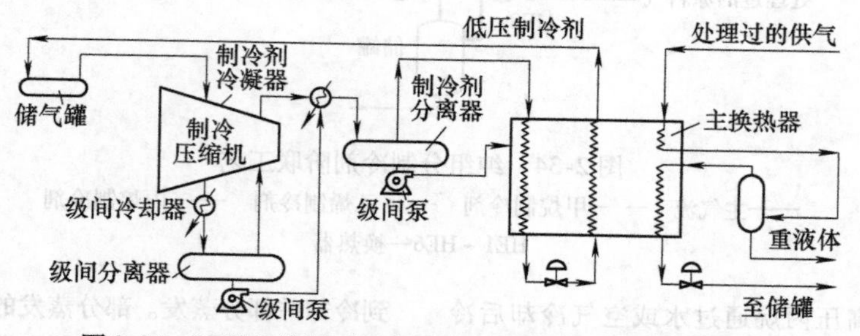

图 2-36　PRICO 单循环混合制冷剂制冷技术的简化流程图

Black & Veatch Pritchard 集团持有这种单循环混合制冷剂工艺的专有技术。这种技术在单一的制冷剂循环中放入包括甲烷、乙烷、丙烷、丁烷、氮，有时还有戊烷的混合制冷剂进行循环。

混合制冷剂在高压下经冷却水冷却并部分冷凝。制冷剂气体和液体分离并从深冷换热器顶部进入，分离后两相分配更容易。液态制冷剂通过换热器底部的阀门减压膨胀向上流动，与高压制冷剂和原料气流向相反，从而对其进行冷却和液化。高压制冷剂则流经整个换热器全程，并在此过程中被冷却和低温冷却。之后制冷剂本身完全汽化，并又重新被压缩至冷凝器压力。这种工艺使用铝板高温熔焊制成的板翅式换热器。在脱水设备上游用冷却水对天然气初始冷却，可以脱除大部分水。

(3) 单循环多压混合制冷剂技术 美国气体化工产品公司（APCI）开发并拥有单循环多压混合制冷剂技术的专有技术。如图 2-37 所示，该技术应用了单循环多组分制冷剂多级压力制冷循环。

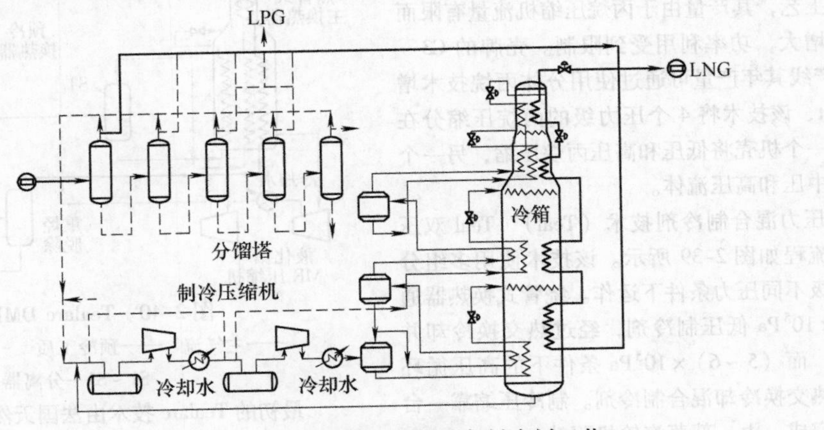

图 2-37 APCI 单循环多压混合制冷剂工艺
——天然气主流 ——混合制冷剂

(4) 丙烷预冷混合制冷剂技术（C3 – MR）

1) APCI C3 – MR 技术。美国气体化工产品公司（APCI）拥有 C3 – MR 的专有技术。APCI C3 – MR 技术如图 2-38 所示。该技术使用丙烷制冷循环预冷和混合制冷剂循环深冷。高压丙烷在膨胀和部分汽化前先经冷却水（或空气）冷却和冷凝，随后丙烷被输送至不同压力工作状态下的三个蒸发器。用丙烷在 –30℃ 的温度对原料气进行第一步冷却，并对 MR 循环中的高压制冷剂进行冷凝。蒸发器出来的丙烷完全汽化并又被重新压缩。

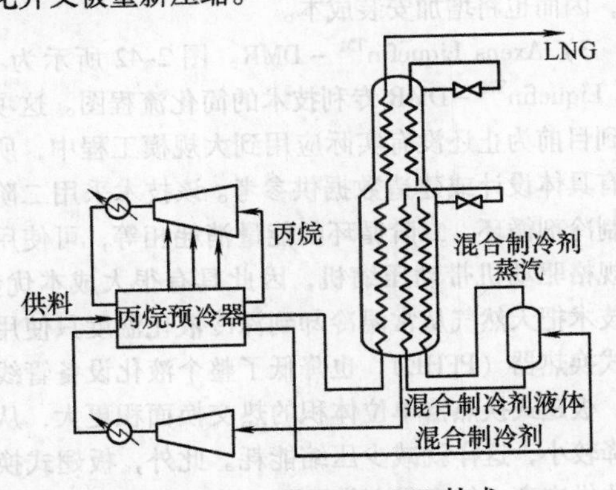

图 2-38 APCI C3 – MR 技术

混合制冷剂组分根据原料气组分及其他条件的不同而变化，但一般都会包括氮、甲烷、乙烷和丙烷。高压混合制冷剂首先经冷却水进行冷却，随后由丙烷进一步冷却，在离开最后一个丙烷换热器时被部分冷凝，并分成气流（轻 MR）和液流（重 MR），分别被送到绕管式深冷换热器中，气态流和液态流均流经绕管束。

重 MR 流在深冷换热器的底部或暖管束被深冷冷却，之后重 MR 从暖管束顶端流出，膨胀后冷却至 –110℃，并在壳侧再次进入深冷换热器。这时，膨胀后的重 MR 与从深冷换热器上部或冷管束降下来的轻 MR 液体及气体混合到一起，在深冷换热器上部或冷管束下行过程中汽化。此混合制冷剂对原料气第一步冷却。

高压分离器中出来的气体或轻 MR 流经过暖管束下部，再经过深冷换热器的上部冷管束，并在该过程中被冷却达到完全冷凝，经过膨胀制冷，并在 –170℃ 的温度下被部分汽化，随后从深冷换热器顶端壳侧再次进入，最后该混合制冷剂对原料气流进一步冷却和液化。MR 混合物在深冷换热器的壳侧完全蒸发，并再次返回到混合制冷压缩机。

APCI 公司的 C3 – MR 工艺可设计为由两台 Frame7 涡轮机驱动的 LNG 液化生产线，年产量达 450 万 t。

2）壳牌的丙烷预冷混合制冷剂（C3 – MR）技术。壳牌也提供一种丙烷预冷混合制冷剂工艺的专有技术，在文莱的 LNG 厂得到第一次应用。该项目于 1972 年投入运营，并使用了蒸汽轮机作为压缩机驱动机。壳牌的 C3 – MR 工艺如配备两台 Frame7 燃气轮机驱动，单条生产线年产量可上升到 450 万 t，其中一台驱动丙烷压缩机，另一台驱动 MR 压缩机。液化厂使用此工艺，其产量由于丙烷压缩机流量有限而不能进一步增大，功率利用受到限制。壳牌的 C3 – MR 液化生产线其年产量可通过使用分体丙烷技术增加至 500 万 t，该技术将 4 个压力级的丙烷压缩分在两个壳体，一个机壳将低压和高压丙烷压缩，另一个机壳则处理中压和高压流体。

（5）双压力混合制冷剂技术（Teal） Teal 双压力制冷工艺流程如图 2-39 所示。该技术使用多组分制冷剂在两级不同压力条件下运作。绕管式换热器通过 $(1\sim2)\times10^5$Pa 低压制冷剂，经过热交换冷却并液化天然气，而 $(5\sim6)\times10^5$Pa 条件下的高压循环制冷剂经过热交换冷却混合制冷剂。制冷压缩靠一台单轴压缩机完成，由一部蒸汽轮机驱动。

最初的 Teal 工艺已由 APCI 公司买断，之后用于基地型液化厂时已不再以此名称出现。

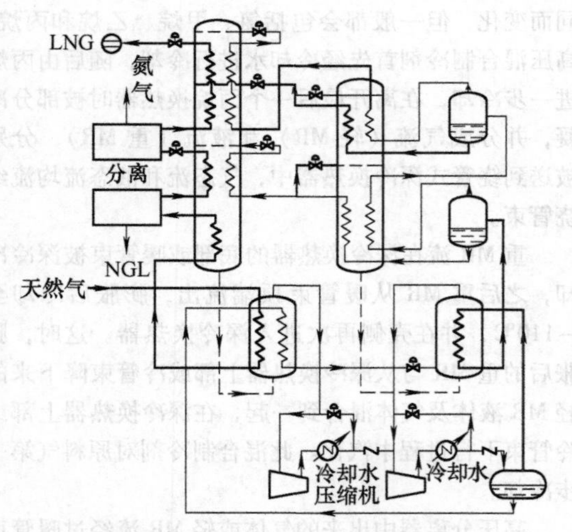

图 2-39 Teal 双压力制冷工艺流程

——主气流 —— MR 流

（6）双循环混合制冷剂技术（DMR）

1）Tealarc DMR 技术。图 2-40 所示的 Tealarc DMR 工艺使用双循环混合制冷系统，一个循环用于预冷，而另一个用于液化。预冷和液化分别采用不同的换热器，铝制板翅式换热器用于预冷阶段，绕管式换热器则用于液化。混合制冷剂的具体组分随实际情况，如原料气成分和环境条件而变化。一般混合制冷剂中主要包括用于预冷循环的重组分（乙烷、丙烷、丁烷），以及用于液化循环的轻组分（甲烷、乙烷和氮）。

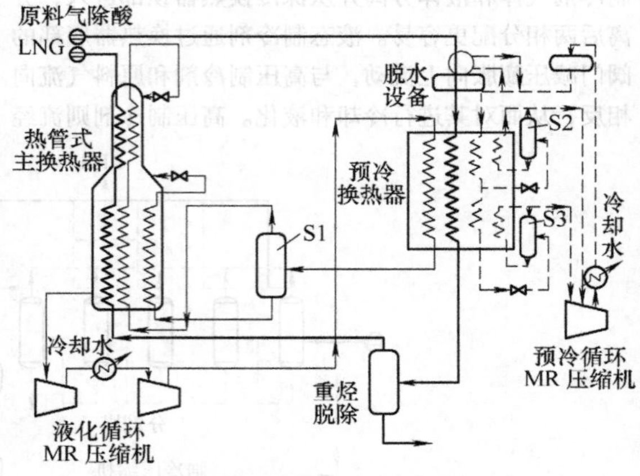

图 2-40 Tealarc DMR 工艺

——主气流 ——预冷工质 - - - 混合制冷剂

S1 ~ S3—分离器

最初的 Tealarc 技术由法国天然气公司和法国石油研究院收购，现已由 Axens 优化，冠名 DMR 工艺由 Axens 推出。

2）壳牌 – DMR 技术。此技术使用二阶混合制冷剂循环（图 2-41），并将每个循环的压缩驱动机并联配置。这种并联方式除能提高液化厂上线率外，电动机驱动配置还提供了较宽连续功率选择范围，允许第一循环中的混合制冷剂使用较小型的冷凝器，这样一来就解决了丙烷压缩机的瓶颈问题。该项技术已选择用在 Sakhahlin LNG 项目，设计年产 520 万 t 的 LNG。

典型的混合制冷剂包括氮、甲烷、乙烷和丙烷，这样的混合物可以使绕管式换热器内的温差更加一致。但必须注意的是液化生产线配套使用的电动机需要电力，因而也将增加安装成本。

3）Axens Liquefin™ – DMR。图 2-42 所示为 Axens Liquefin™ – DMR 专利技术的简化流程图。这项工艺到目前为止还没有实际应用到大规模工程中，所以没有具体设计或建造数据供参考。该技术采用二阶混合制冷剂循环，二阶循环的能量消耗相等，可使用相同规格驱动机带动压缩机，因此具有很大成本优势。该技术把天然气从常温冷却到深冷液化温度只使用板翅式换热器（PFHE），也降低了整个液化设备管线要求。板翅式换热器单位体积的热交换面积更大，从而压降较小，这样就减少压缩能耗。此外，板翅式换热器的供应商也较多，交货周期比绕管式换热器的也短。

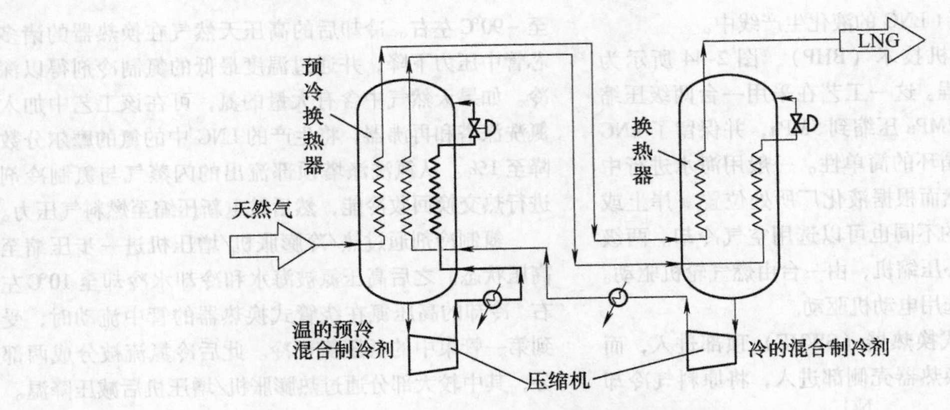

图 2-41 二阶混合制冷剂循环

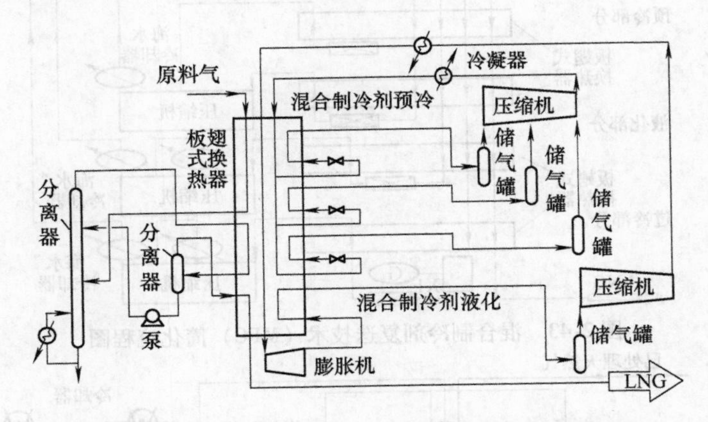

图 2-42 Axens Liquefin™ - DMR 专利技术的简化流程图

对所有在第一循环使用混合制冷剂的工艺来说，主要冷凝器都比较小，且第一循环的压缩机马赫数也较低。在混合制冷剂循环中，现有的商用轴流压缩机可以达到更高的 LNG 产能。对于年产 400 万～800 万 t 范围的 LNG 液化厂，电力驱动方式或机器驱动方式都可以考虑。

另外混合制冷剂在预冷循环中在三种不同压力下蒸发，能与 LNG 冷却曲线靠得近，也比常规双循环工艺工作温度低。混合制冷剂被冷却到 -80～-50℃，该温度下制冷剂可达到完全冷凝，因此不需要再进行相分离，且对混合制冷剂量的需求也大大减少，也减少了工艺流程中对设备和管线的需求。

(7) 混合制冷剂复迭技术（Statoil - Linde MFC®） 图 2-43 所示为挪威国家石油公司 - 林德（Statoil - Linde）共同开发的混合制冷剂复迭技术（MFC）的简化流程图。该技术其适应较低冷却水温度的能力、采用相当成熟技术及能生产适合美国市场的贫 LNG 产品，被 Snohvit LNG 项目第一次得到实际应用。

这一工艺与普通复迭工艺类似，区别是将三个制冷循环中的纯组分换成了混合组分。Statoil - Linde MFC®这项专利技术包括三阶混合制冷剂循环系统。在预冷循环中的乙烷与丙烷的混合物由压缩机 C1 压缩，经过海水冷却器 CW1 和板翅式换热器 E1A 分别被液化和深冷，其中一部分被节流达到中间压力，并在 E1A 中制冷，其余部分在板翅式换热器（E1B）中进一步得到深冷。这使得深冷换热器中的温度更为接近，同时换热器的表面和功率也得到优化。其他两个循环使用的是绕管式换热器。

此工艺中使用的制冷剂和换热器如下：

① 预冷循环：乙烷和丙烷的混合物（板翅式换热器）。

② 液化循环：乙烷、丙烷和甲烷的混合物（绕管式换热器）。

③ 深冷循环：氮、甲烷和乙烷的混合物（绕管式换热器）。

这一工艺可以使换热器中的温差更为接近，优化了换热器的表面和功率，因而这一技术可以用于年产量在600万~800万t LNG的液化生产线中。

(8) 氮双膨胀机技术(BHP) 图2-44所示为BHP氮膨胀工艺流程。这一工艺在采用一台两级压缩机,将氮制冷剂从2MPa压缩到5MPa,并保留了LNG调峰厂所采用的氮循环的简单性。一般用海水进行中间冷却和后冷却,然而根据液化厂所处位置(岸上或海上)及环境条件的不同也可以选用空气冷却。两级氮压缩为一体的离心压缩机,由一台由燃气轮机驱动。如用于海上也可以选用电动机驱动。

原料气从绕管式换热器(SWHE)顶部进入,而氮制冷剂从绕管式换热器壳侧部进入,将原料气冷却至-90℃左右。冷却后的高压天然气在换热器的诸多芯管中压力下降,并通过温度最低的氮制冷剂得以深冷。如果天然气中含有大量的氮,可在该工艺中加入氮洗涤塔和再沸器,将生产的LNG中的氮的摩尔分数降至1%。从氮洗涤塔顶部流出的闪蒸气与氮制冷剂进行热交换回收冷能,然后被重新压缩至燃料气压力。

氮制冷剂通过热/冷膨胀机/增压机进一步压缩至高压状态。之后高压氮被海水和冷却水冷却至10℃左右。冷却的高压氮在绕管式换热器的管中流动时,受到第一管束中的低压氮预冷。此后冷氮流被分成两部分,其中较大部分通过热膨胀机/增压机后减压降温。

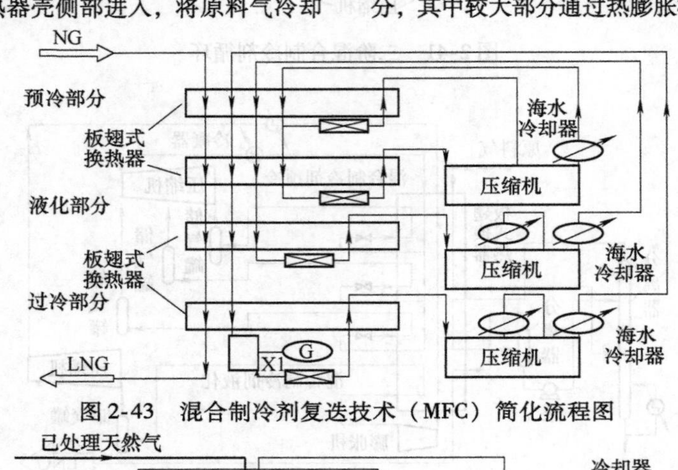

图2-43 混合制冷剂复迭技术(MFC)简化流程图

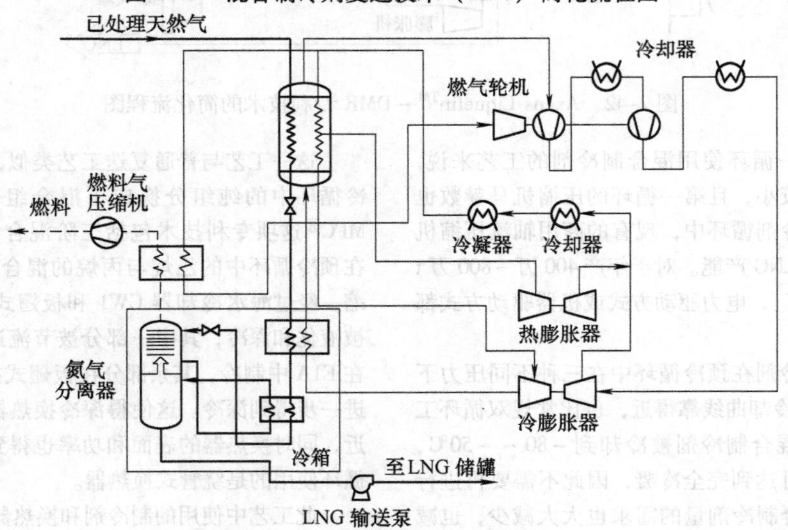

图2-44 BHP氮膨胀工艺流程

——主气流 ——氮制冷剂 - - - 燃料气

低温氮流流入主绕管式换热器的壳侧,为天然气和高压氮制冷剂进行大量制冷。而另一小部分冷却的高压氮,则在主绕管式换热器中的输氮管道中被进一步冷却。低温高压氮流随后流过制冷膨胀机/增压机,经减压降温到约-150℃的低温,因而对进入冷箱的天然气进行低温冷却。

离开冷箱后的氮与热膨胀机/增压机单元中释放出来的大量氮流汇合,流入主绕管式换热器的壳侧。

(9) C3-MR+氮(APCI APX™)技术 2001年,APCI注册了AP-X™专利,利用该技术在不增

加并联丙烷或混合制冷压缩机设备的前提下，单条LNG生产线的年产量提升到500～800万t。这种技术在三阶制冷循环中分别使用丙烷、混合制冷剂和氮。AP-X™工艺中使用的制冷剂和换热器如下：

① 预冷循环：丙烷（鼓式换热器）。

② 液化循环：乙烷、丙烷和甲烷的混合物（绕管式换热器）。

③ 深冷循环：氮、甲烷和乙烷的混合物（绕管式换热器）。

这项新工艺用在卡塔尔在建的项目中，简化流程如图2-45所示。

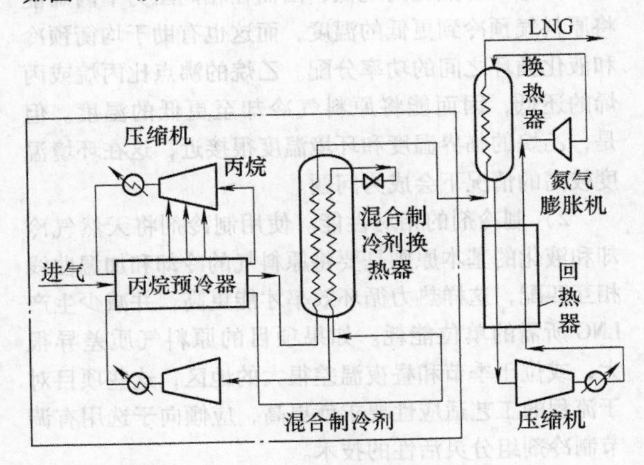

图2-45 APCI AP-X™工艺简化流程

混合制冷剂和丙烷压缩机装置在供应商所能提供的规模范围内合理地增加，主深冷换热器规模的增大不会超出目前制造商的生产能力。AP-X™循环还保留了现有混合液体制冷剂循环工艺的优点，即可在不同原料气组分和每日/季节温度变化的情况下保持灵活高效。

AP-X™循环还利用氮膨胀机制冷系统来实现LNG低温冷却，从而拓展了C3-MR循环，并提高了LNG产能。氮膨胀机系统分担了制冷负荷，有效地解决了丙烷和混合制冷压缩机的瓶颈问题，降低了安装更大更多丙烷和MR系统设备的要求。

AP-X™工艺专利中包括的氮系统，同样体现了对二阶混合制冷循环在LNG深冷的提高。

（10）并联混合制冷剂技术（壳牌PMR™）这一工艺是在双循环混合制冷剂工艺基础上的优化改进。PMR™概念采用了包括一个预冷循环和两个混合制冷剂（MR）液化循环并行的三循环制冷工艺。其中，丙烷或混合制冷剂可用作两个并行混合制冷剂循环之前的预冷循环的制冷剂。两个并行液化循环中，流出的低温制冷流在末端闪蒸系统汇合，出来的闪蒸气被压缩后，作为液化厂燃料气使用，LNG被输送到常压储罐贮存。图2-46中显示的工艺流程是用丙烷预冷，与上游NGL设备配合工作。

壳牌的PMR™是为大型LNG生产线开发的技术，采用成熟的设备，例如绕管式换热器、燃气轮机等，并不需要进一步增大现有设备规模。两条并行而独立的液化混合制冷剂循环，在其中一套设备出现故障时仍能保证以60%的产能不间断生产。在建造期间工期延误时，液化厂并列的两个液化循环亦可分期投产。

当选用丙烷作为预冷循环制冷剂时，壳牌丙烷分体技术（Splitpropane™）还能提高工艺性能及上线

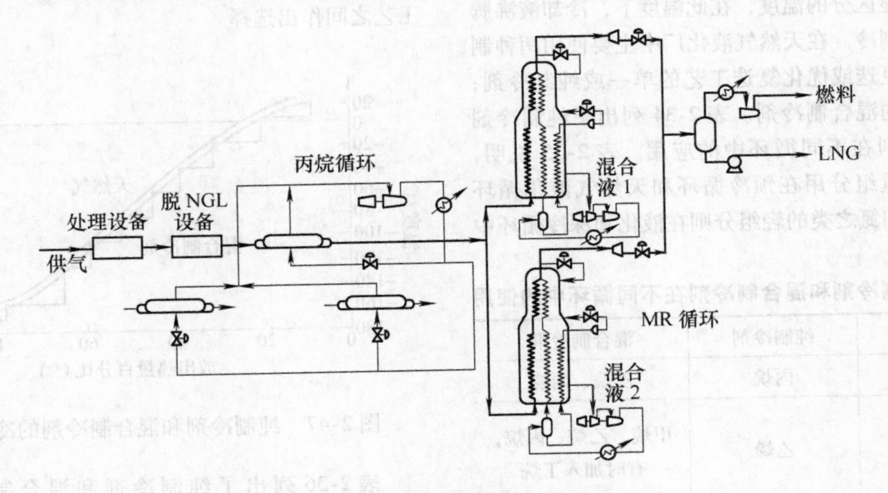

图2-46 壳牌PMR™工艺流程

率，并提高产能。壳牌 PMR™工艺设计也可以按照满足 LNG 产品的不同规格配置 NGL 提取和蒸馏设备。PMR™工艺使用 3 台配有起动/辅助电动机的 GE frame－7 涡轮机，使液化厂 LNG 年产量达到800 万t。

4. 液化生产线主要组成

天然气液化需要巨大能量和低温，这就决定了基地型天然气液化厂属于资本高度密集型。技术发展一直在关注降低单位成本、增加技术可靠性和扩大生产规模。基地型液化厂通常会设计多条生产线，但根据供气量和需求情况不同，每次可能安装一条或几条生产线，而产能也可能不同。除了供应量和市场需求以外，衡量液化生产线规模的主要标准还有设备能力的限制及运行可靠性的要求等。

液化生产线最大产能受到其中主要设备能力的限制，主要就是旋转设备和深冷换热器。技术开发一直都致力于提高主要设备能力，以尽可能地提升单条生产线的产能。大型生产线可发挥规模经济并减少生产线的数量，同时所需设备数量也应相应减少。直到 20 世纪 90 年代末，通常生产线的年产能仅 250 万～350 万t。目前世界上 LNG 生产线的年产能已达 780 万 t。

制冷系统组成主要包括：①制冷剂，包括纯单一组分或混合组分；②深冷换热器，包括板翅式换热器、绕管式换热器及管壳式换热器；③压缩机驱动方式，包括蒸汽轮机、燃气轮机（双轴和单轴）、电动机和航改发动机；④制冷压缩机；⑤液体膨胀机。

（1）制冷剂　在选择冷却或预冷制冷机时，需考量的两个最主要特性是沸点和临界温度。沸点是指冷却液体能够达到的最低温度，临界温度是指液态和气态不能明显区分的温度，在此温度下，冷却液沸腾也不能提供制冷。在天然气液化厂中主要使用两种制冷剂：用于复迭或优化复迭工艺的单一或纯制冷剂；用于多循环的混合制冷剂。表 2-34 列出了纯制冷剂和混合制冷剂在不同循环中的应用。表 2-35 说明，沸点较高的重组分用在预冷循环和天然气液化循环中；而甲烷和氮之类的轻组分则在液化和深冷循环中使用。

表 2-34　纯制冷剂和混合制冷剂在不同循环中的使用

循环	纯制冷剂	混合制冷剂
1—预冷	丙烷	乙烷、丙烷
2—液化	乙烯	甲烷、乙烷、丙烷，有时加入丁烷
3—液化或深冷	甲烷	氮、甲烷和乙烷

1）备选预冷剂。备选预冷剂可以用来更好地平衡预冷和液化阶段之间的功率分配，同时也能提高寒冷气候条件下的生产线产能。一种选择是利用丙烯或乙烷替代广泛使用的丙烷作为预冷制冷剂。丙烷、丙烯和乙烷的沸点见表 2-35。

表 2-35　预冷制冷剂的沸点

预冷制冷剂	丙烷	丙烯	乙烷
沸点/℃	－42	－48	－89

丙烯的沸点比丙烷低，因而在相同压力下丙烯能将原料气预冷到更低的温度，而这也有助于均衡预冷和液化循环之间的功率分配。乙烷的沸点比丙烷或丙烯的还低，因而能将原料气冷却至更低的温度。但是，乙烷的临界温度和环境温度很接近，这在环境温度较高的情况下会成为问题。

2）制冷剂的相对性能。使用制冷剂将天然气冷却和液化的基本原则是要将原料气的冷却和加温曲线相互匹配，这样热力循环效率才能更高，并减少生产 LNG 所需的单位能耗。如果项目的原料气质差异很大，或位于季节和昼夜温差很大的地区，这些项目对于流程的工艺适应性要求就更高，应倾向于选用有调节制冷剂组分灵活性的技术。

图 2-47 所示为纯制冷剂和混合制冷剂的冷却曲线。在预冷循环中用混合制冷剂代替丙烷，其优势之一在于能有效地解除丙烷压缩机的瓶颈问题并提高其生产能力。但另一方面，使用混合制冷剂则需安装专门的混合设备，不仅增加费用，而且增加启动和关停次数。因此，需要在增加压缩机效能和选用复杂液化工艺之间作出选择。

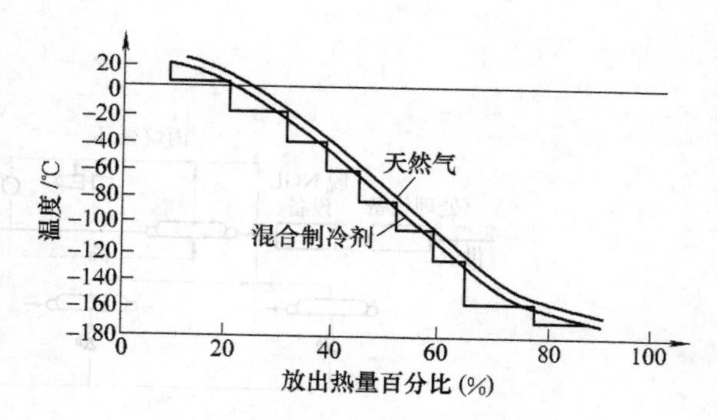

图 2-47　纯制冷剂和混合制冷剂的冷却曲线

表 2-36 列出了纯制冷剂和混合制冷剂的优缺点。

表 2-36 纯制冷剂和混合制冷剂的优缺点

类型	液化技术	优点	缺点
纯制冷剂	康菲优化复迭	1）当原料气为贫气时，供应制冷剂量少、难度小 2）由于不涉及组分调节，因而容易控制 3）由于无须生产或混合制冷剂，启动和关停时间短 4）不需要混合组分设备 5）因为每台压缩机只压缩一种制冷剂，再循环控制简单	1）需要更多的制冷压缩机设备和制冷剂管线 2）对原料气质量和周围环境的可调性有限 3）现场不能获得所需的乙烯原料，需进口
混合制冷剂	Axens – Liqeufin™ 壳牌 – DMR APCI – PMR™ Linde – MFC APCI – APX™T	1）可以根据原料气组分和周围环境变换制冷剂组分，以优化冷却流程 2）所需压缩机数量较少 3）只需两个制冷循环，因而简化了管线及压力设备的要求	1）当原料气为贫气时，很难提供大量制冷剂 2）需要安装制冷剂混合设备并增大换热器规格，增加了开支 3）制冷剂混合操作增加了启动和关停次数 4）增加的混合设备使程序复杂化，长期而言可能导致液化厂整体上线率降低

3）制冷剂运行复杂性的比较。表 2-37 列出了各种 LNG 技术所包含的制冷循环中，所使用的不同制冷剂的数量和种类。表格最底部注明了必须外购的不同制冷剂的总数，并给出了复杂系数。复杂系数与每个循环所需制冷剂数量有关，1.0 表示复杂度最低。制冷剂运行的复杂性通常会使整个项目生命周期中操作费过高，以及制冷剂混合和贮存的额外成本支出。

表 2-37 制冷剂运行复杂性的比较

制冷循环		康菲优化复迭	Axens – Liquefin	壳牌 – DMR	C3 – MR	壳牌 PMR	Statoil – Linde MFC	APCI APX™
循环 1	氮							
	甲烷							
	乙烷		✓	✓		✓	✓	
	乙烯							
	丙烷	✓	✓	✓	✓	✓	✓	✓
	丁烷		✓				✓	
所需进口组分		1	3	2	1	2	3	1
循环 2	氮		✓	✓	✓	✓		✓
	甲烷		✓	✓	✓	✓	✓	✓
	乙烷		✓	✓	✓	✓	✓	✓
	乙烯	✓						
	丙烷		✓	✓	✓	✓	✓	✓
	丁烷							

（续）

制冷循环		康菲优化复迭	Axens - Liquefin	壳牌 - DMR	C3 - MR	壳牌 PMR	Statoil - Linde MFC	APCI APX^{TM}
所需进口组分		1	4	4	4	4	3	4
循环3	氮	没有引入制冷剂的需要，是一个将原料气分流物再循环的开放式循环	双循环，第三循环	双循环，第三循环	双循环，第三循环	双循环，第三循环	✓	✓
	甲烷						✓	
	乙烷						✓	
	乙烯							
	丙烷							
	丁烷							
所需进口组分		0	0	0	0	0	3	1
进口组分总数		2	7	6	5	6	9	6
复杂系数		1.67	3.5	3.0	2.5	3.0	4.0	3.0

从表2-37中可以看到，康菲优化复迭技术的运作复杂系数最低，因为其所需的制冷剂为纯制冷剂，第三冷却循环是开放循环，其制冷剂是从原料气中回收的。Axens - $Liquefin^{TM}$和Statoil - Linde MFC工艺的制冷循环复杂系数较高，因为它们在预冷和液化循环中都使用了混合制冷剂。Statoil - Linde MFC技术在第三冷却循环中也使用混合制冷剂。

4）与制冷剂有关的上线率问题。单一组分制冷剂有关的上线率问题：

① 每台制冷压缩机只运行一种制冷剂物质，所以简化了再循环系统控制，最终提高了LNG液化厂的整体上线率。

② 纯组分制冷剂的特性已知，可以通过验证的状态方程进行计算，简化了制冷循环的操控。

③ 无论原料气组分如何，制冷压缩机操作始终用同一控制系统控制。

④ 如果使用乙烯作为制冷剂，通常大部分需依赖外部供应，对液化厂上线率产生不利影响。

混合制冷剂有关的上线率问题：

① 不用乙烯作为制冷剂会减少对外界供应的依赖，避免了该制冷剂船运或交货延误问题，而这些问题都会对液化厂整体上线率产生影响。

② 混合制冷剂由于需要制冷剂混合设备，增加了复杂性，有时也会降低液化厂整体上线率。

③ 混合制冷剂系统需要的压缩机数量较少，这对缩短液化厂建设和维护时间有好处。

（2）深冷换热器　LNG液化厂使用的换热器有几种类型，其主要功能是对天然气进行液化，此外换热器还用于完成原料气预冷及酸气去除、分馏及公共设施等不同用途的冷却任务。最常用的换热器类型有绕管式换热器、铝制板翅式换热器和管壳式换热器。具体介绍如下。

1）绕管式换热器。如图2-48所示，绕管式换热器内，数以千计的导管在封闭的圆柱壳内以直径50cm的芯管为圆心，螺旋缠绕几层形成管束，每层间由导线隔离。在大型液化厂使用的绕管式换热器中，每根管长度约为100m，外径10～12mm。绕管式换热器对技术要求很高，因为绕管根数、绕管长度、盘绕角度和管层数量和层间间隔等因素，都会影响到换热器的传热能力和压降，甚至性能。另外，由于输入流和输出流温差较大（大于100℃），一定要根据原料气组分和环境条件来评估最佳的内部几何结构。绕管式换热器第一次是在阿尔及利亚的Skikda基荷液化厂运用，此后便得到普遍推广。虽然有很多厂商可以生产绕管式换热器，但是只有APCI和Linde AG两家公司专门生产基地型液化厂混合制冷剂循环换热器，因为这样的设备对生产技能要求很高，且造价贵、交货期长。因此做基地型液化厂设计时，这种类型换热器费用和交货周期是主要需考虑的问题。

近期LNG液化技术的发展，导致对大型LNG生产线设备的需求增加。以前最大规模的绕管式换热器直径为4.6m，最大重量约310t。随着生产、船运和运输设备的改进，APCI已经将换热器的直径增大至5m，总重约430t。这些大型换热器与大型压缩机驱动机一起，使得新LNG液化厂的产能在现有设备能力的基础上更上一层楼。

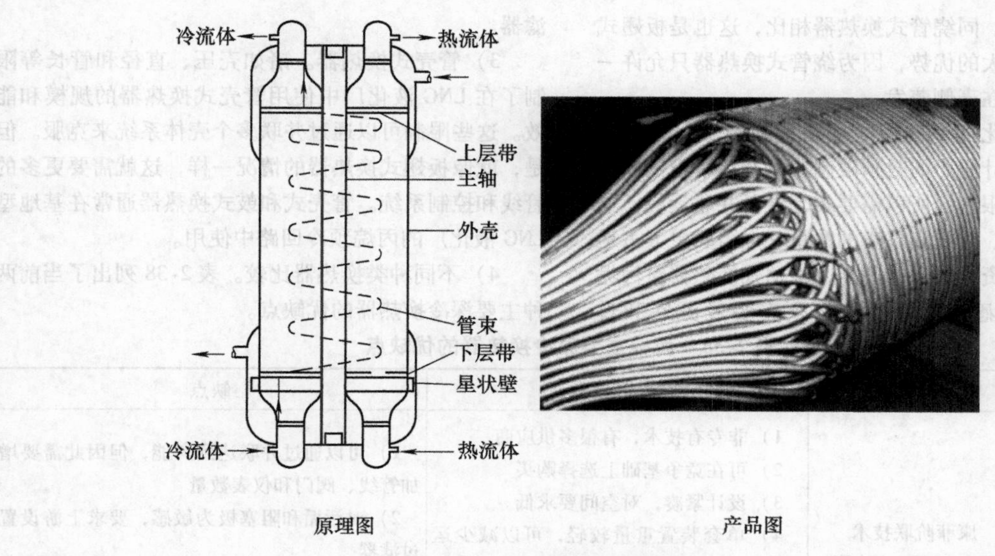

图2-48 绕管式换热器

然而，绕管式换热器也有其缺陷，例如供应商少，这就无形中减少了供货竞争，使其价格昂贵。规模不断扩大而导致潜在能效欠佳，也降低了这种换热器在超大规模生产线中使用的可能性。一种可能的解决办法是并联使用两套绕管式换热器，但成本和交货时间将会因此增加，这就降低了工艺成本竞争力。

2）板翅式换热器。铝制板翅式换热器理论上可以替代绕管式换热器进行天然气液化，其结构如图2-49所示。该设备主要由散热片和隔离板集合而成，放置在通常被称作冷箱的绝热良好的箱体内。这种铝制板翅式换热器目前有很多厂商能生产，可用于基地型LNG液化厂。板翅式换热器（PFHE）用于纯制冷剂冷却循环中，例如康菲的液化技术和APCI C3－MR技术的预冷循环。但是，新的天然气工艺设计，如Liquefin^{TM}，正在考虑将该设备用于混合制冷剂循环，因为板翅式换热器的模块化建造，使其可以为任何规模的液化厂配套使用，且除了现场可用空间的大小限制外，基本不受任何规模条件的制约。

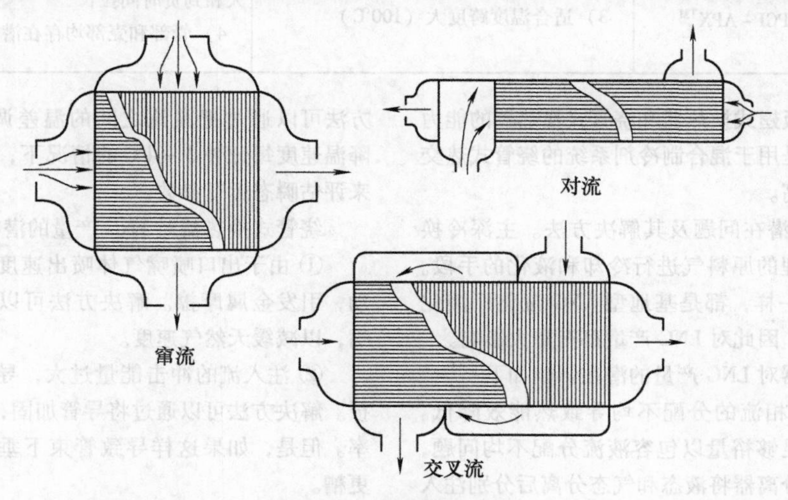

图2-49 板翅式换热器

板翅式换热器（PFHE）单位体积传热面积高达$2000m^2/m^3$。这就能够在天然气和制冷剂间的较低温差下设计得更为紧凑，从而降低占地面积和重量，进而减少成本。

除了（冷箱总成）模块化可降低建造人工时进而降低了成本以外，冷流热流还可以在不同压力下同时进行热交换。同绕管式换热器相比，这也是板翅式换热器一项很大的优势，因为绕管式换热器只允许一个制冷剂股流在壳侧蒸发。

在大型液化厂中使用的板翅式换热器（PFHE）可能会受到设计压力的封顶限制，以及单个板翅换热器的生产规格限制，所以需要多套设备并联运行，这就要增加管线、阀门和仪表的数量，也需要更大占地面积和更多的资金投入。此外，板翅式换热器对污垢和阻塞非常敏感，这就要求必须安装过滤网和过滤器。

3）管壳式换热器。诸如壳压、直径和管长等限制了在LNG液化厂中使用管壳式换热器的规模和能效。这些限制可以通过并联多个壳体系统来克服。但是，就像板翅式换热器的情况一样，这就需要更多的管线和控制系统。管壳式和鼓式换热器通常在基地型LNG液化厂的丙烷预冷回路中使用。

4）不同种类换热器比较。表2-38列出了当前两种主要深冷换热器的优缺点。

表2-38 两种主要深冷换热器的优缺点

名称	LNG技术	优点	缺点
板翅式换热器	康菲阶联技术 Axens – Liquedin™ Linde – MFC® APCI – APX™	1）非专有技术，有很多供应商 2）可在竞争基础上选择购买 3）设计紧凑，对空间要求低 4）单套装置重量较轻，可以减少运输费用和基础费用 5）单位体积热面积大，从而减小了压降并节约了再压缩能耗 6）冷箱总成模块化，减少了建造时间并能较理想地适合任何规模的LNG厂 7）压降小	1）可以通过并联达到产能，但因此需要增加管线、阀门和仪表数量 2）对污垢和阻塞极为敏感，要求上游设置过滤器 3）如果换热器制冷剂发生相变，如单一制冷剂循环，以及需要DMR或MFC变化想使用PFHE的工艺，要求细心设计确保两相流分配正常 4）对纯制冷剂循环方便
绕管式换热器	APCIC3 – MR Shell DMR Shell PMR™ Linde – MFC® APCI – APX™	1）可建造成很大尺寸，避免因为多套设备增加管线 2）只需要一个制冷剂注入口，从而减少了潜在的各相分配问题 3）适合温度跨度大（100℃）	1）只有两家厂商供货的专有技术，导致竞争减弱 2）由于体积过大导致运输至现场十分困难 3）由于规模巨大且供货商少，导致开支增大和到货时间拉长 4）管部和壳部均存在潜在的压降大

总而言之，板翅式换热器和绕管式换热器的能力和性能相当，但是用于混合制冷剂系统的绕管式热交换器安装成本较高。

5）换热器的潜在问题及其解决方法。主深冷换热器提供了把处理的原料气进行冷却和液化的手段。换热器和压缩机一样，都是基地型LNG液化厂液化部分的核心设备，因此对LNG产量都有重大影响。

板翅式换热器对LNG产量的潜在影响如下：

① 单相和两相流的分配不均导致热能效降低。解决方法可设定足够裕量以包容液流分配不均问题，也可以通过安装分离器将液态和气态分离后分别注入换热器。

② 由机械故障和腐蚀引起的泄漏。解决方法可以通过试验来呈现金属疲劳和操作不当造成的不稳定情况来研究对策。

③ 热应力会导致管头箱和喷头接口断裂。解决方法可以通过把股流之间的温差调节到40℃以内，降温速度每分钟3~4℃的情况下，用动态模拟系统来评估瞬态运行参数。

绕管式换热器对LNG产量的潜在影响如下：

① 由于出口喷嘴气体喷出速度过快而使导管震动，引发金属摩擦。解决方法可以通过改进输出喷嘴，以减缓天然气速度。

② 注入流的冲击能量过大，导致入口分流板受损。解决方法可以通过将导管加固，以改变其振荡频率。但是，如果这样导致管束下垂的话则会使情况更糟。

③ 关停和启动造成制冷剂冷凝管泄漏。解决方法可以通过增加入口喷嘴的尺寸来降低气体速度。在系统设计时也可考虑导管裕量，以便一定比例导管封堵后还保持全产能生产。

6）换热器可获得性问题。

板翅式换热器的可获得性问题：

① 板翅式换热器冷箱总成的模块化可减少建造时间，这对EPC合同工期有积极影响。板翅式换热器的模块化可以适应于任何规模的液化厂，除现场要有足够可用空间以外，没有特别的规模限制。

② 板翅式换热器单位体积重量比绕管式换热器重量轻（1000kg/m³ 对 1500～2000kg/m³），将设备运输至偏远工作现场的运输限制较少，因此EPC工期延误可能性就小。

绕管式换热器的可获得性问题：

① 绕管式换热器由于生产要求特殊而交货周期较长，这会对EPC合同工期产生负面影响。

② 绕管式换热器设备较大，运输到边远地点难度也较大，这有可能会导致EPC合同延期。

（3）压缩机驱动机 如图2-50所示，在液化天然气工业早期，大多数基地型LNG液化厂设计都使用蒸汽轮机驱动制冷压缩机，而近些年建设的基地型LNG液化厂设计都使用了工业燃气轮机驱动。燃气轮机是旋转机器，通过燃烧产生高压气流（代替蒸汽）转动发动机，以轴功率、推力等形式得到动力。发生如此更新换代的原因之一，就是去掉蒸汽发生设备和锅炉给水处理设备而减少了开支；另外，工业燃气轮机被广泛用于发电，也是由于其在基地型LNG液化厂的可靠性已得到了充分改善。由于LNG液化厂需要经济地开采孤立天然气藏，通常优先考虑使用天然气驱动压缩机，但由于天然气的价值不断上升，现在情况已开始转变。在最新发展中，可以看到燃料效率更高的航改型轮机和各种电动机都已被用于基地型LNG液化厂。它们相关的性能和优点如下。

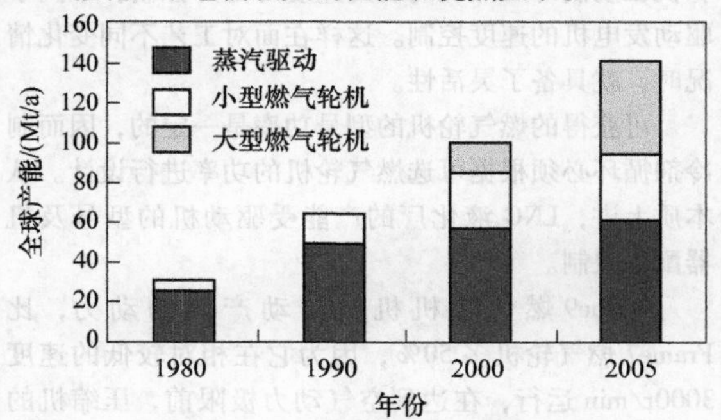

图2-50 压缩机驱动机的类型

由于受设备能力及可靠性的限制，基地型LNG液化厂通常都建设多条生产线。然而最近一段时期，技术的发展开始转向增大主要设备的能力方面，例如，燃气轮机压缩驱动机，开始关注大型原动机配置对LNG生产线成本和可靠性产生的影响。图2-51所示为设备规模与LNG厂投资关系。

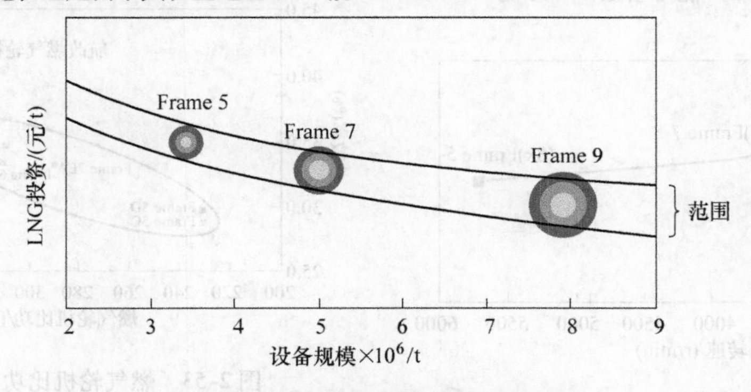

图2-51 设备规模与LNG厂投资关系

需要注意的是燃气轮机的型号规格是一定的（如Frame 5、Frame 6、Frame 7、Frame 9），因此制冷循环的设计必须按照可用的燃气轮机功率进行设计，而不能根据制冷循环确定涡轮机规格。涡轮机的排号大，其功率也就大。

虽然技术进步可使生产线达到较大规模，LNG液化厂的设计者和开发商仍有必要了解大型设备和较小型设备相比，在成本和可靠性方面有何差别。设计使用较大驱动机的压缩系统，占地面积小、设备台数少，但需要把多套复杂制冷设备放置同轴驱动；而设计使用多套小规模驱动机，通过冗余结构可获更高的可靠性，但也会需要更大的占地空间。

1）燃气轮机。燃气轮机按结构有两种：单轴燃气轮机和双轴燃气轮机。

① 单轴燃气轮机比双轴燃气轮机功率大，因为它们匀速旋转系统惯性好而增加了系统的可靠性和效率，通常用于发电。使用大型燃气轮机可减少液化生产线使用的驱动机台数，因而可以减少资金投入。一台大型燃气轮机可以驱动液化流程中串联排列在单轴上的多台压缩机。由于单轴燃气轮机启动时需要的动

力较大，需要启动电动机（通常也被称为启动/辅助电机）来启动，在正常运行时可辅助燃气轮机做功。

② 近年来，双轴燃气轮机在液化生产线上被广泛安装使用。常被选用的压缩驱动机为双轴燃气轮机（Frame5，近年来更多地使用 Frame7/9），因为燃气轮机驱动制冷压缩机的动力速度可分开控制，不同于驱动发电机的速度控制。这样在面对工艺不同变化情况时，就具备了灵活性。

可获得的燃气轮机的型号功率是一定的，因而制冷剂循环必须根据可选燃气轮机的功率进行设计。从本质上讲，LNG 液化厂的产能受驱动机的型号及机器配置限制。

Frame9 燃气轮机机械传动产生的动力，比 Frame7 燃气轮机多 50%，因为它在相对较低的速度 3000r/min 运行，在达到空气动力极限前，压缩机的设计流量远比使用 Frame7 大，这就可以在不增加设备的前提下提高产能。

图 2-52 示出压缩机的转速与 LNG 生产线产能关系。大多数正在执行的采用丙烷预冷混合制冷（C3－MR）工艺的项目，都使用了 Frame7 燃气轮机，在 3600r/min 时 ISO 功率约 87MW，使用三台机器时单线 LNG 年生产能力达 620 万 t。如使用三台 Frame9 涡轮机，LNG 年产能可增至 790 万 t。

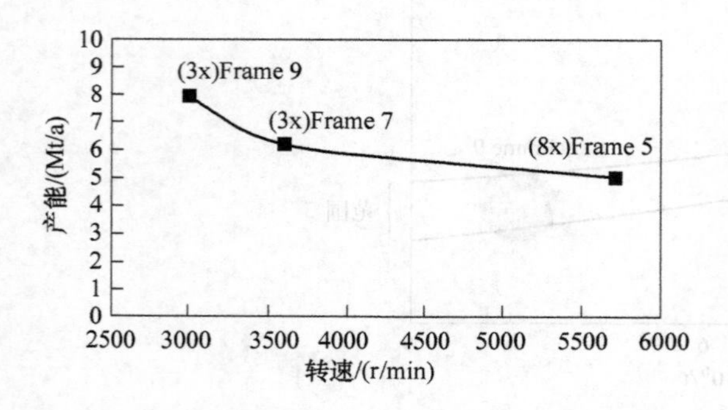

图 2-52 压缩机转速与 LNG 生产线产能关系

Qatar LNG 项目是 LNG 行业有史以来建设的单线能力最大的。第一条 Qatar 生产线于 2008 年初投产，采用了 APCI 的 APX^{TM} 技术，用三台 Frame9 燃气轮机驱动，单线年产量达 780 万 t。虽然 Frame9 已在发电工业得到广泛使用，但在基地型 LNG 液化厂中使用还是第一次。

在燃气轮机作驱动机的选择中，通常愿意选用熟悉的设计和设备，并将备件和维护标准化，尤其是扩建项目。然而，大型机械设备（＞Frame5）常常受到现有设计的局限，且交货周期可能较长，这就可能导致 EPC 工期延长。

2）航改型燃气轮机。它是由飞机喷气发动机改进的重量较轻的航空涡轮发动机，在 2006 年初第一次投入商业运营，在澳大利亚 Darwin 基地型 LNG 液化厂中使用。与传统的大功率燃气轮机（如 Frame7/9）相比，航改型燃气轮机有如下优点：有较高的热效率及燃料效率；单位功率的 NO_X 和 CO_2 排放较低；模块机组交换可提高液化厂整体上线率。另外，因为传统大功率燃气轮机发电机组更换通常需要 14 天或更长，而航改型燃气轮机发电机组更换在 48h 之内就能结束；可以不借助大型辅助电机启动；重量比 Frame7/9 的轻、占地面积比 Frame7/9 小。尽管航改型燃气轮机有以上优点，因为没有双轴型发动机，在基地型 LNG 液化厂中仍未广泛推广，且这种发动机需要较高的燃料压力，需要额外配备燃料气压缩装置，从而增加了资金投入和操作费用。图 2-53 示出燃气轮机比功与热效率关系。包括 Frame5 到 Frame9 在内的大功率燃气轮机热效率为 28%～36%，而航改型燃气轮机的热效率能达到 38%～42%，同时显示出在一定空气流量下做功更多。热效率的提高减少了对燃料的需求，增加了整体液化厂热效率并减少了温室气体的排放。

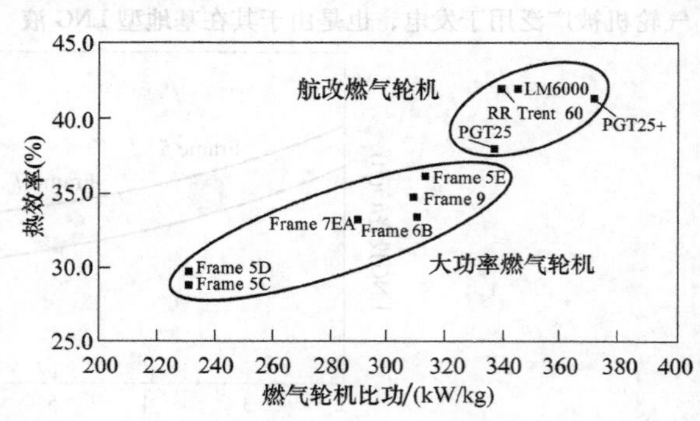

图 2-53 燃气轮机比功与热效率关系

燃气轮机逐步取代了蒸汽轮机，是因为燃气轮机中不需要蒸汽发生和锅炉给水处理设备，因而大大减少了资金投入。但由于天然气价格不断攀升，因此，减少 LNG 生产的燃料消耗的益处是显而易见的。在这种情况下，高效航改型燃气轮机和所有电动机都有可能产生更大效益。

3）燃气轮机供应商及其主要性能。为 LNG 产业提供小型、重型燃气轮机和航改型燃气轮机的主要供应商有西门子（Siemens）和通用电气油气部门（GE Oil & Gas），通用电气油气（GE）产品及性能见表 2-39。

表2-39 通用电气油气（GE）燃气轮机产品及性能

燃气轮机类型	型号	GE型号	额定功率/kW	热效率（%）	转速/（r/min）	功率系数
次大功率		GE 10	11982	33.3	7900	255
大功率		GE 5	5600	31.5	12500	280
航改燃气轮机	Frame 5C	MS5002C	28340	28.8	4670	230
	Frame 5D	MS5002D	32580	29.4	4670	230
	Frame 5E	MS5002E	32000	36.0	5714	314
	Frame 6B	MS6001B	43530	33.3	5111	311
	Frame 7EA	MS7001EA	87300	33.1	3600	289
	Frame 9	MS9001E	130100	34.6	3000	309
	PGT 16	PGT 16	14240	36.3	7900	301
	PGT 25	PGT 25	23261	37.7	6500	338
	PGT 25 -	PGT 25 +	31364	41.1	6100	372
	LN 600	LN 600	43679	41.9	3600	345

4）电动机。近来，LNG工业热衷于使用电动机来驱动制冷压缩机，原因是LNG工业需要增大生产线规模、降低燃料气消耗，以提高LNG产量和降低温室气体排放量。电动机被广泛地用作燃气轮机的起动机和辅助机。世界上第一个“全电动”的LNG工厂，现已在挪威建好并投产。

将电力驱动机应用到基地型LNG厂，也可填补因燃气轮机不同型号间某些设备尺寸的设计缺口。通常电动机利用率较高，因为它需要维护频率低、故障少，这就提升了可靠性和工艺安全性，并降低了运营成本。选择电动机驱动还可提高工厂整体上线率，其他好处包括厂家多、竞争激烈，交货周期短。

由于使用电机驱动的LNG工厂需要一个中央发电厂，因而一个LNG联合厂占地面积要比使用燃气轮机驱动的工厂大很多。发电所需的额外成本也可能抵消安装燃气轮机省下来的成本。但如果当地电网供电充足可靠，LNG工厂就可以采用电机，因而降低资金成本。但电力供应必须够可靠，以确保高效连续生产。

如果决定使用电机驱动，必须同时综合考虑热电联供等因素。

5）余热回收蒸汽发生器。通过余热回收蒸汽发生器和蒸汽轮机设备额外获得的能量，足够驱动一台压缩机，可使更多的原料气变成LNG而不是被当作燃料消耗掉。与此同时，还可以提高热效率、降低温室气体（GHG）排放量。

6）压缩机驱动机的相关性能。表2-40列出了液化生产线使用传统燃气轮机、航改型燃气轮机或电动机作为压缩机驱动机的优缺点。

7）压缩驱动机的可获得性问题。压缩驱动机系统仅占到整个LNG项目总投资额（包括船运和再蒸发费用）的5%~10%。因此，在选择压缩机驱动机时，考虑压缩系统的可靠性及其对LNG产量的影响比考虑成本更重要。以下列举的是一些与采用电机驱动或燃气轮机驱动的压缩机设备可获得性相关的要点。与燃气轮机相关的可获得性：

①可以平行安装更小的成熟设备，通过提高设备可获得性来弥补增加的成本。

②使用平行压缩机驱动机组合方式，压缩机脱机时将不会关停整条生产线，且系统重启时不损失制冷剂。

③双轴燃气轮机的速度可变性提高了工艺控制能力，从而提高了上线率。

④一些大型机器设备（大于GE－Frame 5）受到现有型号和交货时间的限制，这可能会耽搁EPC工期。

⑤选择燃气轮机驱动时，特别是用于扩建项目，常倾向选择熟悉的设计和配置，并将备件标准化，这样能优化维护程序。

⑥液化生产线中使用单一组分制冷剂循环的燃气轮机时，可获得性与使用混合制冷剂循环的液化生产线达到的可获得性大致相当。

表 2-40　各类压缩机驱动机的优缺点

设备	优　点	缺　点
传统燃气轮机	1）技术成熟、有效，成本经济，frame 5 型燃气轮机可控制一定的速度 2）无需外部供电或另建大型中心电厂，因而整个工厂占地面积比采用电动机驱动方式的小 3）预先设计、测试成撬的概念可使设备可靠性最大化，并降低建造成本 4）在与蒸汽轮机一起使用时，HRSG 余热回收蒸汽发生器能够回收废热并提高热效率 5）可以平行安装更小、技术更成熟的设备，从而使工厂上线率更高	1）只能提供一定功率范围的设备，不能根据客户需要进行满足特定 LNG 生产能力的设计 2）现有设备型号间隔太大，单台成本高 3）温室气体排放量和噪音较高 4）维护频繁，要求更严格 5）由于目前的设计，一些大型设备（大于 Frame 5）有限，导致有可能延长交货时间
航改型燃气轮机	1）热效率更高 2）燃料消耗和温室气体排放量较低 3）模块式交换机组方便，可提高工厂上线率 4）不需起动和辅助电动机 5）重量轻、占地面积小	1）对燃料压力要求高 2）没有双轴机型 3）并未在基本负荷型 LNG 厂广泛使用
电动机	1）变速驱动为压缩驱动系统提高更多灵活性 2）定期维护频率低，可减少计划关停时间 3）二氧化碳排放量低，燃料消耗少 4）由于在处理区中取消了天然气燃烧装置，可靠性和安全标准高 5）如有需要，电动机每天可更多次数启动	1）全电机驱动的 LNG 液化厂有待进一步验证 2）需要加设大型中心电厂，增加了综合液化厂的资金投入和占地面积 3）如考虑扩建，需事先投入配电装置

与电动机相关的可获得性：

① 可靠的集中供电及较少定期维护，提高了生产可获得性。

② 如果液化系统中电动机驱动的电力由按裕量设计（n+1）的自备发电厂提供（n+1 指满负荷运转所需的驱动机数量加上一台备用），燃气轮机发电机定时下网将不会导致液化厂停产，由此减少生产损失，同时提高液化厂整体上线率。

③ 电动驱动可变速控制，实现了流程最佳化，容易在多变条件下调整产量，并提高了设计灵活性。

④ 如需要，电动机驱动方式一天可以多次起动。

⑤ 电动机和压缩机的装配和测试时间比燃气轮机及压缩机的短，因而可以缩短 EPC 工期。

⑥ 设备供应商多而竞争激烈，可以减少供货时间，从而缩短 EPC 工期。

⑦ 电动机驱动会加快工程进度，因为发电厂和液化厂可以分开建设。

（4）制冷压缩机　更大型的压缩机可以降低每条液化生产线所需的机器台数，并且提高 LNG 生产线产能。单台离心压缩机最大可吸入量通常限制在 20 万 m^3/h 之内，大于此量时，轴流压缩机更合适。通常的做法是在单体机器上，在低压端安装轴流压缩机，在高压端安装离心压缩机来解决此问题，这样就能实现不同类型压缩机各自的容量和高压性能优势的最大化。

（5）液体膨胀机　用液体膨胀机代替焦耳－汤姆逊（J－T）阀，可以提高液化循环的效率。图 2-54示出蒸气压缩制冷循环及其温熵图。如图 2-54a 中 C 到 D 所示，当液体压力通过 J－T 阀减压，液体焓值保持恒定不变，温度降低时其熵值增加，称为焦耳－汤姆逊效应。如图 2-54b 所示，当液体通过膨胀机时，产生机械能，焓值降低而熵值保持不变，这就能在同等压差下比通过 J－T 阀能降温更大。

另外，膨胀机（D'）中液体与 J－T 阀（D）出口处相对应的液流相比，距离相包络近得多。因此，相形之下旋转膨胀机的液流中液体含量更多，这是 LNG 液化厂设计中需要考虑的重要因素。据报道，在生产线规模一定的前提下，通过使用液体膨胀机可以使 LNG 产量提高 3% ~4%。

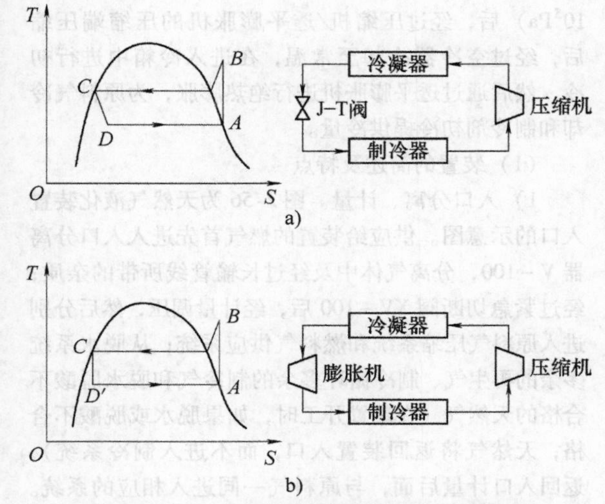

图2-54 蒸气压缩制冷循环及其温熵图

a）通过J-T阀减压 b）通过液体膨胀机减压

2.3.2 典型中小型液化装置

1. 河南中原油田天然气液化装置

2001年，我国第一座小型的基本负荷型天然气液化装置，在河南中原油田试运行成功，这标志着我国在生产液化天然气方面迈开了关键的一步。尽管其生产容量很小，但其生产的液化天然气供外地使用，所以把此装置归入基本负荷型天然气液化装置范畴。其生产的液化天然气是通过槽车运输的方式供应给燃气供应商。

中原油田有丰富的天然气储量，天然气远景储量为2800亿m^3，现已探明地质储量为947.57亿m^3，这些天然气能为液化装置提供长期稳定的气源。

该液化装置生产LNG的能力为15.0万m^3/d，原料气压力为12MPa、温度为30℃、甲烷的摩尔分数在93.35%~95.83%。

图2-55所示为中原油田天然气液化装置示意图。

在装置的预处理流程中，由于中原油田的天然气中基本不含硫，所以只需脱水、二氧化碳和重烃。原料天然气进入装置后，首先进入原料分液罐1，除去原料气中的液体，然后进入过滤器2，过滤掉粒径大的液体和固体。过滤后的天然气进入脱二氧化碳塔3，用乙醇胺（MEA）法脱除二氧化碳。脱二氧化碳后的天然气用分子筛进行脱水处理。预处理流程中有两台干燥器切换使用，其中一台干燥，另一台再生。再生时，用再生气加热炉将燃料气加热到一定温度后，燃料气从底部进入，将分子筛吸附的水分脱除掉，再生气从干燥器顶部溢出。

净化后的天然气，首先利用丙烷制冷循环提供的

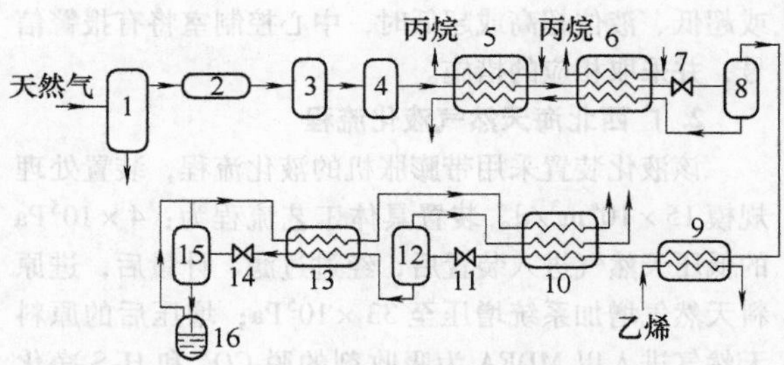

图2-55 中原油田天然气液化装置示意图

1—分液罐 2—过滤器 3—脱二氧化碳塔 4—干燥器
5—中压丙烷换热器 6—低压丙烷换热器 7、11、14—节流阀
8—高压天然气分离器 9—乙烯换热器 10—中压LNG换热器
12—中压天然气分离器 13—低压LNG换热器
15—低压天然气分离器 16—储罐

冷量冷却天然气。丙烷制冷循环中有两个换热器，分别为中压丙烷换热器5和低压丙烷换热器6。天然气首先经两个丙烷换热器冷却降温，然后经节流阀7进行节流，再进入高压天然气分离器8，生成的液体流经低压丙烷换热器6和中压丙烷换热器5，对其冷量进行回收。从高压天然气分离器分离出的高压天然气，经乙烯换热器9和中压LNG换热器10冷却，然后进节流阀11节流后，进中压天然气分离器12。对分离出的气体进行冷量回收，进入中压LNG换热器10，为天然气提供冷量。分离得到的液体进低压LNG换热器13进一步冷却，然后经节流阀14进行节流，并在低压天然气分离器15中进行气液分离，得到的气体作为低压和中压LNG换热器的冷流体为天然气提供冷量，液体作为液化装置的产品进入储罐16贮存。对于储罐内自蒸发的天然气进行冷量回收。

在装置中，充分利用了原料天然气的高压力，在合理的温度下进行节流，并对节流产生的气相或液相流体的冷量进行回收利用，减少了装置的能耗。装置中的换热器采用了高效板翅式换热器，增强了换热效果。

液化装置生成的LNG进入储罐贮存。液化天然气储罐共有2只，单罐容量600m^3，总贮存容量为1200m^3，此容量可满足正常生产时4.5天的产品贮存量。每只储罐包括1只外罐和7只内罐，每只内罐容积87m^3，7只内罐连成1组。每组内罐的气液相均在外罐内连通，之间无阀门，其功能与整体罐相同。在内罐和外罐之间，填充隔热材料，并充注微量氮气，保持其压力处于微正压状态，从而可有效地防止空气及水分渗入隔热层。对于每个内罐，设置了测量LNG温度、压力、液位，以及测量罐壁温度的传感器，并将测试信号传至中心控制室。当罐内压力超高

或超低、液位超高或超低时，中心控制室将有报警信号，并采取相应的措施。

2. 广西北海天然气液化流程

该液化装置采用带膨胀机的液化流程，装置处理规模 $15\times10^4m^3/d$。装置具体工艺流程为：4×10^5Pa 的低压天然气进入装置后，经过过滤、计量后，进原料天然气增加系统增压至 33×10^5Pa；增压后的原料天然气进入以 MDEA 为吸收剂的脱 CO_2 和 H_2S 净化系统；净化后的原料气经分子筛干燥脱水，露点达到 -70℃以下，CO_2 的体积分数达到 50×10^{-6} 以下；然后进入液化单元，天然气进入冷箱进行初冷（-34℃）后脱除重烃，然后进入冷箱进行深冷（-126℃），最后经过节流（3.4×10^5Pa），得到低温液化天然气产品；液化后的天然气进入 $15\times10^3m^3$ LNG 子母罐中贮存。制冷循环回路的制冷剂来自 LNG 储罐的闪蒸气，从换热器出来的制冷循环气体（2.9×10^5Pa）经过压缩机压缩冷却（35×10^5Pa）后，经过压缩机/透平膨胀机的压缩端压缩后，经过空冷器冷却至常温，在进入冷箱中进行初冷，然后通过透平膨胀机进行绝热膨胀，为原料气冷却和制冷剂初冷提供冷量。

（1）装置的简述及特点

1）入口分离、计量。图 2-56 为天然气液化装置入口的示意图。供应给装置的燃气首先进入入口分离器 V-100，分离气体中及经过长输管线所带的杂质；经过紧急切断阀 XV-100 后，经计量调压，然后分别进入原料气压缩系统和燃料气供应系统；从脱水系统多余的再生气、制冷循环多余的制冷气和脱水脱酸不合格的天然气（在装置开工时，如果脱水或脱酸不合格，天然气将返回装置入口，而不进入制冷系统），返回入口计量后面，与原料气一同进入相应的系统。图 2-56 中燃料气供应包含压缩机起动气和压缩机燃料气，这两部分燃料气仅在装置起动时需要供应；只有供应给导热油系统的燃料气是连续不断的。

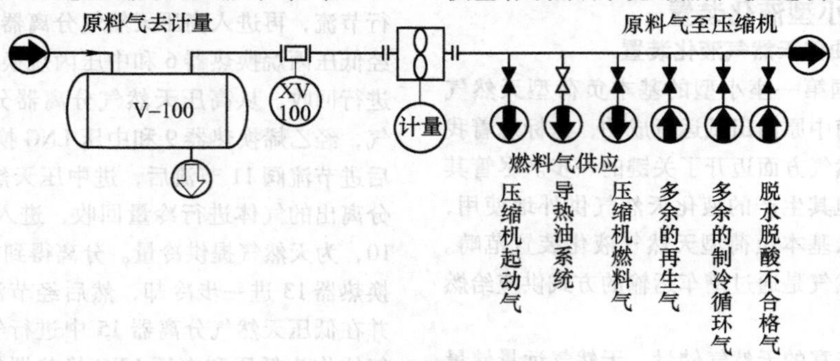

图 2-56 天然气液化装置入口示意图

2）原料气压缩。装置共有两台压缩机/发动机，采用并联结构。每台压缩机有 6 个气缸，有 2 个气缸用于原料气压缩，其余 4 个气缸用于制冷循环气体压缩。

图 2-57 所示为原料气压缩示意图。从入口分离、计量出来的低压原料气（4×10^5Pa），经过两级压缩后，压力增加至 33×10^5Pa。在每一级压缩之前，通过分离器分离气体中的油污、杂质，每一级压缩之后进行空气冷却。

3）胺工段。图 2-58 所示为胺工段流程图。图中分别表示原料气、贫胺液和富胺液管路的走向。

甲基二乙醇胺（MDEA）是一种胺液，由于它在 CO_2 存在下，对 H_2S 具有选择性吸收的能力要缓慢得多，它可以选择性地去除 H_2S，是净化低含硫、高碳硫天然气的最优方法。

4）分子筛脱水。图 2-59 所示为分子筛脱水的三塔示意图。如图所示，1 号塔处于脱水状态，吸附原料天然气中的水。原料气经过胺吸收塔脱除酸性气体后被水饱和，此时天然气温度约 46℃。2 号塔处于冷却状态，冷却到常温后准备切换至脱水状态。3 号塔处于再生状态，被加热后，分子筛中吸附的水分被脱除。

当这一吸附循环完成后，1 号塔将被切换至再生状态，通过加热脱除分子筛中的水分；3 号塔将开始冷却，进入冷却状态；2 号塔将被切换至吸附状态。

用于再生分子筛的再生气体来自制冷循环一级压缩风冷器出口。

从再生塔出来的热再生气通过空气冷却器冷却，在分离器中脱除水分后作为基本的燃料气供应。

5）液化、存储部分。图 2-60 所示为液化、存储部分流程简图。净化、脱水后的干气首先进入冷箱的 A 循环进行初冷，在脱甲烷塔中脱出重烃，重烃经过空气冷却器冷却进入 LPG 储罐。脱除重烃的干气进入冷箱的 C 循环进行深冷，经过 PCV-502 节流后进

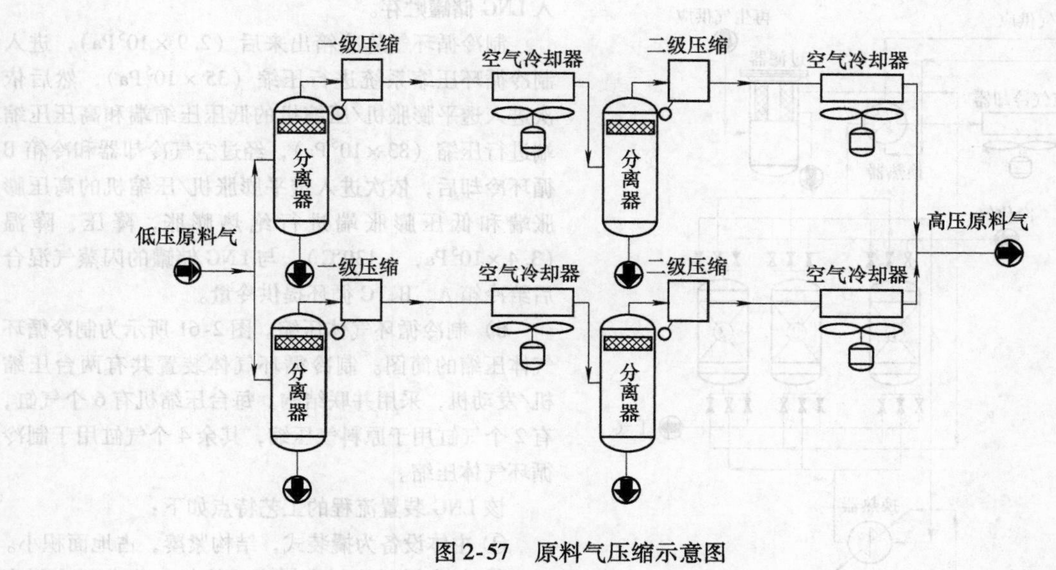

图 2-57　原料气压缩示意图

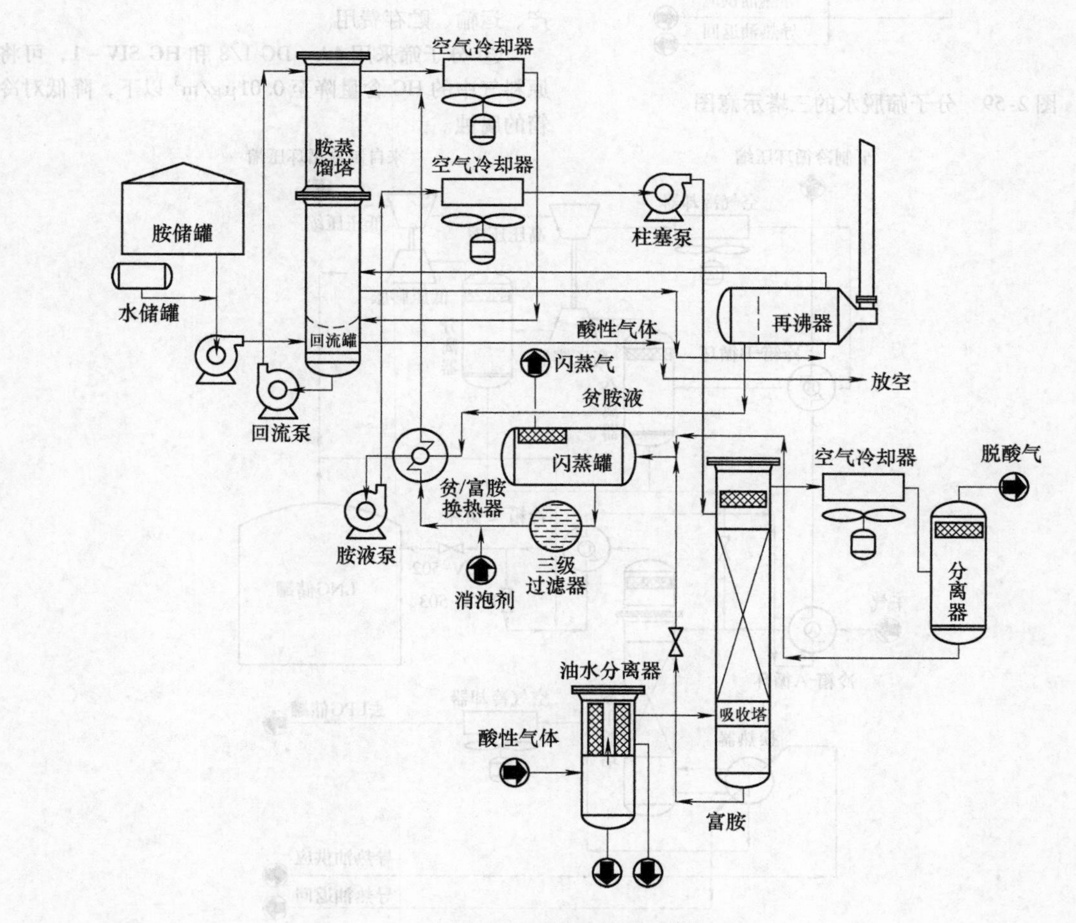

图 2-58　胺工段流程图

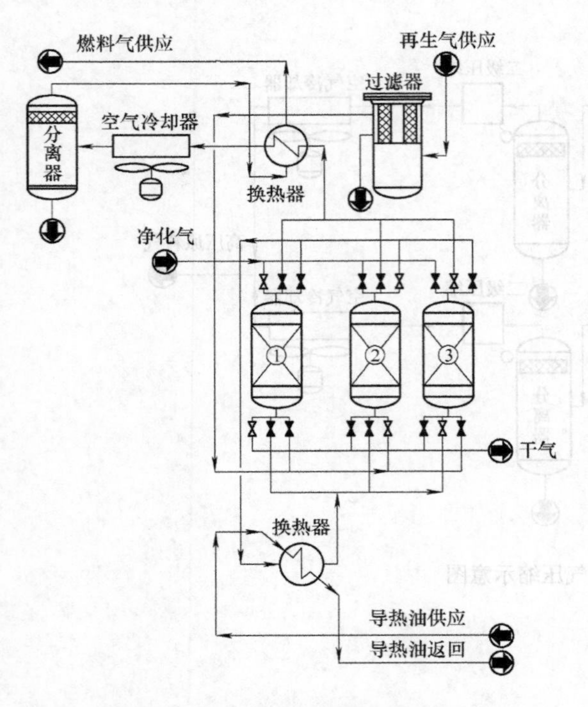

图2-59　分子筛脱水的三塔示意图

入LNG储罐贮存。

制冷循环气从冷箱出来后（2.9×10^5Pa），进入制冷循环压缩系统进行压缩（35×10^5Pa），然后依次进入透平膨胀机/压缩机的低压压缩端和高压压缩端进行压缩（83×10^5Pa），经过空气冷却器和冷箱B循环冷却后，依次进入透平膨胀机/压缩机的高压膨胀端和低压膨胀端进行绝热膨胀，降压、降温（3.4×10^5Pa，-139℃），与LNG储罐的闪蒸气混合后给冷箱A、B、C循环提供冷量。

6）制冷循环气体压缩。图2-61所示为制冷循环气体压缩的简图。制冷循环气体装置共有两台压缩机/发动机，采用并联结构。每台压缩机有6个气缸，有2个气缸用于原料气压缩，其余4个气缸用于制冷循环气体压缩。

该LNG装置流程的工艺特点如下：

① 主体设备为撬装式，结构紧凑，占地面积小。

② 制冷循环的制冷剂为天然气，节省制冷剂生产、运输、贮存费用。

③ 分子筛采用4A-DG 1/8和HG SIV-1，可将原料气中的HG含量降至0.01μg/m^3以下，降低对冷箱的腐蚀。

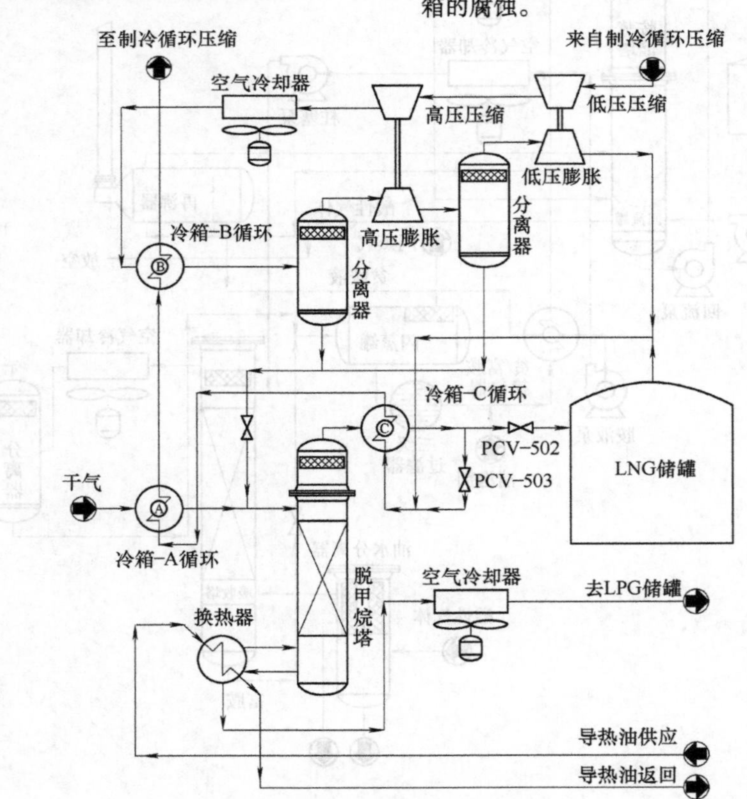

图2-60　液化、存储部分流程简图

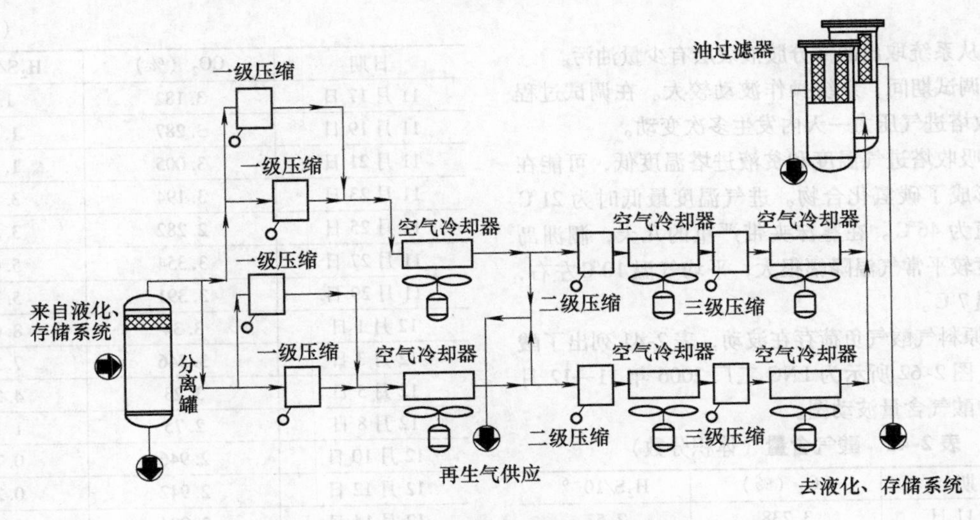

图2-61　制冷循环气体压缩的简图

④ 压缩机的驱动设备采用天然气发动机，对无外电的项目减少了一次能量转换的问题。

⑤ LNG带压贮存，与常压贮存相比较有助于降低能耗。

(2) 胺系统存在的发泡和腐蚀问题

1) MDEA发泡。MDEA（N－甲基二乙醇胺）溶液用于脱除天然气中的CO_2、H_2S等酸性气体杂质，具有较高的处理能力，较低的反应热和腐蚀性；但MDEA存在着易发泡的缺点，这将导致溶液净化效率降低，雾沫夹带严重，系统处理能力严重下降等一系列问题。

① 引起MDEA溶液发泡的因素。气泡是一定体积气体被液体包围所形成的多相不均匀系统。它有两个主要指标：气泡结构和稳定性。干净的MDEA溶液虽然具有发泡的倾向，但其气泡极不稳定，不会影响装置正常运行。当有外来物质时增强了气泡的稳定性，溶液才会发泡。下列因素是引起MDEA溶液发泡的主要原因。

a) 固体颗粒。溶液中固体颗粒主要有以下几种：管线上的钢渣和碳素钢设备的腐蚀产物FeS、$Fe(OH)_3$等，在高速气体和液体的长期冲刷下，会逐渐剥落于溶液中；用于过滤的活性炭在使用中逐渐粉化变细，夹带入溶液中；原料气中夹带的催化剂粉末和管道粉尘；泵填料粉末；加入的化工物料（如软水）中的不溶杂质。这些固体颗粒聚集在气泡的液膜中，增加了表面黏度和液膜中液体流动的阻力，减缓液膜的排液，从而增加了气泡的稳定性，其中FeS颗粒和活性炭颗粒都有很强的泡沫稳定作用。

b) 表面活性剂。主要是泵和阀门的润滑油，以及原料气中夹带的润滑油和可能含有C_4以上的烃类。这些表面活性剂进入系统后，会明显降低溶液的表面张力而引起发泡。

c) 胺降解。MDEA与系统中的氧或酸性杂质，如甲醇等反应能生成一系列很难再生的酸性盐（HSAS），包括甲酸盐、乙酸盐、草酸盐、硫酸盐等；MDEA与CO_2在一定温度下发生降解反应，生成噁唑烷酮类和羟乙基哌嗪类化合物；此外，氧还会与CO_2或H_2S反应，生成甲酸盐或硫代硫酸盐等，这些物质在溶液中积累到一定程度后就会改变溶液的pH值、黏度、表面张力等性质，从而引起发泡（正常的MDEA pH值在9.5左右）。

d) 操作波动大。当系统加减量过快，系统操作压力波动较大，或再生塔再沸器外供热量过大时，会造成气液接触速度太快，胺液搅动过分剧烈，引起溶液发泡。

e) 吸收塔温度变化。吸收塔内MDEA溶液温度的变化（由原料气进塔温度，贫液入塔温度的变化造成），对其发泡性能也有一定的影响。溶液温度逐渐降低，其发泡高度及消泡时间逐渐增大。

f) 酸气负荷变化。酸气负荷增加，MDEA溶液的发泡性能快速增大。MDEA溶液吸收酸气本身就有很大发泡趋势，一旦原料气处理量增大，或原料气中酸气含量增大导致溶液中的酸气负荷变大，发泡概率会增加。

② LNG工厂MDEA发泡分析：

a) 从系统中取出部分胺液，经过滤发现过滤网上有少量黑色固体颗粒，疑似为活性炭颗粒和设备的腐蚀产物。更换活性炭床，发现底部活性炭较脏似为铁锈。

b）从系统取出的部分胺液表层有少量油污。

c）调试期间，系统操作波动较大。在调试过程中，吸收塔进气压力一天内发生多次变动。

d）吸收塔进气温度和贫液进塔温度低，可能在吸收塔形成了碳氢化合物。进气温度最低时为21℃而设计值为46℃。在雾沫夹带严重的几天，涠洲岛室外温度较平常气温降幅很大，平均气温10℃左右，最低气温7℃。

e）原料气酸气负荷存在波动，表2-41列出了酸气含量。图2-62所示为LNG工厂2006年11—12月原料气中酸气含量波动图。

表2-41 酸气含量（体积分数）

日期	CO_2（%）	$H_2S/10^{-6}$
11月11日	3.238	7.53
11月13日	3.431	3.38
11月15日	2.998	2.282
11月17日	3.182	1.9
11月19日	3.287	1.57
11月21日	3.005	1.16
11月23日	3.194	3.52
11月25日	2.282	3.55
11月27日	3.354	5.62
11月29日	3.391	5.71
12月1日	3.34	8.63
12月3日	3.546	7.34
12月5日	3.23	4.27
12月8日	2.75	1.15
12月10日	2.946	0.73
12月12日	2.942	0.23
12月14日	2.904	0.56
12月16日	2.995	0.5
12月18日	2.602	0.48

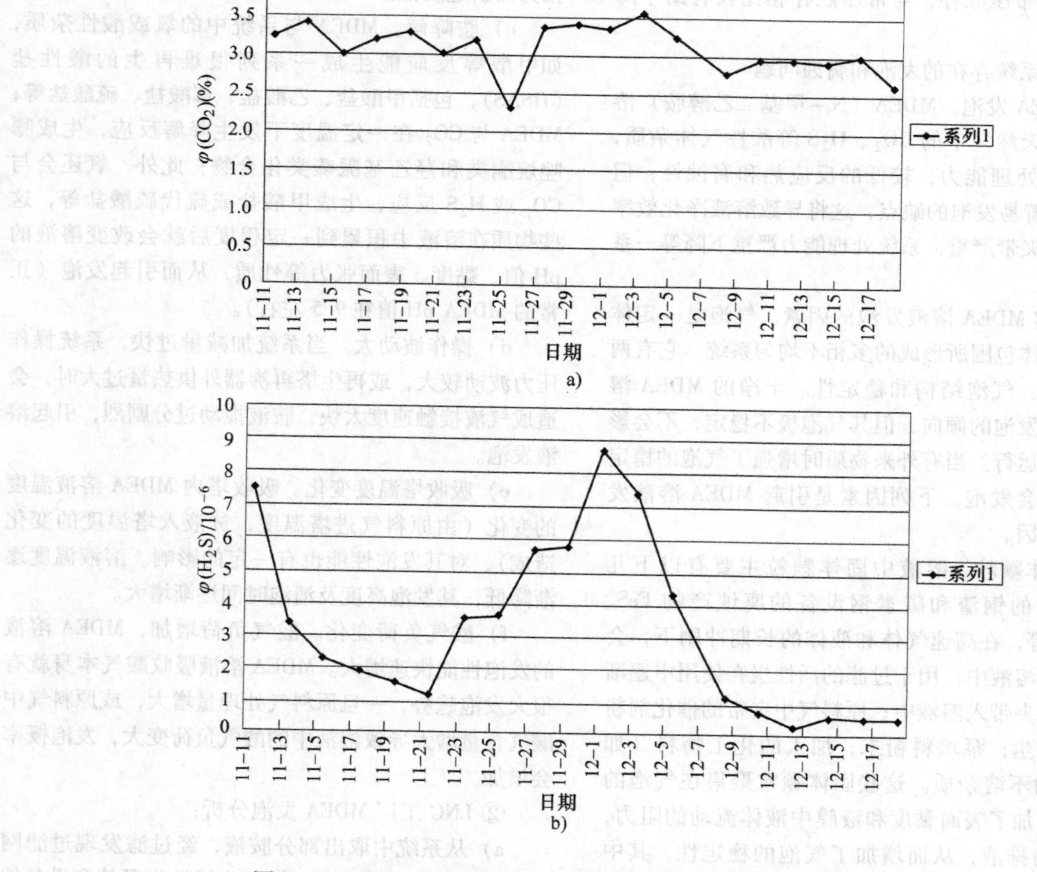

图2-62 LNG工厂2006年11—12月原料气中酸气含量波动图

a）二氧化碳含量 b）硫化氢含量

以上几点均可能对 MDEA 发泡性能产生影响。

③ 涠洲岛 LNG 工厂发泡问题的处理。

a) 定时检查 MDEA 溶液浓度，从系统中排出部分溶液进行过滤，除渣、除油。

b) 加入少量消泡剂，降低溶液发泡趋势。

c) 适当提高吸收塔进气温度。

d) 适当提高贫液进吸收塔温度。在胺再生系统稍作改动，使部分贫胺液不经过空冷器，通过手动阀门控制经过空冷和未经空冷的流量，使贫胺液进吸收塔温度达到最佳。

e) 用去离子水清洗过滤设备，更换机械过滤用滤芯，更换活性炭。

f) 保证吸收塔塔压平稳，减少天然气处理量。

g) 密切关注净化气汽液分离器液位。防止胺液进入干燥系统。

h) 密切关注吸收塔压差。吸收塔设计最大压差 15172Pa，压差过大可能塔内发泡问题严重。

④ 预防 MDEA 溶液发泡的建议。

a) 加强对 MDEA 溶液的监控，关注其清洁度并定期检查溶液浓度。

b) 密切关注胺工厂过滤系统，及时清洗，更换滤芯和活性炭。

c) 密切关注原料气输送管道及胺系统装置的腐蚀状况，进行防腐处理。

d) 补充去离子水中的氧含量控制在 0.4mg/L 以下，防止胺降解。

e) 定期检查 V－161 是否有油污或其他液体。

f) 定期检查 V－221 中是否有碳氢化合物和油污。

2) 胺工段设备腐蚀与防护。影响胺系统装置腐蚀的因素很多，有工业试验表明，醇胺法装置的腐蚀严重程度总是随原料气中酸性气体（H_2S 和 CO_2）浓度的增加而增加的。因此，可以认为装置上主要的腐蚀剂就是酸性气体本身。

① H_2S，CO_2 腐蚀机理。

a) H_2S 腐蚀机理。干燥的 H_2S 对金属材料无腐蚀作用，但溶解于水后则具有极强的腐蚀性。H_2S 溶解于水后立即电离而呈酸性：

$$H_2S \rightarrow H^+ + HS^-$$

$$HS^- \rightarrow H^+ + S^{2-}$$

上述反应释放出的氢离子是强去极化剂，易在阴极夺取电子，从而促进阳极溶解反应，导致钢材腐蚀。阳极反应的产物硫化铁（FeS），与钢材表面的黏结力甚差，易脱落且易氧化，于是作为阳极与钢材基体构成一个活性微电池，继续对基体进行腐蚀。

b) CO_2 的腐蚀机理。干燥的 CO_2 同样对金属材料无腐蚀作用，但是溶解于水后会促进化学腐蚀。

② 腐蚀的影响因素。

a) 溶液的酸性气体负荷及胺液的浓度。一般情况下，装置腐蚀程度均随酸气负荷上升而增加。MDEA 装置酸气负荷约为其平衡溶解度的 50%。胺液浓度的增大同样加重装置腐蚀，胺的质量分数为 50% ~55%。

b) 溶液中的污染物。污染物的来源有两个途径：原料气带入和溶剂降解而产生。

c) 操作条件（温度与压力）。通常在操作温度与酸气分压较高，且又可能有液相水存在的部位，如再沸器返回线、气提塔出口、富液控制阀入口与出口等部位易发生腐蚀。

d) 溶液流速。溶液流速过高会加剧设备腐蚀。根据经验确定的准则为：溶液在碳素钢设备中的流速不应超过 1m/s；在不锈钢设备中的流速应在 1.5 ~2.4m/s。

③ 腐蚀防护措施。醇胺法脱酸脱碳装置中存在多种腐蚀介质，必须采取综合性的保护措施。涠洲岛 LNG 工厂胺系统采用进口设备，为减缓设备的腐蚀应采取必要的工艺保护。

a) MDEA 溶液的腐蚀性不强，但其降解产物，尤其是氧化降解产物往往腐蚀性很强。所以胺液储罐须用惰性物隔绝，避免空气即氧进入胺系统，定期分析溶液中溶解氧的含量。同时，溶液夹带的腐蚀产物（FES）具有强烈的腐蚀作用，要定期检查机械过滤滤芯。

b) 胺系统泵部件采用耐磨损、耐腐蚀的材料。

c) 去离子水的必要性。氯化物可使溶液的电导率增大，对腐蚀起到了加速作用，大量 Cl^- 的存在，对系统中使用的不锈钢设备极为不利。

d) 开车前，胺系统设备必须严格清洗。

3. 中小型天然气液化流程的优化

小型天然气液化流程的种类较多，具体液化流程的确定，必须对液化装置的外围条件和天然气的组分、压力、温度、液化率等设计条件有全面的了解，并综合考虑液化流程技术性、经济性等因素的影响。这也是目前国内外迄今为止建立的小型 LNG 装置，其所采用的液化流程很少完全相同的原因。

在研究中，对丙烷预冷混合制冷剂液化流程、N_2-CH_4 膨胀液化流程，以及改进的新型双级混合制冷剂液化流程进行了模拟计算，分析了压力、温度及制冷剂组成等参数对液化率、比功耗等重要的液化流程性能参数的影响，进而以比功耗为目标函数，对上述液化流程参数进行了优化，并对这三种液化流程的优化计算结果进行了比较。

（1）天然气液化过程的热力分析 由于天然气是多组分混合物，贮存状态下的液态天然气与闪蒸天然气处于气液相平衡状态。LNG 贮存的温度和压力是相互独立的，气液两相的摩尔分数亦各不相同。图 2-63示出不同贮存压力下天然气液化率与温度的关系。由图 2-63 我们可以得出以下结论：

1）相同贮存压力下，随着贮存温度的降低，天然气的液化率逐渐增加，而且温度越接近泡点温度，天然气液化率增加越快。

2）相同贮存温度下，随着贮存压力的增加，天然气的液化率也逐渐增加，即相同组成的天然气随着压力增加，泡点温度也上升。

由此可见，降低贮存温度和增加贮存压力可以提高天然气的液化率，而且贮存温度越低，天然气的液化率越大。

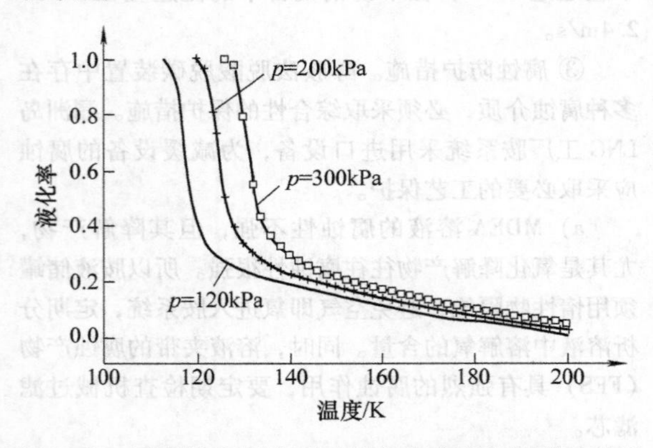

图 2-63 不同贮存压力下天然气液化率与温度的关系

图 2-64 绘出了压力 120kPa 时，贮存状态下气、液相甲烷摩尔分数与 LNG 贮存温度的关系。天然气的组分：$\varphi(N_2)$ 为 0.7%；$\varphi(CH_4)$ 为 82%；$\varphi(C_2H_6)$为 11.2%；$\varphi(C_3H_8)$ 为 4%；$\varphi(i-C_4H_{10})$ 为 1.2%；$\varphi(n-C_4H_{10})$ 为 0.9%。从中可以发现，随着温度的降低，天然气逐渐液化，进入气液两相区。开始主要是天然气中乙烷以上的重组分凝结下来，液相中以 C_2^+ 组分为主，CH_4 的摩尔分数增加较为缓慢，而气相中 CH_4 的摩尔分数相对增加。随着温度的逐渐接近泡点温度，天然气液化率迅速增加，天然气中的 CH_4 等轻组分凝结下来，液相 LNG 中 CH_4 的摩尔分数增加较快，而气相 CH_4 的摩尔分数则开始下降。因此液化温度越低，LNG 中 CH_4 的摩尔分数越大。

由此可得如下结论：降低 LNG 的贮存温度可提

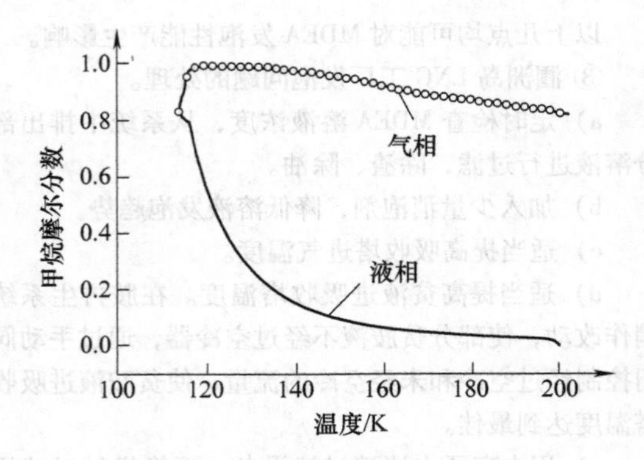

图 2-64 120kPa 时气、液相中甲烷摩尔分数与 LNG 贮存温度的关系

高天然气的液化率，增加 LNG 中 CH_4 的摩尔分数。为此可通过降低节流前温度和增加节流前后的压差达到。随着压差的增加，节流后的气相流量会随之增加，液化率会下降。因此，降低节流前温度是可以提高天然气液化率。

由图 2-65 和图 2-66 可知，随着天然气节流前温度（过冷温度）的降低，天然气节流后的温度下降趋势加快，液化率也上升得很快。随着天然气过冷温

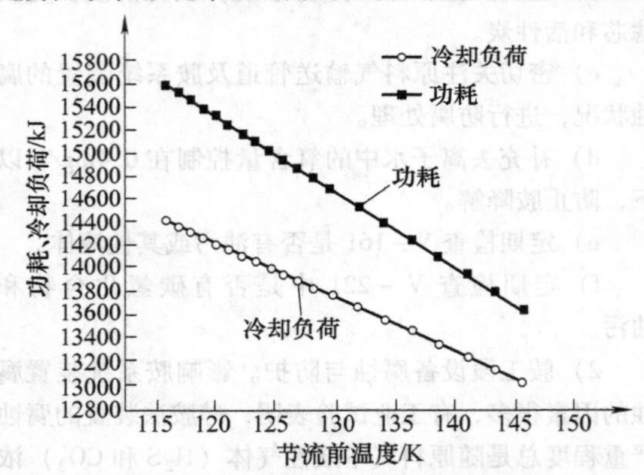

图 2-65 LNG 冷却负荷和功耗与节流前温度的关系

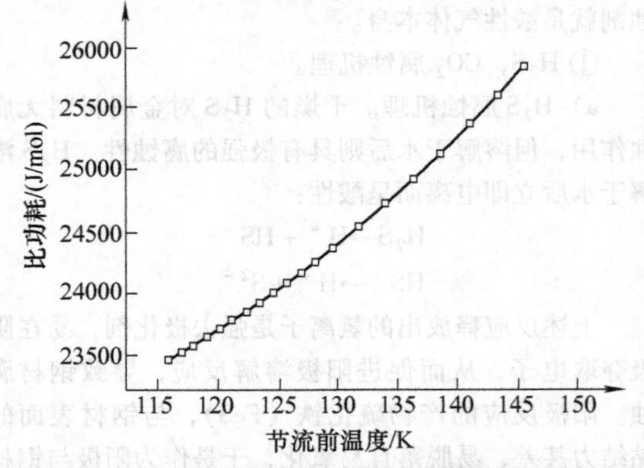

图 2-66 LNG 比功耗与节流前温度的关系

度的降低，天然气的冷却负荷和功耗都随之升高，由冷却负荷和功耗曲线的斜率可知，功耗升高得更快。这两者综合作用的结果是天然气的比功耗（单位LNG产品的功耗）随节流前温度的下降而呈下降趋势。

原料天然气的压力对液化率的影响也是较为明显的。由于加压与降温是气体液化的主要手段，因此天然气的压力越高，天然气越容易液化。由图2-67和图2-68可知，随着天然气压力的升高，天然气的冷却负荷和LNG的比功耗都呈下降趋势。但是应当注意的是，在节流后压力（LNG贮存压力）一定的条件下，随着天然气压力的升高，节流前后的压差增大，天然气的液化率会随之降低。

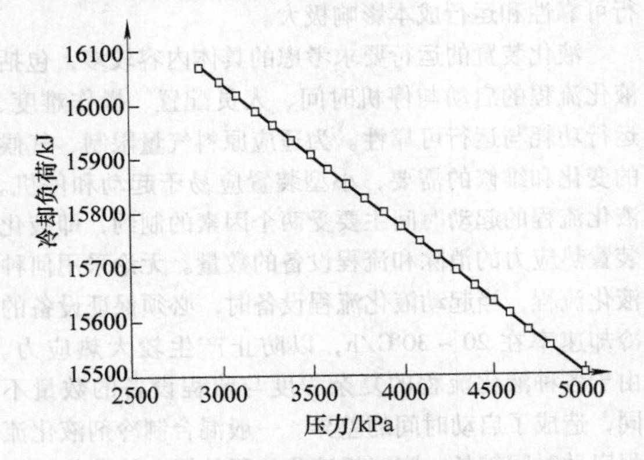

图2-67 冷却负荷随天然气压力的关系

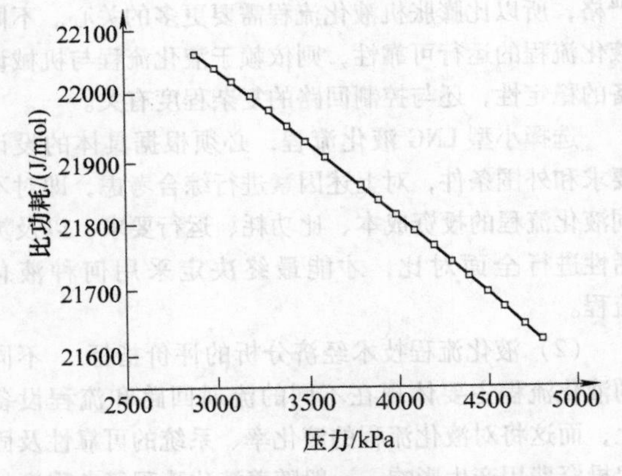

图2-68 LNG比功耗与天然气压力的关系

对于具体的天然气液化流程而言，天然气的压力、组成及LNG贮存压力都为已知的设计条件。因此，合理选择液化流程参数，降低天然气的过冷温度，是提高液化率、降低LNG比功耗的有效途径。

(2) 丙烷预冷混合制冷剂液化流程的参数分析 丙烷预冷混合制冷剂液化流程的主要参数，包括混合制冷剂的组成及混合制冷剂高、低压压力、换热器温差。由于天然气和混合制冷剂均为混合物，流程设计计算中涉及较为复杂的相平衡问题。例如，混合制冷剂的组成和压力会影响到气液分离器的分离效果，而气液分离器任何一级分离出来的液相成分及流量的改变，都将影响到其他级的相平衡，进一步影响到级间温度和换热器温差。因此，上述参数存在着较为复杂的相互作用，并进而对整个液化流程的性能产生影响。

1）混合制冷剂高、低压压力对液化流程性能的影响。随着混合制冷剂高压压力的升高，混合制冷剂节流前后的压差增加，所提供的冷量也增加，因此混合制冷剂的流量和总功耗呈下降趋势。而且由于压力升高，混合制冷剂的露点温度升高，混合制冷剂中的重组分容易凝结下来，故气液分离器中的混合制冷剂汽化率降低，为过冷换热器提高冷量的制冷剂流量也随之减少。因此，天然气的过冷温度升高，液化率降低。但总的来讲，由于液化率的降低更为明显，故LNG的比功耗是上升的。天然气液化率与功耗都随着高压混合制冷剂压力的升高而降低。

低压混合制冷剂压力升高，对液化流程性能的影响与高压混合制冷剂压力的影响相似。随着低压压力升高，混合制冷剂节流前后的压差降低，制冷剂节流获得的温度降减少，为换热器提高的冷量也随之降低，天然气过冷温度升高，液化率也降低；另外，高低压混合制冷剂的压比也随着降低，功耗都随着低压混合制冷剂压力的升高而降低。但从整体来讲，由于功耗的降低更为明显，LNG的比功耗呈下降趋势。

2）混合制冷剂组成对液化流程性能的影响。混合制冷剂由氮、甲烷、乙烷和丙烷及更重组分组成，其比例根据天然气的组成，由液化装置的热量和物料平衡计算确定。其中，混合制冷剂的氮含量由天然气所需要的过冷度确定，也应随着天然气中氮含量的增加而增加。一般而言，当待液化天然气的平均相对分子质量较高时，混合制冷剂的相对分子质量也应随之升高，即当天然气中重组分（乙烷、丙烷、丁烷等）增加时，混合制冷剂中重组分乙烷和丙烷以上的含量也要随之增加。

混合制冷剂的应用出于以下目的：降低压比，获得更低的制冷温度，增大制冷负荷，实现非等温制冷（冷凝过程制冷剂温度变低，蒸发过程制冷剂温度升高），提高制冷效率。一般情况下，随着混合制冷剂中高沸点组分的增加，制冷系数上升，能耗降低，但制冷机的制冷量会有所减少；而混合制冷剂中低沸点组分的增加，制冷系数会下降，能耗有所会上升，制冷量会相应增加。

通过流程模拟工具中的参数分析可以发现，混合制冷剂高、低压压力、混合制冷剂的组成，对制冷负荷、功耗、液化率等重要的流程性能指标的影响很大，而且相互之间还存在着较为复杂的相互作用。如何合理地选择上述流程参数，使液化流程的性能指标达到最优，是流程设计的关键问题。因此在流程设计中，存在着一个流程参数优化的问题。为此，以单位LNG产品的比功耗为目标函数，对LNG的MRC工艺流程参数进行优化。

4. 中小型天然气液化流程的经济性评价

中小型LNG装置可供选用的液化流程种类较多。考察20世纪70～80年代建立的小型（主要用于调峰）LNG装置，采用的基本上是四种液化流程，即阶式液化流程、混合制冷剂液化流程、膨胀机制冷液化流程和天然气膨胀机液化流程。20世纪80年代以来，采用大型绕管式换热器丙烷预冷混合制冷剂液化流程，开始在天然气液化装置中占有举足轻重的地位，目前已有超过50余座基本负荷型天然气液化流程采用该种流程。随着技术的不断进步以及高性能的板翅式换热器成功应用，新型的天然气液化流程不断涌现，包括菲利浦石油公司为Atlantic LNG项目设计的新型级联式液化流程，Pritchard公司提出的PRICO液化流程等。小型天然气液化装置面临着改进原有液化流程，提高装置效率的问题。APCI、Pritchard、Linde、L' Air Liquide、Gaz de France、CBI、BOC等公司竞相提供相关的天然气液化技术，争夺小型天然气液化装置这一市场。

随着装置可供选用的液化流程数目的增加，针对具体设计要求，如何合理的评价、选择液化流程成为一个重要的问题。天然气液化流程对液化装置的设备投资、运行费用影响很大。目前，评价液化流程的指标有比功耗和比投资成本，此外还要考虑流程的简易性、驱动机的形式等问题。综合考虑了运行成本、投资成本的影响，提出了评价液化流程的综合性经济性准则。

（1）天然气液化流程的选择原则　与基本负荷型的大型LNG工厂不同，中小型LNG装置是小流量天然气液化装置常年连续（或非连续）运行。因此，要求具有高效、灵活、简便、低成本的特点。其中，尤以低成本（低固定设备投资和低运行成本）最为重要。因而装置液化流程的选择需考虑以下因素：①投资成本；②运行费用；③装置的简便性；④运行的灵活性；⑤自动化程度；⑥原料气参数；⑦尾气的利用与限制；⑧LNG质量的要求；⑨压缩机与驱动机系统；⑩液化能力。这些因素常有互相矛盾的趋势，因而通常会采用折中方案。

就设备投资成本而言，以丙烷预冷混合制冷剂液化流程的设备投资情况为例，压缩机/驱动机、换热器与分馏塔的投资所占的份额分别为58%、36%和6%，其他液化流程的投资分布情况与其类似。由此可见，压缩机与驱动机是投资的重点，是衡量液化装置经济性的主要因素。同时，压缩机及驱动机是液化流程选定的关键可变因素，应予以特别重视。大型LNG液化装置的规模往往以适应现有的压缩机/驱动机能力而选定，即要求发挥选定的压缩机、驱动机的最大工作能力，并尽量减少每套机组内机器的数量。压缩机、驱动机不仅投资较高，而且对整个工厂的运行可靠性和运行成本影响极大。

液化装置的运行要求考虑的具体内容较多，包括液化流程的启动与停机时间、人员配置、操作难度、运行功耗与运行可靠性。为适应原料气量限制、气候的变化和维修的需要，小型装置应易于起动和停机。液化流程的起动时间主要受两个因素的制约，即液化装置热应力的消除和流程设备的数量。无论采用何种液化流程，当起动液化流程设备时，必须保证设备的冷却速率在20～30℃/h，以防止产生较大热应力。由于各种液化流程的复杂程度与流程设备的数量不同，造成了启动时间的差异。一般混合制冷剂液化流程启动时间较长，膨胀机液化流程较短。从操作难度来看，由于混合制冷剂流程对制冷剂组成的要求比较严格，所以比膨胀机液化流程需要更多的关心。不同液化流程的运行可靠性，则依赖于液化流程与机械设备的稳定性，还与控制回路的复杂程度有关。

选择小型LNG液化流程，必须根据具体的设计要求和外围条件，对上述因素进行综合考虑，即对不同液化流程的投资成本、比功耗、运行要求，以及灵活性进行全面对比，才能最终决定采用何种液化流程。

（2）液化流程技术经济分析的评价指标　不同的液化流程主要体现在不同的流通回路和流程设备上，而这将对液化流程的液化率、系统的可靠性及固定投资费用产生影响。一般随着液化流程复杂程度的增加，LNG的比能耗会下降，运行成本会下降；而流程设备数量的增加及流程回路的增加，都会造成固定设备投资费用增加，流程设备可靠性的降低及有效工作时间的减少，增加了单位产品的成本。因此，液化流程的选择要综合考虑设备投资和运行的重要因素，如比能耗、流程复杂性及可靠性的影响，客观地比较各种液化流程方案的经济性。

根据国外的设计经验，丙烷预冷混合制冷剂流程等大型的天然气液化流程，对LNG装置整体经济性指标有利。但投资能力的大小，往往在经济合理性方面限定了选择液化流程的范围。LNG项目总的投资能力确定以后，液化流程的选择就处于十分重要的地位，因为它在许多方面决定了限额投资下项目的经济性。

液化流程的技术经济分析，就是以经济效益的观点来分析、比较不同的液化流程技术方案，从中选择技术先进、经济合理的方案。天然气的液化流程种类较多，各有其特点，设计者往往面临着合理评价与选取液化流程的问题。因此，为了合理地选择液化流程，在达到技术目的的条件下，应对不同液化流程进行技术经济分析。

由于不同液化流程技术方案所消耗的劳动费用及实施时间有所不同，所以必须在满足消耗费用可比、价格指标可比、时间可比的条件下，对液化流程进行比较。考虑资金的时间价值，各种技术方案在不同时期所投入的费用与产出的收益，它们的价值是不同的。因此，对技术方案进行经济效果评价时，应对各种方案的收益和费用进行等值的折合计算。资金随时间的增值比率由利率 i 表示，若考虑资金随时间的增值部分仍随时间继续增值，这种情况下计算的利率称为复利，它反映了资金在循环周转中的实际状态，是一种动态的经济计算。在此基础上，采用年净收益的概念，可以较为合理地比较不同液化流程的经济性。

LNG装置的年净收益的具体表达式如下：

$$Y = MG - NG - \frac{i(1+i)^{\tau}}{(1+i)^{\tau}-1}p + \frac{iR}{(1+i)^{\tau}-1} \tag{2-21}$$

式中，Y 是LNG装置的年净收益；G 是LNG装置的年产量；M 是LNG产品的单价；N 是生产单位LNG产品的运行成本；τ 是技术方案的实施年限；i 是资金的年复利率；p 是LNG装置的初始投资；R 是实施年限后设备残值；$\frac{i(1+i)^{\tau}}{(1+i)^{\tau}-1}$ 是资金回收系数；$\frac{i}{(1+i)^{\tau}-1}$ 是资金存储系数。

将式（2-21）转变成单位LNG产品的利润，即

$$\gamma = M - \left[N + \frac{i(1+i)^{\tau}}{G[(1+i)^{\tau}-1]}p - \frac{iR}{G[(1+i)^{\tau}-1]}\right] = M - H \tag{2-22}$$

式中，γ 是单位LNG产品利润，H 是单位LNG产品的生产成本。

LNG装置的最大年净收益和最大的单位产品利润的取得，必然对应着最小的LNG单位生产成本。与大型LNG装置不同，小型装置的产量较小，生产的目的大多是为了匹配峰荷和增加供气的可靠性，因此以LNG单位生产成本作为评价小型液化流程经济性的准则较为合适。单位产品生产成本最小的液化流程，即为最优液化流程。单位LNG产品的生产成本 H 的计算式如下：

$$H = N + \frac{i(1+i)^{\tau}}{G[(1+i)^{\tau}-1]}p - \frac{iR}{G[(1+i)^{\tau}-1]} \tag{2-23}$$

由式（2-23）可知，LNG单位产品的生产成本由运行成本和固定投资成本组成。通常产品的运行成本由式（2-24）表示。

$$N = C + E + A + P \tag{2-24}$$

式中，C 是生产单位LNG产品的能耗费用；E 是生产单位LNG产品的原材料消耗费用；A 是生产单位LNG产品的人工费用（包括管理费）；P 是生产单位LNG产品对应的设备维修费用。

LNG装置的初始投资 P 包括控制室和厂房设计的建造投资，液化系统以及辅助设备（如仪器仪表、制冷剂的供应）的投资，可简单表示如下：

$$P = K_1 + K_2 + K_3 + K_4 \tag{2-25}$$

式中，K_1 是流程设备投资；K_2 是辅助项目投资；K_3 是设计费用；K_4 是建设安装费用。

单位LNG产品能耗是液化流程热力学效率的最重要指标，包含压缩机的功率消耗以及经营管理中的其他动力消耗，既与液化流程的设计和流程设备的选型等固有特征有关，也与经营管理的技术水平有关。但是，由于在单位LNG产品的生产成本中，液化设备的初始基建投资占的比例比单位能耗大得多，单位能耗的指标往往不是决定性指标。对一些小型的天然气液化装置，单位能耗的考虑会摆在次要地位。

由于天然气液化装置的投资庞大，动辄数亿人民币，因此由式（2-23）可知，单位LNG产品的生产成本中，占主要部分的是固定投资成本，而不是运行成本，特别是对年液化量较低的小型装置。所以，小型液化流程设计的主要目标，是在满足LNG的产量和质量要求的前提下，尽可能地降低固定投资成本，即必须清楚掌握调峰装置每年运行的时间，权衡不同液化流程的固定投资成本和运行成本，相互对照比较后进行选择，这样才能得到特定设计条件下的最佳流程。

参考文献

[1] 顾安忠，等．液化天然气技术［M］．北京：机械工业出版社，2003.

[2] 李时宜，等．长庆气田天然气净化工艺技术介绍［J］．天然气工业，2005（4）：150 – 153.

[3] 徐文渊，蒋长安．天然气利用手册［M］．北京：中国石化出版社，2002.

[4] 郑大振．LNG 工厂的天然气净化工艺及其新发展［J］．天然气工业，1994，14（4）：67 – 72.

[5] 陈建伟，等．石油天然气冷却用板式换热器阻力降计算与分析［J］．低温工程，2002（4）：32 – 37.

[6] 朱彻，等．气波制冷技术在天然气脱水净化工程中的应用［J］．制冷，1995，50（1）：10 – 15.

[7] 刘丽．天然气膜法脱水净化技术及应用［J］．当代化工，2001．30（4）：214 – 218.

[8] 杨得湖，许敏．天然气膜法处理技术［J］．内蒙古石油化工，2004，30（2）：28 – 31.

[9] SHIVAJI S. Moisture removal from a wet gas：US Patent 5240472［P］．1993.

[10] 赵素英，等．膜法气体脱湿的工艺及应用研究进展［J］．化工进展，2005，24（10）：1113 – 1117.

[11] 刘道德，等．化工设备的选择与工艺设计［M］．3 版．长沙：中南大学出版社，2003.

[12] 大港石油管理局勘察设计研究院．天然气脱水技术规范［S］．北京：石油工业出版社，1994.

[13] 王登海，等．长庆气田天然气采用 MDEA 配方溶液脱硫脱碳［J］．天然气工业，2005（04）：154 – 156.

[14] 颜廷昭．高净化度、低能耗天然气净化技术［J］．天然气与石油，1999（04）：23 – 26.

[15] 辜敏，等．模拟的煤层气吸附过程的柱动力学模型［J］．重庆大学学报，2000，23（10）：44 – 46.

[16] 陈健，古共伟，郭豫州．我国变压吸附技术的工业应用现状与展望［J］．化工进展，1998，14（1）：14 – 17.

[17] 陈华，蒋国梁．膜分离法与深冷法联合用于从天然气中提氦［J］．天然气工业，1995（2）：71 – 73.

[18] 郭峰．HYSYS 软件在酸性天然气净化中的运用［J］．石油规划设计，2006（6）：45 – 46.

第3章　液化天然气接收站

液化天然气接收站的主要功能是接收、贮存和再汽化LNG，并通过天然气管网向电厂和城市用户供气。经过半个多世纪的发展和实践，截止到2023年12月底，在全世界建成投产的岸基式液化天然气接收站有118座，海上浮式液化天然气贮存再汽化设施（FSRU）49座，中国投产岸基式LNG接收站有30座，其中1座接收站在先期投运时采用FSRU模式，后期扩建后保留了FSRU功能。液化天然气接收站的相关技术成熟可靠，积累了丰富的安全运行业绩。本章内容主要阐述岸基式LNG接收站，针对FSRU设施的内容参考本书的第11章浮式液化天然气设施。

3.1　概述

岸基液化天然气接收站通常包含LNG卸船系统、LNG贮存系统、蒸发气（BOG）处理系统、LNG加压输送系统、LNG汽化外输、天然气计量、公用工程和辅助设施等。根据LNG接收站建设地区的特点，有些接收站还会建有LNG装车/装船系统，采用槽车和槽船输出LNG，满足偏远地区或管网尚未覆盖地区用户的需求，以及通过水路将LNG运输到沿岸地区或者海岛用户。

3.1.1　功能定位

LNG接收站作为天然气基荷和调峰供气设施，一直以来在全球能源消费中发挥着重要的作用。随着非常规天然气煤层气和页岩气等的发现和开采，未来LNG的贸易将更加壮大，LNG接收站将发挥更大的作用。日本和韩国由于其天然气资源缺乏，天然气消费主要依赖于LNG进口，其LNG接收站承担了基荷供气和调峰双重功能，欧洲国家由于天然气管网发达，其LNG接收站更多发挥了调峰作用。

我国《能源发展“十三五”规划》提出，“十三五”时期天然气消费比重力争达到10%。2018年我国天然气在能源消费中的占比近8%。2018年我国天然气进口量达到9038.5万t（约1247亿m^3），跃居世界首位，对外依存度上升至45.3%。天然气作为优质高效、绿色清洁的低碳能源，未来较长时间消费仍将保持较快增长。

2018年我国LNG进口量达到了5400万t，占全球LNG贸易量的23.3%，成为全球第二大LNG进口国。2018年我国LNG进口量达到了天然气进口量的59.5%，国内37%的调峰气量来自于进口LNG，进口LNG已经成为我国天然气基荷用气、补充调峰和应急调峰的主力之一。

2017年6月23日国家能源局出台了《加快推进天然气利用的意见》，2018年4月26日又出台了《关于加快储气设施建设和完善储气调峰辅助服务市场机制的意见》（简称《意见》），首次从政策层面对上下游供气企业和地方政府提出了明确的、较高的储气指标要求。《意见》要求供气企业到2020年拥有不低于其年合同销售量10%的储气能力，满足所供应市场的季节（月）调峰及发生天然气供应中断等应急状况时的用气要求。县级以上地方人民政府指定的部门会同相关部门建立健全燃气应急储备制度，到2020年至少形成不低于保障本行政区域日均3天需求量的储气能力，在发生应急情况时必须最大限度保证与居民生活密切相关的民生用气供应安全可靠。城镇燃气企业要建立天然气储备，到2020年形成不低于其年用气量5%的储气能力。

基于上述政策要求和液化天然气在清洁能源天然气中的消费占比，国内建设的LNG接收站不但承担了基荷供气的任务，同时也需要具有季节调峰、日调峰和应急调峰的能力。因此，在LNG接收站规划建设阶段，需要根据项目的具体情况，如建设方的角色、市场用气需求、调峰需求等，分析研究其作为基荷供气、季节调峰、日调峰、应急调峰等的功能，或其组合，以此来进行合理的功能定位，满足项目的建设要求。此外，还有些LNG接收站承担了LNG的转运功能，如比利时的Zeebrugge LNG接收站在每年北半球的冬季，将为俄罗斯亚马尔LNG项目提供800万t的LNG转运，而后再通过苏伊士运河转送亚太市场。还有一些如日本和其国内LNG接收站，通过小船将LNG从沿海大型LNG接收站转运到内河或者海岛上建设的小型LNG接收站。也有通过LNG槽车通过公路运输，将LNG运送到LNG卫星站（汽化站）、LNG加注站。日本等国家也有采用LNG罐箱，通过铁路和船进行LNG运输，我国正在积极开展铁路运输LNG的研究和试验工作，同时也示范性地完成了LNG罐箱的水上运输。一旦技术和管理条件成熟，我国的部分LNG接收站将承担铁路运输和船运的LNG罐箱充装功能。

3.1.2 装置组成

一般来讲，LNG 接收站主要包括 LNG 的卸载、LNG 低温贮存、蒸发气（BOG）处理、LNG 加压输送、LNG 再汽化、天然气计量外输等工艺单元。有些接收站 LNG 原料中 C_2^+ 以上成分比较多，考虑外输气热值范围的控制和接收站整体经济效益，会设置轻烃分离装置，将 C_2^+ 以上的组分分离出来，作为副产品外销。有些接收站会设置 LNG 装车单元，通过槽车装车外输 LNG，满足天然气管网未覆盖地区的汽化站用户、周边较小的工业用户设置的汽化站供气需求，以及 LNG 加注站的需求。随着 LNG 在内河运输成为可能，一些接收站还设置了装船设施，满足内河 LNG 运输船的转载转运需求。还有些接收站设置冷能利用单元，进一步利用 LNG 汽化过程中释放的冷量，实现能量综合利用。另外，随着 LNG 铁路运输和 LNG 罐箱水上运输技术的发展，未来有些 LNG 接收站将率先设置满足此功能的 LNG 罐箱充装设施。典型的 LNG 接收站系统组成如图 3-1 所示。

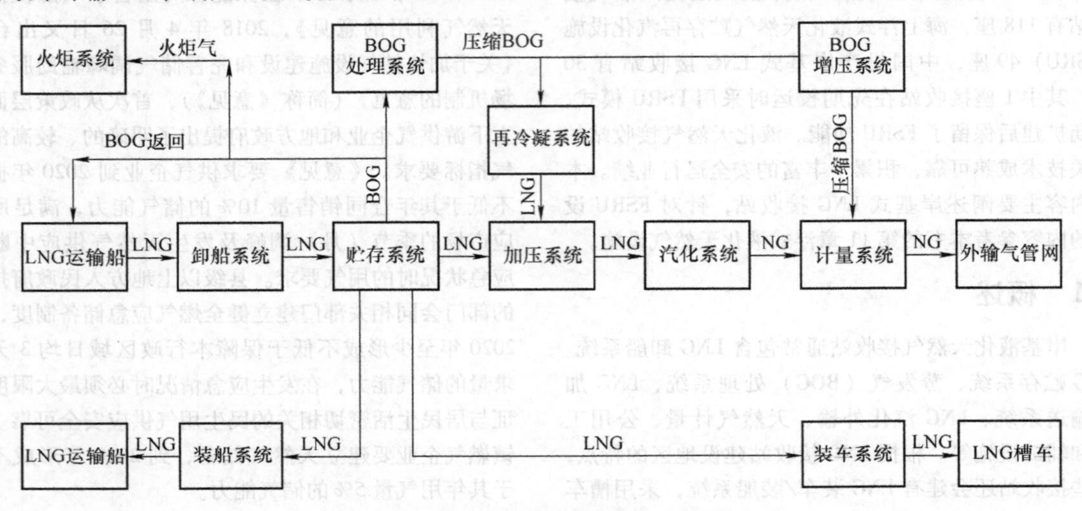

图 3-1 典型的 LNG 接收站系统组成

接收站的公用工程及辅助设施一般包含火炬系统、燃料气系统、海水系统、消防系统、氮气系统、仪表空气及工厂空气系统、生产生活用水系统、废水处理系统等。有些 LNG 接收站采用空温式 LNG 汽化器，不需设置海水取排水系统。

3.1.3 接收站能力和规模

液化天然气属于进口类商品，海关部门需要进行相应的管理，因此需要对 LNG 接收站的年接卸能力进行核定，为此，国家能源局于 2018 年 10 月 29 日发布实施了 SY/T 7434—2018《液化天然气接收站能力核定方法》。

一般来说，LNG 接收站的能力主要是由码头接收能力、液化天然气储罐的周转能力、外输设施的输气能力等几个方面共同决定的，其某一方面的最小能力就是 LNG 接收站的能力。根据此项标准的规定，LNG 接收站需要在设计阶段进行其能力的核算，并在设计文件中明示，主管部门在项目审查中进行确认，项目运营阶段以此数据作为进口商品税务结算的依据。标准中按照码头接收能力、液化天然气储罐的周转能力、外输设施的输气能力分别给出了计算的参考方法和影响因素。如码头接收能力要综合考虑泊位的通过能力和码头装卸船的能力；LNG 储罐周转能力是参考实际项目的单位罐容高峰月周转量，给出了一个估算公式进行测算的；外输设施的能力计算，需要综合考虑汽化设施的能力、气态管输设施能力、液态装车设施能力和其他外输设施的能力。

LNG 接收站的规模一般是按照其功能定位，结合上游 LNG 资源、下游 LNG 的市场情况等相关因素综合确定的。规模是用来大致了解一座 LNG 接收站的大体能力等级的，一般为整数，如 300 万 t/a、600 万 t/a、1500 万 t/a 等，而能力一般是按照系统进行说明的，如码头接收能力、贮存能力、汽化能力、LNG 装车外输能力、调峰能力等，LNG 接收站各系统的能力是用于确定相关工艺设备的数量和单台能力的。通常情况下，LNG 接收站的规模和能力在一定范围内是互相适应的。

3.2 系统设置及关键设备选择

LNG 接收站的各工艺系统及辅助设施的系统设置及技术要求、关键设备选择是 LNG 接收站的核心，本节主要从工艺系统的功能及技术指标、系统设置及技术要求、关键设备选择等方面进行论述，同时给出相应的工程应用案例。

3.2.1　LNG 码头

1. 运输船船型分析

（1）LNG 运输船的特点　液化天然气（LNG）运输船（LNG carrier/LNG tanker/LNG vessel）是用于运载 LNG 的专用船舶，因其具有复杂的建造技术，巨额的造价和潜在的风险的特点，故被誉为世界造船“皇冠上的明珠”。

LNG 船在运输的整个过程管理要求极其严格，包含船舶航行和船上货物管理两个方面的内容，要保证运输、装卸、BOG 处理、交付、接收等一系列工作都处于最佳状态，需要有一套全面的管理制度（包括技术设施、航行计划等）和一个专门船舶管理的机构，以确保运输计划的准确无误。

（2）LNG 运输船发展历史及发展趋势　船容表达方式出现了三种：3 万 m^3、30000m^3、$3\times10^4m^3$。

1959 年 1 月 25 日，用杂货船改造的甲烷先锋号从美国路易斯安纳州出发，历时 27 天向英国 Canvey 岛运送 5000m^3 的 LNG，完成了世界上第一次 LNG 海上运输。

从 1965 年正式开展 LNG 商业化海运以来，LNG 船队的发展经历了四个阶段。

第一阶段为 1965—1974 年的萌芽成长期。10 年共投产中小型 LNG 运输船 14 艘，总船容达到 $81.22\times10^4m^3$，平均船容为 $5.8\times10^4m^3$。

第二阶段为 1975—1985 年的大发展时期。1975 年共有 6 艘 LNG 运输船投产，总船容 $42.23\times10^4m^3$。其中船容为 $12.5\times10^4m^3$ 的 HIBI 号开创了大型 LNG 运输船的新时代。在这 11 年中，共增加 LNG 运输船 48 艘，总船容为 $563.7\times10^4m^3$，平均船容达到 $11.74\times10^4m^3$。

第三阶段为 1986—1988 年的停滞期。经历 20 世纪七八十年代的石油危机之后，由于世界上节能技术和中东以外油田开采的双重影响，世界石油市场处于供给大于需求的局面，受原油价格大幅下跌的影响，世界天然气的开采和销售出现停滞，在这三年中没有新的 LNG 运输船投产运行。

第四阶段为 1989—1998 年的第二次大发展。除 1992 年无新船交付投入使用外，十年内总共新增 LNG 运输船 45 艘，总船容达到 $531\times10^4m^3$，平均船容为 $11.8\times10^4m^3$。

截至 2018 年底，全球 LNG 运输船共有 505 艘，其中船容小于 $12.5\times10^4m^3$ 船舶的为 40 艘，占总船舶数量的 8%；船容为（12.5～15）$\times10^4m^3$ 的船舶有 189 艘，占总船舶数量的 37%；船容为（15～20）$\times10^4m^3$ 的船舶有 231 艘，占总船舶数量的 46%；船容大于 $20\times10^4m^3$ 的船舶有 45 艘，占总船舶数量的 9%。图 3-2 清楚地表示了各种 LNG 运输船的船容及其占比，表 3-1 列出了 2020 年前世界范围内 LNG 运输船订单的完成及预计情况。

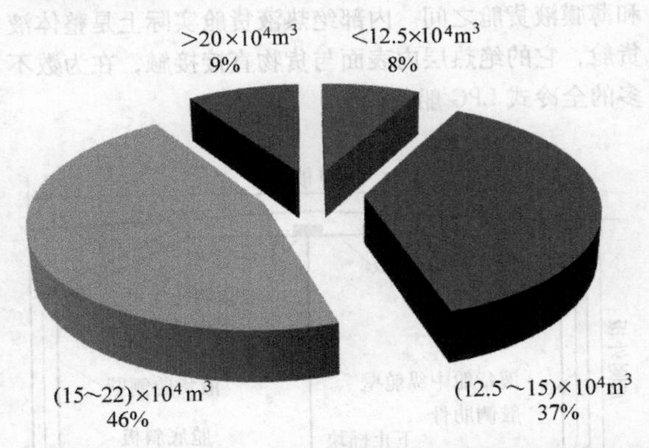

图 3-2　截至 2018 年底，全球 LNG 运输船船型比例

表 3-1　2020 年前世界范围内 LNG 运输船订单的完成及预计情况

船容/10^4m^3	2017 年	2018 年	2019 年	2020 年	合计
	艘数	艘数	艘数	艘数	艘数
1.8～5	3				3
12.5～15	53	41	18	4	116
15～20	1				1
合计	57	41	18	4	120

根据表 3-1，目前全球范围内的主力 LNG 运输船型为舱容（12.5～20）$\times10^4m^3$ 的船型，$21.6\times10^4m^3$ 的 Q－FLEX 和 $26.6\times10^4m^3$ 的 Q－MAX 两种超大型 LNG 船已经投入商业运输。

（3）LNG 运输船液货仓结构　液货舱是装载 LNG 的主要容器，《散装运输液化气体船舶构造与设备规范》把液货舱分为 5 种类型：独立液货舱（A、B、C 型）、整体液货舱、薄膜液货舱、半薄膜液货舱和内部绝热液货舱。独立液货舱完全有自身支撑，不构成船体结构一部分，也不分担船体强度。A 型独立液货舱主要有平面结构组成，通常为棱柱形，如图 3-3所示。B 型独立液货舱为平面结构或压力容器结构，常见的 B 型独立液货舱是球形液货舱，几乎专用于 LNG 船，LNG 船上也有采用棱柱形的 B 型液货舱，棱柱形的 B 型液货舱使船体的液货舱利用率达到最大化，如图 3-4 所示。C 型独立液货舱是符合压力容器标准的压力式液货舱，一般为圆筒形卧罐或球罐如图3-5所示。整体液货舱构成船体结构一部分，受到应力影响与船体结构相同，主要用于丁烷装运。薄膜液货舱是非自身支持的液货舱，薄膜作为货物维护系统的主屏蔽，不能独立承受货物重量，需由船体内部构件承受货物重量如图3-6所示。半薄膜液货舱由薄膜液货舱演化而来，介于A型独立液货舱和薄膜液货舱之间。内部绝热液货舱实际上是整体液货舱，它的绝热层内表面与货物直接接触，在为数不多的全冷式LPG船使用。

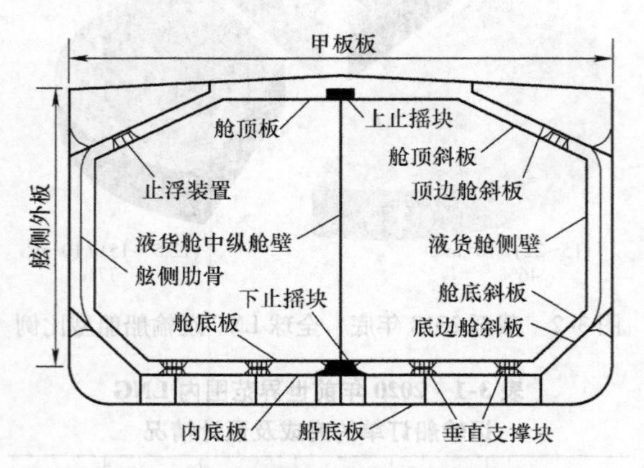

图3-3 典型的A型独立舱横剖面

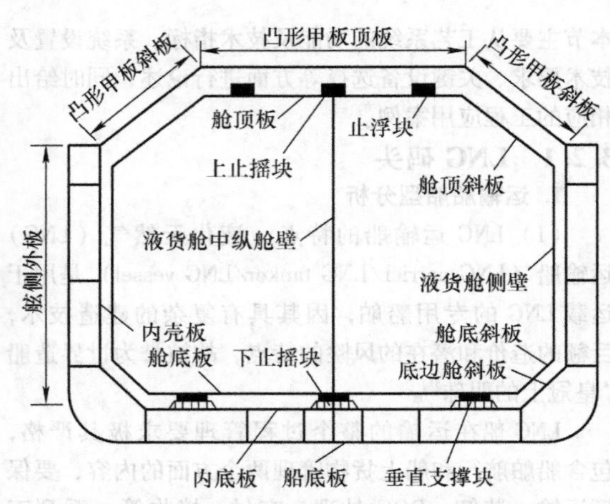

图3-4 典型的B型棱柱形独立舱横剖面

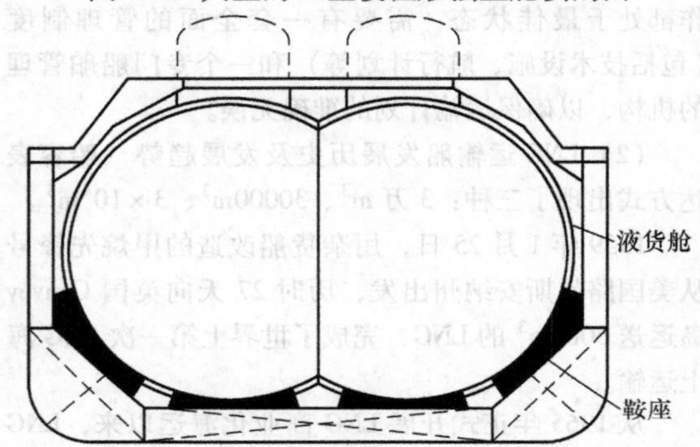

图3-5 典型的双圆筒C型独立舱横剖面

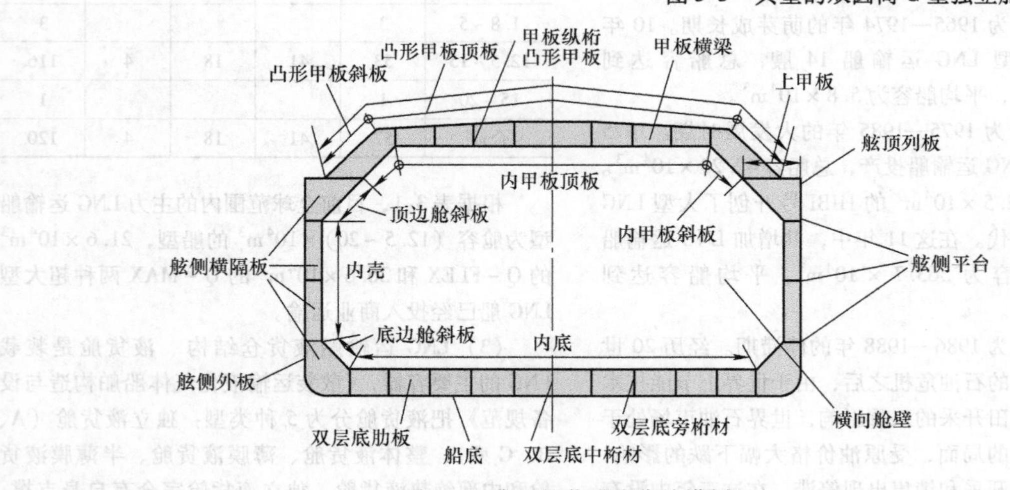

图3-6 典型的薄膜液货舱横剖面

2. 航道与泊位

（1）航道选线方案 LNG接收站航道不仅应满足运输船要求，还需考虑港口其他船舶经航道进港的影响。航道自然水深尽量满足运输船的设计水深，不需进行疏浚。如果无法满足LNG运输船的通航要求，则需人工疏浚。

（2）泊位 按照《液化天然气码头设计规范》（JTS 165－5—2016）要求，海港LNG码头应设置应急锚地。应急锚地可与油气化学品运输船舶共用，且与非危险品船舶锚地的安全净距不应小于1000m。

根据设计船型，计算一个泊位的通过能力。泊位利用率依据《液化天然气码头设计规范》（JTS 165－

5—2016）中6.0.1规定计算，采用公式（3-1）：

$$P_t = \frac{T_y A_p t_d}{t_z + t_f + t_h} G \quad (3\text{-}1)$$

式中　P_t为泊位的年设计通过能力（t）；T_y为泊位年可营运天数（d），取325d；A_p为泊位有效利用率（%），应根据年运量、到港船型、卸船效率、泊位数、泊位的年可营运天数、船舶在港费用和港口投资及营运费用等因素综合确定，可取55%～70%。t_d为昼夜小时数（h/d），取24h/d；G为设计船型的装卸量（t）；设计载货量取90%；t_z为装卸一艘设计船型所需的时间（h）；t_f为船舶的装卸辅助作业时间（h）；t_h为候潮、候流或不在夜间进出航道和靠泊、离泊需增加的时间（h）；不考虑候潮。

由于设计船型的范围很大，接收站的实际运行中并不是只接卸同一种船型，而是按一定比例接卸不同船型，码头通过能力不能简单按照单一船型计算，一般都按典型的设计船型单一和组合分别计算通过能力，分别见表3-2和表3-3。

表3-2　单一船型码头通过能力计算表

船容/$10^4 m^3$	3	8	14.7	16.5	17.5	21.7	26.6
载货量/t	12420	33840	62181	67795	74025	91791	110124
净卸船时间/h	10	15	16	16	17	18	18
辅助作业时间/h	27	28	29	29	29	30	30
泊位利用率	0.6	0.6	0.6	0.6	0.6	0.6	0.6
单一船型通过能力/(万t/a)	154.7	354.9	623.2	699.5	725.8	862.4	1057.2

表3-3　不同比例船型组合泊位通过能力计算

船容/$10^4 m^3$		3	8	14.7	16.5	17.5	21.7	26.6	泊位通过能力 P_t/t
装卸船量比例 α_i	组合一	7%	12%	32%	27%	19%	0%	0%	585.3
	组合二	7%	10%	30%	25%	18%	9%	0%	601.0
	组合三	4%	7%	32%	27%	17%	5%	5%	645.3
	组合四	4%	7%	27%	27%	17%	8%	8%	676.6

从表3-2中可以看出，单一船型码头通过能力随着船型的增大而增大；一个可接卸（3～26.6）×$10^4 m^3$LNG船的泊位通过能力可以达到154.7～1057.2万t/a。

3. 海务设施

（1）港口导航和常规导助航标志　一般接收站主航道上的导助航设施比较完善，能够满足此工程LNG船舶进出港需要，依据《中国海区水上助航标志》（GB 4696—2016）和国际航标协会（IALA）浮标系统A设计。

（2）灯浮标设置　在LNG船舶回旋水域设置灯浮标和航标灯。浮标为新型深水钢浮标，浮标规格为HF1.8-D1。安装的航标灯规格为HD155-S1，航标灯采用太阳能电池供电，太阳光的年辐射为460kJ，最大连续阴雨时间为20天，太阳能电池功率80W，蓄电池容量为200A·h。

（3）灯桩设置　为协助靠泊和其他船舶航行安全，在LNG码头两端各设置一座灯桩。灯桩结构为玻璃钢灯桩，灯桩结构必须符合海上工作环境的要求，主体能抗12级强台风。根据当地用电条件及用电要求，采用码头岸电供电，配置UPS电源。

（4）辅助靠泊电子系统　对于大型船舶，安全靠泊特别重要，对于LNG船舶更是如此。为了保证大型LNG船靠泊和停泊安全，必须考虑设置辅助靠泊电子系统。系统包括激光靠泊辅助子系统、环境监测子系统和缆绳监测子系统。激光靠泊辅助系统将提供船舶在靠泊时的船舶位置和船舶动态，包括船首的速度、船尾的速度、船舶与码头的距离、船舶与码头的夹角。环境监测系统将提供气象、水文状况，如风向和风速、流速、波浪、潮位等。缆绳监测系统将监控各缆绳的受力情况，并在实际受力情况超过允许值时进行报警。

激光靠泊辅助子系统设置2个激光探测器。探测器位于码头平台适当的位置，探测器前方不能有东西阻隔。码头区设置海流计、波浪仪和风速风向仪，对环境因素进行监测。配置大屏幕显示器和便携式袖珍显示器。袖珍显示器与控制中心的通信采用UHF无线电话。大屏幕显示器的高度不小于1.5m，宽度不小于3m。便携式袖珍显示器尺寸约为10cm×7cm，质量约200g。设置一个控制中心，控制中心设置计算机和记录打印设备，配置相应操作软件。控制中心负责对信号的录取、评估、发出控制信号，根据具体情况提供靠泊指导、报警等。设备的工作区域为危险品码头，因此，设备必须适应于海边室外环境的日晒、风、潮湿和腐蚀，而且必须做到防爆。

4. 港口和码头的安全设计

LNG码头到站区护岸、锚地、航道及重件码头的间距，要按照有关规范的防火间距的要求进行取值；根据工程所在海域的风、浪、流及等深线走向等多方面因素，确定岸线走向，确保LNG船靠泊及卸船作业的平稳与安全。

（1）工艺系统描述 工艺系统描述包括卸船臂及码头和栈桥上的管线系统（管道、阀门、法兰、管架等），其质量的好坏和使用维护水平，直接影响到卸船作业的安全进行。因此按照以下规范的要求进行设计。

1）GB 51156—2015《液化天然气接收站工程设计规范》：该规范适用于陆上新建、扩建和改建的液化天然气接收站工程的设计，共分12章和2个附录。主要技术内容有总则，术语，站址选择，总图与运输，工艺系统，设备，液化天然气储罐，设备布置与管道，仪表及自动控制，公用工程与辅助设施，消防，安全、职业卫生和环境保护等。

2）GB 50316—2000《工业金属管道设计规范（2008年版）》：该规范适用于公称压力小于或等于42MPa的工业金属管道及非金属衬里的工业金属管道的设计，共分14章和11个附录。适用主要内容有设计条件和设计基准，材料，管道组成件的选用，金属管道组成件耐压强度计算，管径确定及压力损失计算，管道的布置，金属管道的膨胀和柔性，管道支吊架，设计对组成件制造、管道施工及检验的要求，管道系统的安全规定等。

3）TSG D0001—2009《压力管道安全技术监查规程——工业管道》：该规程考虑了压力管道安全技术的现状和国家有关行政许可的要求，从材料、设计、制造、安装、使用、维修、改造、定期检查及安全保护装置等方面提出了压力管道安全性能的基本要求，已达到规范压力管道监管工作的目的。该规程共分8章和5个附录。主要内容有总则，管道元件，设计，安装，使用、改造、维修，定期检查，安全保护装置，附则。

（2）其他设施

1）道路：码头人行钢引桥及接岸栈桥两侧设置护栏。

2）通信系统：码头设有完善的电话系统、UHF/VHF无线对讲系统、直通电话、广播系统、电视监控系统、局域网系统、门禁系统等。通信系统的电源由UPS供给，系统设有保护接地和通信接地。

3）防火、防爆措施：

① 在码头设置事故收集池，防止泄漏的LNG四处流淌。

② 根据火灾爆炸危险区域的划分，选用相适应的防爆电气设备。

③ 对码头工艺装置内的钢结构，均采用覆盖耐火层等保护措施。对火灾爆炸危险区域内可能受到火灾威胁的关键阀门和关键设备的仪表、电缆等，均采取有效的耐火保护措施。

4）防静电措施：对输送可燃物料的设备和管道，采取防静电接地措施，并采取限制流速措施，以避免流速过快而带来静电危害。

5）灭火系统：

① 采用稳高压消防给水系统，海水消防、淡水保压、淡水试压。

② 在码头设置2门远控高架消防水炮，可在码头控制室内进行操作。

③ 对炮塔、卸船臂支架及疏散通道设置水喷雾灭火系统。

④ 为降低LNG的蒸发速率，对事故收集池设置高倍数泡沫灭火系统；选用水力驱动型高倍数泡沫发生器。

⑤ 设置干粉灭火系统。

⑥ 租用2206kW消拖两用船监控。

6）防火、防爆的管理和监测：严禁携带火种进入码头；对各种安全、控制、探测、消防设备应定期检查，以确保设备处于良好的状态；码头所有危险场所、安全设施与装置、工业管道、安全标志等均按照GB/T 2893.1—2013、GB 2894—2008及GB/T 2893.5—2020的规定，进行涂色或设置安全标志。

3.2.2 卸船系统

1. 功能及技术指标

卸船系统是将LNG从运输船卸载至LNG接收站贮存设施系统，并保证卸船期间船舱和接收站LNG储罐之间的压力平衡，非卸船期间保持卸船管线处于低温冷态，避免产生大量BOG，以及管线温度变化过于频繁引发应力破坏。卸船系统主要包括卸船臂、卸船管线、气相返回管线、保冷循环系统、氮气吹扫系统、排净系统、阀门等。

卸船系统主要技术指标如下。

1）LNG接收站的卸船流量一般为8000～14000m^3/h，卸船总管直径一般为32～46in（1in = 25.4mm）。

2）LNG卸船总时间包括进港、靠泊、出港时间，不超过合同规定要求。

3）LNG保冷循环量以循环初始和结束时温升不超过7℃为宜，保冷循环管直径一般为6～12in。

2. 系统设置及技术要求

LNG卸船一般采用压力自平衡接卸工艺，即LNG物料通过LNG运输船舱中安装的泵加压输送至接收站的LNG储罐，期间接收站LNG储罐中产生的BOG通过气相返回管线送至LNG运输船，这样使得接收站的LNG储罐与运输船舱之间自动形成压力平衡，完成LNG装卸。如果码头与LNG储罐距离过长，LNG储罐与船舱之间的压差不足以使得BOG返回LNG运输船，还可在LNG接收站增加回流气鼓风机，提高BOG压力，帮助实现卸船。通常LNG接收站以卸船为主，有时接收站也设置LNG装船功能，如果装船频率较大时，需要独立设置装船系统，如果装船频率较低时，也可与卸船系统共用设施。

（1）卸船管线　卸船管线设置一般有两种方式：单管系统和双管系统。单管系统是指设置一根卸船管线和一根专用保冷循环管线，卸船总管尺寸相对较大，保冷循环管尺寸较小，卸船主要依赖卸船管线，而保冷循环管线也可在卸船期间辅助卸船，但是流量很低；双管系统是指设置两条相同管径的卸船管线，其中一根卸船管兼做保冷循环管线的作用，卸船期间两个管线同时使用。卸船管线的尺寸取决于额定装卸船流量及装卸船设施和陆上储罐之间相对位置。一般情况下，LNG码头距离LNG储罐越远，则卸船管线尺寸越大，对于栈桥长、LNG储罐多的接收站，设置双管卸船系统会更加合理。由于受到阀门和管线制造的限制，目前最大的LNG卸船管线尺寸为48in，如果采用双管卸船系统，其卸船管线一般为32～36in。每台卸船臂与卸船管线的采用支管连接，并设置阀门实现之间的接通与关闭，一般这些支管的尺寸为24in左右。每根支管上都设置有压力、温度检测仪表，同时安装止回阀，止回阀用以防止LNG回流到船上。当LNG接收站设置装船功能时，需在止回阀设置旁路。另外，每根支管与卸船管线连接处还设置了紧急切断阀，在紧急情况或不卸船的时候隔离卸船臂。

（2）保冷循环系统　通常无卸船操作期间，LNG卸船总管通过LNG保冷循环维持“冷态”备用。此时用于保冷的LNG从储罐中的低压输送泵抽出，通过一根码头保冷循环管线以小流量LNG经装卸船管线循环。LNG循环量通过流量调节阀控制，最小循环流量的确定原则是避免卸船总管内的LNG产生汽化。一般来讲，接收站码头保冷循环的流程有两种：码头保冷循环LNG直接返回储罐和码头保冷循环LNG返回再冷凝器。两种流程有各自的优缺点，对于码头保冷循环返回LNG储罐流程，由于卸船管相对较长，吸收的热量较多，在LNG储罐中闪蒸产生的BOG量相对较多。对于码头保冷循环LNG返回再冷凝器流程操作能耗较低，但由于上下游关联性较大，如果下游操作压力波动，会影响码头保冷循环流量；其次对下游再冷凝器运行的影响也较大，尤其是外输量受到限制的情况。确定保冷循环流程时，需要综合考虑多方面因素，如栈桥长度、再冷凝器操作压力和外输需求等。

（3）氮气吹扫系统　氮气吹扫系统主要为卸船系统提供氮气，有的LNG接收站在码头设置氮气缓冲罐，如果氮气供应稳定、栈桥较短，可不设置氮气缓冲罐。氮气吹扫主要用于卸船臂旋转接头和卸船完毕后LNG排净，吹扫旋转接头的氮气经压力控制阀门或手阀调节压力为20kPa（G）。

（4）排净系统　在卸船完成后，LNG运输船脱离前，用氮气从卸船臂顶部进行吹扫，将卸船臂内的残留LNG压送回储罐，一般有两种方式：直接排净和间接排净。直接排净指卸船完成后，用氮气吹扫卸船管线及臂内残留LNG直接返回LNG储罐，流程简单，但操作时间长，适合码头栈桥较短的工程，如大鹏、大连、青岛LNG接收站等。间接排净指设置码头排净罐，卸船完成后，先用氮气吹扫卸船管线及臂内残留LNG至码头排净罐，然后再用氮气或电加热器将LNG加压或汽化返回储罐，虽然流程复杂，投资增加，但方操作便、节省时间，适合栈桥较长的工程，如福建、江苏、上海五号沟、唐山等LNG接收站。

（5）流程描述　LNG运输船在拖轮协助和引航员指挥下完成靠泊作业，岸上人员配合引导员进行靠泊工作。系泊完成且船舶停止后进行登船梯操作，然后进行船岸通信连接、政府部门联检和安全检查等工作。

操作员对卸船臂和LNG运输船进行连接。然后进行卸船臂气密和含氧量测试、船岸紧急切断系统（ESD）测试等操作。达到要求后，方可进行卸船作业。

卸船开始时，逐一启动卸料泵，把LNG流量提升到船岸双方商定的流量，泵出的LNG经过卸船臂、卸船总管输送到LNG储罐中。为平衡船舱压力，LNG储罐内的部分蒸发气通过气相返回管线、气相返回臂返回LNG船舱中。卸船操作时，实际卸船速率和同时接卸LNG储罐数量需根据LNG储罐液位和LNG船型来确定。每座LNG储罐均设有液位计，可用来监测罐内液位。并可通过卖方提供的货运单上的LNG组分使LNG合理地通过储罐的顶部或底部进料阀注入储罐中，避免LNG产生分层，从而减少储罐内液体翻滚的可能性。

在卸船完成后，LNG运输船脱离前，用氮气从卸船臂顶部加压吹扫，将卸船臂内的LNG分别压送回船内和码头排净罐（或卸船总管）。在非卸船期间，低压输出总管中的一部分LNG通过保冷循环管线，以小流量LNG对卸船管线进行保冷循环，从而保持LNG卸船管线处于冷态备用。

卸船总管设有固定的取样分析系统，可对LNG进行取样。通过对样气的分析，可以得到LNG的组分、密度、热值等数据。

3. 关键设备选择

卸船系统的核心设备是LNG卸船臂。安装于码头，用于运输船和接收站之间进行LNG的输送。

LNG卸船臂根据用途分为液相臂、气相臂和气液两用臂，一般接收站三种卸船臂均设置，有的小型接收站不设置气液两用臂。

LNG卸船臂多采用双配重结构，一般包括支架、连接管路、平衡系统、共用液压系统及紧急脱离装置。

LNG卸船臂设置为液压驱动，还设有手摇泵和氮气瓶，以备紧急情况下使用。卸船臂液压系统的组成：一个储油罐；两台液压泵（2×100%）；一个蓄能装置，在出现电源故障的时候，允许操纵所有的臂回到收回位置。

目前，我国LNG卸船臂主要还是依靠进口，但国内公司一直致力于LNG卸船臂的技术研发和国产化，有些已经通过测试。

（1）液相臂　液相臂由四个主要部分组成，即升降立柱、船侧臂、岸侧臂、船/臂连接装置。这四个部分通过三个旋转接头组装起来。这种组装能保证卸船臂能够快速、准确地通过三个液压缸操纵与LNG船进行连接。船/臂的连接是通过手动快速接头连接。

液相臂布置在码头二层平台，考虑一定的维修空间，布置间距一般为2.5m，液相臂设置氮气吹扫装置，用以卸料完毕后的排净和保护气相臂三个旋转接头，以避免当气相臂在LNG环境下，旋转接头的四周结冰。

在液相臂的顶部和旋转处安装有限位传感器，以检测任何可能导致卸船臂出现故障和LNG泄漏的紧急情况。当恶劣的天气条件或泊锚故障造成船身的漂移，超过液相臂移动范围时，紧急报警并脱离液相臂。

每条液相臂都设置有液压系统，由以下部分组成。

1）一套阀组选择系统，选择臂的操作方式（手动连接/锁定或卸船）。

2）液压连接器，用于操作臂，并将岸侧臂锁定在收回位置。

3）一个蓄能器，保证液压油的压力，在阀组选择设备故障或者电源故障的情况下，能操作紧急脱离装置（PERC）。

（2）气相臂　气相臂与液相臂结构相同，也由四个主要部分组成：升降立柱、船侧臂、岸侧臂、船/臂连接装置。

气相臂同样布置在码头二层平台，考虑一定的维修空间，布置间距一般为2.5m。

气相臂同样设置氮气吹扫装置，用以卸料完毕后的排净和保护气相臂三个旋转接头，避免当气相臂在LNG环境下，旋转接头的四周结冰。

气相臂的顶部和旋转处安装有传感器，以检测任何可能导致气相臂出现故障和NG泄漏的紧急情况。当恶劣的天气条件或泊锚故障造成船身的漂移，超过液相臂移动范围时，紧急报警并脱离液相臂。

气相臂也设置有液压管线，具体设置与液相臂相同，共用一套液压系统。

（3）气液两用臂　气液两用臂正常操作时作为液相臂使用，气相臂维修或出现故障时可作为气相臂使用，此时卸船操作时间会略有延长，但可减少LNG船滞港时间，避免蒸发气因无法回船而排放至火炬燃烧。

4. 工程应用案例

国内某LNG接收站，通过能力650万t/a，码头接卸的主力船容$14.7\times10^4\ m^3$，同时可兼顾接卸的船型范围为$12.5\times10^4\sim26.7\times10^4\ m^3$，栈桥长度1900m。

根据目前LNG船的资料，卸船流量为$10000\sim14000m^3/h$，$14.7\times10^4\ m^3$ LNG船码头作业时间见表3-4。

表 3-4 $14.7\times10^4m^3$ LNG 船码头作业时间

进港时间/h	停靠时间/h	卸船准备时间/h	卸料时间/h	离港准备时间/h	离港时间/h	总计用时/h
2	1	4	13	4	4	28

3.2.3 贮存系统

LNG 的常用贮存方法有压力贮存和常压贮存。压力贮存一般多用于贮存量较小的情况。LNG 接收站贮存量较大，通常采用常压贮存，容积多在 $5\times10^4m^3$ 以上，世界上最大的 LNG 储罐容积已达到了 $27\times10^4m^3$。本节主要介绍常压贮存。

1. 功能及技术指标

贮存系统主要包括 LNG 储罐及其压力、温度、液位、泄漏、防翻滚监测等附属设施。

LNG 贮存系统主要技术指标如下。

1）LNG 贮存能力。LNG 储罐作为接收站的重要贮存设施，其单罐容积和数量直接影响 LNG 接收站的接收、周转和外输能力，同时也影响接 LNG 收站的投资和经济性。LNG 接收站所需的贮存能力应综合考虑接收站现有储罐总有效罐容、可接卸 LNG 船有效船容、安全储备天数、正常外输及调峰要求，一般安全储备天数根据码头最大连续不可作业天数确定。

2）LNG 储罐数量。LNG 储罐数量不宜少于 2 座，全包容预应力混凝土单罐容积 $(5\sim27)\times10^4m^3$。

3）LNG 储罐的设计压力和温度。LNG 储罐设计压力不应超过 50kPa（G），一般为 -1.5～29kPa（G），内罐设计温度 -170～-165℃。

4）LNG 储罐容积。LNG 贮罐的容积分为公称容积、贮存容积和有效容积，分别对应不同的贮存液位高度。国内 LNG 接收站工程项目中 LNG 储罐多采用有效容积，有效容积为正常操作条件下允许的最高操作液位（LAH）和允许的最低操作液位（LAL）之间容积，如图 3-7 所示。

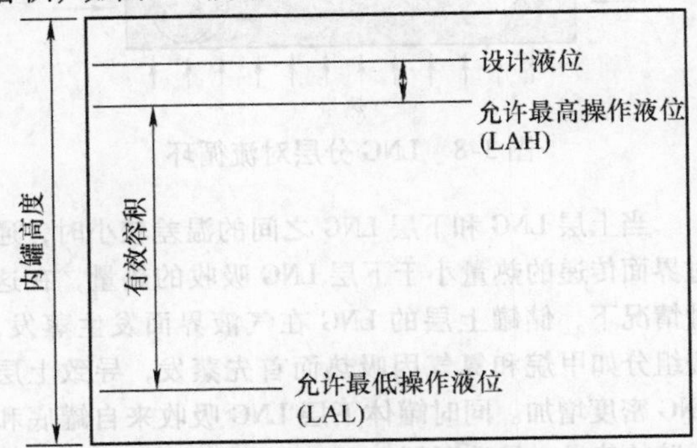

图 3-7 有效容积示意图

5）LNG 日蒸发率。液化天然气储罐日蒸发率是在综合考虑投资费用和操作运行费用的基础上，由液化天然气储罐设计方和用户协商后确定的。基于国内外液化天然气接收站设计经验，单容罐和双容罐容积多在 $8\times10^4m^3$ 以下，设计日蒸发率多采用 0.08%；典型的全容罐和薄膜罐的设计日蒸发率见表 3-5。

表 3-5 全容罐和薄膜罐的设计日蒸发率

储罐容积/ 10^4m^3	日蒸发率	
	全容罐	薄膜罐
8	0.08%	—
10～14	0.075%	0.1%
16～20	0.05%	0.075%
27	0.04%	—

2. 系统设置及技术要求

由于 LNG 储罐的贮存能力巨大，是接收站造价最昂贵的设备且直接影响接收站的供气可靠性，一旦发生泄漏将威胁接收站的安全，因此对于储罐的工艺系统设置及要求至关重要。

（1）储罐连接管线　为了防止 LNG 泄漏，罐内所有的流体进出管道及所有仪表的接管均从罐体顶部连接。每座储罐设有两根进料管，既可以从顶部进料，也可以通过罐内插入立式进料管实现底部进料。在 LNG 进料总管上设置切断阀，可在紧急情况时隔离 LNG 储罐与进料管线。LNG 储罐通过一根气相管道与蒸发气总管相连，用于输送储罐内产生的蒸发气和卸船期间置换的气体至 BOG 压缩机、LNG 运输船及火炬系统。

（2）储罐压力控制和保护　诸多因素会造成 LNG 储罐压力变化，储罐内外压差过大会造成储罐的损坏。将 LNG 储罐压力控制在允许的范围之内至关重要，有利于保证 LNG 储罐安全操作，提高工厂的操作稳定。因此，为了准确监测储罐的压力，LNG 储罐的表压和绝压都在控制室能够显示及监控。

1）正常压力控制：正常情况下，LNG 储罐的压力是通过 BOG 压缩机将储罐的蒸发气抽走来控制的，即压缩机的操作负荷控制 LNG 储罐的气相压力。当 LNG 储罐内正常压力升高，增大压缩机的操作负荷或增加开启压缩机台数进行调节，压力超出正常范围时，压力报警提示。当 LNG 储罐压力降低时，降低压缩机的操作负荷或减少开启压缩机台数进行调节，压力低于正常范围时，停止压缩机。

2）正常压力保护：LNG 储罐设置多级压力保护，主要是超压和真空保护。储罐的第一级超压保护是排放过量的BOG至火炬系统。在LNG储罐压力达到一定压力值时，压力控制阀开启，BOG将直接排放到火炬总管。LNG储罐的第二级超压保护是设置安全阀，超压气体通过安装在罐顶的压力安全阀直接排入大气。

LNG储罐应设置安全阀及备用安全阀。安全阀泄放量应按下列工况可能的组合进行计算：

① 火灾时的热量输入。

② 充装时置换及闪蒸。

③ 大气压降低。

④ 泵冷循环带入的热量。

⑤ 控制阀失灵。

⑥ 翻滚。

第一级真空保护是LNG储罐破真空阀，由于某些原因导致储罐表压较低于破真空阀设定值时，来自补气管线的破真空气（如天然气或者氮气）通过此阀门进入与储罐相连的BOG管线维持LNG储罐压力的稳定。

LNG储罐的第二级真空保护是每座LNG储罐设置真空安全阀，如果补充的破真空气体不足以维持LNG储罐的压力在正常操作范围内时，储罐压力继续下降，并达到真空安全阀的开启压力，空气通过安装在储罐上的真空安全阀进入罐内，维持储罐压力正常。

补气阀和真空安全阀最大流量应按下列工况可能的组合进行计算：

① 大气压升高。

② 泵抽出的最大流量。

③ 蒸发气压缩机抽出最大流量。

（3）温度测量　通常每座LNG储罐中设置1套独立的多点温度变送器，用于测量罐内不同液位处LNG温度，操作员可通过不同液位高度温度差，判断LNG是否有分层趋势。

在LNG储罐的内罐外壁和底部通常也设有温度传感器，对储罐冷却和正常操作进行温度监测。储罐冷却过程中，由于钢材会发生收缩，为避免储罐冷却不均匀导致焊缝撕裂，需要控制预冷速度，内罐外壁和底部的温度检测元件可通过变送器将温度参数传送到DCS，供操作员储罐预冷时对储罐不同区域的温度差进行监测。

LNG储罐的内外罐的环隙空间内装有RTD温度传感器进行LNG泄漏监测。

（4）液位测量　在每座LNG储罐上设置液位变送器和液位开关，并且提供安全仪表系统（SIS）所需的报警和联锁信号。

正常操作时LNG储罐内液位通过手动进行控制。操作员可在中央控制室内根据储罐液位，决定卸船操作期间的LNG接收储罐及用于外输的LNG储罐。LNG储罐内液位的正常操作是手动控制的。操作人员根据中央控制室的液位测量值，决定卸船操作期间哪座LNG储罐作为接收罐，哪座LNG储罐作为输出罐。

高高、低低液位联锁分别用于紧急情况下切断LNG储罐停止进料和关停罐内低压输送泵。LNG。

（5）储罐泄漏监测　LNG储罐的内罐用于储存低温LNG液体，而外罐仅用于保持BOG处于封闭空间，使之不会泄漏到外部环境中。内罐的LNG一旦泄漏或溢出，将对储罐产生不同程度的损坏。外罐气态烃泄漏也会产生燃烧、爆炸等隐患。

为此，在环隙空间底部、外罐的罐体下部的内侧设置温度监测仪表，根据其监测结果来判断储罐的LNG是否发生泄漏。同时罐顶和罐底分别设置气体探测器，实时监测储罐周边气态烃的浓度，对储罐及储罐周边管道的泄漏状况进行判断。

（6）防翻滚监测及设施　LNG是多组分混合物，由于组分的不同，液体密度的差异使储罐内的LNG可能发生分层。分层发生后，起初各层处于相对稳定的状态——上层液体层密度较小、下层液体层密度较大。随着外部环境对储罐的漏热持续进行，紧贴罐壁的液体层吸收热量后，温度升高，密度减小，上升至液体层上部，并在气液界面发生蒸发，各层形成相对独立的自然对流循环，如图3-8所示。

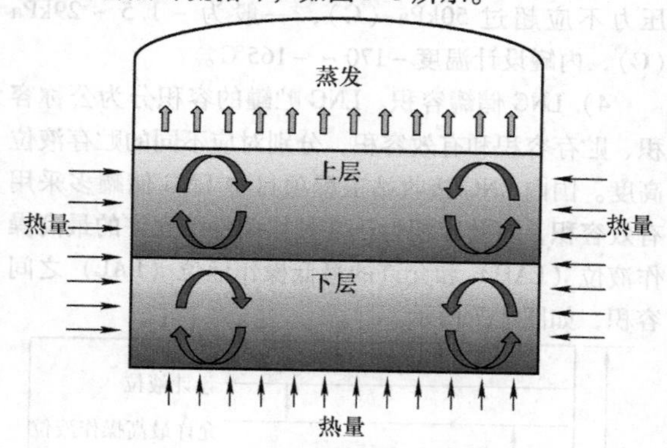

图3-8　LNG分层对流循环

当上层LNG和下层LNG之间的温差较小时，通过界面传递的热量小于下层LNG吸收的热量，在这种情况下，储罐上层的LNG在气液界面发生蒸发，轻组分如甲烷和氮气因吸热而首先蒸发，导致上层LNG密度增加。同时罐体下层LNG吸收来自罐底和罐壁的热量，导致下层LNG温度升高。但是由于上层LNG压力的作用且LNG的传热速率较慢，下层LNG无法上升至气液表面，因而导致下层LNG温度升高较快。当下层LNG的密度随着温度升高而减小至上下层密度趋于相等，层间界面变得模糊，液体层发生混合；此时下层LNG积蓄的能量迅速释放，使得大量液体吸热汽化并产生出大量的蒸发气，进而蒸发气上升至气液表面，即发生翻滚现象。

为了防止罐内LNG发生翻滚，LNG储罐设有防翻滚监测及防翻滚设施，主要有以下几种。

1）每座LNG储罐设置一套液位-温度-密度（LTD）测量仪表，对不同液位高度上的LNG温度和密度进行测量和监控。液位、温度和密度的读数都可以通过DCS显示，当温度差或者密度差超过设定值，操作人员可及早采取措施防止LNG储罐内发生翻滚。

2）每座LNG储罐设有两根进料管，既可以从顶部进料，也可以通过罐内插入立式进料管实现底部进料。进料方式取决于LNG运输船待卸的LNG与储罐内已有LNG的密度差。若船载LNG比储罐内LNG密度大，则船载的LNG从储罐顶部进入；反之，船载LNG从储罐底部进入。这样可有效防止储罐内LNG出现分层、翻滚现象。

3）LNG储罐设置防翻滚管线或利用低压输送泵回流管线用于罐内LNG的混合，以防止出现分层、翻滚现象。

3. 关键设备选择

LNG储存系统关键设备是储罐，LNG接收站常用的储罐按结构型式可分单包容罐、双包容罐、全包容罐和膜式罐。国内外LNG接收站选用最多是预应力混凝土外罐+9Ni钢内罐组成的全包容储罐，简称FCCR。FCCR储罐由内罐和外罐组成，在内外罐间充填有保冷材料，罐内绝热材料主要为膨胀珍珠岩、弹性玻璃纤维毡及泡沫玻璃砖等。不同形式LNG储罐的详细介绍及对比见第5章。

根据安装方式的不同，LNG储罐可分为地上罐、地下储罐与半地下储罐。

地下储罐比地上储罐具有更好的抗震性和安全性，不易受到空中物体的撞击，不会受到风荷载的影响，也不会影响人们的视线。但是地下储罐的罐底应位于海平面及地下水位以上，事先需要进行详细的地质勘查，以确定是否可采用地下储罐这种形式。地下储罐的施工周期较长、投资较高。LNG储罐多采用地上罐，日本多采用地下罐。

LNG储罐型式以及数量需要综合LNG接收站的建设地点、周边情况、考虑不同船型、船运方案、LNG最小贮存能力、外输能力等多方面的因素。

4. 工程应用案例

国内某LNG接收站目前已建成4座有效容积为$16\times10^4m^3$ LNG储罐，储存能力达到$64\times10^4m^3$，每座LNG储罐设有4个储罐安全阀及4个真空安全阀。LNG储罐设计压力为-0.5～29kPa（G）。典型的LNG储罐压力设定值见表3-6。

表3-6 典型LNG储罐的压力设定值

设施/参数	设定值/kPa（G）	动作
安全阀全开	31.9	
储罐设计压力（安全阀设定压力）	29	安全阀开启
压力高报警	26.5	
压力控制阀PCV开启	25.5	通知操作工，压力控制阀开启，过量的蒸发气通过蒸发气汇管排至火炬系统燃烧，以维持蒸发气汇管的压力在设定值
正常操作最大压力	25	
正常操作最小压力	7	
破真空阀开启	4	通知操作工，补气阀开启，允许来自外输管线的气体补充到蒸发气总管
真空安全阀设定压力	-0.22	真空安全阀开启
真空设计压力	-0.5	
真空安全阀全开	-0.5	

3.2.4 蒸发气处理系统

蒸发气处理系统是LNG接收站的关键工艺系统，主要功能是将产生的BOG回收利用。蒸发气的产生主要是由于外界能量的输入造成，其来源如下：

1）环境热量输入。由于LNG储罐、LNG管线等低温设施的隔热不能完全阻止外部环境热量的传入而产生一定量的BOG。

2）LNG罐内泵热量输入。用于保冷循环的LNG罐内泵，产生的热量使LNG汽化产生BOG。

3）卸船操作。卸船期间，船上的LNG进入储罐，由于热量的输入，闪蒸及气相空间被输入的LNG液相占据，会产生大量的蒸发气。

1. 功能及技术指标

BOG处理系统主要包括BOG压缩机、再冷凝器、BOG压缩机入口冷却和分离设施等。BOG处理系统主要技术指标如下。

1）BOG处理系统能力根据LNG接收站可能产生的最大BOG量确定，通常对应卸船并最小外输工况。

2）每台压缩机设置0~100%的连续或者阶梯性负荷控制。

3）如采用再冷凝工艺，再冷凝能力应确保BOG完全回收利用。

2. 系统设置及技术要求

LNG接收站工艺技术路线主要取决BOG处理工艺，需根据BOG产生量、外输量等因素，综合考虑BOG的处理方案，达到安全、稳定、可靠、先进、节能、环保的要求。

BOG处理工艺主要可以分为三种：BOG再冷凝工艺、BOG直接增压外输工艺、BOG再液化工艺。

（1）BOG再冷凝工艺　再冷凝是指LNG储罐的BOG气体通过压缩机加压到一定压力，储罐内的低压LNG泵送出相同压力的LNG，两者按照一定比例在再冷凝器中直接接触换热，加压后过冷的LNG利用“显冷”将大部分BOG气体冷凝，再经高压LNG泵加压到汽化外输压力，经汽化器汽化后送高压输气管道。

BOG再冷凝主要由BOG压缩系统、再冷凝器系统及辅助系统等，如图3-9所示。

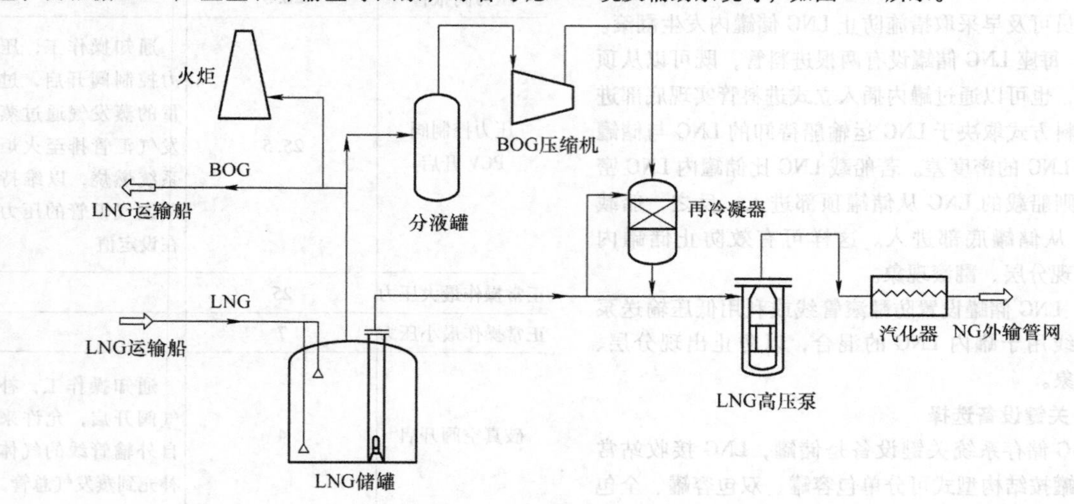

图3-9　再冷凝工艺流程简图

1）BOG压缩系统。一般设置多台能力相同的BOG压缩机，根据调整BOG压缩机的台数和流量以满足不同工况下的BOG处理需求。BOG压缩机应满足以下要求。

① 除备用外的BOG压缩机能力至少应满足不卸船时正常的BOG产生量。

② 所有BOG压缩机能力的总和应不小于最大的BOG量。

③ BOG压缩机数量应满足运行与备用要求，并经设备造价比较后确定。

BOG压缩机入口设置BOG压缩机入口分液罐，可以防止蒸发气夹带LNG液体进入压缩机。当BOG压缩机入口分液罐的液位较高时，液体排净至低压排净罐或直接返回LNG储罐。

在BOG压缩机吸入温度较高时，为了防止出现BOG压缩机出口温度过高高温，有时在BOG压缩机入口缓冲罐设调温器，根据进入BOG压缩机的温度，定量向BOG喷射低温LNG，以控制BOG压缩机入口温度。

2）再冷凝系统。再冷凝器有两个功能，一是为BOG提供与LNG混合并实现冷能的空间，二是作为高压LNG输出泵的入口缓冲罐。再冷凝器的上部为不锈钢拉西环填充床，蒸发气从再冷凝器的顶部进入，LNG从再冷凝器侧壁进入，并在填料层与BOG充分接触，BOG冷凝成液体。

再冷凝系统的处理能力按最大BOG量全部冷凝考虑，再冷凝器可不考虑备用。再冷凝器检修或事故期间，蒸发气采取其他方式处理或送火炬燃烧后排放，LNG通过再冷凝器旁路进入高压输出泵。

设计阶段确定再冷凝系统的压力时，需要综合考虑BOG的最大流量、天然气的最小外输量和LNG物性等因素，设计原则是在最小外输气量的条件下，可将最大BOG量全部冷凝。在接收站运行过程中，再冷凝器的操作压力和温度影响再冷凝的效率，通常操作压力越高，LNG提供的冷量也越多，因此可在设计范围内，通过提高再冷凝器的操作压力来减少LNG用量，在回收BOG的同时减少LNG的汽化外输量，满足接收站最小外输量的要求。

再冷凝器主要进料方式有两种，一种是将低压LNG泵送来的LNG全部进入再冷凝器冷凝BOG，然后再将LNG输送至高压LNG泵，如图3-10a所示。这样，再冷凝器不但尺寸偏大，而且整体重量及相关结构框架增加。并且，一旦再冷凝器出现任何问题，高压LNG泵就需要停车，从而导致整个外输中断。

另外一种是仅将用于冷凝BOG（最大量）所需的LNG进入再冷凝器，其他LNG可以直接送至高压LNG泵而不用流经再冷凝器，这样可以减少再冷凝器尺寸，降低能耗及投资，如图3-10b所示。

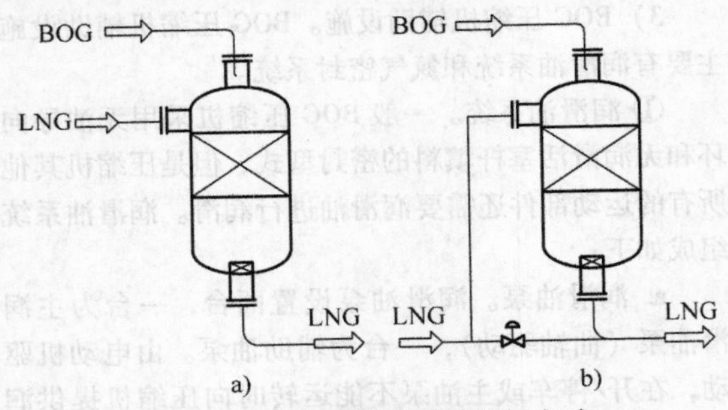

图3-10　再冷凝器不同进料方式

再冷凝器设置如下多参数控制：LNG/NG流量比率控制、压力及超压控制、温度控制、液位控制。

① LNG/NG流量比率控制。在BOG冷凝过程中，LNG用量根据BOG的量变动，通过流量控制阀进行调节，LNG用量根据式（3-2）计算得出：

$$Q_{LNG}=Q_{BOG}R \tag{3-2}$$

式中，R为比率常数；Q_{LNG}为再冷凝BOG所需的LNG流量（t/h）；Q_{BOG}为进入再冷凝器的BOG的正常流量（t/h）。

② 压力及超压控制。再冷凝器底部（高压泵入口压力）设置压力检测，根据检测压力调节再冷凝器旁路上的并联设置调节阀，首先开启其中一个调节阀，当它完全开启时，再通过另一个调节阀调节压力。再冷凝器顶部设置压力控制阀，当再冷凝器压力升高时，通过打开压力控制阀，排放气体，从而达到稳压。

③ 温度控制。在正常的操作中，再冷凝器的温度大约是－155℃，并将随LNG的组成以及进入再冷凝器的BOG流量而变化。再冷凝器底部设置温度检测，当温度高于设定值－120℃报警，同时增加进再冷凝器中LNG的流量。

④ 液位控制。再冷凝器设置液位检测，避免液位太低和太高。当液位高时报警，利用来自外输管线的高压天然气降低液位；当再冷凝器液位低低时，联锁停高压泵、BOG压缩机以及关闭天然气补气线切断阀；当再冷凝器液位高高时，联锁停止进再冷凝器的LNG流量和停BOG压缩机。

（2）直接增压外输工艺　直接增压外输工艺是指BOG通过压缩机增压后输送到外输管道，如图3-11所示。

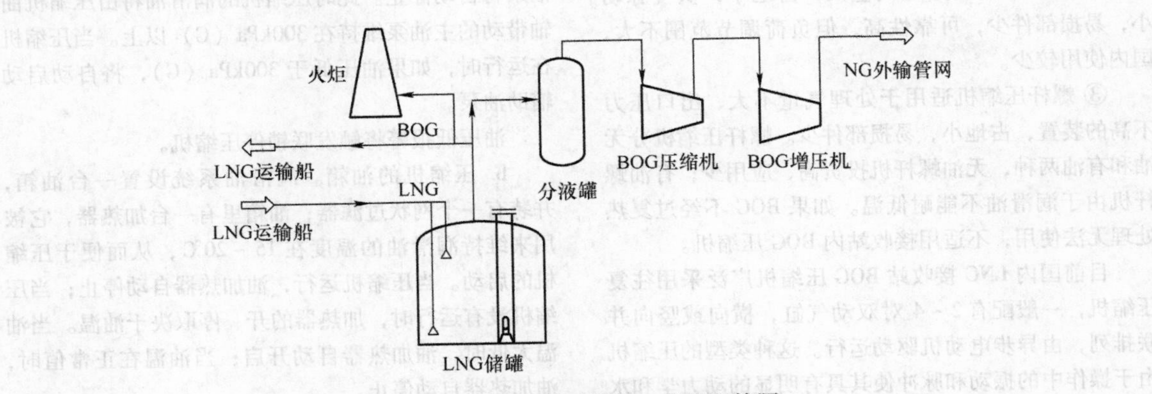

图3-11　直接增压外输工艺流程简图

BOG增压机的设置方式有两种。一种是接力式，即BOG气经BOG压缩机加压后再进入BOG增压压缩机增压后外输。另一种是BOG气直接经过BOG增压压缩机压缩后直接外输。可根据实际情况论证并最终选取BOG增压压缩机的设置方式。表3-7列出了两种增压外输方式的对比。

表 3-7　增压外输方式对比

类型	接力式	直接增压外输
方式	BOG 增压压缩机与 BOG 压缩机串联使用	单独使用 BOG 增压压缩机
优点	如果接收站中已设置 BOG 压缩机，可降低成本，减小占地	可单独使用，不依赖于 BOG 压缩机的运行状态
缺点	需与 BOG 压缩机进行负荷调节，运行可靠性较低	成本较高，占地较大

（3）再液化工艺　再液化工艺是指通过再液化装置将系统产生的 BOG 液化成 LNG 后直接返回 LNG 储罐中。LNG 接收站产生的 BOG 相对较少，多采用混合冷剂制冷和氮膨胀制冷，具体工艺系统设置及技术要求见第 2 章。

3. 关键设备选择

（1）BOG 压缩机　BOG 压缩机是 BOG 处理系统中关键设备，主要用于将 BOG 增加一定压力后进行处理。根据增加压力要求不同，BOG 压缩机分压缩机和增压机两种。BOG 增压机设置与压缩机相同，只是出口压力不同，出口压力有时高达外输压力 10MPa（G），不再单独描述。

1）BOG 压缩机形式。BOG 压缩机形式有往复式、离心式和螺杆式。

① 往复压缩机处理气量较小，出口压力可高达 10MPa（G），负荷调节范围大，易损部件多。

② 离心压缩机处理气量大，占地小，供气脉动小，易损部件少，可靠性高，但负荷调节范围不大，国内使用较少。

③ 螺杆压缩机适用于处理气量不大、出口压力不高的装置，占地小，易损部件少。螺杆压缩机分无油和有油两种，无油螺杆机投资高，应用少；有油螺杆机由于润滑油不能耐低温。如果 BOG 不经过复热处理无法使用，不适用接收站内 BOG 压缩机。

目前国内 LNG 接收站 BOG 压缩机广泛采用往复压缩机，一般配有 2～4 对双动气缸，横向或竖向并联排列，由异步电动机驱动运行。这种类型的压缩机由于操作中的振动和脉冲使其具有明显的动力学和水力学特征，因此需要格外注意多级压缩的底座、入口/出口气缸的尺寸，以保护压缩机。以下内容主要针对往复压缩机进行阐述。

2）BOG 压缩机参数。BOG 压缩机进口温度较取决 BOG 温度，压缩机的制造材料必须满足温度的要求，一级或二级气缸一般由不锈钢制成，三级或四级以上的气缸根据压缩后温度决定材料，一般由低温碳钢或碳钢材料制成。

BOG 压缩机出口压力要达到再冷凝器的操作压力或外输管网压力，进口气体温度需保证压缩机出口温度不能过高，以免影响再冷凝器操作。压缩后温度升高，压缩机级间设置冷却，由于接收站一般不设置冷却水系统，压缩机级间冷却多使用空冷器。

BOG 压缩机驱动方式主要为电动机，电动机效率更高。BOG 压缩机电动机通常为定速或常速电动机，调节负荷可通过压缩机四个入口卸荷阀和余隙调节阀来实现。卸荷阀调节 50% 的负荷，余隙阀调节 25% 的负荷，从而实现 0%→25%→50%→75%→100% 负荷调节。基于压缩机操作安全，25% 的负荷调节只能短暂地出现在开车阶段。所有的负荷调节可在 DCS 进行。

3）BOG 压缩机辅助设施。BOG 压缩机辅助设施主要有润滑油系统和氮气密封系统。

① 润滑油系统。一般 BOG 压缩机采用无油导向环和无润滑活塞杆填料的密封型式，但是压缩机其他所有的运动部件还需要润滑油进行润滑。润滑油系统组成如下：

a. 润滑油泵。润滑油泵设置两台，一台为主润滑油泵（曲轴驱动），一台为辅助油泵。由电动机驱动，在开/停车或主油泵不能运转时向压缩机提供润滑油。每个油泵的出口管线上设有安全阀。安全阀的出口连接到曲轴箱。

在压缩机启动 20s 后，油压达到要求，辅助润滑油泵将自动停止。此时压缩机的润滑油将由压缩机曲轴带动的主油泵维持在 300kPa（G）以上。当压缩机在运行时，如果油压低于 300kPa（G），将自动启动辅助油泵。

油压低报警将触发联锁停压缩机。

b. 压缩机的油箱。润滑油系统设置一台油箱，并装有一个网状过滤器；油箱里有一台加热器，它被用来维持润滑油的温度在 15～20℃，从而便于压缩机的启动。当压缩机运行，油加热器自动停止；当压缩机没有运行时，加热器的开、停取决于油温。当油温太低时，油加热器自动开启；当油温在正常值时，油加热器自动停止。

高位油箱用来提供应急润滑油，确保 BOG 压缩机安全停车。

c. 润滑油冷却器。润滑油经三通温度控制阀控制温度，一部分润滑油需要经过空气冷却器后，与旁路的润滑油一起经过过滤器回到曲轴油箱。空气冷却器安装了两台电动风扇，一开一备。

② 氮气密封系统。每台压缩机活塞杆的密封需要充氮气，用于封住和隔开任何从压缩机气缸泄漏的气体和从曲轴箱泄漏的润滑油。密封腔中的氮气的压力维持在100kPa（G），通过填料从密封腔中连续泄漏出的氮气排入低压火炬管中；同时任何通过气缸处活塞杆填料，从压缩机气缸中泄漏出来的天然气排入到压缩机进口管线；从曲轴油箱泄漏的润滑油，排放到带有液位视镜的排放罐中。

（2）再冷凝器　再冷凝器是提供LNG和BOG混合及传热传质空间，使两者充分接触完成BOG的冷凝；同时，再冷凝器也作为LNG高压输出泵入口缓冲罐，防止LNG高压输出泵发生汽蚀。

再冷凝器分填料床和存液区两部分。填料床由不锈钢拉西环或鲍尔环等填料自由堆积而成，底部设有填料支撑格栅，顶部安装液体分布器，用来将LNG均匀分布在整个填料层，增大LNG与BOG的接触面积。存液区保证液体停留时间，为LNG高压输出泵吸入端提供缓冲。再冷凝器典型结构如图3-12所示。

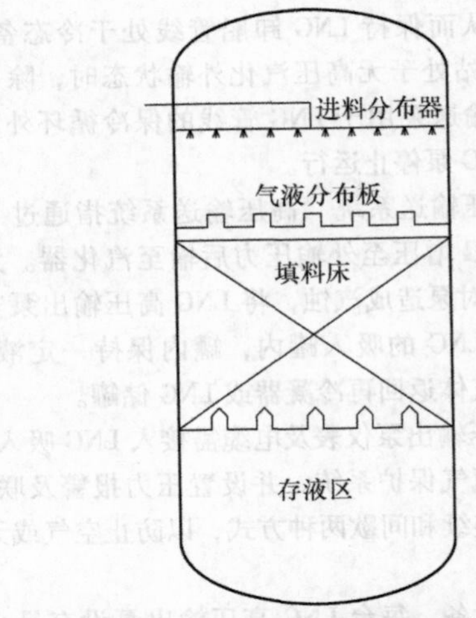

图3-12　再冷凝器典型结构

4. 工程应用案例

BOG压缩机参数选择比较复杂，接收站操作组合多，压缩机需要满足所有操作。表3-8列出了某接收站典型工况BOG产生量。

表3-8　某接收站典型工况BOG产生量

工况	一	二	三	四	五	六
工况描述	装船，无装车 无气相输出		装船，无装车 最小气相输出		无装船，无装车 最小气相输出	
	2座$8\times10^4m^3$ LNG储罐		3座$8\times10^4m^3$ LNG储罐			
	卸船	非卸船	卸船	非卸船	卸船	非卸船
BOG量/(t/h)	21.4	11.0	22.8	12.0	25.6	12.7

表3-8中，工况一、三、五的BOG量比工况二、四、六大的原因，主要是卸船时起动的压缩机多一台。（对于2缸的BOG压缩机，一般设置三台，正常运行两台，卸船时运行三台；对于4缸的BOG压缩机，一般设置两台，正常运行一台，卸船时运行两台。）

3.2.5　液化天然气输送系统

1. 功能及技术指标

液化天然气输送系统主要是指LNG输送及加压的相关系统，主要包括低压输送泵（又称罐内泵）、高压输出泵（又称外输泵）及高低压LNG输送管道等。有些LNG接收站外输压力较低时，也可直接由罐内低压输送泵送至汽化器进行气化外输。

液化天然气输送系统技术指标主要有：

1）低压输送泵与高压输出泵通常采用立式离心泵。

2）每座LNG储罐内的低压输送泵不少于两台，配置应急电源的低压输送泵不宜少于一台。

2. 系统设置及技术要求

（1）低压输送系统　低压输送系统指通过LNG储罐内泵将LNG输出至下游用户，一部分低压LNG进入再冷凝器将BOG压缩机的压缩蒸发气混合冷凝后，与再冷凝器旁路的低压LNG汇合进入高压输出泵，达到所需的流量和输送压力后输送到汽化器。另一部分低压LNG直接输送至槽车装车站或灌装站，通过LNG槽车或罐箱外运。

由于LNG低压输送泵安装在储罐内，仪表及电缆需接入LNG储罐，接线箱设置氮气保护系统，并设置压力报警及联锁，氮气吹扫设有连续和间歇两种方式，以防止空气或天然气进入。

为保护设备，每台低压输送泵设有最小回流管线，通过流量控制，回流LNG返回储罐。

在非卸船期间，低压输出总管中的一部分LNG通过保冷循环管线，以小流量LNG对卸船管线进行保冷循环，从而保持 LNG 卸船管线处于冷态备用。当 LNG 接收站处于无高压汽化外输状态时，除一台或两台低压输送泵用于 LNG 管线的保冷循环外，其他所有的 LNG 泵停止运行。

（2）高压输送系统　高压输送系统指通过 LNG 输出泵将 LNG 增压至外输压力后输至汽化器。为避免 LNG 汽化对泵造成汽蚀，将 LNG 高压输出泵安装在一个充满 LNG 的吸入罐内，罐内保持一定液位，并将汽化的气体返回再冷凝器或 LNG 储罐。

LNG 高压输出泵仪表及电缆需接入 LNG 吸入罐，接线箱设置氮气保护系统，并设置压力报警及联锁，氮气吹扫有连续和间歇两种方式，以防止空气或天然气进入。

为保护设备，每台 LNG 高压输出泵设有最小回流管线，可使用流量控制。在正常操作中返回再冷凝器；当再冷凝器维修时，返回到 LNG 储罐。

每台 LNG 高压输出泵设置预冷管线，当泵不运行时，通过预冷管线维持泵及吸入罐“冷态”，小流量 LNG 返回 LNG 储罐。

每台高压输出泵设置放空，返回到再冷凝器，或者经过低压排净送回 LNG 储罐。这条专用的放空管线，使每个泵的竖管被部分充满了 LNG，确保泵的安全。

3. 关键设备选择

LNG 输送泵将 LNG 输送各用户，接收站内一般根据输送压力分低压输送泵和高压输出泵，有些特殊接收站还设置中压输送泵，中压输送泵设置与高压输出泵相同，只是出口压力不同，不再单独描述。

（1）低压输送泵　LNG 低压输送泵将 LNG 从储罐中抽出送至下游用户，主要用途如下：

1）用于外输、装船、装车、加注等。

2）LNG 储罐内部的循环以防止翻滚。

3）维持整个系统的保冷循环。

根据各种用途，低压输送泵又分多种，如低压泵、装车泵、装船泵、加注泵等。

LNG 低压输送泵一般选用潜液式离心泵，采用自润滑型轴承，无须外部润滑。同时泵本身设计有平衡装置，平衡自身的轴向力，减少轴承的受力，延长使用寿命及维修周期。为了检测泵的平衡，配置振动检测系统（VMS）。所有 LNG 输送泵共用一套振动监测系统，控制室可连续显示所有泵的数据，并设置高振动报警，但不联锁停泵。

LNG 低压输送泵安装在储罐内，因此泵的吸入底阀设置在罐底部，一旦安装到位，将无法检修。该阀的密封非常重要，阀门选用双密封。

低压输送泵设置现场控制盘，在控制盘上设有遥控/现场的选择器。如果选择器是处于“遥控”位置，在现场不能对泵进行操作。同样，如果选择器是处于“现场”位置，在接收站控制室不能启动泵。在控制室设有泵选择器的指示器，且控制室操作员应了解选择器的位置。通常情况下，选择器一般处于“现场”位置，由操作员现场起动泵。

低压输送泵需要监控的主要功能有（指令和状态信息指示器）：①遥控（DCS 控制）启动/关闭指令；②泵状态（运行/停止）指示；③现场/遥控状态指示；④可用性指示；⑤故障指示；⑥电源指示；⑦电流指示；⑧过载指示。

考虑低压输送泵的检修，每个罐顶安装专门检修泵的吊装设施，如悬臂起重机或转轨。

LNG 低压输送泵是输送系统中的重要设备，应设置备用泵，以确保泵的维修不影响接收站的正常外输操作。

LNG 低压输送泵参数一般根据用途确定，由于低压泵、装车泵、装船泵、加注泵各具有其特点。低压泵主要用于外输，扬程较高，为 250～300m。装车泵主要用于槽车装车或罐箱灌装，扬程较低，为 150～200m；且装船泵用于装船，流量较大，单泵流量可达 1000～2000m^3/h，扬程较低。加注泵一般流量较小。

根据以上特点，不同用途的 LNG 输送泵既可单独设置，也可考虑合并设置。

由于目前国内 LNG 接收站多以接卸为主，LNG 装船由于政策、需求等因素，装船发展滞后，多数接收站 LNG 装船泵与 LNG 低压输送泵合并设置。

接收站如果以气体外输为主，其他功能为辅助，考虑到检修及互为备用，LNG 低压输送泵规格应尽量一致。

（2）高压输出泵　高压输出泵将 LNG 增压至外输压力后送至汽化器。

高压输出泵为多级浸没式离心泵，自润滑型轴承，无须外部润滑，同时泵本身设计有平衡装置。为了检测泵的平衡，还需配置振动检测系统（VMS）。所有泵可共用一套振动监测系统，一个振动探测器安装在泵上，另一个在泵吸入罐上；控制室可连续显示所有泵的数据，并设置高振动报警，但不联锁停泵。

出于安全考虑，高压输出泵不设置远程启动，泵只设置现场启动。为出现紧急情况下快速停泵，高压输出泵需要设置中控室和现场停泵。

高压输出泵设置现场控制盘，在控制盘上设有遥控/就地的选择器。由操作员现场启动泵或停泵。

高压输出泵需要监控的主要功能有（指令和状态信息指示器）：①泵状态（运行/停止）指示；②现场/遥控状态指示；③可用性指示；④故障指示；⑤电源指示；⑥电流指示；⑦过载指示。

每台高压输出泵吸入罐安装温度传感器，用于冷却监测；安装液位变送器，用于监测吸入罐内 LNG 液位。

高压输出泵是输送系统中的重要设备，必须设置备用泵，至少一台。泵的维修应不影响接收站的正常外输操作。

根据预期的 LNG 输出量来确定泵的运行台数，所有的高压输出泵都并联安装。

LNG 高压输出泵的安装方式分为地上安装和地下安装。就目前已投产项目中，深圳、上海、宁波、唐山、青岛、天津、北海等 LNG 接收站的高压输出泵均安装在地上的框架内，相应地抬高再冷凝器的安装高度，以满足 LNG 高压输出泵的汽蚀要求；而福建、大连、江苏等 LNG 接收站采用将高压输出泵置于地下坑内的方案，就上述两种方案而言，其优缺点比较见表 3-9。

表 3-9　LNG 高压输出泵安装优缺点比较

安装方式	安装在地上的框架内	置于地下泵坑内
优点	施工相对简单，检修方便无泵坑，不需做特殊防潮处理	再冷凝器安装位置相对低
缺点	再冷凝器安装位置相对高，安装再冷凝器费用增加	设置 LNG 高压输出泵安装坑，施工困难坑需做防潮、防腐等苛刻处理

LNG 高压输出泵参数主要根据下游用户对天然气的压力、外输量要求确定。很多接收站由于用户不同或不确定，外输压力变化较大。有时高压输出泵需要根据外输要求，选用中压、高压两种泵。如果压力变化由于建设分期造成的，高压输出泵可根据不同要求进行更换叶轮，使其能够适应不同下游用户在不同运行阶段的用气需求。

高压输出泵的设计能力在标准范围内尽量选用足够大的单台能力，以减少泵的总台数，从而降低接收站的投资，还应考虑适应不同运行工况、与汽化器的匹配关系及接收站的操作运行简单化。

4. 工程应用案例

国内某 LNG 接收站目前已建成 8 座有效容积为 16×10^4 m³ LNG 储罐，贮存能力达到 128×10^4 m³，表 3-10列出了 LNG 低压输送泵典型的配置。

表 3-10　LNG 低压输送泵典型的配置

说明	基荷外输	调峰外输	应急保安
天然气量/(10^4 Sm³/d)	700	4000	6000
折合 LNG 量/(m³/h)	360	3000	4500
单台泵能力/(m³/h)	450	450	450
泵数量/台	1	7	10

注：Sm³ 为对照条件下气体体积，Nm³ 为 0℃标准大气压下气体体积，常用于化工行业。

低压输送泵数量的确定不仅考虑外输要求，还考虑一定的冷循环量及槽车装车。每座 LNG 储罐可设置两台低压输送泵满足要求，为提高接收站供气可靠性，保证一座 LNG 储罐因液位过低等原因无法继续外送 LNG 时，另外 LNG 储罐仍可维持应急保安。同时 LNG 低压输送泵安装 LNG 储罐内，一旦运行，增加困难，每座 LNG 储罐设置 3 台低压输送泵。表 3-11列出了 LNG 高压输出泵典型的配置。

表 3-11　LNG 高压输出泵的典型配置

说明	基荷外输			调峰外输			应急保安		
天然气量/(10^4Sm³/d)	700			4000			6000		
折合 LNG 量/(m³/h)	360			3000			4500		
单台泵能力/(m³/h)	360	450	500	360	450	500	360	450	500
计算泵台数/台	1	0.8	0.72	8.3	6.6	6	12.5	10	9

根据上述计算可知，高压输出泵流量为 360～500m³/h 都可以，如果按照高压输出泵与汽化器一对一设置原则，高压输出泵流量为 450m³/h 合理。调峰外输时，高压输出泵需要 7 台，应急保安时高压输出泵需要 10 台。应急保安可不考虑备用，则高压输出泵设置 10 台即可。

3.2.6　汽化外输系统

从 LNG 接收站的投资及能耗方面考虑，汽化系统对保证接收站安全可靠供气、降低设备成本、节能降耗具有重要意义，尤其是汽化器。汽化器的选择主要考虑以下因素：处理能力、运行参数、可获得的热源、公用工程、气候条件、运行费用及投资等。目前LNG接收站中通常采用的汽化器形式有开架式汽化器（ORV）、浸没燃烧式汽化器（SCV）、中间介质汽化器（IFV）及环境空气汽化器（AAV）。

不同国家和地区的接收站中汽化器形式的选择主要取决于其环保要求、基荷或调峰外输要求、设备投资及操作运行成本、自然及海洋环境、建设单位偏好等多方面因素。如英国的LNG接收站再汽化流程中主要采用浸没燃烧式汽化器，日本大多采用开架式汽化器和中间介质汽化器，欧洲其他国家则浸没燃烧式汽化器和开架式汽化器的应用旗鼓相当。

由于大型LNG接收站一般需要连续、可靠地运行。多采用开架式汽化器和浸没燃烧式汽化器，但海水水质较差不能满足开架式汽化器使用要求时采用中间介质汽化器和浸没燃烧式汽化器，如上海洋山港LNG接收站采用以丙烷为中间介质的汽化器和浸没燃烧式汽化器。中小规模LNG接收站多以环境空气汽化器为主，主要是出于降低运行成本的考虑，特别是南方地区，气温较高，较适合选用此类汽化器。唐山LNG接收站位于河北曹妃甸，水质相对较好，而且规模相对较大，需要连续可靠地运行。汽化器采用开架式汽化器和浸没燃烧式汽化器的组合，即夏季海水温度较高时运行开架式汽化器，冬季调峰时运行浸没燃烧式汽化器，这样可以有效降低接收站的运行费用。

1. 功能及技术指标

汽化外输系统是指加热LNG，使LNG转变为气态天然气的系统，主要包括汽化器及热源系统。汽化外输系统技术指标主要有：

1）外输温度要求0℃以上（此温度要求可随项目不同而异）。

2）采用海水做热源时，海水温度降低不超过5℃。

3）开架式汽化器、中间介质汽化器操作范围为0%～100%。

4）浸没燃烧式汽化器操作范围为10%～100%。

5）浸没燃烧式汽化器消耗的天然气量不宜超过汽化量1.5%。

2. 系统设置及技术要求

汽化外输系统能力根据下游用户的要求确定。汽化器在标准范围内尽量选用足够大的单台能力，以减少总台数，从而降低接收站的投资。还应考虑适应不同运行工况、与高压输出泵的匹配关系及接收站的操作运行简单化。目前单台汽化器的气化能力为50～210t/h。

（1）汽化外输系统控制

1）LNG流量控制：为了控制汽化器的运行负荷，同时也可以调节LNG接收站的汽化外输量，在每台汽化器入口设置流量控制，汽化器出口设置温度监测，并将温度信号送至LNG入口流量调节器，如果出口温度过低，LNG调节阀减小开度，直到出口温度达到设定值，满足输出温度要求。

与ORV一样，每台SCV汽化器都设置了入口流量控制，用来调节每台SCV的操作负荷及接收站的汽化外输量，同时也设置了SCV出口温度低选控制，当出口温度低于设定值时，减小SCV入口流量调节阀的开度。此外，SCV还设置了水浴温度控制，通过调节燃料气的流量将水浴温度控制在操作范围内。鼓风机的运行负荷根据燃料气的流量进行比例控制，满足SCV燃烧器的要求。

2）接收站外输控制：LNG接收站外输控制方式有流量和压力两种控制形式。根据监测外输总管压力或流量，并将压力或流量信号送至每台汽化器进口流量调节器，确定汽化器运行数量及能力。

通常，如果大型LNG接收站可以满足下游管网运行需求时，设计为流量控制比较合理。如果LNG接收站只是下游大型管网的其中一个气源，设置为压力控制比较合理。

（2）气化外输系统保护　每台汽化器LNG入口管线和NG出口管线上各安装有一个切断阀，在紧急工况或维修期间可单独隔离每台汽化器。每台汽化器出口设置温度监测，温度过低时联锁停气化器，紧急关闭汽化器入口切断阀，延迟1～3min后联锁关闭汽化器出口切断阀，以保护下游管网不因天然气温度过低造成损坏。

ORV和IFV汽化器海水入口设置低流量报警和低低流量联锁停车保护。每台汽化器还设有安全阀，超压时可将过量的气体就近排放至安全地点或火炬系统。外输总管设置压力和温度保护，温度过低时或压力高于外输管道要求时联锁关闭接收站与外输管道界区处的紧急切断阀。

3. 关键设备选择

（1）开架式汽化器　开架式汽化器主要利用海水作为热源，海水依靠重力的作用从汽化器顶部的溢流水槽流出在带翅片的换热管束板外自上而下流动，而LNG在换热管束内由下而上流动，通过换热后LNG被海水加热并汽化后温度达0℃以上（此温度要求可随项目不同而异），海水温度降低不超过5℃后排海。开架式汽化器选用铝合金材料，为提高换热效率，管束的内外表面为不同形状的翅片，且管束分为多组。

（2）浸没燃烧式汽化器　浸没燃烧式汽化器作用与开架式汽化器相同，不同之处是浸没燃烧式汽化器可以快速提高汽化能力。天然气出口温度不受自然环境影响，能够满足高温的要求，多用于满足高峰北方地区。一般浸没燃烧式汽化器作为开架式汽化器备用。

浸没燃烧式汽化器主要由水池、浸没在水中的换热盘管、燃烧器和鼓风机等组成。浸没燃烧式汽化器以天然气作为燃料，与通过鼓风机输送的空气混合后在燃烧器中燃烧，产生的热量从燃烧器传递至水浴，并通过水浴传递至换热盘管，最终将换热盘管中LNG汽化。

浸没燃烧式汽化器主要系统如下：

1）燃烧器系统，这个系统间接加热LNG热交换盘管，浸没在汽化器混凝土罐水里。

2）换热管，用来LNG与水换热。

3）鼓风机，用来给浸没式燃烧器提供燃烧空气。

4）燃料气系统，给燃烧器提供燃料气。

5）冷却水泵，用来充分混合水，冷却燃烧器。

6）pH值控制系统，一般控制排放水的pH值保持在6～9之间。

7）NO_x监测系统，根据建设地环保要求设计在线检测。

对于浸没燃烧式汽化器，天然气的外输温度是随着LNG的流量而变化，水浴室的温度来控制燃料气用量。天然气的最低输出温度是2℃，水浴温度控制为30～40℃。如果水浴温度超过40℃，水浴排水无法满足水处理要求。

一般接收站建设地气温较高，SCV设置一台，作为开架式汽化器的备用和补充。建设地气温较低时，SCV设计能力和数量根据冬季最大外输气量确定。设置原则与开架式汽化器相同，即单台能力尽量大，设备总台数尽量减少。

（3）中间介质汽化器　中间介质汽化器的工作原理是以海水或邻近工厂的废热作为热源，并用此热源去加热中间介质使其汽化，再用气态的中间介质加热汽化LNG。

中间介质汽化器由三部分组成：

1）中间介质加热：海水（或其他热源流体）和中间介质进行换热。

2）LNG汽化：中间介质和LNG进行换热。

3）天然气加热：即用海水（或其他热源流体）对LNG汽化后的NG加热。

中间介质汽化器不仅减少用海水直接汽化LNG时可能造成结冰带来的影响，而且解决海水固体悬浮物过高不能使用ORV的问题。IFV通常采用丙烷、乙二醇水溶液、异丁烷、氟利昂或者氨等介质作为中间介质。

中间介质汽化器对海水水质条件要求较低，与海水接触部分采用了钛合金材料。钛合金材料具有良好的抗腐蚀性能，能在海水水质较差的情况下使用，且具有良好的低温性能。

在中间介质汽化器的海水换热管内，海水微生物容易寄生，需要每年清理一次，时间约为3天。

采用中间介质汽化器的LNG接收站需要设置中间介质的贮存，用以考虑检维修时中间介质的贮存和运行过程中的补充，一般设置存储罐和中间介质输送泵。

中间介质汽化器设计能力和数量与开架式汽化器相同，单台能力尽量大，设备总台数尽量减少。

4. 工程应用案例

国内某接收站共设置三台开架式汽化器和八台浸没燃烧式汽化器，单台汽化器处理能力为180t/h，最大汽化能力可达$4200\times10^4 Sm^3/d$。开架式汽化器和浸没燃烧式汽化器配置运行方式需根据海水温度和外输天然气量确定。在海水温度不低于7℃时，首先运行开架式汽化器，在海水温度低于7℃、高于4℃（具体操作需要根据结冰高度而定）时，开架式汽化器可以降负荷运行，当ORV全部运行仍不能满足外输天然气流量要求时，需开启浸没燃烧式汽化器，开架式汽化器和浸没燃烧式汽化器同时运行；当海水温度低于ORV厂家给出的运行温度要求时，开架式汽化器将无法运行，此时只能运行浸没燃烧式汽化器。本项目汽化器的运行配置需保证外输的天然气温度不低于2℃。

3.2.7　计量系统

LNG接收站的计量根据功能分为LNG船的计量、天然气计量和LNG槽车计量。

1. LNG船的计量

装卸船计量宜采用船检尺计量，当采用流量计量时，流量计精度应满足贸易交接计量要求。

船上的计量系统经独立验证方批准，提供备用计量系统。贸易交接计量系统由独立验证方和海关机构验证，结果由计算机处理生成。船上储罐中至少有4个液位的温度计量和储罐的绝对压力记录。

LNG船在接收站码头靠泊、离港进行贸易交接的过程如下：

船抛锚→船入港许可确认→中国出入境检验检疫局（CIQ）和第三方登船检查开始→卸载前检查执行→初始数据经确认→卸船臂连接开始→卸船臂连接完成→卸船管线冷却开始→卸船管线冷却完成→船岸间ESD测试→开始卸船（取样开始）→流量增至最大→连续自动取样→卸船结束前降低卸载流速→卸船完成（取样结束）→最终检查执行→最终数据经确认→卸船臂断开过程启动→卸船臂断开→CIQ和第三方检查结束→领航准备→船离岸→船启航。

配置取样装置，在整个卸船过程中，从卸船总管内取样，由气相色谱仪和数据处理软件得到分析结果（组成、热值、密度等），根据接收站LNG贸易合同的规定，用于贸易交接和/或进口货物报关。

2. 天然气外输计量

（1）流量测量　汽化后的天然气经外输总管输往输气管线。外输总管通常使用超声波流量计测量流量。在外输天然气总管上设有一套天然气取样设施及在线气体分析仪，可实时监测外输天然气的质量，包括气体组成、烃露点、水露点、硫化氢及总硫等指标。气体组成与流量计的数据，送往流量计算机以计算外输量及热值，用于贸易交接。长输管线上的各分输站内使用相同原则配置。计量系统需经合法资质单位标定，系统产生的所有数据应有溯源性。

（2）计量站　计量站提供对输送到用户管线的气体进行贸易交接计量。流量计的精度等级为0.5，计量系统的精度达到10级。

气体输送到用户的流量控制/限制，是通过流量控制器作用与计量站下游的流量控制阀来实现的。控制器的设定点是根据输出需要（允许的最大流量），由操作员手动设置的。在正常操作中，阀门是全开的。

超声波流量计与流量计算机作用如下：运用AGA8（AGA10）作声速法自检；配合色谱分析仪、超声波流量计可以进行声速法（SOS）现场精度测试；运用AGA8（AGA10）报告，主要针对表压在10MPa以下，重烃组分较少的天然气可以自行设定报警上限，以控制精度的飘移；运用超声波流量计测量超声波在表体中传播的实测速度 v_1，根据色谱分析仪和温度压力变送器的数据，计算超声波在表体内传播的理论速度值 v_2，比较 v_1 和 v_2，可以得到误差比例；超声波的速度公式只涉及长度和时间两个变量，所以一旦超声波的流速测量正确，意味着气体流动速度也是正确的。

流量计算机采用国际标准来处理输入的气体组分和流速数据，以计算体积流量和能量流量，并与操作控制系统和气体管理财务系统进行数据通信。

（3）天然气取样和分析　天然气取样和分析来确定输往用户管线的天然气组分。它通过一条DN50管线与输出管线相连，配有在线取样探头，通过快速取样分析过程来连续检测气体的质量。分析仪的输出信号被传送给各计量站对应的流量计算机。

天然气取样和分析设备，包括在线气相色谱仪、水蒸气分析仪、硫化氢和总硫分析仪、烃露点分析仪，每次取样的分析周期分别是4min、25min、3min、3min。

天然气取样和分析设备的一般技术要求如下。

1）气相色谱仪：

① 在任意温度下+/－05BTU（+/－005%）的重复性。

② 在相对稳定的温度下重复性可达+/－25BTU（+/－025%）。

③ 防爆标准高：CSAandCENELEC（Zone1）forClas1Div1（GroupsB，C，D），达到NEC，CEC及IEC电气标准。

④ 以氦气或氮气为载气，无须仪表风和吹扫。

⑤ 热导率式探头（TCD）灵敏度高，16bitA/D转换。

⑥ 每台色谱分析仪在出厂前都经过－18～5℃的环境检测室检测。

⑦ 单台色谱分析仪支持多路气分析，最多可分析12路。

⑧ 分析时间短，每路样气分析时间不超过4min。

⑨ 易于使用的现场和远程故障诊断和故障排除功能。

⑩ 24h自动标定。瑯璪基于WINDOWS的软件易于使用。

2）水蒸气分析仪。水晶石英法 5×10^{-6}，干燥达 2×10^{-6}V，24h自动标定。

3）硫化氢和总硫分析仪。醋酸铅法（35/175）$\times10^{-6}$，24h自动标定。

4）烃露点分析仪。冷镜面法，－40～40RTD。

5）其他。满足NEC/IEC；ClasI，DIV1/2，GroupD，T3，Zone2，IA，T3，IP65，NEMA4X；电伴热；最大风速70m/s；抗震加速度0.25g；采用AISC；焊接标准AWSD11；设计寿命25年。

3. 槽车计量

LNG槽车贸易计量宜采用地衡计量，通过灌装后与灌装前槽车的质量差进行计量。

3.2.8 清管系统

清管系统是为清除管线内凝聚物和沉积物，隔离、置换或进行管道在线检测的圈套设备。其中包括清管器、清管器收发筒、清管器指示器及清管器示踪仪等。

输气管道设置清管设施，一方面是为进行必要的清管，以保持管道高效运行；另一方面是为满足管道内检测的需要，以便于管道的完整性管理。

清管工艺应采用不停气密闭清管工艺流程，进出站的管段上宜设置清管器通过指示器。清管器的结构尺寸应能满足通过清管器或智能检测器的要求。清管器发球筒的操作通过手动完成，由下游收球筒接收清管球。

3.2.9 装车系统

1. 功能及技术指标

装车系统是为LNG槽车灌装LNG的系统，其主要设备包括装车撬（装车臂和气相返回臂）等。装车系统宜采用定量装车控制方式。LNG槽车装车应采用装车臂密封装车，并应配置氮气吹扫及置换设施。

液相臂/气相臂规格一般为2~3in，我国多为2in，速率为60~80m³/h。

2. 系统设置及技术要求

国内的接收站一般设有LNG槽车装车系统，多采用冷态带压装车方案。低温液态LNG由LNG储罐内低压输送泵抽出后进入LNG低压输送总管后，一部分经高压输出泵增压、汽化器汽化后外输；另一部分引至装车总管到装车区，再输送至各LNG支管。由控制系统控制各支路装车流量，再通过装车臂，进入LNG槽车；同时LNG槽车中的气相通过气相返回臂返回至槽车回气总管，通过压力控制阀接入BOG总管返回LNG接收站。配备氮气吹扫系统。在槽车输送总管设置冷循环管道，通过控制循环流量，保持槽车输送总管处于冷态。可根据管道上的表面温度计的温升情况调节保冷循环量。

（1）工艺管道系统　接收站通常采用冷态带压装车，上游泵送的LNG经低温管线输送到槽车装车站，通过装车臂装入槽车，同时槽车内的气体经气相臂返回，汇总后接入蒸发气总管，进入接收站蒸发气回收处理系统。每个车位除装车臂、气相返回臂以外，还配备氮气吹扫系统。

各支管末端和系统分界处应安装切断阀。对于自动切断阀，应通过分析来确定关闭时间，以防出现使管道及设备失效的水击。经分析如果超过允许的应力，应采取延长阀门关闭时间或其他措施把应力降到安全水平。

总管上液体和气体管道应设紧急切断阀，这些阀在紧急情况使用时应易接近。

一个装车岛上通常布置一个或两个装车位，每个装车位都包括液相装车臂和气相返回臂。液相装车臂与液相装车线相连，液相装车线包括切断阀、止回阀、安全阀、流量计、流量控制阀、保冷管路、温度表、压力表；气相返回线与气相返回臂相连，返回线包括切断阀、止回阀、温度表、压力表、接地设施、氮气管线、排空线、排净线，以及布置在附近的安全设施（包括ESD按钮、火气探头和喷淋管等）。

（2）压力和流量控制　进装车站液化天然气总管可设压力控制阀，阀后压力控制应符合槽车要求；蒸发气返回总管宜设置压力控制阀，以满足灌装站蒸发气返回总管系统压力，不超过接收站蒸发气系统最大操作压力。各装车线设置流量计或地衡和流量控制阀，可采用集中控制系统或就地预设控制器控制装车流量。

（3）槽车装车区　进入装车区的槽车应是符合国家有关的法令和规定生产并批准使用的专用槽车。以装车臂与槽车连接的法兰处为中心15m半径范围内和集液池内一般划分为1区，其他区域为2区。装车区内框架结构，应采用不燃材料制成，如钢材或混凝土。槽车装车区应有足够的面积，使车辆尽可能少地移动或转向，与接收站相对独立，有门禁系统。在装车区应有照明。

槽车的进出调度与灌装作业控制宜集成在统一的管理系统中，以确保槽车安全装车。

（4）接地、通信　槽车灌装液化天然气时，应提供防静电接地保护设施。接地可测试并保持与控制系统的硬线连接，如接地失效，灌装过程自动停止。装卸地点应配备通信设施，以便作业者能与远处协助装卸工作的人员联络。通信方式可采用防爆电话、广播系统、无线电或信号灯。

（5）收集罐　收集罐用于接收装车臂的吹扫残液和被置换气体，也收集可能的槽车超装卸货和灌装站工艺管线吹扫置换时需排净的残液。罐内气体和液体分别与接收站相应系统连接，一般设置氮气增压线，以将过多的液体送回系统。宜在周围设置防泄漏的收集和导流设施，将泄漏的LNG导流至槽车区的LNG集液池。

（6）集液池　装车区可能泄漏的LNG应被排入配有泡沫发生器的集液池。泡沫发生器位置应考虑主导风向。

（7）装卸作业操作要求

1）装卸作业时，至少有一名有资格的操作人员始终在现场值守。

2）有效的书面操作程序，应包括所有装车作业和在紧急与正常情况下的操作程序，一般指槽车进出、称重、停泊、灌装程序，以及槽车惰化、冷却、紧急卸货程序。程序应及时更新，且所有操作人员可使用。

3）预防烃类物质的泄漏和被点燃是两个主要原则。任何潜在点火源，如手机、火柴及非防爆电气设备，不允许在装卸现场出现。

4）在装卸区应设置“禁止吸烟”的警示牌。

5）通过地衡、流量控制、检查槽车液位、检查气相返回线温度等措施，来确保槽车不超装。

6）在使用前，应先检查装车系统，以确认阀处于正确的位置。灌装过程应遵循灌装阶梯曲线进行；如果压力或温度出现任何异常变化，装车应立即停止，直到查明原因并予以纠正。

7）槽车司机应经过安全培训，取得相关证书。

8）对于LNG槽车，如果储罐中没有正压，则应测试氧含量。如果槽车罐中的氧体积分数超过2%，就不能装车，而应置换，使氧体积分数低于2%。

9）装车前车辆应停妥，以便装车后不需倒车就能驶出该区。

10）在槽车进行装卸的过程中，距装车岛边缘76m内，严禁其他类型车辆行驶。

11）在连接槽车之前，车辆发动机熄火，槽车停于水平、合适的位置，钥匙已置于车外，节气门已松开、手闸启用、挂挡于正确的位置，车轮下设置制动块。根据要求设置警示灯或信号。

12）装卸开始前，接地设施已连接至槽车并经过测试确认。装卸后，在装卸连接管置换合格后，才能脱开连接，车辆的发动机才能起动。

3. 关键设备选择

装车臂或灌装臂分为液相臂、气相臂，一般液相臂和气相臂安装一个底座与定量控制系统一并组成成套设备即为装车撬或灌装撬。装车撬或灌装撬一般包括底座、液相臂/气相臂、平衡系统、定量控制系统、保冷循环以及附属系统（氮气吹扫、排净）。

（1）液相臂/气相臂　液相臂/气相臂主要部分为立柱、内臂、外臂、平衡系统、装载连接装置。这几部分通过旋转接头组装起来，旋转接头是臂的关键部分，无须外部润滑，采用自身润滑。为避免泄漏及冻结卡涩，使用二道密封，主密封防止LNG外漏，次密封防止外部水蒸气内漏冻结，同时使用微正压氮气吹扫密封。

（2）平衡系统　平衡系统采用力矩平衡的原理，通过弹簧调节系统的平衡，该系统由弹簧缸、调节弹簧、调节块、微调支架组成。

（3）定量控制系统　定量控制系统包括就地操作盘、串口服务器、控制机、业务机、地秤系统、通信网络等，可实现对装车/灌装作业的控制和监控，自动记录每一个作业节点数据，并自动完成数据统计和报表服务。

定量控制自动灌装可采用本地控制和远程控制两种装车模式。本地控制是在装车站没有配置上位管理系统（控制机和业务机）的情况下，装车橇和地秤系统独立运行。装车时操作人员直接在装车的批量控制器上输入预装车量，批量控制器按照工艺流程完成装车，地秤系统独立完成秤重过程。槽车进出装车站则完全靠人工调度。远程装车控制则是指槽车装车站配上位管理系统，地秤系统作为控制系统的一部分，将有关装车作业纳入一套控制系统进行控制。

（4）快速脱离装置　装车臂或灌装臂快速脱离装置比较简单，只设置脱离接头。

（5）保冷循环系统　为保持液相管线“冷态”，便于随时装车或灌装，设置保冷循环系统，在装车或灌装结束后，打开手阀，循环LNG通过低压排净返回LNG储罐。

（6）附属系统（氮气吹扫、排净）　装车臂或灌装臂设置氮气吹扫系统，用以装/灌完毕后的排净和保护液相臂旋转接头，避免当装车臂或灌装臂在LNG环境下，旋转接头的四周结冰。氮气吹扫采用控制压力或手动控制。

装车臂或灌装臂设置排净系统，在装车或灌装结束后，用氮气吹扫将LNG排净，排净尺寸为1in，排净管道设置自动切断阀或手阀，将LNG自动排到排净罐中，最终返回LNG储罐。

装车臂或灌装臂数量需要根据产品需求确定，一般槽车装车通常每年工作天数按300～330d计；LNG槽车外输量，每天装车时间按8～12h计；每个装车位一天装8～12车，计算所需装车位数量。

灌装臂与装车臂相同，只是LNG罐箱与槽车的接口高度略有不同，相差400mm，技术上装车臂与灌装臂可以共用，但是如果装车臂与灌装臂频率较高，考虑臂的操作安全，装车臂与灌装臂可分别设置，互为备用。

4. 工程应用案例

国内某LNG接收站装车能力100万t/a，设置了20个LNG装车撬，按照每天装车10h计算，每天可装150辆LNG槽车。

3.2.10 装船系统

1. 功能及技术指标

装船系统是为 LNG 运输船灌装 LNG 的系统，其主要设备包括装船臂和气相返回臂等。装船计量宜采用船标尺计量，装船宜采用液化天然气罐内泵输送，当装卸船不同时操作时，装卸船工艺系统宜共用，即采用同一码头进行卸船和装船操作。

装船速率与船型相关，一般1000～4000m^3/h。

2. 系统设置及技术要求

LNG 由 LNG 储罐罐内泵送出后，经过装/卸船总管、LNG 装/卸船臂最终进入 LNG 运输船；装船时，船舱内产生的 BOG 气经气相返回臂、气相返回管线最终回到 LNG 储罐。

在正常状态下，装/卸船总管通过码头循环一直处于随时可用的冷态。在装船前应对船上的物料进行检验，如果不符合要求，将不允许 LNG 船中的蒸发气返回到接收站的 BOG 总管中。

3. 关键设备选择

装船臂与卸船臂相同，见 3.2.1 小节。

3.2.11 轻烃回收系统

某些项目 LNG 气源组分中轻烃含量高，热值高于管网天然气的热值，利用 LNG 的冷能将其中的 C_2^+ 轻烃分离出来的系统为轻烃回收系统。

轻烃回收是一种非常经济、有效的热值调整方法，也是一种 LNG 冷能利用的方法。在使外输气同管道天然气的热值相当的同时，也实现了 LNG 接收站的冷能利用。而且轻烃是一种优质的化工原料，具有很高的附加值。分离出的 C_2^+ 资源可为我国的乙烯装置提供大量优质的裂解原料，优化我国乙烯工业的原料来源途径，降低乙烯生产成本，增强乙烯装置的市场竞争力。而且可以节省大量用于生产乙烯的原油，缓解我国石油资源的短缺。

根据 LNG 市场分析，LNG 原料中富液 LNG 占比较大，富液 LNG 含有大量的轻烃组分（有的高达10mol%）。为合理利用 LNG，通过轻烃分离将富液 LNG 原料中的轻烃组分以 C_2、C_3^+ 产品形式分离出来，分离出的 C_2、C_3^+ 产品可作为乙烯装置优质的轻质裂解原料，改进乙烯原料构成，降低成本。

1. 功能及技术指标

轻烃回收主要是利用 LNG 的冷量，以较低的成本将富 LNG 中的 C_2、C_3^+ 轻烃资源分离回收，再以较低的能耗获得高附加值的 C_2、C_3^+ 轻烃。

轻烃回收利用 LNG 温位在 -150 ～ -110℃，C_2、C_3^+ 轻烃回收率可达95%。

2. 系统设置及技术要求

轻烃回收的流程主要包括原料预热和轻烃分离部分。

（1）原料预热　原料预热主要是闪蒸甲烷和脱甲烷塔顶部甲烷与原料 LNG 换热的过程，目前有以下几种流程：

1）多级闪蒸流程：多级闪蒸分离出大部分甲烷，闪蒸气与原料 LNG 换热后冷凝成液相甲烷产品，少量产品甲烷压缩送出。

2）单级闪蒸全压缩流程：闪蒸气和低压脱甲烷塔分出甲烷气一起经甲烷压缩机升压，与原料 LNG 换热后冷凝成液相甲烷产品。

3）两级闪蒸部分压缩流程：LNG 升压、换热后，进行闪蒸，液相再升压进入脱甲烷塔；闪蒸气经甲烷压缩机升压，与原料 LNG 换热后冷凝成液相甲烷产品，脱甲烷塔分出甲烷气不经压缩与原料 LNG 换热后冷凝成液相甲烷产品。

4）两级闪蒸无压缩流程：LNG 升压、换热后，进行闪蒸，液相再升压进入脱甲烷塔；闪蒸气和脱甲烷塔分出甲烷气不经压缩，分别与原料 LNG 换热后冷凝成液相甲烷产品。

（2）轻烃分离　轻烃分离主要是 LNG 进行分离的过程，流程按分离产品分类，即单塔和双塔流程。单塔得到 C_2、C_3 混合产品；双塔得到乙烷产品和丙烷产品。按脱甲烷塔操作压力分类，根据换热流程不同，有高、中、低压流程。

3. 关键设备选择

轻烃回收设备主要是分离塔、换热器等，均为常规设备，可参考相关文献。

3.2.12 热值调整

天然气的主要成分为甲烷，还含有 C_2 ～ C_6 的重组分烃类及氮气、二氧化碳等惰性气体。天然气组分不同导致热值上的差异，影响其燃烧性能。天然气管道公司及天然气用户对天然气的气质都有一定的要求，而且该要求与用户所在的地域有关。受天然气初期贸易格局的影响，日本和韩国的 LNG 资源地为环太平洋和中东地区，高热值（HHV）范围为 39.7 ～ 43.3MJ/Sm^3（1065 ～1160 Btu/scf）；法国和西班牙等其他欧洲国家的资源地为西非，所接受的热值范围较宽，为 35.0 ～ 44.9MJ/Sm^3（940 ～ 1205Btu/scf）。相比之下，英国和北美采用较低的热值范围，通常低于40.1MJ/Sm^3（1075Btu/scf）。然而，热值要求并未成为影响天然气接收站设计的主导因素。这是由于接收站的设计通常都遵循“照付不议”的长期合同，涉及的用户也有限。但随着 LNG 贸易的全球化和市场的不断拓展，新市场可能存在不同的气质，这就要求必须适应各种用气的要求，形成多气源，多产地，多销售和多用户的质量保证体系。因此考虑热值调整。

1. 热值调高

采用添加 LPG 法，在汽化器后增加一台热值调整混合器，将 LPG（通常采用丁烷或丙烷）通过增压泵增压至外输管线压力后，送至热值调整混合器与汽化后的天然气混合并汽化，达到调高 LNG 热值的目的。

2. 热值调低

采用低热值气体注入法和 LPG 脱除法达到调低 LNG 热值的目的。

调低 LNG 热值，主要有四种系统：

1）氮气注入。

2）氢气注入。

3）轻烃分离。

4）注入空气。

3.2.13 冷能利用

LNG 冷能利用是指利用 LNG 与周围环境（如空气、海水等）之间存在的温度差，将低温的 LNG 变为常温的天然气时，回收 LNG 的冷量。

LNG 的冷能温度范围广，可以在很广泛的领域应用，从应用途径的角度讲，可以分为直接利用和间接利用。

1. 直接利用

直接利用是在 LNG 接收站附近建设 LNG 冷能利用的工业设施，直接利用 LNG 的冷能来生产工业产品或进行工业生产，包括：

1）空气分离。

2）冷能发电。

3）LNG 中重组分分离。

4）冷冻仓库。

5）制造液体二氧化碳和干冰。

6）LNG 冷藏汽车。

7）海水淡化。

8）蓄冷装置。

9）民用冰雪娱乐设施。

10）空调制冷。

11）低温养殖和栽培等。

2. 间接利用

间接利用是对直接利用 LNG 冷能生产的工业产品在远离 LNG 接收站的二次利用方式，主要是空分装置生产的液体产品的二次利用，其中：

1）液氮的应用——低温破碎、集中供冷系统、超导等。

2）液氩的应用——钢厂、焊接、照明、电子等。

3）液氧的应用——臭氧污水处理、军工、医用、钢厂、金属加工等。

4）冷冻低温干燥、食品冷冻保鲜、大容量电缆的冷却等。

各种不同的方法，在不同的温位利用了 LNG 的冷能，所需的冷量的品位和能耗也有所不同，可根据不同需求选择冷能利用方式。详细内容见第 7 章。

3.2.14 辅助设施

1. 火炬系统

火炬系统用于处理 LNG 接收站开停车及检维修、安全阀超压排放、液化天然气储罐超压排放等工况泄放的可燃气体，并对其进行安全处理。主要设备包括火炬、火炬分液罐及火炬管线等。

火炬的处理能力应满足下列工况中可能产生的最大排放量。在确定最大排放量时，不应考虑以下任意两种工况的叠加：

1）火灾。

2）液化天然气储罐的超压排放。

3）设备故障。

4）公用工程故障。

5）开停车和检维修。

蒸发气排放总管进入火炬前宜设置分液罐。分液罐应设加热设施，加热设施的启动及关闭应与分液罐的液位或温度信号联锁，目的是使排放到分液罐的蒸发气可能携带的液体充分分离和气化。火炬系统应设置保持正压及防止回火的措施。

国内某接收站设置一座高架火炬，设计能力为 90t/h，设计温度为 $-170℃/140℃$，设计压力 0.35MPa（G），火炬高度为 65m，火炬管线管径为 28in。

2. 海水系统

海水系统是为接收站提供和分配经过过滤净化的海水。海水主要用在两个方面：a. 海水作为热流体用来加热和气化 LNG；b. 在消防水系统，海水作为消防水源。

海水系统包括海水取水口、海水泵、海水过滤器、电解氯装置。

（1）海水取水口　海水由取水口、取水暗涵、前池、进水廊道、进水间钢闸门、拦污栅、旋转滤网进入海水泵流道，经海水泵加压后，进入海水管线，最终达到海水汽化器系统。

海水里有包含一些海洋生物及残骸，如叶子、树枝、水草、水母、废弃物、贝类、水螅、海藻、塑料等。如果这些海洋生物及残骸进入系统中，会破坏海水泵及下游的海水汽化器。为了避免设备受损，有必要对海水进行过滤。

为了净化提供给海水泵的海水，有耙式条栅过滤器和移动带式过滤器安装在海水泵的入口处。连续定量加入次氯酸盐，以防止海水中大大小小的海洋有机物淤塞海水取水口和海水过滤设备。

设置海水取水口是为了给海水过滤器和泵设备提供支承结构。另外，海水取水口能够给净化的海水提供贮存空间，可以满足开架式海水汽化器的需要。经过海水取水口的海水来自开放海域，海水经过耙式条栅过滤器和移动带式过滤器的滤网除去悬浮的固体物。

海水取水口是混凝土结构，可分为三个隔间单元：第一单元是与海洋相连的混凝土渠道；经过第一单元，水流进入到取水口的第二单元海水过滤器，每个海水过滤器单元可以通过挡板或水闸隔离；第三单元是净化的海水池，对于所有的海水泵来讲，这部分是通用的。

(2) 海水泵　海水泵为开架式汽化器或中间介质汽化器提供水源。

海水泵是立式离心泵，采用耐海水腐蚀的C95800材料，浸在海水取水箱中，中间的各个轴承由海水润滑，在泵的入口有过滤网，确保泵的流道畅通。

海水泵的设置一般与汽化器匹配，采用一对一设置原则，也可一台泵提供多台汽化器，考虑一台海水泵故障影响汽化器因素，多为前者配置。如果为后者配置，为降低能耗，可考虑海水泵变频，如唐山LNG接收站。

海水泵的流量一般为5000～9200m^3/h，扬程多为30～50m，如果采用中间介质汽化器，海水泵扬程略高10m。

(3) 海水过滤器　海水过滤器在海水去海水泵之前，将海水中的海洋生物和其他一些杂质过滤。海水过滤器由以下部分组成：挡板水闸、耙式条栅过滤器、耙子、移动带式过滤器。

1）挡板水闸：海水取样口可以通过挡板隔开，第一个挡板设在过滤器的上游，第二个挡板设在海水池前。挡板由闸板、升降梁和导轨组成。

2）耙式条栅过滤器：耙式条栅过滤器阻止大体积的残骸进入海水池。因为条栅过滤器是固定的，筛板阻挡下的残骸通过耙子定期清理，主要依靠滑轮带动耙子的水平向上运动来带走垃圾的，当滑轮向下移动时，耙子倾斜到垂直位置。耙子刮下的垃圾集中在废物篮里，废物篮可用起重机移出。可以用大量的水来将耙子冲洗干净。耙子的清洗过程可以自动操作，也可以人工操作。

3）移动带式过滤器：移动带式过滤器主要由移动带式过滤器、用来指示压头损失的液位差探测器及水喷射系统组成。

移动带式过滤器用于除去海水里所含有漂浮物、垃圾和其他物质。从海水取水口到泵的海水，经过移动带式过滤器的滤网进行过滤。海水从过滤器外侧流进，通过滤网到达海水池。从海水泵排出的一股水流给过滤器的清洗系统提供冲洗水。过滤器清洗系统将残骸从移动带式过滤器上冲洗下来，然后通过沟渠将它收集在一个筐内。

(4) 氯气发生装置　氯气发生装置主要是生成次氯酸盐，加入海水以防止各种海洋生物产生，避免堵塞设备。

氯气发生装置包括以下设备：电解装置、变压器/整流器（T/R）、海水增压泵、海水过滤器、排气系统、氢气稀释鼓风机、次氯酸盐给料泵。

电解装置由一个玻璃钢框架围栏、电池模块和相关仪表组成。每个电池含有一个钛金属阴极管和一个合金氧化物涂层的钛金属阳极管。

变压器/整流器提供电解装置的直流电。电解反应产生了次氯酸钠和氢气。次氯酸盐溶液和氢气进入脱气罐，溶液在罐中的最短停留时间为5min，这就有足够的时间使氢气在次氯酸盐溶液加注前逸出。

氢气稀释鼓风机用于稀释氢气浓度，设置为运行和紧急停车两个功能。

海水过滤器用于除去海水杂质，进入氯气发生装置，海水要求为颗粒粒径小于5mm，压力为50～240kPa，海水过滤器分人工和自动两种过滤器。

海水增压泵将海水压力增加到电解所需压力，设置一开一备。

氯气发生装置是基于最大海水流量下连续注入氯溶液浓度为3×10^{-6}（wt），以及每台给料泵每3～5h注入氯溶液浓度为12×10^{-6}（wt），注入时间为30min而设计的。

目前海水系统加EGD杀生缓蚀剂是抑制水藻菌类、微生物、贝壳类的生长和积结的新型技术，其工作原理同以往完全不同，它是加入杀生缓蚀剂，建立有机分子膜，水生物因此被隔氧窒息灭亡。

加药系统由一个溶液箱和两台加药泵及其相关管路和阀门等组成。加药采用人工操作来完成，宁波接收站运行使用效果良好。

3.2.15 公用工程

1. 电力供应、照明和防雷、接地

接收站用电一般由地方供电局提供两回路，经接收站内专用变电站，逐级降压并分送给工艺变电所、建筑变电所和码头变电所。其中主要用电设备，如低压泵、高压泵、海水泵、BOG 压缩机均为6kV。工艺装置负荷为一级用电负荷，行政区为二级用电负荷，部分重要工艺负荷、仪表负荷及消防负荷为一级负荷中特别重要负荷。所有负荷采用单母线分段方式、放射式供电，事故由柴油发电机组供电。变电站一般无人值守，由经过培训的中控生产人员随时接听调度电话，再通知电仪人员前往变电站接受调度命令。

（1）电力供应

1）用电负荷：工艺生产装置用电设备大部分为一级用电负荷，部分为二级用电负荷。行政区域大部分为二级用电负荷，部分为三级用电负荷。

一级用电负荷中，有部分为特别重要负荷，主要包括应急照明、关键仪表负荷、火炬点火系统、开关柜的控制电源、消防负荷及部分重要的工艺负荷。对一级用电负荷中的特别重要负荷，根据负荷特性及有关规范要求，接收站将配备一台出口电压为6kV 的事故发电机组。该发电机组在外部电源发生故障时，为上述负荷提供紧急备用电源。

2）供配电系统的构成及变电所：接收站界区内设110kV 总变电所一座、工艺变电所一座、行政变电所一座及码头变电所一座。

总变电所包含110kV、35kV、6kV 及380V/220V 四个电压等级。110kV 系统为单母线分段接线方式，采用进线备用自投的方式进行电源切换；35kV、6kV 及380V/220V 系统为单母线分段接线方式，采用母联备用自投的方式进行电源切换。事故电源来自事故发电机组进入6kV 系统及380V/220V 系统，并形成事故母线段。35kV 系统向工艺变电所及6kV 系统各提供两回电源；6kV 系统为总变低压系统、行政变电所提供正常电源各两回及事故电源各一回，并为工艺变电所提供事故电源一回，380V/220V 系统为总变区域内的低压用电负荷供电。

工艺变电所包含6kV 及380V/220V 两个电压等级。6kV 及380V/220V 系统为单母线分段接线方式，采用母联备用自投的方式进行电源切换。6kV 系统电源来自总变35kV 系统，经降压后进入6kV 系统。事故电源来自总变6kV 事故段，并在此系统形成事故母线段。380V/220V 系统电源来自变电所6kV 系统，事故电源来自变电所6kV 事故母线段。工艺变电所负责为工艺区域内的高低压用电负荷供电，并为码头变电所提供正常及事故电源各一回。

行政变电所为低压变电所。行政变电所电源来自6kV 系统，采用单母线分段及事故母线段接线方式。事故电源来自6kV 事故母线段。行政变电所负责向行政区域及公用工程区域内的低压负荷供电。

码头变电所设于码头，为低压变电所。码头变电所电源来自工艺变电所低压系统，事故电源来自工艺变电所低压事故母线段。码头变电所负责向码头区域内的所有负荷供电。

3）系统运行方式：除码头变电所外，各变电所的所有电压等级均采用单母线分段的接线方式，在外部电源一回故障或因故停电的情况下，110kV 系统采用进线电源备用自投的方式进行电源切换，其余各级母线均采用母联备用自投的方式进行电源切换。界区内设一台6kV 事故发电机组。所有变电所6kV 及低压系统均设事故母线段，除码头变电所外，事故母线段同正常母线段的一段通过母联连接，正常情况下各级负荷由正常电源供电，在外部电源尽失的情况下，起动事故发电机，并切断同正常母线段的连接，由事故电源向界区内的特别重要负荷供电。码头变电所设正常母线段和事故母线段各一段，两段母线分列运行。

4）电压等级：

① 电气系统电压参数一般如下。

a. 高压系统为110kV，3 相，3 线，50Hz。

b. 电压波动为10kV ±10%。

c. 频率波动为50Hz ±2%。

d. 中压系统为35kV，3 相，3 线，50Hz；6kV，3 相，3 线，50Hz。

e. 低压系统380V/220V，3 相，5 线，50Hz。

② 电气设备将按下列规定选择电压等级。

a. 250kW 及以上电动机为 6kV，3 相，3 线，50Hz。

b. 056 ~ 250kW 电动机为 380V，3 相，4 线，50Hz。

c. 056kW 以下电动机为 220V，1 相，3 线，50Hz。

d. 电动机控制回路为220V，1 相，2 线，50Hz。

e. 照明系统为380V/220V，3 相，5 线，50Hz。

f. 焊接插座为380V，3 相，5 线，50Hz。

g. 方便插座为220V，1 相，3 线，50Hz。

h. 交流仪表和控制电源为220V，1 相，2 线，50Hz（由 UPS 供电）。

i. 电气系统直流控制电源为DC，220V，2 线（由蓄电池供电）。

5）各级用电负荷的配电方式：根据LNG接收站的功能定位不同，LNG接收站的负荷分级也不同。如果LNG接收站大部分负荷为一级用电负荷，小部分为二、三级负荷。在一级负荷中，又有部分负荷为特别重要负荷。针对以上负荷特性，对一、二、三级负荷，除码头变电所外，所有各级电压采用单母线分段的接线方式，连接各段母线的变压器均能满足所有负荷的供电要求；对特别重要负荷，由事故母线供电，在外部电源尽失的情况下，事故母线与正常线断开，由事故电源对其供电。所有的负荷采用放射式供电方式。

6）爆炸危险区域划分为：根据工艺装置危险性介质在生产、加工、处理、转运和贮存过程中出现的频繁程度和持续时间，按下列规定进行了划分。

①0区：连续或长期出现危险性气体混合物的环境。

②1区：在正常运行时间时可能出现危险性气体混合物的环境。

③2区：在正常运行时不大可能出现危险性气体混合物的环境，或即使出现也仅是短时存在危险性介质的环境。

LNG主要由甲烷组成，根据GB 50058—2014的要求，爆炸性混合物组别为IIAT1，根据释放源性质，本工程危险区主要在主装置区、储罐区、装卸区，危险环境为爆炸危险区2区，危险区内的设备选型应满足环境要求。

7）配电设计：

① 装置环境特征。液化天然气为气态爆炸性混合物，属于IA级，温度组别为T3，故装置区属有爆炸危险环境。液化天然气属甲A类防火介质，因此装置区属防火区域。

② 电气设备材料的选择。

a. 根据爆炸危险区域的分区，电气设备的种类和防爆结构的要求，应选择相应的电气设备。选用的防爆电气设备的级别和组别，不应低于爆炸性气体环境内爆炸性气体混合物的级别和组别。

b. 爆炸危险区域内的电气设备，应符合周围环境内化学的、机械的、热的、霉菌及风沙等不同环境条件对电气设备的要求；电气设备结构应满足电气设备在规定运行条件下，不降低防爆性能的要求。

c. 在爆炸危险区域内和消防系统，所有电缆用阻燃电缆，且不允许有中间接头。

d. 敷设电气线路的沟道、电缆或钢管所穿过的不同区域之间墙或楼板处的孔洞处，应采用非燃烧性材料严密堵塞。

e. 腐蚀环境的电气设备，应根据环境类别按HG/T 20666—1999《化工企业腐蚀环境电力设计规程》来选择相适应的产品。

f. 爆炸危险场所和化学腐蚀环境中的电气设备，应选用防爆兼防腐型。

g. 腐蚀环境的配电线路采用电缆桥架、明设，不用穿钢管敷设或电缆沟敷设。电缆桥架用热浸锌型或玻璃钢型。

h. 腐蚀环境电缆敷设应尽量避免中间接头，对2类腐蚀环境中的低压电动机主回路，采用带中性线的四芯电缆。

i. 腐蚀环境的密封式配电箱、控制箱、操作柱等电缆出口，应采用密封防腐措施。

③ 配电电缆的选择及敷设。

a. 除道路照明外，所有室外的低压电力电缆和控制电缆敷设，原则上采用沿电缆桥架敷设，在配电装置内部电缆采用沿电缆沟和电缆桥架的方式引出配电装置。各装置内部电缆敷设方式，采用电缆自桥架引下后，穿钢管或沿电缆桥架直接至用电设备的敷设方式。高压电缆敷设原则上采用沿电缆沟敷设。为防止危险气体在电缆沟内聚集形成爆炸危险1区，所有的户外电缆沟在电缆敷设完成后将回填沙土。

b. 电缆沟至电缆室，电缆室至配电室开关柜、电气盘的开孔部位，电缆贯穿隔墙、楼板的孔洞采取阻火封堵。

c. 电缆、电缆桥架敷设的其他要求，应满足GB 50217—2018及CECS 31—2017中的规定。

d. 高压电缆截面选择。按电压、电流、敷设环境、使用条件及短路电流热稳定选择和校验，并不小于$95mm^2$。

e. 低压电力电缆截面选择。根据电缆载流量选择电缆截面，且电缆的载流量应大于出线断路器的整定值，根据电缆电压降校验电缆截面。

f. 线路最大允许电压降：用电设备端头2%；满负荷时电动机端头3%；起动时电动机端头15%；照明回路3%。

g. 爆炸危险场所电缆应选用铜芯电缆，截面不小于$15mm^2$。高低压电力电缆及控制电缆应为阻燃型电缆。

④ 传动、控制及连锁要求。

a. 根据工艺要求，此工程工艺用电设备无特殊的传动、控制及连锁要求，工艺电动设备的运行状态及DCS所需监控的必要参数，将通过状态信号及变送器的方式传送至DCS系统，部分重要工艺电动设备将设ESD连锁停车。

b. 消防设备将根据消防管网的压力起动消防稳压泵，根据火灾报警信号起动消防泵，并停止稳压泵的运行。高低压电动机的控制及连锁详见控制保护逻辑图及典型低压电机控制原理图。

（2）照明

1）照明设计原则：

① 照明电源采用380V/220V三相五线系统，照明电源与动力电源分开设置，并设置单独的计量装置。

② 照明灯具将根据工艺布置设置，室外照明采用分区集中控制。

③ 事故照明和应急疏散照明，根据有关消防规范的要求设置。

④ 各装置照明电源来自装置低压配电装置或来自就近的低压配电装置，照明电源箱采用三相五线制。各照明回路采用单相三相制（相线+中性线+保护线）。根据需要在各装置设置事故照明。事故照明电源来自事故母线段。还设置一定数量的安全照明。安全照明采用灯具自带应急电源。考虑尽量在各通道口设置，以备人员疏散。照明灯具的选择应根据环境的需要选择：普通照明灯具、防腐照明灯具、防爆照明灯具。

⑤ 与照明回路分开的单相电源插座回路，采用单相三线制（相线+中性线+保护线），并设置漏电保护。

2）照明方式及照明种类：

① 照明方式。根据此工程的生产、布置情况，大多采用一般照明，对部分观察位置等处采用混合照明或分区一般照明，即在一般照明的基础上，加局部照明或采用不同照度的照明。

② 照明种类。根据此工程各区域的不同情况，设计中设正常照明和应急照明两种。应急照明包括备用照明，即确保工作或活动继续进行的照明；疏散照明，即确保人员安全疏散的出口和通道的照明。

③ 照度要求此设计根据工程各区域及建筑物的情况，并按相关规范的要求，某LNG接收站推荐采用表3-12中列出的照度。

3）照明配电与控制：

① 照明电源。各装置及建筑物的照明电源来自就近变电所的照明专用配电柜或照明回路，正常照明和应急照明电源分别来自正常母线段和事故母线段。

② 配电方式。由变电所的照明专用配电柜或照明回路，以放射式向各装置及建筑物照明配电箱供电。由各照明配电箱向灯具及220V插座供电。

③ 控制方式。装置照明、路灯照明采用集中控制；露天照明应采用光控；各建筑物照明采用分散就地控制。

表3-12　各区域的照度

<table>
<tr><th>区域</th><th>平均照度/lx</th><th>工作面高度/mm</th></tr>
<tr><td>控制室</td><td>300</td><td rowspan="2">750</td></tr>
<tr><td>普通办公室</td><td>250</td></tr>
<tr><td>配电室</td><td rowspan="2">200</td><td rowspan="9">地面</td></tr>
<tr><td>维修区</td></tr>
<tr><td>工艺操作面</td><td>100</td></tr>
<tr><td>工艺区</td><td rowspan="4">50</td></tr>
<tr><td>装卸平面</td></tr>
<tr><td>仓库</td></tr>
<tr><td>楼梯间</td></tr>
<tr><td>变压器室</td><td>30</td></tr>
<tr><td>道路照明</td><td>5</td></tr>
</table>

4）光源选择及灯具选型：

① 光源选择。

② 工艺装置区内照明灯具一般选用金属卤素灯或日光灯。

③ 工艺装置区内局部照明灯选用荧光灯或白炽灯。

④ 楼梯走廊选用荧光灯或白炽灯。

⑤ 控制室、配电室、办公室选用日光灯或节能灯。

⑥ 道路照明选用金属卤素灯。

⑦ 事故照明和应急疏散灯选用日光灯或白炽灯。

5）灯具选型：

① 此工程灯具根据所处环境条件进行灯具选型。

② 工艺装置及码头爆炸危险区域内，根据危险区域划分来选择适用于爆炸危险区域1区或2区的灯具；工艺装置及码头非爆炸危险区域，选择适用于爆炸危险区域2区的灯具。

③ 公用工程区域及行政区域室外场所，选用防水、防尘灯具。

④ 行政区域建筑物内灯具选用普通照明灯具。

⑤ 所有室外照明灯具应能抵抗盐雾腐蚀。

6）照明线路的敷设：

① 除道路照明外，所有的室外照明线路采用三芯阻燃电缆沿桥架和/或支架敷设至灯具。

② 道路照明线路采用五芯铠装电缆直接埋地敷设。

③ 建筑物内照明线路采用BV电线穿钢管暗设。

（3）防雷、接地

1）防雷设计原则及措施：装置及建、构筑物的防雷。厂区内各建筑物和构筑物根据 GB 50057—2010《建筑物防雷设计规范》，设置防雷保护系统。防雷保护系统由避雷针（带）引下线、接地极测试井、接地端子和接地极组成，防雷保护接地系统电阻不大于10Ω。

各生产装置、变电所等构筑物，应根据年雷暴日及构筑物高度进行防雷设计的计算，并根据构筑物的防雷等级进行防雷计算。原则上利用构筑物柱内主钢筋作为接地引下线，并以构筑物基础作为接地极。根据情况也可用 BV—50 接地线作接地引下线，沿构筑物周围接地干线设接地极。接地引下线在距地面0.5m 处留出抽头，并在此作为接地断接卡，用以测量接地电阻，并与全厂主接地网相连。各构筑物应自成接地网，接地网距构筑物3~5m，防止因雷电引起高电位对金属物及电气线路的反击，且各接地网应与全厂接地网相连。构筑物屋顶避雷带可采用直径为10mm 的圆钢形成避雷带网格，或在构筑物屋顶设置避雷针。构筑物周围接地干线采用 BV—70 接地线。

由于液化天然气为甲 A 类放火介质，根据 GB 50160—2008《石油化工企业防火设计规范（2018年版）》的要求，对液化天然气储罐设独立避雷针，以防止直接雷。

为防止雷电电磁脉冲对电子设备的损害，对微机系统、通信系统等电子设备采用屏蔽。电缆连接合理布线并加装电子避雷器等措施，限制侵入电子设备的雷电过电压。

2）工艺装置及电气设备接地：

① 所有室内及室外电气设备的不带电金属外壳，以及工艺要求接地的非用电设备应可靠接地。电动机采用绝缘铜线接地。动力配电箱及照明电源箱采用五芯电缆的 PE 线进行接地。所有的设备应两处接地。一般接地干线采用 BV—50 接地线，接地支线采用 BV—16~35 接地线。如无特殊要求，防雷接地可同保护接地共用接地网，接地电阻不大于1Ω。如接地电阻不能满足要求，考虑采用降阻剂，保护接地接入汇流排，再引至接地极。

② DCS 计算机系统的接地，其接地电阻小于2Ω或符合产品要求。

③ 单独设置（非利用建筑物基础）的接地极，应埋深至地面800mm 以下深度，常规湿度位置以保证接地电阻。对土壤率很大的装置应采用降阻措施，以保证接地电阻值。

3）总降压变电所接地：

① 工作接地。主变压器一次侧中性点经电阻接地，接地电阻＜0.5Ω。所用变二次侧中性点接地电阻≤4Ω，共用接地装置的接地电阻应≤0.5Ω。

② 保护接地。所有电气设备正常不带电的金属部分均应良好接地。全所设接地网，其接地电阻≤0.5Ω，并至少有两处与全厂接地网相连。为减少接触电压与跨步电压，在110kV 配电装置及户外场地的接地网内，设互相平行的均压带，距离5m。

③ 防静电。在接收站内生产储运过程中，会产生静电积累的管道、容器、储罐和加工设备均应静电接地。其接地电阻＜100Ω，其接地系统为其他接地公用接地系统时，则其接地电阻应符合其中最小值的要求。

④ 等电位连接。在建筑物的入口附近，将下列导电体与总等电位连接，主要包括保护接地线（PE 线）的干线、电气装置接地干线、给排水干管、工艺管道等金属管道、建筑物金属结构等。

4）接地材料的选择：

① 电动机、照明箱、插座等用电设备，保护线的材质与相线相同为铜线，其最小截面为：相线截面≤16mm²时，保护线截面等于相线截面；相线截面≤35mm²、＞16mm²时，保护线截面为16mm²；相线截面＞35mm²时，保护线截面为相线截面的一半。

② 接地极的直径为25mm 的铜包钢接地体，长2.5m。

③ 室外接地干线为70mm²铜线。

④ 室内接地干线为70mm²铜线。

⑤ 室外及室外接地支线为铜线。

⑥ 防静电接地支线为50mm²铜线。

⑦ 变电所至各装置接地干线（沿电缆桥架）为 BV—500V—70 电线。

2. 燃料气

燃料气系统，主要为火炬长明灯、火炬点火、SCV 等用户提供燃料气，有些接收站设置锅炉或空调采暖，还为锅炉或空调提供燃料。

国内某接收站燃料气主要来自 BOG 压缩机出口的压缩蒸发气，外输天然气作为补充或备用。根据用户的要求，燃料气所需压力一般为0.4~0.7MPa（G）。燃料气系统设置加热措施，南方接收站由于环境温度较高，燃料气加热采用空气加热器，考虑冬季温度较低，有的接收站还配置电加热器；北方接收站一般设置电加热器或水浴加热器，将燃料气加热到到4℃后供给各用户。

3. 仪表空气和工厂空气

仪表空气和工厂空气系统，将仪表空气送到各种不同的需要消耗空气来执行动作的阀，将压缩空气送到公用空气管网。系统包括空气压缩机、压缩空气储罐、空气干燥器和仪表空气储罐。

国内某接收站的仪表空气管网压力为0.6～0.8MPa（G），仪表空气应无水、无油、无尘，其干燥露点应为-30.9℃。仪表空气系统应有30min的故障备用时间。考虑到工厂空气大多数作为气动工具的气源，故与仪表空气使用相同的质量级别。

4. 氮气供应系统

氮气生产系统产出的氮气供给公用管网中公用工程、卸船臂、泵井吹扫、BOG压缩机和火炬总管。氮气主要的连续消耗者是火炬总管和BOG压缩机。LNG接收站的氮气来源主要有以下两种：

1）氮气可通过膜制氮系统进行生产（对连续用户）氮气质量分数为98%；水的质量分数$<5\times10^{-6}$［-60℃，0.34MPa（G）］。

2）氮气从液氮气化而来（储罐和汽化器为峰值消耗和备用）氮气质量分数>99%；无水。

5. 给水系统

给水系统分为生产给水系统、生活给水系统、消防水系统三个主要系统。

（1）生产给水　主要向生产装置、辅助生产装置提供水源。主要构筑物和装置由生产水罐、生产给水泵组成。水压≥0.35MPa（G）（在装置界区线）；水质符合《石油化工给水排水水质标准》；水温为常温。

（2）生活给水　生活给水系统提供洗眼器用水和办公区、码头控制室的生活用水。主要构筑物和装置由生活水罐和生活给水泵组成。水压≥0.35MPa（G）（在装置界区线）；水质符合《生活饮用水卫生标准》；水温为常温。

（3）消防水系统　本系统向站内工艺装置区、罐区、公用工程区及码头提供消防用水。主要设备由消防电泵、消防柴油泵、消防测试泵和消防保压泵组成。火灾持续时间为6h。消防水源主要取自于海水，设计采用的消防供水方案为稳高压消防系统。采用海水消防，淡水保压的运行方式；火灾初期用淡水消防，若不能及时扑灭使管网压力下降，则起动海水消防泵的操作方式。

6. 污水处理

污水处理系统主要包括生活污水处理系统和生产污水处理系统。

（1）生活污水处理系统　本系统主要用于收集和排放各装置区建筑物内卫生间、厕所、浴室等设施的生活污水和部分化验室的冲洗废水。化验室的废液应单独装桶收集进行处理，不得排入本系统及其他系统中。在各装置区，生活污水应先经装置区内的化粪池预处理后，再重力排入厂区生活污水排水干管，最终排入污水提升池，由提升泵加压后送往厂外的市政污水管网。

（2）生产污水处理系统　本系统主要用于收集和排放各装置区的污水。生产污水处理系统由生产污水管道及其附属设施（检查井，水封井）组成，装置区排出的生产污水经重力排入厂区生产污水排水干管，重力流入生产污水收集池，再由泵提升进入生产污水预处理装置进行处理，达到厂外市政污水处理厂的接收标准后与全厂的生活污水混合，最终排至厂区外的污水处理厂。生产废水排水管道采用聚丙烯管（PPH），热熔粘接连接，埋地敷设时应做砂土基础。排水检查井和水封井应采用防渗钢筋混凝土检查井。

3.2.16 控制系统

LNG接收站的控制控制系统可以连续监视并控制站内生产过程，在接收站起动、正常运行、减量运行、工艺失效及紧急停车期间均对整个站场进行控制及保护。控制系统主要包括：

1）集散控制系统（DCS），用于监视和控制接收站整体运行及各主要工艺设备的运行。

2）安全仪表系统（SIS），独立于所有其他的系统，在可能发生危及生命财产安全或其他危险情况时，该系统将迅速关闭各个操作设备，包括工艺设备、管线、工艺单元和整个接收站，保证人员和设施的安全。

3）火灾自动报警系统（FS），一旦检测到火灾等危险情况，能够及时报警并自动执行相应的消防保护措施。

4）可燃气体检测报警系统（GDS），提供可燃气体检测及报警，现场设置的可燃气体检测报警器通过GDS系统向控制室和调控中心的人员报警，以便相关人员处理检测到的事件。

5）其他系统。成套供货设备设有专门控制系统，如卸船臂的位置监视系统（PMS）和压缩机、SCV、计量撬和火炬的控制系统等，都可作为DCS的子系统，通过数据通信系统与DCS交换信息，并由DCS统一进行监视与管理。

为保证接收站内的设备能够长期安全、平稳、高效地运行，及时纠正设备运行过程中出现的偏差，防止生产过程出现非正常状态，同时便于今后的生产运营管理，接收站自动控制系统中还设置有以下专用监测、分析及管理系统，即：

① 储罐管理系统，采用专用的软件主要对LNG储罐内的液位、压力、温度、密度等信息进行实时监视、分析与管理，防止储罐内发生超压、负压、LNG翻滚等危险事故。仅对软件进行增加。

② 机械状态监测及分析系统，采用专用的软件对接收站内旋转机械设备如：低压输出泵，进行机械振动监测及分析，防止这些设备在非正常状态下运行并造成损坏。该系统设置在罐区机柜间，可作为DCS的子系统，由DCS统一进行监视与管理。

1. 集散控制系统（DCS）

DCS作为接收站控制系统的核心，其主要监控设备设置在接收站的中央控制室（CCR）内，可以对各子控制系统的重要运行参数进行集中监视并发布控制命令。操作人员可以在中央控制室内通过DCS操作站对卸船码头、海水平台及整个LNG接收站的操作过程进行监视和控制。为便于操作、控制和管理，在码头、海水取水平台分别设置仪表间，并分别设置DCS监控设备，用于各区域工艺过程的监视和控制。

部分成套设备设有就地控制盘（LCP），通过就地控制盘就能完成控制和显示单元的操作，成套设备控制系统的重要运行参数及报警、控制、显示等信息将传输到DCS系统中进行统一监控管理。

接收站部分设备（启/停、开/关等）可实现远程控制或就地控制，当选择就地控制时，设备按照就地控制盘指令运行，但设备主要运行状态仍受DCS监视和管理。

（1）DCS系统的优势

1）分散式结构将各部分故障的影响减少到最小程度。

2）分散式结构可以降低电缆敷设的成本。

3）DCS采用的数字技术提高了系统的精确性和可重复性，并提高了数据采集和传输的功能，增强了系统的可靠性。

4）DCS采用模块化硬件、模块化软件、分布式数据库和分散的功能，易于实现系统的功能扩展，使系统操作更加灵活。

5）智能化的诊断能力提高了控制系统的实用性。

6）人机界面的智能化提高了操作人员的效率并增强了安全性。

（2）接收站DCS系统主要完成以下功能

1）对接收站连续生产过程进行实时监视和控制。

2）与音响报警系统连接，用干接点输出信号来启动音响报警系统。

3）与SIS、火灾报警系统和可燃气体检测系统进行通信，采集各系统的运行信息。所有重要的信号，采用硬线方式连接。

4）与LNG储罐管理系统通信，对LNG储罐工作状态进行实时监控。

5）与机械状态监视及分析系统通信，对旋转机械设备的运行情况进行监视和分析。

6）与其他成套设备的控制系统通信，控制回路或起/停电动机的信号采用硬线连接。

7）监视和显示电力系统信息。

8）自动生成报告、报警记录和趋势。

9）DCS内部网络通信及与其他系统通信管理和相关的协议转换。

2. 安全仪表系统（SIS）

SIS是专门用于防止或减轻危险事件、保护人员安全和环境及预防对工艺设备造成灾难性损害的系统。SIS应对可能存在危险或如果不采取措施可能最终产生危险的工艺及设备状况做出快速响应。

SIS系统功能的执行需具备极高的可靠性，能够对关键工艺系统实施监测和激活报警，自动执行指定的安全动作和阀门的操作，以最大程度降低生产过程中的危险状态并阻止潜在危险情况的扩大。在需紧急关断的条件发生时，启动必要的紧急关断动作，使工艺系统回复到安全状态。

SIS系统所完成的主要功能如下：

1）监视被保护的设备和辅助设施。

2）启动适当的设备保护程序。

3）通知和警报操作人员所发生的事件。

4）将SIS的发生情况通知DCS系统。

5）自动生成报告、报警记录和趋势。

6）打印报表及数据存储。

7）系统自诊断。

如SIS系统手动操作时间允许，并且该操作需要操作人员的确认和判断时，自动启动将不动作。自动启动发生于：

① 当需要关断的条件被实际无误地测量出并被明确地证实时。

② 如果立即动作，所发生的事件可能导致灾难性的后果时。

③ 在紧急关断期间，设备的任何部分必须保持关断后的停滞状态，直至SIS系统被中央控制室的SIS复位按钮复位为止。

3. 火灾报警系统（FS）

为了及时、准确地探测和报告火情和LNG泄漏，火灾报警系统将用来检测卸船码头及整个接收站工艺装置区、重要建筑物内可能出现的火灾和LNG泄漏，在发生紧急情况时触发声光报警，保证人员和生产设施的安全。

火灾报警系统的主要功能如下：

1）探测出现的火灾以及LNG泄漏。

2）提供火灾或LNG泄漏报警信息，以便相关人员启动警报及采取相应措施。

3）打印报表及数据存储。

4）系统自诊断。

4. 可燃气体检测报警系统（GDS）

为了及时、准确地探测和报告可燃气体的泄漏，可燃气体检测报警系统将用来检测整个接收站工艺装置区、重要建筑物内可能出现的可燃气体泄漏。

在各工艺区、LNG储罐顶等有可能发生可燃气体泄漏的地方设置可燃气体探测。所有现场可燃气体探测的信号将接入到可燃气体检测报警系统。可燃气体检测报警系统（GDS）独立设置，配置要求同SIS系统。现场设置的可燃气体检测报警器通过GDS系统向控制室和调控中心的人员报警，以便相关人员处理检测到的事件。

可燃气体检测报警系统的主要功能如下：

1）探测出现的可燃气体。

2）提供可燃气体泄漏信息，以便相关人员启动警报及采取相应措施。

3）自动生成报告、报警记录和趋势。

4）打印报表及数据存储。

5. 成套设备控制系统

一般设备配套提供的控制系统采用PLC作为控制设备，以充分保证系统的运行速度、数据存储和传输，并保证系统的灵活性、可靠性和可操作性。PLC的主要功能包括电动机或泵的起动/停止、系统中所有可调节的过程控制和顺序控制及过程报警、指示等。

各成套设备的控制系统将作为新增DCS的子系统，通过网络或串行数据通信系统与DCS交换信息，并由DCS统一进行监视与管理。

部分成套设备设有就地控制盘（LCP），通过就地控制盘可以完成控制和显示单元的操作，成套设备控制系统的重要运行参数及报警、控制、显示等信息将传输到DCS系统中进行集中监控管理。

成套设备可通过其配套提供的控制系统实现远程控制或就地控制，当选择就地控制时，设备按照就地控制盘或开关指令运行，但设备主要运行状态仍受DCS监视和管理。

6. 储罐管理系统

在大型接收站中，由于LNG储罐较多，经常面临长期贮存的要求，应设置一套LNG储罐管理系统，考虑到生产和操作的统一性，建议将LNG储罐管理系统纳入DCS系统。该系统将利用LNG储罐现场检测仪表的测量数据，并采用专用软件对LNG储罐内介质的液位、温度、压力、密度等参数进行实时监测，监测储罐内发生液体分层、避免发生翻滚及储罐超压、负压等危险情况。

此外，还可根据测量参数计算出储罐内LNG的体积、重量及库存管理所需的其他信息，便于生产管理和实际运行操作。LNG储罐管理系统采用专用软件，运行在DCS操作站或专用的计算机工作站上。该系统还配置有信号转换单元，将来自现场储罐LTD（Level，Temperature，Density）仪表及伺服液位计、雷达液位计的总线信号调制为串行数字通信信号，并接入到系统中进行数据存储、处理和显示。该系统的主要功能还包括：

1）动态显示LNG储罐液位、温度、压力、密度等实时数据。

2）储罐存储计算功能。

3）与DCS、SIS、火灾报警系统和可燃气体检测报警系统进行通信连接。

4）自动生成报告、报警记录和趋势。

5）打印报表及数据存储。

6）系统自诊断。

3.2.17　分析化验

接收站化验室的主要工作是对到岸的LNG及送出的天然气进行分析。化验室主要化验设备及化验方法见表3-13。

表3-13　化验室主要化验设备及化验方法

序号	化验设备及说明	化验方法
1	天然气气体色谱仪（现场取样）	ASTMD - 1945
2	天然气总硫含量气体色谱仪（现场探头）	ASTMD - 6228
3	天然气硫化氢试验仪器（比色法），现场探头	ASTMD - 6228 ASTMD - 4084
4	水含量试验仪器	ASTMD - 6304
5	手持式露点仪	
6	紫外线分光光度仪（用于测量水中的：硫酸盐、硅酸盐、碳酸盐、氰化物、六价铬、亚硝酸盐、硝酸盐和总磷酸盐含量）	ASTMD - 516，D - 859，D - 1783，D - 2036，D - 1687 APHA4500 - NO2 - B APHA4500 - NO2 - EAPHA4500 - PC
7	酸度计	
8	水电导仪	
9	水油含量计量仪	
10	水混浊仪	

（续）

序号	化验设备及说明	化验方法
11	水振动检测仪	ASTMD－2035
12	总溶解和悬浮固体含量试验仪器	ASTMD－5907
13	水 COD 试验仪器	
14	带培养皿的水 BOD 试验仪器	APHA5210D
15	手持式残留氯试验仪器	
16	分压滴定仪	
17	水中氯、二氧化碳、氨、氟、硫离子分析仪器	ASTMD－512，D－513，D－1426，D－1179，D－4658

3.3　试运行、性能测试及考核

3.3.1　试运行

试运行一般指 LNG 接收站机械完工后到进入商业运行前的阶段，包括试车、开车、测试、尾项整改和移交。应建立试运行团队，负责安全、环保地执行试车、开车，直至移交的所有活动，保证平稳、安全地过渡到运行。各种测试的具体要求按照单机性能测试、装置性能测试的规定执行。试运行过程应有详细完整的计划和程序，并被试运行团队有效地实施，计划和程序中规定了所有的试运行工作内容及步骤、责任人和所需的资源。通常 LNG 接收站试运投产的组织机构如图 3-13 所示。

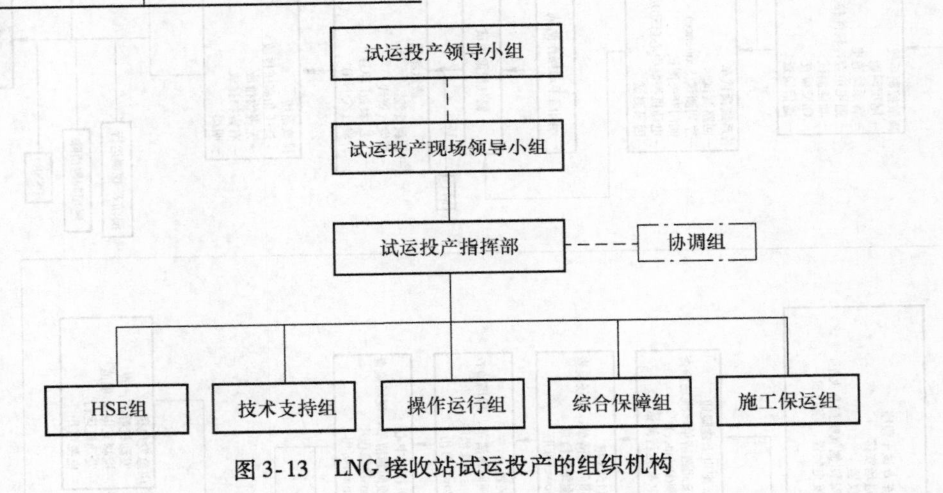

图 3-13　LNG 接收站试运投产的组织机构

试车是 LNG 接收站达到正常商业运行过程中必不可缺的重要阶段，试车阶段需进行一系列的测试以确认所有的设备和系统达到了设计的性能要求，具备开车和安全运行的条件。另外还要确认所有系统的完整性，该阶段包括压缩空气和仪表空气管网投用、水系统（海水或者冷却水）投用、控制回路测试及功能测试、动设备测试、制氮系统投用、气密性测试、LNG 储罐干燥置换等。试车团队将制订相关工作计划、试车程序和试车手册，应用于试车过程和性能测试，并通过试车准备阶段的人员培训，保障顺利执行每一步试车工作。试车启动时间点为接收站机械竣工之后，应获得接收站机械完工验收证书，其目的在于做好开车前准备，电、氮气、仪表空气、消防系统和润滑油等系统应具备运行条件，完成各系统冲洗和吹扫。向建设单位提供详细的试车进度计划和程序文件，并获得批准，后续执行阶段进行任何更改必须由试车团队和建设单位共同讨论后决定。

开车准备完成证书签发后，即可开始装置开车。开车时间应符合第一艘液化天然气船到达时间，是将烃类物质引入 LNG 接收站的设施，即系统投入操作的时间，其余的测试按顺序依次进行。

某 LNG 接收站试车和开车活动流程图如图 3-14 和图 3-15 所示。

开车前安全审查（FSSR）应按照检查清单逐项进行，以确认接收站的施工和设施符合设计规范。安全、操作、维护及应急程序已准备；工艺危害分析已完成；整改措施已完成；所有将参加开车工作的人员的培训已完成。

所有的试车和开车活动应经过工作许可程序，为了确保覆盖所有安全控制的方面顺利进行，试车前一定时间内（如 15 天）应引入业主的工作许可制度，与之前的工作许可并行。试运行应特别重视下列各项：

1）回路测试、仪表功能检查、报警和跳车检查、系统干燥、气密测试、技术要求检查。

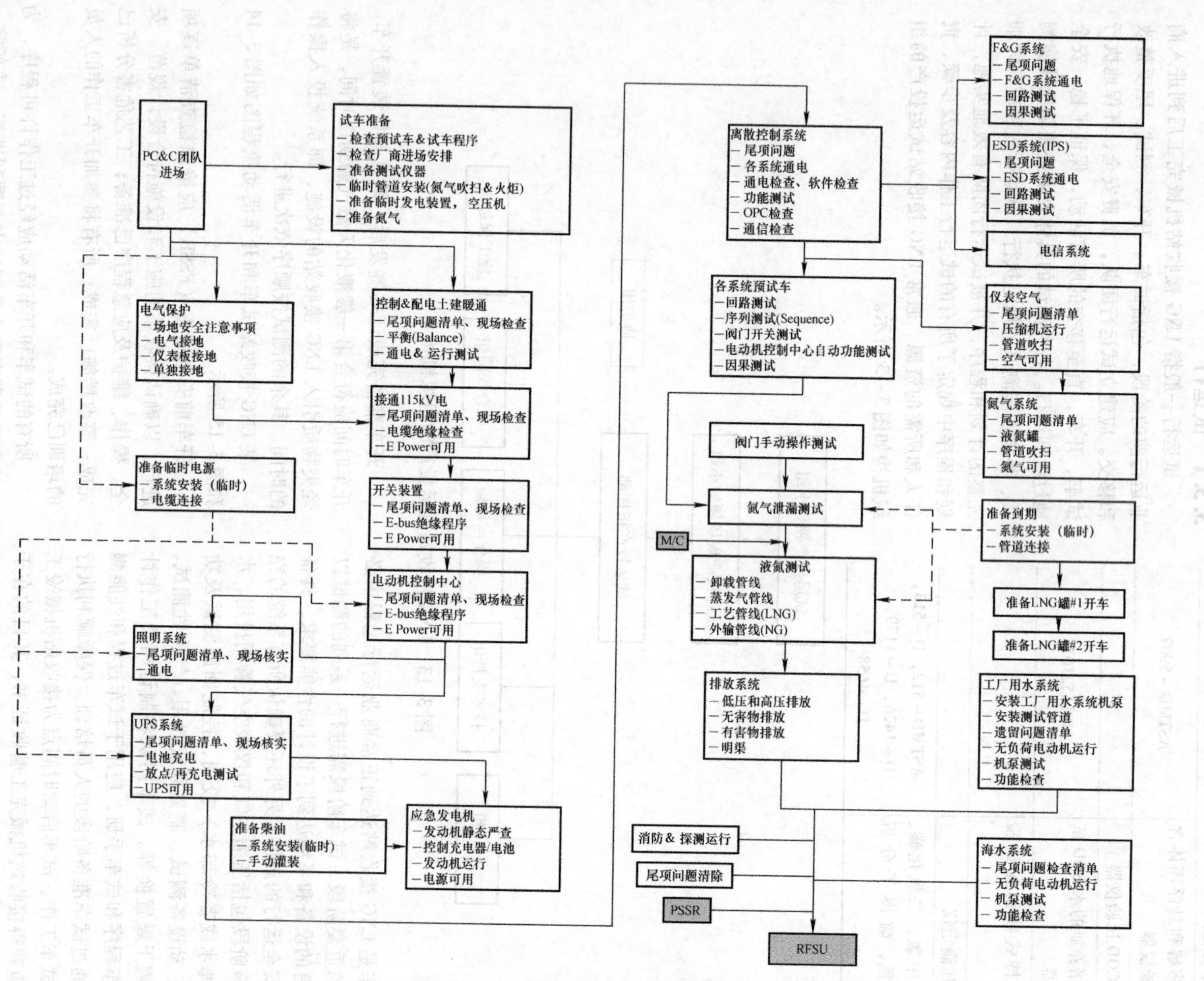

图 3-14　LNG 接收站试车活动流程图

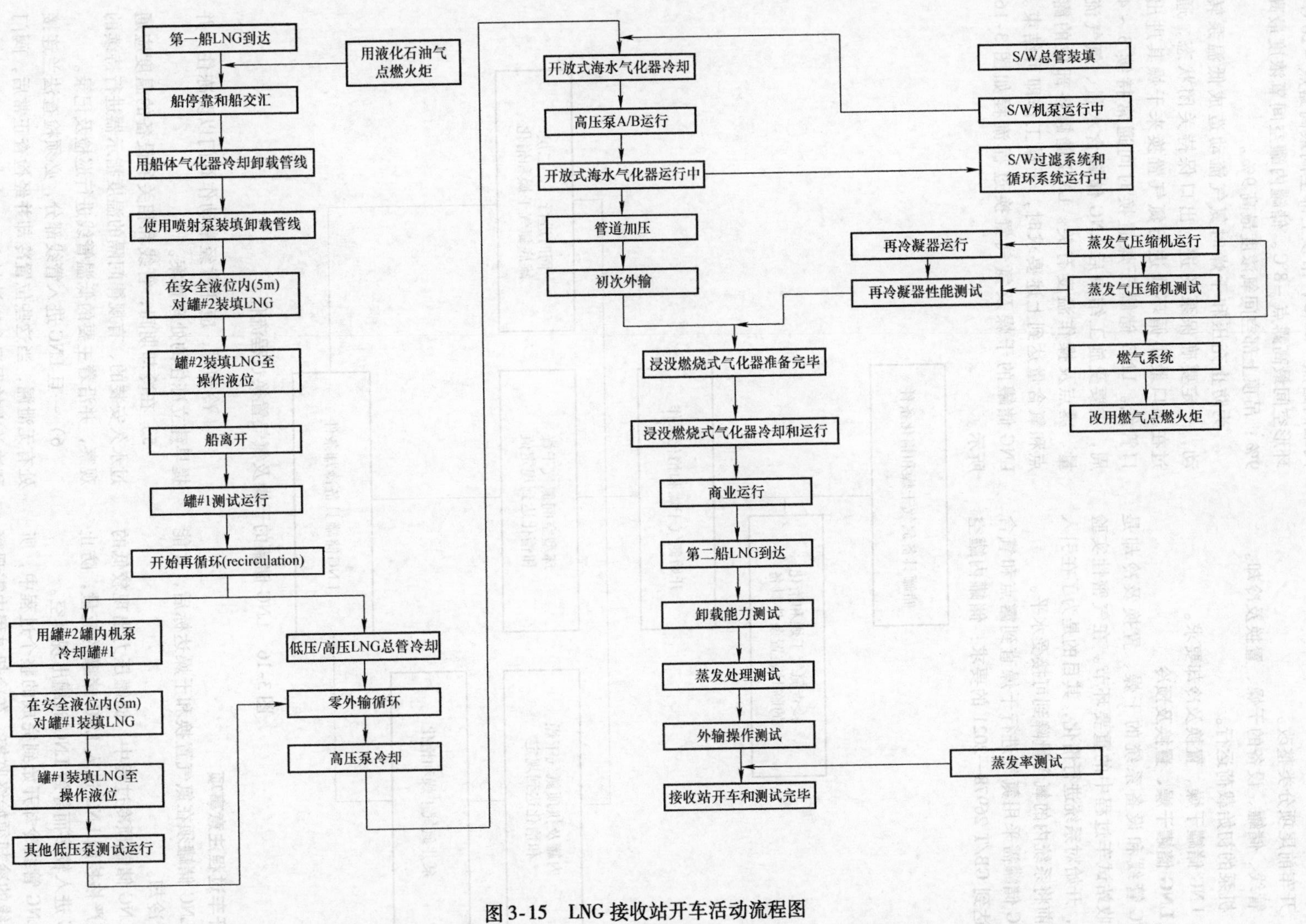

图3-15　LNG接收站开车活动流程图

注：1. 图中方块内容是具体的试车和开车工作，箭头表示工作次序，实线表示工作接续关系，虚线表示具备的条件或者可同时开展的工作。

2. 图中符号缩写：PSSR—开车前安全审查；M/C—机械竣工；RFSU—联动试车。

2）火气及消防系统的测试。

3）开车前尾项分类整改。

4）管线、储罐、设备的干燥、置换及冷却。

5）机泵的初始载荷运行。

6）LNG储罐干燥、置换及冷却要求。

1. LNG储罐干燥、置换及预冷

LNG管线和设备系统的干燥、置换及冷却是LNG接收站试车过程中的重要环节。在气密性实验完成后，开始对系统进行惰化，其目的是为了在引入LNG之前将系统内的氧含量降到可接受水平。

LNG储罐需采用氮气进行干燥直到露点和氧含量指标达到GB/T 26978—2021的要求：储罐内罐空间最高露点 -20℃；吊顶上部空间最高露点 -20℃；环形空间最高露点 -8℃。储罐内罐空间氧浓度最高9%；吊顶上部空间氧浓度最高9%。

为防止充压和干燥时氮气流动造成低温泵转动，一定要确保泵的进、出口保持关闭状态，通过在出口最小循环线进行氮气置换来干燥其进出口管线。LNG储罐干燥置换时间通常持续3～4周，主要受施工结束后LNG储罐含水量、氮气流量、露点及操作温度有关。LNG储罐各部位的露点和氧含量达到上述要求时，干燥工作即可结束。LNG储罐的干燥及氮气置换过程流程如图3-16所示。

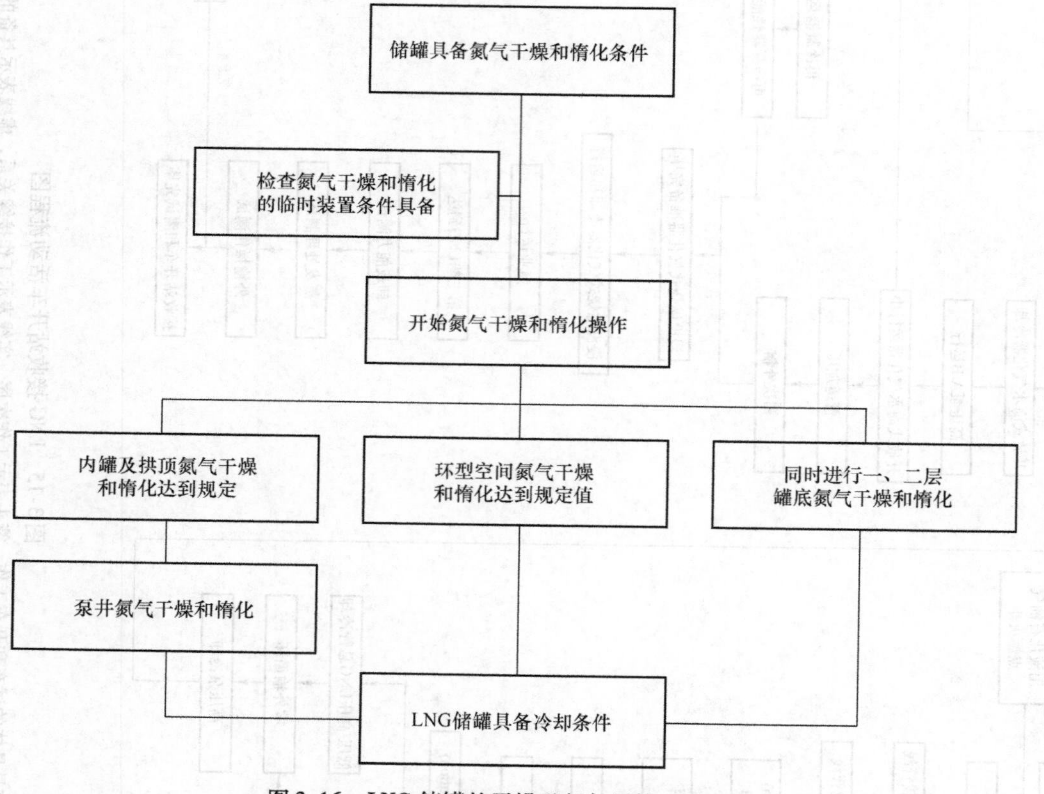

图3-16 LNG储罐的干燥及氮气置换过程流程

2. 开车过程注意事项

1）LNG储罐须在氮气置换和干燥达标后，才能考虑进行冷却。

2）LNG储罐预冷过程中，储罐压力出现较低的情况，应严格控制LNG进入LNG储罐的流量，防止由于LNG进入较多而导致LNG储罐出现真空。

3）LNG管线冷却开始到完成的整个过程中，所有低温管线的冷却须始终监控。在冷却过程中需观察任何管线不正常的移动。

4）冷却时，应注意经常动作阀门以防冻住，并提早建立冻住的处理预案。

5）在冷却期间，管线和相关的设备的温度应通过永久安装的、有规律间隔的温度指示器进行持续的观察，并沿着主要的低温管线进行巡检及记录。

6）一旦LNG进入管线部分，必须检查法兰连接处有无泄漏，当这些位置冷却并经检查正常后，阀门和法兰上的保温盒应被封上。

7）主变受电前要有相应的管理制度和各种警示

图牌，要有受电和送电程序和应急发电机调试程序。

8）确认电仪交接，保证在试运投产前汇总所有点之间的测试结果并进行审查。

9）对全厂接地电阻进行大型试验，以防止雷暴日造成设备的损坏。

10）试运投产前进行电磁阀与系统设备之间的兼容性测试，保证现场与仪表控制之间的安全，测试内容包括电磁阀工作电阻，工作电流等。

11）注意远程仪表密封性处理，确保现场变送器不进水，以防止仪表故障。

3.3.2 单机性能测试及考核

LNG接收站已经投产且所有的设备都已经投入使用，对所有设备的单台性能测试和对整个装置性能测试即可开始。测试的主要目的是证明LNG接收站的各个设备、单元及装置总体能够满足设计规范及合同要求，装置性能考核主要分为单机性能测试及考核、装置整体性能测试及考核。本章节重点论述接收站中单机性能测试要求，如装/卸船臂、装/卸车撬、LNG储罐、泵、BOG压缩机、再冷凝器、汽化器等设施。单机性能测试时每台设备/单元的测试均应有安全可靠的书面试验程序，测试过程需严格按照程序执行，并有足够详细的测试数据记录。LNG接收站内主要单机性能测试如下所示。

1. 装/卸船臂

根据厂商的测试程序完成辅助系统（如液压系统）、ESD1和ESD2触发测试、装/卸臂运动包络范围、紧急脱离性能测试、报警及连锁仪表清单等功能性测试，同时检测有无泄漏，必要时对装/卸过程中装/卸臂的流体压损进行测试。

2. 装卸车撬

根据厂商的测试程序完成装卸车撬紧急停车触发测试、装卸车臂移动包络范围、报警及连锁仪表清单等功能性测试，同时检测有无泄漏，同时对装车撬的最大流量进行测试。

3. LNG储罐

机械完工前，LNG储罐已进行了水压试验、气压试验，上述试验报告也作为LNG储罐性能测试的一部分。LNG储罐投产后，应对LNG储罐的日蒸发率进行测试，形成“储罐BOR测试核算书”。同时对LNG储罐环形空间的泄漏温度数据进行测试，保证LNG储罐内罐无泄漏发生。

4. 泵

LNG接收站内泵主要分为低压输送泵、高压输出泵、海水泵、消防水泵、生活水泵等，泵的性能测试和考核内容主要包括（逐台）连续运转测试、噪声测试、性能曲线测试，完成性能曲线的绘制，并进行现场测试运行数据的记录，主要测试记录表见表3-14。某LNG接收站实际工程项目的低压LNG泵为例，现场测试数据见表3-15和图3-17。

表3-14 低压输送泵的现场测试数据记录表

现场测试运行记录			
测试项目	低压输送泵	流量/(m^3/h)	—
日期		额定扬程/m	—
客户		流量范围/(m^3/h)	—
站场		电动机功率/kW	—
位号	—	额定电流/A	—
泵类型		电压/V	—
序列号		频率/Hz	—

测 试 记 录

项目	1	2	3	4	5	6
质量流量/(t/h)	—	—	—	—	—	—
体积流量/(m^3/h)	—	—	—	—	—	—
扬程/m	—	—	—	—	—	—
效率（%）	—	—	—	—	—	—
出口压力/MPa（G）	—	—	—	—	—	—
入口压力/MPa（G）	—	—	—	—	—	—
入口温度/℃	—	—	—	—	—	—
入口比重	—	—	—	—	—	—
出口温度/℃	—	—	—	—	—	—
出口比重	—	—	—	—	—	—

（续）

测　试　记　录						
项目	1	2	3	4	5	6
摩阻/m	—	—	—	—	—	—
电流/A	—	—	—	—	—	—
电压/V	—	—	—	—	—	—
压差/m	—	—	—	—	—	—
振动频率/(mm/s)	—	—	—	—	—	—

表3-15　低压输送泵的性能测试数据

项目	1	2	3	4	5	6	7
时间	9.06	9.18	9.29	9.41	9.56	10.09	
质量流量/(t/h)	66	98	131	172	217	236	
体积流量/(m^3/h)	148	219	293	385	485	528	
出口压力/MPa（G）	1.42	1.36	1.32	1.21	1.07	1.02	
储罐压力/kPa（G）	13.6	13.6	13.6	13.6	13.6	13.6	
储罐液位/m	30.7	30.7	30.7	30.7	30.7	30.7	
液体温度/℃	-159.5	-159.5	-159.5	-159.5	-159.5	-159.5	
比重	0.447	0.447	0.447	0.447	0.447	0.447	
电流/A	20	21	23	24	26	26	
电压/V	6100	6100	6100	6100	6100	6100	
振动频率/(mm/s)	—	—	—	—	—	—	
扬程/m	341.8	332.7	319.0	293.9	262.0	250.5	

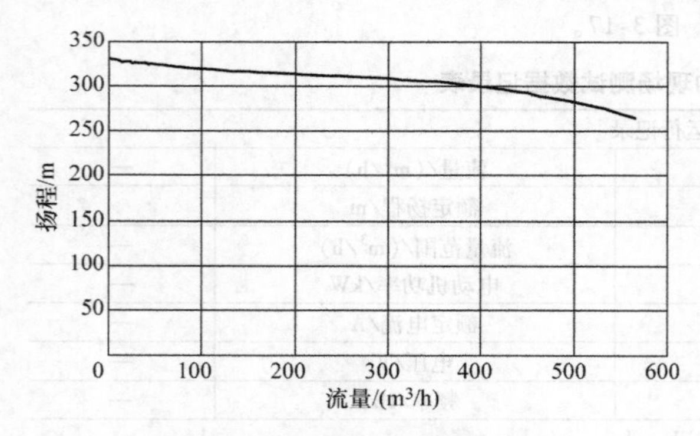

图3-17　低压输送泵的性能曲线

5. BOG压缩机

根据压缩机厂商提供的性能试验程序进行测试并详细记录，BOG压缩机的性能考核主要包括考核入口流量、入口温度、出口压力、振动数值、功率及电流等参数，并进行现场测试运行数据的记录。

6. 再冷凝器

再冷凝器的性能考核包括压力控制稳定性、液位控制稳定性等。如接收站有最小外输量的要求，再冷凝器的性能考核宜与接收站最低负荷试验同时进行，测试过程在随装置性能的测试程序一同实施。

7. 汽化器

LNG接收站中通常采用的汽化器型式有开架式汽化器（ORV）、浸没燃烧式汽化器（SCV）、中间介质汽化器（IFV）三种汽化器，汽化器性能考核主要包括负荷调节（10% -25% -50% -75% -100% -110%）、燃料气消耗、水浴温度、海水出口温度、海水流量、天然气温度等，其中某LNG接收站项目SCV和ORV的性能考核记录表如表3-16和表3-17所示。

表3-16　SCV现场测试数据记录表

SCV编号	LNG流量/(t/h)	FCV开度(%)	TCV开度(%)	燃料气消耗/(m^3/h)	水浴温度/℃
SCV-A	45	80	34	960	17.5
	90	80	45	1210	17.5
	135	63	55	1700	17.5
	180	25	63	2400	17.5
	190	20	64	2550	17.5

表 3-17 ORV 现场测试数据记录表

ORV 编号	LNG 流量/（t/h）	天然气出口温度/℃	海水消耗/（m^3/h）	海水入口温度/℃
ORV－A	20	18.9	7135	19.4
	80	18.8	6768	19.4
	105	18.8	6794	19.3
	150	18.6	6873	19.1
	200	18.5	6697	19.1

8. 控制系统

控制系统主要由多个自动化系统组成，主要包括分散型过程控制系统（DCS）、安全仪表系统（SIS）、火灾自动报警系统和可燃气体检测报警系统。由分散型控制器、服务器和工作站组成。其中过程控制系统用于完成生产中的数据收集和功能监控；安全仪表系统用于确保整套设施中的紧急关机装置的功能；火灾与气体检测系统用于管理火灾和气体的检测及火灾预防控制。主要涵盖的子系统见表 3-18。

表 3-18 控制系统子系统

子系统描述	子系统编号	
PCS 过程控制系统	中央控制室 CCR	PCS－CCR
	码头控制室 JCR	PCS－JCR
	海水取水区 SFR	PCS－SFR
SIS 安全仪表系统	中央控制室 CCR	SIS－CCR
	码头控制室 JCR	SIS－JCR
	海水取水区 SFR	SIS－SFR
FGS 火灾与气体检测系统	中央控制室 CCR	FGS－CCR
	码头控制室 JCR	FGS－JCR

控制系统在现场安装完毕后应进行功能测试，旨在保证系统所有设备均按要求安装、连接、供电，以及在运输、存储和安装过程中无缺失、损坏，保证各个控制系统是根据相关控制系统功能设计规范而进行全面测试。功能测试对象将主要针对系统通信及系统各硬件组件。功能测试步骤如下。

1）硬件外观检查：主要是检查组件的外观是否存在物理损坏，以及硬件的布置、接线是否满足设计规范要求。

2）标准功能测试：主要是检查系统一般性功能，例如：冗余性测试、系统内部错误的诊断和报警功能、内部配线检测、系统电源检查、控制器完整度、控制器冗余、网络冗余测试、电源故障测试、工作站完整度等。

3）单元功能测试：主要根据各工艺流程单元进行模拟调节测试和逻辑功能测试。测试范围要覆盖与系统相连的每个工艺位号。

所有测试均应提供详细的记录并有相关责任人的签字验收。

9. 电气系统

电气系统应按相应规范及技术要求进行功能和性能测试，特别是对于设备的绝缘、接地、继电保护等测试，均应达到设计要求。所有测试均应有详细记录和责任人签字。测试内容和步骤如下。

（1）设备外观检查：

1）安全设备的就位情况。

2）设备与铭牌和图样的一致性。

3）组件的损坏、清洁及是否受潮。

4）绝缘部件是否有开裂。

5）接地是否完好。

6）确认熔断器和开关的额定容量。

7）机械操作性能和联锁保护。

8）必要的润滑。

9）绝缘介质（组分、压力等条件）。

（2）组件静态测试：

1）压力和液位检查。

2）连接检查（接地、极性）。

3）设备包括电缆的对地、相间绝缘电阻。

4）功率因数。

5）高压测试。

6）附属仪表和保护继电器的校验。

7）辅助操作设备的检查。

8）接线是否与单线图一致。

9）控制回路完整性检查。

（3）系统动态测试：

1）上电测试。

2）主回路、电压、电流互感器的测试。

3）极性确认。

4）电动机转向测试。

以上测试全部完成后的系统上电。测试内容的1）和2）项可同时进行。

10. 其他设备

燃料气系统、“三废”处理系统、氮气系统、空气压缩机系统的性能测试，均需根据厂商提供的性能试验程序进行，并有足够详细的记录。

3.3.3 装置性能测试及考核

在进行装置性能试验前，必须有安全可靠的书面试验程序。待装置连续操作运行后，控制、仪表等具备试验条件时，方可进行装置性能测试。测试过程中，控制系统应能提供一定时间内的设备及工艺系统所考核的关键数据。测试过程中，测试人员应准备并填写性能考核所需关键数据的记录表。测试时，仪表的准确度应为：流量±1%；温度±2℃；压力±1%。

装置整体性能测试及考核的技术要求、考核内容及指标如下所示。

1. 卸船流量考核

包括接卸主力船型和兼顾船型下的平均卸船速率和最大卸船速率。通常LNG接收站接卸主力船型的平均卸船速率为12000m^3/h，对于超大型LNG运输船来说，由于其船上的泵扬程较高，卸船速率可能达到14000m^3/h，而对于有些栈桥比较长的接收站来说，由于卸船管线阻力降较大，其卸船速率可能会低至10000m^3/h。具体考核参数应以满足工作合同要求为基准。

2. 装船流量考核

包括装载主力船型和兼顾船型下的平均装船速率和船舶管汇口的最小压力。

3. LNG储罐的蒸发率考核

在LNG储罐数据表和LNG储罐技术规格书所规定的条件下（纯甲烷、稳定压力、设计环境基准温度和最大太阳辐射等），考核LNG储罐实测最大日蒸发率小于规格书规定的数值，如0.05%（w_t）。当测试考核环境条件与设计条件有偏差时，需要将测试数据换算为设计条件下的对应值，或者按照实际测量时的环境条件计算出相应的理论值，然后分别与设计的BOR数值或者实际的测量BOG数值进行对比。

国内某LNG接收站于9月份进行了BOR的测试，实际测得BOG蒸发率为0.029%，按照设计条件校正后蒸发率为0.034%，实测数据小于设计允许的最大日蒸发率为0.05%（w_t），满足设计要求。

4. LNG储罐容积标定

由国家认定的检验单位对LNG储罐的容积进行检定，并出具检定结果及说明报告。表3-19列出了某LNG接收站16×10^4m^3LNG储罐的容积检定结果，总容量约为17.8551193×10^4m^3。

表3-19　LNG储罐容积检定结果

高度/m	容量/L
28.00	141677591
29.00	146704403
30.00	151731406
31.00	156758545
32.00	161785684
33.00	166812823
34.00	171839962
35.00	176867101

5. LNG储罐有效容积考核

LNG储罐的有效容积为正常操作（冷态）条件下允许的最高操作液位（LAH）和允许的最低操作液位（LAL）之间容积。某LNG接收站160000m^3 LNG储罐的最高操作液位为34.413m，最低操作液位为2.413m，有效容积为160768m^3，满足设计要求。

6. 最小输出运行工况下BOG零放空考核

通常采用BOG再冷凝工艺的LNG接收站，其BOG处理系统都是按照LNG接收站最小外输运行工况下，BOG全部冷凝回收进行设计的，也就是说BOG零放空。此运行工况的考核，就是在设计基础文件规定最小外输工况下，测试卸船工况和非卸船工况LNG站内BOG保持零放空。

7. 装置外输能力考核

测试装船、装车、汽化外输等工况的流量、温度和压力，满足设计基础文件规定要求。如某LNG接收站冬季保供期间，LNG最大气化能力达到3500×$10^4m^3/d$，大于设计保证值3000×$10^4m^3/d$，其外输压力和温度满足设计要求，达到了接收站总体性能指标。

8. 天然气外输系统可调节性测试

测试天然气外输系统随着天然气管网压力波动范围的稳定性、可调节性能及不同操作压力下汽化器的负荷。

9. 电力消耗

考核LNG接收站运行期间所有电气设备和其他耗能设施的电力供应的可靠性；LNG接收站稳定运行期间用电设施耗电应小于或等于合同规定的保证值。

10. 可靠性测试

在设计条件下能够连续稳定运行，并在一定时间内（一般为72h）不出现故障，包括LNG储罐、低压输送泵、汽化器、海水泵、高压泵、再冷凝器、BOG压缩机、卸船臂、DCS、ESD及F&G系统等。表3-20为装置性能考核记录表。

表3-20　装置性能考核记录表

名　称		外输能力测试	卸船时间测试
卸船系统	卸船臂处的卸船压力/MPa（G）	—	√
	卸船总管处卸船压力/MPa（G）	—	√
	卸船总管处卸船温度/℃	—	√
	气相返回臂返回压力/kPa（G）	—	√
	气相返回臂返回温度/℃	—	√
	再循环流量/(m^3/h)	√	√

（续）

名称			外输能力测试	卸船时间测试
LNG储罐		压力/kPa（G）	√	√
		液位/mm	√	√
		LNG密度/(kg/m³)	√	√
		气体温度/℃	√	√
		LNG温度/℃	√	√
LNG低压输送泵		工作流量/(m³/h)	√	—
		排出压力/MPa（G）	√	—
		回流阀开度（%）	√	—
		排出阀开度（%）	√	—
		电机电流/A	√	—
		振动/(mm/s)	√	—
BOG压缩机蒸发气总管		连接至蒸发气流量控制装置的蒸发气总管压力/kPa（G）	√	√
		蒸发气总管压力/kPa（G）	√	√
		蒸发气到火炬总管控制阀开度（%）	√	√
		连接至蒸发气流量控制装置的蒸发气总管压力/kPa（G）	√	√
		蒸发气总管压力/kPa（G）	√	√
BOG压缩机吸鼓和排放罐		吸入温度/℃	√	√
		吸入压力/kPa（G）	√	√
		排出压力/kPa（G）	√	√
		BOG压缩机吸鼓液位/mm	√	√
		排出温度/℃	√	√
		排放罐液位/mm	√	√
	BOG压缩机	吸入压差/kPa（G）	√	√
		吸入压力/kPa（G）	√	√
		吸入温度/℃	√	√
		排出压力/MPa（G）	√	√
		排出温度/℃	√	√
		回流阀开度（%）	√	√
再冷凝器	蒸发气进气	流量/(m³/h)	√	√
		压力/MPa（G）	√	√
		温度/℃	√	√
		自输出总管连接的蒸发气进气阀开度（%）	√	√
		连接至蒸发气总管的再冷凝器排气阀开度（%）	√	√

（续）

名称			外输能力测试	卸船时间测试
再冷凝器	LNG	进气流量/(m³/h)	√	√
		进气阀开度（%）	√	√
		温度/℃	√	√
		液位/mm	√	√
		旁通立管液位/mm		
		连接至蒸发气总管的立管阀门开度（%）	√	√
		排出压力/MPa（G）	√	√
		排出温度/℃	√	√
LNG高压泵		吸入压力/MPa（G）		
		泵罐温度/℃	√	—
		泵罐液位/mm	√	—
		排出压力/MPa（G）	√	—
		排出温度/℃	√	—
		排出流量/(m³/h)	√	—
		回流阀开度（%）	√	—
		振动/(mm/s)	√	—
		电流/A	√	—
LNG开架式汽化器	LNG	进气流量/(m³/h)	√	—
		进气阀开度（%）	√	—
		进气压力/MPa（G）	√	—
		进气温度/℃	√	—
	天然气	排放压力/MPa（G）	√	—
		排放温度/℃	√	—
	海水	进水流量/(m³/h)	√	—
		进水压力/MPa（G）	√	—
		进水温度/℃	√	—
		排水温度/℃	√	—
LNG浸没燃烧式汽化器	LNG	进气流量/(m³/h)	√	—
		进气阀开度（%）	√	—
		进气压力/MPa（G）	√	—
		进气温度/℃	√	—
	天然气	排放压力/MPa（G）	√	—
		排放温度/℃	√	—
	燃气	进气流量/(m³/h)	√	—
		进气压力/MPa（G）	√	—
		浴水温度/℃	√	—
		风机出口压力/kPa（G）	√	—

（续）

名称		外输能力测试	卸船时间测试
天然气输出管线	压力/MPa（G）	√	—
	温度/℃	√	—
海水泵	海水进水口液位/mm	√	—
	排出压力/MPa（G）	√	—
	电流/A	√	—
燃料气加热器	进气压力控制阀开度（%）	√	—
	进气压力/MPa（G）	√	—
	进气温度/℃	√	—
	燃气加热器排出温度/℃	√	—
	E－2201A 燃气加热器进气流量/(kg/h)	√	—
	E－2201B 燃气加热器进气流量/(kg/h)	√	—
	E－2201B 燃气加热器排出温度/℃	√	—
	燃气加热器排出温度/℃	√	—

（续）

名称		外输能力测试	卸船时间测试
消防水系统	配水管线压力/MPa（G）	√	—
	管网管线压力/MPa（G）	√	—
	氮气系统		
	排出管线压力/MPa（G）	√	—
	排出管线温度/℃	√	—
	仪表风系统		
工业用水系统	排出管线压力/MPa（G）	√	—
饮用水系统		√	—

11. LNG 接收站综合能耗测试及核算

LNG 接收站运行特点较典型石油化工企业不同，具有工况灵活多变，设备启、停数目机动性强，属于外输连续性要求高，但是单台设备或系统间歇运行的特点，性能考核期间应尽可能在最大卸船、装车和最大外输等工况下的公用工程消耗参数，并基于统计数据完成能耗核算，与合同规定的综合能耗数值进行比较。表 3-21 为公用工程消耗统计表。

表 3-21　公用工程消耗统计表

序号	时间区间	外输量总计/m^3	水消耗总计/t	电消耗总计/kWh	工厂风消耗总计/m^3	脱盐水消耗总计/t	生产水消耗总计/t	仪表风消耗总计/m^3
1								
2								
3								
4								

3.4　消防、节能与环保

LNG 接收站以液化天然气为原料，经过低温储存、输送、加压气化生产天然气产品，生产过程中主要物质为 LNG 和天然气，其主要成分为甲烷。如果采用中间介质汽化器，还可能有中间介质（丙烷、乙二醇、异丁烷、氟利昂或者氨等介质），如果采用 SCV，还可能有氢氧化钠（烧碱）或碳酸氢钠。公用工程及辅助系统还涉及氮气、氢气。因此 LNG 接收站不仅存在可燃物质，又有低温、腐蚀物质，消防、节能与环保具有一定的特殊性，本节主要描述其特殊要求及防范措施。

3.4.1　消防

1. LNG 接收站危险因素

LNG 接收站生产主要特点是生产过程中存在低温、高压状态，其次工艺介质本身也是危险物料，主要危险因素如下。

（1）低温冻伤　LNG 在低温（约－161℃）下贮存、输送、加压、汽化，如果 LNG 发生泄漏，低温液体 LNG 在接触到人体皮肤后，会造成严重的冻伤。

（2）高压泄漏　LNG 汽化后压力较高，有时高达 10MPa（G），汽化设备或管道若发生破裂，就会释放出巨大的能量，造成人员伤亡和设备、建筑物损坏，同时泄漏出可燃气体，会立即与空气混合并达到爆炸极限，若遇到火源即可导致二次爆炸或燃烧等连锁反应，造成特大的火灾、爆炸和伤亡事故。

（3）爆炸　LNG 在设备或管道内储存或输送，压力如果超过设备或管道承压能力，有可能发生超压爆炸。这种蒸气膨胀型的爆炸属于物理爆炸。物理爆炸时，LNG 溢出与空气混合，形成爆炸混合物，物理爆炸时产生的机械能或引火源可能将混合物点燃，引发化学爆炸。

（4）火灾　接收站在卸船、贮存、输送及汽化过程都存在甲烷，甲烷火灾危险性为甲类。其火灾特点有：火焰温度高、辐射热强、易形成大面积火灾、具有复燃、复爆性。

接收站海水处理系统需要用次氯酸钠来抑制海水中的微生物生长，一般是通过海水电解获得。海水电解过程中会产生易燃、易爆的氢气。若氢气泄漏到操作环境中，可能引起火灾爆炸危害。

（5）蒸气云　LNG一旦从储罐或管道泄漏，部分急剧汽化成蒸气，剩下的泄漏到地面，沸腾汽化后与周围的空气混合成冷蒸气雾，在空气中冷凝形成白烟，再稀释受热后与空气形成爆炸性混合物，若遇到点火源，可能引发火灾及爆炸。

（6）蒸气云爆炸（VCE）　LNG装置中的拥堵空间，如布置有管道、泵及其他工艺设备的受限空间中的蒸气云、封闭或是半封闭空间内的蒸气云遇点燃会发生蒸气云爆炸（VCE）。严格说来，VCE有两种类型：即爆炸（detonation）及爆燃（deflagration）。其中爆炸危害性严重得多，其发生过程为超声速，其压力波以激波形式发生（几乎是瞬时的压力升高），速度通常为1500m/s或是更高，反应波前锋伴随整个反应，燃烧尽整个蒸气云。爆炸需要很强的点火源，且混合物组分一旦确定，则爆炸属性即唯一确定，通常发生于高反应性物质，如乙炔、氢气及乙烯。甲烷及LNG混合物属于中低反应性物质，因而不会发生爆炸（detonation）。

爆燃的压力脉冲在达到峰值前有一段时间的压力升高，且以亚声速（通常低于250m/s）传播，其压力波领先于反应波一小段间隔。爆燃的情况更加复杂，因为火焰速度和超压并不单独由组分确定，而取决于使火焰加速的因素，如拥堵的程度、密闭程度及物料的反应活性。通常认为LNG蒸气的爆燃只发生在当中火焰有条件被加速的区域，如模块内部或部分封闭的空间内。

（7）快速相变（RPT）　RPT爆炸为一物理爆炸，是由于液体忽然沸腾及相变而导致的，通常是LNG于水面泄漏且与水充分混合时发生。尚未有LNG的RPT爆炸造成人员伤亡的报道，但曾发生过设备损坏。RPT导致的超压迄今未有很好的测量，目前的观察显示其超压不足以导致人员受伤。

（8）窒息伤亡　氮气、甲烷和液化天然气中的重烷烃不会直接毒害人体。当这些气体和空气混合后，会置换掉空气中的氧气，使人窒息，失去知觉，直至死亡。

当氧的体积分数低于16%时，出现缺氧症状，如脉搏和呼吸加速，产生错觉的现象可能比较明显。当氧的体积分数低于10%时，还有可能导致永久性的脑损伤或者死亡。

（9）强腐蚀灼伤　当LNG接收站内设置SCV时，为了调节水浴中pH值，需要加入烧碱或碳酸氢钠，烧碱具有强烈刺激和腐蚀性，与其直接接触会引起灼伤，误服可造成消化道灼伤，黏膜糜烂、出血和休克。

2. 消防措施

针对LNG接收站的特殊危险因素，其主要消防措施主要如下：

（1）防冻措施　当员工必须处理LNG的时候，如在LNG装卸、放空和排液的时候，必须要穿上防护服、戴上手套、面罩和呼吸器。在操作LNG时，绝对不能暴露皮肤在外。如果发生了冻伤，应立即将冻伤的皮肤浸泡在冷水中并慢慢按摩；然后逐渐提高水温，直到冻伤的皮肤恢复。如果附近没有冷水，可用手或者干布进行按摩。一定要避免被冻伤的皮肤急速升温，例如用热水浸泡。在上述急救方法之后，应立即进行药物治疗。用棉料或者包扎用品轻轻地覆盖被冻伤的部位，使其保暖。注意不要破坏到被冻伤的皮肤组织，也不要阻碍其血液循环。如果外界温度过低，必须用毛毯将受伤者包裹起来。轻抬四肢有助于减轻其水肿。

（2）泄漏收集和检测　设置危险物的泄漏收集、检测和报警，如LNG收集盘、积液池、拦蓄堤、可燃气体探测器、低温探测器等；如果发生严重的泄漏，人员应远离泄漏区域，并确保自己在泄漏区域的上风方向。

（3）安全排放　将氮气、甲烷等直接放空的排放到远离人员频繁出入的空旷、安全地带，绝不能将其排放到封闭的区域或者通风不畅的地方。设置火炬泄压系统，将正常操作期间的超压排放、开停车排放气体通过火炬泄压系统燃烧后排放。

（4）火灾报警系统　工艺区、码头装卸区、槽车装车区分别设置火灾自动报警。

（5）感烟探测器系统　在控制室、变电所、压缩机房内设置感烟探测器。

（6）缆式感温探测器　在控制室的电缆间设置缆式感温探测器，可根据电缆防火等级设定报警温度为70℃~90℃。

（7）火灾报警手动按钮　室外主要出入口装设手动报警按钮，要求从装置区内任何一点至最近的手动报警按钮不超过 30m。

(8) 防爆、防腐产品　根据电气专业所确定爆炸危险区及等级划分图，选择适合本区使用的防爆、防腐等级产品。

(9) 防静电及保护接地　对爆炸、火灾危险场所可能产生静电危险的设备和管道，采取静电接地措施。

(10) 防雷设置　在具有爆炸危险环境的建筑物、露天布置的金属储罐、容器等，必须设防雷接地。

3.4.2　节能

1. 能源主要消耗

LNG 接收站能源消耗主要是 LNG 加压气化、BOG 压缩处理系统和公用工程系统，主要消耗电、燃料气。电力消耗主要为整个接收站的转动设备提供动力，设备有 LNG 低压输送泵、BOG 压缩机/增压机、LNG 高压输出泵、SCV 鼓风机、海水泵、燃料气电加热器、空气压缩机等，其中 BOG 压缩机/增压机、LNG 高压输出泵为耗电量最大的设备，另有部分电力提供照明、电伴热，燃料气主要用于 SCV、采暖锅炉、火炬系统长明灯等。

2. 主要节能措施

为降低能耗，接收站从技术和管理两个方面考虑节能措施：

1) 接收站选址及总图布置综合考虑，尽量降低大口径低温管线阻力降和冷损失，同时结合周边环境，尽量利用 LNG 冷能。

2) 合理选择 LNG 储罐型式、采用性能好的绝热材料，减少 LNG 罐的能量损失及蒸发率（BOR）。

3) BOG 处理采用先进、可靠的再冷凝工艺，利用 LNG 冷能来冷凝 BOG，节约大量的 BOG 压缩功。

4) 采用新型节能的机泵，并进行合理选型，以提高效率、节约能源。

5) 根据 BOG 压缩机/增压机的型式不同，通过逐级调节（0 - 25% - 50% - 75% - 100%）或者连续调节方式来实现流量控制，节约能耗，同时 BOG 增压机级间冷却器采用空冷器，尽量利用环境资源降温，降低了能耗。

6) 提高 SCV 燃烧效率，降低水浴操作温度，减少燃料气的消耗，降低热量排放。

7) 对 LNG 等低温管线，采用绝热性能好的绝热材料，加强绝热，减少蒸发气的产生。

8) 采用高效率、低损耗、节能型的变压器。根据用电负荷大小，合理选用变压器容量和电力电缆型号规格，节约有色金属。

9) 选择最佳供配电路径，缩短配电距离，降低线损。设置无功功率补偿，提高功率因数，减少无功损耗。单相负荷均匀分配至三相中，降低不平衡度，各用电场所安装电表进行计量，避免浪费电能，节约用电。

10) 合理调度船舶到港时间、槽车灌装时间，充分利用自然光源，以降低照明电耗。

11) 选用节能型高压钠灯具和投光灯具，充分利用自然光源，合理布置，引桥、码头前沿作业区照明灯具分组布置，采用值班和工作分别控制的节能方式。

12) 建筑墙体、屋面、门窗等热工设计满足建筑节能标准要求。

13) 建立完善的能源管理体系。

14) 根据接收站的运行、管理需要，进行能耗数据采集，如 LNG 输送泵、BOG 压缩机、SCV、海水泵、燃料气电加热器等。

15) 严格按照《用能单位能源计量器具配备和管理通则》（GB 17167—2006）的要求做好能源计量工作。

3.4.3　环保

1. 主要污染物

LNG 接收站主要污染物可分为废气、废水、废液、废固。

由于接收站正常生产过程中产生 BOG 全部回收处理，无废气排放，废气主要有三种，一是来自设备超压排放，如 LNG 储罐、汽化器、氮气储罐安全阀泄放，排放介质主要是天然气及少量轻烃和氮气；二是来自燃烧后烟气，主要是火炬燃烧和长明灯燃烧后烟气，有的接收站设置 SCV 和锅炉，废气还将有 SCV 和锅炉燃烧后排放的烟气，主要成分是 CO_2、H_2O，以及微量的 CO 和 NO_X 等；三是来自开停车、检维修时系统或设备吹扫、置换气，主要成分为氮气及少量甲烷。

LNG 接收站生产过程中一般不产生工艺废水，废水主要是生活废水、冲洗废水，如果接收站设有 SCV，则还将会有含盐废水。接收站内生活废水送往市政统一处理，或者与冲洗废水送污水预处理经过处理合格后送出，SCV 排出含盐废水可随 ORV 海水排水送出。

LNG 接收站生产过程中无工艺废液产生，只有 BOG 压缩机/增压机使用的润滑油，润滑油由厂家回收处理。

接收站生产过程中会产生来自空气干燥和氮气 PSA 制备系统的废弃分子筛，这些都是由厂家回收处理；来自生活污水处理后的废渣将由环卫部门拉走统一处理。

2. 环保措施

根据LNG接收站的上述污染物排放特点，通常采用以下环保措施：

1）LNG接收站BOG处理采用再冷凝和直接压缩外输工艺，回收全部BOG，达到BOG零排放。

2）火炬长明灯采用节能型，减少燃料气的消耗。

3）选用先进、高效火炬，高架火炬高度不仅考虑热辐射，还考虑火炬不点燃情况下，可燃气体落地浓度不超过爆炸极限。

4）SCV采用先进、低氮氧化物的燃烧器，并设置烟气实时检测，尽量控制NO_X产生。

5）实行清洁生产管理，通过各种培训、宣传、学习，提高职工的清洁生产、环境保护意识和技能，同时建立、健全一套完善的规章制度及奖惩原则，提高对生产工艺和生产过程的控制能力，避免设备超压。

6）工艺海水废水和生活废水分类处理和排放。

7）海水汽化器排水设置了温度、余氯在线监测仪表，信号通过DCS系统引到控制室，超标信号报警显示。

以国内某接收站为例，给出了其主要的废气、废水排放案例，具体排放污染物名称、排放源、排放量、排放规律、排放去向等详见表3-22和表3-23。

表3-22　接收站主要的废气排放

排放源名称	废气排放量	排放规律	污染物名称	排放去向	备注
汽化器超压安全阀排放	220t/h	间断	CH_4及少量轻烃	排入大气	
LNG储罐超压安全阀排放	150t/h	间断	CH_4及少量轻烃	排入大气	
氮气缓冲罐	1.7t/h	间断	氮气	排入大气	
浸没燃烧气化器烟气	6.05×10^4 m^3/h·台	间断，每年12月至次年3月	CO_2、CO、H_2O、NO_X	排入大气	如有
火炬、长明灯烟气	220×10^4/$320m^3/h$	间断/连续	CO_2、CO、H_2O、NO_X	排入大气	长明灯连续排放

表3-23　接收站主要的废水排放

污染源	废水排放量/(m^3/h)	污染物产生浓度/(mg/L)		排放规律	排放去向	备注
		污染物	限额			
汽化器排放海水	5000～9200/台	温降 余氯	≤5℃ ≤0.2	连续	排海	
装置冲洗废水	6～20	含油	≤10	间歇	污水处理	含油废水
生活污水	6～20	NH_3-N COD BOD_5 SS 动植物油	≤25 ≤150 ≤30 ≤150 ≤10	间歇	市政污水处理	
浸没燃烧式汽化器排水	3～10	$NaHCO_3$	$\leqslant6.32\times10^3$	间歇，每年12月至次年3月	污水处理	如有

3.5　世界各国液化天然气接收站汇集

随着全世界LNG需求增长迅速，世界各国液化天然气接收站也在不断发展，截止到2023年12月底，在世界各国建成投产的岸基式液化天然气接收站有118座，分布在28个国家，其中中国投产的LNG接收站有30座，数量仅次于日本，表3-24列出了世界各国已投产运行的岸基式液化天然气接收站。另外，有29个国家建设了49座海上浮式液化天然气接收设施（FSRU），其中巴西、印度尼西亚以5座FSRU并列第一。

表3-24　世界各国已投产运行的岸基式液化天然气接收站

序号	国家	建设地点	业主	开车时间/年	贮存能力	
					储罐数量/座	有效贮存容积/$10^4 m^3$
1	中国	福建秀屿	中海油	2008	6	96
		广东大鹏	中海油	2006	4	64
		广东迭福	国家管网	2018	4	64
		广东东莞	九丰	2012	2	16
		广东揭阳	国家管网	2017	3	48
		广东南沙	广州燃气	2023	2	32
		广东深圳	深圳燃气	2019	1	8
		广东珠海金湾	中海油	2014	3	48
		广西北海	国家管网	2013	4	64
		广西防城港	国家管网	2019	2	6
		海南澄迈	中石油	2014	2	4
		海南洋浦	国家管网	2014	2	32
		河北曹妃甸	中石油	2013	8	128
		河北曹妃甸	新天绿能集团	2023	4	80
		江苏南通启东	广汇能源	2017	5	62
		江苏如东	中石油	2011	6	108
		江苏盐城	中海油	2022	4	88
		辽宁大连	国家管网	2011	3	48
		山东青岛	中石化	2014	6	96
		上海五号沟	申能集团	2008	5	32
		上海洋山港	中海油	2009	5	89.5
		台湾台中	CPC	2009	6	96
		台湾永安	CPC	1990	6	69
		天津滨海	国家管网	2013	5	66
		天津南港	中石化	2018	4	64
		天津南港	北京燃气	2023	4	84
		浙江宁波	中海油	2012	6	96
		浙江平湖	杭嘉鑫清洁能源有限公司	2022	2	20
		浙江温州	浙能、中石化	2023	4	80
		浙江舟山	新奥集团	2018	4	64

（续）

序号	国家	建设地点	业主	开车时间/年	贮存能力	
					储罐数量/座	有效贮存容积/$10^4 m^3$
2	巴拿马	Costa Norte	AES	2018	1	13
3	比利时	Zeebrugge	Fluxys	1987	5	57
4	波多黎各	Penuelas	EcoElectrica	2000	1	16
5	波兰	Swinoujscie	Baltic Gaz System	2015	2	32
6	加拿大	St. John's Canaport	雷普索尔公司	2009	3	48
7	多米尼加共和国	Punta Caucedo	AES Andres	2003	1	16
8	法国	Montoire	Elengy	1980	3	36
		Fos Cavaou	Gaz de France、Total	2010	4	41
		Dunkrik	EDF、Fluxys	2016	3	60
9	菲律宾	PHLNG	AG&P	2023	1	14
		Batangas	第一代公司	2023	1	16
10	韩国	保宁	GS 能源，SK E&S	2017	6	120
		光阳	韩国浦项钢铁公司	2005	5	73
		仁川	韩国天然气公司	1996	23	348
		平泽市	韩国天然气公司	1986	23	336
		三陟	韩国天然气公司	2014	12	240
		统营市	韩国天然气公司	2002	17	262
		济州岛	韩国天然气公司	2019	2	9
11	荷兰	Gate	Gasunie，荷兰皇家孚宝公司	2011	3	54
12	科威特	祖尔	科威特综合石油公司	2021	8	180
13	马来西亚	滨佳兰柔佛	马来西亚国家石油公司天然气	2017	2	40
14	美国	Everett	Suez LNG NA	1971	2	15.5
		Lake Charles	BG，ETE	1982	4	42.5
15	墨西哥	Altamira	孚宝公司，伊纳燃气公司	2006	2	30
		Energia Costa Azul	Sempra LNG	2008	2	32
		Manzanillo	三星电子，韩国天然气公司，日本三井	2012	2	30
16	葡萄牙	Sines	REN Atlantico	2004	3	39
17	日本	八户	引能仕株式会社	2015	2	28
		坂出	四国电力，科斯莫石油公司，四国燃气	2010	1	18
		冲绳岛	冲绳电力	2012	2	28
		川越	中部电力	1997	6	84
		大分	九州电力	1990	5	46
		东扇岛		1984	9	54

（续）

序号	国家	建设地点	业主	开车时间/年	贮存能力	
					储罐数量/座	有效贮存容积/10^4m^3
17	日本	福冈	西部燃气	1993	2	7
		富津		1985	10	111
		富山新港	北陆电气	2018	1	18
		根岸		1969	14	118
		户畑	北九州 LNG 公司	1977	8	48
		界港		2006	4	56
		柳井市		1990	6	48
		鹿儿岛	日本中国电力株式会社	1996	2	8.6
		廿日		1996	2	34
		清水港－袖师	静冈燃气，引能仕株式会社	1996	3	33.7
		日立 LNG	JERA	2015	2	23
		扇岛	JERA	1998	4	85
		上越	JERA	2012	3	54
		石狩 LNG	北海道燃气	2012	2	38
		水岛	日本中国电力株式会社，引能仕株式会社	2006	2	32
		四日市	东邦燃气	1991	2	16
		四日市	中部电力	1987	4	32
		仙北	大阪燃气	1972	20	186
		仙台	东北电力	2016	2	32
		相马－福岛	日本石油	2018	2	46
		响滩	西部燃气，九州燃气	2014	2	36
		新凑	仙台市天然气	1997	1	8
		新潟	东北电力	1984	8	72
		袖浦	JERA	1973	35	266
		长崎	西部燃气	2003	1	3.5
		姬路	关西电力，大阪燃气	1979	15	126
		知多	JERA，东邦燃气	1977	14	156
		直江津	帝石公司	2013	2	36
18	泰国	Map Ta Phut	PTTLNG	2011	6	94
19	土耳其	Marmara Ereglisi	土耳其天然气进口公司	1994	3	25.5
		Izmir	EgeGaz	2006	2	28

（续）

序号	国家	建设地点	业主	开车时间/年	贮存能力	
					储罐数量/座	有效贮存容积/10^4m^3
20	西班牙	Barcelona	西班牙国家天然气公司	1969	8	84
		Bilbao	西班牙国家天然气公司，EVE	2003	3	45
		Cartagena	西班牙国家天然气公司	1989	5	59
		Huelva	西班牙国家天然气公司	1988	5	62
		El Musel，Gijon，	西班牙国家天然气公司	2023	2	30
		Sagunto	西班牙国家天然气公司	2006	4	60
		Reganosa，Ferrol	Reganosa	2006	2	30
21	希腊	Revihoussa	希腊民用天然气公司	2000	3	22.5
22	新加坡	Singapore	新加坡能源局	2013	3	54
23	意大利	Panigaglia	SNAM	1969	2	10
		Adriatic（offshore GBS）	埃克森美孚，卡塔尔石油公司，爱迪生燃气公司	2009	2	25
24	印度	Dabhol	GAIL、NTPC	2007	3	48
		Dahej	Petronet	2004	6	93.2
		Hazira	壳牌印度、道达尔	2005	2	32
		Kochi，Kerala	Petronet	2013	2	32
		Ennore	印度石油	2019	2	36
		Mundra	Adani，GSP	2019	2	32
25	印度尼西亚	Arun	印尼国家石油公司	2015	4	50.7
26	英国	Isle of Grain	National Grid	2005	8	100
		South Hook	埃克森美孚，卡塔尔石油公司，道达尔	2009	5	77.5
		Dragon LNG，Milford Haven	壳牌，安卡拉集团	2009	2	32
27	越南	巴地头顿省	越南天然气总公司	2023	1	18
28	智利	Quintero	ENAP，Metrogas，Enagas	2009	3	33.4
		Mejillones	Tractebel Engie，Ameris Capital AGF	2010	1	18.7

注：根据公开发表的论文、杂志等整理。

参 考 文 献

[1] 刘朝全，姜学峰．2018年国内外油气行业发展报告［M］．北京：石油工业出版社，2019．

[2] 国家发展改革委　国家能源局．关于加快储气设施建设和完善储气调峰辅助服务市场机制的意见［R/OL］．［2018－04－26］．https：//www.ndrc.gov.cn/xxgk/zcfb/ghxwj/201804/t20180427_960946.html．

[3] 黄洪涛，丁蓉，孙凯．世界LNG海运市场现状及展望［J］．世界海运，2005，28（1）：17－18．

[4] 冯俊爽，邹惠忠，等．大型液化LNG运输船C型独立液货舱的设计、制造及试验［J］．广东化工，2015（22）：166－167，129．

[5] 李树旺．支线液化天然气船的设计分析［J］．煤气与热力，2012，32（12）：39－42.
[6] 中国船级社．散装运输液化气体船舶构造与设备规范［R/OL］．［2022－07－08］．https：//www. ccs. org. cn/ccswz/specialDetail？id＝202208161085517372.
[7] 中国船级社．钢质海船入级规范［R/OL］．［2023－06－27］．https：//www. ccs. org. cn/ccswz/specialDetail？id＝202306270224745636.
[8] 李兆慈，王敏，亢永博．LNG 接收站 BOG 的再冷凝工艺［J］．化工进展，2011（30）：521－524.
[9] 金光，李亚军．LNG 接收站蒸发气体处理工艺［J］．低温工程，2011（1）：51－56.
[10] 杜光能．LNG 终端接收站工艺及设备［J］．天然气工业，1999，19（6）：82－86.
[11] 曹文胜，鲁雪生，顾安忠，等．液化天然气接收站终端及其相关技术［J］．天然气工业，2006，26（1）：112－115.
[12] 刘青．浅谈 LNG 罐内翻滚现象及预防措施［J］．石油化工设计，2015，32（3）：42－44.
[13] 刘文华，陆晟．中小型 LNG 船 C 型独立液货舱蒸发率计算［J］．船舶设计通讯，2012（130）：25－28.

第4章 浮式液化天然气装置

4.1 概述

4.1.1 浮式液化天然气产业链

海上油气田的开发，特别是深海天然气田的开发，由于海洋环境特殊，开发技术难度大、风险高。常规海上天然气开发，包括海上平台的建设、铺设海底天然气输送管道、岸上建设天然气液化工厂、建造LNG贮存库、LNG外输港口等基础设施，投资大、建造周期长、资金回收慢。针对以上不足，浮式LNG生产储卸装置（FLNG）应运而生，这是浮式生产储卸装置（Floating Production Storage and Offloading Unit，FPSO）用于海上天然气开发的一种特例，其设计着眼于投资少、回收快、效益高，集液化天然气的生产、贮存与卸载于一身。

1. 产业链构成

浮式液化天然气生产储卸装置（FLNG，又称LNG－FPSO）是一种用于海上天然气田开发的浮式生产装置，通过系泊系统定位于海上，具有开采、处理、液化、贮存和装卸天然气的功能，并通过与液化天然气（LNG）运输船搭配使用，实现海上天然气田的开采和运输。

浮式液化天然气产业链的主要环节：

海上天然气田开发 ⇨ 浮式液化天然气生产储卸装置(FLNG) ⇨ LNG运输船 ⇨ 浮式LNG贮存和再汽化装置(FSRU) ⇨ 终端用户

这是一条从海上气田开发、生产、储运、再汽化直至用户的完整产业链。该产业链中，随着海上气田开发模式、海洋环境、供气方式等不同，将组合成多种产业流程。显然FLNG和FSRU是产业链中两个重要的环节。

（1）FLNG　按照应用场景的不同，FLNG可分为两类：

一类是用于海上气田的开发，通常系泊于海面，具备天然气开采、液化及LNG贮存、卸载能力，即传统概念中的FLNG。其优点是投资相对减少、建设周期短、运输成本低，特别是对于离岸距离远或不适合铺设管道的海域，开发方式的经济性优势明显；不会占用陆上空间，可以建造在远离人群居住的地方，解决了陆地工厂选址因环保、安全带来的问题；可以在天然气田开采结束后二次布置在其他天然气田，实现多次利用。

另一类FLNG用作陆上气田LNG生产线和出口终端，气源来自于陆上气田，通常系泊于近岸海域或码头，具备对陆上天然气的接收、液化和存储、外输的能力。这种类型的FLNG离岸近，有些甚至是靠岸的，因而在应用中出现了除了浮式以外的固定平台海上天然气液化装置（PLNG）。这种装置建在海上固定导管架平台或桩基平台上，并非真正意义上的浮式。气源来自于陆上气田，具备对陆上天然气的接收、液化和LNG存储、外输能力。PLNG固定于海上，稳定性较好，技术要求更接近于陆上天然气液化装置，但空间布置和安全要求与FLNG类同，适用于有长期气源的天然气液化出口项目，而灵活度要低于FLNG。

（2）FSRU　浮式LNG贮存和再汽化装置（Floating Storage and Re－gasification Unit，FSRU）作为LNG海上接收终端的主要形式，目前可以分为以下几种形式：

1）浮式LNG贮存和再汽化装置（Floating Storage and Re－gasification Unit，FSRU）。

2）浮式LNG汽化装置（Floating Re－gasification Unit，FRU）。

3）LNG穿梭船（LNG Shuttle and Re－gas Vessel，SRV）。

4）重力基础结构（Gravity Based Structure，GBS）。

5）平台式LNG接收终端（Platform Based Import Terminal，PBIT）。

FSRU是浮式LNG贮存和再汽化装置，其外形类似于LNG运输船，具有贮存和再汽化的功能。FSRU与FRU相比，FRU没有贮存功能，它是利用在LNG运输船上安装汽化设施，天然气通过海底管线上岸。目前，FSRU成为浮式接收站的主要方式，并已受到了高度关注。

SRV是FSRU的备选方法，与FRU非常类似。该技术是利用LNG运输船本身作为贮存装置，利用安装在辅助甲板/船头的再汽化装置直接汽化LNG，通过海底转塔系统使LNG船靠近或安全连接到海底浮标。连接之后，LNG运输船输出的气体通过一个常规气体接头进入柔性气体立管，然后通过预先安装的管端汇管进入海底外输管道。

GBS形式的海上接收终端是一个（或几个）坐落在海底的混凝土或钢制矩形沉箱集合使用。

平台式接收终端是利用已建或经过改造的其他结构接收LNG。类似平台不能承受LNG船的载荷，需要一些分散的系锚或其他柔性泊位，可以与陆地上的大型地下储气库集成一体使用。

2. FLNG的应用

（1）深水气田开发　浮式液化天然气生产系统最重要的应用是深水气田开发。FLNG与海底采气系统、LNG运输船组合成一个完整的深水采气、油气水处理、天然气液化、LNG贮存和卸载系统，从而完美地实现深水气田的高效开发。这是因为它具有适应深水采气（与海底水下采气系统组合）的能力；具有在深水海域中较强的抗风浪的能力；具有大产量的天然气液化和油气水生产处理能力；具有大容量的LNG贮存能力。

深海油气资源丰富，主要分布于墨西哥（湾）、巴西、澳大利亚等国及西非、东南亚、中国北海等地区。深海气田与岸之间距离往往达数百至上千千米，铺设海底管道不仅投资高，而且建设周期长。采用浮式生产系统常常是首选，将海上开采的天然气直接处理、液化，然后由LNG运输船通过远洋运输直接送往下游销售市场。

浮式LNG装置可看作一座浮动的LNG生产接收终端，直接泊于气田上方进行作业，不需要先期进行海底输气管道、LNG工厂和码头的建设，降低了气田的开发成本。同时减少了原料天然气输送的压力损失，可以有效回收天然气资源。

浮式LNG装置采用了生产工艺流程模块化技术，各工艺模块可根据质优、价廉的原则，在全球范围内选择厂家同时进行加工建造，然后在保护水域进行总体组装，可缩短建造安装周期，加快气田的开发速度。另外，浮式LNG装置远离人口密集区，对环境的影响较小，有效避免了陆上LNG工厂建设对环境可能造成的污染和安全问题。该装置便于迁移，可重复使用，当开采的气田气源枯竭后，可由拖船拖曳至新的气田投入生产，尤其适合于海上边际气田的开发。

（2）边际气田开发　对于天然气储量不大、开发难度又较大的海上气田，其开发的经济效益往往处于可获利或不可获利的边际状态。为提升这样的边际气田的开发效益，必须采用先进技术和装备，尽量降低开发成本。边际气田一般为地处偏远的海上小型气田，若采用常规的固定式平台设计，则收益较低，开发的经济性很差。20世纪90年代以来，随着发现的海上大型气田数量减少，边际气田的开发日益受到重视。同时海洋工程技术的不断进步，也使边际气田的开发成为可能。作为一种新型的边际气田开发技术，FLNG以其投资较低、建设周期短、便于迁移等优点倍受青睐。它与相同规模的陆地LNG工厂相比，投资减少20%，建设工期减少25%；FLNG具有良好的可移动性，可在开发完某气田后，移至下一气田使用，重复利用率高；FLNG灵活性高，可以与导管架井口平台组合，也可以与自升式钻采平台组合，适应各种不同海况、不同开发要求的气田开发。

（3）气田早期生产　早期生产是指在油气田勘探过程中，当探井发现可开采气田之后，在气田总体开发方案未完成或地面工程设施尚未建成之前，利用FLNG使局部气田投入生产尽早获得经济效益的开发方式。由于FLNG既可以与导管架井口平台组合，也可以与自升式钻采平台组合成为完整的海上采气、油气处理、液化和LNG贮存卸载系统，因而无论深水、浅水还是近海、远海均可应用它进行气田早期生产。

（4）陆地采气海上液化　对于陆上开采的天然气，大多是直接在陆上建设大型LNG工厂液化。由于LNG工厂的安全、环保要求高，陆域选址常常十分困难，近期出现了陆上气田生产的天然气输送到海边液化的方式。将天然气输送到海上平台进行液化已经成为可行的替代方案。这种方式对于LNG的装船外运也十分有利。

3. FSRU的应用

（1）替代陆基LNG接收站　FSRU主要功能为LNG的贮存及再汽化，将从其他LNG船舶接收的LNG加压汽化后，输送到管网中提供给天然气用户。海上停泊，替代陆上终端，非常具有成本优势，而且坐落于远离海岸的海上，远离发电厂、工业区或人口密集区；对周边环境的安全危害小。

（2）LNG运输及汽化船　LNG再汽化船通常由LNG船改装而成，船上装备有再汽化设施。LNG再汽化船将LNG液货运送至接收终端，并通过水下转塔装载浮筒（STL）系泊；随后LNG再汽化船将LNG汽化为天然气，通过柔性立管将气体输送到海底气体管路至最终市场。完成卸载工作（一般为5～7天内）后，LNG再汽化船与STL解除连接，离开接收终端再次运送LNG液货。

巴西和阿根廷的经验说明，浮式LNG汽化和接收终端可以在需求高峰季节提供有效的供应；需求淡季时，LNG汽化和接收船可当作传统LNG运输船。

（3）满足调峰供气需求　利用浮式LNG汽化和接收终端可移动的特点，使它可以在某个市场需求高峰时提供供应，在需求低谷时被转移到另外的市场。因此，特别适合满足市场的季节性需求和短期需求。

4.1.2 浮式液化天然气的发展

1. FLNG的发展

从最早提出FLNG概念到目前的工程化应用，FLNG产业经历了漫长的研究和技术积累。通过对海上作业特点的识别、理解和应对策略的研究，在陆上LNG技术的基础上，FLNG技术包括天然气预处理、液化工艺、LNG与凝析液储卸、船体系泊、晃荡对工艺设备的影响，以及对策、模块设计与建造和海上安全作业技术等在全球范围内取得了突破性进展。至2018年有十余项大中型FLNG项目投产，如澳大利亚的Prelude FLNG项目（天然气液化能力3.5Mt/a）、马来西亚的Sarawak项目（1.2Mt/a）和Sabah项目（1.5Mt/a）、印度尼西亚的AbadiFLNG项目等。FLNG总产能约占全球新增LNG总产能的17%。

FLNG的研究和发展经过概念研究、工程研究、工程实施几个阶段：

1）1969年壳牌集团提出了FLNG概念研究；1978年，FLNG被首次提出作为海上气田开发工程方案；20世纪八九十年代进行了多个联合工业项目研究（JIP），积累了FLNG的关键设计分析技术，为FLNG走向工程应用打下基础。

2）进入21世纪，船厂与船级社、关键设备和系统供应商组建了多个研发联盟，包括三星重工与法国德西尼布（Technip）、大宇造船海洋与日本日挥集团、现代重工与日本千代田、FLXE LNG与三星重工和川崎汽船等的联盟，开展了工程方案研究，优化了工程技术可行性，提高了工程安全性，形成了一批相对成熟的工程方案。

3）2011年壳牌做出最终投资决定（FID），全球第一个FLNG工程化应用项目——壳牌Prelude FLNG项目启动，LNG年产能为360万t，由Technip和三星重工联合完成项目前端工程设计（FEED），授出工程总承包（EPC）合同。壳牌FLNG甲板全长488m、宽74m，满载排水量达60万t。设计年产量360万tLNG，130万t凝析液和40万tLPG。与陆上相同规模的天然气液化工厂相比，FLNG占地面积减少75%，投资减少20%，建设工期缩短25%。目前，该FLNG已由三星重工于2017年6月完工交付。

4）2012年以来，马来西亚国家石油公司PFLNG SATU和PFLNG 2、埃尼South Coral FLNG等项目也相继进入工程实施阶段，其中PFLNG SATU已由大宇造船海洋于2016年建成投产，其LNG年产能为120万t。

5）目前，全球FLNG市场仍处于孕育发展的初期，近两年才实现从无到有的突破。截至2017年8月初，全球已建成3个FLNG项目，包括马来西亚国家石油公司PFLNG SATU、壳牌Prelude FLNG及比利时Exmar Caribbean FLNG项目。此外，全球还有5艘FLNG在建，包括马来西亚PFLNG 2和埃尼South Coral FLNG两艘新建FLNG，以及Hilli Episeyo、Gimi、Gandria 3艘改装FLNG。

根据统计数据，截至2017年7月，全球共有31个FLNG项目处于招标、计划或评价阶段。其中，10个项目计划于2021年之前授出总包合同，考虑到项目延期及开发方式更改等因素，预计2016~2020年间，FLNG年均成交量为2艘左右，2021~2025年间，FLNG年均成交量有望达到4艘左右。

2. FSRU的发展

液化天然气通常通过海上运输到达买方的陆上接收终端。对于供气而言，陆上接收终端的位置希望尽可能靠近天然气市场用户，因而LNG陆上终端往往选择在发电厂、工业区或人口密集区附近。但是天然气是易燃易爆介质，陆上接收终端的具体位置必须满足相关规范所要求的安全距离，同时为接收海上运达的液化天然气，接收站所在位置又必须有可供建设LNG运输船靠泊港口的岸线条件。因此确定陆上接收终端的站址是一件复杂的事情。传统的LNG汽化和接收终端受项目审批时间长、投资大、建设周期长及地理条件要求高等因素的制约，尤其是近年来随着人们的环保意识增强，在沿海陆地建设LNG汽化和接收终端受到的限制越来越大。为突破陆地建设LNG接收终端的限制，位于海上的浮式液化天然气接收终端很快就从概念设计进入实际开发阶段，这是将天然气运抵购买方的“船舶”，也作为海上终端向岸上供应天然气。

FSRU在市场中的应用最初是作为“具有LNG汽化能力的运输船舶（SRV）”使用，往返于LNG液化厂及下游接收港口之间，平行服务于不同的市场。需要特定的“转塔式”连接及系泊系统，且一次装载及贮存LNG货量相对较小。

当12.5万~13.8万m^3的LNG运输船被改造成为FSRU后，永久坐落于LNG卸货地，专事接收其他LNG船舶卸载的LNG，进行汽化。由于改装船舶的体积较小，FSRU的存储及调峰能力仍然较弱，且运营维护成本高昂。

2014年起，厂家新建的FSRU体积全部在170000m^3以上，存储能力明显上升，可以永久或半永久式地停泊于LNG卸货地。除LNG运输船之外，还可以接收其他来源的LNG，进行存储及汽化外输；同时，能效明显提高，整体投资、运营成本及生产工期大幅下降。

FSRU作为LNG海上接收终端的主要形式，经过十多年的快速发展，从2005年全球第一艘FSRU交付以来，至2018年初，有27艘已经交付使用。其中，21艘正在被用作FSRU，4艘现在被用作LNG运输船，2艘闲置待租。世界上41个拥有LNG再汽化终端的国家中，有18个国家部署了FSRU，其中11个国家只选择了FSRU作为终端，LNG再汽化终端的投入中，FSRU的投入占比从2010年的不足10%，提高到2017年的40%以上。

此外，全球还有13艘在建，至2020年全部交付完成后全球范围内FSRU达到40艘的规模，届时全球每年浮式LNG的接收能力将比目前增长约70000000t。另外，在英国、美国、墨西哥、加拿大和澳大利亚等地，建立了永久性的基于GBS（重力基础结构）的海上接收终端。并在过去几年中获得了相当大的发展。运营实践证明FSRU技术已走向成熟，而且具有成本低、建设周期短、灵活性高等优点。浮式终端作为LNG接收和汽化的新型解决方案，将是陆上LNG接收终端的有效补充。

目前，专门建造的FSRU占总FSRU总保有量的绝大多数。现有的27艘FSRU中有22艘为专门建造，韩国三大船厂大宇造船、现代重工和三星重工在全球FSRU制造业中占据统治地位，如全球已经专门建造投运的22艘FSRU全部出自前述三大韩国厂商之手。目前，我国船厂也开始进入这一领域，2017年初，舟山太平洋海工接到1艘小型FSRU订单，沪东中华在2017年下半年承接了2艘17.4万m^3的大型FSRU订单。

FSRU市场目前主要有三大运营商：ExcelerateEnergy、GolarLNG和HoeghLNG，三大主要运营商船队规模为22艘（Excelerate有8艘、Golar和Hoegh各7艘），约为市场保有量的75%；另一方面，近两年不断有新的以LNG航运企业为主的运营商进入FSRU运营市场，包括BW、MOL、Dynagas等；同时，也有项目业主直接从船厂订购新FSRU的记录，如Gazprom、SwanEnergy等业主，但占比相对较小。

当前世界上共有16个国家通过浮式再汽化装置进口LNG。在2017年底，浮式LNG接收装置的再汽化能力在全球总体进口液化能力占比达到19%，而在2012年此比重仅为7%。根据目前在建的FSRU工程数量，至2022年，该比重将达到22%。根据计划，在2018年、2019年，陆续有7艘新建FSRU下水，采用浮式装置进口LNG的国家将增长到21个。

中国首艘FSRU装置由惠生海洋工程有限公司制造，第2艘FSRU由新加坡PaxOcean公司在我国舟山地区的基地进行建造，此2艘FSRU均为非自航式驳船。2017年10月，中船集团宣布将2艘170000m^3自动力型FSRU交付沪东中华造船厂建造，此2艘FSRU是中国国内第一次自主建造带有动力的FSRU船舶。沪东中华船厂已经具有非常成熟的LNG运输船生产经验，迄今为中外用户成功建造了10余艘LNG运输船；其早在2013年就启动了220000m^3FSRU研究课题，并于2015年完成了1艘170000m^3FSRU的修理改装工作，在FSRU设计、建造方面具有了坚实的理论基础及一定的经验积累。国有生产厂将逐渐肩负起FSRU这种高端技术产品自主建造的重担。

中海油天津浮式LNG接收站，是FSRU技术在国内的首次使用。该项目位于南疆港区东南部区域，采用Hoegh公司的145000m^3“安海角号”FSRU，每年有2200000t LNG接收及汽化外输能力。首艘LNG船于2013年11月21日靠泊该接收站，并于12月10日正式向天津进行供气。该FSRU设施用自带的汽化装置将LNG汽化，再通过码头上的输气臂将汽化后的天然气输入管网，经过17.5km的管线输送到位于临港的分输站，再接入天津市的燃气主管网。天津浮式LNG的成功建设，为国内清洁能源事业发展探索出了一条新道路。

2018年，国内天然气产量增加到1573亿m^3。全年总进口量1254亿m^3，对外依存度上升至45.3%。其中，管道气进口量480亿m^3，LNG进口量5388万t。进口LNG将在我国未来的天然气供应中扮演举足轻重的角色，LNG也将成为我国清洁能源的重要来源之一。2018年全年，我国天然气消费量2766亿m^3，同比增长17.6%，增量超过414亿m^3，天然气在一次能源总消费量中占比超过7%，受国内天然气市场利好因素影响，各行业用气量均大幅增长，其中工业和发电用气量增幅最大，分别达到20.2%和22.9%。2020年我国天然气消费量达到3306亿m^3，进口LNG 6759万t。

目前，我国正在建及运营的LNG接收站共有20座，19座为常规陆上LNG接收站，仅有一座为FSRU。相对于传统LNG接收站，FSRU具有低造价、短工期、高灵活性、易审批、土地空间占用少等一系列优势，非常适合我国经济高速增长、天然气需求旺盛的沿海经济省份。对此，国内三大石油企业中石油、中石化、中海油及其他能源公司越来越多地开始关注 FSRU，进行可行性研究及经济性评估。

3. 技术特点

（1）FLNG技术特点　FLNG技术是近期海洋油气工程领域研究的热点之一，由于海洋环境复杂多样，深水气田开发难点众多，FLNG技术是当前全球海洋油气工程的前沿技术。其关键技术如下。

1）适应海洋环境的天然气液化工艺。浮式天然气液化工艺特点是：

① 流程紧凑　浮式液化天然气装置可以使用的甲板面积非常有限，这就要求液化工艺流程简单紧凑，设备台数少，易于模块化安装。

② 适应性强　FLNG的液化装置除了与陆地LNG装置一样要求制冷循环效率高，液化能耗低以外，由于FLNG具有可移动性、可重复利用，因此要求其工艺流程对不同的海洋环境和不同的气田开发有较好的适应性，而且操作灵活、启停方便。

③ 安全性高　海上天然气液化和处理工艺不仅要求自身的安全性高，而且必须满足海上相关的安全规范。所应用的设备、材料必须通过船级社认证。

2）空间利用和安全技术。在有限的甲板空间内建造天然气液化工厂，这就要求有基于3D技术的模块设计和建造技术，合理利用空间，不仅将所有设备布置在一个有限的空间内，而且在满足工艺流程要求的基础上，每台设备能适得其所地布置在合适的位置，以最大限度地减少船体晃荡对处理工艺效率的影响，降低装置对船体运动的敏感性，保证安全运行。

3）卸载技术。FLNG的卸载主要有串靠卸载和旁靠卸载两种形式。

串靠卸载作业时，通过一根系泊缆与LNG穿梭运输船连接，并使用输送LNG的软管进行卸载。通常一个卸载过程大约20h左右，这就要求输送软管需要全程浮于水面之上。但是，由于LNG必须保持-162℃的超低温，因而不仅要求输送软管的材料能承受超低温；而且软管本身还要不受海水较长时间的温度影响，保持恒超低温。此外，输送软管还需要克服FLNG与穿梭运输船两船相对运动的影响。

旁靠卸载作业时，由于近靠的两船体之间会相互产生强烈的非线性水动力影响，因而有时会导致两浮体之间的碰撞。因此，就需要对两浮体之间的相互水动力影响进行研究，对两浮体之间的相对运动响应做出准确的预报，尤其是要准确预报FLNG的运动响应。为此，不仅要开展非线性水动力学研究，给出预报软件；而且，还要通过实验水池试验，研究抗撞措施。

4）FLNG船体定位技术。船舶定位一般采用系泊定位，但是对于深水海域，系泊定位不容易适应。动力定位系统（DPS）是通过声波测量系统测出船体位移，再运用计算机自位移算出来自海洋环境的动力及力矩；然后，指令可变矩螺旋桨给出相反的抵抗力及力矩，从而实时保持船体定位的技术。有了动力定位技术，即可使FLNG适应海况的能力大大增强；也更有利于LNG的卸载作业，使卸载作业可以在更为恶劣的环境条件下进行。因此，这就需要从FLNG的船型特点及服役的海域海况实际出发，设计出适应FLNG的动力定位系统。

5）FLNG的减晃技术。船体在风、浪、流等影响下而产生的剧烈运动，使得安装于FLNG甲板上的液化装置处在不断运动的环境中，剧烈运动的液化装置引起的LNG的晃荡，将使液化效率大大降低。另外，由于舱内LNG的晃荡反过来会影响FLNG船体的整体运动，故而在产生共振的情况下，将引起船体疲劳损伤。为此，必须对晃荡引起的处理效率下降和船体疲劳损伤采取有效措施，减少晃荡。

（2）FSRU技术特点　FSRU的关键技术包括再汽化工艺技术、适应船体运动的工艺设备、液货舱晃荡及船体耦合分析技术、平衡液货舱技术、液货输送及贮存技术等。

1）大容量LNG贮存技术。为满足用户对天然气需求的不断增长，FSRU日趋大型化，载货量一般为25万~35万m^3，几乎为现行LNG船的2倍，以降低运输成本。这就要求在现有液货舱维护技术的基础上，提供更大容量的液货舱在晃荡环境下贮存和维护技术，减少晃荡对结构和总体运动的影响。

2）再汽化工艺技术。船体甲板空间有限，再汽化工艺必须流程简单、布置紧凑、设备高效、操作灵活。对于船体晃荡对汽化设备的影响具备有效的对策措施。

3）系泊技术。FSRU需要长期系泊在海床上，对于不同水深、不同海洋环境的系泊方式有针对性的措施。

4）海上船至船LNG转运技术。目前实现LNG在LNG运输船和FSRU之间转运有两种主要的方式：采用柔性软管或采用全钢的卸载臂。现在普遍认为LNG海上转运率最小应为10000m^3/h。为满足该要求，需要使用直径为16in或更大的大口径柔性软管或卸载臂。尽管柔性软管和卸载臂在石油工业中已有应用，但对于海上LNG转运来说仍然是一个相对较新的课题。

大口径（16in或更大）柔性软管在受保护水域的海上LNG转运中应用的可行性只是刚刚被论证。目前，LNG在船对船转运中，还未完全使用柔性软管。当前石油工业界正在进行联合研究项目，以提升分析方法，并确保柔性管疲劳寿命预报的精确度。考虑到每周的卸载次数和全球海况，柔性软管的预期服务寿命为5~7年。为了确保柔性软管结构疲劳完整性，应执行严格仔细的工程分析、原型操作试验以及常规的操作和维护监控。

使用16in直径或更大的全钢卸载臂的可行性已经由FMC通过陆上比例模型进行过论证，但是仍未用于海上转运实际操作。

5）改建常规LNG运输船设计和建造技术。LNG汽化和接收船可在工厂制造，现场工程建设集中在改建码头或深水停泊系统及管线。要求工程量少，建设周期短。

4.2 浮式LNG液化特点

4.2.1 浮式LNG液化工艺

由于海上作业环境特殊，FLNG液化工艺的选择主要从处理能力、船体甲板空间和负荷能力及船体的稳定性等方面考虑，应该具有以下特点：

1）流程简单、设备紧凑、占地少、满足海上浮体的安装需要。

2）液化工艺对不同产地的天然气适应性强，热效率高。

3）安全可靠，船体的晃荡不会明显地影响其性能。

4）装置能够快速启动与停止运行。

5）生产自动化程度高，装置运行可靠性强。

为此，对液化工艺而言，FLNG一般选取比较简单、安全可靠的液化工艺，如单级或多级混合制冷剂液化工艺、单级或多级氮气膨胀制冷工艺。从已实施的案例来看，可以分为用于海上大型气田开发和用于海上中、小型气田开发的FLNG液化工艺。

1. 大型FLNG液化工艺

随着深水远海大型天然气田逐渐进入开发，大型FLNG的设计、建造被提上日程。海上作业的特殊环境要求液化工艺的适应性强、设备台数少、流程布置紧凑、船体运动不会显著影响装置性能。已有多种液化流程被建议用于大型FLNG上，如美孚石油公司FLNG采用的单一混合制冷剂液化流程，壳牌PreludeFLNG采用的双循环混合制冷剂制冷液化工艺都是有益的实践。

美孚石油公司浮式LNG装置的液化流程如图4-1所示。设计采用了单一混合制冷剂液化流程，可处理CO_2的体积分数高达15%，H_2S体积浓度含量$10^{-4}m^3/m^3$的天然气。由于取消了丙烷预冷，彻底消除了丙烷贮存可能带来的危害。该流程以板翅式换热器组成的冷箱为主换热器，其结构紧凑、性能稳定。原料气先进入吸收塔脱除酸气；再进入干燥器，脱除水分和汞；随后经过一级换热器冷却后进入分馏塔，分离出重烃；完成脱水、脱酸气后的天然气，经过二级换热器进入冷箱，通过混合制冷剂的冷却，温度降至-164℃，进入储罐。BOG气体通过压缩机增压后，用作动力装置的燃料气。

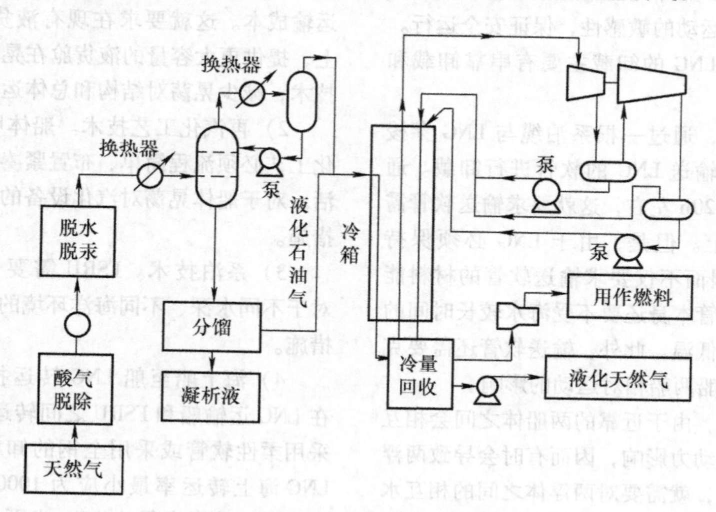

图4-1 单一混合制冷剂液化循环流程图

Shell和APCI为Sunrise项目建议采用双级混合制冷剂（DMR）流程。Azure项目的风险分析提出采用DMR流程引起的风险对于FPSO的整体风险来讲是很小的并推荐这一技术。Statoil也对混合制冷剂液化流程进行了分析并认为其可成功地用于海上LNG装置。

Prelude FLNG可以成为当今世界上大型FLNG的代表，液化工艺采用双级混合制冷剂（DMR）流程。油生产能力130万t/a，LNG生产能力360万t/a，LPG生产能力40万t/a。

Shell Prelude（3.6 MTPA）采用双级混合制冷剂工艺（DMR），如图4-2所示。

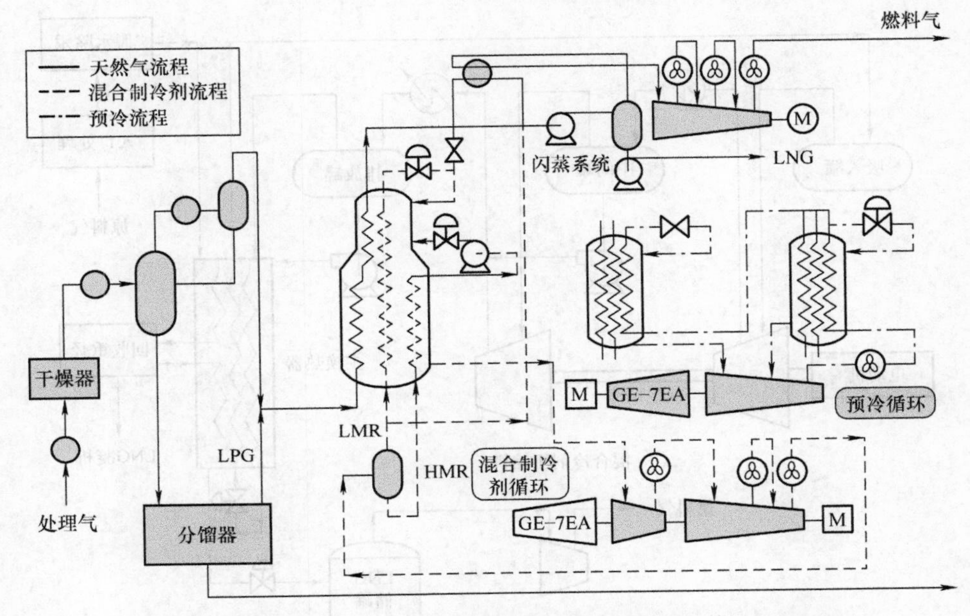

图4-2　Shell Prelude（3.6 MTPA）双级混合制冷剂工艺（DMR）

图4-2显示的壳牌双级混合制冷剂工艺由天然气流程、混合制冷剂流程、混合制冷剂预冷流程三部分组成。经过预处理的原料气进入混合制冷剂预冷循环，达到预冷温度的处理气经过干燥器去除重烃。气体进入混合制冷剂循环，进一步降温液化成LNG，经过末级闪蒸系统，闪蒸气增压后作燃料气，LNG产品贮存。

双循环混合制冷剂制冷（DMR）系统由混合制冷剂预冷循环和混合制冷剂液化循环组成。对于DMR流程，由于其预冷介质是混合物，因此在其冷凝过程中温度会逐渐降低，当需要冷却到相同的出口温度时，DMR流程的冷却器内冷热流体间的传热温差大于C3MR流程。因此当产量相同时，DMR流程的压缩后冷却器尺寸较小；若采用相同尺寸的换热器，则DMR流程的LNG产量将提高。流程总体比功耗低、热效率高，适合于大型FLNG上应用。

由于是混合制冷剂，因此其组分可以调节，当流程的运行条件，如环境温度、天然气的组分发生变化时，可调节混合制冷剂组分，从而可使天然气冷却过程所需释放的热负荷在两个循环中合理匹配，从而均衡地使用压缩机驱动机的功率，实现整体流程的低功耗。

按照原料气成分和环境条件确定混合制冷剂组分，一般来说，预冷循环的组分偏重（乙烷、丙烷、丁烷），液化循环的组分较轻（甲烷、乙烷和氮）。预冷混合制冷剂常采用的组分为C1、C2、C3的混合物，某些情况下也有使用C4的，因此一般情况下其分子量低于丙烷，从而在同样的流体流速下其马赫数较低，有利于混合制冷剂压缩机的设计制造和安全运行。Shell Prelude项目的混合制冷剂压缩机选用GE－7EA机组。

MRC流程的优点是高效、能耗较低。缺点主要有：

1）由于制冷剂是可燃物，这给流程和管道布置带来限制。为了安全起见，采用该流程要求设备间距大，缺乏紧凑性。

2）制冷剂的配比、贮存和管理较困难。

3）制冷剂工作在两相区，对换热器和管道布局有特殊要求。

4）启动慢，因为要先将制冷剂混合，对于频繁启停的情况需要考虑其适应性。

2. 中小型 FLNG 液化工艺

对于中小型 FLNG 也可采用单循环混合制冷剂制冷工艺。如 EXMAR 集团的 Caribbean FLNG 项目，作业地点位于哥伦比亚海岸。这艘非自航驳船，每日可将 7200 万 ft^3（$1ft^3 = 0.028m^3$）天然气转化为液态天然气，便于临时贮存和出口。上部装置则采用了美国博莱克威奇公司（Black& Veatch）开发的 PRICO® 单循环混合制冷剂制冷工艺，这是该技术第一次应用于浮式 LNG 装置。

Exmar Caribbean FLNG（0.5 MTPA）采用单一混合制冷剂工艺（SMR），如图 4-3 所示。

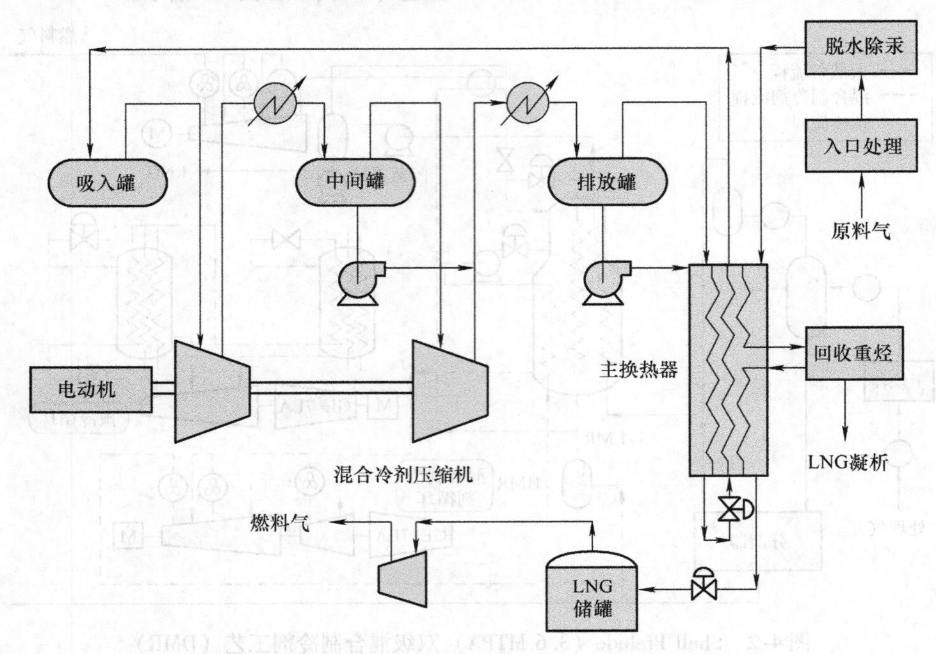

图 4-3 Exmar Caribbean FLNG 单一混合制冷剂工艺（SMR）

原料气经过入口处理，脱水除汞后进入主换热器冷却，先回收重烃天然气凝析液，后进一步冷却液化成 LNG 进入储罐，储罐蒸发气增压后作为燃料气。

混合制冷剂压缩机为两级压缩，冷剂从吸入罐进入压缩机，一级压缩后经级间冷却通过中间罐进入二级压缩，经过排放罐进入主换热器进一步冷凝成液态，节流后与原料气换热放出冷量成气体返回吸入罐完成制冷循环。

对于海上边际气田的开发，其特点是生产气量一般不大，中小规模居多；生产周期相对较短，搬迁比较频繁，要求启停灵活；原料气组分的变化较大，流程适应性要强。对此，氮膨胀液化循环作为中小型 FLNG 装置的液化流程顺理成章。氮膨胀液化循环以氮气取代了常用的烃混合物作为制冷剂，安全可靠，流程简单，设备安装的空间要求低。同时该流程适应性强，原料气组分在一定范围内波动，基本上不会影响到系统的正常运转，且方便模块化制作，特别适用于中小型液化装置，并且设备一次性投资小。氮膨胀循环（氮－甲烷膨胀循环）虽然效率较低能耗较高，但由于其高度紧凑、操作简便、安全性高、适应性好等特点，是最适合浮式 LNG 装置的液化流程。这一结论也是 BHP 的 LNG 流程、Azure 项目的方案及 ABB 相似规模的流程中共同得出的。氮气循环流程效率不及 MRC 流程，能耗大。但燃料在一个小型装置的总体成本中不是一个重要的成本项，其绝对成本只占总成本的较小份额。

Petronas Satu（1.2 MPTA）采用 AP 的双氮膨胀工艺（Dual Nitrogen Cycle），如图 4-4 所示。

图 4-4 所示的双氮膨胀工艺，原料气从主绕管式换热器顶部进入，而氮制冷剂从绕管式换热器壳程进入，将原料气冷却至 -90℃左右。冷却后的高压天然气在换热器的管程中下行，进入过冷器通过温度最低的氮制冷剂实现深冷液化成 LNG。

氮制冷剂通过热/冷膨胀机/增压机进一步压缩至高压状态。之后高压氮被冷却水冷却至 10℃左右。冷却的高压氮在绕管式换热器的管中流动时，受到第一管束中的低压氮预冷。此后冷氮流被分成两部分，其中较大部分通过暖膨胀机/增压机后减压降温。低温氮流入主绕管式换热器的壳程，为天然气和高压氮制冷剂制冷。而另一小部分冷却的高压氮，则在主绕管式换热器中的输氮管道中被进一步冷却。低温高压氮随后流过制冷膨胀机/增压机，经减压降温到约-150℃的低温，因而对进入冷箱的天然气进行低温冷却。离开冷箱后的氮与热膨胀机/增压机单元中释放出来的大量氮汇合，流入主绕管式换热器的壳程。

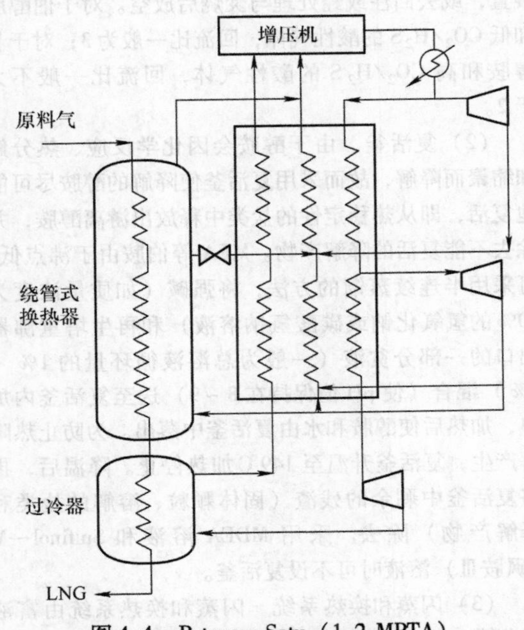

图4-4　Petronas Satu（1.2 MPTA）采用AP的双氮膨胀工艺

尽管海上浮式液化流程既可采用MRC流程也可基于膨胀机的流程，然而更广泛的意见是基于氮气膨胀的循环更适宜于小型浮式装置。氮膨胀液化流程简单、设备少，安全性较高；循环过程始终是气态。因此其性能对于船体晃荡不敏感，可以快速安全地停机；启动时间短，容易实现模块化；占地面积也较小。缺点是效率较低、能耗较高。一些改进可以显著提高循环效率，如双膨胀机（相同或不同工质）、预冷等。实践证明双膨胀机循环比单膨胀机循环效率有明显提高。当然，由于处于海洋环境，而膨胀机是高速旋转设备，大多采用气体轴承。在晃荡状态下对叶轮的径向负载影响不大，但由于叶轮自身重量的关系，轴向负载会产生变化，需要研究摇摆和晃荡对膨胀机运行的影响。另外，板翅式换热器在摇晃状态下，流体可能出现分布不均的现象，尤其是在液体凝结的部位，需要对板翅式换热器的流道结构进行调整，以确保流体分布均匀。

4.2.2　塔器

塔器在FLNG天然气液化装置中主要用于天然气预处理中，如FLNG天然气液化装置常用的MDEA（醇胺）脱酸气工艺中的高压吸收塔、低压再生塔，天然气吸附脱水中的干燥器等。

1. 吸收塔

MDEA工艺的高压吸收系统由原料气进口分离器、吸收塔和湿净化气出口分离器等组成。

塔是气液逆向接触和传质的设备，用吸收剂从天然气内分出酸性气体的塔器称吸收塔或接触塔。按照气液传质的原理，依据气体组分在溶液内的溶解度不同而进行气液传质，一般来说，气体吸收塔的气体流量大、液体流量小。

吸收塔可为填料塔或板式塔，后者常用浮阀塔板。气体处理量较小的吸收装置常用不锈钢填料塔，塔径超过0.5m的装置常用浮阀塔（不锈钢塔板）或规整式填料塔。

浮阀塔的塔板数应根据原料气中H_2S、CO_2含量、净化气质量指标和对CO_2的吸收率经计算确定。通常，其实际塔板数在14~20块。对于选择性醇胺法（如MDEA溶液）来讲，适当控制溶液在塔内停留时间（包括调整塔板数、塔板溢流堰高度和溶液循环量）可使其选择性更好。这是由于在达到所需的H_2S净化度后，增加吸收塔塔板数实际上几乎只是使溶液多吸收CO_2，故在选择性脱H_2S时塔板应适当少些，而在脱碳时则可适当多些塔板。采用MDEA溶液选择性脱H_2S时净化气中H_2S含量与理论塔板数的关系如图4-5所示。塔板间距一般为0.6m，塔顶设有捕雾器，顶部塔板与捕雾器的距离一般为0.9~1.2m。

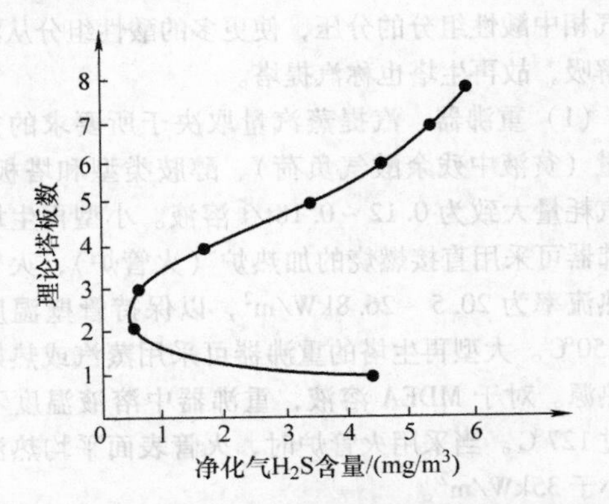

图4-5　净化气H_2S含量与理论塔板数的关系

吸收塔的最大空塔气速可由Souders-Brown公式确定，见式（4-1）。降液管流速一般取0.08~

0.1m/s。

$$v_g = 0.0762[(\rho_1 - \rho_g)/\rho_g]^{0.5} \quad (4\text{-}1)$$

式中，v_g 为最大空塔气速（m/s）；ρ_1 为 MDEA 溶液在操作条件下的密度（kg/m^3）；ρ_g 为气体在操作条件下的密度（kg/m^3）。

为防止液泛和溶液在塔板上大量起泡，由式（4-1）求出的气速应分别降低 25% ~35% 和 15%，然后再由降低后的气速计算塔径。

由于 MEA（乙醇胺）蒸气压高，所以其吸收塔和再生塔的胺液蒸发损失量大，故在贫液进料口上常设有 2 ~5 块水洗塔板，用来降低气流中的胺液损失，同时也可用来补充水。但是，采用 MDEA 溶液的脱硫脱碳装置通常则采用向再生塔底部通入水蒸气的方法来补充水。

2. 再生塔

MDEA 工艺的低压再生系统由再生塔、重沸器、塔顶冷凝器等组成。此外，对伯醇胺等溶液还有复活釜。

再生塔与吸收塔类似，可为填料塔或板式塔，塔径计算方法相似，但应以塔顶和塔底气体流量较大者计算和确定塔径。塔底气体流量为重沸器产生的汽提水蒸气流量（如有补充水蒸气，还应包括其流量），塔顶气体量为塔顶水蒸气和酸气流量之和。

再生塔的塔板数也应经计算确定。通常，在富液进料口下面有 20 ~24 块塔板，板间距一般为 0.6m。有时，在进料口上面还有几块塔板，用于降低气体的雾沫夹带。

再生塔的作用是利用重沸器提供的水蒸气和热量使醇胺和酸性组分生成的化合物逆向分解，从而将酸性组分解吸出来。水蒸气对溶液还有汽提作用，即降低气相中酸性组分的分压，使更多的酸性组分从溶液中解吸，故再生塔也称汽提塔。

（1）重沸器　汽提蒸汽量取决于所要求的贫液质量（贫液中残余酸气负荷）、醇胺类型和塔板数。蒸汽耗量大致为 0.12 ~0.18t/t 溶液。小型再生塔的重沸器可采用直接燃烧的加热炉（火管炉），火管表面热流率为 20.5 ~26.8kW/m^2，以保持管壁温度低于 150℃。大型再生塔的重沸器可采用蒸汽或热媒作为热源。对于 MDEA 溶液，重沸器中溶液温度不宜超过 127℃。当采用火管炉时，火管表面平均热流率应小于 35kW/m^2。

重沸器的热负荷包括：

1）将醇胺溶液加热至所需温度的热量。

2）将醇胺与酸性组分反应生成的化合物逆向分解的热量。

3）将回流液（冷凝水）汽化的热量。

4）加热补充水（如果采用的话）的热量。

5）重沸器和再生塔的散热损失。通常，还要考虑 15% ~20% 的安全裕量。

再生塔塔顶排出气体中水蒸气摩尔数与酸气摩尔数之比称为该塔的回流比。水蒸气经塔顶冷凝器冷凝后送回塔顶作为回流。含饱和水蒸气的酸气去硫回收装置，或去回注或经处理与焚烧后放空。对于伯醇胺和低 CO_2/H_2S 的酸性气体，回流比一般为 3；对于叔醇胺和高 CO_2/H_2S 的酸性气体，回流比一般不大于 2。

（2）复活釜　由于醇胺会因化学反应、热分解和缩聚而降解，故而采用复活釜使降解的醇胺尽可能地复活，即从热稳定性的盐类中释放出游离醇胺，并除去不能复活的降解产物。MEA 等伯胺由于沸点低，可采用半连续蒸馏的方法，将强碱（如质量浓度为 10% 的氢氧化钠或碳酸氢钠溶液）和再生塔重沸器出口的一部分贫液（一般为总溶液循环量的 1% ~3%）混合（使 pH 值保持在 8 ~9）送至复活釜内加热，加热后使醇胺和水由复活釜中蒸出。为防止热降解产生，复活釜升温至 149℃ 加热停止。降温后，再将复活釜中剩余的残渣（固体颗粒、溶解的盐类和降解产物）除去。采用 MDEA 溶液和 Sulfinol—M（砜胺Ⅲ）溶液时可不设复活釜。

（3）闪蒸和换热系统　闪蒸和换热系统由富液闪蒸罐、贫富液换热器、溶液冷却器及贫液增压泵等组成。

1）贫富液换热器和贫液冷却器：贫富液换热器一般选用管壳式和板式换热器。富液走管程。为了减轻设备腐蚀和减少富液中酸性组分的解吸，富液出换热器的温度不应太高。此外，由于高液体流速能冲刷硫化铁保护层而加快腐蚀速率，故对富液在碳钢管线中的流速也应加以限制。对于 MDEA 溶液，所有溶液管线内流速应低于 1m/s，吸收塔至贫富液换热器管程的流速宜为 0.6 ~0.8m/s；对于砜胺溶液，富液管线内流速宜为 0.8 ~1.0m/s，最大不超过 1.5m/s。不锈钢管线由于不易腐蚀，富液流速可取 1.5 ~2.4m/s。

贫液冷却器的作用是将换热后贫液温度进一步降低。一般采用管壳式换热器或空气冷却器。采用管壳式换热器时贫液走壳程，冷却水走管程。

2）富液闪蒸罐：富液中溶解有烃类时容易起泡，酸气中含有过多烃类时还会影响克劳斯硫黄回收装置的硫黄质量。为使富液进再生塔前尽可能地解吸出溶解的烃类，可设置一个或几个闪蒸罐，通常采用卧式罐。闪蒸出来的烃类作为燃料使用。当闪蒸气中含有 H_2S 时，可用贫液来吸收。

闪蒸压力越低，温度越高，则闪蒸效果越好。目前吸收塔操作压力在4～6MPa，闪蒸罐压力一般在0.5MPa。富液在闪蒸罐内的停留时间一般在5～30min。对于两相分离（原料气为贫气，富液中只有甲烷、乙烷等），溶液在罐内停留时间短一些；对于三相分离（原料气为富气，富液中还有较重烃类液体），溶液在罐内停留时间长一些。

为保证下游克劳斯硫黄回收装置硫黄产品质量，国内石油行业要求采用MDEA溶液时设置的富液闪蒸罐应保证再生塔塔顶排出的酸气中烃类含量不应超过2%（体积分数）；采用砜胺法时，设置的富液闪蒸罐应保证再生塔塔顶排出的酸气中烃类含量不应超过4%（体积分数）。

3. 吸附脱水干燥器

吸附法脱水主要设备有干燥器、再生气加热器、冷却器和水分离器及再生气压缩机等。现仅将干燥器的结构介绍如下。

干燥器的结构如图4-6所示。由图可知，干燥器由床层支承梁和支承栅板、顶部和底部的气体进、出口管嘴和分配器（这是因为脱水和再生分别是两股物流从两个方向流过干燥剂床层，故顶部和底部都是气体进、出口）、装料口、排料口及取样口、温度计插孔等组成。床层上部装填瓷球高度为150mm，下部装填瓷球高度为150～200mm。

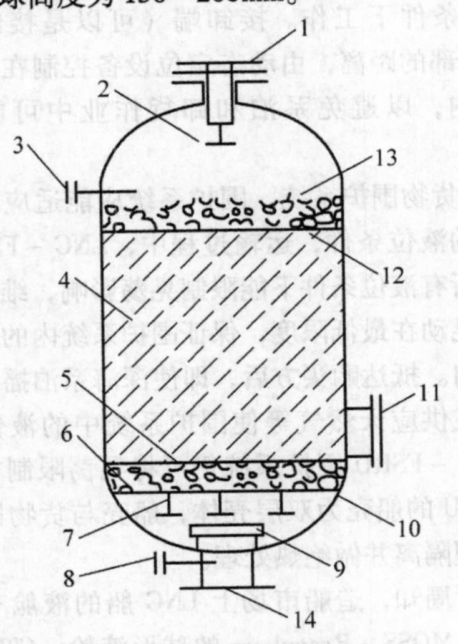

图4-6 干燥器的结构

1—进口/装料口 2、9—挡板
3、8—取样口及温度计插孔 4—分子筛
5、13—瓷球 6—滤网 7—支承梁
10—支承栅板 11—排料口 12—浮动滤网 14—出口

干燥剂的形状、大小应根据吸附质不同而异。对于天然气脱水，通常使用的分子筛颗粒是球状和条状（圆形或三叶草形截面）。常用的球状规格是 ϕ3～ϕ8mm，条状（即圆柱状）规格是 ϕ1.6～ϕ3.2mm。

由于干燥剂床层在再生加热时温度较高，故干燥器需要保温。器壁外保温比较容易，但内保温可以降低20%～30%的再生能耗。内保温层应特别注意施工质量，一旦内保温衬里发生龟裂，气体就会走短路而不经过床层，达不到有效脱水。

吸附塔可以采用经验方法计算塔径。

气体压力和处理量一定时，塔径大、塔内气流速度低，吸附剂吸湿容量增大，脱水效果较好，但塔造价增大。因而，设计吸附塔时应在塔径和气流速度间做出某种折中，并应考虑床层的高径比。气体空塔速度过大容易扰动床层，并使吸附床压降增大，压碎吸附剂颗粒。气体最大空塔速度的经验式为

$$v_{\max} = \frac{A}{\rho_g^{0.5}} \tag{4-2}$$

式中，$v_{\max}$ 为气体最大空塔速度（m/min）。A 为常数；吸附剂颗粒直径为3.2mm，A=67.1；吸附剂颗粒直径为1.6mm，A=48.8；ρ_g 为气体密度（kg/m^3）。

吸附剂装填量一定时，塔径越大，压降越小。单位床高压降可用式（4-3）表示为

$$\frac{\Delta p}{L} = B\mu v_g + C\rho_g v_g^{\ 2} \tag{4-3}$$

式中，Δp 为床层压降（kPa）；L 为床高度（m）；v_g 为气体空塔速度（m/min）；μ 为气体黏度（mPa·s）；B、C 为经验常数，见表4-1。

表4-1 压降经验常数

颗粒类型	B	C
ϕ3.2mm 球状	4.156	0.001351
ϕ3.2mm 条状	5.359	0.001885
ϕ1.6mm 球状	11.281	0.002067
ϕ1.6mm 条状	17.664	0.003192

单位床高经济压降约7.4kPa/m，整个床层压降约34.5kPa，不要超过55kPa。随使用时间延续，吸附床受污染，床层压降会逐渐增大。再生气单位床高压降不应小于0.23kPa/m，流速不小于3m/min。否则也将产生不均匀流动。

塔径一定，床高与装填的吸附剂量有关。长周期吸附塔的床层高度由两部分组成，即饱和区和传质区。饱和区的高度按气体脱水量和吸附剂设计湿容量确定，传质区的高度按式（4-4）确定：

$$h_z = 0.1498\xi v_g^{0.3} \quad (4\text{-}4)$$

式中，h_z为传质段高度（m）；ξ为系数，颗粒直径为3.2mm，$\xi=3.4$；颗粒直径为1.6mm，$\xi=1.7$。

吸附床应有一定高/径比。直径过大，床层高度减小，易造成沿塔截面气体流速分布不均；直径太小，床层高度增大，床层压降过大。有文献推荐$L/D \geqslant 2.5$，但我国若干套吸附塔的L/D约为2，也取得好的脱水效果。推荐$L/D=2\sim2.5$。

在经验式（4-4）和数据的基础上，可试算塔的直径和吸附床的高度。

这里需要说明的是，当原料气的水含量、床层吸附周期和高径比、干燥剂的有效湿容量等确定后，还应按照有关方法进行吸附脱水工艺计算。

4.3　浮式液化天然气再汽化装置

浮式LNG贮存及再汽化装置（Floating Storage and Re－gasification Unit，FSRU），通常也称LNG－FSRU，是集液化天然气接收、贮存、转运、再汽化外输等多种功能于一体的特种装备，配备推进系统，兼具LNG运输船功能。

4.3.1　再汽化工艺

1. FSRU的系统配置

（1）浮式LNG接收终端的特点

1）大型化，载货量一般为25万～35万m^3，几乎为现行LNG船的2倍，以降低运输成本。

2）深海停泊，替代陆上终端，非常具有成本优势，而且坐落于远离海岸的海上，远离发电厂、工业区或人口密集区；对周边环境的安全危害小。

3）可长期单点系泊在深海海床上，克服了岸上终端对LNG船的吃水限制，或免除了LNG船舶对港口水深的要求。

4）LNG汽化和接收船可在工厂制造，现场工程建设集中在改建码头或深水停泊系统及管线。工程量少，建设周期短。

5）利用浮式LNG汽化和接收终端可移动的特点，使它可以在某个市场需求高峰时提供供应，在需求低谷时被转移到另外的市场，特别适合满足市场的季节性需求和短期需求。

6）LNG－FSRU既具有贮存、汽化功能，又具有运输功能，可作为LNG运输船（货物围护系统与现行的LNG船相同）。

7）LNG不需从船上卸至岸上终端，减少了运输次数和卸货次数，不仅可降低成本，也减少了部分卸货危险。

LNG－FSRU虽然具有诸多优点，与陆上接收终端相比，也存在挑战：一是LNG－FSRU扩容能力较差，虽可依项目需求再建一艘，但会导致投资总额大幅增加；二是大型LNG运输船在靠泊LNG－FSRU时通常选择旁靠方式卸载LNG，由于海况等诸多复杂因素，在接卸时稳定性不如陆上接收站，存在碰撞的风险；三是若出现危险情况，海上紧急疏散难度会增大。

（2）系统配置　LNG－FSRU既具有运输功能，可作为LNG运输船（货物围护系统与现行的LNG船相同）；又具有贮存功能，可作为海上终端，远离发电厂、工业区或人口密集区停泊。现有的LNG－FSRU主要包括系泊系统、卸货系统、船壳及货物围护系统、再汽化系统、蒸发气处理系统五大系统。

1）系泊系统。采用能使FSRU随风向改变方位的单点系泊系统（Single－Point Mooring，SPM），将LNG－FSRU牢固地系泊在海床上，系泊和挠性立管系统要求的最小水深为40～60m。非良好海况LNG－FSRU可围绕其单点系泊系统打转。SPM系统中有内部转塔，减少系泊负荷，并使生活区随时处于货物区域的上风侧。

2）卸货系统。LNG－FSRU的卸货系统常采用串联卸货方式。LNG－FSRU的艉部设有SYMO卸货系统，由一可旋转的构架吊着，若需检查或维修可将其转到甲板上。该系统能在浪高3.5m的情况下与接卸端连接，一旦接好就能保持连接牢固，并可在浪高5.5m的条件下工作。接卸端（可以是接卸船）与FSRU艉部的距离，由动态定位设备控制在允许的工作范围内，以避免系泊和卸货作业中可能出现的危险。

3）货物围护系统。围护系统应能适应所有工作条件下的液位条件，运输过程中，LNG－FSRU围护系统在所有液位条件下能限制晃荡影响，维持液舱中液体的晃动在最低限度，保证围护系统内的冲击力在极限以内。抵达购买方后，即使深海系泊摇晃、持续地卸货或供应天然气等使围护系统中的液位不断变化，LNG－FSRU围护系统仍可将晃荡限制在最低程度。FSRU的船壳为双层壳体，船壳与货物围护系统之间物理隔离并做绝热处理。

众所周知，造船市场上LNG船的液舱有三种围护系统：MOSS－Rosenberg的球形液舱、GTT公司的薄膜液舱和IHI的SPB型液舱。这三种围护系统中，只有SPB型液舱满足以上条件，最适合于FSRU，总贮货容积可达20万～40万m^3，约5000m^2的自由甲板空间，用以安装再汽化装置和其他设备。服务有效期15～30年，且无须进坞修理。

4）再汽化系统。再汽化的目的，是LNG－FSRU作为海上终端向岸上用气设施直接供气。再汽化的方法，是通过再汽化系统，利用海水的热量加热来自液舱中的液化天然气。液化天然气的汽化，因存在结冰和结垢等危险，不能采用板翅式换热器使LNG与海水直接换热，只能选用立式管壳式中间流体蒸发器（Intermediate Fluid Vaporiser，IFV）。IFV的中间流体，使用水和乙二醇的混合物或丙烷，可降低结冰的危险，同时改善生物结垢。与海水直接循环的蒸发器相比，IFV增加了初始投资和设备，然而运行证明，由于前述的降低结冰的危险，同时改善生物结垢，采用IFV带来的费用增加是必要的。

5）蒸发气处理系统。液化天然气的蒸发气（Boil－Off Gas，BOG），是由于外界漏热的渗入，货舱中的少量液化天然气蒸发产生的。具体说来LNG－FSRU上BOG因下列因素而产生：围护系统、卸货系统和相关管路的热量渗入；LNG质量（主要指沸点）差别；增压泵产生的热量；卸货期间货舱容积变化；货舱压力变化；卸货前和卸货期间，LNG－FSRU与LNG船之间的压差等。

典型的BOG处理系统包括机械制冷再液化后送回液舱和将BOG作为燃料。现在营运的LNG船舶，均将BOG作为燃料送入锅炉燃烧。锅炉产生蒸汽推动汽轮机。锅炉的燃烧方式有三种：单烧油、单烧气（航行中根据具体情况而定）和油气混烧。在建的LNG船均安装再液化装置，将BOG机械制冷再液化后送回液货舱。

2. FSRU作业流程

FSRU的操作模式与陆上终端设施有所不同。通常来讲，首先将FSRU长期系泊于一个海上单点系泊系统。工作时，一艘LNG运输船与FSRU通过使用浮式船用护舷板和常规系泊线舷靠舷系泊。之后LNG运输船将LNG卸载至FSRU，根据LNG船尺度和气体输出率的不同，通常需20～30h完成全部卸载工作。LNG贮存在FSRU船体内的液货舱中。加温后，LNG被汽化成气体，然后通过柔性立管输送到海底气体管路，再送到最终市场（图4-7）。

图4-7所示的液化天然气浮式贮存再汽化装置，通过卸料臂将LNG穿梭运输轮上的LNG卸入储罐，通过罐内泵送到再冷凝器，为储罐蒸发气再冷凝提供冷量，而外输泵将再冷凝器中的LNG送入汽化器，成为气态天然气，计量后通过转塔送入输气管网。储罐蒸发气通过蒸发气压缩机增压后一部分送入再冷凝器冷凝成LNG，另一部分送入发电厂作为燃料。蒸发器所用热源海水由海水泵供给。

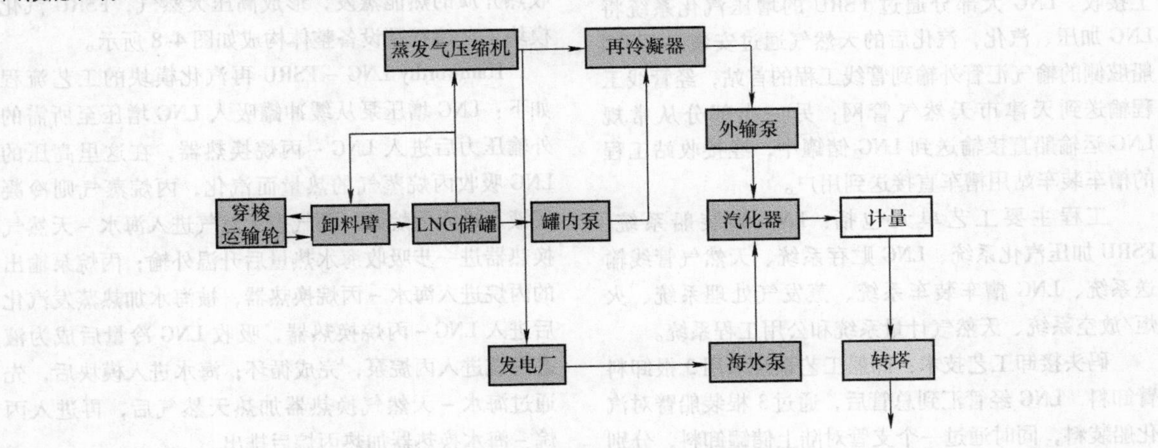

图4-7　FSRU作业流程示意图

以首次在中国采用液化天然气浮式贮存汽化装置（LNG－FSRU）的中海油天津LNG项目为例，该项目主体装置由法国GDF Suez公司的一艘14.5万m^3 LNG船“Cape Ann”号改装而成。从项目启动到实现供气用时仅3年半，创下国内最快供气纪录，即2013年12月开始为天津市供气。

天津浮式LNG接收终端项目由码头工程、FSRU（带汽化设施的LNG浮式装置）、接收站工程、输气管线工程等四部分组成。码头工程拟建靠泊1万～26.6万m^3的LNG船舶的接卸泊位1座，FSRU泊位1座，3000t级重件泊位1座及相应的配套设施；FSRU天然气外输建设规模为年周转LNG量185万t（$25.9\times10^8m^3/a$）；接收站工程规模为年周转LNG量35万t，拟建设2台30000m^3的全容罐，储罐总容积为

60000m^3；输气管线全长约18.3km，输气管线工程输送天然气规模25.9×10^{8}m^3/a，全线设置2座站场，其中首站1座（与接收站工程合建）、临港分输站1座。天津浮式LNG接收终端项目工程内容FSRU部分见表4-2。

表4-2　中海油天津LNG项目FSRU配置

序号	FSRU		
1	工艺系统	低温LNG储罐	4个，共计145146m^3
2		LNG低压泵	8台，8×1370m^3/h
3		扫舱泵/喷淋泵	4台，4×50m^3/h
4		应急液货泵	4台，4×550m^3/h
5		LNG高压泵	6台，6×10^{5}m^3/h
6		LNG强制汽化器	1台，1×5800kg/h
7		大流量BOG压缩机	2台，2×32000m^3/h
8		小流量BOG压缩机	2台，2×4375m^3/h
9		BOG加热器	2台，2×16940kg/h
10		LNG汽化器	3台，3×210t/h

天津浮式LNG接收终端项目总的作业流程如下：进口LNG通过常规LNG运输船海运到LNG码头，FSRU系泊于码头，FSRU和储罐从常规LNG运输船上接收。LNG大部分通过FSRU的增压汽化系统将LNG加压、汽化，汽化后的天然气通过安装在FSRU船舷侧的输气汇管外输到管线工程的首站，经管线工程输送到天津市天然气管网；另一小部分从常规LNG运输船直接输送到LNG储罐中，经接收站工程的槽车装车站用槽车直接送到用户。

工程主要工艺单元包括：LNG卸装船系统、FSRU加压汽化系统、LNG贮存系统、天然气管线输送系统、LNG槽车装车系统、蒸发气处理系统、火炬/放空系统、天然气计量系统和公用工程系统。

码头接卸工艺技术：卸船工艺系统采用3根卸料臂卸料，LNG经管汇到总管后，通过3根装船臂对汽化船装料，同时通过一个支管对陆上储罐卸料，分别通过1根气相平衡管和两根回气臂对汽化船、运输船和陆上储罐进行压力平衡。配备1根LNG循环管道，无卸船时，通过LNG循环管道以小流量循环来保持卸船管道处于低温状态。

FSRU工艺技术：LNG从LNG运输船通过卸料臂输送到FSRU贮存单元，经罐内泵和高压泵升压后进入LNG汽化器，汽化后达到压力和温度要求的天然气经计量后由高压气体外输臂输送至码头上的输气管道外输。储舱内因外界热量漏入而产生的BOG经BOG压缩机加压，再由加热器预热后作为燃料进入蒸汽锅炉燃烧，锅炉产生的蒸汽经过乙二醇水溶液/蒸汽换热器，将热量传递给乙二醇水溶液后冷却凝结成水，返回蒸汽锅炉水罐，而被加热的乙二醇水溶液进入LNG主汽化器作为热介质将LNG汽化。如果储舱产生的BOG不足以满足锅炉燃气要求时，须开启强制汽化器，将船舱内的LNG汽化并加热后送入锅炉燃烧，以满足FSRU上的动力需求。FSRU码头设有3台汽化船装船臂（单台最大能力为4400m^3/h），1台能力为13200m^3/h的汽化船气体返回臂。液体LNG卸船时，3台液体LNG卸料臂和3台液体汽化船装船臂同时工作。

3. 再汽化工艺

再汽化工艺的核心点为再汽化的热源、热介质、再汽化工艺流程以及BOG（自然蒸发气）回收工艺。

（1）工艺流程　一般的再汽化装置是以模块撬装的方式布置在FSRU的甲板上。汽化的主要方式为LNG加热增压后，蒸发形成高压天然气，使用的主要设备为高压蒸发器和高压液货增压泵，高压蒸发器通常使用管壳式换热器，用海水加热LNG使其蒸发，一般会设置一到两台增压泵，即增压泵从LNG缓冲罐中吸入LNG，然后送入汽化器，低温LNG不断吸收热介质的热能蒸发，形成高压天然气，FSRU汽化模块工艺流程及设备整体构成如图4-8所示。

Hamworthy LNG－FSRU再汽化模块的工艺流程如下：LNG增压泵从缓冲罐吸入LNG增压至所需的外输压力后进入LNG－丙烷换热器，在这里高压的LNG吸收丙烷蒸气的热量而汽化，丙烷蒸气则冷凝成液态进入丙烷泵。而气态天然气进入海水－天然气换热器进一步吸收海水热量后升温外输；丙烷泵输出的丙烷进入海水－丙烷换热器，被海水加热蒸发汽化后进入LNG－丙烷换热器，吸收LNG冷量后成为液态丙烷进入丙烷泵，完成循环；海水进入模块后，先通过海水－天然气换热器加热天然气后，再进入丙烷－海水换热器加热丙烷后排出。

（2）热源　FSRU外输天然气的温度一般要求高于0℃，而常压贮存的LNG的温度为－162℃，因此空气、海水等都可以考虑用作LNG汽化的热源。LNG－FSRU的汽化处理量很大，利用空气作热源的空温式汽化器和强制通风式汽化器都需要很多模块，占地面积大，效率低，在海上更不宜使用。目前LNG接收站首选液体加热型汽化器，热源就因地制宜地选择了海水。而FSRU更是理所当然地取用海水。

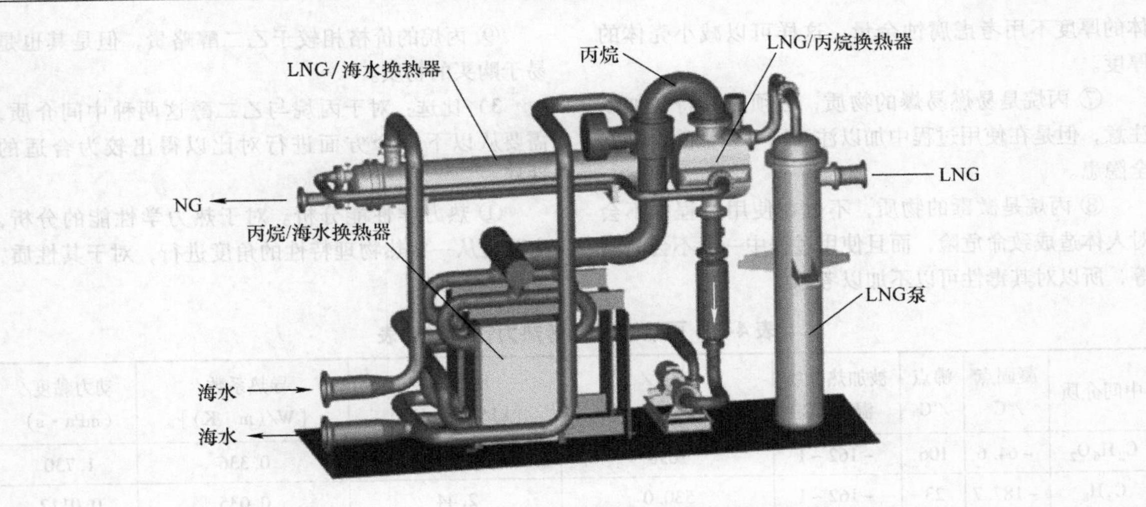

图4-8　Hamworthy LNG－FSRU 再汽化模块示意图

（3）热介质　LNG 接收站中常用的液体加热型汽化器主要包括三类：开架式汽化器（含 ORV 和超级 ORV）、浸没燃烧型汽化器（SCV）、带有中间传热介质的汽化器（IFV 和 STV）。FSRU 大多采用带有中间传热介质的汽化器，中间介质多为乙二醇或丙烷。

1）乙二醇水溶液的性质特点：

① 沸点为 106℃。其与 LNG 进行换热时，由于 LNG 的最高温度不超过 1℃，所以乙二醇水溶液始终处于过冷状态，而不会发生汽化。

② 凝固点为 －64.6℃。LNG 的初始温度为 －162℃，在换热过程中若是顺流的交换热量的形式，则有可能发生结冰现象，若在换热器设计时考虑到的是逆流形式，则可以暂不考虑结冰的可能。

③ 比热比丙烷大，则传热量相同时，比热大的乙二醇水溶液所需要的流量就小，或者传热时间短，并且可以减少输送乙二醇水溶液造成的能量损耗。

④ 导热系数为 0.336W/m · K，比丙烷（0.035W/m · K）大，则对整个传热过程有增强的效果，则其换热系数较高。

⑤ 阻力系数为 1.730mPa，比丙烷（0.0112mPa）大，并且乙二醇水溶液的阻力系数是随着温度的降低而升高，则在整个流动过程中，乙二醇的流动阻力也较大，阻力上的损失也较大。

⑥ 具有较大的腐蚀性，对不锈钢、金属等具有明显的腐蚀。根据现有的研究，向溶液中添加缓蚀剂可以有效地减缓其腐蚀性，而且对于管壁的厚度也必须增强，因为对壁厚必须需要考虑到腐蚀余量，虽然加入缓蚀剂，但是文献中尚无乙二醇水溶液在 －20℃、与 －162℃的 LNG 换热情况下使用缓蚀剂的资料。

⑦ 尽管乙二醇是可燃物质，但是乙二醇水溶液中由于添加了水，则其易燃、易爆的危险因素有了较大的降低。

⑧ 属于低毒物质，其致死浓度约为 1.4mL/kg（1.56g/kg）。中毒时，会出现反复发作性昏厥，并可有眼球震颤，淋巴细胞增多。但只要使用过程中加以注意，不使其溢出，一般不会造成危害。

⑨ 乙二醇的价格较丙烷低，而且较易于获得。

2）丙烷的性质特点：

① 丙烷在 0.9MPa 下的沸点为 23℃，与 LNG 进行换热时，LNG 的最高温度不超过 1℃，所以丙烷也可始终处于过冷状态，而不会发生汽化。

② 丙烷的凝固点为 －187.7℃，低于 LNG 的饱和温度 －162℃，所以与 LNG 换热时，丙烷均不会发生冻结现象。

③ 丙烷的比热容比乙二醇水溶液的比热容小，则传热量相同时，丙烷所需要的流量就更大，输送丙烷造成的能量损耗也就更大。

④ 丙烷的导热系数（0.035W/m · K）远小于乙二醇水溶液的导热系数（0.336W/m · K），而且其普朗特数 Pr 仅为 1.001，乙二醇水溶液整个换热过程中的最小 Pr 为 43.44，则可以推测出其换热系数相比较乙二醇水溶液而言是很小的。

⑤ 丙烷的黏性系数较小，则在流动过程中的流动阻力也较小。

⑥ 丙烷没有腐蚀性，对所使用的材料没有腐蚀性，所以可以使用一般的不锈钢 316L，而且对于壳

体的厚度不用考虑腐蚀余量，这样可以减小壳体的厚度。

⑦ 丙烷是易燃易爆的物质，必须对其特性加以注意，但是在使用过程中加以注意则可以消除这种安全隐患。

⑧ 丙烷是微毒的物质，不过在使用过程中不会对人体造成致命危险，而且使用过程中一般不会泄漏等，所以对其毒性可以不加以考虑。

⑨ 丙烷的价格相较于乙二醇略贵，但是其也是易于购买的物质。

3）比选：对于丙烷与乙二醇这两种中间介质，需要从以下各个方面进行对比以得出较为合适的选择。

① 热力学性能分析。对于热力学性能的分析，主要是从一些热物理特性的角度进行，对于其性质，见表4-3。

表4-3 丙烷和乙二醇热力性质对比表

中间介质	凝固点/℃	沸点/℃	被加热介质温度/℃	密度/(kg/m³)	比热容/[kJ/(kg·K)]	导热系数/[W/(m·K)]	动力黏度/(mPa·s)
$C_2H_6O_2$	-64.6	106	-162~1	1098	2.95	0.336	1.730
C_3H_8	-187.7	23	-162~1	530.0	2.44	0.035	0.0112

由以上的热力学物性参数可以看出，乙二醇与丙烷的比热相差不多，但是乙二醇的密度是丙烷的2.07倍，这意味着贮存中间介质的罐体的体积乙二醇的会比较小，虽然乙二醇的导热系数比较大，对于传热系数的提高会有帮助，但是乙二醇的黏性系数较大，则会有较大的阻力损失，最为主要是乙二醇的凝固点最低为-64.6℃，乙二醇的凝固点是随着乙二醇水溶液浓度的增大先降低后升高，但是其最低的凝固点为-64.6℃，这个温度远远高于-162℃，则在LNG的传热过程中有发生结冰的可能，丙烷的凝固点是低于LNG的最低温度，因而不会产生结冰的问题，乙二醇与丙烷的沸点均是大于整个系统中的最高温度，这也可以保证乙二醇水溶液和丙烷均处于液态。

② 对设备金属腐蚀性分析。乙二醇水溶液pH值为9~11，对金属有较大的腐蚀性，尤其对不锈钢和碳素钢产生较大的腐蚀，为了减小其腐蚀性，合格的乙二醇水溶液中一般添加有缓蚀剂，使其腐蚀性能明显下降，对金属材料、铜或者黄铜（青铜除外）不产生腐蚀，对碳素钢属于耐腐蚀级。

丙烷对于金属是无腐蚀性，则无须添加任何缓蚀剂。

③ 燃烧、爆炸性及毒性分析。乙二醇是可燃物，但通常作为热媒的乙二醇水溶液是不可燃的，具有一定的稳定性。丙烷是易燃物质，这点是丙烷作为中间介质较大的缺点，但是其危险性可以控制处理，因而在实际情况中，很多场合仍然会使用丙烷。

乙二醇是低毒的物质，但对人体有较大的危害，如果可以保证其不溢出，与人体无接触，则不存在中毒现象。丙烷是微毒的物质，其毒性比乙二醇小很多，对人体的皮肤没有伤害，只是要考虑到冻伤的可能，短暂接触浓度低于1%的丙烷，不会引起症状；10%以下的浓度，也只引起轻度头晕；接触高浓度时，可出现麻醉状态、意识丧失；极高浓度时，则可致窒息。

④ 经济及综合分析。乙二醇的价格较为低廉，较为容易获得。丙烷的价格比乙二醇贵一些，但是价格上相差并不是很多。

⑤ 丙烷海水与蒸汽水乙二醇中间介质的工艺流程对比。中间介质为乙二醇和水的工艺流程如图4-9所示。

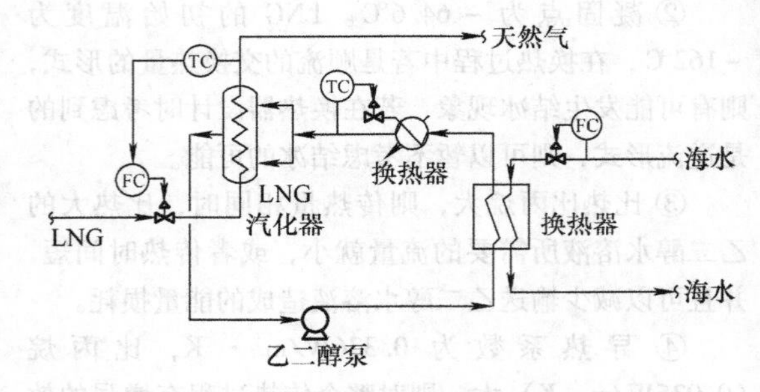

图4-9 LNG FSRU中间介质为乙二醇和水再汽化工艺流程

从高压泵来的LNG进入LNG汽化器，汽化后达到压力和温度要求的天然气经计量后由高压气体外输臂输送至码头上的输气管道外输。从汽化器出来的冷却了的乙二醇水溶液经过乙二醇泵增压后进入海水-乙二醇换热器被海水加热，然后通过蒸汽加热器加热后进入LNG汽化器。储舱内因外界热量漏入而产生的BOG经BOG压缩机加压，再由加热器预热后作为燃料进入蒸汽锅炉燃烧，锅炉产生的蒸汽经过乙二醇水溶液/蒸汽换热器，将热量传递给乙二醇水溶液后冷却凝结成水，返回蒸汽锅炉水罐，而被加热的乙二醇水溶液进入LNG主汽化器作为热介质将LNG汽化。

中间介质为丙烷的再汽化工艺流程如图4-10和图4-11所示。

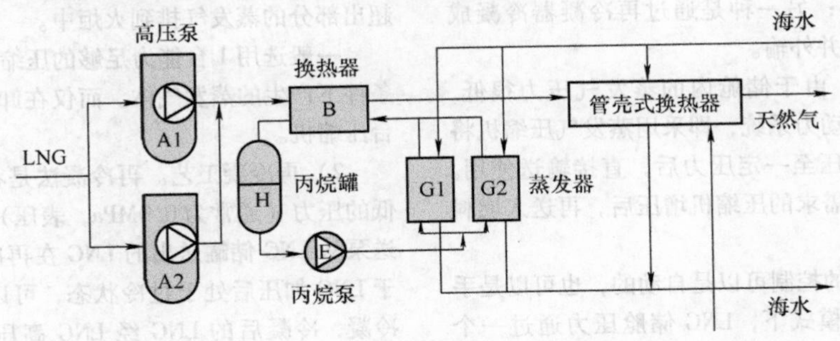

图4-10 中间介质为丙烷工艺流程（管壳式换热器）

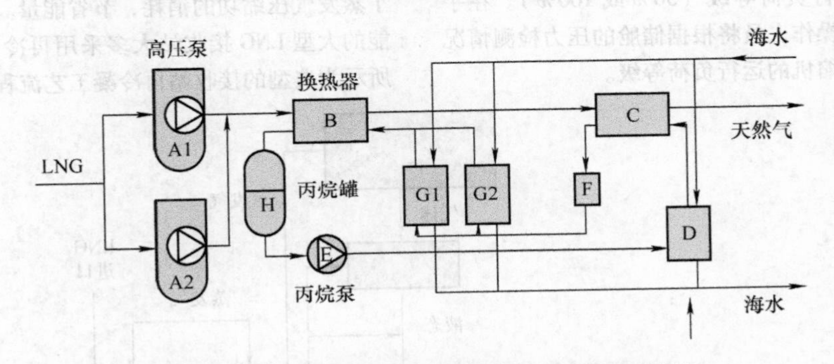

图4-11 中间介质为丙烷工艺流程（板式换热器）

图4-10所示中间介质为丙烷的汽化工艺，LNG经高压泵（A1、A2）增压后进入LNG/丙烷换热器（B），该换热器为印制电路板式换热器，天然气继而经过管壳式换热器用海水过热后外输。

丙烷罐（H）中的丙烷经过丙烷泵（E）提升至丙烷汽化器（G1、G2），被海水加热汽化，进入LNG/丙烷换热器加热LNG，自身冷凝为液态返回丙烷罐（H），完成丙烷的循环。海水作为丙烷汽化器（G1、G2）和管壳式换热器的热源。

图4-11所示的中间介质为丙烷的汽化工艺为最新的两级丙烷循环系统再汽化新工艺。LNG经高压泵（A1、A2）增压后进入LNG/丙烷换热器（B），该换热器采用印制电路板式换热器，继而再经过LNG/丙烷换热器（C）过热后天然气外输。

丙烷罐（H）中的丙烷经过丙烷泵（E）提升至丙烷汽化器（D），被海水加热后进入二级天然气过热器（C）加热天然气，离开（C）的丙烷通过一个压力控制阀，进入一级丙烷换热系统，然后进入海水丙烷汽化器产生丙烷气体用于LNG/丙烷加热器（B）。加热LNG后丙烷冷凝为液态返回丙烷罐（H），完成丙烷的循环。

海水作为丙烷汽化器（G1、G2、D）的热源。所有利用海水的加热器采用的是半焊式板式换热器，在海水侧可以打开来进行清理。

（4）BOG回收工艺　蒸发气的产生是由于外界能量的输入，如泵运转、周围环境热量的泄入、大气压变化、环境影响等都会使处于极低温的液化天然气受热蒸发，产生蒸发气（BOG）。如当卸船作业时，大量LNG送入储舱会产生置换效应，使舱内LNG的气、液相体积发生变化产生较多的蒸发气。LNG接收站在卸船操作时产生的蒸发气量可达无卸船操作时的数倍。根据来船情况，蒸发气的产生量也有所不同，而且卸载的LNG占用液舱内BOG的空间，间接造成BOG量增加。LNG储舱在贮存LNG过程中，由于与外界存在热交换，使储舱内的LNG部分汽化成BOG气体；当无卸船作业时，卸料管线需要维持低流量LNG进行循环保冷，循环的LNG返回至储舱，又由于LNG在循环过程中与环境热交换，进入液舱后还会产生一定量的BOG气体。而未运行的高压泵、低压泵等设备，以及配套管线也需要维持低流量

LNG进行循环保冷，当这部分循环的LNG进入液舱时也会产生一定量的BOG气体。

FSRU上BOG回收处理工艺主要有两种作用：一种是作为船用燃料；另一种是通过再冷凝器冷凝成LNG后加压、汽化并外输。

1）船用燃料。由于储舱内的蒸发气压力很低，需要增压才能进入动力系统，即采用蒸发气压缩机将储舱内的蒸发气加压至一定压力后，直接输送使用。因此要求选择适合需求的压缩机增压后，再送入燃料气系统。

蒸发气压缩机的控制可以是自动的，也可以是手动的。在自动操作模式下，LNG储舱压力通过一个总的绝压控制器来控制，该绝压控制器可自动选择蒸发气压缩机的运行负荷等级（50%或100%）。在手动操作模式下，操作人员将根据储舱的压力检测情况来选择蒸发气压缩机的运行负荷等级。

如果蒸发气的流量比压缩机（或再冷凝器）的处理能力高，储舱和蒸发气总管的压力将升高，在这种情况下，将通过与蒸发气总管相连的压力控制阀将超出部分的蒸发气排到火炬中。

一般选用1台能力足够的压缩机处理不卸船操作条件下产生的蒸发气体。而仅在卸船时，才同时开2台压缩机。

2）再冷凝工艺。再冷凝法是将蒸发气压缩到较低的压力（通常为0.9MPa，表压）与由LNG低压输送泵从LNG储罐送出的LNG在再冷凝器中混合。由于LNG加压后处于过冷状态，可以使部分蒸发气再冷凝，冷凝后的LNG经LNG高压输送泵加压后外输。因此，再冷凝法可以利用LNG的冷量，并减少了蒸发气压缩功的消耗，节省能量。具有连续汽化功能的大型LNG接收站大多采用再冷凝工艺。图4-12所示为典型的接收站再冷凝工艺流程。

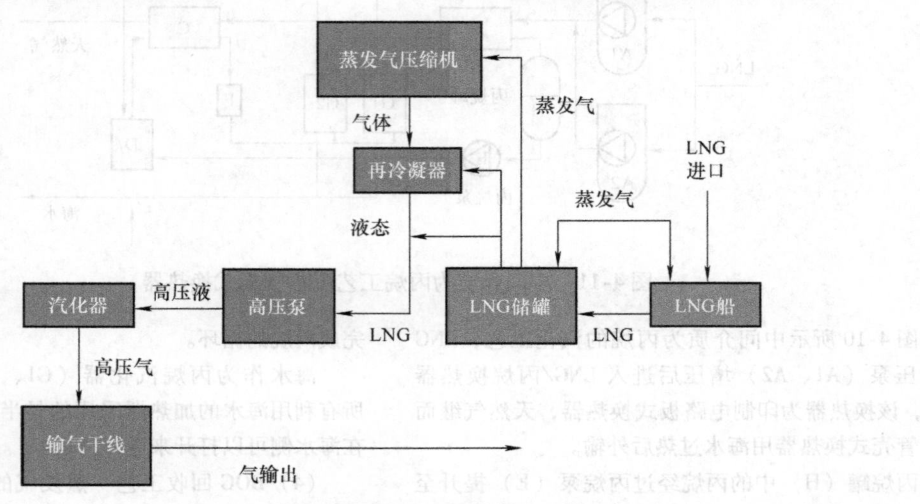

图4-12 典型的接收站再冷凝工艺流程

采用再冷凝工艺，蒸发气增压后被送入再冷凝器。再冷凝器主要有两个功能：一是在再冷凝器中，经加压后的蒸发气与低压输送泵送出的LNG混合，由于LNG加压后处于过冷状态，使蒸发气再冷凝为液体，经LNG高压输送泵加压后外输；二是在一定程度上用作LNG高压输送泵的入口缓冲容器。

再冷凝器的内筒为不锈钢鲍尔环填充床。蒸发气和LNG都从再冷凝器的顶部进入，并在填充床中混合。此处的压力和液位控制需保持恒定，以确保LNG高压输送泵的入口压力恒定。再冷凝器设有比例控制系统，根据蒸发气的流量控制进入再冷凝器的LNG流量，以确保进入高压输送泵的LNG处于过冷状态。

在再冷凝器的两端设有旁路，未进入再冷凝器的LNG通过旁路与来自再冷凝器的LNG混合后进入高压输送泵，同时旁路也可以保证再冷凝器检修时，LNG的输出可继续进行。

如果再冷凝器气体入口压力在高值范围不规则波动，再冷凝器的操作压力控制器将通过释放部分气体到蒸发气总管来维持。

在外输量较低时，再冷凝器可能不能将压缩后的蒸发气体完全冷凝下来。这种情况可通过再冷凝器液体出口温度变化来检测。通过该温度信号调节控制蒸发气压缩机的能力。

接收终端在生产过程中产生的BOG气体将汇集在储罐气相空间，一部分在卸船期间通过气相返回臂返回至船舱，一部分经过压缩机加压后进入再冷凝器，利用低压泵送来的深冷 LNG 进行冷凝，冷凝后汇入低压输送总管进入高压泵进行增压，然后进入汽化器汽化外输。从工艺流程可以看出，再冷凝器在整个接收终端运行过程中起到承前启后的作用，因此也被称为 LNG 接收站的核心，其控制难度是接收站最高的，而且任何工艺的变动都能够引起再冷凝器的波动，因此如何更好地控制好再冷凝器，对接收终端的平稳运行具有重要意义。

4.3.2　再汽化设备

1. LNG 输送泵

LNG 的生产、贮存、运输过程都需要泵送。如从 LNG 液化装置的储罐向 LNG 船液舱内装货、LNG 船到达接收站时的卸货、接收站对外进行 LNG 的输送或转运、固定储罐对运输罐车的装货或向汽化器供液等，都需要 LNG 泵。LNG 船在卸好货以后，开始下一次航行前往 LNG 的产地时，液舱中留有一定的 LNG“残液”是为了维持液舱处于低温状态，也需要用泵循环舱内的残液，喷淋 LNG 冷却舱壁。在 LNG 作为汽车燃料时，加注站向汽车加注 LNG 时，也需要 LNG 泵来输送。

输送 LNG 这类低温的易燃介质，输送泵不仅要具有一般低温液体输送泵能承受低温的性能，而且对泵的气密性能和电气方面安全性能要求更高。常规的泵很难克服轴封处的泄漏问题。对于普通的没有危险性的介质，微量的泄漏不影响使用。而易燃、易爆介质则不同，即使是微量的泄漏，随着在空气中的不断积累，与空气可能形成可燃爆的混合物。因此，对 LNG 泵的密封要求显得尤其重要。除了密封问题以外，还有电动机的防爆问题，电动机的轴承系统、联轴器的对中问题，长轴驱动时轴的支撑及温差的负面影响等一系列问题。

为了解决可燃的低温介质输送泵的这些问题，在泵的结构、材料等方面研制已有很大的进展，如一种安装在密封容器内的潜液式电动泵在 LNG 系统得到了广泛的应用。另外，在一些传统的离心泵的基础上，通过改进密封结构和材料等措施，也可应用于 LNG 的输送。柱塞泵在某些场合也有应用，如在 LNG 汽车技术中，需要将液化天然气转变为压缩天然气，称为 LCNG 装置，采用的就是柱塞泵。

（1）潜液式电动泵　典型的潜液式电动泵如图4-13所示。它是专门用于输送 LNG 和 LPG 等易燃、易爆的低温介质。其特点是将泵与电动机整体安装在一个密封的金属容器内，因此不需要轴封，也不存在轴封的泄漏问题。泵的进、出口用法兰与输送管路相连。

潜液式电动泵的设计，与传统的笼型电动机驱动的泵设计有较大的差别。动力电缆系统需要特殊设计和可靠的材料，如电缆可以浸在低温的液化气体中，在 −200℃条件下仍保持有弹性。电缆需要经过严格的测试和验收，并标明是液化气体输送泵专用电缆，工作温度为 ±200℃。LNG 泵的电缆如图 4-14 所示。电缆用聚四氟乙烯材料（PTFE）绝缘，并用不锈钢

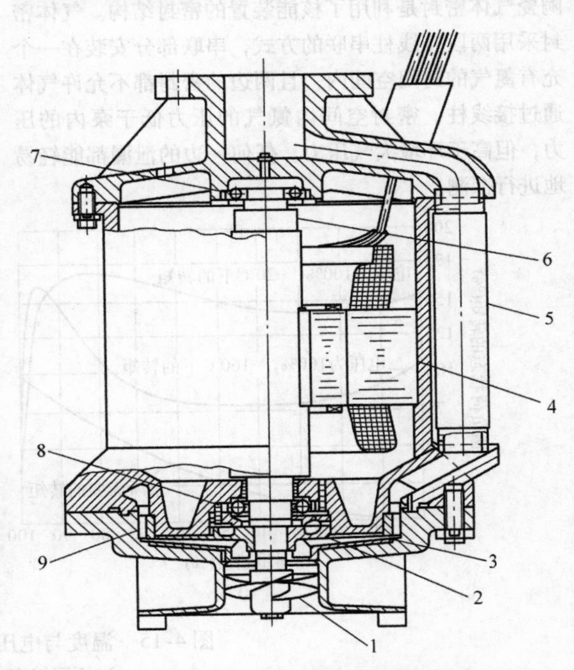

图 4-13　典型的潜液式电动泵

1—螺旋导流器　2—推力平衡机构　3—叶轮　4—电动机　5—排出管　6—主轴　7、8—轴承　9—扩压器

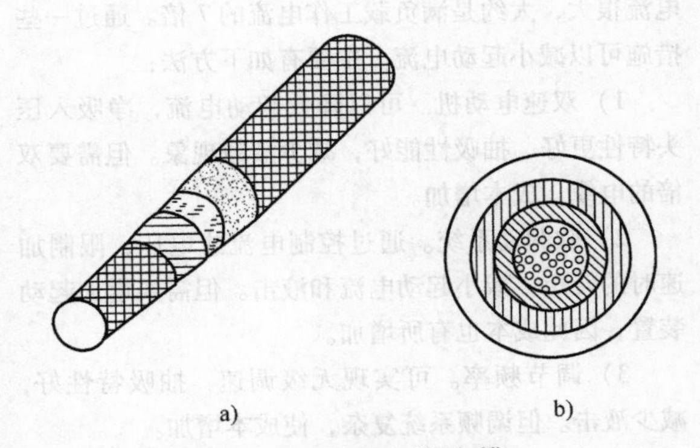

图 4-14　LNG 泵的电缆

a）电缆绝缘结构　b）电缆断面

丝编成的铠甲加以保护。电动机的冷却是由所输送的低温流体直接进行冷却，效果好，电动机效率高。因为电动机需浸在所要输送的 LNG 流体中，所以电动机要承受 -162℃的低温。

对于潜液式电动泵，电气连接的密封装置是影响安全性的关键因素之一。电气接线端设计成可经受高压和电压的冲击。使用陶瓷气体密封端子和双头密封结构，可确保其可靠性。对于安装在容器内的电动泵，所有的引线密封装置都是用焊接技术进行连接。陶瓷气体密封是利用了核能装置的密封结构。气体密封采用两段接线柱串联的方式，串联部分安装在一个充有氮气的封闭空间内，且两边的密封都不允许气体通过接线柱。密封空间内氮气的压力低于泵内的压力，但高于环境大气压力。任何一边的泄漏都能轻易地进行探测。

所有的电缆连接密封组件都要经过压力测试和氦质谱仪检漏。美国生产的潜液式电动泵，应符合美国国家电气标准（U. S. National Electric Code）和美国国家消防协会标准（NFPA 59A）中所引用的 NFPA70 规范，以及关于电气设备连线的相关要求。

低温泵的电动机转矩与普通空气冷却的电动机不同，转矩与速度的对应关系和电流与速度的关系曲线类似。在低温状态下，转矩会有较大的降低。因而，一台泵从起动到加速至全速运转，对于同样功率的电动机来说，低温条件下的起动转矩会大大减少（图 4-15a）。这是由于电阻和磁力特性的变化，电动机的电力特性在低温下会发生改变，使起动转矩在低温下会有较大的降低。如果电压降低，起动转矩也会大幅度地降低（图 4-15b）。

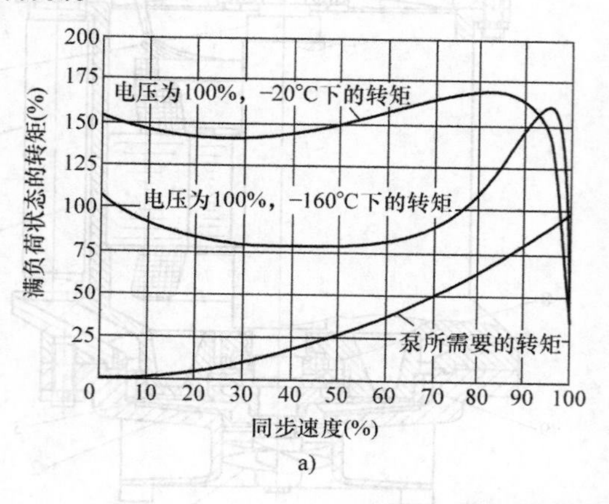

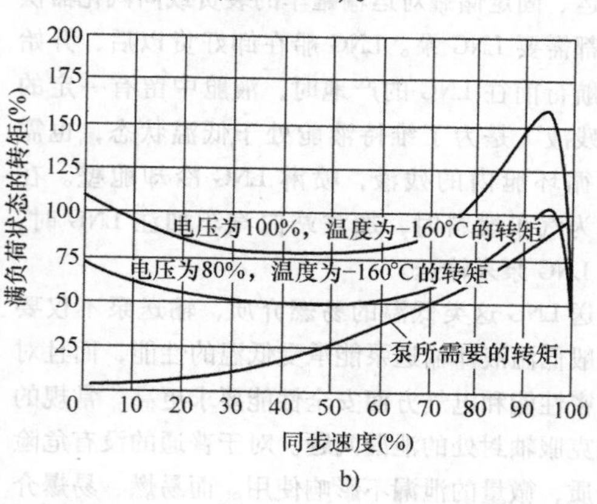

图 4-15　温度与电压对电动机转矩的影响

a）不同温度　b）不同电压

工作温度状态下的电动机特性非常重要。需要了解和掌握电动机在工作温度状态下、最低供电电压和最大负荷条件下的起动特性。低温潜液式电动泵起动电流很大，大约是满负载工作电流的 7 倍。通过一些措施可以减小起动电流。主要有如下方法：

1）双速电动机。可以降低起动电流，净吸入压头特性更好、抽吸性能好，减少液锤现象。但需要双倍的电缆，成本增加。

2）软起动系统。通过控制电流或电压，限制加速时的转矩，减小起动电流和液击。但需要增加起动装置，因此成本也有所增加。

3）调节频率。可实现无级调速，抽吸特性好，减少液击。但调频系统复杂，使成本增加。

4）中压起动（3300V）。可减少全负荷运转和起动时的电流。但电动机的成本较高。

（2）船用泵　在 LNG 泵的应用中，潜液式电动泵是应用特别广泛的一种，尤其是 LNG 船和大型的 LNG 储罐都使用潜液式电动泵。将整个泵安装在液舱或储罐的底部，完全浸在 LNG 液体中。

船用潜液式电动泵的基本形式有两种：固定安装型和可伸缩型。可伸缩型的泵与吸入阀（底部阀）分别安装在不同的通道内，即使在储罐充满液体的情况下，也可以安全地将发生故障的泵取出进行修理或更换。

船用 LNG 泵安装在液舱的底部，直接与液体管路系统连接和支承。通过特殊结构的动力供电电缆和特殊的气密方式，将电力从甲板送到电动机。现代典型的潜液式电动泵具有下列特点：

1）潜液电动机、泵的元件及转动部件都固定在同一根轴上，省去了联轴器和密封等部件。

2）单级或多级叶轮都具有推力平衡机构（TEM）。

3）用所输送的介质润滑轴承。

4）采用螺旋形导流器。

安装泵的容器和泵的元件是用铝合金材料制造，使泵的重量轻，而且经久耐用。推力平衡机构可以确保作用在轴承的推力载荷小到可以忽略不计，延长了轴承的使用寿命，使泵在额定的工作范围内有非常高的可靠性。润滑轴承和冷却电动机的流体是各自独立的系统，由叶轮旋转产生的静压，推动流体经过润滑回路和冷却回路，最后返回到需要输送的流体（一般是安装泵的容器内）。泵的叶轮安装在电动机主轴上。制造主轴用的材料，一般采用在低温下性能稳定的不锈钢。主轴由抗摩擦的轴承支承。轴承的润滑介质就是被输送的LNG流体。尽管LNG是非常干净的流体，但为了防止一些大颗粒进入轴承，引起轴承过早的失效，因此进入轴承的流体需要经过过滤。进入底部轴承的流体，常使用旋转式过滤器，而经过上部轴承的流体，则用简单的自清洁型网丝过滤器。LNG泵的电动机定子由硅钢片与线圈绕组构成，绕组分别用真空和压力的方法注入环氧树脂。

（3）LNG高压泵　LNG高压泵的结构如图4-16所示。这种泵的功能是作为LNG储罐罐内泵的增压泵，其输出的LNG送至汽化器。这种泵的结构型式有安装在专用容器内的潜液式电动泵，也有普通外形的多级离心泵。

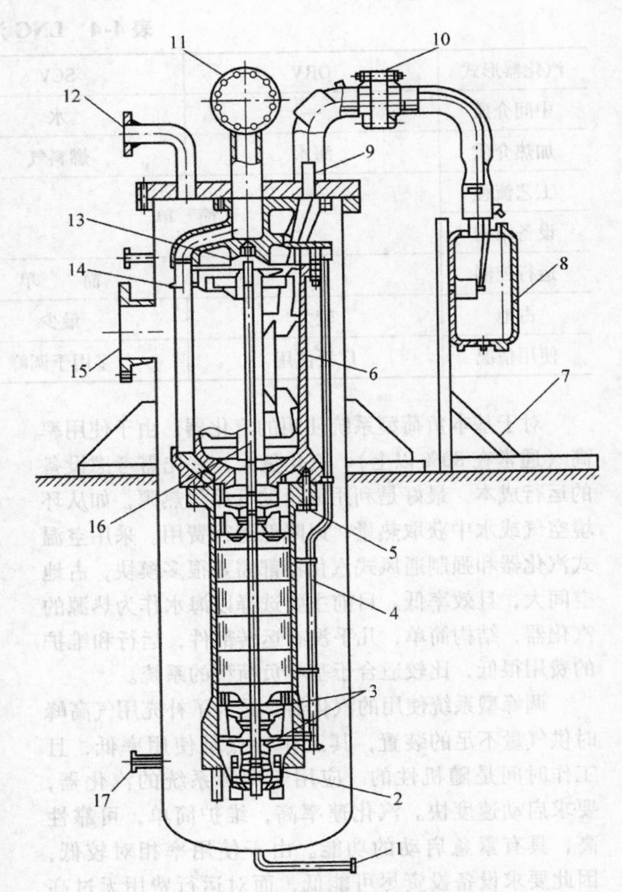

图4-16　LNG高压泵的结构

1—排放口　2—螺旋导流器　3—叶轮　4—冷却回气管　5—推力平衡装置　6—电动机定子　7—支撑　8—接线盒　9—电缆　10—电源连接装置　11—排液口　12—放气口　13—轴承　14—排出管　15—吸入口　16—主轴　17—纯化气体口

安装潜液式泵的容器，按照压力容器规范制造，泵与电动机整体装在容器内。容器相当于是泵的外壳，通过进出口法兰与输配管道相连。安装简单，工作安全。整个泵由吸口喷嘴、电缆引入管、电动机、叶轮、推力平衡机构、螺旋式导流器和排气喷嘴组成。这种泵重量轻、安装和维护简单、噪声低。推力平衡机构系统是低温泵独有的特征，以平衡轴承的轴向力，允许轴承在零负荷和满负荷条件下工作。

因为需要的排出压力比较高，通常多采用多级泵。大型的高压泵流量可达5000m³/h，扬程达2000m。

2. 汽化器

LNG汽化器是一种专门用于液化天然气汽化的换热器，但由于液化天然气的使用特殊性，使LNG汽化器也不同于其他换热器。低温的液化天然气要转变成常温的气体，必须要提供相应的热量使其汽化。热量的来源可以从环境空气和水中获得，也可以通过燃料燃烧或蒸汽来加热LNG。

（1）汽化器的选择　现在使用的LNG汽化器有下列几种形式：开架式汽化器（ORV）、浸没燃烧式汽化器（SCV）、中间介质汽化器（IFV，丙烷）、中间介质管壳式汽化器（STV，强制循环）。各LNG汽化器的特点见表4-4，在上述形式的汽化器中，陆地LNG接收站大量采用的是开架式汽化器和浸没燃烧式汽化器，但当海水质量不能满足开架式汽化器要求或接收站附近有电厂废热可利用、其他工艺设施需要冷能时，通常也会采用中间介质式汽化器。

表 4-4　LNG 汽化器的特点

汽化器形式	ORV	SCV	IFV	STV
中间介质	—	水	丙烷	丙烷或醇类溶液
加热介质	海水	燃料气	海水	空气、海水、燃料气
工艺流程	简单		较复杂	复杂
设备结构				组合、复杂
运行控制	简单			较复杂
占地	较大	最少	较少	大
使用情况	广泛使用	多用于调峰	日本用于能量回收20套	用于能量回收，仅5套

对于基本负荷型系统使用的汽化器，由于使用率高（通常在80%以上）、汽化量大，首先需考虑设备的运行成本，最好是利用廉价的低品位热源，如从环境空气或水中获取热量，以降低运行费用。采用空温式汽化器和强制通风式汽化器都需要很多模块，占地空间大，且效率低。目前主要选择以海水作为热源的汽化器，结构简单，几乎没有运转部件，运行和维护的费用很低，比较适合于基本负荷型的系统。

调峰型系统使用的汽化器，是为了补充用气高峰时供气量不足的装置，其工作特点是使用率低，且工作时间是随机性的。应用于调峰系统的汽化器，要求启动速度快。汽化速率高，维护简单，可靠性高，具有紧急启动的功能。由于使用率相对较低，因此要求设备投资尽可能低，而对运行费用无过高要求。

FSRU 汽化器的选择，需要一些适合海洋环境的特殊的考虑因素，如场地因素，操作稳定性因素及FSRU 动态条件对汽化效率的影响等方面。传统的陆上或者重力式结构的 LNG 汽化器就不能直接使用在FSRU 项目。如 ORV 方式中，作为热源使用的是海水，通过在大气中将海水散布到板状排列的多个导热管的外表面，使导热管内部的 LNG 汽化。但是存在的问题是需要较多的海水，并且需要确保在海上晃荡环境下海水流动的导热面积，也难以使设备紧凑。所以，ORV 方式难以设置在 FSRU 上。

（2）丙烷热媒中间介质汽化器（IFV，丙烷）采用中间传热流体的方法可以改善结冰带来的影响，通常采用丙烷，或乙二醇水溶液等介质作为中间传热流体，这样加热介质就不存在结冰的问题。由于水在管内流动，因此可以利用废热产生的热水。作为换热主体介质的海水换热管采用钛管，不会产生腐蚀，对海水的质量要求也没有过多的限制。

中间介质式汽化器也有不同的形式，但都有一个共同之处，就是用中间介质作为热媒，其中间介质可以是丙烷或醇（甲醇或乙二醇）水溶液，加热介质可为海水、热水、空气等，采用特殊形式的换热器或管壳式换热器来汽化 LNG。

IFV 汽化器的工作原理如图 4-17 所示。该类汽化器以海水或邻近工厂的热水作为热源，并用此热源去加热中间介质（如丙烷）使其汽化，再用丙烷蒸气去汽化 LNG。该汽化器由三部分组成：第一部分为由海水（或其他热源流体）和中间传热流体进行换热；第二部分利用中间传热流体和 LNG 进行换热；第三部分为天然气过热，即用海水对 LNG 汽化后的 NG 加热。在 LNG 汽化部分，丙烷在管壳式汽化器的壳程以气液两相形式蒸发与冷凝。使用海水为加热介质对 NG 加热时采用钛管，所以抗海水中固体悬浮物的磨蚀能力较强。海水在管程流速高，并允许海水有较高的含固量。

这种汽化器解决了加热流体的冰点问题，因而在循环加热系统、海上浮动贮存与汽化系统、冷能发电系统等多方面得到广泛应用。

上海和浙江 LNG 陆上接收终端由于海水含沙量很高，悬浮固体颗粒指标平均在 1000～1300mg/L。根据 ORV 厂家使用记录，在最大悬浮固体颗粒浓度不大于 80mg/L 的情况下，ORV 防腐涂层有效时间为7～8 年。上海和浙江 LNG 的海水悬浮固体颗粒浓度已超出了 ORV 最低水质要求的 15 倍以上，供应商估计涂层至少 1～2 年维护一次。维护工作量太大，因而选用 IFV 作为主汽化器。

IFV 汽化器典型结构如图 4-18 所示，与海水接触的换热管材料需满足在海水长期服役的要求；海水腐蚀较严重，且含有氯离子腐蚀，普通奥氏体不锈钢的耐蚀性不满足要求。海水中许多悬浮物也将引起材料磨蚀。钛可以抵抗化学腐蚀、微生物腐蚀和海水点蚀；高等级的钛有良好的耐磨蚀性能，也能抵抗70℃以下海水的缝隙腐蚀。换热管选择钛（SB338 Gr2），其中海水进口侧压力较高采用无缝钛管，厚

1.8mm；海水出口侧采用焊接钛管，厚1.2mm。接触LNG的换热管和管箱部分材料选择奥氏体不锈钢（304）材质。与海水接触的管板采用低温复合钢板结构（SA516M Gr415 + SB265Gr.1 Clad）。接触海水的管箱与锥管段则采用衬里结构，采用低温碳素钢表面衬环氧树脂的内防腐形式（SA516M Gr415 + Epoxy Resin Coating），如上海LNG接收终端2009年投产以来运行情况良好。

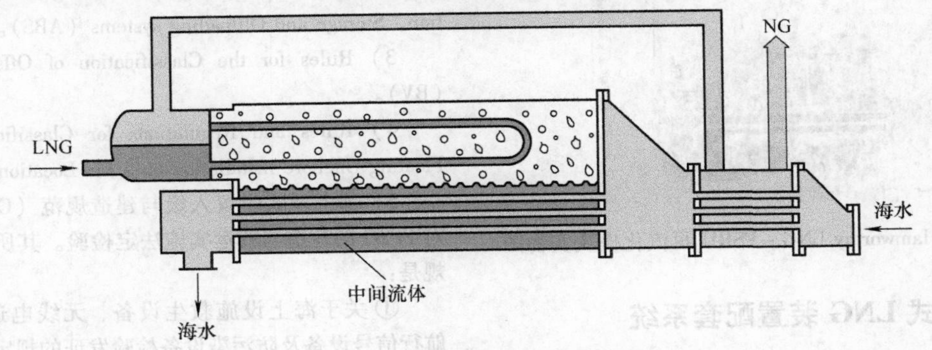

图4-17　IFV汽化器的工作原理

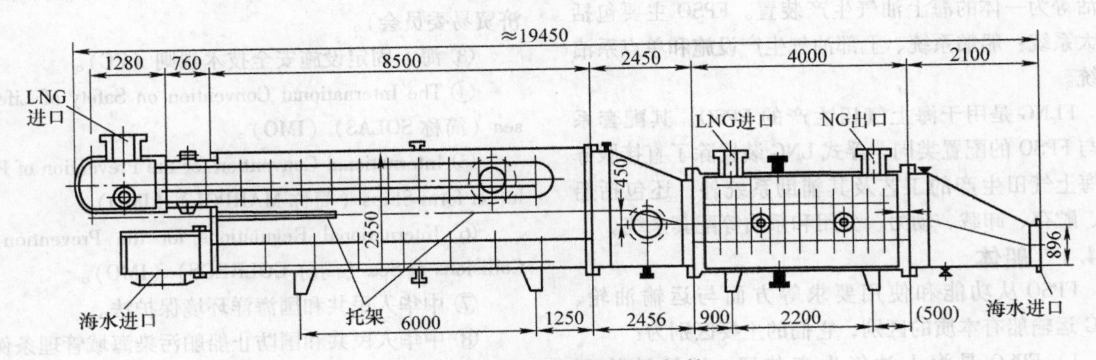

图4-18　IFV汽化器典型结构

对于选择好中间传热介质，确定中间传热流体的相变压力及其对应的温度很重要。由于IFV对热源流体的适用温度范围较宽，因此可以最大限度地发挥潜热等热物理性质，选择匹配的中间传热介质。另外，选择并优化热源流体的串联流程，改善IFV换热管的表面特性，实现强化传热。

（3）中间介质印制电路板式换热器　印制电路板式换热器（Printed Circuit Heat Exchanger，PCHE）是一种传热性能优良、高效率的紧凑式换热器，由英国Heatric公司于1985年开发成功。PCHE广泛应用于化学工业、燃料加工、电力能源、制冷等工业领域。

PCHE的流体通道是在金属板上采用光电化学剂刻蚀工艺形成的，通道截面形状一般为直径1～2mm的半圆，不同的板块之间通过扩散黏合叠置在一起组装成换热器芯体。

PCHE能满足换热过程中的高温、高压、高效要求，泄漏少，结构紧凑。可承受的最高压力为60MPa，最高温度不超过900℃，效率超过90%（甚至高达98%）。在相同的热负荷和压降下，PCHE的体积为传统管壳式换热器的1/6～1/4，平均单位质量热负荷达到了200MW/kg。

PCHE的特点：

1）制造工艺采用光电化学剂刻蚀和扩散黏合技术，能形成各种形状的通道结构，其换热单位由唯一的母体材料构成，无须垫圈和焊接，有效减少泄漏和振动损失，提高使用寿命。

2）结构上，PCHE连续的流体通道能有效减少压降，降低堵塞带来的影响。

3）换热器一侧的总传热面积与换热器总体积之比为传热面积密度，传热面积密度大于700m^2/m^{3}时为紧凑式换热器，PCHE可达2500m^2/m^3。

4）多股流换热，一台换热器可实现两种以上介质同时换热，对工艺流程来说，大大减少连接管路和阀门，节省空间。

Hamworthy LNG－FSRU的再汽化模块上，中间

介质汽化器中LNG与丙烷换热就采用印制电路板式换热器PCHE，大大提高了换热效率，缩小了占用空间，取得了良好效果（图4-19）。

图4-19 Hamworthy LNG－FSRU再汽化模块实物图

4.4 浮式LNG装置配套系统

FPSO装置是集油气处理、储油与卸油、发电、生活等为一体的海上油气生产装置。FPSO主要包括三大系统：船舶系统、上部油气生产设施和单点系泊系统。

FLNG是用于海上气田生产的FPSO，其配套系统与FPSO的配置类同。浮式LNG装置除了直接服务于海上气田生产的工艺及其辅助系统外，还包括船体、贮存、卸载、动力、公用和系泊等配套系统。

4.4.1 船体

FPSO从功能和使用要求等方面与运输油轮、LNG运输船有本质的区别，它们的主要区别为：

1）FPSO是海上油气生产装置，运输油轮和LNG运输船是石油产品和LNG的运输船舶。

2）FPSO大小与布置等取决于油气田规模和油气处理设施的要求，而运输油轮和LNG运输船则取决于运输物流和码头设施的要求。

3）FPSO用于海上定位系泊，长期连续作业，且不停靠码头，它必须抵抗恶劣的海洋环境条件，运输油轮和LNG运输船必须有航速要求，航速是运输船的一项重要指标，而FPSO可采用自航或非自航设计，目前新建FPSO均为非自航设计。

4）目前FPSO设计已摆脱了传统的船型设计，采用多边形与圆形的船体设计。

5）FPSO上部油气处理设施之外，还布置了运输油轮船所没有的健康环保设施，如油田溢油回收设备等。

总之，FPSO是按石油行业与海洋工程的理念进行设计的，而运输船是按船舶行业要求进行设计。

1. 设计基础

（1）标准与规范　FPSO常用的入级与建造规范有：

1）Rules for Classification of Floating Production and Storage Units（Offshore Service Specifica tion DNV－OSS－102）。

2）Guide for Building and Classing Floating Production，Storage and Offloading systems（ABS）。

3）Rules for the Classification of Offshore Units（BV）。

4）Rules and Regulations for Classification of a Floating Offshore installation on a Fix Location（LR）。

5）海上浮式装置入级与建造规范（CCS）。CCS对FPSO的建造与营运实施法定检验。其所依据的法规是：

① 关于海上设施救生设备、无线电通信设备、航行信号设备及防污染设备检验发证的规定（CCS）。

② 海上固定平台安全规则（中华人民共和国经济贸易委员会）。

③ 海上固定设施安全技术规则（ZC）。

④ The International Convention on Safety of Life at sea（简称SOLAS）（IMO）。

⑤ International Convention for the Prevention of Pollution form Ships（简称MARPOL）（IMO）。

⑥ International Regulations for the Prevention of Collisions at Sea（简称COLREGS）（IMO）。

⑦ 中华人民共和国海洋环境保护法。

⑧ 中华人民共和国防止船舶污染海域管理条例。

⑨ Safety Regulations for FPSU（CCS）。

6）主要参考规范与标准：

① 海上固定平台安全规则。

② 浮式生产储油装置（FPSO）安全规则。

③ 民用直升机海上平台运行规定（民航总局令第67号）。

④ The International Convention on Load Line（IMO）。

⑤ The International Convention on Tonnage Measurement of Ships（IMO）。

⑥ Stability and Watertight Integrity（DNV－OS－C301）。

⑦ Recommended Practice for Planning，Designing and Constructing Floating Production System.（APIRIP2FPX）。

⑧ Offshore Cranes/Operation and Maintenance（API RP 2C/D）。

⑨ Fire Prevention and Control（API RP 14G）。

⑩ Rules for Classification of Steel Ships（DNV）。

⑪ Rules for Building and Classing Steel Vessels（ABS）。

⑫ Rules for the Classification of Steel Ships（BV）。

⑬ 钢级海船入级与建造规范（zc）。

⑭ Predictor of Wind&Current Loads on VLCCS（OCIMF）。

⑮ International Safety Guide for Oil Tanker and Terminals（OCIMF）。

⑯ Centrifugal Pumps for Petroleum，Heavy Duty Chemical，and Gas Industry Service（API Std 610）。

⑰ AWS DL 1 Structural Welding Code（AWS）。

⑱ Recommended Practice for Installation of Intrinsically Safe Instrument Systems in Hazardous Locations（ISA 12.6）。

⑲ NFPA 72e Automatic Fire Detectors（NFPA）。

⑳ NFPA 11 Low Expansion Foam and Combined Agent System（NFPA）。

㉑ NFPA 11A Medium and High Expansion Foam Systems（NFPA）。

㉒ NFPA 13 Installation of Sprinkler Systems（NFPA）。

㉓ NFPA 15 Water Spray Fixed Systems for Fire Protection（NFPA）。

㉔ The International Convention On Tanker Safety and Pollution Prevention（IMO）。

㉕ Rules for Classification Mobile offshore Units（DNV）。

㉖ 中华人民共和国国家标准（GB）中有关造船方面的标准与规定。

（2）海洋环境条件　海洋环境条件应包括油田的地理位置、水深、潮位、风浪流设计极值、风浪流条件极值（Condition Extremum）、风浪流方向极值（Direction Extremum）、强风向、强浪向与强流向、气温极值、水温极值、湿度极值等。

（3）气田生产要求　气田的最大产气量、气田寿命、FPSO的设计处理能力、设计寿命（多少年不进干坞修理）、自持力、外输LNG运输船吨位、LNG外输目的地、船体的入级规范、对动力模块的设计要求（是否向井口平台供电、燃料类型等）、是否需要在船体中设置工艺油舱和水处理工艺舱、注水/注气要求、生活楼的床位数、生活楼是位于船艏还是船艉、FPSO在何种海况下解脱，对直升机平台的设计要求（机型）及工艺模块、动力模块与热站模块的估计重量（干重和湿重）要求和对设计的其他特殊要求。

2. 主尺度与型线

（1）主尺度　FPSO是浮于水面上的一个船形浮体，因此它具有船的特性，如浮性、稳性、抗沉性、耐波性、抗冰性能等。同时，FPSO又是一座油、气、水处理的加工厂，具有与一般船舶不一样的、独特的功能。在优化和确定FPSO的主尺度时必须考虑这两方面的特点，在诸多的因素中求得一个相对平衡、相对合理的解决方案，以便获得最优的性能和最佳的经济效益。

1）影响FPSO主尺度的主要因素。

① 储液量的多少决定FPSO的规模。储液量是FPSO载重量中的主要部分。储液量是由最大日产量、外输轮的吨位、外输的频度和气田所在海区的气象情况所决定。

② 工艺处理流程对油水处理工艺舱或不合格油贮存舱舱容的要求。工艺处理舱或不合格油贮存舱舱容的大小直接影响FPSO的载重量与液舱的容积，因而直接影响FPSO尺度的大小。

③ FPSO的自持力，燃料油、淡水、滑油、热介质油、液压油的贮存量、燃料油、淡水等液体的储量是FPSO载重量的重要组成部分，因而对FPSO的主尺度影响较大。

④ 工艺模块的重量与布置面积。工艺模块的湿重是FPSO空船重量的重要组成部分，必须由FPSO船体提供的足够的浮力来支持。工艺模块的规模直接影响FPSO的尺度大小。尤其对于小型的FPSO（载重量在5×10^4t以下），工艺模块的重量和布置面积可能是决定FPSO主尺度的极为重要的因素，这是因为工艺模块的高重心可能会危及FPSO的稳性；过大的工艺模块甲板的面积要求可能迫使FPSO增加船长与船宽。

⑤ 系泊形式、系泊件的重量与所占空间、垂向系泊力的大小。FPSO是多点系泊还是单点系泊，是何种形式的单点系泊（软刚臂、内转塔、外转塔……），直接影响FPSO的主尺度。不同形式的单点或多点，设在FPSO上的系泊构件的重量和要求的空间不一样，内转塔式单点要求在FPSO船体内设置系泊围井，占据船体内一定的空间，可能会将船长适当延伸。系泊构件的重量和最大垂向系泊力要由FPSO船体的浮力来平衡，因而使FPSO的排水量增加。对于内转塔与外转塔单点及多点系泊，柔性立管的垂向拉力，也应计入垂向系泊力之内。

⑥ 电站的规模与主发电机组的类型。主电站的规模与主发电机组的类型不同，影响到电站模块的重量和所占用的空间。蒸汽轮机组的锅炉若设于机舱内，就必须增大机舱的尺寸。

⑦ FPSO的定员。定员人数的多少及对居住舱室

的特殊要求，将影响到生活楼的尺寸与重量。

⑧ 水深。FPSO 作业海域的水深将直接影响 FPSO 主尺度的选择。对于深水作业的 FPSO，其主尺度的确定可以按常规的长宽比（L/B）、长深比（L/D）、宽深比（B/D）和宽吃水比（B/T）来确定 FPSO 的主尺度，这样能确保在同等强度条件下船体结构重量最轻，经济性好。但是，对于在浅水区水深与 FPSO 满载吃水之比小于 1.3 作业的 FPSO，其主尺度的确定就不能按常规的 L/B、L/D、B/D 和 B/T 就必须首先确定其满载吃水 T。由于其吃水受到限制，就不得不增加船长和船宽以获得足够的排水量。扁平而长的船体对船体结构强度极为不利，不得不加大构件尺寸而使得船体重量增加。

⑨ 作业海区的环境条件。在确定 FPSO 主尺度时还必须考虑作业海区的环境条件。恶劣的气象条件（风速、浪高等）要求 FPSO 具有足够的稳性和结构强度，从而可能导致干舷的增加（相应船深加大）和结构重量的增加。为防碰击和甲板上浪要增加艏楼的高度、干舷的高度及型线的修改，如果作业海域冬天结冰，船体还必须进行冰区加强，从而使得船体结构重量增加而加大排水量。

⑩ 船体的结构型式。按照世界上几个主要船级社现有的规范要求，FPSO 必须具有双舷侧结构，以防 FPSO 破损后污染海洋。但是这些规范并没有要求 FPSO 一定要设置双底结构。FPSO 是否要设置双底结构，取决于船东的要求。具有双底结构的 FPSO 的结构重量比具有单底结构的 FPSO 的结构重量增加约 5%～8% 的船体重量。在选择主尺度时必须考虑这一因素。

除了上述这些主要的因素之外，还有一些可能影响 FPSO 主尺度的因素，如所选用的规范、标准、是否设置泵舱、生活楼的位置、是否设置推进装置、是否使用海水作为注水的水源、外输油轮是艉靠还是旁靠、船台或船坞的尺度、拖航时是否要过运河或狭窄航道等。

2）FPSO 主尺度之间的相互关系。FPSO 的主尺度参数——船长（水线长或两垂线间长）L、型宽 B㊀、型深 D 和满载吃水（设计吃水）T 之间存在相互依据、相互矛盾而且互相制约的关系，不能随意选取。它们主要受排水量、稳性、抗沉性、强度、耐波性、防污染性能及经济性（造价）的制约，如果 FPSO 带推进装置，还要受到航速等航行性能的制约。下面假定排水量不变，简述主尺度之间的制约关系。

① 选取船长 L 时，需考虑的主要因素：a. 浮力，增加 L 就要减少 B 和（或）T 和（或）方形系数 CB；b. 强度，增加 L 对船体纵向总强度不利，选取适当的 L/B、L/D 值以改善船体的强度；c. 抗沉性，增加 L 可改善抗沉性和破舱稳性（增加可浸长度）；d. 快速性，增加 L 可减少 S 和（或）CB，从而可减小阻力，提高航速；e. 耐波性，当波长 $\lambda/L > 0.8$ 时，增加 L 可改善纵摇与垂荡；f. 重量与造价对船体重量和造价的影响最大，在选取 L 时应在保证其他性能损失不大的情况下 L 最短（经济船长）；g. 船坞、船台、航道及运河的限制。

② 选取 B 时需考虑的主要因素：a. 浮力，若增加 B 就要适当减小 L 和（或）T 及（或）CB；b. 稳性和横摇，加大 B 可使初稳性高和最大静稳性力臂值增大，但横摇周期下降；还可能使最大静稳性力臂对应角和稳性曲线消失角（稳度消失角）减小，应在保证稳性的情况下取 B 的最小值；c. 重量和造价，从节省造价考虑，应尽可能加大 B，缩短 L。在同样排水量的条件下，加大 B 引起的空船重量的增加约为加大 L 的 1/5；d. 船坞、船台、航道及运河的限制。

③ 选取 T 时需考虑的主要因素：a. 水深，水深过浅可能要限制 T 值；b. 浮力，若减小 T 就要加长 L 和（或）加大 S 及（或）增大 CB；c. 耐波性，增大 L/T 可改善耐波性；d. 航道及运河的限制。

④ 选取 D 时需考虑的主要因素：a. 装载能力，用增大 D 来增加舱容对船体重量的影响最小；b. 强度，增大 D，选取适当的 L/D、B/D 有利于总强度；c. 最小干舷规定，选取 D 时必须满足规范对最小干舷的规定；d. 稳性，增加 D 可提高静稳性力臂最大值对应角及稳度消失角；e. 抗沉性，增大 D 可提高抗沉性，增加可浸长度。

3）FPSO 主尺度的优化与确定。FPSO 主尺度的确定是一个复杂的过程，只能用回归分析的方法逐步逼近，才能得到较为满意的结果。这是因为它是多参数、多目标、多约束的求解和优化问题。最初粗估得到的主尺度完全有可能不符合要求，只有通过反复的迭代、校验和修正，才能确保取值的准确性。

首先用经验公式和母型船粗估 FPSO 的主尺度，用粗估得到的主尺度绘制初步的型线图，再用程序计算排水体积等静水力数据；计算稳性力臂并初校稳性；校核排水量和舱容是否满足要求；校核干舷和抗沉性是否满足要求；校核防污染性能是否满足规范要

㊀ 船体设计中多用型宽。而一般叙述中常用船宽，通常就是指型宽。

求；校核甲板面积是否足够等。如果其中一项不满足，就要对第一项粗估的主尺度进行修正，再用修正后的主尺度数值重新做一遍上述的校验。如此反复迭代，直至达到比较满意的结果。

利用母型船和经验公式、经验数据粗估 FPSO 主尺度的方法如下。

① 选择合适的母型船。选择合适的、恰当的 FPSO 母型船来设计新的 FPSO，能收到事半功倍的效果，能使上述的迭代过程大大简化。所谓合适的母型船，就是说新设计的 FPSO 与母型船在下述几个方面比较接近：a. 载重量和所储原油（或 LNG）的密度；b. 作业的海区；c. 系泊的方式；d. 油、气、水处理设施的规模。

上述这几条不一定能够完全满足，最重要的是前两项。

② 估算新的 FPSO 的主尺度。首先要估算它的满载排水量，它可用式（4-5）来计算。

$$\Delta = W + W_h + W_m + W_s + F_H \tag{4-5}$$

式中，Δ 为满载排水量，即 FPSO 的总重量（t）；W 为载重量（DWT）（t）；W_h 为船体重量，包括船体结构、内舾装与外舾装、保船系统、原油外输系统、电气及仪表设备、生活楼、直升机平台等（t），船体重量可根据载重量、模块重量和住舱人数对照母型船进行估算；W_m 为模块重量，包括模块设备、管系、模块甲板及其支撑结构、火炬塔、开排、闭排系统等（t）；可根据油、水、气处理量、处理设备的类型、电、热站设备的功率类型、模块支撑结构的形式等估算而得；W_s 为置于 FPSO 上的单点或多点系泊系统的结构及设备重量（t）；单点或多点系泊结构与设备重量可根据系泊系统的类型和 FPSO 的吨位大小进行估算。垂向系泊力和立管拉力也可根据系泊系统的类型、FPSO 吨位大小、立管的数量和尺度等进行估算。F_H 为作用在 FPSO 上的垂向系泊力及柔性立管的垂向拉力（t）。

W 也常被称为 FPSO 吨位，它是衡量 FPSO 规模大小的唯一指标，在造船界中，它是公认的名称。FPSO 吨位在前期论证和 ODP 设计中，将用于建/改造设计、招标、询价、旧油轮购买、租用等工作中。准确计算的 FPSO 吨位将能真实地反映 FPSO 的大小与规模。

常规 FPSO 吨位包含：a. 原油储油量（或 LNG 贮存量）；b. 各种油水处理液舱量，如一级原油处理舱、二级原油处理舱、合格原油缓冲舱、一级水处理舱、二级水处理舱、水缓冲舱、沉降脱水舱和污油舱等；c. 船舶系统的各种液舱量，如柴油舱、滑油舱、淡水舱、饮用水舱等；d. 生产设备和管系中的液体；e. 人员和行李；f. 系泊系统的垂向荷载；g. 备品及供应品。

FPSO 吨位中不含压载水、污水液舱（SLOP 舱）、吊机荷载、直升机荷载及环境力荷载等。

在设计初期，也可以用载重量系数（W/Δ）来粗估 FPSO 的重量。对于 15 万～16 万载重吨级的 FPSO，载重量系数为 0.78～0.81。

4）选取 FPSO 的主尺度。有了 FPSO 的满载排水量，就可以根据阿基米德原理和 L、B、D、T 之间的相互关系来选取 L、B、D 和满载 T。FPSO 浮在水面上，它的重量必须由浮力来平衡。

$$\Delta = \rho CB\, LBT \tag{4-6}$$

式中，Δ 为 FPSO 的满载排水量（t）；ρ 为水的密度（t/m^3）；CB 为方形系数；L 为水线长（m）；B 为型宽（m）；T 为满载吃水（m）。

上述参数中 Δ 和 ρ 为已知数，CB 可根据经验数据取值，对于不自航的 FPSO，CB 取值范围为 0.91～0.95；对于自航的 FPSO，CB 可取 0.8～0.9。剩下的 L、B、T 三个参数为未知数，必须借助辅助方程才能确定这三个参数。对于船舶和 FPSO，长宽比 L/B、长深比 L/D、宽深比 B/D、宽吃水比 B/T、吃水型深比 T/D 和长度无量纲系数都有一定的取值范围，借助这些辅助系数，用逐步逼近的方法来确定 L、B、T、D。

对于吃水不受限制的 FPSO 的设计，在主尺度第一近似中可以用长度无量纲系数 L/Δ（Δ 为 FPSO 的满载排水体积）来选取船长 L。L/Δ 的取值范围为 4.3～4.5。有了船长 L 值，便可用 L/B、L/D 来选取型宽 B 和型深 D 值。L/B 的取值范围为4.8～5.4，L/D 的取值范围为 9.4～11，选取了 B、D 值之后，便于由式（4-18）来选取 T 值。选取了主尺度的第一近似值之后，便要做前面所述的各种校验，如果不合适则要对 L、B、D、T 值进行调整，再进行校验，如此反复逼近，以求得比较合理的主尺度。

如果新设计的 FPSO 与母型 FPSO 在本节所述的四个方面都比较接近，则可利用式（4-7）中的尺度比，比较快捷地求得新设计 FPSO 的主尺度。

$$\Delta = \Delta_0 \lambda \tag{4-7}$$

式中，Δ 为新设计 FPSO 的满载排水量（t）；Δ_0 为母型 FPSO 的满载排水量（t）；λ 为新 FPSO 与母型 FPSO 的尺度比。

有了尺度比 λ 值，便可用母型船的主尺度乘上尺度比求得新 FPSO 主尺度的第一近似值。用第一近似值进行各种校验，若不能满足各项要求，再对第一近似值进行修正，再校验，再修正，直至得到满意的主尺度。

（2）型线　FPSO 虽然是海洋工程装置，但船形 FPSO 具有海洋船舶的许多特征，尤其是其水下部分的设计、建造方法基本上与船舶一样。FPSO 下部船体的型线设计方法基本上与海洋船舶的型线设计一样，只不过在设计中要考虑 FPSO 的一些特殊要求。

1）船体型线：船体型线图是描述船舶外壳体几何形状的一种表示方法，它包括横剖面轮廓线、水线面轮廓线、纵剖面轮廓线、甲板边线、甲板中线、折角线和型值表。型线图和型值表所标示的尺寸是船体型材的外表面，也就是船体外板的内表面的几何尺寸。因此，船体外形轮廓的实际尺寸与型线图上所标的尺寸有板厚的差别。

船体的型线设计是在船体主尺度初步选定后进行的。它和主尺度的选取一样，要采用逐步逼近的方法，反复修改后才能最终确定。型线图设绘完成才标志船体几何外形的确定，也就是标志 FPSO 的排水量和静水力特性的确定。船体的主尺度和型线的确定，基本上决定了船的总体性能。

① 基本要求。船体型线设计要满足以下几方面的要求：a. 符合已确定的主尺度下的排水量，其误差要求与设计允许的余量有关。在 1% ~2% 的余量裕度下排水体积的误差约为 ±0.5%。b. 符合按总布置和快速性（对有自航能力的 FPSO）所确定的浮心纵向位置要求。在纵倾 t 允许误差 ±0.2% 时，浮心纵向位置 LCB 的允许误差约为 ±0.3%。c. 稳心高度满足稳性要求。d. 横剖面面积曲线的形状要满足快速性（对有自航能力的 FPSO）的要求，包括适宜的纵向菱形系数值、进流段和去流段的适当配置等。e. 艏部型线设计要考虑减轻 FPSO 在大风浪中的砰击和甲板上浪；若 FPSO 在冰区工作，艏部型线要有利于减轻冰的作用力。f. 要满足单点系泊系统或多点系泊系统对船体外形的要求。g. 在不影响主要性能的情况下，尽量简化型线，以便简化建造工艺，降低造价。

② 设计方法。计算机辅助设计或以数学船型为基础的型线生成不仅大大加快了型线设计，可以更严密也描述船体表面并控制其特征（包括曲率、光顺程度、连接等），型值取值准确，而且运用计算机辅助设计时可以进行人机交互设计，通过和静水力计算、稳性计算、舱容计算、有效功率估算、运动性能估算等，可以实时地在设计操作中确定符合性能要求的型线，以进行优化设计，并且还可以同时进行舱位划分，一并完成船体上部造型设计。

进行船体型线 CAD 设计使用的软件有：a. NUBUNE（上海 708 研究所）；b. AUTOFORM（大连理工大学）；c. MAXSURF（澳大利亚）；d. FASTSHIP（Proteus，美国）；e. NAPA GM（NAPA，芬兰）；f. SESAM（DNV，挪威）。

这些软件输出的结果不太一样，有的只能输出型值表；有的不仅能输出型值表，还能输出二维或三维图形。

③ 设计要点。型线设计中要涉及以下参数：a. 方形系数 CB，满载水线以下船体型排水体积与 LB71 乘积之比。b. 纵向棱形系数 CP，横剖面面积曲线下面积与外接矩形面积之比，也就是满载水线以下船体型排水体积与最大横剖面面积乘上水线长之比。c. 舯剖面系数 CM，舯剖面面积与外接矩形面积之比。d. 水线面系数，满载水线面积与外接矩形面积之比。e. 浮心纵向位置 L_{CB}，即满载水线下船体型排水体积中心的纵向位置。f. 平行中体长度 L_P，即船体中部横剖面相同段的长度。g. 进流段长度 L_E。h. 去流段长度 L_R。i. f_E 为艏端面积曲线切线的正切。j. t_R 为艉端面积曲线切线的正切。

以上这些参数中，方形系数 CB 在选择 FPSO 主尺度时已经确定，在型线设计时要保持这个已确定的 CB，以保证 FPSO 具有足够的排水量。除 CB 外，其他参数都必须在型线设计中进行优化。这些参数大都与航速有关，参数选取合理，可提高船的航速和航行性能。而绝大多数 FPSO 是不带推进装置的，且没有航速要求；因主要考虑 FPSO 的浮态和耐波性，所以在型线设计时重点要考虑 L_{CB}。如果 L_{CB} 选取不当，会造成 FPSO 不恰当的纵倾，以至于牺牲载油量来调整 FPSO 的纵倾。

FPSO 的方形系数大，横剖面均采用 U 形剖面。舯剖面近似于矩形，只在舭部用圆弧过渡。艏侧投影轮廓线是船体型线的重要组成部分，它包括艏柱轮廓、艏柱和船体艉端轮廓、龙骨线甲板中心线，即船体中纵剖面线，这些是型线的主要控制成分之一。

艉轮廓线由船艉形式及舵和推进器的布置要求而定。无推进器的 FPSO 常选用方艉。

满载水线的设计应满足 C_w 的预定值，艏端进流角按阻能的要求确定（对有推进器的船），艉端则与艉型配合。满载水线的漂心应尽量接近浮心的纵向位置。

有了横剖面面积曲线和侧投影轮廓线，就可以着手绘制型线图。通常应先绘制各站的横剖面线，然后绘制水线，用纵剖线来检查型线的光顺程度，以便对横剖线和水线进行适当的修正。手工绘制的型线图，其型值表中的数值是从型线图上量出来的。

2）FPSO型线的主要特点。绝大多数FPSO不带推进装置，没有快速性的要求，因此，多采用简易船型，在型线设计时主要考虑建造工艺简单。FPSO的船体型线具有以下几种：

① 横剖面面积曲线。FPSO船体的横剖面面积曲线具有长平行中体、进流段与去流段很短的特征。一般情况下，FPSO的平行中体约占船长L_{pp}的75%，进流段约占15%，而去流段约占10%。

② 艏部型线。FPSO的艏部型线相对于其他部位要复杂一些，在设计时要考虑以下几方面的因素：a. 单点对船形的要求；b. 艏楼甲板的布置；c. 抗冰性能（如果FPSO用于渤海）；d. 尽量避免或减轻砰击与甲板上浪，尤其是对风浪大的南海海域作业的FPSO，应重点加以考虑；e. 尽量减小艏部浮力，以降低FPSO的静水弯矩，改善FPSO的纵总强度；f. 降低阻力（如果FPSO安装有推进装置）。

③ 艉部型线。FPSO的艉部型线要比艏部简单，设计时主要考虑以下几个因素：a. 艉部甲板布置；b. 螺旋桨与舵的布置（对安装推进装置的FPSO）；c. 仅量减小艉部浮力，以降低FPSO的静水弯矩，改善FPSO的纵总强度；d. 尽量避免三维曲面，以简化建造工艺，降低造价。

FPSO一般采用方艉，艉封板采用垂直的平面或斜面，两侧采用曲线或斜切的平面，相交处采用圆弧过渡。

④ 梁拱与脊弧。FPSO船体主甲板与艏楼甲板一般采用折线梁拱，在船体中心线处是一段水平线，两侧用斜线与舷侧边线相连。对于大型的FPSO，主甲板梁拱的高度为600～1000mm，艏楼甲板梁拱的高度约为500mm，直升机甲板梁拱的高度不能大于150mm，太大了不利于直升机的降落。为方便内舾装和节约内舾材料，生活区内的主甲板采用无梁拱的平面，平面的高度等于甲板中线的高度，因此造成主甲板上有一过渡段。

对于航行船，为避免甲板中心线在艏艉端因梁拱的减小而下垂和艏部上浪，艏艉端都有脊弧，即甲板中心线上翘。对于大型的FPSO，因干舷高，甲板到是不易上浪；但为利于甲板上设备和系泊装置的布置，艏艉端也均不采用脊弧。

3. 总体布置

（1）总体布置原则　总体布置应着重考虑以下几个方面的因素。

1）安全性。凡划分为危险区的区域，如油、气、水处理模块、泵舱等区域应尽量远离含有引火源引爆源的区域。如果远离不可行时，应采用气密的防护墙或防火墙进行隔离。总体布置一般应考虑利用主风向，降低危险区逸出的可燃气体进入含有引爆源区域的可能性；使火炬燃烧的废气及冷放空的可燃气体远离FPSO；万一失火或发生爆炸时，不应使烟气流入居住区、避难所和登艇处所。

2）可操作性。FPSO相当于一座浮动的油气处理厂，其中还包括一座小型的发电厂和热站。为了有利于操作，应考虑工艺流程是否顺畅，设备的操作、维修空间是否足够，工作舱室、场所是否足够等。

3）人员的居住环境。近百名生产作业人员生活、工作在FPSO上，良好的生活环境能使他们心情愉快、身体健康，这是安全生产的重要保证。生活区内应尽量降低噪声和振动的影响，居住舱、服务舱室应舒适、方便。

4）建造与作业成本。良好的布置方案可以节省大量的钢材、管材与电缆，同时也可以节省操作费用，因为不必要的电能、热能消耗会增加操作成本。

5）FPSO总体布置应把握主要几大块关系：生活住房、火炬、单点系泊系统、直升机平台、电站、气处理设施、卸油设施、机舱等。

常规做法是生活住房与火炬分在船艏艉两端布置；直升机平台和机舱都与生活住房布置在一起，生活住房不能紧靠油气处理设施，中间常用电热站隔开，但此时应注意电站的振动噪声对生活住房的影响，目前常用卸货甲板将电热站与生活区隔开，可以起到保持一定距离的隔离作用；靠卸油设施与单点系泊设施应分艏艉两端布置。如果FPSO为旁靠卸油方式，常规做法是将FPSO右舷布置旁靠卸油设施，左舷布置油水供应船的靠泊设施；国际上单点系泊系统在FPSO艏艉都有布置的实例，但以船艏布置为主，这样将更有利于FPSO的风向标作用。

新建FPSO，艏艉部都有布置生活住房的实例。如果FPSO采用内转塔式系泊系统，由于系统装置占用艏部船舱和部分主甲板，这时也可以将生活住房和机舱布置于船艉。由于DNV规范的安全要求，在新设计的FPSO上采用内转塔式单点系泊系统后，仍将生活住房布置于艏部，使单点靠向中部；此时FPSO的风向标作用下降，须加设侧推的辅助动力系统，这将使FPSO建造成本加大。如果FPSO是软刚臂系泊系统和外转塔系泊系统等，这些系泊系统基本不占用船舱，仅占用部分甲板面积，此时可以将生活住房和机舱布置于船艏。

生活住房布置于艏艉部的优缺点如下：

① 当甲板上发生火灾或爆炸时，艉部是热辐射

与烟雾的下风口。

② 如果生活住房在艉部，火炬则在艏部，火炬对下风口的油气处理设施不利。

③ 当海面发生油火时，油火顺流而下，将对艉部产生不利影响。

④ 艉部串靠卸油区的管汇对艉部生活住房有潜在危险。

⑤ 当串靠穿梭油轮作业不当时，碰撞艉部生活住房的可能性大。

⑥ 从单点系泊装置过来的油气管道，将对艏部生活住房有潜在危险。

FPSO 艏艉两端应设艏尖舱和艉尖舱；船体须有双舷侧结构；由于 DNV 规范没有对 FPSO 双层底设置的硬性规定，在浅水海域建议采用双底结构。生产甲板至主甲板的间距应大于 3m。为施工方便，大型 FPSO 上的间距可取 4～4.5m。

建议生产甲板上应有从艏至艉的安全通道，如番禺 FPSO 的安全通道有 3m 宽。该 FPSO 设计上考虑配备铲车，日常操作中使用安全通道进行设备维护与检修。铲车能非常方便地将重物从卸货区移到模块甲板的任何地点，此设计可节省一台甲板起重机，而且便于货物运输和人员逃生。

（2）安全及危险区域

1）基本原则。考虑到潜在的爆炸危险，下列基本原则是防爆的基础，应体现在相应的设计中：

① 控制可爆流体于密闭的系统中，防止其外泄外漏，如泄漏应安全地引至收集系统。

② 把可爆流体系统中释放的可燃气体引至安全地点焚烧或放空。

③ 对于可能存在可燃气体的处所进行危险区的划分。

④ 将危险区与非危险区隔开。

⑤ 对围蔽的危险处所进行足够的通风，防止可燃气体的积聚。

⑥ 探知可能泄漏和积聚的可燃气体。

⑦ 在危险区域采取措施消灭引爆源。

⑧ 无法消灭引爆源的危险区进行惰化。

烃流输入系统，油、气、水处理系统，液货贮存及外输系统，天然气燃料系统及原油燃料系统，都是可能产生可燃气体源的系统，对这些系统所采取的防漏、泄漏收集、压力释放、焚烧及放空措施应符合相应规范的规定。

①所释放的液体或气体，首先决定其体积、温度、挥发性、泄漏源性质和释放速度，再决定划分区域的范围，这是至关重要的。分类区域范围的确定是否合理，必须按照工程性规范判断。

② 在大多数石油设施中，除了那些与电气设施有关的因素外，还存在多种点火燃源。危险区分类的范围，仅由潜在可燃液体、天然气和油蒸气释放源的位置来决定，而不是由电气或非分类气点燃源的位置来决定。

2）危险区的划分。总体布置时，必须对危险区进行分类和标识，应合理地采用防爆电气设备、电缆及其他必需的设备，以避免发生爆炸事故。

根据防爆电气设备选择需要，依照爆炸性气体存在的可能性和时间长短，危险区通常分为三类：

0 类危险区	在正常工作条件下持续和长期存在爆炸性气体环境的区域
1 类危险区	在正常工作条件下可能出现爆炸性气体环境的区域
2 类危险区	在正常工作条件下不大可能出现爆炸性气体环境，即使出现也只是短时间存在的区域

其中，0 类危险区的危险级别最高，1 类次之，2 类最低。

① 对于 0 类危险区，规定有如下场所：a. 原油舱、污油水舱及直接与之相连通的管子的内部空间；b. 原油处理系统中的管路、泵、容器及其他设备的内部空间；c. 原油及天然气输送系统中的管路、泵、压缩机等内部空间；d. 原油及天然气燃料系统中的管路、泵、压缩机、容器等的内部空间。

② 对于 1 类危险区，规定有如下场所：a. 原油泵舱；b. 与原油舱、污油水舱相接近的空舱及压载水舱；c. 在原油舱、污油水舱上方并与之相邻的围蔽及半围蔽处所；d. 原油泵舱通风口周围以 3m 为半径的球体空间；e. 原油处理系统天然气冷放空口周围以 3m 为半径的球体空间；f. 原油舱、污油水舱透气口周围以 3m 为半径的球体空间；g. 贮存原油软管的舱室；h. 油漆间；i. 转塔式的单点系泊装置舱。

③ 对于 2 类危险区，规定有如下场所：a. 原油舱及污油水舱整个区域向前、后各延伸 3m 的甲板上向上延伸 2.4m 的区域；b. 原油处理系统所在的整个模块上的区域；c. 原油总管从进入浮式装置开始至原油处理模块之间的管段中任何法兰、阀件及非焊接的管件周围以 3m 为半径的区域；d. 布置在原油处理区域之外的卸油管上的任何法兰、阀件及软管接头处周围以 3m 为半径的区域；e. 用原油区域压载力进行压载作业的艏尖舱（机舱及居住区尾置时）或艉尖

舱（机舱及居住区首置时）；f. 使用天然气或原油做燃料的燃烧设备的罩壳内部空间，一般情况下划为2类危险区；g. 上述所规定的1类危险区沿直径方向再向外延伸7m的球体空间。

3）危险区域的相关要求。

① 危险区的变更：当建造完工图样与原批准的图样不相符时，或当浮式装置进行重大改建后，应重新划分危险区。

② 出入口的限制。在舱壁甲板以下的原油泵舱与其他机器处所之间不许设出入口。影响危险区范围的开口、出入口的通风条件如下：

a. 除操作上的原因外，不应在非危险区和危险区之间；2类危险区处所和1类危险区处所之间设出入门或其他开口。

b. 若a. 所述的部位设置了这样的出入门或其他开口，则凡在上面未予提及但有一个出入口接通向任何1类危险区或2类危险区的围蔽处所，除下述者外，该围蔽处所即与该危险区同类：i. 有出入口与任何1类危险区直接相通的围蔽处所，该围蔽处所可视为2类危险区，但还须符合该出入口设有一个开向2类危险区的气密门；当门开着时，通风空气是从2类危险区流向1类危险区的；通风失灵时，应在有人值班的操纵台上报警的条件。ii. 有出入口与任何2类危险区直接相通的围蔽处所，该围蔽处所可不视为危险区，但必须符合该出入口设有一个开向非危险区的自闭式气密门；当门开着时，通风空气是从非危险区流向2类危险区；通风失灵时，应在有人值班的操纵台上报警的要求。iii. 有出入口与任何1类危险区直接相通的围蔽处所，该围蔽处所可不视为危险区，但须符合该出入口设有符合规定的气锁间；该围蔽处所对危险区具有正压通风；正压通风停止时，应在有人值班的操纵台上报警的要求。如果预定的非危险围蔽处所的通风装置足以防止1类危险区域的气体进入该处所，则可用一扇开向非危险区且无门背钩装置的自闭式气密门，来代替形成气锁的两扇自闭门。但当正压通风失灵时应在有人值班的操纵台上报警。

c. 气锁间。i. 气锁间只允许设在开敞甲板上危险区处所和非危险处所之间，并设有两扇间距不小于1.5m，但不大于2.5m的气密门；ii. 门应为自闭式的，且没有任何门背钩装置；iii. 在气锁间两侧应配备声、光报警系统，以指明一扇以上门从关闭位置移开；iv. 气锁间内如安装非防爆型电气设备，当该处所正压状态消失时，应能自动切断电路；v. 气锁间应自非危险处所进行机械通风，并且应对开敞甲板上的危险区域保持正压；vi. 气锁间的门槛高度应不小于300mm。

4）危险区域的通风。

① 一般要求：a. 围蔽的1类和2类危险处所应设有有效的通风装置，其通风次数除另有规定者外，应不少于12次/h。b. 原油区域内的压载泵舱的通风也应满足此款要求。c. 设置燃料管的导管内的通风要求应符合有关的规定。d. 围蔽的危险处所与围蔽的非危险处所相邻时，危险处所内的气压应低于非危险处所。e. 围蔽的危险处所的排风口应远离围蔽的非危险处所的一切开口，且应远离有引火源的一切设备。f. 当动力通风发生故障时应能在有人值班的控制室触发报警。

② 对原油泵舱通风的特殊要求：a. 原油泵舱应设有固定的动力抽吸式通风系统，该系统不应与其他处所的通风系统相连接。b. 原油泵舱通风机排出的油气应引至开敞甲板上的安全地点。c. 原油泵舱可用自然通风从上部引入空气。进风口与出风口的布置，应使排出的可燃气体发生再循环的可能性减至最小。d. 原油泵舱的通风量应足以最大限度地降低可燃蒸气积聚的可能性。根据该处所的总容积，换气次数应至少为20次/h。空气导管的布置应使该处所的所有空间均能得到有效通风。e. 原油泵舱内通风管的进气口应尽量贴近舱底并应高出肋板或船底纵骨。在泵舱地板上方2m高处的通风管上设一应急进气口和一扇能从露天和泵舱地板上进行开闭的调节风门。f. 当由于原油泵舱舱底浸水使下进气口封闭时，则通过上部进气口至少应达到15次/h换气量。在通风导管的进出口上，应配置网孔不大于13mm的防护网。通风管的出口应布置成向上排出。g. 原油泵舱底部的地板应为格栅板，有利于空气流通。h. 原油泵舱的气压应比相邻的机器处所气压至少低5mm H_2O（$1mmH_2O = 133.322Pa$），当不低于此压力时应在主控制室发出警报。i. 为防止人员在通风装置不工作时进入原油泵舱，应采取以下任一种措施。其一，原油泵舱内的照明灯应与通风装置连锁，以使原油泵舱通风工作时能启动照明。通风系统的故障不应引起照明的失效。应急灯（如装有时）不必与通风装置联锁。其二，当原油泵舱的通风装置不工作时，如果原油泵舱的门处于开启状态，则在该门处应触发视觉与听觉报警装置。在原油泵舱的门上或临近的位置应明显张挂警告牌，以表明该泵舱不处于通风状态，泵舱内的空气可能具有危险性，以及须经证实泵舱处于安全状态时人员方可进入。中央控制室也可触发听觉报警信号。中央控制室也仅仅只能对该听觉报警信号进行复位。

③ 使用天然气或原油做燃料的燃烧设备罩壳内的通风应符合有关规定。

④ 通风导管的要求如下：a. 非危险处所的通风导管不得穿过危险处所，除非采取措施保证通风导管内的压力始终高于危险处所 5mm H_2O，并且当此压力消失时在有人值班的控制室能够发出报警。b. 危险处所的通风导管不得穿过非危险处所。c. 2 类和 1 类危险区的通风导管不能穿过 0 类危险区。d. 2 类和 1 类危险区的通风导管一般情况下也不得互相穿过，当不可避免时，应采取措施保证 1 类危险区的可燃气体不可能漏至 2 类危险区。

（3）上部模块布置　生产区域包括油、气、水分离系统和气体压缩系统及计量系统。分离和压缩系统布置在甲板上的开敞区域，空气易流通。如果有少量气体泄漏，很易扩散。即使一旦发生泄漏事故，也比较容易控制，可以不让事态扩大。

由于气体压力高、易燃、易爆，泄漏出来还是很危险的，因此气体压缩装置是重大的危险源。最稳妥的做法是居住区尽可能远离这些设施。分离设施同样对人员也是很危险的，因此最好也远离居住区。

对于转塔位于船中的 FPSO，住舱位于船艏，分离和压缩系统则位于转塔的后部。危险较小的电站、公用设施可以靠近居住区。

油、气、水处理工艺模块、动力模块（主电站）和热介质炉模块（包括惰气发生器）均布置在模块甲板上。根据规范的安全性要求，模块甲板离船体主甲板的高度（在船中心线处）至少为 3m。对于大型 FPSO，稳性裕度较大，为方便模块甲板下管线、电缆的布置，模块甲板离主甲板的高度一般取 4 ~ 5.5m。模块甲板的宽度不能与船体同宽，模块甲板的外边缘离船体的舷侧板至少应有 2m 的距离，以保证主甲板上的吊物空间。

动力模块与热介质炉模块应设置在靠生活楼一端，但如有可能应尽量远离生活楼，一般在动力模块与生活楼之间布置吊货甲板。使用双燃料或三燃料（柴油、原油和天然气）的发电机组时应建造主发电机房。主发电机房的局部可做成两层或三层，以安放变压器和主开关板。若主发电机组为 4 台或 4 台以上，主发电机房应尽可能用 A60 舱壁分割成两个部分，以提高其工作效率。

若主发电机组为燃气轮机组，动力模块上只需建主开关间和变压器室，因为燃气轮发电机组有自带罩壳，无须置于房中。

热介质炉模块可紧靠动力模块布置。惰气发生器常安装在此模块上，因为它要利用热介质炉的烟气。

油、气、水处理工艺模块应设置在远离生活楼的一端，且与热介质炉模块至少要有 3m 的隔离带。隔离带不能铺设钢板，可以铺格栅板。若隔离带小于 3m，工艺模块与热介质炉模块之间应设防火墙。

油、气、水处理工艺模块上设备的布置应考虑流程顺畅，尽量减少设备之间连接管线的长度，还要留有设备检修的足够空间。燃料油处理设备和燃料气处理设备应安排在油处理模块上。计量撬、化学剂注入撬和化验室一般布置在水处理模块上。

若外输泵采用一舱一泵的潜液泵，在泵的上方模块甲板上要留有检修开口，模块设备布置时要避开这些开口。

火炬塔应远离生活楼和直升机起降区，尽可能布置在下风方向。若生活楼位于艏部，则火炬臂应布置在船艉；若生活楼位于艉部，则火炬塔应布置在船艏。

（4）船舱布置

液货舱包括 LNG 储液舱、油、水处理工艺舱和含油污水舱（SLOP Tank）均布置在 FPSO 的货油舱段的中部，两边有边舱加以保护。

① 储液舱，其尺寸和容积的大小应符合 MARPOL 的规定和满足破舱稳性，即抗沉性的要求。另外，储液舱单舱容积过大会引起静水弯矩过大，对船体总强度不利。但液舱数量过多会增加建造成本。因此，在确定液舱的尺寸时应综合考虑这些因素。

在一般情况下储液舱是互不连通的，但是在 LNG 外输采用潜液泵时，为保证某一舱的潜液泵故障时仍能正常外输，可在纵舱壁上加带有遥控阀的连通管，在必要时可使左右两液舱连通，如海洋石油 112 就采用了这样的设计。

② 水处理工艺舱。根据水处理工艺要求设置，对水处理工艺舱的设备、舱数、尺寸和容积大小都是根据水处理工艺要求而定的。水处理工艺舱常布置在含油污水舱（SLOP Tank）旁。有的 FPSO 将含油污水舱扩大，当作水处理工艺舱使用。水处理工艺舱的温度一般保持在 70 ~ 75℃。

③ 油污水舱。按照入级规范与 MARPOL 公约的要求，FPSO 必须设置含油污水舱（SLOP Tank）。含油污水舱的总舱容不得小于载液能力（包括储液舱和处理工艺舱）的 2%。含油污水舱分为 2 级，1 级、2 级舱的顶部有撇油口。含油污水舱常布置在泵舱与原油贮存舱之间，若有水处理工艺舱，它与水处理工艺舱横向并排布置，作为泵舱与液舱的隔离舱。

④ 泵舱。机舱、泵舱可以设置在 FPSO 的艏部，也可设置在艉部，但不能设置在船体的中部。基于操

作上的便利，机、泵舱的位置常与生活楼位置相连，机、泵舱常位于生活楼的下部。机舱与泵舱（安装有原油外输泵、燃料原油泵、工艺油泵、工艺水泵、含油污水泵、洗舱/扫舱泵和压载泵等）相邻，它们中间用气密/水密舱壁相隔。系舱与液货贮存舱之间用含油污水舱、水处理工艺舱或燃料油舱或空舱相隔离。泵舱的下部可允许适当凹入机舱，但凹入部分的顶板高度一般不超过龙骨上面型深的1/3。

机舱为安全区，泵舱为1类危险区。当工艺泵、含油污水泵、洗舱/扫舱泵、原油外输泵和压载泵使用非防爆电动机驱动时，应将电动机安装在机舱、泵安装在泵舱，轴穿过舱壁的地方要使用穿舱密封件，以保证穿舱处的气密。

机、泵舱的海底门要分别设置。泵舱的出口通道不能通向生活区，必须通向露天甲板。机舱内在不同的高度处可设置几层平台甲板，以便安装各种机械设备和配电设施。

⑤ 其他液体舱。淡水舱应分为饮用水舱、生活淡水舱和工业淡水舱。工业淡水供主机冷却水套水、蒸汽锅炉（蒸汽发生器）等用水。淡水舱的大小要根据FPSO上的定员、自持力和机械设备的用水量来确定。若原油处理要求脱盐，则淡水的用量显著增加。若FPSO上设有制淡装置，则淡水舱的容量可根据制淡装置的能力适当减少。

淡水舱一般布置在机舱的舱侧，船底与平台甲板或平台甲板与平台甲板之间。淡水舱不能与燃油舱、原油舱等各类油舱或含油污水舱相邻。

柴油舱一般分为柴油贮存舱和清洁柴油舱。经分油机分离过的清洁柴油贮存在清洁柴油舱中，清洁柴油可直接供柴油机或热油锅炉使用。柴油舱一般布置在机舱与淡水舱相对的另一舷侧，但应尽量避免供应船的靠船区。燃料油不允许存放在货油舱段的双底舱中或艏、艉尖舱中。

热介质油贮存舱用于贮存清洁、未使用过的热油，热油贮存舱一般布置在机舱的平台甲板之间。

如果主发电机组和热油锅炉使用原油作为燃料，可能要求在船体内设一燃料原油舱（或称生原油舱），此舱应布置在货油舱段，可放在含油污水舱侧面。

液压油舱和滑油舱要根据实际需要来设置。液压油舱（或柜）一般放在液压泵间。

机、泵舱的底部一般为单底，但根据需要可做成局部的双底。双底内可设压载水舱、柴油溢流舱、滑油溢流舱、污油舱、污水舱、热介质油泄放舱等。

（5）生活辅助设施布置

1）生活区布置。原则上生活楼应位于主风向的上风头，但生活楼的实际位置主要与FPSO的系泊类型、单点系泊装置的位置有关。对于采用软刚臂单点系泊系统的FPSO，生活楼最好设于船艏；对于采用转塔式单点系泊系统的FPSO，生活楼最好设于船艉。生活楼设于船艏时要慎重考虑原油管线跨越生活楼的位置。

生活楼的尺寸与居住甲板的层数和FPSO的定员有关。FPSO的定员一般为100～130人。生活楼内的布置原则是：居住区与办公区、服务舱室、娱乐舱室分开，最好不要置于同一层，以保证人员休息的安静环境。住室以2人间和单人间为主，可少量安排一些4人间。船员房间应配独立的卫生间，适当设置一些公用卫生间与洗浴室。中控室、无线电室、办公室、会议室、机修间、电工间和仪表修理间等工作舱室应在生活楼内配备齐全。娱乐室、健身房、乒乓球室、阅览室和吸烟室等休闲娱乐场所应配备足够。病房、厨房、餐厅、冷库、干粮库、湿粮库、洗衣间、被服库、餐具库、更衣室、候机室等服务舱室要做恰当安排。

2）中控室的布置。中控室应布置在生活楼的最高一层甲板或与工艺模块同层的甲板上，且面对模块甲板一侧。中控室是FPSO操控的主要场所，房间应宽敞、明亮，中控设备与控制盘应分开布置。无线电室应紧靠中控室布置。为防止中控室意外失火而失去对FPSO的控制，有的FPSO（如海洋石油12）还设有应急反应室，室内安放有应急控制盘。

3）应急避难所的布置。按DNV新的规范要求，FPSO上应设应急避难所。生活楼内的某一层（登救生艇的一层甲板）和与生活楼相对的FPSO的另一端的某一安全舱室可设为应急避难所。是否设置应急避难所，要根据总公司的安全规则、所选用的入级规范和作业者的要求来决定。应急避难所的通风或空调应做特殊考虑。

4）电缆、管子通道等布置。生活楼内的电缆、风、管通道，厕所，浴室，更衣室和洗衣间等有管系的房间，应尽量上、下层甲板对齐，以减少管子、电缆的弯头，防止管子、阀门泄漏对其他房间的影响，且便于工厂施工。排水管线应避免在中控室、配电盘室和无线电室的天花板上方通过。

5）应急电站布置。应急电站应布置在安全区，且可能远离主电站的地方。FPSO的主电站一般布置在模块甲板上，所以应急电站一般布置在生活楼附近的舱室里，但规范要求应急电站应布置在干舷甲板以上，且易于到达露天甲板之处。

6）应急消防泵布置。柴油机驱动的应急消防泵应布置在安全区，应尽可能远离主消防泵，不致因一般失火而使全部消防泵失去作用。主消防泵一般布置在机舱中，所以应急消防泵一般也布置在与生活楼相对的船的另一端的舱室中。应急消防泵为深井泵，可以由柴油机带齿轮箱直接驱动，也可以由柴油机驱动液压泵，再由液压马达驱动消防泵。

7）直升机平台布置。直升机平台一般设于生活楼的顶部或其他安全区域的上方，与下支承面至少留有2m的间隙，且应尽量远离内燃机及其他燃烧装置的废气排出口。直升机平台的设计应满足规范和民航总局的《民用直升机海上平台运行规定》。要特别注意飞机平台周围高出的物体，如单点系泊结绳、信号桅、通信桅、通信天线、起重机等对直升机起降的影响。特别是对生活楼设于FPSO艏部的飞机平台，除考虑主起降方向外，还应考虑横向穿越FPSO的起降。因为当气流大风小时，FPSO顺流向，风相对FPSO成横风，飞机的安全起降方向为顶风。飞机平台应设于艉，比较容易满足直升机起降的要求。飞机平台的梁拱不得大于150mm。对直升机起降而言，梁拱最好为零。

8）总布置的噪声控制。FPSO的各种机械设备都可能成为噪声源，在总体布置中对噪声的控制要做如下考虑：

① 居住区应尽可能远离主电站、液压泵站、空压机、空调机等强噪声源。

② 船员住室应与餐厅、娱乐室、洗衣室等服务舱室及办公室、会议室等工作舱室分开布置，最好不要置于同一层。如果不可避免，也应以走道或用嵌有吸声材料的双层围壁与住室隔开。

③ 烟囱或排烟管应尽可能远离居住区，且排气管的出口方向应朝向艉部。

9）起重机布置。起重机的布置位置应考虑以下因素：

① 一台主起重机应位于吊货甲板附近，起重机的吊货范围应尽可能覆盖整个吊货甲板。

② 为便于模块甲板上设备、管线、阀门的维修，起重机的吊货范围应尽可能覆盖整个模块甲板。

③ 起重机的基座应位于舱壁、强横梁等船体强力结构的上方。

④ 不论起重机转动到什么位置，起重机的机房应尽量避免处于危险区内，以免使用防爆设备而增加建造成本。

对于模块甲板面积大的大型FPSO，一般要设3台甲板起重机。对于每条FPSO，至少应在左、右舷各设1台起重机，且在船体纵向位置上错开布置。

10）外输装置的布置。外输装置的布置与外输运输船的系靠方式有关。若运输船采用串靠方式系靠FPSO，则外输装置便布置在FPSO艉部甲板上；若运输船采用旁靠方式系靠FPSO，则外输装置便布置在FPSO右舷或左舷中部的主甲板上。一般供应船旁靠于FPSO左舷，运输船若旁靠，则靠于FPSO右舷；也有个别FPSO设计供应船靠右舷。

带有漂浮软管可回收装置的艉输装置包括软管回收绞车、运输船系泊绞车、液压动力装置、服务起重机和外输控制台等。外输油轮系泊绞车必须安装在FPSO艉部中心线处。软管回收绞车则布置在艉部右舷，其前面应留有至少15m长的维修甲板面积，以便拆、装软管。服务起重机应布置在软管回收绞车旁边，以便协助拆、装软管。液压动力装置一般布置在艉部的液压间。外输主控制台置于中控室，对于生活楼与中控室设于艏部的FPSO，艉输油应设就地控制台，就地控制台应放在艉输油控制室中。艉输油控制室应布置在回收绞车与外输油轮系泊绞车之间，即易于观察艉输作业的地方。FPSO艉部还应留有漂浮软管临时存放及备用软管存放地。

旁靠输送装置主要包括外输管汇、4个或5个充气靠球及其起吊装置、输送软管、输送臂或吊放软管用的起重机，起重机可由甲板起重机兼用。运输船系泊作业可使用FPSO艏、艉和中部的系泊绞车。旁靠输油设施布置于FPSO右舷或左舷主甲板上。

（6）系泊设施布置　FPSO系泊系统的类型不同，对总体布置的影响很大。如软刚臂系泊系统、CALM、SALM和外转塔系泊系统都是系于船艏，还有部分附属系泊结构置于船艏，生活楼也可以布置在艏部，因而机舱、泵舱都可以布置在艏部。内转塔系泊系统虽然也是设置在船体艏部，但它要占用较大的船体内部空间，要设置专门的系泊舱；且系泊系统的主体旋转部分和设备都置于FPSO上。在总体布置上，还要优先安排内转塔系泊装置的位置。由于这种系泊装置占用较大的艏部空间，生活楼只好布置在艉部，因而机舱、泵舱也随之安排在船体艉部。如果内转塔系泊装置和生活楼都设在艏部，常将系泊装置设于生活楼之后，此时系泊装置靠近中部，单点的风向标作用下降，应考虑在艉部设侧推器。

选用多点系泊系统的FPSO，其艏、艉部的左右舷都要布置系泊绞车、系缆桩、掣链器和导缆钳等，在总体布置时这些都要优先安排。放射形的系泊缆使得外输油轮无法直接系靠FPSO，必须设置专用的外输单点，或其他卸油设施，FPSO上的外输设备和布置位置也有所不同。

4. 船体结构型式

（1）船体结构功能　挪威船级社（DNV）海洋工程规范对浮式生产储油装置（FPSO）做出下述定义：可以移位，且长期处在同一海域；这种装置通常由船体、转塔式（或其他形式）定位系泊系统和甲板上部生产处理设施三大部分组成；该装置有原油贮存能力，原油通过卸油装置输送到穿梭油轮并运走。

FPSO是海上油气的浮式加工厂。根据生产需要，有些FPSO还具有向井口平台供电、向井注水，以及接收来自井口的温度、压力信号，对井口进行监控的功能。

作为浮体，FPSO则必须具备赖以生存的最基本的性能：浮性、稳性、不沉性和耐波性等。

作为FPSO基础的船体结构必须具备对应设计海洋环境条件的足够的总纵强度、局部强度、刚度、抗屈曲、耐疲劳和防振动等性能，以保证油气生产、贮存、外输作业的安全、正常和连续地进行。

（2）船体结构要求　船体结构的设计任务是选择合理的结构型式、构件尺寸和连接方式（焊缝及结点设计），以及选择合适的材料，施工工艺，保证船体结构具备上述功能等。

FPSO船体结构设计应遵循下列原则：

1）船体结构必须具备防止机械、物理和化学损坏的能力。

2）可以按常规技术、工艺进行加工、制造。

3）易于检查、安装和维修。

4）整体结构及构件必须具有抗塑性变形的能力，即其变形为小变形、弹性变形，当外力消除后，结构和构件能自动恢复到其初始状态。

5）结构的连接设计，必须尽力减小应力集中和避免复合应力流。

6）在设计阶段不应期望打磨或敲击焊缝来提高疲劳寿命，因为这些做法的改善作用无法定量。而应通过改善结构细部或结点设计来提高疲劳寿命。而依靠均摊应力提高疲劳寿命的做法是不可取的。

7）焊接、分段合并作业时，应尽可能避免在板厚方向传递或承受高的拉应力。当必须传递或承受高的拉应力时，应考虑采用Z向钢板。

（3）FPSO船体结构选择　按照骨材的布置，将船体主体结构划分为横骨架式、纵骨架式和混合骨架式。

FPSO船体结构设计主要参照常规运输油轮。大型油轮的船底、内底、甲板、舷侧和纵舱壁等的结构多为纵骨架式。所谓纵骨架式，即将纵骨作为主向梁，在船的纵方向纵骨布置得多而且密集。甲板和船体外板依靠纵骨支持，而纵骨依靠强框架支持。强框架是由强肋板、强肋骨和强横梁组成的。通常，每四档肋位设一强框架。纵骨为多跨连续梁。纵骨架式的主要优点是提高船体总纵强度、充分发挥材料的效能和对甲板、外板的稳定性有利。

船体材料选用时主要考虑船舶使用的经济性。选用高强度钢的目的是在满足船体总纵强度和局部强度及使用要求的前提下，降低船体自重，提高船舶的载重量（DWT）。通常，船长超过150m才做上述考虑，而使用高强度钢对于小船没有意义。船用高强度钢的屈服强度一般控制在315～390N/mm^{2}之间。

统计资料表明，国外有些油轮高强度钢使用占比高达50%～60%。

因为高强度钢的弹性模量与普通强度钢相同，采用高强度钢后，构件尺度减小，但对船体的刚度、耐蚀性和抗疲劳性能不利。中国海洋石油总公司近年设计建造的几艘15万t级（DWT）FPSO，高强度钢占的比例约为30%，主要用于离中性轴较远的甲板和船底，以利于提高船体梁的总纵弯曲强度。

（4）FLNG船体结构特点

1）双层壳体。液化天然气船设计普遍采用双层壳体，在船舶的外壳体和储槽间形成保护空间，从而减小了槽船因碰撞导致储槽意外破裂的危险性。

储槽采用全冷式或半冷半压式。大型LNG运输船一般采用全冷式储槽。小型沿海LNG运输船一般采用半冷半压式。LNG在1.0atm（1atm=101kPa）、-162℃下贮存，其低温液态由储罐外的绝热层和LNG的蒸发维持，储罐的压力由抽去蒸发的气体来控制，蒸发气可作为运输船的推进系统燃料。

2）隔热技术。低温储槽可以采用的隔热方式有真空粉末、真空多层、高分子有机发泡材料等。真空粉末隔热，尤其是真空珠光砂隔热方式，具有对真空度要求不高、工艺简单、隔热效果较好的特点。但在保证制造工艺的前提下，与真空粉末隔热相比，真空多层隔热具有以下优点：

① 真空粉末隔热的夹层厚度要比真空多层隔热夹层大1倍，即对于相同容积的外壳，采用真空多层隔热的储槽的有效容积要比采用真空粉末隔热的储槽大27%左右，因而相同的外形尺寸的储槽可以提供更大的装载容积。

② 对于大型储槽来说，由于夹层空间较大，粉末的重量也相应增加，从而增加了储槽的装备重量，降低了装载能力，加大了运输能耗，这点在大型LNG槽船上尤其明显；而真空多层绝热方式具有这

方面的显著优势。

③ 采用真空多层隔热方式可避免槽船航行过程中因运动而产生的隔热层绝热材料沉降。

轻质多层有机发泡材料也常用于 LNG 槽船上。目前，LNG 储槽的日蒸发率已经可以保持在 0.15% 以下。另外，隔热层还充当了防止意外泄漏的 LNG 进入内层船体的屏障。同广泛应用在低温管道和容器上的隔热板结构一样，LNG 储槽的隔热结构也是由内部核心隔热部分和外层覆壁组成。针对不同的储槽日蒸发率要求，内层核心绝热层的厚度和材料也不同，而且与一般低温容器上标准的有机发泡隔热层不同，LNG 储槽的隔热板采用多层结构，由数层泡沫板组合而成。所采用的有机材料泡沫板需要满足低可燃性、良好的绝热性和对 LNG 的不溶性。

内层核心有机材料泡沫板的材料选取一般为聚苯乙烯泡沫、强化玻璃纤维聚亚氨酯泡沫或 PVC 泡沫材料。另外，LNG 运输船上的隔热板还可以和内层核心隔热第二层一起充当中间的 LNG 蒸气保护屏，第三层由两层玻璃纤维夹一层铝箔构成。

外层覆壁一般由 0.3mm 的铝板、波纹不锈钢板（304L，1.2mm）或镍（36%）- 钢合金（0.7mm）组成，它不但可应用在外层覆壁和夹层，还可作为与 LNG 接触的第一道屏障。所有的金属板都被焊接在一起，有机材料用 2 - K PU 胶黏合。

3）再液化。低温 LNG 储槽控制低温液体的压力和温度的有效方法是将蒸发气再液化，这可以减少低温液体储槽保温层的厚度，进而降低船舶造价、增加货运量、提高航运经济性。

低温 LNG 槽船的再液化装置的制冷工艺可以采用以 LNG 为工质的开式循环或以制冷剂为工质的闭式循环。以自持式再液化装置为例，装置本身耗用 1/3 的蒸发气作为装置动力，可回收 2/3 的蒸发气，具有很高的节能价值。虽然，再液化技术至今还没有应用到 LNG 船上，但根据 LNG 船大型化和推进方式的变化，采用 BOG 的再液化已提到日程。

（5）LNG 船型　液化天然气运输船的船型主要受储槽结构（液货舱）的影响。液货舱是装载液体货物的主要容器。《国际散装运输液化气体船舶构造和设备规则》（IGC 规则）把液货舱分为五种类型：独立液货舱（A、B、C 型）、薄膜液货舱、半薄膜液货舱、整体液货舱、内部绝热液货舱。其中应用最广，目前大多数液化天然气船的液货舱集中在独立液货舱和薄膜液货舱这两种类型。独立液货舱是自支撑式结构。A 型为棱形（SPB，专利属于 IHI），B 型为球形（MOSS，专利属于 KVANER），C 型又分为球形、单圆筒形、双排单圆筒形和双联圆筒形几种。薄膜液货舱分为 Gaz - Transport 和 Technigaz 两种基本形式（专利属于 GTT）。根据 1999 年的统计资料，当年运营的 99 艘大型 LNG 运输船，其中采用独立液货舱的有 50 艘，另有 2 艘采用棱柱形自支撑式结构，采用薄膜式结构的有 40 艘。独立液货舱式和薄膜式结构应该是液化天然气运输船的主流船型结构。按照 2007 年 4 月的统计数据，独立型液货舱占 43%，薄膜式液货舱占 52%，其他形式的占 5%。

1）独立液货舱。独立液货舱采用自支撑式结构，其储槽是独立的，它不是船壳体的任何一部分，在储槽的外表面是没有承载能力的绝热层。储槽的整体或部分被装配或安装在船体中，最常见的即是球形储槽。其材料可采用 9% 镍钢或铝合金，槽体由裙座支承在赤道平行线上，这样可以吸收储槽处于低温而船体处于常温而产生的不同热胀冷缩。挪威的 Moss Rosenberg（MOSS 型）及日本的 SPB 型都属于自支撑式。其中，MOSS 型是球形储槽，SPB 型是棱形储槽，如图 4-20 和图 4-21 所示。

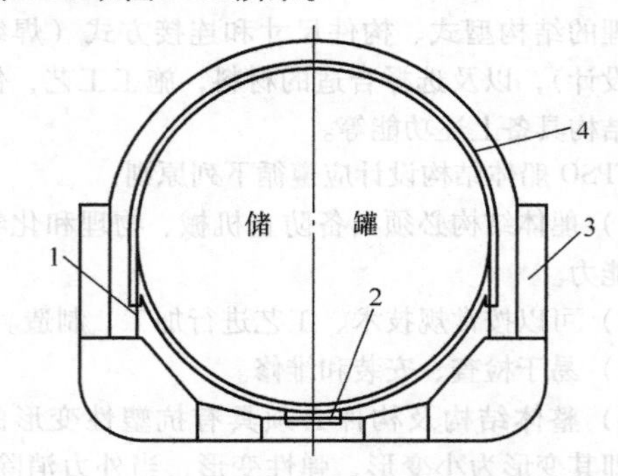

图 4-20　MOSS 型球形舱

1—舱裙　2—部分次屏蔽　3—内舱壳　4—隔热层

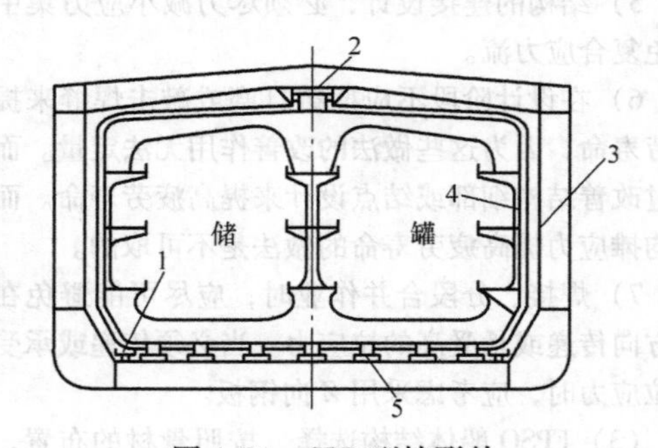

图 4-21　SPB 型棱形舱

1—部分次屏蔽　2—楔子　3—内舱壳　4—隔热层　5—支撑

① MOSS 型 LNG 运输船。球罐采用牌号为 5038 的铝板制成。组分中含质量分数为 4.0% ~4.9% 的镁和 0.4% ~1.0% 的锰。按球罐的不同部位，在

30～169mm之间选择板厚。隔热采用300mm的多层聚苯乙烯板。

② SPB型LNG运输船。SPB型的前身是棱形储槽Conch型由日本IHI公司开发。该型大多应用在LPG船上，已建造运行的LNG船有两艘。

球罐型的优点是罐体独立于船体，不容易被伤害，并可与船体分开建造，因而可缩短造船周期。另外，球形罐的充装范围宽，保温材料用量少，储罐可带压，操作灵活（在装卸的任何阶段都可离港，在卸料泵失灵情况下也可卸货，且清舱简便）。缺点是在货物满载时，球型液货舱的重心比较高，降低了船的稳性，且球型液货舱直径大，部分体积凸出主甲板以上，增加了受风面积，不利于操纵。

2）薄膜液货舱。薄膜液货舱是非自身支撑的液货舱，它由邻接的船体结构通过绝热层支撑的薄膜组成。储槽采用船体的内壳体作为储槽的整体部分。储槽第一层为薄膜层结构，其材料采用不锈钢或高镍不锈钢，薄膜厚度一般不超过10mm。第二层由刚性的绝热支承层支承。储槽被安装在船壳内，LNG和储槽的载荷直接传递到船壳。薄膜的热膨胀应得到补偿，以免薄膜受过大的应力。薄膜液货舱设计压力通常不超过25kPa。若可加强绝热支撑层强度时，承压可相应增加，但应小于70kPa。

GTT型LNG运输船是法国Gaz Transport和Technigaz公司开发的薄膜型LNG运输船。其围护系统由双层船壳、主薄膜、次薄膜和低温隔热所组成，如图4-22所示。薄膜承受的内应力由静应力、动应力和热应力组成。这种形式的船体主要尺寸较小，低温钢材用量少；低功率、燃料消耗低；船体可见度大、受风阻面积小；设置完整的第二防漏隔层；投资较少。其缺点是液面易晃动，为避免晃荡的危险，装载受限制；还不能对保温层检查。

Gaz Transport型货舱内壁为平板型，选用0.7mm厚、500mm宽的平板INVAR钢（36%镍钢）。其特点是：不可预先加工许多部件，制造周期较长；Technigaz型货舱内壁为波纹形，其特点是可加工许多预制件，建造周期较短。

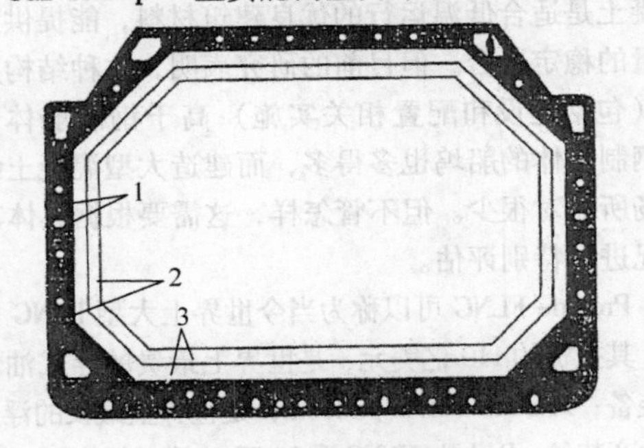

图4-22　薄膜型液货舱

1—完全双船壳结构　2—低温屏障层组成（主薄膜和次薄膜）　3—可承载的低温隔热层

当前LNG船的货物围护系统采用的薄膜型液货舱有三种：Mark Ⅲ系统、No. 96系统和CS Ⅰ系统。

① Mark Ⅲ系统。GTT公司作为全球最有代表性的LNG货物围护系统的专利公司之一，从Mark Ⅰ基础上发展到现在的Mark Ⅲ薄膜系统。该系统是由船的内部船体直接支撑的低温衬里。该衬里由位于预制隔热板顶部的主薄膜和完整的次薄膜组成。主薄膜是厚度为1.2mm的不锈钢波形薄膜。主薄膜包容LNG货舱，由绝热系统直接支撑并固定。薄膜在前后和左右两个方向上都有波纹，在两个方向上都具有波纹管作用。次薄膜由复合层压材料组成：两层玻璃布中间为薄层铝箔，以树脂作为黏结剂。它布置在预制隔热板里的两层绝热层之间。绝热部分是由增强聚氨酯泡沫预制板构成的承载系统，包括主/次绝热层和次薄膜。

Mark Ⅲ系统的优点是：采用波形薄膜，所受应力小；薄膜厚度1.2mm，增加了强度，在组装和维护中受损较小。该系统的缺点是：所有组装都是胶合，因而任何移除都会破坏绝热层组件。另外泡沫的价格也较高。

② No. 96系统。No. 96系统也是GTT公司经历了No. 82、No. 85、No. 88系统等一系列的改进后出现的，该系统是由船的内部船体直接支撑低温衬里。该衬里包括两层相同的金属薄膜和两个独立的绝热层：主/次薄膜采用INVAR薄膜制成。INVAR是镍铁合金（不胀钢），其收缩系数非常低，大约是普通钢的1/10，因而减少了薄膜的热应力。主薄膜包容LNG货舱，薄膜厚度0.7mm。次薄膜与主薄膜相同，在发生泄漏时确保100%的冗余性。500mm宽的不胀钢轮箍沿储罐壁连续分布，均匀支撑主/次绝热层。主/次绝热层由装有膨胀珍珠岩的层压板盒子制作，构成承载系统。主绝热层厚度为170～250mm，可调节以满足不同的蒸发率（B.O.R）要求。次绝热层典型厚度为300mm。绝热部件（主屏蔽和次屏蔽）是填充了珍珠岩的胶合板箱。次屏蔽胶合板箱通过树脂绳与船体内壳接触，可补偿内壳平整度的缺失，也为氮气提供了补充空间。但是与Mark Ⅲ不同，绝热层不胶合到内壳，树脂和内壳之间有一张牛皮纸，允许箱子在任何船体绕曲时能自由移动。

该系统的优点是：绝热层的制造既便宜又简单，胶合板箱容易制造，内部分割容易确定，固定精确，珍珠岩也比较廉价；焊接相对简单；任何移除都可实现。

该系统的缺点是：INVAR 价格高，非常脆弱，对任何碰击都非常敏感；两个相同薄膜的安装需要很长时间；绝热箱有许多不同类型，供应有难度；任何阶段的系统组装都要求精确度高。

③ CSⅠ系统。a. CSⅠ围护系统是融合了 Mark Ⅲ系统和 No. 96 系统的优点，既具备了 No. 96 型货舱手工焊接工作量少的特点，又具备了 MARKⅢ次屏蔽成本低廉的特点，建造费用低，施工周期短。b. CSⅠ薄膜系统是由船的内部船体直接支撑的低温衬里。该衬里由位于预制隔热板顶部的主不胀钢薄膜和完整的次薄膜组成。主薄膜由厚度为 0.7mm 的不胀钢制成，包容 LNG 货舱。500mm 宽的不胀钢轮箍沿储罐壁连续分布，均匀支撑主/次绝热层。次薄膜由复合层压材料组成：两层玻璃布中间为薄层铝箔，以树脂作为黏结剂。它布置在预制隔热板里的两层绝热层之间。

绝热部分是由增强聚氨酯泡沫预制板构成的承载系统，包括主/次绝热层和次薄膜。预制板通过树脂绳黏结在内部船体上，树脂绳具有锚固和均匀传递载荷的功用。根据 GTT 的公开资料，CSⅠ比 Mark Ⅲ或 No. 96 便宜大约 15%。

5. 实例

（1）FLNG　由于场地狭小及晃荡问题，安全与平面布置是 LNG－FPSO 最关键的问题之一。对于 LNG 存储量大于 10 万 m^3 的生产规模，FPSO 预期的总长度为 300m，宽 60m，深度 30m。这样，可用的甲板面积约为 1.5 万 m^2。所有上述设备及工作人员生活设施都必须布置这一相对狭小的空间内。可以比较一下，典型的陆上装置的占地面积达到 50 万 m^2。因此，在 FPSO 上，按不同流程单元分别布置的常规平面布置方法显然是不可行的。有限的空间要求紧凑的、甚至拥挤的布置方式，而最大限度减少可燃烃贮存量是实现这种布置的关键步骤。按照一体化思路布置进气角塔、生活设施、燃烧放散塔以及卸货系统等。

美孚石油公司开发的具有驳船外形的浮式 LNG 生产装置，布置在矩形区域上的“甜甜圈”方案做到了使这些系统完全分隔。图 4-23 表示了美孚石油公司浮式 LNG 生产装置总体布局。在驳船的对角位置设计安装了两台带有冷冻臂的卸货装置，从而使 LNG 卸货作业完全避免了风向影响。另外，整个装置的设备布局比较合理，通过一条对角线将总体布局划分为低危险区和高危险区。生活区和维修站等设施都处于较安全的位置。该浮式 LNG 生产装置充分利用了涡轮机中的余热，整个生产过程无须采用明火加热器，不仅提高了热效率，减少了 CO_2 排放，而且提高了装置的安全性。

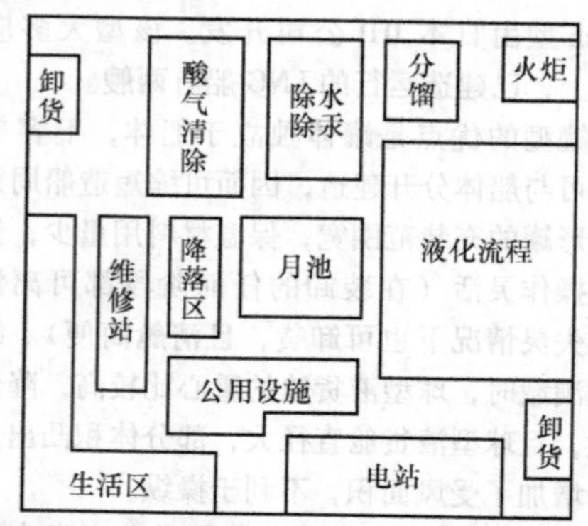

图 4-23　美孚石油公司浮式 LNG 生产装置总体布局

在 FLNG 上布置设备的一条重要原则是保证将对运动敏感的设备布置在受海洋状态引起的运动影响最小的地方。另一条原则是从总体稳定性的角度考虑应保持重心较低。这两条原则意味着，体积和重量均较大的塔设备应布置在船体中线上。其他一些重型设备，如燃气轮机发电机、压缩机等，也应尽可能布置在低处。

考虑到狭小的空间尺寸，工艺设备尽可能采用模块化的设计方案，如将原料气预处理系统、冷箱及液化系统、压缩机及驱动装置三大系统安装在不同的撬块上，然后将三个撬块拼在一起，分为三层安装在甲板上。甲板以下的大部分空间被液货储舱占据，其他设备包括进气角塔、冷却水舱室，以及与船体海事管理相关的所有设备，如压舱物、船底污水泵、维持方向的推进器等。另外，装置的布置应遵循常规的工程实践，如使有害物品处理远离生活设施，而较安全的公用设施则可离生活设施较近。最后是关于船体，一般假定采用钢制船体，但也有研究探索使用混凝土。混凝土是适合低温运行的优良建筑材料，能提供足够重量的稳定平台。但目前的研究表明，这种结构的成本（包括建设和配置相关实施）高于钢制船体。适合钢制船体的船坞也多得多，而建造大型混凝土结构的场所相对很少。但不管怎样，这需要根据具体项目情况进行特别评估。

Prelude FLNG 可以称为当今世界上大型 FLNG 的代表，其投资约 110 亿美元、是世界上最贵的浮式油气生产装备；Prelude FLNG 长 488m，是世界上最长的浮式油气生产装备；Prelude FLNG 重 26 万 t，满载排水量 60 万 t，是世界上规模最大的浮式油气生产装备。

1）主要设计参数：

① 主尺度（长×宽）488m×74m。

② 满载排水量60万t。

③ 油处理能力130万t/a。

④ LNG生产能力360万t/a。

⑤ LPG处理能力40万t/a。

2）船体参数：

① 双壳，双底，设计极端环境条件10000年一遇海况。

② 配置3×5MW全回转螺旋桨，便于外输作业。

③ 电力需求60MW，燃料气来自于储舱挥发气，消耗掉产出气的8%。

④ 设计寿命50年，25年进坞维修，4年维护一次。

⑤ LNG：220000m^3（6舱）；LPG：90000m^3（4舱）；凝析油：126000m^3（6舱）。

⑥ 污水舱：5000m^3；燃料油舱：3600m^3。

⑦ 火炬臂：154m长，垂向向外倾斜30°角。

⑧ 入级：英国劳氏。

3）系泊系统：

① Shell Prelude FLNG采用了Internal turret mooring形式，作业区域水深250m，生存工况为10000年一遇海况，可以抵抗70m/s以上的最恶劣台风（不具备紧急脱离能力）。

② 4×4单点系泊，台风工况不解脱。

③ 4×4吸力桩锚，直径10m，长度20～30m，重量140～180t。

4）住员（320人）：

① FLNG上作业人员总计220人，分两组3周替换，保证工作不少于110人。

② 陆地和终端其他作业人员100人。

5）外输作业：

① LNG外输：每周一次，旁靠外输； LPG外输：每月一次，旁靠外输。

② 凝析油外输：4天一次，串靠外输。

图4-24所示是Prelude FLNG的总体布置，系泊转塔设在船头，产品贮存在船壳内，甲板左侧依次排列以下模块：进气设施、AGRU吸收和除汞、装卸臂、末级闪蒸蒸发和燃料气处理、公用设施。甲板右侧依次排列以下模块：火炬、气体增压和天然气凝液提取与分馏、液化、AGRU汽提和乙二醇再生、蒸气发生。船艉是居住舱。

图4-24 Prelude FLNG总体布置图

ABB提出的ABB Lummus Niche LNG可能是关于LNG－FPSO最新的概念设计。该方案同时生产LNG和LPG，LNG生产能力为1.5Mt/a。LNG和LPG的贮存量分别为170000m^{3}和35000m^3，分别贮存在4个和1个自支撑的SPB型舱室中。天然气液化采用ABB开发的双涡轮膨胀机流程。采用了氮膨胀机和甲烷膨胀机两个系统，为制冷循环提供冷量；采用1台GE LM2500燃气轮机，同时驱动氮和甲烷压缩机。整个装置在甲板上的总体布局便于安装和卸货。船体通过位于船艉的一个外接塔式停泊系统固定在所要求的位置。卸货装置位于船艉，采用前后串联布置。

（2）FSRU Golar Freeze FSRU是Golar LNG公

司第一批计划改建的4艘LNG船中的一艘，MOSS球形储槽，船容12.5万m^3，年供气4.9bcm，靠岸型，旁靠输液。

图4-25所示为Golar Freeze FSRU的总体布置图，船头设置系泊大钩，该FSRU采用带有罐内泵的MOSS球形储罐，占用了大部分甲板面积。再汽化模块系列和吸入罐布置在储罐前面甲板上。船体左侧依次排列以下设施：海水泵、柴油驱动消防泵、高压开关板、掣链器、海水排放、高集成压力保护系统、球形储罐、最小输出量压缩机、出口管汇。船艉有氮发生装置、空气改质系统。报警房有低压开关板、高/低压转换器。船体右侧有排气分装罐、排气桅杆、装载臂。

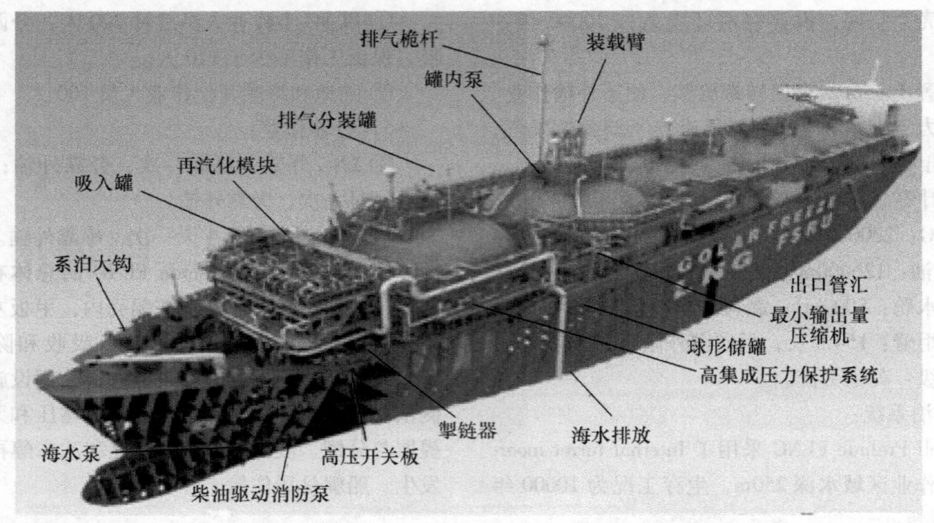

图4-25 Golar Freeze FSRU总体布置图

4.4.2 LNG贮存

1. 贮存容量

浮式LNG生产装置的LNG贮存设施的容量，一方面考虑要为浮式LNG液化装置的稳定生产提供足够的缓冲容积，另一方面取决于LNG产量和LNG运输船的数量、大小、往返时间、LNG运输船的能力以及装卸作业条件。日本国家石油公司对浮式LNG生产装置的贮存系统进行了研究，得到了贮存容量与气田距LNG接收终端距离的关系，见表4-5。

表4-5 浮式LNG生产装置的贮存容量

距离/km	LNG运输船容量/10^3m^3	FPSO储槽容量/10^3m^3
3218	81	95
4023	98	115
4827	116	135
5632	134	156

常用的储液量计算方法（以油田生产为例）如下。

1）方法一：以穿梭油轮为计算基础，点对点的运输路线，且穿梭油轮吨位一定。

$$Q=W+(d+1)q+k \tag{4-8}$$

式中，Q为FPSO储油量（t）；W为穿梭油轮吨位，即载重量（DWT）（t）；d为影响外输作业的连续坏天气时间（d）；q为油田原油日产量（t/d）；k为适量不可泵出的死舱油，若外输泵为常规的泵舱泵，小FPSO或单底FPSO取5%～8%，大FPSO或双底FPSO取3%～5%；若外输泵为潜油泵，小FPSO或单底FPSO取2%～3%，大FPSO或双底FPSO取0.5%～1%。

2）方法二：以作业周期为基础，针对穿梭油轮吨位多变，原油抵达地不固定的情况。

$$Q=(t_1+t_2+t_3)q+k \tag{4-9}$$

式中，Q为储液量（t）；t_1为卸载周期（或外输作业周期）（d）；t_2为穿梭油轮受载期（d），常规国内2d，国际3～5d；t_3为影响外输作业的连续坏天气时间（d）；q为油田原油日产量（t/d）；k为适量不可泵出的死舱油，若外输泵为常规的泵舱泵，小FPSO或单底FPSO取5%～8%，大FPSO或双底FPSO取3%～5%；若外输泵为潜油泵，小FPSO或单底FPSO取2%～3%，大FPSO或双底FPSO取0.5%～1%。

t_2和t_3的时间可以考虑有部分搭接。

一般粗略考虑FPSO吨位时，取原油日产量乘以14即可。

2. 贮存方式

LNG是低温流体，又是可燃介质。LNG的贮存设施不仅要有可靠的密封性，防止 LNG 泄漏，而且要有良好的隔热保冷性能，减少 LNG 的蒸发，提高贮存效率和安全性。FLNG 是一艘特殊船舶，它是油气生产的海上工厂，船上拥有油气生产所需要的工艺设备、公用系统和船舶动力及船用设施，受船体具体条件的限制，LNG 贮存方式需要细致地加以考虑。

目前，LNG 运输船的贮存方式主要有三种：球罐型（MOSS）、薄膜型（GTT）和 SPB 型，其中薄膜型和 SPB 型受到广泛重视。

球形储罐具有独立的球形结构，液舱不仅能承受 LNG 重力产生的对舱壁的压力，而且能承受一定的 LNG 蒸汽压所产生的压力，有利于提高储罐工作压力，减少 BOG 的损耗。球形储罐可以提高整体安全性，但是球形储罐占用了大部分甲板空间，不利于液化工艺设备的布置。例如，若 LNG 净贮存量为 13.5 万 m^3，加上装置 5～6 天的生产量，FPSO 的 LNG 贮存量大致可按 18 万 m^3 考虑。目前最大的球罐约为 4 万 m^3，这意味着需要 5 个球罐，会占据绝大部分船体空间，使甲板上无法布置其他工艺设备。一种解决方案是再布置一座平行系泊的专用于贮存的 FPSO，但很明显这会增加投资。因此，除非采用很小的运输船——而这又意味着要用很多条运输船，这也是非常昂贵的，所以一般认为球罐型储槽不是很合理的选择方案。

虽然球罐型储槽占用了大多数甲板空间，导致不方便布置天然气液化工艺设备，但是球形储罐可以用于压力贮存。由于液舱自身具有一定的结构强度，可以承受一定的压力，因而贮存时液舱处于封闭状态，在设计的工作压力范围内，可维持较高的 BOG 压力，减少了闪蒸气排放，实现密闭贮存。当然，对于采用压力型密闭贮存的储罐卸料时，运输系统也应采用相应的密闭系统，以防止减压闪蒸产生大量闪蒸气。采用球罐型储槽可以提高整体安全性，日本国家石油公司就开发了采用 MOSS 储槽的浮式 LNG 生产装置。

构成当今 LNG 运输船主流的薄膜型 GTT 液舱系统是可行的方案。薄膜型液舱利用船体结构来承载 LNG 重力产生的压力，既充分利用了有效空间，又减轻了船体的自重，有利于提高运输效率，因而得到广泛应用。但是值得关注的问题是构成膜系统的大型矩形储舱能否承受晃荡引起的压力荷载。有文献主要针对拟在墨西哥湾实施的 EEB 项目，论证了采用薄膜型系统的可行性。但其可行性分析在不同地区需要根据不同的条件重新进行评估。

第三种 LNG 运输船液货贮存系统是自支撑棱柱形 SPB 型储舱。在这种系统中，储舱由铝板制作，构成高强度的刚盒结构，其结构紧凑、重量轻，压力、温度控制简单，维护容易。但这种系统的单个液货舱的容积小于膜系统液货舱所能达到的容积，因此需要更多卸载泵。ABB Niche LNG FPSO 的储罐设计，就采用了自支撑棱柱形 SPB 型储舱。最新的进展是 Mobil 开发设计了一种用 9% 镍钢制作的专利储舱，可以制造出更大的液货舱。这些设计都考虑了增强可以承受液体晃荡引起的作用力，并通过挡板减少流体运动。贮存系统的选择应该根据具体项目的实际需要来确定。

薄膜型和自支撑棱柱形 SPB 型储舱用于常压贮存。运行时，维持并控制 LNG 液舱内压力处于常压。工艺流程中需要有相应的蒸发气体处理系统，将产生的 BOG 及时返回液化系统再液化或用作动力系统的燃料，以保持液舱处于常压状态。

储槽的形式按照 FPSO 外壳形状和要求的储槽容量可以选择钢质壳体和 MOSS 球形储槽；混凝土壳体和 MOSS 球形储槽；钢质壳体和自支撑棱柱形储槽；混凝土壳体和薄膜储槽。贮存系统要保证 LNG 贮存安全，将 LNG 泄漏可能造成的危害降到最低程度。对于钢质壳体要采用水幕等措施避免泄漏的低温 LNG 液体接触壳体。混凝土壳体由于吃水深，承载能力大，而且混凝土材料具有低温性能好、不易老化等优点，近来备受重视。MOSS 球形储槽及自支撑棱柱形储槽的安全性和相当理想的低温隔热性能，已得到了实践验证，均可满足浮式 LNG 装置的贮存需要。当采用 MOSS 球形储槽时，要注意流程设备的合理布局，以充分利用储槽上方的空间。

4.4.3　卸载系统

LNG 卸载输送是 LNG－FPSO 装置的重点和难点之一，也是项目开发中需要慎重决策的部分。经过净化液化处理后的 LNG 需要从 FPSO 输送到 LNG 运输船上，不同于陆地液化厂，FPSO 和 LNG 运输船两者都处于运动状态，在风浪较大时两者的相对运动远大于陆地工厂，难度较大。加之传输介质为低温液体，LNG 外输系统中每个环节都要满足晃荡和低温的严苛要求。因而要实现 LNG 在海洋环境下安全、高效传输非常困难。

1. 卸载方式

（1）旁靠输送　旁靠式外输系统即为舷靠或者并靠式外输系统，并排输送情况下 FLNG 和 LNG 运输船要比较接近，需采取并排停靠的方式。FLNG 通常采用内转塔或外转塔型的单点固定系泊方式，可以围绕转塔作 360°旋转，LNG 运输船并排系泊在 FLNG 上，两者相对固定。当 FLNG 围绕转塔旋转时，LNG

运输船也跟随FLNG一起转动，这种输送方式适合于海洋环境平静的海域，经验表明海浪平均波高小于1.5m时，停泊作业是安全的。LNG运输船与FPSO装置并排泊在一起，FLNG装置远离火炬的一侧用作LNG船的系泊泊位，并提供水幕等防火措施。需要特别注意LNG运输船停泊的安全性，当风向、海流的方向与海浪不一致时，为减少停泊的危险性，LNG运输船需要通过艉推进器控制船体的方向，以便于LNG运输船的停泊。或者采用一艘辅助拖船调整船体方位，避免风浪将LNG运输船推向FLNG装置。采用艉推进器或拖船后，LNG卸货作业的极限平均波高为2.5m。

该方式的优点是外输管路短，输送LNG控制快速便捷，结构简单，节约投资。旁靠外输系统的主要缺点是海况作业条件要求高，FLNG与LNG运输船两者都处于运动状态，在风浪较大时两者的相对运动大。普通的单根缆绳系泊缺乏稳定性，不容易定位。另外，可能发生的危险是卸货臂LNG的泄漏，这主要是由于FLNG装置与LNG运输船之间存在相对运动造成的。运输轮系泊后FPSO对单点的系泊力较大。旁靠外输系统的外输油臂占甲板面积较大，还要考虑FLNG两舷均能旁靠的可能性，使得其结构庞大。

图4-26所示为Excelrate Energy公司的一艘LN G船"Excalibur"成功将$1.33\times10^5m^3$的LNG输送到能源桥梁汽化船"Excelsior"上，完成了世界上首次商业性的船对驳船LNG转运。船对驳船转运对浮式汽化和接收终端技术有重大意义，它给利用浮式终端实现连续供应提供了技术保障。

图4-26 Excalibur和Excelsior的船对驳船转运

（2）串靠输送 串靠外输系统也称为艉靠外输系统，是运输轮系泊在FLNG艉部，目前采用居多。串靠输送采用动态定位控制两船距离，两者之间用钢绳连接起来，运输船与FLNG基本保持在一条直线，钢绳始终保持在适当张紧状态。这是一种长输方式，适合于海洋环境较为恶劣的海域，一般距离在50～100m，因而需要配置能跨越50～100m距离的管线和结构，并采用动态定位装置控制LNG运输船艏部管线与浮式LNG装置艉部的距离在允许工作范围以内，从而避免了停泊和卸货作业中可能出现的危险。对此已提出了几种方法，在Azure项目论证期间，美国联邦海事委员会（FMC）开发了一个中试模型进行操控性能测试。LNG输送管采用柔性浮式输送管。这种输送管利用特殊的轻质保温材料浮力作用，使输送管道浮在海面上，连接时由FLNG上软管提升机下放到工作船，由工作船拖到LNG运输船，与船上接口连接。

串靠输送主要优点是比旁靠式外输更能适应恶劣的海况作业条件，更适合于不同大小的运输轮系泊，运输轮解脱安全、方便，对FPSO的单点系泊力小一些。串靠式外输系统的主要缺点是需要很长的水上漂浮软管，使整个外输系统管路阻力较大，加大了外输泵的功率；需要复杂而价格昂贵的一整套软管回收装置，投资大。另外，FPSO和运输轮串联起来的回转半径较大，占据很大的海上作业面积。

采用旁靠输送还是串靠输送要根据具体海域特点和环境参数（包括平均海平面、最大波高、最大波周期、温度、湿度、风速和风向等）而定。对于海浪平均波高小于1.5m的平静海域，采用旁靠输送是安全可靠的，而且输送控制方便快速，结构简单，节约投资。对于海洋环境恶劣的海域要采用串靠输送的方式。低温输送臂结构则取决于输送距离、输送量、速度、时间等。

2. 卸载设备

（1）装卸臂 装卸臂按使用环境可以分为陆用型（有防浪墙和无防浪墙两种）和海上型。海上型装卸臂有船对船和船对海上浮式设施两种。海上LNG装卸臂的使用要求为：

1）在装卸臂和LNG船接口法兰之间有相对运动的情况下，连接或解脱操作必须安全可靠。

2）LNG旋转接头和结构轴承在连接LNG船后应该可以承受连续运动。

3）液压快速连接/解脱装置（QC/QD），应在密封状态下进行与LNG船接口法兰的连接/解脱作业。

4）操纵装卸臂的液压系统，应能适应不断运动的LNG船可能出现的快速移动和加速度。

5）装卸臂的支撑结构应能承受来自LNG船持续运动的惯性和其他情况产生的附加力。

6）装卸臂的设计应考虑在无须外来起重设备的情况下，实现快速维护和保养。

LNG装卸臂是用于LNG船在码头装卸作业的专

用装置。由于码头平面高度在涨潮或落潮时会有很大的差别，而随着液货的注入或卸出，船体甲板与码头的相对高度也在发生变化，因此，码头上的装卸管路与船上接口的相对高度是变化的。装卸臂必须能够根据这种相对位置随时可能发生变化的工作条件进行相应调整。装卸臂主要有组合式旋转接头、输送臂、配重机构、转向机构及支撑立柱组成。

组合式旋转接头是与船上装卸口连接的专用装置，可以准确、快速地连接或脱卸。这种接头由三种不同形式的旋转器组合而成，可在水平方向快速定向和进行垂直方向的移动。当接头连接好以后，即使船舶在装卸过程中产生摇晃或上下起伏，装卸臂可以随着船舶的运动，在三个方向进行相应调整。低温旋转器是组合式旋转接头中的重要部件，不仅能承受LNG的低温工作环境，而且要能够转动灵活，并具有良好的密封性。低温旋转器采用聚乙烯树脂做唇边的不锈钢密封结构，通过不锈钢弹簧的压紧力形成密封。产品使用了两道密封，一道为主密封，另一道为辅助密封。旋转轴承设有水密封保护。

装卸臂按配重方式分为完全平衡型、转动配重型、双重配重型。图4-27所示为装卸臂的三种结构形式。

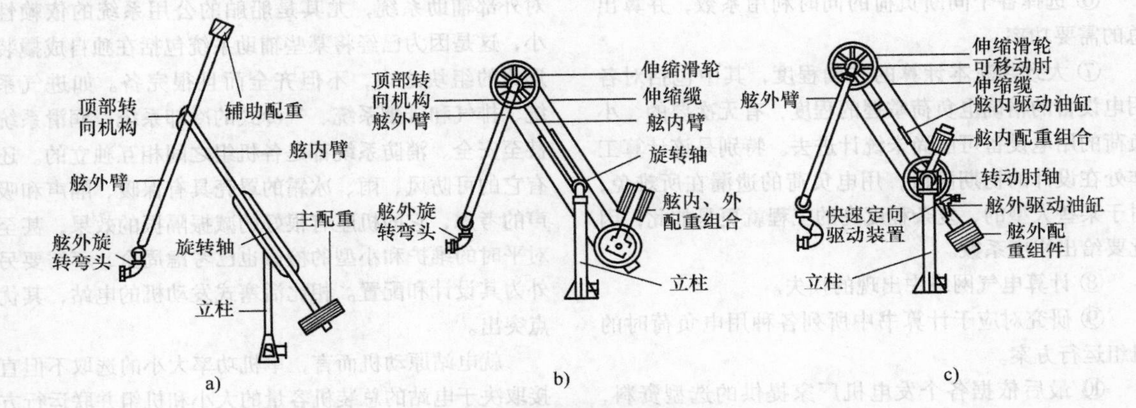

图4-27　装卸臂的结构形式

a）完全平衡型　b）转动配重型　c）双重配重型

（2）低温软管　由于波浪的作用，FLNG和LNG运输船之间有相对运动，因此输液管不能采用刚性管道，只能使用具有柔性的软管。软管技术条件必须满足LNG输送要求，要有良好的绝热性能以尽可能减少结冰。显然，这种软管的柔性不会太好，重量较大，需要强大的装备才能使其安装到位。当然，低温输送软管的长度必须大于两个设备之间的最大距离，以使连接时管路处于自由状态。

目前海上LNG外输相关研究集中在外输形式与装置、低温外输管道的材料与强度、储罐内液体晃荡几个方面，针对LNG动态外输过程的系统性研究非常缺乏。LNG是−162℃的低温液体，在晃荡的环境中压力、温度等参数的波动都有可能引起低温液体汽化而影响传输效果。如果外输装置设计仅从装置的机械稳定性、环境适应性、操作简便性等方面出发，而不结合晃荡环境下低温工质的传输过程进行考虑将带来潜在的问题。具体外输系统由储罐、管路、外输装置三大部分组成，任何一个组成都对系统的运行产生影响，各部分互相影响和制约。系统的实验和模拟研究晃荡条件下LNG动态传输过程，外部激励等因素的影响是非常必要的。

4.4.4　动力系统

与陆地工厂的另一个显著不同是，LNG-FPSO上的动力必须自给。这不仅包括FLNG上油气处理装置及各系统的动力，而且还包括气田生产作业所需要的动力供应。这里仅着重介绍非自航的FPSO，没有将配置有主推进动力、轴系、螺旋桨、舵装置及侧向推力设备的FPSO作为论述的对象，FLNG的动力系统主要包括电站、配电、燃料系统等。

1. 电站

（1）总装机容量与机组配置

1）总装机容量。FLNG上设置的电站要负责海上气田开发、FLNG上天然气处理装置及各系统的电力供应，总装机容量的确定：

① 依照通常采用的计算方法利用列表的形式把所有的用电设备全部列出，然后计算各用电设备的额定输入功率。

② 如果油田出于一体化的考虑需要从FPSO上的

电站中通过海底电缆向井口平台或其他用途的平台统一供电，则应该把外输部分的用电负荷也包括进来。

③ 列出各种计算工况，确定各种工况下需要使用的电气设备。

④ 列出在不同的生产年份里，不同的季节里需要用电的设备，再依据各种用电负荷的特点，如是长期使用还是短期或重复短期甚至是偶然短期使用，按照连续负荷和间断负荷加以区分，确定各用电设备的需要系数。

⑤ 计算各用电设备所需的功率，计算不同工况、不同生产年份和不同季节所需的总功率。

⑥ 选择各个间断负荷的同时利用系数，并算出总的需要功率。

⑦ 大致判断本计算的准确程度，其中包括对各用电设备的精确电负荷掌握的程度，有无次要的、小负荷的用电设备可能尚未统计进去。特别是该计算工作处在设计的初期阶段，用电负荷的遗漏在所难免，对于某些大型的、复杂程度高的工程就更是如此，因此要给出裕度系数。

⑧ 计算电气网络中出现的损失。

⑨ 研究对应于计算书中所列各种用电负荷时的机组运行方案。

⑩ 最后依据各个发电机厂家提供的选型资料，初步确定发电机组的单机功率和电站的总装机容量。

2）机组配置。

① 机组选型。对每一个油气田所用的 FPSO 电站进行配置和原动机选型时，需要研究分析的因素很多，包括：原动机的技术性能（尤其是可靠性、机组运行的经济性、初始投资费用）、油田自产的燃料种类、总的用电负荷大小、单机功率和台数的合理选配、烟气废热的利用和综合效率的提高、机组的操作和维护难易程度及维修费用高低、对生产和生活环境造成的不良影响（烟气污染、噪声、振动）及其主要的特定要求等。如何来综合评定它们之间的内在关系和利弊，使得工程的初始投资费用和油气田的长远运营经济效益都能得到合理的兼顾，而且所选定的方案既具有一定的先进性又能符合现实的客观情况，操作适用、可靠，这就是我们所追求的工作目标。

燃料类型是原动机选型考虑的第一要素。FLNG 用于海上天然气气田的开发，可以供电站原动机长期使用的是天然气，燃气轮机或是活塞式气体发动机是 FLNG 电站原动机选型的必然。

② 机组配置。电站装机总容量确定的情况下，不同工况、不同年份，甚至不同季节下的用电负荷大小和特点，对机组选择特别是单机功率大小的确定至关重要。这其中不但包括 FPSO 自身的用电情况，在某些通过海底电缆向井口平台和其他用途平台供电的 FPSO 的电站中，还要包括外输电的各种情况。很显然这些都直接影响到电站的总装机容量、电站台数的配置、单机功率大小的选取、电站机组运行方式的调配及备用系数和备用机组的考虑等，必须通过反复的核算和与类似工程项目的有关参数进行比较，才能初步确定出既经济合理、又切合实际的电站配置方案。

燃气轮发电机组电站在现有 FPSO 的总量之中所占有的比例最大，这源于它具有其他形式电站所不及的许多突出优点。例如，它有很强的独立运行能力，对外部辅助系统，尤其是船舶的公用系统的依赖性小，这是因为已经将某些辅助系统包括在独自成撬装形式的组块之内，不但齐全而且很完备。如进气系统、排气和排烟系统、气冷式的冷却系统、润滑系统甚至安全、消防系统都是各机组之间相互独立的。还有它的可防风、雨、冰霜的罩壳具有保暖、隔声和吸声的考虑，它的机座有很好的减振隔振的效果，甚至对平时的维护和小型的检修也已考虑周全，不需要另外为其设计和配置。相比活塞式发动机的电站，其优点突出。

就电站原动机而言，单机功率大小的选取不但直接取决于电站的总装机容量的大小和机组并联运行方案的调配（为了满足各种不同工况、不同生产年份甚至不同季节的用电负荷），也与布置空间的大小有关。必须结合上述要求和限制综合考虑，才能确定采用何种功率档次的原动机。

至于原动机的转速由于其用途已经明确是电站用，因此与发电机的频率紧密关联，是用在 50Hz 还是 60Hz 的电力系统之中则是在电站确定之前就应该明确的。在用作 FPSO 和固定式海上油气平台的燃气轮机中时，绝大多数的转速都超过 10000r/min，因此都毫无例外地配置有减速齿轮装置来适应所驱动的发电机的转速，而发电机的转速又因单机功率的大小和频率不同而不同，大致有两个档次，即 1500 ~ 1800r/min 和 1000 ~ 1200r/min，前者多见于中、小功率的机组上，后者则用在大功率电站机组中。

（2）电站布置

1）布置特点。FPSO 的电站布置具有如下有别于其他船舶主机和电站布置的独特之处：

① 主电站作为一个独立的模块存在，和其他油气处理模块一样，置于船的主甲板以上的模块区域之内，极少设在机舱内。

② 出于安全性的考虑，电站模块与船的主甲板之间至少高出 3m 的标高。

③ 不论采用何种类型的原动机的电站和燃用何种燃料的电站，布置时都尽量远离油气处理模块，实在无法规避时，沿着船的纵向最少应保持3m的间隔。一般都习惯于将其设置在接近船的居住区的那一侧。无疑这也是出于安全方面的考虑。

④ 电站的辅助系统，尤其是燃料和燃料处理系统往往设置在电站模块以外的地方。

⑤ 电站的参数显示和控制除了设有现场盘之外，至少还有1处或2处遥控处所，例如配电盘室和中央控制室。

2）布置形式。FPSO的电站布置形式除了个别由旧船改装的和扩容的外，一般都采用集中的布置方式，置于同一个电站模块之上。又由于原动机的类型不同，有着不同的布置形式。FLNG电站多为燃气轮发电机组的电站，其布置形式：

① 每台发电机组独自成撬装形式布置，各机组之间多采用并列平行布置，如果有多台机组，船的横向宽度又受到限制，也可前后两排和两排以上的布置。

② 每台发电机组安装在一个能防风雨又具有隔声效果的罩壳之中，该罩壳的两侧开设有操作、检查、维修用的门，顶部设有检修吊梁，并设置有换气用的进、排气口，还有完善的火气探测、报警和灭火系统，也有单独的照明。

③ 电站机组与外部相连的系统管路接口都设置在撬装块的两侧面或前后端。

④ 机组用的进气、冷却、排气系统也是各自独立的。燃气轮发电机组布置的独立性较强，共用的东西较少。

（3）燃料系统　由于原动机不同对燃料的组分和品质的要求也不同，因而处理的方式也不尽相同。这里仅就燃气轮机的燃料气处理系统做一叙述。

用于海上油气田开发的燃气轮发电机组，不论是工业型的还是航空改型的，也不管其具体型号差别如何，都毫无例外地对所燃用的气体燃料有基本的要求。

一是对其组分中含量各不相同的烃类物质有个最低限量的控制，因为它直接影响到发动机输出功率的大小。因此在选择原动机之初，发动机的供应商都会要求用户提供所燃用的燃料组分供其判断是否适用，按标准状态下给出的功率值是否需要修正。

二是燃料的组分中是否含有对燃气轮机的机件造成腐蚀甚至裂纹的有害成分，如硫、磷、钒之类的非金属和金属成分，它们所占的百分比是否超出了限定范围。以便采取对策，向用户推荐不同的处理办法，甚至直接提供处理设施和系统。其中常见的是对气体燃料进行预先洗涤，将尚未进行增压的燃料气通过一个立式洗涤塔，即气体从塔的下部入口进入，塔顶部安装有水的喷头，使水形成细小微滴的水幕，一些易溶于水的有害成分，包括灰分在内均被水雾带走，并从塔的下部出口排走，而燃料气则从塔的上部出口逸出。有些洗涤塔还在燃料气的出口处安装有湿气捕捉器，以减少逸出燃料气中所含的水分，起到一定程度的干燥作用，洗涤也同时起到了冷却的作用。

另外，不同型号、规格的燃气轮机对使用的燃料有着不同的供给压力要求，因此机组内还设有精确的压力调节阀。一般情况下是规定一个燃料气的压力供给范围，只要保证能达到该压力范围，那么机组的正常运行是不成问题的。但是，在任何一个具体的油气田中，所获得的燃料气的压力正好符合机组要求的压力范围的可能性不大，因此就要求采取一定的措施来增压或降压，其中增压的情况占多数。调整压力不外乎是设置气体压缩机增压或者通过减压阀减压，不论是增压还是减压，所采用的设备和系统都属燃料的处理系统。尤其是增压，随着气体量的增大和气体压力的提高，被压缩后的燃料气温度也随之增高。然而，燃气轮机对燃气的温度同样也有一个温度范围值要求。如果经过天然气压缩机增压后的燃料气温度值超出了要求的温度范围，就必须进行冷却降温。因此，有些做法是将冷却和洗涤结合在一起；也有分别进行的。这就应根据实际情况来加以选择。

在此还需要指出的是，多数燃气轮机不但对燃料气的供给压力值有规定，而且要求燃料气的供给流量和压力稳定，减少脉冲和波动。因此在燃料气的供给系统中设置一个储气罐，罐的容积大小取决于流量的大小和设备布置时所占用的有效空间的大小和可能性。

再者，为了防止燃料气中含有较多的水分，影响发动机的正常运行，不但对供气系统中的管路、阀门需要进行绝热包扎，而且需要在稳压罐内设置保温、加热装置，以尽量减少燃料气中的水分。

严格地讲，上述所列的一些设备和所采取的针对性措施均属于燃料处理系统的范畴。

（4）余热回收　对于一般船舶，利用主机的余热尤其是其烟气中所含余热已是非常普遍的现象，常见的形式是设置余热锅炉。而对于像FPSO这类海上油气生产贮存并具备外输功能的装置，主推进动力（如果设置有）的烟气余热固然同样可加以利用，但是人们着重看好的是FPSO上功率巨大的电站和热站，尤其是电站中原动机的烟气余热，其中又以燃气轮机原动机的烟气余热为最。

众所周知，燃气轮机的热循环效率比活塞式发动机的热循环效率低，换言之其余热的可利用率更高，尤其是烟气中的。目前最盛行的方式是采用热-电联供，即将FPSO上的电站能量与热站能量综合起来利用，以获得最佳的经济效益。下面介绍两种形式供参考。

1）利用燃气轮机烟气加热介质油，无补燃设备的余热回收系统。该装置和系统的特点是回收的烟气热量仅仅作为全船供热量的一小部分，供热系统也是作为全船供热系统的一个分支，即子供热源存在。在单位时间内能获得多少热量并无数量上的限定，全船主要的供热量则由热油锅炉产生和提供。为了保持从余热回收装置流出的热油温度与从热油锅炉出口的热油温度一致，流入回收装置的热油流量是受控的。

2）利用燃气轮机的烟气加热热介质油，带有补燃设备的余热回收系统。与上一种回收系统相比，最大区别在于配置有一套完善的燃料点火和燃烧设备和一台小容量的热油锅炉。用来当作补充燃烧的燃料，则视气田的具体情况选用，可以是经过处理的自产凝析油，但采用最多的还是船用柴油。

采用这种形式的余热回收装置和系统有一个先决条件，那就是FPSO上不再设置热油锅炉，全船的主要供热全依赖它，其中由补充燃料设备产生的热量是用来弥补废热回收装置所产生的热量之不足。

2. 压缩机动力配置

目前对FLNG上主要动力消耗装置（如压缩机）的动力配置有两种方式：燃气轮机直接驱动压缩机或燃气轮机发电，以电力带动压缩机。

燃气轮机使用的燃料可以是海上开采的产品（如天然气），因此资源容易得到。并且发电的电能不会受到太大制约，即通过加大燃气轮机所做的功可以满足压缩机大功率的要求。与目前其他普遍应用的动力装置相比，燃气轮机体积小、重量轻，此外还具有设备简单、可不用水、起动加速快等优点。

百万吨级/年以上的大型LNG工厂冷剂循环量很大，采用大型离心压缩机。离心压缩机的驱动方式通常有蒸汽轮机、工业燃气轮机、电动机和航空衍生燃气轮机。世界上大多数LNG工厂采用大型工业用燃气轮机驱动压缩机和发电。最近几年，航空衍生燃气轮机和变频电动机驱动在Darwin液化项目和Snhvit液化项目开始尝试使用。各种驱动方式对于FLNG适用性分析如下。

（1）蒸汽轮机　蒸汽轮机装置复杂，体积庞大，可靠性好，但效率低，且需要依赖淡水资源。由于其单台设备功率大，可量身定制，可实现国产化。作为LNG工厂第一代的压缩机驱动设备，目前已很少应用于新建大型LNG工厂。蒸汽轮机作为FLNG离心压缩机驱动和发电设备，技术可行但不经济，可作为备选。

（2）工业燃气轮机　这是过去20年里LNG工厂应用最多的驱动方式，世界上主要的作为驱动用工业燃气轮机生产厂家有GE和Siemens，ISO功率范围在30~170MW，机型系列化，但可供选用的设备功率不连续。ISO热效率一般在33%左右。工业燃气轮机需要定期维修和维护，通常装置年正常维修天数14天。工业燃气轮机可用于FLNG离心压缩机和发电设备，除安全性稍逊于蒸汽轮机外，总体技术经济指标优于蒸汽轮机。

（3）电动机　电动机驱动的系统整体热效率要低于采用燃气轮机直接驱动压缩机方式，由于电站和输配电系统投资和占地通常高于传统方式。对于具有多条生产线的陆上大型LNG工厂，集中发电规模足够大时，可考虑采用集中发电，同时采用航空衍生燃气轮机发电来提高项目的经济性。对于只具有单条或两条生产线的FLNG采用电驱方式除了经济性较差，而且由于用电负荷过度集中，一旦某台冷剂压缩机停车或起动会引起孤立电网波动问题。所以，除了近岸FLNG存有外部供电源的特殊情况下，电动机驱动冷剂压缩机显然不适用于FLNG。

（4）航空衍生燃气轮机　航空衍生燃气轮机直接驱动压缩机的优点：结构紧凑、占地面积小、重量轻。这主要是由于透平膨胀机与压缩机同轴，减小了占用海上平台的空间，而且其提供动力过程比较简单直接，是一种以提供机械能设备来驱动需要机械能工作的设备。热效率达41%~43%，比工业燃气轮机高30%，减少了CO_2的排放。航空衍生燃气轮机已成为大型LNG工厂冷剂压缩机驱动，与发电设备选择一个技术方向，是LNG-FPSO的最佳选择。主要的生产厂家有GE和Rolls-Royce。

缺点：航空衍生燃气轮机的不足在于其功率相对工业燃气轮机要小，目前GE公司的LMS100是功率最大的航空衍生燃气轮机，ISO功率为100MW。当需要对压缩机的功率有更大的要求的时候，可能无法满足需求。必要时仍需要电能补充工作。

3. 应急发电系统

一般来说，FPSO上配置有如下三种不同的应急供电设施和系统：以应急发电机为中心的应急供电系统；以蓄电池组和UPS为中心的交流不间断供电系统；利用蓄电池提供24V的直流电系统。

（1）机组选型 应急发电机的选型必须满足国际规范和规则以及各船级社相应规定的要求，这些要求总的看来都比对主电站发动机的要求要苛刻得多，从而就某种意义上讲使得在机种和机型的选择范围变窄。下面就应急发电机在选型过程中除了必须满足在不同情况（或工况）下的用电负荷的同时还应该满足一些基本要求。

1）首先是对燃料的要求，发动机所燃用的燃料也是唯一的燃料，已规定是市售的柴油，它可以是轻质的柴油或船用柴油，其他种类及型号的燃料都不在考虑范围之内。因此，既不存在对双燃料的要求，也不受所在油气田可供使用燃料的种类和性质的影响。这也是选型时显得简单的一个很重要的方面。

2）规范要求应急发电机必须在当主电网失电时它能在规定的时限（30～45s）内由冷态立即起动并达到全负荷供电的要求。而不受任何时间和条件的限制，更不存在暖机的可能性。正由于存在这种很苛刻的要求，所以很多种类和型号的发动机都望尘莫及，唯有一部分活塞式的高速发动机才具备这种快速的反应能力，当然这与它的一些特定配置和系统有关。因此无形之中限制了，甚至是排除了更多的发动机被采用的可能。如人们熟知的活塞式中速发动机几乎没有用作应急电站原动机的先例。即便是在高速发动机的行列之中，有一部分二冲程的发动机同样达不到以上要求，甚至一些高速大动率的（单机功率在2000kW及以上）四冲程发动机也同样无法满足以上要求。由此可见，可供选择的范围被缩小到一个较窄的区间。至于谈到燃气轮机，也同样没有用作应急电站原动机的先例。

3）发电机组必须是风冷的，也就是说不但发电机是由自带的风扇冷却，而且发动机的缸套冷却淡水、换热器（散热器）也是由自带的风机（或风扇）进行冷却，而不依赖于船上的公用海水冷却系统。这里所说的自带风机或风扇其实是包括两种不同的冷却形式，对于一些中小功率的应急发电机，由于其总长度不大，在应急发电机房或处所可以布置得开的情况下，冷却风扇多由发动机的前端输出轴系通过带轮来驱动，直接对着与机组安装在同一共用机座上的散热器进行吹风，达到冷却的目的。随着机组功率的增大，机器的总长度已经达到安装处所无法直接容纳的地步时，只好采用分开布置的办法；也就是说，风扇或风机改由电动机来驱动，而电动机的电源来自应急发电机自身发出的电。由于散热器和它的冷却风扇与发电机组不处在同一地方，因此布置的要求应视所在区域的条件而定，无论如何，可以肯定这种布置形式使得缸套冷却淡水管系变得复杂。

4）规范还要求应急发电机组必须配备两种独立能源的起动手段，一般以采用由蓄电池供给电能的电动机起动为主要方式，因为它的配置相对比较简单，技术成熟、工作可靠，所以使用很普遍。另外一种起动方式可以是由专用的压缩机和储气瓶组成的供给气动马达能源的气起动方式或者是由储能器、液压泵组成的供给液压马达能源的液压起动方式，后者多处于从属地位，那是因为这种起动的配置比较复杂，操作和维护都不甚方便。

在现有的FPSO上还能见到一种与上述要求不尽相同的起动配置，它是由两组在容量上按规定的连续起动次数所要求的电容量配备的蓄电池组和两台各自能独立起动的电动机所组成的起动方式，而且对应有两组充电器。很明显这是一种单一的电起动方式，但是保证了百分之百的备用系数，是在取得了相关船级社认可的前提下设置的，也是对规范要求的一种变通做法。多年的使用实践证明这种启动配置是可行的，可靠性是完全有保证的。

5）发动机的润滑油系统或是淡水冷却系统中增设温度可控制的预加热器也是应急发电机组中一种很常见的做法，其目的是确保发动机在冷态下起动的可靠性，尤其是位处寒冷地区的油气田，冬季的气温都较低，就更有必要，有时还在应急发电机房内配置有暖气设施，最终目的是保证应急发电机组万无一失地满足2）的基本要求。

（2）负荷界定

1）应急负荷。随着船舶的种类不同，吨位大小不同，必须由应急发电机供电的电气设备的范围也不相同，但是根据规范要求和习惯做法通常将信号灯、应急照明设备、应急报警和信号装置、火灾和可燃性气体的探测和报警装置、消防救生设备，大部分的电伴热装置、充放电设备、紧急状态下船舶内部的通信设备、应急消防泵、应急舱底泵、柴油泵和压载泵的控制系统、货油泵的液压单元、防海生物装置、重要处所的通风、空调设备，为主电站和热站服务的某些辅助设备、惰性气体发生装置和系统仪表和公用气压缩机及系统、生活用淡水和饮用水供给泵、氮气机及系统、柴油输送泵等，这些无疑应归为应急负荷的范畴。

2）重要负荷。重要负荷是指对确保生产得以继续进行或因失电后会导致引起严重后果的那些重要的、关键的设备和系统的用电负荷。由于相关的规范和规则中没有明确规定和强调这部分用电负荷，只能根据生产作业的实际需要及用户特别提出的要求来执行。因此，不同的 FPSO 上会出现负荷大小相差悬殊，以及包含的范围宽窄不一的现象，这是不足为奇的。据不完全统计，重要的、关键性的负荷大概有：直接和间接服务于油气生产的设备和系统，如开式排放和闭式排放泵、热油锅炉、惰性气体发生装置、蒸汽锅炉或蒸汽发生器、柴油净油机、柴油驳运和供给泵、热水循环泵、滑油输送泵，机舱舱底水日用泵、机舱舱底污油水分离器、油渣泵、粪便和生活污水处理装置、中央空调和厨房专用空调，部分舱室用柜式空调，重要舱室和处所的供风和排风机，伙食冷藏装置及冷库供风机，所有的厨房设备、配餐设备、洗衣机、烘干机和电熨斗等生活设施和生产处所的照明。除此之外，还有一种不应急但易忽视的用电情况，那就是当 FPSO 从造船厂拖航至油田进行就位，或是从一个油田移位至另一油田的拖航、就位的全过程中的用量需要，也应该由重要负荷发电机组来解决。

总之，除了应急用负荷无异议地应保证供给之外，这些重要的生产和生活设备或辅助设备、设施的用电负荷也是不可缺少的。

3）负荷计算。与确定主电站机组容量大小的程序类似，应急发电机组的容量大小和重要负荷发电机组的容量大小也主要依赖于上述界定的设备和设施的用电负荷的统计与计算，也采用负荷计算表的格式进行。计算表格中包括设备的名称、用电性质（连续的和间断的）、负荷系数和季节差异（冬季、夏季和其他季节）等，经过分项计算和汇总之后，得出最大的用量负荷值，再考虑一个裕度系数和电网的损失之后，便可据此来选择发电机组的功率。

① 如果应急发电机和重要负荷发电机是分别设置的，只需要各自按各自的最大用电负荷加上裕度系数、电网损失等便可选择合适的发电机的功率。

② 如果考虑节省投资费用，采用应急发电机和重要负荷发电机于一身的情况下，那么在确定和选择应急发电机功率时，就必须将上述两种不同性质的用电负荷综合起来考虑，得出在同时兼顾两种性质的用电负荷之后的最大用电负荷值，再计入裕度系数和网路损失，据此来选择应急发电机组的功率大小。

（3）系统布置

1）布置形式。在 FPSO 上常见的应急发电机组的布置主要有以下几种形式：

① 带有防风雨、能吸声、防振罩壳，采用电－液驱动的开/闭进、排气百叶窗，以撬装方式安装在露天的、安全区域的模块甲板上的布置。

② 布置在生活区域内专用的应急发电机组房里，带有公共底座安装，发动机的前输出轴通过带轮系驱动风扇对缸套冷却淡水的散热器进行冷却的一体式布置。

③ 布置在生活区域内专设的应急发电机房里，带有公共底座安装，通过应急发动机身自供电的电动机驱动的风扇给缸套冷却淡水的散热器进行冷却的分体式布置。其中，散热器安装在机房之外散热良好的处所，又因该处所的危险程度划分不同，风扇电动机有防爆型和非防爆型之分。机房的进气系统也因是否吸入可燃气体，存在不同的进气方式。

2）布置要求。

① 在布置位置和距离上应远离主电站机组的布置区域，主要是从防火的角度考虑。

② 布置处所应该是非危险区域。

③ 无论是露天安全区域布置还是专用机房布置，必须有完备的火灾探测、报警和灭火设备。

④ 可靠而通畅的供气、排气和排烟系统。

⑤ 有良好的吸声、防振措施。

⑥ 有便于操作和维护管理的空间。

⑦ 无论是带风雨罩壳的布置还是专用机房的布置，必须设有两个逃生通道和门。

⑧ 结构物应具有一定的防火阻燃功能。

4.4.5 仪表控制系统

FPSO 作为海上油气集输和处理中心，与井口设施共同服务于海上油气田的开发生产。FPSO 上的仪表控制系统包括 FPSO 上部生产设施控制系统、船用和公用控制系统及其相应的现场仪表和设备。因此设计 FPSO 的仪表控制系统时，不仅要考虑 FPSO 上的工艺和公用设施，还要考虑各井口平台的工艺和公用系统与 FPSO 间的关联，这样才能确保整个油气田生产安全、协调地进行，保护人员和设备的安全，防止环境污染。

近年来，新建的 FPSO 常采用一体化设计，将功能独立的上部生产设施控制系统和船用控制系统集成一体，采用同一套控制设备实现其控制和管理功能。

设置在 FPSO 中央控制室内的上部生产设施控制系统通常是气田生产的中央控制系统，它在完成对 FPSO 的生产和安全监控的同时，通常还要进行整个气田的生产和安全监控。上部生产设施控制系统与各井口平台控制系统、FPSO 上的就地控制系统及现场仪表相结合，实现对整个气田的生产和安全监控。

FPSO 仪表控制系统包括主电站、热介质、氮气系统、惰性气体系统、空气系统、液位遥测系统等公用设备控制系统、船用监控系统、应急关断（ESD）系统和火灾与可燃气体监控系统（F&GS，以下简称火气监控系统）等。

1. 系统构成

FPSO仪表控制系统构成主要包括以下部分：

1）完善、可靠的现场仪表和自动化、机械化设备。

2）中央控制系统的硬件包括处理器、存储器、工程师站、操作员站、打印机、网络服务器和系统通信网络等。

3）液位遥测系统和阀门遥控系统。

4）应急关断系统。

5）火气监控系统。

6）中央控制系统与井口平台控制系统、原油装卸和压载监控系统、船用消防控制站和公用设备控制系统等系统间的通信接口等。

中央控制系统包括功能独立的过程控制系统、应急关断系统和火气监控系统，通常将应急关断系统和火气监控系统统称为安全监控系统。过程控制系统有完成数据采集、参数设定、生产控制、报警显示和记录、生产报表制作等功能。应急关断系统用于监测生产过程事故，当事故发生时，及时报警和采取相应的保护措施。火气监控系统负责对FPSO上的火灾及可燃气体泄漏进行监测，当灾情发生时，启动相应的消防和报警设施。

船用监控系统用于监测液货舱和污油舱液位、温度和压力，监测压载水舱、重油和柴油贮存舱、淡水舱、饮用水舱和艏、艉尖舱液位，遥控操纵相关的泵和阀门，显示泵和阀门的工作状态和船舶纵倾度、吃水深度等，并对异常状态发出声光报警。

上述系统功能独立。原油装卸和压载监控系统、公用设备控制系统和船用消防控制站的工作状态信息要传送到中央控制系统以便集中监控。在火灾和紧急关断情况下，这些系统应执行来自中央控制系统的关断指令。

现场仪表及执行机构用于对现场工艺和公用系统的参数采集、就地指示、信号变送，以及执行控制系统发出的控制指令等，是控制系统的重要组成部分。现场仪表的选用应依据下列原则：

1）根据工艺要求、生产装置规模、工艺流程特点及工艺参数对操作的影响因素，确定测量和调节方式，选用相应仪表。

2）根据有关爆炸、火灾危险场所电气设备设计规范和标准，按照仪表使用场所的分类等级，确定仪表的防爆要求。

3）根据所在海域的环境条件（如温度、湿度、空气中的盐分等），确定仪表的防护要求。

2. 过程控制系统

（1）过程控制系统概述　过程控制系统是实现对生产过程信息的获取、观察、转换、计量、调节、控制的自动化设备。过程控制系统一般包括自动检测、自动显示、自动控制、调节和执行五大部分。系统的设计应满足相应的标准规范和功能的要求。

FPSO上的过程控制系统应能完成以下工作：

1）对FPSO的生产过程进行监控，完成参数的设定、分析和调整，监视和诊断系统及仪表工作状态。

2）对井口平台的生产过程进行监控。实现对井口平台的遥测、遥控、遥信。

3）监视FPSO上辅助系统与公用系统的工作状况。这些设备和系统主要包括：主电站系统、热介质系统、氮气系统、惰性气体系统、空气系统、液位遥测系统和阀门遥控系统、液货和压载监控系统等。

过程控制系统的主要功能是对生产过程的数据进行实时采集、过程监控、故障报警并产生生产日报和报警记录。过程控制系统的设计应以安全可靠、经济实用、控制管理灵活方便并具备一定的扩容性为原则，综合考虑系统的先进性和开放性。FPSO上的过程控制系统至少应具备以下功能：

1）动态显示生产流程、主要工艺参数及主要设备运行状态，以声光报警形式显示FPSO及井口平台生产和安全的异常状态，并打印记录备案。

2）对生产过程进行监控，可在线设定、修改设定值和调节参数，完成各种控制功能，定期打印生产报表。

3）监视和诊断仪表控制系统工作状态，并以声光报警形式显示其异常情况。

4）与井口平台控制系统通信。

5）与FPSO上其他子控制系统通信。

6）根据生产和管理的需要，系统应配置容量足够的存储器，保存较重要的信息。

（2）常用过程控制系统技术　石油化工生产过程控制中，常用的有PLC、DCS和FCS三大控制系统，它们也常常用于构成FPSO的过程控制系统。

1）PLC（Programmable Logic Controller）可编程序逻辑控制器。

PLC是一种数字控制专用电子计算机，用来取代继电器，执行逻辑、计时、计数等顺序控制功能，建立柔性程序控制系统。它使用了可编程序存储器贮存指令，执行诸如逻辑、顺序、计时、计数与演算等功能，并通过模拟和数字输入、输出等组件，控制各种机械或工作程序。随着计算机技术和通信技术的发展，PLC已十分成熟与完善，不仅开发了模拟量闭环控制功能，还可以组成大型监控网络，逐步向过程控制渗透。

2）DCS（Distributed Control System）集散控制系统。

DCS是以计算机技术、CRT技术、控制技术和通信技术为基础发展起来的先进控制系统，其核心理念是分散控制、集中监视和操作。DCS最早出现于1975年，广泛应用于石油化工、冶金、电力、煤炭等行业的过程控制。

通过多年的开发和研究，目前，DCS与PLC除保留自身原有的特点外，又相互补充，形成新的系统，新型的DCS已有很强的顺序控制功能，而新型的PLC在处理闭环控制方面也不差，并且两者都能组成大型网络，都有向对方靠拢的趋势。DCS与PLC的适用范围已有很大的交叉，它们共同的特点是控制功能集中在控制室内，控制信息多采用4～20mA的模拟信号传输。

3）FCS（Fieldbus Control System）现场总线控制系统。

FCS是由DCS与PLC发展而来的全数字、全分散、全开放的新一代控制系统。它出现于20世纪80年代中期，90年代开始进入实用化，目前在国内外的控制领域中已得到了广泛的应用。现场总线控制系统作为当今自动化技术热点之一，正受到国内外自动化设备制造商与用户越来越强烈的关注。

FCS的核心是现场总线技术。根据IEC和现场总线基金会的定义，现场总线是连接智能化现场设备和自动化系统的数字式、双向传输、多分支结构的通信网络。现场总线技术将专用的微处理器植入传统的测控仪表，使其具备了数字计算和通信的能力，采用连接简单的双绞线、同轴电缆、光纤等作为总线，按照公开、规范的通信协议，在位于现场的多个微机化测控仪表之间、远程监控计算机之间实现数据共享，形成适应现场需要的控制系统。它的出现改变了以往使用电压、电流模拟信号进行测控，信号变化慢、抗干扰能力差的缺点，提高了信号的测控和传输准确度，同时丰富了控制信息的内容，也改变了集中式控制可能造成的全线瘫痪的局面。由于现场总线技术适应了工业控制系统向分散化、网络化和智能化的发展趋势，一产生便成为全球工业自动化技术发展的热点，受到自动化领域的普遍关注。它的出现导致当代自动化仪表、DCS和PLC产品在体系结构、功能结构方面出现较大的变革。基于现场总线技术构成的现场总线控制系统，与传统的DCS或PLC系统相比，有如下技术特点：

①系统的开放性好。开放是指对相关标准的一致性、公开性，强调对标准的共识与遵从。具有开放性的系统，是指它可以与世界上任何地方遵从相同标准的其他设备或系统相连，不同厂家的产品，具有互换性和互操作性，因此设备具有很好的可集成性。开放性的控制系统，可以将不同厂家的专长控制技术，如控制算法、工艺方法、配方等集成到同一控制系统中。

② 系统的可靠性高、可维护性好。系统内部从传感器、变送器到执行器，传递的都是数字信号，无须传统控制系统中必有的D/A与A/D转换，使信号传输精度从±0.5%提高到±0.1%，可以很容易地处理更复杂、更精确的信号，通过采用数字通信的各种检错与纠错算法使系统内部通信的可靠性得到提高。FCS是一种全分散性的控制系统，将传感测量功能、补偿计算功能和控制功能等分散到现场设备中，控制室内的中控系统主要完成数据处理、监督控制、优化控制、协调控制和管理自动化等功能，分散了系统风险，简化了系统结构，提高了系统的可靠性。FCS采用总线连接方式代替一对一的I/O连线，减少了系统接点多造成的不可靠因素。同时，系统具有现场设备的在线故障诊断、报警和记录功能，也增加了系统的可靠性和可维护性。

③ 系统对现场环境的适应性强。作为工厂网络底层的现场总线，是专门为现场环境而设计的，可支持双绞线、同轴电缆、光纤等，具有较强的抗干扰能力，能采用两线制实现供电与通信，并可满足本质安全防爆等要求。

④ 系统性价比高。FCS实现了现场设备的数字化、智能化和信息处理现场化，改变了过去点对点的连接方式，与传统的控制系统相比，在省去相当数量的隔离器、端子柜、I/O设备和系统占地面积的同时，减少了信息传递环节，提高了系统的反应速度和控制精度；实现了对现场装置（含变送器、执行机构等）的远程诊断、维护和组态功能等，提高了系统的可靠性和可维护性。在降低系统的硬件成本、软件成本和辅助成本的同时，大大提高了系统的性能。

⑤ 系统构成灵活、可扩展性好。传统的控制系统分大、中、小规模和型号，增加设备时要增加电缆、I/O接口和接线端子，甚至增加控制器，一旦系统定容，可扩展性较差。FCS采用完全分散式结构，取消了传统控制系统的控制站、I/O模块和端子排，使系统变成了单元模块的堆砌。单元多，系统就大，从几个回路到几百个回路均可。增加控制回路或单

元，只需将设备挂接到网络节点上，并进行组态即可投入运行，系统构成灵活，扩展简单。

⑥ FCS系统可节省成本。与传统控制系统相比，FCS采用总线式拓扑结构，省去相当数量的隔离器、端子柜、I/O设备和电缆，这意味着更少的硬件投资、更简单的设计图样和更简易的安装方式，从而节省设备占用的空间，缩短设计和施工周期。

当今典型的现场总线产品有：FF现场总线、Lon Works现场总线、Profibus现场总线、World FIP现场总线、CAN现场总线和HART现场总线。其中，用于工业过程控制的现场总线有FF现场总线、Profibus现场总线、WorldFIP现场总线、HART现场总线。

微电子技术、计算机技术、网络通信技术和数字信息处理技术的快速发展，对工业自动化仪表的发展产生了新的推动力，使工业自动化仪表不仅能够更高速、更灵敏、更可靠、更简捷地获取对象的全方位信息，而且完全突破了传统的光、机、电的框架，朝着智能化、虚拟化、网络化和数字化的方向发展。随着现场总线技术的发展，应用于石化工业的现场仪表和执行机构也逐步实现了智能化、虚拟化、网络化和数字化。

3. 应急关断系统

FPSO是油气处理、贮存的设施，在生产中有大量的油气输入和贮存，必须要有一套性能可靠、功能完善的应急关断系统，用于监控FPSO和井口平台人员设备安全状态，自动/手动执行紧急关断逻辑，处理各种意外事故，针对不同的情况自动采取相应的关断措施，以保证人员和设备安全，最大限度地减少经济损失。

应急关断系统的设计应满足相应的标准规范和功能要求，确保某一级别关断只能启动本级关断和所有较低级别的关断，而不引起较高级别的关断。任一级别的关断都应在中央控制台发出相应的声光报警信号。由于生产和公用系统之间的关联，FPSO上较高级别的关断（除单元关断外的其他级别关断）还将引起井口平台相应级别的关断。FPSO的应急关断系统所应具有的控制逻辑及操作、声光报警显示等功能由中控室内的安全监控系统完成。在FPSO中控室应设有FPSO各级关断的手动按钮和井口平台生产关断级以上的手动按钮，以便实行FPSO的手动关断和井口平台无人时的遥控关断。

FPSO应急关断系统一般分为四级，由高至低依次如下：

1）最终关断。该级关断级别最高，此关断只能由船长或指定专人手动启动。该级启动按钮安装在中央控制室、救生艇登船处和直升机坪等处，并设有明显的标志或警告牌。

最终关断将关断上部生产系统和公用系统，关断所有的风机、风阀、防火门和油泵，关断货油泵和压载系统，关断扫舱洗舱系统，输出弃船信号至PA广播系统等，即FPSO上的设备除应急系统延时关断外全部关停。

2）火气关断。该级关断由火灾或可燃气体泄漏引起。它可由操作员观察到火情后手动启动，也可由火灾或可燃气体探测器探测到灾情后启动火气控制逻辑自动执行。

火气关断将自动发布火气报警信号、启动消防设备、关断相应火区的风机和防火阀等。除执行本级关断的特殊功能外，火气关断还将关断上部生产系统和公用系统，关断电器间风机，关断居住、舱室风机和空调，关断厨房风机和厨房设备，关断泵舱和机舱风机及油泵、液压泵等。

3）工艺/公用系统关断。该级关断由主电源、仪表、热介质等公用系统故障或生产系统的重要环节故障引起，可手动/自动启动。除执行本级关断的特殊功能外，该级关断将引起单元关断。

4）单元关断。该级关断由单个设备故障引起。此关断只关断故障设备本身，而不影响其他设备的正常操作。单元关断可手动/自动启动。

FPSO是海上油田的生产、储运中心，在完成本身的生产、贮存和外输的同时，统一管理和协调整个油田的生产运行。FPSO的生产安全将影响整个油田的安全生产，因此应采用可靠的安全仪表系统来构成应急关断系统，以确保应急关断系统正确、可靠地运行。设计应急关断系统时要求对船舶部分及工艺过程的运作进行详细、周密的分析，确定应急关断的因果逻辑，明确主次关系，从而建立正确的、行之有效的应急关断系统，在保证安全的前提下，尽量减少事故对生产的影响。

4. 火气监控系统

FPSO上设置的火气监控系统，应能及时、准确地探测到可能发生或已经发生的火情和可燃气体泄漏事故，并显示FPSO及井口平台火气监控系统状态，自动/手动执行火气状态控制逻辑，及时采取相应的安全措施，如报警、关断、启动消防设备等来保护平台人员和设备的安全。FPSO的火气监控系统由火气监控系统控制逻辑、火气探测现场设备、气体采样系统及其与消防系统、应急关断系统、报警系统、PA系统和HVAC系统的接口组成。

FPSO的火气监控系统所应具有的控制逻辑及操

作、显示报警功能由安装于中央控制室的安全监控系统完成。此外，在FPSO的机舱控制室和船用消防控制室内设置火气监控系统复示盘，以便了解FPSO的火气状况。

（1）系统功能　火气监控系统的设计应满足相应的标准规范和功能要求。FPSO的火气监控系统宜采用可寻址技术和环网总线式通信结构。至少应具有以下基本功能：

1）自动探测火灾和可燃气体泄漏，显示并记录报警状态。

2）自动监测火气探测系统和消防系统，显示并记录异常状态。

3）自动监测HVAC系统，显示并记录异常状态。

4）按表决逻辑自动/手动启动火气报警、消防系统。

5）自动/手动执行火气状态紧急关断逻辑。

6）对探测环网、现场探测设备和火气监控系统进行自诊断。

7）完成对火气监控系统本身、现场探测设备、报警和消防系统的定期测试。

8）设有各井口平台火气系统操作按钮，以便当井口平台无人时手动执行井口平台火气控制系统逻辑。

9）启动FPSO的PA广播系统的报警发生器，根据不同灾情以不同音频通过PA广播系统向全船发出火灾事故警报。

（2）系统布置　现场火气探测、报警设备包括火焰探测器、热探测器、烟探测器、可燃气体探测器、手动报警站、状态灯等。根据现场生产设备情况的异同，按以下区域进行布置，设计时可根据实际情况，在满足规范要求的情况下适当调整。

1）生产区：设置可燃气体探测器、火焰探测器和手动报警站。

2）上部敞开公用设备区：设置可燃气体探测器、火焰探测器和手动报警站。

3）舱内公用设备区：设置热探测器和手动报警站。

4）发电机房和泵舱及其他可能有可燃气体泄漏的舱室：设置可燃气体探测器、热探测器和手动报警站。

5）中控室及其他电气设备间：热探测器、烟探测器和手动报警站，电气设备间加设热探测器。

6）生活区：设置可燃气体探测器、烟探测器、热探测器和手动报警站。

7）HVAC入口：设置烟雾探测器和可燃气体探测器。

8）电缆桥架、竖井、地槽：设置热探测器和烟探测器。

9）平台状态灯主要设置在人员较集中的餐厅、娱乐室，FPSO要害部门，如中控室、无线电室、逃生通路、逃生集合地、直升机坪、生活楼走廊、楼梯间等。此外，FPSO中央控制室及生活楼值班室内应设有各井口平台状态灯，井口平台控制室内应设有FPSO状态灯，以便相互了解对方状态。

10）在生活区设置火灾控制盘，对生活区的火气、安全进行监控，并将状态信息传到中央控制室的火气监控系统，接收并执行来自FPSO火气监控系统的控制信号。

5. 船用控制系统

在FPSO上安装的船用控制系统，用于监测液货舱和污油舱的液位、温度和压力，监测压载水舱、重油和柴油贮存舱、淡水舱、饮用水舱和艏、艉尖舱等液舱液位，遥控操纵相关的泵和阀门，显示泵和阀门的工作状态和船舶纵倾度、吃水深度等，对异常状态发出声光报警。LNG卸载与压载控制系统应具有独立的运算和控制功能，其工作状态信息要传送到中央控制系统以便集中监视。在火灾或紧急关断的情况下，应执行来自中央控制系统的关断指令。

船用控制系统由液位遥测系统、装载计算机系统和阀门遥控系统等组成，其设计应满足相应的标准规范和功能要求。

（1）液位遥测系统　液位遥测系统的作用是对货油舱、压载舱等舱的液位进行测量，将结果送至载荷计算机进行处理，并根据运算结果和货油/压载计划，自动或手动对相关船舱的阀门及泵进行控制，完成货油管理、原油外输、船舶调载、配载等功能，同时在屏幕上显示操作和运算结果，便于操作人员随时了解阀门和泵的状态、船舱情况、船体稳性、船体强度等数据，保证船体具有可靠的稳性和强度。

液位遥测系统由液位、温度、压力传感器等组成，至少应具有以下功能：

1）液位遥测：随时监测各液体舱室的液位、温度、惰气压力等变化情况；自动测量原油密度，计算液体体积、重量、密度，测量船舶吃水及大气温度、压力。

2）阀门和泵的控制：系统根据装载计算机运算结果和货油/压载计划，自动或手动对相关船舱的阀位及泵进行控制，完成货油管理、原油外输、船舶调载、配载等功能。

(2) 装载计算机系统 装载计算机系统应配置适当的软件和硬件，模拟计算和在线计算各种装载状态下船舶吃水、船体重心、船体稳心、排水量等各种稳性数据及船体弯矩、剪应力等船体强度数据，完成原油装卸和压载过程的计算、操作、记录、显示和控制功能。

1) 基本功能。装载计算机系统至少应具有以下基本功能：自动计算；排水量和载重量计算；艏、艉、艉的纵倾及吃水计算；根据海水密度的不同进行吃水修正；横倾角的计算；用艏、艉两对舱室调节横倾和纵倾；指定结构点的剪应力和弯矩；弯矩和剪应力的最大值及所在位置；标记吃水下的排水量及载重量计算；静稳性计算；根据相关标准进行完整稳性计算，包括考虑自由液面的影响后稳心高的修正；自由液面的力矩；趋势曲线；货舱空高报告。

2) 基本数据库与数据。装载计算机系统至少应配备以下基本数据库，并可显示下列数据：稳性手册；舱容表；静水力表；邦戎数据；轻载重量分布数据；满载排水量的常数信息；肋骨号和位置；最大许用剪应力和弯矩；吃水标记信息；纵倾、横倾修正表。

(3) 阀门遥控系统 为了便于液货管理、LNG外输、洗舱及日常调载作业，在液货舱、污油舱、压载水舱等处设置了必要的阀门，这些阀门基本上都采用液压驱动，构成液压阀门遥控系统，又称阀门遥控系统。阀门遥控系统的关键是液压系统，液压系统主要由液压动力源、换向阀、应急操纵块和执行机构组成。工作时，操作人员根据来自装载计算机的结果，启动液压系统的执行机构，驱动阀门开启或关闭。阀门的状态信息应自动转送到控制系统进行显示。

阀门遥控系统设计时应确保系统工作的安全性和可靠性，宜采用并联液压阀门遥控系统，液压动力源应采用两台性能相同的液压泵并列安装，互为备用。

4.4.6 公用系统

公用系统一般包括压缩空气系统、供热系统、燃料油和柴油系统、滑油系统、污燃油和滑油系统、机舱污油水处理系统、冷却用海水系统、生活用和工业用淡水系统、饮用水和海水淡化系统、疏排水系统和生活污水处理系统、舱底水系统、防海生物生成装置及系统以及居住舱室和机器处所的通风系统、空气调节系统、伙食冷藏系统等。这些系统既包含动力装置的辅助系统（在FPSO上则为电站的辅助系统），也包含了若干个船舶系统，是属于一种更具通用性的系统。

1. 压缩空气系统

FPSO上通常有两种不同用途的压缩空气系统独立存在，一种是供主电站中往复式活塞发动机启动用的压缩空气系统，尤其是那些单机功率较大的发动机，采用电启动的可能性不大，多利用压缩空气作为其启动手段。有一些应急发电机的柴油机，由于规范要求，必须配置两种不同能源构成的启动设施，除了以电启动为主之外，还配备有压缩空气启动的设备和系统或者是由液压系统构成的启动设备，其中的压缩空气系统与主发电机组的压缩空气系统大同小异。对于FLNG，一般采用燃气轮机的主电站，这种系统就不需要。另一种是供仪表气和公用气使用的压缩空气系统。压缩空气系统能针对不同性质的用户提供不同质量要求的压缩空气供其使用，因此是FPSO上必备的一个系统，也是最为重要的一个公用系统。下面主要叙述这一系统。

(1) 仪表气和公用气系统配置 该系统的特点是两种对气体品质有不同要求的用户共用同一供气源系统，系统由电动机驱动的空气压缩机、多种用途的空气瓶、油水分离器、前置和置后过滤器、无热再生式干燥器、阀门、管路和附件等组成。空压机组多数习惯于采用撬装式供货，除气瓶因尺寸过大被安装在撬块之外的处所，包括压缩机、供压缩机冷却用的电动风机或者是冷却海水泵、滑油冷却器、油水分离器、前置和后置过滤器、干燥器甚至控制盘等均集中安装在同一个撬装式的底座上。

船舶的控制系统和油气生产处理系统中都大量地使用了各种气动的自动化仪表和气动控制元器件，这些仪表和元器件对气源的质量有较高的要求，不仅要求气体的压力稳定、流量连续充足，而且要求气体洁净、干燥，然而从压缩机排出的压缩空气在未经处理之前大都含有灰尘颗粒、水分和油污，这种污染的压缩空气对上述仪表和控制设备中气动元器件的正常稳定工作非常不利，轻者会使气路的孔道变小变窄，重者甚至将其堵塞，进而影响到仪表和控制设备的工作特性，还会引起金属零部件的腐蚀，加剧运动件的磨损，也会导致非金属膜片的过早老化。由此可见，必须对作为这部分用途的压缩空气进行以下四项必要的处理。

1) 设置油水分离器。通常在压缩机出口后面的管路上紧接着安装一台油水分离器，用来清除因压缩机润滑时随着被压缩气体带出来的润滑油和水分。如采用无油润滑机型空压机，可以不设油水分离器。

2) 设置前置过滤器。按照事先设定的分配比例，经过油水分离后的压缩空气一部分被充入公用气的储气瓶内，另一部分则被导入对干燥器而言的前置过滤器内进行粗过滤，清除颗粒直径在 7 ~10μm 的灰尘和杂质。前置过滤器一般采用双联式，可延长它的使用时间和便于在线清洗。

3）进行干燥处理。经过粗过滤后的压缩空气紧接着又被引入干燥器。干燥器的种类很多，有冷冻式、分子筛吸附式等。油气生产平台和 FPSO 上使用较普遍的是一种称为“无热再生式”的干燥器，通常是两个干燥器并联安装，当其中一个干燥器处在工作状态时，另一个则在进行再生，恢复其原有的干燥性能。两者之间通过事先设定好的时限自动交替切换工作。不论采用何种类型的干燥器，对压缩空气进行干燥的性能指标多用露点温度来衡量。在实际选用干燥器时，最普遍的做法是要求被干燥的压缩空气之露点低于 FPSO 所在油气田冬季最寒冷气温时的温度以下，个别的用户为了更安全起见，有的直接提出 -40℃的要求。

4）设置后置过滤器。从干燥器流出的压缩空气又被引入后置过滤器之中进行更为精细、清洁的过滤处理，使其中所含的灰尘和杂质的数量和粒度进一步的减少，油分浓度大大降低，通常所选用的后置过滤器可以达到这样的指标：灰尘的粒度不大于 3μm，油分浓度不大于 1mg/L。与前置过滤器一样，后置过滤器也应该采用双联式的。

经过以上四项处理后的仪表用和控制用气最后被充入到各自的储气瓶中待用。从储气瓶出来的气体经过总管和分配支管、阀门等被供给各用户，有些用户因所需压力不同需要经过减压阀减压，有的可直接使用。

对于公用气的用户来说，多数情况下需要经过不同要求的过滤器过滤后才可使用，有些同样要求经过不同压力档次的减压。

（2）空气压缩机　空气压缩机多数采用螺杆式的无油润滑机型，很少使用活塞式的，以减少机器产生的振动和噪声，改善设备舱室的工作环境，尤其是采用了大排量的压缩机之后，更应重视减震降噪措施。空气压缩机既可以采用风冷式的，也可采用水冷式的，这要根据压缩机的排量大小和设备舱室的通风条件来确定。多数中小排量的空气压缩机采用风冷式的居多，大排量的（1000m³/h 及以上）空气压缩机利用海水冷却的占绝大多数。由于多数的空气压缩机组布置在设备舱内，如果选用了风冷式的空气压缩机，那么该舱室的通风系统之风量计算不但要包括空气压缩机单位时间内进气量的需要，还应将空气压缩机和滑油冷却器冷却所需的风量计入，并维持设备舱室处在一个合理的温度范围内。反之，如果空压机选用的是水冷式的，这其中又分为海水直接冷却空气压缩机和滑油冷却器、淡水冷却器由海水冷却的（间接冷却式）和滑油冷却器这两种类型，不论是其中的哪一种，冷却所需的设备（泵、换热器）、阀门、管路和附件多数是和空气压缩机组成橇块提供，以减少设计和试验的环节。

鉴于仪表和控制用气与日常生产作业的密切关系，不但需要连续地供气，而且不允许存在较长时间的中断，否则会给生产造成不容忽视的损失。因此在空气压缩机的设置数量上至少应保持有两台，并且为保证空气质量的附属设备如油水分离器、前置过滤器、后置过滤器及干燥器等都是与空气压缩机一一对应地配置，切莫选择共用的方式，其目的是确保有 100% 的备用性。当一台空气压缩机组处于工作状态时，另一台则始终处于备用状态下。工作状态下的那台空气压缩机的启动、运行和停止受控于储气瓶上设定好的压力开关，当一台空气压缩机工作仍然无法维持供气总管上的压力设定值的下限时，处于备用状态的空气压缩机组便能立即自动启动、运行并向储气瓶供气，以维持仪表气和控制气供给总管上的压力始终保持在设定范围内，而且气流不会被中断。除此之外，在供往公用气的总管上加装了一个自力式压力调节阀，用来限制公用气的使用量，优先和确保仪表气和控制气的供给。当仪表气和控制气的供给量不足时，该压力调节阀便会自动地关小其流通面积，直至全部关闭。

（3）储气瓶　在中、大型的 FPSO 上，不论是仪表用气、控制用气还是普通的公用气的用气量均较大，常采用卧式气瓶，气瓶的工作压力与压缩气的出口最大压力相匹配。气瓶的数量首先应根据仪表气和公用气耗量计算结果，再结合气瓶安装处所的布置空间以及标准气瓶的尺寸档次来确定每只气瓶的容量和两种气瓶的数量，多数情况下仪表气和公用气瓶的数量都在两只或两只以上。除此之外，对于某些有特殊要求和用气情况特殊的用户，有必要另外设置专用气瓶。如一些油舱、油柜上速关阀用的控制空气，它要求有稳定的压力，因此通常是从公用气瓶或仪表气瓶出来的压缩空气经过空气过滤器和减压阀之后达到控制空气所需的气压，再贮存到一个专用的控制空气瓶内。

为确保仪表用气，按 API 的规定，气瓶的容量应足够维持日常用气量的需要，以便在 30min 的时间内或 10 ~ 15min 的时间内（船舶的习惯做法）不致引起生产中断，也便于在此时间内对故障的空气压缩机进行抢修。

2. 供热系统

通常，FPSO上有两个供热系统。热油供热系统称为FPSO上的第一种供热系统，也是主要的供热系统。它不但承担了位于上部模块处全部的油、气、水生产工艺系统的用热，而且对位于船体部分的液货舱、工艺处理舱、污油水进行加热和保温，有些FPSO上的燃油舱柜、滑油舱柜、液压油舱柜，甚至除去淡水舱和饮用水舱以外的其他液舱的保温亦由它承担。对于工作在寒冷地域的FPSO，为了防止压载舱冰冻，也在其中设有热油加热盘管。在FPSO上，以第二种供热系统的形式存在的蒸汽系统可以视为前者的辅助系统，是对热油供热系统的功能的一种补充。它承担了FPSO上的淡水舱柜（含工业用水、生活用水和饮用水）的冬季保温、防冻，部分机器处所的采暖，厨房中的蒸汽锅、灶的供汽、电蒸两用式的热水柜的加热，海底门和露天甲板面冬季的融冰和吹除，甚至冬季机器设备的检修也需要它。除此之外，有些用户从安全的角度考虑，尽量避免和减少热油供热管路被引入生活居住区域内，因而上述的一些由热油进行保温的燃油舱柜、滑油舱柜、液压油舱柜等也改由蒸汽供热。但是，不论上述供热舱柜的多少，从总的热耗量衡量，蒸汽系统还是小得多。

对于FPSO而言，蒸汽系统是一种最为常规而普遍使用的系统，典型的蒸汽系统通常均由蒸汽锅炉或者是不同形式的蒸汽发生器、给水泵、大气冷凝器、凝水观察器、热井、阀门（包括减压阀）、管路（包括分配管汇、加热盘管）和附件组成。下面仅对其中的主要设备即蒸汽锅炉和不同供热形式的蒸汽发生器简单介绍。

（1）蒸汽锅炉　蒸汽锅炉是船舶设备中较为古老而成熟的一种供热设备，其蒸汽产量因FPSO的吨位大小不同、工作的海域气候条件的不同、用户的种类和多少的不同而相差悬殊。据现有不完全统计，FPSO多数采用的是产汽量为0.5～3.0t的小型船用锅炉。中型船用锅炉多兼作小功率的蒸汽轮机的工质提供者之用。从已安装的锅炉外形上看，除了少数船舶上还可见到立式锅炉外，在FPSO上由于布置和用户欢迎程度方面的原因，大都是卧式锅炉。从锅炉的内部结构上看，普遍使用水管式锅炉，因为它具有许多独特的优点，烟管式锅炉偶尔也可见到。再从对锅炉的控制要求方面来看，普遍要求对锅炉的燃烧过程实行自动控制和监测，以减轻操作和管理人员的劳动强度，甚至可起到减员增效的目的。另外，逐步淘汰了开/闭单级控制和高/低/闭双级控制的自动燃烧系统，近年来广泛地采用开/闭加上比例调节控制供油，因为它可以使得蒸汽的压力变化比较平坦，所以很受用户的青睐。在给水的控制方面为了获得较稳定的水位，一般都采用给水泵连续工作制，利用水的控制阀对水位进行控制。给水泵一般配置两台，一台工作，另一台备用。

为了减少和防止锅炉水道结垢，提高其热效率，根据船上锅炉用水源的水质好坏来考虑是否需要加装对用水进行预处理的设施。

对于锅炉的配置台数，在现有的FPSO上，有的只安装一台锅炉，但是安装了两台，其中一台为备用的也不少见。

（2）热油式蒸汽发生器　这是一种非直燃式的蒸汽发生装置，不必像锅炉那样配置燃烧装置和燃料系统，因而也就不必安装供风和扫气用的鼓风机，更无须设置排烟系统，只需要配备一台类似于管壳式换热器的蒸汽发生器即可。在该装置的壳体内布置有许多由热油供热的盘管，热油流经盘管并对壳体内的淡水进行换热，使淡水沸腾转换成蒸汽。由此可见，这种装置比起锅炉来要简单得多。

一般来说，热油式蒸汽发生器大体是由给水泵、蒸汽发生器、水质取样器、凝水冷却器、热井和加药罐、仪表、阀门、管路和附件等设备组成。

采用热油式蒸汽发生器的FPSO大都配置有两套这种装置，其中一套工作，另一套备用。

（3）烟气式蒸汽发生器　烟气式蒸汽发生器在布置方式和结构型式上与热油式的最大区别是不作为一种独立的设备布置在设备舱室内，而是附属在燃气轮机的烟道或排气管路上，根据发动机所排出烟气的多少、温度的高低和蒸汽耗量的大小来选择烟气是全流通式的还是加装有旁通支路的。从发生器的内部结构上看，采用水管式的居多，烟管式的很少见到；从给水方式上看，强制循环式的更适用，自然循环式受管阻力的限制在设备和管路的布置上将带来许多不便。

从产蒸汽量的受控角度上看，烟气式蒸汽发生器比热油式蒸汽发生器复杂，因为前者受到电站发动机功率和使用电负荷的大小、环境条件以及排气背压等多种因素的影响，而后者因为热油的进口温度是恒定的，只需要控制热油的流量一种因素就可以了，所以热油式蒸汽发生器在FPSO上得到较多的采用。但是，从余热回收、减少能耗的角度考虑，烟气式蒸汽发生器的应用日益广泛。

3. 污油、含油污水系统

本系统中所指的污油和含油污水不包括上部模块的油、气、水生产工艺中产生的污油和含油污水，而仅限于生产辅助系统和公用系统中产生的污柴油、污生原油、污废滑油、污废液压油、污废热介质油及主发电机房舱底的含油污水，船体部分机舱舱底的含油污水。以上这些污油和含油污水分别来自各个油舱、油柜、油盘、设备的围堰和舱底的泄放管路，并通过排放支管和汇总管导入不同的舱中存储起来，等待进行不同方式的处理。

(1) 污柴油和污液压油的汇集和处理　来自柴油贮存舱、净柴油舱、主电站的日用柴油柜、应急发电机日用柴油柜、热油锅炉日用柴油柜、蒸汽锅炉日用柴油柜、惰性气体发生装置日用柴油柜、焚烧炉日用柴油柜、渣油柜、柴油输送泵、柴油净油机、潜没式液压驱动的货油泵的主/副液压单元和液压油柜等处的泄放液，通过支管和总管在重力作用下流入布置在机舱最底层处的含油水舱中。如果FPSO上设置有焚烧炉，则利用焚烧炉将其焚烧掉；如果FPSO上没有安装焚烧炉，则利用专设的排放泵将其通过设置在左右舷处的国际通岸接头输至接收船上去，以便送到陆上的指定处理站去处理。

(2) 污废滑油的收集和处理　来自主电站发动机用的滑油贮存舱或滑油柜（机带的）滑油输送泵和过滤器，滑油分油机、应急发电机用的滑油贮存舱，输送泵和过滤器、应急发电机、应急消防泵驱动用柴油机、滑油零用柜等处的泄放液，通过支管和总管利用重力作用被引入位于机舱双层底处的滑油泄放舱内，当积聚到一定量之后再通过污滑油泵（通常是滑油输送泵兼作），将其通过设置在左右舷处的国际通岸接头和外输软管流进接收船舱内，以便送往陆上的废滑油处理站去处理。

(3) 污废热介质油的汇集和处理　来自热介质油贮存舱、热油提升泵和过滤器，包括热油循环泵和过滤器、热油膨胀罐等处的泄放液，通过支管和总管利用重力作用被引至机舱双层底处的污热油泄放舱内，待积聚到一定的数量后，被接纳船只送往陆上废热介质油收购站去处理，其处理方法和处理污滑油的方式相似。

(4) 含油污水的汇集和处理　来自主电站发电机组机房舱底的含油污水和来自船体部分机舱舱底的含油污水，通过它们各自的日用舱底泵和过滤器被泵入位于机舱双层底处的舱底水舱内存储，待该舱内的液位到达设定值时，利用安装在机舱底部的真空式可自动排放的油水分离器，将来自舱底水舱排出口和设立在机舱后部污水井中的含油污水吸入分离器内进行油和水的分离，被分离出的污油通过阀门、管路引至含油水舱中等待处理。分离出的水则经由分离器上设置的油分监测装置进行测定其中的油含量，当水中的油分低于15mg/L时，经过通往舷外的阀门、管路和排出口被排入海中。如果水中所含的油分超过15mg/L，油水分离器会发出报警信号，并且会自动关闭通往舷外的排放控制阀门，通过另一条旁通支路将不符合排放标准的水重新返回到油水分离器的舱底水吸入口处，进行重新分离。如果FPSO上配置有焚烧炉、污油泥柜和污油泥泵，存放在上述含油水舱中的污油可以利用这些装置焚烧掉。如果FPSO没有配置这些装置，则可利用污油泵将存放在含油水舱中污油泵至上部模块的工艺系统中去处理。

(5) 污生原油的汇集和处理　来自生原油过滤器、输送泵和生原油处理单元以及主电站发动机燃料系统中排放的污生原油，通过排放泵或重力作用由管路汇集到位于FPSO泵舱双层底处的渣油舱中，待它积聚到一定的液位后，利用设置在泵舱内的渣油泵从渣油舱的出口处抽取并输送到第一级污油水舱中，和油、气、水生产工艺过程中产生的污油水统一进行处理，即利用第一级污油水舱中的加热、自然沉降、油水界面仪和撇油器等手段将漂浮在该舱上部的油利用安装在舱中的撇油泵把它泵至原油生产处理流程中去，该舱下部的水再进人第二级污油水舱继续加热、沉淀和分离。然后将舱的下部含油量较少的水在专设的排油监控装置和系统的监控下取样检查，当其油量瞬间排放率达到环保部门规定的排放指标时，便可排放入海中。当超过规定的排放指标时，装置可自动停止任何油性混合液的排放。

4. 海水系统

在FPSO上，海水除了用作消防水和专用压载水外，它的主要用途是作为冷却用水。在FSRU上，海水是LNG再汽化的热源。此外，有些FPSO上将经过多项处理后的海水作为油田地层注水的水源，还有的用于造淡机制造淡水，用作防止海生物生成装置中的海水电解液，日常生活中用于冲洗厕所以及冲洗甲板。正是由于海水具有广泛的用途，因此在FPSO上形成了以它为介质的各种系统。

(1) 海水冷却系统　海水冷却系统是利用海水作为机器和设备冷却介质的系统，在FPSO上算得上是一个大的公用系统。据不完全统计，被冷却的机器和设备大致有：采用水冷却的主电站中活塞式发电机组，采用水冷却式的仪表气和公用气用的空气压缩机组、惰性气体发生装置及其附属设备、中央空调、厨房空调和重要处所用的单元式空调、伙食冷藏装置、货油泵、专用压载泵等使用的液压动力单元中的冷却器，液压式甲板机械用的液压动力单元中的冷却器、蒸汽锅炉或蒸汽发生器中的凝水冷却器、氮气制造装置中的冷却器，还有油、气生产工艺设备中的各种冷却器等。

以上设备的冷却由于排量要求不同、进机的海水压力要求不同、使用工况和特点不同，不可能期望采用一个大的海水冷却系统来满足它们之间不同的要求。因此在FPSO的设备舱室内按照上述被冷却对象设置了若干个子海水冷却系统。在这些子系统之中各自配备有海水供给泵、过滤器、阀门、仪表、管路及其附件。对于有些用户由于具有相同或是相近的要求，就合并成一个子系统。还有一些设施是各个子系统都能共用的，则以公用的形式存在，比如高低位海底门、海底门出口控制阀、海水粗过滤器、海水总管、各海底门之间的连通管、舷侧的排海阀和排海口等。由此可见，一个完整的海水冷却系统所包括的子系统一般是由高位和低位的海底门、海底门出口控制阀、海水粗过滤器、海水总管、各海底门之间的连通管、各个子海水系统从海水总管上引出的分支管路和入口隔离阀、子系统用的海水过滤器、海水供给泵、泵出口处的止回阀、隔离阀、过滤器前后和供给器前后的真空表、压力表、泵的启动/停止控制器和按钮、管路上的压力变送器、各个用户进/出口的隔离阀、进/出口处的压力表、温度表（个别设备要求的）等设备和设施组成。

1）海底门和排海口。根据FPSO吨位大小和吃水的深浅及工作海域的水深和海底土质情况来设置海底门的数量和位置（即高位与低位），再根据单位时间内最大的吸水量，依据规范要求的流通面积和裕度系数确定每个海底门的尺寸。如果工作海域的水深较浅，海底是泥、沙质的，船的吃水又深，则多设置两个以上的海底门，并且在船的左右舷处设高位海水门，船体底部设低位海底门，工作时尽量采用高位海底门取水，应急时才用低位海底门。

FPSO上的海底门多数为焊接钢结构，与船体焊接成一个整体。为了防止海水的腐蚀，海底门的内表面涂覆有和船体外板相同的防腐漆，有的安装有防腐锌块。海水入口处采用可开启式的由不锈钢制成的格栅充当粗滤器，格栅的铰接件和紧固螺栓、螺母也都采用不锈钢的，格栅的净流通面积多数取海水连接管吸口面积的两倍甚至两倍以上。在每一个海底门上安装有压缩空气和蒸汽吹除用的阀门和短管，还设置有引申到高处的透气管和排除泥沙用的底部排出孔。

2）所有海水往舷外排放的出口位置都设置在压载水线以下，排出口开孔的加强板和排出口的连接短管的壁厚都应符合船级社的要求。

3）海水供给泵。海水供给泵绝大多数选用离心式的，这主要是考虑到所泵送的介质和工作特性的要求，有立式的也有卧式的，依布置空间而定；单级单吸口的居多，双级和双吸口的使用较少。对泵的材质要求除了要保证必要的防腐蚀性和船级社的规定之外，应视本船对使用寿命的要求和投资的多少来选择。

关于泵的排量与压头的选择则主要取决于各种机器设备的冷却量、冷却温度、入口的压力、泵与设备之间的位差、管路及附件的阻力损失等因素，综合衡量后确定。一般情况下，泵的台数配备都考虑有百分之百的备用，个别的应根据设备的重要程度和已选用多台泵供水时，备用程度可能是50%、33%、25%，甚至无备用。在泵的控制方式上，现场手动启动/停止则是最基本的，有些采用自动启动和遥控启动/停止，这一切都应根据自动化程度的要求、设备的管理体系以及设备的重要程度来选择。

4）海水过滤器。除了在海底门的出口处都安装网眼较大的（一般直径是7~10目）海水粗滤器之外，在每台供给泵的吸入口处也应安装网眼较小的过滤器，一方面用来保护泵，防止管路和附件的堵塞，另一方面起保护用户的作用。如果个别用户还有更高的要求，则应在海水入口前另外加装更精细的过滤器。海水过滤器多数采用提篮式单体人工清洗型的。为了提高过滤器的防腐蚀性，过滤器使用的材料也是多样的，筒体有铜质的、钢质内表衬橡胶的和喷涂塑料的，滤芯采用铜、不锈钢材料。

（2）海水加热系统　在FSRU上，海水加热系统为LNG汽化供应热量，属于工艺海水系统。按照FSRU的规模不同，所需要的海水量不同，总的说来，这部分海水的用量相当大，一般形成一个独立系统。海水的取用、处理和排放如前述。

（3）海水供给系统　FPSO上海水的用途，大多数情况下用于冷却目的，也有一些是用于非冷却目的，比如造淡机，是利用海水来制造淡水，随着反渗透技术的成熟，淡水制造价格变得适中，多数FPSO上安装了反渗透式的造淡机，用于制造供饮用的淡水和供发动机闭式冷却系统使用的水质要求更高的工业淡水，有的称之为技术淡水。

在FPSO上，为防止海底门及其周围以及所有的海水管路中生成海生物，造成系统的堵塞，一般都安装有防止海生物生成装置，有的船上安装了次氯酸盐发生装置，也有的船上采用了电解铜－铝式的装置。不论是哪种装置，都需要使用海水并将它进行电解。这是海水的另一种用途。

对于以上这类用途，海水供给系统的组成和海水冷却系统几乎没有实质上的区别，因此有些甚至就以某个子海水冷却系统来代其功能。

5. 淡水系统

在FPSO上的淡水系统实质上包括生活用水（指淡水）系统和特有的工业用淡水（也称为技术淡水）系统。在系统设计图的划分上又习惯地按照FPSO的供水部位将它们分成机舱供水系统、住舱生活水供给系统和甲板淡水供给系统。很显然，生活用淡水系统包括洗涤水供给系统、卫生水供给系统和饮用水供给系统，而洗涤水供给系统中又包括冷水供给系统和热水供给系统。

为了便于设备和管系的集中布置、统一管理，将上述所有供水系统中的主要设备和连接管路阀门和仪表都安装在设备舱中的一两个平台上。其中包括日用淡水压力柜和日用淡水泵，热水柜和热水循环泵，饮水压力柜、饮水泵、饮水消毒器和饮水矿化过滤器，工业淡水压力柜和工业淡水泵等设备以及与淡水舱、饮用水舱和工业淡水舱相连接的管路阀门仪表，还有连接各个用户的主管线。

6. 排水系统

这里所指的排水系统包括居住区内的卫生水排放系统、全船的各层甲板处排水系统和舱底水系统。

（1）卫生水排放系统　从严格意义上讲，此处所指卫生水包含洗涤用水在内。在FPSO的居住区内部，船上的工作人员、设备、器具因日常生活需要所产生的废水、污水应通过管道排放到规定的处所，并遵照环保条例的规定，有的可以直接排到舷外，有的则需要经过防污染装置处理，达到规定的排放标准之后，再排出舷外。

本系统是利用排水口、排放支管、干管乃至总管、阀门等将各层甲板面上的公共厕所和清洁室、厨房、餐厅、洗衣机间等处所的排放水收集起来，有的直接通过防浪阀排出舷外，有的暂行贮存在专门的舱内（比如洗澡水收集舱）等候处理，有的则直接导入生活污水处理装置中去处理，达到排放标准之后再排出舷外。

FPSO上的洗涤用水，一般是允许通过管路、防浪阀直接排放到船的压载水线以下的舷外去。防污染公约的有关条款中对此没有硬性规定必须经过生活污水处理装置处理，达到规定的排放标准才允许排至舷外。但是对于如下定义的生活污水则必须经过处理并达到排放标准之后方允许排海。此处所指的生活污水包括了任何形式的厕所、小便池以及厕所排水口排出物和废弃物；还包括医务室（药房、病房）的脸盆、洗澡盆和这些处所排水口的排放物；以及混有上述排出物的其他废水；个别的船还包括了厨房、餐厅内的含油污水。

几乎所有的FPSO都设计并安装有生活污水处理系统和装置，常见的处理装置有生化法的生活污水处理装置、物化法的生活污水处理装置以及近十多年来开发的电解法生活污水处理装置。生活污水处理装置的容量选取一般都是根据船上的定员来确定的，对于某些船上工作人员流动性较大的情况，可以适当地考虑一些裕度系数。

（2）甲板排水系统　本系统虽然分布的面很广、很分散，但是水排放方式比较简单，通常做法有以下几种：

1）位于模块甲板面上的排放分成两种情况进行。处在设备橇内的是借助排放孔、排放管连接到闭式排放或开式排放干管和总管被排至污油水舱中。处在设备橇外的甲板面上的水，如果是含有油污的水则通过排水口、管线阀门引到开式排放系统中。如果是不含油污的水和雨水则通过排水口、管线、阀门直接排到主甲板面上的左右舷边，通过配置有橡胶塞的排海口排出舷外。有些FPSO的模块甲板设计除设备橇块外，均采用格栅板，这种情况的排放只能顺其自然地流至主甲板面上，利用主甲板的排放装置排放。

2）位于上甲板面上货油区的排放，一般是依据船的长度尺寸和设备的具体布置情况设置至少四个或更多一些的甲板污水井，来收集上甲板面上排放的含油污水。并且在污水井附近安装有气动的污水泵，将污水井中的含油污水排放至污油水舱。对于上甲板面上的不含油污水和雨水，则利用位于船两舷边沟槽内的配有橡胶塞的排水口、短管排至舷外。

3）位于直升机甲板面上的污水，利用布置在该甲板四周具有阻火作用的排水沟汇集起来，通过管线直接排至海中。

4）位于居住区域但非防风雨部位的各层甲板处的排放是通过排水口（地漏）管线引至上甲板面上进行排放。

5）位于居住区域围壁内部各处的排放也是通过排水口（地漏）、管线分别引至设备舱内的舱底水舱和污油水舱中统一进行处理。

（3）舱底水系统　舱底水系统是FPSO的重要保船系统之一，它不仅要求在正常生产作业时对水密舱室内生成的舱底水能有效地排除，而且在紧急情况下（如破舱进水、通海阀损坏或误操作进水）对水密舱室在有限进水的情况下能进行有效地排水。

FPSO的舱底水大致来源包括，主电站、应急电站、大多数的辅机、设备及管路接头因密封不良渗漏的油和水；从空气压缩机、空气瓶泄放的凝水、蒸汽分配阀箱和管路的泄放水；空调管路、风管的凝水及钢质舱壁及壁的凝水；清洗过滤器、机械和设备零部件时的冲洗水；在水线附近的舱室及甲板的疏排水；扑灭火灾或消防演习时的消防水、甲板冲洗水。

1）管路布置的形式。根据各种吨位大小和不同设计要求的FPSO的舱底水管路，大致有如下三种布置形式。

① 支管式：对各个需要排水的舱室，从每个吸口引出支管通过截止止回阀或截止止回阀箱，经舱底水总管接至舱底泵。

② 总管式：适用于设有管线或不便于管理的处所之大中型吨位的FPSO上，从各个需要排水的舱室的吸口引出支管接到管线或不便于管理处所的总管上，该总管通至设备舱并经过设备舱内的舱底水总管与舱底泵相连。由于总管式的阀门布置在管隧或不便于管理的处所内，因此这些阀门需要采用遥控操作。

③ 混合式：是介于上述两种形式之间的一种形式，此种形式通常的做法是将需要排水的舱室分成两组或三组，由两根或三根分总管与舱底泵相连接。

很显然，采用支管式耗用的管材较多，采用总管式则需要加设阀门的遥控操作系统，总之是各有利弊，应视FPSO的具体条件进行选择。

2）管径。

① 对于舱底水用总管和支管管径的要求，各国船级社的规定基本相同，可按照相关船级社的标准确定。

② 关于舱底水支管的内径，一般不应小于50mm。

③ 采用直通舱底泵的舱底水管内径应等于舱底水总管的内径。

④ 舱底水总管若与分配阀箱相连接，连接管的截面积不得小于连接于该阀箱的两根最大舱底水支管的规定截面积的总和，但不必大于所规定的舱底水总管的截面积。

⑤ 舱底水管应尽量避免穿过压载舱和燃油舱，尤其是燃油舱。如果实在不能避免时，则该段舱底水管的最小壁厚应加厚。

⑥ 关于舱底水管用管子壁厚的选用规定可参见一般船舶的设计手册，在此不赘述。

3）舱底水泵的配置。由于舱底水泵要抽除舱底水，有时需排水的舱室离泵的安装位置较远，因此所有的动力舱底泵必须是自吸式的或者带有可靠的自吸装置。常用的自吸装置多为压缩空气喷射器和叶片或真空泵，而且都配备有自动控制装置，在舱底水泵启动时，自吸装置便开始工作，使得吸入管路形成负压。一旦引水成功，自吸装置便自动停止工作。

① 舱底泵的配置数量。动力式舱底的配置数量通常根据船的长度来选择，船长大于91.5m的，配置2台；船长小于91.5m的，配置1台。

② 舱底泵的排量。为使舱底水总管内的水流速度不低于2m/s，可以由前述计算求得的舱底水总管内径来算出舱底泵的排量。每台舱底泵的排量应不小于按式（4-10）计算的值。

$$Q=5.66D\times10^3 \tag{4-10}$$

式中，Q为每台舱底泵的计算排量（m^3/h）；D为舱底水泵总管的计算内径（mm）。

英国和德国船级社（LR、GL）则规定：

$$Q=5.15D\times10^3 \tag{4-11}$$

对于每台独立动力的舱底泵，可以由几台泵组成的舱底泵组来替代，但是每一泵组的总排量应不低于上述的每台舱底泵计算排量。也可以允许其中一台舱底泵的排量小于按公式计算的排量，但是却不能低于计算排量的70%，排量不足的部分应由其他舱底泵补足。

另外，只要配备有足够排量的舱底水喷射器，就完全可以取代独立动力的舱底泵。

4）各类舱室舱底水的排除。

①设备舱室的排水。对于机器处所内舱底水吸口或舱底泵吸口的布置位置和数量，各国船级社规范都有明确的规定，且大同小异，但仍有所差异，故在设计时应查阅并遵循相应的规范。有关机器处所内舱底水的排除请参阅本章节中关于污油和含油污水系统的描述。

② 泵舱的排水。FPSO的泵舱属于一类危险区域，因此泵舱的舱底水管不得通至机器处所，必须单独进行排除。一般采用泵舱舱底泵抽除，有的FPSO上则采用扫舱泵或专设的喷射器排除。如果是采用扫舱泵进行排除，则需在舱底水管的吸入端安装截止止回阀，并在泵的吸入管与舱底水管之间的连接管上增设可靠的带有警示牌的隔离装置，这种隔离装置可以是双环盲通法兰或可拆短管形式。

泵舱舱底水通常是排至污油水舱中进行处理，有关它的处理细节请参阅本章节中关于污油水舱的描述。

③ 其他舱室或处所的排水。

a. 艏、艉尖舱及锚链舱的排水多采用舱底水支管及吸口，利用手摇泵或喷射器进行排水，个别情况也有用专设的舱底泵进行。若采用手摇泵或喷射器排水，手摇泵或喷射器的布置位置，应充分考虑吸入管路和排出管路的水阻力损失，手摇泵吸口至泵的高度按规定应低于7m；喷射器距吸口的高度建议低于2m。喷射器排出管路上的弯头数量要尽可能少，而且在喷射器出口处应保持有不小于0.6m的直管段，以免由于阻力的增加而不能排水。

b. 锚链舱以及艏尖舱以上的水密舱室的排水可采用动力舱底泵进行。

c. 艏尖舱以上的小围蔽舱室可设手动泵或动力舱底泵进行排水，也可以用内径大于38mm的疏水管将水排至艉机舱型布置的机舱内，但是必须在管路上设置自闭式阀门。

d. 隔离空舱（如果有的话）一般设置内径为50mm的舱底水吸入支管。

④ 甲板冲洗水、疏排水及消防灭火或演习水的排除。在FPSO上，这些水属于甲板排水系统处理。

7. 氮气系统

（1）用途　氮气系统中的氮气主要用在三个方面。

1）天然气预处理、液化装置投产前和管路系统置换用氮气。

2）上部工艺模块中一些容器的密封气，如用作燃油（处理后的原油）罐内的覆盖气体，热介质油锅炉热油膨胀罐里的密封气等。

3）停产检修时管路、容器吹扫之用。

（2）系统组成　氮气系统由空气压缩机、压缩空气储气瓶、油水分离器、空气粗细过滤器、电加热器、膜式空气分离橇、氮气储气瓶，以及各类控制监测仪表、各种阀门（含减压阀）、管路等组成。

氮气是由经过处理（过滤和干燥）后的压缩空气通过膜式分离装置后生成的，至于空压机的产气量、产气压力的大小和配置的台数要视FLNG具体设计情况、氮气的用途和用量来确定。有的FPSO上只设一台空气压缩机，而将压缩空气系统中所配置的空压机当作其备用机或是空气来源的备用，显然这必须是两种空压机的产气量和产气压力相同或相近才可实现。当然还有的FPSO上不另设空压机，造氮用的压缩空气是来自仪表用和公用压缩空气系统。这样做的目的是节省工程投资费用，但是实现的前提条件是仪表用和公用压缩空气有足够大的富余量来供它使用。

膜式空气分离橇是制氮装置中的核心组件，制取氮气的原理是将具有一定压力的干燥、清洁空气流过一种高分子中空纤维膜时，各组分（氧气、氮气、二氧化碳、氩气及其他微量成分）具有不同的渗透速率，在流过一定长度的中空纤维膜时，除了氮气之外的其他成分便会以先后次序分别从中空纤维膜里渗透出去，剩下的只有氮气。该装置橇就是利用这一特性从空气中制取氮气。

一个膜组为一个分离单元，由于中空纤维膜很细，膜组内可以封装上万根中空纤维膜，因而一个膜组可以提供极大的渗透面积。

一般膜的式空气分离橇内配置有两套膜组，它们之间互为备用，每套膜组中含有数个膜组，即数个分离单元，其数量取决于流经的压缩空气量，即取决于单位时间内氮气的制取量，因为干燥空气中氮气的含量约占78%，接近五分之四。

这种装置制取的氮气纯度一般都大于95%，有些可达97%～98%。膜组的使用寿命最高的可长达10年。

从膜组中渗透出来的富氧、二氧化碳、氩气及其他气体聚集后排放到大气中。纯度很高的氮气通过管路、阀门进入到氮气储气瓶中备用。

8. 冷藏系统

冷藏系统主要由伙食冷库、冷藏设备组成。

典型的冷藏系统是这样工作的。活塞式制冷压缩机将高温、高压的制冷剂气体从其排出口输出。制冷剂气体经过消声器消声和油分离器分离，气体中夹带的压缩机润滑油被分离出来，分离出来的润滑油由一根装有阀门和视流镜的管路被导入压缩机的曲线箱中以便继续使用。去除了润滑油的制冷剂气体引入海水冷却的冷凝器中进行降温冷却，而进入冷凝器的冷却海水在回程管路上安装有流量控制阀，根据冷凝器的实际需要对进入的海水流量进行调节。冷却降温后转变成液态的制冷剂通过管路流入储液罐内，该罐上还设有补充制冷用的充液接口。在系统压力的作用下从储液罐流出的制冷剂经过过滤器过滤，除去其中的杂质，再流经阀门、视流镜和止回阀，然后进入安装在冷冻机室内的换热器中，并与来自制冷剂回气管路中温度略高的返回气体（其中已含有部分液体）进行热交换，使之转变成液体。温度被升高后的制冷剂从热交换器流出后由干管和支管导入各个冷库，并流经球阀、干燥过滤器、电磁阀和膨胀阀，进行膨胀、减压、蒸发、汽化，在继续进入冷风机的冷却器时借助循环风机的作用，吸收冷库空间的热量，使冷库的库温降低。然后流出冷风机的冷却器并通过止回阀、球阀变成了回程气体离开各个冷库（包括缓冲间），再由回程气支管、干管和总管回流到位于冷冻机室的热交换器中冷却，使之转化成液体，然后经过位于同一室内气液分离器进行分离，消除气体，达到全液态后再被制冷压缩机的吸入口抽进压缩机中继续进行下一个循环。

从压缩机出口处的油分离器流出的无油气体一路流入冷凝器中进行冷却，另外还有一路则经由球阀、电磁阀、流量调节阀，最后旁通到制冷系统的回气总管之中，以实现制冷压缩机的能量调节作用，来适应变负荷情况下的安全运行。

在制冷压缩机的进/出口管路上分别安装有低压传感器、低压表、高低压控制器、高压传感器、高压表，在压缩机的曲轴箱里安装有曲轴箱加热器，主要是对其中的滑油在寒冷季节进行加热，还安装有滑油压力表和油压传感器。在每个冷库内安装有温度传感器，在厨房的适当位置上可以显示出各个冷库的温度，并能通过温控器实现遥控。在低温库的冷风机处安装有融霜温度控制器；在高温库中安装有臭氧浓度监测器。而且臭氧发生器与冷库的门联锁，以保证入库人员的安全。

整个冷凝压缩机组采用程序逻辑控制，安装在电气控制箱内。

上述是传统的典型冷库的配置，在 FLNG 和 FSRU 上，可以充分利用 LNG 的冷量（如 LNG 再汽化等），而无须专为冷库配套压缩制冷系统。

9. 空调系统

FPSO 空调系统比一般船舶用空调系统要简单一些，并更趋于定型化，所包括的区域也很集中，通常是采用单风管集中式的空调系统。

（1）空调区域和空调系统的划分　不论是生活区域设置在 FPSO 的船艏还是船艉，空调区域的划分几乎没有太大的区别，在生活居住区的范围内只设置一个空调系统，那就是集中式的中央空调系统。如果有些舱室因其中布置的设备有更高的要求，中央空调系统不能完全满足要求时，也只是在这些舱室内（如中央控制室、主配电盘室、应急配电盘室甚至实验室）另外加装柜式空调机来弥补中央空调系统之不足，同时也起到备用空调的作用。

新的规范规定，应该将过去常常采用的归并在集中式中央空调范围内的做法分离出来，另外设置厨房的专用空调系统。因此各个空调区域内应进行舱室的空调、采暖系统与通风系统的风量平衡计算。

（2）空调系统的选择

1）用于船舶的空调系统有直接式和间接式。直接式空调系统主要指制冷剂直接在空气冷却器中蒸发达到冷却空气的作用。这种系统比较简单，不需要冷媒水泵，所以空调装置的能耗较小，这种系统多用在货船和渡船上。间接式空调系统的特点是配置有冷水机组，由冷媒水在空气冷却器中冷却空气，所以是一种间接的冷却方式。正是由于采用了冷媒水的循环泵，很自然就增加了这方面的能耗量，因此在一些大型的客船、客货两用船以及有特殊要求的海洋调查船上获得广泛地使用。对于 FPSO 这类油气开发专用船，如果对空调系统有比较高的要求，也可以采用间接式的空调系统。

除了上述两种空调系统之外，还有一种由直接式空调系统派生出的风冷式冷凝器的直接式空调系统，这种系统很符合海上石油平台和 FPSO 的特殊要求，可以说是它们的专用系统。

2）空调系统如果按风管的设置区分，可分为单风管和双风管两种。

① 单风管集中式空调系统。这是一种普通的船舶空调系统，能满足一般性的空调舒适性要求。其优点是风管系统简单、施工方便、节省舱室的层高尺寸，其缺点是在同一个空调区域内，要同时满足各类人员对舱室温度不同的要求比较困难，尤其是在冬天，有的舱室较热，只能依靠用降低布风器的送风量来调节舱室的温度，这样的结果又会导致舱室内的新鲜空气供给量不足，进而影响到舱室内的卫生条件，除非空调系统采用 80% 以上的新风比或者干脆是全新风式的。这样的结果事必增加能量的消耗。如果新风比过高，系统内又未安装空气再热器，当外界气温较低、湿度很高时，使用起来也并不方便。

在单风管集中式空调系统中另外派生出一种名叫末端再加热的单风管集中式空调系统，也是目前国内建造的 FPSO 上使用最普遍的空调系统。在该系统的布风器内安装有电加热器，加热器的能量为 350 ~ 700W，采用 AC 220V 电源供电，用来加热空气以补偿舱室送风的温度差，调节舱室的温度，以适应各用户对温度高低不同的要求。根据不同要求，可将系统中采用的电加热器分为一级加热和二级加热，利用安装在舱室内的温度控制器来控制电加热器的接通和断开。如果安装有两组电加热器，还可以做到分级控制。出于安全考虑，往往在布风器内安装有供风流量继电器和温度保护继电器。这种系统的缺点是要提供 AC 220V 的电源，增加了电力的消耗量，并且要求有较高的铺设电线要求；也经常因为继电器的故障或损坏，导致控制失灵，影响室温的有效调节。

② 双风管系统。双风管的空调系统是目前能更好地满足各个舱室的换气次数和舒适性要求的一种系统，它可以通过手动或自动方式来调节布风器的冷暖风，用调节风门来达到调节舱室内温度之目的，又能保证舱室布风器的送风量和新鲜空气量不变，保持舱室内具有良好的空气卫生条件。

在双风管的空调系统中，空气再热器后的暖风风量可以达到空调器风量的50%～70%。双风管系统的缺点是空调用的风管数量较多，一般比单风管要增加60%～100%，而且安装施工难度高、工作量大，并且要求甲板之间的层高要增高，从而影响到船舶的总体布置。但是对于某些对舒适性和空气卫生条件有较高要求的船舶，它仍然不失为一种较佳的空调系统，可以用在造价较高、对空调的舒适性和舱室内空气品质要求均较高的FPSO上。

10. 通信系统

FPSO上的通信系统可分为无线电与信息传输系统、内部通信与信号装置、导航系统三部分。

无线电与信息传输系统主要指FPSO与其他海上平台或陆上的信号传输系统，以及FPSO与周围的船只、直升机的通信系统，还包括应急通信系统。内部通信与信号装置是指FPSO内部的电话、广播、娱乐系统等。导航系统主要用于保证船舶的航行安全和顺利完成水上作业任务。

对于FPSO上的无线电与信息传输系统、内部通信与信号装置来说，一般情况下需考虑配置如下通信设备，见表4-6。

表4-6 通信设备的配置

至中心平台或基地岸台通信	VSAT卫星通信远端站
	海事卫星Inmarsat
	短波单边带无线电台（HF－SSB）
内部通信	一点对多点数字微波扩频的中心站（或光端机）
	用户程控交换机系统
	报警广播系统
	高频无线电话及对讲机系统（UHF－FM）
	小型本地信息网，汇集和传输各平台数据及生产图像监视（CCTV）
直升机通信	中波无线全向电信标台（NDB）
	甚高频对空无线电话及对讲机（VHF－AM）
船舶通信	甚高频海事无线电话及对讲机（VHF－FM）
	双向甚高频无线电话
遇险报警通信	极轨道卫星紧急无线电示位标（EPIRB）
	搜救雷达应答器（SART）
	奈伏泰斯（NAVTEX）接收机
	其他气象台站

4.4.7 救生与消防系统

1. 救生系统

对于FPSO来讲，它既是一座海上油气生产装置，也是一艘漂在水面上的水面船舶，因此它在救生系统方面必须首先满足国际海事组织颁布的《国际海上人命安全公约》（SOLAS）和《国际救生设备规则》（简称LSA规则），具体的还有中国船舶检验局（ZC）的法定检验要求。但是作为海上石油生产装置，它的救生系统的配置也有其特殊性。

FPSO的救生系统原则上按SOLAS规范和ZC的法定检验规则设置和配备，但如果从FPSO的实际使用特点和实际的安全状况分析，应在救生设备的配置和布置上做细致的考虑和全面的论证，以最大限度地保证FPSO上所有工作人员的生命安全。下面就FPSO和常规船舶在救生系统方面的区别及相应对策做简单介绍，由于经验有限，而且目前新型救生技术和新装置不断出现，因此要求设计者应能全面掌握救生系统的技术现状，熟悉相应规范和规则，结合FPSO的特点来设计配置方便、有效的救生系统。

（1）特点　FPSO在海上的大部分时间是系泊在固定海域，并和海底管线相连接，因此FPSO救生系统具有如下特点：

1）FPSO的位置是固定的，不像航行船舶，船位是变化的。

2）常规船舶在海上航行期间人员基本上是集中在上层建筑和机舱范围内，主甲板上和货舱区基本上无人作业（除正常巡视人员外），而FPSO上从艏到艉布满了生产工艺设备，且都需要人员巡视和操作，包括在有风浪的恶劣天气条件下。

3）FPSO上人员较多，大大多于同吨位的油轮，而且大多为临时工作人员。

4）FPSO要与穿梭运输轮或供应船及其他船舶经常系靠，而且是在毫无遮蔽的开阔水域作业，这就增加了发生安全事故的概率；而常规船舶的这些作业大多是在港内进行的。

5）FPSO常年在海上作业，不可能像常规船舶一样，把救生训练演习安排在船舶系靠码头期间进行。只能定期在海上进行训练和演习，这就增加了训练和演习的难度和不安全性。

为此，FPSO海上安全事故出现概率较大的几个方面：

1）由于船舶之间碰撞而引起的FPSO船体损毁，致使达到弃船逃生。

2）由于FPSO和系泊装置损坏致使FPSO处于无动力漂流状态，船上人员可考虑弃船逃生。

3）由于FPSO上的工艺设备爆炸、失火已无法自救而要求人员撤离逃生。

4）由于风浪及恶劣天气等原因，特别是船对船的甲板作业，增大了工作人员落水的概率，需实施迅速有效的水面救助，特别是在恶劣海况条件下的救助。

（2）配置　首先，在FPSO上配置的救生设备必须满足LSA规则及法定检验的最低要求，在此基础上要考虑FPSO的特点进行适当调整。

1）救生艇。

① 在封闭式救生艇的配置上应考虑FPSO上流动人员较多的特点，目前国内FPSO都是按每舷150%定员配置。

② FPSO上救生艇系统的布置原则上应临近起居处所和服务处所，救生甲板的面积应足够大，可以安排登船平台和集合站，如面积允许也可把集合站安排在登船平台上，在集合站要能够布置存放全部登艇乘员人数的救生衣箱，并且不得影响乘员登艇和操艇作业。吊艇架的形式可以用重力倒臂式、重力滑轨式或跨甲板式，可根据实际情况进行选择。

③ 救生艇的放艇机构应能保证该艇在满载乘员的条件下，利用艇内操作可将救生艇按规范设定速度匀速下降到水面，并由艇内控制脱钩驶离母船。

④ 为海上训练与演习方便，应考虑加大起艇机的提升能力，训练人员应随救生艇一道吊回母船，因此要求FPSO的起艇机能够起吊满载乘员的救生艇。

⑤ FPSO上可以考虑利用全封闭耐火救生艇兼做救助艇，但有条件的情况下应配置专用的救助艇，也可用交通艇或工作艇（带艇）兼做救助艇，但须经过船检部门认可。

2）救生筏。

① 按规范要求，FPSO需配置满足数量要求的救生筏。目前我们采用的救生筏均为气胀式，而基本上不用刚性救生筏，由于FPSO船宽较大，且甲板设施多，因此无法将救生筏左右移动。所以在配置数量上要按每舷100%定员配备。

② 由于FPSO船体较大，工作人员在正常操作期间又散布在FPSO各个位置上，一旦发生需弃船撤离事故，很可能部分人员来不及撤到救生艇所在的位置，或者由于火灾、甲板被损等原因无法到达救生艇处，这就需要我们在全船沿FPSO两舷安全区域布置救生筏。

③ FPSO的干舷相对较大，FPSO甲板距水面的距离也较大，因此在有条件的情况下应安排采用机械吊放式救生筏，或在救生筏附近布置救生绳梯，这在非火灾性海损事故中可增大逃生的成功率，另外每只救生筏架都应配置静水压力释放器。

3）其他救生设备。在FPSO上除了配置全封闭耐火救生艇和气胀式救生筏以外，还要配置其他的救生设备，如普通救生衣、工作救生衣、保温救生衣、救生圈等。

4）救生通道。对于常规船舶来讲，人员逃生通道主要考虑舱内的应急逃生，要求每个场所都要有两个远离的逃生通道，使人员可以到达露天甲板。但对FPSO来讲，舱内和露天甲板同样都存在危险，因为FPSO有许多工艺设备均布置在露天甲板上，而且许多是高温、高压、易燃、易爆的物质，特别是在甲板工艺区域工作人员也比常规船舶的人员数量要多，这就要求在总体设计、工艺流程设计、设备布置等方面要整体考虑，既要方便平时的操作维护，也要考虑一旦发生事故可以保证人员向安全区域转移或安全迅速撤离危险环境。另外，必要的警示标记、安全遮挡等设施也是不可缺少的。

2. 消防系统

（1）分类、选型和布置

1）分类。FPSO上的消防系统可分为水消防系统、泡沫灭火系统、二氧化碳灭火系统和化学干粉灭火系统等。水消防系统又可分为消防喷水系统、消防喷淋系统和消防喷雾系统。泡沫灭火系统一般分为主甲板泡沫灭火和直升机泡沫灭火。二氧化碳灭火系统可分为集中式和分散式，按控制方式分为气动式、电动式和手动式。另外，FPSO上的惰性气体系统和氮气系统也起防火防爆的作用。

2）选型。消防系统可按其系统功能和灭火机理分别采用相应的防火灭火系统。水消防系统的主要作用是降温冷却和隔离，以达到防火、灭火的目的。因此水消防系统适用于除了电气设备以外的区域，如人员起居处所，敞开甲板和机舱泵舱处以及工艺处理设施甲板上。消防喷淋系统还适用于甲板降温冷却和油罐冷却，以防止设备和压力容器处于高温环境。消防喷雾系统适用于可能出现可燃气体和火焰的圈闭处所，如柴油分离机房、焚烧炉和柴油机组房等。泡沫灭火系统适用于水消防的场合。二氧化碳灭火系统主要用于电气房间的灭火，其灭火机理是因其密度为空气的1.5倍，所以能覆盖在燃烧的表面，起隔绝火焰与空气的作用，二氧化碳也能起一定的冷却作用，适用于可燃性液体引起的火灾。化学干粉灭火系统主要通过窒息、冷却、火焰辐射的热量遮隔等作用，适合于扑灭燃料液体表面火灾，也适于扑灭电气设备火灾。

3）布置。FPSO上消防系统的布置，首先根据全船危险区域的划分，防火灭火区域的范围和消防对象设备及其工作介质特点，进行不同消防系统的配置和布置。应了解不同消防系统的防火、灭火机理和对被防护系统设备和场地的要求。消防系统配置和布置，应注意其使用效果并适当加大保险系数，特别是那些可能存在安全隐患和可能存在火灾失火后产生严重后果的地点，采取双保险措施。管路系统和布置，考虑到一处出现故障不致影响全局，消防措施应灵活、迅速和有效。消防系统的布置应符合有关船检规范和有关安全部门的要求，应尽可能规范化、标准化设计和布局。消防系统的设计容量应按实际可能出现的最大区域单元的防火、灭火要求考虑。应急消防系统和设备应远离主消防系统，形成独立体系，至少设备是独立布置的。消防系统监测、报警和控制应集中在中央控制室火灾盘上自动进行。水消防系统和泡沫灭火系统的设计容量和布置位置能覆盖任何所需防火、灭火部位的所有区域。二氧化碳灭火系统的对象一般为圈闭舱室的电气设备，其系统设计容量应满足最大可能产生火灾的舱容区域的灭火要求，且与通风系统和防火风闸联动。对于相对比较独立的边缘区域，可设小型独立的消防系统和设施。在FPSO全船的适当部位均设有移动式消防灭火器材。对于超大型FPSO，可以考虑先划分几大独立的消防区域，分别布置自成体系的消防系统，这样布置比较灵活，消防系统单套的设计容量也可降低，当然在管路系统上可以联网，各区系统之间形成适当的备用。但原则上，各防火灭火区域的消防应独立进行，以便管理方便并简化系统。

（2）水消防系统　水消防系统是FPSO上主要消防系统之一。水消防系统由消防泵、消防水总管和分支管、消防水增压泵、消防水压力柜、消防栓和水带、国际通用接头和消防水枪等组成。

水消防系统的运行程序如下：

1）系统压力达到保压整定值，消防增压泵停泵。

2）由于系统泄漏微弱，系统压力降至保压值以下某一整定值，则消防增压泵启动，将日用淡水柜的淡水或者海水总管的海水打至消防系统达到保压整定值。

3）由于打开消防栓等用户的原因，使系统压力迅速降低到一级消防泵启动整定值时，则一级消防泵供给系统消防海水。

4）因系统用水量增加，而系统压力降到二级消防泵的启动整定值时，二级消防泵应起动供给消防水。

5）消防作业结束之后停止消防泵，启动消防增压泵进行淡水清洗，在耐海水腐蚀的消防管系中，可用海水保压，最后系统达到保压整定值。

（3）泡沫灭火系统　泡沫灭火是以一种泡沫液和海水相混合而产生气泡，覆盖在燃烧物表面上形成连续的黏稠耐热的隔层，从而隔绝空气，并冷却以阻止燃烧。泡沫液是用海水或淡水混合发泡的泡沫剂组成，泡沫剂可以是水膜泡沫灭火剂、蛋白泡沫灭火剂、氟蛋白泡沫灭火剂、水成膜氧蛋白泡沫灭火剂、抗溶泡沫灭火剂等。

FPSO上，泡沫灭火系统中的水介质主要是海水，由海水消防系统供给。因此，FPSO如果考虑水消防如喷淋消防等与泡沫灭火同时灭火的话，水消防泵的排量应满足两种灭火系统的总用水量和压力。FPSO上，一般飞机平台泡沫灭火系统自成独立体系，与主甲板泡沫系统分开布置，分开使用。除了供海水系统的水消防系统外，泡沫灭火系统的泡沫供应系统中包括泡沫液罐、泡沫液供给泵、泡沫液比例混合器、泡沫枪和泡沫炮等。

泡沫炮一般布置在主甲板两舷侧，沿船纵向一定间距排列，其射程应该覆盖住其前方灭火区，泡沫炮的布置应尽量避开结构和设备及管系障碍物，若不可避免，则其邻近的泡沫炮能从另一角度弥补其死角。在直升机甲板的两个平台通道口处各设一门泡沫灭火炮，由独立的泡沫灭火系统提供泡沫液。

（4）二氧化碳灭火系统　常温下，二氧化碳是无色气体，其密度约为空气的1.5倍，能下沉覆盖在燃烧物的表面，隔绝火焰和空气，属窒息式灭火。由于隔绝空气的时间较短，二氧化碳只能扑灭表面的火焰，一般二氧化碳须配以水灭火才能彻底扑灭火灾。同时二氧化碳也有一定的冷却作用，特别适用于可燃性液体引起的火灾和电气设备上的火灾。在发生火灾的圈闭舱室里，若喷进占舱室容积28.5%的二氧化碳气体，舱容中的含氧量能立即减少到15%以下，从而有效地控制火势。二氧化碳灭火系统一般由二氧化碳贮存容器、二氧化碳站室、二氧化碳控制装置和二氧化碳释放喷嘴组成。二氧化碳灭火系统按布置形式分为集中式和分散式或者气动/电气式。二氧化碳灭火系统的控制系统应简单、有效和便于紧急操作，一般不应采用气动/电气式复杂的方式。

（5）移动式灭火设备　目前使用较多的移动式灭火器有干粉灭火器、泡沫灭火器和二氧化碳灭火器。

在FPSO上使用较多的是干粉灭火器，因为干粉灭火器存储方便，且对气温要求不高，而且保质期较长，但对捕灭油性火灾或防止二次复燃不如泡沫灭火器好。泡沫灭火器在北方冬季存在防冻问题，目前虽然已有防冻泡沫灭火器但价格较高，而且它的贮存期限较低，基本上每年需要更换药剂。二氧化碳灭火器适用于电气火灾，其特点是释放后不留痕迹。

对于船用包括FPSO上使用的手提式灭火器，要求其容量应不大于13.5L，且不小于9L，对于超过这些标准的灭火器，采用轮式（舟车式）灭火器，例如配置在机舱和直升机平台的45L干粉灭火器，选择轮式移动灭火器。另外，对布置在FPSO甲板工艺区的灭火器都应考虑用贮存箱保存，贮存箱应能保证达到防雨、防晒与防腐蚀，并且标记明显，取用方便。

对布置在舱内的灭火器可以考虑使用固定托架或墙体嵌入式贮存箱，应做到标记明显，式样美观。

4.4.8　系泊系统

在海上油气田开发中，FPSO是一个重要的海上设施，它被系泊设施定位于某一固定的海域，进行长期的海上油气开采作业。由于FPSO不同于常规运输船舶的抛锚定位，它需要抵抗一定条件的环境力，海上系泊长达十几年至二十几年时间，需要与其他海上平台之间传输井流、电力和通信，保证一定海况下的连续安全生产。系泊系统的发展历史要比FPSO长，最早始于第二次世界大战期间，由美国海军开发与使用了悬链式浮筒单点系泊装置（称为CALM系泊系统），而后，由于海上油气开发得到了大力发展，曾出现了几十种设计方案，但真正被实际应用的仅十几种。自FPSO问世以来，有关公司就致力于研究开发各种形式的系泊装置，目的就是针对不同海域、不同使用周期、不同功能和降低工程投资等内容进行研究。

系泊系统装置从形式上主要可划分为两大系列，即单点系泊系统和多点系泊系统。对浮体而言，当系泊连接点为一个点时即为单点系泊，它适合长宽比大的浮体，如油轮、FPSO、FSO和船舶等。单点系泊系统突出的特点是具有风向标效应，该系统允许浮体围绕系泊点作360°的自由旋转运动，使浮体总是处于合外力最小的位置上；它的另一特点是安装旋转接头，以进行井流、电力和通信等传输。由于单点系泊系统具有很多优点，它被石油工业界广泛采用，但它的投资成本也非常高，技术又被几家公司所垄断，因此，油田开发前期论证时应多加注意。

多点系泊系统不同于单点系泊系统，即浮体上有多个系泊连接点，它没有风向标的效应，不需要安装旋转接头。它适合浮体长宽尺度接近且海上环境条件平缓的工程中，它也是系泊系统的一种选择方案。

动力定位也是浮体系泊的一种形式，它完全或部分借助于浮体上的推进器和侧推器，由计算机统一管理和操纵，能使浮体遭遇最小的环境力，并使浮体定位于某一定点的海域。

1. 单点系泊系统

单点系泊系统（Single Point Mooring System，SPM），目前这种系泊系统被广泛应用于FPSO的海上定位系泊系统之中，主要原因是它的水深适应范围大，可系泊超大型FPSO或油轮，抵抗海洋环境能力强，在一定条件下的经济性良好。因此，从可靠性和经济性的观点考虑，采用单点系泊系统为一种较佳选择。

近60年来，为了适应海上油气田开发和深海恶劣环境条件的要求，单点系泊的技术日新月异，得到了很大的发展。目前，世界上单点系泊装置的类型在不断增加，技术越来越先进，并纳入规范，美国船级社（ABS）1975年颁布了单点系泊系统建造入级规范，其他船级社也出台了相应的规范。国外比较著名的研制单点系泊系统的公司有SBM公司、Bluewater公司、SOFEC公司、APL公司等。单点系泊系统从20世纪40年代由美国海军开发发展到现在，已经成为广泛使用的一种海上系泊油轮和储油装置的方式，它对海上油气田的开发起着极为重要的作用，它具有很多优点，而且这种技术本身还在不断发展之中。归纳起来，它适用于以下几个方面：

1）是浮式生产系统中的一种关键设施，是边际油气田、深海油气田及远海油气开发实现经济开采的先进技术手段。

2）能系泊海上石油加工处理装置、回收和利用天然气和石油伴生气装置，使海洋油气资源得到合理的利用。

3）可作为进出口原油的深水装卸港，供大型或超大型油轮系泊和装卸原油，能充分发挥大型油轮经济运输的优越性，而不必花费巨额投资去建设深水港。

4）海上大型油气田的开发十分复杂，固定生产设施投资大、建设周期长，在油田储量尚未充分掌握之前，很难做出切合实际的技术决策，采用浮式生产装置配以单点系泊系统为核心的早期生产系统可以提早开发油田，并为油田永久性开发的技术决策提供依据。

单点系泊系统基本上可分为悬链浮筒式单点系泊系统（CALM）、单锚腿浮筒式单点系泊系统（SALM）、塔架式单点系泊系统、内转塔式单点系泊系统（IT）和外转塔式单点系泊系统（ET）五大类，虽然各公司在每一种系泊系统上会有所区别，但大同小异。单点系泊系统可在水平面内作360°的自由转动，能使浮式生产装置在海浪、海流和风环境力综合作用下，处于最小环境力的位置上，保持浮式生产装置或油轮定点于某一海域。

（1）规范和标准　单点系泊系统设计建造遵循的主要规范和标准。

1）API RP 2SK-2005《海上浮式结构定位系统设计与分析的推荐作法》，美国石油学会。

2）ANSI/API SPEC 2F-1997《锚链要求》，美国石油学会。

3）API RP 2A-WSD-2014《海上固定平台规划、设计和建造的推荐作法（工作应力设计法）》，美国石油学会。

4）AWS D1.1/D1.1M：2020《结构焊接标准》，美国焊接学会。

5）ASME，美国机械工程师学会。

6）ABS，《单点系泊装置建造与入级规范》，美国船级社。

7）OCIMF，石油公司国际海事论坛。

8）DNV OS-E301-2018《定位系泊》，挪威船级社。

9）DNV Certification Note 2.6，《锻链证书》，挪威船级社。

10）DNV OS-C201-2017，《海上装置的结构设计》，挪威船级社。

11）DNV OS-A101-2017，《安全原理及布置》，挪威船级社。

12）DNVGL OS-E201-2018，《碳氢化合物处理装置》，挪威船级社。

13）《海上固定平台安全规则》，2000年9月，中华人民共和国原经贸委颁发。

14）《浮式生产储油装置（FPSO）安全规则》，2010年6月，国家安全生产监督管理总局。

15）《海上固定平台入级与建造规范》，中国船级社；

16）《中华人民共和国海洋环境保护法》（1982年8月23日第五届全国人大常委会第二十四次会议通过，全国人民代表大会常务委员会第九号令公布）。

（2）悬链浮筒式单点系泊系统（CALM）　悬链浮筒式单点系泊系统（CALM），如图4-28所示。

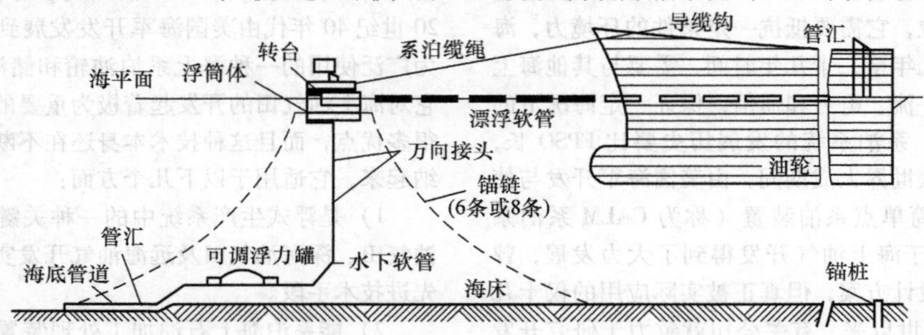

a)

b)

图4-28　悬链浮筒式单点系泊系统（CALM）

a）侧视图　b）俯视图

这种系统是单点系泊系统中最早出现的一种形式，也是数量最多的一种，它使用一个大直径（10～17m）的圆柱形浮筒作为主体，以4条以上的悬链式锚链固定在海底基座上。浮筒能在一定范围内漂移，浮筒上部是一个装有可旋转360°的轴承转台，浮筒上配有系泊板眼、输油管线、阀门、流体旋转接头、航标灯以及必要的起重设备等。中心部位为流体旋转接头，旋转接头一端连接着水下软管和海底输油管汇，另一端连接着水面的漂浮软管，该漂浮软管通向油轮。油轮是用缆绳系泊在浮筒转台的板眼上，在风、浪、流的作用下，油轮能围绕系泊点漂移、转动，使之处在最小受力位置上。

典型的CALM系统由一个圆形浮筒通过若干组锚链及桩基（或大抓力锚或吸力锚）固定在海床上。浮筒作为一个漂浮的平台，用于支撑单点设备、水下立管及悬垂系泊链重量。在浮筒上设有系泊转台、介质输送旋转接头、工艺设施及水下阀门的液压控制装置等。一般浮筒直径为10～17m，高4～8m，尺寸大小主要取决于被系泊油轮的吨位大小。

浮筒通常由4、6或8个水密隔舱组成。如果浮筒在受到外力撞击后，其中一个隔舱进水，其余隔舱仍可提供足够浮力保持浮筒漂浮在水面上，不至于沉没。在一些可靠度要求较高的设计中，甚至会在浮筒隔舱中填充泡沫等助浮材料，以增加浮筒的浮力储备。

系泊链的布置过去通常是采用均布方式，近年来由于系泊系统分析手段的改进，现在普遍采用分组布置的系泊方式。例如，六根系泊锚链布置成3组×2根的形式，在同等的系泊荷载条件下，3组×2根的形式与传统的均布方式相比，锚链用料较省、工程投资较低，亦给水下立管的检查或更换提供了更大的水下作业空间，方便操作。

浮筒上的系泊转台装有轴承或滚轮，它用于系泊穿梭油轮，油轮在风标效应作用下通过转台绕单点中心缓慢转动。穿梭油轮系泊一般采用一根系泊缆，如油轮吨位较大，可采用两根系泊缆，主要取决于穿梭油轮的吨位量级及系泊缆标准产品的允许安全工作负荷。

从海底管线到穿梭油轮的原油外输通道由以下部分构成：

1）从水下基盘到浮筒中心开口位置的水下立管（相对海底不动）。

2）连接水下立管、旋转头、工艺阀门的刚性管线（浮筒上）。

3）连接旋转头出口管线与穿梭油轮的漂浮软管（随油轮转动）。

总之，悬链浮筒式单点系泊系统的主要优点是结构简单、便于制造和安装；它的组成部件除旋转头和软管之外，都是常规产品，其设计、制造、安装简便，造价低廉。它的缺点是要求海底地貌平坦，作业水深为20～150m；由于浮筒的漂移、升沉随环境条件的恶劣而增长，这将使水下软管过度弯曲而易于损坏；另外持续摇荡期间，工作艇难于靠近，给维修保养工作带来不便。因此，该系统常被用于卸载终端，以替代液体输送码头使用。

（3）单锚腿浮筒式单点系泊系统（SALM）　单锚腿浮筒式单点系泊系统被称为SALM系统（Single Anchor Leg Mooring System），如图4-29所示。SALM系统是一种构造上比较简单紧凑的系泊系统，主要生产公司是SOFEC公司和APL公司。它是通过一根锚链（或杠杆）系泊一浮桶，船舶经系泊缆与浮桶连接，浮桶提供恢复力，通过锚链或杠杆与桩基连接，桩基（或吸力锚）固定于海底。海底管线通过漂浮软管与FPSO连接，旋转接头设于海底基盘上。

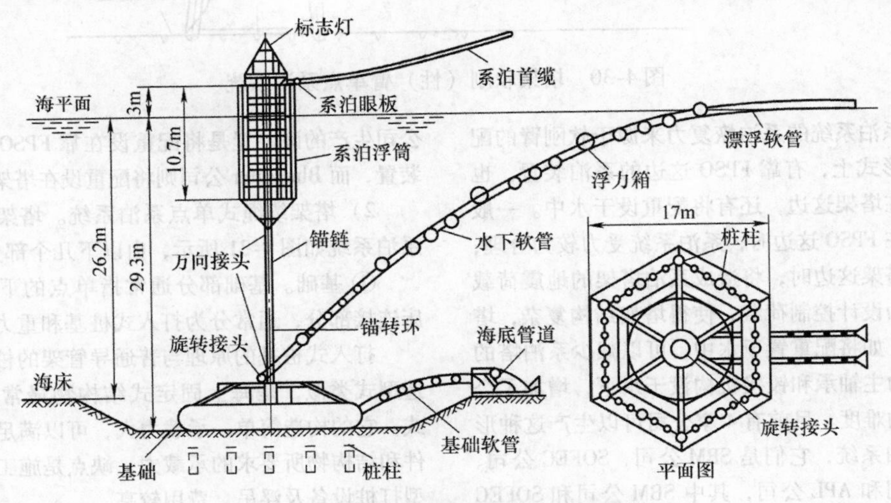

图4-29　单锚腿浮筒式单点系泊系统

SALM系统不能安装太复杂的旋转接头，适合于进行单一液体输送，或用作外输终端，不适合多相井流、电力与通信的输送。因此，这套系统更接近于将它作为卸油终端使用。这种形式的单点系泊系统也可以用于原油及其他化学品的装、卸载终端，它与悬链浮筒式单点系泊系统（CALM）的区别在于占用海域面积小，没有大范围的锚链辐射区，尤其在浅水海域使用时，将不影响船舶航行。因此，该系统在浅水海域更具一定的优越性。

典型的SALM系统由海底基础（重力锚、桩锚、吸力锚）、系泊链、浮筒、系泊缆、水面及水下万向铰接头、旋转接头、漂浮软管等部件组成。系泊链两端分别通过万向绞接头与浮筒及基础连接，以传递系泊力。SALM系统外输漂浮软管的管串由水下部分以及漂浮部分组成，分别与水下旋转头的出口管汇及穿梭油轮的管汇连接，构成外输通道。

目前，常规做法是将浮筒设计为细长型的筒形结构并浸没于水中，以降低波浪对它的作用，浮筒通常分为四个以上的水密隔舱，外周边设有一圈保护碰垫。在意外撞击情况下，为了保护系统安全，筒体通常做成双层的筒形结构。

穿梭油轮通过系泊缆系泊在浮筒上，在风标效应作用下，绕单点自由转动。当系泊力作用在单点上导致浮筒发生侧向位移时，由于浮筒增加了浸入水部分的浮力，从而产生非线性的恢复力以平衡系泊力，其作用原理类似CALM系统，同样具有优越系统弹性。

（4）塔架式单点系泊系统　塔架式单点系泊系统有塔架软刚臂单点系泊系统（Tower Soft Yoke Single Mooring System）和塔架缆绳式单点系泊系统（Fixed Tower Mooring Hawser Single Mooring System）两种。

1）塔架软刚（性）臂单点系泊系统（SYS）。塔架软刚（性）臂单点系泊系统（SYS）如图4-30所示，目前渤海已有六套工程实例，世界其他海域也有使用，新建FPSO和旧油轮改造FPSO都有成功应用的实例。塔架软刚（性）臂单点系泊系统由四个组成部分，即系泊塔架、旋转接头、系泊机构和FPSO支撑结构。

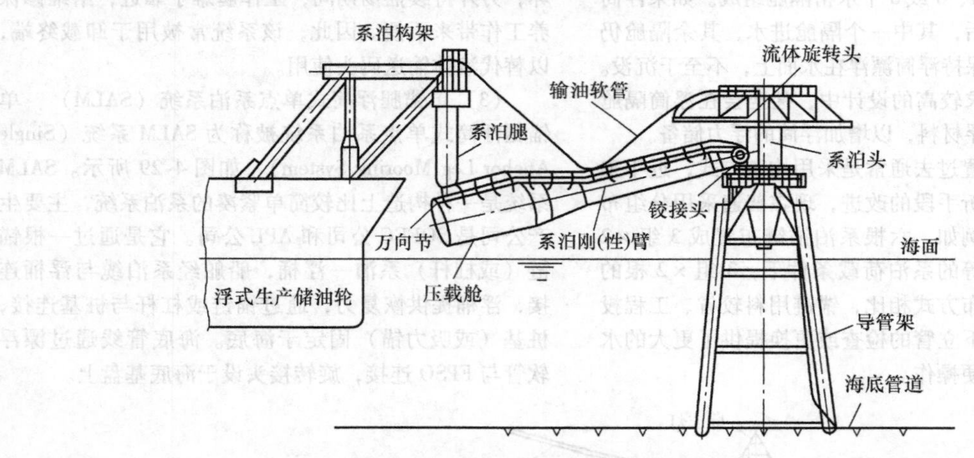

图4-30　塔架软刚（性）臂单点系泊系统

该单点系泊系统的系泊恢复力来源于软刚臂的配重。从配重形式上，有靠FPSO这边的系泊装置，也有将配重设在塔架这边，还有将配重设于水中。一般认为配重设在FPSO这边时，系泊系统受力较为合理；将配重设在塔架这边时，将造成系泊塔架的地震荷载剧增，且成为设计控制荷载，使得塔架结构复杂，塔架重量增加；如将配重置于水中，可以减少系泊塔的荷载，但受力主轴承和铰接机构没于水下，增加了今后维护保养的难度。目前有4家公司可以生产这种形式的单点系泊系统，它们是SBM公司、SOFEC公司、Bluewater公司和APL公司，其中SBM公司和SOFEC公司生产的该装置是将配重设在靠FPSO这边的系泊装置，而Bluewater公司则将配重设在塔架这边。

2）塔架缆绳式单点系泊系统。塔架缆绳式单点系泊系统如图4-31所示，由以下几个部分组成。

① 基础。基础部分通常指单点的下部结构与海床连接部分，通常分为打入式桩基和重力式基础。

打入式桩基的原理与普通导管架的桩基相同，构造型式类似，是海上固定式结构物最常用的基础形式。它的构造简单，承载力大，可以满足恶劣海况条件和结构物所要求的承载力，缺点是施工时要动用大型打桩设备及浮吊，费用较高。

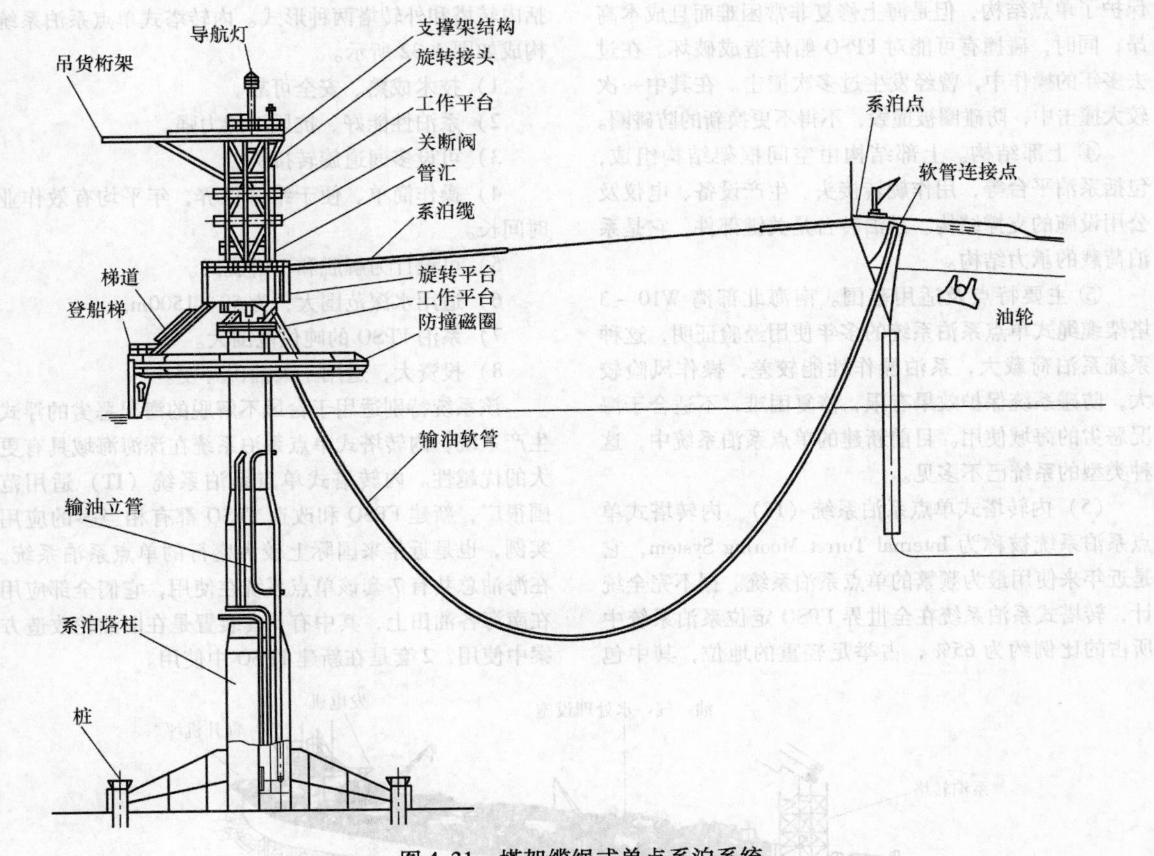

图4-31　塔架缆绳式单点系泊系统

重力式基础的原理主要依赖于结构本身自重产生的稳定力矩来平衡系泊系统外力，安装简单，但承载力有限。在恶劣海况的海域，由于系泊荷载大，重力式基础必须做得很大，增加自重以平衡系泊力。由此导致塔架结构用料增加，以及系统布置等方面一系列问题。因此，重力式基础的应用有很大的局限性，一般限于海况较好的浅水域或系泊荷载较小的“解脱式”系统中。

② 下部结构。下部结构以导管架式结构及单立柱圆筒结构形式为多见，其设计荷载包括设备的重量、环境荷载以及系泊力。

③ 防碰系统。单点系泊系统的系泊方式与防碰系统的设计是相辅相成的。大多数设计中，浮式生产储油装置与塔架缆绳式单点系泊系统的系泊方式基本上以软缆系泊为主，而防碰系统一般是采用“被动式”防护。

在传统的防碰设计中，一般采取在水线附近的塔架结构表面加装衬，以防碰橡胶的护管来保护下部结构，原理类似导管架平台靠船防碰设计。如果油轮或拖轮以一定速度撞击塔架结构物时，简单的“护管式”结构保护效果有限，部分撞击能量会直接传递到结构本体，造成不可逆的结构破坏。

塔架缆绳式单点系泊防碰系统中，采用类似“自行车轮式”防碰圈的设计。它的原理基于当油轮或拖轮撞击时，防碰圈产生变形以吸收撞击能量，减少传递到立柱本体的冲击能量，保证立柱变形仅限于弹性变形的范围内，从而保护单点结构的安全。

此外，系统的防碰设计还包括其他辅助手段，如雷达测距及相应的警报系统，其功能是实时监测油轮与单点的距离，在两者距离太近时，发出声光警报，以提醒船长及时采取措施避免碰撞。但是，由于实际操作中的系泊缆长度限制，单点与 FPSO 间距仅为 5m，FPSO 船长在每天的操作中，时刻处于高度紧张的状态，稍有不慎，就会撞上单点。因此，这种系统操作性能不好。

但是，“自行车轮式”防碰系统在实际操作中也发现存在很多问题，例如，一旦发生碰撞，防碰圈就会发生不可逆转的损坏，不能重复再使用。虽然部分保护了单点结构，但是海上修复非常困难而且成本高昂；同时，碰撞有可能对 FPSO 船体造成破坏。在过去多年的操作中，曾经发生过多次撞击。在其中一次较大撞击中，防碰圈被撞毁，不得不更换新的防碰圈。

④ 上部结构。上部结构由空间框架结构组成，包括系泊平台等，用作旋转接头、生产设备、电仪及公用设施的支撑结构。系泊转台是关键部件，它是系泊荷载的承力结构。

⑤ 主要特点及适用范围。南海北部湾 W10－3 塔架缆绳式单点系泊系统的多年使用经验证明，这种系统系泊荷载大，系泊操作性能较差，操作风险较大，防碰系统保护效果有限，修复困难，不适合于海况恶劣的海域使用。目前新建的单点系泊系统中，这种类型的系统已不多见。

（5）内转塔式单点系泊系统（IT）　内转塔式单点系泊系统被称为 Internal Turret Mooring System，它是近年来使用最为频繁的单点系泊系统。据不完全统计，转塔式系泊系统在全世界 FPSO 定位系泊系统中所占的比例约为 65%，占举足轻重的地位，其中包括内转塔和外转塔两种形式。内转塔式单点系泊系统构成如图 4-32 所示。

1）技术成熟、安全可靠。

2）系泊性能好、抗风浪能力强。

3）可设多通道旋转接头。

4）操作简单、便于维修保养，年平均有效作业时间长。

5）可设计为解脱和不解脱式。

6）适用水深范围大，为 50～1500m。

7）系泊 FPSO 的吨位范围大。

8）投资大，适用于大油田开发。

该系统特别适用于台风不解脱的海况恶劣的浮式生产系统，内转塔式单点系泊系统在深海海域具有更大的优越性。内转塔式单点系泊系统（IT）适用范围很广，新建 FPSO 和改造 FPSO 都有相当多的应用实例，也是近年来国际上较为盛行的单点系泊系统。在海油总共有 7 套该单点系统在使用，它们全部应用在南海各油田上，其中有 5 套装置是在旧油轮改造方案中使用，2 套是在新建 FPSO 中使用。

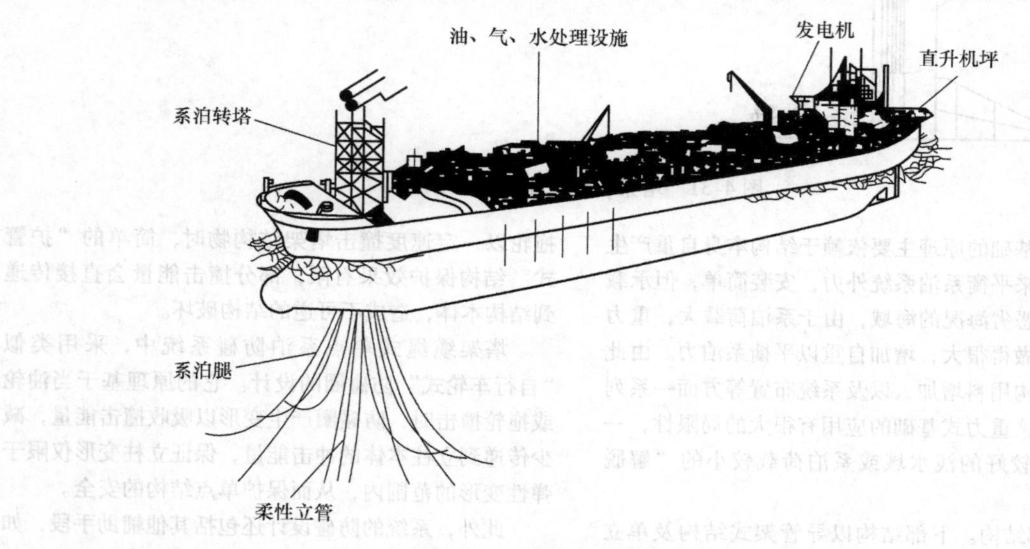

图 4-32　内转塔式单点系泊系统

内转塔式单点系泊系统可靠性高、抗风浪能力强，这套系泊系统可分为解脱式和不解脱式。它具有 15～20a 以上连续不间断生产的能力。

（6）外转塔式单点系泊系统（ET）　外转塔式单点系泊系统（External Turret Mooring System）工作原理与内转塔式单点系泊系统相同，主要区别是将系泊系统安装于船体之外，通过一定的支撑结构与船体连接，如图 4-33 所示。一般情况下将外转塔式单点系泊系统安装于船艏，如图 4-34 所示。世界上有这种系泊系统的工程实例，但应用数量不多。这种系泊系统除具有内转塔式系泊系统的大部分特点以外，还具有如下特点：

1）适用于船体内部空间紧张的情况，将系泊系统安装于船体之外。

2）由于系泊点在艏部之外，船体运动影响将相对大一些。在环境恶劣的海域中船艏运动剧烈，容易造成系泊机构受力增大，所以它一般适用于环境条件平缓的海域。

3）需在船体外进行维护保养，不利于人员安全进出。

4）受力轴承和旋转接头易受海浪抨击和腐蚀。

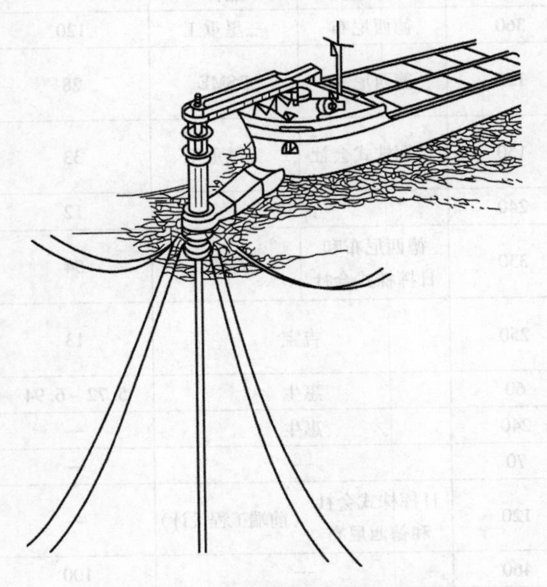

图 4-33　外转塔式单点系泊系统

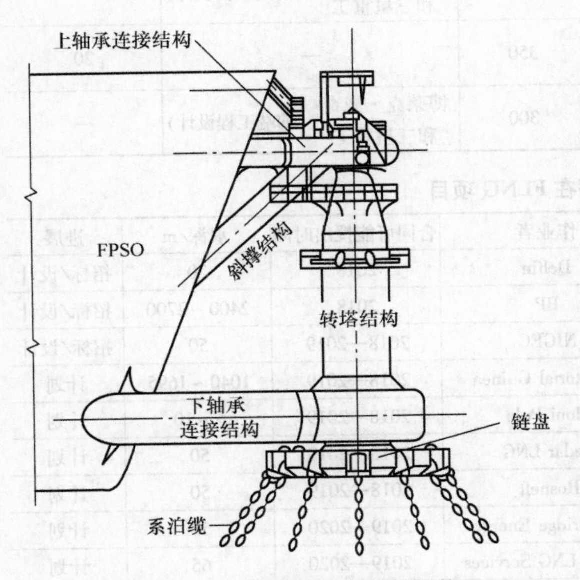

图 4-34　外转塔式单点旋转机构

由于这种系泊系统不占用甲板面积和船体空间，更适合于旧油轮的改造方案，目前也趋向于在新建 FPSO 上使用，OFEC 公司和 SBM 公司设计与建造的外转塔式单点系泊系统较多，其他公司则较少。

2. 多点系泊系统

多点系泊系统（Multi－Point Mooring System 或 Spread Mooring System）是传统系泊系统的主体，而单点系泊则是多点系泊的一个特例。当浮体形状是船舶形状时，由于遭遇的纵向与横向环境力相差很大，使得浮体的风向标作用非常明显，在这种情况下，单点系泊系统显现出良好的优越性。但对于长宽尺度相接近的浮体，单点系泊的优势就不突出，这种浮体如半潜式平台等；在海洋工程施工作业中不允许进行 360°旋转的浮体，如起重船和铺管船等。在环境作用力较小的海域或港湾或不允许浮体进行 360°旋转的河道与窄海峡等，都可以考虑使用多点系泊系统。

与单点系泊系统相比，多点系泊系统专利技术少，在国际上没有被垄断，该系统中绝大部分系泊部件都是常规船舶工业的技术与装备。虽然多点系泊系统有一定优点，但多点系泊系统有一个相当大的系泊缆辐射范围，在安装或维修管线、立管或其他水下设施时，必须考虑到它们之间的相互影响；外输油轮难于直接系靠 FPSO，常常要另设输油单点来系泊外输油轮；对于浅水海域使用多点系泊系统时，还应考虑到系泊缆对航行船舶的影响。

在西非和印尼海域，由于海洋环境条件较好，有部分 FPSO 采用多点系泊系统。

3. 动力定位

动力定位（Dynamic Position，简称 DP），这套系统借助于螺旋桨和侧推器等有单独动力能源提供或用于辅助的系泊系统，它也被称为主动式系泊系统。动力定位包括一个位置参考系统，船通过声呐探测系统与计算机相结合，以控制浮体的推进器和侧向推进器，实现浮体的海上定位系泊。

动力定位也可与其他系泊方式一起使用，这种方式就称为辅助动力定位系泊系统。动力定位特别适合于经常性频繁地往返于工作地点与基地之间的浮式生产装置、深水起重船和深水钻井船等。动力定位的连接与解脱比其他系泊系统都容易。在开发深海油气田中，动力定位有相当大的优势，但动力定位不能在环境恶劣的海况下使用。因此，FPSO 使用的工程实例较少，但动力定位钻井船却不少。

当 FPSO 的上层建筑位于艏部，或系泊点靠近船舯时，内转塔式单点系泊系统的风向标功能下降，此时应使用动力定位协作系泊系统工作，中海油的陆丰 22－1 油田上的睦宁号 FPSO 就是采用这种形式。

4.5　全球浮式液化天然气装置汇总

全球 FLNG 装置在建情况见表 4-7，全球潜在 FLNG 项目见表 4-8。表 4-9 列出了全球 FSRU 运营情况，表 4-10 列出了全球大型 FSRU 建造情况。

表 4-7　全球 FLNG 装置在建情况

项目	类型	作业地点	作业者	设计产能/(万 t/年)	承包商		投资/亿美元
					上部组块	船体	
Prelude	新建	澳大利亚	壳牌	360	德西尼布	三星重工	120
PFLNG Satu	新建	马来西亚	马来西亚国家石油公司	120	德西尼布	DSME	28
PFLNG DUA	新建	马来西亚	马来西亚国家石油公司	150	日挥株式会社	三星重工	33
Hilli	改造	喀麦隆	Golar	240	吉宝		12
Coral Sul	新建	莫桑比克	埃尼	330	德西尼布和日挥株式会社	三星重工	54
Gimi	改造	毛里塔尼亚和塞内加尔	Golar	250	吉宝		13
Tango	新建	刚果	埃尼	60	惠生		5.72～6.94
Brazzaville	新建	刚果	埃尼	240	惠生		—
Perenco	改造	加蓬	Perenco	70	—		—
UTM	新建	尼日利亚	UTM	120	日挥株式会社和德西尼布	（前端工程设计）	—
Leviathan	新建	以色列	雪佛龙	460	—		100
Delfin	新建	美国	Delfin	350	博莱克·威奇和三星重工	（前端工程设计）	—
Golar	改造	毛里塔尼亚和塞内加尔	Golar	350	—		20
Gedar	新建	加拿大	海斯拉族和 Pembina	300	博莱克·威奇和三星重工	（前端工程设计）	—

表 4-8　全球潜在 FLNG 项目

序号	项目名称	所在国家	作业者	合同可能授出时间	水深/m	进展
1	Delfin LNG	美国	Delfin	2018	20	招标/设计
2	Tortue West	毛里塔尼亚	BP	2018	2400～2700	招标/设计
3	LNG Export	伊朗	NIGEC	2018—2019	50	招标/设计
4	Block O&I	赤道几内亚	Equatorial Guinea	2018—2019	1040～1695	计划
5	Ntata LNG	尼日利亚	Moni Pulo	2018—2019	5～10	计划
6	Cedar LNG	加拿大	Cedar LNG	2018—2019	50	计划
7	Rosneft/Golar FLNG		Rosneft	2018—2019	50	计划
8	CE FLNG	美国	Cambridge Energy	2019—2020	50	计划
9	Main Pass Energy Hub	美国	Global LNG Services	2019—2020	65	计划
10	Etinde	喀麦隆	New Age	2019—2020	70	计划
11	Grassy Point LNG	加拿大	Woodside	2019—2021	50	计划
12	Brownsville LNG	美国	Barca/Eos	2019—2021	50	计划
13	New Times LNG	加拿大	New Times	2019—2022	50	评价
14	Malahat LNG	加拿大	Steelhead	2020—2021	50	计划
15	Triton LNG	加拿大	Alta Gas/Idemitsu	2020—2021	50	计划
16	Scarborough/Thobe	澳大利亚	ExxonMobil/Woodside	2020—2021	950	计划

（续）

序号	项目名称	所在国家	作业者	合同可能授出时间	水深/m	进展
17	Cash - Maple	澳大利亚	PTTEP	2020—2022	305	计划
18	Stewart LNG	加拿大	Stewart Energy	2020—2022	50	计划
19	Leviathan FLNG	以色列	Noble	2020—2022	1675	计划
20	AC LNG	加拿大	H Energy	2020—2022	50	评价
21	Orca LNG	加拿大	Orca	2020—2022	50	评价
22	Dara	印尼	Black Platinum	2020—2022	110	评价
23	Greater Sunrise	澳大利亚	Woodside	2020—2022	160	计划
24	Jupiter	巴西	巴西国油	2020—2022	2200	计划
25	CNOOC FLNG	中国	中海油	2020—2023	65	评价
26	Bunyip/Tallaganda	澳大利亚	BHP	2020—2023	1140 ~ 1190	评价
27	Pandora	巴布亚新几内亚	Repsol	2020—2024	120	计划
28	Bolia/Chota/Nnwa	尼日利亚	壳牌	2022—2024	1100	评价
29	Fortuna FLNG #2	赤道几内亚	One LNG/Ophir	2022—2025	1800	计划
30	Leopard	加蓬	壳牌	2022—2026	2110	评价
31	Pre - salt Gas	巴西	巴西国油	2023—2025	1500 ~2500	评价

数据来源：EMA。

表 4-9 全球 FSRU 运营情况

终端	地点	运营商	舱容/m³	气量/mmscfd①	气压/mtpa②	投产年份
Northeast Gateway	USA	Deepwater Port	—	600	5.0	2008
Bahia Blanca	Argentina	Exemplar	138000	500	4.1	2008
Pacem	Brazil	Golar Spirit	129000	240	2.0	2008
Guanabara Bay	Brazil	Experience	173400	700	5.8	2009
Buenos Aires	Argentina	Exquisite	149700	500	4.1	2011
Jakarta Bay	Indonesia	Nusantara Regas Satu	125000	485	4.0	2012
Hadera	Israel	Excellence	138000	500	4.1	2013
Tianjin	China	Neo Energy	149700	500	4.1	2013
Bahia，Salvador	Brazil	Golar Winter	138000	500	4.1	2014
Mina Al Ahmadi Port	Kuwait	Golar Igloo	170000	500	4.1	2014
Klaipeda	Lithuania	Independence	170000	384	3.2	2014
Lampung Sumatra	Indonesia	PGN Lampung	170000	360	3.0	2014
Offshore Livomo	Italy	FSRU Toscana (Golar Frost)	137500	530	4.4	2014
Jebel All	Dubal	Expiorer	151000	500	4.1	2015
Port Qasim 1	Pakistan	Exquisite	151000	500	4.1	2015
Ain Sokhna 1	Egypt	Gallant	170000	500	4.1	2015
Aqabar	Jordan	Golar Eskimo	160000	500	4.1	2015
Ain Sokhna 2	Egypt	BW Singapore	170000	500	4.1	2016
Ruwais	Abu Dhabi	Excelerate	138000	500	4.1	2016
Allaga，Izmir	Turkey	FSRU Neptune	145000	500	4.1	2016
Cartagena	Colombia	Grace	170000	500	4.1	2017

（续）

终端	地点	运营商	舱容/m³	气量/mmscfd①	气压/mtpa②	投产年份
Aguirre	Puerto Rice	Expedient	138000	500	4.1	2018
Punta de Sayago	Uruguay	GNL Del Plata	263000	500	4.1	2018
Tama	Ghana	Golar Tundra	170000	350	2.9	2018

① 1mmcfd = 10^7 ft³/d。

② 1mtpa = 1t/a。

表4-10　全球大型FSRU建造情况

造船厂	所有者	船名	运营商	舱容/m³	气量/mmcfd	气压/mtpa	年份
Hyundai	Gazprom	Marshal Vaslevskiy	Kaliningrad FSRU	174100	600	5.0	2017
Hyundai	HoeghLNG	FSRU#7	Tema	170000	750	6.2	2017
Samsung	GolarLNG	FSRU#8 Nanook	TBA	170000	440	3.7	2017
Wison	EXMAR	FSRU Barge#1	TBA	26230	600	5.0	2017
Hyundai	HoeghLNG	FSRU#8	TBA	170000	750	6.2	2018
Hyundai	HoeghLNG	FSRU#9	Port Qasim	170000	750	6.2	2018
DSME	BW Offshore	FSRU#3	TBA	173000	n/a	n/a	2019
Hyundai	HoeghLNG	FSRU#10	TBA	170000	750	6.2	2019
Hyundai	BW Offshore	Integrity	Port Qasim	173400	750	6.2	2019
DSME	Maran GasMaritime	FSRU#1	TBA	173000	n/a	n/a	2020

参考文献

[1] 郭揆常．液化天然气（LNG）工艺与工程［M］．北京：中国石化出版社，2014.

[2] SONG K，LEE C J，JEON J，et al. Dynamic simulation of natural gas liquefaction process［J］. Computer Aided Chemical Engineering，2012，30（4）：882-886.

[3] FREDRIK SAVIO，NICHOLAS JONES，JOSTEIN UELAND. Development of Large Offshore Gas Fields Using Multiple LNG FPSOs［C］. PS2-2，The LNG 16 conference Algeria，2010.

[4] YAN G，GU Y. Effect parameters on performance of LNG-FPSO offloading system in offshore associated gas fields［J］. Applied Energy，2010，87（11）：3393-3400.

[5] BERG，ATHAN，Maximizing LNG Capacity for Liquefaction Processes Utilizing Electric Motors［C］. 2012 AIChE Spring Meeting.

[6] DALLY，J，SCHMIDT，W，STYER，J. A CWHE design for an evolving market［J］. LNG Industry，2018（11）：23.

[7] 黄群．浮式海上接收终端方案研究［J］．海洋技术，2010，29（1）：112-116.

[8]《海洋石油工程设计指南》编委会．海洋石油工程FPSO与单点系泊系统设计［M］．北京：石油工业出版社，2007.

[9] AUNAN B. Shell-side heat transfer and pressure drop in coil-wound LNG heat exchangers，laboratory measurements and modeling［D］. The Norwegian University of Science and Technology，2000.

[10] WANG T T，DING G L，REN T，et al，A mathematical model of floating LNG spiral-wound heat exchangers under rolling conditions［J］. Applied Thermal Engineering，2016（99）：959-969.

[11] VISIONGAIN. The Floating Liquefied Natural Gas（FLNG）Market Forecast 2017-2027［R］. 2017.

第5章 液化天然气站场工程设计

液化天然气站场是指液化天然气生产、接收、贮存、汽化、外输、转运的场所，主要包括天然气液化工厂和液化天然气接收站两大类。本章着重介绍了液化天然气站场工程设计过程中所涉及的站址选择、设计基础、总图布置及工艺系统等设计原则和要求、标准规范，以及近年来在液化天然气站场工程设计中应用较广泛的稳态模拟、动态模拟、瞬态模拟、模块化设计、三维协同设计等设计方法和手段。

5.1 站址选择

站址选择是液化天然气站场工程建设的首要环节，应在充分了解周边地理和社会环境的基础上，结合周边现状、相邻设施类型和重要设施位置，确定站址与其合理的安全距离，且满足相关法规的要求。本节从站址选择原则、站址条件及要求、站址选择的工作阶段及主要内容等方面进行了阐述。

5.1.1 站址选择原则

1. 一般原则

1）应符合当地经济发展的总体要求。

2）符合国家有关天然气的工业布局、省市地区规划要求。

3）LNG接收站的选址应与全国港口布局发展规划相协调，并满足《全国沿海与内河LNG码头布局方案》的要求。

4）液化工厂应尽量靠近天然气气源地，以减少长输气管线的输送费用。

5）大型接收站站址应综合港址、天然气布局、输气干线走向等因素进行多方案比选确定，并应具备与运载船相适应的岸线、码头、航道等一系列建站条件。

6）小型汽化站应具备接收条件并靠近用户。

7）符合LNG工程供电与供水要求的条件。

8）靠近原有或规划中的交通线，具备工程设备进入场地的运输条件。

9）自然地形应有利于厂房与管线的布置，以及内外交通的联系与场地的排水。

2. 避免选址的区域

1）地震断层带地区和基本烈度为9度以上的地震区。

2）土层厚度较大的Ⅲ级自重湿陷性黄土地区。

3）易受洪水、泥石流、滑坡、土崩等危害的山区。

4）有卡斯特、流砂、淤泥、古河道、地下墓穴、古井等地质不良地区。

5）有开采价值的矿藏地区。

6）大型危险设施、大型机场、重要军事基地、重点文物保护区、运载危险品的运输线路周边，以及电台等使用有影响的地区。

7）有严重放射性物质影响的地区及爆破危险区。

8）国家规定的历史文物，如古墓、古寺、古建筑等地区。

9）园林风景区和森林自然保护区、风景游览地区。

10）水土保护禁垦区和生活饮用水源第一卫生防护区。

11）不能确保安全的水库下游，在堤坝决溃后可能淹没的地区。

12）饮用水源、水厂及水源保护地。

13）自然疫源区和地方病流行区。

14）避免建于低于洪水线或采取措施后仍不能确保不受水淹的地段。

5.1.2 站址条件及要求

1. 场地条件

具有建厂所需的足够面积和较适宜的形状，这是最基本的要求。此外需考虑如下方面：

1）要为工厂的发展留有余地和可能。

2）不应受到铁路线、山洪沟渠或其他自然屏障的切割，以保证厂区面积的有效利用和各种设施的合理布置。

3）场地的平面形状一般要避免选择三角地带、边角地带、不规则的多边形地带和窄长地带。场地以长宽比1:1.5的矩形场地比较经济合理。

2. 地形、地质及水文地质条件

1）地形。宜选择地形简单、平坦而开阔，且便于地面水能够自然排出的地带。不宜选择地形复杂和易于受洪水或内涝威胁的低洼地带。站址应避开易形成窝风的地带。

2）地质及水文地质条件。站址的地基应该具有较高的承载力和稳定性，并尽可能避开大挖大填地带，以减少土石方工程。另外，站址应尽量选择在地下水位较低的地区和地下水对钢筋和混凝土无侵蚀性的地区。

3. 供排水条件

1）供水。建设场地应具有必需的、可靠的水源。无论是地表水、地下水或其他形式，如海水水源，其可供水量必须满足建设和生产所需的生产、消防、生活和其他用水的水量和水质要求。

2）排水。站址应具有生产、生活污水排放的可靠排除地，并保证不因污水的排放使当地受到新的污染和危害。

4. 供电条件

站址尽可能靠近电热供应地，电源的可靠性直接影响到生产装置的安全性。对某些生产设施，对大功率的转动机械可采用天然气作为燃料的燃气轮机驱动，以降低起动负荷对电网的冲击。

5. 交通运输条件

站址应有便利的交通运输条件，尽可能靠近原有的交通运输线路（水运、铁路或公路）。建设施工期间，对超长、超大或超重的生产设备，注意调查运输线路是否具备运输条件。处于内陆的基地生产型LNG工厂投产后，液态产品的运出方式需要认真研究。由于我国的LNG生产工业尚处于起步阶段，铁路尚未准许LNG罐式集装箱的通行，对沿海的基地生产型工厂、接收站，需要以低温罐式集装箱形式运出时，除公路运输方式外，合适的海运方式也是一种可选择的方式。

5.1.3　站址选择的工作阶段及主要工作内容

1. 准备阶段

在准备阶段，应首先组织站址选择工作，着手站址选择的准备工作。

（1）拟定选厂指标

1）工厂的产品方案、品种和规模，副产品的品种和规模。

2）基本工艺流程、生产特性。

3）工程项目组成，即主要项目表。

4）所用原材料、燃料品种、数量、质量要求。它们的供应来源与销售去向及其运输方式。

5）全厂年运输量（输入与输出量）。

6）全厂定员人数与最大班人数估计。

7）水、电、汽等公用工程的耗量及其主要参数。

8）三废排放数量、类别、性质和可能造成污染程度。

9）提出拟建工厂（含生产、生活区）的用地数量（必要时排出理想总平面图）和发展要求。

10）其他特殊要求，如需要外协项目、周边防护距离等。

（2）收集及编写设计基础资料　这样可以使现场工作更富针对性、更有效率。收集资料的工作大致如下：

1）地形。包括地理位置地形图、区域位置地形图及厂外设施情况。

2）气象。包括气温与湿度，降雨与积雪，风、沙、雷，云雾与日照，气压等。

3）水文。包括防洪措施设计基础资料、码头设计基础资料。

4）工程地质及水文地质。包括物理地质现象，例如：滑坡、沉陷、岩熔、崩塌、冲蚀、潜蚀等调查、观测资料和结论报告，地震等级、震速、震源、抗震要求等。

5）供排水。供水资料包括水源地点、输水管线能力与可供本厂水量、供水方式、连接地点坐标与管径、连接点最低水压等。排水资料包括生产与生活污水的处理方式、排向等。

6）供电。包括发电站或区域变电站的位置、至工厂距离、引入供电线的几个可能方向；供电电源的简要说明，例如：系统结构、供电可靠性；对工厂的专线是放射式、树干式或其他方式，线路长度；可能的供电量、目前与远期供电电压；系统短路电流参数及土壤电阻系数；备用电源情况等。

7）原料、辅料与燃料。包括原料天然气的供应距离、输送方式和价格；原料天然气的组分、压力、温度分析资料；气源基地的储量、目前与远期产量、可供气量等。

8）周边生活环境、设施条件。

9）现场施工条件。

2. 现场工作阶段

准备工作完成后，开始现场工作，落实建厂条件。主要工作如下：

1）与当地政府和主管部门进行沟通与汇报。听取对拟建工厂方案的意见。

2）了解区域规划有关资料，确定踏勘对象。

3）按计划收集资料提纲内容，向当地有关部门落实所需资料，并进一步作实地调查和核实。

4）进行现场踏勘。

3. 站址方案比较和选址报告阶段

站址选择以两个及两个以上为好。现场工作结束后开始编制选厂报告，对拟选的几个站址方案进行综合比较后做出结论性意见。比较可分为两部分：一是站址技术条件比较；二是各站址的建设费用与经营费用比较。

5.2　设计基础

确立明确、清晰的设计基础对于新建及改扩建工程项目来说至关重要。液化天然气站场工程项目的设计基础通常包括总体设计要求、设计依据及工程项目组成、规模及功能定位、原料来源与规格、产品规格、LNG船型条件、自然条件、公用工程条件等项目输入条件。

5.2.1　总体设计要求

总体设计要求主要对设计中执行有关安全、卫生及环境保护的政策、法规及标准规范、保证全厂安全可靠地长期运行、保证三废排放达标、工艺方案优化等方面做相应规定。通常为以下内容：

1）在设计中严格执行国家有关安全、卫生及环境保护的政策、法规及标准规范的相关规定，切实做到无事故发生、无人员伤害、无环境破坏的“三无”HSE目标。

2）采用先进、可靠的自动控制及安全设施，以保证全厂安全、可靠的长周期、连续、稳定运转，同时尽可能减少操作人员。

3）设计应充分考虑在正常生产及施工建设期间对周围现有环境带来的影响。

4）严格执行ISO 9000质量管理体系和HSE的有关规定，同时要满足压力容器及压力管道的有关要求。

5）立足于国内采购，引进国内目前还无法满足技术要求的关键核心设备，以保证装置稳定可靠长周期运行，同时带动民族工业的发展。

6）在保证全厂安全、可靠地长期运行及保证三废排放达标的原则下，对工艺方案及设备、材料选择和设计进行优化，以最小的投资达到最佳的技术经济效果。

5.2.2　设计依据

设计依据主要指开展设计所依据的批复文件、项目前期资料等，液化天然气站场工程项目设计依据一般包括以下几类文件。

1）任务（或委托）书或设计合同。

2）外部条件协议文件，如资源、公用工程依托、船型资料等。

3）环境评价、安全评价、职业卫生评价、地震评价等报告及批复文件。

4）其他有关文件及会议文件。

不同设计阶段所需设计依据内容有所不同，以下列出初步设计阶段设计依据：

1）设计任务（或委托）书或设计合同。

2）可行性研究报告及批复文件。

3）项目申请报告及核准意见。

4）外部条件协议文件，如资源、公用工程依托、船型资料等。

5）设计基础资料。

6）环境影响报告书及批复文件。

7）安全预评价报告及批复文件。

8）职业病危害预评价报告及审查意见。

9）地址灾害评价报告及批复文件。

10）地震评价报告及批复文件。

11）水土保持方案及批复文件。

12）土地利用有关批复文件。

13）规划给水、排水、供电、通信、征地、交通等方面协议文件及会议纪要。

14）节能评估报告。

15）社会稳定风险评估报告及其意见。

16）与项目建设方约定的其他内容。

5.2.3　设计输入条件

设计输入条件通常包括工程项目组成、规模及功能定位、原料来源及规格、产品规格、LNG船型条件、自然条件、公用工程条件及规格等。

1. 工程项目组成

工程项目组成也是项目设计基础的重要内容，一般在项目前期阶段确定。以下将分别介绍天然气液化工厂、液化天然气接收站工程项目的组成。

（1）天然气液化工厂项目组成　天然气液化工厂项目通常包括液化工艺生产装置（含主工艺装置、LNG储罐、火炬等）、公用工程系统（含水系统、气系统等）、辅助设施及厂外工程（含管线、保障系统）等。表5-1是国内某内陆基地生产型天然气液化工厂项目组成示例。

表 5-1 天然气液化工厂项目组成

类别		项目名称
液化工艺生产装置	主工艺装置	原料天然气过滤、计量
		脱酸性气
		脱水
		脱汞
		液化冷箱
		冷剂压缩机
		冷剂贮存
		脱重烃
		LNG储罐
	火炬	热火炬
		冷火炬
		罐区火炬
公用工程系统	水系统	生活、生产、消防淡水给排水系统
		循环冷却水系统
		脱盐水系统
		污水处理系统
		供热系统
	气系统	工厂空气和仪表空气系统
		氮气系统
辅助设施		中央控制室
		分析化验室
		总变配电所
		全厂供电和照明
		通信及生产调度系统
		消防系统
		维修间、仓库
		化学品库
		综合楼、倒班休息室、食堂
		道路、车辆、围墙、大门、门卫及绿化地等
厂外工程	管线	原料天然气管线
		外输管线
	保障系统	电力工程
		供水工程
		排水工程
		通信工程

（2）LNG接收站项目组成　LNG接收站项目通常包括LNG码头卸船、LNG贮存、BOG回收及处理、LNG输送、LNG汽化、NG输出及计量、槽车/罐箱罐装、燃料气系统、火炬等工艺装置，海水给水排水系统、工厂空气和仪表空气系统、氮气及液氮汽化系统等公用工程，以及控制室、总变配电所、维修间、仓库等辅助设施，示例见表5-2。

表 5-2 LNG接收站项目组成示例

类别	项目名称
工艺装置	LNG码头卸船
	LNG贮存
	BOG回收及处理
	LNG输送
	LNG汽化
	NG输出及计量
	槽车/罐箱罐装
	燃料气系统
	火炬
公用工程	海水（工艺加热/消防）给水排水系统
	生活、生产、消防淡水给水排水系统
	污水处理系统
	工厂空气和仪表空气系统
	氮气及液氮汽化系统
	供配电系统/事故发电机
辅助设施	控制室
	总变配电所
	装置、海水取水区及配电室
	码头控制、配电室
	维修间、仓库
	消防站、医疗室
	化学品库
	食堂
	行政楼、倒班休息室
	门卫、围墙

2. 规模及功能定位

天然气液化工厂和LNG接收站设计需要规定装置规模、设计寿命、功能定位等。天然气液化装置规模可以以原料天然气日处理能力为基准，也可以以LNG日产量或年产量为基准。如国内某天然气液化工厂装置规模为：用原料天然气处理能力为基准，在标准状态0℃、101.325kPa下，原料气处理能力为$215\times10^4\ Nm^3/d$；LNG产量折合天然气为$200\times10^4 Nm^3/d$；对液化装置还需要规定装置的年开工时数、操作弹性。

LNG接收站工程建设规模通常包括LNG年接卸或周转能力、LNG贮存能力、汽化外输能力、LNG装车能力等。

3. 原料来源与规格

天然气液化工厂和LNG接收站设计需要规定原料来源及规格，原料规格包括原料气相态、进料温度及压力条件、组成等。表5-3示出某天然气液化工厂原料天然气规格。

表5-3 原料天然气规格

进气条件	温度	50℃	气相
	压力	4.20MPa	
组分		摩尔分数,%	备注
H_2		0.0077	
N_2		0.2495	≤0.5
CO_2		2.7987	≤3.0
C_1		96.3591	
C_2		0.5139	
C_3		0.0571	
i C_4		0.0036	
n C_4		0.0045	
neo C_5		0.0006	
i C_5		0.0012	
n C_5		0.0005	
n C_6		0.0010	
C_6H_6		0.0001	
$C_6H_5CH_3$		0.0001	
n C_7		0.0013	
n C_8		0.0010	
n C_9		0.0003	
H_2O		4.2MPa 露点	
H_2S		2.3mg/m³	≤20
汞		未验出	
总硫（以硫计）		2.4mg/m³	≤200

LNG接收站设计需要规定液化天然气原料的资源地及规格。表5-4列出了某资源地LNG的组成及物性。

表5-4 某资源地LNG的组成及物性

组分		单位	贫液	富液
甲烷（CH_4）		摩尔分数,%	99.50	85.00
乙烷（C_2H_6）		摩尔分数,%	0	8.30
丙烷（C_3H_8）		摩尔分数,%	0	3.15
丁烷（C_4H_{10}）		摩尔分数,%	0	1.30
异丁烷（$i-C_4H_{10}$）		摩尔分数,%	0	1.00
戊烷（C_5H_{12}）		摩尔分数,%	0	0.08
异戊烷（$i-C_5H_{12}$）		摩尔分数,%	0	0.09
己烷（C_6H_{14}）		摩尔分数,%	0	0.08
氮气（N_2）		摩尔分数,%	0.50	1.00
平均分子量		kg/kmol	16.10	19.33
气液相平衡 @18kPa（G）	温度	℃	-160.9	-161.7
	液相密度	kg/m³	423.9	484.5
气相密度（20℃，101.3kPa（A））		kg/m³(S)	0.672	0.806
低热值（20℃，101.3kPa（A））		MJ/m³	33.2	38.9
高热值（20℃，101.3kPa（A））		MJ/m³	36.9	42.9
黏度（20℃，101.3 kPa（A））		mPa·s	0.0111	0.0106

4. 产品规格

对于LNG接收站，产品主要是天然气和液化天然气，其规格包括温度、压力、组成。表5-5列出了某LNG接收站产品规格。

表5-5 某LNG接收站产品规格

名称	相态	规格	产量
NG	气	组成同原料液化天然气 压力：4.5~9.2MPa 温度：夏季≥0℃；冬季≥20℃	应急保安最大外输量 6000 ×10^4Sm³/d
LNG	液	组成同原料液化天然气 压力：0.3~0.6MPa 温度：-161℃	170 ×10^4t/a

对于天然气液化工厂应规定LNG产品中杂质含量要求，表5-6列出了LNG产品中杂质含量的一般要求，针对具体项目某些杂质含量可能会低一些。某些项目还会规定LNG产品的热值要求。如果液化工厂同时生产乙烷、丙烷、丁烷、凝析油等副产品，还应规定这些副产品的规格要求。

表5-6 LNG产品中杂质含量的一般要求

序号	杂质	含量限值
1	水	≤1×10^{-6}
2	二氧化碳	≤50×10^{-6}
3	硫化氢	≤3.5mg/Sm³
4	总硫	≤60mg/Sm³
5	汞	≤10ng/Sm³
6	芳香烃类	≤10×10^{-6}
7	碳五以上重烃	≤50×10^{-6}

5. LNG船型条件

LNG接收站需要由LNG运输船提供产品，需提供LNG运输船的容积等船型条件。典型LNG运输船以船容Q-max 26.7×10^4m³为例，其数据详见表5-7。

表5-7　典型LNG运输船型数据

船型尺寸/m	总长	型长	型宽	型深	吃水深度（满载）
	345	333	55	27	12
参数			数据		
卸船期间日蒸发率（%）			0.135		
卸船期间船舱内运行压力范围/kPa			16		
船上卸料泵台数			10		
单台卸料泵能力/(m^3/h)			1400		
总卸载速率/(m^3/h)			14000		
卸料泵最大扬程/mlc①			165		
卸料泵运行效率（%）			65		
卸料泵最大关闭压力/mlc			195		
LNG运输船与卸船臂接口	汇管接口个数		5		
	汇管接口尺寸/in		20		
	汇管接口法兰处最大压头/mlc①		120		
	汇管接口布置（间距、布置方式、与船头方位关系、气液两用汇管的相对位置）		3.5m/LLVLL/162.08m		
	汇管设置（单侧/双侧）		双侧		
	汇管法兰中心距水面高度/m		20.1		
	压力等级 lbs（磅级）				
	异径接头规格/in×in		20×16		

① 1mlc（米液柱）=0.01MPa。

6. 自然条件

自然条件包括液化天然气站场的地理位置与区域位置、气象、水文、地形地貌和工程泥沙、地质和地震等条件。气象条件包括温度、湿度、大气压力、降雨量、冻土深度、风向、风速、雪荷载、雾、雷暴等相关数据。水文条件包括潮汐、波浪、海流、海冰、海水水质等相关数据，表5-8列出了某LNG接收站海水水质数据。

表5-8　某LNG接收站海水水质数据

采样点位	PH	悬浮物/(mg/L)	Hg/(μg/L)	Cu/(μg/L)	氯离子/(mg/L)
LNG接收站南侧（表层：海面下0.4m）	8.03	11.4	0.141	1.97	17654

对于需要进行码头LNG卸船或装船作业的LNG站场，还应根据气象条件和作业标准进行作业天数统计，提供全年可作业天数及最长连续不可作业天数。作业标准为：风速≤15m/s；降雨强度≤中雨；能见度≥1km；无雷暴；允许波浪作业标准见表5-9。表5-10列出了某LNG接收站作业天数统计表。

表5-9　液化天然气船舶作业允许波浪标准

LNG船型/10^4m^3	横浪$H_{4\%}$/m	顺浪$H_{4\%}$/m	T/s
$1 \leq V < 4$	≤0.8	≤1.0	≤6.0
$4 \leq V < 8$	≤1.0	≤1.2	≤7.0
$V \geq 8$	≤1.2	≤1.5	≤7.0

注：V为体积容量。

表5-10　某LNG接收站作业天数统计表

影响因素	风	雨	雾	浪	冰	雷暴	可作业天数
影响天数	8	6	8	3	7	10	325

7. 公用工程条件

公用工程条件包括电力供应、供水、工厂空气和仪表空气、氮气等条件及规格。

（1）电力供应条件　电力供应条件包括电压、相数、频率及与电压对应的用电设备功率等，举例如下。

1）中压电动机（等于或大于200kW）和配电：

6kV或者10kV，3相，50Hz。

2）低压电动机（小于200kW）和其他低压负荷配电：380V，3相，50Hz。

（2）供水条件　根据项目需要，提供新鲜水水质、循环冷却水、锅炉给水等供水条件。

1）新鲜水水质条件。当需要自建循环冷却水系统时，需要提供新鲜水水质条件。

2）循环冷却水条件包括循环冷却水水质、供水温度、供水压力、供水流量，以及回水温度、回水压力、回水流量等。

3）锅炉给水条件包括锅炉给水水质、温度、压力、流量等。

（3）工厂空气和仪表空气、氮气条件　包括温度、压力、含油量、含尘量、露点等。

（4）蒸汽条件　蒸汽操作温度、操作压力、设计温度、设计压力等。

（5）燃料气条件　包括燃料气操作温度、操作压力、设计温度、设计压力、热值要求等。

表5-11列出了液化天然气站场项目主要公用工程规格示例，表5-12列出了液化天然气站场项目氮气规格示例。

表5-11　液化天然气站场项目主要公用工程规格示例

项目	公用工程		单位	规格
新鲜水	压力	设计	MPa	0.6
		操作		0.4
	温度	设计	℃	65
		操作		常温
循环冷却水	压力	设计	MPa	0.7
		供水		0.4
		回水		0.2
	温度	设计	℃	65
		供水		33
		回水		43
	污垢系数		$m^2 \cdot K/W$	3.44×10^{-4}
脱盐水	压力	设计	MPa	1.6
		操作		1.3
	温度	设计	℃	65
		操作		常温
	氯离子		10^{-6}（质量分数）	2
	电导率（25℃）		μs/cm	<0.2

（续）

项目	公用工程		单位	规格
工厂空气	压力	设计	MPa	1.0
		操作		0.6
	温度	设计	℃	AMB
		操作		
仪表空气	压力	设计	MPa	1.0
		操作		0.6
	温度	设计	℃	AMB
		操作		
	含油量		mg/m^3	<10
	含尘量		mg/m^3	<1
	灰尘粒径		μm	<1
	压力露点		℃	-40
低压蒸汽	压力	设计	MPa	0.88
		操作		0.60
	温度	设计	℃	185
		操作		165
燃料气	压力	设计	MPa	1.0
		操作		0.3
	温度	设计	℃	40
		操作		38
	低热值		MJ/Nm^3	33.5

表5-12　液化天然气站场项目氮气规格示例

项目	单位	普通氮气	精氮
氮含量	%	99.9	99.9
氧含量	%	≤0.1	≤0.1
二氧化碳	$\times10^{-6}$	—	≤50
含油量	mg/m^3	—	≤0.001
含尘量	mg/m^3	—	≤1
含尘颗粒	$\mu g/m^3$	≤180	≤180
露点	℃	-60（常压）	-70（压力）
操作压力	MPa	0.7	0.7
操作温度	℃	AMB	AMB
设计压力	MPa	1.2	1.8
设计温度	℃	AMB	AMB

5.3　设计原则和要求

设计原则是工程设计的基本要求，有利于工程设计保持统一性。液化天然气站场的设计原则和要求主要包括总图布置、工艺系统、设备、管道、自动控制、节能、安全和环保等。

5.3.1 总图布置

液化天然气站场的总图布置主要包括液化天然气站场总平面布置、竖向布置、交通运输、绿化布置、铺砌布置等设计原则和要求。

1. 总平面布置

液化天然气站场应根据码头、栈桥、陆域形成平面布置和建设场地自然条件及其他相关资料，满足企业经营管理要求及发展规划，结合厂区的各种自然条件和外部条件，确定生产过程中各种对象的空间位置，以获得最合理的物料和人员的流动路线，创造协调、合理的生产和生活环境，组织全厂构成能发挥效能的整体，工厂布置的实质是寻求物料与人员的最佳运输方案。本着有利生产、方便管理、确保安全、保护环境、节约用地的原则，结合建设场地的具体情况，严格遵守国家现行的防火、防爆、安全、卫生等规范要求。

（1）总图平面布置原则

1）平面布置遵循节约用地、功能区集中布置、预留必要发展用地的要求，LNG 储罐区及工艺设施区应充分考虑扩建的需要。

2）满足生产工艺要求，物流顺畅，管线短捷。

3）功能分区合理布局，便于经营和管理。

4）辅助生产设施及公用工程尽量靠近负荷中心。

5）根据 LNG 的特性，依据风向条件确定设备、设施与建筑物的相对位置，严格遵守我国及国际 LNG 专用现行规范、标准、工程建设标准强制性条文，考虑必要的防火、防爆及卫生要求等。做到节省用地、降低能耗、节约投资、有利于环境保护。

6）根据气温、降水量、风沙等气候条件和工艺条件，或某些设备的特殊要求，决定采用室内或室外布置。

7）根据地质条件，合理布置重载荷和有震动的设备，储罐、汽化器、再冷凝器、加压泵等重要生产设施不应布置在存在地震断裂等不良地质条件的地段。

8）对有可能造成 LNG 及其他化学品泄漏的情况，设置泄漏收集系统。

9）考虑在紧急事故状态下的人员安全撤离通道。

10）考虑正常情况下的工厂安全保卫系统及设施。

11）总平面布置考虑事故状态下的防火、防爆要求。

12）为施工、操作及维修期间保证有足够的安全距离及安全操作空间。

（2）各功能分区平面布置要求

1）码头装卸区。码头装卸区包括 LNG 装卸臂、气体返回臂、栈桥及码头控制室、码头配电室等。码头装卸区应根据 LNG 泊位及其配套设施布置图、工作码头布置图、LNG 泊位接岸栈桥布置图、LNG 接收站护岸及防波墙布置图等进行布置。码头装卸区的布置应与接收站陆域布置统筹考虑。

由于液化天然气易燃易爆的化学特性，码头区应远离海滨浴场、人口密集的居住区和其他工业区，且位于全年的最小频率风向的上风向。液化天然气泊位及工作码头与其他泊位应根据现行的相关规范的要求确定，其泊位与液化石油气泊位以外的其他货类船舶净距离应满足 JTS 165－5—2021《液化天然气码头设计规范》的要求。

2）LNG 储罐区。储罐区的布置应尽量远离站外的居住区和公共福利设施，以减少接收站事故状态下对该区域的严重影响。储罐区应布置在低于工艺装置、全厂重要性设施及人员集中场所的台阶上。该区的布置应考虑风向的影响，防止泄漏的气体扩散至维修车间、火炬等有火源的地方而引起事故。储罐区宜布置于靠近码头的区域，可有效缩短卸船低温管线的长度。

储罐区周围应设环行道路，以满足施工、检修及消防车辆通行的要求。受用地的限制，不能设置环形道路时，应设有回车场的尽头式消防车道，回车场的面积不应小于 15m×15m。

储罐区应考虑预留发展用地，布置时遵循统一规划分期实施的原则。应规划近期、远期的施工顺序，充分考虑先期施工的罐区低温管线与工艺区的管廊共架，竣工后的罐体不应造成预留区域的封闭，不应对扩建施工造成影响。罐区布置应满足罐区及其附属设施的布置要求、满足扩建施工场地的占地要求。

当罐体采用单容罐型时，罐组应设置防火堤，防火堤的布置应符合 GB 50183—2015《石油天然气工程设计防火规范》的规定，当罐体采用双容罐、全容罐和膜式罐罐型时，罐组应设集液池，集液池的布置应符合 GB 50183—2015《石油天然气工程设计防火规范》的规定。

3）工艺装置区。工艺装置区应根据站址的主导风向、场地标高，考虑液化天然气泄漏对周围设施的影响及明火位置等因素统筹布置。同时应考虑施工、检修及建设发展用地。

工艺装置区主要布置工艺设备，设备之间主要由管架或罐墩连接，工艺装置区的主要设备包括汽化器、LNG输送泵、BOG压缩机、原料气压缩机、冷剂压缩机、再凝器、冷箱、气体计量、管道清管器、收发装置等。

工艺装置区布置时，应考虑装置间有足够的安全间距，以防一个装置出现事故时影响其他装置的运行。装置区内部各设备间应有足够的操作间距，确保设备事故检修、扩建施工及安装时，不影响现有设备的运营。设备之间的消防间距应充分考虑某一设备在着火的情况下，其热辐射不致影响附近的人员及设备。为满足消防车在事故状态下可迅速开展作业，工艺装置区四周宜设有环行消防道路。

4）槽车装车区。槽车装车区应位于站场边缘位置，应独立成区。应设有装车区专用出入口，与站场用非燃烧体围栏或围墙分开。槽车装车区应该有足够的用地面积，使车辆尽可能减少移动和转向。区内应布置槽车停车场，用于运输高峰期供应等待车辆的短暂停留。液化天然气装卸接头与到储罐、控制室、办公室、维修车间等其他重要设施的距离不应小于15m。槽车站内部道路转弯半径不应小于15m。

槽车区的地面铺砌采用现浇混凝土地面。区内应设置液化天然气泄漏收集设施。槽车区的计量间应尽量靠近地槽，远离装车区域，位于爆炸危险区域之外。

5）公用工程及辅助生产区。公用工程区及辅助生产区要相对工艺单元独立布置。该区主要包括总变电所、工艺变电所、公用工程机泵房、事故发电房、空气压缩机、仪表空气干燥器、含油废水一体化处理设备等设施，还包括化学品库和维修间等。

公用工程及辅助生产区应考虑主导风向及LNG泄漏收集区对其的影响，应布置在火灾危险区或爆炸区之外。宜紧邻道路布置，以保证通行的便利及紧急情况的疏散。

采用架空电力线路引入站内的总变电所应位于厂区边沿，且应位于工艺设备、LNG储罐及槽车装卸设施等可能引起火灾或爆炸的危险区域之外。

6）海水取水、排水区。海水取水区一般位于护岸位置，用于海水的二级过滤，过滤后的海水进入海水池，通过海水泵打入管网系统。该区的主要设备包括工艺海水泵、海水消防泵等海水取水设施，取水设施应近、远期统一规划，分步实施，并留有发展余地，岸边式取水泵站进口地坪的设计标高，为设计最高水位加浪高再加0.5m，并应设防止海浪爬高的设施。海水排放口位于护岸位置，海水沟的宽度及海水排放口的尺寸经计算确定。

7）火炬。火炬设施布置宜布置在储罐、工艺生产装置的全年最小频率风向的下风向。应根据主导风向确定合理的位置，使可燃气体泄漏后产生的蒸气云扩散至明火地点被点燃的可能性减少到最小。

火炬可采用高架火炬和地面火炬，根据项目的具体情况选用。地面火炬有两种形式，分别为开放式地面火炬和封闭式地面火炬。地面火炬的采用形式可根据火炬每小时的排放量确定，高架火炬布置的防火间距应符合GB 50183—2015《石油天然气工程设计防火规范》的规定。封闭式地面火炬的布置可按照有明火的密闭工艺设备及加热炉来控制防火间距，开放式地面火炬的布置可按照有明火或者散发火花地点控制防火距离。

8）外输计量区。外输计量区是接收站连接站外输气干线的生产设施区，该区的布置应符合GB 50016—2014《建筑设计防火规范（2018年版）》、GB 50183—2015《石油天然气工程设计防火规范》和GB 50251—2015《输气管道工程设计规范》的规定。

为了尽量缩短天然气与站外输气总管管线的长度，外输计量区宜靠近站外天然气总管进厂的合理方向和与总管连接较短的地点。因计量站生产过程中可能有天然气排出，为了减少对环境的影响及保障安全，宜将其布置在有明火或散发火花地点的全年最小频率风向的上风侧。

9）冷能利用区。冷能利用区是利用液化天然气中蕴藏的大量冷量的设施或装置的区域。在天然气液化过程中蕴藏着大量的低温能量，在接收站工程汽化生产中可部分回收利用，冷能的利用可降低汽化生产对周边环境的影响。低温能量的开发和综合利用，提高了资源的利用率，体现了循环经济的理念，符合国家节能减排、环保、发展循环经济的要求。

冷能可采用直接或间接的方法加以利用。直接利用有冷能发电、空气液化分离（液氧、液氮）、液化碳酸、液化二氧化碳（干冰）、空调等；间接利用有冷冻食品、低温粉碎废弃物处理、冻结保存、低温医疗、食品保存等。

随着液化天然气产业的发展，冷能利用将实现商业化，根据现在冷能利用的运营模式，其经营及管理多与接收站分开设置，冷能利用区可布置于接收站边缘以围墙分割或站外，便于自主经营管理和运输。

10）行政管理区。行政管理区的布置应结合场址的主要风向、场地坡度，考虑液化天然气泄漏、爆炸及火炬的热辐射等因素确定。行政管理区主要包括厂区办公用房、化验室、消防站等。

消防站可考虑和周围其他企业合建或设置专用消

防站。消防站的服务范围应按照行车路程计，行车路程不宜大于2.5km，并且接到火警后消防车到达火场的时间不宜超过5min。消防站的位置应确保消防车迅速通往工艺区和罐区，消防车行车路线尽量避开人流道路。消防站的规模应根据接收站的规模、火灾危险性、固定消防设施的设置情况、邻近企业的消防协作条件等因素确定。消防站内应配备合理的消防训练场地，训练场地应位于工艺区及LNG储罐的全年最小频率风向的下风向，以避免可燃气体扩散到消防训练区域。消防站的车库大门应该面向道路，距离道路边缘不宜小于15m，车库前的地面应该采用混凝土或沥青混凝土路面形式，并且有不小于2%坡度的坡向道路。

2. 竖向布置

工厂的竖向布置和平面布置是工厂布置不可分割的两个部分。平面布置确定全厂建筑物、构筑物、工艺装置、贮存与装卸单元、道路和各公用工程等单元的平面坐标。竖向布置则是确定它们的标高，其目的是合理地利用和改造厂区的自然地形，协调厂内外的高程关系，在满足工艺、运输、卫生和安全要求前提下，使厂区场地土方工程量最小，雨水的排除顺利且不受洪水威胁。

（1）竖向布置原则

1）站场内竖向设计应符合当地城市总体规划中区域用地的竖向规划。

2）竖向布置与站址总平面布置统一考虑，使场地符合建站要求。

3）为施工、生产、经营管理和站址发展创造良好的条件。

4）根据生产、运输、防洪、排水、管线敷设、地基、基础、总平面布置的要求，结合土石方工程量，合理确定场地标高和排水方式。

（2）竖向布置要求

1）站场的竖向布置应结合现场地形条件，确定适宜建设的场地标高。应确保雨水的迅速排除，使场地不受洪水及内涝水的淹没；场地标高的确定应满足接收站内道路的设计要求，并与外部的道路连接顺畅；接收站陆域标高的确定还应与码头接卸靠船平台、栈桥高程统筹考虑。

2）竖向设计应合理利用自然地形，尽量减少土（石）方、建筑物、构筑物、挡土墙、护坡的工程量。

3）站场邻近山体建造时，应结合工程地质条件，根据岩土工程勘察报告的结论，确定合理的边坡形式，以确保边坡的稳定性。

4）站场分期建设时，应对竖向统一规划，确保近远期工程的协调衔接。在场地标高、场地运输线路坡度、排水系统等方面做好近期与远期的规划。

5）竖向设计应根据建设规模、站场的地形、地貌和地质条件选择平坡式或阶梯式。

6）站场一般宜按照平坡式布置，当地形起伏较大时，为节省土石方工程量，也可以采用阶梯式布置方式。当站内采用阶梯式布置时应根据工程地质勘查资料，了解现场的地形、地貌及台地间的高度，确定护坡或挡土墙形式。无论采用何种形式都应确保台地具有稳定性，还应符合建筑地基基础设计规范的要求。

7）站场的竖向布置应防止储罐或工艺区的泄漏流向火源、辅助生产区或其他关键设备区；储罐区的场地标高应低于工艺装置区，以减少泄漏的液体流向工艺装置区的可能性。

3. 交通运输

（1）交通运输设计原则

1）站场的交通运输组织方案应根据总平面布置、结合工艺流程、货物运输量获取性质和消防的要求，合理组织车流、人流。

2）物流以保障运输畅通、运距短截，经济合理、避免迂回和平面交叉干扰，站内道路设计应避免人车混流。

3）站内道路布置应该确保运输、装卸安全，对接收站内道路的布局、宽度、坡度、转弯半径、净空、安全限界及安全视线、建筑物距离道路间距制定合理规划，特别对于仓库、装卸场所周围的道路应合理规划交通组织路线。

（2）交通运输设计要求

1）厂外道路。站场外道路的规划应符合当地交通运输规划，且应合理利用站外现有的公路和城镇道路。站外道路与公路及城镇道路连接时，应使外线短截、工程量小、与站内竖向设计相协调。与站外道路连接的出入口应不少于两个，宜位于不同的方向；出入口的设置位置应该符合当地规划主管部门提出的规划要点的要求。

2）站场内道路设计。站内部道路布置应满足生产、运输、安装、检修、消防和环境卫生的要求。厂内道路设计应充分考虑基建、检修期间大件设备的运输与吊装要求。接收站内道路应与竖向设计、管线布置相结合，并与站外道路连接顺畅。在可能的情况下，每个区域不同的两个方向都应该设置消防通道。并考虑两条消防通道之间的距离在有效的消防服务半径以内。工艺区和罐区四周应设置环形消防及维修的道路，如果用通道隔开各功能区，道路的设计应能够承受卡车、维修设备及起重机等车辆的通行。站内道路设计应考虑在火灾的情况下，消防人员及紧急切断系统人员有安全通道。

① 道路宜与建筑物体轴线平行布置。

② 生产区域和仓库区域，根据安全需要，可设置车辆限行或禁止通行的路段，并且设置标志。标志的设置、位置、形式、尺寸和颜色应符合相关规范的规定。

③ 道路在道路转弯的横净距和交叉口的视距三角形范围内，不得设置妨碍驾驶员视线的障碍物。

④ 道路应采用双车道，罐区和装置区的环形消防通道不应该小于6m。路面内沿转弯半径不应小于15m。其他区域的道路内沿转弯半径不应小于12m。用于槽车运输的路线道路的纵坡不应大于6%。

⑤ 在液化天然气接收站槽车装车站应设置汽车衡和停车场。汽车衡台面两端引道的平面和纵坡设计应符合所采用的汽车衡设备安装的技术要求。两端引道与道路连接的路面内缘转弯半径不宜小于15m。

⑥ 罐区内部的储罐与消防车道的距离应符合规范的要求：任何储罐的中心至不同方向的两条消防车道的距离均不应大于120m；当仅一侧布置消防车道时，车道至任何储罐中心，不应大于80m，且道路宽度不小于9m。

4. 绿化布置

(1) 绿化布置原则

1) 绿化方案应符合总体布置要求，与总平面布置、竖向布置及管线布置统一考虑，且不妨碍生产操作、设备检修、交通运输、管线敷设和维修，并不影响消防作业和建筑物的采光、通风。

2) 应根据不同的功能分区进行绿化设计。

3) 结合当地自然条件和环境保护要求，因地制宜，全面规划，分期实施。

4) 选择经济、实用、美观，苗木来源可采用产地较近的乡土植物。

(2) 绿化布置要求

1) 行政管理区是重点绿化区域，绿化宜以景观效果为主。绿化布置及植物选择应与建筑造型相协调，考虑空间艺术效果。布置时应考虑人流休憩和活动的便捷。

2) 出入口的绿化应不妨碍交通。出入口附近围墙可用攀缘植物进行垂直绿化。

3) 行政管理区与生产区之间宜设置绿化用地，以形成绿化隔离带减少噪声污染，给厂前区创造良好的工作环境。

4) 道路两侧绿化布置应满足消防车及其他车辆快速行驶和作业要求。

5) 装置生产区、辅助生产区、公用工程区可以种植不超过15cm的草皮。

6) 液化天然气储罐区域内严禁绿化。

5. 铺砌布置

(1) 铺砌布置原则及要求　铺砌对于设备的操作、维修是非常必要的，铺砌区的设计应考虑设备的操作、维修、消防、污水和清净雨水排放及人员通行的需要。应满足以下要求：

1) 为设备在施工、操作及维修期间提供安全可靠、便捷的通道。

2) 作为一些轻型设备/设施，如棚子、管架、直爬梯、楼梯、管墩等的基础。

3) 防止由于化学品泄漏造成的地下水、土壤污染。

4) 防止土壤侵蚀。

5) 提供表面径流（水、化学品、油、气等）到收集池、沟的排放路线。

(2) 铺砌范围　一般情况下，以下的地区需要设置铺砌：

1) 工艺设备区周围。

2) 建筑物四周需要的车辆/人行通道。

3) 材料堆置区。

4) 停车区。

5) 工艺泵区周围。

6) 根据要求需要作为通道的管廊下方。

7) 工艺装置内管架下方包含法兰连接、阀门，或取样点。

8) 通常情况下，在有可能污染或化学物质泄漏及人员通行的地区都应该设置铺砌。

5.3.2 工艺系统

1. 基本原则

1) 采用先进、节能、安全环保的生产方法、工艺技术。

2) 工艺系统设计应符合安全及环保要求，并满足站场的正常生产、开停车和检维修的要求。

3) 工艺装置的布置应根据生产规模、建设周期、工艺流程和组成、生产特点和生产单元间相互关系，结合自然条件合理布置，做到生产流程通顺短捷、设备紧凑。

4) 采用高效节能的工艺设备，采取有效的节能工艺措施降低能耗。

2. 设计压力选取原则

1) 根据工艺装置在正常生产、开车、停车（包括紧急停车)、吹扫、低负荷或高负荷运转、吸附剂再生或还原等所有操作工况中出现的各种情况，以温度和压力同时作用时最苛刻的工况为确定设计压力的基准。

2）采用一个或一组泄压装置来保护独立的压力系统时，原则上系统内的设备设计压力相同。设计压力与最大操作压力之间宜留有裕量以避免泄压装置频繁动作。

3）未设泄压保护装置且出口无切断阀的设备，设计压力应满足最大操作压力工况，并留有裕量。

4）当常压或低压储罐承受液柱静压时，该静压力应计入设备受压部分设计压力。

5）当管道承受液柱静压时，该静压力应计入管道设计压力。

6）当介质的静压或摩擦损失不能忽略时，应将该部分的压力计入管道的设计压力中，可能出现真空的管道，还应按真空压力设计。

7）压力容器设计压力不应低于0.35MPa，大于$100m^3$的压力储罐设计压力不宜低于0.1MPa。

8）压力容器及管道的设计压力宜为最高操作压力的1.1倍或最高操作压力加0.1MPa，两者取大值。

9）对于操作温度或操作压力有周期性变化的设备，应给出每一变化周期的时间、温度或压力变化的数值。

10）设备的最高工作压力、最高（或最低）工作温度不同时出现在一种工况的情况下，不应将所有的苛刻工况组合在一起确定设计条件。

11）由贮存介质的蒸汽压决定压力的设备，其最低操作温度应按减压后的温度确定。

12）对于装车和装船的液化天然气管线应进行瞬态分析以满足设计压力要求。

13）离心泵下游设备和管道的设计压力应满足以下要求：

① 离心泵出口侧未设泄压设施且有切断阀时，其下游设备及管道设计压力应为泵的关闭压力；设有泄压设施但无切断阀时，其下游设备及管道设计压力应按8）确定。

② 离心泵入口侧未设泄压设施时，泵上游切断阀至泵的管线与泵出口侧的设计压力相同。

14）离心压缩机上、下游设备和管道的设计压力应满足以下要求：

① 离心压缩机下游设备及管道宜设泄压设施，由最高操作压力按8）确定设计压力。最高操作压力应按照各种工况及压缩机入口工艺介质压力、温度和分子量的变化确定。

② 离心压缩机上游设备及管道设有泄压设施时，由最高操作压力按8）确定设计压力；未设泄压设施时，紧急停车时的最高压力作为最高操作压力，按8）确定设计压力。

③ 离心压缩机级间设备及管道设有泄压设施时，由最高操作压力按8）确定设计压力；未设泄压设施时，以下最大的压力应为最高操作压力：a）压缩机出口泄压设施动作时，级间的压力；b）压缩机停车时的最高压力。再根据8）确定设计压力。

15）容积式泵和容积式压缩机的下游设备和管道应以额定的出口压力作为最高操作压力，按8）确定设计压力。压缩机出口设计压力，受脉冲压力波动影响，其设计压力裕量不应小于5%。

16）对于管壳式换热器，低压侧未设泄压设施时，低压侧的设计压力应不小于高压侧设计压力的10/13。

17）火炬系统应根据泄放气体流动时的压力平衡（压力损失），确定设计压力。

3. 设计温度选取原则

1）确定设备及管道的设计温度时，除正常操作工况外，开工、停工工况、改变进料工况和预期实际操作可能波动等工况均应为确定设计条件的因素，应以上述工况中介质的最高和/或最低操作温度作为确定设计温度的依据。

2）容器设计温度应按正常操作工况，同时要考虑绝热闪蒸工况，综合确定。

3）当环境温度较低，且设备和管道内介质处于静止状态时的设计温度，在介质的最低操作温度和环境温度中取低者；环境温度较高，且太阳辐射热不能忽视的场合，应对其影响进行分析。

4）当介质温度接近所选材料允许使用温度界限时，应结合具体情况合理选取设计温度，以免增加投资或降低安全性。

5）因介质减压造成系统急剧降温时，设备及管道的设计温度应按照降压后的最低温度设计。

6）管道中的盲端、放空、导淋部分，当其预计最低温度是冬季最低环境温度时，应核对按照主管道所选的管道等级能否符合最低环境温度的要求；否则应修改管道等级或采取局部伴热的措施。

7）对于操作温度或操作压力有周期性变化的设备，应给出每一变化周期的时间、温度或压力变化的数值。

8）设备及管道的最高工作压力、最高（或最低）工作温度不同时出现在一种工况的情况下，不应把所有的苛刻工作条件组合在一起用以确定设计条件。

9）设备及管道的设计温度应按表5-13的规定选取。

表5-13　设备及管道设计温度的选取

介质正常工作温度 T_0/℃	设计温度 T/℃
$T_0 \leqslant -20$	T_0 -（0~10）或最低介质温度
$-20 < T_0 \leqslant 15$	T_0 -（5~10）（设计温度应 $T > -20$）
$150 < T_0 \leqslant 350$	T_0 +（15~30）

10）除有特殊要求外，一般设计温度应高于环境温度，最小为60℃。

11）最低操作温度在0℃以下时，可用最低操作温度作为设计温度，也可用最低连续操作温度减0~10℃作为设计温度；如果存在高温工况，需同时标明高温工况下的设计温度。

12）蒸发或冷凝设备设计温度应大于设计压力下的饱和温度。

13）液化天然气储罐的设计温度不应高于-165℃。

14）换热器下游管线的设计温度为各种操作工况下可能出现的最高操作温度，设有换热器旁路时应按照换热介质上游设计温度设定。

4. 隔断原则

1）需要检修及维护的工艺系统及设备应设置隔离阀及隔离盲板等隔离设施。

2）在装置分期建设时，有互相联系的管道应在切断阀处设置盲板。

3）紧急切断阀可作为隔离阀使用，控制阀不应作为隔离阀使用。

4）隔离阀不应选用截止阀。

5）液化天然气管道及小于-5℃的天然气管道不应使用8字盲板。

6）有可拆卸短节时，将短节拆除并安装法兰盖可作为设备的隔离措施。

7）公用工程介质的管道不宜直接与工艺介质管道相连，若相连应设置双阀隔离。

5. 隔热及伴热

1）以下情况应采取隔热措施：

① 工艺系统应维持操作温度，避免环境对操作温度的影响。

② 需伴热的设备和管道。

③ 需阻止或减少冷介质及载冷介质在生产和输送过程中的冷损失和/或温度升高。

④ 需阻止低温设备及管道外壁表面凝露。

⑤ 因外界温度影响而产生冷凝液从而腐蚀设备管道。

⑥ 表面温度超过60℃的不需要隔热的设备和管道，需要经常维护又无法采用其他措施防止烫伤的部位应采取防烫伤措施。操作温度在0℃以下但不考虑冷量损失的低温设备及管道应采取防冻伤措施。

2）隔热层的厚度应根据设备的隔热要求、介质温度特性和隔热材料的特性确定。

3）当隔热不能满足工艺物料的保温要求，应增设伴热。

4）伴热方式通常有蒸汽伴热、热水伴热、导热油伴热和电伴热等。伴热介质温度应至少比被伴热介质温度高20℃。

5.3.3　设备

1. 基本原则

1）设备应遵从国家及地方的有关法律和法规，设计时根据工艺的要求，合理选用材料和结构，提供优化的设计，保证安全可靠、经济合理。

2）压力容器应有压力容器设计、制造许可证，进口压力容器的国外制造应取得国家有关部门颁发的安全质量许可证书。

2. 选材原则

1）设备材料应根据其所接触的工艺介质、操作条件、腐蚀性进行选择，做到经济、合理、安全、可靠。

2）低温设备的设计压力、设计温度应满足各种正常、非正常工况条件，其材质应适应工艺介质的低温特性。

3）与酸性介质接触的设备宜采用不锈钢，选用碳素钢时设备及管材的壁厚应附加腐蚀裕量或采取防腐措施。

4）设备选材应根据工艺设计数据表和图的材料要求，按GB/T 150（所有部分）—2011的规定选用相应材料，主要材料见表5-14。

表5-14　受压元件主要选材参照表

设计温度/℃	钢板	锻件	接管	换热管	螺栓
$-196 \leqslant T \leqslant -70$	06Cr19Ni10		0Cr18Ni9		0Cr18Ni9/35CrMoA
$-40 \leqslant T \leqslant -20$	16MnDR（壁厚不大于60mm）	16MnD	16Mn	16Mn/10	35CrMoA
$-20 < T \leqslant 350$	Q345R Q245R	16Mn 20MnMo	16Mn/20	10	

3. 选型原则

1）满足工艺设计、操作条件。

2）经济上合理，技术上先进。

3）安全可靠性高，操作、维修方便。

4）结构紧凑，易于制造加工，造价低。

5）尽量采用经过实践考验证明确定性能优良的设备。

6）选用高效节能的机、泵产品。在正常负荷下，机、泵运行工况应处于性能曲线的高效区，并应采取合理的调节方式予以保证。

7）塔器尽量选取分离效率高、有足够的操作弹性、压降小的形式。

8）换热器尽量选取传热效率高、压降小的形式。

5.3.4　管道

1. 装置布置

（1）基本原则

1）装置布置设计应满足全厂总体规划（全厂总体建设规则、总流程和总平面布置）的要求，并满足工艺流程、安全生产、环境保护和经济合理等方面的要求。

2）在设计、施工中要考虑未来的扩建。

3）整个布置应考虑项目所在地区的当地地理位置及气候条件。根据自然条件确定各装置之间的相对位置，机泵宜露天布置，压缩机可半敞开布置。

4）半敞开式厂房的压缩机、涡轮机等需设置桥式起重机。对于空压站内的小型压缩机可酌情设置简易桥式起重设施。

（2）工程设计要求

1）设备布置设计应满足工艺流程要求。应按工艺流程顺序和同类设备适当集中结合的方式进行布置。

2）需要检修的设备应考虑设备及其内件所需的检修空间。设备的安装和维修应尽量采用可移动式起吊设备。

3）装置布置应考虑能给操作工创造一个良好的操作条件，主要包括必要的操作通道和平台，楼梯和安全出入口要符合规范要求，合理的设备间距和净空高度等。

4）装置设备布置应考虑设备的可施工性。例如，吊装主要设备及现场组装大型设备需要的场地、空间和通道等。

5）设备布置应根据施工、维修、操作和消防的需要综合考虑设置必要的通道及场地。

（3）预留空间　装置内主管廊或管墩应提供10%～20%的安装预留空间，厂内公用管廊和厂外公用管廊或管墩应提供10%～30%的安装预留空间，对于多层管廊所说其百分比是指所有层宽度的总和。预留空间的荷载也应予以考虑。

（4）基础标高　基础标高要求见表5-15，以下数据可以根据装置的特性做适当调整。

表 5-15　基础标高要求

项　　目		距地面或平台的相对高度（最小）/mm
离心泵的底板底面	大泵	200
	中、小泵	300
梯子、平台、管架等基础	顶面	100
卧式容器和换热器	底面	1000
立式容器和特殊设备	环形底座或支腿底面	300
鼓风机、往复泵、卧式和立式的压缩机等		根据需要确定
室外铺砌区		
非铺砌区		
室内地坪		300

注：卧式设备的基础标高应考虑设备底部排液管、出入口配管及泵净吸入压头（NPSH）的具体情况而定。保冷设备在基础与鞍座之间加150mm处理过的隔冷层。

（5）平台及梯子

1）在需要操作和经常维修的场所应设置平台和梯子，并按防火要求设置安全梯。

2）平台应考虑检修通道。

3）当有多台设备布置在一个区域时，尽量采用联合平台和斜梯。

4）在设备和管道上，操作中需要维修、检查、调节及观察的地方，如人孔、手孔、塔和容器管嘴法兰、调节阀、安全阀、取样点、液位计、工艺盲板、经常操作的阀门及需要用机械清理的管道转弯处都应设置平台和梯子。

5）对可燃气体、液体、液化烃的塔区平台或其他设备框架平台，应设置不少于两个通往地面的梯子，作为疏散通道。

6）直梯宜从侧面通向平台。在人员有摔落地面危险的场合，均应提供护栏，而不管上述规定如何。

7）斜梯宜倾斜45°，梯高不宜大于5m，如大于5m，应设梯间平台。

（6）构架类设置

1）在构架上布置设备时，应结合结构设计考虑设备支座梁的合理布置。

2）靠近管廊的构架立柱宜与管廊立柱对齐。

3）框架的层高应符合以下要求：a. 生产过程要求设备布置的高度；b. 设备操作和检修的必要高度；c. 管道布置的高度（包括与管廊相连管道的高度）。

2. 管道系统的设计

（1）布置设计原则

1）设计必须符合管道及仪表流程图（P&ID）的设计要求，并保证全可靠、经济合理。

2）满足施工、操作、维修的前提下力求美观。应使管道系统具有必要的柔性。在保证管道的柔性及管道对设备、机泵管口的作用力矩不超过允许值的情况下，应使管道最短，管件最少。

3）除了排液，排污和其他特殊用途的管道之外，界区内所有管道一般应在地上布置。不能放在管廊上的管道也可以布置在管墩上。如确有需要，可以埋地或地沟敷设。应采取防止可燃气体、液体及液化烃在沟内积蓄的措施，并在进、出装置及厂房处密封隔断。

4）管道布置宜做到“步步高”或“步步低”，力求避免出现袋形，否则应根据操作、检修需要设置放空、放净。

5）架空支撑或管墩上的管道在走向改变时，宜改变标高。特殊管道（如塔顶管道、带坡度管道、气流输送管道、重力流管道等）宜用最少的弯头布置管道。

6）管道布置不应妨碍设备、机泵及其内部构件的安装、检修和消防车辆通行，并且要考虑管道和设备的组装及拆卸。

7）管道系统应有正确和可靠的支承，避免发生管道同它的支承件脱离、扭曲、下垂或立管不垂直等现象。

8）所有的管道布置中应避免“袋形”。否则，应根据操作、检修要求设置放空、放净。对于管道及仪表流程图（P&ID）标明“无袋形”的管道，配管布置不应有“袋形”。此外，管道布置应减少“盲肠”。

9）气液两相流的管道由一路分为两路或多路时，其管道布置应考虑对称性或满足管道及仪表流程图（P&ID）的要求。

10）除特殊需要或管道等级规定外，管道的连接应采用焊接连接。

11）布置腐蚀介质或有毒介质的管道时，应避免由于法兰、螺纹和填料密封等泄漏而造成对人身和设备的危害。

12）在易产生振动的管道（往复式压缩机出口管道），分支管宜顺介质流向斜接。

13）冷冻管道靠近弯头、三通处，一般不允许直接焊接法兰，防止拆卸螺栓时破坏保冷层。

14）对于跨越、穿越厂区内铁路和公路的管道，其跨越段或穿越段上不得安装阀门、金属波纹管补偿器和法兰、螺纹接头等管道穿组成件。

15）可燃气体、液化烃即可燃液体的管道，不得穿越与其无关的装置及建筑物。

（2）管道等级分界

1）管道等级分界是用来表明管系中设计温度和压力及介质性质的改变，所引起管道等级或管道材料发生变化的位置。分界点处的阀门、法兰、紧固件和垫片，应按苛刻条件选取。

2）用于容器上的阀门等级，应与容器的压力等级相同。

（3）排液与放空

1）工艺过程需要的管道上的排液或放空应设阀门，并按管道及仪表流程图（P&ID）的要求进行安装。

2）容器的顶部或底部没有阀门或盲板，容器的放空和放净可以设在管道的顶部或底部。

3）由于管道布置形成的高点或低点，应根据操作、维修等的需要设置放气管或排液管。

4）放空或排液管上设置双切断阀时，两切断阀之间应设短管，但不得有短管以外其他连接。

5）管廊上管道系统和总管的盲端宜设带阀的放净或清扫口。

6）易燃、易爆、有毒气体，应根据气量大小等情况向火炬排放或高空排放，排放易燃、易爆气体管道上应设置阻火器。

（4）泄放管道的布置

1）安全阀泄压装置的出口介质允许向大气排放时，排放口不得朝向邻近设备或有人通过的地区。

2）连续操作的可燃气体管道低点排液阀应为双阀，排出液体应排放至密闭系统。

3）向大气排放的排放管口高度应符合GB 50183—2015《石油天然气工程设计防火规范》的规定。

（5）管道坡度　架空敷设的放空总管应坡向放空分液罐，其坡向应满足工艺要求。对于熔融状流体、高黏度液体，或者管道及仪表流程图（P&ID）上有坡度要求的管道，水平敷设时应设计有坡度。

（6）管廊布置　对于工艺和公用工程管道共架多层敷设时，其布置应符合以下规定：

1）无腐蚀介质宜管道布置在上层，有腐蚀介质的管道宜布置在下层，但不应布置在驱动设备的正上方。

2）工艺管应放在底层，公用工程管和电缆槽放在顶层。

3）低温介质管道和液化烃的管道不宜布置热介质管道上方或紧靠不保温热介质的管道布置。

4）管廊上有坡度要求的管道，可采取调整管托高度，在管托上加型钢或钢板垫板的方法实现。

5）大口径管道布置时，尽可能靠近管廊柱子，减少管廊横梁的弯矩。

（7）管道载荷　钢结构上管道载荷，通常按充水重，大口径管道气体介质可按管净重。大型阀门、操作平台等集中载荷应在计算时考虑在内。载荷计算中还应包括保温重量及将来发展用预留载荷。热膨胀的水平应力也包括在载荷内。

（8）取样管道布置

1）取样接口和取样冷却器应根据管道及仪表流程图（P&ID）配设。

2）取样口的位置应使采集的样品具有代表性，取样系统的管道布置应避免死角或袋形管，管道与取样阀之间的管段应尽量短。

3）取样接口一般接在立管上，当在水平管或斜管上取样时，应接在管道的侧面。

（9）软管站

1）软管站应按管道及仪表流程图（P&ID）的要求配设。

2）地面上软管站的布置，各站服务范围按15m半径的圆来考虑。

3）软管站一般包括低压蒸汽、氮气、工厂空气和水，或其中部分流体。

（10）洗眼及淋浴站

1）按工艺设计要求的范围设置洗眼及淋浴站。

2）洗眼及淋浴站的水从新鲜水系统引出。

（11）蒸汽系统及伴热

1）所有蒸汽支管应从主管顶部引出。

2）蒸汽分支管线应设专用的切断阀，切断阀应安装在靠近主管的水平管段上。

3）蒸汽管线在设计中应避免不必要的袋形。如果袋形不可避免，应根据不同情况设排放阀或疏水阀。

（12）阀门布置要求

1）除有特殊要求外，阀门应设在容易操作、维修的地方，成排管道上的阀门应集中布置，必要时设置操作平台及梯子。

2）除工艺有特殊要求外，塔、立式容器等设备底部管道上的阀门，不应布置在裙座内。

3）需要根据就地仪表的指示操作的手动阀门，其位置应靠近仪表便于观察。

4）隔断设备用的阀门宜与设备管口直接相接或靠近设备。

5）阀门应设在热位移小的地方，且阀门的阀柄不得朝下。

6）除铅封开阀门外，操作温度小于－45℃低温液体管道，阀门不得安装在立管上，在水平管道上阀门的阀杆应垂直向上或在向上45°的范围内；低温气体管道，阀门的阀杆方向不得低于水平。

7）有毒或腐蚀性液体管道，阀门的阀杆方向不能低于水平。

（13）公用系统管道布置

1）在管内存水可能冻结的地区，应考虑防冻措施，立管上装有切断阀时，应靠近阀的上方设排液阀，水平管道的低点应设排液阀，排液阀靠近主管。对于难以避免的“死端”“盲肠”管段，应考虑保温、伴热等防冻措施。

2）装置工艺用水和生活用水管道宜敷设在管廊上。

3）用于吹扫、反吹等的非净化压缩空气，总管敷设在管廊上，支管由总管上部引出（水平管段设置切断阀），并在装置的软管站设置软管接头。

4）对于塔、反应器构架及多层冷换设备构架，为便于检修时使用风动扳手，应在人孔和设备头盖法兰的平台上设置非净化压缩空气软管接头。

5）应在装置的软管站设置氮气软管接头，供装置氮气吹扫。

（14）管架设置

1）管架应按照管道支架设计规定及管道应力分析工程设计规定进行设计。

2）管架不应阻碍人员通行。

3）管架布置应根据设备检修的需要，考虑管子的拆卸。

4）应力需进行详细计算的管道（压缩机及本泵进出口管道、低温管道等），支架位置及形式由管道机械专业计算确定。

5）冷冻管道弯头处最易脆裂，不宜焊接支吊架。

6）管道的跨度应按照管道支架设计规定所允许跨距内进行设置并应符合以下要求：①靠近设备；②设在集中载荷附近；③设在弯管和大直径三通式支管附近；④尽可能利用建筑物、构筑物的梁、柱等设置支吊架的生根构件；⑤设在不妨碍管道与设备的连接和检修的部位。

7）机泵附近的管架设置应符合以下要求：①设在靠近泵进出口处；②泵的水平吸入管段宜布置可调支架或弹簧支架；③往复式压缩机的管道支架间距宜通过计算确定，第一个支架应靠近压缩机；④大中型压缩机进出口管道支架的基础不应与厂房基础连在一起。

8）立管及塔侧管应设置承重支架和导向支架，支架间最大间距应符合规定，按应力分析工程规定。

9）直接与设备管口相接或靠近设备开口的公称直径等于或大于150mm水平安装的阀门应考虑支撑。

10）允许管道有轴向位移，而对横向位移加以限制时，在下列情况应设置导向支架，但导向支架不宜设置在靠近弯头和支管的连接处。

①安全阀出口的高速放空管道和可能产生振动的两相流管道。

②横向位移过大可能影响其他临近管道时，固定支架距离过长，可能产生横向不稳定时，间距按项目相关工程规定。

③U形补偿器两侧的管道上应设导向支架，其位置距补偿器弯头宜为管道公称直径的40倍左右。

3. 隔热规定

（1）管线和设备隔热设计原则　隔热分为两大类：保冷和保温。在管道及仪表流程图（P&ID）和管线表中隔热的分类和符号典型示例见表5-16。

表5-16　典型隔热的分类和符号

种类	符号	类别说明	隔热材料
保冷	IC	LNG、NG保冷	泡沫玻璃
			PIR+泡沫玻璃
	IW	防结露保冷	PIR
			柔性材料+泡沫玻璃
			柔性材料

（续）

种类	符号	类别说明	隔热材料
保温	IH	常规保温	离心玻璃棉
	E	电伴热	
	PP	保温人身防护	

（2）保冷类型　依据不同的要求，保冷类型分类如下：

1）保冷。防止设备和管线表面结露和减少吸热，工艺对冷量的损失有要求的位置应进行保冷。

2）防结露保冷。为了防止低温管线外表面结露，在低温设备和管线可能出现结露的位置应进行防结露保冷。

（3）保温类型

1）常规保温：一般应用在操作温度在50℃及以上的设备和管道上，要求有热损失的地方除外。当需要严格限定热损失量时，采用充分保温，即使操作温度低于50℃，也要考虑保温。

2）电伴热保温：为防止工厂水系统在0℃以下凝结，采用的电伴热方法以确保其温度在5℃左右。

3）保温人身防护：为确保操作安全，操作温度在60℃以上但不考虑热量损失的管线应进行保温人身防护。

4. 管道材料选用及管道等级

（1）管道材料选用原则

1）LNG站场管道材料的选用应依据管道的使用条件（设计压力、设计温度、介质特性、介质腐蚀性）、经济性、耐蚀性、材料的焊接及加工等性能确定，同时应满足使用条件下材料韧度的要求。

2）用于LNG站场的低温材料，按照制造加工特点参照ASME B31.3—2020的要求进行低温冲击试验。

3）应尽可能地少用法兰接口和螺纹接口，且只用在必要的地方，例如管材改变或接仪表处，以及由于维护需要采用这样的接口。采用螺纹连接时，应采用焊接或其他经验证有效的方式来密封。

4）低温阀门应能适用于液化天然气介质，选用防火结构，确保结构不存在泄漏或滞塞的危险，即使在有冰的情况下也应能够操作。有中腔泄压需要的阀门，需考虑泄压。禁止使用分体阀门。

（2）管道材料等级选择　管道材料等级选择要求见表5-17。

表 5-17　管道材料等级选择要求

工况	介质	基础材料	材料磅级
工艺管道 （深冷工况）	LNG/NG/LN2/BOG/冷剂	奥氏体不锈钢 304/304L	Class 150 Class 300 Class 600 Class 900 Class 1500
工艺管道 （环境温度）	NG/冷剂	碳素钢 低温碳素钢	
海水	消防海水/工艺海水	铜镍合金/玻璃纤维增强环氧树脂（GRV）/玻璃纤维增强乙烯基酯树脂/碳素钢涂塑	Class 150 Class 300
公用工程	工厂空气/氮气/循环水/排放水	碳素钢	Class 150

5. 应力分析

管道应力分析设计应保证管道在设计和工作条件下，具有足够的强度和合适的刚度，防止管道因热胀冷缩、支承或端点的附加位移及其他的载荷（如压力、自重、风、地震、雪等）造成管道或支架破坏。管道应力分析时，应使用和考虑以下条件：

1）计算压力和计算温度。

2）管道环境温度。

3）摩擦系数的确定。

4）腐蚀裕量。

5）附加载荷，通常包括地震载荷、风载荷、安全阀泄放载荷、位移载荷、液体锤、两相流和压力实验引起的载荷等。

5.3.5　自动控制

在LNG站场通常设有集散型控制系统（DCS）、安全仪表系统（SIS）、气体监测系统（GS）、火灾报警联动控制系统（FS）、成套机组控制系统（LCP）、定量装车控制系统（如需要）等，完成对LNG站场进行统一的控制、监测、报警、报表输出及设备管理等操作。本节内容主要阐述液化天然气站场控制系统总体设计原则、可靠性设计原则、就地仪表设计原则等。

1. 总体设计原则

1）LNG站场需要可连续运行，因此，所有的变送器以及DCS和SIS系统的部分设备需要设计和配置成可以在操作过程中更换且不会造成工厂停车的形式（不包括控制阀和切断阀）。

2）仪表设计应本着方便操作和维护的原则。设计应能提供足够的性能以处理由于工艺扰动、操作失败、天气原因或配套设施中断导致的事故的特定设计工况和其他全部可预见事件。

2. 安全可靠性设计原则

1）任何现场测量，一旦故障将会造成生产损失（工厂停车）的，都需要三重化。对于三重化的测量输入不需要冗余。

2）如果这个测量信号用于控制，进DCS的输入卡件需要冗余配置。如果信号只用于指示，则输入不需要冗余。

3）在不影响工厂操作情况下的，可以对测量仪表进行维护或者定期测试。

4）任何用于关键、重要工艺过程的电磁阀都要冗余配置。

5）所有用于调节阀门的控制信号可配置成单一的，但要从冗余的输出卡件送出。

6）所有能造成停车的信号，从检测到停车要求到执行逻辑操作之间要设置一个可调节的延迟。

3. 就地仪表设计原则

1）在可能的情况下，应尽量使用标准化的仪表，因为这样可以减少采购、安装和维护的仪表的种类。标准化原则至少要体现在仪表选型（如尺寸、材料、制造厂等），仪表安装和连接（如尺寸、接口、配管和接头等），仪表电缆和接线箱等几方面。

2）应该首选总生命周期成本低的材料，这样选择的材料具有较长的使用寿命而且需要较少的维护和更换。

3）仪表在外界环境条件下应能正常工作并满足危险区划分的要求。

4）应使用不容易出故障并且可以进行自动功能测试的仪表。

5）应使用智能型仪表，具有远程可操作性并且能提供文件和有用的信息用于维护和操作（如零点校验、量程校验、远程诊断等）。

6）在可能的情况下应避免使用特殊的，可能需要外国专家到现场服务和维护的仪表。仪表设计应本着可迅速并且容易更换的原则。在需要设置冗余仪表的地方，每个就地仪表都要有对应的，用于自己单独的工艺连接。单独的工艺连接指的是在其中一个仪表工作故障的情况下不会影响另一个仪表的测量。

7）压力开关、温度开关等仪表不应用于工艺单元。只有在法律指定需要的时候才被允许使用。

8）用于仪表空气的电磁阀的动作模式应该是在电磁阀不励磁的情况下，其所控制的阀门处于安全位置。

5.3.6　节能、安全及环保

1. 节能

（1）节能设计原则及要求

1）在技术经济合理的前提下，应优先选用节能的先进工艺和设备，以提高能源利用率，降低能耗。

2）在流程设计中，应尽量搞好原料优化和综合利用。副产物料应充分回收用于生产石油化工产品或作为燃料，尽可能减少排放。

3）在考虑工艺流程和设备布置方案时，应合理利用物料的压力或位能输送物料，应有利于热能和位能的充分利用。

4）生产过程中产生的反应热及其他余热，应根据其能量品位用于物料加热或产生相应参数的蒸汽。对于低品位热能宜统筹考虑，建立低品位热能的利用系统。

5）应选用高效节能的机、泵产品。在正常负荷下，机、泵运行工况应处于性能曲线的高效区，并应采取合理的调节方式予以保证。

6）应合理确定保温、保冷材料的结构和经济厚度。

7）应合理进行管道的伴热设计。伴热介质应考虑就近利用回收的蒸汽凝结水、热水及有余热的物料，尽量节省蒸汽。在满足工艺需要和经济合理的前提下，可考虑采用电伴热。

（2）节水设计原则及要求

1）应充分回收和利用蒸汽凝结水。

2）应节约水资源，提高水的重复利用率，减少新鲜水用量。

3）能采用空冷的尽量采用空冷，节约循环冷却水用量。

4）循环冷却水管道系统尽可能严格闭路，不得用作冲洗水，尽量避免直冷水排放。

5）污水、废水、雨水应合理按雨污分流、清污分流、污污分流，分质/分系统收集、分级处理，处理达标后尽量回用。

2. 安全、消防

（1）总体要求

1）LNG站场所处理工艺物料主要为液化天然气（LNG）和天然气（NG）。工艺物料所固有的危险特性主要有气液膨胀比大、低温、易燃易爆等，因此LNG站场及其周边相邻设施所面临的最严重危险是火灾爆炸危险，进入站场人员可能面临的最显著的健康危害是低温冻伤危害。此外，在站内还存在窒息、噪声、高空坠落、触电等职业健康危害。

2）LNG站场的安全消防设计首先应针对接收站的危险特性，并根据建设当地法律法规和标准规范的要求开展。

3）由于在站场内贮存有大量LNG，若发生泄漏、火灾、爆炸等事故，其后果和影响巨大，因此国内外规范强调对LNG泄漏和池火等事故风险评估，并根据评估结果进一步完善LNG站场安全及消防设计。

4）辨识LNG站场存在的各种过程危险源，评估LNG站场风险程度，根据风险可接受程度，采取相对应的风险削减和控制措施，是保证LNG站场本质安全的根本，也是LNG站场设计人员的共识。

5）需要指出的是，LNG站场的安全不单纯依赖于消防、职业健康保护、应急防护等措施，更多地取决于工艺的本质安全、自动控制和紧急停车系统的可靠性、设备的完整性等各专业的安全设计内容。

6）有鉴于此，在LNG站场设计过程中，需策划一系列有的放矢的定性和定量风险分析活动，评估LNG站场整体风险水平，评估现有安全措施的完整性和可靠性，以此保证LNG站场的本质安全。

（2）泄漏收集系统

1）泄漏收集系统应能够收集LNG站场可能泄漏出来的LNG。建议通过风险分析辨识的潜在泄漏点。

2）从各区收集的LNG宜引至专门的LNG事故收集池，在收集池设置泡沫系统或采取其他措施抑制LNG蒸发速率。

3）LNG事故收集池应设置抽水泵，以便及时排出汇入收集池的雨水或消防废水，保证事故收集池的有效容积不受影响。一旦检测到LNG泄漏液，应采取措施停止该抽水泵的运行。

（3）消防系统　应根据站场和码头的火灾危险性分析，设置适当的消防设施，用于早期检测、报警、灭火、控火、抑制LNG的蒸发和冷却保护等。通常在站场内应考虑设置火灾报警系统、气体检测报警系统、消防水系统（含消防水炮、水栓、消防水幕系统等）、干粉灭火系统、高倍泡沫系统、移动灭火设施等。

（4）人身防护　根据LNG站场的特点，建议个人防护用品主要配置如下：

1）为工作人员配备专用工作服（包括带防冻棉鞋的工作棉服）、工作帽、工作鞋、安全帽、防静电手套等个体劳动防护用品。

2）为出入高噪声区的操作人员配备耳罩。

3）为高处作业人员配备安全带。

4）为可能接触到液化天然气的作业人员配备耐低温防护眼镜、耐低温防护面罩、防冻服（带防冻手套、防冻棉鞋等）。

建议设置基本应急防护用品如下：①在可能接触酸碱腐蚀性物料和有害物料的操作地点设置事故淋浴/洗眼器；②在适当地点配置急救箱、正压式空气呼吸器、消防隔热服；③在栈桥和码头设置有发光标志的救生圈。

（5）安全色及安全标识　根据风险辨识的内容，在接收站和码头的危险操作岗位设置安全警示标志，利用安全色、安全标识牌等，对重要的管道、部位予以标识或说明，其设置应满足国家相关标准规范的要求。基本要求如下：

1）在码头、栈桥上可能发生落水危险的地点设置警示标志，提醒靠近人员关注，远离危险点。

2）在码头、罐区、工艺区、槽车装车区等操作岗位和槽车停车区附近设置易燃易爆、禁止吸烟等警示牌。

3）在存在高空坠落地点设置警示标志。

4）在机动车可能行驶的路线上设置减速限速标识。

5）在压缩机厂房、泵区等高噪声岗位设置“戴防护耳罩”的提示牌。

6）在紧急疏散通道、紧急疏散口设置醒目标识。

7）重要控制阀、切断阀、联锁开关应设置明显标识或阀位指示。

8）消防系统的控制按钮或控制阀、水泵接合器、消防竖管的接口等处应有明显标识，方便消防系统的快速启用。

9）在楼梯扶手、围栏上涂刷安全色，对消防管道涂刷红色等。

（6）其他防护措施

1）应根据风险辨识出的其他危险因素，在安全设计中采取有效的安全防护措施，以降低其危害程度和后果影响，如防高低温危害措施、防噪声措施、防高空坠落措施、防溺水措施、防物体打击措施等。

2）针对建设地的各种可能自然危害因素（如台风、暴雨、地震、软地基等），在设计中应考虑采取各种有效措施，减弱或避免其对接收站正常生产运营的影响。

3. 环境保护

（1）基本原则

1）站内三废排放应满足国家法律、法规及地方标准的要求。

2）站内污水应根据污水量、水质情况及环保部门要求合理确定处理工艺和排放方案，达标后排放，不得对外环境造成污染。

3）站内排放废气应符合国家、行业及地方排放标准和当地污染物排放总量指标的规定。

4）站内产生的固体废物应按性质分类处置，不得对外环境造成二次污染。

5）站内宜配备环境监测设施，也可依托社会力量进行监测。

（2）主要污染源及主要污染物

1）废气。天然气液化工厂废气污染源主要为放空火炬烟气、蒸汽锅炉及加热炉烟气、脱酸解吸再生废气等，主要污染物为烟尘、NO_x、SO_2、H_2S等。

液化天然气接收站一般设置火炬系统，主要用于收集从蒸发气（BOG）总管的超压排放、BOG压缩机放空及外输总管放空的天然气。火炬燃烧废气的主要污染物是NO_x和CO，其排放方式是间歇的。另外，火炬设长明灯，以天然气为燃料，产生燃烧废气的主要污染物是NO_x和CO。浸没燃烧式汽化器运行期间，以天然气作为燃料，燃烧产生废气，主要污染物是NO_x和CO。

2）废水。天然气液化工厂废水污染源主要为压缩机房、维修车间等地面冲洗水、生活污水、初期污染雨水等，其主要污染物为石油类、COD、BOD、SS等。

液化天然气接收站内开架式汽化器（ORV）运行期间，使用海水作为汽化LNG的热媒，ORV换热后的海水直接排海，主要污染因子为温降和余氯。浸没燃烧式汽化器（SCV）运行期间，以天然气作为热媒，经加热水浴介质后间接加热LNG，使之汽化成天然气，定期更换的水浴废水中主要含有$NaHCO_3$。排放的其他废水还包括，接收站人员产生的生活污水，主要污染因子是COD、BOD_5、氨氮、动植物油和SS；冲洗BOG压缩机房、维修车间等产生的少量含油污水，主要污染因子是石油类及其他有机污染物和SS。

3）固体废弃物、废液。天然气液化工厂固体废弃物、废液污染源主要为废分子筛、废活性炭、废胺液、废润滑油、生化污泥、生活垃圾等，其中废活性炭、废胺液、废润滑油、生化污泥为危险废物。

液化天然气接收站压缩机需定期更换润滑油，产生的废润滑油需外送有资质的单位处理。站内产生的其他固体废物主要包括，职工生活垃圾，由环卫部门统一处理；污水处理装置产生的少量油污等，外送有资质单位处理。

4）噪声。噪声源主要来自装置区内压缩机、大功率泵等动设备产生的机械噪声等。

(3) 污染防治措施

1）废气处理。天然气液化工厂加热炉和锅炉，选用清洁燃料天然气，用源头控制其烟气污染，通过15m高的烟囱排入大气，实现达标排放。脱酸解吸再生废气，通过设置脱硫罐采取活性炭吸附去除其中的硫化氢，确保达标排放。

接收站SCV汽化采用清洁能源天然气加热，燃烧后烟气中主要污染物为NO_x和CO，排放浓度很低。并且，只有当海水温度低于5.5℃、ORV不能满负荷运行时，才运行SCV，尽量缩短SCV的使用时间。

LNG储罐的BOG正常无排放，储罐超压排放的天然气，以及对设备进行检修时排放的可燃气体，采取的主要措施是排至火炬完全燃烧后再排入大气。可燃气体燃烧会产生少量的NO_x和CO，浓度较低，可通过高空排放。

火炬设计可选择空气助燃型低噪声、无烟燃烧型火炬头，采用离心风机向火炬头燃烧中心区域供氧，增强火焰强度，提高燃烧完全程度，并严格按有关规范设计一定高度的烟囱和火炬，确保排放的烟气不会对大气造成污染。

2）废水处理。废水排放实行清污分流，天然气液化工厂可分为清净雨水、含油废水、生活污水三个系统，液化天然气接收站可分为清净雨水、含油废水、生活污水和工艺海水四个系统。清净雨水和工艺海水采用明沟收集排放。含油废水和生活污水采用地下管道输送。

液化天然气接收站生活污水和含油废水尽量依托区域集中污水处理设施进行处理，若无法达到依托设施接管指标，应进行预处理后再排入依托设施。当不具备依托条件时，应在站内设置污水处理设施，可根据污水量、水质情况、环保部门要求，合理确定处理工艺和排放方案。一般情况下，站内应设置污水处理设施。浸没燃烧式汽化器定期更换的水浴废水及接收站含油污水收集至隔油处理装置，再由泵提升至含油污水处理装置处理后，按地方或国家标准要求排放。开架式海水汽化器的温降冷海水，经工艺海水排放口排海。设计时应考虑对ORV排水设置温度在线监测仪表，信号通过DCS系统引到控制室，超标信号报警显示。对排海口的海水实现定期余氯监测。雨水沿道路收集，经沉砂后，通过雨水排放口排海。

天然气液化工厂生产污水排水系统由生产污水管道及其附属设施（检查井、水封井）组成，装置区排出的生产污水经重力排入厂区生产污水排水干管，再提升进入本项目生产污水处理场进行处理。生产污水经处理达标后排放。在处理中，分离出的废油统一贮存在污油罐中，定期外运。装置区内可能发生含有污染物泄漏至地面的区域视为污染区，污染区的前15mm的污染雨水被收集进入厂区的含油污水提升池，此时的污染雨水主要为含油污水。干净雨水通过分流井溢流进入雨水系统。当发生事故时，通过阀门的切换，事故消防废水或检修废水流入消防废水收集池中，废水外运委托有资质单位处置。生活污水系统用于收集和排放各装置区建筑物内卫生间、浴室等设施的生活污水和部分化验室的冲洗废水。化验室的废液应单独装桶收集进行处理，不得排入本系统及其他系统中。各装置区的生活污水应先经装置区内的化粪池预处理后，再重力排入厂区生活污水排水干管，送至生活污水处理装置进行处理，处理达标后排放。清净雨水系统采用明沟收集站区内雨水，可直接排放。

3）固体废物处置。天然气液化工厂产生的废分子筛、废胺液、废活性炭由厂家回收处置，废润滑油、生化污泥送有资质的机构处置，生活垃圾由当地环卫部门统一收集处置。

液化天然气接收站产生的固体废物主要是压缩机定期更换的润滑油，外送有资质的单位处理。另外，生活垃圾由环卫部门收集后统一处理。污水处理装置产生的固体废物主要为地埋式污水一体化处理设施的剩余污泥和隔油池收集的油泥，外送有资质的单位处理。

4）噪声控制。在设计中应尽量选用低噪声、少振动的设备，如选用低噪声的压缩机、电动机、泵等。对产生较大噪声和振动的设备，可采取消声、吸声、隔声及减振、防振措施，如设置封闭房间、隔声罩、消声器等。

在设计时合理控制管道流速，以降低噪声。对调节阀、节流装置分配适当的压差，避免压差过大产生噪声。对于管道布架应考虑最佳位置，以减少振动。

(4) 环境监测　环境监测是环境保护的基础，是掌握环境质量和了解其变化动态的重要手段，同时负责污染事故的监测及报告。为保护厂区和厂区周边环境，促进企业环境管理的科学化及企业可持续发展，企业应重视和加强环境监测工作。

环境监测主要分为日常的厂区排水口监测及对环境空气、声环境的监测。

含油污水装置排放口应设置监测取样井（孔）及流量计等设施。按照国家及地方有关环境监测管理要求，排污口应进行规范化管理，在大功率泵等主要噪声源处设噪声环境保护图形标志牌；废水排放口安装废水排放标志牌等。

典型天然气液化工厂运营期的环境监测计划见表5-18。

表5-18 典型天然气液化工厂运营期环境监测计划

内容	监测点	监测介质	监测项目	监测时间及频率
废气	蒸汽锅炉、加热炉排气筒口	燃烧烟气	SO_2、NO_x	1次/季度
	脱硫罐排气筒口	脱硫罐排放气	H_2S	
	厂界无组织排放	环境空气	H_2S、总烃	
废水	装置界区外排放口	生活污水/生产废水	在线监测：COD、流量 定期监测：NH_3-N、石油类	1次/班
声环境	厂界	环境噪声	等效连续A声级	1次/季度
事故监测	事故水池出水口	生产废水	NH_3-N、石油类、COD	立即进行

典型液化天然气接收站运营期的环境监测计划见表5-19。

表5-19 典型液化天然气接收站运营期的环境监测计划

取样地点	监测介质	监测项目	监测次数
SCV排气筒	燃烧烟气	NO_x	运行期，1次/季
厂界	环境空气	NMHC NO_x	1次/季
隔油池进口/出口	生产废水	流量	实时在线
		COD_{cr}	实时在线
		石油类	1次/天
		SS	
生活污水处理装置	生活/生产废水	流量	实时在线
		COD_{cr}	实时在线
		SS	1次/天
		NH_3-N	
海水厂界排放口	排放的温降海水	余氯	1次/天
		水温	实时在线
厂界	环境噪声	等效连续A声级	1次/季

5.4 标准规范

在中国建设的LNG站场，其设计、制造、施工，必须符合中国法律法规的要求，并满足各项强制标准规范的要求。

5.4.1 概述

在20世纪末和21世纪初，我国LNG行业处于初步发展阶段，缺少与LNG相关的标准规范，根据工程实际需要需采用相关的国际标准规范。近十余年来，随着我国LNG业务的蓬勃发展，国内工程公司以及研究院所积极参与国内相关标准规范的研究和制定，从直接的国际采标到适合中国国情和生产需要的国内标准的编制，国家标准、行业标准、企业标准等各类标准规范不断出台。2015年，国务院及有关部门启动了标准化体系改革工作，以满足我国经济社会发展日益增长的需求。改革的具体目标和任务是建立高效权威的标准化统筹协调机制、整合精简强制性标准、优化完善推荐性标准、培育发展团体标准、放开搞活企业标准、提高标准国际化水平。遵照国家的相关工作部署，工程建设标准体系的改革稳步推进，这将使工程建设标准规范更好地发挥作用，更便于监管，使行业内标准体系更加健康、完善、有秩序、有活力。

5.4.2 工程建设规范体系

按照《中华人民共和国标准化法》规定，标准包括国家标准、行业标准、地方标准和团体标准、企业标准。

在工程建设领域标准体系包括国家标准、行业标准、地方标准和团体标准、企业标准。其中，国家标准、行业标准、地方标准属于政府制定发布的标准，团体标准属于社会团体制定发布的标准，企业标准属于企业发布的标准。

工程建设规范分为工程项目类和通用技术类。工程项目类规范规定工程项目总量规模、规划布局，以及项目功能、性能和关键技术措施。通用技术类规范规定适用于多个项目的勘察、测量、设计、施工等通用技术要求。通用技术类规范是工程项目类规范中共性的技术规定。

工程建设规范是保障人民生命财产安全、人身健康、工程质量安全、生态环境安全、公众权益和公共利益，以及促进能源资源节约利用、满足社会经济管理等方面基本的技术底线，是政府依法治理、依法履职的技术依据，是全社会必须遵守的技术规定。工程建设规范的内容覆盖工程建设项目的全生命周期，重点是工程项目建设的规模、布局、功能、性能要求，以及实现功能、性能要求的相应技术措施，包括必要的控制性指标。

LNG站场项目所涉及的标准规范可分为以下几类：

1）中国的法律法规。

2）中国的强制标准规范，包括归入强制标准的行业性标准规范。

3）国际通用的LNG标准规范。

4）其他的通用国际标准规范。

5）中国的非强制标准规范。

6）中国的行业性标准规范及推荐标准。

7）承包商的通用设计程序及技术要求。

5.4.3　法律法规

国内LNG行业的工程项目设计、建造、生产、运营相关的法律法规见表5-20。

表5-20　国内LNG行业相关的法律法规

序号	法律法规名称
1	《中华人民共和国消防法》
2	《中华人民共和国安全生产法》
3	《中华人民共和国建筑法》
4	《中华人民共和国电力法》
5	《中华人民共和国环境影响评价法》
6	《中华人民共和国环境保护法》
7	《中华人民共和国海洋环境保护法》
8	《建设项目环境保护管理条例》
9	《电力设施保护条例》
10	《建设工程勘察设计管理条例》
11	《建设工程质量管理条例》
12	《危险化学品安全管理条例》
13	《电力监管条例》
14	《易制毒化学品管理条例》
15	《关于加强和改进消防工作的意见》
16	《建设工程消防监督管理规定》
17	《建设项目安全设施“三同时”监督管理办法》
18	《危险化学品输送管道安全管理规定》
19	《危险化学品建设项目安全监督管理办法》
20	《港口经营管理规定》
21	《雷电防护装置设计审核和竣工验收规定》
22	国家安全监管总局关于进一步加强化学品罐区安全管理的通知
23	国家安全监管总局工业和信息化部关于危险化学品企业贯彻落实《国务院关于进一步加强企业安全生产工作的通知》的实施意见
24	国家安全监管总局住房城乡建设部关于进一步加强危险化学品建设项目安全设计管理的通知
25	国家安全监管总局办公厅关于明确石油天然气长输管道安全监管有关事宜的通知
26	国家安全监管总局关于加强化工企业泄漏管理的指导意见
27	国家安全监管总局关于加强化工安全仪表系统管理的指导意见

5.4.4　国内标准

LNG 工程项目设计、建造、生产、运营的现行国家标准和行业标准见表 5-21、表 5-22，涵盖工艺、设备、管道、材料、电气、仪表、建筑、结构、暖通、给水排水、安全、环保、分析等各专业，以及管道和设备的加工制作与检验、施工。以下标准以最新版本为准。

表 5-21　LNG 工程项目的国家标准和行业标准

序号	标准编号	标准名称
1	GB 50183—2015	石油天然气工程设计防火规范
2	GB 50160—2008	石油化工企业设计防火标准（2018 年版）
3	GB 51156—2015	液化天然气接收站工程设计规范
4	GB/T 150.1—2011	压力容器　第 1 部分：通用要求
5	GB/T 50938—2013	石油化工钢制低温储罐技术规范
6	GB 50264—2013	工业设备及管道绝热工程设计规范
7	GB 50126—2008	工业设备及管道绝热工程施工规范
8	GB/T 50726—2023	工业设备及管道防腐蚀工程技术标准
9	GB 50316—2000	工业金属管道设计规范（2008 年版）
10	GB 50184—2011	工业金属管道工程施工质量验收规范
11	GB 50661—2011	钢结构焊接规范
12	GB 51081—2015	低温环境混凝土应用技术规范
13	GB 50496—2018	大体积混凝土施工标准
14	GB 50007—2011	建筑地基基础设计规范
15	GB 50009—2012	建筑结构荷载规范
16	GB 50010—2010	混凝土结构设计规范（2015 年版）
17	GB 50011—2010	建筑抗震设计规范（2016 年版）
18	GB 50014—2021	室外排水设计标准
19	GB 50015—2019	建筑给水排水设计标准
20	GB 50016—2014	建筑设计防火规范（2018 年版）
21	GB 50017—2017	钢结构设计标准
22	GB 50034—2013	建筑照明设计标准
23	GB 50046—2018	工业建筑防腐蚀设计标准
24	GB 50057—2010	建筑物防雷设计规范
25	GB 50191—2012	构筑物抗震设计规范
26	GB 50202—2018	建筑地基基础工程施工质量验收标准
27	GB 50204—2015	混凝土结构工程施工质量验收规范
28	GB 50242—2002	建筑给水排水及采暖工程施工质量验收规范
29	GB 50303—2015	建筑电气工程施工质量验收规范
30	GB 51006—2014	石油化工建（构）筑物结构荷载规范
31	GB 50981—2014	建筑机电工程抗震设计规范

（续）

序号	标准编号	标准名称
32	GB 50453—2008	石油化工建（构）筑物抗震设防分类标准
33	GB 50343—2012	建筑物电子信息系统防雷技术规范
34	GB/T 50779—2022	石油化工建筑物抗爆设计标准
35	GB 50650—2011	石油化工装置防雷设计规范（2022年版）
36	GB 30254—2013	高压三相笼型异步电动机能效限定值及能效等级
37	GB 50052—2009	供配电系统设计规范
38	GB 50054—2011	低压配电设计规范
39	GB 50055—2011	通用用电设备配电设计规范
40	GB 50058—2014	爆炸危险环境电力装置设计规范
41	GB 50093—2013	自动化仪表工程施工及质量验收规范
42	GB 50116—2013	火灾自动报警系统设计规范
43	GB 50168—2018	电气装置安装工程　电缆线路施工及验收标准
44	GB 50169—2016	电气装置安装工程　接地装置施工及验收规范
45	GB 50171—2012	电气装置安装工程　盘、柜及二次回路接线施工及验收规范
46	GB 50254—2014	电气装置安装工程　低压电器施工及验收规范
47	GB 50257—2014	电气装置安装工程　爆炸和火灾危险环境电气装置施工及验收规范
48	GB 12158—2006	防止静电事故通用导则
49	GB 3097—1997	海水水质标准
50	GB 50013—2018	室外给水设计标准
51	GB 50029—2014	压缩空气站设计规范
52	GB 50019—2015	工业建筑供暖通风与空气调节设计规范
53	GB 19761—2020	通风机能效限定值及能效等级
54	GB 19576—2019	单元式空气调节机能效限定值及能效等级
55	GB 19577—2015	冷水机组能效限定及能效等级
56	GB 19762—2007	清水离心泵能效限定值及节能评价值
57	GB 50348—2018	安全防范工程技术标准
58	GB 51245—2017	工业建筑节能设计统一标准
59	GB/T 50493—2019	石油化工可燃气体和有毒气体检测报警设计标准
60	GB 50370—2005	气体灭火系统设计规范
61	GB 50338—2003	固定消防炮灭火系统设计规范
62	GB 50974—2014	消防给水及消火栓系统技术规范
63	GB 6245—2006	消防泵
64	GB 17945—2010	消防应急照明和疏散指示系统
65	GB 13271—2014	锅炉大气污染物排放标准
66	GBZ 1—2010	工业企业设计卫生标准
67	GBZ 2.2—2007	工作场所有害因素职业接触限值　第2部分：物理因素
68	GB 50517—2010	石油化工金属管道工程施工质量验收规范（2023年版）
69	GB 50128—2014	立式圆筒形钢制焊接储罐施工规范
70	GB 50300—2013	建筑工程施工质量验收统一标准

（续）

序号	标准编号	标准名称
71	GB 50243—2016	通风与空调工程施工质量验收规范
72	GB 50275—2010	风机、压缩机、泵安装工程施工及验收规范
73	GB 50738—2011	通风与空调工程施工规范
74	GB/T 20368—2021	液化天然气（LNG）生产、储存和装运
75	GB/T 22724—2022	液化天然气设备与安装陆上装置设计
76	GB/T 24963—2019	液化天然气设备与安装　船岸界面
77	GB/T 26980—2011	液化天然气（LNG）车辆燃料加注系统规范
78	GB 19239—2022	燃气汽车燃气系统安装规范
79	GB/T 14370—2015	预应力筋用锚具、夹具和连接器
80	GB/T 24238—2017	预应力钢丝及钢绞线用热轧盘条
81	GB/T 5224—2023	预应力混凝土用钢绞线
82	GB/T 26978—2021	现场组装立式圆筒平底钢质低温液化气储罐的设计与建造
83	GB/T 12241—2021	安全阀一般要求
84	GB/T 28778—2023	先导式安全阀
85	GB/T 50087—2013	工业企业噪声控制设计规范
86	GB/T 13609—2017	天然气取样导则
87	GB/T 13610—2020	天然气的组成分析　气相色谱法
88	GB/T 20603—2023	冷冻轻烃流体　液化天然气的取样
89	GB 50540—2009	石油天然气站内工艺管道工程施工规范（2012年版）
90	GB/T 24964—2019	冷冻轻烃流体　液化天然气运输船上货物量的测量
91	TSG 21—2016	固定式压力容器安全技术监察规程
92	TSG ZF001—2006	安全阀安全技术监察规程
93	TSG D0001—2009	压力管道安全技术监察规程——工业管道
94	TSG D7005—2018	压力管道定期检验规则——工业管道
95	TSG R0005—2011	移动式压力容器安全技术监察规程
96	TSG 08—2017	特种设备使用管理规则
97	TSG 51—2023	起重机械安全技术规程
98	TSG 07—2019	特种设备生产和充装单位许可规则
99	TSG 81—2022	场（厂）内专用机动车辆安全技术规程

表5-22　LNG工程项目的行业标准

序号	标准编号	标准/法规名称
1	SH 3009—2013	石油化工可燃性气体排放系统设计规范
2	SH/T 3501—2021	石油化工有毒、可燃介质钢制管道工程施工及验收规范
3	JG/T 225—2020	预应力混凝土用金属波纹管
4	JTS 165－5—2021	液化天然气码头设计规范

（续）

序号	标准编号	标准/法规名称
5	JTS 165—2013	海港总体设计规范
6	JTS 149—2018	水运工程环境保护设计规范
7	JJG 1038—2008	科里奥利质量流量计检定规程
8	JJG 1030—2007	超声流量计检定规程
9	AQ 3009—2007	危险场所电气防爆安全规范
10	JJG 1055—2009	在线气相色谱仪
11	JTS 310—2013	港口设施维护技术规范
12	SY/T 0076—2023	天然气脱水设计规范
13	SY/T 0077—2019	天然气凝液回收设计规范
14	SY/T 6933.1—2013	天然气液化工厂设计建造和运行规范　第1部分：设计建造
15	SY/T 6933.2—2014	天然气液化工厂设计建造和运行规范　第2部分：运行
16	SY/T 6935—2019	液化天然气接收站工程初步设计内容规范
17	SY/T 6711—2014	液化天然气接收站技术规范
18	SY/T 7302—2016	液化天然气接收站陆域形成和土建工程技术指南
19	SY/T 7303—2016	液化天然气管道低温氮气试验技术规范
20	SY/T 0460—2018	天然气净化装置设备与管道安装工程施工技术规范
21	SH/T 3537—2009	立式圆筒形低温储罐施工技术规程
22	SY/T 6928—2018	液化天然气接收站运行规程
23	SY/T 7029—2016	液化天然气船对船输送操作规程
24	SY/T 6986.1—2014	液化天然气设备与安装　船用输送系统的设计与测试　第1部分：输送臂的设计与测试
25	SY/T 6986.2—2016	液化天然气设备与安装　海上输送系统的设计与测试　第2部分：输送软管的设计与测试
26	SY/T 6986.3—2016	液化天然气设备与安装　海上输送系统的设计与测试　第3部分：海上输送系统

5.4.5　国外标准

LNG工程项目国外的专业标准规范和通用标准规范见表5-23，该表按照法规、安全、环保、职业卫生、工艺、设备等排序。

表5-23　LNG工程项目的国外标准

序号	标准/法规编号	标准/法规名称
1	BS EN 1160：1997	Installations and Equipment for Liquefied Natural（Gas – General Characteristics of Liquefied Natural Gas）
2	BS EN 1473：2021	Installation and Equipment for Liquefied Natural Gas – Design of Onshore Installation
3	NFPA 59A：2019	Standard for the Production，Storage，and Handling of Liquefied Natural Gas（LNG）
4	BS EN 14620：2006	Design and Manufacture of Site Built，Vertical，Cylindrical，Flat – Bottomed Steel Tanks for the Storage of Refrigerated，Liquefied Gases with Operating Temperatures Between 0℃ and －165℃
5	BS EN 1474 – 1：2008	Installation and Equipment for Liquefied Natural Gas – Design and Testing of Marine Transfer Systems
6	API RP 520 – Ⅰ – 2000	Sizing，Selection，and Installation of Pressure – Relieving Devices in Refineries，Part I – Sizing and Selection
7	API RP 520 – Ⅱ – 2003	Sizing，Selection，and Installation of Pressure – Relieving Devices in Refineries，Part II – Installation
8	API STD 521 – 2020	Pressure – Relieving and Depressuring Systems
9	API STD 526 – 2009	Flanged Steel Pressure Relief Valves
10	API STD 527 – 2020	Seat Tightness of Pressure Relief Valves
11	API STD 610 – 2021	Centrifugal Pumps for Petroleum，Petrochemical and Natural Gas Industries
12	API STD 617 – 2014	Axial and Centrifugal Compressors and Expander – compressors

（续）

序号	标准/法规编号	标准/法规名称
13	ANSI/API STD 618－2008	Reciprocating Compressors for Petroleum, Chemical, and Gas Industry Services
14	ANSI/API STD 619－2010	Rotary－Type Positive Displacement Compressors for Petroleum, Petrochemical and Natural Gas Industries
15	API STD 620－2013	Design and Construction of Large, Welded, Low－pressure Storage Tanks
16	API STD 625－2010	Tank Systems for Refrigerated Liquefied Gas Storage
17	API STD 672－2019	Packaged, Integrally Geared Centrifugal Air Compressors for Petroleum, Chemical, and Gas Industry Services
18	API STD 673－2014	Centrifugal Fans for Petroleum, Chemical and Gas Industry Services
19	API STD 674－2010	Positive Displacement Pumps－Reciprocating
20	API STD－675－2012	Positive Displacement Pumps－Controlled Volume for Petroleum, Chemical, and Gas Industry Services
21	API STD 676－2022	Positive Displacement Pumps－Rotary
22	API STD 685－2022	Sealless Centrifugal Pumps for Petroleum, Petrochemical, and Gas Industry Process Service
23	API STD 2000－2014	Venting Atmospheric and Low－pressure Storage Tanks
24	ASME VIII Division 1	Rules for Construction of Pressure Vessels
25	NFPA 497: 2021	Classification of Flammable Liquids, Gases, or Vapors and of Hazardous (Classified) Locations for Electrical Installations in Chemical Process Areas
26	49－CFR－193	Title 49: Transportation PART 193—Liquefied Natural Gas Facilities: Federal Safety Standards
27	33－CFR－127	Title 33: Navigation and Navigable Waters PART 127—Waterfront Facilities Handling Liquefied Natural Gas and Liquefied Hazardous Gas
28		IFC, ESH Guidelines for LNG Plants
29	NFPA 59: 2021	Utility LP－Gas Plant Code

5.4.6　标准体系改革进展

2015年至2016年，由国务院和住建部连续下发了三份纲领性文件，指明了我国标准体系改革的方向，规定了进程，也明确了未来标准的发布主体和可获得性，以及各层级标准的编制目标和使用原则。

1）2015年，国务院印发《深化标准化工作改革方案》（国发〔2015〕13号），开启了标准化改革序幕主要内容：

① 明确了《标准化法》修订的时间表和路线图。加快推进《中华人民共和国标准化法》修订工作，提出法律修正案，确保改革于法有据。修订完善相关规章制度。

② 提出了发展和培育团体标准的要求。鼓励具备相应能力的学会、协会、商会、联合会等社会组织和产业技术联盟，协调相关市场主体共同制定满足市场和创新需要的标准，供市场自愿选用，增加标准的有效供给。在标准管理上，对团体标准不设行政许可，由社会组织和产业技术联盟自主制定发布，通过市场竞争优胜劣汰。

③ 整合精简强制性标准。逐步将现行强制性国家标准、行业标准和地方标准整合为强制性国家标准。

④ 明确了按现有模式管理的行业和领域。法律法规对标准制定另有规定的，按现行法律法规执行。环境保护、工程建设、医药卫生强制性国家标准、强制性行业标准和强制性地方标准，按现有模式管理。安全生产、公安、税务标准暂按现有模式管理。核、航天等涉及国家安全和秘密的军工领域行业标准，由国务院国防科技工业主管部门负责管理。

2）2016年，住房和城乡建设部印发了《关于深化工程建设标准化工作改革的意见》（建标〔2016〕166号），启动工程建设领域标准化改革工作，主要内容：

① 改革强制性标准。加快制定全文强制性标准，逐步用全文强制性标准取代现行标准中分散的强制性条文。新制定标准原则上不再设置强制性条文。现行

强制性条文的改革方向是全文强制性标准（统称为“工程建设规范”），工程建设规范的改革方向是中国的技术法规。

② 构建强制性标准体系。强制性标准体系框架，应覆盖各类工程项目和建设环节，实行动态更新维护。体系框架由框架图、项目表和项目说明组成。

③ 优化完善推荐性标准。推荐性国家标准、行业标准、地方标准体系要形成有机整体，合理界定各领域、各层级推荐性标准的制定范围。要清理现行标准，缩减推荐性标准数量和规模，逐步向政府职责范围内的公益类标准过渡。

④ 培育发展团体标准。改变标准由政府单一供给模式，对团体标准制定不设行政审批。鼓励具有社团法人资格和相应能力的协会、学会等社会组织，根据行业发展和市场需求，按照公开、透明、协商一致原则，主动承接政府转移的标准，制定新技术和市场缺失的标准，供市场自愿选用。团体标准经合同相关方协商选用后，可作为工程建设活动的技术依据。鼓励政府标准引用团体标准。

⑤ 全面提升标准水平。增强能源资源节约、生态环境保护和长远发展意识，妥善处理好标准水平与固定资产投资的关系，更加注重标准先进性和前瞻性，适度提高标准对安全、质量、性能、健康、节能等强制性指标要求。根据产业发展和市场需求，可制定高于强制性标准要求的推荐性标准，鼓励制定高于国家标准和行业标准的地方标准，以及具有创新性和竞争性的高水平团体标准。

⑥ 强化标准质量管理和信息公开。加强标准编制管理，避免标准内容重复矛盾。对同一事项做规定的，行业标准要严于国家标准，地方标准要严于行业标准和国家标准。强化标准制修订信息共享，标准草案网上公开征求意见。强制性标准和推荐性国家标准，必须在政府官方网站全文公开。推荐性行业标准逐步实现网上全文公开。

⑦ 推进标准国际化。缩小中国标准与国外先进标准技术差距。标准的内容结构、要素指标和相关术语等，要适应国际通行做法，提高与国际标准或发达国家标准的一致性。鼓励重要标准与制修订同步翻译。积极参与和承担国际标准和区域标准制定，推动我国优势、特色技术标准成为国际标准。

3）2016年，住房和城乡建设部办公厅印发《关于培育和发展工程建设团体标准的意见》（建办标〔2016〕57号），明确了工程建设领域培育和发展团体标准的要求。

如今，工程建设规范体系改革工作正稳步推进，已完成了顶层设计和液化天然气工程项目规范的研编。涵盖天然气液化工程（不含天然气净化工程）、液化天然气接收站工程（包括液化天然气汽化等）。2019年6月形成了研究报告和规范草案。

5.5 工程设计技术

在工程设计中，获得设计系统的化工过程的物流平衡、能量平衡、设备尺寸估算和能量分析是设计首要任务。随着现代化生产对操作系统的安全可靠性要求不断提高，技术手段不断增强，预测和检验设计系统的安全性与可操作性正成为越来越重要的设计工作任务。解决工程设计需求的有效手段主要包括稳态模拟、动态模拟和瞬态模拟等。

5.5.1 稳态模拟

化工过程模拟始于20世纪50年代中后期。1958年，美国Kellogg公司率先推出化工模拟程序——灵活流程模拟系统（flexible flowsheeting），并在当时的化学工程界产生了很大影响。20世纪70年代后，陆续出现了多款商品化的过程模拟软件，如Aspen Plus、Aspen HYSYS、PROCESS、PRO－Ⅱ、Chem-CAD、SPPED UP、HYSIM等，在化学工程领域发挥了巨大的作用，其中Aspen HYSYS和PRO－Ⅱ软件在天然气与LNG行业广泛应用。

在过程模拟数学建模中，不考虑时间变量的为稳态模拟，若将时间作为变量引入模型则为动态模拟。稳态模拟为工程设计提供基础数据，同时也是动态模拟和实时优化的基础。稳态模拟和动态模拟具有不同的功能和应用目的，在现代化工项目中发挥着各自的作用。稳态模拟是化学工程领域中普及的成熟技术，是化工过程设计和优化中不可或缺的工具和手段。

1. 过程模拟系统的构成与功能

过程模拟系统主要包括输入系统、数据检查系统、调度系统及数据库。各款软件通常都支持图形界面和数据文件导入的输入方式，并且具有数据完整性的自查和提醒功能。数据库包括物性数据库、热力学方法库、化工单元过程库、功能模块库、收敛方法库等。正确选择适合研究体系的数据库是模拟计算结果准确可靠的关键保证。

稳态模拟可以完成流程的物料平衡和热量平衡计算，这是化工工艺流程设计和设备设计的起点，也是基础和核心；为工艺设备及管线尺寸计算提供必要的参数条件；可以研究确定工艺流程图，计算公用工程消耗等。稳态模拟主要被用于新装置的设计、旧装置的改造、工艺和流程的研究开发、生产指导、操作调优、瓶颈分析与故障诊断等。

随着过程模拟平台的功能不断整合与提升，如今在稳态模拟完成后，可以转入动态模拟，也可以与其他模拟套件进行数据交换，实现设备结构的计算和成本估计，完成初步的装置经济性评价。

2. 稳态模拟创建过程

稳态模拟过程可划分为8个主要步骤，依次是定义组分、选择热力学方法、设置单位制、建立流程、输入物流数据、输入工艺数据、运行调试、查看结果。

3. 热力学方法的选择

热力学方法的选择是模拟成功的第一要素，决定计算结果的准确性和可靠性。截至目前，还没有一种热力学方法或一个热力学模型是通用的或适合各类物系和各种化工过程的。经过长期的基础研究和积累，现有可选的热力学方法有如下几类：

（1）通用关联式法　基于相应的状态原理建立的一些经验或半经验的关联式，一般不含有可调节的二元交互作用参数，如 BK10、Chao－Seader、Grayson－Street。

（2）状态方程法　主要有立方形状态方程 Van der Waals、Redlich－Kwong、Soave－Redlich－Kwong、Peng－Robinson。适用于气液两相，但限于非极性或轻微极性的体系。方程简单、计算快捷，适用的温度和压力范围广，不过液相密度预测准确性较差。可用于计算超临界组分，但靠近临界区时，液相焓值计算准确性较差。

（3）活度系数法　常用的活度系数法包括 Wilson 方程（适用于完全互溶的混合物，特别是对于极性或缔合组成在非极性溶剂中的溶解性计算，不适用于液液平衡计算）、NRTL 方程（适用于完全互溶和部分互溶的体系，可用于液液平衡计算）、UNIQUAC 方程（适用于部分互溶的体系，特别是对于极性或非极性组成在非电解质溶剂中的溶解性计算，可用于液液平衡计算）、UNIFAC 方程（基团贡献法为烃类物质提供预测）。活度系数法能很好地模拟高度非理想体系，只适用于液相和低压条件。

针对特定的研究物系与化工过程，如何选择其热力学方法，可遵循以下几点原则：

1）对于常见的烃类和无机气体等非（弱）极性的化合物，选用状态方程法。

2）对于极性强的化合物，如水－醇、有机酸等体系，选择活度系数法。

3）对于无机电解质体系，选用电解质方法。

4）对于气相聚合的物质，应选用特别的活度系数法。

5）对于特殊的物系，需要选用专用的热力学方法，如酸水包、胺包、醇包等。

另外，如图5-1示出了热力学方法的选择树，可以依此途径进行热力学方法的选择。

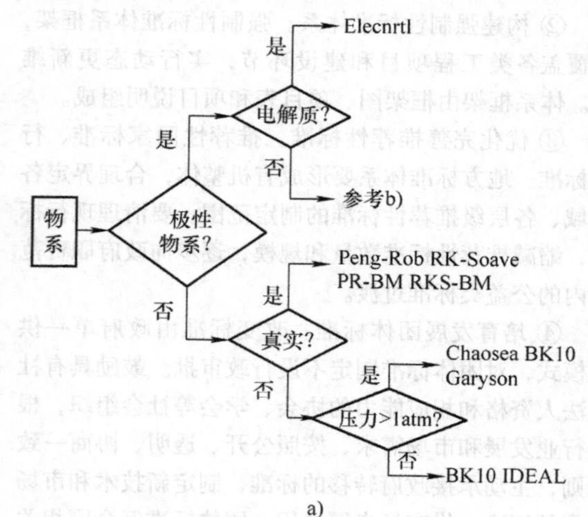

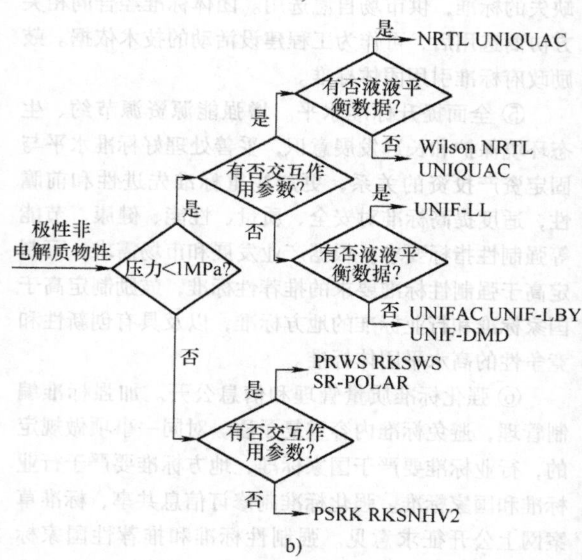

图5-1　热力学方法选择树（1atm = 101325Pa）

a）选择树　b）极性非电解质物性选择树

对于天然气液化系统、LNG接收与再汽化工艺系统，通常热力学模型可以选择状态方程法、PR方程或SRK方程，对于液相密度的计算可以调整选择更为准确的方程。当物系中存在特殊组分或需要特殊处理和加工过程的，需按上述原则选择适合的热力学模型。

5.5.2　动态模拟

工业装置在实际生产运营中，原料条件、环境条件、市场情况都存在波动或较大变化，保障安全生产和提高经济效益是生产单位的最大需求。除了稳定操作、优化工艺参数，还存在操作负荷调节、装置和设备有计划或紧急启停等多种工况。因此，对工艺过程的研究，特别是过渡过程，对装置的实际操作特性的深入认识具有重要的现实意义。动态模拟是基于此目的开发的一种新兴的过程模拟方法。

动态模拟研究成果的报道出现于20世纪70年代初期。近几十年来，随着计算机的普及和计算能力的发展，动态模拟得到了快速发展和越来越多的应用。众多动态模拟软件纷纷推出，模拟软件的开发和研制走向专业化、商品化。动态模拟计算的准确性、可靠性大大加强，应用范围不断拓宽，功能更加丰富，使用更加方便。动态模拟推动了化工过程模拟深入发展，开始从"离线"走向"在线"，从工况分析预测向工业装置实时优化控制过渡。

1. 定义与功能

动态模拟将时间变量引入系统，即系统内部的性质随时间而变，它将稳态系统、控制理论、动态化工及热力学模型、动态数据处理有机结合起来，通过求解巨型微分方程组进行动态过程模拟，从而获得所研究的工程系统的动态特征。动态模拟的算法及模块与稳态模拟的区别见表5-24。

表5-24 动态模拟和稳态模拟的区别

动态模拟	稳态模拟
微分方程和代数方程	仅有代数方程
物料平衡用微分方程描述	物料平衡用代数方程描述
能量平衡用微分方程描述	能量平衡用代数方程描述
严格热力学方法	严格热力学方法
有控制器参与	无控制器参与

动态模拟可贯穿工程项目全生命周期，在各阶段可以设定不同的研究内容和目标，为设计和生产运行提供所需的信息。

动态模拟研究的内容和功能性可归纳为如下几方面：

（1）工艺过程动态研究

1）工艺过程与设备设计的研究与验证。传统的工程设计中主要使用稳态模拟软件进行模拟，但很多设计的决策需要知道工艺过程的瞬态响应和耦合关系。通过应用动态模拟可校核稳态模拟和设计结果。

2）为瞬态条件下的设备设计提供更为准确的设计数据，保障运行安全，同时避免过度设计，节省投资。

3）计算间歇生产过程，如间歇精馏、间歇反应等，计算特殊的非稳态过程。

4）分析装置的瓶颈问题。对于有循环物流的生产装置，尤其是化工反应装置，由于计量仪表存在误差，如果流程设计不合理，生产过程中可能会由于循环物料过多或过少而使生产系统崩溃。这种过程用稳态模拟软件是无法描述的，用动态软件则可以分析过程的关键环节，模拟这种崩溃的全过程。

（2）过程控制研究

1）研究控制方案，在设计过程中就可以对装置进行动态操作，设定干扰，研究确定最佳的控制方案。

2）控制策略分析与验证（压缩机的防喘振控制），帮助控制工程师快速开发、评估、测试和调整策略，既可用于新建装置，也可针对现有装置。

3）控制系统组态配置的校核与验证，控制器PID参数整定等。

（3）安全评估

1）检验ESD安全联锁策略。

2）紧急泄放系统的设计和分析，紧急泄放系统对于工厂的安全十分关键，正确的设计对保障操作人员安全和保护设备的投资十分重要。

3）危险和安全研究。"what－if"分析，工程师能对诸如"如果关闭反应物的冷却水会怎样""如果该阀门打不开了将会怎样"等问题进行分析，并能给出量化的答案，如过程如何响应、对事故进行处理的时间能有多少、该如何应对等，以及如何防止事故的发生等。

（4）生产操作

1）确定开工方案，验证与优化操作规程。使装置安全、平衡地开车启动是生产中的关键技术。

2）生产培训。进行开、停车操作的培训与考核，加速培养高水平的操作工人。

3）生产指导和调优。在动态模拟中，将装置的工艺参数调到各种极限状态（这在实际装置上是决不允许的），以确定装置的优化状态或分析装置出现问题的原因，使生产操作者心中有数，知道目前的生产状态离最优状态相差多远，进而调整实际装置。

4）故障等紧急状态处理，实际生产工况的侦测与管理，实时生产决策支持。

2. 动态模拟平台

目前发展成熟的动态模拟平台较多，例如霍尼韦尔公司的Unisim Design（原名HYSYS）、AspenTech公司的Aspen Plus和Aspen HYSYS、Kongsberg（康斯伯格）公司的K－Spice软件、SIMSCI公司开发的大型流程模拟软件PRO－II的动态版本DYNSIM，以及英国 PSE 公司推出的 gPROMS 软件等。

1）Unisim Design：提供稳态（Steady State）和动态（Dynamic State）两种模拟环境，稳态和动态共享相同的物性数据和热力学方法，共享单元模型。用于工艺设计的稳态模型在提供了相关的设备数据后可转为动态模型，使用户方便地扩展多方面的工程应用。交互式的环境有利于用户作“what - if”的研究和敏感性分析。

2）Aspen Plus 和 Aspen HYSYS：将稳态模型扩展为动态模型，工程师可以利用拖放数据、复制、粘贴等功能将数据通过 Excel 与其他应用软件共享。这些应用方便的动态模型基于联立方程的建模技术，具有快速、精确等优点。能用于实际工厂操作，如故障诊断、控制方案分析、操作性分析和安全性分析等。对塔开车、间歇过程、半间歇过程和连续过程都可以建立精确的模型。可以添加扰动，模拟实际运行时的不稳定情况，考察系统的抗扰动能力。

3）K - Spice：直接创建动态模型。其动态模拟机理是各个工艺模块对象集基于模块间的工艺流程结构连接组合成网络，模型可自动完成，也可由用户修改调整，而且可以在一个计算网络中同时求解流量和压力，这种方法计算结果准确，模型稳定并保留灵活性，能正确地应对严重的动态干扰，如压缩机联锁、间歇工艺操作过程中固有的管路流量变化等。

4）DYNSIM：由 SIMSCI 公司开发的大型流程模拟软件 PRO - II 的动态版本，是一个功能全面的、基于严格计算的、成熟的动态过程模拟系统，运用基于机理的技术和严格的热力学数据，提供准确可靠的计算结果，用于解决从工程分析、控制系统校核到操作员培训系统等工作中遇到的最棘手的动态模拟问题。用户可以用 C + + 开发自己的模型，添加程序作为一个独立的 DLL 和 DYNSIM 连接。拥有快照功能，并支持用户自动记录或手动编写一系列在模拟过程中发生的事件。

5）gPROMS：求解模型时采用的是联立方程法，在更新版本中加入了 PML（Process Model Library），此前的研究者需要自己编写所有模型方程。PML 的加入使得该软件在建模的直观性上与序贯模块法的软件之间的距离又拉近了一步。gPROMS 所有模型均完全开放，用户可方便的调用 gPROMS 基本模型，并按照自身的需求做任何修改，建立属于自己的模型库。gPROMS 还具有许多与其他仿真模拟软件的直接接口。

3. 动态模拟环境

稳态模型建立只需定义操作单元和提供物流信息（组成、温度、压力、流量及热量损失等参数），动态模型除以上参数外，还需进行设备规格标定，严格的水力学计算和过程控制回路设置。Aspen HYSYS 在 LNG 领域应用比较广泛，以下介绍 Aspen HYSYS 动态模拟环境。

（1）设备规格标定　设备的标定输入数据，在初步设计阶段可以借助专业设计软件进行预先设计，也可以利用动态模拟软件平台内集成的简单规格算法来获得输入信息，在详细设计阶段或对已建项目可采用实际设备厂家提供的数据。

1）容器的标定：需要输入外形尺寸、形式、管口尺寸及标高、热量损失或输入及容器的初始物料组成、液位等，输入界面如图 5-2 ~ 图 5-4 所示。

2）塔器的标定：在稳态模型基础上计算精馏塔的结构尺寸、水力学计算。借助 HYSYS 软件中 Tray sizing 工具对塔器内部结构进行设计，最终得到塔高、塔径、塔板数、塔板容积、堰高、堰长、开孔率等结构参数，同时也可获得停留时间、流体阻力损失系数等水力学计算参数，以此作为动态模拟的初始条件。

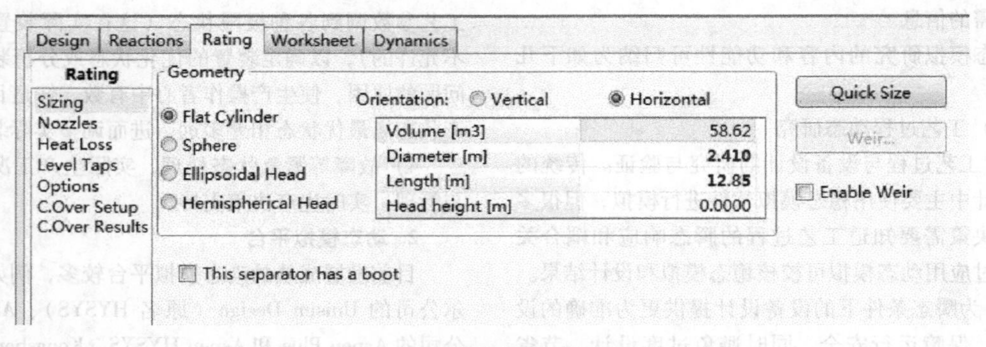

图 5-2　容器规格的输入界面

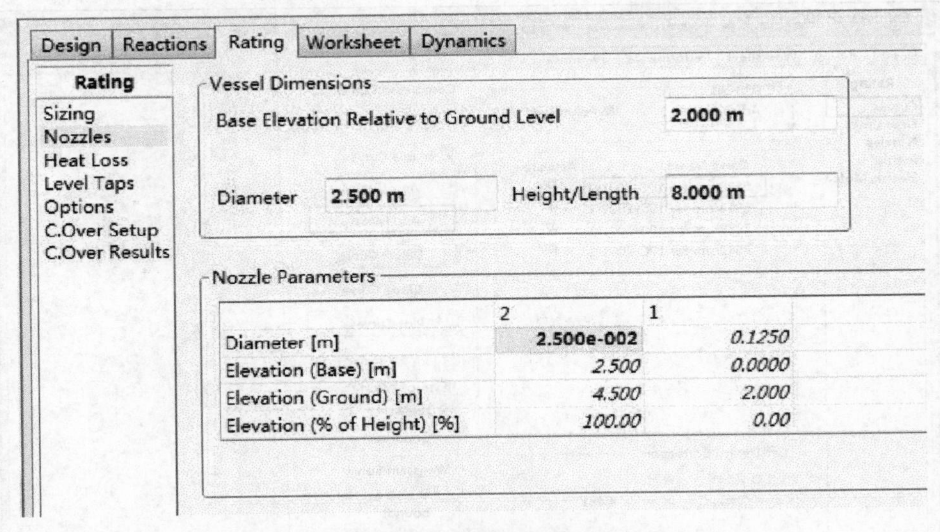

图5-3 容器管口信息及标高输入界面

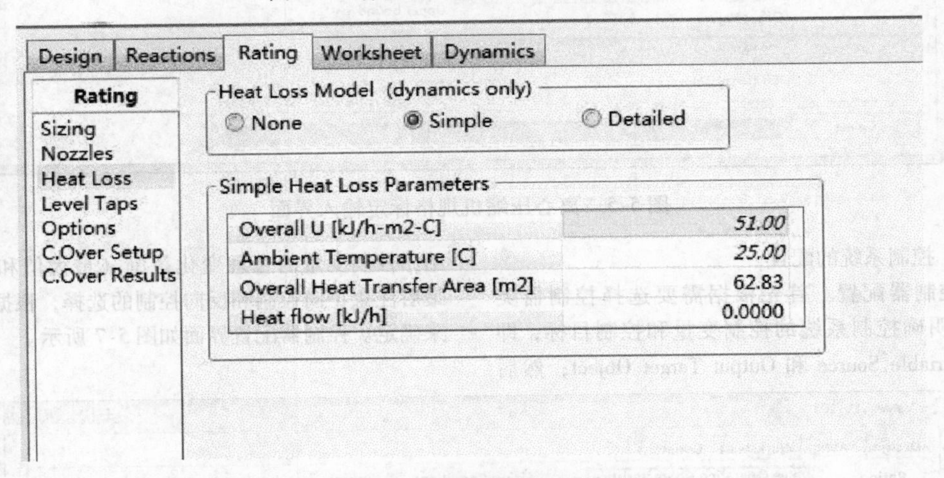

图5-4 容器热损失输入界面

3）离心压缩机的标定：在Curves界面添加压缩机性能曲线，通过“Add Curve...”按钮添加压缩机不同转速下的性能曲线，如图5-5所示。然后依次点击左侧选项卡，完成内容的添加。在Flow Limits界面添加压缩机喘振曲线，通过“Surge Curve”添加压缩机不同转速下的喘振流量；在Nozzles界面添加压缩机管口标高、尺寸等信息；在Inertia界面添加压缩机所有部件的转动惯量、齿轮传动比。

4）往复式压缩机的标定：不需要提供性能曲线，但是需要提供几何参数，包括气缸数量、气缸类型、气缸直径、冲程、活塞杆直径、容积损失常数、预设固定余隙容积、速度为0时流动阻力K值、典型设计转速（转子的估计速度）、容积效率、转速（真实转子速度）。还可以用Size K的功能，明确压降和质量流量来计算往复式压缩机在0流速时候的阻力。

5）离心泵的标定：与离心压缩机相同需要输入性能曲线，另外，需要输入NPSH和Nozzles及Inertia界面信息。

6）换热器的标定：需要输入结构信息、管口信息，以及Dynamic界面信息。不同类型的换热器的输入信息有所不同。可以借助EDR等软件进行预先设计，也可以利用动态模拟软件平台内集成的换热器简单算法来获得输入信息，若有厂家数据最好使用厂家提供的数据。

7）阀门的标定：需要定义阀门的操作特性，同时需要输入阀门开度和Cv值如图5-6所示；然后在Nozzles界面需要输入阀门标高等信息，在Dynamics界面添加阀门动态特性约束条件，通常选择压力流量关系（Pressure Flow Relation）。

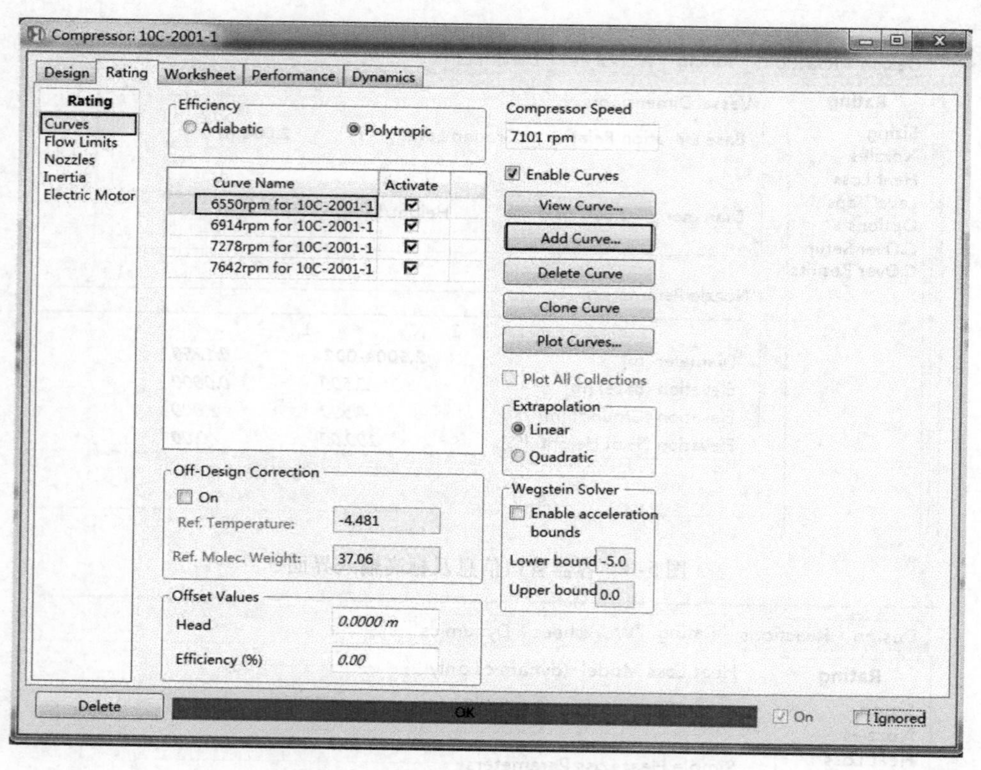

图 5-5　离心压缩机规格标定输入界面

（2）控制系统的配置

1）控制器配置。首先根据需要选择控制器类型，然后明确控制系统的控制变量和控制目标，即 Process Variable Source 和 Output Target Object；然后给出控制变量的合理变化范围（最大值和最小值），最后注意正向控制和反向控制的选择，根据工艺流程来确定。控制器配置界面如图 5-7 所示。

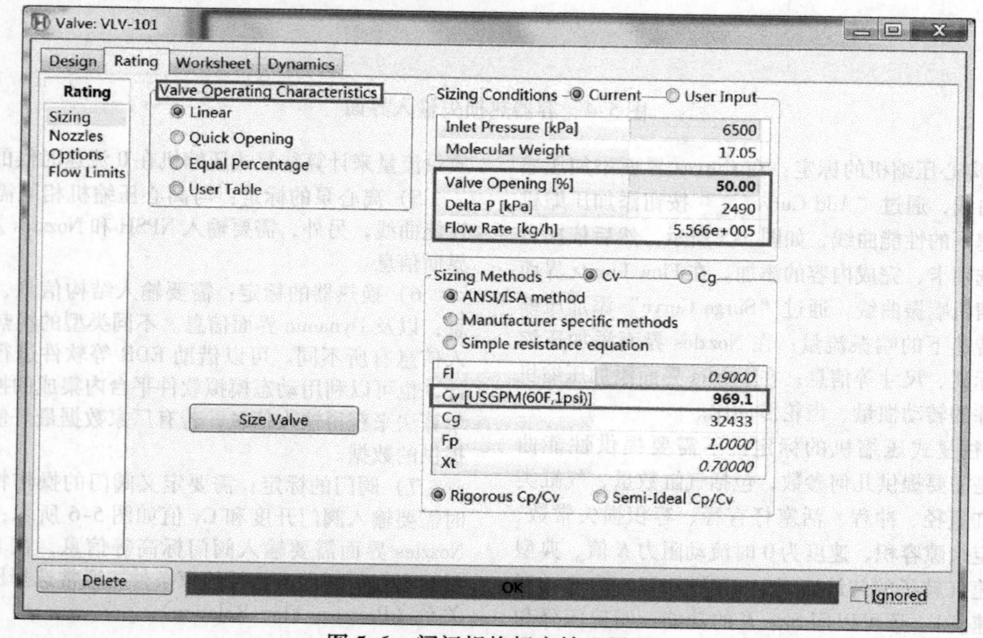

图 5-6　阀门规格标定输入界面

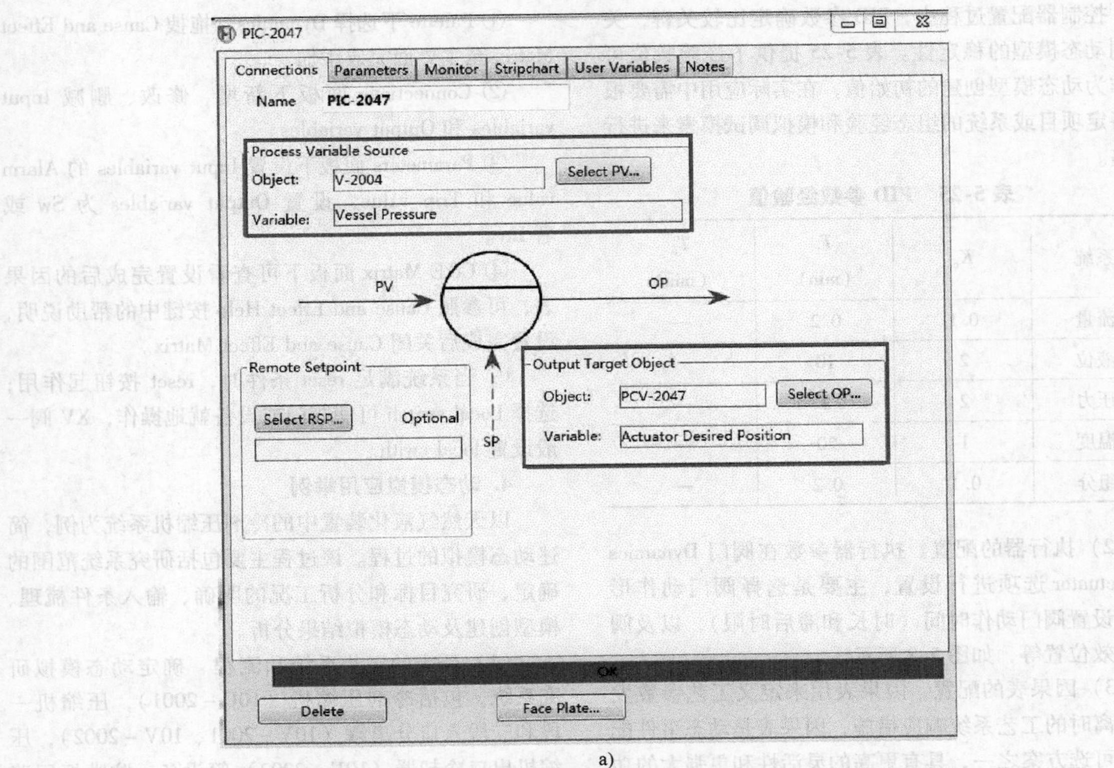

a)

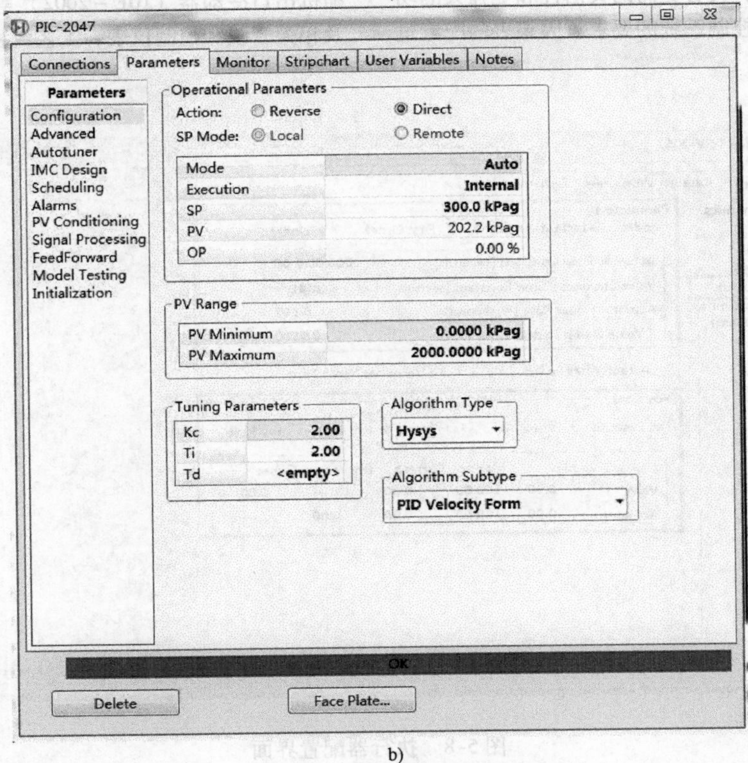

b)

图 5-7　控制器配置界面

a）Connections 界面　b）Parameters 界面

控制器配置过程中，PID 参数确定比较关键，关系到动态模型的稳定性。表 5-25 提供了经验数值可以作为动态模型创建的初始值，在实际应用中需要根据特定项目或系统的组态经验和模拟调试摸索来进行调整。

表 5-25　PID 参数经验值

系统	K_c	T_i (min)	T_d (min)
流量	0.1	0.2	—
液位	2	10	—
压力	2	2	—
温度	1	20	—
组分	0.1	0.2	—

2）执行器的配置。执行器参数在阀门 Dynamics 中 Actuator 选项进行设置，主要是选择阀门动作形式、设置阀门动作时间（时长和滞后时限），以及阀门失效位置等，如图 5-8 所示。

3）因果表的配置。因果表用来定义工艺参数发生偏离时的工艺系统响应措施，因果表是动态事件配置的可选方案之一，具有更高的灵活性和更强大的功能，能够满足复杂控制系统的要求。因果表的配置过程如下：

① Palette 下选择 Dynamics，拖拽 Cause and Effect Matrix 至主界面完成添加。

② Connections 面板下新增、修改、删减 Input variables 和 Output variables。

③ Parameters 面板下设置 Input variables 的 Alarm value 和 Trip value，设置 Output variables 为 Sw 或者 Inv。

④ C&E Matrix 面板下可查看设置完成后的因果表，可参照 Cause and Effect Help 按键中的帮助说明，设置完成后关闭 Cause and Effect Matrix。

⑤ 当系统满足 reset 条件时，reset 按钮起作用；选择 Local switch 可使阀门或设备就地操作，XV 阀一般设置 local swith。

4. 动态模拟应用举例

以天然气液化装置中的冷剂压缩机系统为例，简述动态模拟的过程。该过程主要包括研究系统范围的确定、研究目标和分析工况的明确、输入条件梳理、模型创建及动态模拟结果分析。

（1）研究的工艺系统和流程　确定动态模拟研究系统，包括冷剂压缩机（10C－2001），压缩机一段和二段入口分离罐（10V－2001、10V－2002），压缩机出口冷却器（10E－2002）等设备，防喘振回路及相关管线和控制仪表，工艺流程图如图 5-9 所示。

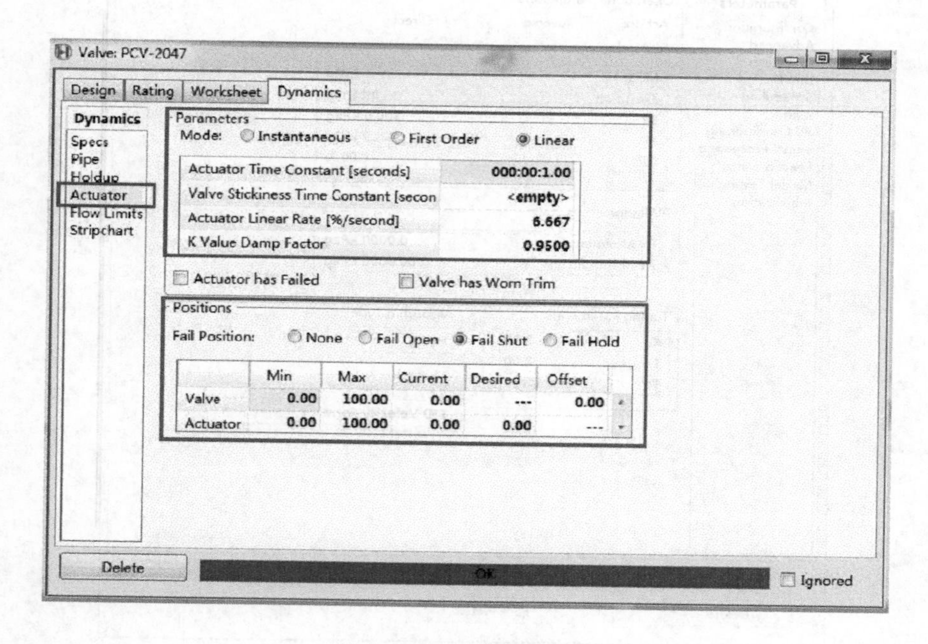

图 5-8　执行器配置界面

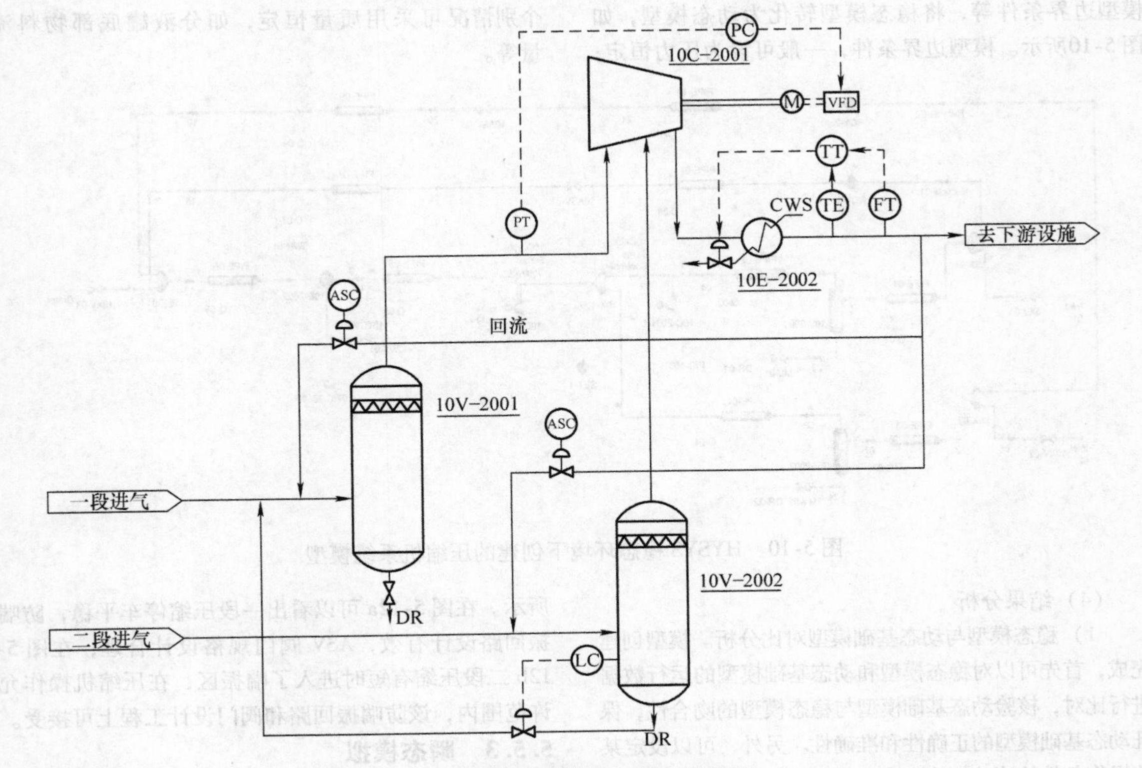

图5-9　冷剂压缩机系统工艺流程

冷剂压缩机采用离心压缩机，由变频电动机驱动，冷却方式采用水冷。冷剂经压缩机两段进气两段压缩至目标压力，然后经系列换热设备，冷凝为过冷液相送至下游设备。

（2）研究目的　复核压缩机防喘振管线尺寸及防喘振阀（ASV）尺寸。

（3）创建模型　HYSYS 的动态模拟是建立在原有稳态流程模拟收敛的基础上，然后点击动态模式（Dynamics Mode），再定义单元操作的动态数据（如分离器的几何尺寸、液位高度等），安装控制仪表，才可以开始动态模拟。动态模拟过程中，可以改变操作条件、定义事件工况，研究装置的动态特性，校验设备配置的合理性。

具体步骤如下：

1）根据稳态模拟方法，基于设备、管道、阀门数据和压缩机性能曲线，在 HYSYS 软件稳态环境下创建压缩机防喘振系统的稳态模型。

2）将稳态模型转化进入动态环境，继续完善模型信息，形成动态基础模型；也可以不通过稳定模型转化为动态模型，而在动态环境下直接创建动态基础模型。

3）检验基本动态特性，评价其动态基础模型与稳态模型的吻合性。

4）进行工况配置与调试。

压缩机、分离罐、换热器等工艺设备及阀门和管件的模拟均采用 HYSYS 模型库中的标准模型。主要设备和部件标定过程如下：

1）压缩机：采用压缩机的性能曲线，按照压缩机入口实际体积流量，输入特定转速下的扬程。

2）分离罐：分离罐按照容器标定方式进行标定和动态界面设置。

3）水冷器：热负荷由 UA 和 K 计算。温度控制器控制水冷器的循环水流量。UA、K 值和循环冷却水流量的输入参数以初始稳态模型计算为基础。

4）阀门：阀门动态模拟采用 HYSYS 已有阀门模型。止回阀的关闭假定为瞬间动作。防喘振阀（ASV）开启前可以考虑 0.38s 的延迟，其中包括 IPS 扫描时间和阀门死区时间。ASV 的行程速度通常限定在 2.0s。其他控制阀和切断阀，行程速度以 1in/s 阀体尺寸计算。

5）管道：标定管道的结构尺寸、输入管材、长度和标高等，管道阻力降和体积动态模拟采用 HYSYS 已有管道模型。

按照动态模型设置要求，以稳态为基础，规定模型边界条件等，将稳态模型转化为动态模型，如图5-10所示。模型边界条件，一般可设为压力恒定；个别情况可采用质量恒定，如分液罐底部物料流量等。

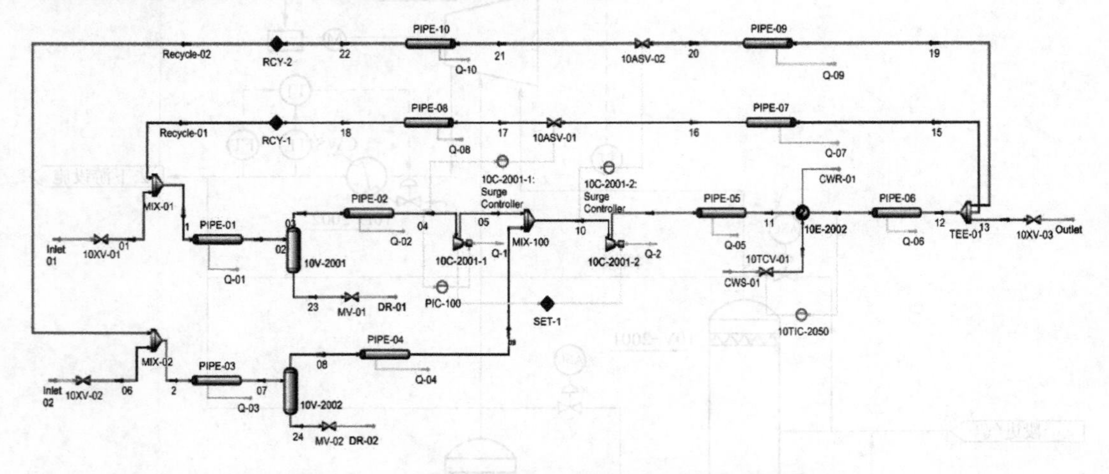

图5-10　HYSYS稳态环境下创建的压缩机系统模型

（4）结果分析

1）稳态模型与动态基础模型对比分析。模型创建完成，首先可以对稳态模型和动态基础模型的运行数据进行比对，核验动态基础模型与稳态模型的吻合性，保证动态基础模型的正确性和准确性。另外，可以设定某些操作条件的波动，验证动态基础模型的稳定性。

2）动态特性测试。以压缩机停机事件为例，进行动态特性测试，以校验防喘振回路的设计。事件设定情景为压缩机停机同时关闭进出口阀门、快速开启防喘振阀。动态模型先稳定运行30s，然后压缩机停机。进出口XV阀分别在30s和24s内关闭完全，一段和二段压缩系统的防喘振阀（ASV）在2s中内完全开启，阀门动作轨迹如图5-11所示。

监测压缩机一段和二段的运行轨迹，如图5-12所示。在图5-12a可以看出一段压缩停车平稳，防喘振回路设计有效，ASV阀门规格设计合理；在图5-12b二段压缩有短时进入了喘振区，在压缩机操作允许范围内，该防喘振回路和阀门设计工程上可接受。

5.5.3　瞬态模拟

在长距离流体输送的压力管道中，由于流体流速的突然变化，会导致流体压力显著、反复、迅速的变化，从而对管路和管件造成一种“锤击”作用。如输水管路系统发生事故停泵、阀门快速关闭等，在管道系统中会产生剧烈的压力升高或降低的水力瞬变现象，称之为水锤。压力显著升高为正水锤，在关闭的阀门突然开启等情况下造成管道压力明显降低的为负水锤。对于输送高压蒸汽和空气的管道系统，也会发生由于流体压力变化导致的“锤击”作用，通常被

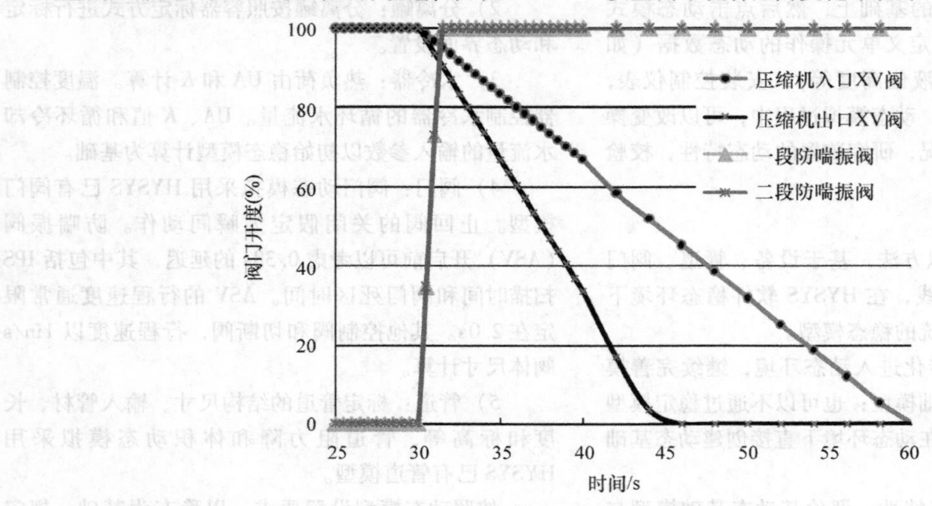

图5-11　压缩机系统阀门动作轨迹

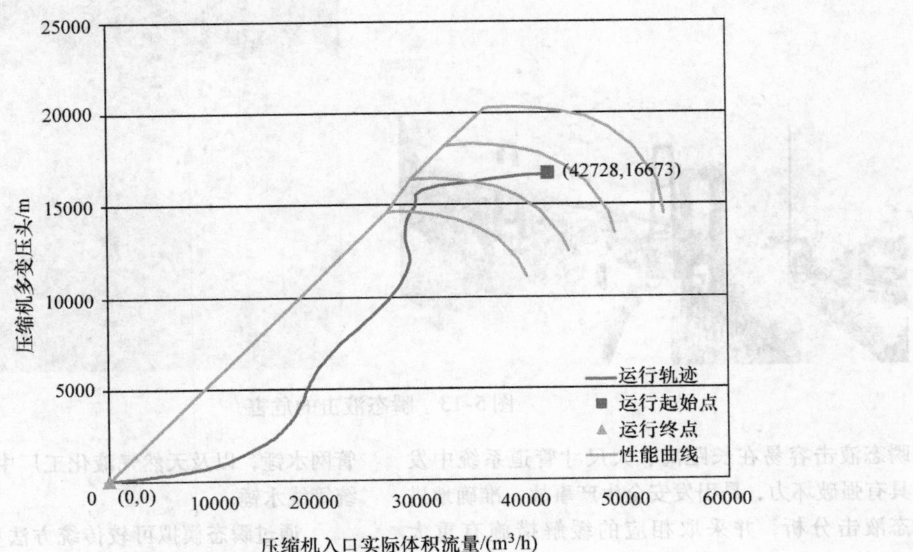

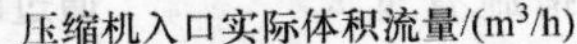

a)

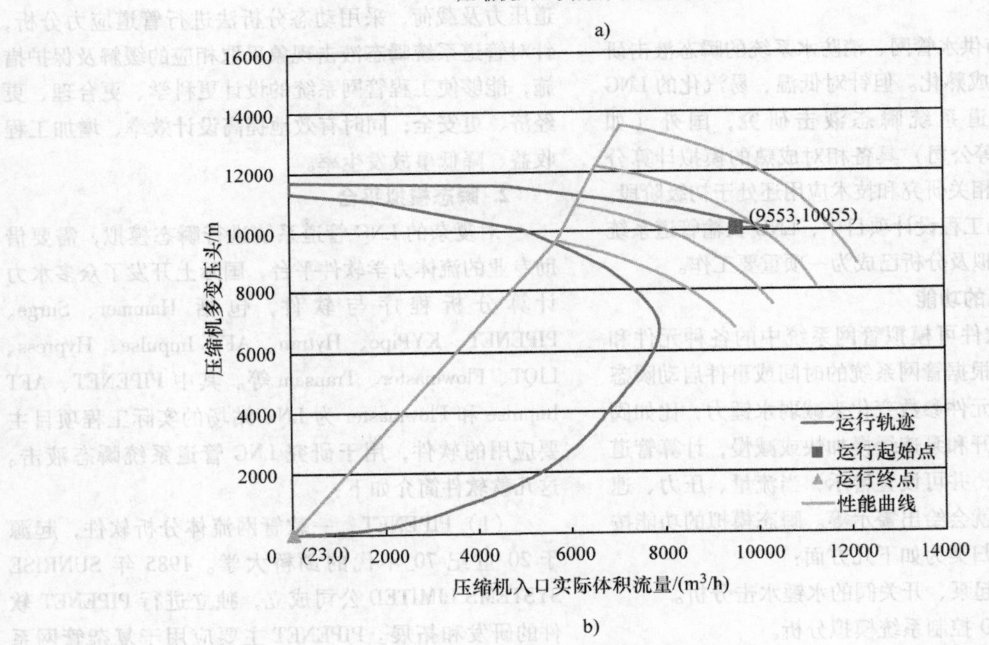

b)

图5-12　压缩机停机运行轨迹

a）一段　b）二段

称之为汽锤现象。对于液相输送管道内混入或产生大量气体的也可能导致汽锤现象，蒸汽管道由于冷凝积液也会出现水锤现象。对于水、油品和低温烃类液体等液相流体的“水锤现象”可统称为瞬态液击现象。

管道内流体变化的动能需要得到释放，如果管网系统中缺乏保护措施，那么这部分动能会以压迫和应力形变的方式传递给管壁或管路中并以脉动波的形式沿管道往返传播，这个动能转化动压的过程，带来的便是产生的瞬间冲击高压，导致过流部件损坏、管道破损等事故的发生。如图5-13所示，瞬态液击导致管线变形/破裂、固定端撕裂、管路变形脱离支撑、基础损坏等。

图5-13 瞬态液击的危害

瞬态液击容易在长距离、大尺寸管道系统中发生，具有强破坏力，易引发安全生产事故。准确地进行瞬态液击分析，并采取相应的缓解措施有重大意义。

目前，城市供水管网、消防水系统的瞬态液击研究技术已经趋于成熟化。但针对低温、易汽化的LNG站场的LNG管道系统瞬态液击研究，国外（如CERG、KOGAS等公司）具备相对成熟的模拟计算分析能力，国内的相关研究和技术应用还处于初级阶段。在实际LNG站场工程设计项目中，LNG长输管道系统进行瞬态液击模拟及分析已成为一项重要工作。

1. 瞬态模拟的功能

瞬态模拟软件可模拟管网系统中的各种元件和抑制水击设备，根据管网系统的时间或事件启动瞬态事件，通过减慢元件参数变化来减弱水锤力，比如阀门缓慢关闭或打开和泵速缓慢加快或减慢，计算管道的瞬态不平衡力，并可设置警示，当流量、压力、速度超出设定值时就会给出警示等。瞬态模拟的功能按照情景大体可以归类为如下几方面：

1）停泵、起泵、开关阀的水锤水击分析。

2）管路PID控制系统模拟分析。

3）动态力计算。

4）汽蚀、段塞流、管道充水泄放过程模拟。

5）水锤防护方案模拟分析（蓄能器、安全阀、排气阀等）。

瞬态模拟分析适用于液体、气体及变物性流体，适用于枝状管网、环状管网、泵串并联及多泵站，可应用于长距离供水水锤、电厂循环水水锤、电厂主蒸汽管道汽锤、循环水管网水锤、供水管网水锤、消防管网水锤。对于LNG站场，瞬态模拟技术已被用于研究LNG接收站装卸船、高低压外输（包括装车）管网水锤，以及天然气液化工厂中的LNG和NGL系统管线水锤。

通过瞬态模拟可较传统方法更为准确的预测管道压力及载荷，采用动态分析法进行管道应力分析，针对管道系统瞬态液击现象采取相应的缓解及保护措施，能够使工程管网系统的设计更科学、更合理、更经济、更安全；同时有效地提高设计效率、增加工程收益、降低事故发生率。

2. 瞬态模拟平台

对复杂的LNG管道系统进行瞬态模拟，需要借助专业的流体力学软件平台，国际上开发了众多水力计算分析程序与软件，包括Hammer、Surge、PIPENET、KYPipe、Hytran、AFT Impulse、Hypress、LIQT、Flowmaster、Transam等。其中PIPENET、AFT Impulse和Flowmaster为LNG站场的实际工程项目主要应用的软件，用于研究LNG管道系统瞬态液击。这几款软件简介如下：

（1）PIPENET 一款管网流体分析软件，起源于20世纪70年代的剑桥大学。1985年SUNRISE SYSTEMS LIMITED公司成立，独立进行PIPENET软件的研发和拓展。PIPENET主要应用于复杂管网系统的稳态及瞬态分析，服务于石油、化工、海洋工程、电力、造船、冶金、市政、场馆、建筑等工程领域。共分为三个模块：

标准模块：常规工业管网的稳态设计分析模块，包括管径计算、水力平衡、设备选型及各种管网稳态运行方案模拟。

消防模块：消防管网的稳态设计分析，具有标准模块的所有基本功能；符合NFPA规范、FOC规范及中国国标，并生成国际通用格式的消防计算书。

瞬态模块：分为标准模块瞬态计算和消防模块

瞬态计算两个子模块。用于分析管网系统由于泵突然起停或者阀门开关等因素导致的水锤、汽锤等现象，进行水锤消除设计方案模拟及系统中控制系统的动态响应模拟。

PIPENET 模型采用类似工艺流程图的示意性模型，并采用集中参数法，将弯头、三通、闸阀、蝶阀等没有操作动作的管道元件或装置作为管道的阻力参数输入，需要做修改时，只需修改参数，而无须修改模型，大幅提高设计效率。

动态力是由水锤（汽锤）现象导致的沿管向游窜的瞬间不平衡力，通常称为水锤力（汽锤力），该力的瞬间动量非常大，足以破坏管道系统或结构。PIPENET 可计算动态力并生成时间与力的计算结果，并将结果生成 .FRC 文档，传递给管道应力分析软件，做结构分析及阻尼器的设计。

PIPENET 瞬态模块有 TURBO PUMP 模型，可以模拟泵的正常工况，还可以模拟泵起动和停泵倒转工况。由于 TURBO PUMP 模型需要 SUTER CURVE 等不易获取的参数信息，PIPENET 瞬态模块研发了独有的 INERTIAL PUMP 模型，可以利用厂家所能提供的参数信息，模拟起泵和停泵的工况。PIPENET 瞬态模块可以为安全阀、呼吸阀、压力容器等在动态工况下工作的关键设备进行动态设备选型，使设备的型号更准确、更安全、更经济。PIPENET 瞬态模块可模拟工程中常用的各种控制系统，以及控制系统在整个管网系统中的动态响应，可将大量的预调试工作在设计阶段完成，缩短工程建造的调试周期。

（2）AFT Impulse　AFT Impulse 是一款强大的管网流体动态分析软件，可计算管网中由水锤引起的瞬态压力及水击力大小，可对不可压缩流体和蒸汽系统进行瞬态分析，包括水、汽油和其他精炼油品、化工产品、冷冻剂、制冷剂等不可压缩流体和包括高压蒸汽、压缩空气等管网系统，是确保管网系统安全可靠运行的必要工具。其广泛应用于化工、电力、石化、造船、航空、制药等行业的各类系统中。

AFT Impulse 不同以往其他的分析软件。具有全部稳态分析和瞬态分析功能，并且可以在两个分析状态进行切换功能。通过稳态计算，可以确保分析模型的正确性。自动计算阀门 C_v 值。软件在瞬态分析下，不必定义输入控制，计算完成后可通过数据和图形方式输出各点压力波动、流量变化、水击力的大小等。另外，可自动生成 CAESAR II 软件需要的水击力时程文件。

（3）Flowmaster　由英国 Flowmaster 公司开发，目前已被 Mentor Graphic 公司收购，2004 年海基科技引入国内。Flowmaster 包含汽车版、航空版、燃气轮机版、能源电力版及通用版五个工业版本，工业版本包含了根据用户需求定制的算法、元器件库及网络模板、与工业应用相关的知识库，并且提供了空前的易用性及适应特定工业需求的新功能。Flowmaster 用户遍布 40 多个国家和地区的 1500 多家企业。

Flowmaster 是面向工程的完备的流体系统仿真软件包，对于各种复杂的流体系统，工程师可以利用 Flowmaster 快速有效地建立精确的系统模型，并进行完备的分析。

Flowmaster 具备的分析模块可以对流体系统（含液压系统）进行稳态和瞬态分析；Flowmaster 可以对不可压缩流体和可压缩流体系统进行分析，可以对系统进行热传导分析；Flowmaster 所仿真的流体系统内的介质可以是液体，也可以是气体，并且可以对包含气液相变的空调系统进行仿真；Flowmaster 所具备的动态色彩显示和图表显示等强大的后处理功能能够对系统部件性能进行实时的监测和评估。

3. 模拟计算

（1）水锤力计算　水锤的基础理论可用 Joukowsky 方程来描述，即压力变化与流速变化相关。

$$\Delta p = -\rho c \Delta v \tag{5-1}$$

$$c = \sqrt{\frac{K}{\rho\left(1 + \frac{KdC_1}{\delta E}\right)}} \tag{5-2}$$

式中，c 是水锤波波速（m/s）；ρ 是流体的质量密度（kg/m^3）；K 是液相体积模量（N/m^2）；d 是管道内径（m）；δ 是管壁厚度（m）；E 是管材杨氏模量（N/m^2）；C_1 是管道约束系数，取值 1。

Joukowsky 方程未考虑管线袋形、阀门关闭时间等问题；PIPENET 瞬态分析模块中则主要采用了 Momentum 方程式（5-3）和 Continuity 方程式（5-4）。

$$\frac{1}{\rho}\frac{\delta p}{\delta x} + \frac{\delta u}{\delta t} + g\sin\alpha + \frac{4f}{d}\frac{u|u|}{2} = 0 \tag{5-3}$$

$$\frac{1}{\rho A}u\frac{\delta\rho A}{\delta x} + \frac{1}{\rho A}\frac{\delta\rho A}{\delta t} + \frac{\delta u}{\delta x} = 0 \tag{5-4}$$

式中，p 是管道压力；u 是管道轴向流体流速；x 是管道轴向距离；t 是时间；A 是管道横截面积；d 是管道直径；ρ 是流体密度；α 是管道的水平夹角；f 是摩擦因子。

（2）动态力计算　动态力是由于管道内流体的动量变化产生的，又可称为水锤力、水击力、瞬间不平衡力，作用点在管道的弯头等位置。

$$F = \frac{d(mv)}{dt} = m\frac{dv}{dt} = ma \tag{5-5}$$

式中，F 是动态力；m 是流体质量；v 是流体流速；a

是加速度。

（3）模型创建方法　模型创建分为如下几步：

1）定义流体组成及物性参数：可以输入流体组成，利用软件自带的物性库计算不同温度压力下LNG的物性参数，也可人工输入温度、密度、黏度、饱和蒸气压、体积模量（Bulk Modulus）等流体物性数据。

2）输入主要管线尺寸及流量：模型中主要管线的管径（内外径和壁厚）、长度和标高，管件、阀门及流量计等的数量、位置和类型参照相关设备布置图、管道轴测图以及P&ID图；还需输入管材的表面粗糙度、杨氏模量、泊松比。

3）标定主要设备规格：模型中输入主要设备的数量、类型和结构参数；泵需要输入额定流量、额定扬程、额定转速、额定功率、额定效率和转动惯量，以及泵性能曲线；容器需要输入直径和切线长度。

4）阀门特性参数：研究的阀门特指工况中具有联锁动作的ESD阀、PERC阀等，阀门特性参数包括阀型、尺寸、关闭时间、压降、流量和流量系数（C_v），以及关阀曲线等。

5）定义边界条件：输入边界压力，边界节点仅能设定压力或流速中的一个，且所有节点中至少有一个是设定压力。

6）管线压力限值：定义管线的设计压力和允许超压限值。

7）完成正常稳态下的操作工艺参数的填写后，进行稳态模型调试，最后输入瞬态动作参数进行瞬态液击模拟。

4. 瞬态模拟应用举例

LNG站场内的LNG高低压外输管道系统、LNG装卸船系统等都是瞬态分析的研究目标系统。以某一LNG接收站项目的卸船管道系统为例进行瞬态模拟研究。

（1）研究对象　LNG接收站卸船管道系统，该系统主要包括码头装卸臂、码头装卸主管道、最小保冷回流管道，以及对应的管道元件和LNG储罐。

（2）研究目的　非正常操作工况下LNG卸船管道系统的瞬态液击情况。确定各种情景下管道压力最高值和出现的位置，检验系统设计的安全性。XV-01~04为码头各分支卸船管线的紧急切断阀，XV-05为保冷循环管线的紧急切断阀、XV-06为保冷循环管线与卸船总管间跨线的切断阀，XV-07为码头和栈桥之间的卸船总管紧急切断阀，XV-08为栈桥和接收站内的卸船总管紧急切断阀，XV-09为LNG储罐罐底切断阀。

工况1：关闭所有的PERC阀和切断阀（装卸系统整体停车）。

工况2：仅关闭所有的PERC阀。

工况3：仅关闭所有的切断阀。

工况4：仅关闭储罐入口处的切断阀（储罐与卸船系统隔离）。

（3）创建模型　应用PIPENET流体力学软件的瞬态模块，根据模型创建方法进行卸船管道系统模型的创建，如图5-14所示。

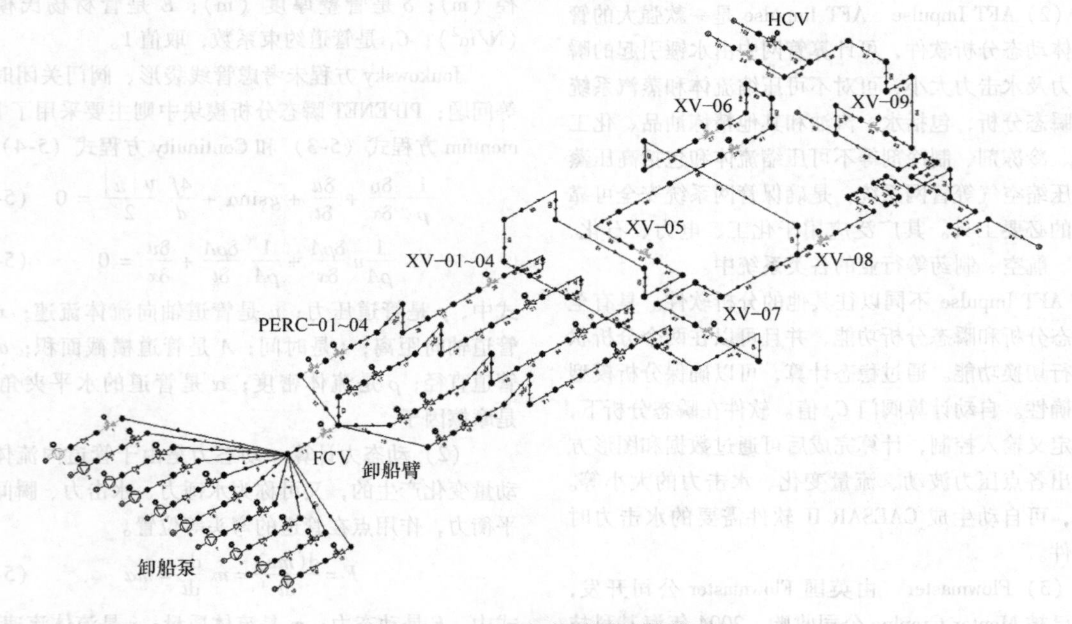

图5-14　LNG卸船管道系统模型

(4) 结果分析　工况1：最大液击压力出现在XV－06阀前，大小为5.248bar（1bar = 10^5Pa）。由于PERC阀快速关闭，流体在阀前被截断，管道长度较短，压力急剧升高，且均为充装压力，并随时间液击压力波动不断衰减，如图5-15所示。

工况2：由于PERC阀的快速关闭，液击压力所积聚的能量被阻绝在PERC阀前，即卸船臂之前，因此在卸船臂后的卸船管道中，液击压力波动所带来的影响相对较小。如图5-16所示，最大液击压力出现在管路系统的最低位置，XV－05布置于最低标高的水平管线上，因此选择XV－05阀前压力曲线做分析。最大压力为初始稳态下的压力3.742bar，随着PERC阀的关闭动作，管道中的压力立即衰减至1bar左右，并伴随小振幅的波动。40s后，XV－05处的压力会上升至3bar左右，做一定程度的波动。

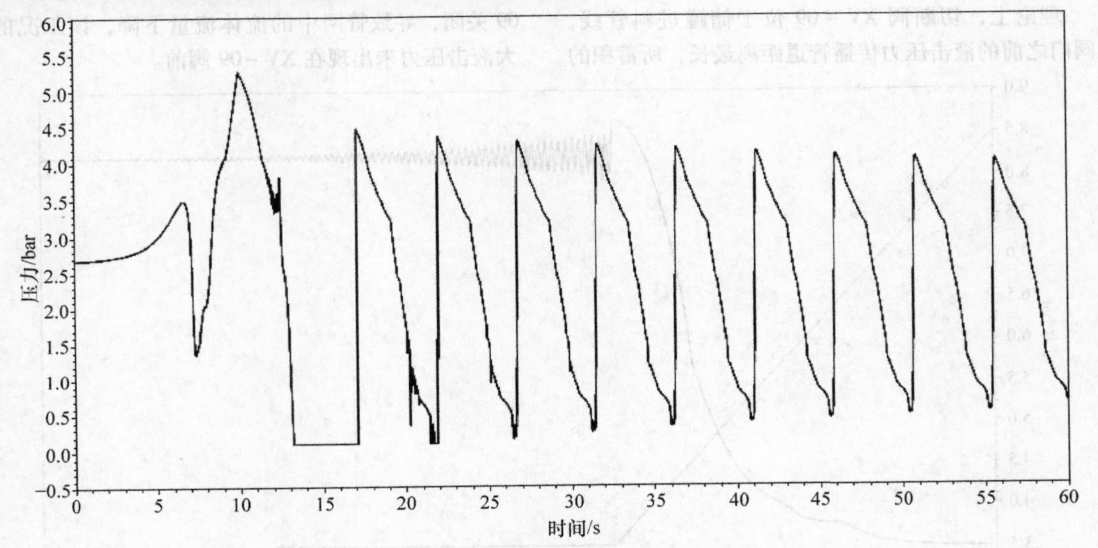

图5-15　切断阀XV－06阀前的压力曲线

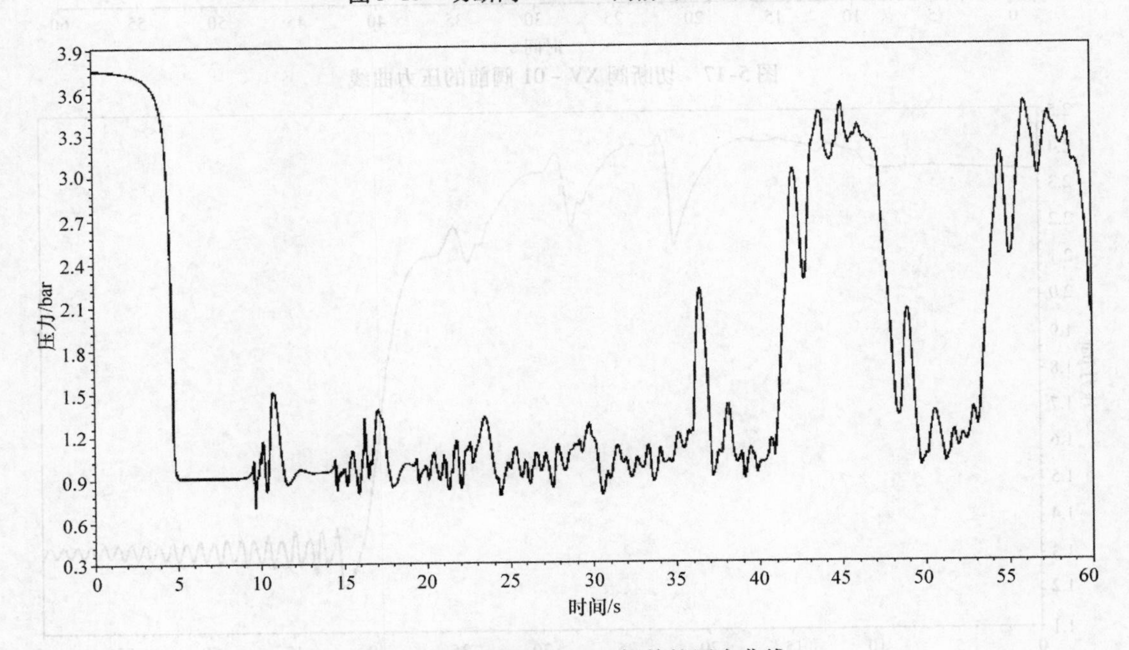

图5-16　切断阀XV－05阀前的压力曲线

工况3：最大液击压力出现在XV－01阀前，该阀门位于码头卸船管线靠近卸船臂处（XV－01与

XV－02、XV－03、XV－04位置等同，操作参数相同）。由于XV－01的关闭时间较卸船主管上切断阀短，因此最大液击压力波将在该阀的阀前形成。如图5-17所示，随着阀门线性关闭，压力不断升高，当阀门在24s完全关闭时，压力达到峰值8.6bar左右，且主要为直接压力作用。在XV－01完全关闭后系统压力存在一段充装压力衰减波动过程，振幅小。

理论上，切断阀XV－09位于储罐进料管线，此阀门之前的液击压力传播管道距离最长，所蓄积的脉动能量最大，因此产生的液击压力最大。图5-18所示，压力初始维持在2.3bar左右。当部分切断阀在第10s、24s及42s关闭后，阀前压力均会经历一段较为明显的波动，随后伴随一段小幅度充压振荡。计算结果显示了整个过程中的压力变化规律，并与实际分析情况相符。值得强调的是，虽然理论上XV－09关闭后液击波的传播距离最长，但是由于管网前端卸船管线上的切断阀和冷回流上的切断阀均先于XV－09关闭，导致管网中的流体流量下降，该工况的最大液击压力未出现在XV－09阀前。

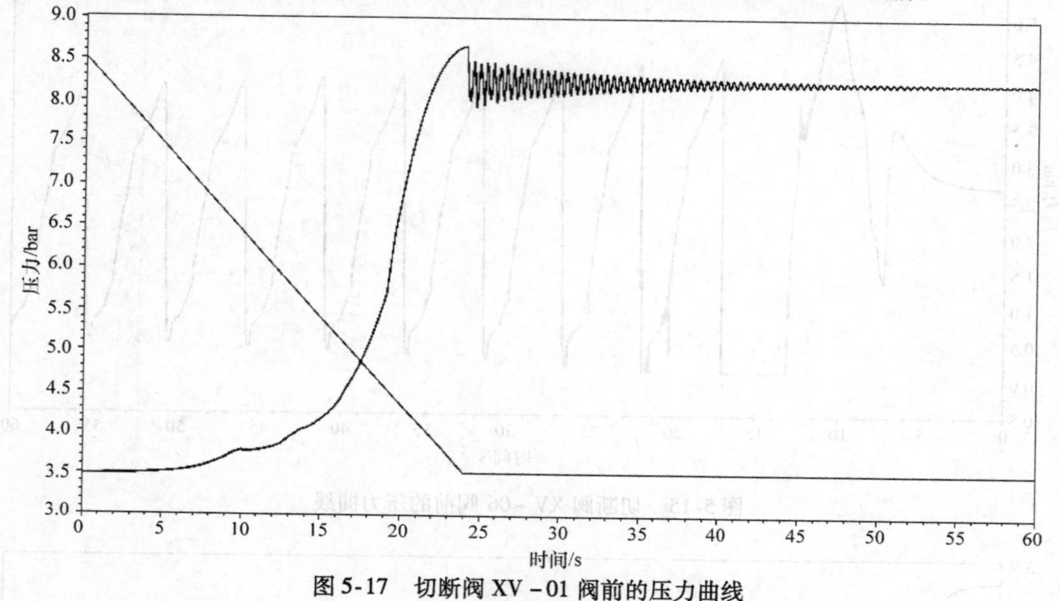

图5-17　切断阀XV－01阀前的压力曲线

图5-18　切断阀XV－09阀前的压力曲线

工况4：仅关闭LNG储罐入口端的切断阀XV－09，用于探究液击压力大小与压力波传播情况。计算分析结果显示，最大液击压力出现在XV－09阀的上游管段，图5-19显示了XV－09阀前上游管段的压力随时间变化情况。切断阀关闭过程中的初始阶段，在直接压力作用下，压力平缓上升。在开度由20%降至0%的过程中，随着开度的减小，压力急剧上升，在42s阀门完全关闭，压力达到峰值15.26bar，然后伴随较大幅度的衰减波动，压力值最终趋于一个定值。

上述4种非正常操作工况，属于卸船系统较为典型且容易出现较大水锤压力的工况。汇总这4种工况模拟计算结果见表5-26。

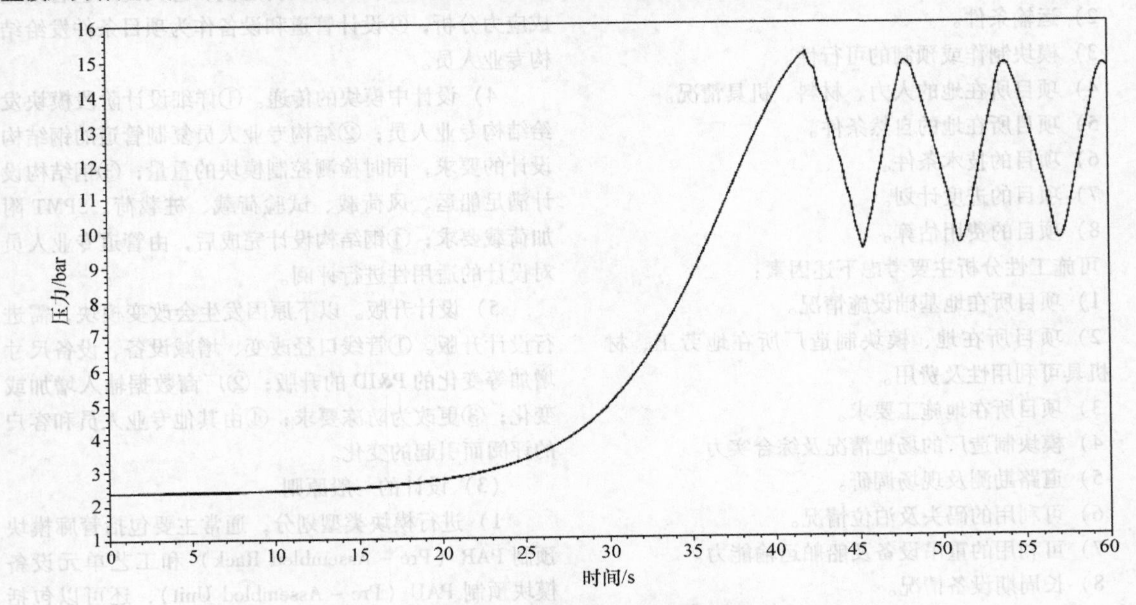

图5-19　切断阀XV－09阀前上游管段的压力曲线

表5-26　非正常操作工况瞬态模拟结果汇总

工况	工况描述	PIPENET计算得到的最大液击压力/bar	管道设计压力/bar
1	关闭PERC阀和切断阀	5.248	17.9
2	关闭PERC阀	3.742	17.9
3	关闭切断阀	8.653	17.9
4	仅关闭罐前切断阀	15.264	17.9

通过模拟分析可知出现的最大液击压力不超设计压力，即非正常操作工况发生时不会发生管道超压现象，系统设计安全。

5.5.4　模块化设计

模块最早的概念出现在程序设计中，又称构件，是能够单独命名并独立完成一定功能的程序语句的集合。到20世纪40年代，模块化出现在了军舰建造上，70年代又开始被应用于海上石油生产和贮存设施（FPSO），随后被逐渐推广应用于液化天然气（LNG）行业以及化工和制药等领域。目前，标准化模块化液化天然气工厂设计已成为实现项目快速交付和低成本支出最有效的概念之一，是陆上LNG项目和海上浮式液化天然气（FLNG）项目建设的重要实施方式。

1. 模块的概念

模块是指将建造系统分解成一些结构或功能独立的标准单元，然后按照特定的建造需求将标准单元进行组合。在模块建造厂将成套设备、撬块、容器、机泵、管道、阀门、仪表、电气设备等安装在同一结构框架内，整体运输到现场进行再次安装。模块化为项目提供了一种整体化建造的解决方案。

2. 模块的设计技术与流程

模块化设计不同于传统设计和成套设备的设计。为了便于建造和运输，将整个工厂切分成若干个模块，每个模块不一定具备全部功能，只是作为整个工厂的一部分。通过合理的模块划分，将复杂的工厂切分成便于建造、运输和整体安装的模块，是成功实现模块化实施方案的前提和基础。在设计阶段把整个项目按照一定的要求进行有效的模块化设计是实施模块化技术的关键。

（1）前期准备　在项目的FEED阶段和基础设计阶段，需要进行模块方案的研究和可施工性分析，确定模块化的执行思路，定义模块范围，确定最优的模块化方案。

模块方案的研究主要考虑下述因素：

1）项目所在地区及地区特点。

2）运输条件。

3）模块制作或预制的可行性。

4）项目所在地的人力、材料、机具情况。

5）项目所在地的自然条件。

6）项目的技术条件。

7）项目的进度计划。

8）项目的费用估算。

可施工性分析主要考虑下述因素：

1）项目所在地基础设施情况。

2）项目所在地、模块制造厂所在地劳工、材料、机具可利用性及费用。

3）项目所在地施工要求。

4）模块制造厂的场地情况及综合实力。

5）道路勘测及现场调研。

6）可利用的码头及泊位情况。

7）可利用的重吊设备及船舶运输能力。

8）长周期设备情况。

9）天气及季节性因素对生产效率的影响。

10）天气及季节性因素对运输工作的影响。

运输极限是模块划分的一个重要考虑因素，在项目的FEED阶段和基础设计阶段，项目组需完成模块运输的前期规划，并制定模块设计准则，包括模块的工作范围、规格尺寸和吨重限制等。

（2）设计步骤

1）基于工艺条件进行装备布置。①评阅单元所有工艺设备和主要工艺流向的PFD；②研究和了解标明在PFD上的主要设备的要求和相关位置；③绘制草图用于规划管道走向，确认和设备的关系及临时布置；④此阶段要确认主要的水平和垂直管道区；⑤此阶段检查PFD的合规性；⑥优化设备位置减少管道运行长度。

2）检查布置。①基于初步的设备尺寸（直径、高度和重量）确认模块的柱距和总体尺寸；②然后放置每个设备在模块柱距中，允许通行，检查相关管线的连接；③复审最终的工艺模块研究确立模块的大小。如果模块大小超出项目定义的体积和重量参数，需做出决定将工艺单元分成多个模块；④修改模块设计满足项目规定。

3）2D设计转为3D设计。①设计管道完善框架结构；②设备建模和定位，设备位置满足工艺要求的高度和方位；③设备周围设置操作维修的通道，平台高度尽可能取齐；④明确框架、主要人员通道、维修通道的位置；⑤主要工艺管线将按工艺要求进行布管并连接到主要设备管口；⑥考虑通道平台、楼梯等；⑦考虑采暖通风，基本设备建模；⑧大的工艺管线完成应力分析；⑨设计管道和设备作为项目条件发给结构专业人员。

4）设计中模块的传递。①详细设计阶段模块发给结构专业人员；②结构专业人员复制管道的钢结构设计的要求，同时检测控制模块的重量；③钢结构设计满足船运、风荷载、试验荷载、桩载荷、SPMT附加荷载要求；④钢结构设计完成后，由管道专业人员对设计的适用性进行评阅。

5）设计升版。以下原因发生会改变模块，需进行设计升版。①管线口径改变、增减设备、设备尺寸增加等变化的P&ID的升版；②厂商数据输入增加或变化；③更改为防冻要求；④由其他专业人员和客户的评阅而引起的变化。

（3）设计的一般原则

1）进行模块类型划分，通常主要包括管廊模块预制PAR（Pre－Assembled Rack）和工艺单元设备模块预制PAU（Pre－Assembled Unit），还可以包括供应商撬块VAU（Vender Assembled Units）、容器及其工程组件的模块DRV（指在现场安装前，容器已带有相关管道、平台和绝缘材料）。

2）承包商应（在FEED早期阶段）开发一个模块编号系统，该系统可通过其名称和代码识别每个模块，应包括模块类型、区域、单元和子单元编号等信息。

3）关键绩效指标定义（KPI）：承包商应制定有限数量的标准和关键性能指标，以反映模块的效率和构成，并采用清晰简洁的系数（结构钢相对于总重量的百分比），预计节约现场工时等。

4）明确工艺要求，例如入口罐需在压缩机附近就近布置、某些设备间距要求最短、某部分管线要求压降最小、部分设备需对称布置避免偏流等。在进行模块划分时需满足工艺要求。

5）钢结构的特色要求或规定（如果有）。

6）在模块厂建造的所有管道将进行吹扫、冲洗或机械清洗、检查，并且在装运和现场期间不会再断开的连接应在模块厂完成密封性试验。

7）安全阀、仪表阀和手动阀应在模块厂进行安装，以确保正确安装和排列整齐；该项工作应在管道水压试验和清洁之后，在从模块厂运至现场之前完成，以确保管道系统的完整性，并尽量减少现场工作。

8）所有接线盒应尽可能位于模块一层，集中在模块的一个面上，确保有足够的通道、维护空间不被堵塞、运输和安装过程中不会发生损坏。

9）电气和S/S设计应通过为电缆底部入口提供足够的空间（包括电缆弯曲半径和爆炸荷载）来支持现场布线工作的有效性能；地下电缆布线应尽量减少占地面积，且不会对模块安装顺序造成不利影响。

10）模块工程应包括仪表安装、工艺和气动管道以及模块接线盒的电缆，仪表如果无法在模块厂完成安装，则应在完成图样上明确标识；在模块安装完成后，应测试所有仪表管道和接线；安装、连接和布局图应以模块为基础绘制。

11）地下工程，包括土建基础、地下管道、电缆装置、模块运输路线和模块下方的回填设计，应允许上述模块移动和安装，计划提前完成和交付。

（4）模块化关键技术　模块化设计将涉及的关键技术包括如下几项：

1）模块三维设计技术（PDS、PDMS等）。

2）模块装置整合技术。

3）模块总体布局技术。

4）模块安全稳定性评估及技术。

5）模块划分设计技术。

6）模块钢结构及基础优化设计技术。

7）模块操作及检维修设计技术。

8）模块包装及防护设计技术。

9）模块运输及装卸设计技术。

10）模块拆分与复装设计技术。

（5）模块化设计建造的标准化流程　模块化方法的关注要点不仅包括设计和施工方面，还包括集成、预调试和调试活动方面，其标准化流程包括12个环节，设计、采购原材料、检验、管道钢结构预制、设备安装、装置预组装、工厂测试、拆分、包装、运输、现场安装、联机调试。在集成到船体或岸基现场之前，可最大限度地完成模块建造和地面模块厂预调试。图5-20示出Pluto LNG项目模块加工与运输的照片。

在模块制造厂进行相关检验验收的流程如图5-21所示。

a)

b)

图5-20　Pluto LNG项目模块加工与运输
a）模块加工　b）液化模块运往现场

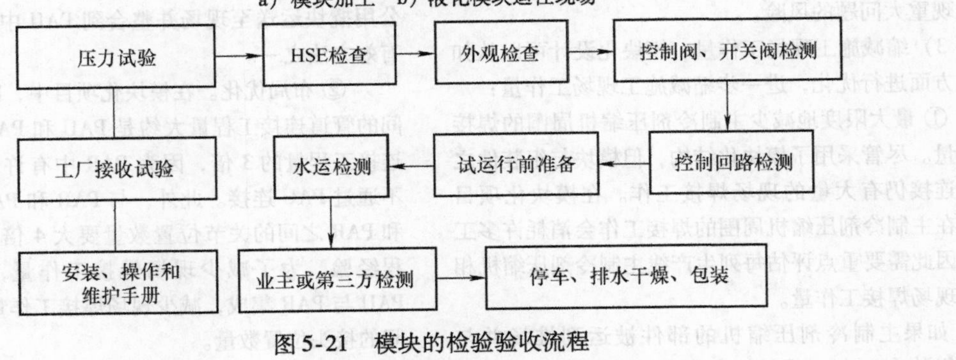

图5-21　模块的检验验收流程

模块团队的工作界面很多，涉及各设计专业人员、采购专业人员、施工专业人员、物流商及模块制造厂等，相关工作流程如图5-22所示。

（6）标准化大型模块化液化天然气装置设计

1）准备设计块。通常液化天然气工艺装置由进气、酸气脱除、脱水、脱汞、重烃脱除、液化等几个单元组成。每个项目的各个单元的设计并非完全相同，但设计基础相似。因此，根据安全运行和成本效益的理念，经验丰富的承包商可将每个单元预先设计为“现成的设计块”。液化天然气生产线的基本设计可在图5-23所示的短时间内完成，只需连接这些模块即可。利用这一概念，虽然液化天然气的生产或运行效率可能无法最大化，但可以降低成本和进度。

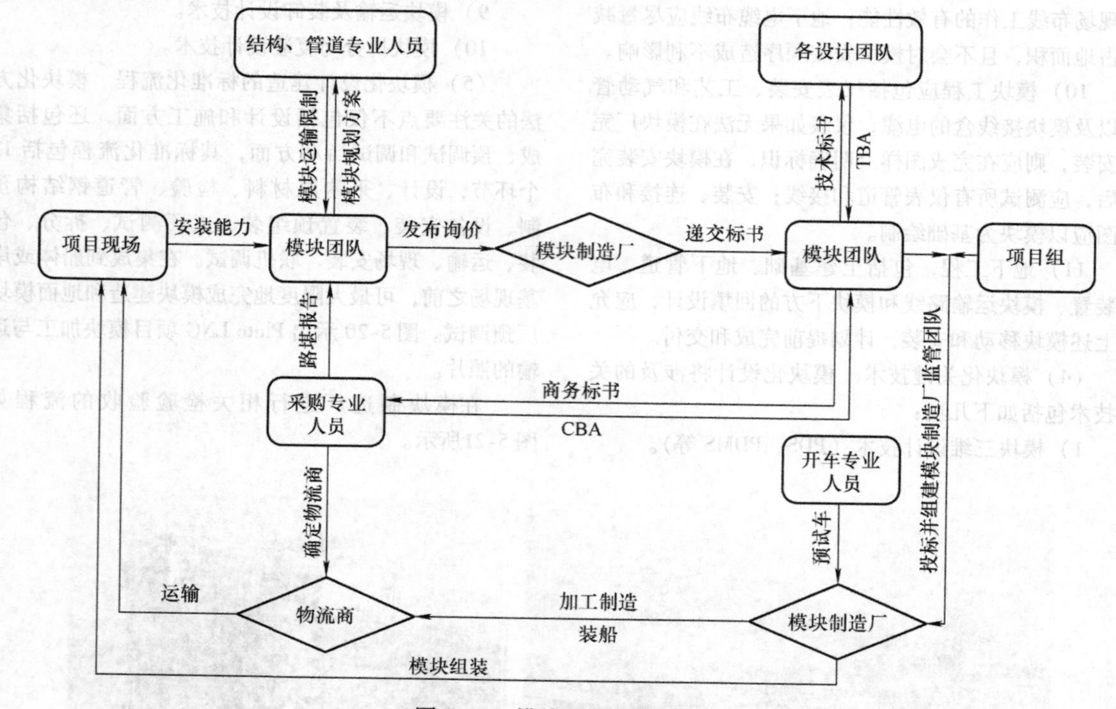

图5-22　模块化的工作流程

2）明确标准工作规范。由经验丰富的承包商编制规范，应用于标准化液化天然气工厂设计。标准化设计可能会偏离客户的规范，但由于承包商编制的规范是基于承包商丰富经验制定的，可确保设备必要和充分的安全性和可操作性，这样可减少项目执行过程中出现重大问题的风险。

3）缩减施工现场工作量。模块化设计可以从如下三方面进行优化，进一步缩减施工现场工作量：

① 最大限度地减少主制冷剂压缩机周围的焊接工作量。尽管采用了模块化结构，但模块与组装件之间的连接仍有大量的现场焊接工作。在模块化项目中，在主制冷剂压缩机周围的焊接工作会消耗许多工时。因此需要重点评估每列生产线主制冷剂压缩机相关的现场焊接工作量。

如果主制冷剂压缩机的部件被运到堆场并与PAU组装在一起，焊接现场的工作量会大大减少，但是这样项目总进度会延长，无法实现最快的项目交付。如果主制冷剂压缩机的部件在供应商车间组装在一个普通的撬块上，则可以减少主制冷剂压缩机周围的一些工作，但大多数制冷剂管道的现场焊接工作仍然保留。将主制冷剂压缩机部件组装到公用撬上，将公用撬块运送至现场并整合到PAU中是解决问题的有效方法之一。

② 布局优化。在模块化项目中，PAR和PAR之间的管道连接工程量大约是PAU和PAR之间的管道连接工程量的3倍，因为PAR中有许多大口径直管不通过PAU连接。此外，与PAR和PAR相比，PAU和PAR之间的关节位置数量要大4倍。根据以往工程经验，为了减少现场焊接工作量，应尽可能把PAU与PAR集成，减少现场焊接工作量大的PAR之间的接头位置数量。

优化布局和确定最小连接数，将传统的“鱼骨”

(fishbone) 布局，修改为将 PAU 放在主管廊两侧的布局。这样现场的管道对接工作量可以减少一半。

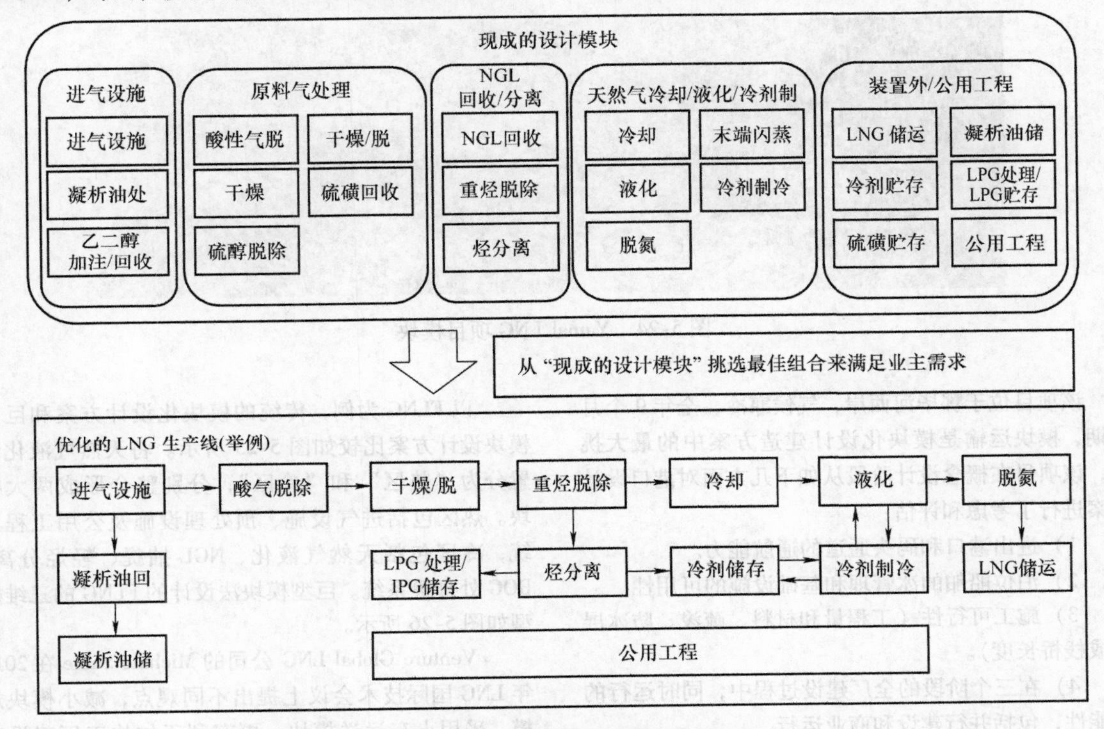

图 5-23　模块化设计建造的标准化流程

③ 最小化电气和仪表工作。在每个 PAU 和 PAR 上安装本地电气室（LER）和本地仪表室（LIR），尽量减少现场电缆敷设工作，并在模块场进行预调试工作。这样电气和仪表的现场布置工作可减少 80%。

3. 模块化的优势和劣势

模块化设计建造有如下几方面优势：

（1）缩短建设周期　模块可以和现场的基础设施并行建造，还能最大限度地避免项目所在地人力、材料和机具缺乏，以及自然环境恶劣的不利因素。

（2）降低项目成本　模块化会带来钢结构材料、包装运输费用增加，但能大大降低现场施工费用，在劳动力缺乏的地区费用降低更加明显。可充分利用全球资源，寻求劳务费用低、原材料价格低的模块化工厂，降低模块化建造的成本。

（3）加工质量优良　因为模块化建造工厂有一整套实施多年的质量保障体系，而且在预制厂或车间进行模块建造，施工环境良好。同时在模块厂中，施工人员相对稳定、机具设备充足，可提供高质量的产品。

（4）生产效率高　制造的气候环境好，资源有保证；费用、计划控制相对准确。

（5）降低项目安全风险　项目施工的大部分工作在模块厂完成，现场施工作业面较少，减少安全风险。

模块化设计建造也有一些劣势，如模块尺寸易受船运、道路运输尺寸及吊装能力的限制，连接界面较多。当模块受到运输的限制，不得不切割成适合道路运输的单体时，会导致临时支撑及用于连接的法兰的增加，原材料的花费会增加。

4. 应用案例

Yamal LNG 项目是处于北极地区的大型 LNG 项目，该项目采用大规模的模块化建造，分三个阶段建设三条 LNG 生产线，如图 5-24 所示。模块在模块厂和现场同步进行建造施工，为项目的执行进度、质量和费用控制提供了有力保障。从投资决策开始，不到 4 年的时间完成了第一条生产线，不到 5 年的时间完成了三条生产线全部投产，且总体三条线投产时间比原计划大幅提前完成，项目的成功源于严格的项目管控以及模块化建造方案。该项目设计采用的是大型和中小型模块相结合，共划分 142 个模块，小型模块不足 500t、最大模块达 7500t，总重量 50.8 万 t。10 个模块厂同期建造，高峰期共有建造人员 40000 人。模块化建造的方式使得项目现场施工人员较传统建设方式减少约 70%。

图 5-24　Yamal LNG 项目模块

该项目位于鄂毕河西岸，气候寒冷，全年9个月冰期，模块运输是模块化设计建造方案中的最大挑战，该项目在概念设计阶段从如下几方面对港口设计方案进行了考虑和评估：

1）进出港口和码头通道的通航能力。

2）泊位船舶的冰管理和基础设施的可用性。

3）施工可行性（工程量和材料、疏浚、防冰屏障或栈桥长度）。

4）在三个阶段的全厂建设过程中，同时运行的可能性，包括并行建设和商业运行。

5）港口扩建的可能性（如第三个液化天然气出口码头）。

6）期权对进度和资本支出的影响。

5. 模块化设计技术的发展

模块化从提出到近十几年在 LNG 项目上的应用探索，其优势特点已得到一致性的证实，但对于模块化的设计方案却呈现出多样化。

一个方向是充分利用场地资源向巨型模块发展，单体模块的重量可以达到几千吨甚至上万吨。这种巨型的模块受到场地和运输的限制，大多数情况下，项目的现场和模块建造场地都在海边。另一个方向是充分的利用模块化工厂的设计能力向整厂模块化的方向发展。把整个工厂根据运输条件的限制分拆成若干个小的模块，运输到项目场地后，再像积木一样把整个工厂搭建起来。

TechnipFMC 公司依据近期研究，在2019年 OTC 大会上提出浮式大型模块方案可为大型和标准气田开发提供最佳的投资解决方案。大型模块是指将传统模块和管架合并为一个包含完整系统的巨型模块，规模达到万吨级。大型模块更节省支撑钢材、缩减生产制造工期，大幅度降低投资成本，建设投资可以降低至900美元/年 LNG 吨产能，较传统的建设节省投资30% ~40%。

以 FLNG 为例，传统的模块化设计方案和巨型模块设计方案比较如图5-25所示。将天然气液化装置分为“热区”和“冷区”，分别整合形成两大模块。热区包括进气设施、预处理设施及公用工程系统，冷区包括天然气液化、NGL 抽提、轻烃分离、BOG 处理等系统。巨型模块法设计的 FLNG 的三维模型如图5-26所示。

Venture Global LNG 公司的 Michale Sable 在2019年 LNG 国际技术会议上提出不同观点，减小模块规模，采用火车运送模块，更有利于加快工厂建设速度，有利于 EPC 成本控制和减少现场人员。在美国密西西比河畔的陆上 LNG 工厂，采用此建设方案已建成多条生产线。虽然原材料费用有所增长，但建设周期显著缩短，装置提前开车投产，获得了更好的总体经济效益。

综上，模块化建设方案无论是对于陆上工厂还是海上浮式装置，都可能获得较传统建设模式更佳的经济性，针对实际项目特点和业主需求值得开展相关研究，确定特定的模块化设计建造方案。特别是对于地处偏远、气候条件恶劣的项目，或建设地劳工紧张和劳务费用高、原材料短缺等项目。

5.5.5　三维协同设计及数字化交付

随着计算机技术的发展及“中国制造2025”战略的提出，LNG 领域也面临数字化转型的考验，加之能源市场竞争激烈，业主运营商需要及时对市场做出反应，实时查询、获取工厂设计及建设等阶段的数据用于决策。因此，数据资产的可查询性及完整性作用凸显，业主运营商开始重视设计数据的潜在价值，并在工程项目的设计阶段开展数字化设计，为数字化工厂创建基础数据，再结合数据库技术及网络信息技术，使数据信息在工厂设计、建造、调试、运行、检维修及改扩建的全生命周期中准确平稳流通，实现从工厂设计到退役整个生命周期中数据可控管理。以数据为驱动，实现智能化的采购管理和施工管理，缩短项目建设周期，降低人工时率的同时获得更大的投资回报。因此，数字化技术的发展，对LNG装置的智能化设计、建造和运行提出了要求，也衍生出三维协同设计这种全新的工程设计工作模式，三维协同设计和数字化交付是LNG装置智能化的基础和必备要素。

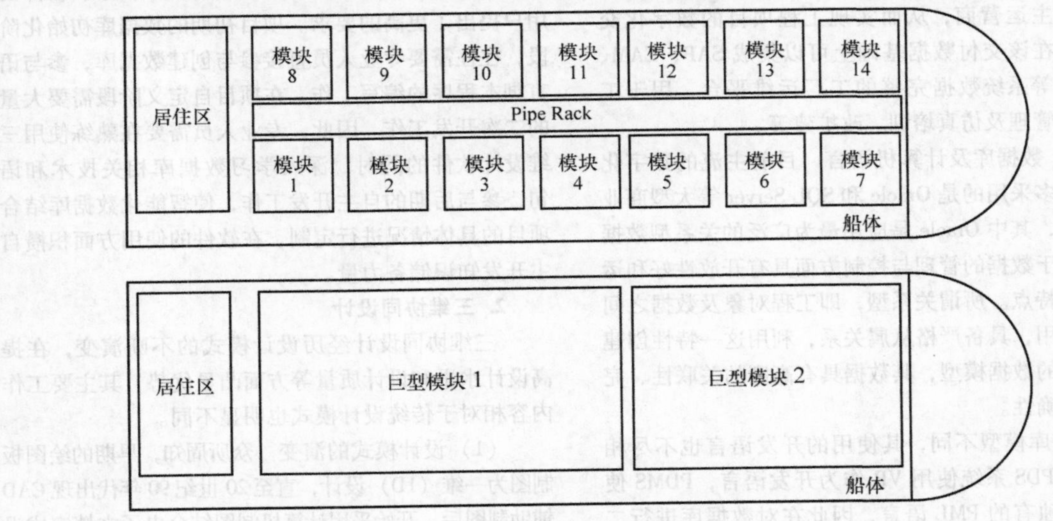

图5-25　传统模块与巨型模块法设计方案比较

图5-26　采用巨型模块法设计的FLNG的三维模型

1. 概述

（1）概念　三维协同设计是基于数据库技术及信息管理技术，以工程数据集成平台为依托，相关专业以智能化设计软件为工具开展设计，使用具备关联关系和可检索的结构化数据及智能化图样体现设计意图，专业间按照预先设定的规则共享设计信息，实现数据在线提资。数据源具有唯一性，以此保证数据准确性、完整性和一致性的工作模式。三维协同设计是创建工程数据平台的基本要求，工程数据平台为数字化交付平台提供数据输入条件。

对于三维协同设计的概念，应从横向协同和纵向协同两个方面进行理解。横向协同主要指设计专业间的设计数据共享和条件互提，如工艺专业的设计数据，通过工程数据平台的集成操作，可以同时供管道专业、仪表专业和设备专业等下游专业提资开展设计工作，各专业在权限控制状态下查看本专业所需数据。同时，二维设计图样与三维模型实现数据交互验证，即智能化二三维协同设计。例如，工艺专业将图样发布到三维模型后，管道专业在线提取工艺参数进行建模，同时三维模型数据变为高亮提示工艺专业。在施工阶段，现场的三维模型修改会及时反馈给工艺专业，避免变更延误带来的大量返工，提高了现场的变更管理能力。纵向协同与横向协同不同，主要指专业内部的数据状态跟踪，即通过合理的软件规则设置和文档管理流程设计，在线进行设计校核、审核的整个工作流，数据跟踪监测的颗粒度可以详细到单个数据级别，同时可以填写校审意见，一键生成校审记录，极大提高校审效率，保证完整准确地反映校审人员设计意图，提高设计质量。

数字化交付是以工厂对象为核心，对工程项目建设阶段产生的静态信息进行数字化创建直至移交的工作过程。涵盖信息交付策略指定、信息交付基础制定、信息交付方案制订、信息整合与校验、信息移交和信息验收。

（2）三维协同设计与数字化交付的关系　三维协同设计的目标是实现数字化交付，三维协同设计过程中创建工程数据集成平台，工程数据集成平台是构建数字化交付平台的重要数据来源。设计阶段采用三维协同设计开展工作，主要目的是打破专业间的数据孤岛，实现数据在线流通，双向交互提资，最大程度上保证设计数据源的唯一性和准确性。与设计进度同步搭建工程数据集成平台，设计阶段完成后，通过后续加载采购施工等数据和文档，形成整套的数据库文件交付业主运营商，从而实现工程项目的数字化交付。业主在该交付数据基础上可以集成 SAP、EAM、ERP、P6 等系统数据完整的工厂运维平台，用于工厂的运维管理及仿真培训、改扩建等。

（3）数据库及计算机语言　目前主流的数字化软件，大多采用的是 Oracle 和 SQL Server 等大型商业化数据库，其中 Oracle 是应用最为广泛的关系型数据库，其对于数据的管理与控制方面具有开放性好和运行稳定的特点。所谓关系型，即工程对象及数据之间的相互作用，具备严格从属关系，利用这一特性创建工程项目的数据模型，其数据具有高度的关联性、完整性和准确性。

数据库模型不同，其使用的开发语言也不尽相同，例如 PDS 系统使用 VB 作为开发语言，PDMS 使用其系统独有的 PML 语言，因此在对数据库进行二次开发或用户自定义时，应先明确其数据库模型架构和程序语言。目前，工程建设领域数据库大多采用关联型数据库，因此要求二次开发人员应具备相应的数据库基础操作技术。

在数字化交付项目中，数据库技术对于软件的用户提出了更高的要求。项目初期的数据库初始化阶段，往往需要专业人员直接参与创建数据库，参与语言脚本程序的编写工作，在项目自定义阶段需要大量的二次开发工作。因此，专业人员需要在熟练使用三维设计软件的同时，深入学习数据库相关技术和语句，参与后期的自主开发工作，使智能化数据库结合项目的具体情况进行定制，在软件的使用方面积攒自主开发知识储备力量。

2. 三维协同设计

三维协同设计经历设计模式的不断演变，在提高设计水平和设计质量等方面凸显优势，其主要工作内容相对于传统设计模式也明显不同。

（1）设计模式的演变　众所周知，早期的绘图板制图为一维（1D）设计，直至20世纪90年代出现 CAD 辅助制图后，开始采用计算机制图结合电子文档完成设计，这个阶段为二维设计（2D）模式。设计模式的演变如图5-27所示。

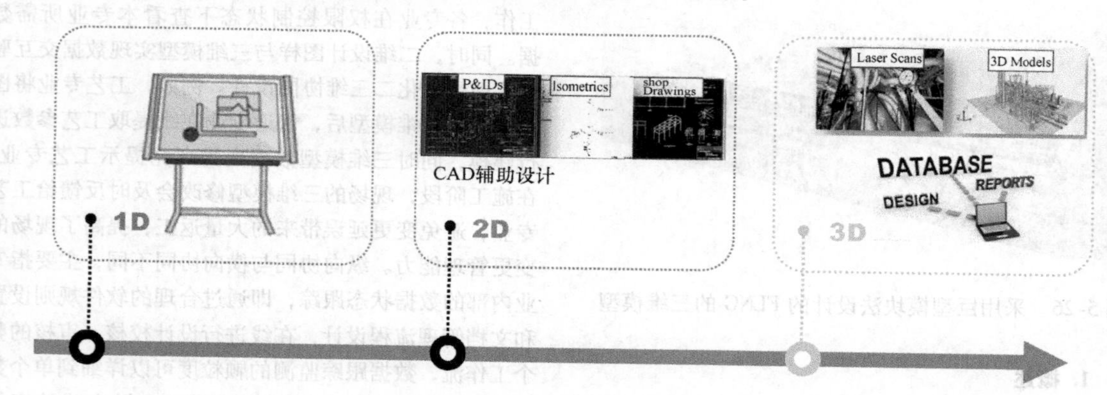

图5-27　设计模式的演变

在二维（2D）设计模式下，各专业使用独立设计软件工作，设计数据孤立的存储在各自不同的设计软件中，由于没有数据接口无法实现在线传递，只能采取传统的打印纸质文件的方式进行条件发送，同一数据需要人工反复录入也增加了出错率。同时，由于缺少智能化的位号编制规则，常常造成重号和错号现象，加之缺少对数据进行有效的状态跟踪，新版数据与旧版数据混淆使用的情况无法避免，增加工时消耗，造成项目投资费用增加。另外，由于目前国内工程设计项目的数字化转型仍处于起步阶段，无论是工程承包商还是业主运营商在此方面的投入相对较少，所以现阶段大多数工程公司仍采用二维设计模式开展工作。

基于上述问题，随着互联网、计算机、数字化等新技术的飞速发展和应用，近年来一些国际上的主流工程软件商开始尝试采用数字技术和数据库技术的全新设计模式，即三维（3D）协同设计来解决传统设计模式的缺陷。与二维设计模式不同，三维协同设计主要强调专业信息共享及数据流通，同一数据在专业间通过权限控制进行传递，其过程不再受制于传统的上下游专业间单向的数据提取限制，采用多线多向的数据传递策略，接收数据无须二次录入，实现数据一次输入，多次复用。同时，数据更新状态可控可追踪，避免了数据人工录入产生错误，其数据唯一的特征保证了数据的一致性，保证了其在传递过程中准确无误，减少设计变更的发生率，提高各专业工作效率，节省项目投资。

（2）三维协同设计的优势

1）数据一次录入，多次复用。

2）数据关联，避免重复编号。

3）数据状态可追踪，避免版次误用。

4）规则控制，实现标准化的设计、校核以及审核流程。

5）在线填写校审意见，一键输出校审记录。

6）二维图样与三维模型具备热点关联，二三维视图便捷切换。

7）三维建模接收工艺参数参与建模。

8）二三维数据基于规则进行验证，有效保证数据的一致性和准确性。

（3）三维协同设计的主要内容

1）智能化的数据集成。工程数据集成平台需要基础的数据支撑，在该平台基础上各专业提资开展设计工作，因此初始阶段的工作以数据收集和结构化为主，主要包括数据模型研究、模板定制及规则定制等内容。

① 数据模型研究。数字化交付项目开始阶段应进行数据模型研究。如图5-28所示，根据交付规定确定交付文件的数据架构，包括确定工程对象和属性的上下级从属关系，以及属性数据间的关联关系；同时，在明确数据范围、精细程度（项目规定中确定）和工程数据集成平台的数据传递原理前提下，制定数据传递策略，从而设置符合项目要求的数据提资及传递流程。

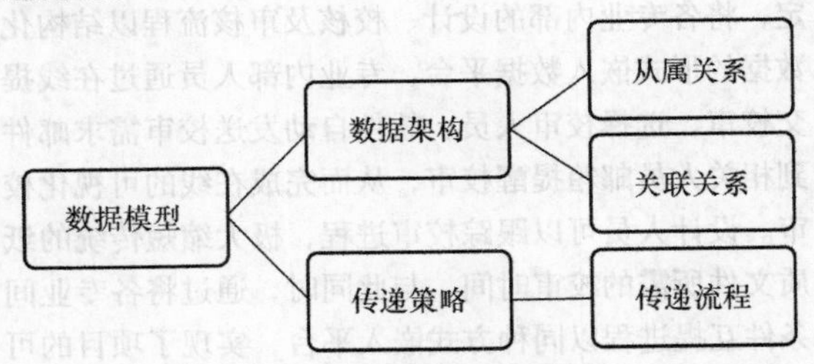

图5-28 数据模型主要研究内容

在数据模型研究基础上，研究工程对象编号规则。以工程对象为基础的数据关系如图5-29所示，工程对象指有独立工程位号（命名）的实例，如泵、阀门等。数据来源于对象，相关的工艺参数、设备图样、设备数据、仪表数据乃至采购数据、工厂检维修数据等，都与其对象具有正确的从属关系和关联关系。因此，正确的工程对象位号唯一性决定了数据的正确性，关系到其数据在整个工厂生命周期内是否具有可用价值。

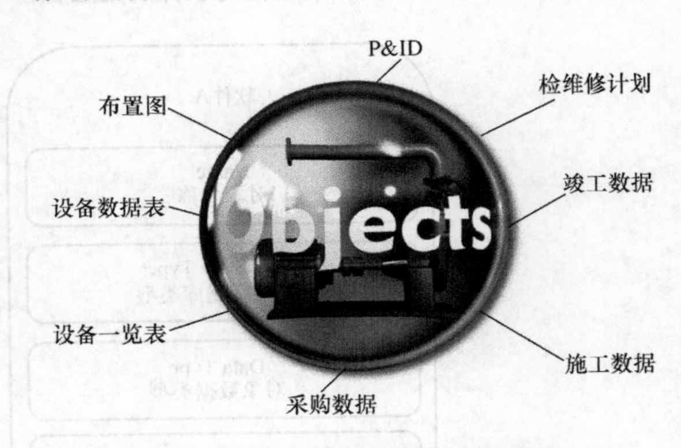

图5-29 以工程对象为基础的数据关系

根据项目编号规定及类库编号规定，命名分类对象的工程位号，如设备、管道、仪表、管件以及特殊件等，因此工程对象的命名原则具有重要作用。

数据模型研究、传递策略及命名规则确定后，需要关联创建工程对象及属性。属性创建是工艺专业在协同设计项目中的重要工作，根据合同规定的交付文件范围及数据的颗粒度，结合本专业文件对数据进行合理的组织，确保层次结构清晰，对象及数据之间的从属结构明确，数据格式正确等。

目前智能化软件不同，决定属性创建内容不同，但基本内容具有相似性。如图5-30所示，根据目前主流的两款智能化设计软件，属性的定制通常均需要明确定义对象名称（Name）、对象数据类型（Data Type）和对象数据库类型（Database Type），说明不同软件间的属性写入具有一定的相通性。

② 模板定制。模板定制主要包括图例模板和报表模板。图例模板如P&ID图例，应严格按照图样符号的尺寸及文字大小，否则绘制的智能图样会与原图不一致或错位，增大错误率。

对于报表模板，应在绘制图样的同时启动模板制作工作，主要是将原有的表格数据通过计算机语言的处理后将其加载到软件中作为基础模板格式，再进行属性嵌入后报表输出。智能化设计软件支持导出数据功能的同时，也支持第三方数据导入功能，可以极大提高工作效率，避免人工输入耗时费力的情况，平台数据获取迅速，进而与相关专业进行数据分享。

由于智能化图样区别于传统的矢量化图样，其具备工程对象与数据、对象间的关联关系等，因此操作人员应接受相关技术培训后上线应用。

③ 规则定制。智能 P&ID 图样基于规则形成图样及数据关联，反应工艺专业的设计意图，在智能化图样绘制软件中，实现了标准规范与软件规则融合，形成整套规则库，保证了设计严格遵循标准规定进行，减少人为错误的产生，这也是智能化软件与传统软件的不同点。

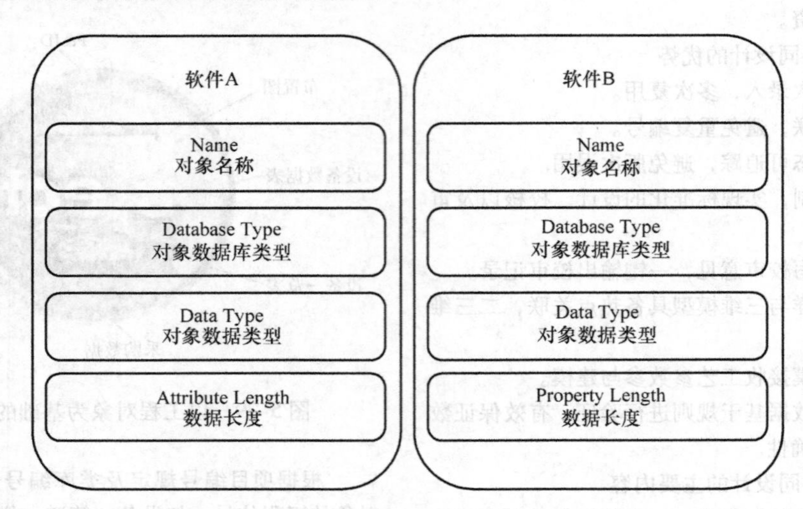

图 5-30 数据属性定义中的相似性

一般来说，设计中常用的规则有如下分类：

a. 数据库结构验证规则：检查数据库结构，确保数据层次或从属关系合理正确。

b. 数据检查规则：主要是数据的一致性检查。

c. 设计合理性检查规则：检查设计意图相关的内容是否符合标准规范，如带压容器是否设置泄压系统和压力表指示、工艺流程中的控制阀必须表明故障状态等。该方面规则是三维智能化设计的突出特点，是人工智能技术和数据管理技术结合的成果，确保设计内容合理和规范，对于工艺设计人员来说有着极其重要的辅助作用。

d. 可视化图面内容检查规则：图面布置是否合理，对象是否正确标注等，保证图样的设计质量。

2）实时监测管道碰撞。传统的管道碰撞检查流程是：建模 – 专业条件接收 – 传统软件运行碰撞检查 – 人工检查碰撞结果 – 返回条件给相关专业 – 修改图样和文件，该工作流程无法对数据修改产生的碰撞做出及时反应，需要大量人工时投入检查和条件返回工作，人工时和进度不可控。

三维协同设计软件中，配管专业可基于预制的碰撞检查规则对数据修改进行检测和检查，碰撞检查与设计过程同步进行，可指导设计遵循规定进行，即时生成碰撞检查报告，清晰表明碰撞产生的原因及相应措施。在集成数据平台环境中，会通知相关专业数据变化，及时解决碰撞问题，避免施工后期大量返工造成的投资支出增加现象，也保证了设计的准确性和完整性。

3）自动获取工艺参数，智能化仪表选型。工艺专业创建完成 P&ID 图样，发布到工程数据集成平台，利用集成平台为仪表提供工艺参数的输入途径，填写数据后发布，仪表专业接收数据后进行仪表的选型计算。

4）校审流程可视化。通过使用三维智能设计软件平台的校审定制功能，根据相关标准规定或项目规定，将各专业内部的设计、校核及审核流程以结构化数据的形式嵌入数据平台，专业内部人员通过在线提交校审，选择校审人员，软件自动发送校审需求邮件到相关人员邮箱提醒校审，从而完成在线的可视化校审。设计人员可以跟踪校审进程，极大缩短传统的纸质文件所需的校审时间。与此同时，通过将各专业间条件互提进程以同种方式嵌入平台，实现了项目的可视化文控管理，保证专业文档及数据的正确流向。

5）采购管理。利用工程数据集成平台的数据基础，采购工程师可以自动提取任意规定范围的设备、材料详表和汇总表，为设备材料分批订货、施工备料管理提供依据和手段。设计人员可以将那些制造周期长的标准设备尽早标示，提醒采购人员订货，合理安排工作，显著缩短工程建设周期。

6）施工应用。基于工程数据集成平台的施工管理模块，通过将来自设计、采购、预制、现场材料管理和人力计划的动态输入信息融入一个特定的施工解决方案来实现计划和管理。

通过三维模型进行施工进度模拟，可以集成或结合工程计划管理软件，实现工程进度和计划的可视化管理。直观的三维展示模型，便于项目管理人员能够实时掌握项目的总体情况，现场施工人员能够获取材料信息、编制和优化施工方案、模拟重要的施工工序、检查施工效果，避免施工工程中可能出现的方案失误。

3. 数字化交付

（1）交付模式的演变　如图5-31所示，工业1.0（第一次工业革命）时期采用传统的交付方式，以纸质文件为载体，其数据可复用程度低，文档的标准化程度取决于人工校审，但整体的项目交付效率极低，属于早期的项目交付模式。

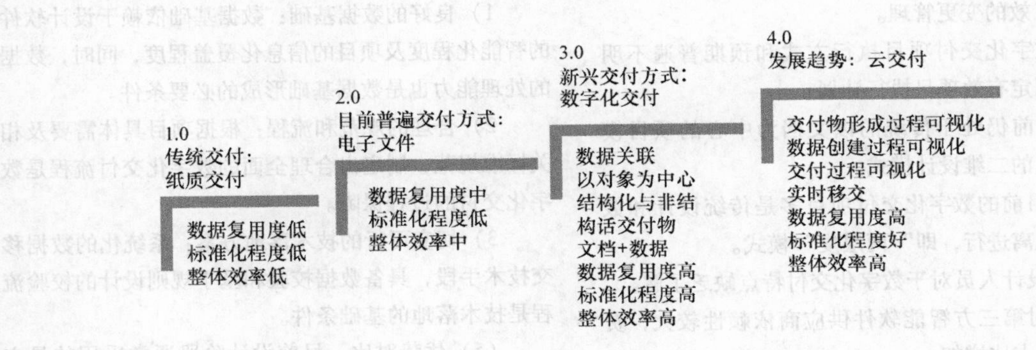

图5-31　交付模式的演变

以电子化文件为载体的交付方式，在工业2.0时代出现至今，仍是国内项目目前采用的主流交付方式，我们称之为文档驱动型的交付方式。即在设计阶段结束后，将竣工文档及图样以电子文档结合纸质文件及光盘的方式交付给业主，其数据复用度较1.0时代有明显提高，但是标准化程度较低，整体效率处于中等水平，其数据的存储方式决定了无法有效利用数据的情况。面对成千上万份的文档，业主无法实现有效实时的进行数据查询检索，无法将数据真实应用在后期的工厂运行和维护、改扩建及人员培训、仿真培训等操作中，无法发挥数据的真正价值，给工厂后期的生产管理带来困难。

目前国外项目的交付模式已经步入工业3.0时代，即数字化交付模式，其交付物载体由文档变为工程数据平台，以工程对象位号为核心，设计数据互相关联，数据之间具备严密的属性从属关系，数据结构清晰，其数据复用度较2.0时代明显提高，项目的整体效率显著提升。该模式将设计、采购、施工直至业主运维所需数据集成于工程数据平台交付业主，业主获得整套工程设计数据库后可以从中提取数据，用于工厂的运维管理及设备管理，还可将数据平台进行扩展应用，集成合同管理系统或人力资源管理系统等第三方管理系统，充分发挥设计数据的静态资产价值。

未来的工程设计领域将迎来工业4.0时代，即以云平台为架构的交付方案，其设计中的数据创建过程可视化，即项目参与各方可即时在云平台查看数据状态，业主可以了解设计进度。由于各方按照同一交付标准开展工作，使该模式下的数据标准度较3.0时代显著提高，从而使项目的整体效率达到较高水平。

（2）数字化交付的意义　现阶段工程设计阶段的数据体量日益膨胀，由于没有一个有效的数据管理手段，在数据给项目带来收益的同时，数据版本错误、版本缺失、各种来源不一致数据等一系列问题，让项目的执行面对巨大困难。工厂的全生命周期内各阶段之间没有有效的数据移交，无法有效利用数据价值，因此，将交付中出现的无序杂乱现象变为有序且可用度高的交付方式，创建一个与实际物理工厂相对应的数字化基础信息平台，数据、文档及模型之间高度关联，数据由无法检索变为有序、智能、结构化的数据库，可以真正意义上用于工厂的运维管理，是数字化交付的真正意义。因此，当前项目执行过程中亟待解决的问题有如下方面：

1）大量数据离散存放，数据间没有清晰的逻辑结构。

2）信息错误无法进行智能识别。

3）数据和物理工厂间不具有关联关系，无法用于业主的实时工厂操作。

4）大量的纸质文档及扫描 PDF 文档无法识别，无法智能提取价值数据。

5）文档常出现多版本并存现象，数据来源不唯一，无法保证数据的准确性。

6）大量旧版文档数据信息的存在，给数据的查询工作增加阻力。

7）现场三维模型的修改，无法及时反馈给设计专业实现有效的变更管理。

8）数字化交付项目执行方式和预期普遍不明确，无法制定有效项目执行计划。

9）目前仍处于传统的以文档为中心的项目模式，即传统的二维设计模式。

10）目前的数字化交付项目多是传统设计和数字化设计脱离进行，即”两层皮”模式。

11）设计人员对于数字化交付特点缺乏了解。

12）对第三方智能软件供应商依赖性较大，费用投资相对占比增加。

13）未掌握二三维数据校验的基本方法及原理，造成数据一致性及准确性不理想。

(3) 数字化交付特点

1）数据发布到工程数据集成平台后经过滤和处理，基于规则进行智能关联。

2）权限控制技术支持各专业由工程数据平台接收相关专业条件。

3）数据状态控制技术上，实现针对单个数据级别的设计校核审核状态管理和监测。

4）利用数据库结构定义，实现专业内部工作层数据库与发布层数据库的独立控制。

5）在完成数据共享的同时进行文档版本管理。

6）为保证数据一致，使用自动化合规性的检查手段进行二三维数据校验。

7）工程对象命名唯一，保证数据的准确性和一致性，防止重复命名引起修改。

8）按照实际设计要求管理工作流，同时保证设计数据流向的正确。

9）三维建模可实时获取二维 P&ID 图样信息，完善模型数据。

10）类库结构多样化，可满足项目的工程对象分类需要。

11）设计、采购、施工、建造及供货商各方在同一数据库环境提交文档及图样。

12）有统一的信息管理平台，提供完善的文档管理功能。

13）交付平台接口开放性强，可实现与业主运营商现有工厂管理系统整合或数据交换。

14）工程数据平台可加载运维系统，实现设计与实际操作的无缝对接。

(4) 数字化交付执行要素　成功的执行数字化交付，需要基于以下三个要素：

1）良好的数据基础：数据基础依赖于设计软件的智能化程度及项目的信息化覆盖程度，同时，数据的处理能力也是数据基础形成的必要条件。

2）合理的规范和流程：根据项目具体需要及相关标准规范，制定出合理全面的数字化交付流程是数字化交付的过程保障。

3）切实可行的技术落地方案：系统化的数据移交技术手段，具备数据校验和基于规则设计的校验流程是技术落地的基础条件。

(5) 优势对比　目前设计阶段通常采用的是文档驱动型设计，交付物以文档为中心的传统交付模式；在三维协同设计领域，通常采用以数据为中心的数字化交付。相对于传统交付模式，数字化交付模式具有表 5-27 列出的优势。

表 5-27　交付模式的优势比较

工作内容	传统交付模式	数字化交付模式
数据集成	各方设计软件独立，无法实现集成	二三维一体化集成方案，将数据集成于数据平台统一管理
工程对象位号管理	图与表格等文档分离，造成重复编号现象	数据库技术要求对象编号唯一，保证一致性和准确性
专业间数据提资	无法实现	数据实时交互，按规则提取
二三维设计协同	二三维设计软件环境不同，无法关联校验	二三维数据校验，相互辅助
多专业工作	串线工作模式，受限程度大	并行式工作模式，软件自动反馈相关专业数据信息变化

（续）

工作内容	传统交付模式	数字化交付模式
图样与文档	无法关联	紧密关联，可实现数据互导
设、校、审工作流	纸质文件打印校审	数据校审状态控制，同步校审意见，高亮突出显示状态变化
专业条件	条件通知单内容繁复，人工干预程度大	自动文件发布，生成条件通知单，自动提醒提交收发状态
三维模型辅助设计	无法依托三维模型	利用三维模型电气进行电缆敷设，仪表进行自动撤点

（6）执行模式

1）正向模式。数字化交付与设计同步展开，收集设计过程中的初始数据作为数字化工作的基础，在设计过程中逐步收集完善，专业间提资形成设计成品文件，直至竣工阶段。

该模式实现了无纸化的设计过程，校审在线进行，软件自动流转至相关人员，采购人员由集成平台直接提取数据生成材料清单等用于采购，施工阶段直接读取智能化P&ID图样和三维模型，现场变更实时同步到数据信息平台，工艺等专业实时接收变更信息进行文件升级版，实现变更追踪管理，及时解决变更问题。竣工后向业主移交数据文档模型一体化集成的数据库，数据接口开放，可以加载工厂运维操作平台及仿真操作系统。据统计数据表明，正向集成的数字化交付方式比传统模式节省大量的工程建设周期，也是GB/T 51296—2018《石油化工工程数字化交付标准》的推荐模式。

2）逆向模式。逆向模式的数字化交付是指工程设计阶段基本结束后，根据数字化交付合同规定，由各专业收集需进行数字化集成的相关数据或文档，按照智能化软件要求进行数据梳理和格式调整后导入数据库，在智能化图样完备后同步到工程数据集成平台。该种模式是在各方面设计数据基本固化后执行，因此对设计过程不产生影响，对于设计人员软件使用能力要求不高，其工作主要由负责数字化执行的团队或集成工程师进行。

由于该交付方式在项目竣工后完成，不直接参与设计过程，设计进度不受数字化进程影响。相比正向模式，逆向交付模式的难点在于数据集成后的二三维校验，由于设计采用传统模式，数据质量无法有效控制，数据重复以及错误命名导致校验难度增加，需要花费大量时间解决不一致项，对执行校验人员要求高，需要其熟练掌握二三维校验知识，设计人员需要花费大量时间学习。同时，数字化设计的优势未能体现在设计过程中，因此逆向模式不作为数字化交付项目的推荐模式。

通常情况下，数字化交付项目的设计阶段采用三维协同设计，各专业使用智能化软件进行设计，为智能化数据集成平台提供数据来源。这里需要注意的是，不同的项目执行模式，三维协同设计工作流程是不同的，因此在项目执行过程中要根据具体的工作流程制定工作内容、范围和进度等相关规定及计划安排。

对于正向模式来说，设计阶段采用多专业协同，实时数据交互，在线校审提交等与项目进度计划同步的方式，提高人工时率，以此保障项目进度，最大限度减少返工修改的情况。设计与数字化工作同步完成，是一种时间少见效快的执行方式，也是一般项目应采用的方式。

对于逆向模式来说，是在传统设计（非智能化的三维协同设计）完成后收集数据，整理上传数据平台的过程，用数字化方式实现设计结果。由于是完工数据，所以在向平台集成的过程中不需要体现三维协同设计多专业条件提资过程，仅需利用软件技术手段进行二三维数据校验，其他专业文件的数据校验、文档关联等工作，其工作流程与正向模式有所区别，应予以关注。

3）数字化交付基础依据。数字化交付基础文件主要分为两个部分：一是标准规范类，二是项目规定类。标准规范类是指与数字化交付相关的标准规范，如规定数字化执行细则的GB/T 51296—2018《石油化工工程数字化交付标准》，以及工程数据集成平台中数据交换的相关规定，如ISO 15926《工业自动化系统与集成》；项目规定类是指具体项目的相关规定，如数字化交付项目合同及项目内部制定的规定内容。

在确定执行数字化交付项目后，基于业主运营商和工程承包商签订数字化交付合同内容，工程承包商需要进行人员部署及进度筹划等工作，制定项目内部数字化相关规定。因此，数字化交付项目前期必须将执行细节进行详细规定，为参与人员提供基础指导和明确工作范围。基于以往项目经验来看，作为数字化交付项目的基础依据见表5-28。

表5-28　数字化交付项目的基础依据

规定名称	规定的基本内容
交付进度规定	各专业文件交付的时间节点，项目层级交付时间点
专业交付文件规定	各专业交付文件的范围、校验要求及数据质量
数据颗粒度规定	基于工程对象或类库，规定数据深度和范围
工程对象的命名规则	结合项目的编号规定，给出工程对象的命名规则，且二三维一致
属性关联及从属关系	明确属性关联要求，如基于工程位号关联哪些属性，以及从属关系
软件使用规定	各专业使用的软件名称及版本，工程集成平台名称及版本
项目分解结构（PBS）	工厂的结构划分，如区域、装置、单元等层级结构
项目主项划分表	主项编号、区域号、单元范围
项目文件编号规定	文档的版次规定、文档编号等
管线、仪表、设备及管件等编号规定	详细规定管线、仪表、设备及管件等工程对象的编号格式
类库划分	工程对象类、计量类、属性类等类库的详细划分
专业协同设计规定	参与专业、专业的工作范围、专业间数据交互流向等
集成工程组（工程师）设置	集成工程组人员设置、职责及权限、工作范围
项目内部交付进度规定	规定各版次文件的交付时间点、阶段性文件交付说明
智能P&ID绘制规定	智能图样的图幅、图签、图例使用等规定
三维建模规定	三维建模相关工作内容
二三维校验规定	主要负责人员，校验执行人员，校验报告的处理方法

4）人员配置建议。对于数字化交付项目（图5-32），通常需设置项目管理，主要负责数字化工作的对内协调和对外沟通、决策制定等总体工作；数字化集成工作组主要指具体执行数据集成平台的定制开发、平台中各专业接口定制、数据模型定制以及指导专业数据交互等集成相关的工作，若有需要可由第三方软件商协作；工程数据集成平台涉及的各专业，应在集成工程师的指导下执行本专业具体工作，如工艺专业绘制智能P&ID图样、属性数据输入、报表提取、向平台发布文件等内容。

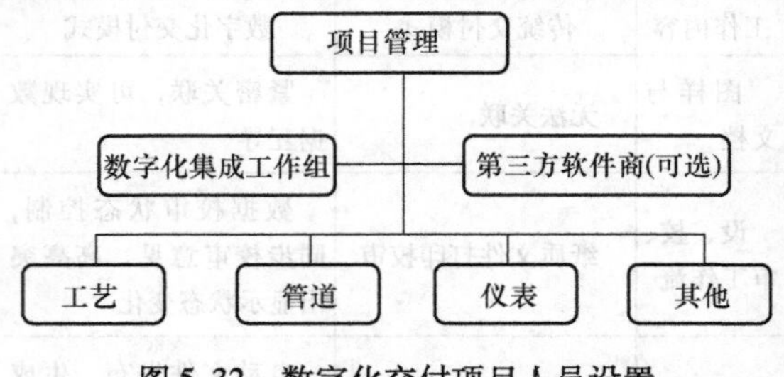

图5-32　数字化交付项目人员设置

（7）工程数据集成平台　在数字化交付项目中，通过三维协同设计构建的工程数据集成平台，在实现工程信息的数字化、集成化的同时，实现工程信息跨专业、跨部门共享、传递，确保数据的准确完整。通过搭载施工、采购等数据，就可以建立一套保存了全部工程设计信息的系统，包括模型、数据和文档，可以直接将整套系统作为设计成品之一移交给工厂运营商，实现数字化移交。通过数字化移交，可以创建面向业主的运营和维护系统，为实现数字化工厂建设奠定基础。

目前，随着集成平台技术的发展，数据源已经不再局限于三维协同设计软件的数据。不同的集成平台，对数据的智能化程度要求不同，目前已经出现可以提取非智能图样数据作为数据源的平台产品，但多数平台仍然需要通过三维智能设计软件将数据的关联关系和从属关系创建完成后，才能集成于平台形成交付物。因此，工程数据集成平台的数据提取自三维智能化设计软件是目前的主流执行方式。

1）平台特点。

① 基于平台制定数字化交付规范，且平台在后续项目中可复用。

② 以交付相关规范为标准进行质量控制，形成可靠的工程数据。

③ 数字化交付过程可追踪，交付物为结构化数据。

④ 交付数据符合业主需求，业主无须进行二次加工。

2）主要作用。

① 在项目开始阶段作为设计集成平台，实现各专业间的数据传递。

② 作为信息管理平台，支持异地信息共享操作。

③ 与第三方管理系统具有数据接口，可以实现多种格式数据信息的导入和导出。

④ 可与部分业主运营商的人力、合同、物资管

理系统实现数据加载。

⑤ 作为基础数据平台，为采购和施工的模块系统提供数据支持。

⑥ 支持专业内部文档的设计、校核、审核、入库及签发。

⑦ 支持各专业之间的数据发布和接收。

⑧ 根据具体项目要求，定制并嵌入合理的工作流程等。

3）基本内容。工程数据集成平台，即设计集成系统，是整个数字化交付进程的基础和核心数据载体。平台以工程对象为核心，在工作流程定义结构后，各相关专业接收与本专业相关数据，对于发出专业的数据，接收专业可以使用但不能修改对方数据，接收的数据经确认后更新至本专业，从而完成各版本的成品文件。三维模型由数据平台接收二维数据，完善模型创建和修改。与此同时，电气、仪表等专业可以直接作业于三维模型。在设计阶段完成后，将数据集成平台关联相关数据、文档和模型后移交业主运营商，作为工厂操作平台的数据源进行数据交换或系统集成后，用于工厂的操作和运维管理。

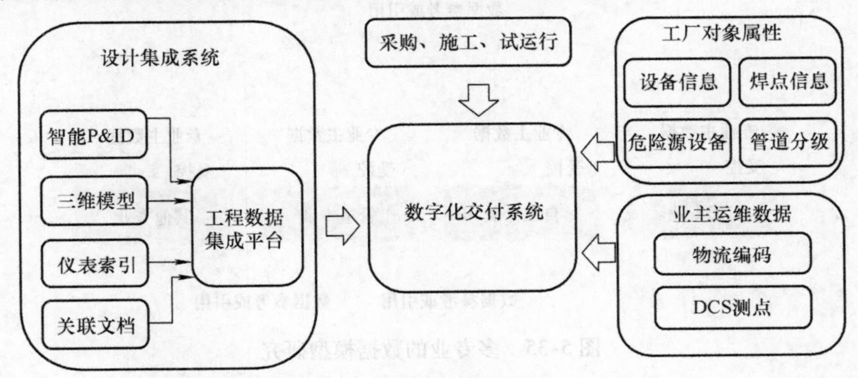

图5-33　工程数据集成平台基本内容

设计集成系统创建完成后，基于该平台开发的数字化交付系统，通过集成数据平台的数据，集成采购施工及试运行阶段的数据及文档，同时兼容工厂对象属性信息如焊点、设备等数据，以及业主运维阶段的物料编码、DCS测点实时信息等工厂运行数据，最终形成一个涵盖工厂全生命周期数据信息的可检索可视化数据库系统如图5-33所示。在完成后可以将整套系统作为设计成品之一移交给业主运营商，从而实现数字化交付。

4）扩展应用。

① 构建施工解决方案：以设计集成平台数据为基础的施工解决方案系统，通过将设计、采购、现场预制、材料管理以及人力管理数据输入系统，来实现工厂的高效计划和管理。

② 业主解决方案：以数据平台为基础开发的解决方案，通过预先配置业主运营商的流程，同时可以与业主的维护、DCS等主流系统集成，面向业主发挥基础数据的关键作用。

4. 应用案例

中国寰球工程公司于2013年进行的某LNG接收站工程项目，设计阶段采用AVEVA PLANT进行三维协同设计，通过完整的自定义项目配置，完成了工艺设计任务、三维建模、二三维数据验证、多专业基于同一平台进行数据传递等工作，同时完成了数字化交付模式的初步摸索和研究，创建了完整的数据结构。以AVEVA NET为工程数据集成平台，搭载设计数据，具备以该平台为基础创建数字化交付平台的基础。该项目为国内较早采用三维协同设计并具备数字化交付基础的LNG工程项目。

该项目使用AVEVA Diagram绘制智能P&ID层次及属性，如图5-34所示，通过自定义项目的图样绘制环境，将工程对象编号按照项目编号规定执行。如图5-35所示，通过数据模型研究进行了详细的属性定制，使设计数据由不可提取的非结构化数据变为可提取的具有关联关系的结构化数据。

如图5-36所示，该项目通过规则设置，实现专业间数据传递功能。进行工艺专业与管道或仪表专业的数据传递设置且测试成功，真正实现了三维协同设计，使数据在专业间实现无缝对接。

该项目在数据来源和格式各异的情况下，通过以位号为中心的原则加载各项文档，以AVEVA NET为工程数据集成平台，成功地进行集成采购及分包商等各方数据和文档的关联测试，为实现LNG工程项目的数字化交付应用奠定了基础。

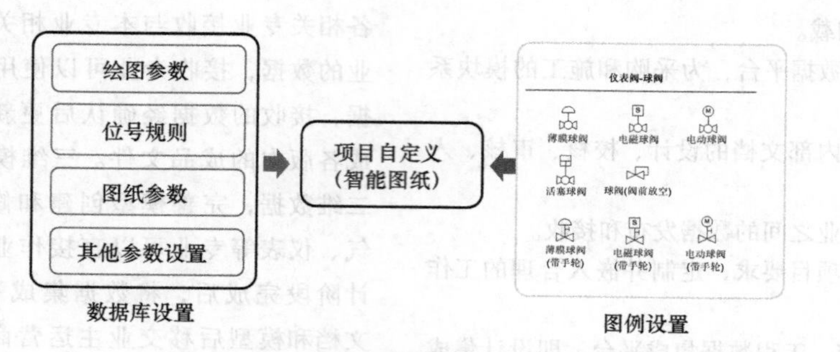

图 5-34　某 LNG 项目智能 P&ID 层次及属性

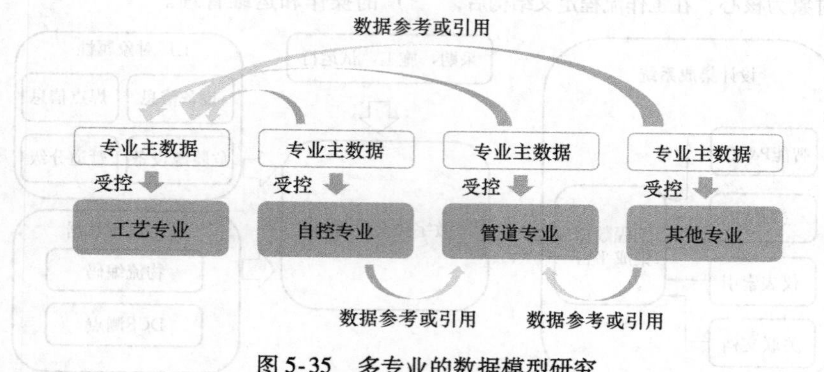

图 5-35　多专业的数据模型研究

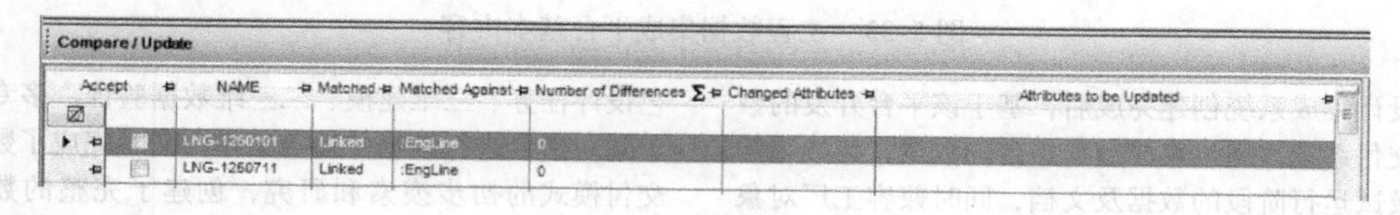

图 5-36　数据传递

参 考 文 献

[1] 国家能源局．天然气液化工厂设计建造和运行规范　第 1 部分：设计建造：SY/T 6933.1—2013 [S]．北京：石油工业出版社，2014

[2] 住房和城乡建设部标准定额司．工程建设规范研编工作管理要求 [R]．2017.

[3] 孙兰义，张骏驰，石宝明，等．过程模拟实例：Aspen HYSYS 教程 [M]．北京：中国石化出版社，2015.

[4] 宋少光．天然气液化厂及 LNG 接收站建设运行技术 [M]．北京：石油工业出版社，2019.

[5] WYLIE E B，STREETER V L. Fluid Transients [M]．New York：Mcgraw Hill，1978.

[6] KOETZIER H，KRUISBRINK A C H，LAVOOIJ C S W. Dynamic behaviour of large nonreturn valves [J]．Proceedings of the 5th International Conference on Pressure surges，1986：237－243.

[7] 蒲家宁．管道水击分析与控制 [M]．北京：机械工业出版社，1991.

[8] 刘禹岑，贾保印，纪明磊．LNG 接收站卸船管道系统液击现象（Surge）数值模拟研究 [J]．寰球科技，2017，34（4）：9－12.

[9] 姜宁，李林，许涛，等．大型国际 LNG 项目模块化建造管理经验 [J]．天然气与石油，2018（36）：125－127.

[10] 柏锁柱，赵刚，薛立林，等．LNG 项目模块化应用实践及对中国模块厂的挑战 [J]．国际石油经济，2016，24（8）：96－100.

[11] 孙博辉，郑永新．工厂模块化设计及建造 [C] //中国油气田地面工程技术交流大会论文集，2013.

[12] 郭俊广，许涛，管硕，等．亚马尔 LNG 项目模块化建设经验解析［J］．国际石油经济，2018，26（2）：77－82.
[13] 陈明．极地大型 LNG 项目的物流管理［J］．国际石油经济．2016，24（8）：67－73.
[14] 住房和城乡建设部．石油化工工程数学化交付标准：GB/T 51296—2018［S］．北京：中国计划出版社，2018.
[15] 庹业平．浅谈三维协同设计在总承包工程中的应用［J］．四川建材，2014，40（6）：252－253.

第6章　液化天然气贮存和运输

6.1　液化天然气陆上贮存

LNG的陆上贮存采用LNG储罐进行贮存。LNG的陆上储罐的类型划分及使用配套场合可见参考文献[1]。陆上LNG储罐按操作时的最高工作压力工况p_W可划分如下。

1. 大型常压LNG储罐

大型常压LNG储罐的最高工作压力p_W为20kPa左右，单台储液量$V>1000m^3$以上的大直径容器。通常适用于与LNG生产装置配套的LNG生产场站或接收来自LNG运输槽船的接近常压标准沸点温度的LNG液体，极少用于大型LNG卫星场站。

我国自行设计建成投产的大型常压LNG储罐为广东珠海横琴LNG项目配套的2台几何容积$V=3850m^3$/台储罐：采用国外技术建成投产的广东大鹏湾大型常压LNG储罐$V=140000m^3$。

2. 压力储罐

LNG压力储罐的最高工作压力$p_W\geqslant0.1MPa$，常用工作压力范围$p_W=0.2\sim0.8MPa$；受运输能力限制单台真空粉末绝热储罐的储液量约为$V\leqslant150m^3$以下的小直径容器，LNG子母罐子罐的单罐几何容积可达$250m^3$。LNG压力储罐主要适用于与输气管网配套的LNG卫星场站。

当LNG贮存站储液量较大且需要较高的贮存压力时可采用LNG子母罐。LNG子母罐既可以用于LNG卫星场站也可用于与LNG生产装置配套的LNG生产场站。

6.1.1　LNG储罐结构形式

低温常压液化天然气按储罐的设置方式及结构形式可分为：地下罐及地上罐。地下罐主要有埋置式和池内式；地上罐有球形罐、单容罐、双容罐、全容罐及膜式罐。其中单容罐、双容罐及全容罐均为双层罐（即由内罐和外罐组成，在内外罐间充填有保冷材料）。

1. 地下储罐

除罐顶外，罐内贮存的LNG的最高液面在地面以下，罐体坐落在不透水稳定的地层上。为防止周围土壤冻结，在罐底和罐壁设置加热器。有的储罐周围留有1m厚的冻结土，以提高土壤的强度和水密性。

LNG地下储罐采用圆柱形金属罐，外面有钢筋

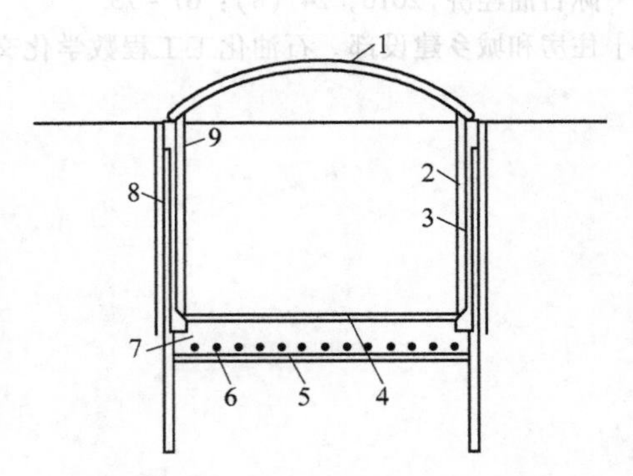

图6-1　半地下式LNG储罐

1—槽顶　2—隔热层　3—侧壁　4—储槽底板
5—沙砾层　6—底部加热器　7—砂浆层
8—侧加热器　9—薄膜

混凝土外罐，能承受自重、液压、地下水压、罐顶、温度、地震等载荷。内罐采用金属薄膜，紧贴在罐体内部，金属薄膜在162℃具有液密性和气密性，能承受LNG进出时产生的液压、气压和温度的变化，同时还具有充分的疲劳强度，通常制成波纹状。半地下式LNG储罐如图6-1所示。

日本川崎重工业公司为东京煤气公司建造了目前世界上最大的LNG地下储罐。其容量为$140000m^3$，储罐直径64m，高60m，液面高度44m；外壁为3m厚的钢筋混凝土，内衬200mm厚的聚氨酯泡沫隔热材料，内壁紧贴耐162℃的川崎不锈钢薄膜；罐底为7.4m厚的钢筋混凝土。

地下储罐比地上储罐具有更好的抗震性和安全性，且不易受到空中物体的碰击，不会受到风载的影响，也不会影响人员的视线；不会泄漏，安全性高。但是地下储罐的罐底应位于地下水位以上，事先需要进行详细的地质勘查，以确定是否可采用地下储罐这种形式。另外，地下储罐的施工周期较长，投资较高。

2. 地上储罐

目前世界上LNG储罐应用最为广泛的是金属材料地面圆柱形双层壁储罐。又可以分为以下五种形式。

（1）单容罐　单容罐是常用的形式，它分为单壁罐和双壁罐，出于安全和绝热考虑，单壁罐未在LNG中使用。双壁单容罐的外罐是用普通碳素钢制

成，它既不能承受低温的 LNG，也不能承受低温的气体。单容罐一般适宜在远离人口密集区，以及不容易遭受灾害性破坏（如火灾、爆炸和外来飞行物的碰击）的地区使用。由于它的结构特点，要求有较大的安全距离及占地面积。图6-2所示为单容罐结构示意图。

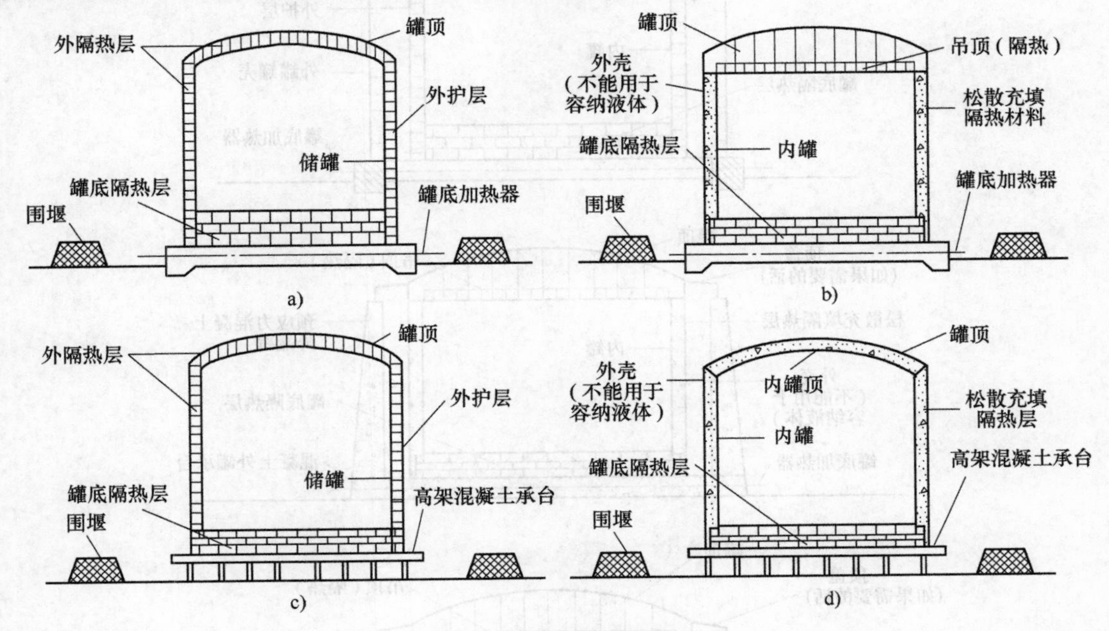

图6-2　单容罐结构示意图

对于大直径的单容罐，设计压力相应较低，BS 7777 中推荐这种储罐的设计压力小于 14kPa (140mbar)，如储罐直径为 70～80m 时已经难以达到。其最大操作压力大约在 12kPa。因设备操作压力较低，在卸船过程中蒸发气不能返回到 LNG 船舱中，需增加一台返回气鼓风机。较低的设计压力使蒸发气的回收压缩系统需要较大的功率，故增大了投资和操作费用。

单容罐的投资相对较低，且施工周期较短；但易泄漏是它的一个较大问题。根据规范要求单容罐罐间安全防护距离较大，并需设置防火堤，从而增加占地及防火堤的投资；且周围不能有其他重要的设备。因此，对安全检测和操作的要求较高。由于单容罐的外罐是普通碳素钢，需要严格的保护以防止外部的腐蚀，故外部容器要求长期的定期检查和涂防护漆。

由于单容罐的安全性较其他形式储罐的安全性低，近年来在 LNG 生产厂及接收站已较少使用。

（2）双容罐　图6-3所示为双容罐结构示意图。双容罐具有耐低温的金属材料或混凝土的外罐。在内筒发生泄漏时，气体虽会发生外泄，但液体不会外泄，增强了外部的安全性。同时在外界发生危险时其外部的混凝土墙也有一定的保护作用，故其安全性较单容罐高。根据规范要求，双容罐不需要设置防火堤，但仍需要较大的安全防护距离。当事故发生时，LNG 罐中气体被释放，但装置的控制仍然可以持续。

储罐的设计压力与单容罐相同（均较低），也需要设置返回气鼓风机。

双容罐的投资略高于单容罐，约为单容罐投资的110%，其施工周期也较单容罐略长。

（3）全容罐　图6-4所示为全容罐结构示意图。全容罐的结构采用9%镍钢内筒、9%镍钢或混凝土外筒和顶盖、底板，外筒或混凝土墙到内筒为1～2m，可允许内筒里的 LNG 和气体向外筒泄漏，且可以避免火灾的发生。其设计最大压力 30kPa (300mbar)，其允许的最大操作压力 25kPa (250mbar)，设计最小温度 165℃。由于全容罐的外筒体可以承受内筒泄漏的 LNG 及其气体不会向外界泄漏，其安全防护距离也要小得多。一旦事故发生，对装置的控制和物料的输送仍然可以继续，这种状况可持续几周，直至设备停止运行。

当采用金属顶盖时，其最高设计压力与单壁储罐和双壁储罐的设计一样。当采用混凝土顶盖（内悬挂铝顶板）时，安全性能增高，但投资相应的增加。因设计压力相对较高，在卸船时可利用罐内气体自身压力将蒸发气返回 LNG 船，省去了蒸发气（BOG）

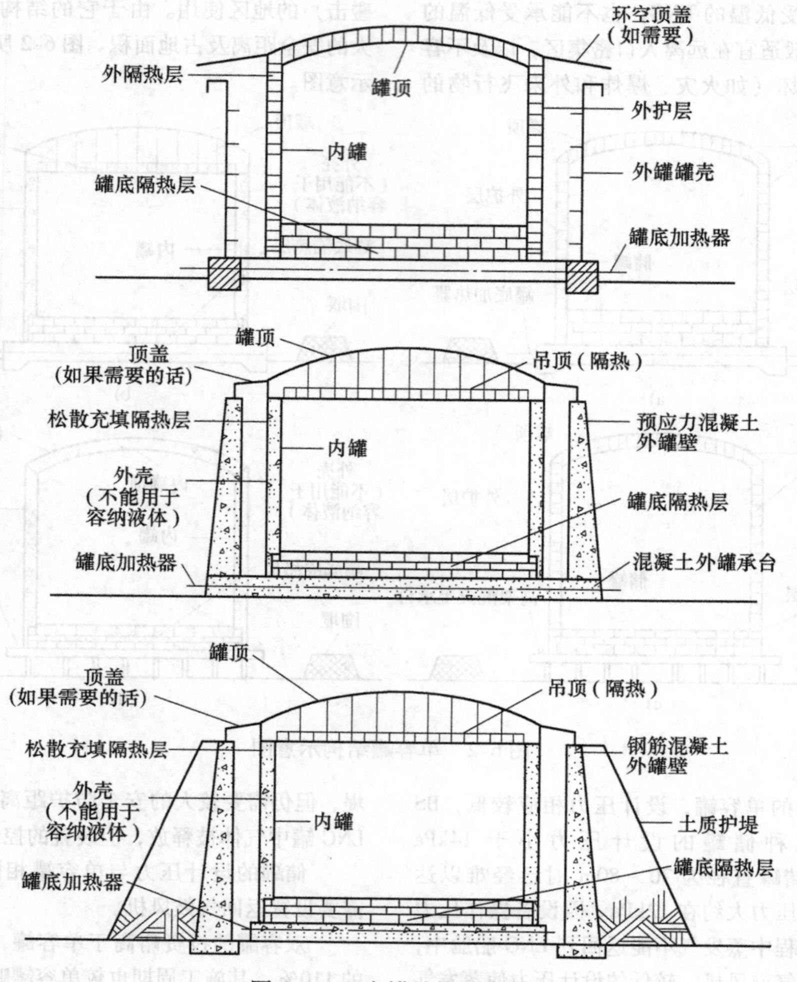

图 6-3　双容罐结构示意图

返回气鼓风机的投资，同时也减少了操作费用。

全容罐具有混凝土外罐和罐顶，可以承受外来飞行物的攻击和热辐射，对于周围的火情具有良好的耐受性。另外，对于可能的液化天然气溢出，混凝土提供了良好的防护。低温冲击现象即使有也会限制在很小的区域内，通常不会影响储罐的整体密封性。

（4）膜式罐　膜式罐适用的规范可参照 EN 1473。膜式罐采用了不锈钢内膜和混凝土储罐外壁，对防火和安全距离的要求与全容罐相同。但与双容罐和全容罐相比，它只有一个筒体。膜式罐的操作灵活性比全容罐的大，因不锈钢内膜很薄，没有温度梯度的约束。

该类型储罐可设在地上或地下。建在地下时，当投资和工期允许，可选用较大的容积。该罐型优点是可防止液体的溢出，安全性设计较好，且有较大的罐容。该罐型较适宜在地震活动频繁及人口稠密地区使用。但该罐型投资比较高，建设周期长。由于膜式罐本身结构特点，会有微量泄漏。

（5）球形储罐　LNG 球形储罐的内外罐均为球状（图 6-5）。工作状态下，内罐为内压容器，外罐为真空外压容器。夹层通常为真空粉末隔热。球形储罐的内外球壳板在压力容器制造厂加工成形后，在安装现场组装。球壳板的成形需要专用的加工工装进行施工，现场安装难度大。

虽然从理论分析出发，双层球形储罐可作为 LNG 陆上储罐的选择方案之一，在早期的 LNG 运输船上也曾采用过 LNG 双层球形储罐，但至今未见有陆上 LNG 双层球形储罐应用实例的报道。

1）球形储罐的优势如下：

① 在相同容积条件下，球体具有最小的表面积，

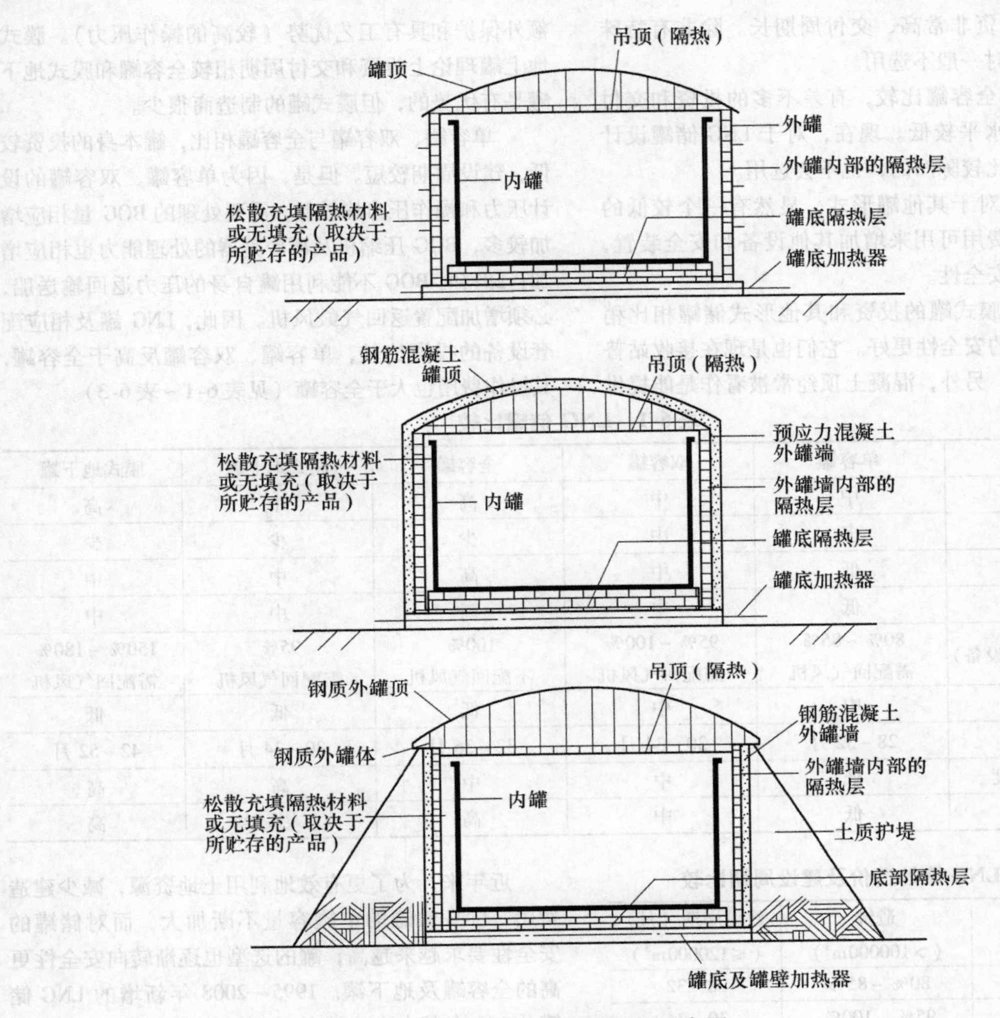

图6-4　全容罐结构示意图

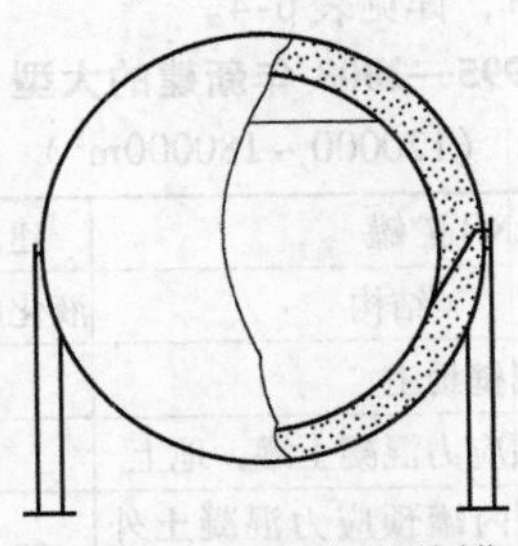

图6-5　LNG球形储罐

设备的净重最小。

② 球形储罐具有最小的表面积，则意味着传热面积最小，加之夹层可以抽真空，有利于获得最佳的绝热保温效果。

③ 球形储罐的球形特征具有最佳的耐内外压力性能。

2）球形储罐的不足之处如下：

① 加工成形需要专用加工工装保证，加工精度难以保证。

② 现场组装技术难度大，不利于保证质量。

③ 球壳虽然净重最小，但成形时材料利用率最低。

球形储罐的使用范围为200～1500m³，工作压力0.2～1.0MPa。容积＜200m³时，应当选用在制造厂整体制造完工后的圆筒罐产品出厂为宜，以减少现场安装工作量。容积超过1500m³时，因外罐的壁厚太厚，材料来源和球壳板加工都将十分困难，则不宜采用球形储罐。这时，制造的最大困难是外罐，而非内罐。

6.1.2　LNG储罐的比较及选择

LNG罐形式的选择要求安全可靠、投资低、寿命长、技术先进、结构有高度完整性，且便于制造，同时整个系统的操作费用较低。

地下罐投资非常高、交付周期长。除非有特殊的要求，设计时一般不选用。

双容罐和全容罐比较，有差不多的投资和交付周期，但安全水平较低。现在，对于LNG储罐设计者来说，技术比较陈旧的，也不会选用。

单容罐相对于其他罐形式，显然有一个较低的投资，节余的费用可用来增加其他设备和安全装置，以进一步保证安全性。

全容罐和膜式罐的投资和其他形式储罐相比稍高，但其实际的安全性更好。它们也是现在接收站普遍采用的形式。另外，混凝土顶经常被看作是能提供额外保护和具有工艺优势（较高的操作压力）。膜式地上罐理论上投资和交付周期相较全容罐和膜式地下罐是有优势的，但膜式罐的制造商很少。

单容罐、双容罐与全容罐相比，罐本身的投资较低，建设周期较短。但是，因为单容罐、双容罐的设计压力和操作压力均较低，需要处理的BOG量相应增加较多，BOG压缩机及再冷凝器的处理能力也相应增加；卸料时BOG不能利用罐自身的压力返回输送船，必须增加配置返回气鼓风机。因此，LNG罐及相应配套设备的投资比较，单容罐、双容罐反高于全容罐，其操作费用也大于全容罐（见表6-1～表6-3）。

表6-1　LNG储罐比较

罐型	单容罐	双容罐	全容罐	膜式地上罐	膜式地下罐
安全性	中	中	高	中	高
占地	多	中	少	少	少
技术可靠性	低	中	高	中	中
结构完整性	低	中	高	中	中
投资（罐及相关设备）	80%～85% 需配回气风机	95%～100% 需配回气风机	100% 不配回气风机	95% 需配回气风机	150%～180% 需配回气风机
操作费用	中	中	低	低	低
施工周期	28～32月	30～34月	32～36月	30～34月	42～52月
施工难易程度	低	中	中	高	高
观感及信誉	低	中	高	中	高

表6-2　LNG罐的造价及建设周期比较

LNG贮罐	造价（>100000m³）	建设周期（月）（≤120000m³）
单容罐	80%～85%	28～32
双容罐	95%～100%	30～34
膜式地上罐	95%	30～34
全容罐	100%	32～36
膜式地下罐	150%～180%	42～52
池内罐	170%～200%	48～60

表6-3　采用不同罐形式时罐及相应设备的CAPEX及OPEX比较

单位：百万美元	单容罐	双容罐	全容罐
投资费用（CAPEX）			
LNG罐（4台）	80%～85%	95～100%	100%
土地费	200%～250%	100%	100%
场地平整	150%～200%	100%	100%
道路围墙	110%～120%	100%	100%
管线管廊	100%～180%	100%	100%
BOG压缩及回气系统	250%～300%	250%～300%	100%
总计	110%～120%	110%～120%	100%
运营费用（OPEX）			
运营费用	450%～500%	450%～500%	100%

近年来，为了更有效地利用土地资源，减少建造费用，LNG储罐的单罐容量不断加大，而对储罐的安全性要求越来越高，罐的选型也逐渐转向安全性更高的全容罐及地下罐。1995—2008年新增的LNG储罐共120台其中全容罐共77台，占64%，地下罐共20台，占17%，详见表6-4。

表6-4　1995—2008年新建的大型LNG贮罐（120000～180000m³）

LNG贮罐		建设位置		小计
罐型	结构	液化厂	接收站	
单容罐	双金属壁地上		18	18
膜式罐	膜式预应力混凝土罐，地上		4	4
全容罐	9Ni钢内罐预应力混凝土外罐，地上	29	48	77
全容罐	9Ni钢内罐预应力混凝土外罐，地上掩埋式	1		1
池内罐	9Ni钢内罐预应力混凝土外罐，地下池内		3	3
地下罐	9Ni钢内罐预应力混凝土外罐，地下		17	17
合计		30	90	120

6.1.3　LNG储罐结构与建造

由于全容罐具有更高的安全性，在LNG贮存越来越大型化并且对贮存安全性要求越来越高的今天，全容罐得到更多的应用也是必然的。下面就大型全容罐，特别是近几年来我国沿海新建LNG接收站广泛采用的160000m³的全容式储罐的结构与建造做一介绍。

1. 全容罐的结构

地上式全容罐一般为平底双壁圆柱形。与LNG直接接触的内罐为9%镍钢，外罐为预应力钢筋混凝土，罐顶有悬挂式绝热支撑平台，内外罐之间用膨胀珍珠岩、弹性玻璃纤维或泡沫玻璃砖等材料绝热保温。

（1）设计条件

1）内罐。设计温度：60～170℃；设计压力：1.5～29kPa。

2）外罐。安全经受6h的外部火灾；承受地震加速度0.21g；承受风力70m/s；抗渗性：当发生内罐LNG溢出时，外罐混凝土墙至少要保持10cm厚不开裂并保持2MPa以上的平均压应力。日最大蒸发率≤0.05%（质量分数）。

3）设计标准。储罐的基本设计规范为BS PD 7777—2000。其他相关规范有API STD 620：2013、ACI 318M：2014、NFPA 59A：2019等。

（2）内罐

1）板材。内罐壁板材料为含镍9%的合金钢板（如ASTM A553M Type 1）。其化学成分和力学性能见表6-5和表6-6。

表6-5　9%镍钢板（ASTM A553M Type 1）化学成分　（质量分数，%）

C	Si	Mn	P	S	Mo	Ni	Cu	Cr	Ai	Nb	V	Ti	Cr+Mo
≤0.13	≤0.3	≤0.9	≤0.01	≤0.005	≤0.12	6～10	≤0.4	≤0.3	≥0.2	≤0.2	≤0.2	≤0.2	≤0.32

表6-6　9%镍钢板（ASTM A553M Type 1）力学性能

$R_{p0.2\%}$/MPa	R_m/MPa	L_o（%）	低温韧性/196℃	
			Ve（J）	侧膨胀
≤585	690～830	≤20	75min. 100ave	0.381mm

2）罐底。罐底铺设两层9% Ni钢板，厚度为6mm和5mm。底板外圈为环板，两层底板中间为保温层、混凝土层、垫毡层和干沙层。

3）罐壁。罐壁分层安装，分层数按板材宽度而定。对于容积160000m³以上的全容罐一般有十层。最底层壁板厚度24.9mm，最上层壁板厚度12mm。内罐外壁用保温钉固定绝热保温材料。

4）罐顶。内罐顶部为悬挂式铝合金吊顶，以支撑罐顶膨胀珍珠岩保温层。

（3）外罐

1）罐基础。全容罐的基础应按储罐建造场地的土壤条件，通过工程地质调查研究后确定。一般可以采用坐基式基础或架空型基础。坐基式基础内罐底板直接坐落在基础上，为防止罐内液体的低温使土壤冻胀，坐基式基础需要配置加热系统。架空型基础可以不设加热系统。

2）罐墙壁。全容罐的外罐墙用预应力钢筋混凝土制成。容积为16万m³左右的全容罐外罐内径约80m、墙高约38m。混凝土墙体竖向采用VSL预应力后张束，两端锚固于混凝土墙底和顶部。墙体环向采用同样规格的钢绞线组成的VSL预应力后张束，环向束每束围绕混凝土墙体半圈，分别锚固于布置成90°的四根竖向扶壁柱上。墙体内置入预埋件以固定防潮衬板及罐顶承压环。

3）罐顶。罐顶盖为钢筋混凝土球面穹顶，支承于预应力钢筋混凝土圆形墙体上。球面穹顶混凝土由H钢梁、顶板及钢筋构成加强结构，顶面上设有工作平台，放置运行控制设备及仪表、阀等。混凝土穹顶内设有碳钢钢板内衬，施工时作为模板，使用时可用以防止气体渗漏。

2. 全容罐的建造

（1）外罐建造

1）墙体浇筑。外罐墙体浇筑是混凝土工作量最大的部分。按照通常钢筋混凝土施工程序，在布置钢筋，安装预应力护套、预埋件和模板后，进行混凝土浇筑、养护。对于近40m高的墙体，需要分层从下至上逐层浇筑。

2）安装承压环。在浇筑最上层墙体前，安装承压环。在按照承压环结构分段预制，预埋螺栓焊接完成后，吊装于罐壁顶部组装焊接，检验合格后进行混凝土浇筑。

3）气升罐顶。储罐顶部是钢结构的半球形拱顶，采用大型圆柱形储罐惯用的压缩空气吹升法施工，可以减少高空作业工作量，所需施工机具和设备少，对施工进度和安全有利。罐顶结构在罐底预制完成后与罐壁密封，为防止气升过程的倾斜、偏移，罐顶上均布平衡钢索，一端固定在罐底中心，另一端固定于承压环上。使用鼓风机鼓风，在空气压力下，罐顶匀速、平稳升起。罐顶到位后，与预埋于墙体的顶部承压环固定、焊接。

4）罐顶建造。罐顶为球面结构，H型钢作为钢梁，顶部铺碳钢板，顶板上焊接预埋螺栓，升顶后固定于浇筑在混凝土罐壁顶部的承压环上。同时在罐底预制铝合金吊顶，吊顶杆用螺栓连接于罐顶钢梁上，然后将预制好的铝合金吊顶提升与吊顶杆连接。气升前，将罐顶上的人孔、接管、电缆托架等附件一块安装上去，以减少高空作业工作量。布钢筋完成后，分两次浇筑混凝土。

5）罐壁预应力张拉。混凝土墙体浇筑、养护完成后，将钢绞线穿进预埋于墙体的护套中，竖向钢绞线两端锚于混凝土墙底部及顶部；墙体环向的钢绞线每束围绕混凝土墙体半圈，分别锚固于布置成90°的四根竖向扶壁柱上。用液压设备拉伸到设计应力后，固定两端，进行水泥灌浆。

（2）内罐建造

1）罐底。内罐底部有两层底板，均为9%镍钢。按照从上而下、由内而外、由四周到中间的顺序施工。先进行第二层罐底环板安装、焊接完成后，进行底板铺设。采用手工环境内，为防止变形，应注意焊接顺序：环板——横向焊缝——纵向焊缝——环板与边缘板焊缝边缘板之间焊缝—边缘板与中心板焊缝。

2）罐壁。内罐罐壁的施工由下而上，逐层安装和焊接。每层板的卷制、坡口准备应预先加工完成。现场吊装采用起重机和罐顶电动绞车。第一层壁板安装时，要确定在环板的准确位置，可以用专用夹具及辅助工具以调整位置保证组装质量。底板与壁板角焊缝的焊接，至少应安装完第三层壁板及第12层壁板焊缝全部焊完后方可进行。

3）保温。液化天然气的低温特性要求储罐必须具有完善的保温隔热性能，以防止外界热量的漏入，确保储罐的日蒸发率控制在0.05%以内。通常在内罐和外罐之间的环形空间填充膨胀珍珠岩。内层罐壁的外侧安装弹性玻璃纤维保温毯，保温毯为珍珠岩提供弹性，克服储罐因温度变化而产生的收缩，防止珍珠岩的沉降。保温毯还对储罐惰化处理过程中，吹扫气体的流动有利。

为了防止储罐罐顶的热泄漏，在吊顶上安装保温材料，铺设厚度1.2m的膨胀珍珠岩。气密性试验合格后，进行内顶保温层的安装及夹层珍珠岩的填充。首先在内罐壁外包一层纤维玻璃棉，包扎好后用专用加热设备加热到900℃，然后从顶部往下装填珍珠岩；分层装填，分层夯实，直至到顶。最后进行顶部甲板珍珠岩的铺设。在进行珍珠岩灌注时要注意防潮。储罐底部保温层采用泡沫玻璃砖，这是因为罐底保温材料除了保温性能外，还要求有足够的机械强度以承受上部的液体载荷。

（3）9%镍钢的焊接　对于9%镍钢的焊接是内罐建造的主要工作量，由于9%镍钢对磁性很敏感，为避免现场焊接时产生电弧偏吹，要求出厂钢材的磁通密度不超过5×10^{-3}T，同时现场施工时远离强磁场，并准备消磁设备。

1）对于焊缝的焊接：对接焊缝，厚度大于14.7mm的壁板采用双面坡口，厚度小于14.7mm的壁板采用单面坡口；环向焊缝采用背面焊剂保护埋弧自动焊；其他焊缝采用手工电弧焊工艺。

2）焊材的选用除满足力学性能要求外，更重要的是焊缝金属线膨胀系数要与9%镍钢接近，以避免焊缝受热循环在低温服役时产生应力集中而疲劳破坏。文献表明，焊条电弧焊工艺的AWS A5.11M/ENiCrMo6、伊萨OK92.55焊条及埋弧焊工艺的AWS A5.14/A5.14 M ERNiCrMo4、法国（BÖhler Thyssen ThemanitNimo）C276焊丝，采用EN ISO 15614系列标准进行焊接工艺评定。所要求的焊材化学成分见表6-7。

表6-7　焊接材料合金成分及力学性能

焊材名称	合金成分（质量分数,%）			拉伸性能（焊缝金属）			低温韧性/196℃	
	Ni	Cr	Mo	$\sigma_{p0.2\%}$/MPa	R_m/MPa	L_o（%）	V_e/J	侧膨胀/mm
ENiCrMo6	48～73	9.5～20	2.5～10.5	400	611	35	50ave. 38（min）	0.381（min）
ERNiCrMo4	40～65	12～19.5	12.5～18.5	320	489	35	50ave. 38（min）	0.381（min）

3）9%镍钢的焊接性能良好，对冷裂纹的敏感性很低。为保证焊缝的高强度及低温韧性，焊接时要严格控制焊接参数，特别是预热、层间温度和热输入。通常厚度小于50mm的板材无须预热，焊前温度高于10℃即可。层间温度控制在150℃以下，以避免焊缝热影响区韧性的下降，同时焊缝金属属于奥氏体材料可避免热裂纹的产生。热输入的控制是保证焊缝力学性能的关键，在13kJ/mm范围，采用直焊道技术，特别是立焊不能摆动过宽。焊缝返修对焊缝性能产生不利影响，因此返修操作应按照返修程序的要求进行，并且相同位置的返修仅限一次。

（4）后续工作

1）检验。储罐的检验工作主要是围绕焊缝进行的。按照相关标准，储罐需要进行包括渗透检测（PT）、射线检测（RT）、移动光谱仪检测（PMI）和真空试验等项必要的检验。

PT检测：按照DIN EN 571－1：1997，对罐底环板焊缝、壁板与环板焊缝的根部焊道和盖面焊道、罐壁板焊缝进行检测。

RT检测：按照BS 7777，对内罐所有9%镍钢壁板与环板的对接焊缝进行射线检测（RT）。要求焊缝100%检测。

真空试验：按照BS 7777，为了确保焊缝的气密性，对储罐的所有焊道进行100%的真空试验。环板对接焊缝需要在水压试验前、后检验两次。

PMI检测：对每条焊缝抽检一点，进行焊缝合金成分鉴定，确认焊缝金属的Ni、Cr、Mo含量在规定的范围内。

2）试验。

① 水压试验：内罐充水，进行盛水试验，在空罐、1/4、1/2、3/4液位高度和盛满水时分别进行基础沉降、环向位移、径向位移和倾斜的测量。水压试验完成后，对罐底板搭接焊缝、环板的对接焊缝及罐壁板与环板的T形焊缝进行第二次真空试验。

② 气压试验：内罐盛水试漏合格后，将外罐开口大门复位合格后，进行外罐气密试验，气压试验压力36.25kPa（362.5mbar），保持1h以上，用肥皂水检查外罐壁、罐顶。负压0.5kPa（5mbar）检测真空阀（VSV）、安全阀（PSV）的性能。

③ 干燥与冷却：采用液氮循环的方式，进行储罐的干燥和惰化，降低罐内湿度和含氧量到规定的要求。降温可以采用向储罐内喷射液化天然气来实现。但是，储罐的冷却降温操作必须在储罐技术要求规定的限值范围内，缓慢、均匀地进行，且以能在罐内形成温阶。储罐吊顶下的喷射环可以保证均匀喷射，而分布在储罐内足够数量的热电偶可以全面监控降温过程。

3. 全容式储罐的发展

全容式储罐由预应力钢筋混凝土外层罐和9% Ni钢内层罐组成，罐顶为钢筋混凝土制成。随着全容罐需求的不断增加，储罐结构设计和材料应用的不断改进，一方面储罐的容量越来越大，容积达200000m³的地上全容罐已在建造；另一方面随着设计和建造技术的发展，储罐建设费用下降，建造周期缩短。

1）储罐内罐材料9% Ni钢板的制造、焊接、检验技术进步迅速：日本已可制造50mm厚度的钢板；焊缝无损检测采用可记录数据的超声检测方法，比现用的射线检测在安全性、质量可靠性、缩短检测时间等方面优点明显。

2）预应力外罐材料采用60MPa高强度混凝土是通常混凝土强度的1.5倍，减少壁厚30%左右，从而减少了施工工作量。

3）增加9% Ni钢内罐壁板的宽度达到4.3m，减少圈数，既减少了焊接和检验工作量，也提高了板材整体性能及尺寸度的一致性。

4）混凝土外罐壁应用液压提升装置，滑模施工，提高劳动生产率，缩短工期。

5）采用多参数控制混凝土质量。对原料重量、含水率、搅拌器载荷值等参数实时检测，及时调配。

6）提高预制化程度，对钢结构部分尽可能分块预制，现场拼装以减少现场安装、焊接工作量。

6.1.4　LNG储罐的特殊要求与施工

1. LNG低温储罐的特殊要求

（1）耐低温　常压下液化天然气的沸点为－160℃。LNG选择低温常压贮存方式，将天然气的温度降到沸点以下，使储液罐的操作压力稍高于常压，与高压常温贮存方式相比，可以大大降低罐壁厚度，提高安全性能。因此，LNG要求储液罐体具有良好的耐低温性能和优异的保冷性能。

（2）安全要求高　由于罐内贮存的是低温液体，储罐一旦出现意外，冷藏的液体会大量挥发，汽化量大约是原来冷藏状态下的300倍，在大气中形成会自动引爆的气团。因此，API、BS等规范都要求储罐采用双层壁结构，运用封拦理念，在第一层罐体泄漏时，第二层罐体可对泄漏液体与蒸发气实现完全封拦，确保贮存安全。

（3）材料特殊　内罐壁要求耐低温，一般选用A537 CL 2、A516 Gr.60等材料，外罐壁为预应力钢筋混凝土，一般设计抗拉强度≥20kPa。

（4）保温措施严格　由于罐内外温差最高可达

200℃，要使罐内温度保持在 -160℃，罐体就要具有良好的保冷性能，在内罐和外罐之间填充高性能的保冷材料。罐底保冷材料还要有足够的承压性能。

（5）抗震性能好 一般建筑物的抗震要求是在规定地震荷载下裂而不倒。为确保储罐在意外荷载作用下的安全，储罐必须具有良好的抗震性能。对LNG储罐则要求在规定地震荷载下不倒也不裂。因此，选择的建造场地一般要避开地震断裂带，在施工前要对储罐做抗震试验，分析动态条件下储罐的结构性能，确保在给定地震烈度下罐体不损坏。

（6）施工要求严格 储罐焊缝必须进行100%磁粉检测（MT）及100%真空气密检测（VBT）。要严格选择保冷材料，施工中应遵循规定的程序。为防止混凝土出现裂纹，均采用后张拉预应力施工，对罐壁垂直度控制十分严格。混凝土外罐顶应具备较高的抗压、抗拉能力，能抵御一般坠落物的击打。由于罐底混凝土较厚，浇注时要控制水化温度，防止因温度应力产生的开裂。

2. LNG低温储罐的施工

（1）基础施工

1）软弱地基的加固。为保证LNG储罐建成后不发生任何形式的不均匀沉降，必须对建造场地进行详细勘察，对软弱地基进行加固。如某直径60m的低温储罐，需处理的基础直径约80m，则要求对直径100m的区域进行地质勘查。采用的灌注桩基础应满足长期荷载190kPa、短期荷载240kPa的承载力要求。

2）基础施工。为使基础具备良好的整体性，钢筋混凝土底板要有足够厚度。如某低温储罐基础在桩上设计的钢筋混凝土底板厚度为1.6m，混凝土强度为25MPa。为防止大体积混凝土因水化反应的热应力产生裂缝，施工中采用分层连续浇注和由外向内顺序浇注的方法。

（2）罐壁预应力施工 罐壁采用预应力滑模施工工艺，滑模爬升过程中需预埋垂直预应力套管及水平预应力套管，垂直预应力系统为碳钢套筒，水平预应力系统为镀锌半硬式涡卷型套管，各套管衔接以热收缩套黏合。罐壁浇注完工后进行钢索穿索作业，一般用油压机具施加预应力，吹顶前应至少施加完成70%设计预应力强度。

（3）罐顶施工 罐顶由预应力钢筋混凝土及罐顶衬板构成。外罐顶和罐壁要能承受气体意外泄漏造成的内压力，罐顶还应具备外部意外物体冲击的能力。因此，钢筋混凝土要同时具备足够的抗压、抗拉强度，如有的罐顶厚度达0.6m。为使混凝土罐与外衬罐连接牢固，绑扎钢筋时要预留焊钉，如某罐焊钉数量达3万多个。在进行罐顶混凝土浇筑时，为避免一次浇注超出罐顶负荷，可分二次进行浇注。图6-6为某罐罐顶施工现场。

图6-6 罐顶施工现场

（4）外罐内衬板（罐）施工 外罐内衬板（罐）承担着盛装泄漏冷液和密封的作用，外罐钢板材质要选择耐低温的A516Gr. 60等合金板材，由于外罐内衬板（罐）为非承重构件，一般采用较薄的板材。

1）外罐底板组焊。外罐底板铺设应由储罐中心向外围铺设，以点焊固定待焊底板，先焊钢板短边，再焊钢板长边。所有焊缝必须进行100%磁粉检测及100%真空气密检测。

2）外罐环板组焊。用临时固定夹具固定环板，确保焊接时其曲率与混凝土罐一致。

3）外罐顶与通气管。因外罐顶不会接触到低温液体，按API 620归类属于次要构件，可选用碳钢材料。通气管嘴均可穿越罐顶，以悬吊方式固定在罐顶，不需另设其他伸缩接头，这样内罐蒸气可以自由地流通到内外罐间的环带区域。储罐在使用状态下，环带区域将充满气体，且具有与内罐相同的压力。

(5) 内罐施工　依据存液状态下的受力特点，内罐可用不同材质、不同厚度的钢板组焊而成。如某罐从下向上选择的钢板厚度为34.6～9.6mm，除了最上部材质为A516 Gr.60外，其他各层均为A537 CL.2。X射线检测抽检率水平焊缝为20%，垂直焊缝为100%。

(6) 保冷施工

1) 罐顶保冷。内罐罐顶采用悬吊岩棉保冷层，该保冷层将罐内空间与罐顶隔开，减少两者间的对流，使蒸发气体交换量降至最低。由于在罐顶上空相对稳定的气体层形成保冷屏障，增强了保冷效果，所以一般选择玻璃纤维棉作为保冷材料。如某罐设置了4层厚100mm、密度为16kg/m³的玻璃纤维棉悬吊于罐顶上。

2) 罐壁保冷。罐壁保冷是在外罐衬板内侧喷涂聚氨酯泡沫。采用半自动聚氨酯泡沫喷涂机进行喷涂，施工中要使泡沫保持较高密度和均匀性，以保证保冷层的平整。现场发泡施工中须对每批次的聚氨酯泡沫取样，进行材质检测，包括导热性能、密度及抗压性能。

3) 罐底保冷。因罐底需承受贮存液体的压力，所以除了考虑传热系数外，还需考虑材质的抗压强度。聚氨酯泡沫的抗压强度≥0.2MPa，并选择抗压强度更高的发泡玻璃（0.7MPa），以增加保冷效果。如某罐由上向下依次有10层：PE布、聚氨酯泡沫、PE布、混凝土、油毡、发泡玻璃、油毡、发泡玻璃、PE布、混凝土。

6.1.5　大型LNG常压储罐

1. 大型LNG常压储罐结构简介

大型常压LNG储罐其结构为平底拱盖双圆筒结构。LNG储罐如图6-7所示。

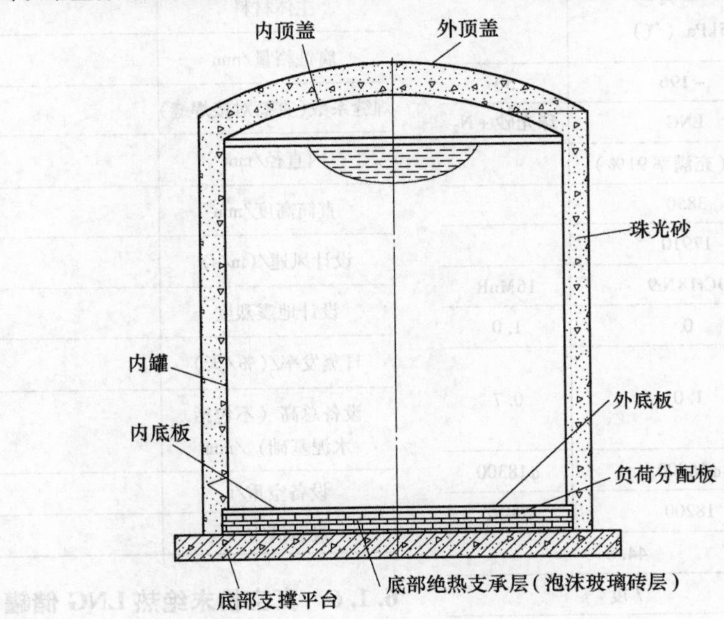

图6-7　LNG储罐

图6-7所示的LNG储罐为固定顶结构。内罐用于贮存LNG，外罐主要用于充填保温材料，内外罐之间的夹层为绝热层。内外罐底之间的夹层采用：泡沫玻璃砖层材料+负荷分配板的组合结构，使其既具有绝热的作用又具有承载内罐及所装液体重量的作用。正常工作情况下，内外罐之间的夹层应充干燥氮气维持正压，以防止外部环境大气中的水分进入免使绝热材料受潮导致绝热性能下降。

当大型常压LNG储罐$V \geqslant 10000m^3$时，储罐应采用吊顶结构。此时内外罐之间的夹层与内罐相通形成正压，BOG蒸汽起到干燥绝热材料作用，因此不需要引入氮气保护。

2. 大型LNG常压储罐主要技术标准规范

大型常压LNG储罐的设计建造运行管理应遵守以下主要技术标准规范：

1) GB/T 20368—2021《液化天然气（LNG）生产、储存和装运》。

2) GB 50183—2015《石油天然气工程设计防火

规范》。

3）GB 50016—2014《建筑设计防火规范（2018年版）》。

4）NFPA 59A：2019《液化天然气生产贮存和运输标准》。

5）API STD 620：2013《大型焊接低压储罐的设计和制造》。

3. 3850m³ LNG 常压储罐主要技术参数

3850m³ LNG 常压储罐主要技术参数见表 6-8。

表 6-8　3850m³ LNG 常压储罐主要技术参数

设计参数	立式圆柱形平底自支承拱顶双壁罐	
	内罐	外罐
设计压力/kPa	20	1
工作压力/kPa	15	0.5
强度试验压力	17910mmH₂O① + 25kPa（气）	
设计温度/℃	-196	50
罐内介质	LNG	珠光砂 + N_2
有效充装容积/m³	3500（充满率 91%）	
几何容积/m³	3850	
设计最高液位/mm	17910	
主体材料	0Cr18Ni9	16MnR
腐蚀裕量/mm	0	1.0
焊缝系数（直筒对接焊缝）	1.0	0.7
内直径/mm	ϕ16000	ϕ18300
直筒高度/mm	18200	20492
设计风速/（m/s）	44.6	
设计地震烈度	7 度	
日蒸发率/（%/天）	≤0.22（LN_2）或 ≤0.14（LNG）	
设备总高（不包括水泥基础）/mm	≤24100	
设备空重/t	442	
设备满重/t	2122（LNG 密度按 480kg/m³ 计算）	

① $1mmH_2O = 133.322Pa$。

4. 140000m³ LNG 常压储罐主要技术参数

140000m³ LNG 常压储罐主要技术参数见表 6-9。

表 6-9　140000m³ LNG 常压储罐主要技术参数

设计参数	立式圆柱形平底自支承拱顶双壁罐	
	内罐	外罐
设计压力/kPa		
工作压力/kPa		
强度试验压力		
设计温度/℃		
罐内介质	LNG	珠光砂
有效充装容积/m³		
几何容积/m³	140000	
设计最高液位/mm	17910	
主体材料		
腐蚀裕量/mm		
焊缝系数（直筒对接焊缝）		
内直径/mm		
直筒高度/mm		
设计风速/（m/s）		
设计地震烈度		
日蒸发率/（%/天）		
设备总高（不包括水泥基础）/mm		
设备空重/t		
设备满重/t		

6.1.6　真空粉末绝热 LNG 储罐

真空粉末绝热 LNG 储罐通常为圆筒柱形压力储罐，固定式储罐广泛采用此结构形式。真空粉末绝热 LNG 储罐广泛用于 LNG 卫星站，是 LNG 卫星站中用于贮存 LNG 的核心设备。当 LNG 贮存站的储液较大时，应采用多台 LNG 储罐并联组成集群罐式贮存站，以满足储液量之要求。

1. 真空粉末绝热 LNG 储罐结构简介

LNG 储罐是固定式真空绝热深冷压力容器，由罐体、管路、自增压器、安全附件、仪表及支座组成。罐体通常为同轴的双圆筒结构，包括贮存 LNG 的内容器、维持真空绝热空间的外壳及夹层空间内的绝热材料。LNG 储罐一般设置了顶部喷淋充装管路、底部充装管路、液体输出管路、增压管路、溢流管路、泄压与放空管路、液位与压力测量等管路。夹层内的气、液相管路应设置气封或液封段，以减少夹层管路的漏热。制造内容器的材料选用奥氏体不锈钢，常用牌号为S30408。为节约材料，降低产品的成本，内容器可采用应变强化技术制造。制造外壳的材料通常选用压力容器用钢板，常用牌号为Q345R。

储罐的安装方式可分为立式和卧式两种形式。几何容积$20m^3$以上的立式LNG储罐，通常采用不锈钢吊带将内容器吊挂在外壳内壁上，立式储罐占地面积小，底部出液管口提供较高的液柱静压头，有利于LNG输送泵或汽化器的运行；卧式LNG储罐内容器常用端部吊挂的支撑方式，或选用非金属管材或棒材的径向支撑方式，其底部出液管口的液柱静压力比相同容积的立式储罐小，且储罐的占地面积较大，但是储罐的吊装就位较容易，方便外壳涂层的维护。

LNG储罐常用的绝热形式可分为高真空多层绝热（国外称超级绝热SI）和真空粉末绝热两大类。高真空多层绝热使用铝箔作为反射屏，玻璃纤维纸作为反射屏的隔离层。高真空多层绝热材料的材质轻，当夹层的真空度达到10^{-3}Pa以上的高真空环境下材料的热导率小，储罐能获得优良的绝热性能。真空粉末绝热常用的绝热材料为膨胀珍珠岩（即珠光砂），其性能应符合JC/T 1020—2007的规定，若松散密度在$45\sim50kg/m^3$，珠光砂充填并且振实后的粉末密度处于$100\sim120kg/m^3$之间，且夹层的真空度达到GB/T 18442.3—2019规定的水平，也能获得较好的绝热效果。采用膨胀珍珠岩绝热，应采取有效措施防止储罐运输和充装LNG后，出现粉末下沉造成储罐局部漏冷的现象。

LNG属于易爆介质，储罐的充装管路与出液管路的接口应设置紧急切断装置，电气设备与仪表应符合防爆要求。

2. 真空绝热LNG储罐主要安全技术规范和标准

1）TSG 21—2016《固定式压力容器安全技术察规程》。

2）GB/T 150（所有部分）—2011《压力容器》。

3）GB 713—2014《锅炉和压力容器用钢板》。

4）GB 50016—2014《建筑设计防火规范（2018年版）》。

5）GB/T 3531—2014《低温压力容器用钢板》。

6）GB/T 14976—2012《流体输送用不锈钢无缝钢管》。

7）GB/T 18442（所有部分）—2019《固定式真空绝热深冷压力容器》。

8）GB/T 18443（所有部分）—2010《真空绝热深冷设备性能试验方法》。

9）GB/T 20368—2021《液化天然气（LNG）生产、储存和装运》。

10）GB/T 24511—2017《承压设备用不锈钢和耐热钢钢板和钢带》。

11）GB/T 26980—2011《液化天然气（LNG）车辆燃料加注系统规范》。

12）GB/T 31480—2015《深冷容器用高真空多层绝热材料》。

13）NB/T 47010—2017《承压设备用不锈钢和耐热钢锻件》。

14）NB/T 47013（所有部分）《承压设备无损检测》。

15）NB/T 47014—2011《承压设备焊接工艺评定》。

16）JC/T 1020—2007《低温装置绝热用膨胀珍珠岩》。

3. 真空绝热LNG储罐产品分类及主要技术参数

进入21世纪以后，我国的液化天然气产业快速发展，LNG得到广泛的应用。目前真空绝热LNG储罐按用途可分为小型液化天然气汽化站用储罐，LNG汽车加气站用储罐，液化天然气储配站或城镇燃气调峰用大型LNG储罐，以及液化天然气燃料动力船舶用LNG储罐。LNG储罐的设计与制造除了应满足相关规范和标准的要求外，还需根据不同的使用要求，符合相关专业标准的规定。

（1）小型液化天然气汽化站用LNG储罐　目前，小型液化天然气汽化站常用储罐的规格为$5m^3$、$10m^3$和$20m^3$，产品主要技术参数见表6-10。

小型液化天然气汽化供气站的LNG储罐，按照储罐的结构可分为两类：一是小型平底式储罐，几何容积$3m^3$、$5m^3$和$10m^3$。其内容器仅通过顶部的颈管与外壳上封头的连接器相连接。$3m^3$和$5m^3$小型平底罐的自增压器和汽化器等附件直接挂在罐体外壁上，通常配备两组汽化能力各为$100Nm^3/h$的汽化器，其中一组为备用或两组汽化器交替使用。小型LNG汽化站集成了储罐、管路、自增压器和汽化器及供气监控设备，构成整体式LNG汽化和供气装置。其结构紧凑，安装和使用方便，产品如图6-8所示。图6-9所示为小型LNG汽化供气汽化站的管路系统流程图。

二是小型卧式LNG储罐，储罐的容积$10\sim20m^3$，供气能力$200\sim500m^3/h$。储罐与汽化器、加臭装置、调压稳压装置、仪表、管路及供气监控系统组装在底座框架上（称为撬体），如图6-10所示。

图 6-8　小型整体式 LNG 汽化站储罐

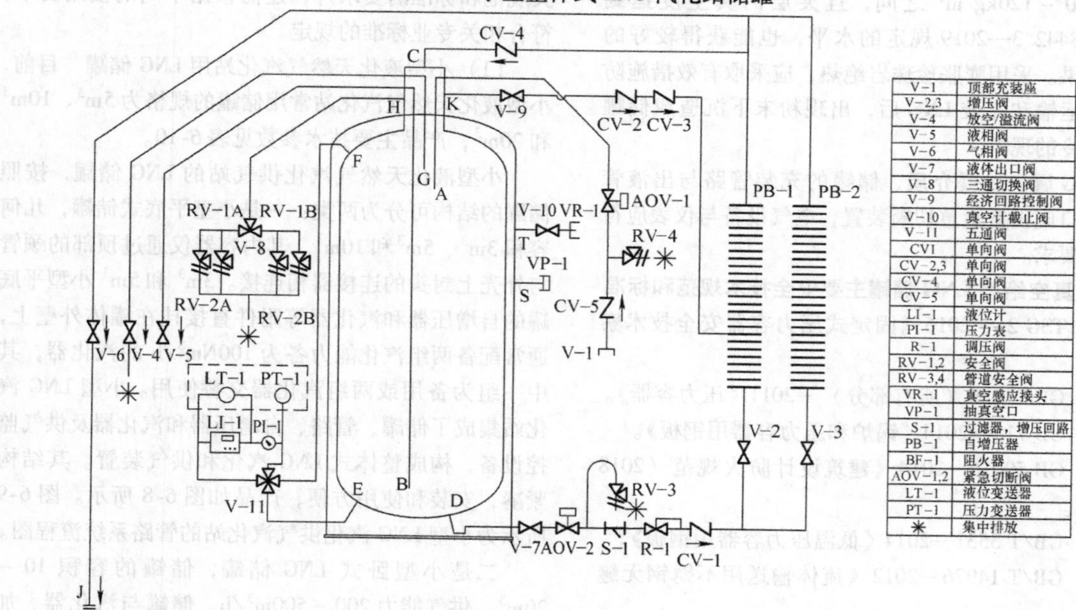

图 6-9　小型整体式 LNG 汽化站管路流程图

图6-10　小型撬装式LNG汽化站的卧式储罐

小型LNG汽化站使用的LNG储罐的设计与制造除了满足6.1.2所列的相关规范外，还需符合GB 50028—2006《城镇燃气设计规范（2020年版）》和CJJ/T 259—2016《城镇燃气自动化系统技术规范》等的特殊要求。几何容积≤10m³的LNG储罐需配装限充装置。

表6-10　小型液化天然气汽化站用储罐产品主要技术参数

项目		平底罐			卧式储罐	
产品规格　/m³		3	5	10	10	20
有效容积　/m³		2.68	4.45	8.85	9.0	17.64
工作压力　/MPa		1.5	1.0	0.8	0.8	0.8
设计压力　/MPa		1.6	1.1	0.84	0.84	0.84
贮存LNG质量　/kg		1153	1914	3806	3870	7586
储罐空重　/kg		1830	2920	3380	4405	6700
气体输送流量/(m³/h)		100×2	100×2	150×2	200	300/500
静态蒸发率（NER）		≤0.6	≤0.45	≤0.35	≤0.35	≤0.23
外形尺寸/mm	总长	2060	2300	2300	5288	8786
	总宽	2000	2300	2640	2200	2230
	总高	3800	3200	5570	3120	3150

注：表中的静态蒸发率（NER）是以液氮作为测试介质得到的指标。

（2）LNG汽车加气站用储罐　汽车加气站用LNG储罐的设计与制造除应遵循6.1.5小节所列的规范和标准的规定之外，还须符合GB 50156—2021《汽车加油加气加氢站技术标准》、GB/T 26980—2011《液化天然气（LNG）车辆燃料加注系统规范》等相关标准的要求。

GB 50156—2021按LNG加气站储罐的总容积将加气站的级别划分为一级、二级和三级3个等级，各级别加气站内LNG储罐最大的总容积分别为180m³、120m³和60m³，且单罐容积应≤60m³。

汽车加气站LNG储罐有立式和卧式两种结构形式，底部设置了虹吸式泵进液管和回气管的LNG立式储罐，增加潜液泵液体入口的液柱静压头，提供泵入口所需的LNG的过冷度，避免潜液泵发生汽蚀现象。因此，虹吸式LNG储罐特别适合于汽车加气站使用。

图6-11和图6-12所示分别为汽车LNG加气站使用的立式储罐和卧式储罐。加气站储罐的流程图如图6-13所示，常用储罐的技术参数见表6-11。

图6-11　汽车加气站用的LNG虹吸式储罐

图6-12　汽车加气站用的卧式LNG储罐

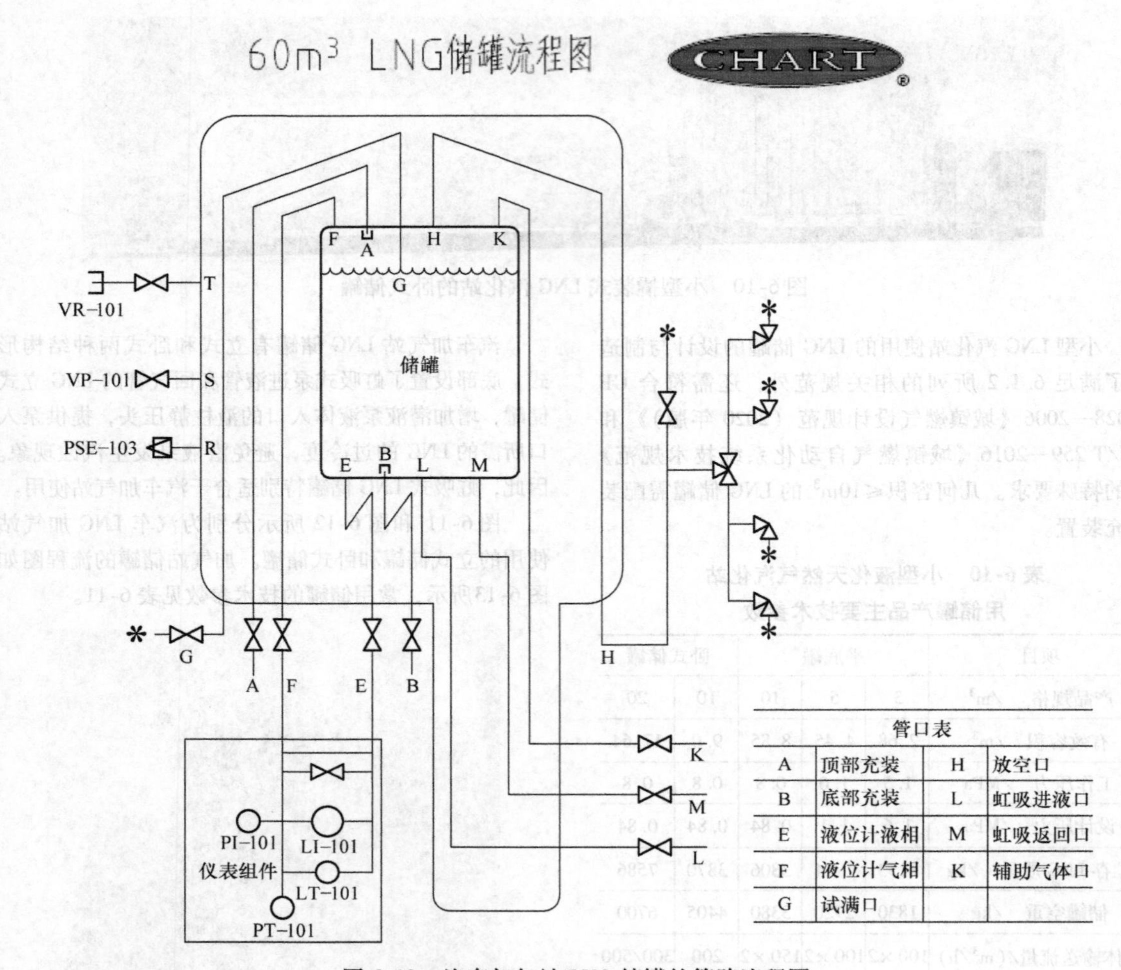

图 6-13　汽车加气站 LNG 储罐的管路流程图

表 6-11　汽车加气站常用 LNG 储罐技术参数表

储罐类型	立式储罐		卧式储罐	
容器类别	第Ⅱ类		第Ⅱ类	
绝热形式	高真空多层缠绕		高真空多层缠绕	
参数名称	内容器	外壳	内容器	外壳
工作压力/MPa	1.0	-0.1	1.0	-0.1
设计压力/MPa	1.2	-0.1	1.2	-0.1
工作温度/℃	-162 ~ -122	-20 ~ 50	-162 ~ -122	-20 ~ 50
最低设计金属温度/℃	-196	-20	-196	-20
主体材料	S30408	Q345R	S30408	Q345R
筒体直径/mm	2300	2800	2400	2800
几何容积/m³	60		60	
额定充满率	90%		90%	

（续）

储罐类型	立式储罐	卧式储罐
静态蒸发率	0.14%	0.14%
空重/kg	≤21390	≤17300
允许充装 LNG 的质量/kg	≤23220	≤23220
储罐最大总质量/kg	≤44610	≤40520
外形尺寸（长×宽×高）/mm	2920×2838×17452	14991×2824×3156

（3）LNG 储配站用大型真空绝热 LNG 储罐　液化天然气储备站（或称卫星站）、大型 LNG 汽化站和城市天然气调峰站装备大型真空绝热 LNG 储罐或储罐群。单罐的容积 100 ~ 1000m³，LNG 储罐的设计与制造除符合相关标准和规范外，还须满足 GB 50028—2006《城镇燃气设计规范（2020 年版）》、GB 50016—

2014《建筑设计防火规范（2018年版）》和CJJ/T 259—2016《城镇燃气自动化系统技术规范》等相关标准的要求，大型立式LNG储罐设计时应考风载与地震载荷。储罐除配置就地指示的压力表与液位计外，宜配置压力与液位变送器，实现压力与液位数据的远传和监控。表6-12列出了常用的大型高真空多层绝热LNG储罐的型号和主要技术参数。型号中的代号VS表示立式储罐，代号HS表示卧式储罐。

表6-12　大型高真空多层绝热LNG储罐型号及主要技术参数

型号	工作压力/MPa	几何容积/m^3	外形尺寸/mm 外径×高度(长度)	设备重量/kg	充装LNG重量/kg
VS100/8	0.8	100	ϕ3600×16300	29000	66800
HS100/8		100	ϕ3700×14570	30000	67800
VS150/8	0.8	150	ϕ3700×21220	39400	96100
HS150/8		150	ϕ3700×20920	39500	96200
VS200/8		200	ϕ4000×24500	53000	128600
HS200/8		200	ϕ4000×24500	56500	132100
HS500/8		500	ϕ5000×35460	108000	297000

LNG储配站大型立式和卧式真空绝热LNG储罐如图6-14、图6-15所示，管路流程如图6-16所示。

图6-14　大型立式真空绝热LNG储罐

图6-15　大型卧式真空绝热LNG储罐

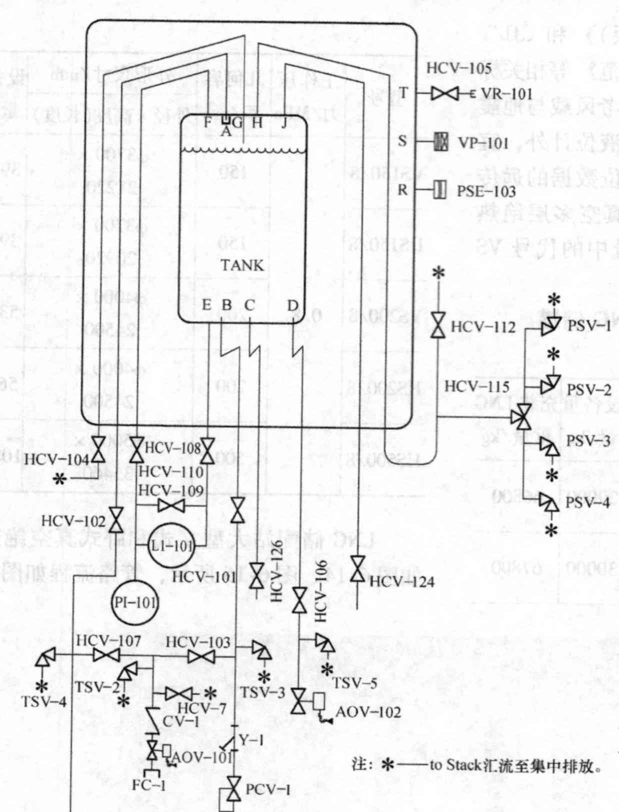

HCV-104	溢流阀
HCV-102	顶充阀
HCV-108	液位计气相阀
HCV-109	液位计平衡阀
HCV-110	液位计液相阀
HCV-101	底充阀
HCV-124	辅助气体阀
HCV-106	接汽化器气体使用阀
HCV-126	液体使用
HCV-112	气体排放阀
AOV-101	紧急切断阀
AOV-102	紧急切断阀
CV-1	单向阀
HCV-105	真空规管阀
VR-101	真空规管
VP-101	抽真空口
LI-101	液位计
PI-101	压力表
PSE-103	夹套安全泄放装置
HCV-103	底充阀
HCV-107	顶充阀
PCV-1	调压阀
PBC-1	自增压器
TSV-2,3,4,5	管路泄放阀
PSV-1,2,3,4	安全阀
HCV-115	三通阀

图 6-16　LNG 储配站的储罐管路流程图

（4）液化天然气燃料动力船舶用 LNG 储罐

1）建造规范和标准。在国内使用的以 LNG 作动力燃料的船舶，LNG 燃料储罐的设计与制造除应符合 6.1.2 所引用的压力容器安全技术规范和标准外，还须满足中国海事局和船级社（CCS）的相关规范和标准的规定，如：

① 中国海事局，《天然气燃料动力船舶法定检验暂行规则》，2018 年颁布。

② 中国船级社，《天然气燃料动力船舶规范》，2017 年颁布。

③ 中国船级社，《材料与焊接规范》，2018 年颁布。

④ 中国船级社，《液化天然气燃料内河加注趸船法定检验暂行规定》，2018 年颁布。

⑤ 中国船级社，《液化天然气燃料水上加注趸船入级与建造规范》，2017 颁布。

⑥ IGF CODE MSC. 391（95）ADOPTION OF THE INTERNATIONAL CODE OF SAFETY FOR SHIPS USING GASES OR OTHER LOW - FLASHOINT FUELS。

⑦ 用于国际海上运输的 LNG 燃料动力船舶，LNG 储罐按船东指定的压力容器及船舶设计标准和规范建造。

2）船用 LNG 燃料储罐结构简介和工艺流程。据调查国内已研发了容积 3.5m^3、5m^3、10m^3、15m^3、20m^3、60m^3、89m^3、170m^3、250m^3、350m^3 等多种规格的天然气燃料动力船舶用 LNG 储罐，并开发了 LNG 燃料加注趸船，用于对天然气动力燃料船舶加注 LNG。

船舶用 LNG 燃料储罐通常采用 C 型真空绝热卧式储罐，绝热形式为高真空多层绝热或真空粉末绝热。根据 CCS 规范要求，内容器内部应设有防波板，以减缓内部介质的晃动，减少介质对内容器的冲击；外壳除承受 0.1MPa 的外压（夹层真空）外，还须考虑海水波浪冲击施加的载荷。在储罐端部应设置容纳管路及操作系统的围蔽处所，以防范由于管路、阀门的破裂造成的液化天然气泄漏，尽可能的保护船体及延长抢救的时间。制造 LNG 储罐所选用的材料除符合 GB/T 150.2—2011、GB/T 18442.2—2019 的要求外，还需取得 CCS 规范的认可。

图 6-17 所示为液化天然气燃料动力船舶 LNG 储罐管路的典型流程图，图 6-18 所示为液化天然气燃料加注趸船配套的 LNG 储罐加注系统的流程图。

图 6-19 所示为 LNG 燃料储罐在天然气燃料动力船舶上的布置，图 6-20和图 6-21 所示分别为天然气燃料动力集装箱船和 LNG 燃料加注船。

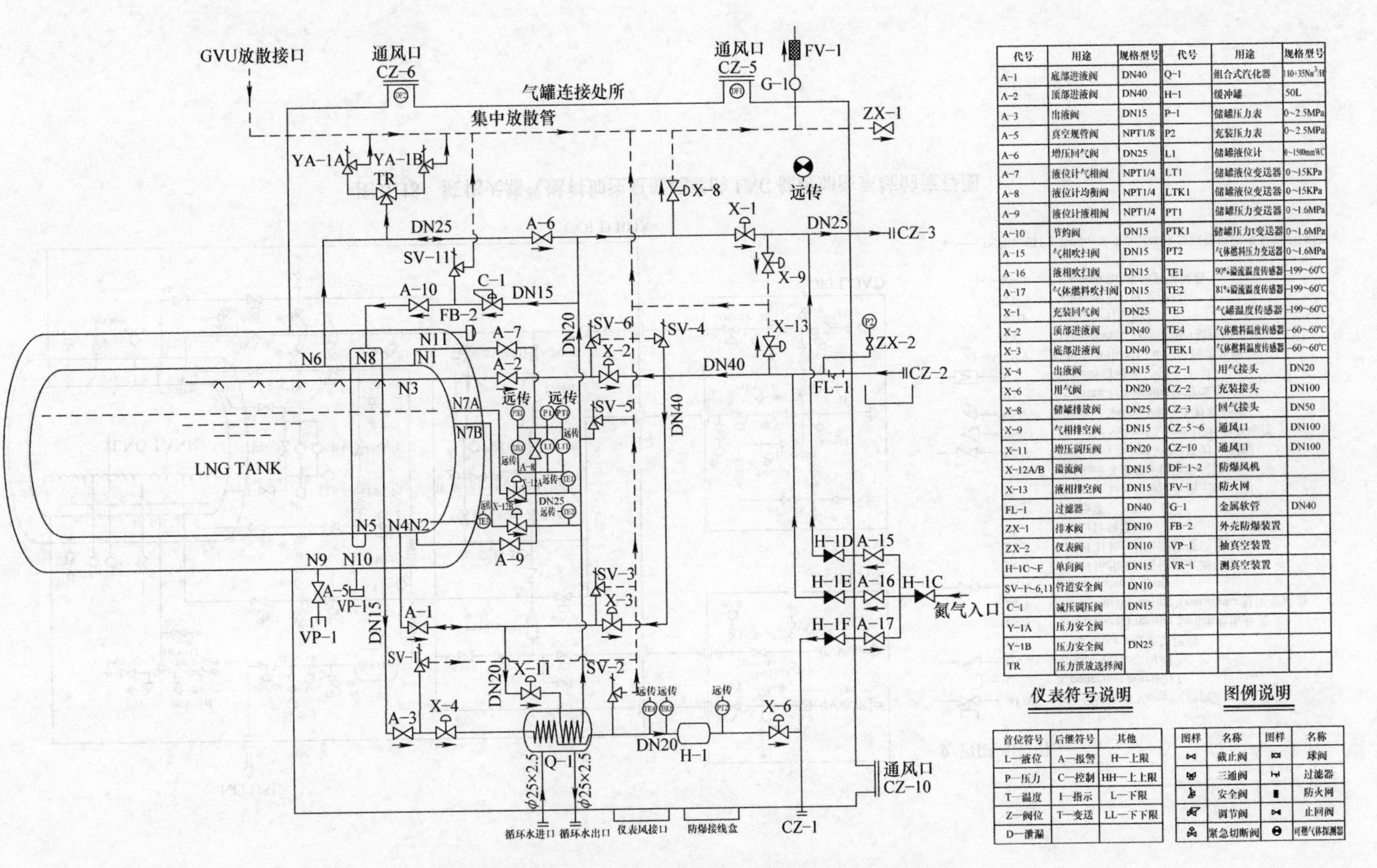

代号	用途	规格型号	代号	用途	规格型号
A-1	底部进液阀	DN40	Q-1	组合式汽化器	110+35Nm³/H
A-2	顶部进液阀	DN40	H-1	缓冲罐	50L
A-3	出液阀	DN15	P-1	储罐压力表	0~2.5MPa
A-5	真空规管阀	NPT1/8	P2	充装压力表	0~2.5MPa
A-6	增压回气阀	DN25	L1	储罐液位计	0~1500mmWC
A-7	液位计气相阀	NPT1/4	LT1	储罐液位变送器	0~15KPa
A-8	液位计均衡阀	NPT1/4	LTK1	储罐液位变送器	0~15KPa
A-9	液位计液相阀	NPT1/4	PT1	储罐压力变送器	0~1.6MPa
A-10	节约阀	DN15	PTK1	储罐压力t变送器	0~1.6MPa
A-15	气相吹扫阀	DN15	PT2	气体燃料压力变送器	0~1.6MPa
A-16	液相吹扫阀	DN15	TE1	90%溢流温度传感器	-199~60℃
A-17	气体燃料吹扫阀	DN15	TE2	81%溢流温度传感器	-199~60℃
X-1	充装回气阀	DN25	TE3	气罐温度传感器	-199~60℃
X-2	顶部进液阀	DN40	TE4	气体燃料温度传感器	-60~60℃
X-3	底部进液阀	DN40	TEK1	气体燃料温度传感器	-60~60℃
X-4	出液阀	DN15	CZ-1	用气接头	DN20
X-6	用气阀	DN20	CZ-2	充装接头	DN100
X-8	储罐排放阀	DN25	CZ-3	回气接头	DN50
X-9	气相排空阀	DN15	CZ-5~6	通风口	DN100
X-11	增压调压阀	DN20	CZ-10	通风口	DN100
X-12A/B	溢流阀	DN15	DF-1~2	防爆风机	
X-13	液相排空阀	DN15	FV-1	防火网	
FL-1	过滤器	DN40	G-1	金属软管	DN40
ZX-1	排水阀	DN10	FB-2	外壳防爆装置	
ZX-2	仪表阀	DN10	VP-1	抽真空装置	
H-1C~F	单向阀	DN15	VR-1	测真空装置	
SV-1~6,11	管道安全阀	DN10			
C-1	减压调压阀	DN15			
Y-1A	压力安全阀	DN25			
Y-1B	压力安全阀				
TR	压力泄放选择阀				

仪表符号说明

首位符号	后继符号	其他
L—液位	A—报警	H—上限
P—压力	C—控制	HH—上上限
T—温度	I—指示	L—下限
Z—阀位	T—变送	LL—下下限
D—泄漏		

图例说明

图样	名称	图样	名称
	截止阀		球阀
	三通阀		过滤器
	安全阀		防火网
	调节阀		止回阀
	紧急切断阀		可燃气体探测器

图 6-17　液化天然气燃料动力船舶 LNG 储罐管路的典型流程图

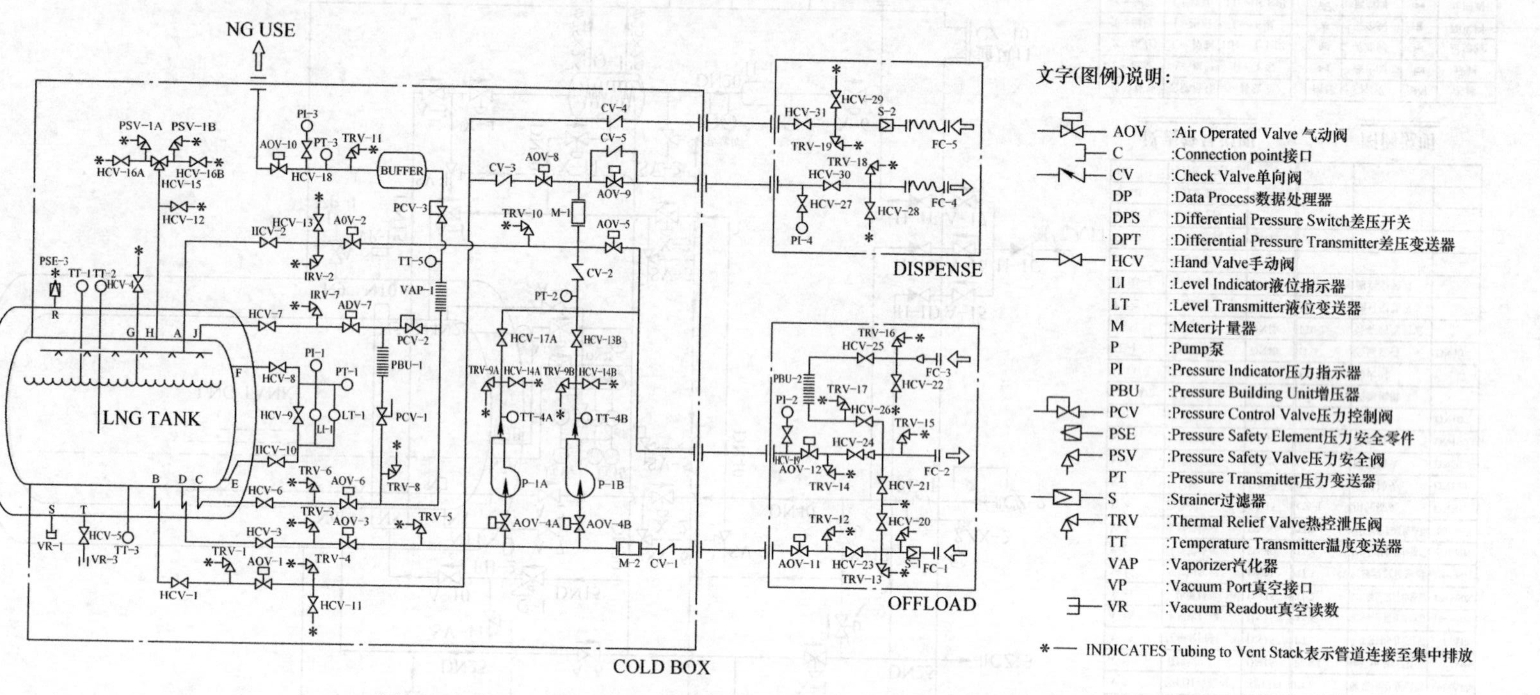

图 6-18　液化天然气燃料加注趸船配套的 LNG 储罐加注系统的流程图

图6-19 LNG燃料储罐在天然气燃料动力船舶上的布置

图6-20 天然气燃料动力集装箱船

图 6-21　LNG 的燃料加注船

3）液化天然气动力燃料船舶 LNG 储罐主要技术参数　见表 6-13。

表 6-13　液化天然气动力燃料船舶 LNG 储罐主要技术参数

储罐规格	HS5	HS89	HS200	HS300
设计压力/MPa	1.1	1.0	1.1	0.6
工作压力/MPa	1.0	0.9	1.0	0.3
设计温度/℃	-120	-122	-120	-131
工作温度/℃	-162 ~ -122	-162 ~ -124	-162 ~ -121	-162 ~ -142
最低设计金属温/℃	-196			
承压件材料	S30408 GB/T24511			
几何容积/m³	5.6	89.0	250.0	300.0
充满率	90%			
有效容积/m³	5.0	80.1	225.0	270
最大充装质量/kg	2250	36045	101250	121500
耐压试验压力/MPa	1.56	1.5	1.56	1.05
气密性试验压力/MPa	1.1	1.0	1.1	0.6
安全阀开启压力/MPa	1.1	1.0/1.05	1.1	0.58
绝热形式	高真空多层绝热		真空粉末绝热	
维持时间/d	15	15	20	15
储罐空重/kg	7300	45000	89610	123500

（续）

储罐规格		HS5	HS89	HS200	HS300
储罐总质量/kg		9550	81045	190860	245000
外形尺寸/mm	总长	7500	14016	14016	19730
	总宽	2605	4850	4850	6260
	总高	3700	4700	4700	6650

注：储罐最大充装质量按充满率90%和LNG的密度450kg/m³计算。

6.1.7 LNG薄膜罐

薄膜储罐是由一个薄的钢制主罐体（薄膜）、一个热保温层和一个混凝土罐体共同构成的集成式、复合结构。该复合结构应能够提供液体围护。施加在薄膜上的所有静态水压负荷，以及其他负荷应能够通过承重保温层转移到混凝土罐体上。储罐的罐顶可以采用相似的复合结构，或采用悬浮罐顶加装气密拱顶和保温层的形式，以对液体的蒸发气进行存储。在出现薄膜泄漏的情况中，混凝土罐体，以及保温系统的设计必须能够防止泄漏，并保证液体的贮存。

1. 储罐结构形式

（1）预应力混凝土外罐　由预应力混凝土制成的自支承式圆筒形容器构成了薄膜储罐的次级容器。预应力混凝土罐壁的设计使之能够承受试验情况下、正常情况下和意外情况下的静态水压动力和动态水压动力。

1）最低的混凝土等级为圆柱体fck40等级。

2）预张力钢索可以完全应对最低工作温度，包括事故工况下的温度。

3）钢筋束最好置于混凝土墙的中心，从而防止外界火灾的侵袭。通过灌浆，保护钢筋束不受腐蚀。

4）侧墙和底板连接处、侧墙和罐顶连接处均采用整片式连接。

（2）基础底板　基础底板是支撑储罐的连续式混凝土基座，有地面式和高架式。混凝土承台（高架式基础底板）采用将钢筋混凝土置于土壤上或专门的地基上，依靠桩基支撑。

（3）混凝土墙　混凝土墙由水平和垂直方向上预应力浇筑的混凝土外壳组成。在混凝土浇筑至5m时，埋入环形不锈钢插件，用于封闭热脚保护系统（TPS）。不锈钢插件的底盘可由点焊合板制成。两片插件之间的焊缝必须是连续的。

（4）薄膜　薄膜构成了薄膜储罐的主液体容器。薄膜系统应用于罐壁和罐底。材质为1.2mm或2mm厚度的不锈钢。薄膜系统采用波纹网格，允许在热负荷下进行双向的自由收缩/扩张。屏蔽薄膜由薄膜板与隔热板使用锚定条焊接而成，通过重叠搭焊确保密封性。在薄膜的作用下，隔热区域得以与储罐内液体和气体部分实现隔离。

内部围护系统保证了罐壁或罐底没有渗透。所有与内部储罐的管路都以穿过吊顶和混凝土罐顶的方式实现。

（5）复合材料拱顶　拱顶在正常操作条件下用于盛装蒸发汽。罐顶为复合材料结构：碳钢内衬与钢筋混凝土拱顶相连。碳钢结构在地面建造，随后进行气压升顶施工。混凝土罐顶为两层浇筑的钢筋混凝土。碳钢内衬保证了吊顶的气密性。使用剪切力锚固，以确保罐顶碳钢内衬与拱顶合为一体、不可分离。

罐顶内衬设计确保灌顶可承受罐顶的钢筋重量，以及施工过程中湿的混凝土的重量。碳钢内衬结构还可以在罐顶浇筑过程中起到支架的作用。

（6）防潮层　混凝土储罐的内墙墙面和底部均涂有聚合物产品的防潮层，以防止在储罐整个使用寿命期间，有任何产品液体或蒸气穿过混凝土层渗透到隔热空间。

该防潮层可以确保以下功能：

1）防止湿气从混凝土渗入内部（如允许的水蒸气渗透率不超过3g/m²/天）。

2）填补可能出现在混凝土墙上的裂缝，0.5mm及小于0.5mm的裂缝都可以填补，尽管EN 14620系列标准所允许的裂缝大小远远小于0.5mm。

3）保证混凝土与保温板之间的接触面上，有足够的胶接强度。

（7）螺栓　螺栓旋入在混凝土中。这里采用的螺栓由两部分组成：留在混凝土墙体内的锚（钉头）和伸出墙面以外的螺杆。螺栓可以确保以下功能：

1）固定隔热层面板。

2）压平承重胶泥圈，使之充盈找平楔子的垫高空间。

3）在承重胶泥发生固化作用过程中，固定面板。

4）确保隔热部件的位置得到固定。

螺栓应符合ETAG 001系列标准或同等标准。螺栓设计应确保可以承受多种负荷（安装工具，碾压承重胶泥，保证热保护层位置固定）。设计拔力应至少达到500kg。

（8）承重胶泥 承重胶泥用作间歇性支撑混凝土储罐内表面的低温隔热板。涂敷于隔热板背面胶合板，等间距成列排放。

承重胶泥具备两大主要功能：

1）结构功能：在围护系统工作过程中，承重胶泥均匀分散静态水压负荷，并将其传导至混凝土墙上，并在固化作用后，将面板固定至墙面。

2）补平功能：由于其在固化作用前具有可塑性，可以补偿墙体与隔热层之间的局部不平。

（9）隔热组件 墙壁和底部的隔热系统由模块化的隔热板组成，将这些隔热板固定到混凝土储罐的内部表面（防潮层表面）。隔热板呈“三明治”形态，一层加强硬质闭孔聚氨酯泡沫被夹在两层胶合板之间，在胶合板与泡沫接触面之间则是通过胶水进行粘连的。隔热结构主要具备两大功能：

1）保护结构组件在正常情况和意外情况中不受低温损害（隔热材料）。

2）将内层薄膜的负荷转移到结构组件上（承重隔热）。

面板通过承重胶泥和螺栓，被固定在混凝土储罐内壁。隔热板的厚度由泡沫材料的导热性和要求的蒸发率决定。不锈钢锚定部件嵌在胶合板上面，使之可以固定在薄膜上。

（10）热脚保护系统 热脚保护系统被整合在隔热板内（储罐罐底及5m罐壁以下）。次屏蔽薄膜使用的是一种复合材料。该材料可以被制作成软性复合材料和硬性复合材料两种材质：

1）硬性复合材料在隔热板预制件生产时就已经被胶合在隔热板中。

2）软性复合材料（现场敷设复合材料）则用于胶接热脚保护层隔热板间的硬性复合材料，保证隔热系统的密封完整性。

这种复合材料通过在两层玻璃布之间插入铝片而制得。这一层铝片保证了材料的密封性，而玻璃布则保证了材料的机械承载性能。最终的抗拉强度≥147MPa。

（11）吊顶 吊顶上设置玻璃棉，隔绝储罐顶部的大部分热量进入储罐。吊顶安装在主屏蔽薄膜的上部，用以限制储罐内液体与储罐拱顶区域的热交换。通风孔允许内层围护内的气体和上部气体之间的自由流通。

（12）内部管道系统 内部管道系统采用独立结构或组成了泵塔结构（泵塔结构固定在罐顶，并向下垂直引向的罐底。该泵塔结构包括泵、注入管、仪器仪表、梯子等）。

在管道泵塔结构布置时，围护系统只需一个附加部分，即泵塔结构底部的基座部分。底部基座的设计保证泵塔结构的垂直导向。支撑点（底部基座）以下的围护系统需要做特殊处理，以承受泵塔引发的负荷。此外，集液槽（凹处）可以安装在泵塔结构下，这样可将降低液位报警从薄膜罐底部以上1.5m降到0.070m（该容量中包括不可泵容量）。低液位报警液位线的降低使得罐体高度也能得到降低（这意味着减少预应力混凝土、隔热和管道等的材料的使用）。

罐顶管穿件部位必须承受储罐正常运行时的低温，该储罐管穿件部位必须使用玻璃棉进行保温隔热。

（13）储罐保护系统

1）检测仪表，以保证储罐试运行、操作或维护，以及停运时的安全和可靠性。在储罐正常运行期间，保证可以对检测仪表进行正常维护。检测数据可以传输给控制室/操作人员。检测仪表至少包括温度、压力、液位及防翻滚等。

① 温度检测。储罐在恰当位置安装温度测量仪器，监控以下温度：a. 测量液体不同深度的温度，相邻两个传感器间的垂直距离不应超过2m；b. 蒸汽层温度（如果有悬顶，应区分在悬顶的下方或上方）；c. 主储罐壳及底部（冷却/加温控制）。

② 压力检测。储罐上应安装探测薄膜内及隔热空间压力过高或过低的仪器。该系统应独立操作，与正常压力测量系统相分离。

③ 液位检测。储罐应安装至少两个高精度、独立的液位计来防止储罐发生溢流。每个仪表系统都应设有高位报警器，超高位报警器及停机装置。

④ 防翻滚检测。使用密度测量系统监控全部液体高度中的密度。当超过一定的设定值时该系统会发出报警信号。在此时，可采取措施阻止翻腾（如混合）。密度测量系统与液位计系统应相互独立。

2）泄漏检测，主液体容器上应安装泄漏检测系统。该系统应以下任一系统为基础，即温降、气体检测、压差测量。

3）压力泄放阀及真空泄放阀，根据产品总蒸汽流出量和规定的设定地点数量计算压力泄放阀的数量。此外，出于维护需要，应安装一个备用阀。如果有悬挂顶，进口管线则应穿过悬挂顶，这样在减压条件下防止冷蒸汽从此处进入外顶及悬挂顶之间的暖层。真空泄放阀允许空气直接进入位于顶部下方的蒸汽空间。

4）隔热空间检测系统：在运转的过程中，薄膜和混凝土内表面之间的隔热空间内充盈着氮气。该检测系统的目的在于，通过气体分析、温度监测，以及气压控制，保证对隔热空间的永久性控制。

5）薄膜储罐隔热空间的监测和控制系统的主要作用如下：

① 在正常操作情况下，控制系统在“正常操作”模式下运行，可以通过气体分析，对隔热空间实现永久压力控制。通过监测网络系统，实行连续的氮气放入和放出，以保证隔热空间内气压能够保持在规定的范围内（一般为0.3～0.8kPa）。该调节用以补偿储罐内因大气压力变化、储罐装货和卸货，以及气体分析取样，而产生的压力变化。同时，气体分析取样能够在气体探测器位置自动进行连续取样分析。

② 在检测到甲烷气体时（超过总容量的30%），通过氮气扫除，降低隔热空间内气体的浓度。在该模式下，当检测到甲烷气体时（设置的预警浓度点为容量的30%），氮气扫除模式开启，以降低或控制隔离空间内甲烷气体的浓度。

③ 在施工结束时（预调试之前），隔热空间中安装的管道网络可用来检测薄膜密封性，方法是在薄膜波纹后注入氨/氮混合气体；该操作即“氨测试”。隔热空间充分配备了温度传感器网络，以监测隔热空间内的温度状态，包括储罐冷却监测、泄漏探测、冷点探测。

④ 气体探测系统。气体探测系统包括了配备自动回路选择器的气体探测控制板、用于气体取样的吸气泵，和由红外式气体分析仪组成的气体检测单元。该系统可以现场读取检测参数，也可将读取结果传送到控制室。

（14）隔热空间卸压阀　隔热空间应配备充分的超压防护保障，一般采用先导式安全阀。每个泄压阀都安装在罐顶上方的管道环路上，释放的气体将排入大气中。

2. 现有液化天然气储罐技术比较

液化天然气储罐常见有四种类型：单容罐、双容罐、9%镍钢全容罐、薄膜罐。图6-22～图6-25所示为四种类型储罐简化图。

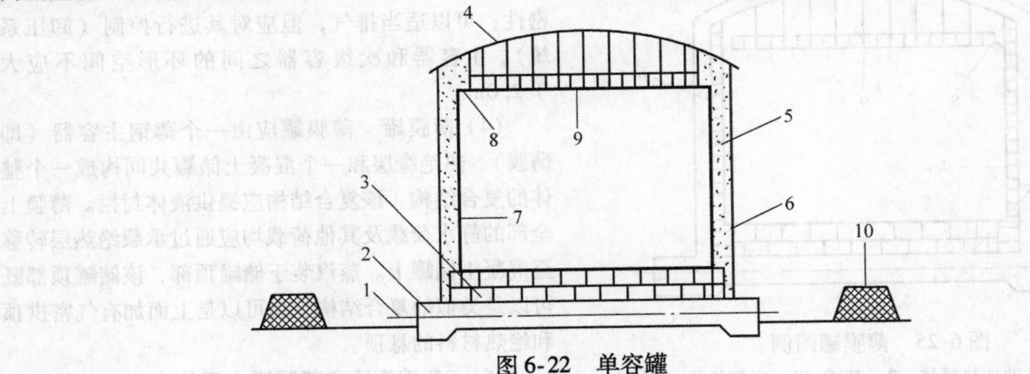

图6-22　单容罐

1—基础加热系统　2—基础　3—底部绝热　4—拱顶（钢制）　5—散堆珠光砂绝热　6—外罐筒体（不盛液体）　7—主容器（钢制）　8—吊顶绝热密封　9—绝热吊顶　10—拦蓄区

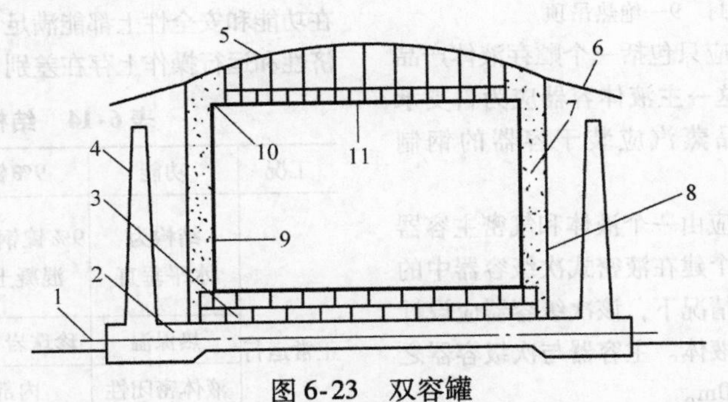

图6-23　双容罐

1—基础加热系统　2—基础　3—底部绝热　4—次容器（钢制或混凝土）　5—拱顶（钢制）　6—防雨罩　7—散堆珠光砂绝热　8—外罐筒体（不盛液体）　9—主容器（钢制）　10—吊顶绝热密封　11—绝热吊顶

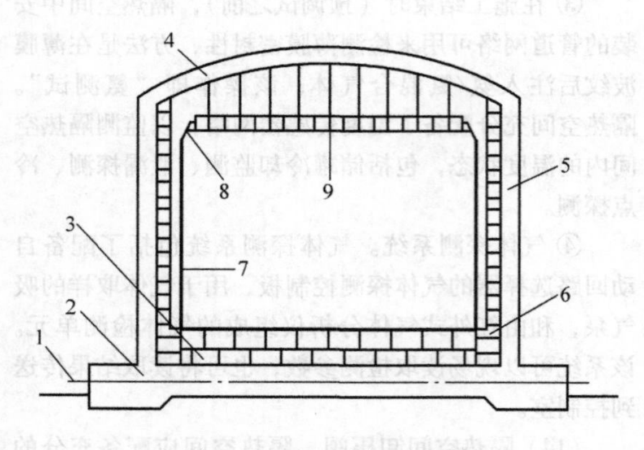

图 6-24　9% 镍钢全容罐

1—基础加热系统　2—基础　3—底部绝热
4—混凝土拱顶（钢制衬里）　5—预应力混凝土
外罐（次容器，带钢制衬里）　6—预应力混凝土
外罐绝热　7—主容器（钢制）
8—吊顶绝热密封　9—绝热吊顶

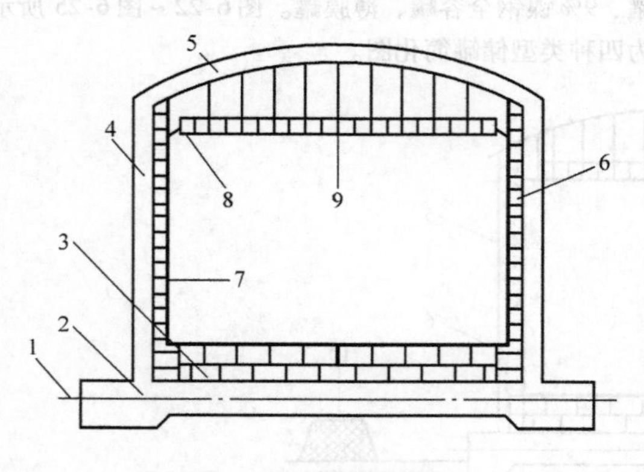

图 6-25　薄膜罐图例

1—基础加热系统　2—基础　3—底部绝热
4—次容器（混凝土）　5—混凝土拱顶（钢制衬里）
6—预应力混凝土外罐绝热　7—主容器（薄膜）
8—吊顶绝热密封　9—绝热吊顶

（1）单容罐　单容罐应只包括一个贮存液体产品的容器（主液体容器）。这一主液体容器应为自支承式钢制圆筒形储罐。产品蒸汽应装于容器的钢制拱顶。

（2）双容罐　双容罐应由一个液体和气密主容器组成，该容器自身即是一个建在液密式次级容器中的单壁罐。在主容器泄漏的情况下，该次级容器应设计用于盛装主容器中的所有液体。主容器与次级容器之间的环形空间不得大于 6.0m。

双围护储罐是对前一种储罐类型的改进。其主罐体的挡护墙在高度上有所增加，以此提高储罐的安全性。由主罐体导致的重大液化天然气泄漏的受影响土地面积将大幅度减小，同时有火灾导致的不利影响也将大幅度缩减。储罐的挡护墙也构成了一种对火灾和外部风险的保护手段。

这种类型的储罐在 20 世纪 70 年代出现，但是，其应用已经被 9% 镍钢罐和薄膜全容罐代替，后者在泄漏滞留方面提高安全性，且只会略微增加成本。但是，双围护储罐仍然被用于对单围护储罐的重新装配应用，以提高后者的安全等级。

（3）9% 镍钢全容罐　全容罐应由一个主容器和一个次级容器组成，两者共同构成一个完整的储罐。主容器应是一个盛装液体产品的自支撑式、钢制、单容罐。

主容器若在顶部开口，不应盛装产品蒸汽；若配备圆顶，便于盛装产品蒸汽。

次级容器应是一个配备了圆顶的自支承式、钢制或混凝土储罐，其功能如：在正常的储罐操作条件下，可作为主蒸汽容器（此条件适用于顶部开口的主容器）并控制主容器的绝热性。如果主容器泄漏，应能盛装所有的液体产品，并保持结构上的气密性；可以适当排气，但应对其进行控制（卸压系统）。主容器和次级容器之间的环形空间不应大于 2.0m。

（4）薄膜罐　薄膜罐应由一个薄钢主容器（即薄膜）、热绝缘层和一个混凝土储罐共同构成一个整体的复合结构。该复合结构应提供液体封拦。薄膜上全部的静水荷载及其他荷载均应通过承载绝热层转移至混凝土储罐上。蒸汽装于储罐顶部，该储罐顶部既可以是类似的复合结构，也可以是上面加有气密拱顶和绝热材料的悬顶。

（5）9% 镍钢罐和薄膜罐之间的比较　目前，在全球范围内 10 万 m^3 以上的 LNG 常压储罐都采用混凝土 9% 镍钢罐或混凝土薄膜罐。这两种类型的储罐在功能和安全性上都能满足 LNG 贮存的要求，但在经济性和运行操作上存在差别（见表 6-14、表 6-15）。

表 6-14　结构功能对比

工况	功能	9% 镍钢罐	薄膜储罐
正常运行	结构为水平垂直	9% 镍钢主容器 + 混凝土次容器	薄膜容器 + 混凝土次容器
	热保温	珍珠岩 + 弹性毯	泡沫板
	液体密闭性	内部壳体	薄膜
	气体密闭性	碳钢内衬	薄膜
	主要受力元件	9% 镍钢主容器	混凝土次容器

（续）

工况	功能	9%镍钢罐	薄膜储罐
事故工况	包容介质结构	混凝土外罐	混凝土外罐
	热保温	仅对罐壁的罐底部分提供热角保护	仅对罐壁的罐底部分提供热角保护
	液体密闭性	混凝土外罐	混凝土外罐

表6-15 性能参数对比

设计参数	9%镍钢罐	薄膜储罐
内压/kPa	30	30
真空度/kPa	1	3
最低工作液位/m	2.0左右	从2.0~0.30①
筒体保冷层厚度/m	1.0	0.4
蒸发率/(%/天)	0.05	0.05
允许的冷却/加热循环次数/次	10	≥2000

① 当薄膜罐设计中配备集液槽，以安放泵塔机构；这种设计能够将储罐的整体高度降低约2m，也就带来了可观的成本节约。

薄膜罐的优势至于：

1）薄膜的厚度较小且固定为1.2mm或2mm，不随储罐容积的变化而变化；9%镍钢罐的板材厚度随着容器直径的变大，贮存液体液位高度的升高而变厚，其最小厚度不小于8mm；薄膜罐更适用于标准化制造。

2）造假更低。相较于9%镍钢罐，薄膜罐节约10%~30%成本。

3）薄膜罐的保冷层厚度明显小于9%镍钢罐。

4）薄膜罐更适应强地震区域。刚性储罐在地震作用下，罐体的变形量很大，为防止储罐在地震工况下倾覆，刚性储罐需要锚固，进一步增大了罐体的变形；薄膜具备变形能力，通过变形协调吸收地震力，无须锚固。

5）薄膜罐可以设置集液井，降低最小工作液位，充分有效地利用罐容。

此外，9%镍钢全容罐的允许预冷温度梯度比薄膜储罐的预冷温度梯度更小，因为薄膜能够在局部快速冷却期间，对温差导致的热收缩进行吸收，即热应力将通过薄膜的波纹伸缩实现平衡（波纹折皱作用）。在9%镍钢全容罐中，由温差导致的热收缩会全面作用在整个罐体结构上，因此储罐的预冷必须以相对较低的温度梯度谨慎实施。

3. 薄膜的设计、制造

（1）薄膜概述　陆上薄膜罐用于操作温度−165~0℃之间，用于贮存冷冻液化天然气垂直、圆筒、平底型，主容器为钢结构，次容器为混凝土的贮存罐。薄膜罐采用弹塑性方法，应用特定的材料的应力/应变曲线进行主容器薄膜的设计。传统的基于许用应力或极限状态理论不适用薄膜罐。

薄膜罐应使用金属板材制造，最小厚度为1.2mm。薄膜应具有双网络波纹，允许在所有装载条件下自由移动。应使用起皱或深吸收工艺加工波纹。薄膜应完全由罐体绝热系统提供支撑。

薄膜应锚定到绝热系统中去，或者锚定到混凝土外罐上，以便整个寿命期中能够保持位置不变。在罐的顶部，薄膜的特殊设计确保使其成为蒸汽和液体密闭容器（称为“绝缘蒸汽仓”）。

所有薄膜构件应设计成在罐寿命期中能够承受所有静态和动态载荷。

薄膜和所有构件应能平滑变形或位移而保持其形状。应能证明在周期载荷作用下膜不会渐进性变形，还应证明波纹处不会发生屈曲或折断，以及疲劳失效。

在对金属膜进行设计的过程中，应进行模型试验和/或数值分析（图6-26）。不论使用哪种方法，应能证明设计的薄膜罐在下面情况时是可靠性：

1）给定载荷作用下应保持薄膜稳定。

2）在所考虑的周期载荷的次数下，膜应具有足够的疲劳强度。

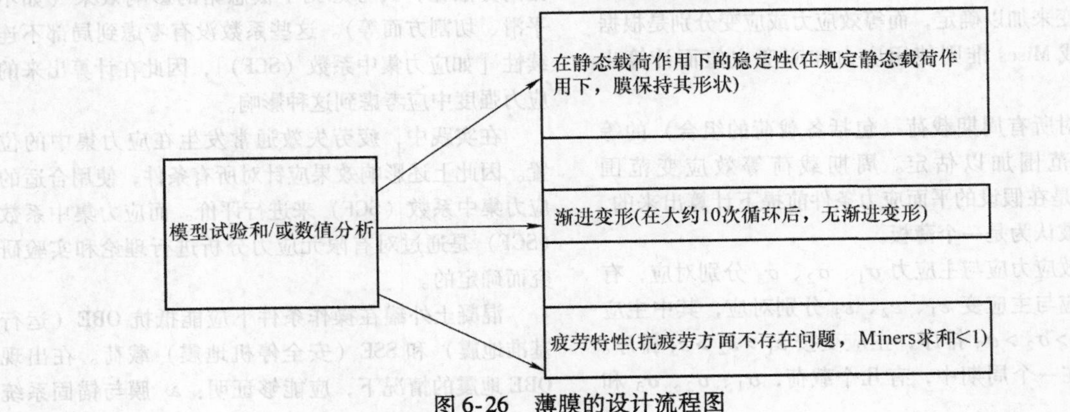

图6-26 薄膜的设计流程图

在进行数值分析时，应使用非线性弹－塑性方法，或弹－塑性/大位移计算方法。在计算过程中，应考虑到如下因素：

1）由于锚定系统进入到绝热层或者混凝土中，会导致热载荷，可能引起薄膜出现不均匀的变化。

2）在进行静态设计和疲劳设计时，应对等效应力（当量应力）使用 Tresca 的理论，或 von－Mises 的理论加以评价。

3）如果合适，由于热载荷所引发的变形应作为边界条件加以使用。

4）最大应力或应变应以主轴为依据进行计算。

5）在对所有膜元件进行建模（即确定元件尺寸）时，应保持非常注意。

6）应能够证明，涉及计算理论的模型能够与真实构件的条件具有很好的相关性。

薄膜要针对地震载荷加以设计。有限元模型要考虑到储罐结构和液体因素，包括液体与结构之间的相互作用。

薄膜的锚固系统一般都锚定到绝热系统或者混凝土中，该锚固系统应能够抵抗所有假设载荷，包括地震载荷。所以薄膜是可以失效的。

（2）数值分析　薄膜应力－应变曲线的建立应做如下考虑：

① 薄膜应力－应变曲线应为选定材料而建立。

② 部分曲线上所出现的断面缩小（即缩颈排列）现象是不允许的。

③ 弹性范围和塑性范围的泊松比是不同的。

薄膜能够在所规定的静态载荷作用下，通过平滑变形而保持其形状（液体压力的安全系数为1.25）。波纹部分的变形应达到通过薄膜应力－应变曲线所给出的极限。确保薄膜不会出现失稳和扣接不牢。

薄膜在热载荷与液体压力载荷的作用下，经过10次循环，膜的任何部分上都不会发生渐进变形。

1）薄膜疲劳特性：双轴应力条件应使用等效应力或应变来加以确定，而等效应力或应变分别是根据 Tresca 或 Mises 准则使用应力和应变主值而计算出来的。

应对所有周期载荷（包括各载荷的组合）的等效应变范围加以估定。周期载荷等效应变范围（$\Delta\varepsilon_e$）是在假设的平面应力条件前提下计算出来的，因为膜被认为是一个薄板。

有效应力应与主应力 σ_1、σ_2、σ_3 分别对应，有效应变应与主应变 ε_1、ε_2、ε_3 分别对应，其中主应力按 $\sigma_1>\sigma_2>\sigma_3$ 排序，主应变按 $\varepsilon_1>\varepsilon_2>\varepsilon_3$ 排序。因此，在一个周期中，有几个载荷，σ_1、σ_2、σ_3 和 ε_1、ε_2、ε_3 应分别改变排序。另外，因为膜是一层薄板，所以，应假设平面应力条件成立（$i\in\{1;2;3\}$，$\sigma_i=0$）。还应注意到即使如果 $\sigma_i=0$，但 $\varepsilon_i\neq0$，$i\in\{1,2,3\}$。

根据 Tresca 的理论所得到的等效应变幅应按下式进行计算：

$$\frac{\Delta\varepsilon}{2}=\max\left\{\left|\frac{\varepsilon_1}{2}\right|,\ \left|\frac{\varepsilon_2}{2}\right|,\ \left|\frac{\varepsilon_3}{2}\right|,\ \left|\frac{\varepsilon_3-\varepsilon_1}{2}\right|\right\}$$

根据 Mises 的理论所得到的等效应变幅应按下式进行计算：

$$\frac{\Delta\varepsilon}{2}=C\frac{\sqrt{(\varepsilon_1-\varepsilon_2)^2+(\varepsilon_2-\varepsilon_3)^2-(\varepsilon_3-\varepsilon_1)^2}}{2}$$

式中，C 为系数。塑性，$\eta=0.5$ 时，$C=\frac{\sqrt{2}}{3}$；弹性，$\eta=0.3$ 时，$C=0.544$。

2）疲劳曲线（S－N 曲线）。疲劳曲线通常是根据单轴向应变循环疲劳试验而确定的。设计疲劳曲线的选择应考虑到薄膜在低温时会低循环疲劳，以及局部塑性变形的事实。

疲劳曲线用于对疲劳特性进行评价。如果没有对膜元件本身进行疲劳试验得到疲劳曲线，则应使用某选取材料的疲劳曲线。在这种情况下，应将疲劳曲线提交给买方，并得到其批准。

Miner 法则应作为损伤求和技术来加以使用，以便确定出抗疲劳强度。

疲劳曲线通常以如下内容为依据：a.“最佳适合曲线”，基于疲劳经验结果的统计解释。该解释给出中值经验曲线；b.“设计曲线”，基于“最佳适合曲线”，该曲线引入了修正系数，修正系数的定义方法是将应力中的最不利数值除以2，或者将周期数除以20。

不可将这些系数看作为安全系数，但可以将其看成为不确定性系数。这些不确定性系数既考虑到了数据的分散性，又考虑到了被忽略的影响效果（如不平滑、切割方面等）。这些系数没有考虑到局部不连续性［如应力集中系数（SCF）］，因此在计算出来的应力强度中应考虑到这种影响。

在实践中，疲劳失效通常发生在应力集中的位置。因此上述影响效果应针对所有条件，使用合适的应力集中系数（SCF）来进行评价。而应力集中系数（SCF）是通过对有限元应力分析进行理论和实验研究而确定的。

混凝土外罐在操作条件下应能抵抗 OBE（运行基准地震）和 SSE（安全停机地震）载荷。在出现 OBE 地震的情况下，应能够证明：a. 膜与锚固系统能够吸收地震载荷；b. 薄膜上的压力是可接受的；c. 绝热系统上的压力是可接受的。

在出现SSE地震的情况下，设有底和角保护系统的外罐应能够盛装液体。

(3) 模型试验 采用模型试验时，所有系统构件都应参加试验。所有构件都应以全尺寸进行试验。可以在环境温度条件下进行模型试验。

用在试验材料表面和外形的应变标尺和黏合剂应可靠，能够计算出主要方向上的应力和应变（主要方向对应于剪应力为零的方向）。

等效应力或应变的计算应总是以主轴为基础。因此，以Tresca的理论为依据，等效应变幅应按下式计算：

$$\frac{\Delta\varepsilon}{2}=\max\left\{\left|\frac{\varepsilon_1}{2}\right|;\left|\frac{\varepsilon_2}{2}\right|;\left|\frac{\varepsilon_3}{2}\right|;\left|\frac{\varepsilon_1-\varepsilon_2}{2}\right|;\left|\frac{\varepsilon_2-\varepsilon_3}{2}\right|;\left|\frac{\varepsilon_3-\varepsilon_1}{2}\right|\right\}$$

而以Mises的理论为依据，等效应变幅应按下式计算：

$$\frac{\Delta\varepsilon}{2}=C\frac{\sqrt{(\varepsilon_1-\varepsilon_2)^2+(\varepsilon_2-\varepsilon_3)^2-(\varepsilon_3-\varepsilon_1)^2}}{2}$$

式中，C 为系数。塑性，$\eta=0.5$，$C=\frac{\sqrt{2}}{3}$；弹性，$\eta=0.3$，$C=0.544$。

1）薄膜稳定性及变形试验。在静态载荷作用下薄膜上不会发生失稳现象。按规定的载荷设计的薄膜，计算时的安全系数定为1.25。

在模拟操作条件的一个载荷周期应用以后，应能够证明膜的所有部分都保持稳定状态，在十个周期以后，不会出现渐进性变形。

2）疲劳试验。储罐上的所有薄膜构件都应进行疲劳试验，试验项目包括：因为热载荷作用而导致的周期性延长变化；因为静水压载荷而导致的周期压力变化（为了能够完全模拟薄膜的工作条件，所有在周期压力条件下进行试验的构件都至少要预拉到最大拉伸量所对应的数值上）。

“最佳适合曲线”应依据疲劳试验结果的统计解释，ISO标准“焊接接头和元件疲劳设计推荐”中有对疲劳试验结果进行描述，该解释给出了中值试验曲线。

疲劳试验的试验结果应以应力或应变主值为依据。“设计曲线”应根据“最佳适合曲线”确定，假设置信水平 $\gamma=75\%$，幸存概率 $p=95\%$：设计点应基于如下计算：

$$设计点=m-k\sigma$$

式中，m 为被试验对象的中值；σ 为被试验对象的标准偏差；k 见表6-16。

Miner法则应作为损伤求和技术加以使用，可确定抗疲劳强度。

表6-16 S－N曲线的系数 k（假定正态分布）

式样尺寸	k
3	3.152
4	2.680
5	2.463
6	2.336
7	2.250
8	2.190
9	2.141
10	2.103
11	2.073
12	2.048
13	2.026
14	2.007
15	1.991
16	1.977
17	1.964
18	1.951
19	1.942
20	1.933
21	1.923
22	1.916
23	1.907
24	1.901
25	1.895

注：置信水平0.75，幸存概率95%。

(4) 预应力混凝土构件 预应力混凝土构件设计根据“极限状态原理”，使用“偏系数方法”确保混凝土构件的可靠性。载荷的设计值、载荷的影响、材料特性、几何数据以及设计强度等按标准确定。

薄膜上全部的静水荷载及其他荷载均应通过承载绝热层转移至混凝土储罐上。蒸汽应装于储罐顶部，该储罐顶部可以是上面加有气密拱顶和绝热材料的悬顶。

① 预应力混凝土罐壁。对于预应力混凝土罐壁，应对其施加水平预应力。不需要施加竖直预应力，它可以与水平预应力合并在一起。竖直预应力的需求取决于罐的设计压力、罐的直径、混凝土截面内关联的永久和过渡应力。水平方向上的预应力构造方法：a. 在储罐混凝土壁中的管道内部放置水平钢筋束，水平钢筋束在罐壁外表面上的扶壁之间延伸。b. 将钢丝盘绕或扭绞而形成的钢筋束在罐壁外表面周围盘绕起来。

对于使用扶壁和灌浆钢筋的内预应力系统，在确定预应力系统位置的时候应适当地将紧急条件（如火灾）考虑在内。

预应力混凝土罐壁的最小罐壁厚度应满足以下要求：a. 足以覆盖所有钢筋和预应力钢筋；b. 应保证钢筋和预应力钢筋之间的间距，以便获得匀质的、具有液密性的混凝土结构。

② 基础底板。罐体基础底板应使用预应力混凝土或钢筋混凝土建造。对于预应力混凝土，如果使用桩基，则在设计过程中应考虑到底板因为预应力作用而发生移动的影响。

③ 混凝土顶。顶一般使用钢筋混凝土制成。内部装有钢制气密拱顶，以确保顶的气密效果。钢制气密拱顶使用螺栓锚定到混凝土上。顶可以连续浇筑而成，也可以分为数段分别建造。顶还可以根据其厚度分为几层分别浇筑而成。应充分注意选取合适的建造方法，应保证能够使最终建造成的顶平整，没有裂纹。对混凝土的生产速度、运输能力、人力供应能力及顶的坡度等因素都要加以考虑。

在凝固期间，罐体内需具有必要的空气压力，以便对新浇混凝土的重量起到支撑作用，直至达到一定的强度为止。

罐壁与顶的接合通常采用整体方式建造。罐壁与基础的接合方式有固定接合、滑动接合、销接接合。a. 固定接合：在这种情况下，混凝土结构为整体性结构，可以防止罐壁相对于基础底板发生移动。该方式的设计应保证可以吸收此种设计所带来的相对巨大的力矩和切应力。b. 滑动接合：罐壁由基础底板提供支撑，罐壁可以在水平方向上自由移动。通常需要确保避免外罐发生横向移动。应安装径向导轨，确保外罐与基础底板同心移动。应安装柔性密封以防止液体或气体泄漏。柔性密封通常采用的是不锈钢钢带的形式。c. 销接接合：罐壁同样也由基础底板提供支撑，但它被水平固定住（通常在后张拉预应力之后），具有有限的旋转能力。大量的剪切力从罐壁转移到基础底板上，但不需要接头传递弯曲力矩。在对罐壁进行预应力处理后，可以允许罐壁发生滑动。在此以后，即使用一种装置将罐壁销接在指定位置上。但不能防止罐壁竖直旋转。

（5）薄膜罐的绝热　薄膜罐的绝热结构与9% Ni钢全容罐有很大区别，按绝热部位可划分为底部绝热、墙体绝热、罐顶绝热及热角保护系统。

底部绝热、墙体绝热采用加强硬质闭孔聚氨酯泡沫PUF或加强聚异三聚氰酸酯泡沫PIR，加工成模块化的隔热板。罐顶绝热通常以玻璃棉为绝热材料，铺设在悬顶上，或安装于薄膜的上部，限制储罐内液体与储罐拱顶区域的热交换。热角保护系统被整合在隔热板内（储罐罐底及五m罐壁以下），在隔热板中间铺设次屏蔽薄膜，次屏蔽薄膜是由玻璃纤维和不锈钢板构成的复合材料。

4. 薄膜罐的压力试验、干燥、清扫及冷却

（1）压力试验　与其他类型如单容罐，双容罐及9% Ni钢全容罐需对主容器进行水压试验，以验证储罐能够贮存指定产品（无泄漏），薄膜罐将不需要进行水压试验，而是在焊接完成后代之以氨试验。将氨感光涂料涂于储罐内部的焊缝处，在绝缘层空间内导入氨气，一旦发生泄漏，氨气就会与涂料发生反应导致其颜色变化，由黄变蓝。也不要求对预应力混凝土进行水压试验。

薄膜罐安装完成后应进行气体压力试验，气压试验压力值为储罐设计压力的1.25倍。

（2）干燥、清扫　在引入碳氢化合物之前使用惰性气体（如氮气）对储罐进行洗扫，储罐内的物质应干燥到最大露点为 -20℃。对于LNG储罐，氧气浓度不大于9%（体积分数）；对于乙烯及乙烷储罐，氧气浓度不大于8%（体积分数）。在边界部位（内罐底部、顶部、圆顶空间及环形空间底部，如果有），应提供气体试样来证明已完成规定的洗扫。

（3）冷却　储罐投用前，使用控制方式对主罐进行冷却，防止冷却期间出现较大温度差。对薄膜钢结构储罐的温度进行监控并保持其在一个允许的范围内，防止钢板产生较大的温差导致高应力。薄膜储罐典型冷却速率：

1）薄膜储罐目标冷却速率10℃/h，最大15℃/h。

2）相邻罐壳或罐底的热电偶之间最大温差50℃。

5. 薄膜式LNG储罐应用的现状及发展趋势

针对低温液体贮存的薄膜解决方案被广泛应用于

海上运输、地上储罐系统和地下储罐系统领域。陆上薄膜贮存技术自20世纪60年代就已出现，90年代有研究机构对薄膜型和9%镍钢储罐进行了性能测试，做出了质量风险评价。2006年，EN 14620系列标准确认了薄膜型储罐和9%镍钢储罐具有相同的安全等级，在该系列标准中予以认可。

目前，全球已有上百座薄膜型储罐建成，罐容从8000m^3到25万m^3不等。韩国天然气公司（KOGAS）的10座10万m^3薄膜型储罐自使用以来未出现任何问题；东京燃气公司的3座16万m^3薄膜型储罐自建成多年来未出现安全问题，运行正常。2013年东京燃气公司在横滨市扇岛工厂建设的世界最大液化天然气（LNG）储气库，配套的LNG储罐达25万m^3。2020年北京燃气公司开始建造2台22万m^3LNG薄膜罐。

薄膜式LNG储罐的容积没有理论上限，容积可达到35万m^3，中国内地对天然气的需求逐年增加，接收站的数量和规模随之增长。未来要求LNG储罐容积更大、更安全。由于容积上的优势，未来将建造更多的薄膜罐。同时，在浮式贮存和以重力为沉箱的贮存系统中薄膜罐表现出极佳的应用前景。目前，有多项此类应用正在积极考虑薄膜解决方案的应用。另一个潜在的应用领域是地下的开采岩洞。该应用的小规模试验计划已经在韩国展开。

6.2 液化天然气陆上运输

由于液体方式对于天然气的运输和贮存具有更高的效率。因此，各种相应的运输方式相继出现，并在运输中起着非常重要的作用。

世界上涉及液化天然气运输的方式有船运、汽车罐车，铁路运输。目前世界范围的液化天然气跨国贸易发展迅速，均通过液化天然气船槽运输，目前液化天然气在国内运输主要依靠汽车罐车和罐式集装箱将液化天然气运向二级市场。

汽车罐车和罐式集装箱均属于移动式压力容器。

6.2.1 液化天然气汽车罐车

汽车罐车按运输方式可以分为公路罐车和铁路罐车。公路罐车又分整体式罐车、半挂式罐车和拖车。整体式罐车即罐体和车头完全固定安装，没有分离的功能。而半挂式罐车和拖车可以在需要时将牵引车头和罐体分离，使牵引车更具机动性。

1. 液化天然气汽车罐车基本要求及形式

汽车罐车的设计、制造和使用应遵照有关部门颁发的标准和规范，我国目前执行的主要标准和规范主要有：

1）GB 150（所有部分）—2011《压力容器》。

2）《压力容器安全监察规程》。

3）《液化气体汽车罐车安全监察规程》。

4）NB/T 47058—2017《冷冻液化气体汽车罐车》。

5）GB 7258—2017《机动车运行安全技术条件》。

6）GB 1589—2016《汽车、挂车及汽车列车外廓尺寸、轴荷及质量限值》。

7）GB 4785—2019《汽车及挂车外部照明和光信号装置的安装规定》。

液化天然气整体式罐车如图6-27所示，液化天然气半挂式罐车如图6-28所示。

图6-27 液化天然气整体式罐车

图6-28 液化天然气半挂式罐车

根据目前的液化天然气市场状况，整体式罐车对于长距离运输来讲，无明显的经济效益，故仅几台在运行。而对于半挂式罐车来讲，一直在不断改进中，要提高罐车的经济效益，则是使容积最大化，在目前运输中，就主要使用半挂车罐车。

半挂式罐车详细组成（图6-29），只在罐体的一端有轮毂，另一端通过牵引销安装在牵引车上，罐体自身为承载结构代替了整体车架，在卸下牵引车时，罐体可通过底部支承架独立放置。罐体底盘有两轴底盘和三轴底盘。

罐体总体结构（图6-30）是由一个碳钢真空外筒和一个与其同心的奥氏体不锈钢制内筒组成，内外筒之间缠绕了几十层铝箔纸并抽真空达到罐体保冷的效果；为使真空得以长期保持，夹层中还应设置有吸附室（含低温吸附剂和常温吸附剂）；内、外容器之间可采用玻璃钢支撑或柔性吊挂结构型式，外壳上部设置有防爆装置，保证外壳安全。

目前，国内运输半挂车中三轴底盘半挂式罐车罐体部分技术参数见表6-17。

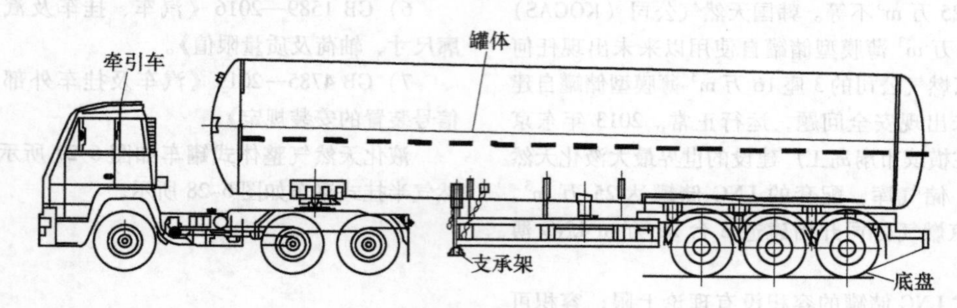

图6-29　半挂式罐车详细组成

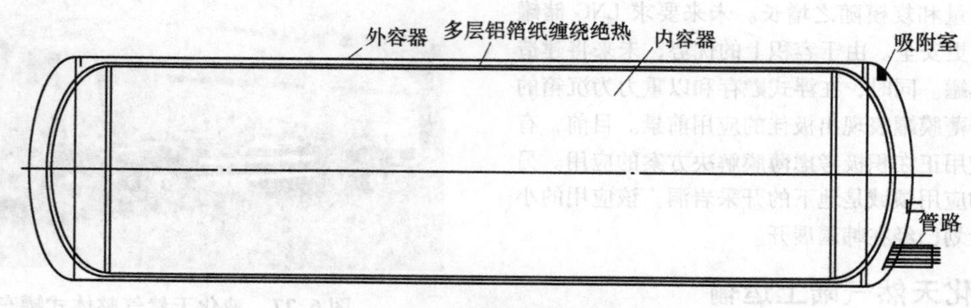

图6-30　罐体总体结构

表6-17　三轴底盘半挂式罐车罐体部分技术参数

序号	全容积/m^3	工作压力/MPa	最大总质量/kg	额定载质量/kg	长度/mm	高度/mm	宽度/mm
1	49	0.7	40000	19350	12985	3995	2496
2	50	0.7	40000	19500	12985	3995	2500
3	51.55	0.7	40000	20150	12985	3957	2496
4	52	0.7	40000	20280	13000	3990	2500

2. 液化天然气汽车罐车流程与工作原理

液化天然气汽车罐车整体由汽车底盘、卧式罐体、操作箱（管路、阀门系统）、管路系统、防静电装置、电气系统等组成。液化天然气汽车罐车本身不带增压器，该系统利用现场增压器实现增压功能，可以实现液体的装卸要求。罐车罐体整体系统包括安全系统（安全阀）、测量系统（液位计、压力表、真空测量口）、充/卸系统、防爆系统（阻火器、紧急切断阀）。

汽车罐车工作原理：图6-31中29为液体装/卸的液相接口，在充装液体的时候可以根据实际情况，采用顶部液体阀5或底部进液液体阀4进液，或两阀同时进液方式进液。在装液过程中如储罐压力（31）显示过高，可通过气相接口28将气体返回供货系统，使储罐在充装过程中处于较低压力，加快装液速度。当液体液面达到设计的液位高度时，溢流管将有液体流出，表明已达到额定的充装量，应停止加注。并及时关闭液体阀5和液体阀4，打开残液排放阀14，泄放输液软管中残留的液体，直至恢复到常压，再拆卸输液软管。在卸液时通常在常用压差下进行卸液，一般是利用现场增压器与罐体上气相接口28、增压器液相接口30连接，再开启排放阀13与气体阀6；通过增压器使液体加热汽化后使储罐压力升高，然后通过底部液体阀4向外部储罐卸液。在充装过程中，假设出现意外情况如有明火时，必须及时通过气动控制阀24关闭紧急切断阀（1、2、3），达到切断罐体内部与外部环境的直接接触，以保证储罐的安全可靠性。气源27可采用车载气囊。

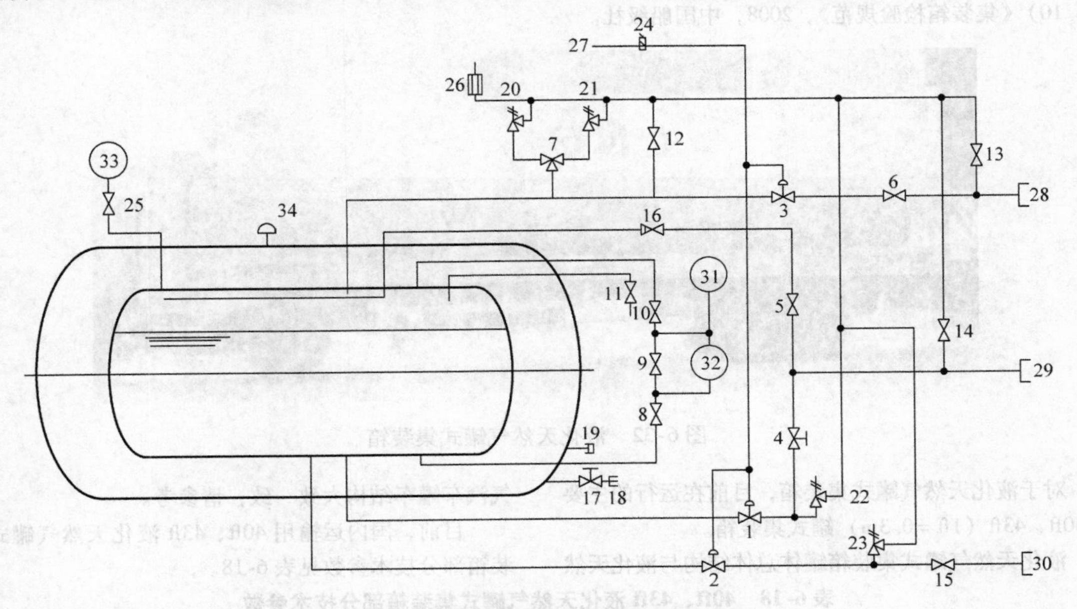

图6-31　液化天然气汽车罐车工作原理图

1、2、3—紧急切断阀　4、5—液体阀　6—气体阀　7—安全阀　8、9、10—液位计阀　11—侧滑阀　12、13、14—排放阀　15—排液阀　16—止回阀　17—真空隔离阀　18—真空规管　19—抽空阀　20、21—容器安全阀　22、23—管道安全阀　24—气动控制阀　25—压力表阀　26—阻火器　27—气源　28—气相接口　29—液相接口　30—增压器液相接口　31、33—压力表　32—液位计　34—爆破膜

3. 汽车罐车出厂交货技术文件、资料

1）产品合格证。

2）产品质量证明书。

3）槽车外形总（简）图、系统流程图和压力容器部件的竣工图。

4）技术监督部门的监检证书。

5）阀门，仪表的合格证及说明书。

6）产品使用说明书。

6.2.2　液化天然气罐式集装箱

与液化天然气汽车罐车相比，液化天然气罐式集装箱具有较好的机动性，特别对于长期固定的用户，如果采用罐车运输，在到达卸液目的地后，卸车需要一定的时间，并浪费一部分气体；对于液化天然气罐式集装箱来讲，可以在目的地卸液，同时可以卸下集装箱，更换空的集装箱，即可使车辆返回，进一步提高了车辆的使用效率。液化天然气罐式集装箱既可运输液体，也可放置现场使用。当然，液化天然气罐式集装箱也能适应水路运输及铁路运输。

1. 液化天然气罐式集装箱的标准、规范及形式

罐式集装箱的设计、制造和使用应遵照有关部门颁发的标准和规范，我国目前执行的主要标准和规范主要如下：

1）GB 150（所有部分）—2011《压力容器》。

2）GB/T 16563—2017《系列1集装箱　技术要求和试验方法　液体、气体及加压干散货罐式集装箱》。

3）Amdt. 32《国际海运危险货物规则》。

4）GB/T 1836—2017《集装箱代码、识别和标记》。

5）GB/T 17423—1998《系列1集装箱　罐式集装箱的接口》。

6）《压力容器安全监察规程》，国家劳动总局。

7）《国际铁路危险货物运输规则》，中国铁道部。

8）《1972年国际集装箱安全公约》，（CSC）国际公约。

9）《液化气体汽车罐车安全监察规程》，劳部发〔1994〕262号。

10）《集装箱检验规范》，2008，中国船级社。

液化天然气罐式集装箱（图6-32），其结构是将低温液体储罐安装在一个集装箱框架之内，框架结构按照集装箱标准尺寸进行制造，使液化天然气罐箱搬运和吊装方便简单，加快了运转速度，并且由于罐体外部结实可靠的框架结构，对罐体具有良好的保护作用，提高了运输中的可靠性。

图6-32 液化天然气罐式集装箱

对于液化天然气罐式集装箱，目前在运行的主要为40ft、43ft（1ft = 0.3m）罐式集装箱。

液化天然气罐式集装箱罐体总体结构与液化天然气汽车罐车结构大致一致，请参考。

目前，国内运输用40ft、43ft液化天然气罐式集装箱部分技术参数见表6-18。

表6-18 40ft、43ft液化天然气罐式集装箱部分技术参数

型号 英尺	全容积 /m³	工作压力 /MPa	最大总质量 /kg	额定载质量 /kg	长度 /mm	高度 /mm	宽度 /mm
40	41.95	0.7	30480	16375	12192	2591	2438
43	43.91	0.7	32040	16830	13000	2591	2438

2. 液化天然气罐式集装箱流程与工作原理

液化天然气罐式集装箱整体由外部框架、操作箱（管路、阀门系统）、管路系统、防静电装置等组成。同液化天然气汽车罐车一样，液化天然气罐式集装箱本身不带增压器，该系统利用现场增压器实现增压功能，可以实现液体的装卸要求，并可直接调换使用。与液化天然气汽车罐车相比，液化天然气罐式集装箱根据自身实际情况，采用罐体内部气体通过气源阀直接控制紧急切断阀，实现满足工作工况的要求。

3. 罐式集装箱出厂交货技术文件、资料

1）产品合格证。

2）产品质量证明书。

3）集装箱外形总（简）图、系统流程图和压力容器部件的竣工图。

4）技术监督部门的监检证书（含船检机构）。

5）阀门、仪表的合格证及说明书。

6）产品使用说明书。

6.2.3 运输的运行管理

液化天然气罐式集装箱运输应同液化天然气汽车罐车相同，均应由使用单位按相关规定办理准运证、牌照、使用证，并须对押运人员办理汽车罐车押运员证。

使用单位应根据《液化气体汽车槽车安全监察规程》及省部级技监、公安、交通部门的有关规定，结合本单位的具体情况，制定相关的安全操作规程和管理制度，并对操作、运输和管理等有关人员进行安全技术教育。

驾驶员和押运员必须熟悉介质的物理、化学性质和安全防护措施，了解装卸的有关要求，具备处理故障和异常情况的能力。驾驶员和押运员必须经培训、考核合格，取得省级计监部门颁发的《汽车槽车准

驾证》及《汽车槽车押运员证》，使用单位应为驾驶人、押运员配备专用的防护用品、工作服装、专用维修工作和必要的备品、备件等。

使用单位必须认真贯彻执行《液化气体汽车罐车安全监察规程》，并按汽车罐车使用说明书的要求，严格罐车的日常检查和维护保养制度。经常检查安全附件（如安全阀、压力表、液位计、紧急切断阀、连接接头、管道阀门、导静电装置等）性能及有关泄漏、损伤等，并按牵引车日常检修和保养要求对牵引车及其行走机构进行检查和维护，及时排除故障，保证性能完好。

新罐在第一次加装低温液体后，应仔细检查罐体与底盘大梁连接件的连接螺母是否松动。在使用中也应经常检查，发现螺母松动应及时拧紧。

罐体上的两只压力表都应处于正常工作状态，如有一只失灵，就应立即更换。

罐体上的两只安全阀也都应处于正常工作状态，如有一只失灵，通过三通切换阀关闭后即可更换。

压力表每年应校验一次，安全阀每年校验一次。

罐体真空绝热层的真空度每年检查一次。

所有的检查，修理或更换零件，其内容和结果都应有规范化的记录，并作为档案保存。

罐体的检查修理应由原制造单位负责。阀门、仪表可由使用单位的专业人员进行修理，并在拆修罐体上管路阀门或仪表等时，应在容器中没有液体及压力的情况下进行（除非所拆部件前有阀门可以控制），还应在拆修前用氮气置换，在确认安全的条件下方可进行修理。在罐体外部管路或阀门为冷态的情况下操作时，操作人员必须戴上皮制式棉布防护手套和眼罩或防护面罩，以免低温液体对人员的冷冻伤害。

罐体的外容器上如有大面积的结霜或日蒸发率异常增大时，应及时进行检查或修理。

汽车罐车与罐式集装箱的行驶及停放按如下要求。

1）出车必须携带下列文件和资料：

① 使用证。

② 危险品运输证。

③ 机动车驾驶执照和准驾证。

④ 押运员证。

⑤ 准运证。

⑥ 定期检验报告复印件。

⑦ 运行检查记录本。

⑧ 装卸记录本。

2）充装前应进行检查，如发现下列情况之一，不得充装。

① 使用证或准运证已超过有效期。

② 未按规定进行定期检验。

③ 防护用具、专用检修工具或备品、备件未随车携带。

④ 随车必带文件和资料不齐或与实物不符。

⑤ 罐内余压低于0.1MPa。

⑥ 相关部件、罐体（含管路阀门和安全附件等）有异常。启运前，必须将气、液相接口及增压器液相接口用装卸盲板密封，以防运输途中的意外泄漏。

3）严格遵守国家交通管理法规的规定，并按本文件中规定的速度行驶，不得超速运行。

4）严格注意与前车保持足够的安全距离，并严禁违章超车，必须按规定路线行驶。

5）押运员必须随车押运，并不得携带其他危险品，也严禁其他人员搭乘，车上严禁吸烟。

6）司押人员在槽车的行驶过程中，应经常观察检查容器内的压力，发现异常情况及时妥善处理。当压力表读数接近安全阀排放值前，应将车开到人烟稀少，空旷处，打开放空阀，进行排气卸压。卸压时，必须注意冷态气体形成的白雾不能影响其他车辆或人的安全。

7）如行驶途中发生故障，应及时检修，但如需要较长的时间或故障程度有可能危及安全时，应立即将车转移到安全场地，并联系专业人员进行检修。

8）车的停放也应严格遵守国家交通管理法规的规定。途中停车时，驾驶人和押运人员不得同时离开车辆，并应停放在安全地带，应避免其他车辆的碰撞或高空落物的砸损。在停车并向空气泄放LNG液体时，请在事先确定附近确实无明火易燃物及无行人通过后进行。

9）通过隧道、涵洞、立交桥等必须注意标高并减速行驶。

10）带液行驶中应避开闹市区和人口稠密区。必须通过时，应限速行驶，且不得停靠在机关、学校、厂矿、仓库和人口稠密处。

11）停车位置应通风良好，不得在烈日下长时间暴晒。

12）汽车罐与罐式集装箱如长时间不用，应将罐内的液体放掉并保持余压。

6.3 LNG海上运输

6.3.1 LNG船在产业链中的作用及世界LNG船的现状和发展

1. LNG产业链的走势

（1）天然气将会超过石油成为占世界首位的一

次能源　首先，20世纪80年代以来，全球加大了对天然气资源的勘测、开发力度，目前已经知道的可以开采的天然气资源比石油资源要丰富；其次，天然气是清洁能源，在世界环境污染加剧、可持续发展问题日益受到各国的重视的局面下，各国都对清洁能源的发展投入更多的力量；第三，油价上涨的趋势进一步刺激了天然气产业链的发展。这三个原因使得天然气产业发展的速度加快。2019年，世界LNG的贸易量已经达到3.5亿t。未来天然气将成为唯一在全球一次能源消费占比中保持涨势的化石能源，2025年超过煤炭成为全球第二大消费能源，2040年将进一步增至25.8%，接近原油在全球能源消费中的地位（27.2%）。预计到2040年将增至5.4万亿m^3，较2017年增加近50%。

（2）地理格局使LNG与管道天然气贸易同步增长　由于LNG的大买主是美国和东亚地区。他们都是石油净进口国，石油和天然气进口量在世界贸易中占有很大比例，而且所占份额会越来越大。印尼在不久的将来也会变成纯能源进口国。欧洲各国的油气需求可以借俄罗斯和中亚地区的石油和天然气管道输送来提供；但它们的油气进口占世界贸易份额不大。而亚洲各国的能源进口除了通过俄罗斯西伯利亚管线和中亚管线输送石油或者天然气之外，大部分只能依靠海上的LNG贸易。LNG贸易在天然气整体贸易（含管道气和LNG）占比从2000年25%增长到2018年36.5%。业内预测LNG将在2030年超过管道气，成为国际上最主要的天然气供应形式。2018年我国进口的天然气中，通过海洋进口的LNG比例已达到约60%。

（3）CNG、ANG、NGH难以取代LNG　天然气的运输除了液化为LNG以外也有其他的技术方式。有人已经构想压缩天然气（CNG）船，就是把天然气压缩到大约200大气压（1atm=101kPa）左右贮存在压力容器中用船装载。CNG不用液化，可省掉了液化过程耗能；但是其压缩耗功也很大，而且高压容器自重大，单位自重运量低因而CNG船运相对于LNG的船运是否有竞争力目前还很难说。吸附天然气（ANG）和天然气水合物（NGH）的运输方式虽然都可以避开大量耗能的深冷技术，但是吸附剂本身也有重量、也占体积。此外，目前还没有解决脱附不完全的问题。目前在NGH中每立方米的水可以水合近200m^3的天然气。但是每立方米的水的质量为1t，而200m^3的天然气的质量才100多千克。所以NGH船来回运的水比天然气重近10倍，经济上的合理性和技术上的成熟性还有待于进一步的探讨，暂时还是难以取代LNG运输。

（4）天然气价格上涨使其净化、液化、运输、汽化各环节相对费用下降　虽然人们迄今还没有把地下所有的资源都勘测查明，但油气资源毕竟总量有限。所以从经济规律来说，石油的价格由1973年前的1美元/桶开始，虽有跌宕起伏但一路攀升。2008年每桶的石油价格曾炒到150美元，尽管后来又出现了较大回落，但是总体上升的趋势是肯定的。石油价格的走势有可能使得天然气封顶价格有所提高；但仍然会比石油便宜。同石油一样，天然气的市场价格与其说取决于它的开采成本，不如说取决于它的稀缺性。稀缺性导致的价格上涨和技术进步导致LNG实际成本相对降低，使得成本和售价差增大。

2. LNG船在产业链中的作用

天然气的运输主要有两条渠道，一条是用管道运输，另一条是液化后通过LNG船运输。由于产气区和用气区之间的地理位置的局限，到20世纪90年代，通过海上运输的LNG占天然气总交易量的30%左右。

世界天然气资源主要分布在俄罗斯、伊朗、卡塔尔、澳大利亚、马来西亚等国家，近年来随着北美页岩气技术革命的成功，美国、加拿大等国家成为新兴的LNG出口国，而通过海上运输引进LNG的用户，已发展为日本、中国、韩国、西班牙、法国、印度等30多个国家和地区，主要的出口地区和国家从中东、北非到澳大利亚、马来西亚、美国等。

天然气从气田开采出来，要经过处理、液化、船运、接收和再汽化等几个环节，最终送至终端用户，这样便形成了所谓的"液化天然气链"，如图6-33所示。液化过程能净化天然气，除去其中的氧气、二氧化碳、硫化物和水。这个处理过程能够使天然气中甲烷的纯度接近100%。

3. 世界LNG船的现状和发展

据最新统计资料显示，截至2018年12月底，全球有563艘LNG运输船，其中薄膜型LNG船有392艘，占比70%，MOSS型船128艘，占比22%，其他类型船43艘，占比8%。全球总贸易量高达3.165亿t。值得一提的是到目前为止全球具备建造大型LNG船业绩并且手持订单的活跃船厂仅有八家，我国的沪东中华造船（集团）有限公司作为新兴的LNG建造厂已建造交付21艘大型LNG船，牢牢地打入了国际LNG船建造阵营，使我国成为国际上能够设计建造大型LNG船的五个国家之一。

图6-34所示为17.2万m^3的我国首条具有完全自主知识产区的LNG船：PAPUA号。

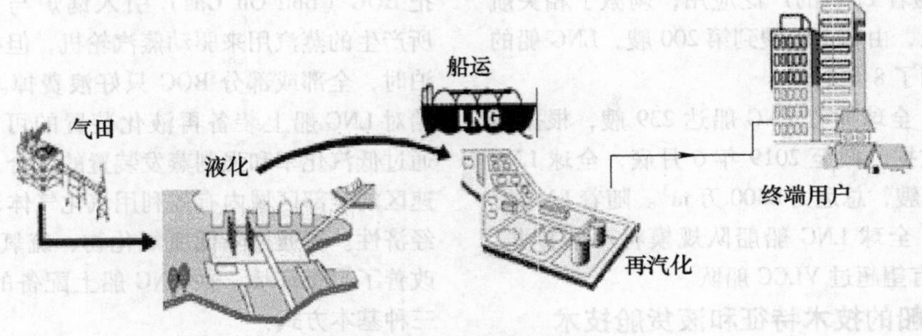

图6-33 液化天然气链

图6-34 17.2万m^3双艉鳍推进的大型LNG船

LNG船队的发展情况大致如下：

1）1958年，首条商业化的LNG船“Methane Pioneer”，货舱容量5000m^3，航行于美国Lake Charles和英国Canvey Island之间。

2）1964年，第一次以货物蒸汽为燃料的LNG船“Methane Princess”和“Methane Progress”投入使用，货舱容量2.74万m^3。

3）1965年，法国Gaz de France订购一条舱容量为2.55万m^3的“Jules Verne”号。

4）1970年，已经有9条LNG船舶在运营。

5）1971年，Kvaerner开发出了单舱舱容量8.8万m^3的Moss球型液货物维护系统。

6）1973年，第一条MOSS独立型LNG船“Norman Lady”在挪威Moss Rosenberg船厂开工建造，其液货舱容为8.76万m^3。

7）1980年，全球有49艘LNG船舶在营运。

8）1990年，全球LNG船达到了91艘。

9）1993年，“Polar Eagle”和“Arctic Sun”，采用IHI prismatic的液货围护系统，货舱容量为8.35万m^3，投入使用航行于美国阿拉斯加州和日本东京之间。

10）1997年，“Methane Princess”由于其较小的货舱容量，经济上不划算，于是在经历了32年的服务之后正式报废。

11）1998年，全球营运LNG船舶突破100艘。

12）2006年，日本邮船会社NYK旗下的“Jamal”首次在LNG船上采用天然气再液化装置以处理航行过程中货舱中的自然蒸汽（Natural Boil - off Gas）；“Provalys”交付船东使用，这是全球LNG船舶中第一条采用双燃料内燃机+电力推进的船，而不是比较传统的蒸汽轮机动力装置；而且这年，全球LNG船队中的第200艘，“Maersk Qatar”的投入运营。

13）2008年，全球LNG船舶单船舱容量最大的，Q-MAX型LNG船投入使用，其货舱容量达26.6万m^3。

14）2008年4月，由中国船企建造的国内第一艘14.7万m^3大型LNG船“大鹏昊”交付使用。

15）2015年1月，由中国船企完全自主设计建造的第一艘17.2万m^3双艉鳍推进型大型LNG船“PAPUA”号交付使用。

LNG船从第1艘诞生到第100艘，经历了长达

34 年的时间。随着 LNG 的广泛应用，刺激了相关航运市场高速增长，由第 101 艘到第 200 艘，LNG 船的投入运营则只用了 8 年时间。

2007 年底，全球拥有 LNG 船达 239 艘，根据克拉克森的统计数据，截至 2019 年 6 月底，全球 LNG 船船队总计 570 艘，总运力 8500 万 m^3。随着 LNG 贸易的不断增长，全球 LNG 船船队规模将不断扩张，预计到 2026 年有望超过 VLCC 船队。

6.3.2 LNG 船的技术特征和液货舱技术

1. LNG 船的技术特征和技术开发重点

（1）LNG 船的技术特征　液化气船是贮存和运输液化气的主要工具，由于其所运输的货物具有低温、高压、易燃、易爆、易腐蚀、易发生化学反应等特性，建造液化气船在材料、设备、工艺技术上除要满足一般的国际规范外，还要符合国际液化气和化学品装运的特殊要求。因而，液化气船不仅技术含量高，且具有较高的附加值。特别是 LNG 船，建造要求高，且建造周期较长，从签合同到建成约需 3 年，是油船或散货船的 2 倍，一般要十分注意维护保养，使用寿命往往有 40 年之久。其技术特征为：

1）LNG 船是输送大气压下约 −162℃ 沸点状态的液体天然气，因此，有关设施须有超低温的对策。所以，它是高科技、高附加值的船舶，建造一艘标准型的 LNG 船（174000m^3）需要 1.80 ~ 2.10 亿美元；

2）LNG 船液舱要能有效地隔热，需要配备良好的液货围护系统。但即使再好的围护系统，也不可能完全绝热，会有相当的渗入热量，不可避免地产生汽化气（BOG）。蒸发率（BOR）会根据不同的液货围护系统、不同的舱容而不同，对采用新生代薄膜型液货围护系统的 17 万 m^3 级别 LNG 船，其蒸发率（BOR）范围一般为 0.075 ~ 0.13%/d。

（2）LNG 船的技术开发重点

1）降低蒸发率。目前，LNG 船液货围护系统通过新技术和新材料的应用，使液货舱蒸发率的降低成为可能。现有 LNG 船的蒸发率一般是每天 0.15%，对一艘 17.4 万 m^3 的 LNG 船来说，每天约有 180m^3 的 LNG 要蒸发掉。当船舶低速航行或停泊在港时，这部分蒸发气部分或全部被浪费掉了。由于 BOR 高，为充分利用蒸发气，LNG 船一般选用的主推进装置的功率都比较大，船舶的设计航速较高（一般在 19.5 节以上）。从船舶运营经济性的观点来看，航速应大大降低，但仅降低航速而不降低 BOR，多余的蒸发气要放空，所以仍不能提高营运经济性。

2）蒸发气（BOG）再液化。2000 年以前，几乎所有的 LNG 船是用蒸汽轮机推进的。LNG 船航行时把 BOG（Boil Off Gas）引入锅炉与重油一起混烧，所产生的蒸汽用来驱动蒸汽轮机，但在机动航行或停泊时，全部或部分 BOG 只好浪费掉。为此，人们开始对 LNG 船上装备再液化装置的可行性进行研究。通过低汽化率和强制蒸发装置的组合，在低速区至高速区的全部区域内有效利用汽化气体，提高了航运的经济性。还通过降低氮氧化物、硫氧化物的排放量，改善了生态环境。在 LNG 船上配备的再液化装置有三种基本方式：

① 全部再液化，再液化装置由发电机组提供动力。

② 自持式再液化，即用部分蒸汽推动燃气涡轮，带动再液化装置液化其余 BOG。

③ 部分再液化，即仅将 BOG 的约 30% 进行再液化。这对那些 BOR 高而动力装置用不完这些 BOG 的 LNG 船有用，而对将来 BOR 较低的 LNG 船意义不大。

再液化装置采用闭式布雷顿循环，通常以氮气为主作为制冷剂。从技术上说，LNG 船上装备再液化装置是可行的，再液化装置的各种部件和设备在深冷领域都有现成的设计；从能量观点看，装备再液化装置具有很高的节能价值，以自持式再液化装置为例，装置消耗 1/3 的 BOG，就能收回 2/3 的 BOG；从经济观点看，采用再液化装置后，LNG 船主推进装置可使用低能耗率的柴油机，以节省燃料费用。但是，再液化装置的额外投资很高，约占总船价的 5%。偿还投资所需的时间主要取决于 LNG 的价格（L）与燃油价格（C）之比，如 L/C = 1，则投资额 3 年即能收回，若 L/C = 0.28，则需要 10 年才能收回。因此，从商业观点看，LNG 船装备再液化装置未必一定可取。

3）选用节能的动力装置。任何船舶，燃料费在营运成本中都占有相当大的比例，LNG 船也不例外。因此，为降低营运成本，选用低能耗的动力装置是发展趋势。近年来 LNG 船新技术突飞猛进，LNG 船动力系统已经历经 3 次迭代，推进效率明显提升，从第一代船的约 28% 提升至 48% 左右，达到与其他货运船舶近似的效率。

目前，17 ~ 18 万 m^3 双燃料低速机推进 LNG 船逐步成为全球最通用的主流船型，也成为 2017 年以来全球 LNG 新造船订单的标准船型，新船订单数量达到近 200 艘。以下就 LNG 船动力系统的发展简要介绍。

① 蒸汽涡轮推进系统。2005 年之前下单建造的大型 LNG 船，普遍采用的是蒸汽涡轮推进系统，此后只有少数日本船东订造了改良的采用再热循环蒸汽

涡轮推进系统的LNG船。

典型的蒸汽涡轮推进方案为使用2台双燃料锅炉，产生高压高温蒸汽（6MPa，510℃），通过蒸汽涡轮经齿轮箱减速后驱动螺旋桨；蒸汽同时也被输送到涡轮发电机发电，从而向全船提供所需能量。蒸汽涡轮一般包括高压涡轮、低压涡轮和倒车涡轮，采用再热循环系统时，还包括再热蒸汽驱动的中间涡轮，如图6-35、图6-36所示。

蒸汽涡轮系统的优点是锅炉燃料适用广，对供气系统要求低，维护简单，可靠性强，但缺点是系统热效率低、燃料消耗高、冷却海水流量大容易干扰艉部流场，需要特殊设计导流鳍来减少潜在的艉部振动和轴系振动。

② 低速机+再液化推进系统（DRL）。船用再液化系统的成功开发，提供了将LNG船航行过程中产生的货舱蒸发气（BOG）液化回收循环到液货舱里的解决方案，使采用常规低速柴油机推进LNG船成为可行方案，并成为LNG新兴动力系统发展过程中的方案之一。目前全球有47条采用低速机直接推进组合再液化系统的LNG船建成并投入营运。

低速机+再液化推进系统是由2台常规低速柴油机分别通过传动轴系驱动2个螺旋桨，形成双机双桨直接推进。由于再液化系统能耗较大，一般配置4台柴油发电机组构成高冗余度的电站为全船提供电力，如图6-37所示。航行过程中所有的蒸发气经过再液化装置处理后液化回舱，调节保持货舱压力稳定在设定的范围内，不可液化的尾气由GCU（天然气焚烧塔）焚烧处理，全程可以最大化减少货物的损失。

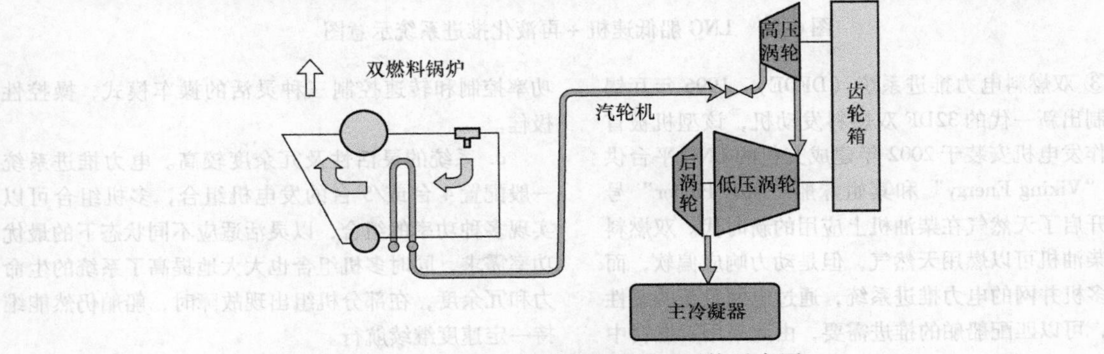

图6-35　LNG船蒸汽涡轮推进系统示意图

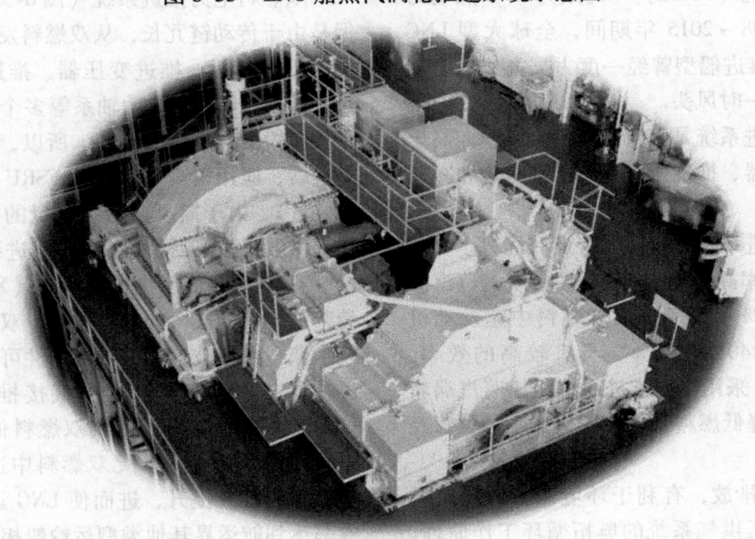

图6-36　蒸汽涡轮外形图

采用这种系统的优点在于：由于低速柴油机直接驱动螺旋桨，传动损失小，推进效率高；同时由于天然气不进入机舱，机舱为常规动力系统，不需与货舱联动，易于管理。

采用这种系统的缺点在于：动力设备只能使用燃油，无法燃用蒸发气，需要安装昂贵的再液化装置，运营的灵活性有限。再液化系统复杂，运维要求高，运行时电能消耗较大。采用常规柴油机，必须加装尾气后处理设备才能满足 TIER Ⅲ 排放要求。

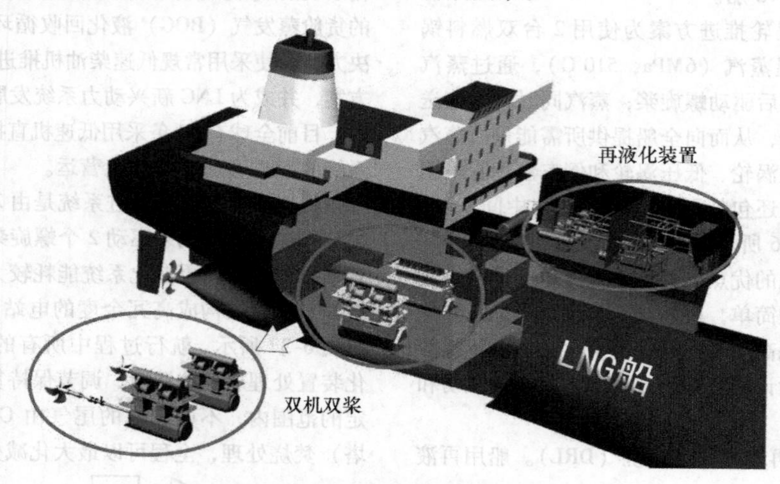

图 6-37　LNG 船低速机 + 再液化推进系统示意图

③ 双燃料电力推进系统（DFDE）。1996 年瓦锡兰研制出新一代的 32DF 双燃料发动机，该型机被首次用作发电机安装于 2002 年建成交付的 LNG 平台供应船 “Viking Energy” 和其姐妹船 “Stril Pioner” 号上，开启了天然气在柴油机上应用的新时代。双燃料中速柴油机可以燃用天然气，但是动力响应偏软，而采用多机并网的电力推进系统，通过电网负荷的柔性调节，可以匹配船舶的推进需要，由此采用双燃料中速机的电力推进系统（DFDE）一时成为 LNG 船动力的“新宠”，在 2008 ~ 2015 年期间，全球大型 LNG 船新订单中，电力推进船型曾经一度占据九成以上市场份额，可谓占尽一时风头。

双燃料电力推进系统是由双燃料发电机组、高压配电板、推进变压器、推进变频器、推进马达和减速齿轮箱等设备组成。

双燃料电力推进系统具有如下特点和优势。

a. 发动机热效率高，燃油消耗低。传统的蒸汽涡轮的热效率仅为 25% ~ 35%；而双燃料中速发动机的热效率可以达到 40% ~ 44%，具有较高的效率。由于上述效率差异，采用电力推进系统将比蒸汽涡轮推进系统能显著地降低燃料消耗，获得良好的运营经济性。

b. 较低的尾气排放，有利于环境保护。双燃料中速柴油机采用低压供气系统的奥拓循环工作原理，在燃气模式下运行时可以显著降低 NO_x 的排放，满足国际海事组织 TIER Ⅲ 排放要求。

c. 良好的机动性及操纵性。推进马达与螺旋桨转速的匹配比柴油机更为宽松，可以在较宽转速范围内获得高扭矩的输出。电推系统可以实现扭矩控制、功率控制和转速控制三种灵活的操车模式，操控性极佳。

d. 系统的灵活性及冗余度较高。电力推进系统一般配置 4 台或/5 台的发电机组合，多机组合可以实现多种功率的组合，以灵活适应不同状态下的最优功率需求，同时多机组合也大大地提高了系统的生命力和冗余度，在部分机组出现故障时，船舶仍然能维持一定速度继续航行。

双燃料电力推进系统（图 6-38）虽然优点众多，但是由于传动链冗长，从双燃料发电机到螺旋桨，途经高压配电板、推进变压器、推进变频器、推进马达、推进齿轮箱、传动轴系等多个环节，整个系统能量传递损失高达 7% ~ 8%。所以，在双燃料直推系统问世后，应用渐少。但对于 FSRU（浮式存储及再汽化装置），由于需要配置大容量的电站来为再汽化系统提供电力，采用双燃料电力推进系统仍是最佳选择。

④ 双燃料低速机推进系统（XDF/ME - GI）。随着柴油机燃气技术的纵深发展，双燃料低速发动机的技术获得了突破，动力响应特性可以匹配推进系统的各种要求，双燃料低速机直接推进系统迅速成了 LNG 船的首选方案。采用双燃料低速机直推系统可以达到 48% 的效率，比双燃料中速机的电力推进系统效率有较大提升，进而使 LNG 运输船的动力系统效率达到航运界其他类型运输船相当的水平。

2017 年以来，全球的 LNG 船订单大部分选用双燃料低速机直推系统。双燃料低速机直推系统即解决了液舱蒸发气的高效利用问题，又把推进效率提升到与航运界其他类型的货船相同步的状态，所以 LNG 船推进系统基本发展到了相对稳定的状态。

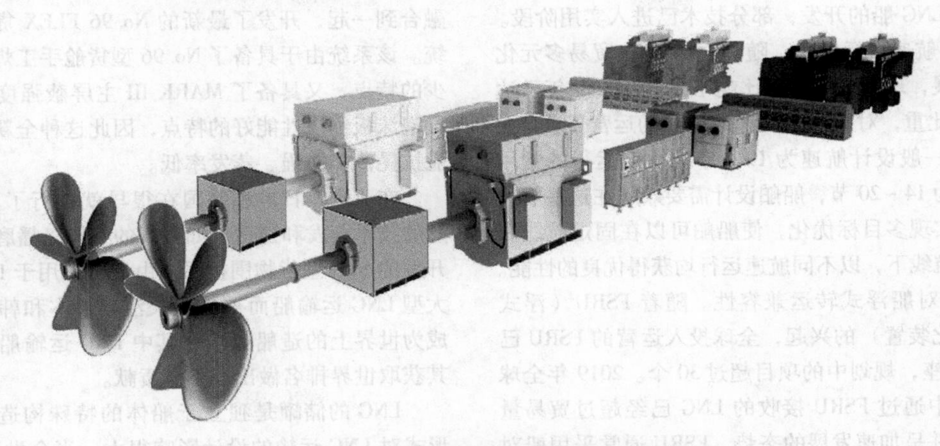

图6-38 LNG船双燃料电力推进系统示意图

双燃料低速发动机目前有 WINGD 的 XDF 和 MAN 的 ME－GI 两种机型。两种机型采用了不同的技术路线。WINGD 的 XDF 机型采用低压供气系统，奥拓循环的工作原理，供气压力低于 1.6MPa。MAN 的 MEGI 机型采用高压喷神供气系统，狄赛尔循环的工作原理，供气压力高达 30MPa。

低压双燃料发动机 XDF 和高压双燃料发动机 ME－GI 均得到了成功地应用，两个机型各有所长，其主要特点对比见表6-19。

表6-19 低压双燃料发动机 XDF 和高压双燃料发动机 ME－GI

项目	低压双燃料发动机 XDF	高压双燃料发动机 ME－GI
工作原理	奥托循环：燃气在进气管内低压喷射	狄赛尔循环：燃气在缸内高压喷射
运行窗口	需要将空燃比控制在狭小的运行窗口范围内，否则会触发敲缸和熄火问题	无运行窗口限制，没有敲缸和熄火问题，燃气模式运行非常稳定
燃气进机压力	<1.6MPa	30MPa
燃气模式能耗	发动机本身能耗略高，但低压供气系统耗能小	发动机本身能耗略低，但高压供气系统能耗高
点火油	使用柴油或轻油，占能耗约1%	可以使用重油，占能耗3%～5%
Tier III 排放	无须废气后处理即可满足	需要废气后处理装置 EGR/SCR
甲烷逃逸	排气中会有一定量的甲烷逃逸，约3%	甲烷逃逸量极小

4）大型化。与普通商船一样，大型化在经济性上的好处是降低单位运输成本。特别是 LNG 项目的运输量几乎是固定的，借助大型化可减少所需 LNG 船的艘数，而艘数的减少与建造费和航运费的降低有直接的联系。大型化之后的问题是现有 LNG 码头，特别是接受码头如何与船舶相适应。现有的研究结果是，有关的主尺寸、系船装置、液罐容量等的物理参数能大型化，但码头强度、卸货效率等方面，必须根据船型对有关接受设施进行改造。

5）标准化。LNG 项目需要庞大的初期投资，因此一般按照生产与消费方之间的长期合同进行开发。这样，LNG 船作为该项目的专用船决定了最佳船型、航速等基本条件。另一方面，LNG 也与一般的海运货物一样，存在着许多不特定的生产者与消费者之间转让合同的可能性。具体地说，也进行现货交易。因此，一般认为，将来多采用通用性强的标准进行交接。在这种背景下，从与大型化不同的角度看，标准化也是可以考虑的方向。现在的标准船型从 125000m^3 逐渐扩大至 174000m^3。然而如前所述，大型化之后会出现进港困难的 LNG 码头问题，因此设计标准船型时提高通用性是极为重要的。

6）在 LNG 船各部位广泛采用自动化装置，力求使航运简单化，提高安全性。从环保考虑，完成了采用压载水置换的自动化和聚四氟乙烯制冷剂对策等新技术用于 LNG 船的开发，部分技术已进入实用阶段。

7）多航速目标优化。随着全球 LNG 贸易多元化方式的发展，现货贸易的占比越来越大，2019 年已达到 30% 的比重，对 LNG 航运呈现不同的运营需求，大型 LNG 船一般设计航速为 19.5 节，当前运行的常用航速区间为 14 ~ 20 节，船舶设计需要兼顾在这些航速区间运行实现多目标优化，使船舶可以在固定航线和现货贸易航线下，以不同航速运行均获得优良的性能。

8）船对船浮式转运兼容性。随着 FSRU（浮式存储再汽化装置）的兴起，全球投入运营的 FSRU 已经超过 20 座，规划中的项目超过 30 个。2019 年全球 LNG 贸易中通过 FSRU 接收的 LNG 已经超过贸易量的 10%，并呈加速发展的态势。FSRU 通常采用船对船浮式转运系统实现与 LNG 运输船之间的驳运，目前这种船对船浮式转运技术已经进行了广泛的应用。LNG 运输船的设计不仅需要具有良好的船岸兼容性，也需要满足各种船对船浮式转运操作的兼容性。LNG 运输船通过对船浮式转运向 FSRU 输送 LNG 实景如图 6-39 所示。

综上所述，提高 LNG 船运行经济性的前景是很广阔的，而降低 BOR 是提高运行经济性的关键。

图 6-39　LNG 运输船通过船对船浮式转运向 FSRU 输送 LNG 实景

2. 货舱系统

近年来，国外的专利设计和制造商对 LNG 运输船的货物围护系统的隔热进行了不断的改进，以法国的 GTT 公司为例，LNG 货物围护系统就经历了 No. 82、No. 85、No. 88 等一系列的改进直至现在的 No. 96。MARK Ⅲ 也经历了类似过程，由最初的 MARK Ⅰ 发展到现在的 MARK Ⅲ。作为全球最有代表性的 LNG 货物围护系统的专利公司之一，GTT 公司更是把 No. 96 型和 MARK Ⅲ 型货物围护系统的优点融合到一起，开发了最新的 No. 96 FLEX 货物围护系统。该系统由于具备了 No. 96 型货舱手工焊接工作量少的特点，又具备了 MARK Ⅲ 主屏蔽强度高和聚氨酯泡沫板绝缘性能好的特点，因此这种全新理念的货舱抗晃荡能力强、蒸发率低。

在亚洲，日本和韩国在很早就进行了 LNG 运输船的技术开发和建造，如日本的石川岛播磨重工自行开发的 SPB 型货物围护系统由于可以用于 14 万 m^3 的大型 LNG 运输船而被倍受关注。日本和韩国现在已成为世界上的造船强国，其中 LNG 运输船的建造为其获取世界排名做出了不少贡献。

LNG 的储罐是独立于船体的特殊构造，储罐的形式对 LNG 运输的设计影响很大。当今世界 LNG 运输船的储罐形式主要有自撑式（独立型液舱）和薄膜式（薄膜型液舱）两种。如图 6-40 所示，左为独立型液舱（B 型），右为薄膜型液舱：

独立型　　薄膜型

图 6-40　独立型液舱与薄膜型液舱

自撑式有 A 型、B 型和 C 型，其中 A 型为棱形或称为 IHI SPB，设置完整的二级防漏隔层，以防护全部货物泄漏，专利属于日本石川岛播磨重工公司；B 型为球形，设置部分二级防漏隔层，以防护少量货物泄漏，专利属于 KVANERNER MOSS。C 型为圆柱形，主要用于小型船舶。

球罐型的特点是：独立舱体不容易被伤害，可分开制造，造船周期短，质量检查容易；液面晃动效应少，不受装载限制，充装范围宽；保温材料（可用聚氨基甲酸酯塑料，聚苯乙烯，酚醛塑料树脂）用量少。由于储罐可以承受液位晃荡，对装载液位无限制，操作灵活，增加了安全性；在紧急情况下，在装卸的任何阶段都可离港，或在货物泵失灵情况下，卸货的可能性也较好，并且卸完货时清舱简便，但船受风阻面积大。

薄膜式又可分为 Technigaz 和 Gaz - Transport 基本两种，前者货舱内壁为波纹型。其特点是：可加工许多预制件，缩短造船时间，由于保温层较薄，相应货物装载量要略微大些，但保温材料较贵，并且保温采用黏结方式，施工后不能改动，对质量控制要求严格。后者选用0.7mm厚、500mm宽的平板INVAR钢（36%镍钢）作为货舱内壁。其特点是：由于不可预先加工许多部件，虽易制造，但实际制造时间却较长。由于保温层较厚，相应货物装载量稍微小些；保温材料采用可渗透气体的珍珠岩，以添加更多的惰性气体，减少保温材料费用；并且被封闭在保温绝缘箱内，用螺栓固定在船体结构上；施工后可改动，建造灵活性好。

以上两者均设置完整的二级防漏隔层，以防护全部货物泄漏，专利属于法国燃气公司的子公司——燃气海上运输及技术公司（GTT）。两者共同的特点是：船的主要尺寸较小、低温钢材用量少，低功率、燃料消耗低；船体可见度大、视觉宽，船体受风阻面积少；设置完整的第二防漏隔层，对“高级”计算要求少，即不需要复杂的应力计算；船厂投资少，不能对保温层检查；液面易晃动，为避免晃动的危险及装载受限制，并且由此薄膜货舱尺寸也有所改进。

当今在建造LNG船的厂家中，制造自撑式球罐形的有日本（三菱重工、川崎重工、三井造船）和芬兰（KVANERNER MOSS）；制造自撑式IHI SPB（棱形）有日本石川岛播磨重工；制造GTT薄膜式主要有韩国现代、大宇和三星，以及中国的沪东中华。

另外根据国际海事组织（IMO）的规定还有其他三种形式的液货舱：半薄膜型液舱、整体型液舱和内部绝热型液舱。只不过迄今为止所建造的LNG船舶大多数属于独立型和薄膜型这两种，以下仅对流行的这两种做相关阐述。图6-41为截至2007年4月LNG船舶统计数据。

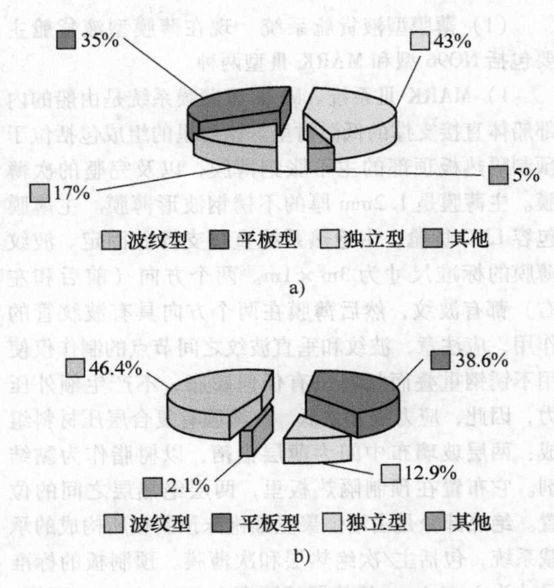

图6-41　LNG船舶统计数据

a）现有LNG各类船舶数量比例　b）LNG船舶订单数量比例

3. 货物围护系统

《国际散装运输液化气体船舶构造和设备规则》（IGC规则）和美国海岸警卫队（USCG）的相关要求对LNG运输船的货物贮藏有着严格的规定。在这些规则中，把LNG运输船的货物贮藏处所称为“货物围护系统”。现在流行的货物围护系统一般都是薄膜型液货舱。

按照IGC规则的定义：薄膜液货舱系非自身支承的液货舱，它由邻接的船体结构通过绝热层支承的一层薄膜组成。对薄膜的设计应考虑使热膨胀和其他膨胀（或收缩）得到补偿，以免薄膜受过大的应力。设计蒸气压力p_0通常不应超过25kPa（0.25bar）。如果船体结构尺寸适当加大，并且对支承绝热层的强度作了适当考虑，则p_0可相应增加，但应小于70kPa（0.7bar）。薄膜液货舱的定义并不排除设计非金属薄膜或其薄膜被包括或被合并在绝热层中的液货舱。但是对这种设计应经主管机关特别考虑。在任何情况下，薄膜厚度一般不超过10mm。图6-42所示为薄膜型LNG船的典型横剖面。

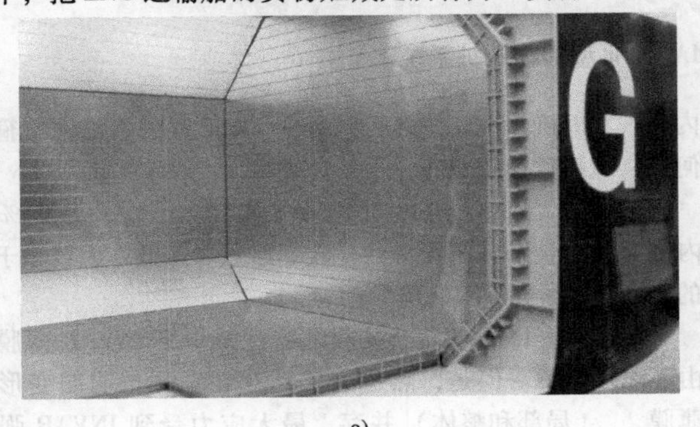

a)

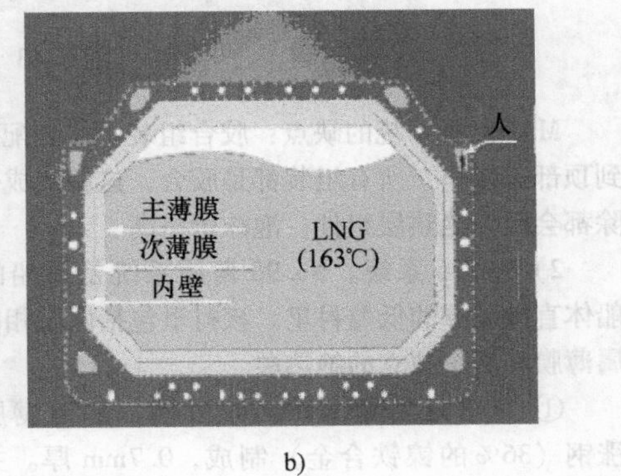

b)

图6-42　薄膜型LNG船的典型横剖面

a）船舱模型剖面　b）货舱薄膜结构剖面

（1）薄膜型液货舱系统　现在薄膜型液货舱主要包括 NO96 型和 MARK Ⅲ型两种。

1）MARK Ⅲ系统。Mark Ⅲ薄膜系统是由船的内部船体直接支撑的低温衬里。该衬里的组成包括位于预制隔热板顶部的主不胀钢薄膜，以及完整的次薄膜。主薄膜是 1.2mm 厚的不锈钢波形薄膜。主薄膜包容 LNG 货舱，由绝热系统直接支撑并固定。波纹薄膜的标准尺寸为 3m×1m。两个方向（前后和左右）都有波纹，然后薄膜在两个方向具有波纹管的作用，应注意，波纹和垂直波纹之间节点的制作仅使用不锈钢重叠而材料没有任何膨胀，不产生额外压力，因此，应力级非常低。次薄膜有复合层压材料组成：两层玻璃布中间为薄层铝箔，以树脂作为黏结剂。它布置在预制隔热板里，两层绝热层之间的位置。绝热部分是由增强聚氨酯袍沫预制板所构成的承载系统，包括主/次绝热层和次薄膜。预制板的标准尺寸为 3m×1m。绝热层的厚度为 170～480mm 可调，满足任何 B. O. R 要求。预制板通过树脂绳黏结在内部船体上，树脂绳具有锚固和均匀传递载荷的功用。薄膜敷设在绝热板格上。绝热板格由内壳通过树脂绳支承，补偿了内壳平整度的缺失，也提供了内壳和绝热层之间的氮填充处所。绝热板格由全部黏合在一起的三层组成：一层是 170～380mm 厚的聚氨酯泡沫板；一层是夹层（两层玻璃纤维片之间的铝箔），即次屏蔽；一层是 100mm 厚的聚氨酯泡沫板。绝热层是聚氨酯泡沫。该泡沫必须具有以下特性：

① 对挤压的阻力必须具有所要求的值，能够把载荷传输到内部结构而不会倒塌。

② 绝热板格与内壳粘贴在一起，具有与内壳相同的变形，因此，泡沫用玻璃纤维垫加固。

但是，泡沫的应力应保持在小于一定值，邻接结构应做相应设计。

MARK Ⅲ 型货物围护系统图如图 6-43 所示。MARK Ⅲ系统的优点：波形薄膜，该薄膜受较低应力，但应符合组装公差；1.2mm 厚度的薄膜，它增加了薄膜的强度（组装阶段和维护阶段中受损较少）。

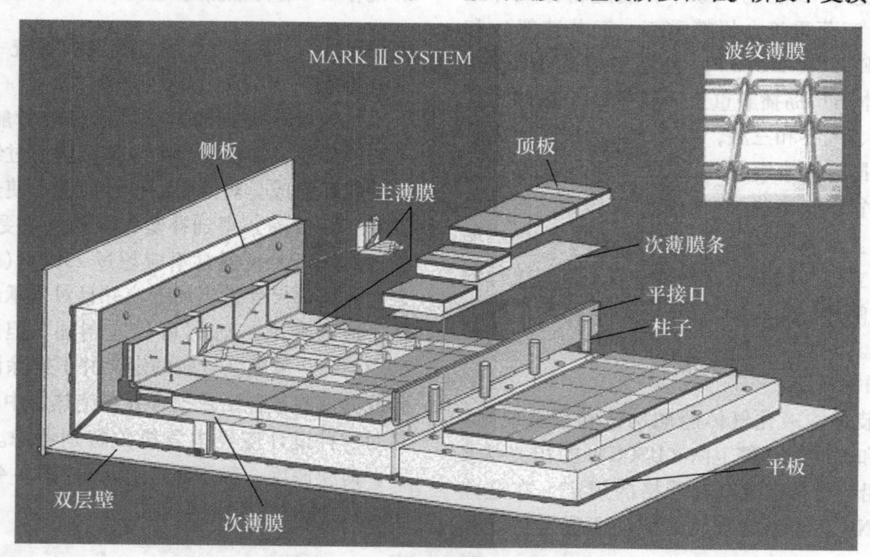

图 6-43　MARK Ⅲ型货物围护系统

MARK Ⅲ系统的缺点：胶合组装，从装配到内壳到顶部架接垫，所有组装都是胶合，这就造成任何移除都会毁坏绝热层组件；泡沫价格高。

2）No. 96 系统。No. 96 薄膜系统是由船的内部船体直接支撑的低温衬里。该衬里包括两层相同的金属薄膜和两个独立的绝热层。

① 主/次不涨钢（Invar）薄膜。主/次薄膜由不涨钢（36% 的镍铁合金）制成，0.7mm 厚。主薄膜包容 LNG 货舱，与主薄膜相同的次薄膜在发生泄漏时确保 100% 的冗余性。500mm 宽的不涨钢轮箍沿储罐壁连续分布，平均地支撑主/次绝热层。

该系统是基于 INVAR 薄膜。INVAR 是 36% 的镍合金，其主要特性是收缩系数非常低，大约小于钢的 10 倍（1.2×10^{-6}/℃）。

INVAR 很小的收缩特性减少了 INVAR 薄膜的热应力。但是，热应力仍然存在，且与船舶变形应力（局部和整体）并存。最大应力受到 INVAR 强度和焊接接头强度（列板到角形片）的限制，船舶结构应做出相应的设计。

对于每块列板，横向应力由升起的边缘接头吸收。边缘接头起波纹管作用，具有较低应力级，但列板的敷设要在 GTT 公差内。

货物围护系统包含船体内壳、次屏蔽绝热部件、次屏蔽薄膜（INVAR）、主屏蔽绝热部件和主屏蔽薄膜（INVAR）。

② 主/次绝热。主/次绝热层由装有膨胀珍珠岩的层压板盒子制作，构成承载系统。盒子的标准尺寸是 1m×1.2m。主绝热层的厚度为 230mm 可调，满足任何 B. O. R 要求；次绝热层典型厚度为 300mm。主绝热层由固定于次联结器组合件上的主连接器保持稳固，次绝热层通过承载树脂绳被内部船体平均支撑，并由锚固在内部船体上的次连接器固定。

绝热部件（主屏蔽和次屏蔽）是填充了珍珠岩的胶合板箱。次屏蔽胶合板箱通过树脂绳与船体内壳接触，可补偿内壳平整度的缺失，也为氮气提供了填充空间。但是，与 MARK Ⅲ不同，绝热层不胶合到内壳：树脂和内壳之间有一张牛皮纸，允许箱子在任何船体挠曲时能自由移动。

No. 96 型货物围护系统图如图 6-44 所示。

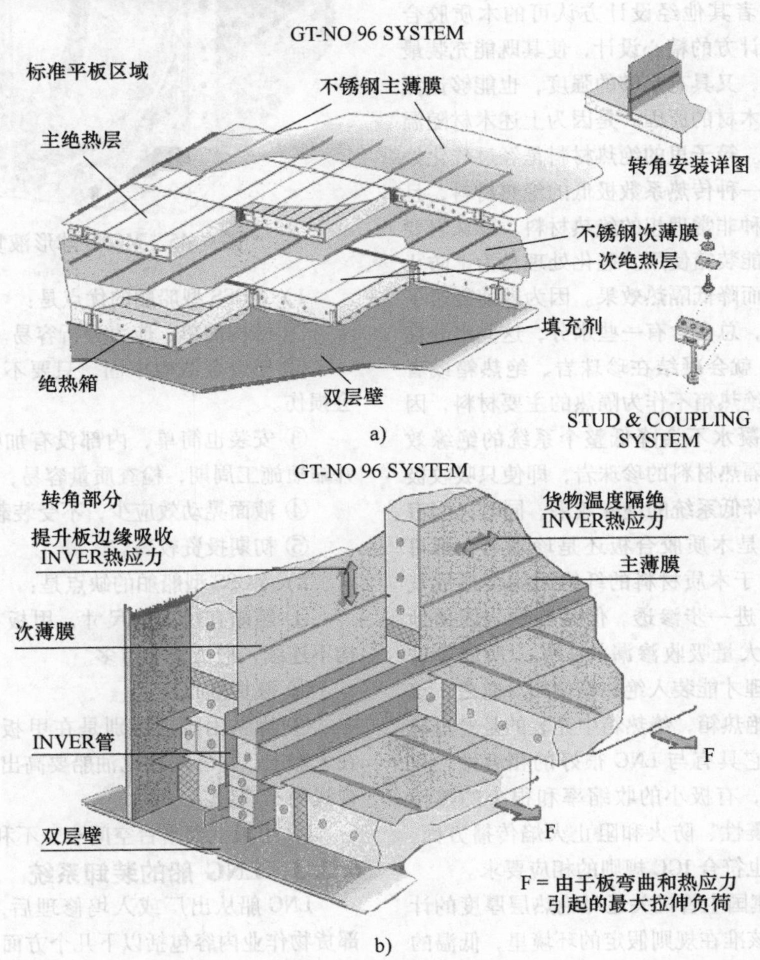

图 6-44 No. 96 型货物围护系统

a）螺栓连接的围护系统 b）消除热应力结构

No. 96 系统的优点：绝热层的制造既便宜又简单，胶合板箱很容易制造，尽管质量很关键，但尺寸、位置和内部分隔的尺寸很容易确定；固定精确；尽管粒度测定很关键，但珍珠岩的制造便宜而简单。焊接相对简单。两个薄膜相同。任何东西可移除，尽管可能会导致较低质量。

No. 96 系统的缺点：INVAR 价格昂贵；安装两个相同薄膜需要很长时间；绝热箱有许多不同类型，制造和供应有难度；任何阶段的系统组装都复杂困难，且精确性很关键；INVAR 薄膜非常脆弱，对任何碰击都非常敏感，甚至包括裸手接触。

由于上述三种形式的货物围护系统都是 GTT 公司的专利产品，因此其使用的隔热层从材料到结构形式都大同小异。隔热层一般使用具有一定强度的绝热箱为主体，各种形状的封闭泡沫材料作为箱与箱之间的填充物。

IGC 规则规定了绝热材料应具备的具体性能要求。为满足 IGC 规则的要求，绝热箱被设计成充满珍珠岩的胶合板箱子。绝热箱的材料是桦木胶合板或者柳安木胶合板，或者其他经设计方认可的木质胶合板。绝热箱经过设计方的精心设计，使其既能充装最多数量的绝缘材料，又具有足够的强度，也能够让氮气通过。选用上述木材的原因，是因为上述木材随温度的变化变形很小。箱子里的绝热材料是经过硅化处理的珍珠岩，它是一种传热系数极低的绝热材料，且性价比很高，是一种非常理想的绝热材料。珍珠岩要经过硅化处理，才能装箱使用。硅化处理是为了防止珍珠岩因吸收水分而降低隔热效果。因为即使经过了干燥处理的氮气中，总会含有一些水分，这些水分在 -163℃的情况下，就会凝结在珍珠岩、绝热箱或者钢板表面。钢板和绝热箱不作为隔热的主要材料，因此这些极少量的冷凝水不会降低整个系统的绝缘效果，但是作为主要隔热材料的珍珠岩，即使只吸收极少量的水分，也会降低系统的绝缘效果。同时，当有 LNG 泄漏时，无论是木质胶合板还是珍珠岩，都可能与 LNG 接触。由于木质材料的纤维结构会形成气塞，故阻止了 LNG 进一步渗透。但是珍珠岩因质地相对较疏松，则会大量吸收渗漏的 LNG，所以珍珠岩必须经过硅化处理才能装入绝热箱使用。总之，该系统的隔热主体是绝热箱，绝热箱中充装的是经过硅化处理的珍珠岩，它具有与 LNG 很好的相容性，只吸收极少量的 LNG，有极小的收缩率和很小的热传导性。此外，在抗震性、防火和阻止火焰传播方面，这种形式的绝热箱也符合 IGC 规则的相应要求。

IGC 规则和船旗国主管机关还对绝热层厚度的计算有明确要求，以核准在规则假定的环境里，低温的 LNG 货物对船体结构的影响没有使船体及其构件的温度降低到低于规则规定的最低许用设计温度。

（2）MOSS 型船舶（独立球型液货舱）　此型船舶由挪威首创，1973 年首次推出，其后依次被美国、德国、日本和芬兰所采用。尤其日本航行的液化天然气船，大部分都是此种类型。球罐采用铝合金或 9% 镍钢制成，板厚按不同部位为 30～169mm；隔热采用 300mm 的多层聚苯乙烯板。图 6-45 所示为 MOSS 球形液货舱模型。

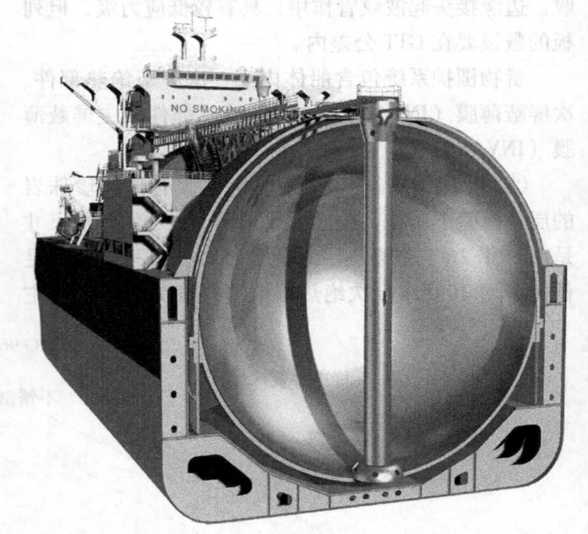

图 6-45　MOSS 球形液货舱模型

1）MOSS 型船舶的优点是：

① 结构简单，应力分析容易。

② 铝合金结构牢固，只要不发生直接碰撞，不会损伤。

③ 安装也简单，内部没有加强筋，能单独建造并缩短施工周期，检查质量容易，安全性好。

④ 液面晃动效应少，不受装载限制。

⑤ 初期投资较高。

2）MOSS 型船舶的缺点是：

① 船舶有较大的尺寸，甲板有大开口，甲板结构不连续，应力集中点多。

② 液货重心高。

③ 操纵困难，特别是在甲板上部受风面积大，在大船上，尽管尾楼比油船要高出好几层，但驾驶台视线仍不理想。

④ 甲板上面平台空间小，不利于加装功能模块。

6.3.3　LNG 船的装卸系统

LNG 船从出厂或入坞修理后，它可能涉及的全部货物作业内容包括以下几个方面：

1）干燥：清除液货舱、管路等的湿气，防止生成水合物或结冰。

2）惰化：降低货物系统中的含氧量至安全程度，防止在装货过程中形成可燃的气体环境或货物与氧发生危险反应。

3）驱气：用待装的货物蒸气把液货舱中的惰性气体排挤出去。

4）预冷：在装货前降低液货舱温度以便尽量减少热应力和过度蒸发。

5）装货：包括货物的冷却和装载极限的控制等。

6）载货航行：进行货物状态控制。

7）卸货：包括把冷冻货物加热以便卸到常温压力贮罐中去。

8）换装货品：包括除液、除气、惰化和再驱气等。

9）液货舱检修前的准备工作：包括除液复温、用惰性气体置换可燃货物气体，随后用空气置换惰性气体等操作。

图6-46所示为LNG船舶的营运流程。

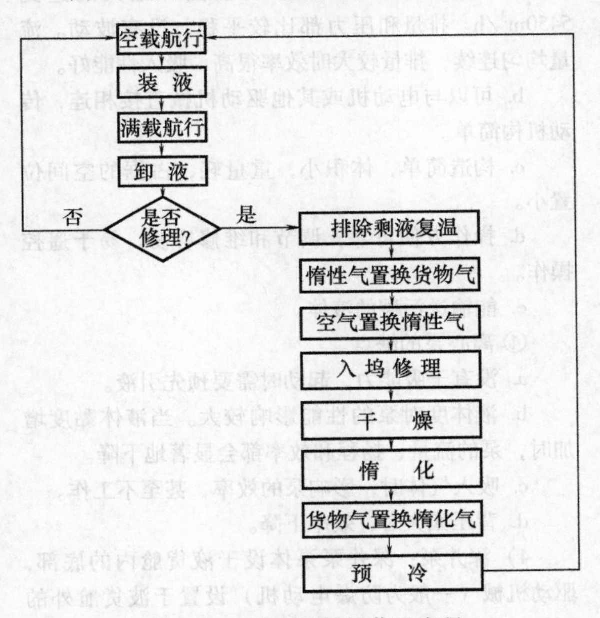

图6-46　LNG船舶的营运流程

LNG船液货装卸系统由管道、液货泵、压缩机、加热器、控制系统及各种阀门构成，这些设备均应满足相应的规范要求。本节对LNG船货物操作系统中常见的各类设备、装置、系统做简单的介绍，但船上装设的具体设备、装置和系统等应以制造厂家的操作说明书为依据。

1. 管道

（1）结构　低温液体的输送管道一般使用绝热管绝热。绝热管的绝热方式从原理上分四大类，即真空绝热、真空粉末绝热、多层绝热及预制绝热模块。在LNG船舶液货管道上，大多数采用最简单方便、价廉的预制绝热模块方法，绝热材料一般使用聚氨酯泡沫。

（2）要求　根据石油公司国际海事论坛规范（OCIMF，也称作油公司国际船舶基金会）要求，LNG船液货装卸系统由两条跨接输液管和一条货物回气管组成，以便与岸上输液系统相一致。

（3）布置　通常在船中部设有横跨左右舷的液相和气相装卸总管，总管与通到液货舱的液相和气相管相连接。液根管从气室引至每个波货舱的底部，气相管从每个液货舱顶部气室引出。每一个液货舱一般设有一根液相装货管、一根液相卸货管、一根气相管，以及一个压力释放阀、泄压排气管。

在设有货物再液化设备的液化气船上，有相应的气相支路从各个货舱通至货物压缩机，并设有货物再液化回流管将冷凝液从再液化设备流回各个货舱。在附加气相管路中可将各货舱蒸发的超压蒸气经过压缩机和加热器送到船上锅炉或柴油机作为燃料。

在液化气船上，货物装卸管系不允许设置在甲板之下。而设置在甲板下面的液货舱，其气室必须穿过甲板，将所有的装卸货物管系、压力释放阀及各种仪表设备等集中装在气室上。通常在管路内设置短的可拆卸管段，用于与惰性气体系统的连接。

为适应管路的热胀冷缩和船体变形，在货物管系中设有膨胀接头，或利用管路安装的自然弯曲形状来消除管系的膨胀和收缩的影响。在充满液体时，会在被隔断的液相管路中设置压力释放阀，以保护管路免受液体膨胀造成压力过大而破坏。当管路压力超过调定压力值时，压力释放阀开启，液货回流到货舱内。在气相管路上装设的压力释放阀则会通至排气系统（透气桅）。

为了保证货物管系各管之间法兰接头的密封性，法兰之间装有垫片。垫片将各管互相绝缘。为防止货物在管线中流动产生的静电荷在法兰两边积聚增加而产生静电爆炸的危险，用导线（或金属片）将管接头的两端法兰连接起来，使整个货物管系形成一个完整的导电体。

2. 液货泵

1）液货泵一般采用深井泵和浸没式泵供卸货用。

2）根据英国劳氏船级社（LR）及国际海事组织（IMO）规则的要求，每个液货舱必须配备2台完全一致的泵作为卸货泵。扫舱泵的流量为卸货泵的30%~40%，其作用是当液货舱需要修理时，为减少复温时间再抽掉一部分液货。如果液货舱在营运期间不可能修理液货泵时，则必须要有其他的卸货替代措施，否则每个货舱要配2台液货泵。由于LNG常压全冷式货舱无法承压，必须在每个货舱内设2台液货泵。

3）离心泵。

① 离心泵的工作原理。离心泵工作时，预先充满在泵壳中的液体受到叶瓣的推压被迫随叶轮一起回转，因而产生离心力，使液体自叶轮中心向四周抛出；然后，沿泵壳中的流道流向排出管，并在叶轮的中心出现低压区。因此，在吸入液面上的压力在液货舱内蒸气压力作用下，液体就会经吸管进入叶轮中心。液体流经叶轮后的压力和速度都比进入叶轮时增加了许多。为了减少液体通过排出管时的阻力损失点降低流速，需把部分动能转变为压力能，为此就采用通流截面逐渐扩大的能量转换装置。蜗线形泵壳就是其中常用的一种。此外，蜗壳还兼有汇聚液体并将其平稳地导向排出管的作用。液体在泵中只经叶轮传递一次能量的称单级离心泵，经多个叶轮多次传递能量的称多级离心泵。液体由叶轮一侧吸入的称单侧吸入式，由叶轮双侧吸入的称双侧吸入式。离心泵的排量与压头有关，排量增加，则压头降低；反之亦然。如果离心泵服务于某个系统，只有当泵所产生的压头等于系统中所消耗的压头时，才能保证离心泵的稳定工作。

② 离心泵正常运转需满足的条件。

a. 液货泵吸入管路及泵体内必须充满液货。由于货物蒸气质量轻，如果液货泵内是蒸气，液货泵旋转时所产生的离心力不足以造成较大的真空，即没有多大的干吸能力。泵内仍存在着货物蒸气，并且液货泵内的蒸气压力和液货舱内的压力相差不大，因此，液货无法流入液货泵内，液货泵就无法供应液体。必须用货物压缩机对货舱升压引液，将货舱至货泵之间所有阀门打开，同时将离心泵体上的排气管打开，利用液舱内的高压液货挤走管路及货泵壳内的货物蒸气，直至离心泵体上的排气管排出液货后，才证明引液工作完毕。

b. 液货泵进口处的液货压力必须大于所泵液货相应的饱和蒸气压力。液化气货品与油、水不同，它有较大的蒸气压力。货舱内的液货基本处于饱和平衡状态，由于液货在管内流动至液货泵入口处时，会有一定的压力损失和升温，如果液货泵内的压力小于液货的饱和蒸气压力，液货会大量汽化引起气塞，使泵喘振或空运转，损坏液货泵。为了保持液货泵内的液货压力大于液货饱和蒸气压力，在卸货期间必须用货物压缩机给卸货液船升压，以提高液货泵入口处压力。

c. 液货泵的进口和出口之间必须保持一定压差只有液货泵的进出口压差满足液货泵要求时，液货泵才能在正常工况中运行。液货泵要求的进出口压差与液货性质，液货泵转速、流量等因素有关，厂家一般给出有关液货泵运行的工况图。具体使用时可查表寻找液货泵的最佳运行工作点。液货泵运转工况不好时，可通过调节泵转速或排出阀的开度进行调节。

一般离心泵的轴功率都随泵排量增大而增加。当离心泵封闭起动时，所需的轴功率最小（一般为额定功率的35%～50%），而且这时泵所产生的封闭压头也不会太高，所以离心泵是采用封闭起动的，以减轻原动机所承受的起动功率。但为避免泵腔内的液体发热，离心泵不允许在封闭状态下长时间运转。

③ 离心泵的特点。

a. 离心泵能在很大的排量和压头范围内使用。一般常用在5～2000m^3/h。目前国外最大的达到5450m^3/h。排量和压力都比较平稳，没有波动。流量均匀连续，排量较大时效率很高，吸入性能好。

b. 可以与电动机或其他驱动机械直接相连，传动机构简单。

c. 构造简单，体积小，重量轻，占据的空间位置小。

d. 操作方便可靠，调节和维修容易，易于遥控操作。

e. 能输送污秽的液体。

④ 离心泵的缺点。

a. 没有干吸能力，起动时需要预先引液。

b. 液体度对泵的性能影响较大。当液体黏度增加时，泵的流量、扬程和效率都会显著地下降。

c. 吸入气体时，影响泵的效率，甚至不工作。

d. 背压太大时，效率下降。

4）深井泵：深井泵泵体设于液货舱内的底部，驱动机械（一般为防爆电动机）设置于液货舱外的顶部，传动轴由排液竖管内的中间轴承支撑。中间轴承是利用通过排液管的液货来冷却和润滑的。叶轮总成安装在液货舱底部，通常由2个或3个叶轮段及进口段组成。进口段是一个轴流式叶轮，它把泵所需的有效正吸入压头（NPSH）减到最小。轴封装置由一个配有油槽的双联机械密封组成，电动机联轴器、推力轴承和机械密封的精确安装及对中是很重要的。深井泵属于离心泵，其工作原理及正常运转所需要的条件均与离心泵相同。由于泵体是浸入在液货舱的底部，所以起动前不需引液，并且不必要利用货物压缩机加压维持液货泵进口处所必需的最小正吸入压头。但为了减少电动机的起动功率和压力冲击，仍然采用封闭起动或半封闭起动，并在作业期间根据情况调节出口阀开度以控制液货泵在较佳工况中运行。当货舱内压力或液位较低时，应注意随时调节泵的出口阀的开启程度，以免因吸入压力太低而引起汽蚀。当液货泵内液货汽化或吸入气体时，出口压力会波动严重，如无法通过调节出口阀来降低液货泵所要求的最小正吸入压头时，则必须停泵。液货泵的中间轴承是依靠卸出的液货来冷却润滑的，因此严禁液货泵空转。有些泵的轴封装置也是依靠卸出的液货回流一部分来冷却润滑的，所以在起动泵之前必须把回流管上的有关阀门打开。如货品中含有水分，为防止积聚在轴承、轴套及叶轮等处的水分冻结或形成水合物，在起动泵之前应注入防冻剂，否则冻结可能会使泵咬住并烧毁电动机。推力轴承由于需要支撑很重的重量，当不运转又受到船舶振动的影响时，支撑面容易出现压痕，所以当液货泵长时间不用时，应经常盘车以改变轴承承压面。

5）潜水泵：潜水泵分两种，一种是固定式潜水泵，另一种是可移式潜水泵。

① 固定式潜水泵。它是由电动机及离心泵组成，整体地安置于液货舱的底部。泵和电动机垂直紧密组装成一体并安装在液货舱底部。电源由铜或不锈钢销装的电缆供给，这些电缆穿过液货舱气室的气密装置接在接线盒内。泵及电动机的运动部件是由卸出的液货冷却和润滑的，所以严格禁止液货泵空转。潜水泵与深井泵一样，均需装设低液位自动报警停泵装置。固定式潜水泵的操作和工况调节与深井泵类似，但由于电缆和电动机均浸于液货中。在液货泵起动前，必须先测量电动机和电缆的绝缘电阻，只有当绝缘电阻符合使用说明书的要求时，才可起动电动机；否则，可能损坏电动机。固定式潜水泵的电动机轴承一般都是依靠从卸出总管处回流部分液货来冷却和润滑的。在起动泵之前一定要先打开回流管上的相关阀门。

② 可移式潜水泵。可移式潜水泵与固定的潜水泵在工作原理上是一样的，但这种泵被安装在一个套管内。套管既是液货泵的依托，又是液货泵的排液管。在套管内液货泵的底部设有一个阀门，如液货泵损坏或需修理时，即使液货舱内还有液货，也可将液货泵稍微提起，然后关闭这个阀门，再对套管内进行情化置换后，就可慢慢地将液货泵移出舱外。需将泵装回去时，关闭腔式隔离间，用情性气体冲洗置换腔室后，将液货泵装入套管内，然后慢慢装回液货舱内的适当位置。可移式潜水泵的操作方法和注意事项与固定式潜水泵是相同的。

6）增压泵：增压泵装设于甲板上或甲板泵房或压缩机房内，与液货舱内的卸货泵串联运转。当液货从冷冻船卸到常温压力容器时，液货要升温，从货液能卸货泵来的冷冻液货，经增压泵升压后，流经液货加热器升温，然后再卸到岸上常温压力容器或压力式液化气装置中。液化气船增压泵一般是离心泵，包括立式增压泵和卧式增压泵两种，常见的是卧式增压泵。

3. 蒸发气压缩机

LNG 船上有两种压缩机，一种是低容量压缩机，用于航行时将蒸发气供给锅炉作为燃料、双燃料发电机、双燃料主机和 GCU，或将蒸发气排至再液化装置再液化，一般要求配备两台；另一种是高容量压缩机，用于卸货时将蒸发气排至回气管，到岸上再液化。

（1）压缩机　液化气船上必须设置货物压缩机，在 LNG 船上，离心压缩机被用来把液舱货物蒸气输送到机舱和将蒸气增压输送到岸上。同时，货物压缩机又是再液化系统的关键设备，用于增加货物蒸气冷凝前的温度和压力。液化气船装卸作业完毕后，在拆卸货物软管前，也必须用货物压缩机对液相管进行扫线作业。货物压缩机可用液压或电气马达或蒸汽轮机等驱动，较常见的是用电动机驱动，压缩机及其电动机往往分别设置于毗连的甲板室内。电动机与压缩机之间的传动轴贯穿舱壁并安装有高效润滑油的密封装置，防止压缩机舱内的可燃气体进入电动机舱。图 6-47a 所示为单级大容量压缩机，二级小容量压缩机如图 6-47b 所示。

（2）压缩机附属设备

1）气液分离器。进入压缩机气缸内的气体必须清洁、干燥，所以在压缩机进口处装设气液分离器，防止液体进入压缩机内引起液击。同时，还必须设置过滤装置，防止机械杂质进入压缩机引起气缸及活塞环的磨损。气液分离器是通过降低气体流速而使混在气体中的液体分离。有些气液分离器内有加热器，以便使分离的液体蒸发汽化，同时设有高液位传感器，当液位达到警戒水平，发出警报，并使压缩机自动停车。

2）稳压罐。稳压罐安装于压缩机的出口端。由于活塞压缩机排出的蒸气存在脉动压力，容易对管系造成冲击破坏，稳压罐可对脉动压力起缓冲平衡作用。对于普通型压缩机，稳压罐内部还设置油气分离装置，以防止润滑油对货物造成污染。

（3）常见货物压缩机　以往复式压缩机为例。往复式压缩机有两种类型，即普通型压缩机和无油润滑型压缩机。

该类型压缩机的活塞与缸壁之间、活塞环及密封套之间用迷宫式机械密封，因此，这些有货物蒸气流过的部位无须润滑（因此被称作”无油润滑型”）。

压缩机的无油部位由活塞杆上的刮油环把需要润滑的曲轴隔开。在双作用压缩机中，活塞的每一个行程，在气缸两端都分别进行吸气和压缩过程，气缸两端交替用于吸入和排出，故称之为双作用压缩机。这类压缩机不设旁通阀，流量通过能量卸载装置操纵调节，利用提阀器顶开吸气阀，当压缩机压缩时，气体从吸气阀排出而达到卸载之目的。提阀器是利用滑油泵建立的油压来操纵的，在压缩机每个吸入阀中装一提阀器，这样可以调节压缩机使其能分别在50%、75%和100%排量下运转。

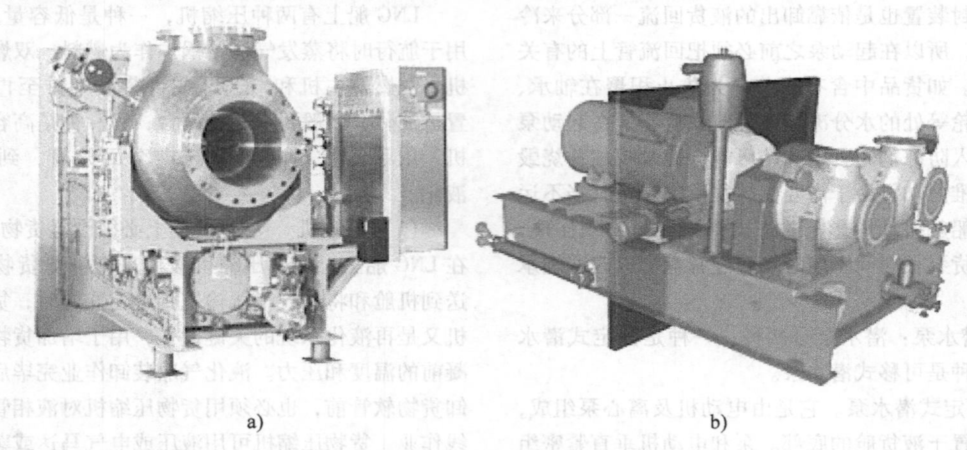

a)　　b)

图6-47　货物压缩机

a）单级大容量压缩机　b）二级小容量压缩机

在气缸夹层注有防冻液，吸收在吸入（冷）和压缩（热）行程中产生的热量。压缩机的冷却/加热系统，一般是用封闭循环的淡水附醇混合液来进行的。当压缩机停用而货物蒸气冷凝于润滑油中时，会稀释润滑油影响润滑性能。在起动压缩机前要先用加热装置加热曲轴箱内的润滑油，以便液货蒸发掉。当压缩机运转时，再利用冷却系统对曲轴箱内润滑油冷却，从而使定位轴承和十字头受到冷却。

另外一种常见的往复式无油润滑压缩机不再赘述。对于上述货物压缩机，一般还设有一些其他安全装置，如：

① 滑油压力过低切断装置。当滑油压力低于安全限值时，该装置自动关停压缩机。

② 排温过热切断装置。该装置的传感器装在压缩机的排出管上，如排出温度超过规定数值就自动停机。

③ 高压切断装置。如排出压力过高，该装置自动关停压缩机。

④ 滑油温度切断装置。防止压缩机在滑油温度低于规定的低温限值时起动，并在滑油温度高于规定的高温限值时自动停机。

液化气体船舶上使用的货物压缩机，其操纵方法和原理与其他用途的压缩机基本一致，但也有一些特殊性。如当压缩机起动时，应采取无负荷或轻负荷方法起动，将旁通阀或卸载装置打开。在机器运转正常并关掉卸载装置后，慢慢打开进气阀，使积存在压缩机内的液货由于压力下降而汽化。对于货物压缩机上的压力-温度控制开关要注意校验和校准。另外在对管路系统进行压力试验时，应将压缩机的曲轴箱隔离，除非它能承受该试验的压力。

（4）螺杆压缩机　螺杆压缩机是高速正排量压缩机，有相匹配的螺旋形转子。液化气船用的螺杆压缩机，形式上有干式（无油）和浸油式两种。在干式机中，螺旋转子之间实际不是直接接触，但保持啮合，由外部装置驱动。由于2个转子之间会泄漏，需要高速运转才能保持良好的压缩作用（一般转速为12000r/min）。浸油式压缩机是将润滑油喷淋至转子上，其传动是直接由一个转子驱动另一个转子。注入的油用作润滑和冷却，并在两个转子间产生油封作用。气体泄漏极少，因而可在低速（3000r/min）下工作，且压缩机排出管路上没有设置油气分离器用于分离气体携带的润滑油。螺杆压缩机可用多种方法控制排量，最普遍使用的是利用滑阀来改变转子的工作行程。这比节流即减小进口的方法更为有效。螺杆压缩机严禁在出口阀关闭时运转。螺杆压缩机比往复压缩机要消耗更多的功率。

（5）离心压缩机　离心压缩机通常由蒸汽轮机经齿轮箱高速驱动，有单级和多级之分，压缩比由级数而定。它一般应用于LNG船上，用来输送蒸发气体到机舱锅炉或码头。离心压缩机可以在排出阀关闭的情况下运转，但时间不宜过久，否则会因过热影响压缩机的正常工作，绝缘材料等也会由于高温而被破坏。离心压缩机容易发生喘振。当气流量减少时，可能会发生短暂的倒流而降低排出管的压力，之后又恢复正常压缩，并且重复循环，这就引起压缩机喘振。在与其他机组并联运行时，如平衡气流处于临界状态就容易发生喘振，最典型的例子是和往复式压缩机串联或并联运行时，因为往复式压缩机给出不稳定的脉冲气流，这时机组最容易发生险振。离心压缩机通常都装备自动喘振控制装置，以保持气流在设定界限之上，避免压缩机喘振现象的发生。装置还没有机组压差传感器，当接近调定值时，可使排出蒸气返回到吸入口以防止倒流。

4. 空气加热器

航行时，当蒸发气用作燃料时，需将低容量压缩机排出的气体用空气加热器加热至常温。控制系统用惰性气源远距离控制各种阀门操作，液位控制输液流量及关闭所有设备。

（1）货物加热器　用来将低温液货加热成常温液货，这样液货才能泵出，以避免接收液货的贮罐和管路发生低温脆化。货物加热流程是这样的：用液货船主卸货泵将低温液货从液货舱抽出，经增压泵加压，再通过货物加热器将其加热到常温状态，然后压送到船上或岸上的常温压力贮罐中。货物加热器通常采用的是卧式壳管式热交换器，安装在甲板上，一般用海水作为热源。海水货物加热器有两种形式。

1）“A”型海水加热器。海水通过加热器内的管子，液货在加热器的管子外面流动得到加温。

2）“B”型海水加热器。液货通过加热器内管子，而海水则沿蛇形通路在管子外流动。

在上述两种形式的海水货物加热器中，“B”型比“A”型更安全可靠。因为：①对于“A”型海水加热器，如果海水流经的一根或几根管子堵塞，就会发生管子冻结破裂的危险。而在“B”型海水加热器型中，水在管子外流动，即使海水在管子外面冻结，相当于在管子边上形成隔热层，只会降低热效率，但不会发生液货管子破裂。②“A”型海水加热器水管末端是固定的，不能自由移动，管子在本体间任何不均匀膨胀都会拉伸管子甚至导致管子断裂，而在“B”型中液货管子可自由膨胀及伸缩。

使用海水加热器时，应先通入海水，同时应对液货的流量小心调节，防止海水被冻结导致设备堵塞和损坏。货物加热器要保持一个压差，使货物泄漏只会发生在系统液货的一侧，以防止货物蒸气进入其他的安全系统。任何泄漏都应按要求排放。

（2）货物蒸发器　液化气船在营运过程中，许多情况下往往需要将液货加热蒸发成蒸气，如在卸货时没有货物蒸气从岸上回流，就需要保持液货舱压力；或在再液化作业时液货舱蒸气不足出现负压，必须补充额外的货物蒸气以维持液货舱必要的正压；或为了让船舶在海上航行时仍可对经惰化后的液货舱（如修船后）进行净化作业，缩短装货准备时间。为此，液化气船上通常设置货物蒸发器。液化气船用的货物蒸发器，有立式和卧式两种。采用的加热介质，一般是水蒸气，在某些情况下使用海水、液相货物等。

（3）装载作业

1）业经驱气船舶的装载。在充入液化气蒸气前，业经驱气的货舱必须先惰化。

通常只要用惰性气体置换掉75%的空气，因为此时氧气浓度将低于7%，不足以持续燃烧。由于蒸气比空气重，应从下部充入货舱，惰性气体和惰性气体与蒸气的混合物则从顶部排出。有时可由岸上供应蒸气或液货蒸发产生蒸气，排出的蒸气和惰性气体混合物可排到岸上烧掉。若岸上没有这种设备，可将混合物导入其他适当的货舱。在缓冲货舱内，由于惰性气体较轻，静置后就会覆盖在蒸气的上面。纯的惰性气体可以从缓冲舱的顶部放出。有些码头不允许将混合气排入大气中，在这种情况下，船舶只能在海上进行充气，然后再返回装货港。

在装货港，从岸上输送液化气，并在货舱内喷淋，使货舱冷却。冷却速度应控制在每小时5℃左右。当货舱底部出现冷凝液时，说明已达到装货温度，可以开始装货。在装载最后阶段，当高位警告已达95%容积时，就要减低装载速度。在卸去装货软管前，还要将软管和甲板管线中的液货扫入货舱，因此装满最后一个舱时应留有余地，通常仅装至货舱容积的98%。如果过载时，过载警报将在达到98.5%时发出警告，并且由一个过载开关自动关闭主液货管的阀门。关闭的时间约需15s，以免引起压力波动。

2）未经驱气船舶的装载。若船舶离开卸货港未经驱气，直接驶往装货港，则货舱内仍保留了液体和蒸气。在途中就可以充气循环降低货舱温度，抵达装货港就可进行装载作业。

（4）卸载作业　抵达卸货港前，甲板上的液体管线必须逐渐预冷。抵达卸货港后，连接好卸货连接管，并由船岸双方共同检查货物的压力、温度和液面高度。一切准备工作就绪后，将第一个卸货舱的阀门打开1/4，起动卸货泵，可利用调节阀门维持所需的背压。通常的经验是稍微打开一点装载阀，使货物循环一下。当主液货管上的卸货阀一经打开后，立即再将其关闭，检查各处管线确保无泄漏现象。开始卸货时，应维持一定的速度，使得通往储罐的管线能适当地冷却下来。正常后，就可提高卸货速度，但不能超过限定的速度。一旦卸货开始，就要按次序逐舱进行。卸货时应同时进行压载作业，任何时候船舶均应保持处于无横倾状态和维持正常的吃水差。在卸货时可能在货舱内造成部分的真空，对对货舱结构，尤其是膜式货舱会造成损害。因此，通常应维持在货舱内至少有 20mbar（$1bar = 10^5 Pa$）的正压。可以由岸上蒸气返回管提供充足的蒸气，也可用船上的蒸发器来维持压力。卸货将近结束时，由于压力降低和液面下降，卸货泵可能因充气而降低效率。解决的办法是降低泵送速度，必要时可用蒸发器恢复舱内压力。当液体低于某一位置时，低位警报器就会动作。在货舱内应保留小部分的液体，以便在驶往装载港的压载航行中进行冷却和充气。卸货完成后，液管和软管中的货物应扫入货舱中，然后才能卸脱软管，关闭主液货管阀门。最后再一次测量温度、压力和液面，以便进行计算卸货量和保留在船上的余量。

（5）驱气作业　驱气作业分三个步骤，即蒸发残留在货舱内的液体、加热货舱、惰化及用空气置换。卸货后，残留在货舱内的液体用蒸汽加热的方法进行蒸发。蒸汽加热盘管位于货舱底部，且埋没在液货之中。开动压缩机抽出货舱顶部的货物蒸汽，压缩后通入加热盘管。蒸汽在盘管内受到外界液体的冷却而凝结成液体；同时，放出的蒸发潜热使周围的液体加热而蒸发。加热盘管内的冷凝液通过冷凝液管输送到岸上或送入甲板储液柜。舱内液体全部蒸发后，停止蒸汽加热系统。然后，用压缩机将蒸汽从顶部抽出，经气体加热器加热，再从货舱底部排入。加热一直进行到货舱温度达到环境温度为止。货舱加热后，从顶部通入惰性气体，蒸汽则从底部吹洗管或液货管排出。货舱惰化后，可用空气进行置换，直到舱内空气含氧量为 21%。

5. 阀门

管路的连通和截止都是依靠阀门来控制的。管系中的阀门应按需配备并满足相应的液化气船规则的要求。对于压力释放阀最大调定值大于 0.07MPa（G）的压力式液货舱，所有液相和气相管与液货舱连接处，以及船岸连接装卸总管处都装设两道阀门。一个为手动阀门，另一个为与之串联的遥控阀门。对于压力释放阀最大调定值小于 0.07MPa 的非压力式液货舱，则可只装一个可就地人工操作又可遥控操作的遥控阀门。液化气船货物管路上的阀门一般是截止、球阀、旋塞阀、闸阀或蝶阀等，这些阀门有些是手动的，也有些是用气压或液压驱动的；有些可以现场操作，也有些既可以现场操作又可以遥控操作。船上所有阀门都应是耐火的。

1）截止阀。装于液货舱引出液货及货物蒸汽管路上，这类阀门采用手动和远距离气动操作。

2）液货舱安全阀。当液货舱舱内压力达到设计压力 1.2 倍时，此阀自动开启卸压。

3）紧急切断阀。在液货舱出口管至岸上液货总管上必须装设该阀，它同时具备气控和液压控制紧急关闭功能。通常要求在 30s 内完全关闭，同时使输液设备全部停止工作。

有的在液相管路上装配有超流量阀。当管路内流量过大时自动关闭，所以可作为一种安全装置装配在货物管路上。某些地方，如货物压缩机和液货泵的出口处、气相和液相扫线连通管处等，为防止液体倒流，还应设置止回阀。同时，为了防止货物蒸气沿惰性气体管路倒流到机器处所内，也必须装设止回阀。在货物作业期间，要注意装卸速率和阀门开关速度，防止压力冲击造成破坏。

液化气船的阀门要承受特殊的温度和压力，并对防泄漏要求严格，在使用和维修保养时要予以特别注意。除了防止压力冲击的损坏外，由于低温缘故，还要小心防止阀杆冻结，必要时应加防冻剂，并在接触冷的阀杆和手轮时戴手套。对接头、填料函等处泄漏应尽快处理。更换阀门时，材料应与货物相容，并彻底干燥，防止结冰或形成水合物。对液货舱内的阀门（如液货舱纵舱壁上的连通、可移动式潜水泵的底阀等）要小心防冻。

6.3.4 LNG 船的安全管理

LNG 船舶安全主要考虑以下几方面：

第一，大型 LNG 船舶和码头存储设备，存储量巨大，属于特别重大危险源。

第二，随着各港口吞吐量增长，船舶通航密度不断加大，通航环境复杂：LNG 船舶操作难度加大；需防止其他各类船舶事故对 LNG 船舶和 LNG 码头的影响，特别是要防止油轮或危险化学品船舶的泄漏、溢油或火灾爆炸等事故的发生。

此外，还必须防止灾害性天气导致船舶发生走锚、飘移等导致碰撞 LNG 船舶或码头的事故发生。

在采取应对措施方面，需考虑：

（1）严格执行 ISM 规则　LNG 船的船公司和船上人员，要重视 LNG 船舶的安全管理，有必要参照西方国家 LNG 船舶管理的规程，结合设备制造商所提供的安全运行指南，制定相应的安全操作规程，规范LNG船舶机电设备运行操作管理，装卸货管理和检验检查制度，规范职务功能和标准，制定和建立一套科学、系统和程序化的安全管理体系，确保维护、保养、故障处理的制度化和规范化。还要借助SMS强化船岸人员的安全意识。发证机关要严格审核和认证。

(2) 加快海事主管机关专业人才的培养，强化人员培训 对LNG船舶的安全监督管理的重任，毫无疑问地落到了海事部门的身上。虽然我国海事主管机关对液化气船舶的安全监管已有多年经验，但是LNG船舶比起其他液化气船舶，具有许多特殊性，危险性更大，安全监管要求更高，且LNG船舶在我国港口目前尚未出现过，没有现成的安全监督经验可借鉴。

(3) 制定LNG船舶进出港的安全措施 可能包括：

1）正常情况下，LNG船舶不得夜间在港内航行和靠离泊。

2）LNG船舶由高级引航员引航。

3）LNG船舶港内航行，港区实行交通管制，包括LNG船舶避免与其他船舶在进港航道交会，严禁相互追或超越；LNG船舶，前方由海事巡逻艇清道护航；后方用消拖两用船护航；除监护船舶外，LNG船舶前后2.5倍设计船长范围内不得有其他船舶航行。

总之，LNG的高危险性，决定了LNG船具有很强的排他性，要求海事主管机关提高对LNG船舶安全的监管力度。为保证LNG船舶在进出航道时的航行安全，海事部门应充分认识到海事监管的艰巨性和复杂性，充分意识到改进和提升港口水域安全监督手段的必要性和紧迫性，尽快着手研究监管手段和相应人员的培训工作，以保证LNG船舶和港口安全。

1. LNG船的应变部署和应急程序

LNG船载运的是易燃易爆的危险货品，在船舶发生货物溢漏、碰撞、搁浅、失火和人员伤害等事故时，应立即按照船舶应急部署，遵循应急程序，采取相应的应急措施，制止事故继续发生或减少事故扩大和蔓延，使之对船舶和船员危害的程度减至最小。

(1) 应变部署

1）应变部署表。应变部署表包括各种应急情况下的应变动作，明确规定各种应急情况下的警报信号、集合地点，以及每个人的具体岗位和详细任务。同时，还指明了在关键人员受伤缺席后的替换者。船舶应变部署表的作用是使每个船员明确当船舶发生各种应急情况时各自的工作岗位和职责，一旦发生紧急事故，可使船员临危不惊、胸有成竹地按预定的计划投入应变工作。船舶领导必须对船舶营运期间可能出现的一些常见应急情况做充分考虑，并制定出相应的应急程序，并按规定经常组织船员按这些应急程序进行训练。在实际应变情况中，即使与预先设想的情况不尽相同，然而有了预先的计划和训练，就能保证基本的应变反应行动有条不紊地实施，迅速有效地处理任何可能发生的突发事件。LNG船在海上最可能遭遇到的应急情况，基本上与一般货船差异不大，如火灾、碰撞、搁浅等。编制应变部署表时可结合液化气船的特点参照一般货船的部署；但针对液化气船的一些应急情况部署，如海水漏入船舶或屏壁间处所、软管爆裂、管系破损或货物外溢、液货泄漏及货物在海上的应急投弃、人员遭受液货的伤害等，还应根据本船的设计、设备、装置的特点和人员的配备来综合考虑。按规定制定好的船舶应变部署表应分别张贴于驾驶室、机舱、餐厅、通道、走廊等船员经常到达处所的明显地方，使每个船员熟悉自己在应急情况下的岗位责任。在船员起居室、寝室床头及救生衣上都放置一张应变部署卡，部署卡上有本人在船员编号表中的编号、救生艇号、各种应变信号及本人在各种应变部署中的任务等。

2）应变组织机构。制定和实施应急部署，首先须建立在意外事故中能采取相应行动的组织机构，围绕这个机构，再制定出详细的应急部署。为了使各船舶在应急组织、计划和行动方面保持一致，国际航运公会在《液化气船安全指南》中，就如何建立应变组织机构给出如下的建议，各船舶制定应急部署表时，可参照执行。LNG船应急组织机构建议分成四个组成部分：应急指挥中心、应急救援队、应急预备队、应急机务队。它们的主要任务如下：

①应急指挥中心。应急指挥中心是船舶应急行动的指挥部，由船长担任总指挥，配有高级船员、操舵水手等。如可能的话，由液化气专家担任参谋，为船长指挥应急行动提供必要的帮助。应急指挥中心必须始终与各应急队保持联系，及时了解和掌握处理事故的实际情况，以便使用应急预备队替换，或根据现场情况做出新的应急决策。保持通信联系的方法可以采用防爆对讲机，必要时也可通过通信联络员保持联系。

②应急救援队。该队应由大副担任队长，由甲板部船员、轮机部船员和其他船员组成。其主要任务是针对所发生的事故采取相应应急措施，在应急实施中要始终与指挥中心保持联系，及时向指挥中心报告现场情况和需要何种帮助等。

③ 应急预备队。该队可由甲板部高级船员担任队长，并配以甲板部船员、轮机部船员和其他船员。其主要任务是发生事故时，始终与指挥中心保持密切联系，按指挥中心的要求，随时准备进入现场替换应急救援队，以保证应急措施的持续实施，或为应急救援队提供帮助等。

④ 应急机务队。该队可由轮机长担任队长，由轮机部船员和其他船员组成。其主要任务是按指挥中心要求处理机舱的应急事务，或为实施应急措施提供必要的帮助等。

3）应急反应指挥原则。应急反应指挥，是指对一项突发的事故实施应急处理的指挥活动。这项活动涉及面广、专业性强，它贯串于从报警起至应急处理结束止的全过程。特别是对比较大型的灾害性事故的扑救，涉及诸多方面及时间紧迫、灾情危险，应急反应指挥的正确与否直接关系到事故处理的成功和失败。在部署指挥应急处理中，各级指挥员必须遵循以下的基本原则。

① 统一指挥。

a. 事故现场情况复杂、险情不断，只有实施统一指挥，才能使组织者准确掌握和正确调用各个应急分队，保证应急部署的整体性和扑救行动的协调性。避免各自为战，应步调一致地贯彻实施应急处理措施，有效地完成应急任务。

b. 在应急处理中，若干处理环节联系紧密、互相影响，一处发生偏差，往往可能导致全局失败。实施统一指挥，可以加强总体协调，互相弥补不足。

② 逐级指挥。

a. 无论事故现场大小、应急力量多少，应急指挥的实施，一般都要逐级进行，应实行指挥单一负责制，以充分发挥部属贯彻执行命令的积极性和坚定性，避免指挥混乱。

b. 在事故现场，下级必须服从上级；对上级命令若有异议，可以提出。但当上级没有表示更改决定时，下级必须执行原来命令。

c. 在上级指挥员紧急调动下属或更改原来命令，而下属的直接领导没有在场的特殊情况下，命令可以越级下达；但越级下达命令者，必须讲明身份。随后，下达命令和接受命令的双方，都要及时通知接受命令者的直接领导。

③ 接受海上搜寻救助组织指挥。LNG船发生重大事故后，在与船公司或海上搜寻救助组织取得联系后，船上应急总指挥（船长）应听取船公司或海上搜寻救助组织的应急处理指示并服从指挥。在获得外援时，应积极配合实施应急处理。

4）应急反应的初始行动。

① 发出警报并报告。现应急情况的人一定要首先发出警报，并向船上应急指挥中心报告出事地点和事故情况。与此同时，在应急指挥中心尚未派人到达现场前，在事故现场的人员可根据现场情况果断采取应急措施以控制事故的发展。当应急救援队赶到现场后应向他们做详细情况汇报，同时原先在现场的人员应回到各自的应变岗位报到，并听候调遣，不得擅自行动。

② 检查人数，救人第一。在发出应急警报后，尽可能立即核查船员人数以便了解是否有人被困、失踪或遇险。当发现事故现场有人被困，如受到窒息、中毒、火灾、浓烟、落水等威胁生命危险时，在保证救援人员安全的前提下，应首先抢救被困人员。

③ 到指定地点集合。应急反应的各个组织机构所属的每一个小组都应有一个指定的集合地点，对没有包括在应急机构中的人员，也应规定好集合地点。发生应急事故时所有人员均应到原先指定的集合地点集合，听候应急指挥中心的指挥。

5）应变信号。船舶应变信号通常是用船钟、汽笛、警报器或口哨发出，如有可能应伴随有线广播。船员听到报警信号，应立即着装就位。船上应变信号如下：

① 消防：（短声连放1min）警报发出后，再以船钟或汽笛或警报器鸣数次以指明火灾区域：

a. 前部失火：一阵乱钟声后敲一响。

b. 中部失火：一阵乱钟声后敲二响。

c. 尾部失火：一阵乱钟声后敲三响。

d. 机舱失火：一阵乱钟声后敲四响。

e. 上甲板失火：一阵乱钟声后敲五响。

② 人员落水：三长声连放1min，接着一短声表示右舷落水，两短声表示左舷落水。

③ 弃船求生：七短一长声连放1min。

④ 船损控制（包括碰撞、搁浅、液货泄漏等）：两长一短声连放1min。

除了以上四类应急情况外，其他所有的应急情况均采用通用警报，以免报警信号过多。用警铃/汽笛一长声，持续30s，以此声警告全体船员有意外情况，然后用广播通知是何种应变及集合地点。无广播设备的，可用口头大声呼叫通知，用哨、笛声表明集合地点，然后按应急部署表的规定行动。

⑤ 解除警报：一长声，持续6s，或以口头宣布。

上面提到的“短声”历时约1s，“长声”历时4～6s。

6）定期应变演习。每个船员必须参加船上的定期应变演习。定期演习可使每个人熟悉本人在应变反应时的岗位和具体任务，掌握操作技能，发现设备缺陷，及时维修保养，在发生紧急情况下不至惊慌失措。船上的应变演习可参照实际应变情况和有关规定来进行。

① 船上每月至少进行一次弃船演习和消防救生演习，若有25%以上船员未参加上月的演习，则应在离港后24h内举行以上两项演习。

② 堵漏演习每3个月举行一次。操舵装置失灵演习至少每3个月举行一次，包括从舵机房直接操舵，与驾驶台联系程序及装置的转换。

油类溢漏演习每3个月举行一次。

③ 其他的演习可参照船上实际情况来进行，如：

a. 液货泄漏和液货抛弃演习结合消防演习举行。

b. 寻救助和人员受伤演习结合救生演习举行。

除上述外的补充应变演习，由船长决定穿插进行。如防海盗演习，除结合消防救生演习穿插进行外，还应在将航行经过的海盗猖獗海域前举行。

除了进行演习外，船上还应定期进行训练与授课，并且还应配有训练手册供大家阅读参考。训练手册包括应急所需的各种须知资料。在船员餐厅、娱乐室或每间船员舱室应配有一份训练手册。

7）防火控制图。防火控制图应固定悬挂在船上醒目的位置上，供船员参考。图上应清楚地标明：每层甲板的各控制站，“A级分隔”围蔽的各区域，连同探火和失火报警系统、喷水器装置、灭火设备、各舱室和甲板出入通道等设施的细节，以及通风系统，包括风机控制位置、挡火闸位置和服务于每一区域通风机识别号码的细节。上述内容也可编成图册，高级船员每人一册，另有一册存放在船上易于到达处，以便随时查阅。防火控制图或图册资料内容应与当时实船情况一致，如实船情况变更时，则防火控制图或图册应予更新。防火控制图或图册上说明应为中文，如是国际航线的船舶，则还应译成英文或法文。此外，船上灭火和抑制火灾用的所有设备和装置的保养及操作说明，应保存在一个封套内，并放在易于到达的地方，以便随时取用。在所有船上，都应有一套防火控制图或该图的小册子复制品，永久地置于甲板室外面有醒目标志的风雨密封闭盒子里，以有助于岸上的消防人员取用。国际海事组织于1989年统一了“船舶防火控制图的识别符号”，识别符号有助于船员和岸上消防人员迅速看懂防火控制图的内容。

(2) 应急程序　以下列举的是LNG船最常见的应急情况及其相应的应变指导建议，实际工作中应根据事故性质与现场具体情况综合考虑。

1）火灾。

① 无论在何处发生火灾，应急指挥中心必须采取以下的应急行动：

a. 发出火灾警报。

b. 核查在船上的每个人员。

c. 组织集合应急救援队。

d. 将险情通知各部门及船上每个人员。

e. 用无线电报或电话求援。

f. 着手初步抢救行动。

g. 泊口需要时升级为大规模的灭火战斗。

h. 必要时改变航向，起动应急发电机。

i. 做好放救生艇的准备工作。

j. 其他必需的措施。

② 机舱失火。机舱是船舶的动力心脏，一旦失火，不仅会蔓延至居住舱室或导致船舶丧失动力，还可能影响到货物系统。机舱失火，应立即采取下述应急行动：

a. 发出火灾警报。

b. 检查是否有人失踪，需要时及时搜索。

c. 失火初期，可使用手提灭火器扑救火灾。

d. 消防队的船员应根据机舱失火部位及所在层次，选择最近、最有利的灭火路线，如各层通往机舱的左、右舷出入口，天棚窗口，烟囱上部的出入口和地轴弄逃生孔等。

e. 视需要保护好压缩空气和电源、燃料和海底阀等设备。

f. 如机舱火势蔓延扩大，无法控制时，人员应尽快撤出机舱，准备封舱灭火。

g. 封舱应关闭机舱通风机、出入口、通风孔、天棚窗和烟囱两侧的百叶窗等，以隔绝空气。

h. 开启船上固定灭火装置，向机舱内施放高倍泡沫、卤代烃或二氧化碳等灭火剂，进行封舱灭火。

i. 在与机舱毗邻的舱室和天棚窗口等处，用消防喷雾水枪进行冷却保护，防止因热传导和热对流等引起相邻结构的火灾。

j. 如火灾影响到液货系统，可用水喷淋冷却货物区域，或将相应的隔离舱注满水，或者使用再液化装置使液货舱降温降压等来加以控制。

k. 任何其他必需的措施。

③ 居住舱室失火。居住舱室或物料间起火与固体材料有关（如被褥、电气设备），而厨房内失火还可能与油类有关。重要的是必须防止火势沿通风管道或沿着走廊蔓延扩大，同时烟气会大大妨碍灭火工作。下列各点必须考虑：

a. 发出警报。

b. 尽可能有效地隔离失火舱室。

c. 检查人员是否失踪，如有则应及时搜索。

d. 用合适的灭火器初步施救。

e. 通过通达该处所尽可能小的开口进行大规模灭火战斗。

f. 如失火涉及固体材料，当火被扑灭后须继续淋透，以防复燃。

④ 货物区域失火。如果是货物区域内的物料或机械着火，则使用相应的灭火器材扑救。火灾会增加货物系统内液货的蒸发，压力升高。可采用水喷淋冷却和起动货物再液化装置来控制。下列各点必须考虑：

a. 发出警报。

b. 集合、清点船员，发布应急命令。

c. 停止所有货物作业，并关闭所有液货舱阀门。

d. 起动全船水喷淋系统喷淋冷却，防止火势蔓延，连续用足量的水冷却失火货舱及其附近区域。

e. 发放防火服及其他防护用品。

f. 尽快切断漏泄气源或阻止货物漏泄，如果唯一可以切断漏泄气源的阀处于火场中，则应由消防员在水雾和防火服保护下关闭此阀。

g. 除非泄漏被制止，否则不要灭火。

h. 在溢漏未被制止前，对漏出的液化气进行有控制的燃烧是消防通常接受的方法。

i. 在溢漏被制止后，即可开始灭火，干粉对扑灭液化气火灾是十分有效的。

j. 准备救生艇，在火灾危及人命安全时，由船长下令弃船逃生。

k. 任何其他必需的措施。

如火灾发生在货物设备处所内（如压缩机舱），则首先切断燃料源，并用手提干粉灭火器进行初步施救。如有必要，则在疏散所有处所内的人员后，封闭该舱室并起动固定式消防系统灭火（如泡沫、二氧化碳、卤代烃等）。当火被扑灭后，该舱室应彻底通风以驱散货物蒸气。

⑤ 透气桅失火。当透气桅排放可燃货物蒸气时，如碰到闪电、雷击或其他火源时，也可能引起火灾，这时应考虑以下各点：

a. 发出警报。

b. 停止透气桅排气。

c. 如可能，向透气桅充入惰性气体。

d. 用水喷淋桅柱顶端。

e. 当桅顶及周围已冷却，且雷电已过，方可重新恢复透气。

⑥ 船舶附近失火。当火灾发生在码头附近或附近船舶时，应考虑以下步骤：

a. 发出警报。

b. 停止所有货物作业和燃料作业。

c. 备妥消防设备，组织人员待命。

d. 隔离并拆开船岸连接软管或装卸硬臂。

e. 关闭全部舱室开口。

f. 备妥主机待命。

2）碰撞。下列各点应予以考虑：

① 拉响警报。

② 集合船员清点人数，如有失踪者要搜寻。

③ 发布应急命令，按应急部署进入应急工作状态。

④ 关闭全部水密舱门。

⑤ 如需要，发放防护服和防毒面具等防护用品。

⑥ 如有货物溢漏，阻止货物溢漏，或将货物转移到其他货舱。

⑦ 准备消防器材。

⑧ 估算船体受损程度。

⑨ 估计货物系统受损程度。

⑩ 如有人落水，应放下救生艇抢救。

⑪ 应与对方船舶取得联系。

⑫ 任何其他必需的措施。

3）搁浅。下列事项应予以考虑：

① 拉响警报。

② 判断船舶能否自行脱浅。

③ 关闭所有水密舱门。

④ 集合船员，清点或寻找船员，并发布应急命令。

⑤ 分析船体损伤和船舶稳性情况。

⑥ 分析对货物系统的影响情况。

⑦ 检查浅滩水深和海底情况，确定深水区方向。

⑧ 如搁浅得很严重或破损则应考虑转移或投弃货物。

⑨ 整理救生艇并准备放下。

⑩ 任何其他必需的措施。

4）船舱或屏壁间处所进水。如果海水漏入船舱或屏壁间等处所，则可能损坏液货舱的绝热层并引起货物温度及压力升高。对这些处所应定期检测是否有水漏入，如有漏入则应把水及时排出。

5）货物泄漏。

① 货物管系、软管破损。

a. 发出警报。

b. 关闭阀门，切断气源，堵住泄漏部位。

c. 停止所有货物作业，关闭货物管路上所有阀门。

d. 迅速熄灭船上火源，杜绝任何可能产生火花的行为，并尽可能少动用电开关。

e. 关闭所有水密舱门和起居室所有出入口的门，关闭除封闭循环外的所有通风装置。

f. 集合船员，清点人数。

g. 按应急部署进入应急工作状态，应急救援队应穿戴好防护服和呼吸器。

h. 如需要，发放呼吸器和其他防护用品。

i. 阻止货物溢漏，或将货物转移到其他货舱，慎重决定是否采取弃船措施，经验表明，如果液化气货物围护系统是完好无损的，货物处所外的火灾一般不会引起货物系统火灾。

j. 准备实施消防。

k. 用消防水雾或其他方法，驱散蒸气云雾。

l. 开动水喷淋和消防皮龙水冲刷甲板上液货，防止钢结构冷脆断裂。

m. 起动再液化装置，降低货舱压力。

n. 如溢漏严重，应将船尽快驶离云雾区，并使泄漏部位处于下风向。

o. 如溢漏被制止，需经防爆检测，确认无危险，方可解除警报。

p. 任何其他必需的措施。

② 液货舱泄漏。液货舱泄漏时，必须用气体检测设备保持监测货舱周围环境及屏壁间处所内货物蒸气浓度，同时保持检测液货舱和屏壁间处所内的温度、压力和液位等，船上操作人员可根据相应的数据判断货舱泄漏程度。无论如何，对液货舱的泄漏情况均应严肃对待，并应立即报告。除了遵守货物管系、软管破损泄漏的应急程序外，还需要注意以下几点。

a. 把泄漏到船舱或屏壁间处所的液货泵送到装载相容货物并且有足够的剩余舱容的未损液货舱内。

b. 必要时，使用船体加热系统防止钢结构受到低温的影响。

c. 起动再液化装置以降低泄漏液货舱内的压力，但需注意防止液货舱产生负压而将空气吸入液货舱内。

d. 当泄漏严重，又无其他可转移的液货舱或容器时，应考虑货物的应急抛弃。

6）海上货物应急抛弃。如果在海上发生液货舱破损泄漏，需将漏入船舱或屏壁间处所内的液货泵送到装载相容货物并有剩余舱容的液货舱内，剩余的液货尽可能保留在原液货舱内或泵送到有剩余舱容的相容液货舱内。但在某些特殊情况下，考虑到纵倾、稳性、浮力、船舶应力或者其他安全因素，可能需要把液货应急抛弃到海中。这种海上货物应急投弃，只是为了在海上保全生命和避免沉船而采取的消极措施。当然只要能找到更好的办法，就不应采取这种做法。如果必须进行海上应急抛弃时，最好利用尾部装卸管路进行。进行海上货物应急排卸时，除了遵守货物管系、软管破损货物外泄时的应急程序外，还需要注意以下各点：

① 用无线电警告附近所有船舶。

② 操纵船舶，使船舶处于上风方向。

③ 用最大的泵速尽快排卸。

④ 遵守为其规定的其他预防措施。

7）货物作业应急停止程序。LNG船在货物作业中发生事故时，即使初始是小事故，也可能很快扩展成严重的大事故。必须及时采取正确的应急停止程序来处理事故。货物作业应急停止程序一般包括以下几点。

① 发出警报，将险情通告全船人员。

② 所有人员进入应急岗位，按指示或规定执行相应的应急措施。

③ 通知岸站或过驳船停止货物作业。

④ 停止液货泵、货·物压缩机等货物装卸机械。

⑤ 关闭货物系统中的应急截止系统。

⑥ 关闭有关的作业阀门。

⑦ 清扫处理货物软管或硬臂内的液体货物。

⑧ 拆除船岸连接的货物软管或硬臂。

⑨ 通告解缆人员就位。

⑩ 主机备车，船舶做好驶离的准备。

在采取上述应急停止程序的同时，还需根据事故的类型采取相应的应急程序。

8）弃船。当紧急情况变得无法控制、危险性不断增大时，可能需要采取弃船这一应急措施。一般无法取先拟定在哪些具体情况下才可以弃船，因为到底是在大风浪中弃船危险，还是留在船上危险，这是不容易判断的。船长必须综合各方面情况和当时灾害的实际，做出是否下达弃船的命令。尽管如此，如果船上没有适于船员的安全处所、应急救援物资不足并且海况并非绝对危险时，船长就可以考虑为了尽量减少人员的危险而弃船，船上险情交由救援队伍利用更有效的设施去处理。

9）封闭处所/狭窄处所内受害者的急救程序。在封闭处所/狭窄处所内，会由于缺氧或含有过浓的毒性气体而发生人员意外伤亡事故。发生这类事故时，抢救的步骤如下：

① 首先，第一步行动就是发出警报。虽然抢救生命刻不容缓，但在没有做好必需的安全预防措施前，绝对不可试图单独去营救受害者。

② 集合救援队伍，按拟订的救援计划抢救受害者。

③ 救援者必须佩戴呼吸器，并使用有人操纵的救生绳，同时如果有必要还必须穿防护服。

④ 救援者绝不能脱去呼吸面罩，并试图以此面罩帮助受害者呼吸。如需要应为受害者另外带呼吸器，否则可能会使救援者出现危险，使其也变成受害者。

⑤ 将受害者抬到空气新鲜的场所，再根据实际情况进行人工医疗急救。

2. LNG船船岸安全管理

船岸的安全联系与安全管理是LNG安全管理的重要内容，船岸有关的作业人员要熟悉彼此的作业程序和设备操作，明确各自的责任，并能在作业中保持有效的联系，只有这样才能保证货物作业的安全有效。

(1) 设置船岸安全通道　船岸双方应共同负责设置足够的船岸安全通道。可能的话，装卸总管区应用绳子（圈）隔开。通道跳板应离开总管区附近设置，并在跳板下装设牢固的安全网。夜间，通道应有照明。码头最好配有逃离船舶的辅助装置，以防正常通道在紧急情况中不能使用。如果码头地形不能安置第二块跳板，可考虑把船舶外舷的一艘救生艇准备好且可随时降落，或在码头外边安置软梯。

(2) 船岸消防要求　在船舶靠泊码头期间，船岸的消防设备应正确配置并立即可用，把足够的固定和移动消防装置安放到可保护船岸装卸总管区的位置。消防水带应拉直并装上喷嘴，干粉软管应拉直，可携式灭火机就位并立即可用，国际船岸消防接头也应备妥并可立即使用。水雾系统定期试验，并更换失灵喷嘴。如果水雾设计成在火灾中自动喷射，试验时应检查自动装置的效用。

(3) 登船规定　岸站在船舶协助下控制进入码头区域的人员和车辆，只允许公务人员到码头和登船。应强制执行关于吸烟、摄影等的禁令。同样，船上人员应在船舶外舷设岗看守，船岸值班人员均应拒绝与船上无正式业务关系的人员和正在吸烟的人员或是未经船长特别许可的人员登船，如发现酗酒或吸毒者企图上船，应采取特别措施。

(4) 设置警告牌要求

1) 永久性的警告。在船上醒目的地方，用国际通用的标志或警告牌，注明何处禁止吸烟，何处在进入前必须预先通风。

2) 临时性的警告。船舶到港时，在登船处附近应设置临时警告牌，标明如下内容："注意：禁止明火，禁止吸烟，未经许可不得登船。"如液化气船正在装卸对人体健康有危害的货品时，则在警告牌中清楚显示如下内容："注意液化气有毒，危险。"有些港口码头可能还会要求额外的警告内容，这些当然应予遵守。

(5) 吸烟、明火作业和厨房使用规定　无论何时，只要船上载有易燃的液化气货物，都必须严格遵守吸烟和明火规定。船上只能在指定的地方和吸烟室吸烟。只有在特殊情况下才能在靠泊中的船舶上或其附近进行明火和非明火修理工作，包括使用动力工具。在必须进行这类修理工作的情况下，应制定并遵守最严格的安全措施和施工程序。如在船舱、码头上，必要时包括有关港口当局应协商建立施工许可制度及制定安全措施，颁发有时间限制的作业许可证；并严格执行明火作业的有关安全管理规定。当船长认为存在很大危险时，厨房炉灶应停止使用。

厨房工作人员应对厨房火灾的潜在危险有所认识，并采取下列安全防范措施：

1) 应调整厨房炉灶的燃烧器以保证充分燃烧，防止厨房烟囱起火和产生炽热的烟灰。

2) 应定期清洁烟道和吸气罩内的油脂滤器。

3) 油腻的抹布及油脂不得堆积在厨房内及其附近。

4) 吸气罩抽风管道应保持清洁。

5) 任何瓶装燃气设备应使用"加臭"燃料。

6) 厨房内应备有适用的灭火器。

当停泊时，经船长和码头的代表同意并认为不存在危险时，在厨房、配膳室和居住区域内的闭式电炉、闭式电灶和其他类似的炊事设备可以使用。任何直接面向液货舱甲板或可俯视液货舱甲板的门或开口应保持关闭。

当通过船尾部管路装卸货物时，厨房内具有封闭式加热元件的电炉、电灶和炊事设备都不得使用。

使用蒸汽的炊具和其他安全设备任何时候都可使用。

(6) 通风/门/窗和其他开口的要求和规定　货泵舱或压缩机室内可能会有货物蒸气，所以需设置通风系统以疏散泵舱和压缩机室中的可能积聚的任何货物蒸气。在货物作业开始前至少10min及在整个作业过程中都应对这些处所进行持续通风。同时，如怀疑有液货或货物蒸气泄漏时也应进行通风。对于居住区域，如果有任何货物蒸气吸进居住区的可能，则应停止机械通风，空调系统应改为内部循环或停止，窗式空调器应停止使用并将其开口关闭。如果货物蒸气有任何进入甲板室和上层建筑的可能，则在货物作业期间应将所有的门、舷窗和其他开口（包括尾楼第一层的所有舷窗）关闭。对于必须保持关闭的门应清晰地予以标明，但在任何时候都不得上锁。

(7) 气象的要求

1) 风。如果无风，则货物蒸气将滞留在甲板上；如果有风，则可能在吹越甲板室或上层建筑下风舷处形成低压区，使蒸气聚集于该处。风的这两种情况都会造成局部的蒸气高度聚集，如果这种情况持续下去，则可能需要停止货物作业或进行气体清除作业。

2) 雷电。船附近出现雷电天气时，对于难免会有可燃货物蒸气排放的货物作业应立即停止。如果透气管在排放货物蒸气时遭到雷击则可能燃烧。为了灭火应停止排气以隔绝燃料源，且如有可能应将惰性气体喷入透气桅内以灭火。在桅顶温度恢复正常之前不得恢复透气。

3) 寒冷天气。在寒冷的天气下设备内的水可能会冻结而导致管系和设备的冻裂。对压力释放阀和冷却水系统应特别当心，如设有加热系统应投入使用，压力释放阀排出端的任何积水均应予排除。冷却水应加防冻剂或按照需要泄放掉；如果系统被泄放则应做记录，并在再次使用前重新灌满。如果有冻结的危险，应将消防总管或水雾系统内的水不断地循环或者泄放掉。严寒还会使被截留在旋转设备（如货物压缩机）内的货物蒸气凝聚液化。如曲柄箱内货物蒸气冷凝液化而稀释滑油，会对压缩机造成损坏。所以压缩机起动前应使用曲柄箱加热器加热，清除润滑油内的液货。如果控制空气潮湿，则气动阀和控制系统在严寒中也可能会有水分析出并冻结。

(8) 舷梯调整要求　在码头没有登岸设施而只能使用船舶舷梯时，泊位处必须留出足够舷梯移动的充足场地，以便在潮汐和干舷发生任何变化等情况下，都不致影响登岸的方便与安全。在码头泊位时，应该备有专门设施以解决船舶甲板远低于码头地面时登岸的困难。

(9) 系泊要求　港口码头必须就船舶离靠码头建立安全操作标准，并充分考虑风、浪、流、潮的限制，对拖船的大小及艘数予以规定。船舶在泊位的系缆、解缆，包括与拖船之间的系缆、解缆等作业都是很危险的，应使每个有关人员对此有充分的认识，并采取适当有效的防患措施。系泊时的系泊设备数量应足够，系缆的技术状态应良好，而且在必要时根据系缆松紧情况随时调整。由于船舶系泊不适当而造成船身超限移位或发生断缆漂离泊位等情况，均会严重损坏码头和船上设施。尽管船舶系泊是船长的职责范围，但保证船舶安全系泊对码头本身也是至关重要的。只有在码头代表和船长双方均对船舶的系泊安全表示满意时，才能连接货物软管或装卸硬臂。

(10) 应急拖缆的设置要求　根据规定，液化气船停泊码头作业时必须设置应急拖缆，并且拖缆处于正确可用状态，紧急情况时无须再做调整即可使用。因为在火灾或其他应急情况下，船舶需要立即拖离。当船靠泊时，船长应保证应急拖缆置于船首、尾部的外挡，琵琶头则应松到水线附近，钢缆应处于良好状态并有足够强度。每一钢缆应直接在船上挽牢，而且在缆桩与导缆口之间应松弛，保证有足够的长度而无须调整就可拖曳。为防止钢缆滑出，可采用纤维绳的小索股或其他易于拉断的方法来简单系住处理。

(11) 船、艇离靠规定　未经许可的船、艇不准与本船旁靠。在会有货物蒸气排放到空中的作业期间，不准拖船或其他自航船旁靠。对于允许旁靠的任何船、艇，禁止吸烟及明火的规定应严格执行，如违反这些规定，作业应该停止，直到情况已经改善并达到安全之后，才准许重新开始作业。

(12) 照明要求　在晚上，登船设施及所有工作区域均应有良好的照明，保证安全及晚间作业的顺利进行，货物区域内所有的照明设备都必须是安全认可型的。

(13) 进行修理工作的安全要求　只有在特殊情况下才能在靠泊中的船舶上或其附近进行明火和非明火修理工作，包括使用动力工具。在进行这类修理工作时，应制定最严格的安全规则和施工程序，并严格遵守。在这些情况下，船舶、码头，必要时包括有关港口当局应协商建立施工许可制度，其中的规定应严格执行。当停泊在液化气装卸码头时，船上的主要设备应处于随时可用状态，以便接到通知后能立即移泊。使船舶丧失机动能力的修理或其他工作，在未取得液化气装卸码头的书面同意之前不得在该码头进行。在进行这些修理或工作之前，可能还需得到港口当局的同意。

(14) 机舱、锅炉舱等安全要求事项

1) 对燃烧设备的安全要求。锅炉烟管、烟道、排气总管和燃烧设备应保持良好状态以防烟囱起火和火星逸出。如果万一烟囱失火或是逸出火星，则应停止货物装卸作业；而在海上航行时，则应尽快改变航向，以防火星落到液货舱甲板。

2) 对锅炉吹灰的安全要求。不得在港内对烟道和锅炉烟管吹灰。在海上航行时，只有当吹出的烟灰将远离液货舱甲板的情况下才允许吹灰。

3) 对机舱内可燃液体的安全要求。用于清洗或其他目的的可燃或挥发性液体，在不用时应贮存于密闭的、不会破碎的并有正确标记的容器内，并放在适当的舱室内。清洗剂不应直接接触皮肤，并且最好是不易燃和无毒的。

4）防止油料的溅落和泄漏。应避免油料在机舱内溅落和泄漏，铁板上应保持清洁。

5）使用燃油和润滑油的安全注意事项。当易燃液体包括燃油和润滑油等接触到高于它们自燃温度的热表面时（如蒸汽管、过热的机器设备、排烟管等），从液体中产生的蒸气可能不需外来的火焰或火星就会自行着火，所以应小心防止燃油或润滑油与热表面接触。如果泄漏造成油料喷溅或滴落到热表面，应立即隔离油源并修补泄漏处。

此外，应注意防止浸泡过油或易燃化学物的破布或其他材料与热表面接触，同时也不应让包扎的绝缘材料吸足油料。

6）防止货物蒸气进入机舱或锅炉舱内。应注意保证不让货物蒸气通过任何途径进入机炉舱，如果LNG货物被用作燃料时更需要特别注意。由于设备故障、爆炸、碰撞或搁浅而可能造成货物蒸气进入机器处所时，应立即考虑货物蒸气对任何设备的运转可能产生的影响，必须采取各种措施，例如切断蒸气气源，关闭出入口、舱口和天窗；关停副机和主机及人员撤离。除显而易见的各种危险外，柴油机的进气中可燃气体的浓度即使低于可燃下限，也会有因超速而损坏的可能，最好在柴油机进气口处设置阀门，以便在此情况下关掉柴油机。

（15）货泵舱/货物压缩机室的安全预防措施　货泵舱或压缩机室内可能会有货物蒸气，为此需装设气体检测系统，使之在有货物蒸气存在时得以发出警报。需设置通风系统以疏散货泵舱或压缩机室中可能积聚的任何货物蒸气。在货物作业开始前，至少10min及在整个作业过程中应对该处所连续通风。同时，如果怀疑有液货或货物蒸气漏泄时，也应进行通风。平时对通风系统应小心维护，如果所装设的风机是设计成能防止产生火花危险的，则应保证无论如何不得损坏这一设计功能。当人员进入货泵舱和压缩机室时，应遵守进入封闭处所要求的安全注意事项。货物机械舱室的照明系统应是安全型的，要保证这些安全功能得到正确地维护；如需增加照明亦应使用合格安全型的。采取设置气密隔舱填料函和空气闸门等方法以保证货物蒸气不至于进入货物机械的电动机室，应小心确保这种功能发挥作用，并妥善维护。

（16）船舶纵倾、稳性、应力和移泊准备状态的要求　在卸载、装载和压载作业期间，船舶应随时都有足够的稳性和良好的纵倾，以便在紧急情况下突然接到通知就能离开。对于船舶的装载与稳性手册中的资料应予重视，应注意保证货物和压载的分布不至于造成船体过大的应力；如配置有应力测量装置，则应使用以便验证应力。当停泊在液化气装卸码头时，船上的锅炉、主机、舵机和其他的主要设备应处于备运行状态，以便在突然接到通知后能立即离泊。会使船舶丧失机动能力的修理或其他工作，在未取得液化气装卸码头的书面同意之前不得在码头进行。在进行这些修理和工作之前，需得到港口管理部门的允许。

（17）船舶航行要求　应保持常规的航行标准，并应遵守有关的航行限制（如航线）。LNG船在公海中航行时，货物蒸气被允许用作主推进装置燃料，那么在机动操纵或进入限制水域或领海时主机就需要改换油料作为燃料，应注意保证这种转换是安全地进行的。

（18）防止造成污染　船长和负责货物或燃料驳运作业的人员应了解适用的防污染规则，并有责任保证不违背这些规则。在加燃料时，加油管接头和油舱透气管下面应放防滴盘。所有在甲板上的排水口应该有效地封住，以防燃油意外溢出到甲板并流到舷外。对于所有的溢出油料应立即清除。如果压载水是在污染水域中加装的，当这些压载水需在港内排出时，应遵守有关防污染规则的规定。如必须在污染水域加装压载水，则应在途中排出并改装清洁压载水。机舱舱底水不应在港内或领海排放，也不应违背任何适用的排放规定。

（19）消防设备　消防设备应按规定配置，并保持良好状态。平时定期进行检查试验，保证在任何时候都是即刻可用的。

（20）直升机降落规定　除非得到主管机关认可，否则直升机不得在液化气船上降落。特殊情况下可允许悬停在船的上方以吊放人员或物料。但不论是吊人或吊物，要求的安全措施和程序都应遵守。同时还应注意国际航运公会（ICS）关于直升机/船舶作业的指南中的建议。

（21）机器设备运转异常时的安全管理要求　船舶任一设备（如航行设备、机器、货物设备等）的任何运转异常应予记录，这种记录资料可使接班人员或是当船员更换时的替换人员能够心中有数。所有系统的例行记录均应保存，以便对运转中的任何变化能立即判明情况并采取必要的措施。

3. 液化气船“船岸安全检查表”

在靠泊码头开始进行货物输送、惰化或净化作业之前，必须做好安全准备工作，保证作业的顺利与安全。船岸安全检查制度是国际公认的行之有效的安全管理方法之一。1980 年12 月，国际海事组织（IMO）的海上安全委员会通过关于《港内安全运输、装卸和贮存》的建议，并制定了综合性的“船岸安全检查表”。

“船岸安全检查表”是为船岸双方的全体有关人员制定的，应由船方负责人和码头代表共同填写、共同验证，逐项画钩（√）确认。这项工作应由两名有关人员承担，以及共同进行检查。

IMO 推荐的“船岸安全检查表”包括三个部分：A 部分是一般散装液体货物的通用检查项目；B 部分是散装液态化学品附加检查项目；C 部分是散装液化气的附加检查项目。

凡属船方责任范围的项目应由船方代表亲自检查，凡属码头责任范围的项目应由码头代表亲自检查。双方代表严格履行职责，询问并查阅有关记录，共同对各个项目举行检查，直到确认双方的准备与操作达到安全标准。在未取得相互确认认可前，不应在检查表结尾的“声明”中签字。应当特别指出，检查表中的某些项目还有必要进行若干次的认真核对，甚至在作业过程中进行连续性检查。在作业过程中，操作环境可能变化，甚至变得不能保证安全，发现或造成不安全情况的一方，有责任采取必要的行动与措施（必要时可停止作业），以重建安全环境。同时应把不安全情况通知对方，并在必要时获取对方的合作。

（1）“船岸安全检查表”使用说明

1）引言。国际海事组织（IMO）颁布的《关于港口危险货物的安全运输、装卸和贮存的建议》包含以下要求。船长和泊位负责人在液态散装危险货物泵入或泵出船舶之前，或泵入岸上接收装置之前，应：

① 就装卸程序，包括允许的最大装卸速率达成书面协议。

② 填写并签署相应的安全检查表，该检查表应说明在拟进行的装卸作业之前和过程中应采取的主要安全预防措施。

③ 就装卸作业期间发生的紧急情况所应采取的行动达成书面协议。

作为建议的附件，“船岸安全检查表”列出了散装危险液货装卸和添加燃料、压载、清仓之类的附属作业安全进行的安排和条件，见表6-20。

为了帮助码头管理人员和船长共同应用这个建议的检查表，国际航运公会（ICS）、国际港口协会（IAPH）、国际石油公司海事论坛（OCIMF）、化学工业欧洲协会（ECCI）、国际独立油船船东协会（INTERTAKO）和国际气体船岸经营人协会（SIGTTO）等制定了检查表使用说明。

2）适用范围。检查表适用于油船、化学品运输船和液化气船，分为三个部分：

① A 部分——通用（所有液货船）。

② B 部分——附加（化学品船装卸化学品）。

③ C 部分——附加（液化气船装卸液化气）。

所有液货船——油船、化学品船和液化气船应填A 部分。另外，装卸散装化学品的液货船应再填 B 部分；装卸液化气的液化气船应再填 C 部分。

在所有情况下，都应签署检查表结尾的“声明”。

3）互相安全检查。为了拟定的货物装卸作业能安全进行，停靠在装载或卸载码头上的船舶需要对自己的准备工作及其合理性进行检查。另外，船长有责任查清码头一方的作业人员是否已为码头的安全作业做好了适当的准备工作。而码头一方同样需要核查自己的准备工作，并查清船舶一方是否已完成其核查工作并做好了相应的安排。通过检查表里提出的问题和就某些程序交换书面协议，是互相检查中应予包括的最基本内容和最低标准。检查表中的有些项目仅是针对由船舶一方负责的，其他的项目则适用于船舶和码头双方。因此，并不建议每一项都必须由双方检查代表亲自核查。所有属于船舶负责的项目应由船上代表亲自检查；同样，所有属于码头负责的项目则应由码头代表亲自检查。然而，在全面履行他们的职责的时候，双方代表通过互相询问、查阅记录，并在需要时通过共同视察现场的方式，确保双方的安全作业标准是完全可以接受的。在达成这样的互相保证之前，不得签署联合声明。

因此，应在表中的适用问题后面方框打上肯定记号。如果检查的项目中有不合格的情况，不应开始装卸作业，直到采取了合理的安全处理措施且船岸双方共同接受时为止。

如果检查表的“符号”栏打上“P”的检查项目所要求的是否定答复，须经港口主管机关批准才能进行装卸作业。

如遇有共同认为不适合船舶或码头作业的项目，应在备注栏写明相应情况。

4）异常情况。在作业过程中的安全作业，条件可能会发生变化，这种变化可能会使安全失去保证。发现或造成这种不安全条件的一方有责任采取一切必要条件，包括停止作业和恢复安全条件。同时将不安全情况通知另一方，必要时应争取与另一方采取联合行动。

5）洗舱作业。洗舱，包括“原油洗舱”列在检查表内，以便把船舶意图通知码头和港口当局。

6）详细的安全资料。注意下列国际承认的指南，这些指南提供了关于危险物品的运输、装卸的详细安全资料。

① ISO/OCIMF编制的《国际油船和码头安全指南》（1SGOTT）。

② ICS编制的《化学品船安全指南》。

③ ICS编制的《液化气船安全指南》。

（2）“船岸安全检查表”（表6-20）

表6-20 船岸安全检查表

船名__________

泊位__________

港口__________

抵港时间__________ 靠泊时间__________

填写说明：

作业船岸双方必须按表内所列项目逐项进行检查，对符合要求者使用√符号表示。所有问题都必须做出肯定回答，应说明原因，船岸双方须采取等效防范措施，达成协议，布置落实并再备注栏内予以注明。

口这个符号出现在”船舶”和”码头”栏表示须由应该方检查。

“A”表示该项目所述工作程序及协议须以书面形式并经双方签字。

“P”表示该项目所述要求如果是否定答复，未经主管机关批准，该项作业不得进行。

A部分——通用 适用于所有液货船	船岸	岸站	符号	备注
A1 船舶是否系泊妥当?	□	□		
A2 应急拖缆是否配置在位?	□	□		
A3 船岸之间有无安全通信?	□	□		
A4 船舶能否随时自航移泊?	□		P	
A5 船上是否安排有效的甲板值班？船岸双方是否配备足够的值班人员?	□		A	
A6 船岸商定的通信联络系统是否处于有效的工作状态?	□		A	
A7 货物、燃料和压载的装卸程序是否取得了一致协议?	□		A	
A8 应急关闭程序是否取得了一致协议?	□			
A9 船岸消防皮龙和灭火装置是否准备就绪，并保证立即可用?	□			
A10 货物、燃料的装卸软管/硬臂是否正常？是否配置就绪？必要时是否检验了证书?	□			
A11 船岸的排水口是否堵塞妥当？滴油盘是否在位?	□		A	
A12 不用的货物、燃料接头，包括船尾卸载管（如有的话）是否已装妥盲板?	□			
A13 海底阀和舷外排水阀，当不用时，是否已关闭和绑妥?	□			
A14 所有货舱和燃料舱盖是否都已关闭?	□			
A15 商定的货舱透气系统是否正在使用?	□			
A16 手电筒是否是认可型的?	□			
A17 手提VHF/UHF对讲机是否为认可型的?	□			
A18 船上主发报机天线是否接地？雷达是否关闭?	□			

（续）

A部分——通用 适用于所有液货船	船岸	岸站	符号	备注
A19 便携式电气装置电缆是否与电源断开？	□			
A20 船中居住处所所有外部门窗及开口是否都已关闭？	□			
A21 船尾居住处所面向或通往货舱甲板的所有外部门窗及开口是否都已关闭？	□			
A22 可能吸入货物蒸气的空调进气口是否关闭？	□			
A23 窗式空调机是否停用？	□			
A24 吸烟规则是否得到遵守？	□			
A25 厨房和炊具使用规定是否得到遵守？	□			
A26 明火规定是否得到遵守？	□			
A27 对可能发生的紧急撤离是否做出了规定？	□			
A28 船岸双方是否留有足够人员应付处理紧急情况？	□			
A29 船岸连接处是否配备了有效的绝缘器材？	□			
A30 是否采取措施以确保泵舱的充分通风？	□			
B部分——附加检查 适用于散装液态化学品装卸	船舶	码头	符号	备注
B1 是否持有货物安全操作必需的数据资料？包括必要时生产厂家出具的货物抑制状态证书？	□	□		
B2 有无足够的合适保护装置（包括自给式呼吸器）和防护服，并保证立即可用？	□	□	A	
B3 是否已商定人员意外接触到货物的防范救护措施？	□	□		
B4 货物装卸率是否与所使用的自动关闭系统（如使用的话）相适应？	□	□		
B5 货物系统的仪表和警报是否正确调定并状态良好？	□	□		
B6 有无可携式气体检测器准备检测所装卸的货物？	□	□		
B7 有无交换关于消防方法和程序的资料？	□	□		
B8 输送软管的材料是否与货物性质相适应？	□	□	P	
B9 货物装卸是否使用常温的管路系统？	□	□		
C部分——附加检查 适用于散装液态化学品装卸	船舶	码头	符号	备注
C1 是否持有货物安全操作必需的依据资料，包括必要时生产厂家出具的货物抑制状态证书？	□	□		
C2 水雾系统是否备好待用？	□	□		
C3 有无充足的合适保护装置（包括自给式呼吸器）和防护服，并备好待用？	□	□		
C4 要求填充惰性气体的货舱空间是否已正确充气？	□	□		
C5 是否所有遥控阀都处于可使用状态？	□	□		
C6 货舱的压力释放阀是否连接至船舶的透气系统？旁路是否备关闭？	□	□		
C7 所需货泵和压缩机是否良好？并且船岸已商定最大工作压力？	□	□		
C8 再液化设备或蒸气控制装置是否良好？	□	□	A	
C9 气体检测器是否针对货物调定、校准并且良好？	□	□		

（续）

C部分——附加检查 适用于散装液态化学品装卸	船舶	码头	符号	备注
C10 货物系统的仪表和警报是否正确调定并状态良好？	□	□		
C11 应急切断系统是否工作正常？	□	□		
C12 岸站是否知道船舶应急截止阀的关闭速度？船舶是否知道岸站装置的类似情况？	□	□	A	
C13 船岸是否已交换关于货物系统的最低工作温度？	□	□	A	

	船舶	岸站
船舶停靠码头期间是否计划洗舱？ 如果是的话，有无通知港口当局和码头？	是/否* 是/否*	是/否*

*按实情划去是或否

声明：

本检查中须共同检查的项目，我们均已核查，并确信，就我们的知识而言，我们所填写的内容是正确的，对必须进行的复查项目也做出了安排。

船舶	岸站
姓名	姓名
职务	职务
签字	签字

时间________

日期________

6.3.5 LNG船的典型船例

1. 87500m³ SPB LNG运输船

87500m³ SPB LNG船是由IHI Corporation（Ishikawajima - Harima Heavy Industries Co.，Ltd.）石川島播磨重工业株式会社生产的LNG运输船。其外观如图6-48所示，船体结构如图6-49所示。船体结构参数与机械参数详见表6-21。

图6-48 87500m³ SPB LNG运输船

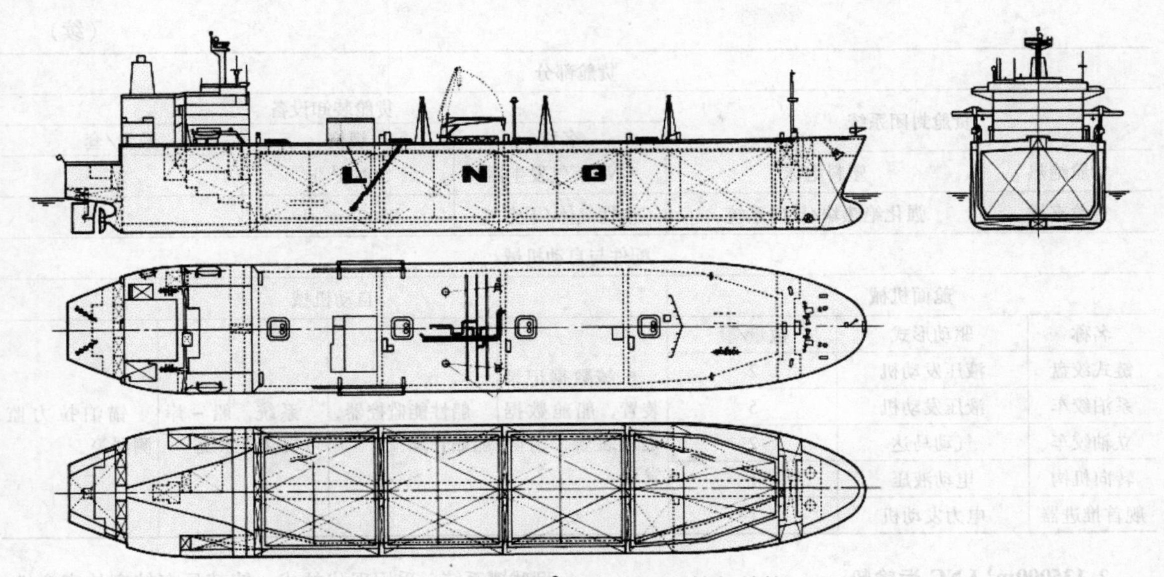

图6-49　87500m³ SPB LNG运输船结构

表6-21　87500m³ SPB LNG运输船的船体结构参数与机械参数

主要结构参数

总长度(o.a.)/m	垂线间长度(b.p.)/m	宽度*B*(mld)/m	深度*D*(mld)/m	指定吃水深度/m	自重/t	总吨数/t	配套设备
239.00	226.00	40.00	26.80	11.00	48817	66174	40

机械

主涡轮机单元		主锅炉	推进器	发电机组	操作速度	航行距离
带有减速装置的并列多缸冲击式蒸汽轮机，1套		最大51t，2套	空气动力5叶片固定式	450V，3相，60Hz，无刷全封闭式	18.5n mile/h	10370n mile
MCR 15445kW (2100SHP)	NOR 15445kW (2100SHP)	油/气双燃料燃烧方式与单燃气燃烧方式		主涡轮发电机2000kW，2套；主柴油发电机2000kW，1套；备用发电机660kW，1套		

载重能力

货舱容积（20℃，100%）/m³	货舱容积（-163℃，98.5%）/m³	重油储罐容积/m³	压载水舱容积/m³
89880	87660	3224	36570

货舱部分

货舱封闭系统		货舱装卸设备		
		名称	规格	数量/套
货舱结构	铝合金、自支撑棱柱形；IMO B型（IHI SPB）；4货舱（8隔舱）；设计温度：-163℃；设计蒸气压力：2.8MPa；设计BOR：0.18%/d	货舱泵	950m³/h×120m扬程	8
		喷淋泵	20m³/h×120m扬程	4
		L/D压缩机	5100m³/h	2
		H/D压缩机	17000m³/h	2
		货舱加热器	5024MJ/h	2
		货舱蒸发器	12.5t/h	1

（续）

<table>
<tr><th colspan="7">货舱部分</th></tr>
<tr><th colspan="3" rowspan="2">货舱封闭系统</th><th colspan="4">货舱装卸设备</th></tr>
<tr><th>名称</th><th colspan="2">规格</th><th>数量/套</th></tr>
<tr><td>货舱绝热</td><td colspan="2">塑料泡沫</td><td>GN2 蒸气发生器</td><td colspan="2">50Nm³/h</td><td>2</td></tr>
<tr><td>货舱支撑</td><td colspan="2">强化绝热块/导向系统</td><td>惰性气体/干空气</td><td colspan="2">8800Nm³/h</td><td>1</td></tr>
<tr><th colspan="7">配件与自动机械</th></tr>
<tr><th colspan="3">舱面机械</th><th colspan="4" rowspan="2">自动机械</th></tr>
<tr><th>名称</th><th>驱动形式</th><th>数量/套</th></tr>
<tr><td>链式绞盘</td><td>液压发动机</td><td>2</td><td rowspan="5">机械数据记录装置，船舱数据记录装置，清除发送</td><td rowspan="5">船性能监控器，船舶管理</td><td rowspan="5">系统，船－岸可视交流系统</td><td rowspan="5">锚泊拉力监测器等</td></tr>
<tr><td>系泊绞车</td><td>液压发动机</td><td>5</td></tr>
<tr><td>立轴绞车</td><td>气动马达</td><td>2</td></tr>
<tr><td>转向机构</td><td>电动液压</td><td>1</td></tr>
<tr><td>舰首推进器</td><td>电力发动机</td><td>1</td></tr>
</table>

2. 135000m³ LNG 运输船

由 MHI 公司设计建造的 135000m³ 液化天然气运输船，在 2002 年 6 月 13 日交与用户。主要用于运行于文莱到韩国、文莱到日本之间。此 LNG 运输船具有 MOSS 型球罐系统，采用现代技术，使其具有较高的安全性、可靠性与经济性。特别值得一提的是，此船是第一艘具有绿色环保标志的运输船。其外观如图 6-50 所示，外形结构如图 6-51 所示，船体结构参数见表 6-22。

图 6-50　135000m³ 液化天然气运输船

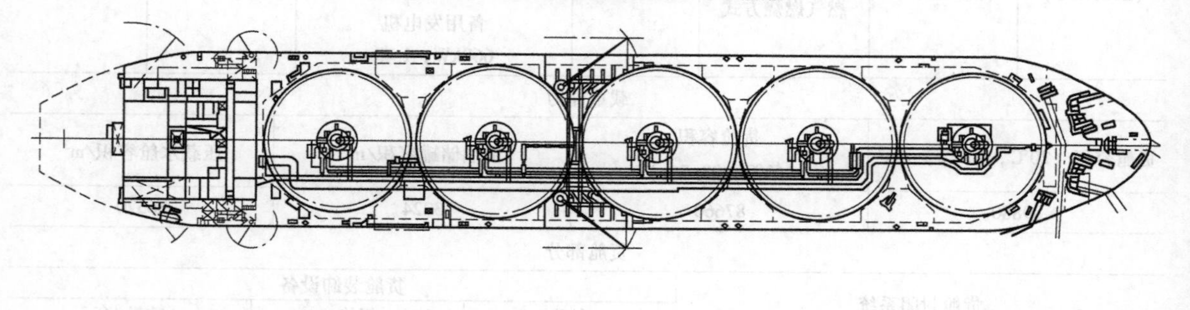

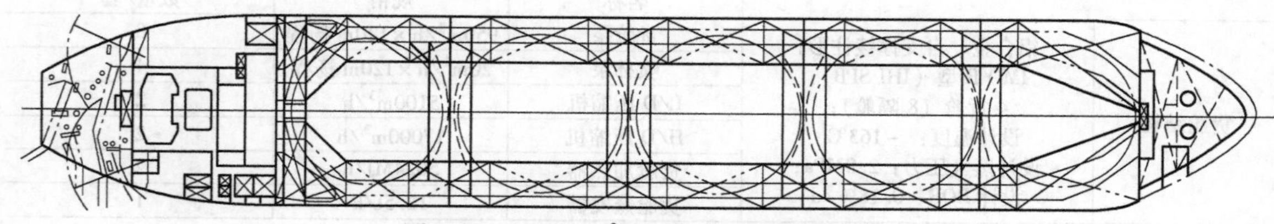

图 6-51　135000m³ 液化天然气运输船结构

表6-22　135000m³SPB LNG 运输船的船体结构参数　（续）

主要参数	总长 L（o. a.）	290.00m
	垂线间长 L（b. p.）	276.00m
	型宽 B（moulded）	46.00m
	型深 D（moulded）	25.50m
	满载吃水 D（夏天）	11.38m
	自重（夏天）	72758t
货舱	类型	MOSS 型球罐
	直径（货舱1与货舱5）	35.74m
	直径（货舱1～4）	38.62m
	材料	铝合金（5083）
	容量	137106m³
	标识	文莱
	级别	LR
吨位	总重	111461t
	净重	33438t
罐体容量	F. O. T.	2774m³
	W. B. T.	53474m³
	最大搭载人员 Complement	46人
速度与耐用性	实验最大速度	20.04n mile
	运行速度	19.0n mile
	耐用性	7500n mile
主发动机（Mitsubishi 船用汽轮机）	M. C. R.	21320kW×81.0r/min
	N. C. R.	21320kW×81.0r/min
	主锅炉	49500kg/h×2套
发电机	T/G	2700kW×2套
	D/G	1350kW×2套

3. MES生产的LNG运输船

由MITSUI生产的137100m³和145000m³ LNG运输船如图6-52和图6-53所示。

图6-52　137100m³LNG运输船

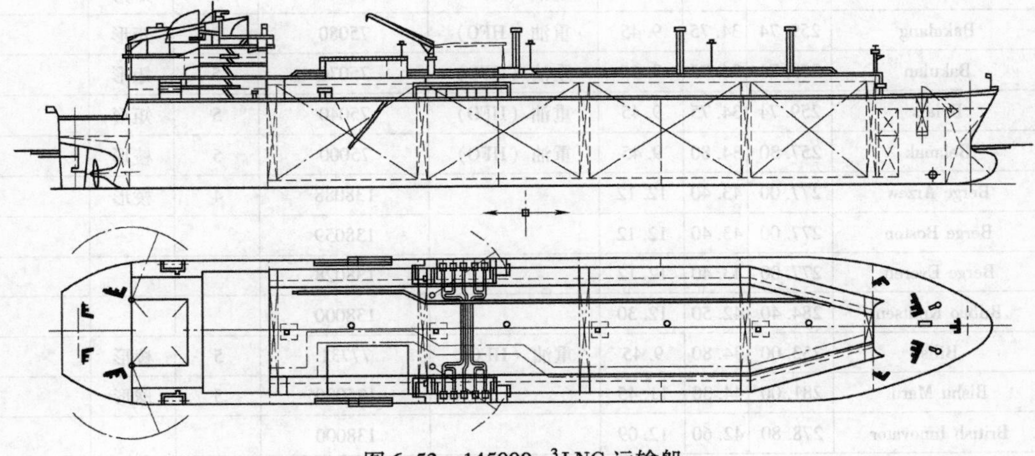

图6-53　145000m³LNG运输船

$145000m^3$ SPB LNG 运输船的船体参数见表 6-23。

世界 LNG 船已投入运行、2006—2007 年交货、截至 2007 年订货一览表见表 6-24 ~ 表 6-26。

表 6-23　$145000m^3$ SPB LNG 运输船的船体参数

长度	264.00m	总重	104000t
宽度	44.60m	LNG 储罐容量	$145000m^3$（98.5%，-163℃）
深度	26.50m	主发动机	1 套汽轮机
吃水深度	11.50m	运行速度	19.5n mile/h

表 6-24　已投入运行的大型 LNG 运载船一览表

序号	船名	总长/m	型宽/m	吃水深度/m	燃料	舱容/m^3	容器数量	容器形式	压力/(kPa. G)（最大表压）
1	Abadi	290.00	46.28	11.00		135000	5	球形	
2	AI Bidda	297.50	45.80	11.25	重油（HFO）	135279	5	球形	
3	AI Hamra	289.14	48.18	11.30		137000	4	球形	25
4	AI Jasra	297.50	45.8	11.25		137100			
5	AI Khaznah	293.00	45.75	11.25	未规定	135496	5	球形	25
6	AI Khor	297.50	45.75	11.25	重油（HFO）	137354	5	球形	25
7	AI Rayyan	297.50	45.75	11.25	重油（HFO）	135358	5	球形	
8	AI Wajbah	297.50	45.75	11.25	重油（HFO）	135354	5	球形	
9	AI Wakrah	297.50	45.75	11.25	重油（HFO）	135358	5	球形	
10	AI Zubarah	297.50	45.75	11.25	重油（HFO）	137573	5	球形	25
11	Aman Bintulu	130.00	25.70	7.10	重油（HFO）	18928	3	棱形	
12	Aman Hakata	130.00	25.70	7.10	重油（HFO）	1880	3	棱形	
13	Aman Sendai	130.00	25.70	7.10	重油（HFO）	18928	3	棱形	25
14	Annabella	198.50	26.50	10.45		35500	5	棱形	23
15	Arctic Sun	239.00	40.00	11.00		89880	4	棱形	28
16	Bachir Chihani	281.70	41.60	10.85		129767	5	棱形	
17	Banshu Maru	283.00	44.60	11.53		125542	5	棱形	126
18	Bebatik	259.74	34.75	9.45	重油（HFO）	75060	5	矩形	
19	Bakalang	259.74	34.75	9.45	重油（HFO）	75080	5	矩形	
20	Bakulan	259.74	34.75	9.45	重油（HFO）	75070	5	矩形	
21	Belais	259.74	34.75	9.45	重油（HFO）	75040	5	矩形	
22	Belanak	257.30	34.80	9.45	重油（HFO）	75000	5	棱形	
23	Berge Arzew	277.00	43.40	12.12		138088	4	棱形	
24	Berge Boston	277.00	43.40	12.12		138059			
25	Berge Everett	277.00	43.40	12.12		138028			
26	Bilbao Knutsen	284.40	42.50	12.30		138000			
27	Bilis	253.00	34.80	9.45	重油（HFO）	77731	5	棱形	
28	Bishu Maru	281.00	44.30	11.45		125000	5	球形	
29	British Innovator	278.80	42.60	12.09		138000			

（续）

序号	船名	总长/m	型宽/m	吃水深度/m	燃料	舱容/m^3	容器数量	容器形式	压力/(kPa. G)（最大表压）
30	British Merchant	278.80	42.60	12.09		138000			
31	British Trader	278.80	42.60	12.09		138000			
32	Broog	297.50	45.75	11.25	重油（HFO）	135466	5	球形	25
33	Bubuk	259.75	34.75	9.45	重油（HFO）	77670	5	棱形	
34	Cadiz Knutsen	284.40	42.50	12.30		138826	4	棱形	
35	Castillo de Villalba	284.40	42.50	12.30		138000	4	棱形	
36	Catalunya Spirit	284.40	42.50	12.30		138000	4		
37	Century	181.55	29.01	8.85		29588	4	球形	195
38	Cinderella	201.02	24.87	7.82	未规定	25500	7	立式圆筒形	
39	Descartes	220.01	31.85	9.26		50000	6	矩形	
40	Dewa Maru	283.00	44.56	11.50		125000	5	球形	
41	Disha	277.00	43.40	12.52		136026			
42	Doha	297.50	45.75	11.25	重油（HFO）	137354	5	球形	
43	Dukhan					135000			
44	Dwiputra	272.00	47.20	11.65		127386	4	球形	
45	Echigo Maru	283.00	44.60	11.53		125568	5	球形	126
46	Edouard LD	280.62	41.60	11.22		129299	5	棱形	
47	Ekaputra	290.00	46.00	11.80		136400	5	球形	25
48	Energy Frontier	289.50	49.00	11.43		147599			
49	Excalibur	277.00	43.40	12.10	重油（HFO）	138200	4	球形	
50	Excel	277.00	43.40	12.10	重油（HFO）	138106	4	球形	
51	Fuwairit	278.80	42.60	12.30		138000			
52	Galea	290.00	46.00	11.41		134425	5		
53	Galeomma	289.10	41.15	10.97	未规定	126540	6	棱形	
54	Galicia Spirit	279.00	43.00	12.00		140624	4	棱形	
55	Gallina	290.00	46.00	11.41		134425	5		
56	Gas de France Energy	219.50	34.95	9.93		74130	4		
57	Gemmata	290.00	46.00	11.41		138104	5		
58	Ghasha	293.00	45.75	11.27	未规定	137514	5	球形	
59	Gimi	293.74	41.60	11.50		126277	6	球形	
60	Golar Freeze	278.41	43.48	11.52		125858	5	球形	
61	Golar Frost	288.75	48.00	12.32		138830			
62	Golar Mazo	290.00	46.00	11.68		135225	5	球形	25
63	Golar Spirit	289.00	44.60	12.50		129000	5	球形	
64	Golar Winter	277.00	43.40	12.42	重油（HFO）	138250	4	球形	

（续）

序号	船名	总长/m	型宽/m	吃水深度/m	燃料	舱容/m³	容器数量	容器形式	压力/(kPa. G)(最大表压)
65	Granatine	279.80	43.80	11.77		140648	4	球形	
66	Hanjin Muscat	280.00	43.00	12.02		138200	4	球形	
67	Hanjin Pyeong Taek	264.31	43.00	12.02	重油（HFO）	130600	4	棱形	
68	Hanjin Ras Laffan	280.00	43.00	12.00	未规定	138214	4	棱形	25
69	Hanjin Sur	280.00	43.00	12.00	未规定	138333	4	棱形	25
70	Hassi R' Mei	200.00	29.20	9.32	重油（HFO）	40850	6	棱形	
71	Havfru	181.55	29.01	9.42	重油（HFO）	29388	4	球形	
72	Hilli	293.74	41.60	11.50		126227	6	球形	
73	Hispania Spirit	279.80	43.40	12.10		140500	4		
74	Hoegh Galleon	261.55	40.01	10.49	未规定	87600	5	球形	
75	Hoegh Gandria	287.55	43.40	11.52		125820	5	球形	
76	Hyundai Aquapia	288.00	48.29	12.00		135000	4	球形	
77	Hyundai Cosmopia	288.77	48.29	12.02		135000	4	球形	
78	Hyundai Greenpia	274.00	47.20	11.77		125000	4	球形	25
79	Hyundai Oceanpia	288.00	48.20	12.00		135000	4		
80	Hyundai Technopia	288.77	48.29	12.02		135000	5	球形	
81	Hyundai Utopia	273.52	47.20	11.75	未规定	125182	4	球形	25
82	Isabella	198.50	26.50	10.45		35500	5	棱形	
83	Ish	293.00	45.75	11.25	未规定	137540	5	球形	
84	K. Acacia	277.00	43.40	11.30	重油（HFO）	138017	4	棱形	
85	K. Freesia	277.00	43.20	12.02	重油（HFO）				
86	Kayoh Maru	71.51	13.50	4.60		1517	2	棱形	35
87	Khannur	293.74	41.60	11.50		126360	6	球形	
88	Kotowaka Maru	281.00	44.30	11.52		125199	4	球形	126
89	LNG Abuja	285.29	43.83	11.53		126530	5	球形	
90	LNG Akwa Ibom					141000			
91	LNG Aquarius	285.29	43.83	10.97		126300	5	球形	
92	LNG Aries	285.29	43.83	10.97		126300	5	球形	
93	LNG Bayelsa	288.75	48.00	12.32		137500	4		
94	LNG Bonny	286.90	41.80	11.20		133000	5	棱形	
95	LNG Capricom	285.29	43.83	10.97		126300	5	球形	
96	LNG Delta	289.10	41.15	10.97	未规定	126540	6	棱形	
97	LNG Edo	285.29	43.83	11.53		125530	5	球形	
98	LNG Elba	207.87	29.26	8.69		41000	4	矩形	
99	LNG Finima	286.90	41.80	11.20		133000	5	棱形	
100	LNG Flora	27200	47.20	10.85		127705	4	球形	

（续）

序号	船名	总长/m	型宽/m	吃水深度/m	燃料	舱容/m³	容器数量	容器形式	压力/（kPa.G）（最大表压）
101	LNG Gemini	285.29	43.83	10.97		126300	5	球形	
102	LNG Jamal	290.00	46.00	11.31		135333	5	球形	
103	LNG Laos	274.42	42.00	12.90		122000	6	棱形	
104	LNG Leo	285.29	43.83	10.97		126400	5	球形	
105	LNG Lerici	219.19	34.00	9.48		65000	4		
106	LNG Libra	285.29	43.83	10.97		126400	5	球形	
107	LNG Paimaria	207.87	29.26	8.69		41000	4	矩形	
108	LNG Port Harcourt	274.42	42.00	12.90		122000	6	棱形	
109	LNG Portovenere	219.19	34.00	9.48		65000	4		
110	LNG River Orashi	285.40	43.40	12.35		140500			
111	LNG Rivers	288.75	48.00	12.32		137231	4		
112	LNG Sokoto	288.75	48.00	12.32		137231	4		
113	LNG Taurus	285.29	43.83	10.97		126300	5	球形	
114	LNG Vesta	272.00	47.20	11.43		127547	4	球形	25
115	LNG Virao	285.29	43.83	10.97		126400	4	球形	
116	Laieta	207.87	29.26	9.14		40000	4	棱形	
117	Lala Fatma N' Soumer		49.00	11.40		145000			
118	Larbi Ben M' Hidi	281.70	41.60	10.85		129767	5	棱形	125
119	Madirid Spirit	284.40	42.50	12.30		138000			
120	Maersk Ras Laffan					138270			
121	Matthew	289.10	41.15	11.91	未规定	126540	6	棱形	
122	Methane Arctic	243.33	33.99	10.04		71500	6	棱形	
123	Methane Kairi Elin					138200			
124	Methane Polar	243.54	33.99	9.98		71500	6	棱形	
125	Methane Princess	277.00	43.40	11.40		138000			
126	Methania	280.00	41.60	11.73	重油（HFO）	131235	5	棱形	
127	Mostefa Ben Boulaid	278.82	41.03	12.20		125260	6	棱形	
128	Mourad Didouche	274.22	42.00	11.25	重油（HFO）	126130	5	棱形	
129	Mraweh	289.00	48.18	11.30		137000	4	球形	25
130	Mubaraz	289.00	48.18	11.30		137000	4	球形	
131	Muscat LNG	289.50	49.00	11.93		149172			
132	Norman Lady	249.50	40.01	10.64		87600	5	球形	130
133	Northwest Saderling	272.00	47.20	11.37		127525	4	球形	125
134	Northwest Sandpiper	272.00	47.20	11.37		127500	4	球形	25
135	Northwest Seaeagie	272.00	47.20	11.37		127452	4	球形	25
136	Northwest Shearwater	272.00	47.20	11.40		127500	4	球形	125

(续)

序号	船名	总长/m	型宽/m	吃水深度/m	燃料	舱容/m³	容器数量	容器形式	压力/(kPa. G)(最大表压)
137	Northwest Snipe	272.00	47.20	11.37		127747	4	球形	125
138	Northwest Stormpetrel	272.00	47.20	11.50	重油 (HFO)	127606	4	球形	25
139	Northwest Swallow	272.00	47.20	11.40		127708	4	球形	125
140	Northwest Swan	287.00	43.40	11.76		138000	4		
141	Northwest Swift	272.00	47.20	11.40		127590	4	球形	125
142	Pacific Notus	290.00	46.00	11.39		137006			
143	Pioneer Knutsen	69.00	12.00	3.30		1100			
144	Polar Eagie	239.00	40.00	11.00		89880	4	棱形	28
145	Puteri Delima	274.30	43.34	12.00		130405	4	棱形	
146	Puteri Delima Satu	276.00	43.00	12.00		137100			
147	Puteri Firus	274.30	43.34	12.00		130405	4	棱形	
148	Puteri Firus Satu	276.00	43.00	12.00		137100			
149	Puteri Intan	274.30	43.34	12.00		130405	4	棱形	
150	Puteri Intan Satu	276.00	43.00	12.00		137100			
151	Puteri Nilam	274.30	43.34	12.00		130405	4	棱形	
152	Puteri Nilam Satu	276.00	43.00	12.00		137100			
153	Puteri Zamrud	274.30	43.34	12.00		130405	4	棱形	
154	Puteri Zamrud Satu	276.00	43.00	12.00		137100			
155	Raahi	277.00	43.40	12.52		136026			
156	Ramdane Abane	274.00	42.00	11.25	重油 (HFO)	126130	5	棱形	
157	SK Splendor	278.80	42.60	11.80		138375	4	棱形	
158	SK Stellar	278.80	42.60	11.80		138375	4	棱形	
159	SK Summit	277.00	43.40	12.02		138000	4	球形	
160	SK Sunrise	278.80	42.60	12.02		138306			
161	SK Supreme	278.85	42.60	12.00		138200			
162	Senshu Maru	283.00	44.60	10.80		125000	5	球形	
163	Shaamah	293.00	45.75	11.25	未规定	135496	5	球形	25
164	Shinju Maru No. 1	86.25	15.1	4.18		2538	2	球形	
165	Sohar LNG	297.50	45.75	11.25		137248			
166	Surya Aki	151.00	28.00	7.60	重油 (HFO)	19474	3	球形	
167	Surya Satsuma	151.00	28.00	7.06	重油 (HFO)	23096	3	棱形	
168	Tellier	196.90	29.24	8.13		40081	5	棱形	110
169	Tenaga Dua	280.62	41.60	11.00		130000	5	棱形	
170	Tenaga Empat	280.70	41.60	11.00		130000	5	棱形	
171	Tenaga Lima	280.70	41.60	11.00		130000	5	棱形	
172	Tenaga Satu	280.62	41.60	11.00		130000	5	棱形	

(续)

序号	船名	总长/m	型宽/m	吃水深度/m	燃料	舱容/m^3	容器数量	容器形式	压力/(kPa. G)(最大表压)
173	Tenaga Tiga	280.62	41.60	11.00		130000	5	棱形	
174	Umm AI Ashtan	289.00	48.18	11.30		137000	4	球形	25
175	Wakaba Maru	283.00	44.60	10.80		125000	5	球形	
176	YK Sovereigh	274.20	47.20	11.70		127125	4	球形	25
177	Zekreet	297.50	45.75	11.25	重油(HFO)	135420	5	球形	

注:资料来源为 Tractebel Gas Engineering, Germany。

表 6-25 2006—2007 年交货的 LNG 运载船一览表

序号	船名	交货日期(年-月)	船容/m^3	船主	造船厂	租船方	船舱容器包容形式
				2006 年交货			
1	Grandis	2006-1	145700	Golar LNG	Daewoo	Shell	GTT N096
2	Arctic Princess	2006-1	145200	MOL/Hoegh	MHI	BG	Moss
3	Arctic Discoverer	2006-2	142600	Kline/Mitsui/Statoil/Iino	MES	BG	Moss
4	Methane Rita Andrea	2006-3	145000	BG 集团	Sumsung	BG	GTT Mk Ⅲ
5	LNG Oyo	2006-3	145000	BW Gas	Daewoo	NLNG	GTT N096
6	LNG Benue	2006-3	145000	BW Gas	Daewoo	NLNG	GTT N096
7	Nizwa LNG	2006-3	145000	Oman/MOSK/Mitsui	KHI	Oman	Moss
8	Pacific Eurus	2006-3	135000	Tepco/MYK/MSK	MHI	Tepco	Moss
9	LNG River Niger	2006-3	141000	BGT	HHI	NLNG	Moss
10	Arctic Voyager	2006-4	140000	Kline/Mitsui/Statoil/Iino	KHI	Statoil	Moss
11	Arctic Lady	2006-4	147200	Hoegh/MOL	MHI	Statoil	Moss
12	Maersk Qatar	2006-4	145000	AP Moeller	Sumsung	Qship	GTT Mk Ⅲ
13	Sen Amanah	2006-4	145000	MISC	Sumsung	Petronas	GTT Mk Ⅲ
14	Simaisima	2006-4	145700	Maragas	Daewoo	Rasgas	GTT N096
15	Granosa	2006-5	145700	Golar LNG	Daewoo	Shell	GTT Mk Ⅲ
16	Ibra LNG	2006-6	147000	Oman/MOSK/Mitsui	Sumsung	Oman	GTT Mk Ⅲ
17	Methane Jane Elizabeth	2006-7	145000	BG 集团	Sumsung	BG	GTT Mk Ⅲ
18	Methane Lydon Volny	2006-8	145000	BG 集团	Sumsung	BG	GTT Mk Ⅲ
19	Bluesky	2006-8	145000	TMT	Daewoo		GTT N096
20	Iberica Knutsen	2006-8	147000	Knutsen	Daewoo	BP	GTT N096
21	LNG Dream	2006-9	145000	Osaka/NYK	KHI	大阪燃气	Moss
22	Ibri LNG	2006-9	145000	Oman/MOSK/Mitsui	MHI	Oman	Moss
23	Ejnam	2006-9	149700	NYK	Sumsung	Rasgas	GTT Mk Ⅲ
24	Excelerate	2006-10	138200	Exmar/Excelerate	Daewoo	Excelerate	GTT N096
25	Energy Progress	2006-11	145000	MOSK	MHI	Bayu Undan	Moss
26	Provalys	2006-11	153000	GdF	Atlantigue	GdF	CS1

（续）

序号	船名	交货日期（年－月）	船容/m^3	船主	造船厂	租船方	船舱容器包容形式
			2006年交货				
27	Gaz de Fance Energy	2006－12	74000	GdF	Atlantigue	GdF	CS1
28	Seri Anggun	2006－12	145000	MISC	Sumsung	BG	GTT Mk Ⅲ
29	LNG Lokaja	2006－12	148300	BW Gas	Daewoo	NLNG	GTT N096
30	AI Marrouna	2006－12	151700	Teekay LNG	Daewoo	Rasgas	GTT N096
			2007年交货				
31	Methane Heather Sally	2007－1	145000	BG	Sumsung	BG	GTT Mk Ⅲ
32	Seri Angkasa	2007－1	145000	MISC	Sumsung		GTT Mk Ⅲ
33	AI Areesh	2007－1	151700	Teekay LNG	Daewoo	Rasgas	GTT N096
34	Grace Acacia	2007－2	149700	NYK	Hyundai		GTT Mk Ⅲ
35	Neo Energy	2007－2	149700	TEN	Hyundai		GTT Mk Ⅲ

注：资料来源为 LNG World Shipping，2007，3/4月合订本。

表6-26　截至2007年LNG运载船订货一览表

序号	船号	船主	容量/m^3	供货期	租船方	包容形式	船级	动力方式
				Chantiers de I' Atlantique，St Nazaire，法国				
1	32P	GdF/NYK	153500	2007/3	GdF（法国燃气）	CS1	BV	双燃料柴油电动
				Remontowa，Gdanesk，波兰				
2		Anthony Veder	7500	2008/三季度	Gasnor（燃气）	IMO C型		双燃料柴油电动
				Construcciones Navales del Norte，Sestao，西班牙				
3	331	Knutsen Gas	138000	2008/6	Repsol	GTT NO96	LR	汽轮机
				沪东－中华造船，上海，中国				
4	1308A	China LNG	147000	2007/11	广东	GTT NO96	ABS	汽轮机
5	1309A	China LNG	147000	2008/5	广东	GTT NO96	ABS	汽轮机
6	1320A	China LNG	147000	2008/12	福建	GTT NO96	ABS	汽轮机
7	1378A	China LNG	147000	2009/5	福建	GTT NO96	ABS	汽轮机
8	1379A	China LNG	147000	2008/10	广东	GTT NO96	ABS	汽轮机
				台州 Skaugen 五洲船厂，台州，中国				
9		Skaugen	10000	2007/11	—	IMO C型	GL	柴油
10		Skaugen	10000	2008/6	—	IMO C型	GL	柴油
11		Skaugen	10000	2009/1	—	IMO C型	GL	柴油

（续）

序号	船号	船主	容量/m^3	供货期	租船方	包容形式	船级	动力方式
台州 Skaugen 五洲船厂，台州，中国								
12		Skaugen	10000	2009/8	—	IMO C 型	GL	柴油
13		Skaugen	10000	2009		IMO C 型	GL	柴油
14		Skaugen	10000	2009		IMO C 型	GL	柴油
三井工程/造船（MES），Chiba，日本								
15	1581	MOL/ K Line	147200	2008/4	Sakhalin	MOSS	NK	汽轮机
三菱重工（MHI）Nakasaki，日本								
16	2219	NYK	147200	2008/3		MOSS	NK	汽轮机
17	2220	MISC	152000	2007/2	Petronas	GTT N096	LR	汽轮机
18	2221	MISC	152000	2007/8	Petronas	GTT N096	LR	汽轮机
19	2222	MISC	152000	2008/2	Petronas	GTT N096	LR	汽轮机
20	2223	MISC	157000	2008/8	Petronas	GTT N096	ABS	双燃料柴油电动
21	2224	MISC	157000	2008/12	Petronas	GTT N096	ABS	双燃料柴油电动
22	2229	NYK/ Sovcomflot	147200	2007/12	Sakhalin	MOSS	NK	汽轮机
23	2230	NYK/ Sovcomflot	147200	2007/12	Sakhalin	MOSS	NK	汽轮机
24	2235	NYK	147200	2009/4	TEPCO	MOSS	NK	汽轮机
25	2236	Cygnus LNG	147200	2008/12	TEPCO	MOSS	NK	汽轮机
26		NYK/QGTC	145000	2009	CPC/RasGas Ⅱ	MOSS		汽轮机
27		NYK/QGTC	145000	2012	CPC/ RasGas Ⅱ	MOSS		汽轮机
川崎造船（KSC）Sakaide，日本								
28	1587	K Line	145000	2007/11	Chenier	MOSS	NK	汽轮机
29	1588	Iino Line	145000	2008/5	Chenier	MOSS	NK	汽轮机
30	1591	大阪燃气	153000	2008/12	大阪燃气	MOSS	NK	汽轮机
31	1592	大阪燃气	153000	2009/7	大阪燃气	MOSS	NK	汽轮机
32	1593	Maple LNG	19100	2009/9	Hiroshima 燃气	MOSS	NK	汽轮机
33	1600	MOL	153000	2009		MOSS	NK	汽轮机
34	1601	MOL	153000	2010		MOSS	NK	汽轮机
35	1611	NYK/ 东京燃气	153000	2009/ 一季度	东京燃气	MOSS	NK	汽轮机
36	1625	NYK/MOL	145000	2009	CPC/RasGas Ⅱ	MOSS	NK	汽轮机

（续）

序号	船号	船主	容量/m^3	供货期	租船方	包容形式	船级	动力方式
川崎造船（KSC）Sakaide，日本								
37	1626	NYK/MOL	145000	2010	CPC/RasGas Ⅱ	MOSS	NK	汽轮机
Imabari Shipbuilding Corporation（IMAZO），东京，日本								
38	2258	K Line	138000	2007/11		GTT Mk Ⅲ	LR	汽轮机
39	2260	K Line	154200	2008/12	Chenier	GTT Mk Ⅲ	LR	汽轮机
40	2263	MOL	154200	2009/6	Suez LNG	GTT Mk Ⅲ		汽轮机
41	2265	MOL	154200	2010/10		GTT Mk Ⅲ		汽轮机
Universal Shipbuilding Corporation Tsu，日本								
42	55	Med LNG	75000	2007/6	Sonatrach	GTT Mk Ⅲ	BV	汽轮机
43	88	Med LNG	75000	2009/6	Sonatrach	GTT Mk Ⅲ	BV	汽轮机
Daewoo Shipbuilding & Marine Engineering（DSME），Okpo，韩国								
44	2230	BW Gas	148000	2007/3	Bonny Gas	GTT NO96	LR	汽轮机
45	2231	BW Gas	148000	2008/3	Bonny Gas	GTT NO96	LR	汽轮机
46	2232	BW Gas	148000	2008/6	Bonny Gas	GTT NO96	LR	汽轮机
47	2233	Taiwan Maritime	145700	2007/1		GTT NO96	DNV	汽轮机
48	2235	Maran Gas	145700	2006/9	Ras Gas Ⅱ	GTT NO96	LR	汽轮机
49	2236	Knutsen OAS	138000	2006/10	Stream	GTT NO96	LR	汽轮机
50	2240	Teekay	151700	2007/4	Ras Gas Ⅱ	GTT NO96	LR	汽轮机
51	2241	NYK/Sovcomflot	145700	2007/12	Tangguh LNG	GTT NO96	NK	汽轮机
52	2242	NYK/Sovcomflot	145700	2008/3	Tangguh LNG	GTT NO96	NK	汽轮机
53	2243	Maran Gas	145700	2007/5	Ras Gas Ⅱ	GTT NO96	LR	汽轮机
54	2244	Golar Gas	145700	2007/6		GTT NO96	DNV	汽轮机
55	2245	Pronav	210000	2007/10	卡塔尔燃气Ⅱ	GTT NO96	LR	低速柴油发动机
56	2246	Pronav	210000	2007/10	卡塔尔燃气Ⅱ	GTT NO96	LR	低速柴油发动机
57	2247	Pronav	210000	2008/1	卡塔尔燃气Ⅱ	GTT NO96	LR	低速柴油发动机
58	2248	Pronav	210000	2008/1	卡塔尔燃气Ⅱ	GTT NO96	LR	低速柴油发动机
59	2249	J5 consortium	216000	2008/3	Ras Gas Ⅲ	GTT NO96	ABS	低速柴油发动机
60	2250	J5 consortium	216000	2008/4	Ras Gas Ⅲ	GTT NO96	ABS	低速柴油发动机
61	2251	J5 consortium	216000	2008/5	Ras Gas Ⅲ	GTT NO96	ABS	低速柴油发动机
62	2252	J5 consortium	216000	2008/6	Ras Gas Ⅲ	GTT NO96	ABS	低速柴油发动机
63	2253	J5 consortium	216000	2008/8	Ras Gas Ⅲ	GTT NO96	ABS	低速柴油发动机
64	2254	Exmar	150900	2009/1	Excelerate	GTT NO96	BV	汽轮机
65	2258	BW Gas	162400	2009/5	Suez LNG	GTT NO96	DNV	双燃料柴油电动
66	2259	BW Gas	162400	2009/5	Suez LNG	GTT NO96	DNV	双燃料柴油电动

（续）

序号	船号	船主	容量/m^3	供货期	租船方	包容形式	船级	动力方式
Daewoo Shipbuilding & Marine Engineering (DSME), Okpo，韩国								
67	2261	Korea Line	145700	2008/3	韩国燃气	GTT NO96		汽轮机
68	2261	Korea Line	151800	2008/11	韩国燃气	GTT NO96		汽轮机
69	2263	Exmar/Excelerate	150900	2009/4	Excelerate	GTT NO96	BV	汽轮机
70		Exmar	156100	2009/11		GTT NO96		双燃料柴油电动
71	2268	Taiwan Maritime	156100	2010		GTT NO96	DNV	双燃料柴油电动
72	2255	QGTC	265000	2008	Qatargas Ⅱ	GTT NO96	LR	低速柴油发动机
73	2256	QGTC	265000	2008	Qatargas Ⅱ	GTT NO96	LR	低速柴油发动机
74	2257	QGTC	265000	2009	Qatargas Ⅱ	GTT NO96	LR	低速柴油发动机
75	2270	Exmar	150900	2009	Excelerate	GTT NO96	BV	汽轮机
76	2271	Exmar	150900	2009	Excelerate	GTT NO96	BV	汽轮机
77		QGTC	210000	2009/4	Qatargas Ⅲ	GTT NO96		低速柴油发动机
78		QGTC	210000	2009/4	Qatargas Ⅲ	GTT NO96		低速柴油发动机
79		QGTC	210000	2009/4	Qatargas Ⅲ	GTT NO96		低速柴油发动机
80		Knutsen	173000	2010/5	Stream	GTT NO96		双燃料柴油电动
81		Knutsen	173000	2010	Stream	GTT NO96		双燃料柴油电动
82		Knutsen	173000	2010		GTT NO96		双燃料柴油电动
83		Taiwan Maritime	171800	2010/8		GTT NO96		双燃料柴油电动
84		QGTC	210000	2009	Qatargas Ⅳ	GTT NO96	LR	低速柴油发动机
85		QGTC	210000	2009	Qatargas Ⅳ	GTT NO96	LR	低速柴油发动机
86		QGTC	210000	2010	Qatargas Ⅳ	GTT NO96	LR	低速柴油发动机
87		QGTC	210000	2010	Qatargas Ⅳ	GTT NO96	LR	低速柴油发动机
Hanjin Heavy Industries, Pusan，韩国								
88		STX Panocean	145000	2008/12	韩国燃气	GTT NO96		汽轮机
89		STX Panocean	153000	2009		GTT NO96		双燃料柴油电动
Hyundai Heavy Industries (HHI), Ulsan，韩国								
90	1719	Dynacom	150000	2007/7		GTT Mk Ⅲ	LR	汽轮机
91	1728	NYK Line	150000	2007/5		GTT Mk Ⅲ	LR	汽轮机
92	1729	NYK Line	150000	2007/10		GTT Mk Ⅲ	LR	汽轮机
93	1730	NYK Line	150000	2008/5		GTT Mk Ⅲ	LR	汽轮机
94	1734	Dynacom	150000	2008/3		GTT Mk Ⅲ	LR	汽轮机
95	1748	Dynacom	150000	2007/3		GTT Mk Ⅲ	LR	汽轮机
96	1754	Tsakos	150000	2007/2		GTT Mk Ⅲ	LR	汽轮机

（续）

序号	船号	船主	容量/m³	供货期	租船方	包容形式	船级	动力方式
Hyundai Heavy Industries (HHI), Ulsan, 韩国								
97	1777	BP Shipping	155000	2007/6		GTT Mk Ⅲ	LR	双燃料柴油电动
98	1778	BP Shipping	155000	2008/6		GTT Mk Ⅲ	LR	双燃料柴油电动
99	1779	BP Shipping	155000	2008/8		GTT Mk Ⅲ	LR	双燃料柴油电动
100	1780	Teekay	155000	2008/6	Tangguh LNG	GTT Mk Ⅲ	LR	双燃料柴油电动
101	1791	OSG	216000	2007/10	卡塔尔燃气 Ⅱ	GTT Mk Ⅲ	DNV	低速柴油发动机
102	1792	OSG	216000	2008/1	卡塔尔燃气 Ⅱ	GTT Mk Ⅲ	DNV	低速柴油发动机
103	1862	J5 Consortium	216000	2008/4	Ras Gas Ⅲ	GTT Mk Ⅲ	DNV	低速柴油发动机
104	1863	J5 Consortium	216000	2008/6	Ras Gas Ⅲ	GTT Mk Ⅲ	DNV	低速柴油发动机
105	1875	J5 Consortium	216000	2008/9	Ras Gas Ⅲ	GTT Mk Ⅲ	DNV	低速柴油发动机
106	1876	MOL	177300	2009/2		GTT Mk Ⅲ	BV	双燃料柴油电动
107		MOL	177300	2010/3		GTT Mk Ⅲ	BV	双燃料柴油电动
108		MOL	177300	2010/3		GTT Mk Ⅲ	BV	双燃料柴油电动
109	1903	Hyundai MM	145000	2008/12	韩国燃气	GTT Mk Ⅲ		汽轮机
110	1908	QGTC	216000	2009/6	卡塔尔燃气 Ⅲ	GTT Mk Ⅲ		低速柴油发动机
111	1909	QGTC	216000	2009/6	卡塔尔燃气 Ⅲ	GTT Mk Ⅲ		低速柴油发动机
112	1910	QGTC	216000	2009/6	卡塔尔燃气 Ⅲ	GTT Mk Ⅲ		低速柴油发动机
Hyudai Samho Heavy Industries (SHI), Samho - Myun, 韩国								
113	S297	BP Shipping	155000	2008 - 10		GTT Mk Ⅲ	LR	双燃料柴油电动
114	S298	Teekay	155000	2009 - 2	Tangguh LNG	GTT Mk Ⅲ	LR	双燃料柴油电动
115	S324	MOL	155000	2009 - 9		GTT Mk Ⅲ	LR	双燃料柴油电动
Sumsung Heavy Industries (SHI), Geoje, 韩国								
116	1563	NYK Line	149600	2007 - 6	NLNG	GTT Mk Ⅲ	LR	汽轮机
117	1564	NYK Line	149600	2007 - 8	NLNG	GTT Mk Ⅲ	LR	汽轮机
118	1585	BG 集团	142950	2007 - 5	Marathon	GTT Mk Ⅲ	ABS	汽轮机
119	1586	BG 集团	142950	2007 - 7	Marathon	GTT Mk Ⅲ	ABS	汽轮机
120	1587	BG 集团	142950	2007 - 9	Marathon	GTT Mk Ⅲ	ABS	汽轮机
121	1588	BG 集团	142950	2008 - 2	Marathon	GTT Mk Ⅲ	ABS	汽轮机
122	1591	MISC	145000	2007 - 8		GTT Mk Ⅲ	BV	汽轮机
123	1594	J4 consortium	145000	2007 - 1	Rasgas Ⅱ	GTT Mk Ⅲ	ABS	汽轮机
124	1605	OSG	216000	2007 - 8	Quatagas Ⅱ	GTT Mk Ⅲ	DNV	低速柴油发动机
125	1606	OSG	216000	2008 - 1	Quatagas Ⅱ	GTT Mk Ⅲ	DNV	低速柴油发动机
126	1607	A P Moller	153000	2008 - 2		GTT Mk Ⅲ	ABS	双燃料柴油电动
127	1608	A P Moller	153000	2008 - 4		GTT Mk Ⅲ	ABS	双燃料柴油电动
128	1619	K Line	153000	2008 - 11	Tangguh LNG	GTT Mk Ⅲ	ABS	双燃料柴油电动
129	1620	K Line	153000	2008 - 7	Tangguh LNG	GTT Mk Ⅲ	ABS	双燃料柴油电动

（续）

序号	船号	船主	容量/m^3	供货期	租船方	包容形式	船级	动力方式
Sumsung Heavy Industries（SHI），Geoje，韩国								
130	1625	A P Moller	153000	2009－4	Total	GTT Mk Ⅲ	ABS	双燃料柴油电动
131	1632	A P Moller	153000	2008－9	Total	GTT Mk Ⅲ	ABS	双燃料柴油电动
132	1633	A P Moller	153000	2009－10		GTT Mk Ⅲ		双燃料柴油电动
133	1633	A P Moller	153000	2009－12		GTT Mk Ⅲ		双燃料柴油电动
134	1641	Chevron	154800	2009	Chevron	GTT Mk Ⅲ	ABS	双燃料柴油电动
135	1642	Chevron	154800	2009	Chevron	GTT Mk Ⅲ	ABS	双燃料柴油电动
136	1634	K Line	153000	2009－3	Tangguh LNG	GTT Mk Ⅲ	ABS	双燃料柴油电动
137	1643	Teekay/QGTC	217000	2008	Rasgas Ⅲ	GTT Mk Ⅲ	DNV	低速柴油发动机
138	1644	Teekay/QGTC	217000	2008	Rasgas Ⅲ	GTT Mk Ⅲ	DNV	低速柴油发动机
139	1645	Teekay/QGTC	217000	2009	Rasgas Ⅲ	GTT Mk Ⅲ	DNV	低速柴油发动机
140	1646	Teekay/QGTC	217000	2009	Rasgas Ⅲ	GTT Mk Ⅲ	DNV	低速柴油发动机
141	1686	India LNG	154800	2009－9	Petronet LNG	GTT Mk Ⅲ		双燃料柴油电动
142	1675	QGTC	265000	2008	Qatagas Ⅱ	GTT Mk Ⅲ		低速柴油发动机
143	1676	QGTC	265000	2008	Rasgas Ⅲ	GTT Mk Ⅲ		低速柴油发动机
144	1677	QGTC	265000	2009	Rasgas Ⅲ	GTT Mk Ⅲ		低速柴油发动机
145	1688	Hoegh/MOL	145000	2009－12	Suez	GTT Mk Ⅲ	DNV	双燃料柴油电动
146	1689	Hoegh/MOL	145000	2010－3	Suez	GTT Mk Ⅲ	DNV	双燃料柴油电动
147	1694	QGTC	265000	2009－4	Qatargas 3	GTT Mk Ⅲ	LR	低速柴油发动机
148	1695	QGTC	265000	2009－4	Qatargas 3	GTT Mk Ⅲ	LR	低速柴油发动机
149	1696	QGTC	265000	2009－4	Qatargas 3	GTT Mk Ⅲ	LR	低速柴油发动机
150	1697	QGTC	210000	2009－4	Qatargas 3	GTT Mk Ⅲ		低速柴油发动机
151		BG 集团	170000	2010	Marathon	GTT Mk Ⅲ	ABS	双燃料柴油电动
152		BG 集团	170000	2010	Marathon	GTT Mk Ⅲ	ABS	双燃料柴油电动
153		QGTC	265000	2009	Qatargas 4	GTT Mk Ⅲ		低速柴油发动机
154		QGTC	265000	2009	Qatargas 4	GTT Mk Ⅲ		低速柴油发动机
155		QGTC	265000	2010	Qatargas 4	GTT Mk Ⅲ		低速柴油发动机
156		QGTC	265000	2010	Qatargas 4	GTT Mk Ⅲ		低速柴油发动机
STX Shipbuilding，Jinhae，韩国								
157		Repsol/ Gas Natural	173000	2010－5	Stream	GTT Mk Ⅲ		双燃料柴油电动

注：资料来源为 LNG World Shipping，2007，3/4 月合。

6.3.6　LNG 船型船体结构

1. LNG 船型船体结构的特殊要求

船体结构设计的主要内容是在满足船舶总体设计的要求下，解决船体结构形式、构件的尺寸与连接等设计问题，保证船体具有恰当的强度和良好的技术经济性能。与常规船型相比，LNG 船的船体结构除了满足安全性、整体性、工艺性的一般要求之外，还需要特别关注如下的特殊要求：

1）高可靠性要求。由于运输的是 -163℃的液化天然气，LNG船需要具备极高的可靠性和安全性，特别是货舱结构通常要满足40年的疲劳寿命要求。因此，LNG船的整体结构需要通过全船有限元强度计算和全船有限元疲劳分析来进行结构安全性评估，以确保船体的安全性和可靠性。图6-54所示为LNG船全船有限元疲劳评估位置示意图。

2）抗晃动性能要求。LNG船在航行过程中，装载的液化天然气随着船舶运动会产生晃动，从而对液舱和船体结构产生冲击压力，因此LNG船的船体结构在设计时必须要考虑晃动冲击载荷的影响，以确保船体结构在晃荡工况下的安全性。相对而言，MOSS型LNG船液舱的球形形状决定了其液面晃动效应较小，SPB型LNG船由于液舱内有缓解液货晃动的纵横舱壁，故这两型LNG船的晃动对结构设计的影响较小。而薄膜型LNG船由于舱壁光滑，晃动载荷较大，除了需要限制液货装载液位，在液舱剖面形状确定和船体结构设计时均需要重视晃动冲击的影响。图6-55所示为LNG船货舱晃动性能试验和数值仿真结果。

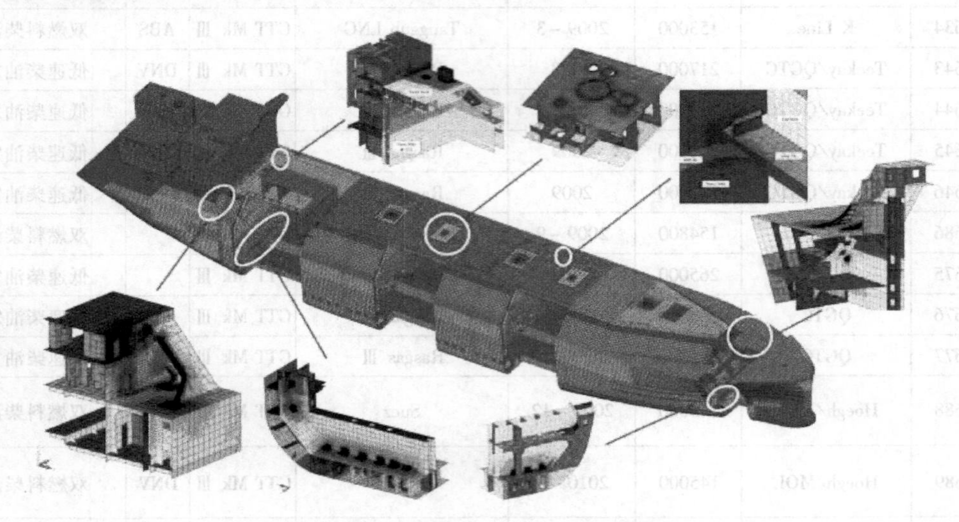

图6-54 LNG船全船有限元疲劳评估位置示意

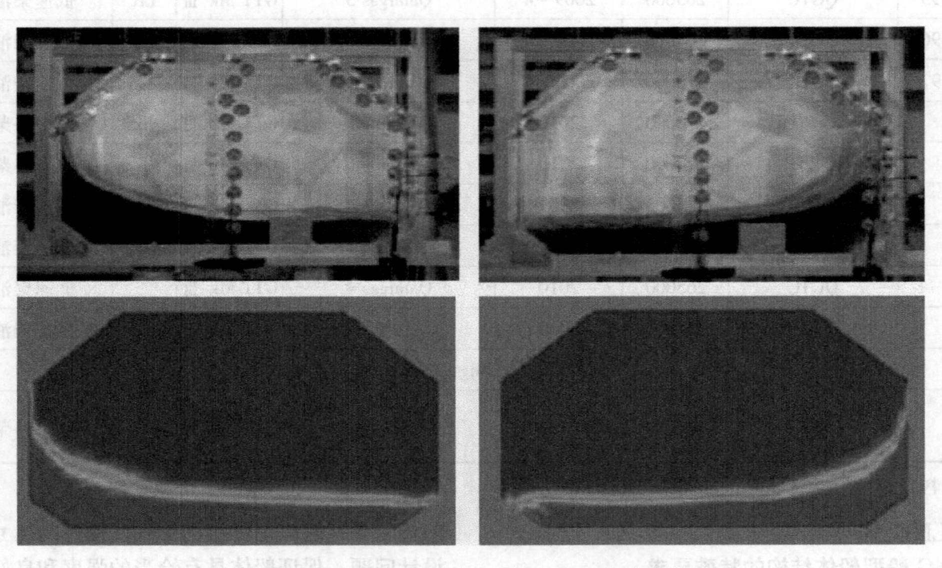

图6-55 LNG船货舱晃动性能试验和数值仿真结果

3）抗低温钢材使用。由于LNG船的液货舱系统长期处于－163℃左右的超低温状态，虽然采取了多重屏蔽的绝缘措施，但液货舱周围的船体结构仍然不可避免地受到长期低温的影响。因此需要单独进行温度场计算，计算得到船体结构主要部位的温度分布（图6-56），在此基础上确定船体结构的钢材等级。由于温度较低，LNG船的货舱区域部分结构需要采用满足低温要求的D级或E级钢，对于部分在极地环境下运营的破冰型LNG船甚至采用了F级钢。

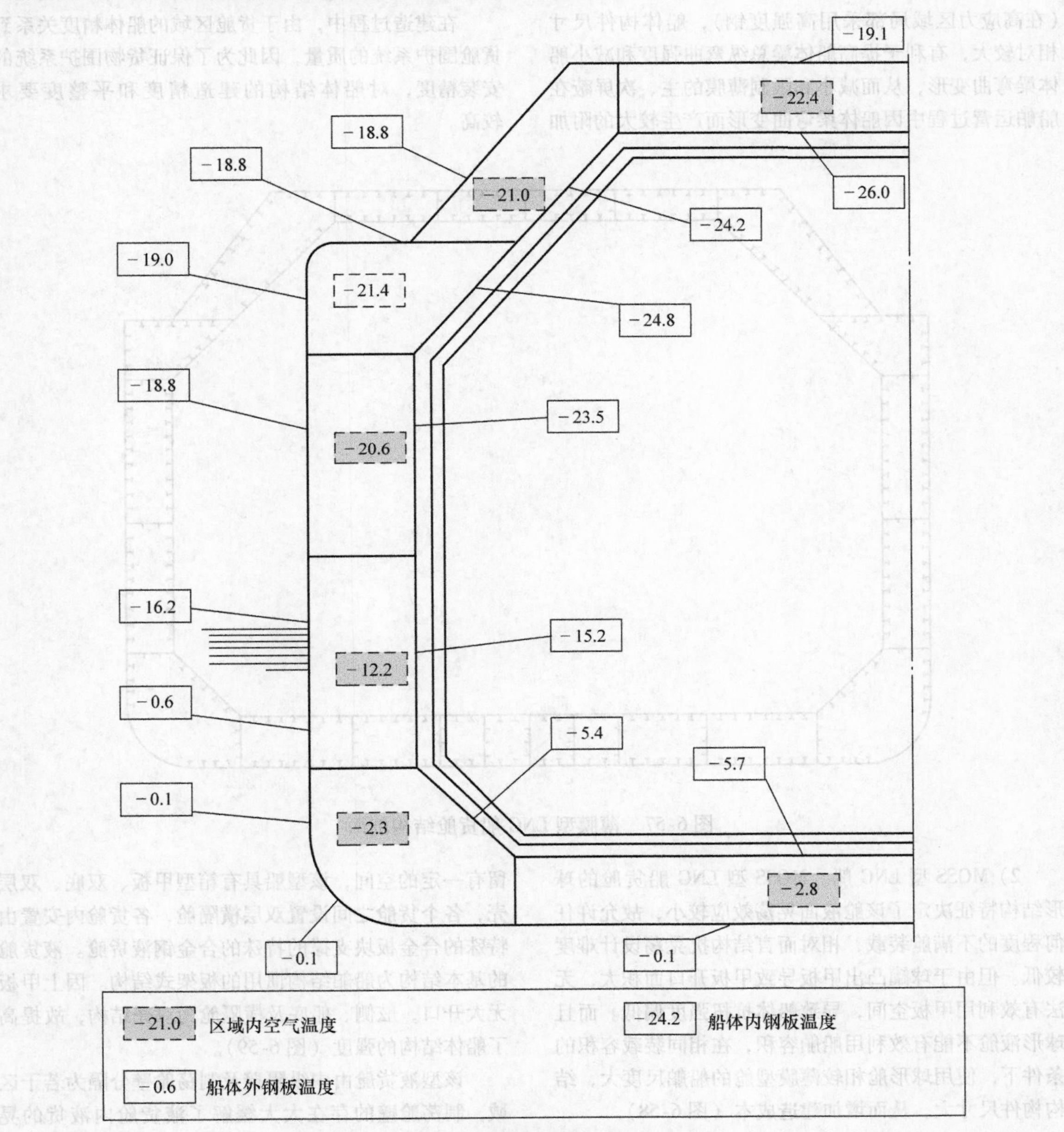

图6-56 典型LNG船货舱结构温度分布（单位:℃）

2. 不同类型LNG船船体结构特点

根据货舱围护系统的不同，LNG船的货舱结构也分为三种，不同围护系统的LNG船的货舱区域船体结构特点不同。

1）薄膜型LNG船。由于货舱区舱容利用率高，薄膜型LNG船涵盖了LNG船全系列的各种尺度。薄膜型LNG船货舱典型的结构形式为双层底（两舷侧带斜底）、双层壳（两舷侧带斜顶）、双层箱型围阱甲板及双层横舱壁，形成液货舱完整的双层结构（图6-57）。货舱区的结构形式通常采用纵骨架式，双层横舱壁通常为平板型，设水平扶强材，确保舱内光滑无构件，以便于围护系统安装。

薄膜型LNG船的主船体结构一般采用普通钢（在高应力区域局部采用高强度钢），船体构件尺寸相对较大，有利于提高船体梁总纵弯曲强度和减小船体梁弯曲变形，从而减小和限制薄膜的主、次屏蔽在船舶运营过程中因船体梁弯曲变形而产生较大的附加应力和变形。

由于液货舱内没有制荡构件，液货对薄膜液货舱内壳的晃荡冲击比较严重，液货的装载高度受到限制，同时船体结构需要针对晃荡载荷做必要的结构加强。

在建造过程中，由于货舱区域的船体精度关系到货舱围护系统的质量，因此为了保证货物围护系统的安装精度，对船体结构的建造精度和平整度要求较高。

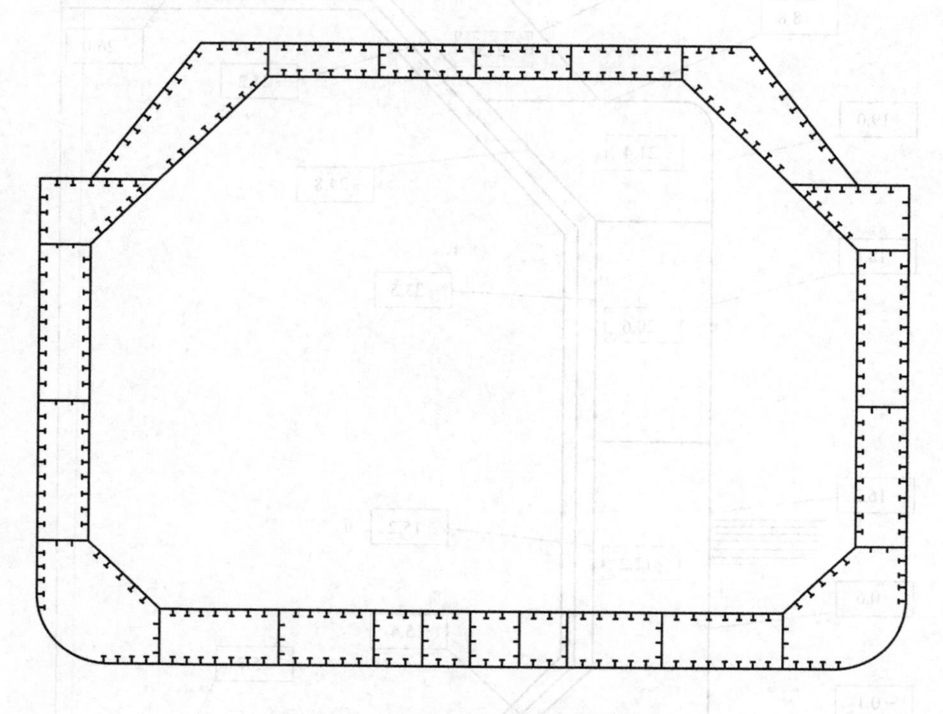

图6-57 薄膜型LNG船货舱结构剖面

2）MOSS型LNG船。MOSS型LNG船货舱的球形结构特征决定了该舱液面晃荡效应较小，故允许任何程度的不满舱装载，相对而言结构抗晃荡设计难度较低。但由于球罐凸出甲板导致甲板开口面积大，无法有效利用甲板空间，导致船体抗扭强度偏低。而且球形液舱不能有效利用船舶容积，在相同装载容积的条件下，使用球形舱相较薄膜型舱的船舶尺度大，结构构件尺寸大，从而增加建造成本（图6-58）。

此外，由于球型舱LNG船的重心较高，为此往往会把双层底的高度降低，以减小重心过高所带来的不利影响，与此同时增加了底部破损导致货舱进水的可能性。

3）SPB型LNG船。SPB型舱的液舱与船内壳间留有一定的空间，该型船具有箱型甲板、双底、双层壳，各个货舱之间设置双层横隔舱，各货舱内安置由特殊的合金板块支撑的特殊的合金钢液货舱。液货舱的基本结构为船舶结构惯用的板架式结构。因上甲板无大开口，舷侧、船底及横隔舱为双壳结构，故提高了船体结构的强度（图6-59）。

该型液货舱由中纵隔壁及制荡舱壁分隔为若干区域，制荡舱壁的存在大大缓解了液货舱内液货的晃荡，装载液位也不会受到限制，船体结构的抗晃荡设计要求较低。

SPB型液舱内壳的特殊合金钢焊接量大，工艺要求高，建造成本高。而且液舱需要整体进行吊装，对于起重设施的要求比较高。

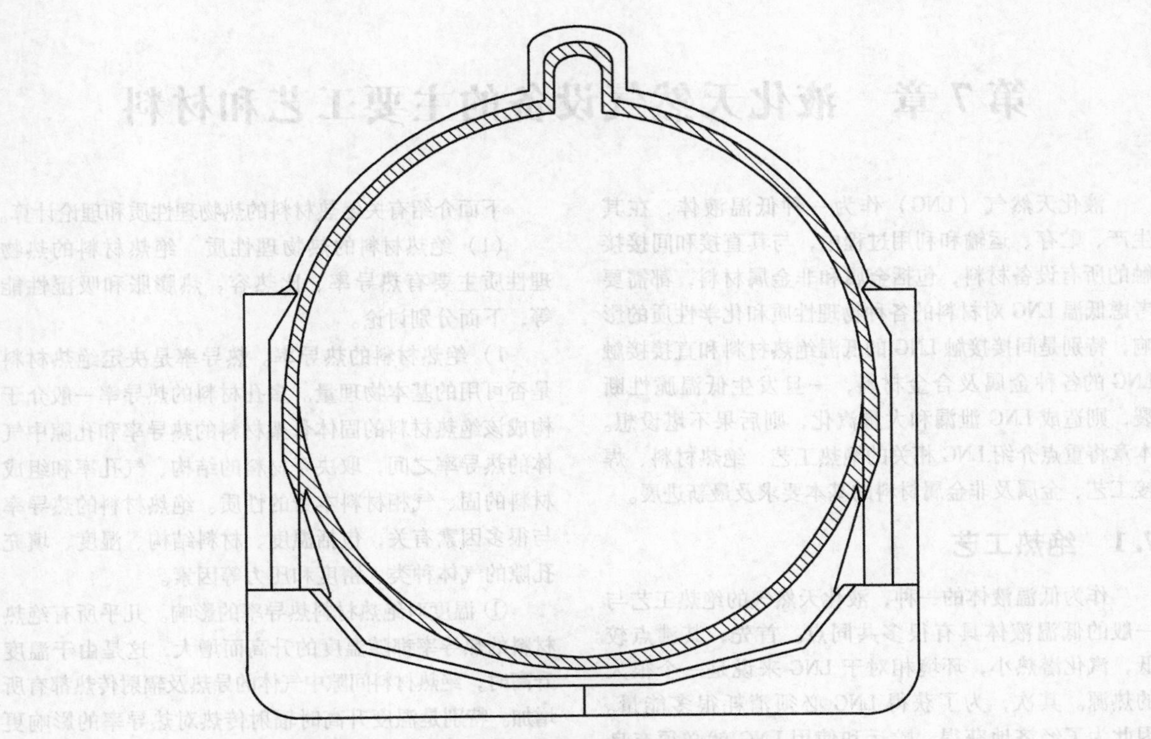

图 6-58　MOSS 型 LNG 船货舱结构剖面

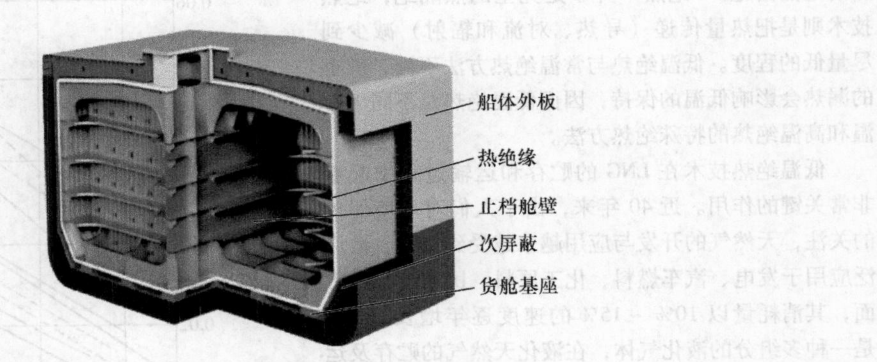

图 6-59　SPB 型 LNG 船货舱结构剖面

参 考 文 献

[1] 何太碧，郭怀东，李志军．大型 LNG 贮存站贮罐设计选型论证 [J]．油气田地面工程，2008（6）：4-6.

第 7 章　液化天然气设备的主要工艺和材料

液化天然气（LNG）作为一种低温液体，在其生产、贮存、运输和利用过程中，与其直接和间接接触的所有设备材料，包括金属和非金属材料，都需要考虑低温 LNG 对材料的各种物理性质和化学性质的影响，特别是间接接触 LNG 的低温绝热材料和直接接触 LNG 的各种金属及合金材料，一旦发生低温脆性断裂，则造成 LNG 泄漏和大量汽化，则后果不堪设想。本章将重点介绍 LNG 相关的绝热工艺、绝热材料、焊接工艺、金属及非金属材料的基本要求及最新进展。

7.1　绝热工艺

作为低温液体的一种，液化天然气的绝热工艺与一般的低温液体具有很多共同点。首先，其沸点较低，汽化潜热小，环境相对于 LNG 来说是一个很大的热源。其次，为了获得 LNG 必须消耗很多能量。因此为了经济地获得、贮运和使用 LNG 就必须有良好的绝热措施。“绝热”并不是完全的热隔绝，绝热技术则是把热量传递（导热、对流和辐射）减少到尽量低的程度。低温绝热与常温绝热方法不同，微小的漏热会影响低温的保持，因而低温绝热是不同于常温和高温绝热的特殊绝热方法。

低温绝热技术在 LNG 的贮存和运输过程中起着非常关键的作用。近 40 年来，由于人们对环境保护的关注，天然气的开发与应用越来越受到重视，被广泛应用于发电、汽车燃料、化工原料、民用燃料等方面，其消耗量以 10% ~15% 的速度逐年增长。LNG 是一种多组分的液化气体，在液化天然气的贮存及运输过程中，无论从运行的经济性还是安全性考虑，绝热技术都是 LNG 贮运设备设计的关键技术之一。在第 1 章液化天然气的一般特征中，已经简单介绍了其绝热特性，主要是指保冷材料的绝热特性。

本节将重点讨论各种关于液化天然气存储和运输设备中的一些绝热工艺和方法。

7.1.1　绝热工艺理论

1. 普通堆积绝热

普通堆积绝热是指在低温装置维护的内侧或低温设备、管道的外侧敷设固体的多孔性绝热材料，绝热材料的孔隙中充满大气压力的空气或其他低温气体（氮气、氢气及氦气等）。这种绝热形式结构简单，造价低廉，经常应用于液化天然气的贮存装置。

下面介绍有关绝热材料的热物理性质和理论计算。

（1）绝热材料的热物理性质　绝热材料的热物理性质主要有热导率、比热容、热膨胀和吸湿性能等，下面分别讨论。

1）绝热材料的热导率。热导率是决定绝热材料是否可用的基本物理量。多孔材料的热导率一般介于构成该绝热材料的固体骨架材料的热导率和孔隙中气体的热导率之间，取决于材料的结构、气孔率和组成材料的固、气相材料本身的性质。绝热材料的热导率与很多因素有关，包括温度、材料结构、湿度、填充孔隙的气体种类、密度和压力等因素。

① 温度对绝热材料热导率的影响。几乎所有绝热材料的热导率都随温度的升高而增大，这是由于温度升高时，绝热材料间隙中气体的导热及辐射传热都有所增加。特别是温度升高时辐射传热对热导率的影响更大。一些绝热材料的热导率与温度的关系如图 7-1所示。

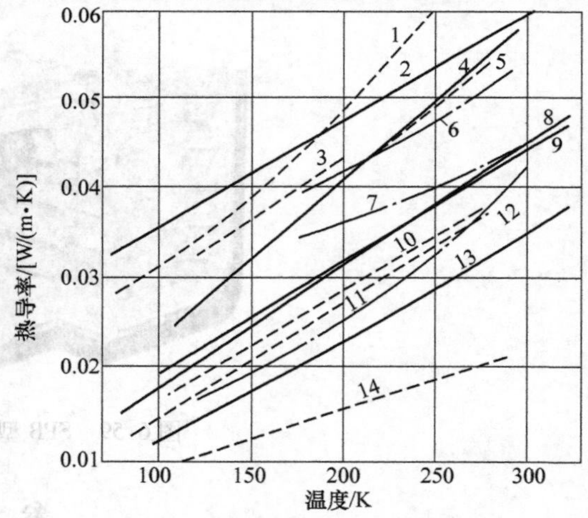

图 7-1　绝热材料的热导率与温度的关系

1—蛭石（ρ =216kg/m^3）　2—棉花（ρ =81kg/m^3）
3— 硅藻土（ρ =272kg/m^3）　4— 矿棉（ρ =400kg/m^3）
5—珠光砂（ρ =210kg/m^3）
6— 聚氯乙烯泡沫塑料（ρ =190 ~200kg/m^3）
7— 软木（ρ =195kg/m^3）　8—玻璃棉（ρ =50kg/m^3）
9—矿棉（ρ =260kg/m^3）　10—软木粒（ρ =101kg/m^3）
11—珠光砂（ρ =45kg/m^3）
12—聚苯乙烯泡沫塑料（ρ =30 ~50kg/m^3）
13—矿棉（ρ =95kg/m^3）　14—气凝胶（ρ =100kg/m^3）

② 材料结构对绝热材料热导率的影响。绝热材料的热导率通常介于构成材料的固体的热导率 λ_m 和气体的热导率 λ_g 之间，因而绝热材料的热导率取决于材料的结构。材料中的热流从高温面沿着固体骨架流向低温面，未碰到气孔之前，传热过程纯粹是固体的热传导过程，传热量正比于材料的热导率。在碰到气孔之后，可能的传热路线有两条，一条仍然是通过固相传递，但由于热流沿着气孔边缘的固体传递，传热方向发生变化，总传热路线增长。单位体积中包含的气孔数越多，固体导热的途径就越曲折。另一条路线是通过气孔内的气体传热，其中包括热的固体表面对气体和冷的表面的辐射换热，气体和固体表面以及本身的热传导和对流传热。当气孔直径小于气体分子的平均自由程时，绝热材料的热导率就会大为减小。纤维材料的传热过程基本上和多孔材料相似。一般来说，纤维材料的纤维直径越细，其热导率也越小。显热，传热方向和纤维方向垂直时的绝热性能优于和纤维方向平行时的绝热性能。

③ 含湿量对绝热材料热导率的影响。材料的湿度，即湿含量或含水量。湿度对绝热材料的热导率有很大影响，绝热材料受潮后热导率显著增大，绝热性能大为降低。研究表明，一种热导率为0.035W/m · K的材料吸湿1%以后，热导率增大25%。即吸湿量若达百分之几，则热导率可增大数倍。可见低温下大多数绝热材料的热导率与湿度呈线性关系。泥煤板、软木和矿棉都是这样，如图7-2所示。但有些绝热材料当湿度增大到一定程度时，热导率随湿度增长的速度变慢，两者也不再呈线性关系。图7-3所示的岩棉板热导率与湿度的关系就具有这样的特点。

④ 填充气体对绝热材料热导率的影响。在绝热材料中，大部分热量是从孔隙中的气体传导的。因此，绝热材料的热导率在很大程度上取决于填充气体的种类，表7-1列出了绝热材料中填充不同气体的热导率值。低温技术中所采用的绝热材料的热导率，如果是充填氦气或氢气，可作为一级近似，即认为等于这些气体的热导率，这是因为氦气和氢气的热导率都比较大的缘故。

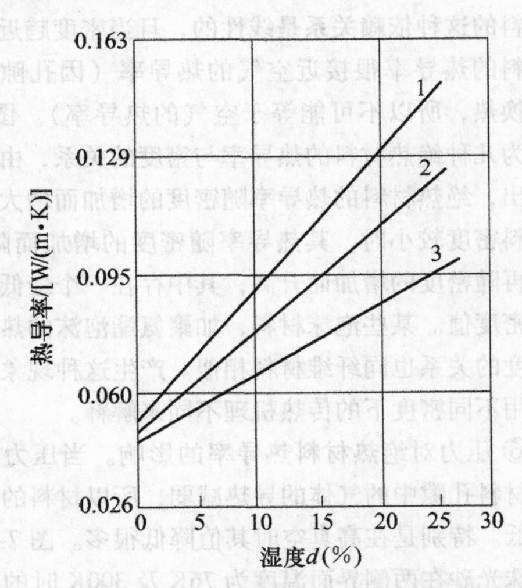

图7-2 泥煤板、软木和矿棉的热导率与湿度的关系

（各种材料的密度均为300kg/m³）

1—泥煤板 2—软木 3—矿棉

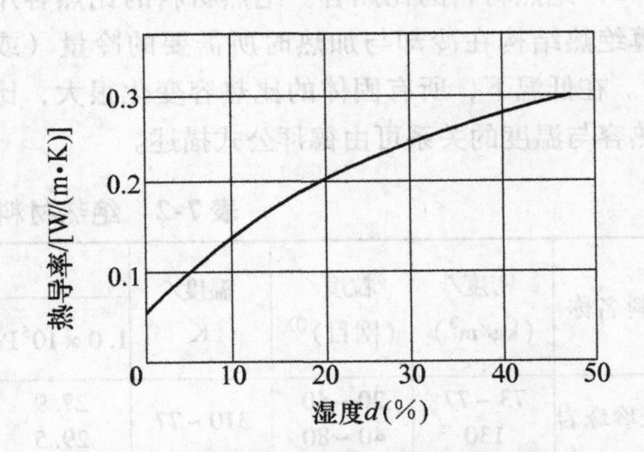

图7-3 岩棉板热导率与湿度的关系

（温度为22℃，密度为120kg/m³）

表7-1 绝热材料中填充不同气体的热导率

绝热材料	密度/(kg/m³)	平均温度/K	热导率/[mW/(m·K)]					
			Kr	CO_2	空气	N_2	He	H_2
膨胀珍珠岩	130	188	—	—	—	32.5	128	145
气凝胶	100	188	—	—	—	19.6	62	80
硅胶	93	190	—	—	29.9	—	116	—
微孔橡胶	56	190	10.2	—	21.5	—	122	—
矿棉	150	190	14.2	—	31.3	—	136	—
玻璃棉（$d=2.5\mu m$）	74	338	—	25.5	35.5	—	181	—
玻璃棉（$d=0.69\mu m$）	174	338	—	25.9	35.5	—	126	198

⑤ 密度对绝热材料热导率的影响。绝热材料的热导率依赖于孔隙的体积，从而依赖于材料的密度。材料的密度降低时孔隙的体积所占的比例增大，故材料的热导率降低（气凝胶例外）。根据实验结果，很多材料的这种依赖关系是线性的，且当密度趋近于零时材料的热导率很接近空气的热导率（因孔隙中有辐射换热，所以不可能等于空气的热导率）。图 7-4 所示为几种绝热材料的热导率与密度的关系，由图可以看出，绝热材料的热导率随密度的增加而增大。纤维材料密度较小时，其热导率随密度的增加而降低，然后再随密度的增加而升高，其中存在一个最低热导率的密度值。某些泡沫材料，如聚氨酯泡沫的热导率和密度的关系也同纤维材料相似。产生这种现象的原因可用不同密度下的传热机理不同来解释。

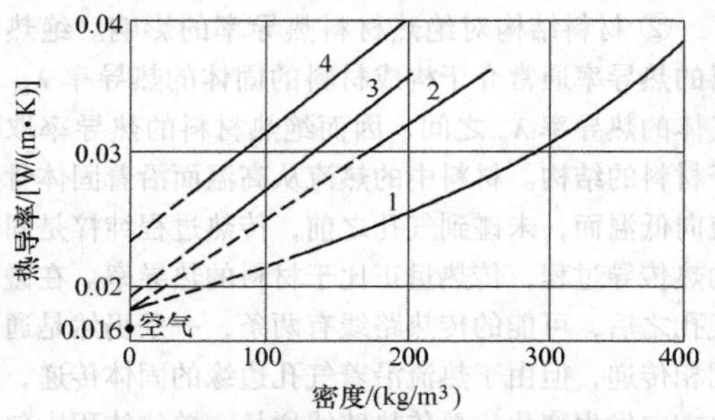

图 7-4 绝热材料的热导率与密度的关系（平均温度 190K）

1—矿棉 2—氧化镁 3—软木 4—珠光砂

⑥ 压力对绝热材料热导率的影响。当压力降低时，材料孔隙中的气体的导热减弱，所以材料的热导率降低。特别是在高真空时其值降低很多。图 7-5 所示为珠光砂在两侧界面温度为 76K 及 300K 时的有效热导率与压力的关系。一些绝热材料在不同压力下的当量热导率见表 7-2。

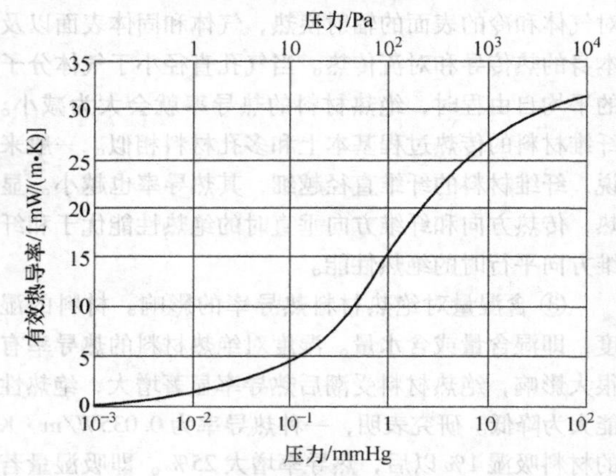

图 7-5 珠光砂在两侧界面为 76K 及 300K 时的有效热导率与压力的关系

2）绝热材料的比热容。绝热材料的比热容用于计算绝热结构在冷却与加热时所需要的冷量（或热量）。在低温下，所有固体的比热容变化很大，比定压热容与温度的关系可由德拜公式描述。

表 7-2 绝热材料在不同压力下的当量热导率

材料名称	密度/(kg/m³)	粒度/(网目)[①]	温度/K	当量热导率/[mW/(m·K)]						
				1.0×10⁵Pa	1.33×10⁴ Pa	1.33×10³ Pa	1.33×10² Pa	1.33×10¹ Pa	1.33 Pa	0.133 Pa
膨胀珍珠岩	73~77	20~40	310~77	27.9	27.0	22.2	17.1	1.78	1.72	1.6
	130	40~80		29.5	26.5	4.11	1.60	1.21	1.02	
碳酸镁	210	—	318~77	33.7	30.2	20.1	4.95	3.39		
气凝胶	290	80~120	310~77	30.0	6.54	1.27	1.16	1.14	1.10	—
常压气凝胶	120	粉状	310~77	26.7	6.77	2.58	1.71	1.64	1.43	—
	170			26.7	12.56	1.67	1.53	1.23	1.21	—
高压气凝胶	104	40~80	310~77	15.11	8.56	3.09	2.33	1.53	1.49	1.43
	124			15.35	9.88	3.63	2.09	1.32	1.31	1.28
硅胶	—	<20	298~77	61.7	32.55	15.64	5.85	4.92	—	—
		40~80	308~77	59.8	18.99	7.14	4.15	3.58	3.49	—
		>100	298~77	9.23	2.80	2.59	2.56	2.24	2.19	—
		>100	298~77	10.62	2.33	2.11	2.08	—	1.55	—
蛭石	290	40~80	310~77	54.4	41.5	4.25	1.59	1.58	1.51	—
	300	80~120	310~77	53.4	31.6	9.16	1.31	1.26	1.08	—
	25	—	284~77	21.55	15.25	18.48	11.46	6.68	5.53	—
脲醛泡沫塑料	40	—	285~77	21.50	19.76	18.25	13.66	4.86	4.23	—
	63	—	283~77	21.22	19.70	17.09	10.90	8.02	6.27	—
	23	—	308~90	37.47	25.70	24.49	15.86	6.93	6.93	—

① 20~120 目对应约为 0.841~0.125mm。

$$c_v = 9R\left(\frac{T}{\theta_D}\right)^3\int_0^{Q_D}\frac{x^4}{(e^x-1)(1-e^{-x})}dx$$
$$= 3R\left[3\left(\frac{T}{\theta_0}\right)^3\int_0^{\frac{Q_D}{T}}\frac{x^4e^x dx}{(e^x-1)}\right] = 3RD\left(\frac{\theta_D}{T}\right) \tag{7-1}$$

式中，$D\left(\frac{\theta_D}{T}\right)$为德拜函数；$R$为气体常数；$T$为温度；$x$为积分变量，为固体单位体积振动频率的函数。

根据式（7-1），在接近绝对零度时，比热容与温度的立方成正比。材料的比热容与温度的关系如图7-6所示。

另一个需要注意的问题是多孔材料在低温下能吸附大量空气，由于在吸附时释放出热量q_n，使材料的比热容增大，其值为

$$c_a = q_a\left(\frac{\partial a}{\partial T}\right)_p \tag{7-2}$$

式中，a为吸附的气体质量（kg/kg），氮气在低温下的吸附热近似为5.30×10^5J/kg；$(\partial a/\partial T)_p$的值取决于材料的结构和空气的压强。

对于气凝胶在大气压下吸附氮的情况，$\left(\frac{\partial a}{\partial T}\right)_p$值在130K时接近于0.00031/K。在100K时，接近于0.00151/K。由式（7-2)计算得出，由于吸附热使比热容的增大值相应等于0.16J/(kg·K）和0.8J/(kg·K)。结果，由于在低温下绝热材料对空气的吸附作用，使气凝胶和其他细分散材料的比热容较化学成分相同的整体材料有明显增加。表7-3列出了膨胀珠光砂在78~300K温区内的比热容测量值。

3）绝热材料的热膨胀。绝热材料在低温下的热膨胀（热收缩）数据对于估计绝热结构的牢固性是必需的。它们的热膨胀系数越小，则绝热结构在使用过程中受热胀冷缩影响而损坏的可能性就越小。大多数绝热材料的线膨胀系数值随温度下降而显著下降，存在着如下关系：

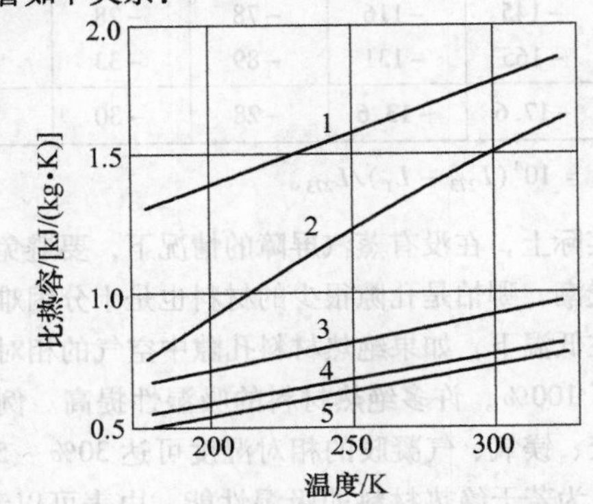

图7-6 几种材料的比热容与温度的关系

1—棉花 2—软木 3—玻璃棉 4—矿棉 5—泡沫玻璃

表7-3 膨胀珠光砂的比热容测量值

温度/K	比热容/[J/(kg·K)]	温度/K	比热容/[J/(kg·K)]
78.6	250.9	182.3	585.3
80.7	273.0	196.8	335.3
91.6	318.8	212.2	657.5
105.1	358.7	214.0	666.9
115.3	398.8	230.5	695.1
116.4	403.8	232.3	704.1
126.8	434.6	251.0	733.3
147.4	507.7	259.2	771.1
154.2	522.3	290.8	809.0
156.0	526.9	292.5	812.2
169.0	565.8		

$$\alpha = \frac{1}{3}\gamma K_T c_v / V \tag{7-3}$$

式中，α为材料的线膨胀系数；γ为格瑞森常数；K_T为等熵压缩系数，$K_T = -\left(\frac{\partial V}{\partial p}\right)_T/V$；$c_v$为比热容；$V$为体积。

表7-4和表7-5列出了一些绝热材料的线膨胀系数与低温结构材料的热膨胀系数。从这些数据可以看出，大多数金属材料从室温到液氮温度，它们的长度要收缩0.2%~0.4%，而从液氮温度到液氦温度的收缩率只有室温到液氮温度的收缩率的1/10。另外，非金属材料的线膨胀系数通常比金属大，特别是泡沫型绝热材料的线膨胀系数比较大，这是由于该种材料受热时，空隙中的气体膨胀，同时气体的膨胀系数又比固体大的缘故。

表7-4 一些绝热材料的线膨胀系数

材料	密度/(kg/m³)	平均温度或温度范围/K	线膨胀系数/10^{-6}K^{-1}
软木	110	317	81
		247	59
		194	47
玻璃纤维毡	176	245	6.5
		191	7.7
矿棉毡	229	319	15.5
		247	8.8
		192	4.0
泡沫玻璃	170	315	10.8
		247	7.6
		193	6.5

（续）

材料		密度/（kg/m^3）	平均温度或温度范围/K	线膨胀系数/$10^{-6}K^{-1}$
微孔橡胶		78	247	48.6
			193	43.2
发泡硬质胶		64	323 ~ 148	59.8
泡沫聚氯乙烯	刚性	40 ~ 88	293 ~ 80	45
	弹性	75 ~ 150	293 ~ 80	81
泡沫聚苯乙烯		12 ~ 20	293 ~ 80	79
		24.3	288 ~ 193	70
		24.3	193 ~ 123	76
		37.5	288 ~ 193	57
		37.5	193 ~ 123	57
弹性泡沫聚氨		34 ~ 58	293 ~ 80	77
泡沫聚氨酯		80	200	123
			77	50
			300 ~ 77	71

4）绝热材料的吸湿性能。在低温绝热中，材料的抗湿能力往往比热导率小的要求更为重要。表征材料抗湿能力的基本特性是吸湿性（对水蒸气的吸附能力）、吸水性（对液态水的吸附能力）和水蒸气的扩散系数，也称为“透气系数”。多孔绝热材料有较大的表面积和丰富的毛细管，因而具有较强的吸附能力和吸水能力。绝热材料的吸水主要依靠毛细管力的作用。在毛细管力的作用下，水在毛细管中上升的高度 h 可以用下式表示。

$$h = \frac{2\sigma\cos\alpha}{\rho g r} \tag{7-4}$$

式中，σ 为水的表面张力（N/m）；α 为接触角；ρ 为水密度，$1000kg/m^3$；g 为重力加速度，9.81N/kg；r 为毛细管的半径（m）。

由式（7-4）可见，绝热材料开口连通气孔的毛细直径越小，就越容易吸水；表面张力越大，就越容易吸水，表面张力随温度的升高而下降，故温度升高，吸水能力减弱。

表 7-5　低温结构材料的热膨胀系数　　（单位：$10^{-6}K^{-1}$）

材料	温度/K 0	25	50	75	100	150	200	250	273
铜	-29.3	-29.3	-28.8	-27.2	-24.9	-18.8	-11.6	-3.6	0
铝	-37.4	-37.4	-37.0	-34.8	-32.4	-25.0	-15.6	-4.9	0
黄铜	-34.5	-34.5	-33.7	-81.6	-28.8	-21.6	-13.4	-4.2	0
德银	-33.9	-33.9	-33.2	-31.3	-28.7	-21.6	-13.4	-4.2	0
304 不锈钢	-26.3	-26.3	-26.2	-25.2	-23.2	-17.5	-10.8	-3.8	0
殷钢	-4.6	-4.6	-4.6	-4.6	-4.2	-3.1	-1.8	-0.6	0
派瑞斯玻璃	-5.2	-5.2	-5.2	-5.0	-4.7	-3.6	-2.3	-0.8	0
有机玻璃	-108	-106	-101	-9.4	-8.6	-67	-4.5	-17	0
尼龙	-125	-122	-117	-109	-101	-80	-54	-21	0
聚四氟乙烯（⊥）	-172	-170	-164	-156	-145	-116	-78	-28	0
（//）	-207	-201	-192	-180	-165	-131	-89	-33	0
夹布胶木	-20.5	—	-19.8	—	-17.6	-13.6	-28	-30	0

注：这里的热膨胀系数是指线膨胀系数，用 α 表示，第一定义为：$\alpha = 10^4(L_{273} - L_T)/L_{273}$。

绝热材料吸收的水蒸气遇到低温会凝聚为水或结成冰，使热导率大为增加，甚至引起材料开裂，破裂绝热结构。通常用刘易斯数（Lewis Number）来衡量吸湿能力。

$$Le = \frac{a}{D} \tag{7-5}$$

式中，$a = \frac{\lambda}{c\rho}$ 为导温系数；D 为水蒸气的扩散系数。

Le 越小的材料，越不容易受潮。

实际上，在没有蒸汽屏障的情况下，要避免绝热材料受潮，哪怕是孔隙很少的材料也是十分困难的。

在低温下，如果绝热材料孔隙中空气的相对湿度达到了100%，许多绝热材料的吸湿性提高。例如微孔橡胶、镁氧、气凝胶的相对湿度可达30% ~50%。表7-6为若干绝热材料的吸湿性能，由表可以看出，抗湿性最好的是泡沫玻璃和泡沫聚苯乙烯，其次是软木和泡沫聚氨酯。矿棉的吸水量大，它的透气系数与空气接近，等于$28 \times 10^6 m^2/s$。就是说，它对水蒸气的扩散不会有阻力。

表7-6 若干绝热材料的吸湿性能

材料	湿度 d（%）（空气相对湿度为100%）	吸水性 V（%）	水蒸气的扩散系数/($10^6 m^2/s$)
矿棉	1	64～84	17～22
玻璃棉	1	40	17～22
气凝胶	50	95～97	—
疏水气凝胶	3	20～40	
珠光砂	1～6	50～60	8～17
微孔橡胶	40	10～25	17～21
软木（块状）	10	4～13	1.4～5.5
泡沫聚苯乙烯	1.5～5	0.5～2.0	0.14～0.55
泡沫聚氨酯	5～20	5～15	1.4～5.5
泡沫聚氯乙烯	—	4	0.3
泡沫玻璃	1	6～9	0.8

（2）普通堆积绝热的计算

1）绝热材料的热流计算。在稳定传热条件下，热量通过绝热层、防潮层和防火层等材料进入贮槽内，各层的热流相等，对于圆柱形部分热流量用式（7-6）表示。

$$q = \frac{(t_w - t_n)\pi L}{\frac{1}{\alpha_w d_w} + \sum \frac{1}{2\lambda_i}\ln\frac{d_{i+1}}{d_i} + \frac{1}{\alpha_n d_n}} \tag{7-6}$$

式中，q 为热流密度（W/m^2）；t_w 为外壁温度（℃）；t_n 为内壁温度（℃）；L 为圆柱体长度（m）；d_w 为各层的外径（m）；d_i 为各层的内径（m）；α_w 为空气与贮槽外保护层的表面传热系数［$W/(m^2 \cdot K)$］；λ_i为各层材料的热导率［$W/(m \cdot K)$］。

由于内侧是低温液体与贮槽内壁传热，液体的传热系数远大于外侧的空气，如忽略其传热热阻，则

$$q = \frac{(t_w - t_n)\pi L}{\frac{1}{\alpha_w d_w} + \sum \frac{1}{2\lambda_i}\ln\frac{d_{i+1}}{d_i}} \tag{7-7}$$

空气与贮槽外防护层的传热，可通过式（7-8）计算：

$$\alpha = 0.664\frac{\lambda}{L}Pr^{1/3}R_e^{\ 1/2} \tag{7-8}$$

对于没有真空的粉末型绝热，漏热计算与上述方法相同。

2）固体构件的热流计算。固体构件主要有与外部装置相连接的管路、贮槽与底座的支撑连接等。不同部位的固体构件，导热的计算温差可能不同，计算中应予以注意。

$$q_2 = \sum \frac{\lambda_i A_i \Delta t_i}{\delta_i} \tag{7-9}$$

式中，λ_i 为各固体构件的热导率［$W/(m \cdot K)$］；A_i 为各固体构件的导热截面积（m^2）；δ_i 为各固体构件的有效导热长度或厚度（m）；Δt_i 为各固体构件的计算导热温差（℃）。

3）太阳辐射。低温液体贮槽如果是安装在室外，必然一部分面积会处在日光的辐射下，投射在贮槽上的热量，一部分被反射，其余部分由贮槽外保护层所吸收，使外保护层表面温度比没有太阳辐射时有所升高，即使表面温度高于空气的温度。当然，外保护层所吸收的热量中，一部分也会散发到空气中去，根据热量平衡，可算出表面温度的实际温升：

$$\varepsilon I = K\Delta t_s + \alpha\Delta t_s \tag{7-10}$$

则

$$\Delta t_s = \frac{\varepsilon I}{K + \alpha} \tag{7-11}$$

式中，Δt_s 为由于辐射引起的表面温升（℃）；ε 为外保护层材料的吸收系数；I 为总辐射强度（W/m^2）；K 为外保护层的传热系数［$W/(m^2 \cdot K)$］；α 为外保护层与空气的表面传热系数［$W/(m^2 \cdot K)$］。

$$t''_w = t'_w + \Delta t_s \tag{7-12}$$

式中，t''_w 为受阳光照射的外表面温度（℃）；t'_w 为未受阳光照射的外表面温度（℃）。

实际外表面温度 t_w 为

$$t_w = \eta t''_w + (1 - \eta)t'_w \tag{7-13}$$

式中，η 为受阳光照射的外表面积所占的份额。

允许进入贮槽的热量 Q 为

$$Q = \int r dm + \sum c_i m_i \Delta t_i \tag{7-14}$$

式中，r 为低温液体的汽化潜热（kJ/kg）；m 为允许汽化的乙烯数量（kg）；c_i 是低温液体和贮槽本体等材料的比热容［$kJ/(kg \cdot K)$］；m_i 为几种计算材料的质量（kg）；Δt_i 为允许温升（℃）。

（3）绝热层厚度的确定　绝热层厚度的确定方法通常有两种。第一种方法是限定绝热结构的传热系数或冷量损失。第二种方法是限定绝热结构的外表面温度。按第一种方法确定绝热层厚度时，也需要对外表面温度进行校核如果低于环境空气的露点温度，则需要适当增大绝热层厚度。在第二种方法中最常见的是限定外表面温度不得低于环境空气的露点温度，目的是防止结露。两种方法详细确定的理论计算见文献。

2. 真空粉末绝热

（1）真空粉末绝热机理及一般特性　真空粉末绝热的理论在1910年就提出来了，但这种绝热方式

的应用则是在1930年以后。真空粉末绝热就是为了减小真空夹层中的辐射传热量，可以向夹层中填入粉末材料或纤维材料。真空粉末绝热的应用，不但克服了高真空绝热不适合于制作大型容器的缺点，而且绝热性能有所提高，要求的真空度有所降低。在真空粉末绝热中，由于粉末材料及纤维材料的反射作用而使辐射换热减弱。同时由于材料间孔隙的定型尺度很小，在真空度不很高的情况下就比较容易达到减弱气体导热的目的。但是这么做的同时却增加了粉末材料的固体导热。在一般情况下，气体导热及辐射的减弱胜过固体导热的增强，所以总的来说，真空粉末绝热的绝热性能比高真空绝热好得多。通过真空粉末绝热的传热率可以用表观热导率K表示，由热传导的普遍方程来计算：

$$Q=\frac{KF_m(T_2-T_1)}{\delta} \tag{7-15}$$

式中，δ为绝热层厚度；T_1和T_2为分别为冷表面与热表面的温度；F_m为绝热体的平均传热面积。

F_m由下式计算。

对于同心圆柱：

$$F_m=\frac{F_2-F_1}{\ln(F_2/F_1)} \tag{7-16}$$

对于同心球：

$$F_m=(F_1\cdot F_2)^{1/2} \tag{7-17}$$

式中，F_1和F_2分别为绝热界面的表面积。圆柱形容器的椭圆封头和碟形封头，用下列公式计算。

对于碟形封头：

$$F=0.264\pi D^2 \tag{7-18}$$

式中，D为封头直边直径。

对于椭圆封头：

$$F=\frac{\pi}{4}D^2\left(1+\frac{1-\varepsilon^2}{2\varepsilon}\ln\frac{1-\varepsilon}{1+\varepsilon}\right) \tag{7-19}$$

式中，D为封头的主直径。

$$\varepsilon=[1-(D_1/D)^2]^{1/2} \tag{7-20}$$

式中，D_1为椭圆的短轴直径。

对于标准椭圆封头，$D_1/D=0.5$，$\varepsilon=0.865$，因此

$$F=0.345\pi D^2 \tag{7-21}$$

表7-7列出了若干低温绝热材料的性能。

表7-7 若干低温绝热材料的性能

绝热材料	密度/(kg/m³)	真空度/Pa	温度区间/K	表观热导率/[W/(m·K)]
珠光砂（>80目①）	140	<0.13	300~76	1.06×10^{-3}
珠光砂（30~80目）	135	<0.13	300~76	1.26×10^{-3}
珠光砂（<30目）	106	<0.13	300~76	1.83×10^{-3}
珠光砂	80~96	<0.13	300~20.5	0.7×10^{-3}
珠光砂	80~96	充He气	300~20.5	0.1004
珠光砂	80~96	充N_2气	300~20.5	0.032
硅气凝胶	80	<0.13	300~76	2.72×10^{-3}
硅气凝胶（掺铝粉15%~45%）	96	<0.13	300~76	0.61×10^{-3}
玻璃纤维	118	0.26	422	0.57×10^{-3}
玻璃纤维毡	63	1.3	297	1.44×10^{-3}
玻璃纤维毡	128	0.13	297	1.00×10^{-3}
玻璃纤维毡	128	1.46	297~77	0.71×10^{-3}
聚苯乙烯泡沫	32	常压	300~76	0.027
聚苯乙烯泡沫	72	常压	283	0.040
泡沫玻璃	128~160	常压	200	0.057
硅藻土	320	<0.13	278~20.5	1.11×10^{-3}
聚氨酯泡沫	26	常压	297	0.021
聚氨酯泡沫	96	常压	297	0.038
聚氨酯泡沫	80	常压	297	0.035

① 80目指每平方英寸有80个孔，80目约为0.177mm。

（2）影响真空粉末绝热性能的因素

1）气体导热。实际粉末材料中含有许多大小不同、形状各异的细孔、孔道和间隙。为了获得适用于各种材料的简单公式，可近似认为绝热粉末中只有两种尺寸的细孔，即颗粒间的平均间隙尺寸和颗粒中的平均微孔直径。

考虑到中间压强区的气体导热方程，粉末绝热材料的热导率可表示为

$$K=\lambda_o+\lambda_g=\lambda_o+\frac{\lambda_1}{1+2\beta Kn_1}+\frac{\lambda_2}{1+2\beta Kn_2} \tag{7-22}$$

式中，λ_o为在高真空下材料的热导率，其值等于固体导热和辐射换热之和，即

$$\lambda_o=\lambda_s+\lambda_r \tag{7-23}$$

式中，λ_g为气体的热导率；λ_1和λ_2为常数，与气孔率和大气压力下气体的热导率有关；n为单位体积内的气体分子数。

影响绝热材料热导率的因素有很多，其中包括装填密度和粉末粒度。装填密度小时，粉末之间的孔隙大，对热辐射的阻力小，因而辐射传热量大。此时热

辐射起主导作用，故有效热导率大。随着装填密度的增大，辐射热流减小，故有效热导率降低。但因粉末之间接触变得紧密，接触热阻减小，因而固体导热量增加。当装填密度超过一定值时，固体导热将起决定作用，因而有效热导率反而增大。图7-7所示为几种材料的有效热导率与装填密度的关系。

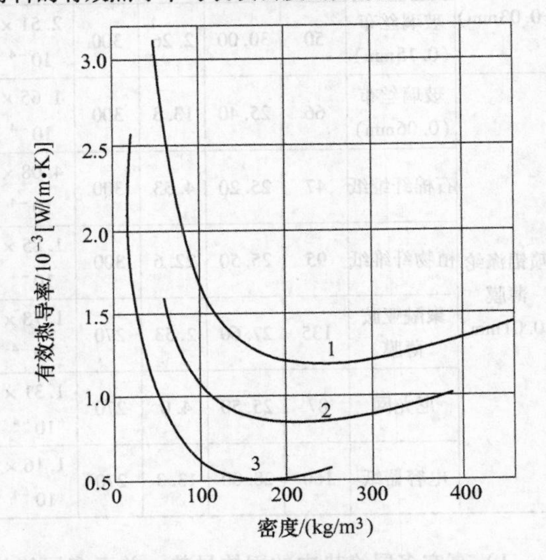

图7-7 真空条件下几种材料的有效热导率与装填密度的关系（界面温度90～293K）

1—气凝胶 2—珠光砂 3—玻璃棉（ϕ1.15μm）

绝热材料的粒度小时，接触热阻增大，可使有效导热系数降低；但粒度小时密度增大，又有使有效热导率增大的趋势。所以要适当选择密度和粒度，以获得最好的效果。

2）辐射换热。在高真空条件下，通过绝热材料的总热流有80%以上是由辐射来传递的，因而热辐射是高真空下绝热材料的主要传热方式。下面我们来简要分析绝热材料的物理性质对其辐射换热的影响。

① 密度对辐射换热的影响。当绝热材料的密度增大时，辐射换热将会减弱。通常，密度的增大不外乎两种情况，其一是由于材料颗粒或孔壁厚度增大，其二是由于单位体积中微粒数量或孔隙数量的增大（孔隙尺寸减小，更趋紧密），或压缩纤维材料而引起的。前者对辐射的减弱作用的主要原因是辐射的吸收，后者则主要依靠散射效应的增大。

② 颗粒直径对辐射换热的影响。绝热材料的颗粒直径对辐射换热有着决定性的影响。颗粒对辐射的散射特性，在颗粒直径接近于入射的辐射波长时会取得最大值。这就是说，在这样的颗粒直径下，由辐射引起的热导率达到最小值。对吸收和散射介质的严格研究给出的辐射热流的表示为

$$q = \frac{n^2\delta(T_1^4 - T_2^4)}{\frac{4}{3}\tau + \frac{1}{\varepsilon_1} + \frac{1}{\varepsilon_2} - 1} \tag{7-24}$$

式中，n为折射率；ε_1，ε_2为边界发射率；$\tau = \beta\delta$，其中，δ为绝热厚度，$\beta = (\alpha + \gamma)$是辐射衰减系数，这里$\alpha$是吸收系数，$\gamma$为散射系数。

当绝热层为不透明时，$\tau \to \infty$，式（7-24）变为

$$q = \frac{4n^2\delta(T_1^4 - T_2^4)}{3\tau} \tag{7-25}$$

将式（7-24）写成辐射热导率的形式：

$$\lambda = \frac{4n^2\delta(T_1 + T_2)(T_1^2 + T_2^2)}{3\beta} \tag{7-26}$$

表7-8列出了多孔材料在温度为90～300K时的光学参数和辐射热导率。

表7-8 多孔材料在温度为90～300K的光学参数和辐射热导率

绝热材料	吸收系数/m^{-1}	散射系数/m^{-1}	辐射衰减系数/m^{-1}	热导率/[mW/(m·K)] 理论值	测量值
珠光砂粉末	1.2×10^3	2.0×10^3	3.2×10^3	9.1	9～10
气凝胶	1.2×10^3	1.8×10^3	3.0×10^3	9.7	10～13
气凝胶(0.8)+青铜粉(0.2)	1.8×10^3	2.7×10^3	4.5×10^3	6.5	5～6
气凝胶(0.6)+青铜粉(0.4)	2.7×10^3	6.7×10^3	9.4×10^3	3.1	2～2.5

③ 添加金属粉末对换热的影响。影响绝热材料辐射换热的其他因素还包括添加金属粉末。热辐射是真空粉末绝热中的一种主要传热方式，为了提高绝热效率，很自然地提出了在绝热粉末中添加金属粉末来进一步削减辐射换热，这一目标的实现，使绝热技术大为进步。

添加金属粉末之所以能削减热辐射，是因为掺入绝热粉末中的金属颗粒使介质的不均匀性增大了，介

质的均匀性的破坏是辐射散射的必需条件，其物理实质在于导入了折射率不同的介质。绝热材料对辐射的衰减，不仅取决于它的散射系数，而且还取决于散射方向。显然，在辐射能入射方向上传播的散射辐射能越小，辐射的衰弱程度就越大。在入射波传播的方向上，由于存在入射压力，阻碍了向入射方向的反向散射，我们把比值 K_r 叫作辐射压力系数。K_r 越大，在入射方向上传播的散射越少。

$$K_r = \frac{A_r}{A} \tag{7-27}$$

式中，A_r 为微粒的散射在入射辐射方向上被入射束损耗部分的当量截面积；A 为微粒的几何横截面积。

3. 高真空多层绝热

高真空多层绝热于1951年由瑞典的彼得逊提出，它由许多具有高反射能力的辐射屏与具有低热导率的间隔物交替层组成，绝热空间被抽到 10^{-2}Pa 以上的真空度，由于其绝热性能卓越，因而也被称为“超级绝热”。

（1）高真空多层绝热机理及物理性质　高真空多层绝热结构是由许多层辐射屏及其间的间隔物组成，置于密封夹层中，再抽至高真空。辐射屏通常用金属箔制成，厚度0.005～0.02mm。用作辐射屏的材料需具有低的辐射系数，可用铝、银、铜、黄酮、不锈钢等，而以铝箔为最好，因为它具有足够的强度和刚度，辐射系数也比较低。间隔物需用热导率小的绝热材料制成，常用的有玻璃纤维纸、玻璃纤维织物，尼龙网及丝绸等，其厚度一般为0.02～0.1mm。间隔物的表面不宜光滑，以减少与辐射屏的接触。辐射屏也可用双面涂铝的涤纶薄膜（厚0.006～0.012mm，铝涂层厚约为0.025μm）制成。涤纶薄膜的优点是热导率小、重量轻、强度高；在真空条件下它的放气量也不很大。也可以用单面涂铝的涤纶薄膜作为辐射屏，此时可不再使用间隔物，而将涤纶薄膜制成波纹形或凸凹形直接叠置起来。这样制成的多层绝热结构堆积密度较小。在真空多层绝热的传热机理中，起主导作用的仍然是固体导热和辐射。屏间的距离本来很小，又被间隔物分隔，故在高真空条件下气体导热是微不足道的。真空多层绝热中的固体导热及辐射也可按其机理进行计算，但因计算过程复杂，影响因素较多，所以通常是通过实验去确定其有效热导率。浙江大学低温工程教研室用液氮进行实验的结果见表7-9。

表7-9　真空多层绝热结构的有效热导率

辐射屏	间隔物	层数	总厚度/mm	压力/MPa	热壁温度/K	导热系数/[W/(m·K)]
铝箔（0.03mm）	玻璃丝布（0.025mm）	129	26.50	18.7	273	0.979×10^{-4}
	玻璃丝布（0.15mm）	50	30.00	2.26	300	2.51×10^{-4}
喷铝涤纶薄膜（0.01mm）	玻璃丝布（0.06mm）	66	25.40	13.3	300	1.65×10^{-4}
	石棉纤维纸	47	25.20	4.53	300	4.08×10^{-4}
	植物纤维纸	95	25.50	22.6	300	1.85×10^{-4}
	聚酰亚胺薄膜	135	27.60	2.53	270	1.78×10^{-4}
	尼龙网	87	25.50	4.0	270	1.31×10^{-4}
	电容器纸	160	28.00	13.3	270	1.16×10^{-4}

1）真空多层绝热中的固体导热。关于多层绝热中的固体导热问题，主要由层密度和压缩负荷变化引起，下面分别介绍。

① 层密度的影响。单位厚度多层绝热内辐射屏的数目称为层密度，通常用（屏/cm）表示。对于具有相同层密度的不同形式的多层绝热来说，其辐射屏的间距即松紧度是不同的，特别是在无间隔物的条件下，屏间距显然比有间隔物是来得大。当每一单位厚度绝热中的层数增加时，辐射传热将减小，固体导热将增加。

② 压缩负荷的影响。多层绝热安装时是将反射屏与间隔物相间缠绕的，为使多层包扎物附贴在内容器的壁面上，在缠绕时必然造成一定的压缩负荷，其值与缠绕时的拉紧力，多层绝热物自身的重量（堆积密度）有关。压缩负荷还与支承物的压缩及不适当的设计可能引起的局部压缩力有关。多层中的压缩负荷对其绝热性能影响颇大。所以安装时要防止局部压缩的发生。因此，绝热物与容器外壳之间须留有足够的间隙，以免安装后在多层中产生过大的压缩负荷，从而降低绝热效果。

2）真空多层绝热中的辐射传热。金属表面的辐射特性具有明显的尺寸效应。这种效应可由两个特性参数来表示。其一是金属薄膜的厚度和电子平均自由程之比值。金属的辐射性质主要取决于自由电子的作用，随着温度的降低，金属电子的平均自由程增大。当金属电子的平均自由程 l_e 大于金属薄膜的厚度 δ 时，即 $\delta/l_e=1$ 时，则会发生辐射波的穿透，金属表面的发射率增大。第二个特性参数就是低温下金属表面的反常集肤效应（ASE）。在常温下，投射到金属表面上的辐射波，是随着进入表面的深度以指数形式衰减的（DSE）。但是在低温下，电子的平均自由程可增大到此集肤层深度大几倍，因而自由电子将穿越集肤层，使金属表面的辐射率增大。

3）真空多层绝热中的多向传热。影响多层绝热性能的主要因素除了固体导热和辐射换热以外，还有其他许多因素，如边界温度、多向传热等。这里介绍一下多向传热对绝热性能的影响。多层绝热在法向上具有很高的热阻，但是在与绝热层平行的方向上的热阻并不高。在一般多层绝热系统中，平行于多层屏方向上的热导率比垂直于多层屏方向要大 $10^3 \sim 10^5$ 倍，其中 10^5 倍指的是用 0.006mm 厚铝箔制成的多层绝热；10^3 倍则是用双面镀铝的涤纶薄膜制成的多层绝热。这种传热的各向异性，会在低温容器或其他应用中存在绝缘的热穿透，如结构元件、流体管线及露在外面的绝热屏的边缘、缝隙接头等，导致热绝缘系统的热性能的严重下降。

最初以为平行绝热层方向的传热仅是由采用的铝箔屏或塑料膜的镀铝层的热传导引起的，在这种情况下，铝箔屏传导热流比镀铝膜大得多，见表7-10。后来发现，两个相邻的绝热屏之间的缝隙可能是一个平行绝热层方向热辐射的“坠道”，起着“红外光管”的作用。若是辐射屏之间没有间隔物，沿着辐射“坠道”两侧的金属层对热辐射的多次反射对平行向传热产生明显的影响。间隔物的存在会使平行向导热减弱，因为它的散射特性消散了辐射热流。由于辐射屏间缝隙的红外光管作用，多层绝热系统中平行绝热方向的传热和绝热的层密度有很大的关系，试验指出，当层密度 $N=100\text{cm}^{-1}$ 时，将温度从 100K 升高到 300K，热导率增大了 3 倍，当层密度 $N=14\text{cm}^{-1}$ 时，同样的温度变化使热导率增大 14 倍。由此可见，辐射屏间的缝隙的影响。

表 7-10 辐射屏材料的纵向热导率

材料/μm	正方形的纵向热导率/[W/(m·K)]		
	300K	77K	20K
铝箔（6.3）	1910	2540	25400
聚酯薄膜（6.3）	0.9	0.858	0.533
铝膜（0.0127）	3.83	5.1	51.0
镀铝薄膜	4.75	5.98	51.53

由上述分析可知，影响真空多层绝热的性能的因素很多，因而当应用到容器或管道上时，绝热性能很不确定，可能与试验结果相差 2～4 倍，这是它的一个严重缺点。为了得到预定的绝热性能，需要仔细地进行设计和施工。

最近的研究表明，在真空多层绝热中，如果将活性炭等吸气材料的粉末直接渗入间隔物（纸或布）中去，可以进一步提高绝热性能。试验证明，当用含有活性炭素的纤维纸和铝箔组成多层绝热时，可以达到目前绝热领域的最高水平，热导率可低达 0.076～0.1μW/(cm·K)。

纸中的活性炭含量不能太多，也不能太少。少了吸气作用不够强，多了会增加固体热传导和辐射传热。这方面杭州制氧机研究所绝热实验室、上海交通大学、上海曙光机械厂的工作者做了很多有益的工作，他们试验了不同活性炭含量下的多层表观热导率，如图7-8所示。由图可见，含炭量40%左右时效果最好。使用含活性炭的间隔物后，由于自身吸气作用，可以简化抽真空的工艺，从而缩短抽真空时间。一般用机械泵抽到 10^{-1}Pa 就能满足要求。

他们使用的炭粒度在200目以上，纸基的硅酸铝纤维平均直径为 0.8μm，制成填炭纸的厚度约为 10^{-2}cm。国外的电子显微镜分析表明，10μm 直径的吸气剂均匀分布在 0.5μm 直径的玻璃纤维中。当然也可用分子筛和氧化铝作为吸气剂，但初步试验表明，性能不如活性炭好。

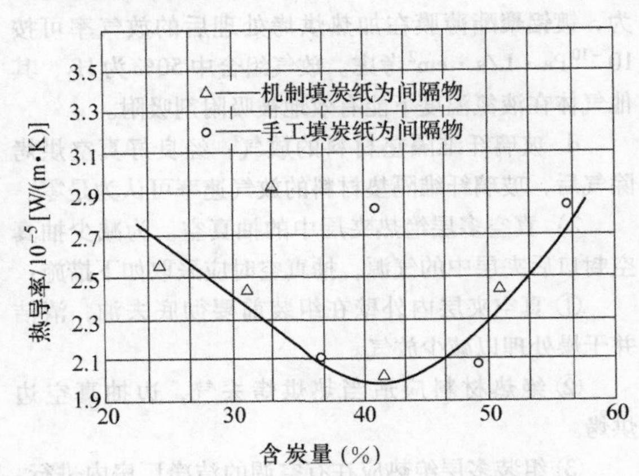

图7-8 填炭纸间隔物真空多层绝热热导率与含炭量的关系

（2）高真空多层绝热夹层抽真空技术 真空多层绝热目前应用很多，其夹层抽真空是最难的一项绝热技术。设计、制造真空多层绝热时应分析、估算夹层的漏放气速率，确定吸附剂、吸气剂的品种和用量，制定合理的预处理和抽真空工艺，以保证在寿命期内夹层的工作真空度符合要求。

1）高真空多层绝热夹层中的气源。

① 真空夹层的漏气。漏气是引起夹层真空度降低的主要原因。为减少漏气，每条焊缝均应用氦质谱检漏仪检漏，并严格规定漏气率。通常，允许漏气率 $[q_v]$ 可用式（7-28）确定：

$$[q_v] = 9 \times 10^{-6} \frac{Vp}{t} \tag{7-28}$$

式中，V 为夹层容积（L）；t 为夹层真空度寿命（s）；p 为夹层内压力（Pa）。

② 真空夹层中材料的放气。夹层中材料的放气是引起真空度下降的另一个重要原因。抽真空和加温是加速材料放气的有效方法，绝热材料预烘烤，边抽真空边烘烤是加速材料放气，提高封口后真空度的重要途径。抽真空封口后，夹层中材料仍继续放气，主要气源有：

a. 夹层内外金属壁材料的放气：大多数金属材料中均含有 H_2，H_2 是在冶炼过程中溶入的。在抽真空封口以后，会有 H_2 继续释放出来，其放气速率可按 10^{-9}Pa · L/s · cm^{2}考虑。

b. 多层绝热用铝箔的放气：路德基（Ludtke）认为，真空多层绝热在150～200℃下热真空除气3～4d后，其放气速率可按 10^{-11}Pa · L/s · cm^{2}考虑，放出来的是 H_2。

c. 镀铝聚酯薄膜的放气：路德基（Ludtke）认为，镀铝聚酯薄膜在加热烘烤处理后的放气率可按 10^{-10}Pa · L/s · cm^{2}考虑。放气组合中50%为 H_2，其他气体在液氮温度下能有效地被吸附剂吸附。

d. 玻璃纤维隔垫材料的放气：经良好真空烘烤除气后，玻璃纤维隔垫材料的放气速率可认为是零。

2）真空多层绝热夹层中的抽真空。为减少抽真空封口后夹层中的气源，抽真空时应采取如下措施：

① 真空夹层内外壁在组装前要彻底去油，清洁并干燥处理以减少放气。

② 绝热材料应适当热烘烤去气，边抽真空边烘烤。

③ 组装多层绝热应在有空调的洁净厂房内进行，以防止预处理好的材料被污染，使放气量增加。

④ 在加热抽真空过程中可以进一步除气，用纯净热 N_2 置换冲洗夹层可以有效地置换出夹层中的 H_2O、He、Ne、H_2 等气体，并加热除气，残留的 N_2 容易在低温下被吸附，以利于提高夹层中的真空度。

⑤ 抽气口的位置对抽真空时层间压强有影响。这是因为不同位置抽真空，层间的流导是不一样的，而抽真空时不能逐层测其压强，一旦封口后，夹层中的真空度不再是抽真空时的数值。因此，在抽气位置允许的条件下，尽可能将抽气口设在与层间空间方向相同的位置上，以利于排气。

3）在真空多层绝热夹层中装吸附剂。在抽真空封口之前，往夹层中装吸气剂和吸附剂，在装入低温介质后，吸气剂大量吸气，可提高夹层中的真空度，常用的吸附剂有：a. 活性炭和5A分子筛。吸附剂对不同气体的吸附能力是不同的。活性炭和5A分子筛在液氮温度下能大量吸附 N_2、O_2、Ar 等气体，但对 H_2、He、Ne 则基本不吸附。在液氢温度下可吸附 H_2，但不能吸附 He、Ne。b. 一氧化钯（PdO）。从上述气源分析中可知，真空多层绝热夹层中放出的气体主要是 H_2，而一般夹层中温度很难达到液氢温度，因此，可用对 H_2 有良好吸气作用的一氧化钯作为吸气剂。一氧化钯吸 H_2 是化学反应，生成物是水和钯，水则被夹层中的5A分子筛吸附。因此一氧化钯吸气剂应与5A分子筛吸附剂配套使用。

一氧化钯与 H_2 的化学反应随温度、压力升高而加快，因此夹层中吸 H_2 是在常温下进行的，常温下即可明显显示出抽气作用。实用的吸气剂是一种由粉状 PdO 与多孔填充剂混合制成的粒状物质，其中含纯 PdO 为30%～35%。多孔填充剂可使 H_2 易于透过，增大 PdO 的反应面积。吸气剂的吸气容量与 PdO 的含量有关，含 PdO 为30%～35%的吸气剂，其吸 H_2 容量大约为5732Pa · L/g。

4. 高真空绝热

高真空绝热是将要求绝热的空间抽成 10^{-3}～10^{-4}Pa 的真空度，使气体的平均自由程远大于绝热空间的线性尺寸，从而排除气体的对流传热和绝大部分的气体热传导。由于气体压力比较低，剩余气体的导热也控制在较低的水平。实际上，高真空绝热是一个由热壁与冷壁构成的纯粹的真空空间。在这个空间中，热以两种途径进行传递：大部分热量以热辐射方式从容器的热壁穿过环形绝热空间传递给内容器表面（冷壁），也有一小部分热量通过绝热空间中残余气体的热传导进入内容器。大约在九十年前，英国科学家杜瓦首先采用高真空绝热，因此应用高真空绝热的低温容器也称杜瓦瓶。高真空绝热现在主要用于小型低温贮存容器及低温液体的输送管道。现代的高真空绝热夹层壁由玻璃或铜制成，壁间距离1cm左右，壁面镀银；在夹层中保持1.33MPa以下的压力，并用活性炭作为吸附剂，以改善和长期保持其中的真空度。高真空绝热具有结果简单、热容量小的特点，比较适合于降温速度和升温速度快，降温、升温比较频琐的设备。

上面已经提到，真空夹层两壁面之间的传热主要依靠两种方式：壁面间的热辐射及残余气体的导热。在高真空状态下气体很稀薄，且夹层的定型尺度（壁间距）很小，气体的对流现象是很微弱的，一般不予考虑。所以在这类绝热中，影响绝热性能的主要因素有两点：辐射传热的大小和夹层的真空度。

7.1.2 绝热材料

低温绝热材料通常可以分为普通绝热材料和多层绝热材料两大类。普通绝热材料用于普通堆积绝热和真空粉末绝热。多层绝热材料则用于组成真空多层绝热。

1. 普通型绝热材料

普通绝热材料可分为纤维型、粉末型和泡沫型三种。表7-11列出了常用绝热材料的分类。用于低温绝热的绝热材料应具有热导率小、密度小、孔隙率大、吸湿性能差、机械强度大、热膨胀率小、不氧化、不燃烧、化学性质稳定，以及来源广泛、加工容易和成本低廉等优点。

表7-11 常用绝热材料的分类

材料类别	纤维状	粉末状	泡沫状
材料名称	玻璃棉	膨胀珠光砂	泡沫塑料
	矿渣棉	膨胀蛭石	泡沫橡胶
	岩棉	气凝胶	泡沫玻璃
	陶瓷纤维	碳酸镁	泡沫混凝土

热导率是衡量绝热材料性能优劣的主要指标。绝热材料的热导率值的大小受着诸多因素的影响，例如材料的堆积密度、含湿率、气孔率、填充气体和温度等。通常采用有效热导率或平均有效热导率。表7-12列出了几种典型绝热材料在氮气氛中的平均热导率。

表7-12 几种典型绝热材料在氮气氛中的平均热导率（温度范围为77~298K）

绝热材料	堆积密度/(kg/m^3)	粒度/目①	平均表观热导率/[W/(m·K)]	备注
珠光砂	102	40~80	0.0382	烘干
碳酸镁	160	粉末状	0.0456	含湿量6.7%
气凝胶	110	—	0.0252	烘干
硅胶	446	30~100	0.0688	烘干
6402气相色谱硅胶	290	80~160	0.0372	—
6401气相色谱硅胶	150	粉末状	0.0285	—
软木	—	—	0.0690	—
蛭石	—	100	0.0621	—
矿渣棉	188	棉絮状	0.0375	—
丝棉	145	—	0.0427	—
15μm玻璃棉	95	—	0.0421	—
3μm超细玻璃棉	70	—	0.0241	—
石英纤维	40~50	球粒状	0.0329	烘干
聚苯乙烯	80	整体	0.0351	—
浇注成型聚氨酯	—	整体	0.0245	—
喷涂成型聚氨酯	—	—	0.0715	—
CO_2聚氨酯	60	—	0.0265	—
半硬聚氯乙烯	214	—	0.0342	—
F-11聚氨酯	40	—	0.0893	—
脲甲醛	30	雪花状	0.0266	—

① 同表7-5换算。

（1）纤维状绝热材料　在低温中常用的纤维状绝热材料主要有玻璃棉、矿渣棉、岩棉、陶瓷纤维等及它们的制品。

1）玻璃棉。玻璃棉是一种棉状的玻璃短纤维，纤维直径在 1～10μm 之间，纤维长度在 300mm 以下。按纤维直径的粗细分，玻璃棉可分为 1 号玻璃棉（$\phi \leqslant 5\mu m$），2 号玻璃棉（$\phi \leqslant 8\mu m$），3 号玻璃棉（$\phi \leqslant 13\mu m$）。通常所说的超细玻璃棉是指直径小于 5μm 的 1 号玻璃棉，它是用火焰喷吹法生产的。离心玻璃棉的直径在 6～8μm，是用离心喷吹法生产的。火焰法生产玻璃棉是 20 世纪 40 年代美国欧文斯——科宁公司研制的，离心法生产玻璃棉是 20 世纪 50 年代法国圣哥本公司研制的。玻璃棉是一种优良的保温材料，在国外大部分用在建筑物的保温结构上。

玻璃棉及其制品的性能主要包括热导率、吸湿率、化学稳定性、可燃性、回弹性能及抗原子辐射性能等。

热导率低是玻璃棉保温性能好的最大特点。玻璃棉的热导率取决于其密度、温度和纤维的直径、通常玻璃棉的密度在 10～120kg/m³之间，如图 7-9 所示。由图可见，它和一般的保温材料不同，低密度制品的热导率反而高，随着密度的提高热导率下降，达到 50kg/m³时趋于稳定，但当密度超过 120kg/m³时，热导率又有增加的趋势，所以一般玻璃纤维制品的密度不超过此值。纤维直径对其热导率有较大的影响，同一密度纤维制品的纤维直径和热导率的关系如图 7-10所示，图中数据是在平均温度 240℃，密度 0.016g/cm³ 的情况下测得的。由图可以看出，纤维越细，热导率就越小。

玻璃纤维及其制品的吸湿率很小，小于 1%；化学性能稳定，不老化，不霉变，不产生有害气体，长期使用性能不变，属于不燃材料；而且回弹性好。

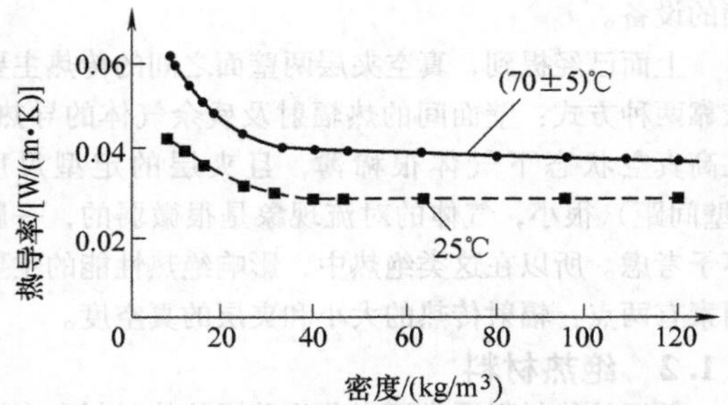

图 7-9 玻璃纤维热导率与密度的关系

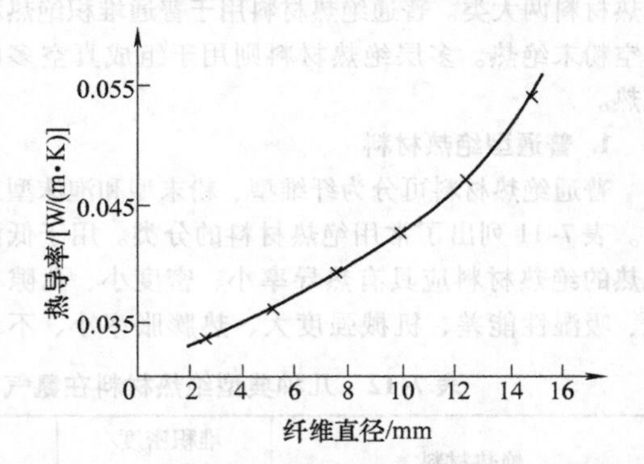

图 7-10 玻璃制品的热导率与纤维直径的关系

低温下玻璃纤维的强度比常温下高。试验指出，-150℃下的耐压强度为常温下的 1.2～1.9 倍。在液氮温度下的抗拉强度为常温的 2 倍，玻璃纤维的热导率随着温度的降低而下降。玻璃纤维在液氮中不会失去柔性，是一种优良的绝热材料，获得了广泛的应用。

表 7-13 列出了玻璃棉及其制品的技术特性。

表 7-13 玻璃棉及其制品的技术特性

材料名称	密度/(kg/m³)	热导率/[W/(m·K)]	纤维直径/μm	黏合剂含量(%)	吸湿率(%)	使用温度/℃
普通玻璃棉	80～100	0.052	<15		～2	<300
超细玻璃棉	20	0.035	<4			-100～400
无碱超细玻璃棉	4～15	0.033	<2			-120～600
有碱超细玻璃棉	18～30	0.0306～0.0349				-100～450
无碱超细玻璃棉毡	18～30	0.0326～0.0349				<300
有碱超细玻璃棉板	40～60	0.0306～0.0349				-100～450
沥青玻璃棉毡	<80	0.0349	<13	2～5	<0.5	20～250
沥青玻璃棉缝毡	<85	0.0407	<13	2～5	<0.5	<250
沥青玻璃棉贴布缝毡	≤90	0.0407	<13	2～5	<0.5	<250
酚醛超细玻璃棉毡	50～90	0.0407	<13	3～5	0.1	-120～300
酚醛超细玻璃棉板	120～150	0.0349～0.0465	<15	3～8	<1	-20～300
酚醛玻璃棉管壳	120～150	0.0349～0.0465	<15	3～8	<1	-20～250
酚醛超细玻璃棉毡	20～30	0.0369	3～4	<2	<1	<400
酚醛超细玻璃棉板	<60	0.0349	<6	3～5	<1	<300

2）矿渣棉。矿渣棉也叫矿棉，是最廉价和易获得的材料之一。矿棉由玻璃状纤维组成，纤维是从矿石（花岗岩、黏土、白云石和石英）的熔炼中或从冶金炉的炉渣中获得的。矿棉的纤维直径为6～8μm，长度为3～20mm。矿棉的热导率与纤维直径、渣球含量和填充密度有关。矿棉是无机物，不燃烧，但通常含有1%的油，在氧中会燃烧。因此，对于贮氧设备，应采用无油矿棉进行绝热。矿棉在放置日久时，会产生沉陷；施工运输时粉尘大，对人的皮肤和呼吸器官有刺激作用。矿棉可与不同的黏结剂制成板或管壳等制品。表7-14列出了矿棉及其制品的技术性能。

表7-14 矿棉及其制品的技术性能

名称	密度/(kg/m³)	热导率/[W/(m·K)]	纤维直径/μm	黏结剂含量(%)	吸湿率(%)	使用温度/℃
矿棉	110～130	0.043～0.052	10		<1	<650
	114～130	0.032～0.041	3.6～4.2			<600
	70～120	0.041～0.049	10		<1	<650
沥青矿渣棉毡	100	0.044	10	3～5	1.07	<250
	120	0.046	10	3～7	1.03	<250
矿棉半硬质板、管壳	200～300	0.052～0.058				<300
酚醛树板脂矿棉管壳	150	0.046		<8	0.08～1.0	<300
	200	0.052			0.08～1.0	<300

3）岩棉。岩棉是一种新型绝热材料。岩棉是用岩石做成的棉状物。制取岩棉的主要原料有玄武岩、白云石和矿渣。这些原料按一定的比例，经冲天炉熔制、成棉、集棉、固化成型及产品精加工等主要工序，制成各种岩棉制品。它具有密度小，纤维直径细、渣球含量少。而且岩棉还具有憎水率高、吸湿率低、不燃、使用温度高、施工方便、投资低、收效快等优点。表7-15列出了岩棉及其制品的技术性能。

4）陶瓷纤维。陶瓷纤维作为绝热节能材料在西方国家得到了广泛而又深入的开发利用。陶瓷纤维可制成纤维毡、纤维板、纤维毯、纤维折叠块、组块及纤维纸。由于陶瓷纤维及其制品具有优良的低导热性、耐腐蚀性及高抗拉强度等性能，因而是良好的隔热材料。

表7-15 岩棉及其制品的技术性能

名称	密度/(kg/m³)	热导率/[W/(m·K)]	含湿率(%)	抗弯强度/MPa	使用温度/℃
岩棉	40～250	0.035～0.047	≤1		<700
岩棉板（半硬质）	100～200	0.047～0.058	<1.5	≥0.25	-218～350
岩棉毡（垫）	80～150	0.047～0.052	<1.5		-268～350
岩棉管壳管筒	100～200	0.052～0.058	<1.5	≥0.3	-268～350

（2）粉末状绝热材料　粉末状绝热材料是一种多孔介质材料，可以直接用作绝热空间的填充材料，也可以加工成各种制品。本节介绍LNG贮运过程中常用的膨胀珠光砂、膨胀蛭石，气凝胶等材料及其制品。

1）膨胀珠光砂。膨胀珠光砂又叫膨胀珍珠岩，膨胀珍珠岩及其制品在我国是最早开发的具有较大应用范围的保温材料。由于其原材料来源广泛，加工技术简单、成本低廉，几十年来其用量一直处于增长势头。膨胀珍珠岩是一种以SiO_2和Al_2O_3为主要成分的酸性玻璃质颗粒，其化学成分见表7-16。可将火山喷射出口的熔岩粉碎，在炉中焙烧加压后膨胀制成。由于火山岩（珍珠岩）中含有一定量的结晶水（2%～5%）。经过快速加热后（700～1000℃）结晶水迅速汽化，颗粒的体积迅速膨胀4～20倍，成为轻质白色的粉末，其颗粒大小为0.3～0.6mm。膨胀珍珠岩的密度变化范围较大，通常为70～350kg/m³，安全使用温度达800℃，不腐蚀，不燃烧，隔声效果好，化学稳定性能高，是一种很有应用价值的轻质高效的保温材料。其最大缺点是吸水率高，使用过程中有沉积压实现象，长期使用后性能下降。目前国产的真空粉末型低温液体贮运设备，大多采用膨胀珍珠岩作为绝热材料。用于低温设备的膨胀珍珠岩，含水率均有严格的要求，具体技术要求见表7-17。

膨胀珍珠岩可与水泥、水玻璃、沥青等配制成各种硬质定性绝热材料。水泥珍珠岩制品适用于热力设备和管道的绝热。水玻璃珍珠岩制品只适用于不受水或潮湿侵蚀的设备和管道保温，沥青珍珠岩制品适用于屋顶建筑、低温设备及管道、冷库和地下工程。表7-18列出了上述制品的主要技术性能。

表7-16　低温设备用膨胀珍珠岩的化学成分

化学成分	含量（质量分数,%）
SiO_2	75.72～76.67
Al_2O_3	12.46～13.55
Fe_2O_3	0.42～0.73
CaO	0.63～1.35
K_2O	2.77～3.40
Na_2O	3.06～3.25

表7-17　低温设备用膨胀珍珠岩的技术要求

指标名称		性能指标	
		50标号	60标号
松散密度/(kg/m³)		50	60
振实密度/(kg/m³)		60	70
粒度（%）	1mm筛孔筛余量	≤8	≤10
	0.05mm筛孔通过量		
质量含水率（%）		≤1	
安息角（堆锥高度为100mm）		33～37	
装填过程中的密度增量（%）	手动	≤25	
	风动	≤35	
热导率（常压、77～293K)/[W/(m·K)]		0.022～0.025	0.023～0.026

注：松散密度、振实密度和粒度性能指标为最大值。

真空粉末（纤维）的绝热效果，除材料本身的性能以外，与空间的气体压强有很大的关系，通常用“表观热导率”来表征绝热层的绝热效果，以区别于绝热材料本身的热导率。国产膨胀珍珠岩在不同真空状态下的表观热导率见表7-19。

表7-18　膨胀珍珠岩制品的技术性能

制品名称	水泥珍珠岩	水玻璃珍珠岩	磷酸盐珍珠岩	沥青珍珠岩
珍珠岩密度/(kg/m³)	80～150	60～150	60～90	80～120
体积比(黏结剂/珍珠岩)	1:10～14	1～1.3:1(重量比)	1:18～22	1:10～12
烘干密度/(kg/m³)	300～400	200～300	200～250	400～500
吸湿率(%)	0.87～1.55(24h)	17～23　(20天)		
热导率/[W/(m·K)]	0.058～0.087	0.056～0.065	0.044～0.052	0.070～0.081
耐压强度/MPa	0.49～0.98	0.59～1.18	0.49～0.98	0.69～0.98
最高使用温度/℃	≤600	600～650	1000	

表7-19　国产膨胀珍珠岩的表观热导率

厂名	堆积密度/(kg/m³)	粒度/mm	温度区间/K	表观热导率/[W/(m·K)]	
				常压	1.33Pa
北京窦店砖瓦厂	55	1～5	310～77		0.00172
天津东风砖瓦厂	90	1～3	308～90	0.0323	0.00240
	140	1～3	308～90	0.0372	—
大连耐火材料厂	93～95	1～3	300～77		0.00261
	86	1～3	310～77	0.0298	0.00145
	65	—	300～77	0.0294	—

（续）

厂名	堆积密度/(kg/m³)	粒度/(mm)	温度区间/K	表观热导率/[W/(m·K)]	
				常压	1.33Pa
天津立新保温材料厂	64	0.5~1.5	300~77	—	0.0018
	36	>1.2	310~77	0.0228	0.00150
	83	0.15~0.3	300~77	0.0302	0.00156
北京红庙电力公司修配厂	44	0.15~0.3	310~77	0.0229	0.00157
	47	0.25~0.5	310~77	0.0212	0.00149
	52	0.35~1.2	310~77	0.0231	0.00159
	53	0.2~1	303~77	0.0267	0.00156
南京化机三厂	55.3	0.1~2	300~77	0.0182	—
	62.0	0.1~2	300~77	0.0235	—

2）膨胀蛭石及其制品。蛭石是一种镁铁含水硅酸铝盐矿物，由云母类矿物风化而成。蛭石可用作隔热表面温度为-260~1100℃时的隔热填料（振动表面隔热温度可达900℃），生产隔热制品及用作轻质混凝土和耐火隔热消音砂浆的填料。将蛭石快速加热到800~1100℃，其中所含的结晶水变为蒸汽，使蛭石迅速膨胀，体积可胀大20~30倍，快速冷却后即得到膨胀蛭石。膨胀蛭石内部是含有大量细气孔的片状结构，具有良好的绝热性能，在低温技术中获得应用。表7-20列出了膨胀蛭石的主要性能指标。

表7-20 膨胀蛭石的主要性能指标

材料性能	一级	二级	三级
密度/(kg/m³)	100	200	300
粒度/mm	2.5~20	2.5~20	2.5~20
热导率/[W/(m·K)]	0.047~0.058	0.052~0.064	0.058~0.07
允许工作温度/℃	-20~1000	-20~1000	-20~1000
颜色	金黄	深灰	暗黑

膨胀蛭石的制品种类很多，主要包括水泥膨胀蛭石、水玻璃膨胀蛭石、石棉膨胀蛭石、沥青膨胀蛭石等。下面分别介绍这几种膨胀蛭石制品。

① 水泥膨胀蛭石。水泥蛭石制品是由膨胀蛭石，水泥加水搅拌成型的。根据用途可以制成不同规格的砖、板和管壳。水泥制品的应用非常广泛，表7-21列出了水泥膨胀蛭石制品的技术性能。

表7-21 水泥膨胀蛭石制品的技术性能

指标		规格1	规格2	规格3
水泥:蛭石（体积配比）		9:91	15:85	20:80
制品密度/(g/cm³)		0.30	0.40	0.55
耐压强度/MPa		0.2	0.52	1.13
常温热导率/[W/(m·K)]		0.076	0.087	0.110
热导率/[W/(m·K)]		(0.076~0.110)+0.0002t		
含水率(%)		≤20		
重量吸水率(%)		≥90(24h)		
使用温度/℃		<600		
尺寸允许误差/mm	长度	±5		
	宽度	±3		
	厚度	-2，+3		
	内径	应大于管径2~9①		

注：t为温度（K）。

① 管壳制品内径应根据管道介质温度以及不同管径制造公差和热膨胀要求选定放大尺寸，但最少应放大1~3mm。

水泥膨胀蛭石制品的性能与配合比、压缩比、水灰比、蛭石粒度及制品养护条件等诸多因素有关，本节主要介绍一下配合比，水灰比和蛭石粒度对水泥膨胀制品性能的影响。采用强度和密度两个比较重要的性能指标来衡量这些因素的影响程度。

水泥蛭石制品不同配合比对其性能的影响：从表7-22的试验结果可以看出，在一定水泥用量范围内，强度和密度几乎与水泥用量成正比关系。同时保温性能也与水泥用量有直接关系。一般隔热保温材料要求容量轻、热导率小，而对于强度的要求并不高，因为可以选用1:6~1:8的体积配合比就能满足需要。

表 7-22 水泥蛭石制品不同配比对其性能的影响

编号	水泥: 蛭石（体积比）	强度/kPa	密度/(kg/m³)
1	1:2	1500	864
2	1:3	1320	641
3	1:4	1140	545
4	1:5	560	414
5	1:6	540	405
6	1:7	300	386
7	1:8	200	329
8	1:9	200	320
9	1:10	120	274
10	1:11	100	279
11	1:12	100	270

水灰比对水泥蛭石制品性能的影响：以300水泥为胶结料，选用左权生产的粒度为1.2～5mm膨胀蛭石，采用不同的水灰比进行配料拌和。方法是先把水泥和蛭石拌和均匀，再加水调和而成，然后装入标准模中压实（7.07cm×7.07cm×7.07cm），其压缩程度为35%，成型后立即拆模置于室内温度（25℃±5℃），湿度50%～70%的条件下养护28d，见表7-23。

表 7-23 不同水灰比对水泥蛭石制品性能的影响

编号	水泥: 蛭石（体积比）	水灰比	密度/(kg/m³)	强度/kPa
1	1:6	2.2	357	180
2	1:6	2.4	385	310
3	1:6	2.8	400	280
4	1:6	3.4	400	320
5	1:6	3.6	423	290

水泥蛭石制品成型时，如在缺乏水的情况下会导致强度降低，适当增加水，强度可随之增加；但是用水量达到散砼最大的相对密度时，再提高用水量则会导致制品的强度降低，容量增大。所以在选用水灰比时，首先要保证水泥能得到水化需要的水量，在这个基础上尽可能地减小水灰比，所以从满足施工工艺来看，在太原地区八九月份生产水灰比可采用2.4～2.8为宜。

蛭石粒度对制品性能的影响：在水泥蛭石制品中，用多大颗粒较好，通过试验证明，在同一配合比和同一水灰比的情况下，集料越细，制品混合物就显得越干，粒度越大，混合物就发散，见表7-24。从试验结果来看最佳的蛭石粒度以0.3～1.2mm占20%，1.2～5mm占60%，5～10mm占20%，制作的制品性能最好，因而粒度为1.2～5mm之间即可，否则颗粒越细，制品密度增加热导率加大，而轻度并不提高，颗粒粗则和易性变差。

表 7-24 不同膨胀蛭石粒度对制品性能的影响

编号	粒度/mm	水泥: 蛭石（体积比）	水灰比	密度/(kg/m³)	强度/kPa
1	0～2.5	1:6	2.2	457	100
2	0～5	1:6	2.2	440	140
3	1.2～5	1:6	2.2	423	360
4	2.5～5	1:6	2.2	399	160
5	5～10	1:6	2.2	320	530
6	2.5～10	1:6	2.2	393	230
7	1.25～5（80%） 5～10（20%）	1:6	2.2	399	320
8	0.3～1.2（20%） 1.2～5（60%） 5～10（20%）	1:6	2.2	400	570
9	0.3～1.2（30%） 1.2～5（60%） 5～10（10%）	1:6	2.2	480	360
10	1.2～5（50%） 5～10（50%）	1:6	2.2	410	430
11	0.3～1.2（40%） 1.2～5（60%）	1:6	2.2	464	500

② 水玻璃蛭石制品。水玻璃膨胀蛭石制品是用水玻璃掺入适量的氟硅酸钠作为胶结材料，与膨胀蛭石拌和均匀，成型后进行烤干而制成的一种保温材料，它可以根据需要制成不同形状规格的制品。以水玻璃为主作为胶结材料的制品，比用水泥作为胶结材料的制品，密度轻，抗压强度高，能在比较高的温度下使用。表7-25列出了水玻璃蛭石制品的技术性能。

表 7-25 水玻璃蛭石制品的技术性能

名称	指标			
制品密度/(g/cm³)	0.30	0.35	0.40	0.45
耐压强度/MPa	0.34	0.54	0.64	0.83
常温热导率/[W/(m·K)]	0.079	0.081	0.084	0.093
热导率/[W/(m·K)]	(0.079～0.093)+0.00020t			

（续）

名称		指标
含水率(%)		≤2
使用温度/℃		<900
尺寸允许偏差/mm	长度	±5
	宽度	±3
	厚度	-2 ~3
	内径	应大于管径2~9①

注：t为温度（K）。

① 见表7-21。

③ 石棉蛭石制品。石棉膨胀蛭石是膨胀蛭石制品中常见的一种，它的技术性能见表7-26。

表7-26 石棉膨胀蛭石的技术性能

名称	指标
密度/(g/cm³)	0.25
常温热导率/[W/(m·K)]	0.086
热导率/[W/(m·K)]	$0.081+0.00023t$
抗拉强度/MPa	0.15
抗弯强度/MPa	0.17
水分(%,质量分数)	10
最高使用温度/℃	600

注：t为温度（K）。

④ 膨胀蛭石耐火混凝土。以膨胀蛭石为主，加入矾土水泥和耐火集料制成的耐火混凝土，具有比较轻的密度，小的热导率，一定的抗压强度和比较高的耐火度。根据它的性能，应用在一些高温设备和装备的保温耐火层，保温耐火炉衬、提高了热工设备和热能利用率。它可以松填在炼油厂的各种形式加热炉的炉顶、炉底炉波等部位和一些冶炼设备的保温盖。因为它质轻，填设在设备移动的部位时，给使用和检修设备创造了方便条件。膨胀蛭石耐火混凝土，可以根据热工设备的情况进行浇注或预制。

3）气凝胶。气凝胶是20世纪30年代由美国科学家发现的。他们在高温高压下设法使硅胶脱水而又不发生结构破坏和收缩，制得了具有超级绝热性能的气凝胶板。气凝胶主要由二氧化硅、氧化铝、氧化锆、氧化锡、氧化钨或这些氧化物的混合物组成。也已发现，厚度只有15mm的气凝胶板的热散失量不到普通玻璃板的1/12。硅酸气凝胶是一种轻质二氧化硅构成的微粒状粉末。将水凝胶在高于临界温度和临界压力下煅烧，材料孔隙中的液体变为蒸汽，依靠表面张力气孔不会压缩。这种在高压下制成的叫作高压气凝胶。气凝胶的纳米多孔网络结构使之具有极低的固态热传导及气态热传导。它在常温常压下热导率为0.013W/(m·K)，是所有固态材料中隔热性能最好的一种，其结构示意图如图7-11所示。轻盈透明的气凝胶如图7-12所示。

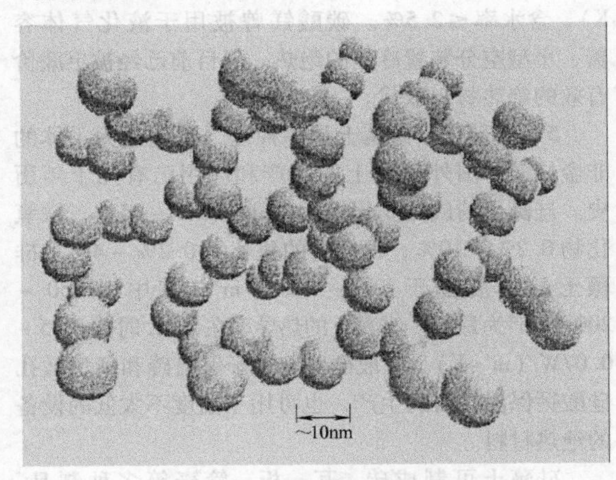

图7-11 气凝胶结构示意图

气凝胶是已知最有效的粉末绝热材料，它的缺点是吸湿性强，生产工艺复杂，成本高。与硅气凝胶相类似的还有硅凝胶、硅粉胶、气硅等，它们都是由SiO_2构成的微粒状粉末。表7-27列出了气凝胶在77~310K的技术特性。

图7-12 轻盈透明的气凝胶

表7-27 气凝胶在77~310K的技术特性

绝热材料	密度/(kg/m³)	粒度/目	热导率/[W/(m·K)]		
			常压	大气压	1.33Pa
高压气凝胶	104	40~80	0.0184	0.0151	0.00149
	124		0.0184	0.0154	0.00131
常压气凝胶	120	粉末	—	0.0267	0.00143
	170		0.0277	0.0267	0.00121
气相胶	290	80~120	—	0.0300	0.00111

4）碳酸镁。碳酸镁是一种白色粉末，适于填充绝热结构。粉末状碳酸镁的绝热性能良好，价格较低，密度为 130～400kg/m³ 的碳酸镁的热导率为 0.039～0.069W/(m·K)，比热容为 1.005kJ/(kg·K)，含水率≤2.5%。碳酸镁曾被用于液化气体容器、小型空分装置冷箱的绝热。但目前已经被更廉价有效的绝热材料取代。

5）硅藻土。硅藻土是一种以二氧化硅为主体的非金属矿。国外硅藻土的生产和应用已有几十年历史。硅藻土的成分变化很大：$SiO_2$55%～95%，铁氧化物 0.2%～10%，钙和镁的氧化物 0.2%～4%。硅藻土的密度介于 350～900kg/m³，其中以 150～200kg/m³为最好。硅藻土的热导率在 293K 时为 0.05～0.07W/(m·K)。一般硅藻土用于保温砖和新型微孔硅酸钙保温材料的生产，也可用于温度不太低的设备的绝热材料。

硅藻土可制成砖、瓦、板、管壳等多种制品。表 7-28列出了硅藻土砖的性能。

表 7-28 硅藻土砖的性能

级别	密度/(kg/m³)	气孔率(%)	耐压强度/MPa	热导率/[W/(m·K)]	膨胀率/K⁻¹
甲级	450～550	78.2	0.49	0.081	0.9×10^{-6}
乙级	500～600	77	0.69	0.095	0.94×10^{-6}
丙级	600～700	76	1.08	0.110	0.97×10^{-6}

6）软木。软木具有密度小、热导率低、弹性好、防潮防腐、难燃等特点。软木颗粒可作为绝热腔的填充料，作为冷藏库和 LNG 贮槽的绝热材料。由于软木中含有大量封闭细孔，内部又含有大量的树脂，因而可加工成砖、板、管壳等制品。表 7-29 列出了软木制品的技术特性。

表 7-29 软木制品的技术特性

制品名称		密度/(kg/m³)	热导率/[W/(m·K)]	吸湿性(%)	抗压强度/MPa	使用温度/℃
软木板	1 级	200	0.058	8.0	0.15	-50～120
	2 级	250	0.081	10.0	0.10	
	3 级	280	0.105	12.0	0.05	
软木砖		150～195	0.0465～0.0639	1～9.5	0.15～0.34	-50～120
软木管壳		150～300	0.0454～0.0814	3～10	0.15～0.34	-50～120

（3）泡沫状绝热材料　膨胀泡沫绝热材料又叫多孔绝热材料，在生产过程中利用发泡剂等物质产生气泡，形成许多孔隙而成为绝热体。膨胀泡沫中的传热主要由固体骨架的导热和多孔中气体的传热组成，因而密度和填充的气体种类对热导率影响很大。密度较小或气孔率较大者绝热性能较好；填充热导率小的气体可以获得较好的绝热效果。常用的泡沫绝热材料有泡沫塑料、泡沫玻璃和泡沫橡胶等。

1）泡沫塑料。泡沫塑料是一种新型绝热材料，常用的有聚氨酯泡沫、聚苯乙烯泡沫、酚醛泡沫和脲醛泡沫及聚氯乙烯泡沫等。

① 聚氨酯泡沫。国际上聚氨酯泡沫塑料在深冷保冷方面的应用比较普遍，液化天然气船 70% 以上的保冷材料都为聚氨酯泡沫塑料。目前国内有数几家机构在进行深冷保冷材料的研发工作，近几年随着我国大型 LNG 运输船和大型陆基 LNG 储罐建设的飞速发展，国内有几家企业，如江苏雅克科技股份有限公司生产的 MARK（Ⅲ/Flex）型 LNG 船用保温绝热板材的最重要组成部分－玻璃纤维增强聚氨酯泡沫 2016 年获得了法国 GTT 公司的认证。浙江振申绝热科技股份有限公司为 LNG/LPG/LEG 等不同的船型已经开始提供不同规格的产品。

聚氨酯泡沫塑料是一种性能优良的绝热材料。它具有密度低、热导率小、物理力学性能良好、比强度高等优点。在保温保冷建筑工程、冷藏车、石油管道和热力管道等方面得到广泛的应用。表 7-30 列出聚氨酯泡沫塑料的性质。

表 7-30 聚氨酯泡沫塑料的性质

品种		密度/(kg/m³)	热导率/[W/(m·K)]	吸水率(%)	抗拉强度/MPa	抗压强度/MPa	使用强度/℃
硬质	Ⅰ	45	0.026	0.2		0.245	-196～120
	Ⅱ	65	0.028	0.2		0.490	-196～120
软质	Ⅰ	40	0.042		0.78		-60～80
	Ⅱ	40	0.042		0.98		-60～80

聚氨酯泡沫塑料的保冷性能主要体现在热导率方面。图 7-13 所示为几种绝热材料热导率与温度的关系变化曲线。由图可见，硬质聚氨酯泡沫塑料的热导率是随温度的变化而呈 N 形变化。同一密度的聚氨酯泡沫塑料在 10℃处及－60℃处的热导率各有一个转折点。与其他几种材料相比，聚氨酯泡沫塑料具有较低的热导率，所以其保冷性能较好。聚氨酯泡沫塑料的热导率与密度的关系曲线如图 7-14 所示。可以看出，密度在 35～65kg/m³ 范围的制品热导率最小。

针对大型 LNG 运输船液货围护系统绝热性及储

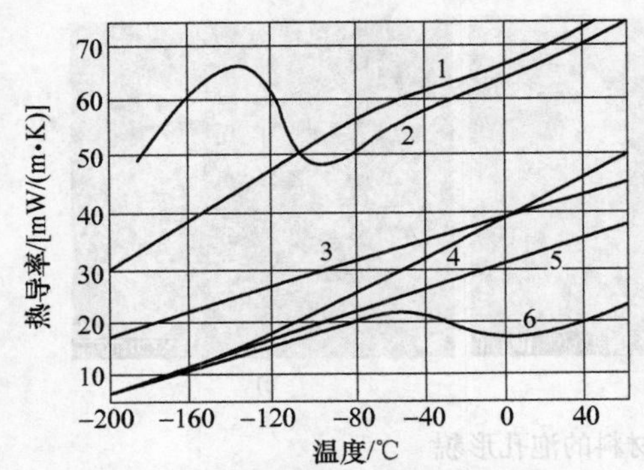

图7-13　几种绝热材料的热导率与温度的关系变化曲线

1—珍珠岩板（231）　2—泡沫玻璃（151）　3—碳化软木板（129）　4—聚苯乙烯泡沫（33.0）　5—聚氯乙烯泡沫（31.7）　6—硬质聚氨酯泡沫（35.7）

注：括号内数字表示密度（kg/m^3）。

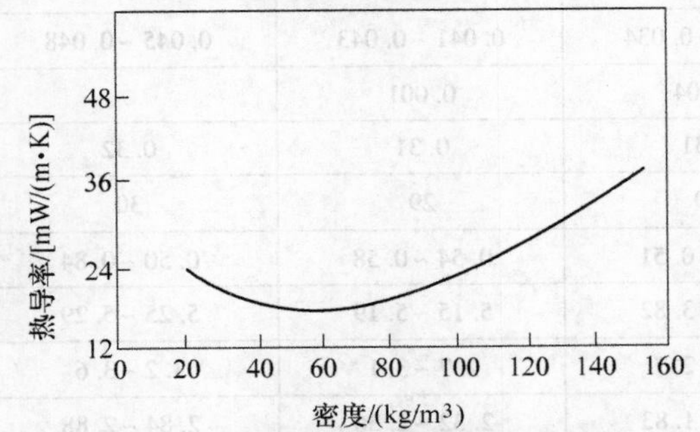

图7-14　聚氨酯泡沫塑料的热导率随密度的变化关系曲线

运安全性和经济性的要求，上海交通大学与沪东中华造船集团合作，采用环保型发泡剂HFC-365mfc和溴锑协同阻燃剂，通过高压发泡一步模压法，成功制备了综合性能优异的低密度硬质聚氨酯泡沫绝热材料，并对其绝热性能、力学性能、阻燃性能等性质进行了系统研究和评估。研究结果表明，所制备的泡沫材料在室温和超低温下具有良好绝热性能，同时具有良好的尺寸稳定性，高的力学性能、低线膨胀系数、良好的阻燃性和低的吸水率及水蒸气透过率。能满足LNG船液货舱绝热系统对绝热材料的性能要求。图7-15所示为LNG船用低密度（$45kg/m^3$）硬质聚氨酯泡沫的导热系数随温度的变化曲线。可以看到，该泡沫材料具有优异的绝热性能，20℃时导热系数为0.022 W/(m · K)，－165℃时导热系数仅为0.010W/(m·K)。图7-16所示为硬质聚氨酯泡沫材料的泡孔形貌，可以看到，模压发泡所得泡沫材料的泡孔为近似五边形的多面体结构，由泡孔壁、棱边和顶点组成，泡孔孔径较小，约为350μm，且大小均匀。

测试结果表明，该新型泡沫材料还同时兼具了良好的综合阻燃性能，氧指数高、无烟模式下烟雾小、材料火焰传播性小、材料燃烧性能等级达到DIN 4102－1中建筑材料B2级，水平燃烧性能等级为HF－1级，表面燃烧性能等级为内墙和天花装饰材料A级。泡沫材料的应用亦有助于提高液货舱绝热系统的安全性和稳定性。

② 聚苯乙烯泡沫塑料。聚苯乙烯泡沫塑料是一种优质的绝热材料。它具有质轻、热导率低，抗压强度高、吸水性小、隔声、耐老化、耐低温等特性。表7-31列出了聚苯乙烯泡沫的物理性能。

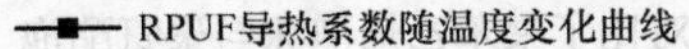

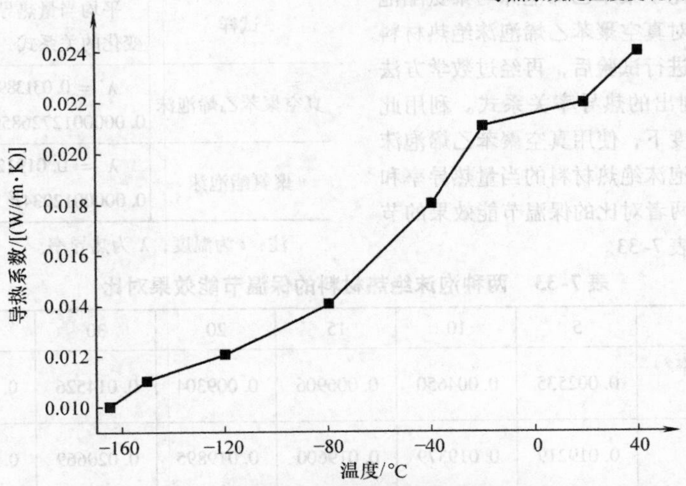

图7-15　硬质聚氨酯泡沫的导热系数随温度的变化曲线

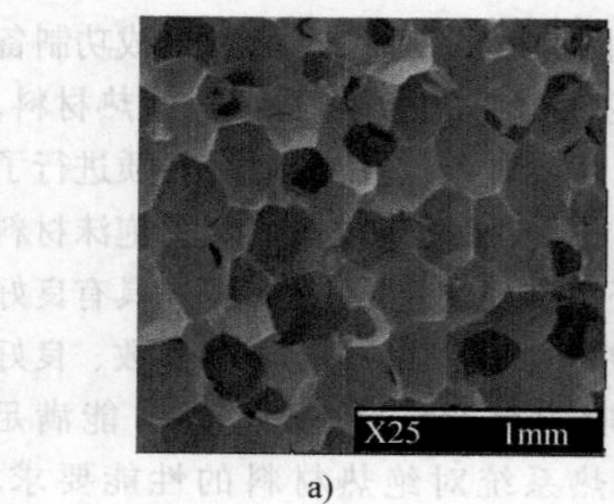

a)

b)

c)

图 7-16 硬质聚氨酯泡沫材料的泡孔形貌

表 7-31 聚苯乙烯泡沫的物理性能

性能名称		性能指标			
密度/(kg/m^3)		20	30	40	50
耐热性(不变形)/℃		75	75	75	75
耐寒性(不变形)/℃		-80	-80	-80	-80
热导率/[W/(m·K)]		0.030~0.033	0.031~0.034	0.041~0.043	0.045~0.048
体积吸水率(24h)(%)		0.016	0.004	0.001	
水分渗透/[$g/(m^2 \cdot h)$]		0.38	0.31	0.31	0.32
冲击弹性(%)		28	30	29	30
冲击强度/10^5Pa		0.44~0.48	0.47~0.51	0.54~0.58	0.50~0.84
抗弯强度/10^5Pa		3.00~3.04	3.78~3.82	5.15~5.19	5.25~5.29
抗拉强度/10^5Pa		1.1~1.5	2.3~2.7	2.7~3.1	3.2~3.6
抗压强度/10^5Pa	压缩 10%	1.20~1.24	1.79~1.83	2.32~2.36	2.84~2.88
	压缩 25%	1.42~1.46	2.14~2.18	2.94~2.98	3.56~3.60
	压缩 5%	3.03~3.07	3.62~3.66	3.93~3.97	5.13~5.17

聚苯乙烯泡沫作为绝热材料在低温绝热方面有明显的节能效果。文献对比了聚苯乙烯泡沫与聚氨酯泡沫在节能方面的性能。对真空聚苯乙烯泡沫绝热材料和聚氨酯泡沫材料分别进行试验后，再经过数学方法处理后，得出表 7-32 列出的热导率关系式。利用此表可以算出不同平均温度下，使用真空聚苯乙烯泡沫绝热材料与使用聚氨酯泡沫绝热材料的当量热导率和热导率，然后可以求出两者对比的保温节能效果的节能百分数，具体结果见表 7-33。

表 7-32 两种泡沫材料的热导率关系式

试样	平均当量热导率与平均热导率随温度变化的关系式
真空聚苯乙烯泡沫	$\lambda' = 0.0313891524 + 0.000855107603t - 0.00000127268597t^2$
聚氨酯泡沫	$\lambda = 0.0191233 + 0.0000127183t + 0.0000012934t^2$

注：t 为温度，λ 为热导率。

表 7-33 两种泡沫绝热材料的保温节能效果对比

平均温度/℃	5	10	15	20	30	40	50
真空聚苯乙烯泡沫热导率/[W/(m·K)]	0.002535	0.004650	0.006906	0.009304	0.014526	0.020313	0.026667
聚氨酯泡沫热导率/[W/(m·K)]	0.019219	0.019379	0.019600	0.019895	0.020669	0.021702	0.022993
节能百分比(%)	86.81	76.00	64.77	53.23	29.72	6.40	-15.98

由表7-33的试验结果可知，平均温度越低，真空聚苯乙烯泡沫的节能百分数越高，保温节能效果越好，这个结果正是低温绝热所需要的，由此说明聚苯乙烯泡沫绝热材料在低温绝热方面的优越性能。

③ 酚醛泡沫塑料。酚醛泡沫塑料是近几十年来刚刚开发成功的品种。酚醛泡沫塑料被称为“保温之王”，它在美国、英国、日本等一些发达国家已经成为塑料中发展最快的品种，消费量迅速增加，应用范围不断扩大，我国于20世纪80年代中期开始起步研发。用于生产酚醛泡沫的树脂有两种：热塑性树脂及热固性树脂，由于热固性树脂工艺性能良好，可以连续生产酚醛泡沫，制品性能较佳，故酚醛泡沫大多采用热固性能好的树脂。

酚醛泡沫材料具有以下特性：第一，不燃性。酚醛泡沫材料是由阻燃树脂和固化剂、不燃填料组成。无须加入任何阻燃添加剂，阻燃等级为难燃B1级。第二，热导率小。酚醛泡沫的热导率小，具有优良的隔热性能，热导率随制品密度的增加而变化。第三，抗腐蚀性抗老化性强。酚醛泡沫材料已经固化成型，长期暴露在阳光下，无明显老化现象。表7-34列出了酚醛泡沫塑料的技术特性，表7-35列出了其热导率。

表7-34　酚醛泡沫塑料的技术特性

制造方法	密度/(kg/m^3)	吸水率(%)	抗弯轻度/MPa	使用温度/℃
机械发泡	12			-150~150
	18			
	66			
化学发泡	44			
	49	1.8	0.296	
	72	1.3	0.397	

表7-35　酚醛泡沫塑料的热导率

制造方法	密度/(g/cm^3)	热导率/[W/(m·K)]
机械发泡	0.012	$0.0447+0.000291t_p$
	0.018	$0.0415+0.000250t_p$
	0.066	$0.0381+0.000079t_p$
化学发泡	0.044	$0.029+0.00013t_p$
	0.049	$0.030+0.00013t_p$
	0.072	$0.031+0.00015t_p$

注：t为温度（K）。

④ 脲醛泡沫塑料。脲醛泡沫塑料在所有泡沫塑料中，密度和热导率最小，其缺点是吸湿性较大，机械强度较差，它在大气中是不燃烧的，但在氧气中是易燃的，因此不能用作空分装置和液氧容器的绝热。用于低温绝热的脲醛泡沫塑料的密度一般为10~12kg/m^3，在293K时的热导率为0.03~0.033W/(m·K)，可在-200℃下长期使用。它的吸湿性能在相对湿度为30%、60%和80%时，分别为2.4%、7.6%和19.0%。但是，即使在吸湿量为19%的情况下，脲醛泡沫塑料单位体积中的含湿量也不大，约2g/L，对绝热性能的影响不显著。

⑤ 聚氯乙烯泡沫塑料。自1845年泡沫橡胶问世以后，随着高分子成型加工技术的发展，聚氯乙烯泡沫塑料等相继制成并实现了工业化生产。最初制成的是软质聚氯乙烯泡沫塑料，在日常生活和工业上得到广泛应用后，硬质聚氯乙烯泡沫又得到了迅速发展。聚氯乙烯泡沫塑料的线膨胀率大约为3.5×10^{-5}/℃，弹性模量为30.4~44.1MPa，可在-60~80℃的温度范围内使用。表7-36列出了聚氯乙烯泡沫塑料的技术特性。

2）泡沫玻璃。泡沫玻璃的第一篇专利发表于1935年，法国圣哥本公司用玻璃粉（过0.9mm筛）加发泡剂（$CaCO_3$），在耐火模内加热到850~860℃，发泡退火，当时泡沫直径平均为1~2mm，分布不均匀，主要用作混凝土轻骨料。表7-37列出了美国泡沫玻璃的物理性能。

表7-36　聚氯乙烯泡沫塑料的技术特性

密度/(kg/m^3)	热导率/[W/(m·K)]	吸水率/($g/100cm^3$)	抗压强度/MPa	抗弯强度/MPa	抗拉强度/MPa	剪切强度/MPa
33	0.022~0.027	0.08	0.490	0.422	0.235	
40	0.022~0.027	0.04	0.451	0.735	0.588	0.304
55	0.026~0.027	0.02	0.765	1.177	0.932	0.539
75	0.026~0.030	0.01	1.177	1.275	1.471	0.863
100	0.030~0.035	0.01	0.883	2.550	2.157	1.275

表 7-37 美国泡沫玻璃的物理性能

性能	数值
密度/(g/m³)	0.16
耐压强度/Pa	9.6×10^5
抗折强度/Pa	6.86×10^5
抗剪强度/Pa	5.78×10^5
在 10℃的热导率/[W/(m·K)]	0.057
在 149℃的热导率/[W/(m·K)]	0.079，(5.1cm 厚的玻璃块) 0.12

泡沫玻璃是以废玻璃及各种富含玻璃相的物质为主要原料，经过粉碎磨细，添加发泡剂、改性剂等材料，均匀混合形成配合料，再将其放置在特定模具经过熔融、发泡、退火，形成一种内部充满均匀气孔的多孔玻璃材料。其中的绝大多数气孔是孤立的，气孔直径约为 1mm，气孔壁是些 2μm 左右的玻璃薄膜。因而，泡沫玻璃的吸水率（约为0.2%）和透气性几乎等于零，这是气体材料所不及的。泡沫玻璃作为保温隔热材料，具有防火、防水、耐腐蚀、防蛀、无毒、不老化、强度高及尺寸稳定等特点。

泡沫玻璃的密度通常为 130～160kg/m³，0℃时的热导率为 0.047～0.052W/(m·K)，使用温度为 -260～430℃。泡沫玻璃的热膨胀率约为 8×10^{-6}/℃，相当于泡沫塑料热膨胀率[(50～90)×10^{-6}/℃]的十分之一，是一种性能优良的低温绝热材料。在冷藏库、冷藏车船、LNG 贮槽基础绝热等获得应用。表 7-38 列出了泡沫玻璃的主要性能。

表 7-38 泡沫玻璃的主要性能

密度/(kg/m³)	热导率(20℃)/[W/(m·K)]	抗压强度/MPa	体积吸水率(%)	使用温度/℃
100	0.036	0.78	6～9	-260～430
200	0.060	1.96	6～9	
300	0.083	3.43	6～9	
400	0.105	5.88	6～9	
500	0.135	8.82	6～9	
600	0.174	14.7	6～9	

3）泡沫橡胶。硬质泡沫橡胶用化学发泡制成。其特点是强度大，热导率小，低温性能良好，耐热性差，使用温度不能超过 70℃。用作低温绝热材料的硬质泡沫橡胶的密度大约为 90kg/m³，表 7-39 列出了不同密度下的技术性能。

表 7-39 硬质泡沫橡胶的特性

密度/(kg/m³)	热导率/[W/(m·K)]	吸水率(%)	抗弯强度/MPa	抗压强度 应力/MPa	抗压强度 变形(%)
64	0.028				
66	$0.0317+0.000094t$	5.1	0.82	0.35	3.0
68	$0.0321+0.00009t$	7.8	0.44	0.21	3.0
91	$0.036+0.000116t$	5.4	0.97		
106	$0.0372+0.000093t$	4.4	1.23	0.34	2.7
117	$0.036+0.000093t$	4.1			

注：t 为温度（K）。

4）泡沫混凝土。泡沫混凝土即多孔混凝土，适用于不承受振动的保温。可以作为 LNG 贮槽外壳及地基等。水泥泡沫混凝土的密度为 400～kg/m³，热导率为 0.175～0.231W/(m·K)。采用 400 硅酸盐水泥时的热导率可表示为 $0.0907+0.000186t$；采用 450 硅酸盐水泥时的热导率为 $0.1000+0.000198t$（式中 t 的单位为℃）。适用温度<250℃。

粉煤灰泡沫混凝土的密度为 300～700kg/m³，抗压强度为 0.344～1.797MPa，热导率表示为：$0.050+0.000158t$，适应温度为 500℃。

在运用膨胀泡沫绝热时，有两点值得注意。

其一是泡沫材料气孔中包含的气体种类对其热导率有很大影响。例如当采用 CO_2 为发泡剂时，密度为 32kg/m³ 的聚氨酯泡沫的热导率为 0.035W/(m·K)，大约是采用氟利昂为发泡剂时热导率[0.0175W/(m·K)]的 2 倍。这是因为氟利昂的热导率[0.00837W/(m·K)]比 CO_2 的热导率[0.0147W/(m·K)]要低得多。在液氮温度下，由于发泡剂（CO_2或 $CC_{13}F$）的蒸汽压很低，泡孔中的气体被冷凝，导致热导率下降。但当这种绝热材料在空气中暴露数个月以后，由于孔隙中的真空抽吸作用，使空气逐渐扩散到细孔中去取代 CO_2（或 $CC_{13}F$），因而热导率增大，然后趋于稳定。

其二是采用硬质泡沫绝热材料时，应注意绝热材料热膨胀率大的缺点。由于低温下泡沫塑料的收缩比金属设备大得多，泡沫材料将会在冷却过程中破裂，以致水蒸气和空气从裂缝进入，造成绝热性能恶化。如果在泡沫中有相应的收缩装置，并在绝热材料外面有塑料膜隔离层，泡沫材料就可以应用。

2. 多层绝热材料

多层绝热材料由高反射能力的辐射屏与低热导率的间隔构成。可用作多层绝热反射屏的金属有铝、金、铜等，通常应用轻而便宜的铝箔来制作反射屏。用作间隔物的材料还有玻璃纤维布或纸，以及植物纤维纸等。

（1）铝箔　用多孔绝热材料无法解决的绝热问题，应用铝箔反射绝热材料，都轻而易举地解决了。因此铝箔冠有“超级绝热材料”的美称。由纯度为

99.5%以上的纯铝经过多次压延而成，厚度通常为0.005～0.025mm，退火处理，表面粗糙度为10～12级。铝箔的力学性能见表7-40。工业纯铝具有密度小（2700kg/m³）、塑性好（$\delta \geqslant 50\% \sim 60\%$）、耐腐蚀、无磁性等优点，做成隔热外围护结构，工艺性、使用性都很好。铝作为隔热材料，主要是利用其良好的可塑性压延成极薄的铝箔，用其做成不同形式的间层结构具有良好的隔热性能。目前已有的铝箔规格见表7-41。

表7-40　铝箔的力学性能

厚度/mm	抗拉强度/MPa		延伸率(%)	
	退火的	冷作硬化的	退火的	冷作硬化的
0.005～0.006	—	—	—	—
0.0075～0.011	≥0.294	≥0.981	≥0.5	—
0.012～0.040	≥0.294	≥0.981	≥2.0	≥0.5
0.005～0.200	≥0.294	≥0.981	≥3.0	≥0.5

表7-41　铝箔规格

厚度/mm	允许偏差/mm	宽度允许偏差/mm	理论重量/(g/m²)
0.0060	±0.001	±0.5	14.20
0.0075	±0.001	±0.5	20.25
0.0100	±0.002	±0.5	27.00
0.0140	±0.001	±0.5	37.80
0.020	-0.003	±0.5	54.00
0.030	+0.003	±0.5	71.00
0.050	+0.005	±0.5	135
0.100	+0.005	±0.5	270

从表7-41可以看出，铝箔又薄又轻，加上它的比热容很小，所以用它做成的绝热材料，热容量（蓄热系数）很小。

铝在空气中可自我钝化形成微密的保护膜而具有抗腐蚀性能，铝又是非磁性物质；铝箔厚度大于15μm时，微孔消失、空气渗透、蒸汽渗透近似为零。这些优点湿铝箔绝热材料的绝热特性更好，而且寿命长。

单独的铝箔，强度、刚度及绝热性能并不很好，为发挥它的绝热作用（反辐射）一般做成复合材料，而且结构上有特殊要求。

1）铝箔依托材料。铝箔一般延展成0.0075～0.100mm的尺寸范围，单独形成空气间层比较困难，一般应依托在具有一定刚性的其他薄材上面。这种薄材，叫作依托材料。用于铝箔绝热材料中的依托材料有下列两类：第一，有机材料，包括植物纤维纸、纤维板、植物纤维织品、塑料和树脂薄膜、板和纤维织物；第二，包括玻璃布、玻璃纤维毡、矿渣棉毡、石棉纸等。这些材料都具有便于裱贴铝箔、重量轻、使用中变形小、隔热、防潮、防蛀、无毒无味等特性。

2）铝箔绝热材料的组合结构。为了形成空气间层，提高铝箔材料的热阻，一般可以用铝箔组合成各种结构。以铝箔纸板构成绝热材料为例可以形成如图7-17所示的各种组合结构。

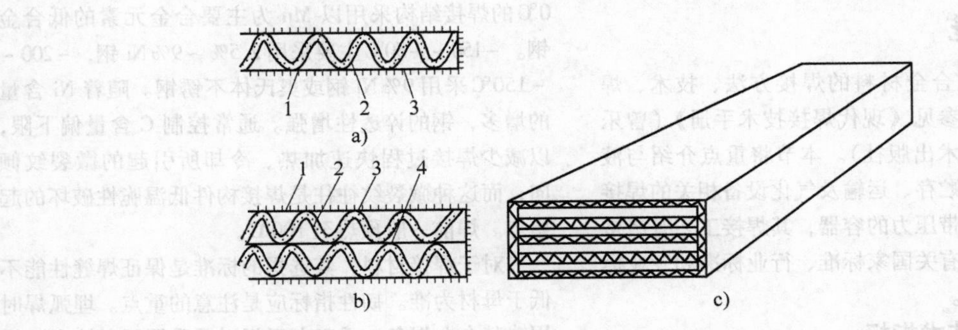

图7-17　铝箔波形纸板的结构

a）三层铝箔波形纸板　b）五层板　c）多层板

1—铝箔　2—高强波纹纸　3—覆面纸　4—夹心纸

（2）镀铝涤纶薄膜　由涤纶薄膜在真空中镀铝而成。塑料薄膜的优点是强度高、重量轻、本身的热导率低。通常使用的厚度为0.006～0.02mm，真空镀铝层厚度为0.025～0.05μm，其镀层对可见光是半透明的，发射率约为0.05～0.03，比铝箔来得大。表7-42列出了国产涤纶薄膜的规格。

表7-42　国产涤纶薄膜的规格

等级	厚度及公差/mm	宽度/mm	长度/m
电容级	0.010～0.070，±10%（厚度）	≥400	≥200
绝缘级	0.010～0.040，±20%（厚度）	≥400	≥100

（3）玻璃纤维布和纤维纸　玻璃纤维布（GFRP）由玻璃纤维编织而成，应尽可能薄，要求用纤维直径

小于微米级，织品的厚度为0.1～0.015mm。玻璃纤维布应是无碱的，并在500～600℃下脱脂处理后方可应用。表7-43列出了工业生产的玻璃纤维布的规格。玻璃纤维布（GFRP）具有造价低、延伸率高、产品规格多和可以自由裁减、施工便捷等优点，虽然其前期投资稍大，但从长期投资的角度看效益明显。

玻璃纤维纸的原材料与天然生成的纤维素纤维相比具有以下特点：玻璃纤维具有圆的截面而且直径不变，能加工的很微细，玻璃纤维密度较高，尺寸稳定性强。表7-44列出了多层绝热反射屏和间隔物的光学特征。

表7-43　玻璃纤维布的规格

牌号	厚度及公差/mm	宽度/mm	长度/mm
无碱布－25A、B、C	0.025±0.005	≥900	350±30
无碱布－30	0.030±0.0035	≥900	350±30
无碱布－40	0.040±0.005	≥900	350±30
无碱布－60	0.060±0.005	≥900	520±20
无碱布－90	0.090±0.010	850±10	150±20
无碱布－100A、B	0.100±0.010	900±15	150±20

表7-44　多层绝热反射屏和间隔物的光学特征

间隔物	纤维直径/μm	厚度/mm	密度/(kg/m³)	T=500K(700K)	
				吸收系数/(m⁻¹)	散射系数/(m⁻¹)
玻璃纤维纸(Dexiglass)	1	0.076	200	1300	26000
玻璃纤维纸(Tissvglass)	0.2～0.75	0.015	—	300	26500
二氧化硅纤维毡	10	—	50	<200	3300
二氧化硅纤维毡	1.3	—	50	<200	3820
碳纤维	10	—	65	(400)	(38500)
辐射屏		厚度/mm	半球发射率		
			300K	167K	64K
双面镀铝涤纶薄膜		0.0064	0.028	0.018	0.010
单面镀铝涤纶薄膜(镀铝面)		0.0064	0.035	0.025	0.015
单向镀铝涤纶薄膜(非镀铝面)		0.0064	0.37	0.25	0.13
双面镀金涤纶薄膜		0.0064	0.022	0.066	0.009

7.2　焊接工艺

一般的金属及合金材料的焊接方法、技术、焊料、设备和工艺可参见《现代焊接技术手册》（曾乐主编，上海科学技术出版社）。本节将重点介绍与液化天然气的生产、贮存、运输及气化设备相关的焊接材料和工艺。对于带压力的容器，其焊接工艺有严格的规范，必须遵循有关国家标准、行业标准和专业标准，这里不再累述。

7.2.1　材料和技术指标

液化天然气的工作温度是－162℃，这就要求LNG生产、运输设备及储罐的焊接金属与母材等具有较高的低温韧性、低热膨胀系数、低热导率、优良的焊接性。由于体心立方晶体（BCC）的材料在低温状态下屈服点与抗拉强度增高，伸长率降低，易产生脆性破坏，故尽可能采用在低温区呈面心立方晶格（FCC）的高延性材料（如奥氏体不锈钢、铝合金）制作的低温构件。主焊缝用埋弧焊，部分焊缝用手工电弧焊。

母体（基体）一般的材料有奥氏体不锈钢、9% Ni钢、36% Ni钢（又称殷钢）、铝合金等。－50～0℃的焊接结构采用以Mn为主要合金元素的低合金钢。－150～－50℃主要采用2.5%～9% Ni钢，－200～－150℃采用9% Ni钢或奥氏体不锈钢。随着Ni含量的增多，钢的淬透性增强。通常控制C含量偏下限，以减少焊接过程快速加热、冷却所引起的微裂纹倾向；而这种微裂纹往往是焊接构件低温脆性破坏的起始点。焊前一般预热至100℃。

对于焊接材料，其选择的标准是保证焊缝性能不低于母材为准。韧性指标应是注意的重点。埋弧焊时用镍基合金焊条，手工电弧焊时需采用因科镍合金焊条，见表7-45。埋弧焊生产率高，但因线能量大，易产生热裂纹，必须严格选择焊丝与焊剂的匹配，最好采用含Mo焊丝与碱性焊剂。焊接热影响区800～500℃阶段的冷却速度（$t_{8/5}$）对抗脆性破坏能力有很大影响。ASME相关标准要求冷变形超过3%的构件进行消除应力热处理，9% Ni钢经焊接后热处理（600℃）后不宜缓冷，以空冷为佳。对应于LNG低温贮罐的焊接，国际上采用的主要标准是ASME、API、NV、BS等。这些标准对焊接接头抗拉强度和冲击韧性的要求不尽相同，标准指标和本例产品期望指标见表7-46。

表 7-45 焊接材料所得熔敷金属的化学成分和力学性能

焊接方法	规格/mm	化学成分（%）												力学性能			
		C	Si	Mn	P	S	Cu	Ni	Cr	Mo	Nb	W	Fe	$\sigma_{0.2}$/MPa	σ_b/MPa	δ_5（%）	-196℃冲击功/J
手工电弧焊	ϕ4	0.11	0.23	2.53	0.007	0.004	0.007	63.80	15.2	2.24	1.72	2.42	11.2	446 448	712 715	39.6 41.1	52 55 55
		0.04	0.13	2.17	0.002	0.002	0.640	75.38	—	3.15	—	—	2.46	443 447	742 748	46 45	112 114 107
		0.03	0.33	0.54	0.010	0.003	—	8.430	—	—	—	—	余量	—	—	—	—
埋弧焊	ϕ3.2	0.04	0.22	1.97	0.006	0.005	0.600	70.80	—	18.5	—	3.70	2.69	483 488	760 763	49.2 48.6	77 78 80

表 7-46　9%Ni 钢焊接接头技术指标

标准	焊缝金属			焊接接头	
	$R_{p0.2}$/MPa	R_m/MPa	δ_5(%)	R_m/MPa	-196℃ 冲击能量/J
ASME (Case 1308-5)	—	—	—	≥655	≥34
NV (NV-20-2)	≥373	≥637	≥25	≥637	≥34
API (API 620)	≥362	≥655	≥25	≥655	≥34
BS (BS-73/37611 DC)	≥412	≥689	≥25	≥689	≥34
本例产品期望指标	≥412	≥689	≥25	≥655	≥50

7.2.2　坡口形式和焊接工艺参数

坡口形式和焊接工艺参数见表 7-47。用高镍合金焊接材料焊接 9% Ni 钢，一般情况下由于扩散氢而导致冷裂纹的危险性较小，热裂纹发生率较高。但在厚板焊接时，由于拘束度大，产生冷裂纹的可能性还是存在。实验结果表明，用因科镍或镍基合金焊接材料，预热 50℃即可，预热温度超过 250℃，热裂纹危险性剧增。

表 7-47　9% Ni 钢焊缝坡口和焊接工艺参数

钢号	坡口形状	焊接材料	预热温度/℃	层间温度/℃	电流/A	电压/V	焊速/(cm/min)	焊接线能量/(kJ/cm)
A353 (NNT)	50; 30; 60	因科镍 SMAW ϕ4mm	50	<150	135	24	15	13
A553 (QT)	2; 65	镍基合金 SAW ϕ3.2mm	50	<150	450	32	35	25
A522T1 (QT)	10; 230; 20	镍基合金 SAW ϕ3.2mm	50	<150	450	32	35	-25

下面详细介绍当今在大中型 LNG 储罐及 LNG 运输船液货围护系统中广泛使用的 9Ni 钢和 5083 铝合金。

1. 9Ni 钢焊接工艺

1982 年后，9Ni 钢逐渐成为 LNG 液货围护系统基材，逐渐取代了 Ni-Cr 不锈钢，在 1997 年，世界上已建的最大 9Ni 钢液货围护系统容积就达到 14 万 m^3。目前，9Ni 钢已是国际上广泛使用的钢种，其焊接性能良好，在众多焊接科技工作者的努力下，其焊接工艺已臻成熟。但是 9Ni 钢在焊接存在易产生的四大问题：在焊接冶金反应和热循环的作用下，金相组织和成分的改变，脆性相的产生，使 9Ni 钢的低温性能下降，冷、热裂纹倾向增大。此外，还存在由于基材磁化而引起的磁偏吹问题。

（1）低温韧性　低温韧性降低的原因有两方面：

1）焊接材料的影响，焊缝金属及熔合区的化学成分与焊材有关，如果焊材碳含量高，或者 Ni、Cr 当量搭配以及焊材与基材熔合后的 Ni、Cr 当量搭配落在不锈钢组织图中含马氏体的区域内，都会引起低温韧性下降。

2）焊接线能量和层间温度会改变焊接热循环的峰值、温度，从而影响热影响区的金相组织。如峰值温度过高，会使逆转奥氏体减少并产生粗大的贝氏体，从而使低温韧性下降。

焊接接头包括焊缝、熔合区和热影响区，采用ENiCrMo－6镍合金焊条焊接9Ni钢时，每个区域的化学成分和金相组织各不相同。其中焊缝金属为奥氏体组织，具有良好的低温韧性；在熔合区由于焊条的碳含量与9Ni钢相同，Ni的质量分数高达55%以上，可有效阻止碳迁移，避免熔合区产生脆组织，从而保证熔合区低温韧性；热影响区，在1100℃以上峰值温度的热循环作用下，会产生粗大的马氏体和贝氏体组织，逆转奥氏体减少，使低温韧性下降。因此，尽量控制线能量并采用多道焊，以减少高温停留时间。另有资料表明，9Ni钢的低温脆性转变温度随焊接接头（540℃）的冷却速度WC的增大而下降，由此可见，采用ENiCrMo－6镍合金焊条焊接9Ni钢时，焊接接头的低温韧性主要取决于焊接热输入和焊缝金属结晶过程的冷却速度。

（2）焊接裂纹　焊接裂纹可分为二类，热裂纹和冷裂纹。热裂纹的产生与焊缝金属结晶过程中的低熔点杂质偏析的数量及分布有关。液体金属结晶过程越长偏析越严重，偏析产生的低熔点杂质分布在晶界上，尤其在纯奥氏体组织中，杂质在晶界上的分布是连续的。

冷裂纹产生的原因有三个方面：

① 熔合区出现硬化层。9Ni钢本身碳含量不变（≤0.10），焊接时本不会产生硬化组织，但如果选用碳含量较高的焊材也会因熔合、扩散使熔合区碳含量增高而产生硬化层。

② 氢含量过高。氢在硬化层中积聚是由于焊缝坡口附近不洁（有水、油及有机物），及焊条扩散氢含量高所致。

③ 焊接接头应力包括组织应力、热应力和拘束应力。

冷裂纹产生的原因是应力、淬硬组织和焊缝金属扩散氢含量；热裂纹的产生则与应力、杂质和化学成分有关。有关专家曾对不锈钢焊条，如TH17/15TTW与ENiCrMo－6镍合金焊条焊接9Ni钢后的裂纹倾向进行比较，发现ENiCrMo－6镍合金焊条具有如下特点：

① ENiCrMo－6焊条中的镍合金与9Ni钢在室温和高温下的线胀系数基本相近，从而避免因不均匀的热胀冷缩造成的热应力。

② ENiCrMo－6镍合金焊条中Ni的质量分数高达55%～66%，碳含量与9Ni钢相同，均为低碳型，考虑基材对焊缝金属的稀释作用，仍有足够高的奥氏体组织避免熔合线出现硬脆马氏体带。

③ ENiCrMo－6镍合金焊条具有低碳性（碳的质量分数保持在0.05%左右，在Fe－C状态图中处于很小的“脆性温度区间”及高纯度（w_S≤0.03%，w_P≤0.02%），低含氢量等特性。由此可见，ENiCrMo－6镍合金焊条的使用可提供降低9Ni钢焊缝冷、热裂纹倾向的基本条件。同时说明，在严格控制扩散氢含量的条件下，选用ENiCrMo－6镍合金焊条可基本避免9Ni钢的焊接冷、热裂纹倾向。

（3）磁偏吹　9Ni钢焊接的另外一个问题就是磁偏吹现象。9Ni钢在加工运输过程中可能被磁化，当用直流焊机焊接时会进一步磁化，导致电弧磁偏吹。钢板与焊条各为一极，坡口中漏磁通方向由N极到S极，电弧将向被偏吹乃至拉断，使焊接无法正常进行。

对于基材和焊接材料而言，基材运至现场时的剩磁要求，必要时进行消磁处理，同时选择能防止电弧磁偏吹的焊接材料。焊接设备：采用交流方波焊接电源。打磨方式：由于碳弧气刨采用直流电焊机，气刨电流通常在500A以上，这样气刨、直流焊机和罐壁之间构成直流外加强磁场。当碳刨结束，罐壁中容易产生较强的剩磁，从而导致焊接电弧磁偏吹。因此尽量用砂轮打磨。

综上所述，9Ni钢广泛应用于低温液货围护系统的建造，已经在工程实际中有许多成功的焊接实例，证明其通过焊接工艺与焊接参数的严格控制将能够得到优秀的焊接性能。在严格控制扩散氢含量的条件下，选用ENiCrMo－6镍合金焊条可基本避免9Ni钢的焊接冷、热裂纹倾向。虽然9Ni钢在焊接过程中存在较大的难点，但是经过对其不断的焊接工艺的摸索，针对主要的冷热裂纹、韧性降低、焊接磁偏吹等难点都得到了很好的解决，如焊条电弧焊（SMAW）、埋弧焊（SAW）均能很好地完成对9Ni钢的焊接。为了更好地确认两种焊接方法条件下焊接接头的性能，可以通过常规力学性能测试、金相分析，硬度分布分析等一系列焊接工艺评定手段对焊接方法进行比较，以最优的力学性能、焊后组织为出发点，确定针对9Ni钢焊接的方法与工艺参数。从而能够克服其焊接过程中的难点，能够保证其焊接接头优秀的低温韧性，避免冷热裂纹的产生，使焊接过程顺利平稳进行。

2. 5083 铝合金焊接工艺

5083 铝合金具有良好的抗蚀性和低温性，被广泛地应用于 LNG 液货围护系统的制造之中，它具有铝合金共有的特点，即强的氧化能力、较高的热导率等。在焊接厚板铝合金时，焊接工艺参数对接头组织、性能和缺陷的形成有较大的影响。由于铝合金的化学活泼性很强，表面易形成氧化膜，且多属于难熔物质，加之其大的热容量和强的导热性，焊接时容易造成不熔合现象。由于大厚度板结构刚性大，焊接过程易产生相当大的焊接应力，同时 5083 铝合金的线膨胀系数比钢大 1 倍，在拘束条件下焊接时，易于产生较大的焊接应力，更易导致热裂纹的产生。此外，气孔是焊接 5083 过程中常见的缺陷。而氢是铝合金熔焊时产生气孔的主要原因。弧柱气氛中的水分，焊接材料及基材所吸附的水分，都是焊缝气孔中氢的重要来源。其中焊丝及基材表面氧化膜的吸附水分，对焊缝气孔的产生起着主要作用。为此，焊接铝镁合金时，焊前必须特别仔细地清除坡口附近的氧化膜，保持焊丝及基材干燥。

此外，Al-Mg 合金厚板焊接除了一般铝合金所共有的特性外，还存在以下一些技术特点：

① 厚板轧制加工道次较少，变形量极小，第二相质点破碎固溶程度低，分布不均匀，往往沿轧制方向分层分布，致使其短横向力学性能较差，在焊接结构应力作用下容易产生层状撕裂。

② 残留于厚板晶粒边界的低熔点化合物在多道次焊接热影响和收缩应力共同作用下容易产生晶间液化裂纹和道间交界裂纹。

③ 厚板氩弧焊由于焊件热容量较大，基体不容易熔化，容易形成未熔合、未焊透。

④ 厚板焊接道次多，层间清理困难，易形成夹渣气孔，影响焊缝的致密性和力学性能。试验人员在同一种工艺条件下焊接的两块试验板各种性能相差非常大，究其原因在于其中一块严格按照生产程序仔细清理每道焊缝的余渣。

⑤ 厚板焊接需要线能量较大，Al-Mg 合金中的 Mg 含量易烧损，晶粒较粗大，导致焊缝强度降低。

⑥ 厚板焊缝区较大，冷却收缩较大，致使焊接变形较大；而由于厚板刚度大，一旦发生变形又不易改变。

(1) 焊接气孔　5083 铝合金的焊接气孔是焊接时的主要问题之一，易产生根部气孔、焊缝金属结晶气孔和皮下气孔。根据气孔形状，又可以分为单个气孔和密集气孔。单个气孔尺寸较大会影响接头拉伸强度，而密集气孔则影响接头疲劳性能。5083 铝合金弧焊难以避免气孔，原因包括：

① 铝合金产生气孔的临界气压低，气体在液态和固态铝合金中的溶解度存在突变。

② 铝合金导热系数大，熔池结晶速度快，凝固时析出气体形成气泡来不及逸出。需特别指出的是，当铝合金板厚超过 25mm 后，焊接过程的散热速度增加，气孔敏感性显著增加。

③ 5083 铝合金的 Al-Mg 合金氧化膜易吸附水汽，增加了气孔敏感性。

④ 气孔敏感性与接头强度及焊接变形之间存在矛盾，为了保证接头强度、防止裂纹、控制变形，宜采用低线能量进行小浅焊缝焊接，但这会增加熔池凝固速度，从而增加气孔敏感性。

控制气孔的措施包括：

① 保持焊丝表面光亮，严格清理工件，去除焊接区域的氧化膜。

② 采用小线能量焊接，并在焊接过程中摆动焊丝，同时控制每层堆高。

③ 厚板焊接时采用 Ar+He 混合气体保护。

④ 控制焊接车间的空气湿度 <70%。

(2) 焊接接头强度下降　5083 铝合金基材的 R_m 为 275 ~ 350MPa，$R_{p0.2} \geqslant 125$MPa，但焊接接头的强度存在明显下降。$R_{p0.2}$ 通常只有 90MPa 左右，其原因包括：

① 5083 铝合金由 α 相和 β 相组成，焊接过程中晶粒长大，β 相粗大，导致接头强度下降。

② H 型 5083 铝合金的焊接热影响区温度高于再结晶温度，发生再结晶，加工硬化效果消失，热影响区的温度越高，强度下降越严重。

控制接头强度的措施包括：

① 采用小线能量，控制每层焊缝的堆高。

② 采用双脉冲 MIG 焊，选定合适的焊接工艺，保证焊接过程稳定，可以略提高接头强度。

(3) 焊接变形　变形是 5083 铝合金焊接的另一个难题，其原因包括：

① 5083 铝合金的线膨胀系数大。

② 5083 铝合金的低，高温时的更低，在焊接热过程中易造成显著的横向收缩变形、纵向收缩变形和角变形。采用合理的坡口形式和多道多层焊方式、控制焊接线能量，以及增加刚性拘束的方法来控制焊接变形，但刚性拘束会增加接头裂纹敏感性。

(4) 焊接裂纹　5083 铝合金焊缝的裂纹主要是结晶裂纹、液化裂纹和道间交界裂纹，其产生原因包括：

① 相和相熔点不同，并且接头金属凝固时有低

熔点共晶化合物产生。

② 5083 铝合金中含有 Mg，Mg 含量越高，热裂纹敏感性越高。

③ 由于铝合金线膨胀系数较大，随着板材厚度增加，刚性拘束增强，焊接时应力较大，从而容易产生裂纹。针对铝合金焊接裂纹，可以采取的措施包括：焊接时采用小线能量，采用双脉冲 MIG 焊接方法，以及板厚较大时采用多层多道焊降低焊接过程产生的应力等。

总之，5083 铝合金焊接接头具有较好的力学性能，焊接接头具有良好的延性、塑性。但是铝合金焊接过程易出现气孔、裂纹、变形、夹渣、软化等问题。为了保证 5083 铝合金的焊接质量需严格控制焊接过程并选择正确的焊接参数才能有效避免缺陷的产生。

7.2.3 焊接接头和焊缝金属力学性能

以 9% Ni 钢为例，对于所用钢号分别是 ASTM 的 A353（NNT）、A553（QT）和 A522T1（QT），随同产品生产流程的焊接试板，其强度试验结果令人满意，见表 7-48。

表 7-48 9% Ni 钢焊接试板强度

钢号	焊接材料	试板状态	接头 σ_b/MPa	焊缝金属 $\sigma_{0.2}$/MPa	焊缝金属 σ_b/MPa
A353（NNT） $t=30$mm	因科镍 SMAW，ϕ4mm	焊态	745 744	480 476	728 732
		552～585℃×2.5h 空冷	725 724	487 487	747 735
A553（QT） $t=65$mm	镍基合金 SAW，ϕ3.2mm	552～585℃×5h 水冷	708 709	451 451	715 719
		552～585℃×5h 空冷	714 715	443 439	719 711
		552～585℃×5h 炉冷	716 719	443 451	719 719
A522T1（QT） $t=230$mm	镍基合金 SAW，ϕ3.2mm	焊态	758	—	—
		552～585℃×5h 水冷	729	—	—
		552～585℃×5h 空冷	728	—	—

注：t 为厚度。

7.2.4 焊缝无损检测

上面提到 9% Ni 钢和 5083 铝合金材料焊接过程中可能存在焊接裂纹、焊接变形、气孔及焊接接头强度下降等问题，除了在保证焊接材料及焊接工艺外，焊缝的无损检测至关重要。

焊缝无损检测是指不损坏结构性能和完整性，来判别焊缝质量是否符合设计要求及有关标准、技术条件。它是对焊缝质量提供合理保证的重要手段。低温容器的无损检测主要有射线检测（RT）、超声检测（UT）、磁粉检测（MT）和渗透检测（PT）。射线检测和超声检测的判定结论可能不一致，但两中检测方法的互补作用不可忽视。磁粉检测和渗透检测主要用于检测焊缝表面的缺陷。

9% Ni 钢低温容器焊接的射线检测与一般无异，厚度大于 65mm 的焊缝用 8MeV 的电子加速器透射可获得优良的效果。超声检测时，不宜采用横波斜角探头，因为高镍合金的熔敷金属对横波声速呈各向异性，且高镍焊缝的晶粒散乱，会降低声波透射能力；荧光屏上林状反射波众多，对焊缝缺陷信号的干扰很明显。采用纵波斜角探头可以清楚地检测出焊缝缺陷。

7.2.5 船载 LNG 储罐的焊接

按贮存方式的不同，LNG 储罐的结构、材料和焊接方式有很大的差别。船载 LNG 储罐有常压贮存和带压贮存两种方式。带压储罐具有一定的压力承受能力，这就要求罐体材料有较高的强度，同时重量要轻，因此一般选择强度级别较高的高强钢。对于常压储罐，它要求的罐体材料不时强度，而是很好的低温性能。

船载 LNG 储罐的建造法规，除了要符合压力容器制造的一般法规外，还必须遵循国际海事组织（IMO）制定的《散装运输液化天然气体船舶构造和设备规则》和拟入级的船级社的液化气体船规范中关于压力容器部分的要求。

本节以常用的带半球形封头的卧式圆柱形储罐为例，简要说明其焊接工艺。该卧式圆柱形储罐由玻璃钢支座支撑，罐体上装有气室、深井泵座和集水器等部件。

首先是材料选择，对于安装在船舶上的储罐，为提高传播承载能力，应尽量减轻其重量。为避免大罐体焊接后的热处理，根据国际上允许省略焊后热处理的规定，所用材料厚度不应大于 38mm。通过强度计算，可以确定罐体厚度，并选用耐低温的奥氏体不锈钢、9% Ni 钢、36% Ni 钢，筒体和封头可以根据需要选用不同的材料。

罐体焊接主要工艺流程如图 7-18 所示。根据罐体材料的强度和韧性特点，选择合适的罐体焊接材料（焊条），焊接方式（平焊，立焊，横焊等）。然后确定焊接预热温度，层间温度、和后热的温度及时间，见表 7-47 和表 7-48。接下来就需要确定焊接线能量，因为其显著地影响热影响区的硬度和冲击韧性。

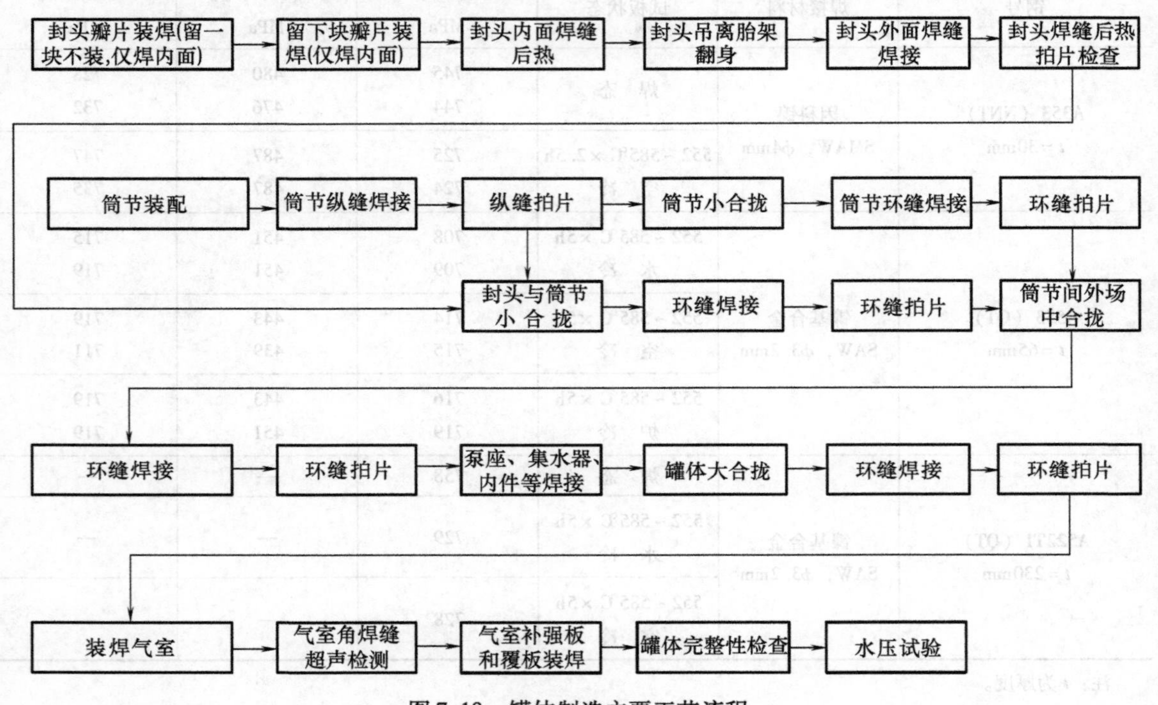

图 7-18　罐体制造主要工艺流程

手工电弧焊时，除焊接电流 I 和电压 U 外，一般很难控制焊接速度，习惯上以一根焊条施焊的长度与焊条熔化长度的比值 A_V 来表示，通过式（7-29）计算焊接线能量 E：

$$E=\frac{IUt}{L\times 1000} \tag{7-29}$$

式中，L 为焊条在 t 时间内所熔敷的长度，即可得出 E 与 A_V 之间的对应值。按规定得出合适的线能量，可求得 A_V 值，从而计算出每种焊条应能熔敷的焊缝长度。采用这种焊接工艺参数所得到的焊接接头冲击韧性较好，并符合规定的硬度。

最后需要注意的是焊接顺序。焊缝应连续焊完，如因故中断焊接，须立即进行后热处理。对于较厚的板，若一次连续焊满应力会较大，须采用分层焊接方式。每层均应采用退火焊道法。

罐体所有对接焊缝清根后在预想状态下经 100% 磁粉检测。整条焊缝焊满后，再经 100% 射线检测。罐体大合拢后，经 1.5 倍设计压力的水压试验 3h，无渗漏和变形。

7.3　材料

液化天然气设备的材料包括生产、贮存、运输、利用过程中所涉及的所有材料。按材料特性可以分为金属、金属合金和非金属材料。目前有应用案例金属材料主要包括奥氏体不锈钢、9% Ni 钢、36% Ni 钢，殷瓦钢，5083 铝合金、有色金属（如铜等）。非金属材料包括玻璃钢、珠光砂、吸附剂、橡胶、聚合物等。按是否直接接触可分为直接接触 LNG 的材料和非直接接触的材料。由于液化天然气（LNG）温度（-162℃）是很低的，在接收站装卸 LNG 和汽化使用时温度会由 -163℃升高到 20℃，因此用于与 LNG 接触的材料应当验证其抗低温脆性断裂性能。另外，LNG 在通过 LNG 运输船或者陆上槽车在运输过程中会产生晃动，对设备系统结构产生疲劳载荷，因此，还要求材料在 -162℃的深冷温度下具有良好的低温韧性，防止材料发生疲劳损坏。此外，随着 LNG 液货围护系统的大型化，要求材料具有较高的强度，以降低材料的消耗量，从而降低设备造价。

在选择 LNG 设备材料时需要考虑的重要性能包括：

1）具有良好的低温冲击韧性、低温强度和低温延展塑性。

2）对冲击载荷和周变载荷具有较好的适应能力。

3）较小的热导率，以减少外界漏热。

4）在工作范围内具有较小的膨胀系数。

与 LNG 直接接触而不会变脆的主要材料及其一般应用见表 7-49。

表 7-49 用于直接接触 LNG 的主要材料及其一般应用

材料	一般应用
奥氏体不锈钢	储罐、卸料臂、螺母与螺栓、管道和附件、泵、换热器
镍合金、镍铁合金	储罐、螺母与螺栓
铝合金	储罐、换热器
混凝土（预应力）	储罐
铜和铜合金	密封件、磨损面料
石棉、弹性材料	密封件、垫片
环氧树脂	泵套管
Epoxy（silerite）、氟乙烯丙烯（FEP）	电绝缘
玻璃钢	泵套管
石墨、聚四氟乙烯（PTFE）	密封件、填料盒、磨损面
聚三氟一抓乙烯（Kel F）、斯太立特硬质合金	磨损面

其中，石棉不宜用于新装置中。斯太立特硬质合金（Stellite）的主要成分是 Co 55%、Cr 33%、W 10%、C 2%。用于低温状态但不与 LNG 直接接触的主要材料及其应用见表 7-50。

表 7-50 用于低温状态但不与 LNG 直接接触的主要材料及其应用

材料	一般应用
低合金不锈钢	滚珠轴承
预应力钢筋混凝土	储罐
胶体混凝土、砂、泡沫玻璃	围堰
木材（轻木，胶合板，软木）	热绝缘
合成橡胶	涂料，胶粘剂
玻璃棉、玻璃纤维、分层云母、聚氯乙烯、聚苯乙烯、聚胺酯、聚异氰脲酸酯、硅酸钙、硅酸玻璃、泡沫玻璃、珍珠岩	热绝缘

由于铜、黄铜和铝的熔点低且遇到溢出的 LNG 着火时将失效，因此倾向于使用不锈钢或含镍 9% 的钢材。铝材常用于换热器。液化装置的管式、板式换热器使用冷箱（钢制）加以保护。铝材还可用于内罐的吊顶。经过特别设计用于液态氧或液态氮的设备，通常也适用于 LNG. 根据设计结果，能够在 LNG 处于较高的压力和温度条件下正常操作的设备，也应设计成能够承受降压情况下液体温度的下降。用于 LNG 设施的大多数低温深冷装置将承受从周围环境温度到 LNG 温度的快速冷却。在此冷却过程中产生的温度梯度将产生热应力，该热应力是瞬态的、周期性的，而且其值在与 LNG 直接接触的容器壁为最大。

这种应力随着材料厚度的增加而增加，当其厚度超过约 10 mm 时，应力值将很大。对于一些特殊的临界点，临界或冲击应力可以应用公认的方法进行计算，并用于脆性断裂的检验。可用于同 LNG 接触的材料。

低温容器内胆的结构材料必须保证在低温下足够的力学性能，即必须强度高及抗冲击性能好。因而往往选用奥氏体不锈钢（如 06Cr18Ni11Ti）、铝合金（如防锈铝）和铜合金（如紫铜）等；液化天然气的内容器还可用 9% 镍钢；液氟容器的内胆则用蒙乃尔合金或不锈钢。由于内胆材料价格较贵，因而在内胆设计时应在强度及安全性允许的条件下尽可能采用薄的壳体，以减少容器成本及降低预冷损耗。

内罐用于贮存低温液体，按使用温度、介质性质及经济合理性选用相应低温钢。考虑到该罐一旦泄漏造成的危害极大，选用钢材时可参考 GB 3531—2014《低温压力容器用钢板》。

外罐用材则根据罐的特性而定。普通型用碳素钢即可；特殊型一旦泄漏难以及时将液体排出，造成极大的损失或重大事故，必须采用与内罐同等的材料。低温容器的外壳一般可选用价廉的碳素钢（如 16MnR 等）。

连接内外壳体的管道等构件常用热导率低的不锈钢、蒙乃尔合金等。低温贮槽设计中常遇到管道问题。管道用于连接内胆与外界环境，用于贮槽的液体充注，排液或排气等。因而设计的管道应采用薄壁且尽量长些，以减少沿管道从外界导入内胆的热量；此外管道从内胆穿过绝热夹套从外壳引出，由于使用中内胆的冷收缩，因而管道内必须设置挠性连接。此外若管子在真空夹套中设置成盘管，则即能增加管道长度，又可起到伸缩补偿作用。

目前，研究、开发、改良各种金属和非金属材料在低温下工作正稳步而顺利地进行着。经过改良的低温用金属和非金属材料具备比现有材料更好的性能和安全性，同时能有效降低 LNG 设备及系统的整体价格。

在 LNG 低温容器及 LNG 相关设备制造和使用过程中，现有的几种低温金属材料各有优点，但也各有不足。目前，贮存 LNG 液货围护系统大量使用不呈现低温脆性的 9Ni 钢和 5083 铝合金。下面分别介绍。

7.3.1 金属材料

1. 奥氏体不锈钢

奥氏体不锈钢在液化天然气设备中应用十分广泛。在低温系统中应用广泛的有三种类型的不锈钢，即：①退火的 300 系列不锈钢；②氮强化级不锈钢；③300 系列级冷轧钢板。

表 7-51 和表 7-52 分别列出了美国钢铁协会的 AISI 300 系列不锈钢的化学组分和物理性质，表中括号内给出我国的相应牌号。

表 7-51 AISI 300 系列奥氏体不锈钢的组成

AISI 300 系列（YB10－59）	组成（质量分数，%）						M_s①/K
	Cr	Ni	C（max）	Mo	Si（max）	其他	
301	16～18	6～8	0.15				
302（12 Cr 18Ni9）	17～19	8～10	0.15				
304（06 Cr 19Ni10）	18～20	8～10.5	0.08		1.0		231
304L（022Cr19Ni10）	18～20	8～12	0.03		1.0		231
304LN	18～20	8～12	0.03		1.0	N：0.10～0.16	64
305	17～19	10.5～13	0.12				
309	22～24	12～15	0.20				
310（06Cr25Ni20）	24～26	19～22	0.25		1.5		<0
310S（Cr25Ni20Si）	24～26	19～22	0.08		1.5		<0
316（06Cr17Ni12Mo2Ti）	16～18	10～14	0.08	2～3	1.0		132
316L（06Cr17Ni12Mo2Ti）	16～18	10～14	0.03	2～3	1.0		132
316LN	16～18	10～14	0.03	2～3	1.0	N：0.10～0.16	<0
321（06Cr18Ni11Ti）	17～19	9～12	0.08		1.0	Ti：5×C	217
347（06Cr18Ni11Nb）	17～19	9～13	0.08		1.0	Nb：10×C	217
A－286	15	26	0.05	1.25		Mn：1.4；Al：0.2；Ti：2.0	
Kromarc58	14～17	15～22	0.05	1.75～2.75	0.5	Mn：8～11	<0

① M_s 为在冷却过程中马氏体首先生成的温度，取决于其组分，特别是取决于氮和碳的含量，可由下式表示 $M_s=1578-41.7Cr-61.1Ni-33.3Mn-27.8Si-36.1Mo-1667(C+N)$，其中各元素符号表示质量百分比。

表 7-52 奥氏体不锈钢的物理性质

型号	密度/（g/cm³）	弹性模量/GPa	切变模量/GPa	泊松比	热导率/[W/(m·K)]	线膨胀系数/$10^{-6}K^{-1}$	比热容/[J/(kg·K)]	电阻率/μΩ·cm	磁化率（初次）
1. 304（06Cr19Ni10）									
295K	7.86	200	77.3	0.290	14.7	15.8	480	70.4	1.02
77K		214	83.8	0.278	7.9	13.0	—	51.4	—
4K		210	82.0	0.279	0.28	10.2	1.9	49.6	1.09

（续）

型号	密度/(g/cm³)	弹性模量/GPa	切变模量/GPa	泊松比	热导率/[W/(m·K)]	线膨胀系数/$10^{-6}K^{-1}$	比热容/[J/(kg·K)]	电阻率/μΩ·cm	磁化率（初次）
2. 310（06Cr25Ni20）									
295K	7.85	191	73.0	0.305	11.5	15.8	480	87.3	1.003
77K		205	79.3	0.295	5.9	13.0	180	72.4	—
4K		207	79.7	0.292	0.24	10.2	2.2	68.5	1.10
3. 316（06Cr17Ni12Mo2Ti）									
295K	7.97	195	75.2	0.294	14.7	15.8	480	75.0	1.003
77K		209	81.6	0.283	7.9	13.0	190	56.6	—
4K		208	81.0	0.282	0.28	10.2	1.9	53.9	1.02

常用的奥氏体不锈钢的低温拉伸性能和断裂韧性分别见表7-53和表7-54。

表7-53　奥氏体不锈钢典型低温拉伸性能

温度/℃	拉伸强度/MPa	屈服强度/MPa	伸长率（%）	断面收缩率（%）	缺口强度/MPa
1. 301（冷轧）					
27	1160	1515	15	35	—
-78	1850	1520	17	35	—
-196	2250	1870	19	34	—
-253	2430	2160	3	16	—
2. 304 薄板，退火态，纵向					
24	660	295	75	—	715
-196	1625	380	42	—	1450
-253	1806	425	31	—	1160
-269	1700	570	30	—	1230
3. 304 棒，退火态，纵向					
24	640	235	76	82	710
-78	1150	300	50	76	
-196	1520	280	45	66	1060
-253	1860	420	27	54	1120
-269	1720	400	30	55	—
4. 304 冷轧，纵向					
24	1320	1190	3	—	1460
-78	1470	1300	10	—	1590
-196	1900	1430	29	—	1910
-253	2010	1560	2	—	2160
5. 304L 薄板，退火态，纵向					
24	660	295	56	—	730
-78	980	250	43	—	1030
-196	1460	275	37	—	1420
-253	1750	305	33	—	1290
-269	1590	405	29	—	1460

（续）

温度/℃	拉伸强度/MPa	屈服强度/MPa	伸长率（%）	断面收缩率（%）	缺口强度/MPa
6. 304L 冷轧，断面收缩率70%，纵向					
24	1320	1080	3	—	—
-196	1770	1530	14	—	—
-253	1990	1770	2	—	—
7. 310S 锻造，横向					
24	585	260	54	71	800
-196	1100	605	72	52	1350
-253	1300	815	64	45	1600
8. 316 薄板，退火态，纵向					
24	595	275	60	—	—
-196	1580	665	55	—	—
9. 321 棒，退火态，纵向					
24	675	430	55	79	—
-78	1060	385	46	73	—
-196	1540	450	38	60	—
-253	1860	405	35	44	—
10. 347 棒，退火态					
24	670	340	57	76	—
-78	995	475	51	71	—
-196	1470	430	43	60	—
-253	1850	525	38	45	—
11. A286 棒，时效强化，纵向					
24	1080	760	28	48	1250
-78	1170	780	32	48	—
-196	1410	860	40	48	—
-253	1610	1030	41	46	—
-267	1620	1030	34	46	1490
12. Kromarc 薄板，退火态，纵向					
24	695	285	62	—	—
-78	825	395	59	—	—
-196	1280	695	82	—	—
-253	1450	880	56	—	—

表7-54　典型不锈钢的断裂韧性（紧凑试件）

合金和状态	形式	室温屈服强度/MPa	试样取向	断裂韧性/MPa·m^1/2		
				24℃	-196℃	-269℃
301S 退火态	板	261	T-L	—	—	262
A-286，固溶，时效	棒	608	T-S	125	—	118
	板	822	T-L	161	—	180
Kromarc58，固溶，淬火	板	371	T-L	—	—	216

注：T-L、T-S 分别表示不同的试样取向。

表7-55和7-56则分别列出若干不锈钢的疲劳裂纹扩展速率和疲劳寿命。

表7-55　奥氏体不锈钢的疲劳强度裂纹扩展速率

合金和状态	试验取向	频率/Hz	应力比	试验温度/℃	C	n	应力强度差 ΔK 测量范围/MPa·m^1/2
304 退火，板	T-L	20~28	0.1	24~269	2.7×10^{-9}	3.0	22~80
304L 退火，板	T-L	20~28	0.1	24	2.0×10^{-10}	4.0	22~54
				-196，-269	3.4×10^{-11}	4.0	26~80
316 退火，板	T-L	20~28	0.1	24~-269	2.1×10^{-10}	3.8	19~16
A256 锻件，固溶，时效	T-S	20~28	0.1	24	2.5×10^{-9}	3.0	25~90
				-196，-269	2×10^{-12}	4.0	32~90
Kromarc58 退火，板	—	10	0.1	24	2.3×10^{-10}	3.9	31~44
				-196，-269	2.0×10^{-9}	3.0	27~77

注：C 和 n 为常数，与应力强度差 ΔK 有如下关系：$da/dN=C(\Delta K)^n$，式中 a 为裂纹长度（mm），N 为破坏前循环数。

表7-56　典型奥氏体不锈钢的疲劳寿命

合金和状态	应力形式	应力比	循环频率/Hz	K_t	10^6 次循环时的疲劳强度/MPa		
					24℃	-196℃	-253℃
301 板，极硬状态	弯曲	-1.0	29，86	1	496	793	669
				3.1	172	303	
304L 棒，退火态	轴向	-1.0	—	1	269	483	552
				3.1	193	207	228
310 板，退火态	弯曲	-1.0	—	1	186	455	597
310 棒，退火态	轴向	-1.0	—	1	255	469	607
321 薄板，退火态	轴向	-1.0	—	1	221	303	372
				3.5	124	154	181
347 薄板，退火态	弯曲	-1.0	30~40	1	221	421	386
A286 薄板，退火态	弯曲	-1.0	30~40	1	427	579	586

注：K_t 为缺口强度/光滑强度的值。

奥氏体不锈钢不足之处是含镍量高，因而价格较贵，而且强度欠高，特别是在退火状态下的室温屈服强度较低，其值比应用广泛的9%镍钢要低得多，下面将会详细介绍。此外，不锈钢的机械加工性能也不如铝合金优越。因此提高奥氏体不锈钢在低温下的强度显得十分重要。

主要方法有采用固溶强化和沉淀强化这两种措施。所谓固溶强化主要是添加氮元素使得不锈钢的屈服强度，特别是低温下的屈服强度大为提高。另一种在 300 系列合金钢中加入 Mn 和 N 的不锈钢 Cr－Ni－Mn－N 合金，其中 Mn 取代了部分 Ni 的作用。表 7-57 就给出了氮增强的 Cr－Ni－Mn 不锈钢的力学性能。

表 7-57　氮增强 Cr－Ni－Mn 不锈钢的力学性能

合金	温度/K	屈服强度/MPa	拉伸强度/MPa	伸长率（%）	断面收缩率（%）
18Cr－5Ni－9Mn $N=0.08$	300	324	703	74	
	76	594	1520	33	—
	20	772	1160	12	
21Cr－6Ni－9Mn $N=0.28$	295	353	701	61	78
	76	899	1470	43	37
	4	1240	1630	16	40
18Cr－5Ni－15Mn	295	432	805	59	69
	77	955	1644	33	54
21Cr－12Ni－5Mn	295	426	766	45	69
	76	916	1510	76	62
	4	1330	1850	16	38
18Cr－3Ni－13Mn $N=0.37$	295	440	796	56	53
	76	1140	1520	18	24
	4	1540	1810	4	26

另外一种方法是沉淀强化。即通过适当合金化，使钢的 M_s 点略低于室温，因而室温下为奥氏体组织，然后通过适当的热处理，使奥氏体尽可能转变为马氏体，在低碳马氏体的基础上，再经过时效处理，沉淀出碳化物、氮化物或金属间化合物来达到强化，从而获得最高的强度，同时又有较好的低温韧性、优良的焊接性能和冷变形性能。表 7-56 中列出的 A－286 合金就是典型的借固溶处理和时效强化的高强度不锈钢，它在低温下有高的强度，又有好的塑性和缺口韧性，详见表 7-53。

强烈的冷轧或冷拉也能显著提高奥氏体不锈钢的屈服强度和抗拉强度。表 7-58 列出了典型的奥氏体不锈钢经冷加工变形后的低温力学性能。

表 7-58　典型的奥氏体不锈钢经冷加工变形后的低温力学性能

钢种	冷变形度（%）	试验温度/℃	屈服强度/MPa	抗拉强度/MPa	伸长率（%）	缺口强度/光滑强度（$K_t=0.3$）
301	60	25	1400	1570	11	1.07
		－73	1660	1770	15	0.98
		－196	1780	2260	20	0.92
		－252.8	2160	2340	3.5	0.90
301N	60	25	1400	1560	12	1.08
		－196	1710	2380	18	0.84
		－252.8	2880	2340	12	0.79

（续）

钢种	冷变形度（%）	试验温度/℃	屈服强度/MPa	抗拉强度/MPa	伸长率（%）	缺口强度/光滑强度（$K_t=0.3$）
302	60	25	1245	1435	3.0	1.08
		-196	1595	2150	29	0.92
		-252.8	1740	2660	20	0.95
304	50	25	1105	1230	6.0	1.09
		-73	1300	1385	5.0	1.09
		-196	1310	1760	3.3	1.04
		-252.8	1615	1950	1.0	1.09
310	75	25	1100	1265	2.0	1.07
		-73	1330	1430	3.0	1.08
		-196	1560	1760	10	1.11
		-252.8	1825	2030	5.0	1.12

此外，无镍不锈钢的研制也有很大的进展。例如我国已经研制成的20Mn23Al钢，15Mn26Al钢，在低温下性能良好，这两种低温用钢的化学成分和力学性能见表7-59。

表7-59　无镍低温钢性能表

牌号	化学成分（质量分数，%）	状态	取向	温度/℃	抗拉强度/MPa	屈服强度/MPa	伸长率（%）	断面收缩率（%）	冲击韧度/（J/cm²） U型	冲击韧度/（J/cm²） V型
20Mn23Al	$W_C=0.15\sim0.25$ $W_{Mn}=21\sim26$ $W_{Al}=0.7\sim1.2$	热轧1150℃固溶板厚16mm	—	室温	711	402	50.0	61.0	164	88
				-196	1294	559	56.0	55.0	107	51.9
				-253	—	—	—	—	123.5	51.9
			—	室温	637	255	66.0	68.0	205	122.5
				-196	1010	475	34.5	30.0	172	89.2
				-253	—	—	—	—	185	96.1
15Mn26Al	$W_C=0.15\sim0.19$ $W_{Mn}=24.5\sim27$ $W_{Al}=4.0\sim4.7$	热轧	纵向	室温	582	319	44.7	75.7	376	—
				-196	1036	630	65.6	67.3	271	—
				-253	1158	850	37.7	70.8	—	—
			横向	室温	572	310	53.3	74.0	367	—
				-196	1054	612	67.7	65.7	262	—
				-253	902	817	29.6	70.1	275	—
		加热1150℃ 40min，空冷 板厚，14mm	—	室温	533	262	50.0	76.8	347	331
				-196	891	627	48.3	70.3	290	241
				-253	862	795	33.5	67.9	310	237

2. 镍合金钢

镍合金钢减小了钢中的碳含量，增加了Mn和Ni的含量，从而降低钢的冷脆温度，减小脆性，因此非常适应低温工作条件。表7-60～表7-62分别列出了低温常用镍钢的化学成分和推荐使用温度，以及物理性能和低温力学性能。

表 7-60 镍合金钢的化学成分

合金	最低使用温度/K	化学成分（质量分数,%）					
		C, max	Mn	P, max	S, max	Si	Ni
3.5Ni（D级）	173	0.17	0.7, max	0.035	0.040	0.15~0.30	3.25~3.75
3.5Ni（E级）	173	0.20	0.7, max	0.035	0.040	0.15~0.30	3.25~3.75
5Ni	102	0.30~0.60	0.025	0.025	0.20~0.35	0.20~0.35	4.75~5.25
5.5Ni	77	0.13	0.90~1.50	0.030	0.030	0.15~0.30	5.0~6.0
8Ni	102	0.13	0.90, max	0.035	0.040	0.15~0.30	7.5~8.5
9Ni	77	0.13	0.90, max	0.035	0.040	0.15~0.30	8.5~9.5

表 7-61 镍合金钢的物理性质

型号	温度/K	密度/(g/cm³)	弹性模量/GPa	切变模量/GPa	泊松比	热导率/[W/(m·K)]	线膨胀系数/(10^{-6}/K)	比热容/[J/(kg·K)]
3.5Ni	295	7.86	204	39.1	0.282	35	11.9	450
	172	7.86	210	81.9	0.281	29	10.2	350
5Ni	295	7.82	198	77.0	0.283	32	11.9	450
	111	7.82	208	81.2	0.277	20	9.4	250
	76	7.82	209	81.6	0.277	16	8.8	150
9Ni	295	7.84	195	73.8	0.286	28	11.9	450
	111	7.84	204	77.5	0.281	18	9.4	250
	76	7.84	205	77.9	0.280	13	8.8	150

表 7-62 典型镍钢的力学性能

温度/℃	拉伸强度/MPa	屈服强度/MPa	延伸率(%)	断面收缩率(%)	缺口拉伸强度/MPa
5Ni钢，板，纵向，淬火，回火，回复退火					
24	715	530	32	72	—
−168	930	570	28	68	—
−196	1130	765	30	62	—
9Ni钢，板，纵向，二次正火和回火					
24	780	680	28	70	945
−151	1030	850	17	61	
−196	1190	950	25	58	—
−253	1430	1320	18	43	1310
−269	1590	1430	21	59	—
9Ni钢，板，纵向，淬火和回火					
24	770	695	27	69	—
−151	995	895	18	42	—
−196	1150	960	27	38	—

因瓦合金是铁基高镍的铁磁性合金，在低温下也有较多应用，其中以36% Ni的因瓦合金应用较为普遍。表7-63列出了典型因瓦合金的低温力学性能。

表7-63 典型因瓦合金（Invar36）的低温力学性能

温度/℃	拉伸强度/MPa	屈服强度/MPa	延伸率（%）	断面收缩率（%）
24	650	625	21	62
-78	785	725	29	60
-196	1080	915	27	61
-253	1190	1120	23	58
-269	1230	1110	20	52

镍基合金为FCC（面心立方）合金，有极好的抗腐蚀、抗氧化的能力，在低温下有满意的强度和塑性。典型镍基合金的化学成分和力学性能分别见表7-64和表7-65。

表7-64 镍基合金的化学成分

合金名称	化学成分（质量分数，%）						
	Ni	Cr	Fe	Mn	Si	C	其他元素
Monel K-500	余量	—	1.0	0.6	0.15	0.15	29.5Cu，2.5Al，0.5Ti
Hastelloy B	余量	0.6	5.0	0.8	0.7	0.1	25Co，28Mo，0.2~0.6V
Inconel 600	余量	15.8	7.2	0.2	0.2	0.04	0.1Cu
Inconel 706	39~44	16.0	余量	0.1	0.1	0.04	0.35Al，3.0（Nb+Ta），1.7Ti
Inconel 718	余量	18.6	18.5	—	—	0.04	0.4Al，0.9Ti，5Nb，3.1Mo
Inconel 760	余量	15.0	6.8	0.7	—	0.04	0.8Al，2.5Ti，0.85Nb

表7-65 镍基合金的力学性能

温度/℃	抗拉强度/MPa	屈服强度/MPa	伸长率（%）	断面收缩率（%）	缺口强度/MPa	弹性模量/MPa
1. Monel-500薄板，纵向，594℃时效16h，控制冷却						
24	1030	710	22	—	940	—
-78	1080	765	24	—	1000	—
-196	1230	855	30	—	1120	—
-253	1340	925	30	—	1190	—
2. Monel-500棒，纵向，594℃时效21h，538℃时效8h，空冷						
24	1080	705	28	54	—	—
-78	1230	895	29	54	—	—
-196	1300	86	32	54	—	—
-253	1420	940	36	52	—	—
3. Hastelloy B薄板，冷轧40%，纵向						
24	1320	1220	3	—	—	—
-78	1530	1430	5	—	—	—
-196	1570	1430	12	—	—	—
-253	1950	1650	16	—	—	—

（续）

温度/℃	抗拉强度/MPa	屈服强度/MPa	伸长率（%）	断面收缩率（%）	缺口强度/MPa	弹性模量/MPa
4. Inconel－600，冷拔，纵向						
24	940	890	15	56	1230	170
－78	985	910	20	58	—	—
－196	1160	1030	26	62	—	—
－253	1250	1100	30	56	—	—
－257	1280	1210	20	56	1530	220
5. Inconel－706，锻坯，980℃时效 1h，空冷，730℃炉冷到 620℃，保温 8h，空冷						
24	1260	1950	24	33	1880	—
－196	1560	1200	29	33	2170	—
－296	1930	1650	30	33	2250	—
6. Inconel－718 薄板，纵向，955℃时效 1h，空冷，720℃8h 炉冷到 620℃，保温 10h，空冷						
24	1330	1090	18	—	1330	205
－78	1490	1190	17	—	1470	220
－196	1730	1310	21	—	1560	225
－253	1740	1340	16	—	1500	225
7. Inconel－718 棒，纵向，980℃时效 3/4h，空冷，720℃8h 炉冷到 620℃，保温 10h，空冷						
24	1410	1170	15	18	—	—
－196	1650	1340	21	20	—	—
－296	1810	1410	21	20	—	—
8. Inconelx－750 薄板，纵向，退火和在 700℃时效 20h，空冷						
24	1220	815	24	—	1120	210
－78	1320	875	28	—	1200	—
－196	1500	905	32	—	1270	225
－253	1590	940	32	—	1370	—
9. Inconelx－750 棒，纵向，退火和在 700℃时效 20h，空冷						
24	1340	985	25	49	—	—
－196	1570	1050	32	45	—	—
－253	1700	1090	33	42	—	—
－257	1720	1080	33	46	—	—

3. 9Ni 钢

9Ni 钢，由于其良好的低温屈服强度，机械加工性能、价格优势，近年来在大型 LNG 储罐及 LNG 运输船液货围护系统中获得了广泛使用。

9Ni 钢是美国 INCO 公司于 1944 年开发的，1948 年推向市场，美国首先将其应用于天然气提取液氮反应塔及液氧液货围护系统内壳的建造，1956 年得到 ASTM 规范认证。9Ni 钢制造大型低温液货围护系统的断裂模型试验证实：即使不经过消除焊接残余应力的焊后热处理，在低温下亦能够安全使用。1962 年，ASTM 规范认定：板厚不超过 38mm 的 9Ni 钢液货围护系统可以不进行消除残余应力的热处理，1963 年又扩大到50mm，从而使得9Ni钢在LNG运输船液货围护系统建造上得到广泛应用。日本大规模应用9Ni钢是从1969年横滨岸港建成的3.5万m^3和4.5万m^3平底球面二重式LNG液货围护系统开始的。随后，9Ni钢在世界陆基LNG储罐系统的建造中得到大量使用。随后，9Ni钢在LNG运输船上也得到了应用，主要包括1965年法国建造的“Jules Verne”号，1970年芬兰马萨船厂设计建造的MOSS型LNG船，以及近年来国内太平洋海洋工程公司（Sinopacific Offshore & Engineering）和国内知名钢厂合作，分别完成的小型LNG运输船的建造。

9Ni钢发展初期，由于钢板热处理技术局限，只限于生产NNT（二次正火回火）材料，后来随着热处理技术的进步，可以生产QT（淬火回火）材料，生成了微细的回火马氏体组织，低温韧性好，屈强比高于NNT材料。近年来，随着制钢技术的迅速发展，连铸技术成功应用，熔炼脱磷、转炉精炼等技术逐步成熟并应用于9Ni钢，使9Ni钢的P、S含量分别可降低至50×10^{-6}和10×10^{-6}以下，从而提高了9Ni钢的低温韧性。另一方面，新的热处理工艺，如控制轧制后直接淬火工艺，通过细化晶粒和改善淬透性，也使9Ni钢的低温韧性有所提高。目前，9Ni钢在陆基LNG储罐和LNG运输船中的应用最为广泛。

随着世界上能源需求增加，由此带来的环境问题开始提上议事日程，绿色能源天然气逐步受到人们重视，因而陆地上LNG液货围护系统的需求增加，并且不断向大型化方向发展。LNG液货围护系统的大型化带来板厚增加，如何保证热处理后9Ni钢的韧性成为重大课题。与此同时，由于制钢技术迅速发展，连铸技术成功应用，熔炼脱磷、转炉精炼等高纯度制钢技术得到开发并应用于9Ni钢，使9Ni钢的P、S含量分别可降低到50×10^{-6}和10×10^{-6}以下，这些新技术降低了有害于9Ni低温韧性的元素含量而提高了9Ni钢的低温韧性[38]。另一方面，也有新的热处理工艺得到应用，如控制轧制后直接淬火工艺，属于TMCP（Thermo－Mechanical Controlled process）技术范畴，其通过细化晶粒和改善淬透性，也使9Ni钢的低温韧性提高。

长期以来，9Ni钢及其焊接材料一直依赖进口，这也是困扰我国大型LNG工程建设的一个难题。2005—2007年，太原钢铁集团公司承担科技部863项目“液化天然气液货围护系统用超低温9Ni钢开发及应用技术”研究，成功研制了国产9Ni钢，随后合肥通用机械研究院等单位对国产9Ni钢的综合性能与焊接性开展了广泛而深入地研究。结果表明，国产9Ni钢包括－196℃冲击功在内的综合性能指标均超过ASTM A353/A553M—2017（Ⅰ型）和EN 10028－4：2017的要求，与日本及欧洲等国生产的9Ni钢水平相当或略高。2007年，该9Ni钢通过了全国锅炉压力容器标准化技术委员会组织的专家评审，同意用于低温液货围护系统和低温压力容器。目前，中石油在建的江苏如东、辽宁大连两个LNG项目中的LNG液货围护系统都选用了国产9Ni钢，这是我国大型LNG液货围护系统国产化的一个重要里程碑。

下面针对国内供货商宝钢、莱钢、南钢，以及进口供货商澳钢联和日本神钢生产的9Ni钢，通过不同供货商所提供的9Ni钢板性能，给出9Ni钢的主要材料特性。

9Ni钢材料的主要规范包括：

1）ASTM A553/A553M—2017《压力容器用9% Ni钢板》，材料牌号A553。

2）EN 10028－4：2017《低温镍基钢板》，材料牌号X7Ni9。

3）JIS G 3127：2021《低温压力容器用镍钢板》，材料牌号SL9N 590。

4）GB/T 24510—2017《低温压力容器用9% Ni钢板》，材料牌号9Ni590A、9Ni590B。

（1）化学成分　在影响9Ni钢韧脆转变温度的主要因素中，合金元素和杂质含量都与化学成分密切相关。各合金元素的影响：

C——碳化物析出会造成孔蚀，一般控制在<0.08%。C又同时是奥氏体稳定元素，对于最后组织中保留一定的残余奥氏体起着重要作用。

Mn——奥氏体稳定元素，提高耐磨性和N的固溶量；在热处理过程中，Mn向奥氏体扩散，显著提高奥氏体稳定性。

Si——有助于耐高温氧化及耐酸蚀能力。

Ni——9Ni钢中的关键元素，减轻脆性和改善力学性能，增强耐酸能力。

因此，应尽可能降低S、P、N、O等杂质元素的含量，9Ni钢基体组织的净化对于提高低温韧性作用很大。也有研究表明，加入适量的Cu元素可以提高强塑性，Cu富集在奥氏体中使得更多的奥氏体保留下来，并且由于Cu的析出物的强化作用，强度提高又不降低韧性。加入其他一些元素（如钼、钛、铬和钨）也有相同的强化作用。

宝钢9Ni钢供货报告中标注的化学成分见表7-66。

莱钢9Ni钢供货报告中标注的化学成分见表7-67。

表7-66 宝钢供货报告中的9Ni钢化学成分 （质量分数,%）

元素	C	Si	Mn	P① ×10⁻⁶	S① ×10⁻⁶	Ni	Alt	O① ×10⁻⁶	N① ×10⁻⁶	Pcm
实测值	0.03	0.18	0.6	33	25	9.19	0.04	31	19	0.22

① 单位体积ppm。

表7-67 莱钢供货报告中的9Ni钢化学成分 （质量分数,%）

厚度	元素										
	C	Mn	Si	S	P	Cr	Ni	Mo	Cu	Al	Nb
10mm	0.036	0.489	0.235	0.0005	0.004	0.011	10.08	0.0034	0.020	0.033	<0.001
20mm	0.038	0.497	0.240	0.0005	0.004	0.011	10.04	0.0035	0.020	0.035	<0.001
30mm	0.039	0.497	0.235	0.0005	0.004	0.011	10.02	0.0035	0.020	0.033	<0.001
40mm	0.037	0.497	0.236	0.0005	0.004	0.011	10.02	0.0035	0.020	0.037	<0.001

（2）力学性能 9Ni钢的强度较高，在低温情况下会进一步大幅提高，但是韧性会下降。9Ni钢的屈强比较高，是一个不利因素。对两种供货渠道的9Ni钢进行拉伸测试，结果见表7-68和表7-69。

表7-68 实测的9Ni钢室温力学性能

厚度	取样部位	取样方向	$R_p0.2$/MPa	R_m/MPa	延伸率（%）
宝钢15.5mm	全厚度	X方向	658, 668, 654（660）	685, 690, 679（685）	25, 26, 26（26）
	全厚度	Y方向	657, 649, 650（652）	679, 673, 675（676）	26, 26, 26（26）
莱钢20mm	全厚度	X方向	638, 639, 644（640）	692, 695, 702（696）	31, 30, 29（30）
	全厚度	Y方向	641, 639, 642（641）	701, 695, 700（699）	28, 28, 29（28）

表7-69 实测的9Ni钢 −196℃温度力学性能

厚度	取样部位	取样方向	$R_p0.2$/MPa	R_m/MPa	延伸率（%）
宝钢15.5mm	全厚度	X方向	959, 957, 970（962）	1010, 1006, 1043（1020）	36, 37, 40（38）
	全厚度	Y方向	974, 966, 975（972）	1047, 1036, 1042（1042）	43, 41, 40（41）
莱钢20mm	全厚度	X方向	957, 942, 957（952）	1010, 1007, 1014（1010）	38, 37, 35（37）
	全厚度	Y方向	962, 956, 953（957）	1018, 1012, 1016（1015）	38, 37, 38（38）

液氮温度下的冲击韧性值是9Ni钢的关键性能指标，冲击韧性值越高，低温下的防脆性断裂的能力越好，越安全。ASTM A553/A553M—2017标准中规定A_{Kv} >35J。对两种供货渠道的9Ni钢进行冲击测试，实测的冲击韧性值见表7-70。

表7-70 实测的9Ni钢冲击韧性值

材料种类	厚度/mm	取样部位	取样方向	试验温度/℃	A_{Kv}/J
宝钢	15.5	全厚度	横向	25	224, 207, 214（215）
		全厚度	横向	−196	183, 186, 185（185）
		全厚度	纵向	25	243, 274, 272（263）
		全厚度	纵向	−196	218, 226, 208（217）

（续）

材料种类	厚度/mm	取样部位	取样方向	试验温度/℃	A_{Kv}/J
莱钢	20	全厚度	横向	25	>300，290，295（>300）
		全厚度	横向	−196	238，234，224（232）
		全厚度	纵向	25	>300，>300，>300（>300）
		全厚度	纵向	−196	268，261，272（267）

比较可以看出，在横向上，常温冲击韧性莱钢比宝钢高出 80J，液氮温度冲击韧性莱钢比宝钢高出 50J；在纵向上，常温冲击韧性莱钢比宝钢高出 40J 以上，液氮温度冲击韧性莱钢比宝钢高出 50J。总的来说，纵向的冲击韧性都要好于横向方向。

（3）金相组织　一般情况下，9Ni 钢经过热处理后组织为回火马氏体 + 板条马氏体 + 少量残余奥氏体，这种复合结构是 9Ni 钢低温下具有良好韧性的原因。宝钢产 9Ni 钢的金相组织如图 7-19 所示。莱钢产 9Ni 钢的金相组织如图 7-20 所示。

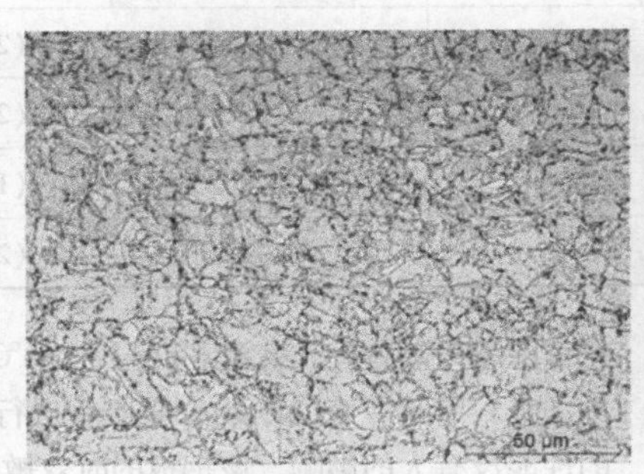

6mm 板厚中心

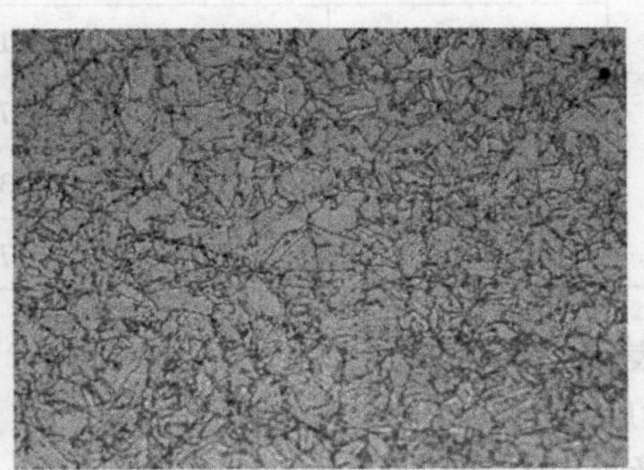

15mm 板厚中心

图 7-19　宝钢产 9Ni 钢的金相组织

表层（×200）

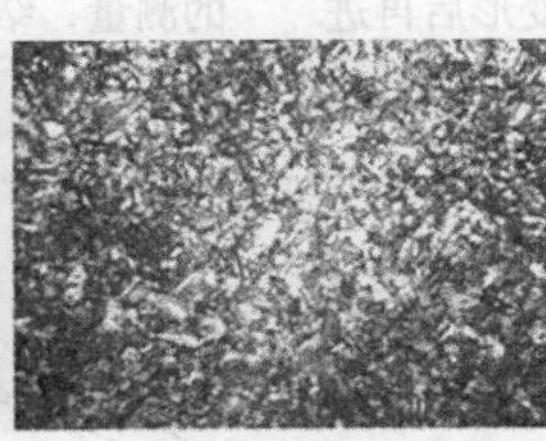

t/4（×200）

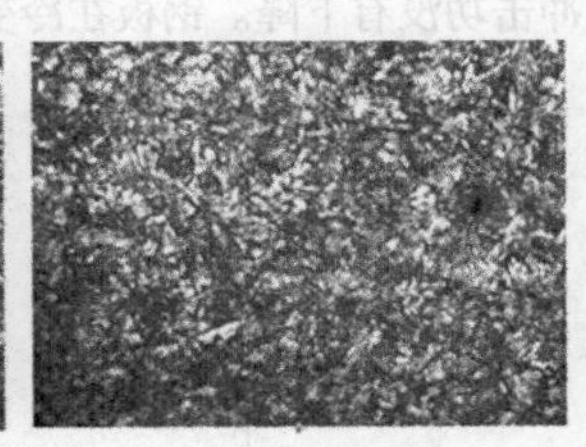

t/2（×200）

图 7-20　莱钢产 9Ni 钢的金相组织

（4）应变时效敏感性冲击试验　由于钢板在加工过程中采用冷加工工艺成型，冷加工工艺对钢板的力学性能有一定的影响，为此进行了冷变形后冲击性能测试。宝钢应变时效敏感性冲击试验结果见表 7-71。莱钢产 9Ni 钢的应变时效敏感性冲击试验结果见表 7-72。

表 7-71　宝钢产 9Ni 钢的应变时效敏感性冲击值

处理状态	应变量（%）	KV_2（20℃）/J	KV_2（−196℃）/J
—	0	244，242，224（237）	210，200，184（198）
变形 + 250℃时效	2.5	220，217，229（222）	161，140，147（149）
	5.0	209，227，201（212）	157，85，112（118）
	7.5	190，217，221（209）	49，44，34（42）

（续）

处理状态	应变量（%）	KV_2（20℃）/J	KV_2（-196℃）/J
变形 + 560℃处理	2.5	250，240，262（251）	175，182，184（180）
	5.0	261，249，257（256）	180，185，164（176）
	7.5	240，255，254（250）	171，169，156（165）

表7-72　莱钢产9Ni钢的应变时效敏感性冲击值

处理状态	应变量（%）	KV_2（20℃）/J	KV_2（-196℃）/J
—	0	314，359，328（334）	257，241，249（249）
变形 + 250℃时效	2.5	322，325，337（328）	245，254，255（251）
	5.0	325，327，320（324）	257，283，272（271）
	7.5	319，320，321（320）	213，219，222（218）
变形 + 560℃处理	2.5	310，314，307（310）	201，204，205（203）
	5.0	309，324，313（315）	208，194，191（198）
	7.5	330，321，317（323）	221，207，211（213）

上述结果表明，宝钢钢板在2.5%～7.5%的冷变形250℃时效后，室温冲击韧性变化不大，液氮温度冲击韧性下降明显；540℃时效后，室温冲击韧性变化不大，液氮温度冲击韧性略有下降。莱钢钢板经过2.5%～7.5%的伸长冷变形后，钢板的室温冲击功和低温-196℃冲击功没有下降。钢板在冷变形后再进行消除应力热处理，室温和低温-196℃冲击功有一定的下降，因此冷变形以及冷变形后进行热处理对钢板的性能没有大的影响，该钢板的时效敏感性低。

（5）低温疲劳裂纹扩展速率　选择两种供应商（神钢和南钢）的9Ni钢进行低温疲劳裂纹扩展速率的测量，结果如图7-21所示。

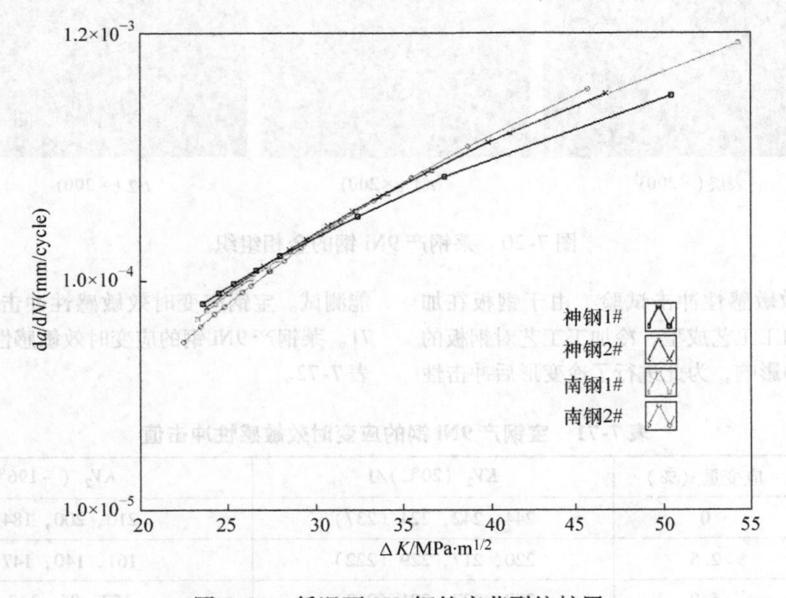

图7-21　低温下9Ni钢的疲劳裂纹扩展

从测试结果可以看出，9Ni钢在低温度下具有良好的强度和韧度配合，神钢和南钢的9Ni钢试样在−196℃时的疲劳裂纹扩展速度几乎相同，相对而言，当应力强度因子幅度ΔK增加到较高水平时，南钢产9Ni钢在低温下的疲劳裂纹扩展速度稍微快一些。

4. 铝合金钢

铝合金由于其密度小、热导率大、无磁性以及具有稳定的微观结构，具有良好的加工性能，加之铝材的成本只有铜的一半，不锈钢的五分之一，因此在低温中也获得了广泛的应用。表7-73～表7-75分别列出了铝合金的化学成分，物理性质和力学性能。

表7-73 低温中常用的铝合金化学成分

合金牌号（中国牌号）	化学成分（质量分数,%）							
	Si	Fe	Cu	Mn	Mg	Zn	Cr	Ti
1100（L5）	1%Si	+Fe	0.05～0.2	0.05	—	—	—	—
2219（LY16）	0.2	0.3	5.8～6.8	0.2～0.4	0.02	0.10	—	0.02～0.10
3003（LF21）	0.6	0.7	0.05～0.20	1.0～1.5		0.10	—	—
5083（LF5）	0.4	0.4	0.1	0.4～1.0	4.0～4.9	0.25	0.05～0.25	0.15
5086	0.4	0.5	0.1	0.2～0.7	3.5～4.5	0.25	0.05～0.25	0.15
5454	0.25	0.4	0.1	0.5～1.0	2.4～3.0	0.25	0.05～0.20	0.20
5456（LF11）	0.25	0.4	0.1	0.5～1.0	4.7～5.5	0.25	0.05～0.20	0.20
6061（LD2）	0.4～0.8	0.7	0.15～0.4	0.15	0.8～1.2	0.25	0.04～0.35	0.15
7005	0.35	0.40	0.1	0.2～0.7	1.0～1.8	4.0～5.0	0.06～0.20	0.01～0.06

表7-74 铝合金的物理性质

合金	密度/(g/cm³)	弹性模量/GPa	剪切模量/GPa	泊松比	热导率/[W/(m·K)]	线膨胀系数/$10^{-6}K^{-1}$	比热容/[J/(kg·K)]	电阻率/μΩ·cm
退火的5083（LF5）								
295K	2.65	71.5	26.8	0.333	120	23	900	5.66
77K	2.65	80.9	30.4	0.320	55	18.1	340	3.22
4K	2.65	80.9	30.7	0.318	3.3	14.1	0.28	3.03
时效强化的6061（LD2）								
295K	2.70	70.1	26.4	0.338		23	900	3.94
77K	2.70	77.2	29.1	0.328		18.1	340	1.66
4K	2.70	77.7	29.2	0.327	—	14.1	0.28	1.38
时效强化的2219（LY16）								
295K	2.83	77.4	29.1	0.330	120	23	900	5.7
77K	2.83	85.1	32.3	0.319	56	18.1	340	—
4K	2.83	85.7	32.5	0.318	3	14.1	0.28	2.9

表7-75 铝合金的力学性能

合金①	板厚/mm	取向	温度/K	拉伸强度/MPa	屈服强度/MPa	延伸率（%）	断面收缩率（%）	缺口强度/MPa
5083-O（LF5）	25	纵向	300	322	141	19.5	26	372
			77	434	158	32	33	420
			4	557	178	32	33	429

（续）

合金①	板厚/mm	取向	温度/K	拉伸强度/MPa	屈服强度/MPa	延伸率（%）	断面收缩率（%）	缺口强度/MPa
5083－H321（LF5）	25	纵向	300	335	235	15	23	421
			77	455	274	31.5	33	485
			4	591	279	29	33	508
6061－T651（LD2）	25	纵向	300	309	291	16.5	50	477
			77	402	337	23	48	575
			4	483	379	25.5	42	619
		横向	300	309	278	15.2	42	467
			77	405	321	20.5	39	555
			4	485	363	23	33	601
2219－T851（LY10）	25	纵向	300	466	371	11	27	547
			77	568	440	13.8	30	651
			4	659	484	15	26	703
		横向	300	457	353	10.2	22	531
			77	575	462	14	28	630
			4	674	511	15	23	690
7005－T5351	38	纵向	300	427	379	15	43	594
			77	578	465	17	27	683
			4	672	521	17	22	737
A356－T61	19	铸件	300	287	208	8.8	10	354
			77	356	262	7.1	9	495
			4	356	262	4	4	412

① O—退火；H—变形硬化；T—热处理。

作为典型的 Al－Mg 系合金，超低温用5083铝合金具有较高的强度、良好的塑性、耐蚀性、焊接性和加工性，成为制造低温液货围护系统广泛使用的一种材料。它在 LNG 船液货围护系统的制造中也得到大量使用，尤其是液化天然气最大的进口国日本，从20世纪中期起采用5083铝合金建造了一系列 LNG 液货围护系统和运输船，其中有主体壁结构完全是5083铝合金的 LNG 液货围护系统，但大多数场合下是作为液货围护系统顶部结构材料。相对于9Ni钢而言，5083铝合金的强度较低，因此板厚相对较大，第一艘采用5083铝合金建造的 MOSS 型球罐内壁的铝合金板厚在30～169mm范围，但船身重量却略有减小。但是，铝合金的线膨胀系数较高，这对 LNG 船液货围护系统的安装和使用都是不利的。

5083铝合金属于 Al－Mg 系高 Mg 铝合金，具有良好的成形加工性及低淬火敏感系数，广泛应用于用于船舶、舰艇、车辆用材、汽车和飞机板焊接件、需严格防火的压力容器、制冷装置、电视塔、钻探设备、交通运输设备、导弹元件、装甲等，是一种很重要的结构材料。

常规的5083铝合金化学成分的范围较大，化学成分的取值不同，会得到不同的材质特性，从而影响材料的综合性能。5083铝合金是中等强度的不可热处理强化铝合金，Mg和Mn是主要合金元素，Mg在5083铝合金中起主要强化作用，合金的主要强化相为β（Mg_5Al_8）相，Mg具有一定的固溶强化作用。随着Mg含量的增加，合金中的β相也随着增加。因为β相在共晶组织中呈骨骼状，硬度较大，β相的增加导致合金强度升高。Mg含量对5083铝合金力学性能的影响较为显著，随着Mg含量的增加，5083铝合金的抗拉强度和屈服强度逐渐升高，而伸长率则呈现先降后升的趋势。由于5083铝合金基本上处于单相固溶区，它具有良好的耐腐蚀性能，Mg含量控制在上限时，能保证得到屈服强度指标较好、性能稳定的5083铝合金。Al-Mg系合金中添加Mn不但有利于合金的抗蚀性，而且还能使合金的强度提高。同时，合金中加入Mn还可以降低热裂纹倾向，使β相均匀沉淀，改善合金的抗腐蚀性能和焊接性。通常，Al-Mg系合金中含Mn量<1%，其原因在于Mn会提高合金的再结晶温度。

此外，Cr对Al-Mg系合金性能的影响与Mn相似，固溶于铝中的Cr元素对铝的腐蚀电位几乎没有影响，Cr能提高Al-Mg系合金的抗应力腐蚀能力。在5083铝合金中同时加入Cr和Mn元素，强化效果比单一加入时更好。在5083铝合金中添加Ti生成作为结晶核心的铝化钛，有利于得到细晶组织，并能改善锻件的耐腐蚀性能和可焊性，还有助于消除铸造过程中的热裂纹倾向。

Fe与Al形成的$FeAl_3$对5083铝合金有不利影响，在腐蚀环境中容易引起合金基体腐蚀，且Fe含量高时能与Mn和Cr形成难溶性金属间化合物(FeMn) Al_6，此化合物在合金结晶过程中往往以针状和片状结晶形式析出，大大降低了材料的塑性，因此一般控制5083铝合金中Fe的含量<0.25%。Si在合金中形成的Mg_2Si会降低合金的塑性，与Fe相比，Si对5083铝合金塑性的负面影响更大，同时Si还能明显地恶化耐腐蚀性能，因此通常控制5083铝合金中Si的含量<0.2%。

(1) 拉伸性能　对不同供应商的5083铝合金进行了拉伸性能测试，结果见表7-76～表7-78。

表7-76　美铝产5083铝合金的拉伸性能测试结果分析

性能	材料状态	室温	-55℃	-125℃	-196℃
弹性模量/GPa	O态	68.79	64.60	70.15	72.67
	H112	71.55	66.11	76.54	76.00
	H32	73.10	75.49	72.49	78.67
屈服强度/MPa	O态	158.53	148.69	149.27	176.67
	H112	152.83	157.40	166.92	176.67
	H32	146.14	153.54	144.03	175.00
抗拉强度/MPa	O态	300.91	290.40	316.16	420.00
	H112	301.61	300.10	324.61	417.00
	H32	300.20	288.57	319.55	414.00
延伸率(%)	O态	25.71	23.19	38.18	46.00
	H112	23.02	22.08	31.58	42.00
	H32	25.92	23.03	35.14	41.60

表7-77　中铝产5083铝合金的拉伸性能测试结果分析

性能	材料状态	室温	-55℃	-125℃	-196℃
弹性模量/GPa	O态	65.02	73.52	68.43	84.00
	H112	70.82	65.46	72.71	87.67
	H32	64.46	73.38	68.72	88.67
屈服强度/MPa	O态	163.67	156.80	155.01	177.33
	H112	155.74	156.56	153.26	177.33
	H32	151.91	145.24	157.99	177.33
抗拉强度/MPa	O态	306.17	298.71	306.94	423.00
	H112	309.38	299.33	308.90	421.00
	H32	299.69	287.91	308.98	421.00

（续）

性能	材料状态	室温	-55℃	-125℃	-196℃
延伸率（%）	O 态	24.74	26.04	33.92	47.00
	H112	25.48	26.55	33.59	45.60
	H32	25.42	27.20	35.35	47.80

表 7-78 西南铝拉伸性能测试结果分析

性能	材料状态	室温	-55℃	-125℃	-196℃
弹性模量/GPa	O 态	70.18	69.98	67.75	82.00
	H112	83.91	65.62	69.56	81.67
	H32	78.49	73.40	69.79	84.00
屈服强度/MPa	O 态	151.33	152.23	148.89	177.33
	H112	143.32	145.41	156.48	176.33
	H32	150.35	149.02	151.74	175.33
抗拉强度/MPa	O 态	298.10	303.85	298.97	421.00
	H112	307.46	296.25	304.48	420.00
	H32	302.93	290.11	296.14	417.00
延伸率（%）	O 态	26.00	22.27	32.58	44.40
	H112	27.31	23.34	34.45	44.80
	H32	26.19	21.53	32.15	46.00

从以上结果可以看出，环境温度对抗拉强度影响明显，尤其是在超低温 -196℃时三家公司产品的抗拉强度均有明显的增加，这与 5083 具有优良的低温性能是相符的；环境温度对弹性模量（70GPa 左右）的影响较小；在不同的热处理状态 O 态、H112 态、H32 态的各项拉伸力学性能值差别不大；不同厂家的 5083 铝合金在抗拉强度方面无明显的区别，而在弹性模量方面则呈现较大的差异性，其中中铝最高 85GPa 左右，西南铝次之，美铝最低。断后延伸率在 -196℃时最大，为 44%左右。

（2）弯曲性能 针对不同品牌 5083 铝合金进行了弯曲性能测试，结果分别见表 7-79～表 7-81。

表 7-79 美铝弯曲性能测试结果分析

性能	材料状态	室温	-55℃	-125℃	-196℃
弯曲模量/GPa	O 态	74.90	73.97	78.01	74.80
	H112	69.60	77.63	91.78	70.00
	H32	72.26	76.02	80.86	72.00
抗弯强度/MPa	O 态	461.51	429.64	475.62	592.00
	H112	449.24	419.86	481.02	623.00
	H32	423.52	423.17	455.15	599.00

表 7-80 中铝弯曲性能测试结果分析

性能	材料状态	室温	-55℃	-125℃	-196℃
弯曲模量/GPa	O 态	73.14	80.40	81.61	78.00
	H112	75.69	74.44	76.81	71.20
	H32	75.57	75.41	82.47	72.00
抗弯强度/MPa	O 态	490.91	503.53	558.52	677.00
	H112	479.09	499.60	561.43	663.00
	H32	541.16	513.40	578.02	651.00

表 7-81 西南铝弯曲性能测试结果分析

性能	材料状态	室温	-55℃	-125℃	-196℃
弯曲模量/GPa	O 态	75.81	78.96	76.85	76.00
	H112	73.28	72.83	82.87	71.20
	H32	70.90	73.26	89.16	71.80
抗弯强度/MPa	O 态	517.77	506.28	568.17	670.00
	H112	491.28	509.21	568.12	649.00
	H32	498.27	498.63	585.85	705.00

温度对抗弯强度及弯曲模量影响明显，尤其是在超低温-196℃时抗弯强度及弯曲模量均有明显的增加，这与5083具有优良的低温性能是相符的；在不同的热处理状态O态、H112态、H32态的性能值则无明显的区别；不同的厂家的5083铝合金在抗弯强度方面有较大的区别，而弯曲模量则无明显的区别，其中美铝相比于中铝及西南铝其抗弯强度较低，其中美铝的抗弯强度在600MPa左右，而中铝及西南铝抗弯强度相差不大，在649.00~705.00MPa范围内。

（3）冲击韧性 针对不同品牌5083铝合金进行了冲击韧性测试，结果分别如表7-82~表7-84。

表7-82 美铝冲击性能测试结果分析

性能	材料状态	室温	-55℃	-125℃	-196℃
冲击韧性/(J/cm²)	O态	48.34	46.20	38.33	31.75
	H112	48.50	47.22	40.42	32.25
	H32	48.10	46.48	40.00	31.00
冲击功/J	O态	38.64	36.96	30.67	25.40
	H112	38.04	37.78	32.33	25.80
	H32	38.46	37.18	32.00	24.80

表7-83 中铝冲击性能测试结果分析

性能	材料状态	室温	-55℃	-125℃	-196℃
冲击韧性/(J/cm²)	O态	37.44	36.26	32.50	27.50
	H112	37.88	36.22	32.50	27.50
	H32	36.34	36.04	32.08	26.00
冲击功/J	O态	29.94	29.00	26.00	22.00
	H112	30.32	28.96	26.00	22.00
	H32	29.10	28.86	25.67	20.80

表7-84 西南铝冲击性能测试结果分析

性能	材料状态	室温	-55℃	-125℃	-196℃
冲击韧性/(J/cm²)	O态	35.92	33.38	30.83	27.50
	H112	35.62	37.46	30.83	26.00
	H32	35.72	36.08	26.67	26.50
冲击功/J	O态	28.74	26.70	24.67	22.00
	H112	28.48	29.96	24.67	20.80
	H32	28.56	28.84	26.67	21.20

环境温度对冲击功和冲击韧性影响明显，尤其是在超低温-196℃时三家公司产品的冲击功和冲击韧性均有明显的降低；在不同的热处理状态O态、H112态、H32态的性能值区别不大；中铝和西南铝的5083铝合金在冲击功和冲击韧性方面无明显的区别，而美铝的5083铝合金冲击功和冲击韧性最大，冲击功约为25J，冲击韧性约为35 J/cm²。

（4）疲劳裂纹扩展速率 针对不同品牌5083铝合金进行了疲劳裂纹扩展速率测试，结果分别如图7-22~图7-24所示。

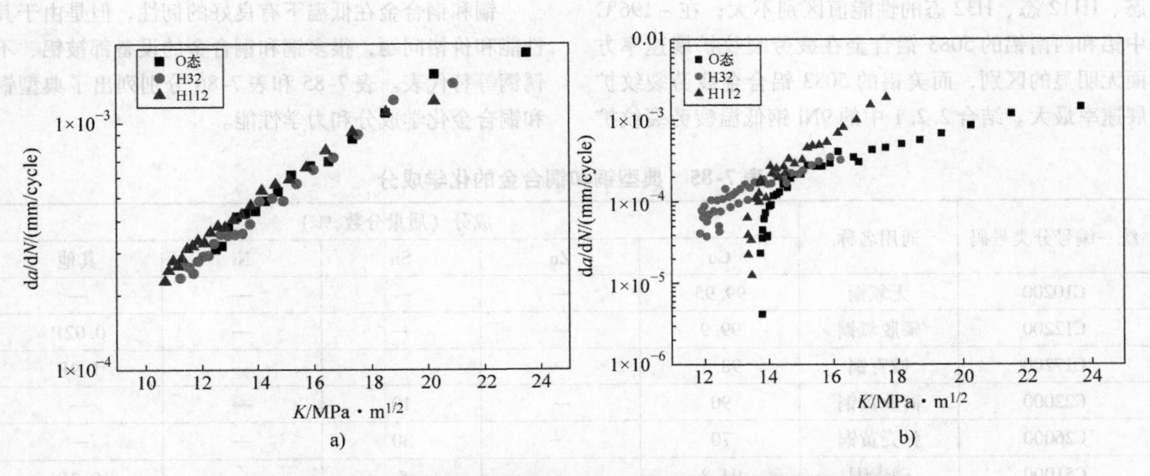

图7-22 美铝不同状态在室温和-196℃下的疲劳裂纹扩展速率

a）室温 b）-196℃

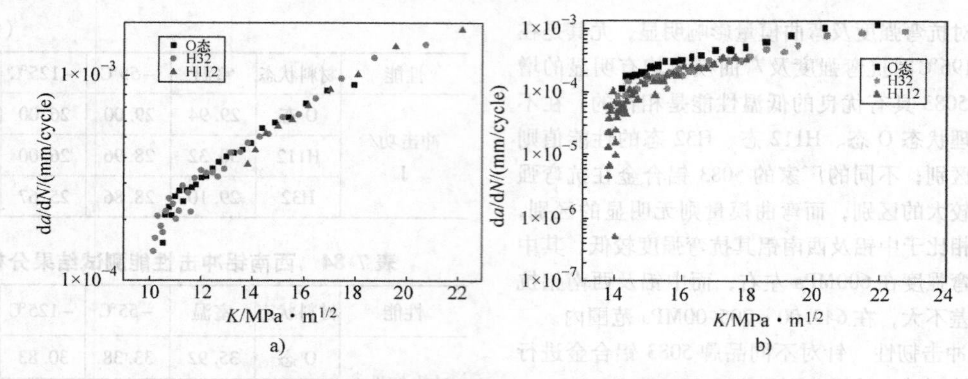

图7-23 中铝不同状态在室温和－196℃下的疲劳裂纹扩展速率

a）室温 b）－196℃

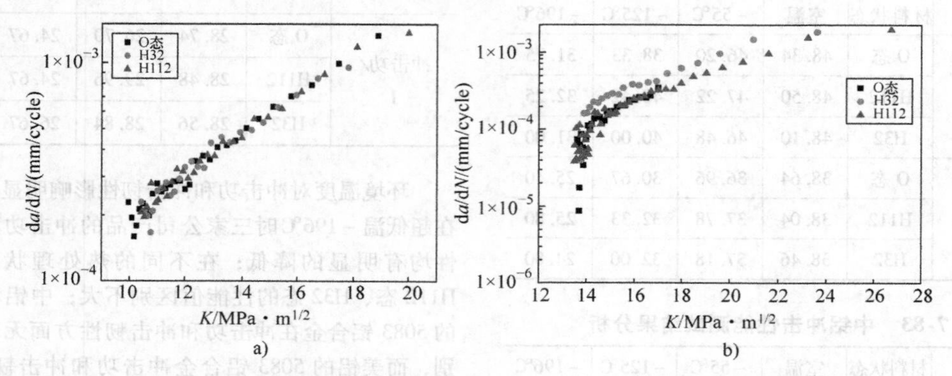

图7-24 西南铝不同状态在室温和－196℃下的疲劳裂纹扩展速率

a）室温 b）－196℃

环境温度对疲劳裂纹扩展速率影响明显，尤其是在超低温－196℃时三家公司产品的疲劳裂纹扩展速率相较于室温有明显的区别；在不同的热处理状态O态、H112态、H32态的性能值区别不大；在－196℃中铝和西南铝的5083铝合金在疲劳裂纹扩展速率方面无明显的区别，而美铝的5083铝合金疲劳裂纹扩展速率最大。结合2.2.1中的9Ni钢低温疲劳裂纹扩展速率来对比，可以发现仅从材料角度来看，5083铝合金的抗疲劳性能稍逊于9Ni钢。

5. 铜和铜合金

铜和铜合金在低温下有良好的韧性，但是由于其性能和价格问题，很多铜和铜合金的设备都被铝、不锈钢等替代表。表7-85和表7-86分别列出了典型铜和铜合金化学成分和力学性能。

表7-85 典型铜和铜合金的化学成分

统一编号分类号码	通用名称	成分（质量分数,%）				
		Cu	Zn	Sn	Ni	其他
C10200	无氧铜	99.95	—	—	—	—
C12200	磷脱氧铜	99.9	—	—	—	0.02P
C17200	铍青铜	98.1	—	—	—	1.9B
C22000	商业黄铜	90	—	10	—	—
C26000	弹壳黄铜	70	—	30	—	—
C51000	磷青铜	94.8	—	5	—	0.2P
C70600	白铜	88.6	—	—	10	1.4Fe
C71500	白铜	69.5	—	—	30	0.5Fe

表7-86 典型铜和铜合金的力学性能①

温度/℃	抗拉强度/MPa	屈服强度/MPa	伸长率(%)	断面收缩率(%)	缺口强度②/MPa	冲击吸收功③/J
1. C10200 棒料，061 处理④						
24	220	75	54	86	—	70.5
−78	270	80	53	84	—	77
−196	360	88	60	84	—	88
−253	420	90	69	83	—	87
2. C12200 棒料，061 处理④						
24	215	46	45	76	300	
−78	265	46	56	87	345	
−196	350	51	62	84	430	
−253	440	58	68	83	495	
−269	415	54	65	81	515	
3. C22000 棒料，061 处理④						
24	265	66	56	84	345	
−78	290	70	57	80	385	
−196	380	91	86	78	475	
−253	505	110	95	73	525	
−269	470	105	91	73	545	
4. C26000 棒料，061 处理④						
24	359	197	50	—	—	88
−78	393	190	56	—	—	92
−196	531	207	76	—	—	108
5. C26000 棒料，H03 处理⑤						
24	655	420	14	58		21
−78	695	445	17	62		21
−196	805	475	28	63		21
−253	910	505	32	58		
6. C70600 棒料，061 处理⑤						
24	340	150	38	79	450	—
−78	375	170	42	77	505	—
−196	495	170	50	77	600	—
−253	570	210	50	73	670	—
−269	555	170	53	73	690	—
7. C71500 棒料，061 处理⑤						
24	400	130	47	68	545	157
−78	470	155	48	70	625	155
−196	620	220	52	70	780	155
−253	710	265	51	66	885	153
−269	725	275	48	65	895	—

（续）

温度/℃	抗拉强度/MPa	屈服强度/MPa	伸长率(%)	断面收缩率(%)	缺口强度②/MPa	冲击吸收功③/J
8. C51000 棒料，H08 处理⑥						
24	535	495	18	78	940	—
-78	590	545	30	78	1010	—
-196	725	615	34	67	1150	—
-253	905	725	39	62	1280	—
-269	800	690	34	58	1280	—
9. C17200 薄板，TD02 处理⑦						
24	620	550	15	—	—	—
-78	655	600	20	—	—	—
-196	805	690	37	—	—	—
-253	945	750	45	—	—	—
10. C17200 薄板，TH02 处理⑧						
24	1320	1140	2.8	—	—	—
-253	1640	1230	3.5	—	—	—
11. 71Cu-28Zn-1Sn 海军黄铜，061 处理③						
24	307	72	86	81	—	152
-78	341	86	91	79	—	153
-196	445	128	97	73	—	155
-253	531	141	99	68	—	155

① 所有合金均为纵向性能；② $K_t=5$；③除26000棒料061处理为Izod缺口冲击值外，其余为Chapy V型冲击值；④退火；⑤3/4硬化；⑥弹性处理；⑦固溶处理，冷作加工到1/2硬化；⑧350℃时效2h。

6. 殷瓦合金（Invar）

殷瓦合金，也称殷钢，是一种含36% Ni的低膨胀Fe-Ni合金，由于其低膨胀特性，多用于精密仪器、电子工业和航空工业，也应用在极低温的输送管道和液化天然气围护系统的液货围护系统内壁。其主要化学成分为Fe、36% Ni，除部分铁磁性元素Co和Cu外，其他任何元素和夹杂都使线膨胀系数增大，因而在保证Invar合金的成形性和焊接性，尽量降低Si、Mn、C的含量。Invar合金为单相奥氏体组织，冶金上容易产生凝固裂纹。为了解决凝固裂纹的问题，在Invar合金焊丝中加入Ti、Mn等合金元素，增加C的含量，适当添加Nb元素，可以降低Invar合金的裂纹产生问题，这是由于由Ti、Mn、Nb产生的析出相对晶界迁移产生的钉扎作用。Invar合金还应尽量避免焊接过程对热膨胀性的影响。

殷瓦合金具有以下特性：

1）膨胀系数小：平均膨胀系数一般为 1.5×10^{-6}/℃，含镍在36%时达到 1.8×10^{-8}/℃，在超低温服役环境中不发生显著变化。

2）强度、硬度不高：碳的质量分数小于0.05%，硬度和强度不高，抗拉强度在517MPa左右，屈服强度在276MPa左右，维氏硬度在160左右，一般可以通过冷变形来提高强度，在强度提高的同时仍具有良好的塑性。

3）导热系数低：导热系数为0.026~0.032W/m·K，仅为碳素钢导热系数的1/4~1/3。

4）塑性、韧性高：殷瓦合金的延伸率和断面收缩率及冲击韧性都很高，延伸率 $\delta=25\%\sim35\%$。

殷瓦合金特有的低膨胀性能使其在海洋长途运输LNG产品中得到极大的应用，在海洋运输中时间长、温差大，如果采用殷瓦合金作为罐体材料，可以有效抵御高温照射、低温环境、昼夜温差带来的罐体体积变化和焊缝开裂危险。

在薄膜型LNG船中使用的殷瓦合金厚度小，无论何种焊接方法，对热输入量的控制都极为严格。殷瓦合金以搭接接头为主，搭接接头对表面的清洁度要求更高。由于殷瓦常温下接触水和油都极易生锈，对材料的保护和焊接现场的管理都极其苛刻。

7. 综合分析

结合材料物性手册、ASTM及文献资料，总结了表7-87中四种材料的基本物理性质和力学性质。

总之，贮存低温液化天然气的液货围护系统大量使用不呈现低温脆性的5083铝合金和9Ni钢，这两种材料都具有极好的低温性能，且均有在工程中成功应用的案例。目前陆基的LNG贮罐材料主要是9Ni钢，MOSS型LNG船围护系统则较多采用5083铝合金。5083铝合金的密度只有9Ni钢的三分之一，但是9Ni钢的许用应力大约是5083铝合金的3倍，因此，铝合金容器具有重量优势，但铝合金壳体要比9Ni钢壳体厚，在体积上则处于下风。铝合金的热膨胀率大约是9Ni钢的2.5倍，由于冷却收缩所引起的内筒体相对于外壳体的移动，对弹性补偿装置和加强装置会有更高的要求。使用9Ni钢作为围护系统用材料对现有船厂的制造技术不需要做太大的改动，加工装备成本相对较低，而5083加工、成形、定位夹具和专用装备等费用则高得多。

表7-87　不同低温金属材料性能参数

标准		殷瓦合金	304不锈钢	9Ni钢	5083铝合金
美国标准		ASTM F1684-06—2021	ASTM A240/A240M—2020	ASTM A553/A553M—2017	ASTM B209/B209M—2021
国内名称		殷瓦钢	0Cr18Ni9	9镍钢	5083
主要化学成分（质量分数）		36%Ni63.8%Fe	18%Cr9%Ni	9%Ni0.98%Mn0.13%C	4.7%Mg0.7%Mn0.15%Cr
热处理工艺		加工硬化	加工硬化	NNT/QT/QLT	O、H加工硬化
25℃性能	抗拉强度	460MPa	520MPa	705MPa	275MPa（O态）
	屈服强度	275MPa	210MPa	600MPa	125MPa（O态）
	冲击值	130J	180J	205J	
-196℃性能	抗拉强度	870MPa	>800MPa	>1000MPa	420MPa（O态）
	屈服强度	530MPa	>550MPa	>940MPa	170MPa（O态）
	冲击韧性	118J	>100J	>160J/cm^2	35J/cm^2
线膨胀系数（-50℃）		1.8×10^{-6}m/(m·K)	16.5×10^{-6}m/(m·K)	13.3×10^{-6}m/(m·K)	22.3μm/(m·K)
热传导率		4.63W/(m·K)	15W/(m·K)	6.6W/(m·K)	120W/(m·K)
比热容		515J/(kg·K)	500 J/(kg·K)	460J/(kg·K)	900J/(kg·K)
密度		8.14g/cm^3	7.93g/cm^3	7.85g/cm^3	2.66g/cm^3
维氏硬度		104~150HV	200HV	320HV	100HV
疲劳性能		—	—	200MPa, at 10E6(CT)	100MPa, at 10E6(RT)
LNG液货围护系统材料厚度		0.7mm	1.2mm	≥20mm	≥30mm(SPB) ≥50mm(MOSS)

7.3.2 非金属材料

用于LNG的非金属材料主要分为支持材料和绝热材料。绝热材料特性在本章第1节中做过详细介绍，本节主要讨论支撑材料的特性，当然支撑材料除了保证足够的机械强度外，也需要保证低漏热。

低温容器设计中内外筒体的支撑固定是一个关键问题，其既要保证支撑强度（拉伸、剪切应力等）要求，还必须是低漏热。因而支撑构件常选用热导率低而强度高的材料如玻璃钢、不锈钢等，也可采用接触热阻大的结构型式如吊索、叠片支撑等，具体可查阅有关支撑结构设计手册，这里不再赘述。

受拉伸的构件两固定端应留有一定的活动余隙，否则由于内胆的冷收缩拉杆受力太大，会在两固定端产生很大应力。表7-88列出了若干国产玻璃钢的低温性能。

表 7-88 国产玻璃钢的低温性能

材料	抗拉强度/MPa		抗压强度/MPa		冲击韧度/（J/cm²）		热导率/[W/(m·K)]
	室温	-196℃	室温	-196℃	-196℃	-253℃	室温
6911	134.4	186.3	65.7	279.5	61.8	93.2	0.283
252-650	84.3	127.5	105.9	279.5	62.7	75.5	0.316
648-650	44.1~95.1	76.5	63.7	226.5	60.8	65.7	0.286
618-650	107.8~137.3	>147.1	122.6	299.1	—	61.8	0.388
634-616	—	—	152.9	313.8	75.5	51.9	0.342
7101-650	32.4~92.2	93.2	74.5	98.1	43.1	44.1	0.379
咪唑酚醛	—	—	—	—	>14.7	>147	0.363
BPf	55.9	62.7	145.1	113.7	—	25.5	0.552
聚酰亚胺	—	—	61.8	106.9	—	16.7	0.332
634-616	—	—	152.9	313.8	75.5	51.9	0.314

在LNG贮存设备中，常用的绝热材料有玻璃纤维、铝箔多层复合材料、绝热纸、珠光砂（膨胀珍珠岩）、聚氨酯、硅酸钙、硅藻土、软木、泡沫玻璃、泡沫混凝土等。珠光砂的规格和技术参数见表7-89。玻璃棉及其制品的规格和技术参数见表7-90。

需要注意的是，绝热材料的绝热性能并非固定不变，在不同的温度范围、不同的压力及填充不同的气体时，其绝热性能会发生变化。绝大多数材料的热导率随温度的下降而减小。随着压力的升高，各种绝热材料的绝热性能直线下降。填充不同气体时，材料的热导率数值相差悬殊。

在设计和制造绝热材料时，还应必须特别注意采用防潮措施，因为绝热材料一旦受潮或冻结就会失效。最简单的方法就是在绝热体外壁涂上防潮胶或采用塑料膜，以及提供机械保护层和水蒸气阻挡层。

安全性能也是选用绝热材料时必须考虑的重要问题，好的绝热材料不但应具有优良的防火性能，还应具有较好的防毒性。

表 7-89 珠光砂的规格和技术参数

珠光砂类别	堆密度/（kg/m³）	有效热导率/[W/(m·K)]	比热容/[kJ/(kg·K)]	适用温度/℃
特级膨胀珠光砂	<80	0.0185~0.025	0.67	-200~110
轻级膨胀珠光砂	80~120	0.029~0.046	0.67	-256~800
普通膨胀珠光砂	120~300	0.034~0.062	0.67	—
膨胀珠光砂水泥制品	250~450	0.052~0.087	—	650以下
膨胀珠光砂水玻璃制品	200~400	0.058~0.093	—	650以下

表 7-90 玻璃棉及其制品的规格和技术参数

材料名称	堆密度/(kg/m³)	有效热导率/[W/(m·K)]	纤维直径/μm	黏结剂含量(%)	吸湿率(%)	使用温度/℃	规格尺寸(长×宽×高)/(mm×mm×mm)
玻璃棉	—	0.0384	—	—	—	-250~300	5000×900×(20~50)
沥青玻璃棉毡	<80	0.0349~0.0465	<13	2~5	<0.5	-20~250	5000×900×(20~50)
沥青玻璃棉缝毡	<85	0.0407	<13	2~5	<0.5	<250	5000×900×(20~50)
沥青玻璃棉贴布缝毡	<90	0.0407	<13	2~5	<0.5	<250	5000×900×(20~100)

（续）

材料名称	堆密度/(kg/m³)	有效热导率/[W/(m·K)]	纤维直径/μm	黏结剂含量(%)	吸湿率(%)	使用温度/℃	规格尺寸(长×宽×高)/(mm×mm×mm)
酚醛玻璃棉毡、贴布缝毡	50~90	0.0407	<13	3~5	0.1	-120~300	1000×(500~1000)×(30~100)
酚醛玻璃棉板	120~150	0.0349~0.0465	<15	3~8	1	-20~250	1000×(100~200)×(45~80)
酚醛玻璃管壳	120~150	0.0349~0.0465	<15	3~8	<1	-20~250	1000×(100~200)×(45~80)
玻璃棉板	100~120	0.0349~0.0465	—	—	—	-100~350	600,1000×45500×(25~100)
玻璃棉板、管壳	100~120	0.0349~0.0465	—	—	—	-250~350	650,700×(15~600)×(20~50)
超细玻璃棉			4	—	—	-250~300	—
酚醛超细玻璃棉毡、缝毡	20~30	0.0369	3~4	<2	<1	<400	(2400~3000)×(600~1000)×(10~50)
酚醛玻璃棉板、管壳	<60	0.0349	<6	3~5	<1	300	板(800,1000)×600×(40~140)
有碱超细玻璃棉	18~30	0.0306~0.0349	—	—	—	-100~450	—
有碱超细玻璃棉毡	18~30	0.0326~0.0349	—	—	—	<300	(850,2550)×600×300
有碱超细玻璃棉板	40~60	0.0326~0.0349	—	—	—	-100~450	板600×500×(20~50)
酚醛中级玻璃纤维棉板、管壳	80~130	0.0407	15~25	4~8	1	<300	管650×(20~600)×(20~150)

此外，美国研制的高压玻璃纤维增强环氧层压材料也能满足低温超导设备的支撑、绝缘和绝热的要求，相关力学性能见表7-91~表7-93。

表7-91　G-10复合层压品的力学性能

名称	取向	温度/K		
		295	77	4.2
弹性模量，E/GPa	纵向	27.99	31.30	35.92
	横向	22.41	27.03	29.10
泊松比μ	纵向	0.175	0.19	0.21
	横向	0.14	0.18	0.21
抗拉强度，σ/MPa	纵向	429	825	862
	横向	257	459	496
伸长率，δ(%)	纵向	1.89	3.54	3.67
	横向	1.55	2.53	2.70
抗剪强度，τ/MPa	纵向	57	135	—
	横向	—	73	79

表 7-92　G－10 管的力学性能

试件	温度 T/K	弹性模量 E/GPa	抗压强度 σ/MPa	热导率 K/[W/(m·K)]	抗压强度/热导率（σ/K）
G－10 管	300	17.2	179.2	0.890	201.3
	77	34.5	448.2	0.300	1494
	5	—		0.055	
压力固化的 G－10 管	300	31	413.7	1.102	375.4
	77	56.0	848.0	0.330	2569.7
	5	—	—	—	—

表 7-93　G－10CR 和 G－11CR 的力学性能

温度/K	取向	G－10CR			G－11CR		
		295	76	4	295	76	4
弹性模量/GPa	纵向	28.0	33.7	35.9	32.0	37.3	39.4
	横向	22.4	27.0	29.1	25.5	31.1	32.9
泊松比 μ	纵向	0.150	0.190	0.211	0.157	0.223	0.212
	横向	0.144	0.183	0.210	0.146	0.214	0.215
抗拉强度/MPa	纵向	415	825	862	469	827	872
	横向	257	459	496	329	580	553
抗压强度/MPa	纵向	375	834	862	396	804	730
	横向	383	557	598	315	594	632
	法向	420	693	749	461	799	776
伸长率（%）	纵向	1.75	3.43	3.67	1.82	3.21	3.47
	横向	1.55	2.53	2.70	1.73	2.85	2.67
抗剪强度/MPa		短梁					
	纵向	60.1	131		71.9	120	
	横向	45.2	93.4	105	44.9	92.0	89.0
		剪切机					
	纵向	42.3	61.3	72.6	40.6	56.5	56.2
	横向		72.9	78.8		56.6	57.0

此外预应力混凝土用于大型 LNG 贮罐，强度特性不在此详述，可查阅有关材料手册或设备设计手册。

在进行低温设计时，考虑到热应力与应变对构件尺寸的影响，常常需要知道材料的热膨胀系数，这里主要指固体的线性热膨胀系数。表 7-94 列出了若干材料相对于 293K 的线收缩率。表 7-95 列出了一些材料的积分热膨胀数据，定义为 $\alpha_t=\frac{\Delta L}{L}=\int_0^T \alpha dT$。表 7-96 列出了几种非金属复合材料的热膨胀率数据。表 7-97 列出了采用数值积分法求出某些材料在具有温度梯度时的热收缩率数据。

表 7-94　相对于 293K 的线收缩率

材料名称	线收缩率 $10^4\times(L_{293K}-L_T)/L_{293K}$								
	T=0K	T=20K	T=40K	T=60K	T=80K	T=100K	T=150K	T=200K	T=250K
铜	32.6	32.6	32.3	31.6	30.2	28.3	22.1	14.9	7.1
铝	41.4	41.4	41.2	40.5	39.0	36.9	29.4	20.1	9.6

（续）

材料名称	线收缩率$10^4\times(L_{293K}-L_T)/L_{293K}$								
	$T=0K$	$T=20K$	$T=40K$	$T=60K$	$T=80K$	$T=100K$	$T=150K$	$T=200K$	$T=250K$
银	41.0	41.0	40.3	38.7	36.5	33.7	25.9	17.2	8.2
铅	70.8	70.0	66.7	62.4	57.7	52.8	39.9	26.3	12.4
钛	15.1	15.1	15.0	14.8	14.2	13.4	10.7	7.3	3.5
铁	20.4	20.4	20.3	19.9	19.5	18.4	14.9	10.2	4.9
镍	23.1	23.0	22.9	22.6	21.8	20.8	16.5	11.4	5.4
钨	8.6	8.6	8.5	8.4	8.1	7.6	5.9	4.0	1.9
锗	9.3	9.3	9.4	9.3	8.9	7.3	5.0	2.4	
硅	2.16	2.16	2.17	2.23	2.32	2.40	2.38	1.90	1.01
不锈钢304，316	29.7	29.6	29.0	27.8	26.0	20.3	13.8	6.6	
因瓦尔钢（Invar）	4.5	4.6	4.8	4.9	4.8	4.5	3.0	2.0	1.0
黄铜（65Cu，35Zn）	38.4	38.3	38.0	36.8	35.0	32.6	25.3	16.9	8.0
康铜			26.4	25.8	24.7	23.2	18.3	12.4	5.85
德银		37.6	37.3	36.2	34.5	32.3	25.4	17.0	8.1
派瑞克斯玻璃	5.6	5.6	5.7	5.6	5.0	5.0	3.95	2.7	0.8
熔融石英（1000℃老化）	-0.1	-0.05	0.05	0.2	0.3	0.4	0.5	0.4	0.2
熔融石英（1400℃老化）	-0.7	-0.65	-0.5	-0.3	-0.2	-0.05	0.2	0.2	0.1
聚四氟乙烯	214	211	206	200	193	185	160	124	75
聚苯乙烯	155	152	147	139	131	121	93	63	30
尼龙	139	138	135	131	125	117	95	67	34
酚醛树脂加纤维①			39			35	28	19	10
石墨（//）②		7.4	7.3	6.9	6.5	6.0	4.7	3.3	1.5
石墨（⊥）②		3.0	2.9	2.7	2.5	2.3	1.7	1.1	0.55
蓝宝石（//）③		7.9	7.9	7.9	7.8	7.5	6.5	4.8	2.5
环氧树脂	106	105	102	98	94	88	71	50	25
斯泰卡斯特（Stycas）④		40	39	37.5	36	34	27.5	19	9.5

注：T为温度。

① 加玻璃纤维，与层垂直方向测量；

② 与拉丝方向平行或垂直；

③ 与C轴平行；

④ 取$(L_{300K}-L_T)/L_{300K}$值。

表7-95 几种固体的积分线膨胀系数（$\times10^{-5}$）

温度/K	0	20	40	60	70	80	90	100	120	140	160	180	200	250	300	
铍青铜	0	0	1	3	7	12	20	29	39	61	85	110	137	165	242	329
铝	0	0	2	5	10	16	24	34	45	72	103	138	175	214	318	431
低碳钢	0	0	1	2	4	7	10	15	20	32	47	64	82	101	155	210
不锈钢	0	0	0	2	5	11	17	25	35	55	78	103	129	157	229	307
蒙乃尔	0	0	1	3	6	10	15	21	28	45	64	84	107	130	193	261

（续）

温度/K	0	20	40	60	70	80	90	100	120	140	160	180	200	250	300	
因瓦尔钢	0	0	0	0	0	1	2	3	5	9	13	18	23	29	41	54
黄铜	0	1	4	9	16	24	34	45	58	85	115	147	180	215	304	397
有机玻璃	0	15	60	83	110	136	170	196	230	290	360	440	530	630	915	1275
氟塑料	0	30	80	109	140	176	210	250	290	380	480	600	740	900	1390	1600
派瑞克斯	0	1.0	2.0	1.9	1.5	0.6	1.0	2.8	4.5	8.5	13.0	17.5	22.5	27.5	41.7	57.0
尼龙	0	10	37	58	81	110	142	177	217	301	393	493	600	716	1050	1450
聚苯乙烯	0	28	84	118	156	196	242	286	339	445	558	676	798	924	1250	1601

表 7-96 几种复合材料的热膨胀系数（$\times 10^{-6}$）

温度/K	棉布酚醛（缠绕向）	棉布酚醛（法向）	G-10CR（缠绕向）	G-10CR（法向）	G-11CR（缠绕向）	G-11CR（法向）	FC-环氧线圈	环氧
4	2640[a]	7300[a]	2410[a]	7060[a]	1050[a]	6080[a]	262[a]	11600
20	2640	7300	2410	7060	2052	6076	260	11500
40	2580	7080	2340	6900	2007	5914	252	11100
60	2500	6780	2230	6670	1937	5690	242	10700
80	2390	6430	2110	6380	1846	5422	229	10200
100	2250	6030	1970	6030	1734	5122	213	9590
120	2100	5590	1820	5630	1603	4791	195	8920
140	1920	5130	1650	5170	1456	4422	175	8190
160	1720	4630	1480	4650	1294	4004	154	7370
180	1510	4090	1290	4080	1120	3528	132	6470
200	1280	4090	1080	3460	935	2994	109	5500
220	1030	3410	860	2790	743	2407	85	4470
240	770	2850	640	2080	545	1779	62	3360
260	490	2130	400	1330	342	1122	39	2170
273	300	1360	250	820	209	686	24	1330
280	200	830	160	540	136	448	15	880
293	0	0	0	0	0	0	0	0

表 7-97 一些常用材料具有温度梯度的热收缩率

温度/K	材料					
	尼龙	氟塑料	1020 低碳钢	不锈钢	铜	铝
300.00	0	0	0	0	0	0
277.78	9.20×10^{-4}	2.9550×10^{-3}	1.2500×10^{-4}	1.7254×10^{-4}	1.8500×10^{-4}	2.500×10^{-4}
266.67	1.375×10^{-3}	4.1800×10^{-3}	1.8500×10^{-4}	2.5996×10^{-4}	2.7833×10^{-4}	3.7500×10^{-4}
244.44	2.259×10^{-3}	6.0260×10^{-3}	3.1100×10^{-4}	4.3260×10^{-4}	4.6500×10^{-4}	6.2500×10^{-4}
222.22	3.0979×10^{-3}	7.6243×10^{-3}	4.3786×10^{-4}	5.9979×10^{-4}	6.4643×10^{-4}	8.7071×10^{-4}
211.11	3.4975×10^{-3}	8.3788×10^{-3}	4.9875×10^{-4}	6.8120×10^{-4}	7.3500×10^{-4}	9.9125×10^{-4}
188.89	4.2600×10^{-3}	9.9860×10^{-3}	6.1700×10^{-4}	8.3612×10^{-4}	9.1100×10^{-4}	1.2270×10^{-3}
166.67	4.9800×10^{-3}	1.1104×10^{-2}	7.3167×10^{-4}	9.8493×10^{-4}	1.0831×10^{-3}	1.4558×10^{-3}

（续）

温度/K	材料					
	尼龙	氟塑料	1020低碳钢	不锈钢	铜	铝
155.56	5.3248×10^{-3}	1.1700×10^{-2}	7.8769×10^{-4}	1.0561×10^{-3}	1.1690×10^{-3}	1.5677×10^{-3}
133.33	5.9712×10^{-3}	1.2790×10^{-2}	8.9533×10^{-4}	1.1796×10^{-3}	1.3419×10^{-3}	1.7856×10^{-3}
111.11	6.710×10^{-3}	1.3780×10^{-2}	9.9569×10^{-4}	1.2979×10^{-3}	1.5121×10^{-3}	1.9958×10^{-3}
100.00	6.8581×10^{-3}	1.4247×10^{-2}	1.0429×10^{-3}	1.3580×10^{-3}	1.5958×10^{-3}	2.0979×10^{-3}
77.78	7.3857×10^{-3}	1.5114×10^{-2}	1.1293×10^{-3}	1.4644×10^{-3}	1.7698×10^{-3}	2.3081×10^{-3}
55.56	7.8368×10^{-3}	1.5883×10^{-2}	1.2010×10^{-3}	1.5491×10^{-3}	1.9708×10^{-3}	2.5105×10^{-3}
44.44	8.0246×10^{-3}	1.6229×10^{-2}	1.2296×10^{-3}	1.5819×10^{-3}	2.0880×10^{-3}	2.6089×10^{-3}
22.22	8.7771×10^{-3}	1.6789×10^{-2}	1.2691×10^{-3}	1.6222×10^{-3}	2.3245×10^{-3}	2.7531×10^{-3}
4.00	8.3539×10^{-3}	1.7037×10^{-2}	1.2819×10^{-3}	1.6326×10^{-3}	2.4261×10^{-3}	2.8034×10^{-3}

压缩木是经过高温和高压作用后，形成的具有优异力学性能的层状材料，其外观如图7-25所示。表7-98列出了压缩木的性能参数。

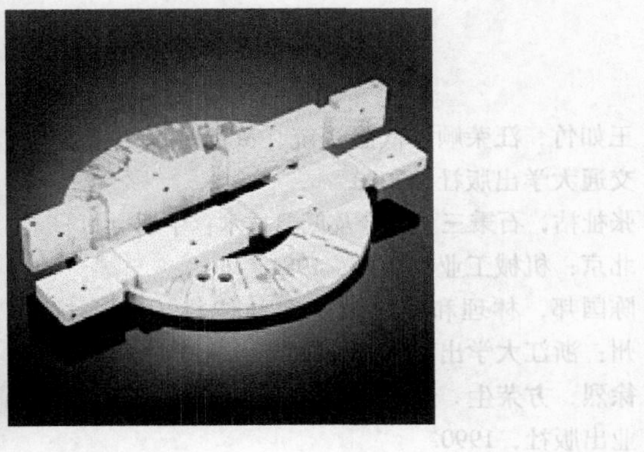

图7-25　压缩木

表7-98　压缩木的性能参数

性能	Quality DIN 7707	A840 KP20 216	B140 KP20 226	B240 KP20 226	B340 KP20 226	B840 KP20 226	B335-1 KP20 227	B735-1 KP20 227	E730-1 KP20 215
层压方向									
密度/(g/cm^3)	DIN 53 479	1.40	1.40	1.40	1.40	1.40	1.35	1.35	1.30
完全强度/(N/mm^2)⊥ ‖	DIN 53 452	240	180	174	170	155	150	140	180
弯曲弹性模量/(N/mm^2)	DIN 53 452	22000	16000	15000	15000	14000	16000	15000	19000
抗压强度/(N/mm^2)⊥	DIN 53 454	125	280	250	240	230	250	240	140
抗冲击能力/(kJ/m^2)⊥	DIN 53 453	61	41	40	40	36	26	28	30

（续）

性能	Quality	A840	B140	B240	B340	B840	B335 - 1	B735 - 1	E730 - 1
	DIN 7707	KP20 216	KP20 226	KP20 226	KP20 226	KP20 226	KP20 227	KP20 227	KP20 215
带缝隙抗冲击能力/（kJ/m^2）∥	DIN 53 453	60	39	37	35	34	15	18	28
带缝隙抗冲击能力/（kJ/m^2）⊥	DIN 53 453	52	21	20	18	15	13	20	25
抗拉强度/（N/mm^2）	DIN 53 455	208	156	144	135	124	89	85	160
20℃热导率/（W/（mK））	DIN 52 612	0. 25	0. 25	0. 25	0. 25	0. 25	0. 30	0. 30	0. 30
线性膨胀系数/（1/K）		8×10^{-6}	8×10^{-6}	8×10^{-6}	8×10^{-6}	8×10^{-6}	8×10^{-6}	8×10^{-6}	7×10^{-6}
吸水（%）	DIN 53 495	5	2. 5	3	4	5	0. 7	0. 7	1

注：⊥为垂直于分层方向；∥为平行于分层方向。

参考文献

[1] 王如竹，汪荣顺．低温系统［M］．上海：上海交通大学出版社，2000.

[2] 张祉祐，石秉三．制冷及低温技术：中册［M］．北京：机械工业出版社，1981.

[3] 陈国邦，林理和．低温绝热与传热［M］．杭州：浙江大学出版社，1989.

[4] 徐烈，方荣生．绝热技术［M］．北京：国防工业出版社，1990.

[5] 徐成海，等．真空低温技术与设备［M］．北京：冶金工业出版社，1995.

[6] 尉迟斌，等．实用制冷与空调工程手册［M］．北京：机械工业出版社，2002.

[7] 张祉祐，石秉三．低温技术原理与装置［M］．北京：机械工业出版社，1987.

[8] 陈国邦．低温工程材料［M］．杭州：浙江大学出版社，1998.

[9] 张星臻．玻璃棉制品的性能与用途［J］．山东建材，2000（1）：37 - 38.

[10] 於莉娟，傅大根．节能保温材料 - 玻璃棉［J］．能源工程，1994（1）：43 - 44.

[11] 周文玲．新型保温材料 - 岩棉［J］．化工新型材料，1989（6）：40 - 41.

[12] 胡利明，等．隔热陶瓷纤维及制品［J］．现代技术陶瓷，2002（1）：24 - 26.

[13] 闻质红，陈彬．膨胀珍珠岩绝热保温制品的性能分析［J］．中原工学院学报，2005（4）：51 - 53.

[14] 王正海，曹贞源．蛭石的应用现状及开发前景［J］．新型建筑材料，1998（6）：1 - 2.

[15] 邓忠生，等．气凝胶应用研究进展［J］．材料导报，1999（6）：47 - 49.

[16] 钟培辉．聚氨酯泡沫塑料在液化气体保冷领域的应用［J］．聚氨酯工业，2001（4）：26 - 29.

[17] 孙小伟，孙军坤，俞炜，等．LNG船货物围护系统用硬质聚氨酯绝热材料的制备和性能研究［J］．聚氨酯工业，2018（3）：5 - 9.

[18] 孙军坤，张洪斌，俞炜．复合阻燃剂对HFC - 365mfc发泡聚氨酯硬泡性能的影响［J］．聚氨酯工业，2015（4）：9 - 13.

[19] 潘晓萍，等．真空聚苯乙烯泡沫绝热材料用于制冷保温节能效果的实验研究［J］．沈阳航空工业学院学报，2001（18）：25 - 26.

[20] 孙中心，等．酚醛泡沫塑料制备和性能研究［J］．塑料工业，2007（8）：46 - 49.

[21] 张军，许盖美．硬质聚氯乙烯泡沫塑料配方设计及工艺［J］．聚氯乙烯，1995（2）：26 - 29.

[22] 吴川林．泡沫玻璃的性能与应用［J］．新型材料，2000（7）：28 - 30.

[23] 管鄂. 铝箔绝热材料与节能 [J]. 现代节能, 1991 (2): 51-56.
[24] 徐烈, 方荣生. 低温容器 [M]. 北京: 机械工业出版社, 1987.
[25] 阮积敏, 王柏生. 玻璃纤维布加固砖砌体的试验研究 [J]. 建筑施工, 2005 (2): 49-52.
[26] 曾乐. 现代焊接技术手册 [M]. 上海: 上海科学技术出版社, 1993.
[27] 张念涛. LNG储罐焊接工艺及其性能研究 [D]. 天津: 天津大学, 2008.
[28] 严春妍. LNG储罐用9Ni钢的焊接性及其模拟研究 [D]. 天津: 天津大学, 2008.
[29] 严春妍, 李午申, 薛振奎, 等. LNG储罐用9%钢及其焊接性 [J]. 焊接学报, 2008, 29 (3): 49-52.
[30] 李道钢. 液化天然气低温储罐用9Ni钢焊接工艺研究 [D]. 合肥: 合肥工业大学, 2009
[31] 郑立娟. 大型LNG储罐用9Ni钢焊接工艺与机理研究 [D]. 哈尔滨: 哈尔滨工业大学, 2010.
[32] 刘金秋, 李新梅, 张忠文, 等. 铝合金变极性等离子弧焊接头力学性能研究 [J]. 热加工工艺, 2014 (17): 209-210.
[33] 丁文斌, 刘维, 张珠妍. LNG储罐专用5083铝合金焊接工艺试验研究 [J]. 中国造船, 2009, 50 (11): 550-558.
[34] 宫博. 船用5083铝合金TIG焊工艺研究 [J]. 机电技术, 2012, 35 (4): 121-124.
[35] 李树勋, 陈晶, 王麒, 等. 铝镁合金5083的TIG焊工艺试验 [J]. 石油化工设备, 2013 (1): 24-28.
[36] 许海生, 杨新岐, 耿立艳, 等. 铝合金焊接接头疲劳强度试验研究 [J]. 机械强度, 2006, 28 (3): 442-447.
[37] 张洪才, 吉华, 苟国庆, 等. 高速列车用A5083P-O铝合金MIG焊热循环分析及残余应力研究 [J]. 电焊机, 2011 (11): 30-35.
[38] 刘东风, 等. 液化天然气储罐用超低温9Ni钢的研究及应用 [J]. 钢铁研究学报, 2009, 21 (9): 1-4.
[39] 吴晓旭, 才智, 徐淑红, 等. 化学成分对5083合金性能的影响 [J]. 黑龙江冶金, 2012, 32 (1): 5-8.
[40] 周庆波, 张宏伟, 冷金凤, 等. 化学成分对5083铝合金性能的影响 [J]. 轻合金加工技术, 2007, 35 (10): 33-36.
[41] 罗兵辉, 单毅敏, 柏振海. 退火温度对淬火后冷轧5083铝合金组织及腐蚀性能的影响 [J]. 中南大学学报 (自然科学版), 2007, 38 (5): 802-805.
[42] 张成俊. 液化天然气贮藏舱用材料 [J]. 上海钢研, 1989 (5): 66-70.
[43] 程丽霞, 陈异, 蒋显全, 等. 液化天然气运输船及其储罐用材料的研究进展 [J]. 材料报道, 2013, 27 (1): 71-74.

第 8 章　液化天然气冷能利用

8.1　液化天然气冷能利用及其㶲分析

8.1.1　LNG 冷能利用概述

LNG 是在低温下以液态形式存在的天然气，贮存温度约为 -162℃。通常 LNG 需要重新汽化为气态的天然气才能获得利用。LNG 汽化时释放的冷能大约为 840kJ/kg。一座 3Mt/a 的 LNG 接收站，如果 LNG 连续均匀汽化，释放的冷能约为 80MW。因此，LNG 蕴涵的冷能是十分巨大的，回收这部分能源具有可观的经济价值和社会效益；反之，如不回收利用，这一部分冷能通常在天然气汽化器中随海水或空气被舍弃了，其浪费是惊人的。

在日本等发达国家，LNG 的冷能利用已进行了多年。国内多地的 LNG 进口接收站冷能利用或已开始项目建设，或正在积极研讨推进中。经过多年实践，LNG 冷能利用的若干技术已趋成熟，新的利用方案也在不断推出。

LNG 冷能的利用途径多种多样。与 LNG 接收站自身工艺流程紧密结合的利用方式是接收站蒸发气（Boil Off Gas，BOG）回收以及轻烃分离，其中 BOG 回收是最为广泛应用的 LNG 冷能利用方式。与接收站自身工艺相对独立的利用方式则更多，包括低温发电、空气分离、低温粉碎、海水淡化、冷冻冷藏、干冰制造、低温储能、低温碳捕集等。

除了节能减排外，冷能利用还可带动相关冷链产业的发展。

8.1.2　LNG 冷能㶲分析数学模型

㶲分析是能量系统的一种重要分析方法，应用㶲分析可揭示能量系统内不可逆损失分布、成因及大小，为合理利用能量提供重要理论指导。天然气液化是高能耗过程，LNG 冷量又有较大应用价值，因此对 LNG 实施㶲分析是高效设计天然气液化装置、冷量利用装置的前提。

LNG 是以甲烷为主，包括氮、乙烷、丙烷等组分的低温液体混合物，与外界环境存在着温度差和压力差。其冷量即为 LNG 变化到与外界平衡状态所能获得的能量，所以采用㶲的概念可以对 LNG 的冷量进行评价。

LNG 的冷能㶲 e_x 可分为压力 p 下由热不平衡引起的低温㶲 $e_{x,th}$ 和环境温度下由力不平衡引起的压力㶲 $e_{x,p}$，即

$$e_x(T,p)=e_{x,th}+e_{x,p} \tag{8-1}$$

其中

$$e_{x,th}=e_x(T,p)-e_x(T_0,p) \tag{8-2}$$

$$e_{x,p}=e_x(T_0,p)-e_x(T_0,p_0) \tag{8-3}$$

LNG 在定压下由低温升高到 T_0 的过程中发生沸腾相变。设 LNG 为在温度 T_s 下处于平衡状态的两相物质，汽化热为 r，相应潜热㶲为 $\left(\frac{T_0}{T_s}-1\right)r$，加上从 T_s 到 T_0 气体吸热的显热㶲，则其低温㶲 $e_{x,th}$ 为

$$e_{x,th}=\left(\frac{T_0}{T_s}-1\right)r+\int_{T_0}^{T_s}c_p\left(1-\frac{T_0}{T}\right)\mathrm{d}T \tag{8-4}$$

压力㶲 $e_{x,p}$ 为

$$e_{x,p}=e_x(T_0,p)=\int_{p_0,T_0}^{p,T_0}v\mathrm{d}p \tag{8-5}$$

LNG 是低温多组分液体混合物，其相变潜热、平均泡点温度等与压力、组分等有密切关系。汽化后的气体如压力较高，则性质偏离理想气体。因此，要对式（8-4）和式（8-5）进行计算，必须建立 LNG 相平衡关系，采用真实流体状态方程进行分析。

RKS 方程形式虽然简单，但用于轻烃混合物气液相逸度及其他有关热力学性质时，却能获得较高精度。RKS 方程标准形式如下：

$$p=\frac{R_gT}{v-b}-\frac{a}{v(v+b)} \tag{8-6}$$

其中

$$a=0.427480\frac{R_g^2T_{cr}^2}{p_{cr}}\alpha(T)$$

$$b=0.08664\frac{R_gT_{cr}}{p_{cr}}$$

$$[\alpha(T)]^{0.5}=1+m\left(1-\left(\frac{T}{T_{cr}}\right)^{0.5}\right)$$

$$m=0.480+1.574\omega-0.176\omega^2$$

式中，p 是压力（Pa）；R_g 是气体常数[J/(kg·K)]；T 是温度（K）；v 是比体积（m³/kg）；a、b 是与气体种类有关的常数；ω 是物质的偏心因子；下标 cr 表示临界。

多项式形式为

$$Z^3-Z^2+(A-B-B^2)Z-AB=0 \tag{8-7}$$

其中

$$Z=pv/(R_gT)；A=ap/(R_gT)^2；B=bp/(R_gT)$$

式中，Z 是压缩因子。

用于混合物时，式（8-6）中的系数如下：

$$b = \sum z_i b_i$$

$$b_i = 0.08664 \frac{R_g T_{cr,i}}{p_{cr,i}}$$

$$a = \sum \sum z_i z_j (a)_{ij}$$

$$(a)_{ij} = (1 - k_{ij}) \sqrt{a_i a_j}$$

$$a_i = 0.427480 \frac{R_g^2 T_{cr,i}^2}{p_{cr,i}} \alpha_i(T)$$

$$[\alpha_i(T)]^{0.5} = 1 + m_i(1 - T_{ri}^{0.5})$$

$$m_i = 0.480 + 1.574\omega_i - 0.176\omega_i^2$$

$$T_{ri} = \frac{T}{T_{cr,i}}$$

式中，z_i、z_j分别为混合物中 i、j 组分的摩尔分数；k_{ij} 为二元交互作用系数，一般由实验来确定。

当用状态方程求解多元气液相平衡时，气液相温度和压力相等，各种组分化学势相等。因此各种组分在各相逸度也相等，即

$$\hat{f}_i^v = \hat{f}_i^l \tag{8-8}$$

$$\hat{\phi}_i^v y_i p = \hat{\phi}_i^l x_i p \tag{8-9}$$

则

$$K_i = \frac{y_i}{x_i} = \frac{\hat{\phi}_i^l}{\hat{\phi}_i^v} \tag{8-10}$$

式中，$\hat{f}_i$、$\hat{\phi}_i$ 是溶液中 i 组分的逸度和逸度系数；x_i、y_i是溶液中 i 组分的气相摩尔分数和液相摩尔分数，$\sum x_i = \sum y_i = 1$，$z_i = (x_i + y_i)/2$；K_i是气液相平衡常数。

将 RKS 方程代入，可得

$$\ln\hat{\varphi}_i = \frac{b_i}{b}(Z-1) - \ln(Z-B) + \frac{A}{B}\left[\frac{b_i}{b} - \frac{2}{a}\sum_j z_i(1-k_{ij})\sqrt{a_i a_j}\right]\ln\left(1+\frac{B}{Z}\right) \tag{8-11}$$

对于气液两相，当液相组分的摩尔分数 x_i和系统压力 p 给定后，可得到气液平衡对应的泡点温度 T_s和气相组成的摩尔分数 y_i。

汽化热即为气相与液相之间焓差。对于真实流体，焓可由剩余函数求得。由 RKS 方程可得剩余摩尔焓为

$$H_m^{id} - H_m = RT\left[1 - Z + \frac{A}{B}\left(1+\frac{D}{a}\right)\ln\left(1+\frac{B}{Z}\right)\right] \tag{8-12}$$

其中

$$D = \sum_i \sum_j z_i z_j m_j (1-k_{ij}) \sqrt{a_i} \sqrt{\alpha_j(T) T_{rj}} \tag{8-13}$$

对相平衡气液两相，H_m^{id} 相同，因此汽化热即是此偏离函数之差值，即

$$r = H_{v,m} - H_{l,m} = (H_m^{id} - H_m)_l - (H_m^{id} - H_m)_v \tag{8-14}$$

真实气体摩尔定压热容为

$$C_{p,m} = C_{p,m}^0 + \Delta C_{p,m} \tag{8-15}$$

其中

$$C_{p,m}^0 = \sum_j y_j C_{p,m,j}^0 = \sum_j y_j (A_j + B_j T + C_j T^2 + D_j T^3) \tag{8-16}$$

$$\Delta C_{p,m} = \frac{\partial(\Delta H_m)}{\partial T} \tag{8-17}$$

式中，A_j、B_j、C_j、D_j 为 j 组分理想气体摩尔热容方程的各常数；$\Delta C_{p,m}$通过焓差微分求得。

将 T_s、r、c_p 等代入式（8-4），即可得 LNG 低温㶲。而压力㶲为

$$\begin{aligned} e_{x,p} &= \int_{p_0,T_0}^{p,T_0} v\mathrm{d}p \\ &= \int_{p_0,T_0}^{p,T_0} \mathrm{d}(pv) - \int_{p_0,T_0}^{p,T_0} p\mathrm{d}v \\ &= (pv - p_0 v_0)\Big|_{T_0} - \int_{p_0,T_0}^{p,T_0} p\mathrm{d}v \sqrt{a^2+b^2} \end{aligned} \tag{8-18}$$

将 RKS 方程代入积分，可得

$$e_{x,p} = RT_0\left[Z - 1 - \ln\frac{v-b}{v_0+b} + \frac{\alpha a}{bRT_0}\ln\frac{1+b/v_0}{1+b/v}\right]\Bigg|_{T_0} \tag{8-19}$$

8.1.3　LNG 冷能㶲特性分析

许多因素影响到 LNG 冷能㶲的大小。根据前述 LNG 冷能㶲数学模型，下面对环境温度、系统压力及各组分含量等因素对 LNG 冷能㶲的影响进行分析。

1. 环境温度 T_0的影响

图 8-1 所示为压力不变时，某种典型 LNG 混合物冷能㶲随环境温度 T_0 的变化。随环境温度增大，LNG 低温㶲、压力㶲及总冷能㶲均随之增大，这与㶲的定义相一致。这也说明 LNG 冷能㶲应用效率与环境温度有较大关系，环境温度增大，LNG 冷能㶲值将随之增大。

2. 系统压力 p 的影响

图 8-2 所示为环境温度不变时，某种 LNG 混合物冷能㶲随系统压力的变化情况。随 LNG 系统压力增大，其压力㶲随之增大，这与压力㶲定义相一致。同时还表明，随系统压力增大，LNG 低温㶲却随之降

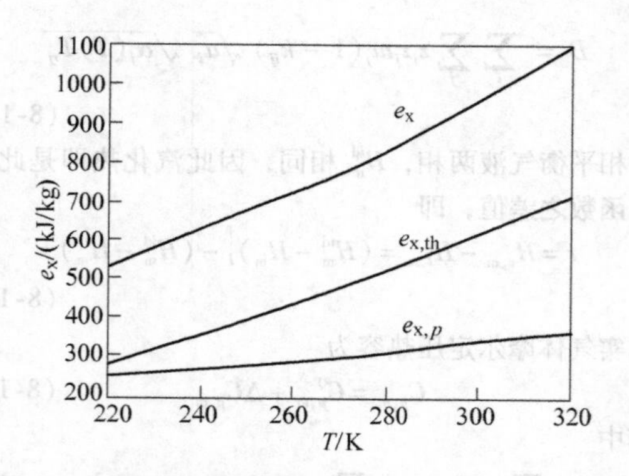

图 8-1 LNG㶲随环境温度的变化（$p = 1.013\text{MPa}$）

低。这有两个主要原因：一是由于随压力增大，液体混合物泡点温度升高，使达到环境热平衡温差降低；二是由于随压力增大，液体混合物接近临界区，致使汽化热降低。LNG 总冷能㶲可由低温㶲与压力㶲相加获得，其值随压力升高而呈降低趋势，但当$p > 2\text{MPa}$时其趋势趋于平缓。从图 8-2 中还可看到，当 $p < 1.8\text{MPa}$ 时，$e_{x,\text{th}} > e_{x,p}$；而当 $p > 1.8\text{MPa}$ 时，$e_{x,\text{th}} < e_{x,p}$。这说明 LNG 冷能㶲构成中，低温㶲与压力㶲相对值是变化的。LNG 的用途不同，低温㶲和压力㶲存在差异，回收途径也不同。通常用作管道燃气时，天然气的输送压力较高（2～10MPa），压力㶲大，低温㶲相对较小，可以有效利用其压力㶲。供给电厂发电用的液化天然气，汽化压力较低（0.5～1.0MPa），所以压力㶲小，低温㶲大，可以充分利用其低温㶲。LNG 冷量的应用要根据 LNG 的具体用途，结合特定的工艺流程有效回收 LNG 冷能。

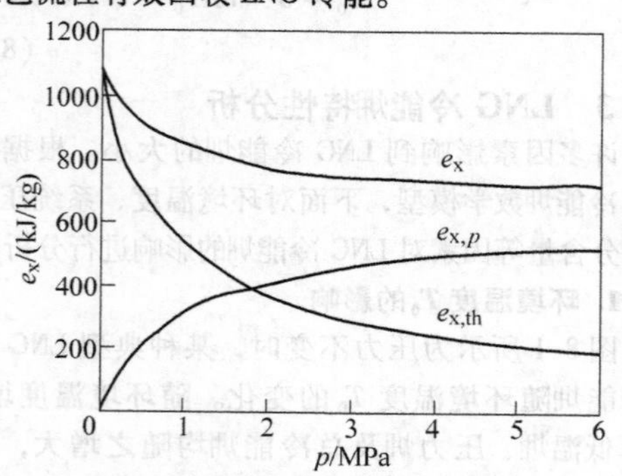

图 8-2 LNG㶲随系统压力的变化（$T_0 = 283\text{K}$）

3. LNG 组成的影响

LNG 是多组分液体混合物，混合物组成成分和各组分比例不同均会影响 LNG 冷能㶲。由于 LNG 组成成分和组分比例变化很大，这里仅讨论由甲烷和乙烷两种组分，在不同比例下 LNG 的冷能㶲。图 8-3 所示为 $p = 1.013\text{MPa}$、$T_0 = 283\text{K}$ 时，LNG 冷能㶲随混合物中甲烷含量的变化关系。在系统压力、环境温度不变时，LNG 低温㶲、压力㶲及总冷能㶲均随甲烷的摩尔分数 $x(CH_4)$ 增加而增加。这是由于在系统压力不变时，甲烷摩尔分数增加，则混合物泡点温度可降低，增大了达到环境温度热平衡的温差，使低温㶲增大；而随着甲烷摩尔分数增加，气体混合物分子摩尔质量降低，这也使得单位质量混合物的压力㶲增大（对理想气体，单位摩尔体积压力㶲不变，与组成无关）。这样，随甲烷摩尔分数增加，LNG 总冷能㶲也随之增加。

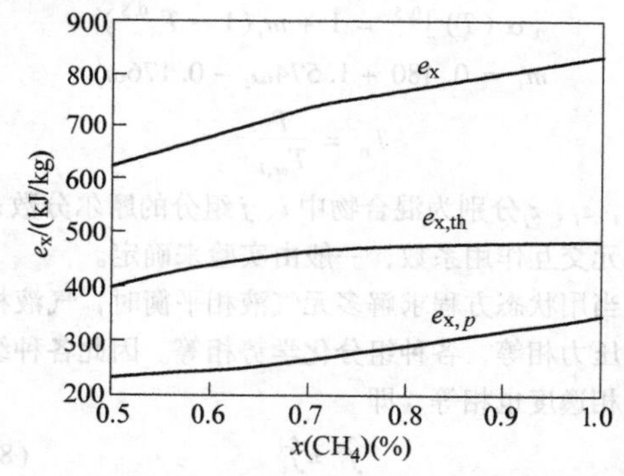

图 8-3 LNG㶲随甲烷摩尔分数的变化（$p = 1.013\text{MPa}$，$T_0 = 283\text{K}$）

8.2 冷能回收用于 BOG 再冷凝

LNG 接收站 BOG 处理的两种主要工艺是直接压缩工艺和再冷凝工艺，后者能耗相对较低。BOG 再冷凝工艺需要消耗冷量，在这个过程中 LNG 冷能可以得到充分利用，且冷能就地利用经济方便。

国内接收站普遍利用 LNG 的冷能来处理 BOG，如福建 LNG 接收站，图 8-4 所示为其工艺流程图。LNG 从储罐出来分为两路：一路进入再冷凝器与 BOG 直接混合充分换热将 BOG 液化；另一路作为再冷凝器旁路直接接入高压泵入口。液化后的 LNG 与旁路 LNG 一起进入高压泵增压，然后进入开架式海水汽化器汽化后外输。计算结果表明，操作压力不变时，冷凝 LNG 流量与 BOG 流量之比基本不变，质量比维持在 7.8 左右。通过预冷 BOG，可以对再液化工艺进行优化。如图 8-5 所示，利用部分高压泵出口低温 LNG 对再冷凝器入口 BOG 进行预冷，为预冷提供冷量的 LNG 与高压泵出口另一路低温 LNG 混合后进入汽化器。这种优化使再冷凝系统总能耗降低 13.11%。BOG 再冷凝过程采用预冷操作，具有节能、操作更灵活的优点。Li 等人对利用 LNG 冷能的 BOG 再冷凝控制系统进行了优化研究，提高了系统的操作稳定性、灵活性和可靠性。这种优化的控制系统已应用于中国大鹏液化天然气终端的特定情况。再冷凝工艺系统所需LNG量随BOG压缩机出口压力增加而减小；当超出一定压力后，再冷凝工艺系统所需LNG量随BOG压缩机出口压力增加而增加；随着LNG低压泵出口压力增加，所需的LNG用量增加；LNG甲烷含量越高，其BOG中甲烷含量越低，冷凝单位质量BOG所用的LNG用量越少。

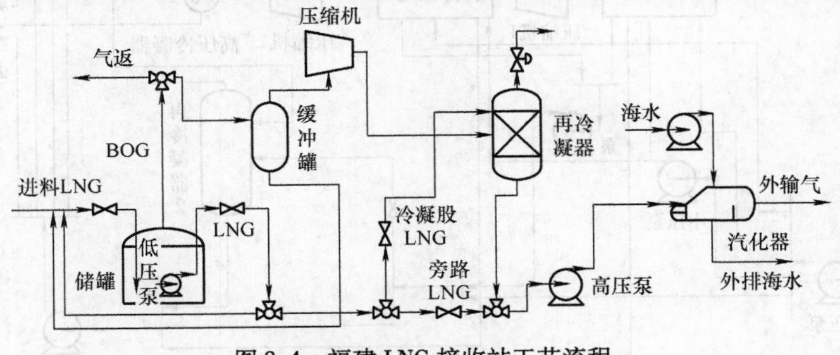

图8-4　福建LNG接收站工艺流程

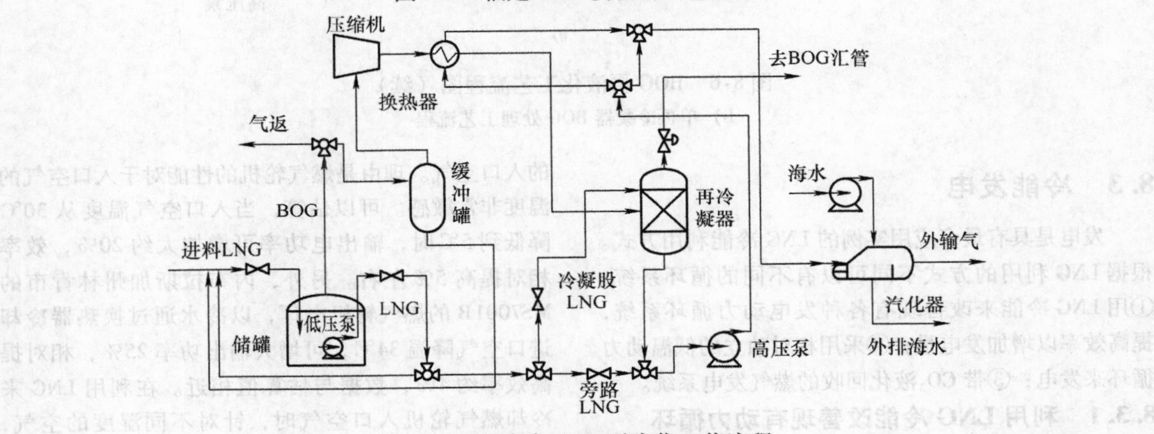

图8-5　预冷式BOG再液化工艺流程

Nagesh等设计了一种新型BOG再液化流程，提供几种使用LNG在不同压力下冷却BOG的工艺选择，并允许在多个阶段进行再冷凝。使用高压LNG、中压LNG和低压LNG进行BOG冷却，以及通过低压LNG对BOG进行过热降温。具体的工艺流程如图8-6所示。图8-6a所示为带有两个再冷凝器的流程，它允许最多两个阶段的BOG再凝结；图8-6b所示为简化后的单再冷凝器流程。

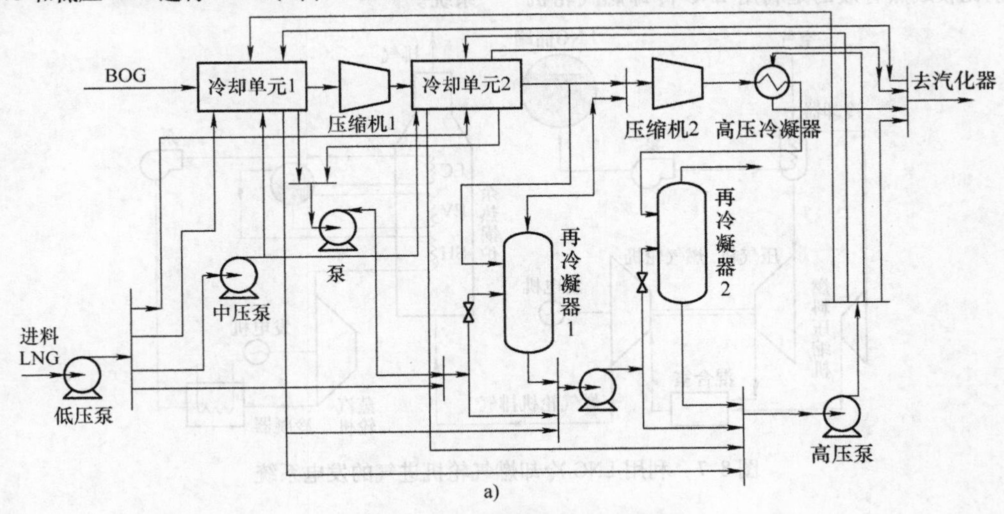

图8-6　BOG再液化工艺流程图

a）双再冷凝器BOG处理工艺流程

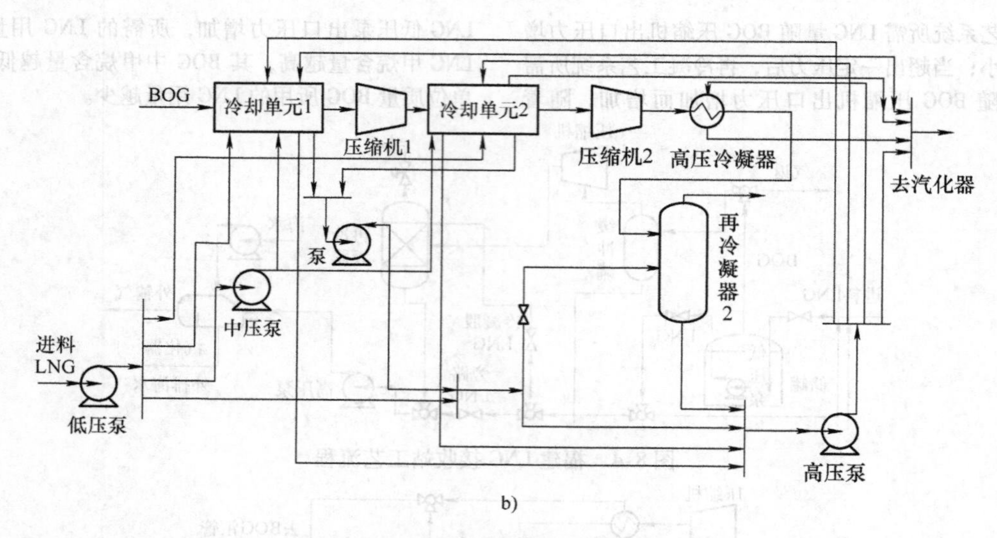

图 8-6　BOG 再液化工艺流程图（续）

b）单再冷凝器 BOG 处理工艺流程

8.3　冷能发电

发电是具有最多应用实例的 LNG 冷能利用方式。根据 LNG 利用的方式不同可以有不同的循环系统：①用 LNG 冷能来改善现有各种发电动力循环系统，提高效率以增加发电量；②采用相对独立的低温动力循环来发电；③带 CO_2 液化回收的燃气发电系统。

8.3.1　利用 LNG 冷能改善现有动力循环

最为简单的方法是利用 LNG 冷却海水，然后再用海水作为动力循环冷凝器的循环水，或者直接用 LNG 冷却排气。这种方法虽容易实现，但冷能利用率很低。

目前比较成熟有效的是利用 LNG 冷却燃气轮机的入口空气。理由是燃气轮机的性能对于入口空气的温度非常敏感。可以估算，当入口空气温度从 30℃ 降低到 5℃ 时，输出电功率可增加大约 20%，效率相对提高 5% 左右。另外，内布拉斯加州林肯市的 MS7001B 的燃气轮机电厂，以冷水通过换热器冷却进口空气降温 34℃，可增大输出功率 25%，相对提高效率约 4%，数据与估算值相近。在利用 LNG 来冷却燃气轮机入口空气时，针对不同湿度的空气，其整个循环的输出功有不同程度的增加。对相对湿度小于 30% 的系统，其输出功率将会增加 8%；而对相对湿度是 60% 的系统，其输出功率将增加 6%。图 8-7 所示为利用 LNG 冷却燃气轮机进气的发电系统。

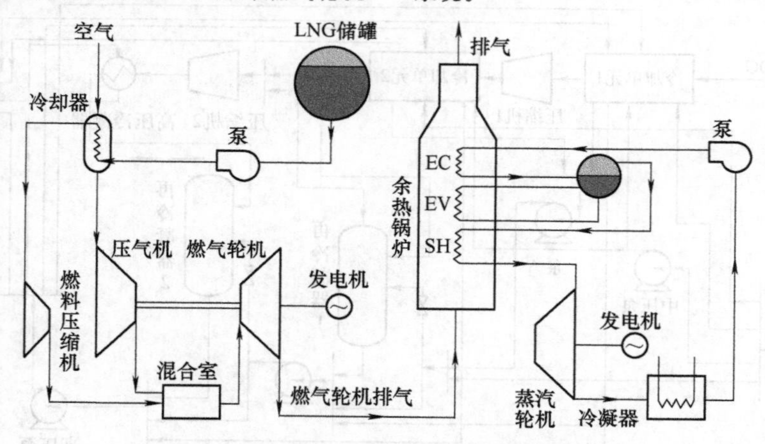

图 8-7　利用 LNG 冷却燃气轮机进气的发电系统

类似的方法是利用汽化LNG所得的洁净冷水在燃气轮机入口处雾化喷出，与压气机排出的空气均匀混合，降温8℃即可提高功率达15%，但是应用上没有上述方法成熟和广泛。

8.3.2　利用LNG冷能的相对独立的低温动力循环

LNG冷能还可以通过构建相对独立的低温动力循环加以利用。LNG冷能将循环的温度范围拓展到低温领域，而一般工业余热或环境温度则成为低温动力循环的高温热源。从目前的研究情况来看，回收利用LNG冷能来发电系统主要有以下几种方式：

1. 直接膨胀法

根据LNG的贮存状态，使用低温泵对LNG加压，然后利用海水或工业余热使之受热汽化，再送至膨胀机中做功，输出电能，如图8-8所示。膨胀之后再依据要求调整天然气的温度和压力，送至用户。这种方法原理简单、投资少，但是LNG冷能利用率很低，只有24%左右。因此，该方法主要与其他冷能利用方案结合使用。

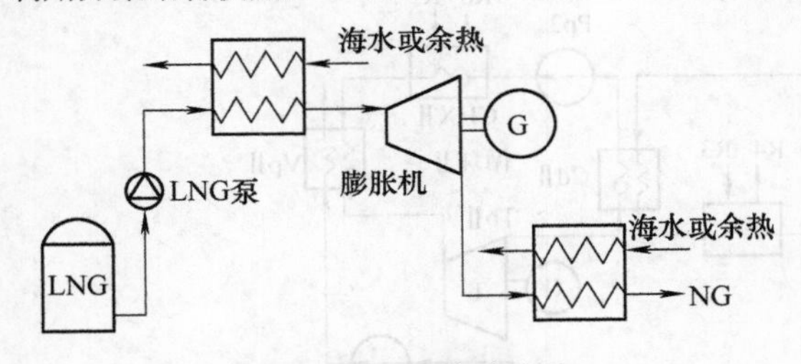

图8-8　LNG直接膨胀

2. 低温朗肯循环法

利用LNG的冷能作为冷源，以普遍存在的低品位能，如海水或空气、地热能、太阳能、工业余热等为高温热源，采用某种有机或无机工质作为循环介质，组成闭式的低温蒸气动力循环，这就是在低温条件下工作的朗肯（Rankine）循环。图8-9所示为利用LNG冷能的低温朗肯循环。

要有效利用液化天然气的冷能，工质的选择非常重要。常见工质有甲烷、乙烷、丙烷等单组分，或者采用它们的混合物。液化天然气是多组分混合物，沸程（沸腾的温度区间）很宽，要提高效率，使液化天然气的汽化温度曲线与工质的凝结温度曲线尽可能保持一致是十分必要的。因此，使用混合工质会更有利。这种方法对液化天然气冷能的利用效率要优于直接膨胀法。但是，由于高于冷凝温度的这部分天然气冷能没有加以利用，冷能回收效率也必然受到限制。

3. 联合循环法

将低温朗肯循环法与直接膨胀法结合，充分回收

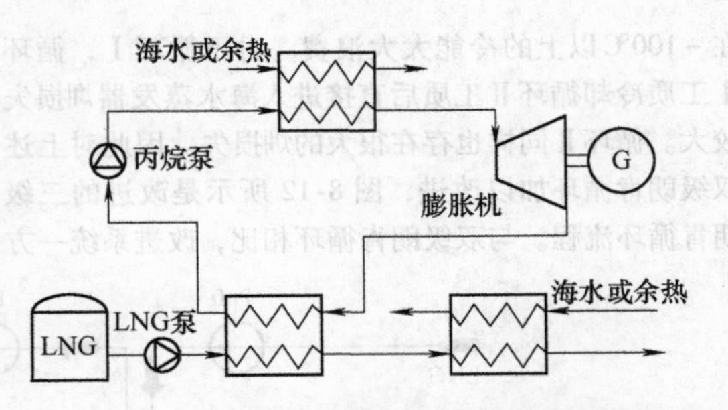

图8-9　利用LNG冷能的低温朗肯循环

利用LNG的冷能㶲和压力㶲，就可以大大提高冷能回收率。图8-10所示为利用LNG冷能的联合循环。循环工质采用丙烷、乙烯的居多，当然也可以采用混合工质，以尽量保证传热温差的稳定。这种情况LNG蒸发多发生在亚临界条件下。实际工业利用中，还采用再热循环或抽气回热技术，冷能回收率较高，一般可保持在50%左右。日本投入实际使用的大多就是这种方式，一般装机容量在400~9400kW。在较早关于日本LNG冷能发电的报道中，一个以R13B1为工质的朗肯循环法与天然气直接膨胀法的联合系统，对应LNG流量130t/h（相当于700MW发电厂的燃料需求量），其发电量约为6MW。

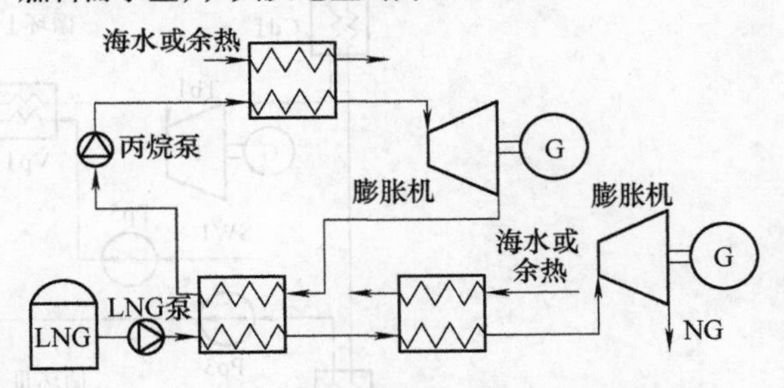

图8-10　利用LNG冷能的联合循环

4. 改进及复合的循环

近年来，关于利用LNG冷能的朗肯循环方面的研究越来越多，这些研究通过循环分级和采用混合工质的办法来提高冷能的利用率。Xue等提出了一个串级朗肯循环。图8-11所示为利用LNG冷能的双级朗肯循环的工艺流程图。在该流程中，LNG首先被泵送到终端输出条件所需的相对高的压力，然后进入Ⅰ级冷凝器CdⅠ提供冷量，然后进入海水蒸发器Vp0加热到所需温度并送入管网系统。

上述双级循环的循环Ⅱ建立基于循环Ⅰ，其中温度较低的冷能直接由循环Ⅰ利用，循环Ⅱ和循环Ⅰ间接地使用LNG冷能量。但是，双级系统存在一些缺点：对于LNG方面，进入海水蒸发器的天然气的温度约为-100℃，因此在与海水直接热交换的过程中，

在 -100℃以上的冷能大大浪费。对于循环Ⅰ，循环Ⅰ工质冷却循环Ⅱ工质后直接进入海水蒸发器㶲损失较大。循环Ⅱ同样也存在很大的㶲损失。因此对上述双级朗肯循环加以改进，图 8-12 所示是改进的三级朗肯循环流程。与双级朗肯循环相比，改进系统一方面引入第三阶段朗肯循环，以实现更高的 LNG 冷能利用和动力输出性能，另一方面采用冷却介质在相对低的温度下，分别在天然气、循环Ⅰ、Ⅱ和Ⅲ工作流体与海水之间进行热交换来回收冷量。循环的热效率和㶲效率分别可以达到 17.33% 和 25.7%。

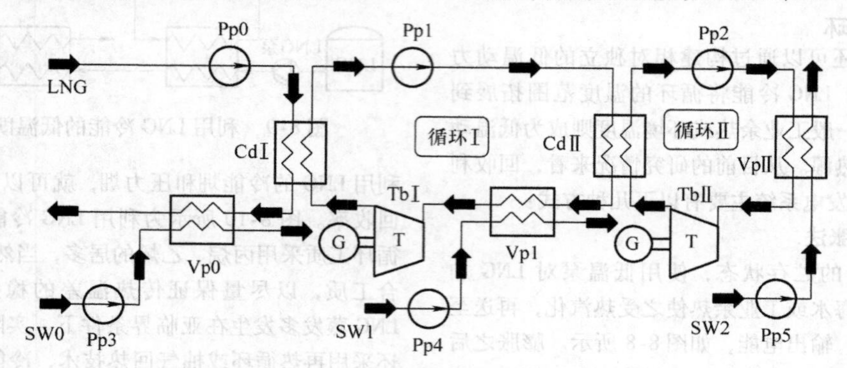

图 8-11　利用 LNG 冷能的双级朗肯循环的工艺流程图

Pp—泵　Cd—冷凝器　Tb—涡轮机　SW—海水　LNG—天然气　Vp—蒸发器

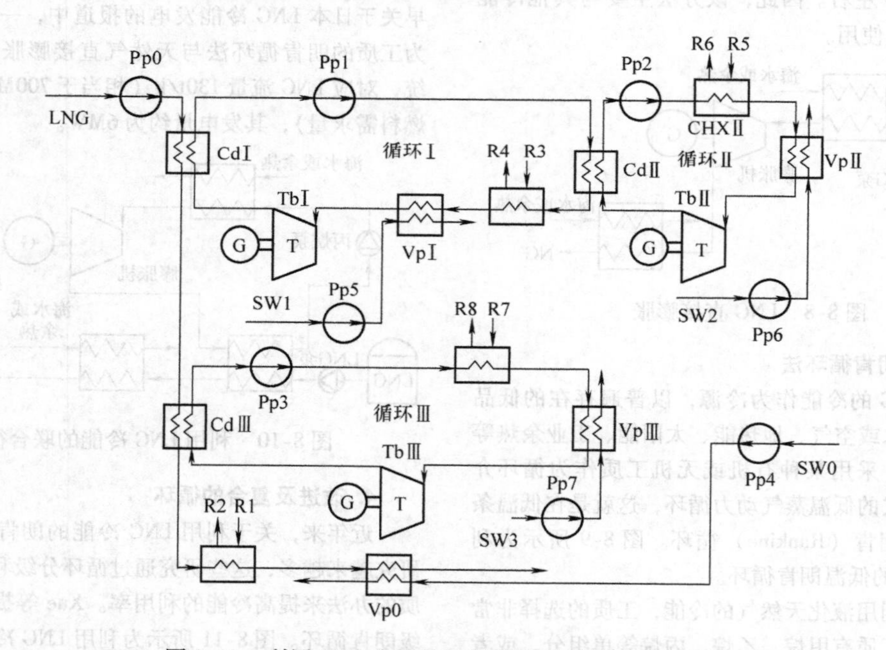

图 8-12　利用 LNG 冷能的三级朗肯循环的工艺流程图

Pp—泵　Cd—冷凝器　Tb—涡轮机　SW—海水　LNG—天然气　Vp—蒸发器　CHX—冷却换热器　R—制冷剂 R22

Kim 等提出了如图 8-13 所示的利用液化天然气（LNG）冷能的级联发电系统。首先，LNG 经泵加压后进入第一级冷凝器（COND1 - 1）处部分蒸发，然后分离出液体 LNG 在第二级冷凝器（COND2 - 1）处蒸发分别为第一级和第二级的循环提供冷量。在第三级中采用多股流换热器代替冷凝器，除了换热器 HX1 - 1、HX1 - 2、HX2 - 1 之外的所有蒸发器和过热器都假定使用自由热源，例如 25℃ 的海水。系统的每个循环均采用二元共沸混合物作为工作流体，以降低冷凝器中的能量损失。热源温度在 25 ~ 85℃ 的范围内，循环的效率随热源温度线性增加。循环在 25℃ 热源下输出功为 151.78kJ/h/kg（LNG），㶲效率为 18.64%，85℃ 热源下的输出功为 248.79kJ/h/kg（LNG），㶲效率为 27.11%。

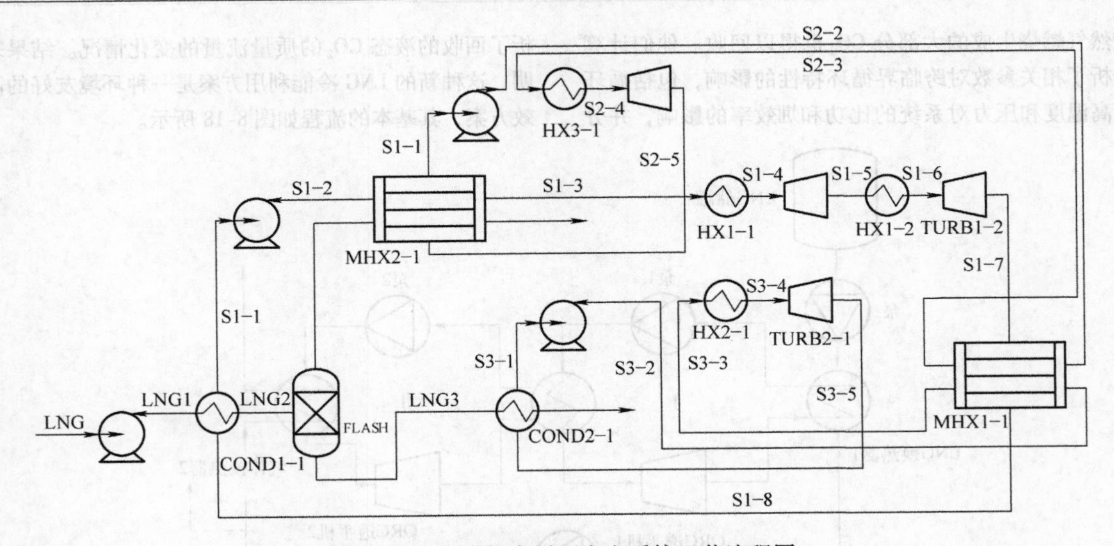

图8-13　级联朗肯循环发电系统工艺流程图

S—物流　HX—蒸发器或过热器　MHX—多股流换热器　TURB—涡轮机　COND—冷凝器

上述研究的热源都是海水，还有相当一部分研究是利用LNG冷能从高温废气中回收余热。高温废气与工质之间的温差大，引起的换热器㶲损失也大，可以选择某些类型的混合工作流体以改善温度匹配。由于液化天然气（LNG，111K）和燃气轮机（GT）废气（673K）之间的温差太大，单个有机朗肯循环（ORC）中蒸发温度和冷凝温度之间的差异将增加循环压力比和设备成本。

Ma等提出了一种组合式ORC高温废气热量回收系统，该系统能够实现更好的不同循环温度匹配和废物能量的级联利用，并充分利用LNG的冷能。图8-14所示为组合系统的工艺流程。该系统包括三个循环：循环Ⅰ和循环Ⅱ耦合以有效地利用大部分LNG冷能，循环Ⅲ可利用大部分废热和LNG汽化后剩余的冷能。在每个循环中，气态工作流体在膨胀器中膨胀以产生动力。在压缩泵之前，流体在冷凝器中利用冷源传递热量。随后，它通过热源加热到蒸发器中的饱和蒸汽状态。根据热物理性质和安全水平选择19种工质进行比较，最终选择丙烷作为循环Ⅰ中的工质，R141b和甲苯分别作为循环Ⅱ中和循环Ⅲ中的工质。经过优化设计使该系统在300万t/年LNG燃气轮机发电厂可实现43.8MW的输出功率，㶲效率、冷能回收率和热能回收率分别为36.9%、83.0%和72.4%。在整个系统中，气体换热器的㶲损失占的比重最大。

利用LNG冷能的低温布雷顿循环如图8-15所示，左边是低温工作条件下的以N_2为介质的布雷顿循环，右边则是LNG的直接膨胀。由于压缩机入口N_2的低温可以降到很低（可达－130℃），大大提高了循环效率，一般可在50%以上。由于工作介质没有相变过程，与朗肯循环不同的是，LNG的蒸发压力处在超临界，目的是为了与N_2的温度变化很好的匹配，提高换热效率。

孙宪航等提出了一个以太阳能为热源的LNG卫星站冷能发电系统流程，如图8-16所示。该研究基于山东淄博LNG卫星站，在日供气量为$12\times10^4m^3$的情况下，该系统的能量利用效率可超过30%。

石洋溢提出了一个布雷顿循环和朗肯循环结合的LNG冷能与中低温太阳能耦合的发电系统。如图8-17所示，系统主要分为顶循环（燃气布雷顿循环）和底循环（氨水混合工质朗肯循环）两部分。在顶循环（布雷顿循环）中，水蒸气和甲烷作为原料在重整器中进行重整反应，重整反应所需的热量由燃气轮机透平高温排烟提供，同时也作为底循环热源。在底循环（朗肯循环）中冷源为LNG冷能，热源为重整反应后的排烟余热。顶循环和底循环通过合理的换热器设置，形成能源综合利用一体化系统。计算结果表明，系统总能效达到51.5%，㶲效率为51.9%。

Lin等提出了LNG冷能用于CO_2跨临界朗肯循环和CO_2液化回收。一方面采用CO_2作为工质，利用燃气轮机的排放废气作为高温热源、LNG作为低温冷源来实现CO_2的跨临界朗肯循环，由于高低温热源温差较大，循环能够顺利进行。另一方面从燃气轮机排放的CO_2废气在朗肯循环中放出热量后，经LNG进一步冷却成液态产品。这样，不但利用了LNG冷能，而且天然气燃烧生成的大部分 CO_2 也得以回收。他们计算分析了相关参数对跨临界循环特性的影响，包括循环最高温度和压力对系统的比功和㶲效率的影响，并分析了回收的液态 CO_2 的质量流量的变化情况。结果表明，这种新的 LNG 冷能利用方案是一种环境友好的高效方案，其基本的流程如图 8-18 所示。

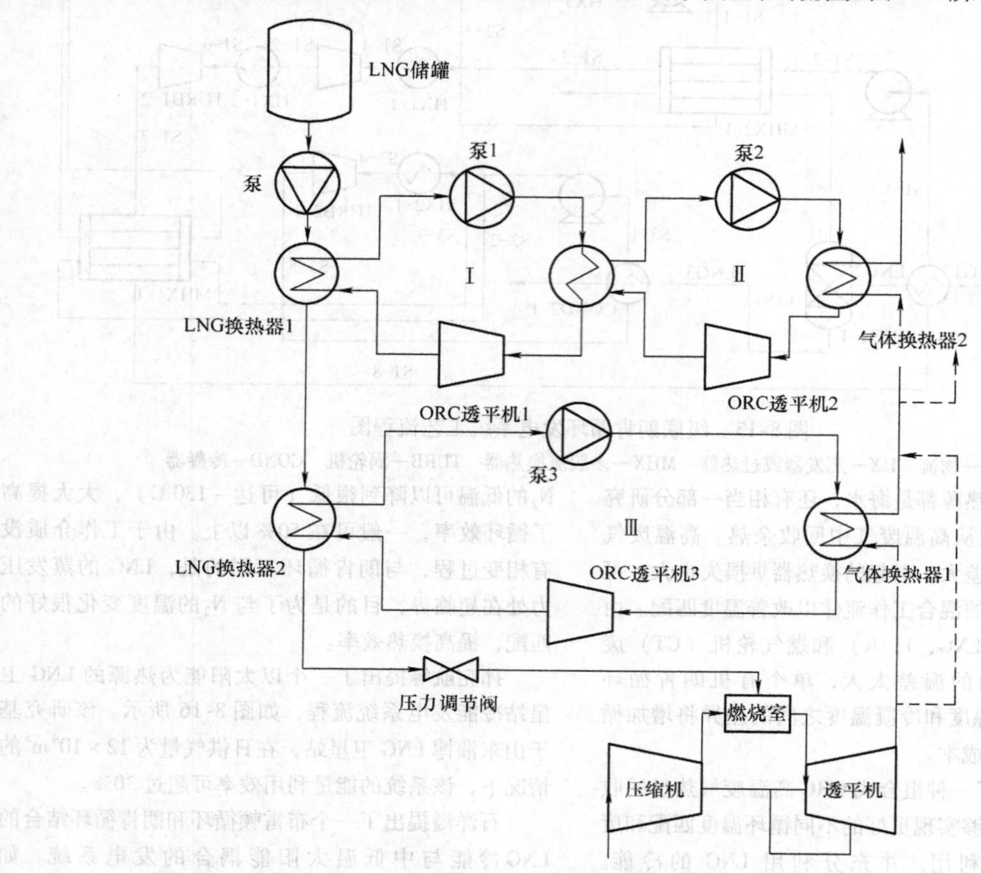

图 8-14 利用 LNG 冷能的组合朗肯循环发电系统

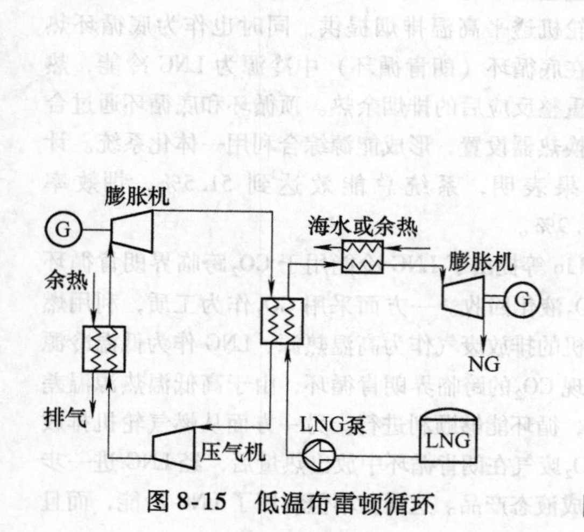

图 8-15 低温布雷顿循环

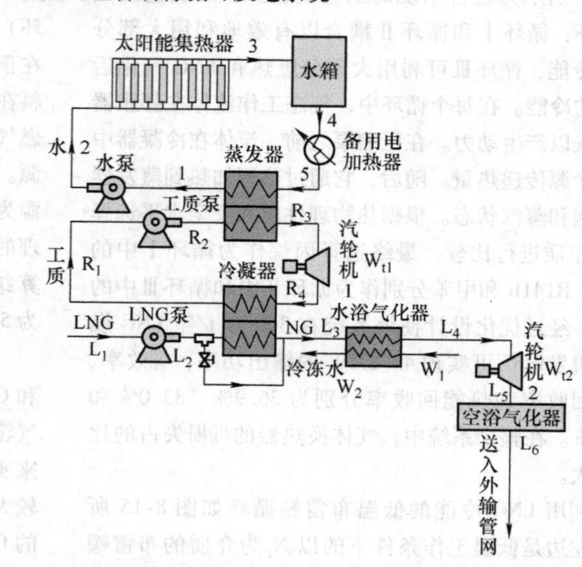

图 8-16 以太阳能为热源的 LNG 卫星站冷能发电系统流程图

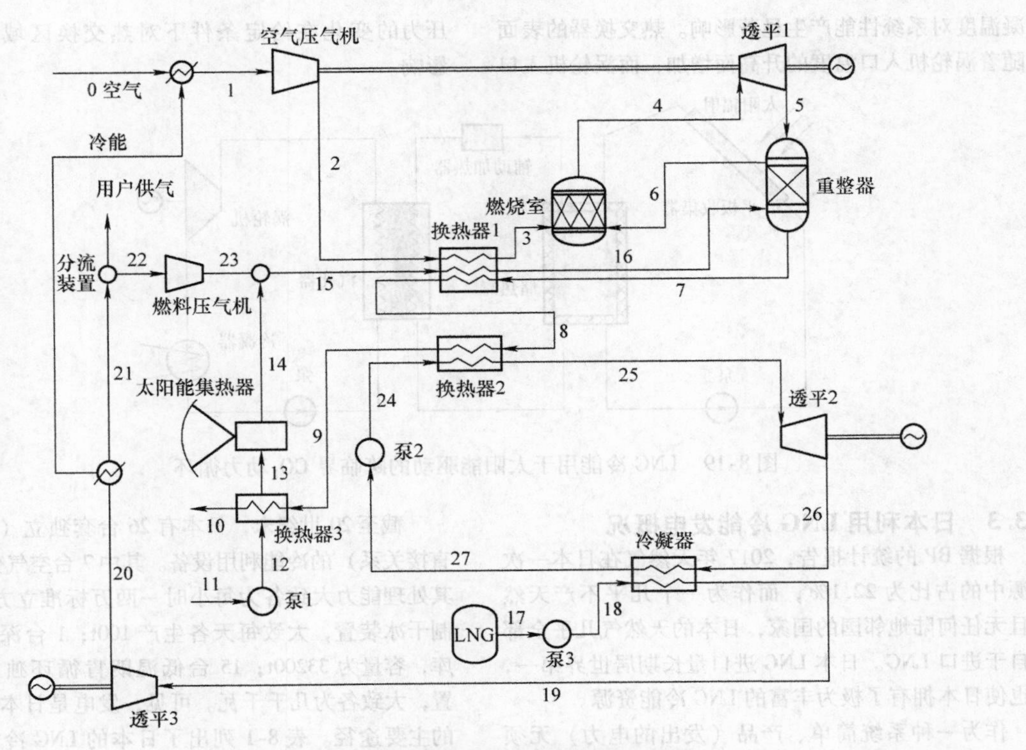

图 8-17 利用 LNG 冷能的联合循环发电图

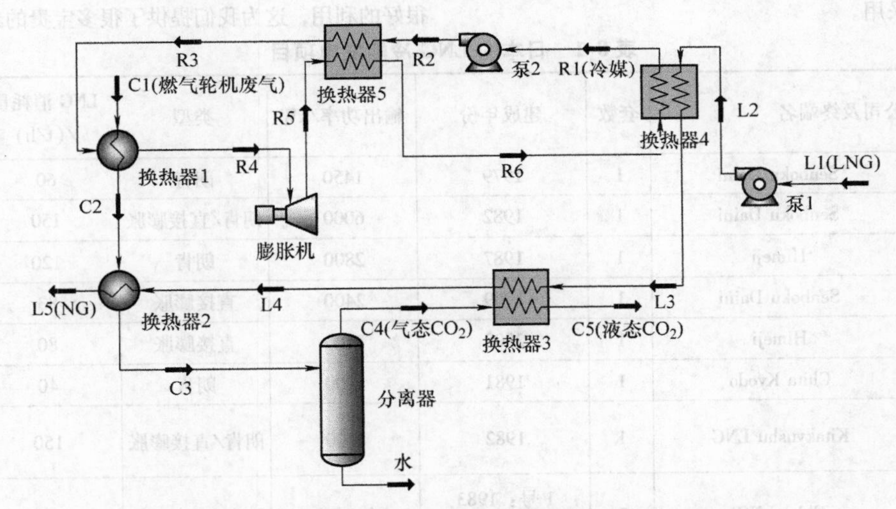

图 8-18 LNG 冷能用于 CO_2 跨临界朗肯循环和 CO_2 液化回收

R1、R2、R3、R4、R5、R6—冷媒循环回路各状态点

C1、C2、C3、C4、C5—燃气轮机废气流程状态点

L1、L2、L3、L4、L5—LNG 流程状态点

Song 等提出了一种跨太阳能驱动的跨临界 CO_2 动力循环，同时利用液化天然气（LNG）蒸发冷能的系统，如图 8-19 所示。为了确保系统的连续和稳定操作，引入热存储系统以存储收集的太阳能并在太阳辐射不足时提供稳定的功率输出。分析结果表明，净输出功率主要取决于一天内的太阳辐射，但该系统仍能通过储热罐在日落后很长时间内发电。净功率输出和系统效率对涡轮机入口温度的变化不太敏感，但

冷凝温度对系统性能产生显著影响。热交换器的表面积随着涡轮机入口温度的升高而增加，而涡轮机入口压力的变化在给定条件下对热交换区域没有显著影响。

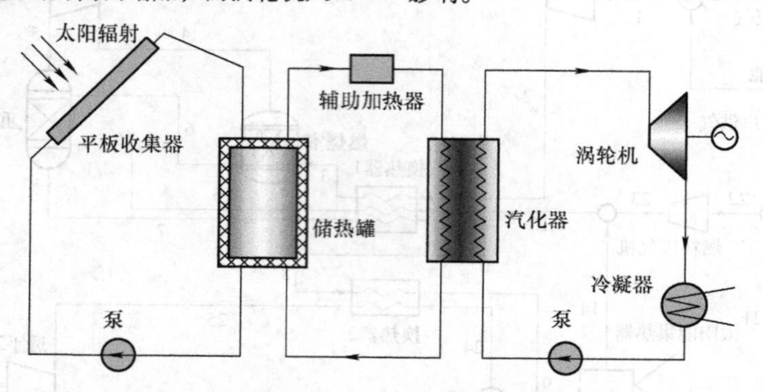

图 8-19　LNG 冷能用于太阳能驱动的跨临界 CO_2 动力循环

8.3.3　日本利用 LNG 冷能发电概况

根据 BP 的统计报告，2017 年天然气在日本一次能源中的占比为 22.1%，而作为一个几乎不产天然气且无任何陆地邻国的国家，日本的天然气几乎全部来自于进口 LNG。日本 LNG 进口量长期居世界第一，这也使日本拥有了极为丰富的 LNG 冷能资源。

作为一种系统简单、产品（发出的电力）无须考虑外销的方式，LNG 冷能发电在日本 LNG 接收站得到了广泛采用。

截至 20 世纪末，日本有 26 台套独立（与电厂无直接关系）的冷能利用设备。其中 7 台空气分离装置，其处理能力大致各为每小时一两万标准立方米；3 台制干冰装置，大致每天各生产 100t；1 台深度冷冻仓库，容量为 33200t；15 台低温朗肯循环独立发电装置，大致各为几千千瓦。可见，发电是日本冷能利用的主要途径。表 8-1 列出了日本的 LNG 冷能发电项目。这些实例说明，在日本，LNG 冷能的确实得到了很好的利用，这为我们提供了很多宝贵的经验。

表 8-1　日本的 LNG 冷能发电项目

公司及终端名		套数	建成年份	输出功率/kW	类型	LNG 消耗量/(t/h)	输出压力/MPa
1. 大阪煤气	Senboku Daini	1	1979	1450	朗肯	60	3.0
	Senboku Daini	1	1982	6000	朗肯/直接膨胀	150	1.7
	Himeji	1	1987	2800	朗肯	120	4.0
	Senboku Daini	1	1989	2400	直接膨胀	83	0.7
	Himeji	1	2000	1500	直接膨胀	80	1.5
2. Toho Gas	Chita Kyodo	1	1981	1000	朗肯	40	1.4
3. Kyushu 电力、日钢	Kitakyushu LNG	1	1982	8400	朗肯/直接膨胀	150	0.9
4. Chubu 电力	Chita LNG	2	1 号：1983 2 号：1984	各 7200	朗肯/直接膨胀	各 150	0.9
	Yokkaichi	1	1989	7000	朗肯/直接膨胀	150	0.9
5. Tohoku 电力	Nihonkai LNG	1	1984	5600	直接膨胀	175	0.9
6. 东京煤气	Negishi	1	1985	4000	混合工质朗肯	100	2.4
7. 东京电力	Higashi Ogishima	1	1 号：1986	3300	直接膨胀	100	0.8
	Higashi Ogishima	2	2 号：1987 3 号：1991	各 8800	直接膨胀	各 170	0.4

8.4　冷能回收用于空气分离

8.4.1　概述

根据前述LNG冷能㶲分析的原理，低温㶲是在越远离环境温度时越大，因此应在尽可能低的温度下利用LNG冷量，才能充分利用其低温㶲。否则，在接近环境温度的范围内利用LNG冷量，大量宝贵的低温㶲已经耗散掉了。林文胜等指出，由于空分装置中所需达到的温度比LNG温度还低，因此LNG的冷量中的有效能能得到最大程度的利用，是从热力学角度看最为合理的利用方式。如果说在发电装置中利用LNG冷量是最可能大规模实现的方式的话，在空分装置中利用LNG冷量应该是技术上最合理的方式。空气分离过程首先需要对空气进行冷却和液化。传统的空分流程中需要的冷能，通常是利用压缩后空气的膨胀产生的，需要消耗大量的电能。利用LNG的冷量冷却空气，不但大幅度降低了能耗，而且简化了空分流程，减少了建设费用。并且由于LNG可以在瞬间释放出大量高品位的冷能，因此相比于传统流程靠膨胀机产冷需要逐渐积累，还可以缩短空分流程的启动时间。同时，LNG汽化的费用也可得到降低。在常规空分装置中的主冷却器、废氮循环冷却器、后冷却器，以及空压机中间冷却器等换热装置中引入LNG冷能，则空分系统所需要的部分冷量可以直接来源于LNG。因此，利用LNG的冷能就比传统的方法节省大量的能量。

8.4.2　技术方案

空分装置利用LNG冷量的流程可以有多种方式。目前主要有LNG冷却循环氮气，LNG冷却循环空气，以及与空分装置联合运行的LNG发电系统三种方式。

1. LNG冷却循环氮气

由于氮气膨胀循环制冷空分流程的广泛应用，同时考虑到尽可能减少与LNG换热对空分装置带来的安全性影响，LNG冷却循环氮气的利用方式是最为主流的方式。一种典型的利用LNG冷能的氮气膨胀循环制冷空分流程如图8-20所示。

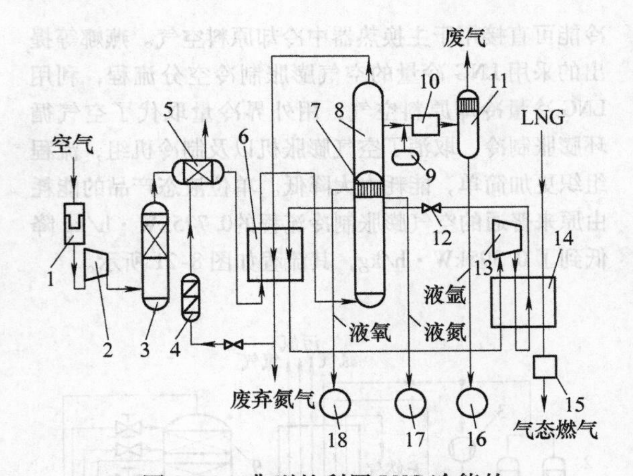

图8-20　典型的利用LNG冷能的氮气膨胀循环制冷空分流程

1—空气过滤器　2—空气压缩机　3—空气预冷器　4—电加热器　5—空气净化器　6—低温换热器　7—高压分馏塔　8—低压分馏塔　9—氢罐　10—氩净化器　11—氩提纯塔　12—氮节流阀　13—循环氮压缩机　14—主换热器　15—天然气加热器　16—液氩储罐　17—液氮储罐　18—液氧储罐

该流程中，原料空气经过空气过滤器除掉灰尘后，进入空气压缩机；压缩后压力为0.6MPa的空气进入空气预冷器中被冷却至283K；随后进入空气净化器，通过其中的分子筛吸附除去CO_2、水分等杂质，以防冻堵。在低温换热器中，气态空气被低温循环氮气和低纯度废弃氮冷却至约100K后，依次进入高压分馏塔、低压分馏塔与其中的低温液态氮进行换热，气态空气各组分依次液化，所得的液氧产品进入液氧储罐中贮存，液氮产品进入液氮储罐中贮存。含氩液化气体使用氢罐加氢催化脱氧后，依次通过氩净化器和氩提纯塔进行净化和提纯，所得液氩产品送入液氩储罐中贮存。高压分馏塔流出的100～110K的循环氮气，经过低温换热器与原料空气换热后，温度升至270K左右；再进入主换热器与LNG换热，温度降为120K左右；然后在循环氮压缩机中被压缩；所得195K、2.6MPa左右的高压氮气再次进入主换热器冷凝，温度降为120K左右；通过氮节流阀节流降温降压至91K、0.4MPa左右后，进入高压分馏塔的液氮入口，与空气换热，汽化后继续循环。低压分馏塔顶部流出的100K左右的低纯度氮气，经过低温换热器进行冷能回收后，一部分在需要时通过电加热器加热后，用于空气净化器中分子筛的再生，其余部分放空。110K的LNG经主换热器汽化后，升温至250K左右，热量不足部分由天然气加热器进行补充调节，或由系统中的空气预冷器等其他冷能回收装置补充调节。

该系统与普通的空分装置相比，电力消耗可节省50%以上，冷却水可节约70%左右。系统中采用了氮气内循环，其作用主要有两方面：一是在比LNG温度更低的工况下提供了冷量，以满足高压下产品的沸点等工艺要求；二是将LNG与液氧系统分离开，避免了工质泄漏可能引起的危险，提高了系统的安全性。

2. LNG冷却循环空气

针对空气循环膨胀制冷这种空分流程，LNG的冷能可直接用于主换热器中冷却原料空气。燕娜等提出的采用LNG冷量的空气膨胀制冷空分流程，利用LNG冷量冷却原料空气，用外界冷量取代了空气循环膨胀制冷，取消了空气膨胀机以及制冷机组，流程组织更加简单，能耗大大降低。单位液态产品的能耗由原来普通的空气膨胀制冷流程的0.775kW·h/kg降低到了0.395kW·h/kg，其流程如图8-21所示。

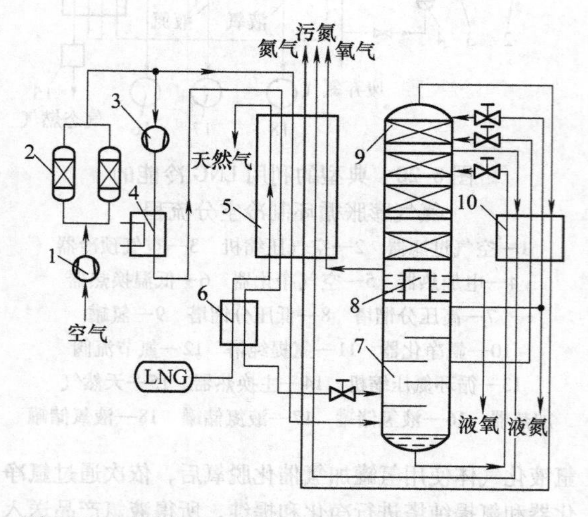

图8-21 利用LNG冷能的空气膨胀制冷空分流程
1—空气低压压缩机 2—空气净化系统 3—空气高压压缩机 4—冷却器 5—主换热器 6—LNG换热器 7—下塔 8—冷凝蒸发器 9—上塔 10—过冷器

与具有液氮生产循环的系统相比，由LNG预冷却的单塔空分装置（ASU）系统比功耗更低，并且在不同的LNG泵送压力水平下都表现出更高的㶲效率。Zheng等提出了一种新型的单塔空分工艺，实现了与热泵技术和LNG冷能的结合。如图8-22所示，将一部分纯氮气通过主压缩机压缩至0.45MPa，然后与在该塔的底部被LNG热交换器系统和液氧液化的液态氮（0.38MPa）的作用下冷凝。然后将得到的液体进一步冷却并节流至0.12MPa作为蒸馏塔的回流。另一部分纯氮被压缩至约1.8MPa，作为转移LNG冷能的介质并且是自液化的。将所得到的液态氮被部分地抽至8~10MPa作为工作流体的制冷循环构成LNG热交换器系统的冷能量逆差。提取它的另一部分以维持精馏系统的操作，其余的作为产品回收。液态氧化产物从蒸馏塔的底部获得。模拟结果表明，每单位质量液体产品的功耗约为0.218kW·h/kg，系统的总㶲效率为57.5%。

Xu等基于填料分离技术，提出了如图8-23所示的新型空分系统。将空分压力从0.5MPa降至0.35MPa左右，从而大大提高了能效。与传统工艺相比，液化天然气的消耗量减少了44.2%，㶲效率也提高了42.5%。蒸馏部分的具体操作程序如下：循环氮从下塔顶部排出，进入换热器冷却，然后通过氮气压缩机TC2压缩至约1.5MPa，用水洗涤，液化并通过LNG冷能冷却至110K，过热废氮和循环在换热器中从塔中排出氮气。然后通过节流阀将循环氮气的压

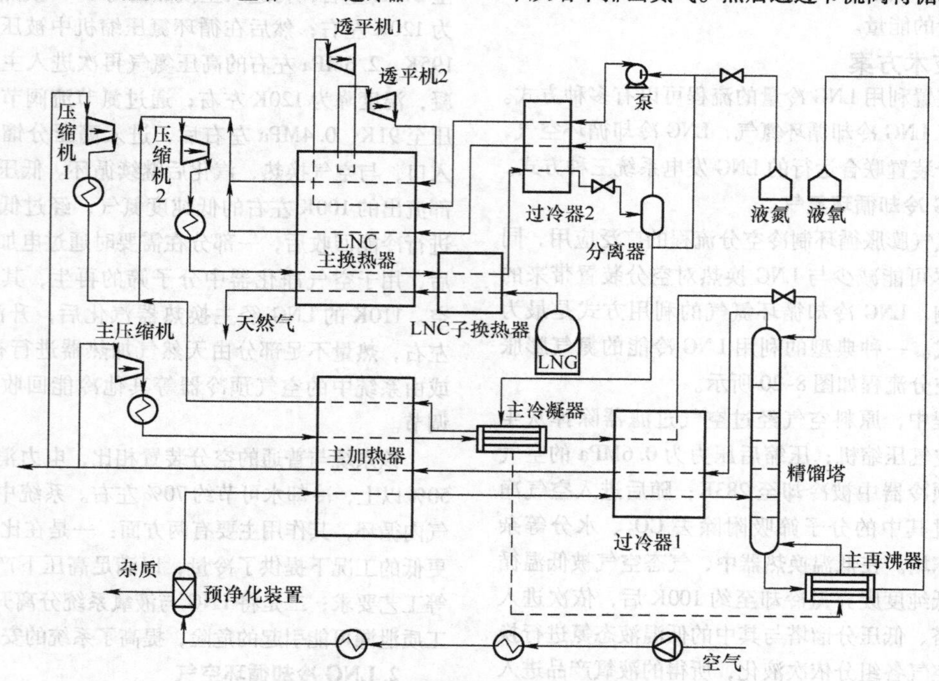

图8-22 单塔常压低温空分流程

力释放到0.12MPa。液氮直接进入液氮罐T1进行贮存，气体进入加热至约298K的换热器，然后通过氮气压缩机和洗涤单元压缩至1.5MPa并冷却至303K。

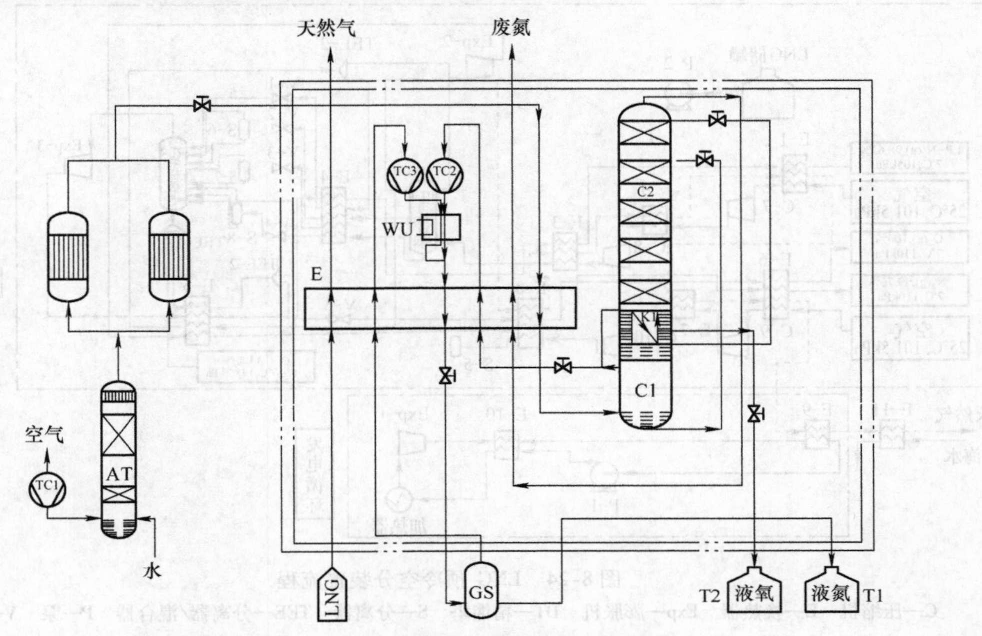

图8-23　利用LNG冷能的新型空分系统

TC1—空气压缩机　TC2—氮气压缩机1　TC3—氮气压缩机2　E—换热器　T1—液氮罐　T2—液氧罐　C1—下塔　C2—上塔　K1—冷凝蒸发器　AT—洗涤塔　WU—洗涤单位　GS—气液分离

3. 与空分装置联合运行的LNG发电系统

Mehdi等将液化天然气冷能用于预冷进料空气，并结合发电形成与空分装置联合运行的LNG发电系统。如图8-24所示，系统包括三个部分：空气分离、发电和LNG汽化。LNG汽化过程用于预冷空分装置（ASU）中的进料空气。LNG在ASU装置中回收部分冷量后温度保持在－129.7℃进入发电循环并用作冷源。E－11换热器通过海水将出口天然气的温度提高到约5℃。使用E－11换热器，可以确保即使ASU或发电循环不能工作（例如用于维修），也可以完全完成LNG汽化过程。与没有LNG预冷的工艺相比，在不影响产品的纯度的情况下，进塔前的压缩机的能耗降低55.6%。

将高压塔和低压塔组合以将氮气潜热与氧气潜热进行交换可以降低位于空分塔前的主压缩机的能量输入。并且为充分利用LNG的冷能，将发电循环与空分过程集成，最终可以实现LNG冷回收空分工艺的能耗约降低38.5%，能量效率和㶲效率分别提高59.4%和67.1%。

利用LNG冷能的空分装置除了可以与发电循环整合，还可以与电厂的CO_2捕获系统整合，若电厂采用跨临界CO_2发电循环，捕获的CO_2可以用作循环工质。Mehrpooya等提出并分析了基于LNG冷能回收的新型双塔低温空分装置（ASU）的煤汽化综合工艺。如图8-25所示，该过程包括跨临界CO_2发电循环，变换器单元和低温CO_2捕获系统。ASU用于生产高纯度氧气（99.99%）和氮气（99.99%）。由于ASU中两个蒸馏塔之间的有效整合，高压塔中冷凝器的潜热与低压塔的再沸器交换。来自ASU的出口LNG用作跨临界CO_2动力循环中的冷凝器的冷源。研究结果表明，ASU和跨临界发电分别节能2301.6kW·h和14217.6kW·h。产生的高纯度气态氧被送到煤汽化装置以参与汽化反应。在此过程中，捕获99.83%的CO_2，纯度为99.80%，所需功耗约为0.10kW·h/kg CO_2。

8.4.3　应用实例

1）作为世界上最大的液化天然气进口国日本，在将LNG冷能应用于空气分离方面有着较为成功的实践。1971年，世界上首台利用LNG冷能的空气分离装置在日本东京液氧公司投入运行。图8-26所示为日本大阪煤气公司利用LNG冷能的空气分离系统。与普通的空气分离系统相比，电力消耗节省50%以上，冷却水节约70%。

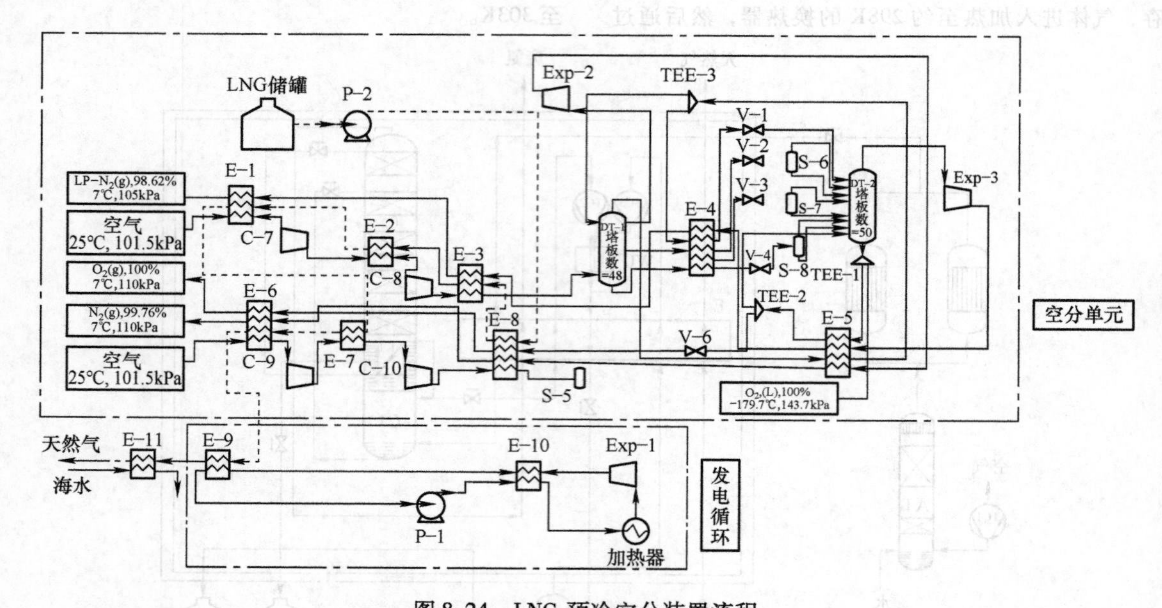

图 8-24　LNG 预冷空分装置流程

C—压缩机　E—换热器　Exp—膨胀机　DT—精馏塔　S—分离器　TEE—分离器/混合器　P—泵　V—阀

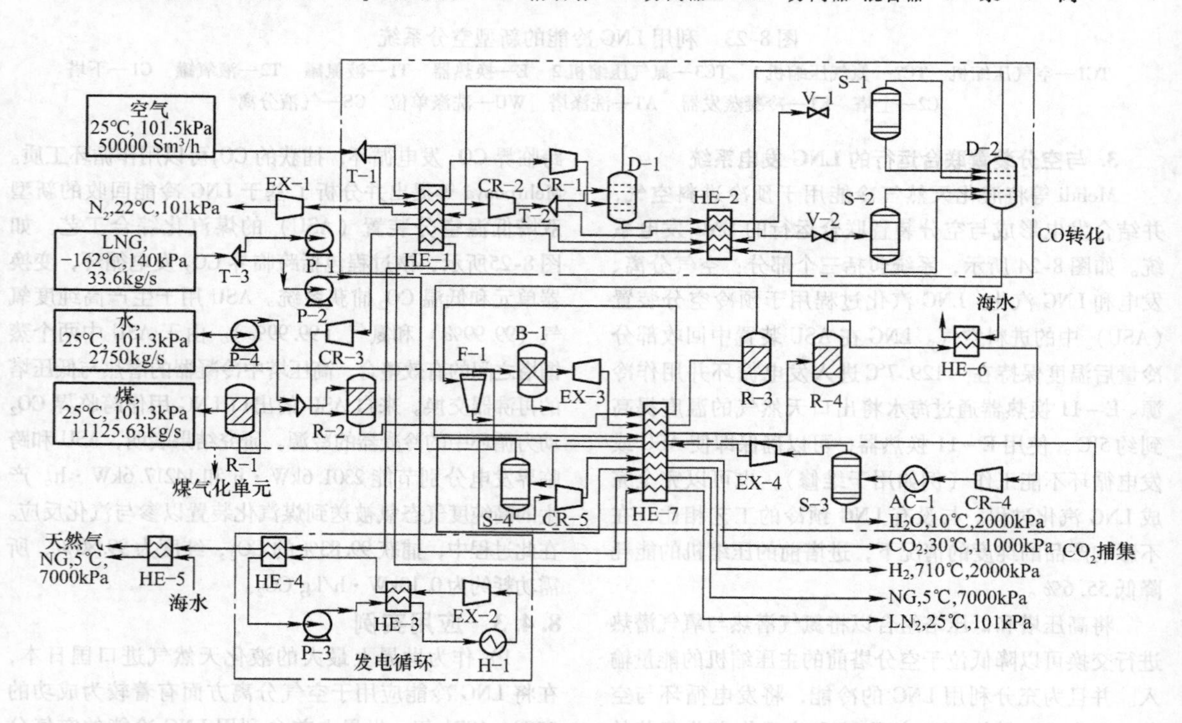

图 8-25　基于 LNG 冷能回收的结合新型空气分离工艺

CR—压缩机　HE—换热器　EX—膨胀机　D—精馏塔　S—气液分离器　T—分离器/混合器　P—泵　V—阀　AC—空冷器　F—固体分离器　R—反应器　B—净化床　H—加热器

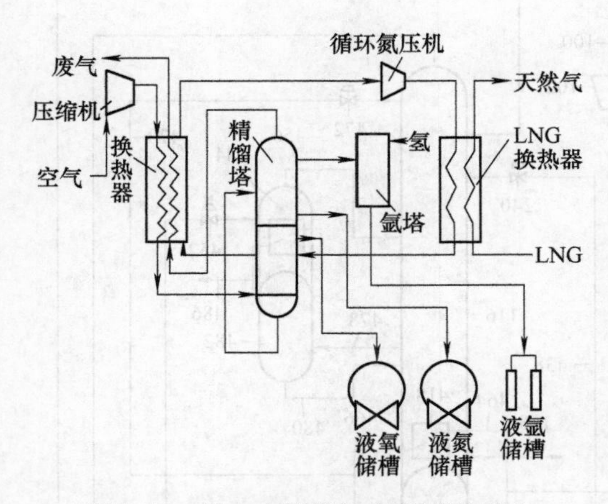

图 8-26　日本大阪煤气公司利用 LNG 冷能的空气分离系统

2）图 8-27 所示为法国 FOS - SUR - MER 利用 LNG 冷能的空气分离系统。LNG 冷能主要用于液化空气厂，也用于旋转机械和汽轮机的冷却水系统。

日本和韩国已建成的一些利用 LNG 冷能的空气分离装置见表 8-2。

3）美国空气产品公司（AP）申请了多项利用 LNG 冷能的空分装置的专利，其中一项专利在中国的授权公告号为 CN 201772697U，其流程如图 8-28 所示。图 8-28 中关键部件为基于 LNG 的液化器和附加处理单元。附加处理单元具有换热和增压功能，其存在使整套装置负荷调节能力大为增强，可以根据需要调节 LNG 的流量来获得不同的液氮产量。这样相对独立的设计也使基于液氧产量设计的装置主要部分不受液氮产量大幅变化的影响，可以保持相对稳定的运行状态。

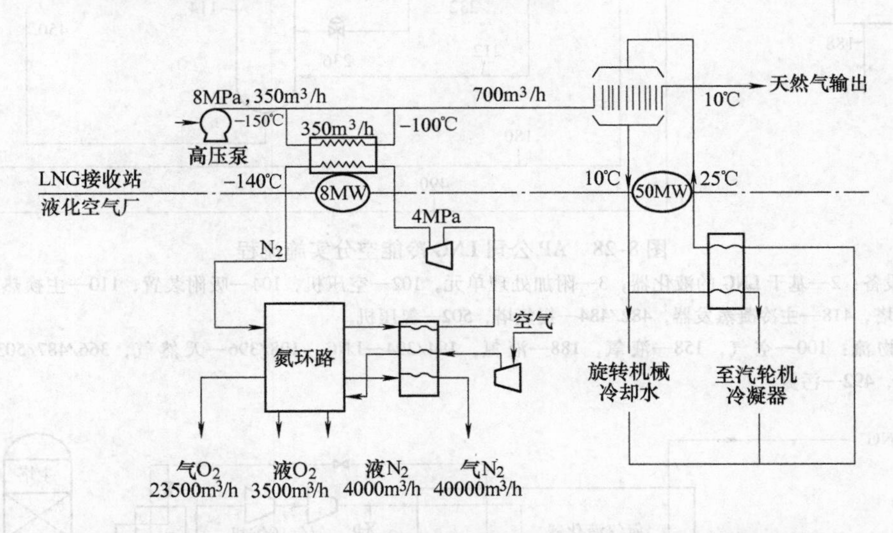

图 8-27　法国 FOS - SUR - MER 接收站利用 LNG 冷能的空气分离系统

表 8-2　日本和韩国利用 LNG 冷能的空气分离装置

LNG 接收基地		日本根岸	日本泉北 1	日本泉北 2	日本袖浦	日本知多	日本东京	韩国平泽
生产能力/(m^3/h)	液氮	7000	7500	25000	15000	15000	13000	15000
	液氧	3050	7500	6000	5000	5000	4000	6500
	液氩	150	200	380	100	100	230	440
LNG 使用量/(t/h)		8	23	—	34	26	43	50
电力消耗/(kW · h/m^3)		0.8	0.6	—	0.54	0.57	0.429	—

AP 在福建利用 LNG 冷能的液体空分实施项目中采用了基于上述专利的非常相似的设计，只是产量有所差别。福建莆田 LNG 冷能空分项目的设计产量为：液体产品总量 610t/d，其中液氧 300t/d、液氮 300t/d、液氩 10t/d。该装置的氮气液化系统流程和乙二醇冷却水系统流程分别如图 8-29 和图 8-30 所示。

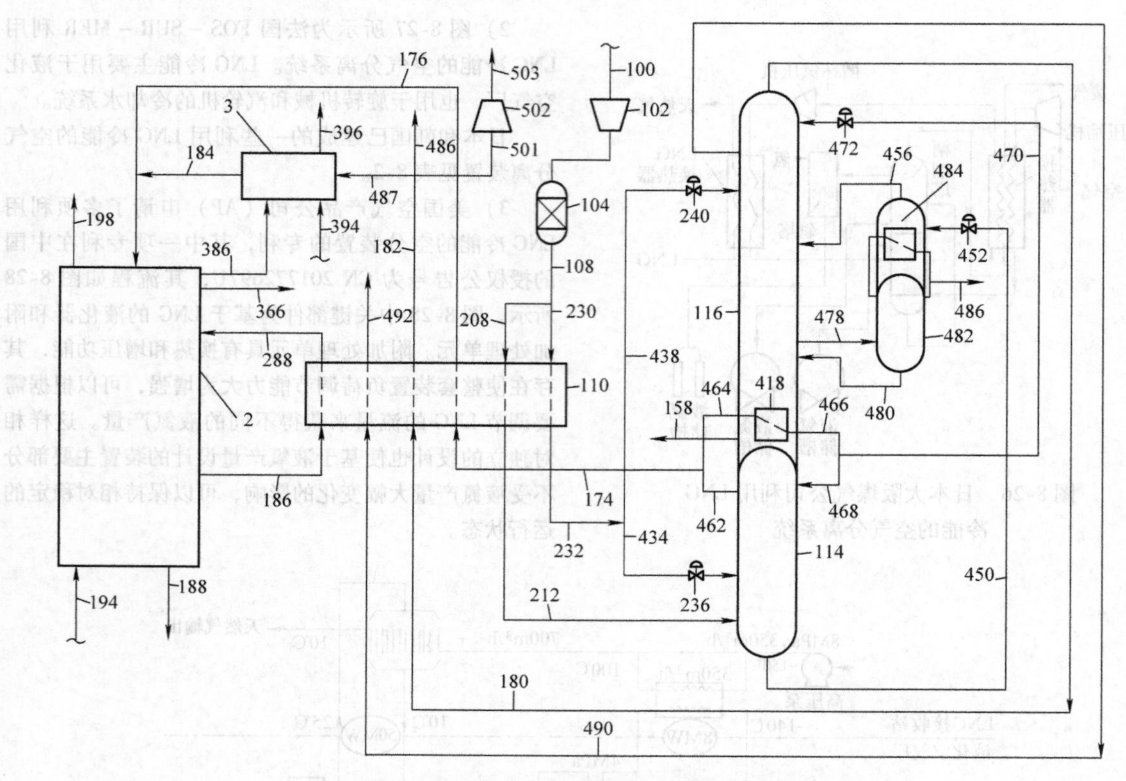

图 8-28 AP 公司 LNG 冷能空分实施流程

关键设备：2—基于 LNG 的液化器，3—附加处理单元，102—空压机，104—吸附装置，110—主换热器，114/116—空分塔，418—主冷凝蒸发器，482/484—提氩塔，502—氮压机

关键物流：100—空气，158—液氧，188—液氮，194/394—LNG，198/396—天然气，366/487/503—氮气，486—液氩，492—污氮

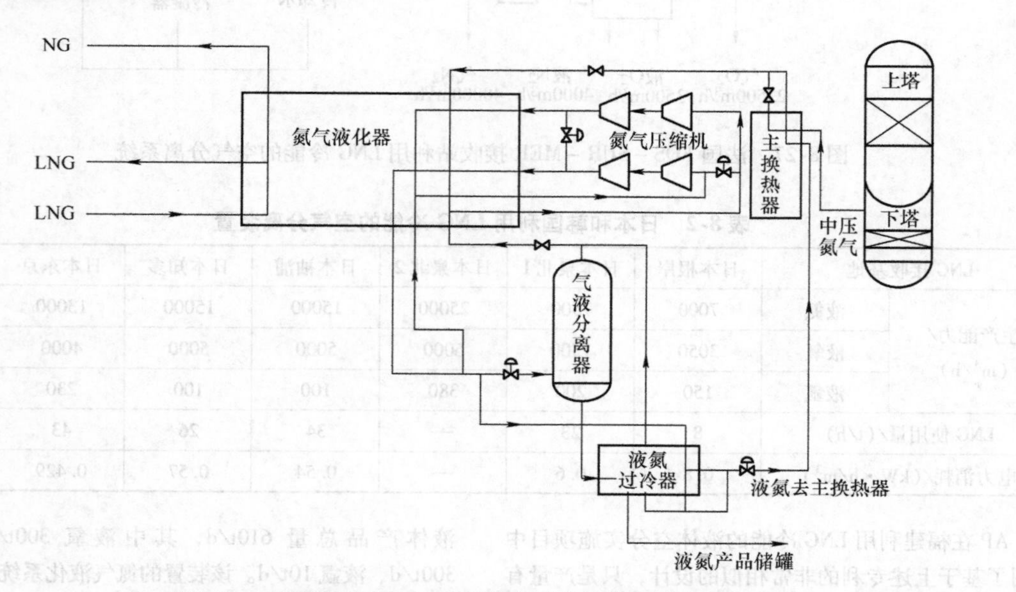

图 8-29 福建莆田利用 LNG 冷能空分装置氮气液化系统流程

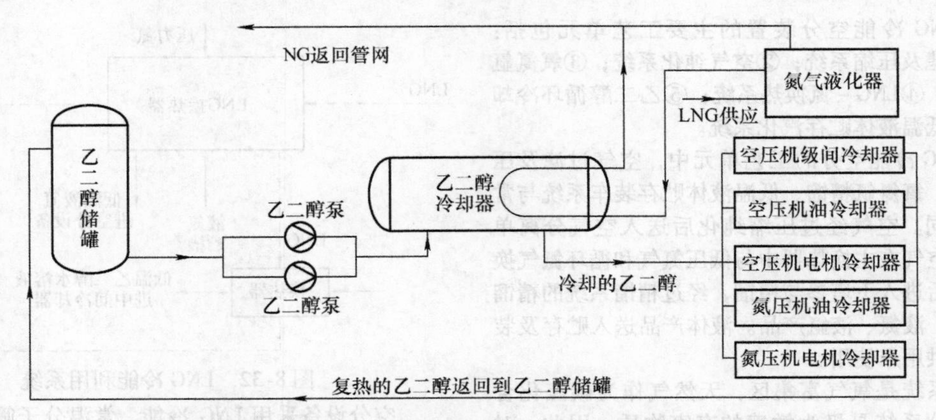

图 8-30 福建莆田利用 LNG 冷能空分装置乙二醇冷却水系统流程

福建莆田 LNG 冷能空分装置是中国首套此类装置。在该装置中，原料空气经空气过滤器滤去灰尘等固体杂质进入压缩机，经三级压缩至 0.45MPa。压缩后的空气进入后冷却器冷却，然后进入分子筛纯化系统除去空气中的水分、二氧化碳、乙炔等碳氢化合物。净化后的空气进入主换热器与反流的低压氮气、污氮气和来自液化系统的液氮等进行换热，在主换热器中部抽一部分空气进入下塔作为上升气体参与下塔精馏，在下塔顶部得到高纯氮气，一部分高纯氮气在冷凝蒸发器内放出热量而冷凝成液氮，一部分液氮直接作为下塔的回流液，一部分液氮经节流降压后供至上塔顶部作为上塔的回流液参与精馏；另一部分高纯氮气进入主换热器与空气换热后去低温氮压机增压，在液化器中与 LNG 换热液化，一部分液氮作为产品送入储罐，另一部分液氮进入主换热器提供冷量。在主换热器底部抽一部分液态空气进入上塔上部作为上塔回流液参与精馏，在上塔底部得到产品液氧，用液氧输送泵把产品送入储罐。在上塔中部抽出的氩馏分进入粗氩塔除氧，在精氩塔中除氮，最终在精氩塔底部得到产品高纯液氩。

LNG 冷能空分流程与传统空分的区别主要在于氮气液化系统和冷却水系统。传统空分是由高低温膨胀机、节流阀和冷冻机提供冷量，而 LNG 冷能空分装置省去膨胀机、冷冻机等设备，工艺流程更加简单。此外，传统空分的冷却系统是以工业水作为冷却媒介的开放式系统，每天蒸发损耗几百吨水，LNG 冷能空分装置的冷却系统是密闭循环的，冷却媒介是乙二醇水溶液，乙二醇水溶液进入空压机级间冷却器、油冷却器和电机冷却器吸收热量，复热后的乙二醇水溶液返回到乙二醇冷却器，与出液化器的高温段 LNG 冷量（温度约为 -70℃）进行换热，LNG 复热至常温返回天然气管网，乙二醇水溶液被冷却至 2℃左右，能够充分冷却压缩空气，降低压缩机功耗。

4）四川空分集团与中海油联合申请了 LNG 冷能空分专利技术。该自主专利技术采用循环氮气吸收 LNG 的低温端冷量，用乙二醇水溶液吸收 LNG 的高温端冷量，可实现空分运行机组小型化，并且能使运行耗电降低约 56%，工艺耗水降低 99% 以上，大大降低系统能耗。其 LNG 冷能空分流程如图 8-31 所示。

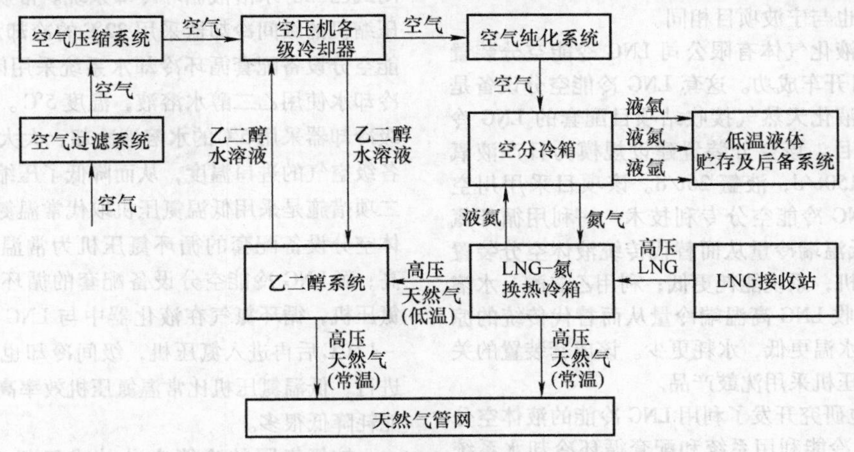

图 8-31 四川空分－中海油 LNG 冷能空分流程

该 LNG 冷能空分装置的主要工艺单元包括：①空气过滤及压缩系统；②空气纯化系统；③氧氮氩精馏系统；④LNG - 氮换热系统；⑤乙二醇循环冷却系统；⑥低温液体贮存汽化系统。

在 LNG 冷能空分的工艺单元中，空气过滤及压缩、纯化、氧氮氩精馏、低温液体贮存装车系统与常规空分相同。空气经过压缩纯化后送入空气分离单元，原料空气在主换热器中与低压氮气和循环氮气换热被冷却后进入下塔参与精馏，经过精馏系统的精馏获得液氧、液氮、液氩产品。液体产品送入贮存及装车系统，供用户使用。

空分系统是氧气富集区，天然气作为碳氢化合物，对空分系统是极为敏感的有害物质，因此，对 LNG 冷能的利用需要采用中间介质来实现，从而避免 LNG 与空分系统的直接接触。采用压力氮气作为中间介质，即从空分装置下塔塔顶抽取压力氮气，与 LNG 换热器来的压力液氮换热并被液化后返回下塔，将冷量由 LNG 传递到空分系统。

在乙二醇循环冷却系统中，LNG 的高温端冷量通过乙二醇水溶液作为冷媒，将冷量传递给压缩机的各个冷却器。

LNG 与循环氮气和乙二醇水溶液换热后，升温至管输温度送入输气管线。

目前，该专利技术已成功应用于宁波、珠海和唐山等 LNG 冷能空分项目。

中海油宁波 LNG 冷能空分项目，是国内首套采用中海油与四川空分联合申请专利的具有自主知识产权的 LNG 冷能空分装置。该空分装置建设规模为日产液氧 300t/d、液氮 300t/d、液氩 14.5t/d。该项目已于 2015 年 1 月开车成功，空分装置生产出的液氧、液氮、液氩产品的产量、纯度及能耗均达到设计要求。

中海油珠海 LNG 冷能空分项目，采用与中海油宁波项目相同的专利技术，于 2016 年投产。该空分装置建设规模也与宁波项目相同。

唐山瑞鑫液化气体有限公司 LNG 冷能空分装置于 2015 年 6 月开车成功。这套 LNG 冷能空分设备是中国石油唐山液化天然气接收站项目配套的 LNG 冷能利用空分项目。该空分装置建设规模为日产液氧 547t/d，液氮 150t/d，液氩 26t/d。该项目采用川空自主研发的 LNG 冷能空分专利技术——利用循环氮气吸收 LNG 低温端冷量从而替代传统液体空分装置的冷热端膨胀机，系统能耗更低；利用乙二醇 - 水溶液闭路循环吸收 LNG 高温端冷量从而替代传统的凉水塔，冷却水水温更低，水耗更少。该成套装置的关键设备低温氮压机采用沈鼓产品。

5）杭氧也研究开发了利用 LNG 冷能的液体空分设备，其 LNG 冷能利用系统和配套循环冷却水系统分别如图 8-32 和图 8-33 所示。

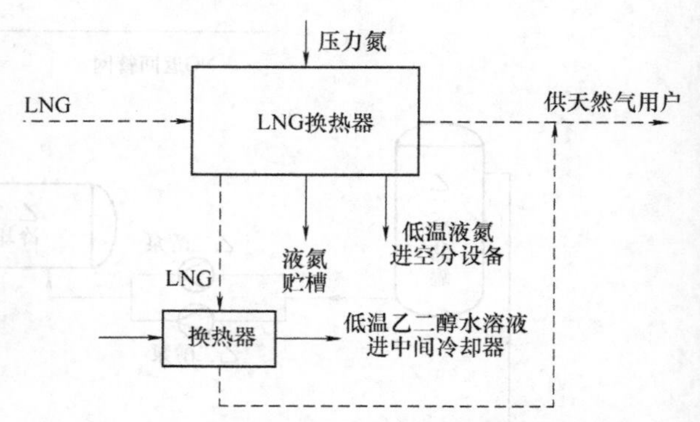

图 8-32　LNG 冷能利用系统

空分设备采用 LNG 冷能，常温分子筛吸附净化空气，乙二醇冷却替代水冷却，规整填料塔精馏，全精馏制氩的工艺流程。工艺流程由两大系统组成：LNG 冷能回收系统和空气液化、分离系统。

LNG 冷能回收系统主要流程：LNG 在 LNG 换热器中汽化、升温，一部分复热至环境温度，一部分从中部抽出，去冷却乙二醇水溶液，复热后两部分汇合、送出。空分设备下塔顶部抽出的压力氮在 LNG 换热器中被冷却，在液化段与节流反流的低温氮气换热、液化，液氮再在气液分离器中节流分离，一部分液氮与空气换热，将冷量传递给精馏系统，一部分作为产品进入贮槽。

空气液化、分离系统主要流程：将来自液化器的液氮返灌以提供空分设备所需的冷量，原料空气经过压缩、冷却后，经分子筛吸附净化后进入主换热器冷却到液化温度，在精馏塔中进行低温氧、氮、氩的分离。

该装置的最主要特点是节能。空分设备的能耗主要由空压机和循环氮压机产生，因此想办法降低它们的能耗，就可以降低装置的单耗。第一项措施是采用闭式乙二醇水溶液循环冷却系统。常规空分设备配套压缩机的级间冷却器采用 32℃的冷却水，而 LNG 冷能空分设备配套循环冷却水系统采用闭式循环系统，冷却水使用乙二醇水溶液，温度 5℃。由于空压机各级冷却器采用 5℃的水溶液冷却，大大降低了空压机各级空气的进口温度，从而降低了压缩机的功耗。第二项措施是采用低温氮压机取代常温氮压机。常规液体空分设备配套的循环氮压机为常温氮压机，能耗高；而 LNG 冷能空分设备配套的循环氮压机为低温氮压机，循环氮气在液化器中与 LNG 换热，降温至 -121℃后再进入氮压机，级间冷却也是在液化器中进行，低温氮压机比常温氮压机效率高，循环气量和能耗降低很多。

杭氧集团的冷能空分技术已经在江苏如东等

LNG 冷能空分项目获得应用。2014 年 6 月，江苏杭氧润华气体有限公司空分项目投产，该项目可生产工业用、民用及医用液氧、液氮和液氩 0.2Mt/a。该项目位于洋口港阳光岛上，由杭州杭氧股份有限公司和香港润华公司联合投资，项目总投资 2.5 亿元。这是杭氧首次在国内高效利用中国石油 LNG 冷能建设的空分项目，较常规空分节电达 40%，年节约用电 30GW · h。

6）大连 LNG 接收站位于辽宁省大连市保税区大孤山半岛鲇鱼湾海域，周围有众多石油化工企业，对空气分离市场有很大的需求。根据接收站的具体情况，拟建利用 LNG 冷能的空分装置。大连 LNG 接收站冷能用于空气分离的工艺流程如图 8-34 所示。空气首先进入净化系统，除去其中的灰尘、CO_2、水和碳氢化合物等杂质再进入冷箱。模拟结果表明单位产品（液氧、液氮）需要的能耗为 0.312kW · h/kg，与传统流程的单位产品能耗相比减少了 70% 左右，节能效果很好。

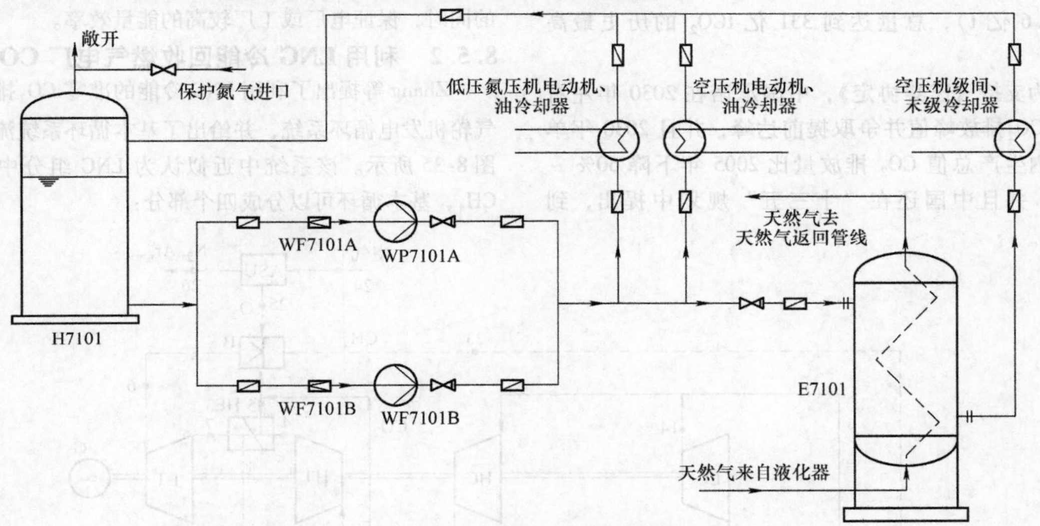

图 8-33　配套循环冷却水系统

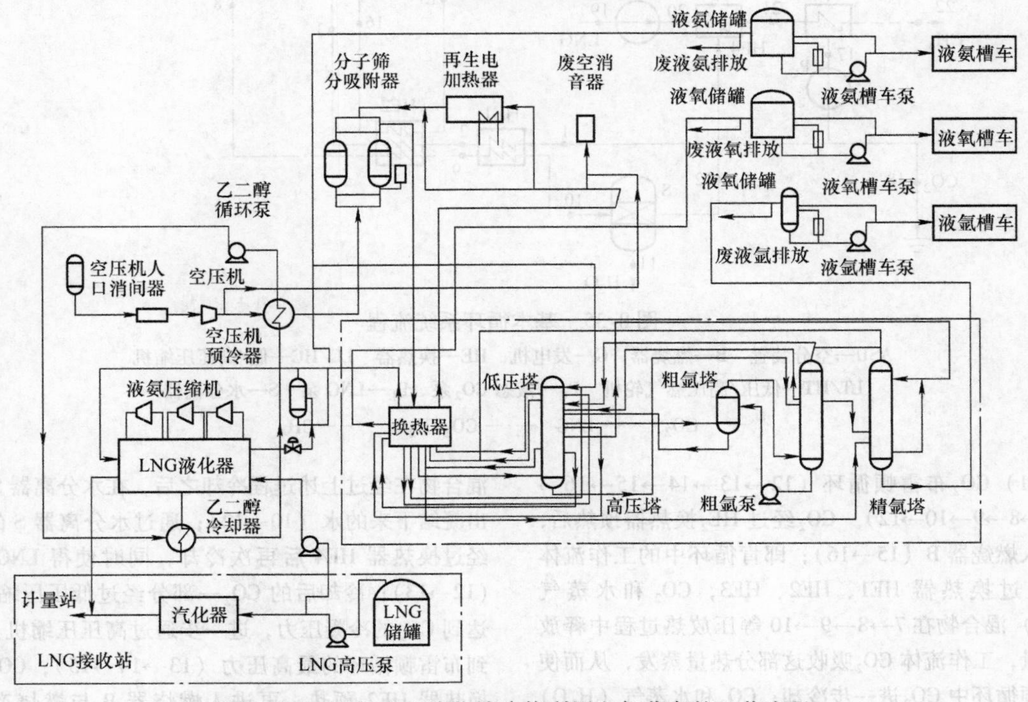

图 8-34　大连 LNG 接收站冷能利用空气分离的工艺流程

8.5 LNG冷能用于低温碳捕集

8.5.1 概述

近年来，由CO_2等温室气体的排放导致的温室效应引起了国际社会的广泛关注，目前全球气候变暖已成为各国政府和人民重点关注的环境问题。CO_2的大量排放除加剧温室效应外，还会引发一系列生态环境问题。根据国际能源署的报告，2018年受能源需求上升的影响，全球能源消耗的CO_2排放增长了1.7%（约5.6亿t），总量达到331亿tCO_2的历史最高水平。

为支持《巴黎协定》，中国承诺在2030年左右达到CO_2排放峰值并争取提前达峰，并且2030年单位国内生产总值CO_2排放量比2005年下降60%～65%。并且中国还在“十三五”规划中提出，到2020年单位国内生产总值能耗降低15%及单位国内生产总值CO_2排放降低18%。因此，控制CO_2排放，进而实现CO_2的回收利用成为研究热点。

针对捕捉电站所产生CO_2的技术方案主要有以下几种：物理和化学吸收法、低温分馏法、膜分离法。这些方法需要消耗较多的能量，使得发电效率下降10%左右。但对于以LNG作为燃料供应的电厂或其他工厂，可以充分利用LNG冷能，大幅度减少CO_2排放甚至实现CO_2准零排放，在实现CO_2的高回收率的同时，保证电厂或工厂较高的能量效率。

8.5.2 利用LNG冷能回收燃气电厂CO_2

Zhang等提出了利用LNG冷能的准零CO_2排放燃气轮机发电循环系统，并给出了基本循环系统流程如图8-35所示。该系统中近似认为LNG组分中只含CH_4，基本循环可以分成四个部分：

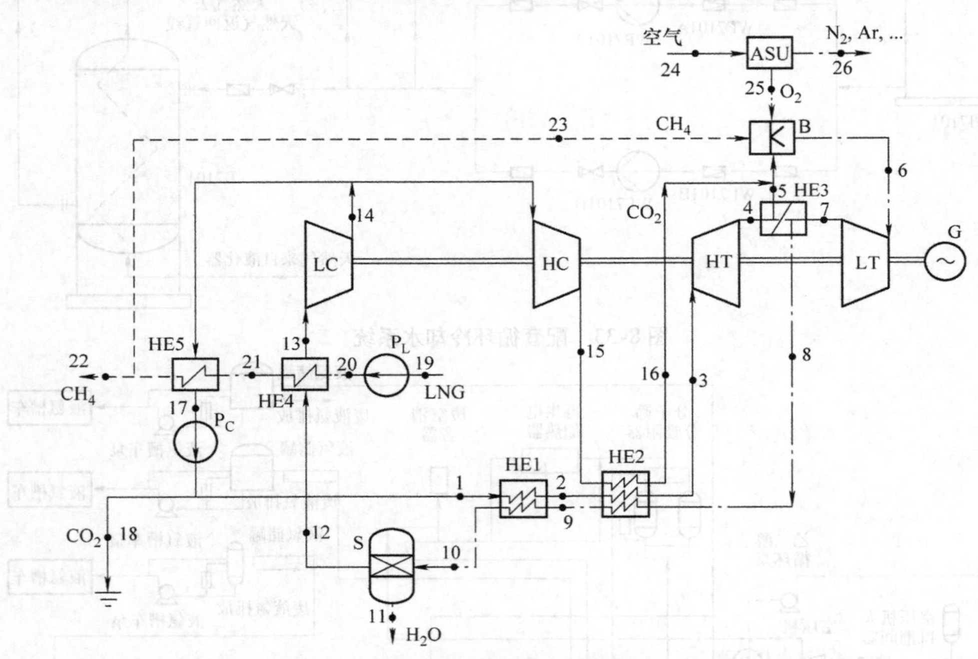

图8-35 基本循环系统流程

ASU—空分装置 B—燃烧器 G—发电机 HE—换热器 LC/HC—低/高压压缩机

LT/HT—低压/高压燃气轮机 P_C—液态CO_2泵 P_L—LNG泵 S—水分离器

—— CO_2 ------ LNG —·— CO_2/H_2O — — — CH_4

（1）CO_2布雷顿循环（12→13→14→15→16→6→7→8→9→10→12） CO_2经过HE_2换热器预热后，再进入燃烧器B（15→16）；郎肯循环中的工作流体CO_2经过换热器HE1、HE2、HE3，CO_2和水蒸气（H_2O）混合物在7→8→9→10等压放热过程中释放的热量，工作流体CO_2吸收这部分热量蒸发，从而使布雷顿循环中CO_2进一步冷却；CO_2和水蒸气（H_2O）混合物在经过上述过程冷却之后，在水分离器S中排出凝结下来的水（10→12）；通过水分离器S的CO_2经过换热器HE4后再次冷却，同时使得LNG升温（12→13）；冷却后的CO_2一部分经过低压压缩机LC达到CO_2的冷凝压力，进一步通过高压压缩机HC达到布雷顿循环的最高压力（13→14→15）；CO_2经过换热器HE2预热，再进入燃烧器B与燃烧产生的

CO_2和H_2O混合后，再进入低压燃气轮机LT（15→16→6）。

（2）CO_2朗肯循环（17→1→2→3→4→5→…→14→17） CO_2经过换热器HE1和HE2蒸发（1→2→3）；蒸发后的CO_2经过高压燃气轮机HT后，经由换热器HE3预热，之后再进入燃烧器B（3→4→5）；从低压压缩机LC出来的一部分CO_2在换热器HE5中与LNG进行热交换，CO_2冷凝（14→17）；冷凝后的CO_2通过P_C将压力升高至郎肯循环的最高压力（17→1）。

（3）LNG蒸发过程（19→20→21→22，23） LNG从储罐流出，经过LNG泵达到其蒸发压力（19→20）；之后LNG经过换热器HE4和HE5升温达到接近环境温度（20→21→22）；一小部分汽化后的天然气（约为4%）送入燃烧器B作为燃料（23），如果燃烧器中的压力高于天然气供气压力，则需要加设一个泵供给天然气；剩余部分的天然气则通过管网供给用户（22）。

（4）空分过程（24→25，26） 系统中的空分装置主要是为燃烧器B提供氧气。得到的液氧通过低温泵在空分装置ASU内达到燃烧器中的压力。

整个系统循环经过上述过程发电，并得到副产品液态CO_2（18），水（11），氮和氩（26），从而实现了发电的同时避免排放CO_2。

Zhang等在上述基本循环的基础上进行了优化。根据燃烧器中氧化剂的不同，提出了两种系统：一种是以空气作为助燃剂，另一种是以氧气为助燃剂，这两个循环的效率均要比基本循环的效率有所提高。以空气为助燃剂的系统比以氧气为助燃剂的系统要简单，并且省去了制备氧气所消耗的能量及花费。但是由于空气中还有其他不凝性气体，使得该系统的CO_2回收率很低，并且还要取决于凝结过程的参数，因此从回收CO_2的角度看并不适宜。相反，以氧气为助燃剂的系统能实现几乎100%的CO_2回收。因此，从回收CO_2的角度出发，以氧气为助燃剂的系统更加符合要求，以下就该系统中的两种不同类型OXYF－COMP和OXYF进行分析比较。

1）OXYF－COMP系统。OXYF－COMP系统流程图如图8-36所示。

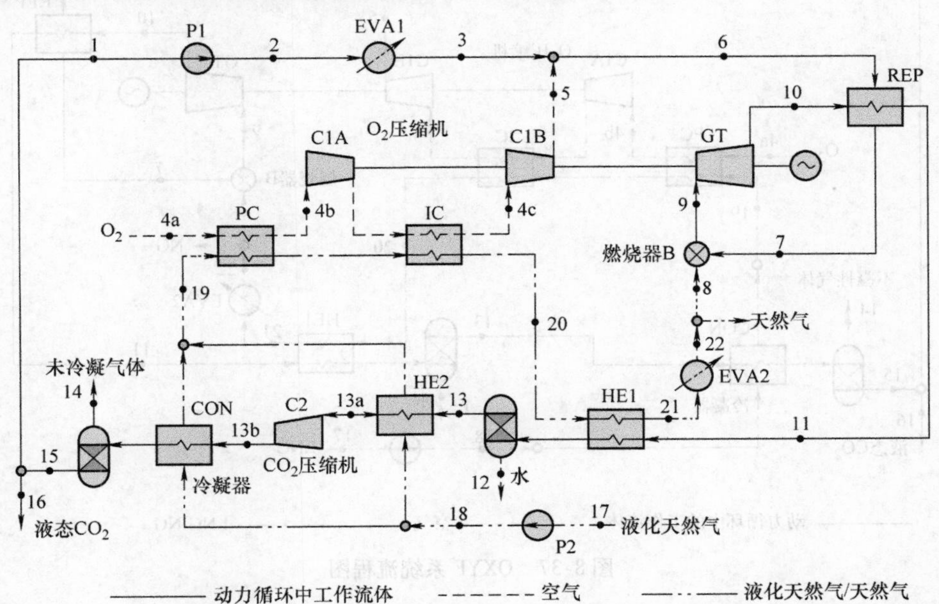

图8-36 OXYF－COMP系统流程图

该循环由发电循环和LNG蒸发汽化过程两个子循环组成。两个子循环在CO_2冷凝器CON、换热器HE1和HE2，以及压缩机预冷器PC和中间冷却器IC处进行热交换。下面介绍两个子循环过程。

① 发电循环（1→2→3→4（a－b－c）→5→6→7→8→9→10→11→12/13→13a→13b→14/15→16→1）。低温液态CO_2作为主要工作流体（1）通过泵达到循环的最高压力，再通过蒸发器EVA1，从而可以产生额外的冷量（2→3）。经过空分装置ASU生产的氧气作为燃烧所需的助燃剂。氧气（4a）压缩过程中经过预冷和中间冷却以减少压缩能耗。CO_2和O_2的混合气体（6），在回热器REP中与膨胀机GT的排出气体进行换热，从而升温（6→7）。之后混合气体进入燃烧器B与天然气（8）一起燃烧，从而达到循

环最高温度，也即膨胀机的入口温度（9）。工作流体 CO_2 在膨胀机 GT 中膨胀发电（10），之后再进入回热器 REP 中冷却（11）。从回热器 REP 出来的 CO_2 与 H_2O 等混合气体（11）需要进行分离，其中的 CO_2 还需要进一步冷却凝结以便回收 CO_2。其中水蒸气经过换热器 HE1 与 LNG 进行换热后，凝结为水被排出（12）。剩余的工作流体主要为 CO_2，经过换热器 HE2（13a）冷却后被压缩机 C2 压缩到冷凝压力后，再在冷凝器 CON 中凝结（13b），不凝性气体（主要是 N_2）被排出（14）。LNG 燃烧过程中产生的 CO_2 则可实现回收（16）。

② LNG 汽化过程（17→18→18a/18b→19a/19b→19→20→21→22→23/8）。LNG（17）经过泵 P2 升高到最高压力，以便能进行后续的长距离管线输送；之后经历 18→18a/18b→19a/19b→19→20→21 过程的换热汽化；最后经过蒸发器 EVA2，其中大部分天然气供给用户（23），一小部分作为燃烧器所需燃料（8）。

OXYF－COMP 系统与基本循环相比有明显不同之处：a. 省略了基本循环中过程 14→15→16（图 8-35）中的三路换热器；b. 大大降低了循环的最高压力，使 CO_2 在过程 1→2→3 中的蒸发，由基本循环中的超临界蒸发变为次临界蒸发，但是却不影响冷量的输出；c. 在膨胀机 GT 中充分膨胀，从而能产生更多的电能。

2）OXYF 系统。由于 OXYF－COMP 系统中的 CO_2 气体压缩机需要耗费相当可观的能量，因而提出了 OXYF 系统，省略了气体压缩机，使工作流体在冷凝压力下进入膨胀机膨胀发电。这一系统虽然减少了发电量，但是也缩减了压缩机的能耗。其流程图如图 8-37所示。OXYF 循环同样由发电循环（1→2→3→4（a－b－c）→5→6→7→8→9→10→11→12/13→14/15→16→1）和 LNG 蒸发汽化（17→18→19→20→21→22→23/8）过程构成，在此不再赘述。

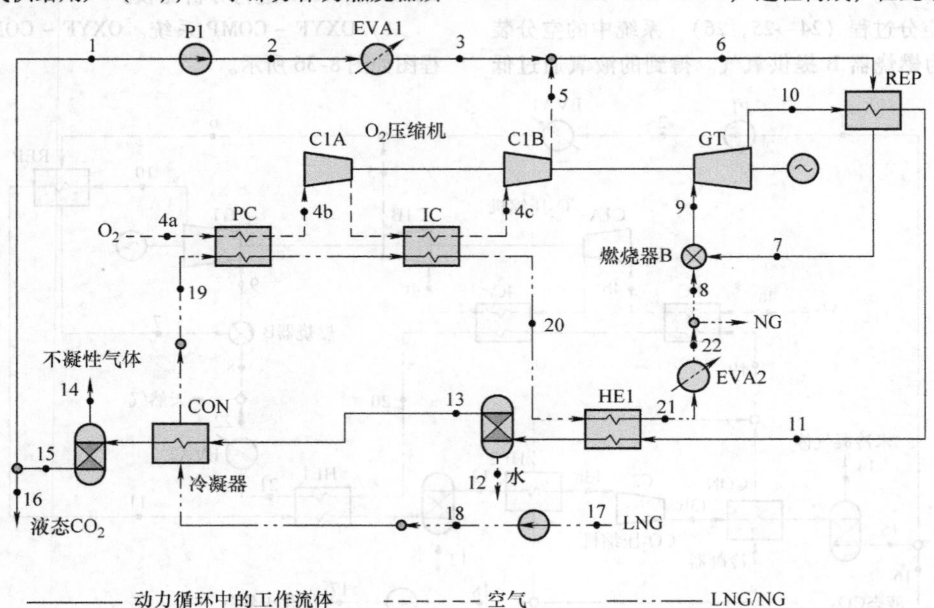

图 8-37　OXYF 系统流程图

将 OXYF－COMP 系统与 OXYF 系统进行比较发现：a. OXYF－COMP 系统净输出功相比 OXYF 系统提高 55%；b. OXYF－COMP 系统热效率相比 OXYF 系统降低 5.5%；c. OXYF－COMP 效率相比 OXYF 降低 3.3%；d. OXYF－COMP 换热器热流温度较低；e. OXYF－COMP 系统的 CO_2 回收率比 OXYF 系统高。综合比较结果，OXYF 系统的性能要次于 OXYF－COMP 系统。下面就 OXYF－COMP 系统进行优化。

3）OXYF－COMP 系统优化形式。所谓 OXYF－COMP 系统优化形式，即是在原 OXYF－COMP 系统基础上加上燃气轮机叶片冷却过程，其具体流程如图 8-38所示。该流程使 CO_2 回收率比原 OXYF－COMP 系统提高 10%左右。这是由于 LNG 量增加了，从而产生更多的 CO_2。如果中间冷却过程采用的是对流冷却，则效率减少 11%左右；但是如果采用蒸发冷却，效率的损失会很小。

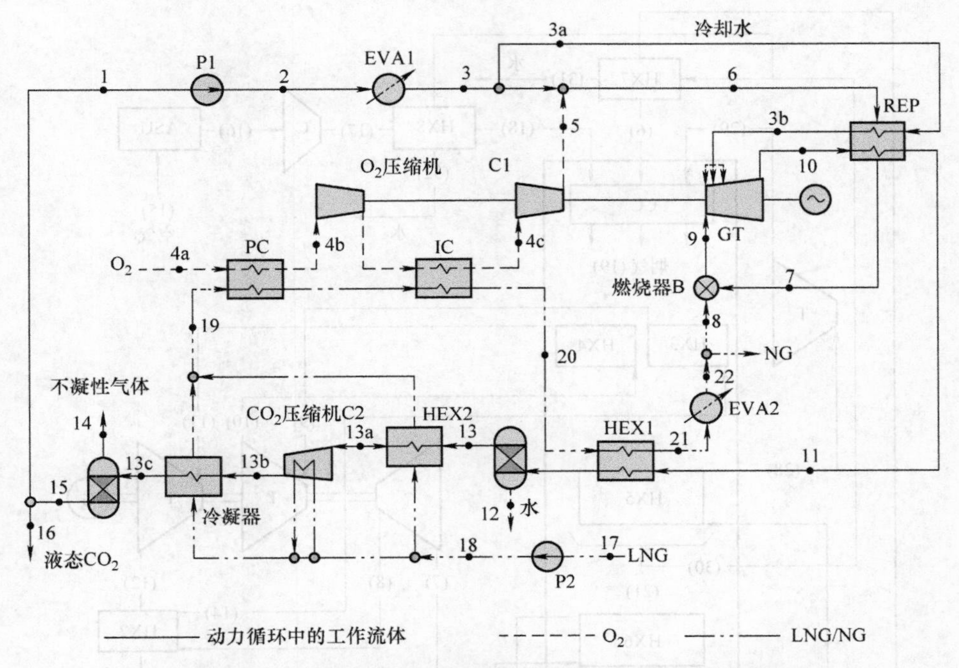

图8-38　具有燃气轮机叶片冷却的OXYF－COMP系统流程

Xiong等提出的CO_2捕集天然气联合循环与LNG冷能利用系统具有良好的热力学性能，循环的㶲效率可达到54.9%，循环发电能力达到每100MW发电量需要LNG119.6 t/h左右。该研究主要有三个特点：一是空气分离与LNG蒸发过程的整合，空气分离单元（ASU）不仅可以产生高压气态O_2，还可以产生高纯度液态N_2，可以大大减少O_2生产损失；二是用于回收烟道气热量的超临界蒸汽循环；三是CO_2回收过程与LNG冷能利用的低温动力循环的热交叉整合，使CO_2冷凝回收，CO_2蒸汽冷凝热用于低温发电循环。

与LNG再汽化和CO_2捕集相关的大多数动力循环中，LNG的冷能部分用于冷凝烟气CO_2以实现捕集。Manuel等提出了一种利用LNG冷能的创新发电厂，并从烟气中捕获CO_2。该工厂的最大优势在于，所有可回收的LNG㶲都用于提高CBC（封闭式布雷顿循环）和直接膨胀的效率。其特征在于在封闭的布雷顿循环中回收LNG冷能，并且通过在连接到发电机的膨胀机中直接膨胀。此外，这种新型发电厂配置允许通过氧气－燃料燃烧系统和朗肯循环捕获CO_2，该循环处于准临界条件下，电厂效率高于65%，温室气体排放几乎为零。具体的流程如图8-39所示。

由于碳捕集利用的温区一般都在－120℃以上，所以LNG深冷部分的冷能得不到充分利用，故碳捕集过程多与发电循环或空分结合。前面介绍了大量LNG冷能发电回收CO_2的例子，还有一部分研究将LNG冷能全部用于CO_2回收。Pan等提出了一种基于低温冷却填充床的CO_2回收流程。如图8-40所示，流程周期包括三个连续步骤：冷却，捕获和恢复。首先LNG蒸发期间释放的冷能将冷却床冷却至－120℃以下的温度。然后将烟道气通入冷藏填充床，烟气被冷却，其中的H_2O和CO_2组分分别在填料表面处冷凝和凝华，而N_2等气体通过填充床不经历任何相变。最后，从填充床中回收贮存的CO_2和H_2O。

Xu等提出了一种用于LNG燃烧发电系统的烟道气的CO_2低温捕获系统，可以充分利用LNG在汽化过程中的冷能。具体的流程如图8-41所示。首先，将烟道气压缩并利用水冷却器进行冷却分离出其中的水，以促进CO_2固体的形成和分离。然后将除去CO_2的烟道气膨胀以提供低温过程所需的大部分冷能。LNG冷能主要用于冷却除去CO_2的烟道气。模拟研究表明，如果烟气温度可以降低到－140℃以下，系统可以达到90%或更高的CO_2回收率。

8.5.3　利用LNG冷能回收其他工厂CO_2

发电行业是CO_2排放大户，但其他很多工业过程也会排放大量CO_2。如果这些工业过程的能耗需求是靠输入LNG来满足的话，则LNG冷能当然可以用于这些工业过程中的CO_2捕集。

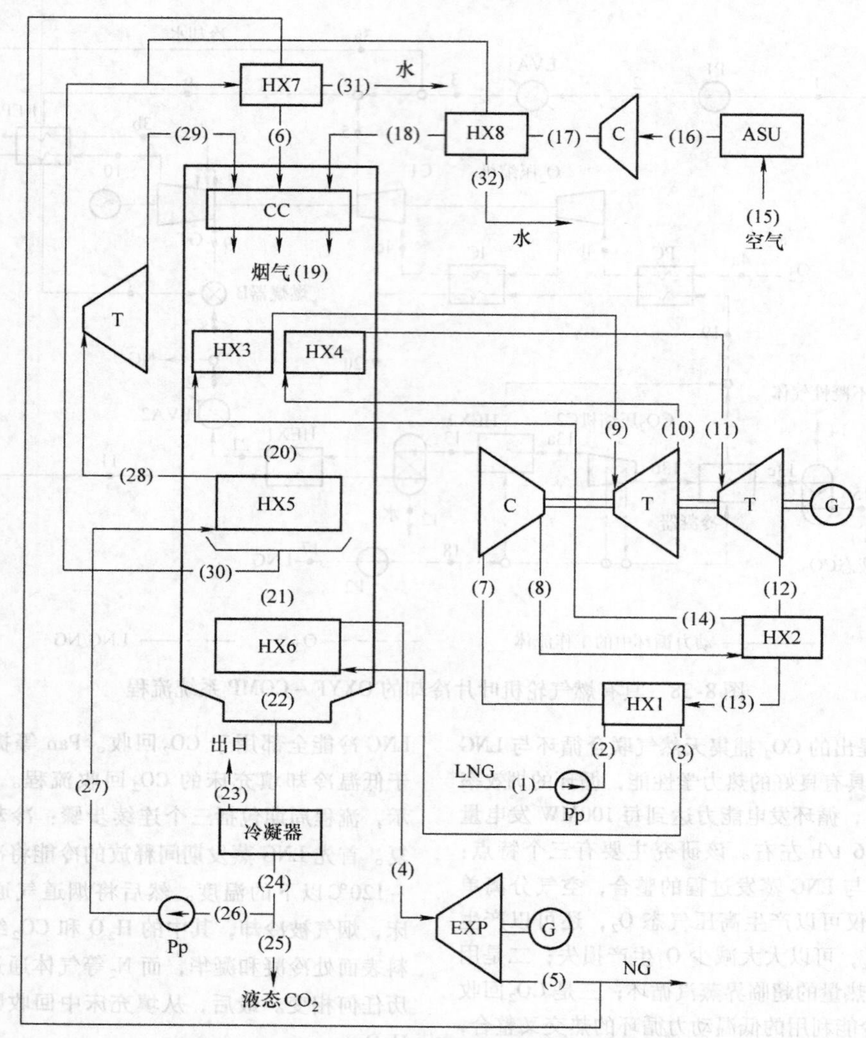

图 8-39 具有 LNG 冷能利用和 CO_2 捕集的发电厂

ASU—空分装置 C—压缩机 CC—燃烧室 HX—换热器 EXP—膨胀机 G—发电机 Pp—泵 T—涡轮机

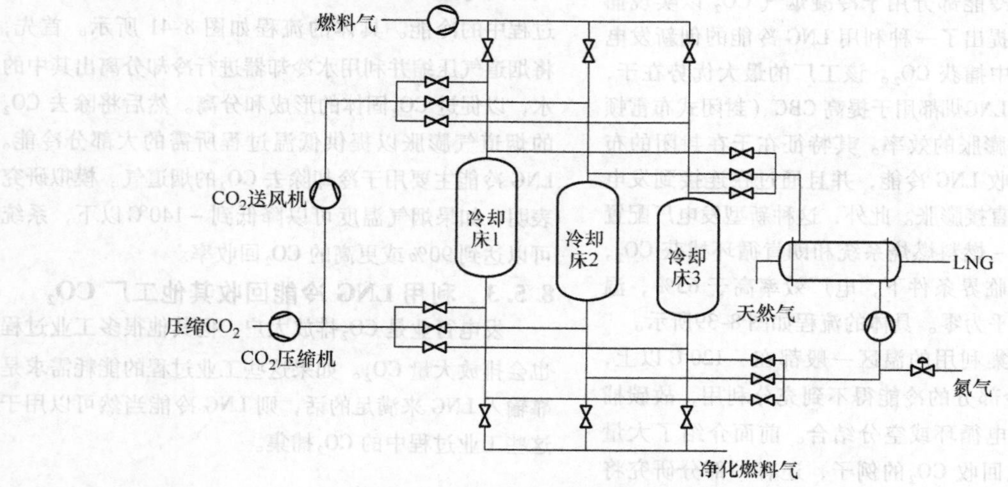

图 8-40 利用 LNG 冷能的碳回收流程

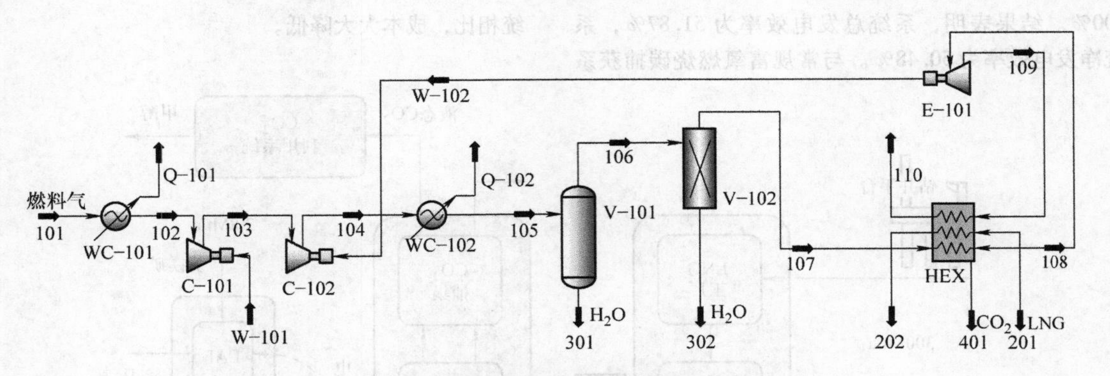

图 8-41　利用 LNG 冷能的碳捕集流程

C—压缩机　HEX—换热器　V—分离器　E—膨胀机　WC—水冷器　W—功　Q—热量

Zhao 等提出了一种基于 LNG 冷能利用的新型系统。如图 8-42 所示，系统使用来自菱镁矿加工工业的烟道气作为热源，将热能提供给并联的双级朗肯循环，该循环将 LNG 用作散热器以产生动力。整个系统由 CO_2 捕集子系统，双级有机朗肯循环发电子系统和液化天然气再汽化子系统组成。CO_2 捕集子系统中，烟道气首先被压缩机压缩，以克服热交换器内的压降。然后，烟道气分别在两个热交换器中冷却，最后，CO_2通过向朗肯循环释放热量而液化，并在液体蒸气分离器中与空气分离。烟气的余热是向发电子系统供热的唯一热源。

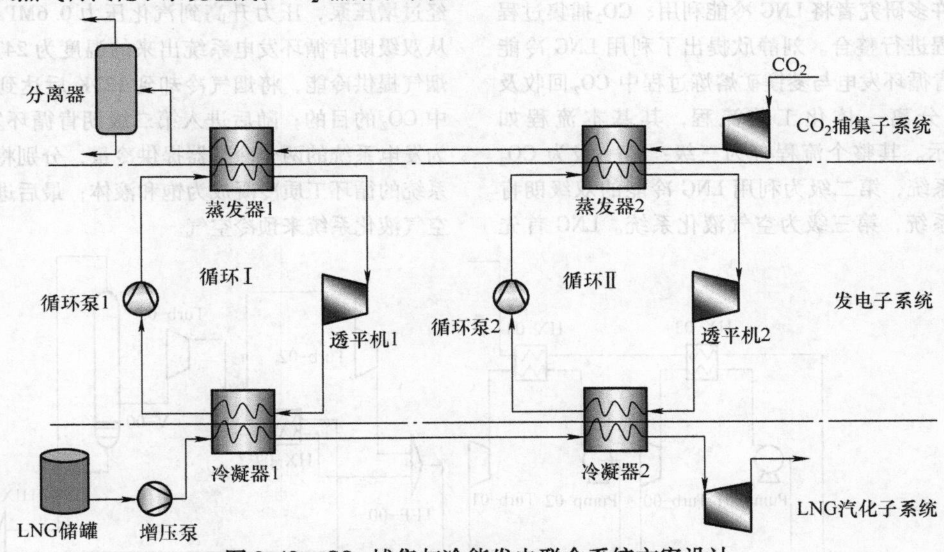

图 8-42　CO_2 捕集与冷能发电联合系统方案设计

该系统用于捕集菱镁矿加工工业排出的废气中的 CO_2，将在辽宁省仙人岛港进口的液化天然气输送到大石桥地区进行 CO_2 捕集和发电。具体的方案如图 8-43所示的，LNG 由海岸终端接收或由液化厂生产，然后，用油罐车上载液化天然气，并通过高速公路向北移动到大石桥地区。在大石桥地区的 LNG 卫星站，发电机由朗肯循环驱动，使用 LNG 作为散热器，来自电炉的废气作为热源。大石桥地区菱镁矿加工业废气中的 CO_2 被液化天然气冷能捕获并液化。捕获的 CO_2用于 CO_2利用子系统用于甲醇生产。研究结果表明，当 LNG 再汽化压力和 CO_2 捕获压力分别设定为 1. 0MPa 和 0. 15MPa 时，系统可以达到57%的㶲效率并且提供 119. 42kW 的电功率和 0. 75t 液体 CO_2/tLNG。

吴谋亮等将 LNG 冷能应用于天然气富氧燃烧电厂碳捕获过程的系统，利用 LNG 冷能将烟气中的 CO_2全部液化回收。回收的 CO_2一部分捕获封存，另一部分用于富氧燃烧动力循环。由于采用 LNG 冷能作为碳捕获的冷源，碳捕获过程不涉及烟气压缩，可以实现了近零功耗的碳捕获，并且碳捕获率为

100%。结果表明，系统总发电效率为 51.87%，系统净发电效率为 50.48%。与常规富氧燃烧碳捕获系统相比，成本大大降低。

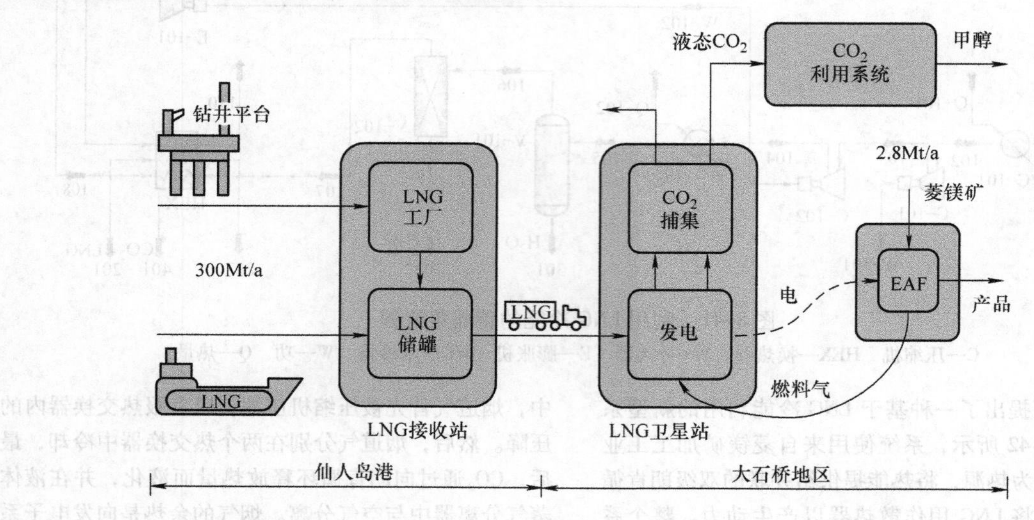

图 8-43　大石桥地区菱镁矿加工业利用仙人岛港液化天然气冷能整体方案

还有许多研究者将 LNG 冷能利用、CO_2捕集过程与空分过程进行整合。刘静欣提出了利用 LNG 冷能的双级朗肯循环发电与菱镁矿熔炼过程中 CO_2 回收及空气液化分离一体化工艺流程，其基本流程如图 8-44所示。其整个流程分为三级：第一级为 CO_2 气体液化系统，第二级为利用 LNG 冷能的双级朗肯循环发电系统，第三级为空气液化系统。LNG 首先经过增压泵，压力升高到汽化压力 0.6MPa，然后为从双级朗肯循环发电系统出来的温度为 247K 的低温烟气提供冷能，将烟气冷却到 123K 后达到液化烟气中 CO_2的目的；随后进入第二级朗肯循环发电系统，为发电系统的两个冷凝器提供冷量，分别将两级发电系统的循环工质冷凝成为饱和液体；最后进入第三级空气液化系统来预冷空气。

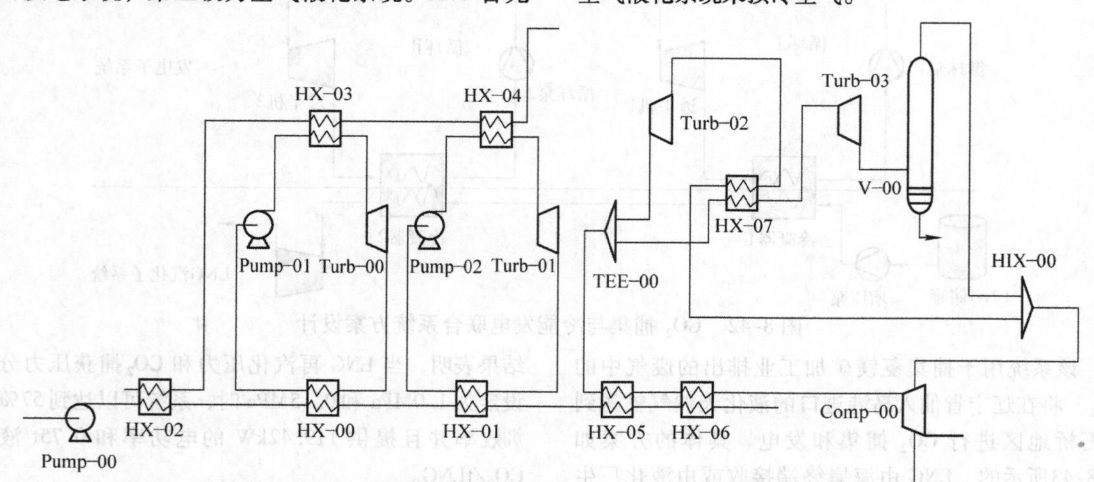

图 8-44　LNG 冷能利用与菱镁矿熔炼中 CO_2 回收及空气液化分离一体化工艺流程

HX—换热器　Comp—压缩机　Pump—泵　Turb—涡轮机

8.6　冷能回收用于食品冷冻冷藏

8.6.1　概述

制冷行业是耗能大户，发达国家每年消耗在制冷行业的能量相当大。初步统计，制冷相关设备的运行消耗的电力已经接近我国总发电量的 25%，超过我国能源总消耗量的 10%，而食品冷冻冷藏行业的耗电则主要用与制冷。

传统的低温冷库多采用多级压缩制冷装置维持冷库的低温，电耗很大。LNG基地一般都设在港口附近，一是方便船运，二是通常的汽化都是靠与海水的热交换实现的。大型的冷库基本上也都设在港口附近，这样方便远洋捕获的鱼类的冷冻加工。在LNG接收站的旁边建低温冷库，可以利用LNG的冷能冷冻食品。回收LNG的冷能供给冷库是一种非常好的冷能利用方式。将LNG与冷媒在低温换热器中进行热交换，冷却后的冷媒经管道进入冷冻、冷藏库，通过冷却盘管释放冷量，实现对物品的冷冻冷藏。这种冷库不仅不用制冷机，节约了大量的初投资和运行费用，还可以节约1/3以上的电力。日本是利用LNG冷能最多的国家之一，其神奈川县根岸基地的金枪鱼超低温冷库，自1976年开始营业至今效果良好。与传统低温冷库相比，采用LNG冷量的冷库具有占地少、投资省、温度梯度分明、维护方便等优点。

8.6.2　冷库及冷藏

在专利中提出了回收液化天然气冷能用于冷库制冷装置。该装置采用了R410A为中间冷媒，在管壳式的换热器中与LNG换热获得冷量，然后进入冷库的冷风机中进行蒸发冷却，从而达到冷冻货物的目的，其流程如图8-45所示。

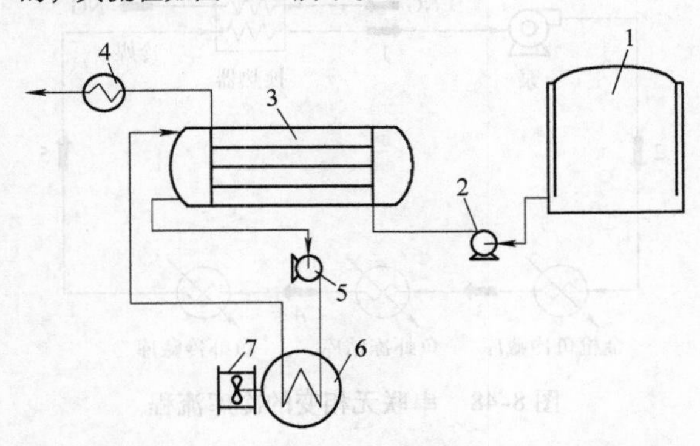

图8-45　回收液化天然气冷能用于冷库制冷装置
1—LNG储罐　2、5—泵　3—管壳式换热器
4—再热器　6—换热器　7—风机

在专利提出的一种LNG冷能梯级集成利用系统中，主要讨论了液化天然气汽化站、冷能服务公司和冷能利用公司之间，如何协调利用LNG冷能的问题。该专利采用了两级中间冷媒传递冷量，使得LNG冷能梯级利用管理较为方便。其中也涉及冷库制冷的问题，其流程如图8-46所示。

李少忠等的模拟分析比较了电压缩氨气制冷冷库系统和利用LNG卫星站冷能的冷库系统的功耗和㶲效率。结果表明，与电压缩氨气制冷相比，利用LNG冷能的冷库每年能节省电力1541.05MW。肖芳等以某库存容量为500m³的LNG汽化站为例，针对汽化站附近有一座低温冷库，冷藏温度要求-30℃，选用液氨为中间冷媒，利用LNG冷能用于冷库食品冷藏，冷库制冷工艺各设备的效率与传统电压缩制冷工艺各设备相比大大提高。

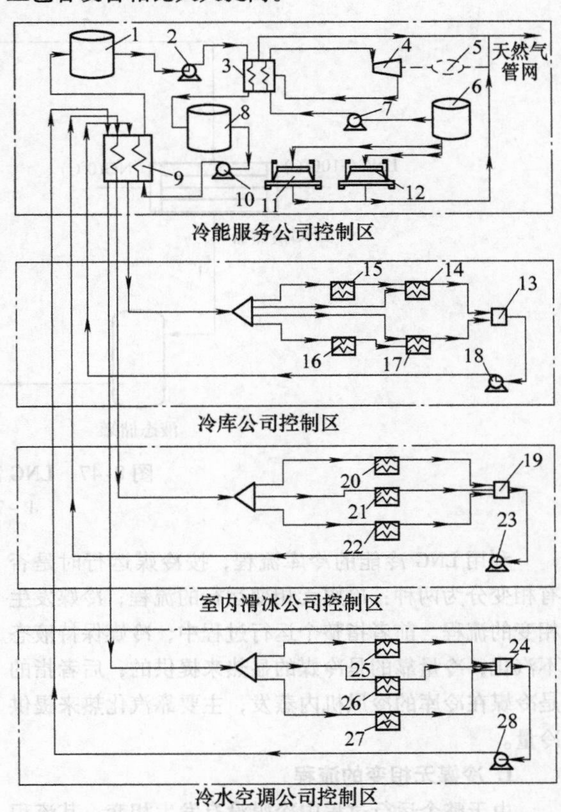

图8-46　一种LNG冷能梯级、集成利用系统
1、6、8、13、19、24—储罐　2、7、10、18、23、28—泵
3、9、14～17、20～22、25～27—换热器　4—膨胀机
5—发电机　11、12—汽化器

李硕进行了LNG冷能用于有机朗肯循环和冷库的模拟研究，在该研究中冷库作为LNG冷能利用的第二级，空气分离作为冷能利用的第一级。经过空气分离工艺后的LNG温度升高为-100℃。冷却物冷藏间和冷冻物冷藏间采用并联方式，设计温度分别为-2℃和-20℃，各冷间的冷却末端设备均为空气冷却器，冷媒工质选用氨。如图8-47所示，具体的流程为：从液态储罐出料口流出的饱和液态氨首先经泵加压成为高压工质（物流2），然后分成两路，其中一路直接进入蒸发器1，为冷却物冷藏间提供冷量成为饱和气态工质（物流3）；另一路先经过节流阀降压成为低温低压工质（物流4），然后经蒸发器2，

为冷冻物冷藏间提供冷量变成饱和气态工质（物流 5），之后该饱和气态工质经压缩机加压至与物流 3 相同的压力，变成过热气态工质（物流 6）。饱和气态工质（物流 3）和过热气态工质（物流 6）在气态储罐混合后变成物流 7，物流 7 经 LNG 换热器冷却成饱和液态工质（物流 1）。分析结果表明，该研究设计的利用 LNG 冷能的冷库系统可节约 135.9kW 的电耗，冷库系统 COP 随 LNG 汽化压力由 1.50（2.5MPa）升高至 1.89（8MPa）。

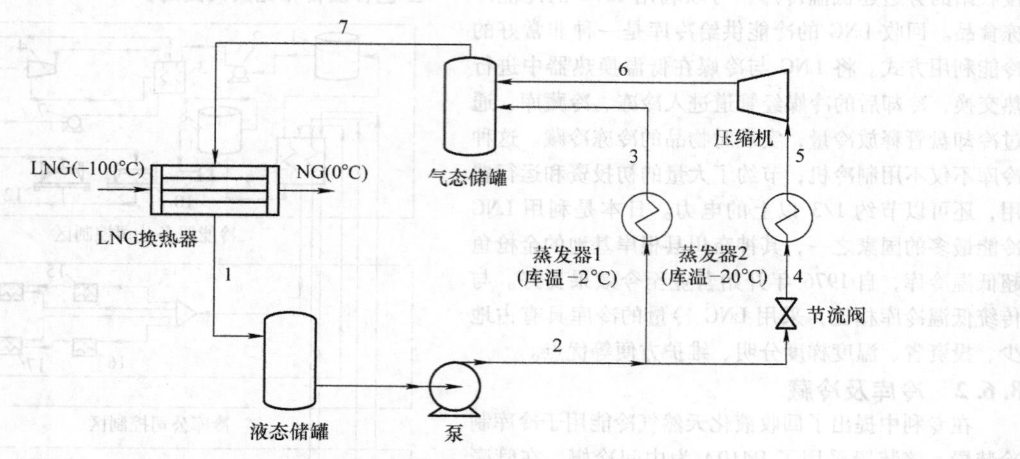

图 8-47　LNG 冷能冷库系统流程
1 ~7—物流

利用 LNG 冷能的冷库流程，按冷媒运行时是否有相变分为两种：冷媒无相变运行的流程；冷媒发生相变的流程。前者指整个运行过程中，冷媒保持液态不汽化，冷量靠的是冷媒的显热来提供的；后者指的是冷媒在冷库的冷风机内蒸发，主要靠汽化热来提供冷量。

1. 冷媒无相变的流程

由于整个运行过程中冷媒没有发生相变，其流程的控制相对较容易，对于不同温度要求的冷库，可以考虑按照温度从低到高来进行串联，使得冷媒逐次通过它们来释放冷量，实现冷媒的串联化运行，使冷媒、管路系统化，充分利用了 LNG 的冷能，也是实现了冷媒冷量（㶲）的梯级利用，现以金枪鱼冷藏库（−60℃）、鱼虾冻结库（−28℃）和鱼虾冷藏库（−18℃）为例进行说明，其串联无相变冷库流程如图 8-48 所示。

具体过程是冷媒在 LNG－冷媒换热器中获得冷量后，经泵加压，进入温度最低的金枪鱼冷藏库的换热器去释放一定的冷量，冷媒温度也升高了一定幅度；接着进入温度较低的鱼虾冻结库的换热器，释放冷量后也产生了一定的温升；再进入到温度较高鱼虾冷藏室的换热器内吸热升温。各冷库中，冷媒释放的冷量是通过风机传给周围空气的，冷媒最后进入 LNG－冷媒换热器完成整个的循环过程。

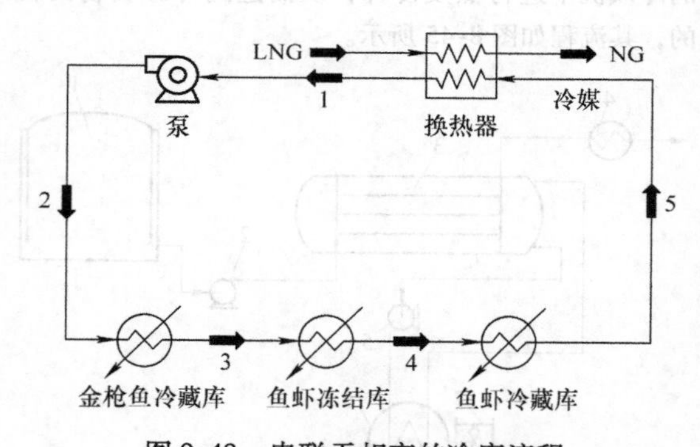

图 8-48　串联无相变的冷库流程

无相变方案的特点是流程、设备简单，控制方便，但冷媒是靠显热来携带冷量，相对于潜热来说还是小很多。这样使得在冷库负荷不变的情况下，要靠增大冷媒的质量流量来弥补，这样使得流程中的冷媒流量较大。

2. 冷媒有相变的流程

冷媒在各冷库的换热器中是发生相变的，主要通过蒸发热来提供冷量。对同时运行几个温度要求不同的冷库时，其冷媒的蒸发温度不同，则对应的蒸发压力也不相等，如果采用串联流程，就会带来各冷库换热器中压力控制不均衡的问题，即不能保证各换热器中实际的运行压力正好是蒸发压力，还有可能造成某些换热器中冷媒是全液态或气态的情况。为此，考虑采用并联的流程，即把这不同温度要求冷库的换热器并行在一起，通过节流阀来控制各自的蒸发压力的需求。在这里还是以金枪鱼冷藏库、鱼虾冻结库和鱼虾冷藏库为例进行说明，其并联有相变流程如图8-49所示。

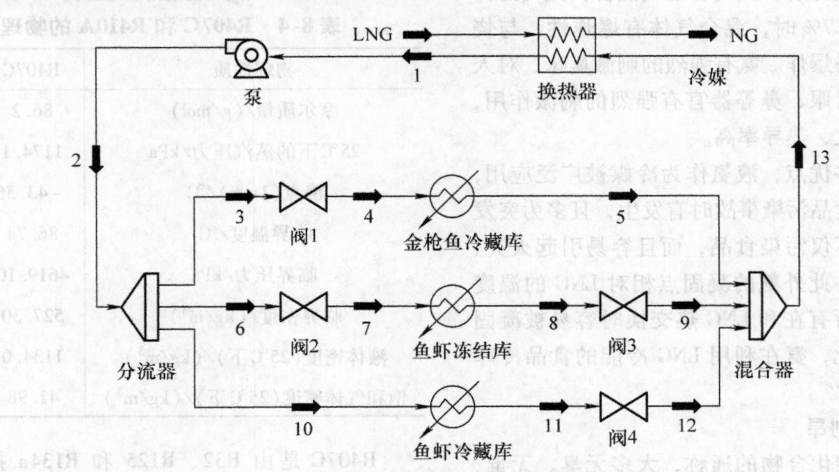

图8-49 并联有相变的冷库流程

在冷库的三个并联换热器中，鱼虾冷藏库换热器的蒸发温度最高，对应的蒸发压力也最高，可以考虑作为并联起始端的压力；鱼虾冻结库的蒸发压力较低，则用节流阀降压到所需的蒸发压力；金枪鱼冷藏库的蒸发温度最低，对应蒸发压力也最低，可考虑作为并联末端的压力，其余不满足压力要求的也用节流阀来处理，此时状态点5、9、12、13的压力相同，但是其温度是不相等的，则焓值也不相同。

有相变方案的特点冷媒质量流量小，但流程、设备与控制均较复杂，发生了相变后，其气相部分体积流量较大，使得气态管路直径较大和相应的换热器尺寸也会较大。

8.6.3 冷媒选择

冷媒（载冷剂）的主要功能，就是通过它将LNG中的冷量携带到冷库中使用。理想的载冷剂需具备如下特点：

1）热容和汽化热较大的，这样可以减少载冷剂的用量。

2）为了充分发挥换热器的效率，载冷剂需要有较高的热导率。

3）由于黏度对管道的阻力或传热系数有很大的关系，直接影响到金属材料的耗用量，所以载冷剂的气体和液体的动力黏度越小越好。

4）载冷剂应具有较好的化学稳定性，在任何温度和压力下不会化合或分解，对金属无腐蚀，保证管道和设备能长期使用。

5）为保证安全，应该采用无毒的载冷剂，同时载冷剂不仅应对人体无毒，在泄漏的时候同货物接触，对货物也不应该有破坏作用。

6）理想的载冷剂不应有爆炸和燃烧的危险。

7）容易制取，能够及时供应，而且价格低廉。

8）能保证在和LNG换热时不被凝固而阻塞管路，即载冷剂的工作凝固点不应高于LNG温度太多。

冷库制冷系统目前常用的载冷剂有氨、氟利昂、碳氢化合物、混合制冷工质。下面初步选择几种载冷剂来讨论，其基本的物理性质见表8-3。

表8-3 常见载冷剂物理性质

载冷剂	分子式	正常蒸发温度/℃	凝固点/℃	比热容/[kJ/(kg·K)]
氨(R717)	NH_3	-33.4	-77.7	4.55
R12	CF_2Cl_2	-29.8	-155	1
R22	CHF_2Cl	-40.84	-160	1.4
R23	CHF_3	-82.1	-155.2	6.5
R115	C_2F_5Cl	-38	-106	—
R134a	CH_2FCF_3	-26.1	-103	1.425
乙烷	C_2H_6	-88.6	-182.8	2.984
丙烷	C_3H_8	-42.04	-187.69	2.669
正丁烷	C_4H_{10}	-0.6	-135	—
异丁烷	$CH(CH_3)_3$	-11.7	-159.6	2.406
乙烯	C_2H_4	-103.7	-169.5	—
丙烯	C_3H_6	-47.7	-185	2.175
酒精	C_2H_5OH	78	-117.3	2.4

1. 无机物氨

氨为无色气体，常压下的蒸发温度为-33.4℃，

凝固温度为 -77.7℃，临界温度为 132.4℃，临界压力为11.52MPa。常温常压下氨不燃烧，在530℃以上的高温时，会引起分解。氨气和空气混合，氨气的体积分数在 13% ~27% 时，混合气体有爆炸性，与烧红的金属接触也易爆炸。氨有强烈的刺激臭味，对人体器官有危害，对眼、鼻等器官有强烈的刺激作用，氨的单位制冷量大，热导率高。

由于氨有很多优点，液氨作为冷媒被广泛应用，但液氨泄漏所致食品污染事故时有发生，且多为突发性，一旦发生，不仅污染食品，而且容易引起火灾、爆炸和人员中毒；此外氨的凝固点相对 LNG 的温度来说是较高的，所有在和 LNG 热交换时容易被凝固而阻塞管路。因此，氨在利用 LNG 冷能的食品冷库中不是最佳选择。

2. 单工质氟利昂

氟利昂是卤碳化合物的通称，大多无臭、无毒、不燃烧，与空气混合也不会爆炸，稍溶于水，分子对金属不腐蚀，凝固点低，密度大，节流损失大，表面传热系数低，泄漏不易发现，价格较氨贵，与火焰接触会分解产生有毒的气体。以往常用于冷库的氟利昂有 R12、R22 等。这些氟利昂对大气层中的臭氧有严重的破坏作用，按有关国际协议已禁止使用或即将停止使用。

作为破坏臭氧层的氟利昂的替代工质，R134a 得到了广泛应用。R134a 的臭氧消耗潜能 ODP = 0，全球变暖潜能 GWP = 875，蒸发温度为 -26.167℃，凝固温度为 -96.6℃。在作为 LNG 冷能利用的冷媒使用时，存在着凝固点较高、比热容较低等缺点，但可以正常使用。由于存在 GWP 较大的问题，长远来说也会逐渐被替代。

低温制冷剂 R23 的蒸发温度为 -82.1℃，凝固温度为 -155℃，基本能满足不被 LNG 凝固。由于其沸点较低，如果用在一般的冷库中，要求其蒸发压力较高才行，这样对系统设备提出了承压要求；如果用于超低温冷库时（如金枪鱼冷库），其要求的蒸发温度较低，对应的蒸发压力也较低，则是比较合适的。所以对冷媒 R23 的使用要看其具体的运行要求而定。

3. 碳氢化合物

丙烷、丁烷、乙烯、丙烯等碳氢化合物均可选择作为载冷剂。很多碳氢化合物有很好的温度特性，既能满足冷库的温度需求，也能很好地避免被 LNG 凝固；但是目前食品安全越来越受到重视，碳氢化合物是易燃、易爆的，且有的还有毒，所以在冷库行业中用得较少，一般不考虑。

4. 氟利昂混合冷媒

目前比较成熟的环保型氟利昂混合冷媒主要有 R407C 和 R410A，其物理性质见表 8-4。

表 8-4 R407C 和 R410A 的物理性质

物理性质	R407C	R410A
摩尔质量/(g/mol)	86.2	72.58
25℃下的蒸汽压力/kPa	1174.1	1652.9
沸点(1atm)/℃	-43.56	-51.53
临界温度/℃	86.74	72.13
临界压力/kPa	4619.10	4926.10
临界密度/(kg/m³)	527.30	488.90
液体密度(25℃下)/(kg/m³)	1134.0	1062.4
饱和气体密度(25℃下)/(kg/m³)	41.98	65.92

R407C 是由 R32、R125 和 R134a 按质量分数 23%、25%、52% 混合而成的近共沸制冷剂。R410a 是由 R32 和 R125 按质量分数各占一半混合而成，其臭氧层消耗潜能 ODP = 0，全球变暖潜能 GWP < 0.2，是一种共沸冷媒。R410A 具有很好的传热性能，蒸发传热系数和冷凝传热系数高于 R407C，在很多应用场合 R410A 的传热性能还优于 R22。蒸发试验研究发现，R410A 在光滑水平管内的传热系数比 R407C 高 50% 左右；与 R22 蒸发试验结果相比，R410A 的传热系数要比 R22 高 10% ~50%。冷凝试验则显示，在光滑管内，R410A 的冷凝传热系数比 R407C 的高 20%；在光滑管外，R410A 的冷凝传热系数比 R407C 的高 35% ~50%，比 R22 高 11% ~17%，而 R407C 的传热系数却比 R22 低 24% ~37%。在具有微型肋片的管外，R410A 的冷凝传热系数比 R407C 高 35% ~55%，比 R22 高 3% ~7%；相反，R407C 的传热系数比 R22 低 33% ~52%。

R407C 属于“非共沸的混合工质”，其混合工质中的一个组分容易泄漏，导致制冷温度发生变化；而且一旦出现组分泄漏，则只能进行液态重注，损失巨大。R410A 在这方面则有着明显的优势，虽然同为混合工质，但 R410A 的两种组分比例均衡，几乎各占一半。因此更容易控制及维护。

R410A 无毒，不燃烧，与空气混合也不会爆炸，是一种优质的环保型冷媒。目前在国外，R410A 广泛用于冰箱和空调的制冷，故在利用 LNG 冷能发展冷库时，可以利用 R410A 作为载冷剂。由于是共沸冷剂，所以可以通过调节 R410A 的压力来调节其蒸发温度，为冷库提供多种不同温位的冷量，因此对利用 LNG 冷能的冷库来说，R410A 是个比较理想的选择。

8.6.4 冷能用于冷库方案举例

1. 方案举例一

吴胜琪进行了利用LNG冷能用于冷冻冷藏库方面的研究，其整体LNG冷能利用于冷冻库的系统流程如图8-50所示。LNG经由LNG－冷媒换热器加热后，再经由开架式汽化器（ORV）再次加热，将NG过热到10℃以上，利用环保冷媒在获得LNG冷量后，进入到冷库的蒸发器中进行蒸发换热，完成整个循环。

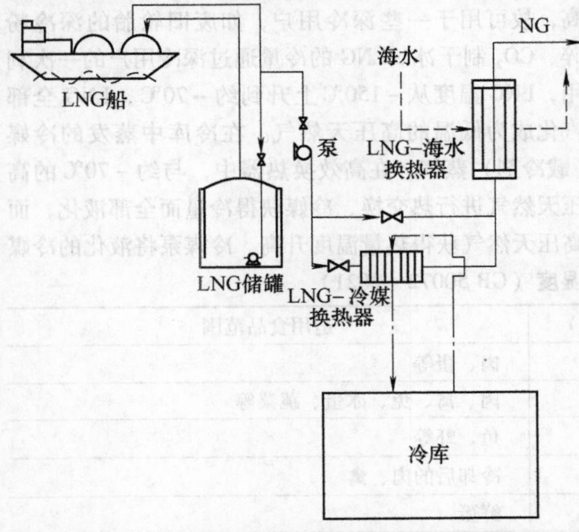

图8-50 LNG冷能利用于冷冻库的系统流程

—— LNG —·— 冷媒 —— 海水

该系统采用60%质量分数的酒精溶液为冷媒，一方面将LNG汽化成NG，另一方面用于冷冻盘管内，将冷冻库降温；此外采用储冷槽的设计可以应付负荷变动保持一定的冷冻库温度，维持冷冻库内物品的品质。采用酒精是因为它是环保的冷媒，黏性小，输送容易；其缺点是凝固点较高，容易被凝固而阻塞管路，所有运行时需要小心。

参考文献［58］用13.5t/h的LNG流量为设计基准，其冷冻能力约为500USRt（1USRt = 3.51685kW）；要求每一个换热器单位的容许流量为8t/h，因此500 USRt所需要的换热器每级单位数为2个。其LNG冷能用于冷冻冷藏库的系统流程如图8-51所示，冷媒系统流程如图8-52所示。

该系统的冷媒设计回路分为两个主要的循环：常温循环和低温循环。在常温循环中，酒精冷媒被加压至0.45MPa；之后经过加热器加热至20℃；接着进入换热器3，流量约为20m³/h，温度降低到－20℃。经过此换热器的LNG被加热到10℃的NG，排出后直接供给用户使用。从换热器3出来的－20℃冷媒和来自于冷冻库冷媒（温度为－29℃，流量为220m³/h）混

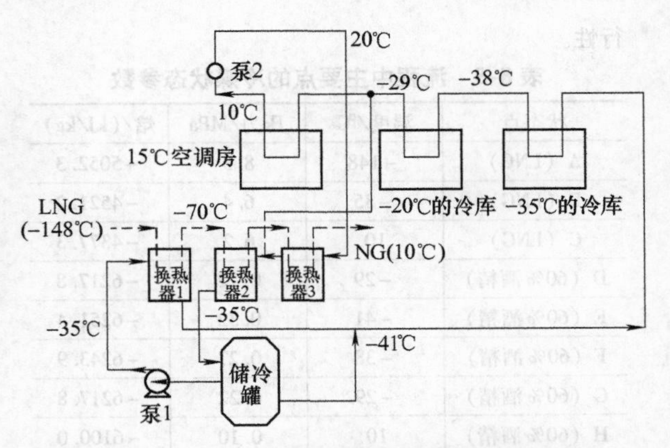

图8-51 LNG冷能用于冷冻冷藏库的系统流程

—— 冷媒（H_2O +60%酒精） ---- LNG

合后进入换热器2中进行降温，温度达到－35℃，出换热器2之后就进入了储冷槽（其作用是调节冷媒流量，使得能保持LNG出换热器2时能够到－35℃）。

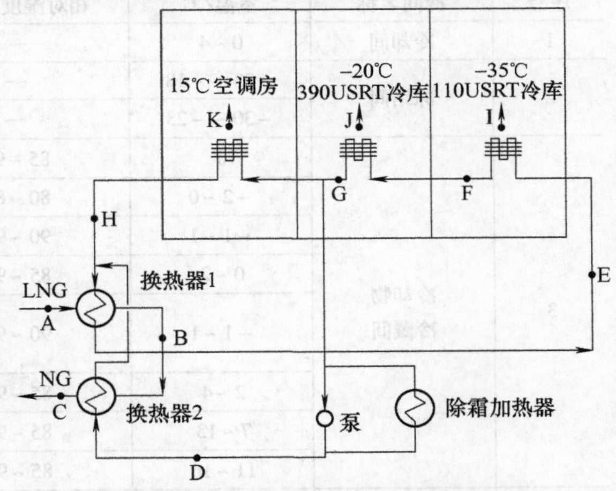

图8-52 LNG用于冷能冷冻冷藏库内部冷媒系统流程

在低温循环中，冷媒经泵加压到0.35MPa，然后经过换热器1，冷却到－40℃，其中换热器1中的冷媒流量必须极为小心地控制，该系统利用了储冷槽来调节，保持换热器1的稳定流量。

在冷库内部的冷媒是先经过温度较低的－35℃冷库；释放部分冷能后，再进入温度为－20℃冷库，此时冷媒的温度达到－29℃；之后冷媒分两股，一股作为空调房用，流量是20m³/h，另一股回到换热器2中完成循环。其主要状态点的温度、压力见表8-5。参考文献［51］对该装置进行了经济评估，平均每个月能节省70000美元的电费，该系统在3.5年就可以收回投资成本，显示了LNG冷能利用在冷冻冷藏库不仅可以达到节能的效果，也有极高的经济可

行性。

表 8-5　流程中主要点的冷媒状态参数

状态点	温度/℃	压力/MPa	焓/(kJ/kg)
A（LNG）	-148	8.3	-5052.3
B（LNG）	-35	6.4	-4521.2
C（LNG）	10	6.2	-4377.3
D（60%酒精）	-29	0.22	-6217.8
E（60%酒精）	-41	0.32	-6251.4
F（60%酒精）	-38	0.27	-6243.9
G（60%酒精）	-29	0.22	-6217.8
H（60%酒精）	10	0.10	-6100.0
I（空气）	-36	0.10	-61.9
J（空气）	-24	0.10	-49.7
K（空气）	13	0.10	-12.4

2. 方案举例二

国内某 LNG 进口接收站提出了 LNG 冷能利用于冷库的规划。该规划参照表 8-6 的冷库设计标准中冷库设计温度和相对湿度的要求。

图 8-53 所示为 LNG 冷能用于冷库的流程。储罐中 -162℃ 的 LNG，经 LNG 泵加压到天然气高压输气管网所需的压力（约 7.3MPa），温度上升至约 -150℃。由于 LNG 温度非常低，冷量的品位非常高，故可用于一些深冷用户，如废旧轮胎的深冷粉碎、CO_2 制干冰。LNG 的冷量通过深冷用户的一次利用，LNG 温度从 -150℃ 上升到约 -70℃，LNG 全部汽化成为低温的高压天然气。在冷库中蒸发的冷媒（载冷剂）蒸气，在高效换热器中，与约 -70℃ 的高压天然气进行热交换，冷媒获得冷量而全部液化，而高压天然气获得热量温度升高。冷媒泵将液化的冷媒

表 8-6　冷库设计温度和相对湿度（GB 50072—2021）

序号	冷间名称	室温/℃	相对湿度（%）	适用食品范围
1	冷却间	0～4	—	肉、蛋等
2	冻结间	-23～-18	—	肉、禽、兔、冰蛋、蔬菜等
		-30～-23	—	鱼、虾等
3	冷却物冷藏间	0	85～90	冷却后的肉、禽
		-2～0	80～85	鲜蛋
		-1～1	90～95	冰鲜鱼
		0～2	85～90	苹果、鸭梨等
		-1～1	90～95	大白菜、蒜薹、洋葱、菠菜、香菜、胡萝卜、甘蓝、芹菜、莴苣等
		2～4	85～90	土豆、橘子、荔枝等
		7～13	85～95	菜椒、菜豆、黄瓜、番茄、柑橘等
		11～16	85～90	香蕉等
4	冻结物冷藏间	-20～-15	85～90	冻肉、禽、副产品、冰蛋、冻蔬菜、冰棒等
		-25～-18	90～95	冻鱼、虾、冷冻饮品等
5	冰库	-6～-4	—	盐水制冰的冰块

升压后，通过保温管线输送到冷库。在库房的蒸发器内，冷媒蒸发放出冷量，通过库房内的轴流风机与库房内循环流动的空气进行热交换，吸收库房内空气的热量，使冷库的库房温度保持在需要的低温。同时，蒸发后的冷媒再通过管线输送到高效换热器中，与低温的高压天然气换热，由此形成载冷循环，替代传统冷库中的压缩制冷，不仅节约大量的能耗费用，而且能减少压缩制冷的设备投资。

根据该 LNG 进口接收站地区当时的水产品等加工生产能力，可在 LNG 接收站附近约 1km 内建设一座 4.5 万 t 的大型冷库。此冷库可年加工 75 万 t 鲜活水产品，为加工企业提供原料及产品的冷冻、冷藏需

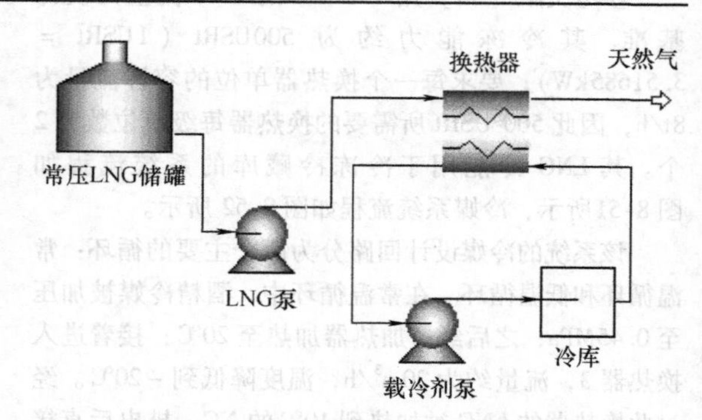

图 8-53　LNG 冷能用于冷库的流程

求。其基本参数如下：冷库规模 4.5 万 t，其中，冷

冻1库（−42℃）1.5万t；冷冻2库（−32℃）1.5万t；冷冻3库（−18℃）1.5万t。冷库总建筑面积48600m²（含月台2600m²）。

年加工75万t水产品，如果按冷冻水产品60万t/a，鲜活水产品6万t/a，水产干品9万t/a，其中冷冻库（蒸发温度−42℃）的冷负荷约为10.0MW，冷藏库（蒸发温度−28℃）负荷1.3MW，冷藏库（蒸发温度−15℃）负荷2.6MW，总负荷为13.9MW。如果采用压缩制冷方式，一般采用氨作为制冷剂，则压缩制冷的功耗约为6.9MW，年耗电量为6044×10^4kWh，电费约3022万元/a。如果采用LNG冷能为冷库提供冷量，取−70℃以上的冷量，需约150t/h的LNG，采用R410A作为载冷剂，需126t/h。相对压缩制冷工艺，直接采用LNG的冷量作为冷库的冷源，75t规模的冷库，年节约电费可达3000万元，能大大降低成本。所需的设备包括：高效换热器、R410A泵、翅片式蒸发器、轴流风机、低温输送管线（保温良好）、R410蒸发气压缩机（为冷媒循环提供动力）。

该LNG冷能利用方案中，也对冷库作了经济分析，得出税前的利润总额是11663万元，税后是7814万元；税前投资回收期6.28年，税后6.87年；借款偿还期为5年。可以看出，其经济效益还是相当好的。

3. 方案举例三

广东省佛山市顺德杏坛LNG站冷能用于冷库项目是国内首次将冷能的量化和计量用于实际工程并商业化运营的冷能利用项目，也是国内首个LNG冷能利用运营示范项目。该项目总投资128.967万元，主要的经营范围是水产品的加工及贮存，含有−30℃冷冻库和−15℃储藏库。自商业运营以来，各项参数指标均符合用户使用要求。具体的技术方案设计如图8-54所示，系统主要由LNG汽化系统、低压氨制冷循环系统和电压缩氨制冷循环系统三部分组成。进入换热器的LNG流量根据换热器中氨气的压力确定；进入冷库的液氨量通过冷库温度来调节。具体流程为：将LNG分成两路，一路在空温式汽化器中汽化为常温的天然气，经调压阀调压至0.3～0.35MPa后，进入城市管网。另一路将出冷库的氨气冷凝后进入辅热空温式汽化器汽化升温至常温，再与原LNG汽化系统中的天然气混合，最终送入城市管网；同时，冷凝后的液氨，经氨泵加压至0.3～0.5MPa后顺序经流量计流至调压阀，降压至0.15MPa，最后送入冷库制冷，完成低压氨制冷循环。当冷库的需冷量较大，或LNG量供应不足时，为满足要求，在进行低压氨制冷循环的同时，开启电压缩氨制冷循环系统。电压缩氨制冷循环系统冷凝后的液氨经调压阀调压至0.15MPa后，与来自低压氨制冷循环中经调压阀调压后0.15MPa的液氨混合，最后进入冷库制冷。

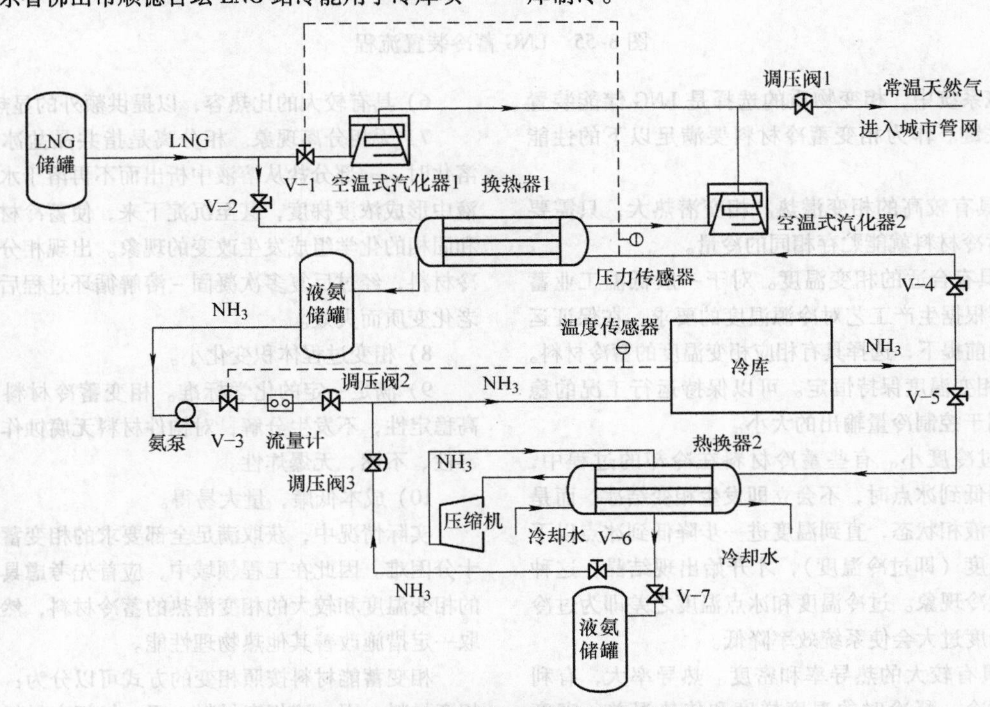

图8-54　LNG卫星站冷能用于冷库的流程

V—调压阀

8.7 LNG冷能用于相变储能

8.7.1 概述

LNG主要用于调峰发电和城市燃气，LNG的汽化负荷随时间和季节发生波动。对天然气的需求是白天和冬季多，所以LNG汽化所提供的冷量也多。反之，在夜间和夏季，对天然气的需求减少，可以利用的LNG冷量也随之减少。LNG冷量的波动，对冷量利用设备的运行产生不良影响，因此考虑利用相变材料，将白天LNG汽化时的富裕冷量贮存起来，而在夜晚LNG冷量不足时，释放冷量供给冷能利用设备。

概括起来，LNG相变储能的原理是：白天LNG冷量充裕时，相变物质吸收冷量而凝固或液化；夜间LNG冷量供应不足时，相变物质熔解或汽化，释放冷量供给冷量利用设备。一般整个LNG相变储能装置由液化过程、储能过程、LNG汽化过程、释冷过程组成，其流程如图8-55所示。

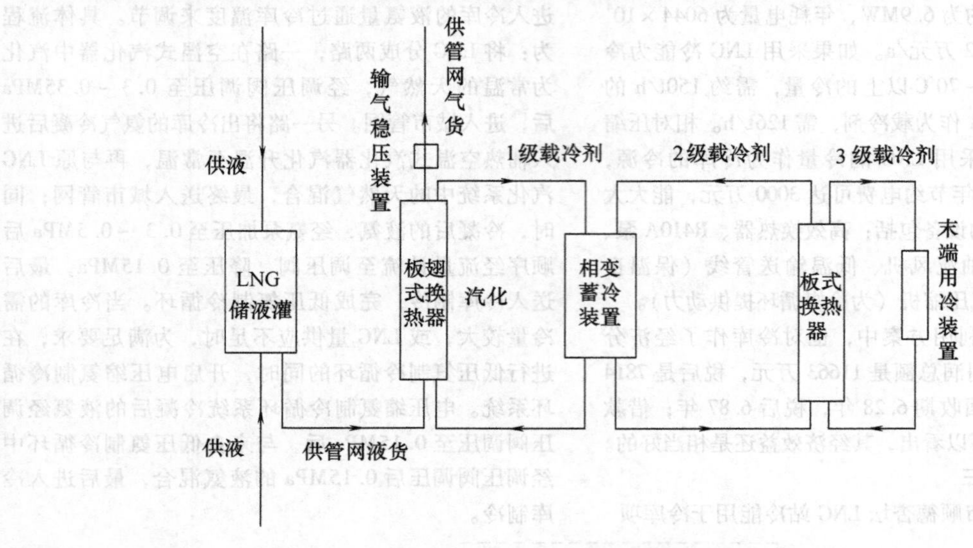

图8-55 LNG蓄冷装置流程

在该系统中，相变物质的选择是LNG储能装置研究的关键。作为相变蓄冷材料要满足以下的性能要求：

1）具有较高的相变潜热。相变潜热大，只需要较少的蓄冷材料就能贮存相同的冷量。

2）具有合适的相变温度。对于一般低温工业蓄冷，需要根据生产工艺对冷源温度的要求，在保证运行效率的前提下，选择具有相应相变温度的蓄冷材料。

3）相变温度保持恒定。可以保持运行工况的稳定，有利于控制冷量输出的大小。

4）过冷度小。有些蓄冷材料在冷却的过程中，当温度降低到冰点时，不会立即发生相变结冰，而是继续保持液相状态，直到温度进一步降低到冰点以下的某一温度（即过冷温度），才开始出现结晶，这种现象为过冷现象。过冷温度和冰点温度之差即为过冷度。过冷度过大会使系统效率降低。

5）具有较大的热导率和密度。热导率大，有利于减小蓄冷－释冷时的温度梯度和传热温差；密度大，有利于减小蓄冷装置的体积。

6）具有较大的比热容，以提供额外的显热效果。

7）无相分离现象。相分离是指共晶盐冰在加热溶化时，一部分盐从溶液中析出而不再溶于水，在溶液中形成浓度梯度，甚至沉淀下来，使蓄冷材料液相和固相的化学组成发生改变的现象。出现相分离的蓄冷材料，经过反复多次凝固－溶解循环过程后，就会老化变质而失效。

8）相变过程体积变化小。

9）满足一定的化学标准。相变蓄冷材料应具有高稳定性，不发生分解，对构件材料无腐蚀作用，无毒性、不燃、无爆炸性。

10）成本低廉，量大易得。

实际情况中，获取满足全部要求的相变蓄冷材料十分困难。因此在工程领域中，应首先考虑具有合适的相变温度和较大的相变潜热的蓄冷材料，然后再采取一定措施改善其他热物理性能。

相变蓄能材料按照相变的方式可以分为：固－固相变材料、固－液相变材料、固－气相变材料及液－气相变材料。由于前两种相变方式在相变过程中没有气体的存在，使得材料体积变化与有气体的相变过程比较小得多，故固-固相变材料和固-液相变材料是研究的重点。空气是一种廉价易得的相变材料，具有高能量密度并且可以长期贮存，故液态空气被认为是潜在的储能介质。近年来，随着液化空气储能系统的发展，利用LNG冷能的液化空气储能系统也发展起来。

8.7.2　液固相变储能

相变蓄能材料按照相变温度可分为：相变温度在0℃以下的为低温蓄能材料；相变温度在0~120℃范围的为中温蓄能材料；相变温度高于120℃为高温蓄能材料。目前相变蓄冷材料研究的大多数是有机物质和共晶盐，都属于低温蓄冷材料。

1. 共晶盐

共晶盐也称为优态盐（Eutectic Salt），是利用其固-液相变特性蓄冷。共晶盐是由无机盐、水、成核剂和稳定剂组成的混合物，其相变温度范围从零下几十度到一百多度不等，是中低温蓄冷材料中最重要的一类。由于共晶盐对金属具有一定的腐蚀性，所以这种蓄冷介质一般装在板状、球状或者其他形状的密封件里。

可用的低温共晶盐蓄冷材料有 $KCl-H_2O$、$NaCl-H_2O$ 和 $MgCl_2-H_2O$ 等37种二元共晶盐体系。其相变温度和相变潜热见表8-7。

表8-7　二元低温共晶盐的相变温度和相变潜热

序号	共晶盐名称	共晶盐的质量分数（%）	相变温度/℃	相变潜热/（kJ/kg）	序号	共晶盐名称	共晶盐的质量分数（%）	相变温度/℃	相变潜热/（kJ/kg）
1	$ZnCl_2-2H_2O$	51	−62	116.84	20	$K_2HPO_4-2H_2O$	36.8	−13.5	197.79
2	$FeCl_3-2H_2O$	33.1	−55	155.52	21	$Na_2S_2O_3-2H_2O$	30	−11	216.86
3	$CaCl_2-2H_2O$	29.8	−55	164.93	22	$KCl-2H_2O$	19.5	−10.7	253.18
4	$CuCl_2-2H_2O$	36	−40	166.17	23	$MnSO_4-2H_2O$	32.2	−10.5	213.07
5	$K_2CO_3-H_2O$	39.6	−36.5	165.36	24	$NaH_2PO_4-2H_2O$	32.4	−9.9	214.25
6	$MgCl_2-2H_2O-1$	17.1	−33.6	221.88	25	$BaCl_2-2H_2O$	22.5	−7.8	246.44
7	$MgCl_2-2H_2O-2$	25	−19.4	223.10	26	$ZnSO_4-2H_2O$	27.2	−6.5	235.75
8	$Al(NO_3)_2-2H_2O$	30.5	−30.6	207.63	27	$Sr(NO_3)_2-H_2O$	24.5	−5.75	243.15
9	$Mg(NO_3)_2-2H_2O$	34.6	−29	186.93	28	$KHCO_3-2H_2O$	16.95	−5.4	268.54
10	$Zn(NO_3)_2-2H_2O$	39.4	−29	169.88	29	$NiSO_4-2H_2O$	20.6	−4.15	258.61
11	$NH_4F_2-H_2O$	32.3	−28.1	187.83	30	$Na_2SO_4-2H_2O$	12.7	−3.55	284.95
12	$NaBr_2-H_2O$	40.3	−28	175.69	31	$NaF-2H_2O$	3.9	−3.5	314.09
13	KF_2-H_2O	21.5	−21.6	227.13	32	$NaOH-2H_2O$	19	−2.8	265.98
14	$NaCl_2-H_2O$	22.4	−21.2	228.14	33	$MgSO_4-2H_2O$	19	−3.9	264.42
15	$(NH_4)_2SO_4-2H_2O$	39.7	−18.5	187.75	34	KNO_3-2H_2O	9.7	−2.8	296.02
16	$NaNO_3-2H_2O$	36.9	−17.7	187.79	35	$Na_2CO_3-2H_2O$	5.9	−2.1	310.23
17	$NH_4NO_3-2H_2O$	41.2	−17.35	186.29	36	$FeSO_4-2H_2O$	13.04	−1.8	286.81
18	$Ca(NO_3)_2-H_2O$	35	−16	199.35	37	$CuSO_4-2H_2O$	11.9	−1.6	290.91
19	$NH_4Cl_2-H_2O$	19.5	−16	248.44					

2. 有机物

有些有机物如丙二醇、乙醇、乙二醇等的水溶液，可以作为相变蓄冷材料。其优点是无腐蚀性，无老化问题、无相分离现象；但是价格昂贵，且酒精具有挥发性。这些有机相变蓄冷材料的相变温度见表8-8~表8-10。

表8-8　丙二醇溶液的相变温度

丙二醇质量分数（%）	10	20	30	40	50	60
相变温度/℃	−2.86	−6.5	−11.8	−18.8	−27.7	−40.0

表8-9　乙醇溶液的相变温度

乙醇质量分数（%）	2.5	11.3	20.3	29.9	39.0	56.1	68	80	93.5	100
相变温度/℃	−1.0	−5.0	−10.6	−18.9	−28.7	−41	−50	−70	−118	−111

表 8-10 乙二醇溶液的相变温度

乙二醇质量分数（%）	5	10	15	20	25	30	40	45	50
相变温度/℃	-1.4	-3.2	-5.4	-8.0	-10.7	-15	-22.3	-27.5	-33.8

一般来说，有机相变蓄冷材料的相变温度和相变潜热随其碳链的增加而增加。为了得到合适的相变温度和相变潜热，常将几种有机物复合成二元或多元相变材料，有时也有将相变材料与无机材料复合，得到热导率较高的相变蓄冷复合材料。此外可以考虑戊烷、丁二烯、R123 等一些氟利昂制冷剂等作为有机相变材料，便于运输该材料至需要之处。戊烷的相对分子质量 72.15，凝固点 -129.8℃，沸点 36.1℃，遇热、明火等易爆炸。丁二烯凝固点 -108.91℃，沸点 -4.41℃。R123（三氟二氯乙烷），相对分子质量 152.93，大气压力下沸点 27.61℃，凝固点 -107℃，临界温度 183.79℃，临界压力 3.676MPa，对金属有一定腐蚀性，毒性级别尚待确定。R134a（四氯乙烷），相对分子质量 102.3，在大气压力下沸点 -26.25℃，凝固点 -101℃，临界温度 101.5℃，临界压力 4.06MPa，对绝热材料腐蚀性小，毒性较小。上述物质的凝固点高于 LNG 的汽化温度，都可以考虑作为相变材料贮存冷量，可用于其他方面。

低温流动型相变蓄冷材料的研究，在 1994 年，日本中部电力公司和千代田化工建设公司共同开发出 -20 ~ -60℃的低温蓄冷用流动型蓄冷材料，即使在蓄冷状态也有流动性，且有优良的传输性能和热交换特性。该低温蓄冷材料为丙酮、甲醇和水的混合物。利用丙酮、甲醇混于水的特性，水的冻结温度可以下降至 -20℃以下。在低温区可形成细小冰粒并仍然保持流动性，而且通过三种成分的比例变化，可实现蓄冷温度在 -20 ~ -60℃之间改变。其蓄冷量在 -30℃时为 35kJ/kg，在 -40℃时为 108kJ/kg。

除了对于相变蓄冷材料本身的研究之外，还有对于冷能转移相变蓄冷装置的研究。为克服常规的冷能转移系统往往要消耗比较多的能量，Satoh 等人提出了一种新型的冷量转移装置，以最易获得的水作为相变材料，将 LNG 冷量用于市区空调等方面。传输 LNG 冷量的新型系统如图 8-56 所示。这一系统主要由以下几个部分构成：蒸发器，捕冷器（cold trap），以及连接这两部分的管线。工作过程如下：蒸发器在较远的市区，相变材料（PCM）水在其自身的蒸发过程中冷却，直至最终冻结为冰，即将 LNG 冷量以冰的形式贮存起来，用于空调等方面。蒸发器中产生的蒸汽流经管线，最终被捕冷器中的换热器表面捕捉。该换热器被蒸发的 LNG 冷却，其温度低于 PCM 的凝固温度。在这一过程中，以 LNG 的冷量作为蒸汽的驱动力，无须消耗其他的能量。

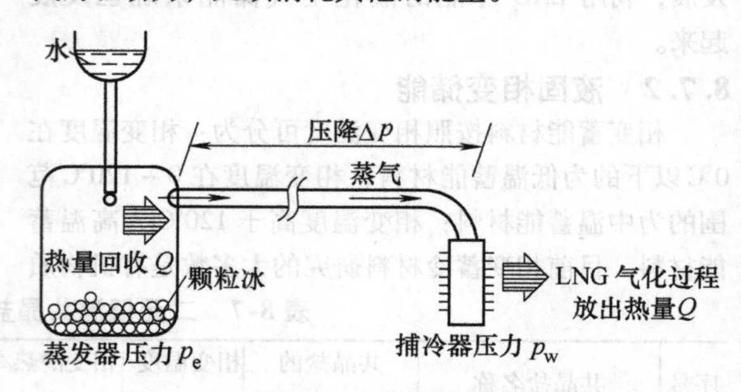

图 8-56 传输 LNG 冷量的新型系统

该系统的工作性能主要由蒸发器和捕冷器之间的压差决定。经过研究人员研究发现，冷量传输效率除了受蒸发器和捕冷器之间的压差的影响，还与管线的长度、直径和摩擦系数有关，但受管线壁温的影响很小。如果忽视系统表面散热和捕冷器表面产生的霜的影响，则蒸发器获得冷量与捕冷器获得冷量之比，即冷量的传输效率可以由式（8-20）确定。

$$\eta \approx \frac{L_e q_{m,v}}{(L_e + L_f) q_{m,v}} = \frac{L_e}{L_e + L_f} \tag{8-20}$$

式中，L_f 是 PCM 凝固潜热；L_e 是 PMC 蒸发潜热；$q_{m,v}$ 是从蒸发器到捕冷器的 PCM 蒸汽的质量流率。

从式（8-20）可以看出冷量的传输效率受系统所在环境的影响很小，并且可知若水作为相变材料，在理想情况下的传输效率可达 88%。通过相关实验可知传输效率在 50% ~70%。

8.7.3 液化空气储能

传统的压缩空气储能（CAES）是 20 世纪 50 年代发展起来的一种基于燃气轮机技术的能量存储系统。该系统的工作为：在用电低谷期将空气压缩并贮存，使电能转化为空气的内能贮存起来；在用电高峰期，将高压空气释放进入燃气轮机燃料室同燃料一起燃烧，然后驱动膨胀机发电。虽然传统的 CAES 系统具有储能容量大、周期长、效率高和单位投资小等优点，但由于需要特定的地理条件建造大型储气库，给 CAES 系统的推广和应用带来问题。近年来，在压缩空气储能系统上发展而来的液化空气储能系统（LAES）逐渐成为研究热点，这种系统可以摆脱对大型储气室的依赖。

很多研究者将液化空气储能系统与 LNG 汽化过

程耦合，充分利用LNG的冷能。在用电低谷期，将LNG冷能用于液化CES装置中的空气以进行蓄电。在用电高峰期，系统以其能量释放模式操作以排出存储的液态空气。液态空气的冷能用于使用空气涡轮机发电或者进入燃气轮机燃料室同燃料一起燃烧，然后驱动膨胀机发电。LAES-LNG系统充分利用LNG的高品位冷能来增强空气液化，可以实现更高的往返效率（75%～85%），比现有的独立LAES系统高15%～35%。液体空气产量获得显著改善，可达到0.87。由于来自LNG的高等级冷能，充气压力的变化不会显著影响液体空气产量。LAES-LNG系统可以被视为提高当前LAES系统往返效率的解决方案，并使LAES在大规模储能技术中更具竞争力。

专利是典型的在用电高峰期将高压空气释放进入燃气轮机燃料室同燃料一起燃烧然后驱动膨胀机发电的例子。如图8-57所示，在储能状态下，所述空气液化系统利用蓄冷/换热装置内蓄冷介质存储的冷能及电能将气态空气液化，并将其贮存在液体空气储罐中；在能量释放阶段，LNG储罐中的LNG经过蓄冷/换热装置，蓄冷/换热装置贮存LNG释放的冷能，释放冷能后的天然气经LNG换热器进入燃烧室，液体空气储罐中的液体空气经泵加压后经过高压空气换热器进入燃烧室，与天然气混合燃烧，驱动膨胀机做功。

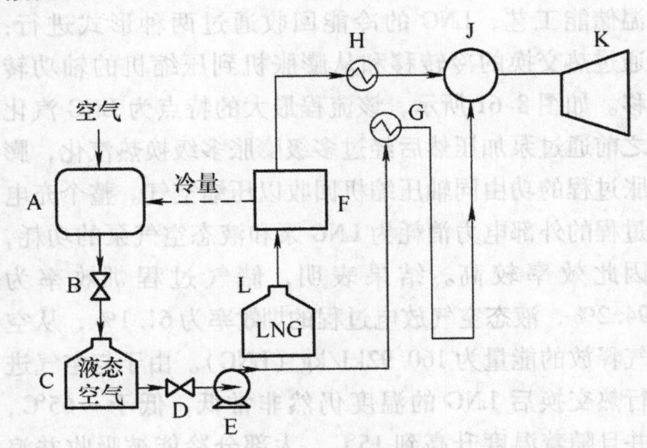

图8-57　液态空气储能系统

A—空气液化装置　B—进口阀门　C—液态空气储罐
D—出口阀门　E—液体泵　F—蓄冷/换热装置
G—高压空气换热器　H—LNG换热器
J—燃烧室　K—膨胀机　L—液化天然气储罐

上述系统的LNG在利用完冷能后进入燃烧室燃烧发电。在很多文献中，LNG没有用于燃烧发电，而是仅利用其冷能，或者利用完冷能后透平膨胀发电，下面介绍的文献都属于后者。

Li等建立了如图8-58所示LAES模型，在冷却过程中，压缩空气首先由LNG冷能冷却，然后进入冷藏库。同时，天然气被加热到空气温度并在NG涡轮机中膨胀以再循环能量。在回收过程中，液态空气首先流过冷藏室（10-11），然后剩余的冷能通过由丙烷涡轮机驱动的发电机2（11-12）转移到电力。分析表明，空气液化比随着液化空气压力的增加而增加，这是由于更有利于匹配空气和冷流体的温度梯度以降低较高液化气压下的最小温差。液化空气压力为5～11MPa时，最佳能效随液化空气压力的升高而增大，液化空气压力在11～15MPa范围内变化时，最佳能效不变。最佳能效范围为40%～55%。提高压缩机的绝热效率有利于获得更高的能量效率，在7MPa的最佳液化气压和3MPa的回收气压下，通过提高压缩机的绝热效率往返能效可从46.6%提高到60.1%。

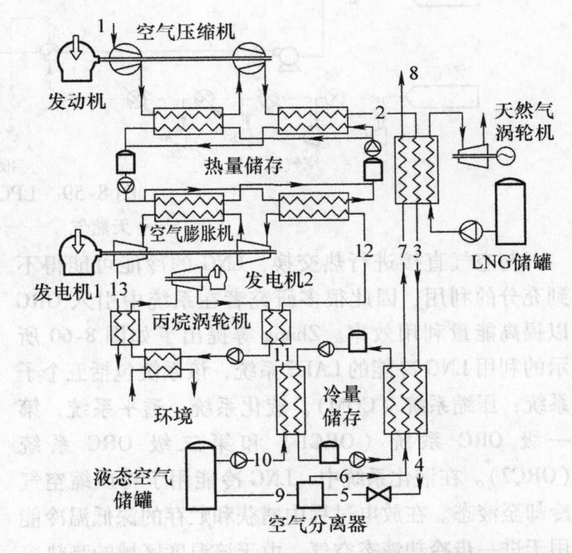

图8-58　基于LNG冷能利用的新型混合LAES系统示意图

She等在基准LAES系统中引入LNG冷能，使得LAES-LNG系统的往返效率提高31%，达到72%。郝磊等将LNG利用工业余热的发电系统与超临界压缩空气储能系统有机结合，使得LNG低温㶲得到了充分回收利用。图8-59所示是一个典型的在LNG再汽化发电厂中使用冷能，并将发电厂与低温储能（LPCES）相结合的系统。在非高峰时段，LNG冷能存储在低温能量存储（CES）系统中。相反，在用电高峰时段，贮存的低温能量作为电能释放，以满足更高的能量需求。所提出的LPCES系统包括再汽化动力单元和CES单元。包括其能量存储和能量释放操作模式。基于能量需求定义了三个不同的时间段：

（1）常规；（2）非峰值；（3）峰值。在常规时期，所提出的LPCES系统使用LNG冷能来液化再汽化动力单元中的工作流体以产生电力。在非峰值时段，LPCES系统以其能量存储模式运行。在此期间，再汽化动力装置无法运行；所有LNG冷能用于液化CES装置中的空气以进行蓄电。在峰值时间期间，所提出的LPCES系统以其能量释放模式操作以排出存储的液态空气。在此期间，液态空气的冷能用于使用空气涡轮机发电。同时，LNG冷能在再汽化装置中用于产生额外的电力。分析结果表明，LPCES系统的往返效率为95.2%，高于使用水电和压缩空气的现有大容量电力管理系统提供的效率（高达75%）。

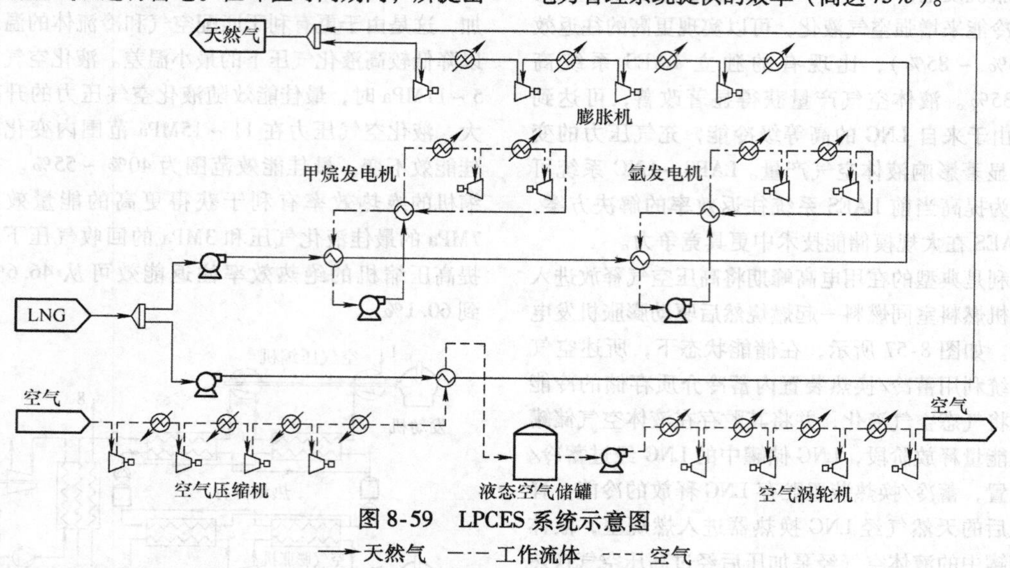

图8-59　LPCES系统示意图

—▶天然气　—·— 工作流体　---- 空气

与空气直接进行热交换，LNG的冷能可能得不到充分的利用，因此很多研究者在系统中引入ORC以提高能量利用效率。Zhang等提出了如图8-60所示的利用LNG冷能的LAES系统，该系统包括五个子系统：压缩系统（COM），液化系统，透平系统，第一级ORC系统（ORC1）和第二级ORC系统（ORC2）。在液化系统中，LNG冷能用于将压缩空气冷却至液态。在放电过程中捕获和贮存的深低温冷能用于进一步冷却液态空气。由于该温度区域的高热容量，选择丙烷作为贮存冷能的介质。为了在放电过程中利用液态空气的其他冷能，引入两级ORC系统以产生额外的电力。选择丙烷和R142b作为两级ORC系统的工作流体。在ORC系统的两个阶段中，存储在水中的压缩热用于在流入蒸发器之前预热工作流体以减少所需的蒸发热。ORC1的蒸发热量由贮存在导热油中的剩余压缩热量提供，ORC2的蒸发热量由外部低等级热量（约120℃）提供，例如废工业热或太阳能。为了降低排气温度，引入再生器以通过膨胀空气加热涡轮系统的进气。研究结果表明，在典型的运行条件下，电力存储效率、往返效率和㶲效率分别为70.51%、45.44%和50.73%。液化系统由于在液化过程中热交换器中显著的冷的㶲损失，在整个系统的㶲损失中占比最高。液化和膨胀压力是显著影响混合LAES系统性能的关键参数。

Lee等提出了一种新型高效的利用LNG冷能的低温储能工艺，LNG的冷能回收通过两种形式进行：通过热交换的冷转移和从膨胀机到压缩机的轴功转移。如图8-61所示，该流程最大的特点为LNG汽化之前通过泵加压然后经过多级膨胀多级换热汽化，膨胀过程的功由同轴压缩机回收以压缩空气。整个充电过程的外部电力消耗为LNG泵和液态空气泵的功耗，因此效率较高。结果表明，储气过程㶲效率为94.2%，液态空气放电过程的㶲效率为61.1%，从空气释放的能量为160.92kJ/kg（LNG）。由于与空气进行热交换后LNG的温度仍然非常低，低于-65℃，并且随着温度升高到15℃，大部分冷能被吸收并浪费到海水中。在此系统的基础上，将ORC应用于LNG再汽化和液态空气储能组合，称为LNG-ORC-LAES过程，通过应用额外的ORC来减少冷能浪费并通过液化更多的空气来贮存更多的能量。所提出的工艺流程如图8-62所示。首先用泵对LNG进料加压，然后通过一系列换热器将LNG的冷能输送到空气和ORC，其中LNG在换热器中蒸发，之后汽化的高压天然气通过四级海水加热和膨胀过程膨胀，以产生轴功，使㶲效率提高到70.3%，并且净输出功率为84.3kJ/kg（LNG）。

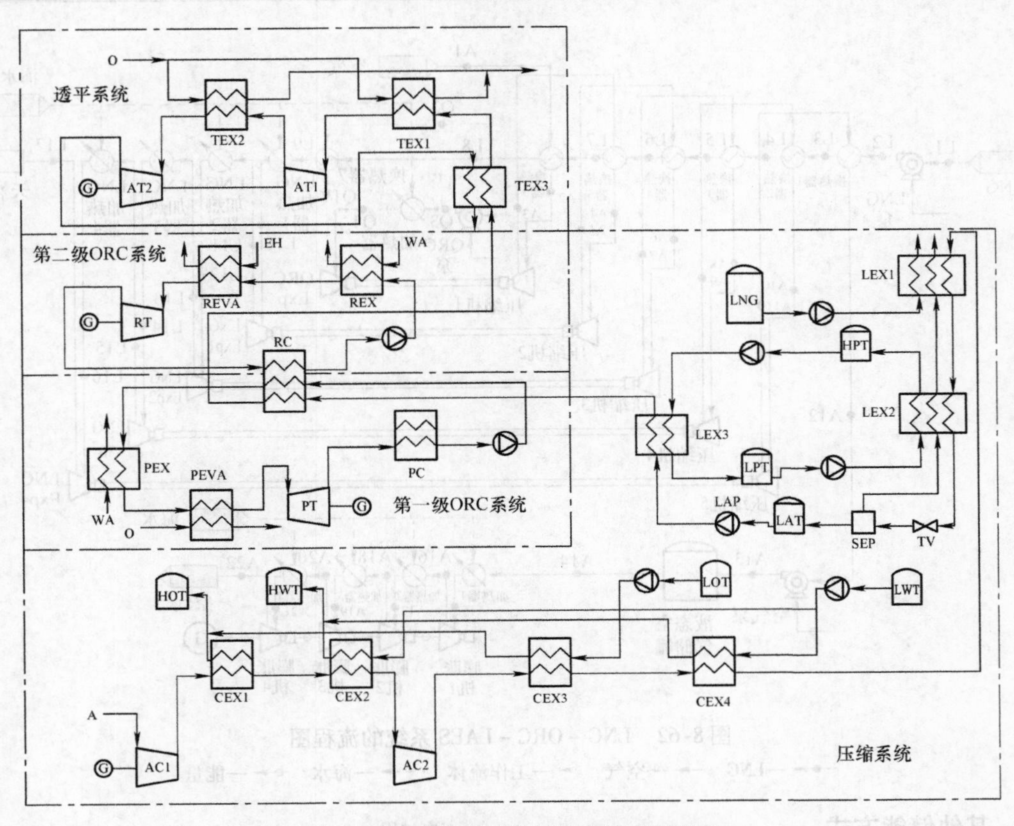

图 8-60　利用 LNG 的 LAES 的工艺流程

A—空气　O—热油　WA—水　EH—外部热量　AT—空气涡轮机　AC—空气压缩机　CEX—冷凝换热器
LPT—低压丙烷储罐　HPT—高压丙烷储罐　LAT—液态空气储罐　HOT—热油储罐　HWT—热水储罐
PT—丙烷涡轮机　PEX/PEVA—丙烷换热器　REX/REVA—R142b 换热器　TEX—空气透平系统换热器
RT—R142b 涡轮机　LWT—冷水储罐

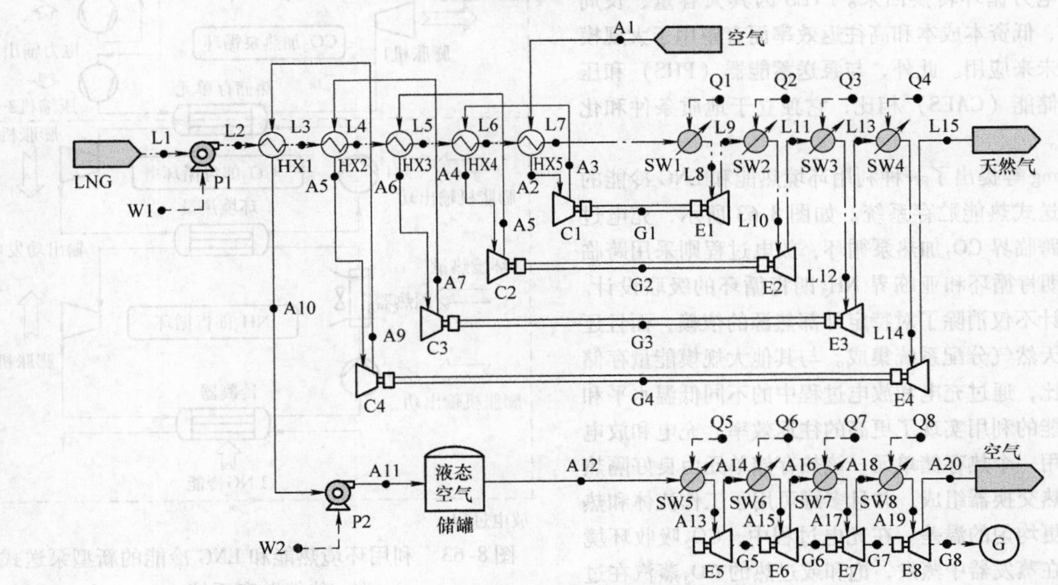

图 8-61　LNG-CES 系统的流程图

-·-●-—LNG　—▶—空气　-·-▶—能量或热量

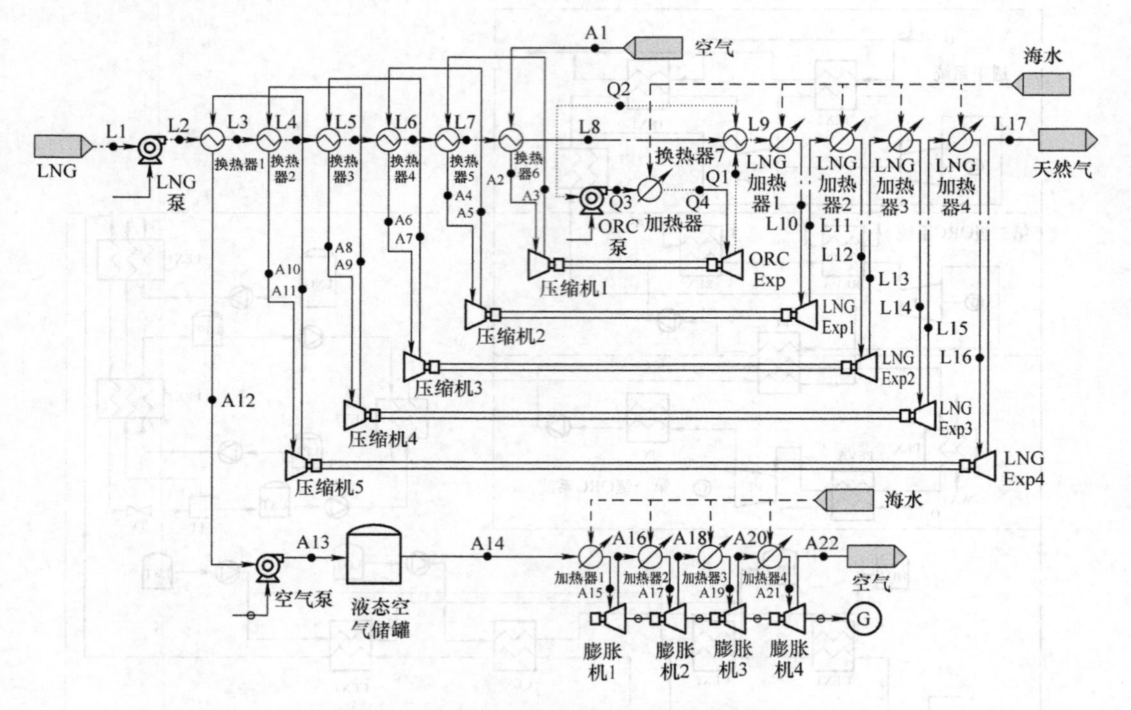

图8-62 LNG-ORC-LAES系统的流程图

—LNG —空气 —工作流体 —海水 —能量

8.7.4 其他储能方式

近年来，泵送式热能贮存（PTES）系统成为大规模储能技术的热门话题。其工作原理为：系统电能在充电过程中将电能转换为高温热量，并在放电过程中通过电力循环转换回来。PTES因其大容量、长周期时间、低资本成本和高往返效率而有望用于大规模储能的未来应用。此外，与泵送蓄能器（PHS）和压缩空气储能（CAES）相比，它独立于地质条件和化石燃料。

Wang等提出了一种利用环境热能和LNG冷能的新型泵送式热能贮存系统。如图8-63所示，充电过程基于跨临界CO_2加热泵循环，放电过程则采用跨临界CO_2朗肯循环和亚临界NH_3朗肯循环的级联设计。这种设计不仅消除了对特定外部热源的依赖，而且还可以与天然气分配系统集成。与其他大规模能量存储系统相比，通过充电和放电过程中的不同低温水平和环境热能的利用实现了更高的往返效率。充电和放电过程共用一个热存储单元，该热存储单元由良好隔热的罐和热交换器组成，并且多罐可用于工作流体和热油之间更均匀的温差。在充电过程中，CO_2吸收环境的热量在蒸发器中蒸发，饱和或过热的CO_2蒸汽在过热器中通过压缩热进一步加热。然后通过两级压缩

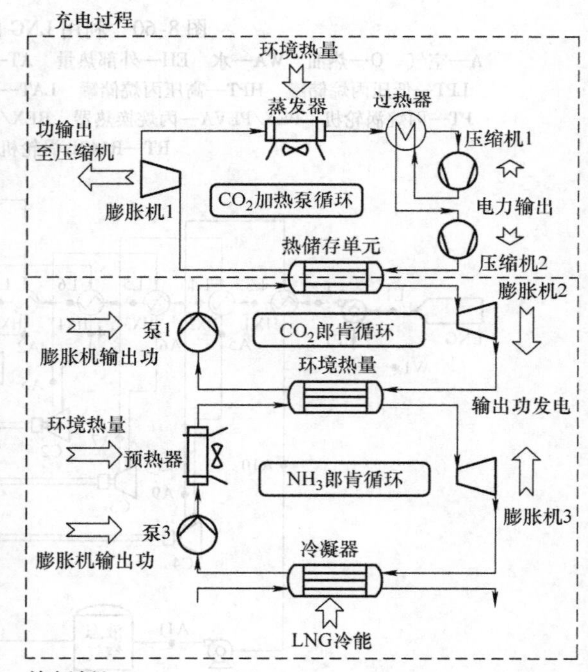

图8-63 利用环境热能和LNG冷能的新型泵送式热能贮存系统

机将过热的CO_2蒸汽压缩成超临界CO_2。高温的超临界CO_2然后加热热存储介质并在膨胀机1中膨胀。在放电过程中，工作流体被泵加压成为过冷液体。然后通过热存储介质将加压的CO_2加热至超临界状态并在膨胀机2中膨胀至过热蒸汽。过热的CO_2蒸汽在换热器冷却并中冷凝，把热量传给NH_3。加压后的NH_3首先被环境加热至湿蒸汽，然后在换热器中进一步被加热至过热蒸汽。然后，过热的NH_3蒸气在膨胀机3中膨胀，LNG与热输出冷凝成。两个膨胀机的大部分功输出发电，其中一部分由两个泵消耗。结果表明，系统的往返效率可达139%。当净输出功率为1MW时，CO_2和NH_3的质量流量均为7.4kg/s，LNG质量流量为14.8kg/s。

8.8 冷能回收的其他应用

8.8.1 液态CO_2和干冰生产

液态CO_2是CO_2气体经压缩、提纯，最终液化得到的。传统的液化工艺是将CO_2压缩至2.5~3.0MPa，再利用制冷设备冷却和液化。利用LNG的冷量，则很容易获得冷却和液化CO_2所需要的低温，从而将液化装置的工作压力降至0.9MPa左右。与传统的液化工艺相比，制冷设备的负荷大为减少，电耗也降低为原来的30%~40%。利用LNG冷量液化CO_2和干冰生产的设备及流程如图8-64所示。

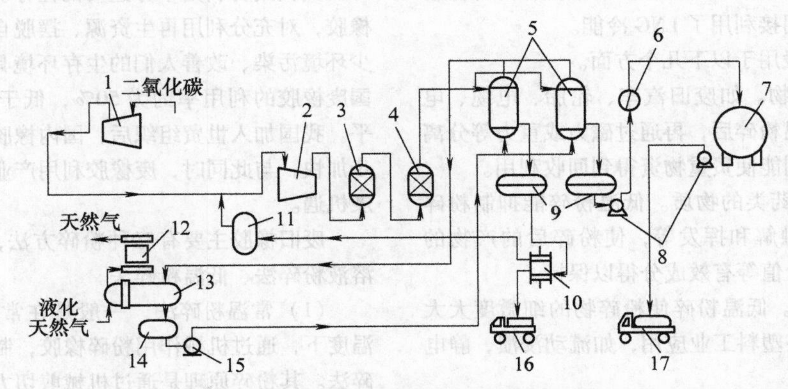

图8-64 液化CO_2和干冰生产设备及流程

1、2—压缩机 3—除臭容器 4—干燥器 5—液化设备 6—液态CO_2加热器 7—液态CO_2储槽 8—液态CO_2泵 9—储槽 10—干冰机 11—收集器 12—天然气加热器 13—LNG/氟利昂换热器 14—氟利昂储罐 15—氟利昂泵 16—干冰储运车 17—液态CO_2储运车

李俊丽等模拟研究了四种不同的LNG冷能用于回收干冰及液态CO_2的工艺流程，从干冰产量、生产单位干冰压缩功耗及设备数量方面进行方案优选分析，最终得到的方案1t LNG生产约0.385t干冰，相对于其他传统的回收工艺节能效果明显，制造成本大大降低。

8.8.2 低温粉碎

低温粉碎是低温技术中实用性很强的一个分支。早在19世纪30年代，有人利用干冰（升华点为-78℃）作为冷媒进行过低温粉碎试验，并获得成功。然而，由于当时受到低温技术的限制，冷媒价格较高，且工业还未达到当今这样发达的程度，几乎没有投入实际使用。

近年来，随着低温技术的迅猛发展，空气液化分离装置日趋大型化且技术日益先进，从而为低温粉碎提供大量而廉价的冷媒——液氮成为可能。另外，把液化天然气汽化和升温时的废弃冷量，通过循环氮气来充分回收利用，并将其降压后所获的液氮直接用于低温粉碎，则为低温粉碎工作获得经济上极为有利的冷媒开辟了又一个重要的途径。

由于冷媒造价的大幅度下降，且来源又易于解决。同时，随着工业的发展，大量工业废弃物需要处理和加以回收利用，以及化工、食品、医药等部门对粉碎物的品种、品质、数量及粒度等方面都有了较大的增长，并提出了较高的质量要求，而某些特殊要求如采用常温粉碎又很难满足，从而使低温粉碎所具有的独特的效能，再度为人们所重视，并得到迅速的发展。

低温粉碎的原理是将物料冷却到玻璃化温度或玻璃化温度以下，再施以粉碎操作，以获得细微粉末的过程。低温粉碎不仅使物料易于粉碎，降低粉碎物料的能量，同时抑制了粉碎过程中物料发热，使粉碎物料的某些优良品质得以保持，从而提高粉碎物的质量。

低温粉碎的理想冷却媒介应该具有下列特点：a）沸点较低；b）不活泼、不可燃、无毒性；c）工业中容易制取，价格低廉；d）在大气压下，可用液态浸渍物料，便于操作。

以上特点决定了氮气是理想的低温粉碎媒介。其他气体与之比较，氩气、氦气、氖气是稀有气体，制取困难，经济费用高；氢气会引起燃爆，制取费用高；空气中含有氧气，易发生氧化；CO_2虽易于制取，缺点是大气压下不能液化存在。

将LNG冷能用于低温粉碎，实际上是先将LNG冷能用于空分，然后采用空分生产的液氮作为低温粉碎的冷媒来源，间接利用了LNG冷能。

低温粉碎一般用于以下几个方面。

1）工业废弃物。如废旧汽车、轮胎、电缆、电动机等，采用低温粉碎后，再通过磁力或重力等分离装置进行分离，则能使贵重物资得到回收利用。

2）食品、医药类的物质。低温粉碎能抑制粉碎物发热、氧化、融解和挥发等，使粉碎后的产物的色、香、味营养价值等有效成分得以保持。

3）合成树脂。低温粉碎使粉碎物的细微度大大提高，可充分满足塑料工业应用，如流动浸渍，静电涂装等应用。

4）城市废弃或销毁的垃圾。将燃烧时容易产生有毒气体的物质进行低温粉碎处理，则便于烧毁、防止公害，且由于体积缩小，便于运输、贮存和减少掩埋的场所，利于环保。

5）含水分及油分的物料。低温粉碎可减少其脱水和去油等工艺过程。

下面介绍目前比较有前景的几个方面。

1. 废弃轮胎的低温粉碎

人类社会进入21世纪，面临的主要问题之一就是废橡胶的处理及其再生利用。目前，废橡胶制品是除废旧塑料外居第二位的废旧聚合物材料，它主要来源于废轮胎、胶管、胶带、胶鞋、密封件等工业制品，其中以废旧轮胎数量最多。合理处置废旧轮胎，长期以来一直是环境保护的难题。随着科学技术进步，世界各国积极开辟废旧轮胎综合利用新途径。尤其是近年来，公众的环境保护意识日益增强，利用废旧资源培育新型产业，实现经济可持续性发展成了世界各国的共识。目前废旧轮胎的综合利用途径有翻新、原形改制、热能利用、热分解、再生胶、胶粉等。随着科学技术的发展，胶粉的生产、应用和推广已被越来越多的使用厂家所接受，并取得了可喜的经济效益。特别是近年来，胶粉的应用技术和范围发展十分迅速。

我国是一个橡胶消费大国。国际橡胶研究组织（IRSG）统计数据显示，近年来，全球橡胶消费量持续稳定增长。2017年，全球橡胶消费量达28.277Mt，同比增长3.0%。其中，中国橡胶消费量占比达3成，连续3年居全球橡胶消费量首位。显然，我国在成为世界上最大的橡胶制品生产国及消费国的同时，也成为世界上最大的废橡胶产生国。大量的废橡胶材料若不及早处理，既污染环境又浪费资源。

我国是一个生胶资源相对短缺的国家，几乎每年生胶消耗量的45%左右需要进口，寻找橡胶原料来源及其代用材料是十分迫切的任务。因此，处理好废橡胶，对充分利用再生资源、摆脱自然资源匮乏、减少环境污染、改善人们的生存环境具有重要意义。我国废橡胶的利用率约为50%，低于工业发达国家水平。我国加入世贸组织后，国内橡胶工业的发展进一步加快，与此同时，废橡胶利用产业也将迎来新的发展机遇。

废旧橡胶主要有三种粉碎方法，即常温粉碎法、溶液粉碎法、低温粉碎法。

（1）常温粉碎法　一般是在常温或高于常温的温度下，通过机械作用粉碎橡胶，制成胶粉的一种粉碎法。其粉碎原理是通过机械剪切力的作用，对橡胶进行挤压、碾磨、剪切和撕拉，从而将其切断和压碎。目前较为先进的工艺有：废轮胎连续粉碎法、挤出粉碎法、高压粉碎法、浸混粉碎法等。相对于低温粉碎，常温粉碎不足之处是生产的胶粒较大，且胶粉制备过程中存在生热降解、高温成糊等问题。

（2）溶液粉碎法　又称湿法粉碎法，是一种在溶剂或溶液等介质中，对废橡胶进行粉碎生产胶粉的方法。该法主要采用的粉碎设备是磨盘式胶体研磨机。最具代表性的是英国橡胶与塑料研究协会（RAPRA）开发的RAPRA法；另外还有光液压效应粉碎法、日本的高压水冲击粉碎法、常温助剂法等。溶液粉碎法制备的胶粉精细，但其工艺复杂，产品成本高，推广困难。

（3）低温粉碎法　分为空气膨胀制冷的低温粉碎法和液氮制冷的低温粉碎法。

1）空气膨胀制冷的低温粉碎法。空气膨胀制冷低温粉碎的基本原理是空气在空压机中被压缩到具有一定压力，经分离、干燥后，进入与膨胀机同轴的空压机进行二次压缩，然后进入热交换设备进行冷热交换，降低温度，经涡轮膨胀机膨胀制冷，温度达到-120℃以下；与此同时，废旧轮胎经粗碎、细碎，并通过磁选、风选、筛分，除去钢丝和纤维，得到2~4mm粒径的胶粒；将这种胶粒在冷冻流化床中与冷空气进行动态冷冻，使其温度达到玻璃化温度以下，经过低温粉碎机粉碎回热后分离，胶粉进仓分级包装，空气返回空压机再循环。该技术充分利用冷量和干空气，功耗低，能连续运行且可实现自动化生产。国内已有多家研发单位将此技术用于胶粉的低温生产工艺中。

在空气膨胀制冷的低温粉碎法基础上，如果将空气膨胀制冷环节，改为利用LNG的冷量对废旧轮胎进行冷冻粉碎，不仅直接利用了LNG冷能，同时省去了空气压缩机和涡轮膨胀机制冷的过程。图8-65所示为利用LNG冷能冷冻粉碎废旧轮胎的工艺流程。

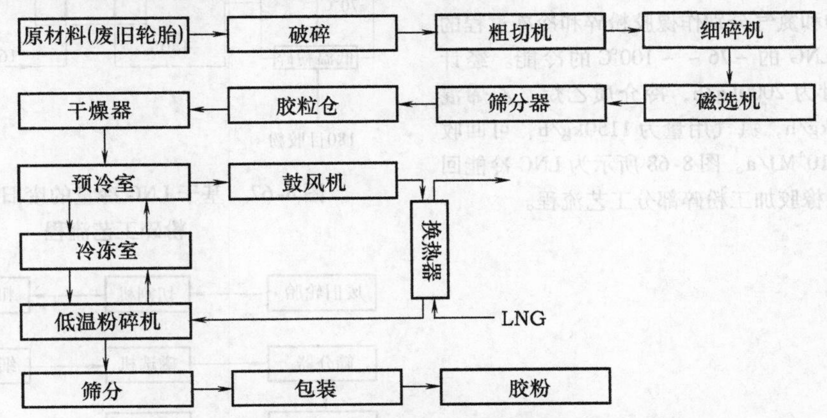

图8-65　利用LNG冷能冷冻粉碎废旧轮胎的工艺流程

2）液氮制冷的低温粉碎法。世界各国的液氮制冷的低温粉碎法各有特点，大体上可分为两种工艺：一种是低温粉碎工艺，即直接利用液氮冷冻，使废旧橡胶制品冷至玻璃化温度以下后，对其进行粉碎；另一种是常温、低温并用的粉碎工艺，即先在常温下将废旧橡胶制品粉碎到一定粒径，再将其送到低温粉碎机中进行低温粉碎。使用液氮制冷的粉碎方法有美国的UCC粉碎法、日本关西环境开发株式会社粉碎法、乌克兰液氮冷冻粉碎技术以及德国WHG集团HOGER公司发明的豪格旋风粉碎机冷冻粉碎法等。目前发达国家普遍采用液氮作为低温粉碎法的制冷剂。我国青岛绿叶橡胶有限公司和深圳机电技术研究所，合作开发出LY型液氮冷冻法，可生产80~200目的胶粉；另外，浙江丰利粉碎设备有限公司与浙江大学，联合开发出DFJ超低温胶粉生产粉碎机，也是使用液氮制冷。青岛绿叶橡胶有限公司的LY型液氮制冷低温粉碎法的工艺流程如图8-66所示。

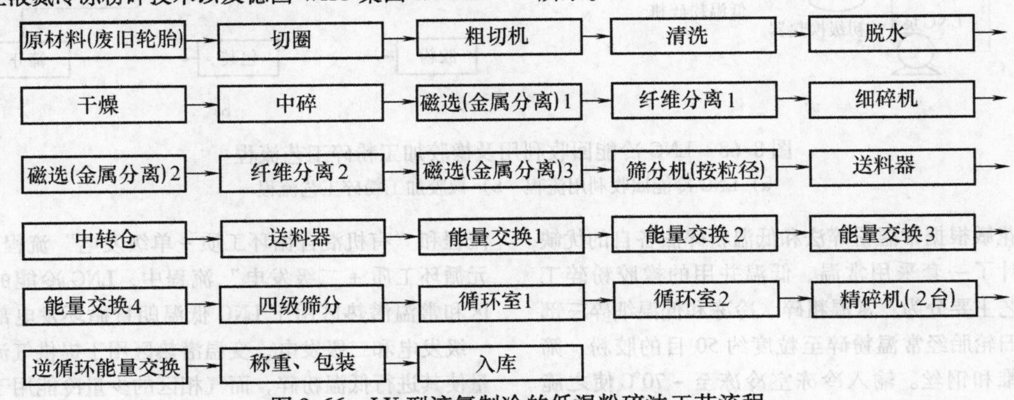

图8-66　LY型液氮制冷的低温粉碎法工艺流程

LY型液氮制冷的低温粉碎技术，每生产1kg胶粉，需要消耗液氮0.32kg。轮胎冷冻粉碎以100万条为计算标准，平均每个轮胎按15kg计算，轮胎总质量为$15kg \times 100 \times 10^4 = 15000t$，其中橡胶量为$15000t \times 0.6 = 9000t$。胶粉的平均参用比例按10%计算，这些轮胎共需要胶粉$9000t \times 10\% = 900t$。因而每100万条轮胎的消耗液氮为$900t \times 0.32 = 288t$。

陈叔平等设计了如图8-67所示的基于LNG冷量

的废旧橡胶低温粉碎工艺流程，主要利用了LNG汽化热和在-162℃升温至20℃过程中释放的冷量，由中间冷媒空气将冷量传递给胶粉，并考虑冷空气的循环利用。计算结果表明，对于年处理10000t的废旧橡胶系统，LNG的年供应量约为$12000m^3$。杜琳琳等以5000t/a胶粉生产规模为例，设计LNG冷能用于橡胶低温粉碎过程工艺流程。采用质量比为4:6的乙烷、乙烯混合物和氮气分别作橡胶粉碎和冷冻过程的冷介质，回收LNG的-76～-100℃的冷能。经计算，LNG的用量为2000kg/h，冷介质乙烷、乙烯混合物用量为290kg/h，氮气用量为1150kg/h，可回收LNG冷能236×10^4MJ/a。图8-68所示为LNG冷能回收利用流程图及橡胶加工粉碎部分工艺流程。

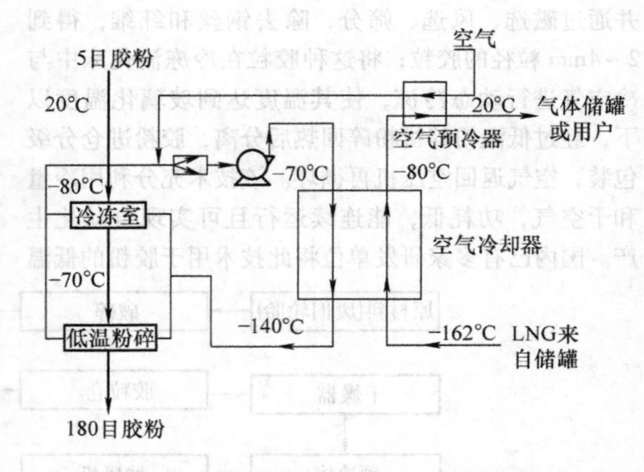

图8-67 基于LNG冷量的废旧橡胶低温粉碎工艺流程

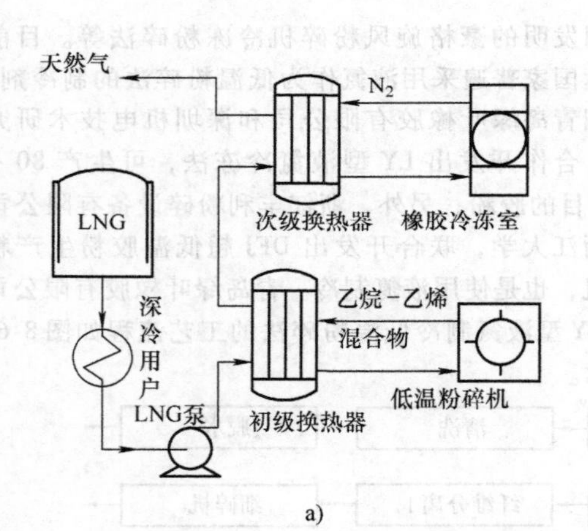

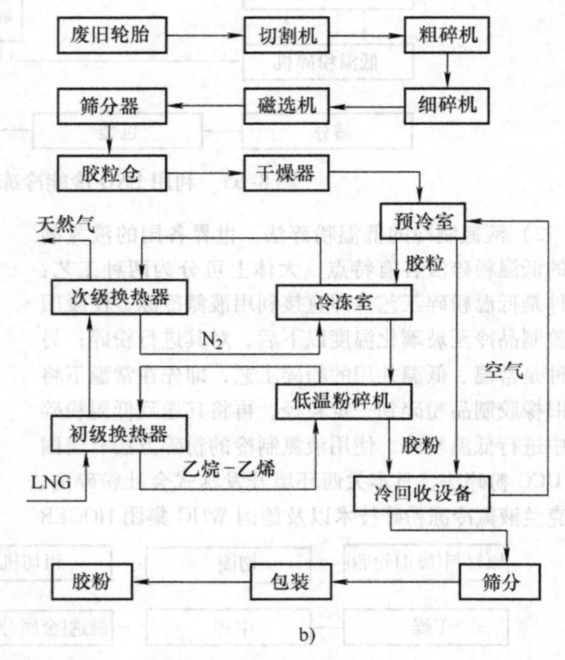

图8-68 LNG冷能回收利用及橡胶加工粉碎工艺流程
a）LNG冷能回收利用流程 b）橡胶加工粉碎工艺流程

张花敏根据常温粉碎法和低温粉碎法各自的优缺点，设计了一套采用常温、低温并用的橡胶粉碎工艺，工艺主要分为：常温粗碎、冷冻和低温细碎三部分。废旧轮胎经常温粉碎至粒度约50目的胶粉，筛分出纤维和钢丝。输入冷冻室冷冻至-70℃使之脆化，然后再送到低温粉碎机或研磨机粉碎，粒度可达到180～200目，实现废旧橡胶低温粉碎制取精细胶粉的目的。

张睿倩基于“发电+低温粉碎”一体化的思想，设计了利用LNG冷能的“一元循环工质+二级发电”流程和“有机混合循环工质+单级发电”流程。“一元循环工质+二级发电”流程中，LNG冷能的液相区和常温潜热区用于LNG低温朗肯循环发电部分的一级发电和二级发电，变温潜热区用于提供气流磨冷量使其进行低温粉碎，而气相区的少量冷能用于为冷冻设备和预冷设备提供冷量。一级发电、二级发电均采用R170作为循环工质，70%的冷量㶲用于朗肯循环发电，而30%的冷量㶲用于低温粉碎橡胶。而“有机混合循环工质+单级发电”流程将一级发电和二级发电合并为有机朗肯循环发电流程。优化选取多元制冷剂使得在LNG冷能的液相区和常温潜热区间，LNG和混合循环工质的冷、热物流曲线尽可能接近匹配。较之一元循环工质，㶲损失减少了9.8%。模拟结果表明当循环工质的质量流量为145.3kg/h时，流程中各重点设备的平均效率达到最大值79.8%。

莆田LNG低温橡胶粉碎项目投资9993.34万元，位于莆田市秀屿区东庄镇，占地面积35亩，于2012年3月动工建设，2014年1月开始试生产。该项目可处理废旧轮胎20000t/a，生产精细胶粉13000t/a，副产钢丝5000t/a，副产纤维2000t/a。该项目选用常温－液氮粉碎技术，其工艺流程如图8-69所示。该项目东侧为莆田LNG的冷能利用空分项目，可以保障液氮的供应，充分利用LNG冷能。

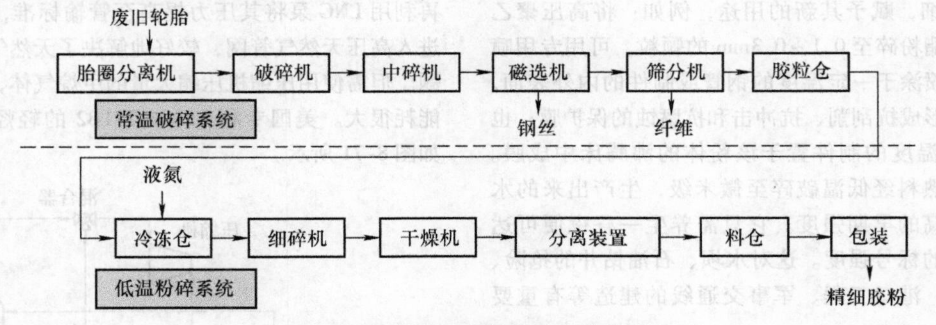

图8-69 常温－液氮粉碎工艺流程

2. 食品的低温粉碎

随着现代食品工业的不断发展，人们对食品越来越精细化的要求，食品低温粉碎技术近年来得到迅猛发展，特别是在功能食品及特种物料的加工生产上。比如为了充分合理地开发利用玉米资源，提高玉米加工业的技术水平，增强我国玉米产品在国内外市场上的竞争能力，我国也在研究用冷冻粉碎的工艺来加工玉米产品，例如，做成速溶玉米糁，食用时用开水冲调，可迅速复水达到理想的黏度，具有传统的风味和组织结构。昆虫的繁殖率极高，资源十分丰富。昆虫体富含蛋白质、多种氨基酸和微量元素，开发昆虫食品具有广阔的前景。采用先进的超低温冷冻粉碎工艺对昆虫及添加食品进行粉碎，营养成分不受损失，可制取纯天然黑色食品。此外，低温粉碎还用于高附加值的可可豆、花粉、鸡骨、蚕丝等。食品的低温粉碎提高了我国食品的档次，满足了人民物质生活的需要，推动了食品科学快速发展。

食品物料种类繁多，但用于低温粉碎加工时，其工艺流程基本相同。如图8-70所示，原料在料箱和喂料机构内进行预冷之后，喂入粉碎机；液氮罐除了直接将液氮供给喂料机构进行预冷外，还直接供给粉碎机，使粉碎室在粉碎过程中保持所给定的温度，阻止温度的上升。液氮供给量是由设在喂料机构出口和粉碎机出口的温度传感器，通过温度控制器来调节液氮控制阀而进行的。粉碎物由风机产生的负压输送到旋风分离器，通过筛分，将合格的产品输出。从旋风分离器抽出的冷风通过风机再返回到料箱，以充分利用冷气对原料进行预冷。

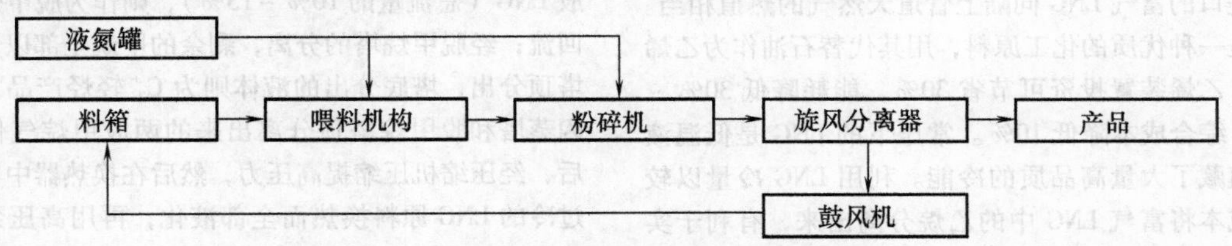

图8-70 食品低温粉碎系统工艺流程

3. 低温粉碎在其他领域中的应用

利用低温粉碎可以保证对无线电电子工业的许多材料作无杂质的粉磨加工。在生产陶瓷集成微电路及集成块、绝缘材料、焊药、配制能透过射线的陶瓷炉料时，都可用到低温粉碎技术。如在碳化硅的生产中，由于采用低温粉碎技术，纯化了陶瓷原料，使生产微米级陶瓷成为可能。与普通陶瓷相比，其抗弯、抗拉及抗压强度都有很大的提高，可以用来制作高热负荷零部件，如内燃机的活塞和气缸、加热炉吊挂件，等温变形的应变片、柑锅、喷嘴器件、燃气轮机的燃烧室等。低温粉碎技术也可用到金属复合陶瓷用膏低温粉碎技术。将金属钼在液氮浸渍下研磨，可制成极细粉体，且粉体表面无氧化膜生成，这是活性钼粉。以它为主成分制成的粘膏可将刚玉陶瓷同金属黏合在一起。使用这种粘膏制成的复合陶瓷，其强度和耐热性比原产品提高30%，同时改善了陶瓷的操作性能，适用于电子、真空加速技术领域。

此外，由于低温粉碎工艺所生产的粉体可以完全保存其原来的结构性质，因此可将原本无法研细的物料加以研细，赋予其新的用途，例如：将高压聚乙烯、聚氨酯粉碎至0.1～0.3mm的颗粒，可用专用喷雾器将其喷涂于一定温度的钢管或制件的内外表面，可对材料形成抗刮削、抗冲击和抗腐蚀的保护膜；也可将一定温度的制件置于该粉体的沸腾床中成膜。如把水泥熟料经低温破碎至微米级，生产出来的水泥具有极高的早期强度。它只需养生一昼夜便可达到该水泥的标号强度。这对水坝、石油钻井的抢险、机场建筑、港口工程、军事交通线的建造等有重要意义。

8.8.3 轻烃回收

根据LNG中C_2^+轻烃（主要为乙烷、丙烷和丁烷）含量的不同，LNG可分为贫气和富气。富气一般含有质量分数5%以上的C_2^+轻烃。由凝析气田和油田伴生气所生产的天然气都含有较多C_2^+烃类。大部分LNG生产线是通过深冷换热脱除较重的烃类，这种工艺只能脱除大部分丙烷及更重的烃类，而不能脱除乙烷，所以由富气生产出的LNG可能仍然是富气。如果在天然气液化过程中将乙烷抽提出去，会增加LNG的成本，所以目前世界贸易中许多的LNG都是富气。

由于轻烃含量高，富气LNG的热值往往高于天然气用户的热值要求。将富气LNG中的C_2^+轻烃分离出来是一种非常经济、有效的热值调整方法，由此可以使进口的富气LNG同陆上管道天然气的热值相当。乙烷是一种优质的化工原料，用其代替石油作为乙烯原料，乙烯装置投资可节省30%，能耗降低30%～40%，综合成本降低10%。常压下的LNG是低温液体，蕴藏了大量高品质的冷能。利用LNG冷量以较低的成本将富气LNG中的乙烷分离出来，有利于实现天然气资源的综合优化利用。

因此，发展LNG轻烃分离技术，不仅能够为我国的石化企业提供大量优质的原料，优化我国乙烯工业的原料路线，增强乙烯装置的市场竞争力，而且可以节省大量用于生产乙烯的原油，缓解我国石油资源的短缺。

早在1960年，国外就有利用LNG轻烃分离的专利。在美国，从LNG中分离C_2^+轻烃已成为调节天然气热值，使之符合国家燃气标准的重要手段。在早期的轻烃分离工艺中，分离完轻烃后的甲烷物流为气体，需采用大功率压缩机压缩才能达到管输的压力要求，能耗高。之后美、日等国又开发了很多新型的LNG轻烃分离工艺。这些工艺都是通过压缩分离轻烃后的甲烷气体来提高其压力，并利用LNG原料的冷量，将甲烷气体在较高的压力下再次液化成LNG，再利用LNG泵将其压力提高至管输标准，最后汽化进入高压天然气管网，较好地解决了天然气的外输问题。但需使用压缩机压缩大量的甲烷气体，压缩机的能耗很大。美国专利US6941771B2的轻烃分离流程如图8-71所示。

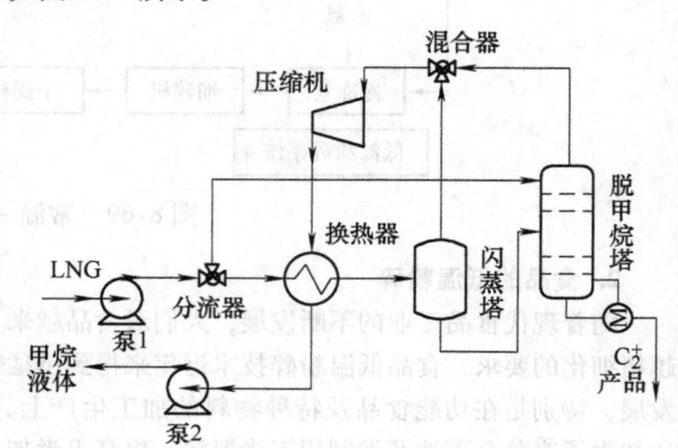

图8-71 美国专利US6941771B2的轻烃分离流程

该装置主要包括LNG泵1和泵2，换热器、闪蒸塔、脱甲烷塔及压缩机等设备。LNG原料首先经泵1增压，再由分流器分为大小两股：较大的一股（总流量的85%～90%）在换热器中预热而部分汽化，然后进入闪蒸塔中进行气液分离，甲烷气体从闪蒸塔顶部分出，富含C_2^+轻烃的LNG从塔底分出后，输入脱甲烷塔中进一步分离；而从分流器中分出的另一小股LNG（总流量的10%～15%），则作为脱甲烷塔顶回流；经脱甲烷塔的分离，剩余的甲烷全部以气相从塔顶分出，塔底分出的液体则为C_2^+轻烃产品。将从闪蒸塔和脱甲烷塔顶分离出来的两股甲烷气体混合后，经压缩机压缩提高压力，然后在换热器中与增压过冷的LNG原料换热而全部液化，再用高压泵2将液体甲烷增压到外输要求后，送入汽化装置。在此流程中，LNG的冷量主要用于轻烃分离，以及分离出来的甲烷气体的再液化。

在该流程中，从闪蒸塔和脱甲烷塔顶分离出来的甲烷气体，其压力和经泵1增压后的LNG压力基本相当，由于LNG的显冷不足以将全部的甲烷气体液化，故甲烷液化需要利用一部分LNG的潜冷。为了能够利用LNG的潜冷，必须提高甲烷气体的压力，使其液化温度高于换热过程LNG部分汽化的温度。

近年来，我国也开展了这方面的研究工作。华赉等的发明专利设计了一种完全不用压缩机的LNG轻烃分离工艺，提供了一种具有调峰功能的LNG轻烃分离方法。通过将部分甲烷液体低压贮存，起到天然气气源调峰的作用，同时回收LNG的冷量，将回收的C_2^+轻烃过冷至低温，使其能够在低温、低压下液态贮存，方便产品的储运和销售。使用该方法分离出轻烃后，外输的LNG温度在-100℃，仍具有大量可利用的冷能，其流程如图8-72所示。

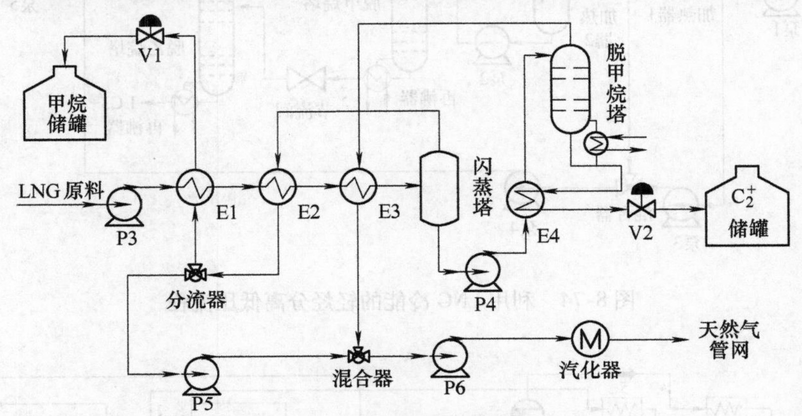

图8-72　LNG轻烃分离优化流程

E—换热器　P—泵　V—阀门

高婷等设计了如图8-73所示的利用LNG冷能的轻烃分离高压流程和如图8-74所示的低压流程。在高压流程中，常压LNG通过泵加压到4.5MPa，预热后进入脱甲烷塔（T-101），该塔的操作压力为4.3MPa。通过脱甲烷塔99.99%以上的甲烷被回收，浓缩后的天然气通过压缩机加压到管输压力并进入天然气管网。分离出的C_2^+节流降压至0.2MPa，之后进入脱乙烷塔（T-102）。该塔的操作压力为0.11MPa，通过精馏分离在塔顶得到纯度为99.99%的常压液态乙烷产品，塔底得到常压LPG产品（C_3^+）。脱甲烷塔中再沸器的温度为50~70℃，其热耗可由轻烃分离后的天然气燃烧提供；脱乙烷塔中冷凝器所需的冷量由LNG提供，再沸器的温度为-20~-35℃，可直接使用空气或水加热。该流程乙烷回收率可以达到85%左右。在低压流程中，脱

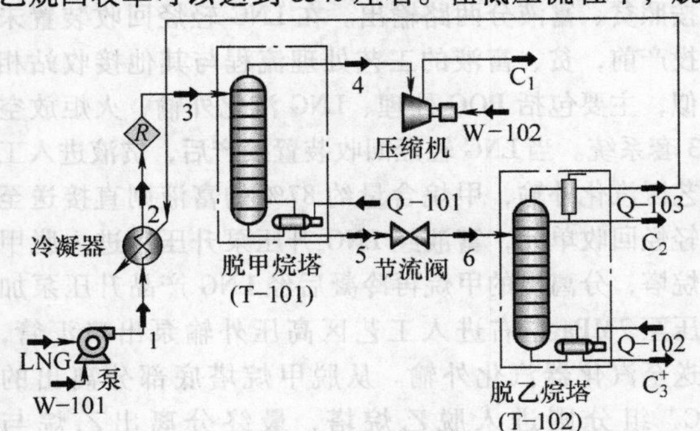

图8-73　利用LNG冷能的轻烃分离高压流程

W—功　Q—热量　1~6—物流

甲烷塔的操作压力为2.4MPa，再沸器的温度为20~70℃。通过LNG低温能量的级联利用，来自脱甲烷塔的富含甲烷的天然气完全再液化。然后通过泵而不是压缩机将液体产品加压至管道压力，从而大大降低了功耗。脱乙烷塔的操作参数与高压流程相同。计算结果表明，只要乙烷价格高于其燃料热值价格的1.2倍，采用高压流程的轻烃分离厂就可以在LNG的乙烷含量高于5%时获利，若采用低压流程，则在LNG的乙烷含量高于4%就可获利。

王雨帆等以国内某LNG接收站的富气为例，提出了一种利用LNG冷能从LNG中回收轻烃的改进流程。具体的流程如图8-75所示，自储罐来的LNG经泵加压进入闪蒸冷凝器和脱甲烷塔塔顶冷凝器提供冷量温度升高，成为气液两相，然后进入闪蒸罐中分出富含甲烷的天然气和富含C_2^+轻烃的LNG。前者利用原料LNG的显冷冷凝，后者经脱甲烷塔进料泵增压后再与脱乙烷塔塔顶气进行换热，然后进入脱甲烷塔。脱甲烷塔塔顶得到的富甲烷天然气，进入脱甲烷塔塔顶冷凝器回收原料LNG的冷量被液化，与加压后的闪蒸甲烷液体混合，进入凝液罐，再通过高压泵加压至管网要求后汽化外输。塔底得到C_2^+轻烃液体节流降压后进入脱乙烷塔进一步分离。在脱乙烷塔塔顶得到气相乙烷，进入脱乙烷塔塔顶冷凝器中与脱甲烷塔进料换热而冷凝，一部分作为塔顶回流，其余作为乙烷产品送至储罐。塔底得到C_3^+轻烃产品，节流降温到常温后外输到储罐中。模拟结果表明，该流程中C_3^+收率可达

97.5%，乙烷回收率可达 95.78%，冷能利用率为 38.93%，且该流程进行轻烃回收效益显著。

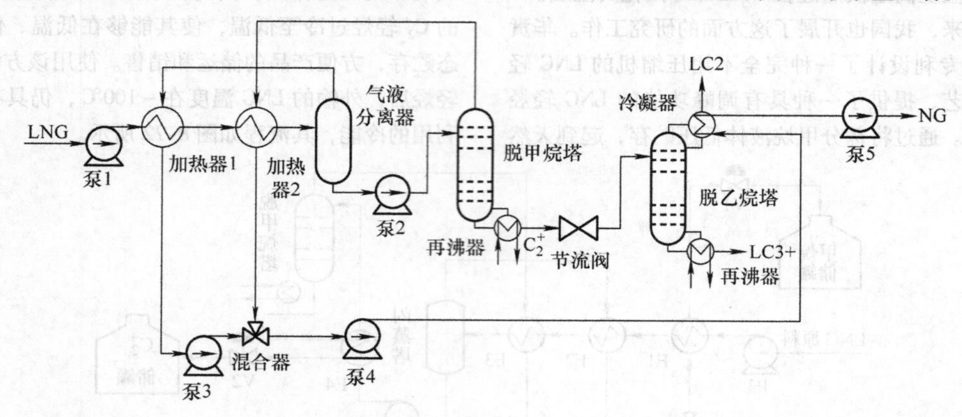

图 8-74　利用 LNG 冷能的轻烃分离低压流程

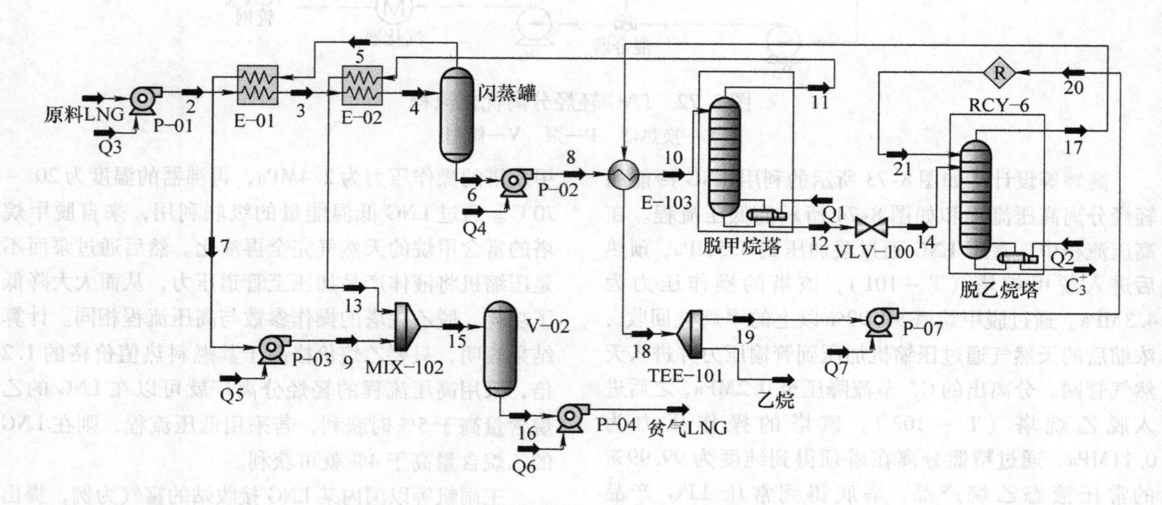

图 8-75　LNG 冷能用于轻烃分离模拟流程

E—换热器　TEE—分离器　MIX—混合器　P—泵

Li 等设计了将 LNG 冷能用于炼油厂的轻烃回收的方案。以国内某炼油厂为基础，将 LNG 的冷能应用于轻烃低温分离过程，取代压缩制冷系统。结果表明，LNG 可为分离过程提供 14373kW 的冷能，直接压缩功率节省 7973kW，LNG 冷能利用率高达 71.9%。

中石化山东 LNG 接收站主要接受来自巴布亚新几内亚、澳大利亚等国家的 LNG 资源。LNG 气源组分中轻烃含量高，热值高于山东管网天然气的热值。为了调整热值，充分利用 LNG 中的 C_2^+ 轻烃资源，山东 LNG 接收站配套建设了 2 套轻烃回收装置，最多可生产纯度 97% 的乙烷 0.5Mt/a。作为国内首套 LNG 轻烃回收装置，该项目采用两级闪蒸工艺分离出甲烷，然后利用 LNG 原料的冷量再液化成 LNG。山东 LNG 接收站工艺流程如图 8-76 所示，与其他接收站不同的是，LNG 经储罐低压泵增压后，按照贫、富液分两路输出。在 LNG 轻烃回收装置未投产前，贫、富液的工艺处理流程与其他接收站相似，主要包括 BOG 处理、LNG 汽化外输、火炬放空 3 套系统。当 LNG 轻烃回收装置投产后，贫液进入工艺区汽化外输，甲烷含量约 87% 的富液则直接送至轻烃回收单元，富液经 LNG 升压泵升压后进入脱甲烷塔，分离出的甲烷再冷凝后经 LNG 产品升压泵加压至 7MPa 左右进入工艺区高压外输泵出口汇管，送至汽化器汽化外输。从脱甲烷塔底部分离出的 C_2^+ 组分则进入脱乙烷塔，最终分离出乙烷与 LPG，产品均以液态形式分别贮存于球罐中，使用槽车外运。

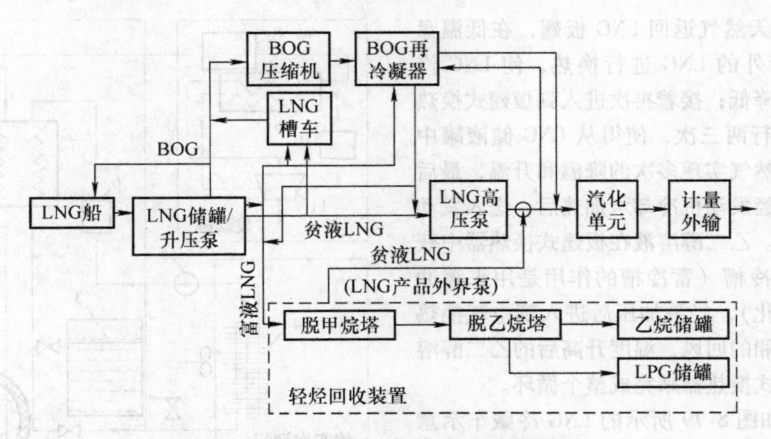

图 8-76　山东 LNG 接收站工艺流程

8.8.4　制冰与空调

1. 技术原理

制冰与空调的基本的原理，是利用中间冷媒和 LNG 换热，使得冷媒获得冷量，温度降低，再利用这个中间冷媒在空调房制冷或制冰室制冰。

2. 空调

谢红飞提出了一种利用 LNG 冷能的中央空调系统，采用的是水作为中间冷媒。其具体的过程是：-162℃的液态天然气经泵输入到蒸发器中，与来自中央空调约 12℃的循环水进行热交换后变成气态，然后进入天然气管路输送至用户；而循环水在蒸发器中获得 LNG 冷能后，温度下降到 7℃，然后被泵打入到空调换热器中，与室内空气进行热交换，降低室内空气温度，从而达到制冷的目的，其流程如图 8-77 所示。

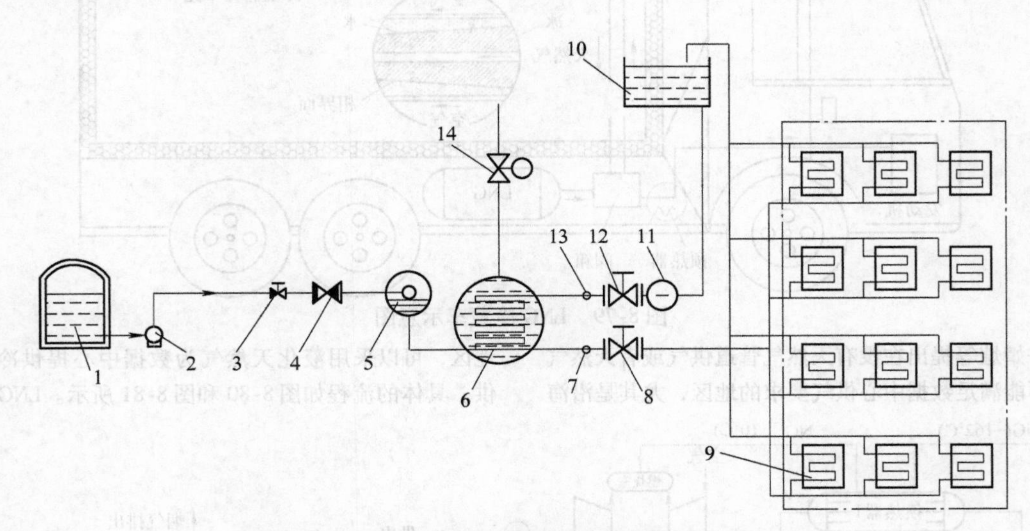

图 8-77　利用 LNG 冷能的中央空调工艺流程

1—低温储液罐　2—天然气泵　3、14—截止阀　4—止回阀　5—液面控制器　6—液化天然气汽化器　7、13—温度计　8、12—截止阀　9—中央空调热交换器　10—循环水池　11—循环水泵

厉彦忠等提出了利用 LNG 冷能来实现汽车空调的系统。该系统采用了乙二醇溶液为中间冷媒，针对 LNG 冷量回收的过程中的大温差换热和乙二醇容易被凝固的特点，提出了带有蓄冷功能的多级冷能回收的汽车空调系统，并进行了模块化数值分析，其原理性示意图如图 8-78 所示。

具体的过程是：汽车启动时，LNG 板翅阀门打开，储液罐上部的饱和气态天然气在系统压力的作用下，进入低温套管换热器中，与温度较高的逆流天然气进行热交换，释放部分冷量，温度升高；然后进入到板翅式换热器中，与逆流的乙二醇溶液再次进行热交换，温度进一步升至 0℃以上；从板翅式换热器中出来的温度较高的天然气返回LNG板翅，在低温盘管换热器中，与管外的LNG进行换热，使LNG汽化，同时自身温度降低；接着再次进入到板翅式换热器中换热，如此进行两三次，使得从LNG储液罐中出来的低温饱和天然气实现多次的降温和升温，最后进入低压储气罐，经发动机冷却水加热后，送入发动机的燃烧室内燃烧。乙二醇溶液在板翅式换热器中获得冷量后，进入蓄冷槽（蓄冷槽的作用是用来缓冲汽车空调负荷的变化），经泵加压后进入到空气换热器中，冷却来自车厢的回风，温度升高后的乙二醇溶液，再次进入板翅式换热器来完成整个循环。

Tan等设计了如图8-79所示的LNG冷藏车示意图。LNG由阀箱控制，然后流入冷量贮存单元，填充在冷量贮存单元中的相变材料（水）由低温天然气冷却和固化。在CSU中蒸发和加热后，天然气在热交换器中过热，然后流入车辆发动机燃烧。

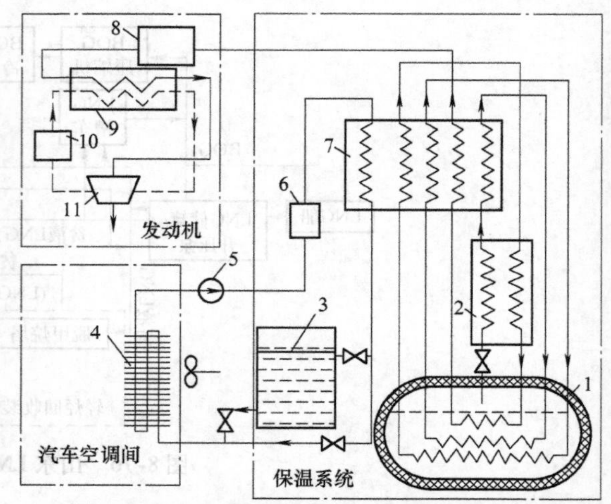

图8-78　LNG用于汽车空调的原理性示意图

1—液化天然气杜瓦　2—套管换热器　3—乙二醇蓄冷箱　4—风冷换热器　5—液体泵　6—过滤器　7—板翅换热器　8—低压储气罐　9—冷凝器　10—冷却水箱　11—汽车发动机

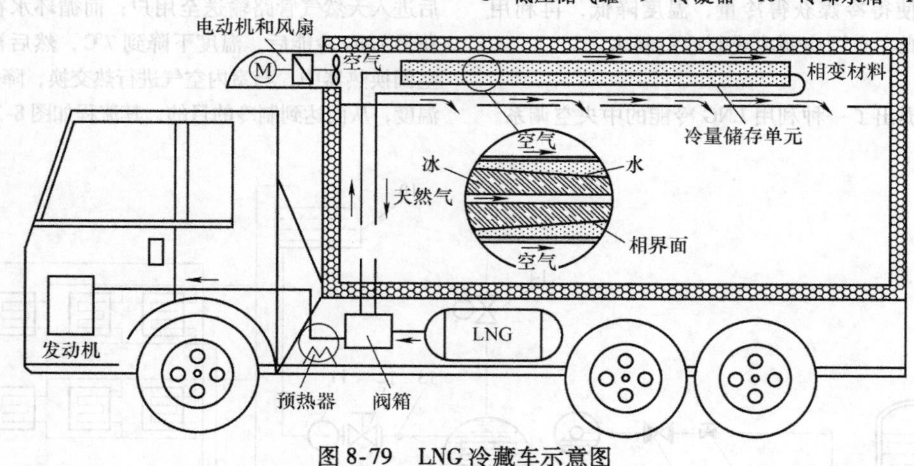

图8-79　LNG冷藏车示意图

许婧煊等提出在没有天然气管道供气或者天然气管网不能满足数据中心供气要求的地区，尤其是沿海地区，可以采用液化天然气为数据中心提供冷电连供。具体的流程如图8-80和图8-81所示。LNG汽化

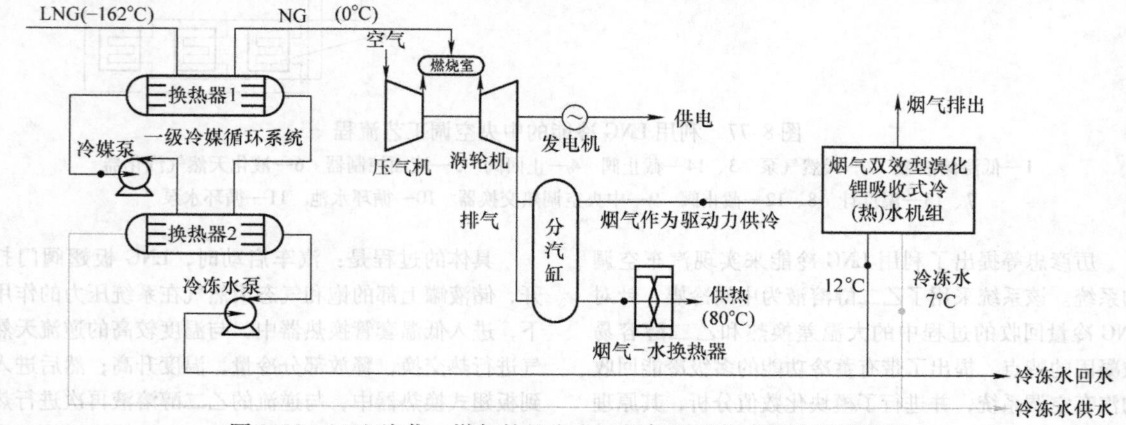

图8-80　LNG汽化+燃气轮机发电+烟气型吸收式制冷系统流程

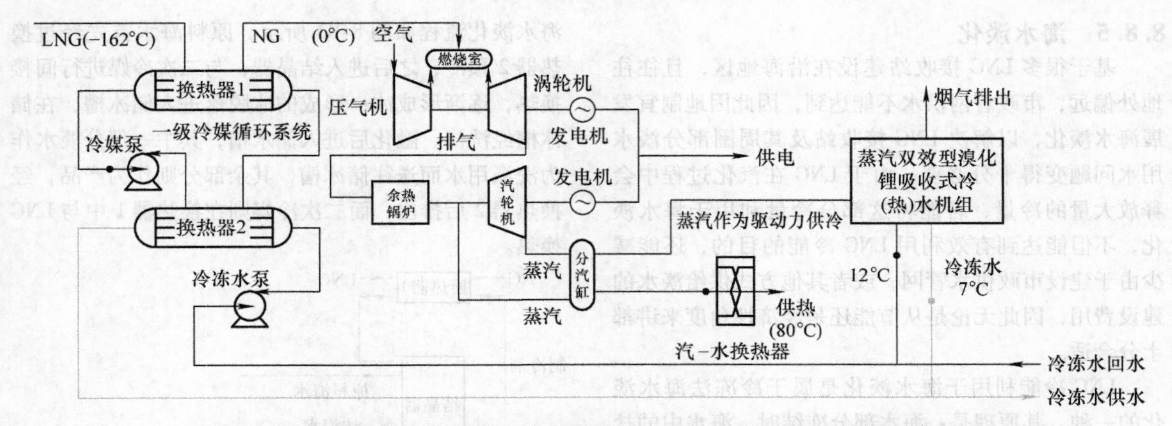

图 8-81 LNG 汽化 + 燃气蒸汽联合循环发电 + 蒸汽型吸收式制冷系统流程

后进入燃气轮机或联合循环系统发电为数据中心提供电力；LNG 汽化过程中释放的冷量以及发电余热驱动的制冷系统联合为数据中心提供冷量 LNG 汽化后进入燃气轮机发电为数据中心提供电力；汽化过程中释放的冷量及燃气轮机余热驱动的制冷系统联合为数据中心提供冷量。

3. 制冰

制冰有很大的市场，主要用途有：①制造大块的冰用于渔船中；②食用冰，例如冰啤酒之类的，这种冰利用干净的纯水制作而成，出口价格达到600 元/t；③中央空调利用冰，这种需求是巨大的，而且制造安全可靠，技术要求最低，市场很大；④其他用途，例如，在医药方面；在某些特殊的加工厂中；在电子产品中；还有是建筑用的水泥要急速冷冻，这种需求有时也是很大的。

制冰基本的过程是：LNG 的冷能在换热器中蒸发，把冷量传给中间的二次冷媒，有二次冷媒进入制冰机中进行制冰。图 8-82 所示为制冰原理性图。

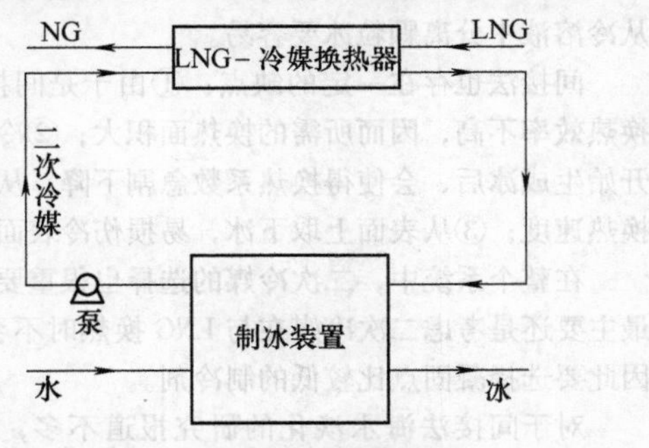

图 8-82 制冰原理性图

对利用冰作为冷源的中央空调系统，可以考虑把冰分散运到需要冷却的各中央空调地点，用冰融化时的潜热和部分显热，来直接冷却中央空调的冷冻水到7℃，然后利用这部分冷冻水来进行室内空气的冷却。这样就避免了电制冷来冷却冷冻水，由此节省了电能。

为充分利用 LNG 冷能，选择的二次冷媒凝固点要尽量低于 −162℃，蒸发温度在 −15℃ 左右。从目前的烷烃类来看，丙烷是比较符合的，其常压沸点是 −42.17℃，凝固点是 −187.1℃，则在稍微加压下就能满足要求，并且其市场上量大，价格便宜。

4. 冷能利用方案举例

国内某 LNG 进口接收站提出了 LNG 冷能利用于制冰的方案，并考虑把制出来的冰作为中央空调的冷源，用其直接冷却空调回路中的冷冻水，并讨论该模式下中央空调的运行经济价值。

该 LNG 进口接收站一期管网计算的最大输气量为 820000m^3/h（标准状态，折合 LNG 695t/h）；二期管网计算的最大输气量为 1640000m^3/h（标准状态，折合 LNG 1390t/h）。管道供 LNG 最小小时输气量：2015 年为 77290m^3/h（标准状态，折合 LNG65.5t/h）；2020 年为 240000m^3/h（标准状态，折合 LNG 203.4t/h）。

综合考虑输气管线本身有一定储气调峰能力，以及 LNG 输送、汽化设施的运行效率后，确定接收站一期工程输气量设计为 LNG 720t/h，输出压力 6.19MPa；二期工程输气量为 LNG 1440t/h，输出压力 7.55MPa。

按该接收站一期 LNG 平均流量的一半所具有的冷能来估算能制多少冰，并假设制得的冰只用于中央空调。取当地夏天自来水的温度和极端气温相同，即为 35.1℃。为简化计算，LNG 从 −150℃ 升温到 −15℃，水在 35.1℃ 冷却到 0℃ 的冰，可得制冰量 470.84t/h。

当冰运至各地中央空调的储冰池中，先熔化再升温到 10℃，而中央空调的冷冻水是由 12℃ 冷却到 7℃，采用逆流换热方式。按照一般的空调的冷负荷是 150W/m^2 作为标准来换算，得出中央空调的制冷面积为 $3.28\times10^5m^2$。

8.8.5　海水淡化

基于很多 LNG 接收站建设在沿海地区，且往往地处偏远，市政管网供水不能达到，因此因地制宜发展海水淡化，以解决 LNG 接收站及其周围部分淡水用水问题变得十分必要。由于 LNG 在汽化过程中会释放大量的冷量，若能将这部分冷量利用于海水淡化，不但能达到有效利用 LNG 冷能的目的，还能减少由于建设市政供水管网，或者其他方式供给淡水的建设费用，因此无论是从节能还是经济性角度来讲都十分合适。

LNG 冷能利用于海水淡化是属于冷冻法海水淡化的一种。其原理是：海水部分冻结时，海水中的盐分富集浓缩于未冻结的海水中，而冻结形成的冰中的含盐量大幅度减少；将冰晶洗涤、分离、融化后即可得到淡水。冷冻法海水淡化的优点如下：

1）能耗低。冰的融化热为 334.7kJ/kg，仅是水的汽化热（在 100℃时为 2259.4kJ/kg）的 1/7，理论上过程本身所需能量要比蒸馏法低。

2）腐蚀与结垢较轻。由于冷冻法是在低温下操作，因而对于材料的腐蚀很小，也不存在结垢问题，因此可以省去除钙、镁的预处理。

3）污染较轻。排出的腐蚀生成物大为减少，因而避免了污染环境，如对海洋生物有致命危害的铜就可大为减少。

该种方法也有其不足之处，例如，从冷冻过程中除去热量要比加热困难；含有冰结晶的悬浮体输送、分离、洗涤困难，在输送过程中冰晶有可能长大，堵塞管道；最终得到的冰晶仍然含有部分盐分，需要消耗部分产品淡水去洗涤冰晶表面的盐分。

在 LNG 冷能利用于海水淡化的系统中，就不存在冷量提供的问题，且由于少了传统的制冷设备，有些方式中还减少了部分换热设备，使得整个装置得到简化。

由于 LNG 温度较低，在常压下为 -162℃，结合考虑冷冻法海水淡化中的几种形式，归结出有一定实践意义的方法如下：引入二次冷媒，使其与 LNG 换热，换热过程中，LNG 温度升高，二次冷媒温度降低，从而实现了 LNG 冷能的转移；之后，低温的二次冷媒与海水进行换热，使海水冻结形成冰，通过搜集、洗涤、融化等一系列过程，最终得到淡水。根据二次冷媒与海水接触形式的不同，可以分为间接法和直接法两种形式。

1. 间接法

间接冷冻法海水淡化方式是利用低温二次冷媒与海水进行间接热交换，使海水冷冻结冰。间接冷冻法海水淡化流程如图 8-83 所示。原料海水首先经过换热器 2 预冷；之后进入结晶器，与二次冷媒进行间接换热，逐渐形成冰；形成的冰脱落进入储冰槽，在储冰槽经洗涤、融化后进入储水槽，其中一部分淡水作为洗涤用水而送往储冰槽，其余部分则作为产品，经换热器 2 后排出；而二次冷媒则在换热器 1 中与 LNG 换热。

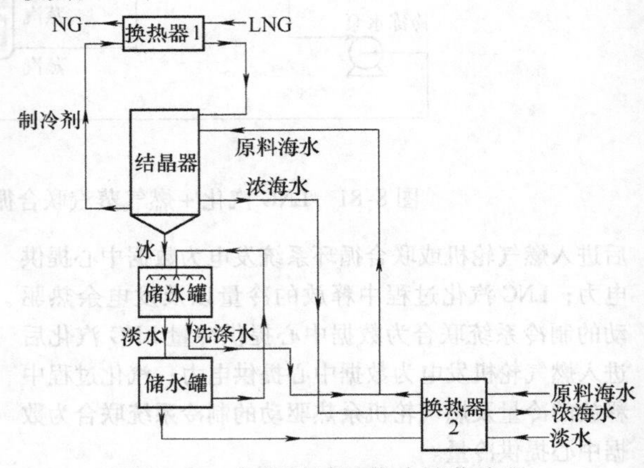

图 8-83　间接冷冻法海水淡化流程

结晶器是整个流程的关键元件，其工作过程类似于立式管壳式蒸发器，即二次冷媒在管外流动吸热，原料海水在管内流动放热结冰。这样一种结晶器可以参考目前市场上较为成熟的制冰机设备。根据制得的冰的形状不同，有管冰机、片冰机、板冰机等多种形式。根据不同情况可以选择不同制冰机种类。

间接法有以下优点：①从能耗的角度看，它与其他冷冻法海水淡化方法一样，具有低能耗、低腐蚀、轻结垢的特性；②从装置发展的角度看，在冷表面上的结冰所需的装置比较简单，且目前都有成熟产品可以应用；③从分离的角度看，从冷表面上剥离冰，比从冷溶液中分离颗粒冰要容易。

间接法也存在一定的缺点：①由于是间接换热，换热效率不高，因而所需的换热面积大；②冷表面上开始生成冰后，会使得换热系数急剧下降，从而影响换热速度；③从表面上取下冰，易损伤冷表面。

在整个系统中，二次冷媒的选择也很重要。这里最主要还是考虑二次冷媒在与 LNG 换热时不会凝固。因此要选择凝固点比较低的制冷剂。

对于间接法海水淡化的研究报道不多，而采用 LNG 作为冷源的就更少。Minato Wakisaka 等，发表的关于用冷冻法处理废水的实验装置，如图 8-84 所示。其基本原理与海水淡化相同，其结晶器类似于管冰机。他们的研究对于间接法海水淡化实验装置及工业应用装置的研究有一定的借鉴意义。

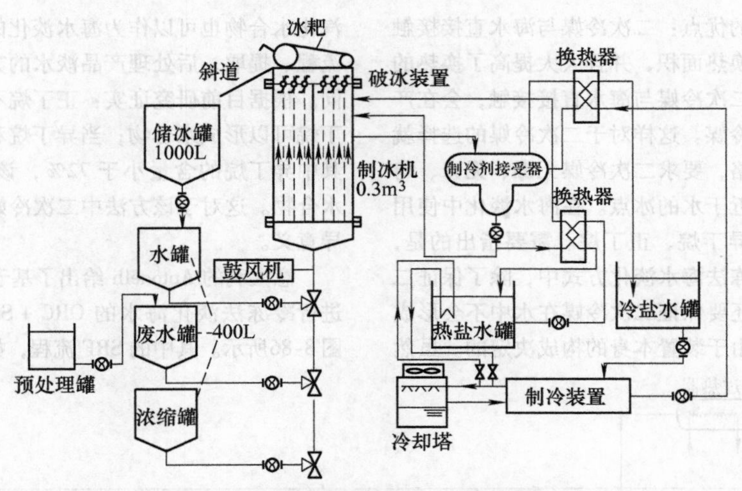

图 8-84　用冷冻法处理废水的实验装置

间接冷冻法海水淡化流程按冷媒运行时是否有相变分为两种，即冷媒无相变运行的流程和冷媒发生相变的流程。前者指整个运行过程中（包括结晶器内）冷媒保持液态不汽化，海水淡化所需冷量靠冷媒显热来提供；后者指冷媒在结晶器内蒸发，主要靠汽化热来提供冷量。两种常见的冷媒流程（无相变流程和有相变流程）各自的优缺点如下：

1）无相变方案的流程、设备简单，控制方便，但冷媒质量流量大。

2）有相变流程冷媒质量流量小，但流程、设备与控制均较复杂，气相部分体积流量较大，使得气态管路直径较大，相应的换热器尺寸也会更大。

3）无相变流程泵的耗功比有相变流程要大，这是由于无相变方案的质量流量大。

2. 直接法

直接法就是不溶于水的二次冷媒与海水直接接触而使海水结冰。由于接触时比表面积大，因此传热效率很高，并且能在较低的温度下就进行热交换，减少了金属换热设备的需求。其流程如图 8-85 所示。二次冷媒与 LNG 换热后温度降低，直接喷入结晶器中的海水中，二次冷媒温度升高，蒸发汽化，从而吸收海水中大量的热量，致使在喷出的液滴周围形成许多小冰晶。冰晶与部分海水以冰浆的形式被输送到洗涤罐中，洗涤过后的冰晶再进入融化器融化为淡水，其中一部分淡水就是作为洗涤用水。需要指出的是，融化器中可以采用原料海水作为热流体，这样一方面使得冰晶融化，另一方面能使原料海水进入结晶器的温度降低，若与洗涤罐中出来的低温浓海水进一步换热，原料海水的温度就降低很多，这样有利于结晶器中的结晶过程。另外，汽化后的二次冷媒通过干燥器，除掉夹带的水蒸气后再次进入换热器与 LNG 进行换热。

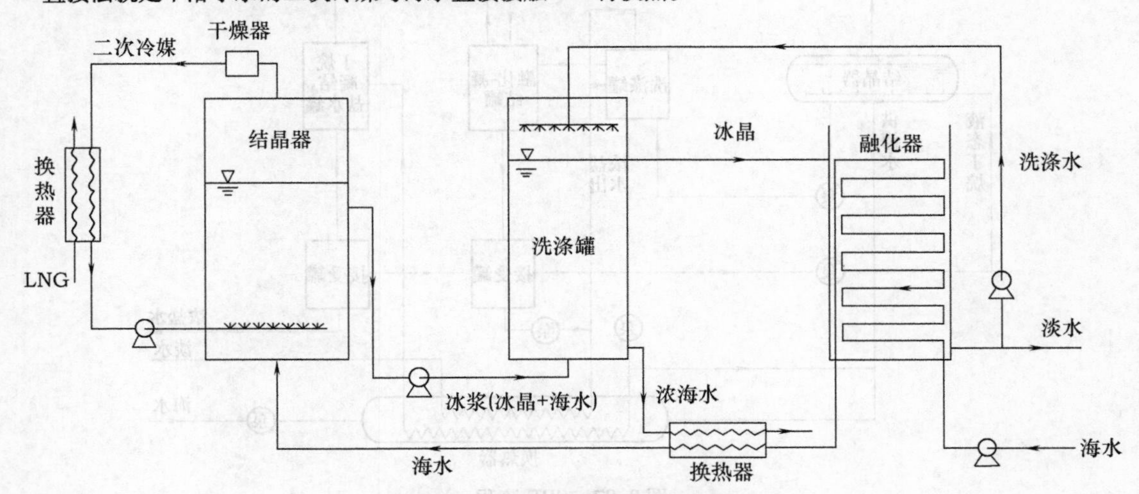

图 8-85　直接冷冻法海水淡化流程

直接法有以下的优点：二次冷媒与海水直接接触换热，减少了金属换热面积，并且大大提高了换热的效率。其缺点就是二次冷媒与海水直接接触，会在产品淡水中残留少量冷媒。这样对于二次冷媒的选择就要比间接法更为严格，要求二次冷媒无毒、无味、与水不互溶，沸点接近于水的冰点。在海水淡化中使用较多的二次冷媒有异丁烷、正丁烷。需要指出的是，在这种直接接触冷冻法海水淡化方式中，除了保证二次冷媒不溶于水，还要保证二次冷媒在水中不会形成汽化水合物，这是由于装置本身的构成决定的。虽然汽化水合物也可以作为海水淡化的一种形式，但是其流程、提取、后处理产品淡水的方式都与上述方法不同。根据目前研究证实：正丁烷不能形成水合物；异丁烷可以形成水合物；当异丁烷和正丁烷混合时，若其中异丁烷的含量小于 72%，该混合物就不会形成水合物。这对于该方法中二次冷媒的选择有一定的指导意义。

意大利的 Antonelli 给出了基于正丁烷的利用 LNG 进行冷冻法淡化海水的 ORC + SRF 工艺，其流程如图 8-86所示。其中的 SRF 流程，如图 8-87 所示。

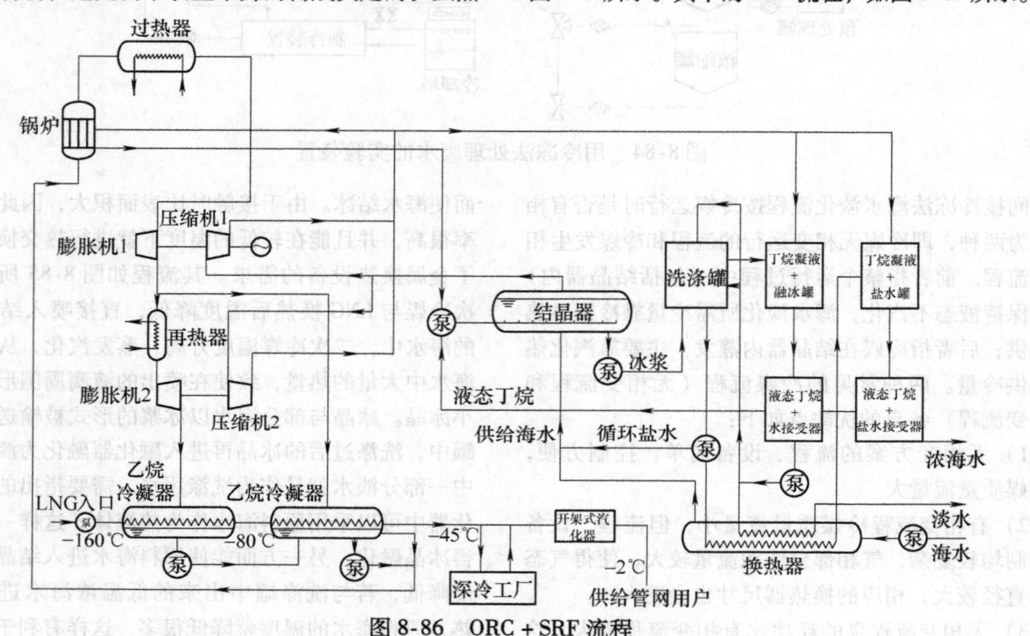

图 8-86　ORC + SRF 流程

图 8-87　SRF 流程

ORC + SRF 工艺为首先利用 ORC（Organic Rankine Cycle）过程产生机械能，此时 LNG 从 -160℃被加热至 -50℃；然后利用此机械能驱动 SRF（Secondary Refrigerant Freezing）过程来脱盐。将这 ORC 和 SRF 过程直接结合起来是该流程的新颖之处。

流程中 ORC 过程具有以下特性：

1）低温 LNG 与大气环境进行换热；利用 SRF 过程中的丁烷蒸气产生电能和生产液态丁烷；一个管壳式换热器，同时也作为 ORC 中的锅炉，管外液态乙烷或者氟利昂蒸发，管内丁烷凝结，同时丁烷作为这个特殊锅炉的燃料。

2）从换热器中出来的高压乙烷蒸气首先在高效膨胀机中膨胀；之后蒸汽分为两股：一股蒸气被再热器再次加热后进行二次膨胀，膨胀后的乙烷蒸气的温度很低（-80℃），但是相比 LNG 来说温度仍然很高，因此可以用来与 LNG 进行换热，与此同时乙烷蒸气也冷凝下来，该换热器同时也为乙烷的一级冷凝器；另外一股乙烷蒸汽在一级膨胀后，具有更高的压力和温度（-45℃），用来加热从一级冷凝器出来的 LNG，这个换热器也是乙烷的二级冷凝器。

3）最终 LNG 还是通过常规的开架式汽化器汽化，海水作为其热源。

4）流程中，两个膨胀机都产生了可以直接利用的电能。系统中两个压缩机和一个带有减速器的发电机都由膨胀机驱动。压缩机吸收结晶器中产生的丁烷蒸气，提高压力使其能在“乙烷锅炉”和融化 - 凝结罐中凝结，它们也作为 SRF 流程中的一级和二级压缩机。

5）液态乙烷在一级和二级乙烷凝结器中被收集，并被打回到“乙烷锅炉”，液态丁烷也被打回结晶器中。

6）在整个流程中也用到了常规的换热器。

7）发电机被其中一个膨胀机驱动，产生的电能为其他设备所用。

流程中 SRF 流程则包含下列装置：

1）结晶器。一个圆柱形的容器，原料海水和液态丁烷在此混合，海水冻结形成冰晶，液态丁烷蒸发。

2）洗涤罐。这是一个从底部接受冰浆的装置。在其中，冰晶上升并且形成泥浆饼状，被淡水冲洗。单独的冰晶颗粒是纯净的淡水，但是饼状冰晶则含有较多的盐水，因此提高洗涤塔的设备也是研究重点之一。

3）主压缩机。它吸收来自结晶器的丁烷蒸气，并在较高压力下输出到冷凝器。

4）融化 - 凝结罐。它是丁烷蒸气和从洗涤罐中出来的冰浆直接接触的容器，冰晶融化，同时丁烷蒸气液化。

5）接受罐。一个接受淡水和液态丁烷的装置。由于液态丁烷密度小，因此在顶部收集淡水。一部分淡水被打回洗涤罐作为洗涤用水，大部分水则在与入口海水换热后排出。

在这样一个系统中，冰浆和初始产品淡水提供的冷量不足以完全凝结丁烷蒸气，则需要设置一个二级压缩机来液化剩余的丁烷。整套装置较为复杂，制造成本高，因此在推广到工业应用上存在一定的难度。

黄美斌等针对 LNG 冷能利用于直接接触海水淡化做了初步研究，研究了整个系统的流程、中间冷媒的选择、主要参数的确定等问题，并且根据前人关于体积换热系数和蒸发高度初步估算了结晶器的尺寸。Messineo 等提出了如图 8-88 所示的利用 LNG 冷能的海水淡化系统，系统由三个基本操作组成：冷冻，洗涤和融化，另外还需要其他辅助操作，如过滤和空气去除，以除去悬浮液中的固体量。

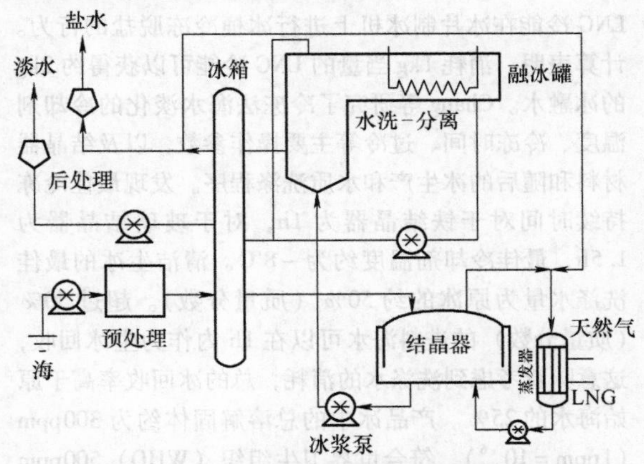

图 8-88 利用 LNG 冷能的海水淡化系统

Wang 等研究了使用 LNG 冷能的冷冻脱盐 - 膜蒸馏（FD - MD）系统。图 8-89 所示为包括间接接触冷冻脱盐（ICFD）和直接接触式膜蒸馏（DCMD）的混合海水淡化过程，首先通过冷冻脱盐过程处理海水并且从融化的冰产生净化水。随后，将冷冻脱盐排出的盐水送至膜蒸馏的进料罐，通过冷凝膜蒸馏膜的馏出物侧的水蒸气获得超纯水，同时进一步浓缩残留的盐水。LNG 蒸发器用于冷却脱盐结晶器和膜蒸馏馏出物侧冷却器所需的冷却剂温度。在 ICFD 过程中产生具有低盐度 0.144g/L 的高质量饮用水。同时，在 DCMD 工艺中使用优化的中空纤维模块长度和填充密度，在高能效（EE）的条件下获得了低盐度 0.062g/L 的超纯水。系统达到 71.5% 的高总水回收率，所获得的水质符合饮用水标准。

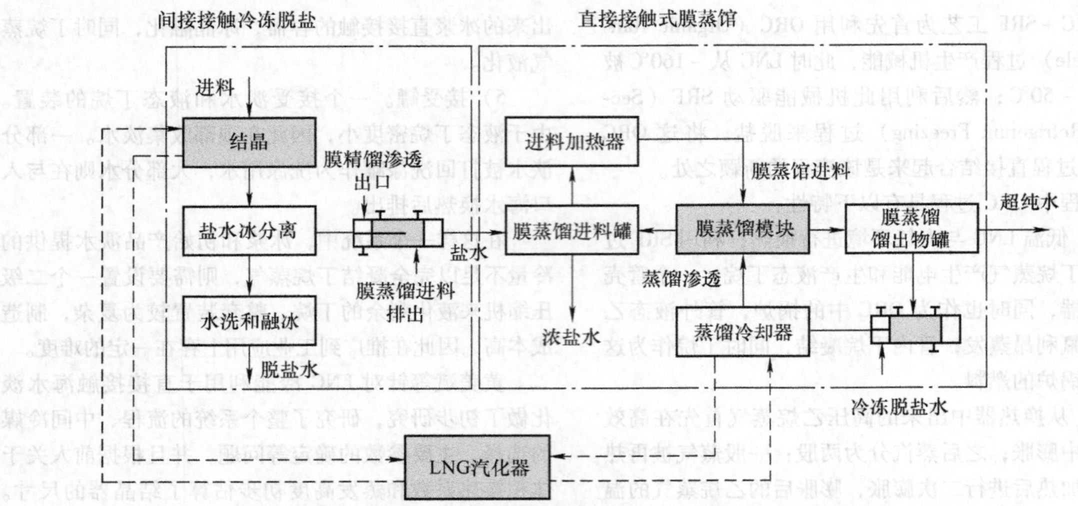

图 8-89 利用 LNG 冷能的混合 FD - MD 海水淡化工艺示意图

Cao 等选用制冰机制冰桶作为海水结晶器，使用 gPROMS 模拟冷冻脱盐过程的冰桶周围的传热。根据冻结部分固体的成核和生长获得的结果预测利用 LNG 冷能在冰片制冰机上进行冰桶冷冻脱盐的行为。计算表明，消耗 1kg 当量的 LNG 冷能可以获得约 2kg 的冰融水。Chang 等研究了冷冻法海水淡化的冷却剂温度、冷冻时间、过冷等主要操作参数，以及结晶器材料和随后的冰生产和水质洗涤程序。发现最佳冷冻持续时间对于铁结晶器为 1h，对于玻璃结晶器为 1. 5h，最佳冷却剂温度约为 - 8℃。清洁生冰的最佳洗涤水量为原冰的约 50%（质量分数）。超过 50%（质量分数）的进料海水可以在 1h 内作为生冰回收，这意味着考虑到洗涤水的消耗，总的冰回收率高于原始海水的 25%。产品冰中的总溶解固体约为 300ppm（$1ppm = 10^{-6}$），符合世界卫生组织（WHO）500ppm 的饮用水盐度标准。

Xia 等设计了一套基于 LNG 冷能回收用于反渗透脱盐的太阳能跨临界 CO_2 动力循环系统，如图 8-90 所示，该系统采用基于 LNG 冷能回收的太阳能跨临界 CO_2 动力循环来驱动反渗透海水淡化装置，从而产生淡水。整个系统包括太阳能收集子系统，热存储子系统，跨临界 CO_2 动力循环，LNG 子系统和反渗透脱盐子系统。太阳能集热器用作为主要热源，为系统提供能量。选择复合抛物面收集器来收集太阳辐射，考虑到其高收集温度和间歇太阳跟踪。当太阳辐射不足时，使用具有导热油作为工作流体的储热罐来改善整个系统的稳定性和可持续性。热油首先在太阳能收集器中被加热到高温，然后流过储热罐以贮存太阳能。之后，热能从热油转移到蒸汽发生器中的 CO_2。高温超临界 CO_2 进入 CO_2 涡轮机，做功以驱动高压泵。离开涡轮机的废气 CO_2 通过 LNG 在冷凝器中冷凝。与 CO_2 换热后 LNG 蒸发成天然气然后吸收海水中的热量，接着进入天然气涡轮机以产生机械功以驱动另一个高压泵。结果表明，系统可以达到 4. 90% 的日㶲效率，并在给定的条件下每天提供 2537. 33m^3 的淡水。

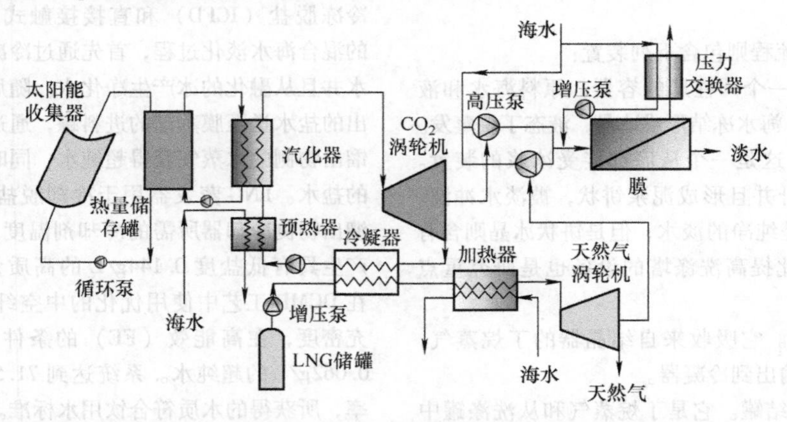

图 8-90 基于 LNG 冷能回收的反渗透脱盐太阳能跨临界 CO_2 动力循环系统

Lin等设计了一套利用LNG冷能海水淡化系统。如图8-91所示，在该系统中，选择R410A作为二次制冷剂，将冷能从LNG转移到海水中，采用片状制冰机生产冰。在进行实验时，选用液氮作为冷源。储罐中的液氮通过自加压再进入低温换热器从制冷剂R410A获得热量，汽化后的氮气排放到空气中。在换热器中，气态制冷剂R410A冷凝成液体然后流入循环筒中以便短时间贮存。液态R410A经泵加压后流入片冰机与海水换热，蒸发的R410A离开制冰桶并流回到热交换器，再次冷凝成液体。进料海水被泵入融冰罐中被冷却。然后将海水送入混合罐，在那里通过与刚洗过片冰的水混合进一步冷却。冷却的海水由泵从混合罐中抽出并送到制冰桶的顶部。在配水盘的作用下将水喷射到冰桶的内壁上。当将热量传递给冷的R410A液体时，海水被部分冷冻。未解冻的海水部分用盐浓缩，并从系统中排出。墙上的冰被刮到洗冰室中，冰中的一些盐被部分产生的淡水带走。然后将冰送入融冰罐，在那里用来自供应海水的热量融化成淡水。淡水分为两部分，小部分起着洗涤水的作用，大部分是产品淡水。结果表明，该系统能够达到150L/h的设计淡水产量，转换后的冷能效率高于2kg（淡水）/kg（LNG），该系统的除盐率约为50%。

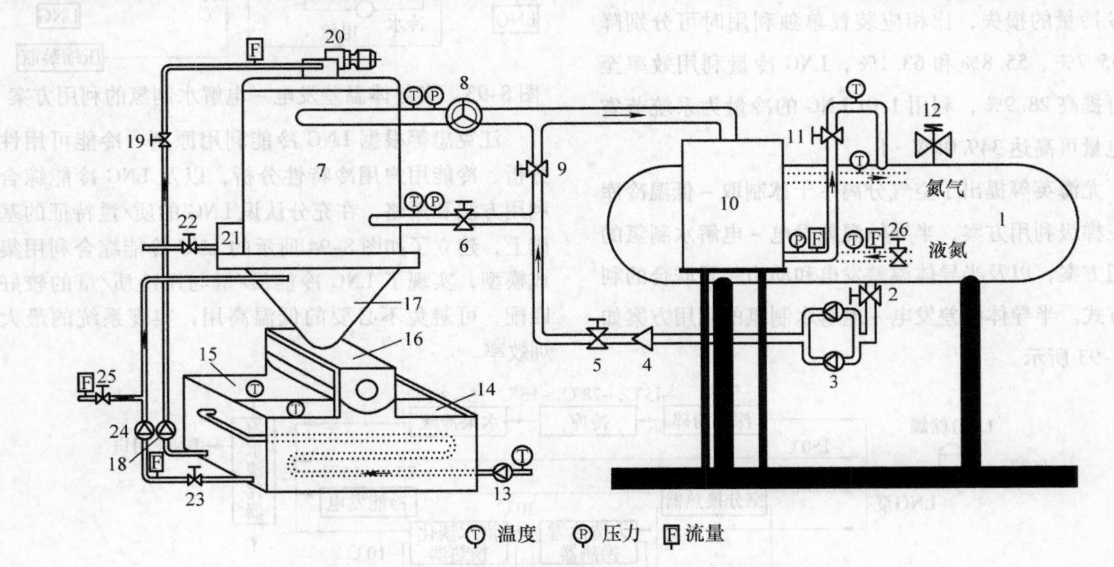

图8-91 利用LNG冷能的海水淡化系统流程

1—R410A循环筒 2，5，6，8，9，11，19，22，23，25，26—阀 3—电磁屏蔽泵 4—止回阀 7—制冰桶 10—换热器 12—安全阀 13，18，24—水泵 14—融冰罐 15—混合罐 16—分离器 17—洗冰室 20—配水盘 21—浓缩海水收集器

3. 其他方法

天然气水合物又称“可燃冰”，是分布于深海沉积物或陆域的永久冻土中，由天然气与水在高压低温条件下形成的类冰状的结晶物质。因其外观像冰一样而且遇火即可燃烧，所以又被称作“可燃冰”。天然气水合物是一种储量非常丰富的清洁能源，目前受其开采技术的限制不能大规模地开采利用。实际上，很多气体小分子和水在高温低压且水分充足的的条件下都能形成水合物。贺天彪等创新性地提出了利用LNG冷能的水合物海水淡化技术，设计了一种基于水合物海水淡化和有机朗肯循环发电耦合系统（Desal-ORC）来回收利用液化天然气冷能。海水经过泵增压后，被淡水及浓盐水冷却降温，随后进入低温级ORC的一个蒸发器被工质冷却。此后海水依次经过高温级ORC蒸发器及LNG末级汽化器冷却至水合物反应温度后进入水合物反应器。水合物生成介质丙烷经过压缩机增压后经过低温级ORC的蒸发器冷却至反应温度后进入水合物反应器与海水进行反应。从水合物反应器出来的液固混合物经过三相分离器分离后得到水合物固体和高浓度盐水。水合物进入分解反应器进行分解反应获得淡水以及丙烷气体。

8.8.6 LNG冷能综合利用

华赍等提出了LNG冷能梯级利用的概念。他们指出：将LNG用作一次能源时，现有的利用方法无论是用于空分装置、冷能发电、制取CO_2，还是冷冻仓库，单独使用均无法高效地利用LNG的冷量，冷损失较大，例如：空气分离装置中LNG温度高于-100℃的这部分冷量未能得到充分的利用，而低温粉碎和低温冷库主要利用-100℃以上的冷量。因此将上述各种方法相互交叉集成，使LNG的冷量得到梯级利用，就可以提高冷量的利用效率。可考虑将这些利用LNG冷能的装置建成联合企业的冷能工业园区，并将其与LNG接收站一体化建设。

图8-92所示为一种LNG冷能集成利用流程图，用于空气分离、低温粉碎和低温冷库。通过计算，集成利用时，空气分离、低温粉碎和低温冷库利用LNG冷量的损失，比相应装置单独利用时可分别降低55.7%、55.8%和63.1%，LNG冷量利用效率至少可提高28.9%，利用1.0t LNG的冷量为系统节省的电量可高达349.0kW·h。

尤海英等提出了空气分离-干冰制取-低温冷库的三梯级利用方案，半导体温差发电-电解水制氢的利用方案，以及半导体温差发电和动力装置联合的利用方式。半导体温差发电-电解水制氢的利用方案如图8-93所示。

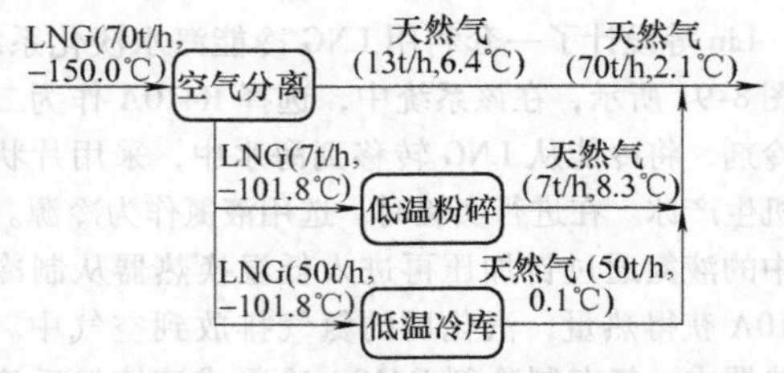

图8-92　一种LNG冷能的集成利用流程图

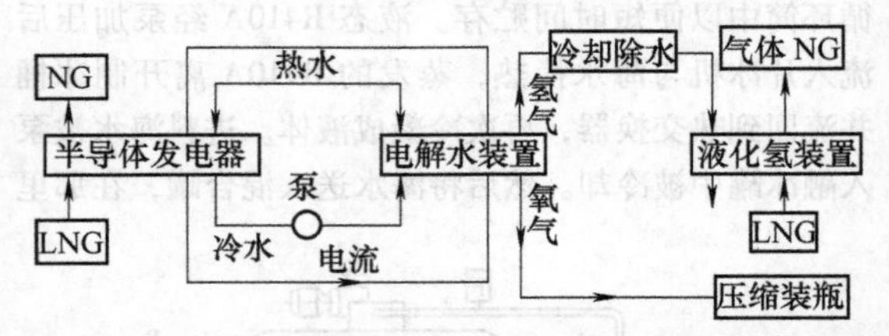

图8-93　半导体温差发电-电解水制氢的利用方案

江克忠等根据LNG冷能利用原则、冷能可用性分析、冷能用户用冷特性分析，以及LNG冷能综合利用方法和策略，在充分认识LNG的质/量特征的基础上，建立了如图8-94所示的LNG冷能综合利用集成模型，实现了LNG冷能质/量与用冷质/量的较好匹配，可避免不必要的低温高用，实现系统的最大㶲效率。

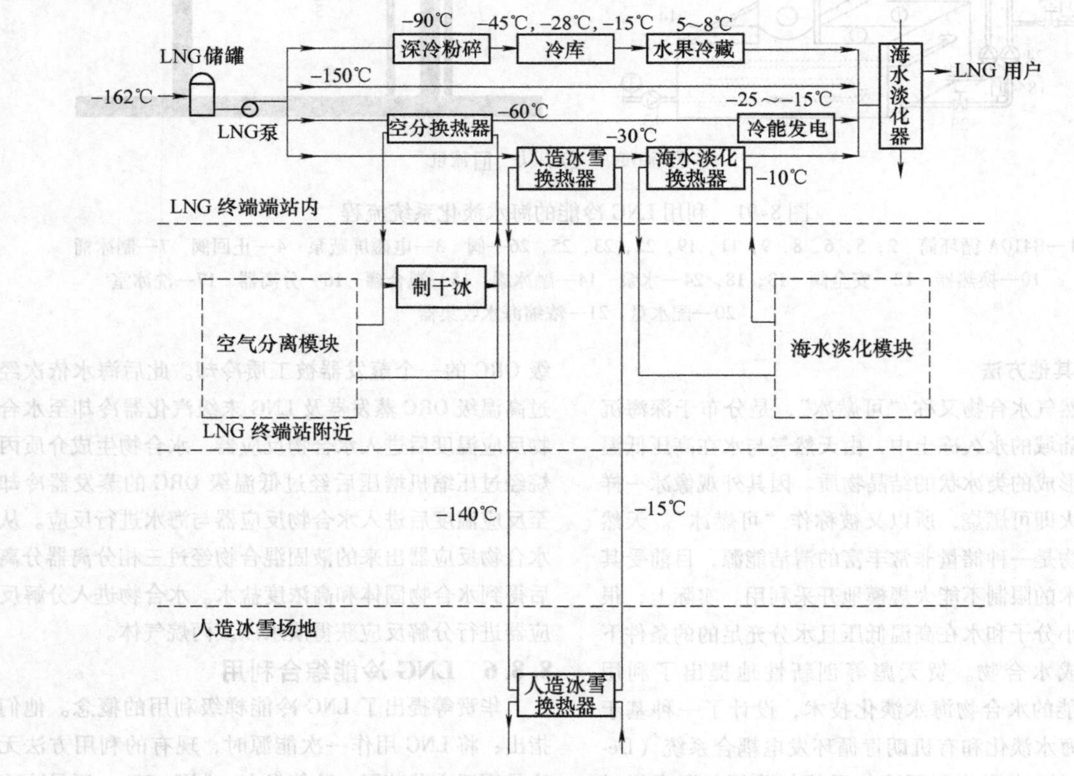

图8-94　LNG冷能综合利用集成模型

此外，毛文军提出了LNG冷能循环利用的思想：LNG汽化时，用空分装置中的循环氮气回收冷能生产液氮，通过槽罐反运回气田；液氮汽化释放冷能生产LNG，而氮气可用于气井回注或排空。冷能循环可使天然气液化设备大大简化，降低液化成本，同时实现井口液化外输。因此，将LNG冷能用于空分装置生产液氧、液氮、液氩等产品后，利用一部分液氮运回气田，回收其冷量生产LNG，可以作为另一种冷能综合利用的方式。

孙延寿等结合LNG动力船对惰性气体、电能、冷能等能源的需求，将LNG冷能进行发电、空气分离、海水淡化、冷冻冷藏、空调等分布式梯级利用。通过模拟结果分析比较，确定了㶲效率最高的冷能利用方案，该方案中冷能梯级利用顺序为空气分离、冷能发电、海水淡化、空调、高温冷库，系统的㶲效率达到34.59%。

以上LNG冷能梯级利用的各种技术方案表明，对于LNG冷能的利用，梯级逐层利用理论上是提高效率的有效途径，但是也导致系统结构复杂，运行和维护难度增加。这些方案是对LNG冷能合理利用的有益探讨，但在实施时，还应综合考虑多种因素，如经济性、安全性、稳定性等。LNG冷能的梯级利用，往往涉及跨度很大的多个行业和领域，通常难以找到对所有这些领域都感兴趣的投资商来同时投资所有项目；另外，由于很难保证各项目均在设计工况下运行，各利用项目之间的相互牵制，可能成为制约项目正常运行的关键因素。因此，虽然众多梯级利用方案在理论上可以得到较高的冷能回收率，但实施这些方案的可行性是很小的。比较务实的冷能利用方案，还是以“成熟一个、发展一个”的原则来考虑比较合理。这样，虽然较难获得很高的冷能回收率，但有利用比没有利用是质的提高。

参考文献

[1] 顾安忠，鲁雪生，汪荣顺，等．液化天然气技术［M］.2版．北京：机械工业出版社，2015.

[2] 游立新，顾安忠．液化天然气冷能㶲特性及其应用［J］．低温工程，1996，(3)：6-12.

[3] LEE G S，CHANG Y S，KIM M S，et al. Thermodynamic analysis of extraction processes for the utilization of LNG cold energy［J］. Cryogenics，1996，36（1）：35-40.

[4] LIU H T，YOU L X. Characteristics and applications of the cold heat exergy of liquefied natural gas［J］. Energy Conservation & Management，1999，40：1515-1525.

[5] 尚卯，谷英杰．福建LNG接收站BOG再冷凝工艺优化研究［J］．天然气与石油，2017，35（5）：28-33.

[6] LI Y，CHEN X，Chein M H. Flexible and cost-effective optimization of BOG (boil-off gas) recondensation process at LNG receiving terminals［J］. Chemical Engineering Research & Design，2012，90（10）：1500-1505.

[7] 李立婉，万宇飞．LNG接收站BOG再冷凝工艺模拟及分析［J］．现代化工，2014（6）：129-132.

[8] NAGESH R H，KARIMI I A. Optimal design of boil-off gas reliquefaction process in LNG regasification terminals［J］. Computers & Chemical Engineering，2018，117：171-190.

[9] ZHANG N，CAI R. Analytical solutions and typical characteristics of part-load performance of single shaft gas turbine and its cogeneration［C］//Proceedings of ECOS’99，Tokyo，1999.

[10] DE PIOLENCM. LES’ Iced’ inlet net utility another 14MW of peaking at zero fuel cost［J］. Gas Turbine World，1992，22（1）：20-25.

[11] KIM T S，RO S T. Power augmentation of combined cycle power plants using cold energy of liquefied natural gas［J］. Energy，2000，25：841-856.

[12] 王海华，张同．液化天然气冷能发电［J］．公用科技，1998，4（1）：5-7.

[13] KIM C W，CHANG S D，RO S T. Analysis of the power cycle utilizing the cold energy of LNG［J］. International Journal of Energy Research，1995，19（9）：741-749.

[14] MOHRI T，KAWAGUCHI K，ICHIHARA K，et al. A power generating plant by LNG cold energy［C］//Proceedings of the Ninth International Cryogenic Engineering Conference（ICEC9），Kobe，1982：705-708.

[15] XUE F，CHEN Y，JU Y L. Design and optimization of a novel cryogenic rankine power generation system employing binary and ternary mixtures as working fluids based on the cold exergy utilization of liquefied natural gas（LNG）［J］. Energy，2017，

138: 706 - 720.

[16] KIM K, LEE U, KIM C, et al. Design and optimization of cascade organic Rankine cycle for recovering cryogenic energy from liquefied natural gas using binary working fluid [J]. Energy, 2015, 88: 304 - 313.

[17] MA S J, LIN W S. Analysis of a combined ORC system utilizing LNG cold energy and waste heat of gas turbine exhaust [C] //Proceedings of the 17th International Conference on Sustainable Energy Technologies (SET2018), Wuhan, 2018.

[18] 孙宪航，陈保东，王雷，等. 以太阳能为高温热源的 LNG 卫星站冷能发电系统 [J]. 天然气工业，2012, 32 (10): 103 - 106.

[19] 石洋溢. LNG 冷能与中低温太阳能耦合燃气 - 氨水循环发电系统研究 [D]. 长沙: 湖南大学，2016.

[20] LIN W S, HUANG M B, He H M, et al. A transcritical CO_2 rankine cycle with LNG cold energy utilization and liquefaction of CO_2 in gas turbine exhaust [J]. Journal of Energy Resources Technology - Transactions of ASME, 2009, 131 (4):042201.

[21] SONG Y, WANG J, DAI Y, et al. Thermodynamic analysis of a transcritical CO_2 power cycle driven by solar energy with liquified natural gas as its heat sink [J]. Applied Energy, 2012, 92 (none): 194 - 203.

[22] 林文胜，顾安忠，鲁雪生，等. 空分装置利用 LNG 冷量的热力学分析 [J]. 深冷技术，2003, (3): 26 - 30.

[23] 邵铁民. LNG 冷能及其利用 [J]. 油气储运，2007, 26 (11): 41 - 43.

[24] 燕娜，厉彦忠. 采用液化天然气 (LNG) 冷量的液体空分新流程及其㶲分析 [J]. 低温工程，2007, (2): 40 - 45.

[25] KIM D, GIAMETTA R E H, GUNDERSEN T. Optimal use of LNG cold energy in air separation units [J]. Industrial & Engineering Chemistry Research, 2018, 57: 5914 - 5923.

[26] ZHENG J Y, LI Y Z, LI G P, et al. Simulation of a novel single - column cryogenic air separation process using LNG cold energy [J]. Physics Procedia, 2015, 67: 116 - 122.

[27] XU W D, DUAN J, MAO W J. Process study and exergy analysis of a novel air separation process cooled by LNG cold energy [J]. Journal of Thermal Science, 2014, 23 (1): 77 - 84.

[28] MEHDI M, MASOUD K, MAHMOOD C. Investigation of novel integrated air separation processes, cold energy recovery of liquefied natural gas and carbon dioxide power cycle [J]. Journal of Cleaner Production, 2016, 113: 411 - 425.

[29] MEHRPOOYA M, SHARIFZADEH M M M, ROSEN M A. Optimum design and exergy analysis of a novel cryogenic air separation process with LNG (liquefied natural gas) cold energy utilization [J]. Energy, 2015, 90: 2047 - 2069.

[30] MEHRPOOYA M, ESFILAR R, MOOSAVIAN S M A. Introducing a novel air separation process based on cold energy recovery of LNG integrated with coal gasification, transcritical carbon dioxide power cycle and cryogenic CO_2 capture [J]. Journal of Cleaner Production, 2017, 142: 1749 - 1764.

[31] 江楚标. 用液化天然气的冷量生产液氧、液氮 [J]. 天然气工业，2007, 27 (7): 124 - 126.

[32] 气体产品与化学公司. 用于从与空气分离连接的基于液化天然气的液化器供应气态氮的系统: CN201020243660. X [P]. 2010 - 06 - 25.

[33] 郭永昌，胡晖. LNG 冷能空分装置节能分析及问题探讨 [J]. 制冷，2017, 36 (2): 89 - 92.

[34] 江蓉，黄震宇. LNG 冷能空分技术的开发与应用 [J]. 低温与特气，2016, 34 (4): 1 - 4.

[35] 国内最大 LNG 冷能空分设备——唐山瑞鑫 LNG 冷能空分设备一次开车成功 [J]. 深冷技术，2015 (4): 9.

[36] 夏鸿雁，顾燕新. LNG 冷能在液体空分设备上的应用研究 [J]. 深冷技术，2014, (1): 12 - 16.

[37] 江苏杭氧润华气体公司自主研发的国内首套 LNG 冷能利用空分设备试车 [J]. 深冷技术，2014, (5): 13.

[38] 杨勇，陈贵军，王娟，等. 基于液化天然气 (LNG) 接收站冷量的空分流程模拟研究 [J]. 节能，2014 (6): 23 - 27.

[39] IEA. Global Energy & CO_2 Status Report [R/OL]. https: //www. iea. org/geco/.

[40] KHANNA N Z, KARALI N, FRIDLEY D, et al. 中国超越能效的发展轨迹—到 2050 年最大限度实现电汽化和使用可再生资源对 CO_2 减排的影响 [J]. 科学与管理，2018, 38 (3): 45 - 55.

[41] ZHANG N, LIOR N. A novel near - zero CO_2 emission thermal cycle with LNG cryogenic exergy utilization [J]. Energy, 2006, 31: 1666 - 1679.
[42] ZHANG N, LIOR N. Two novel oxy - fuel power cycles integrated with natural gas reforming and CO_2 capture [J]. Energy, 2008, 33: 340 - 351.
[43] XIONG Y, LUO P, HUA B. A Novel CO_2 - capturing natural gas combined cycle with LNG cold energy utilization [J]. Energy Procedia, 2014, 61: 899 - 903.
[44] MANUEL R G, JAVIER R G, LUIS M, et al. Thermodynamic analysis of a novel power plant with LNG (liquefied natural gas) cold exergy exploitation and CO_2 capture [J]. Energy, 2016, 105: 32 - 44.
[45] PAN X, CLODIC D, TOUBASSY J. Techno - economic evaluation of cryogenic CO2 capture 'A comparison with absorption and membrane technology [J]. International Journal of Greenhouse Gas Control, 2011, 5 (6): 1559 - 1565.
[46] XU J X, LIN W S. A CO_2 cryogenic capture system for flue gas of an LNG - fired power plant [J]. International Journal of Hydrogen Energy, 2017, (42): 18674 - 18680.
[47] ZHAO L, DONG H, TANG J, et al. Cold energy utilization of liquefied natural gas for capturing carbon dioxide in the flue gas from the magnesite processing industry [J]. Energy, 2016, 105 (110): 45 - 56.
[48] 吴谋亮，管延文，粱莹，等．LNG 冷能用于天然气富氧燃烧电厂碳捕获 [J]. 煤气与热力, 2016, 36 (9): 9 - 15.
[49] 刘静欣．LNG 冷能发电与菱镁矿熔炼烟气 CO_2 捕集一体化工艺机理 [D]. 沈阳：东北大学, 2013.
[50] 中国制冷学会．中国制冷行业战略发展研究报告 [M]. 北京：中国建筑工业出版社, 2016.
[51] 王强，历彦忠，陈曦，等．液化天然气冷能分析及其回收利用 [J]. 流体机械, 2003, 31 (1): 56 - 58.
[52] 曹文胜，鲁雪生．回收液化天然气冷能利用于冷库的制冷装置: 200420114636.0 [P]. 2004 - 12 - 23.
[53] 华赉，徐文东，何萍．一种 LNG 冷能梯级、集成利用系统: 200720007870.7 [P]. 2007 - 08 - 06.
[54] 李少忠．利用 LNG 冷能的冷库工艺模拟及分析 [J]. 广东化工, 2010, 37 (7): 250 - 251.
[55] 肖芳，申成华，徐鸿，等．LNG 汽化站冷能用于冷库技术分析 [J]. 天然气技术与经济, 2014 (4): 45 - 47.
[56] 李硕．LNG 冷能用于有机朗肯循环和冷库模拟研究 [D]. 哈尔滨：哈尔滨工业大学, 2015.
[57] 黄美斌，林文胜，顾安忠．利用 LNG 冷能的低温冷库流程比较 [J]. 制冷学报, 2009, 30 (4): 58 - 62.
[58] 孙延寿，胡德栋，李博洋，等．LNG 动力船冷能梯级利用方案设计与优化 [J]. 能源化工, 2017, 38 (4): 68 - 73.
[59] 刘宗斌，黄建卫，徐文东．LNG 卫星站冷能用于冷库技术开发及示范 [J]. 城市燃气, 2010 (9): 8 - 11.
[60] 张君瑛，章学来，李品友．LNG 蓄冷及其冷能的应用 [J]. 低温与特气, 2005, 23 (5): 6 - 9.
[61] ISAO S, TAKUSHI S, KAZUMOTO S. Performance of the cold transport system utilizing evaporation - freezing phenomena with a cold trap [J]. International Journal of Refrigeration, 2004, 27: 255 - 263.
[62] PENG X D, SHE X H, NIE B J, et al. Liquid air energy storage with LNG cold recovery for air liquefaction improvement [J]. Energy Procedia, 2019, 158: 4759 - 4764.
[63] 徐玉杰，陈海生，谭春青，等. 液态空气储能系统: 201310388410.3 [P]. 2013 - 08 - 30.
[64] LI L Y, WANG S X, DENG Z, et al. Performance analysis of liquid air energy storage utilizing LNG cold energy [J] IOP Conference Series: Materials Science and Engineering, 2017, 171 (1): 012032.
[65] SHE X H, PENG X D, ZHANG T T, et al. Preliminary study of liquid air energy storage integrated with LNG cold recovery [J]. Energy Procedia, 2019, 158: 4903 - 4908.
[66] 郝磊，李海宁．基于 Aspen Plus 的 LNG 冷能利用及压缩空气储能耦合系统研究 [J]. 新技术新工艺, 2016 (5): 57 - 60.
[67] PARK J, LEE I, MOON I. A novel design of liquefied natural gas (LNG) regasification power plant integrated with cryogenic energy storage sys-

tem [J]. Industrial & Engineering Chemistry Research, 2017, 56 (5): 1288 - 1296.

[68] ZHANG T, CHEN L J, ZHANG X L et. al. Thermodynamic analysis of a novel hybrid liquid air energy storage system based on the utilization of LNG cold energy [J]. Energy, 2018, 155: 641 - 650.

[69] LEE I, PARK J, MOON I. Conceptual design and exergy analysis of combined cryogenic energy storage and LNG regasification processes: Cold and power integration [J]. Energy, 2017, 140: 106 - 115.

[70] LEE I, YOU F Q. Systems design and analysis of liquid air energy storage from liquefied natural gas cold energy [J]. Applied Energy, 2019, 242: 168 - 180.

[71] WANG G B, ZHANG X R. Thermodynamic analysis of a novel pumped thermal energy storage system utilizing ambient thermal energy and LNG cold energy [J]. Energy Conversion and Management, 2017, 148: 1248 - 1264.

[72] 李俊丽, 陈丽娴. LNG冷能用于干冰和LCO_2技术开发及应用 [J]. 广州化工, 2015, 43 (21): 167 - 170.

[73] 刘启阳, 熊仕奴. LN_2低温粉碎装置 [J]. 食品与机械, 1992, 28 (2): 17 - 18.

[74] 贺代章. 低温粉碎可行性探讨 [J]. 低温与超导, 1988, 16 (1): 5 - 11.

[75] 全球橡胶消费坚挺增长 [J]. 橡胶参考资料, 2018, (5): 36.

[76] 所同川, 李忠明. 废旧橡胶回收利用新技术 [J]. 江苏化工, 2004, 32 (6): 1 - 5.

[77] 庞澍华. 废旧橡胶常温助剂法制取精细胶粉: 1517388A [P]. 2004 - 08 - 04.

[78] 贾友祥, 邓志明. 空气制冷冷冻制取胶粉的方法和装置: 1063546A [P]. 1992 - 08 - 12.

[79] 陈宝根. 制取胶粉的空气循环冷冻工艺及其装置: 1141418A [P]. 1997 - 1 - 29.

[80] 范文. 我国首套液氮法微细胶粉生产装置开发成功 [J]. 中国橡胶, 2001, 17 (6): 18.

[81] 刘玉强, 殷晓玲. 胶粉的生产方法 [J]. 弹性体, 2001, 11 (3): 91 - 94.

[82] 陈叔平, 谢振刚, 陈光奇, 等. 基于液化天然气 (LNG) 冷量的废旧橡胶低温粉碎工艺流程 [J]. 低温工程, 2009 (1): 46 - 48.

[83] 杜琳琳, 滕云龙. 利用LNG冷能橡胶低温粉碎技术 [J]. 煤气与热力, 2012, 32 (8): B10 - B13.

[84] 张花敏. 废旧轮胎低温粉碎中液化天然气冷能利用研究 [D]. 兰州: 兰州理工大学, 2010.

[85] 张睿倩. LNG冷能用于低温粉碎橡胶的工艺方案及系统优化 [D]. 大连: 大连理工大学, 2016.

[86] 莆田市环境监测中心站. 福建LNG冷能低温橡胶粉碎建设项目竣工环境保护验收检测报告 [R]. 2015.

[87] 刘树立, 王纯艳, 等. 超微粉碎技术在食品工业中的优势及应用研究现状 [J]. 四川食品与发酵, 2006, 42 (6): 5 - 7.

[88] 江水泉, 刘木华, 等. 食品及农畜产品的冷冻粉碎技术及其应用 [J]. 粮油食品科技, 2003, 11 (5): 44 - 45.

[89] 封俊. 食品低温粉碎技术 [J]. 粮油加工与食品机械, 1989, (5): 35 - 37.

[90] 盛予非. 低温粉碎的工业应用 [J]. 深冷技术, 1998, (3): 46 - 49.

[91] 华贲, 郭慧, 李亚军, 等. 用好两个市场的轻烃资源优化乙烯原料路线 [J]. 石油化工, 2005, 34 (8): 705 - 709.

[92] MARSHALL W H. Processing liquefied natural gas: 2952984 [P]. 1960 - 09 - 20.

[93] MARKBREITER S J, WEISS I. Processing liquefied natural gas to deliver methane - enriched gas at high pressure: 3837172 [P]. 1974 - 09 - 24.

[94] REDDICK K, BELHATECHE N. Liquid natural gas processing: 6941771B2 [P]. 2006 - 11 - 23.

[95] 华贲, 熊永强, 李亚军, 等. 一种具有调峰功能的液化天然气的轻烃分离方法: 1821352A [P]. 2006 - 08 - 23.

[96] 高婷, 林文胜, 顾安忠. 利用LNG冷能的轻烃分离高压流程 [J]. 化工学报, 2009, 60 (S1): 73 - 76.

[97] GAO T, LIN WS, GU AZ. Improved processes of light hydrocarbon separation from LNG with its cryogenic energy utilized [J]. Energy Conversion and Management, 2011, 52 (6): 2401 - 2404.

[98] 王雨帆, 李玉星, 王武昌, 等. LNG接收站冷能用于轻烃回收工艺 [J]. 石油与天然汽化工, 2015, 44 (3): 44 - 49.

[99] LI Y J, LUO H. Integration of light hydrocarbons cryogenic separation process in refinery based on

LNG cold energy utilization [J]. Chemical Engineering Research and Design, 2015, 93: 632 - 639.

[100] 胡超，郑元杰，焦长安，等. LNG 轻烃回收装置投产问题分析与处理 [J]. 天然气与石油，2016，34 (5): 1 - 5.

[101] 谢红飞. 液化天然气汽化时冷量的利用方法: 00128935.7 [P]. 2002 - 04 - 03.

[102] 厉彦忠，王强，陈曦，等. 利用液化天然气冷能的汽车空调器: 03114438.1 [P]. 2003 - 07 - 23.

[103] TAN H B, LI Y Z, TUO H F, et al. Experimental study on liquid/solid phase change for cold energy storage of Liquefied Natural Gas (LNG) refrigerated vehicle [J]. Energy, 2010, 35 (5): 1927 - 1935.

[104] 许婧煊，林文胜. 数据中心 LNG 冷电联供系统性能的对比分析 [J]. 制冷技术，2018，38，(2): 69 - 76.

[105] MINATO W, YOSHIHITO S, SHIGERU S. Ice crystallization in a pilot - scale freeze wastewater treatment system [J]. Chemical Engineering and Processing, 2001, 40: 201 - 208.

[106] 黄美斌，沈清清，林文胜，等. 利用 LNG 冷能的间接冷冻法海水淡化流程比较 [J]. 低温与超导，2010，38 (3): 16 - 20.

[107] ATTILIO A. Desalinated water production at LNG - terminals [J]. Desalination, 1983, 45: 383 - 390.

[108] 黄美斌，林文胜，顾安忠，等. LNG 冷能用于冷媒直接接触法海水淡化 [J]. 化工学报，2008，59 (S2): 204 - 209.

[109] MESSINEO A, PANNO D. Potential applications using LNG cold energy in Sicily [J]. International Journal of Energy Research, 2008, 32: 1058 - 1064.

[110] WANG P, CHUNG T S. A conceptual demonstration of freeze desalination - membrane distillation (FD - MD) hybrid desalination process utilizing liquefied natural gas (LNG) cold energy [J]. Water Resource, 2012, 46: 4037 - 4052.

[111] CAO W S, BEGGS C, MUJTABA I M. Theoretical approach of freeze seawater desalination on flake ice maker utilizing LNG cold energy [J]. Desalination, 2015, 355: 22 - 32.

[112] CHANG J, ZUO J, LU K J, et al. Freeze desalination of seawater using LNG cold energy [J]. Water Resource, 2016, 102: 282 - 293.

[113] XIA G H, SUN Q X, CAO X, et al. Thermodynamic analysis and optimization of a solar - powered transcritical CO_2 (carbon dioxide) power cycle for reverse osmosis desalination based on the recovery of cryogenic energy of LNG (liquefied natural gas) [J]. Energy, 2014: 66: 643 - 653.

[114] LIN W S, HUANG M B, GU A Z. A seawater freeze desalination prototype system utilizing LNG cold energy [J]. International Journal of Hydrogen Energy, 2017, 42 (29): 18691 - 18698.

[115] 贺天彪，PRAVEEN L. 基于水合物海水淡化和有机朗肯循环发电耦合系统的 LNG 冷能利用技术 [C] //第五届中国液化天然气论坛，上海，2018.

[116] 华贲. 大型 LNG 接收站冷能的综合利用 [J]. 天然气工业，2008，28 (3): 10 - 15.

[117] 熊永强，李亚军，华贲. 液化天然气冷量利用的集成优化 [J]. 华南理工大学学报 (自然科学版)，2008，36 (3): 20 - 25.

[118] 尤海英，马国光，黄孟，等. LNG 冷能梯级利用方案 [J]. 天然气技术，2007，1 (4): 65 - 68.

[119] 江克忠，杨学军，刘成，等. LNG 冷能综合利用研究 [J]. 低温与特气，2008，26 (2): 1 - 5.

[120] 毛文军. 冷能在天然气产业中循环利用的思路 [J]. 天然气工业，2008，28 (5): 118 - 119.

第9章　液化天然气装置的主要设备

液化天然气（LNG）装置中涉及的设备种类很多，本章重点介绍其中的主要设备压缩机、驱动机、膨胀机、换热器、LNG装卸臂、LNG装置特殊泵、低温阀门等的性能参数、结构特征、工程设计、选型要点及工业应用案例等内容。

9.1　压缩机

压缩机是LNG装置中的核心设备，很多工艺过程都需要有压缩机，如原料气增压、制冷剂循环、蒸发气体（BOG）增压、再生气增压等。LNG装置中的辅助设施和共用工程系统也会用到压缩机，如燃料气系统、氮气系统和仪表风系统的压缩机。

9.1.1　概述

压缩机按照工作原理可分为容积式和速度式，容积式依靠工作腔体的容积变化实现气体的压缩，速度式依靠叶轮提高气流速度，再通过扩压器将气体的速度能变为压力能，从而提高压力，压缩机的分类见表9-1。

表9-1　压缩机分类

压缩机	容积式	往复式	活塞式
			隔膜式
			斜盘式
			自由活塞式
		回转式	螺杆式
			罗茨式
			液环式
			滑片式
			回转活塞式
	速度式	透平式	离心式
			轴流式
			混流式
	喷射式		

两类压缩机各有其特点和适用范围，表9-2进行了简单比较。

几种压缩机类型及其在LNG装置中的应用场合见表9-3。

表9-2　容积式和速度式压缩机比较

容积式	速度式
1. 气流速度低，损失小，效率高 2. 大流量不适用，但压力范围广，从低压到超高压范围都适用 3. 适应性强，排气压力在较大范围内变动时排气量不变；同一台压缩机可用于压缩不同的气体 4. 除超高压压缩机外，机组的零件多用普通碳素钢 5. 中、大流量机器外形尺寸及质量较大，机构复杂，易损件多，排气脉动性大，气体中常混有润滑油	1. 气流速度高，损失大，小流量机组效率低 2. 小流量，超高压范围不适用 3. 流量和出口压力的变化由性能曲线决定，若出口压力过高，机组进入喘振工况而无法运行 4. 旋转零部件常用高强度合金钢 5. 中、大流量机器外形尺寸及质量较小，结构简单，易损件少，排气均匀无脉动，气体中不含润滑油

表9-3　压缩机类型及其在LNG装置中的应用场合

压缩机类型	应用场合	备　注
离心式	冷剂压缩、BOG压缩、原料气压缩	在大中型天然气液化装置、LNG运输船和大型LNG接收站中使用
往复式	冷剂压缩、BOG压缩、原料气压缩、再生气增压	在小型天然气液化装置及LNG接收站中使用
螺杆式	冷剂压缩、BOG压缩	

9.1.2　透平压缩机

透平压缩机分为离心式、轴流式和混流式。离心式气体沿径向流动，按结构又可分为垂直剖分式（图9-1）、水平剖分式（图9-2）、整体齿轮式（图9-4）。轴流式气体沿轴向流动，其结构如图9-3所示。混流式介于离心式和轴流式之间，本节的内容基于天然气液化装置常用的离心压缩机。

离心压缩机本体结构可以分为两大部分，如图9-1所示。一是固定部分，由气缸、隔板、径向轴承、推力轴承、轴端密封等组成，常称为定子；二是转动部分，由主轴、叶轮、定距套、平衡盘、推力盘等组成，常称为转子。

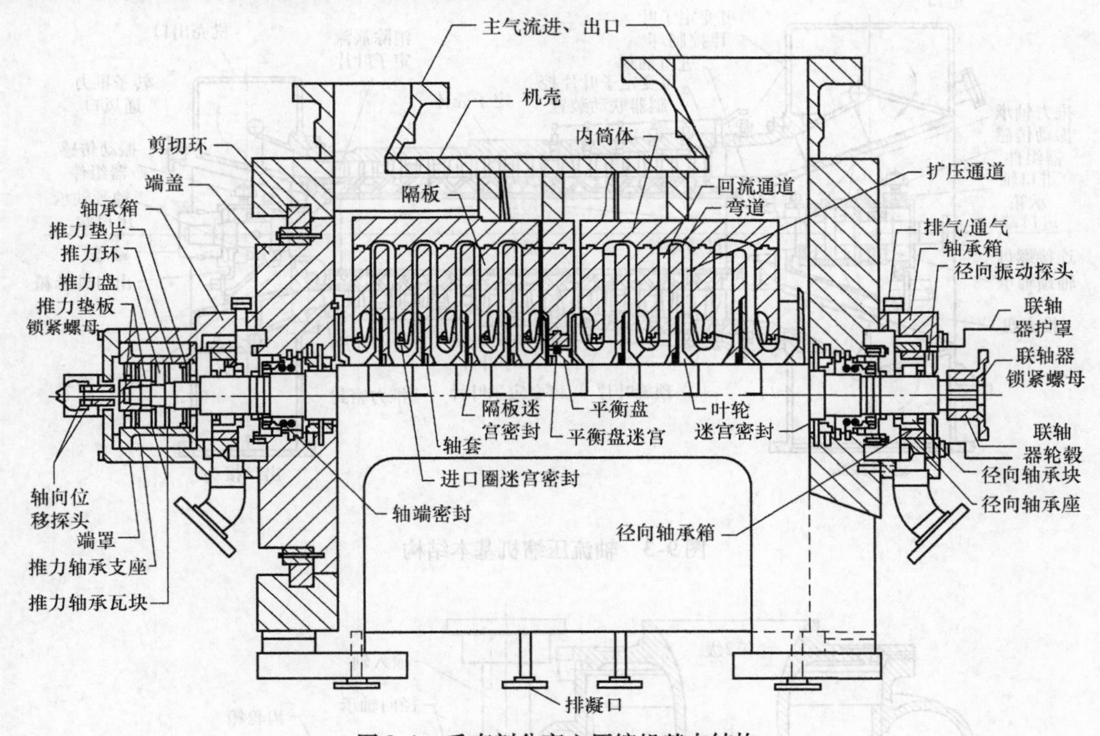

图9-1　垂直剖分离心压缩机基本结构

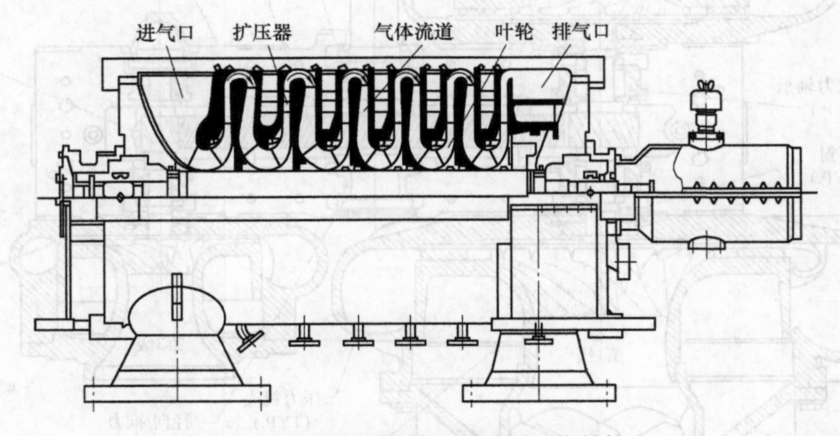

图9-2　水平剖分离心压缩机基本结构

气体从气缸中间排出，冷却后再回到气缸内继续压缩，称为段，一个缸体内可以有多段。对气缸的基本要求是：有足够的强度，以承受气体压力；有足够的刚度，以免变形；结合面应严密，保证气体不泄漏。水平剖分离心压缩机的气缸有一个中分面（图9-2），将气缸分为上、下两半，在中分面处用螺栓把法兰结合面连接在一起，法兰结合面应严密，保证不泄漏，一般进排气接管或其他接管都装在下气缸，以便拆装时起吊上气缸方便。垂直剖分离心压缩机的气缸如图9-1所示，气缸是一个圆筒（也称为筒形缸体），两端分别有端盖板，用螺栓拧紧，隔板水平剖分，隔板之间有止口定位，形成隔板束，转子装好后放在下隔板束上，盖好上隔板束，隔板中分面用螺栓拧紧，将内缸推入筒形缸体安置好，轴承座可以和端盖做成一整体，易于保持同心，也可分开制造。

与水平剖分离心压缩机的缸体比较起来，筒形缸

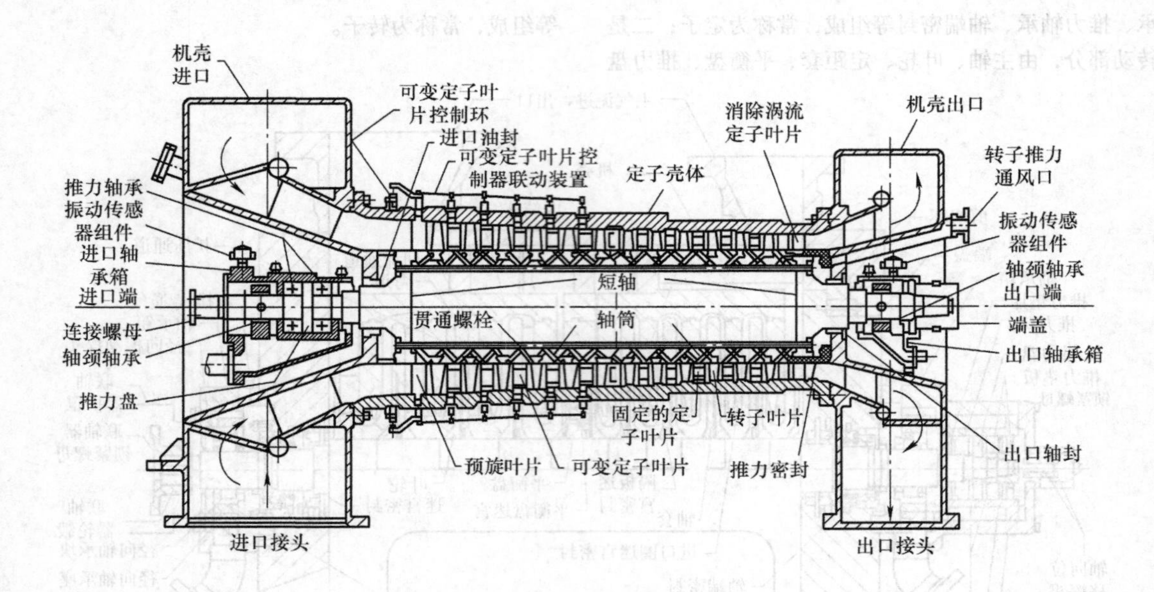

图 9-3 轴流压缩机基本结构

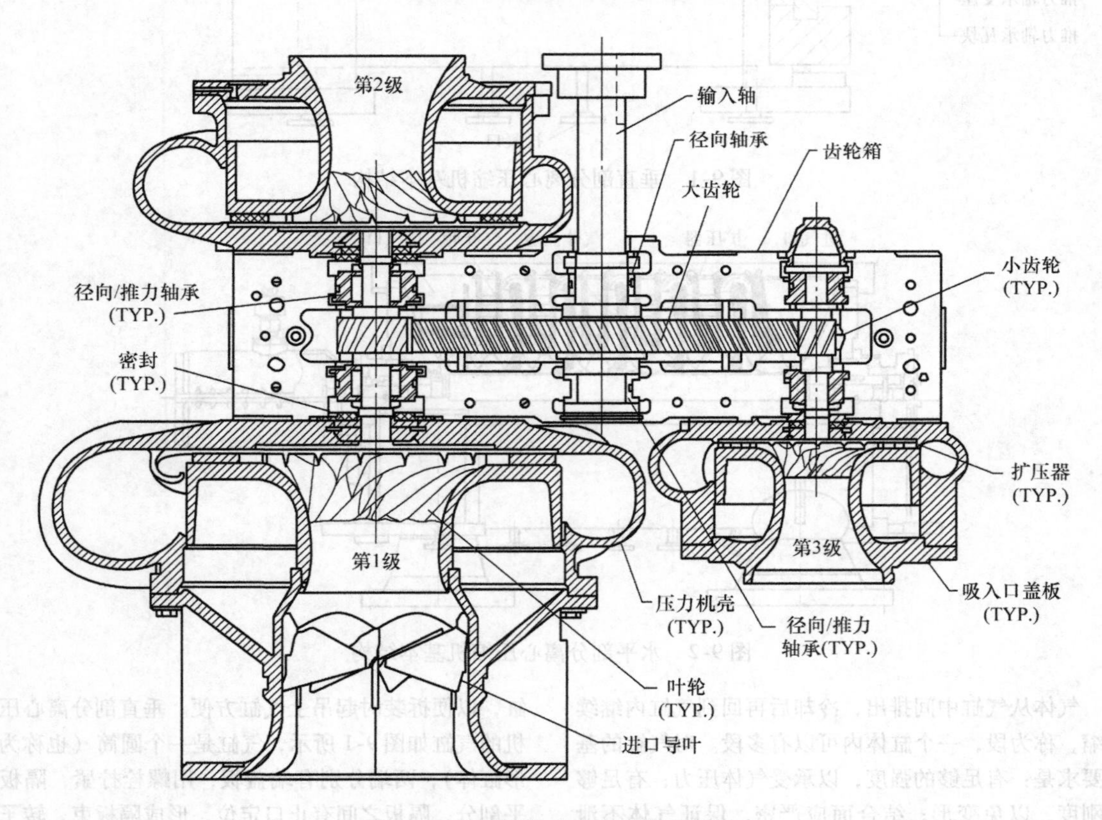

图 9-4 整体齿轮式压缩机结构示意

体具有许多优点：a. 缸体强度高；b. 泄漏面小，气密性好；c. 刚性比水平剖分好，在相同的条件下变形小。筒形缸体的最大缺点是拆装困难，检修不便。

在下列情况下，应选择垂直剖分离心压缩机的筒形缸体：a. 氢气分压（在最大允许工作压力下）大于等于1380kPa时（氢气分压用最大允许工作压力乘以氢气最高摩尔百分数来计算）；b. 气缸工作压力超过5.0MPa。

隔板形成固定元件的气体通道，有进气隔板、中间隔板、段间隔板、排气隔板。进气隔板和气缸形成进气室，引导气体进入一级叶轮，中间隔板形成扩压器和回流器，使从叶轮出来的高速气体的动能转换为压力能，并导入下级叶轮进口，段间隔板分隔相邻两段的排气口，排气隔板形成末级扩压器和排气室。

转子是离心压缩机的关键部件，高速旋转的转子对气体做功后，实现气体压力升高。离心压缩机按轴及叶轮的布置方式可分为单轴多级式和整体齿轮式。水平剖分及垂直剖分均属于单轴多级式（压力比较小时，也可为单轴单级式），整体齿轮式压缩机由大齿轮驱动各级对应的小齿轮，各级叶轮配套独立的缸体，如图9-4所示。叶轮通过齿轮传动，可实现级的性能最优化，与单轴多级式压缩机相比，整体齿轮式压缩机具有如下优势：

1）效率高，采用开式叶轮，整体铣制，避免焊接结构，强度较高，可以采用较高的圆周速度。

2）可接近等温压缩，压缩功较小，气体经每级叶轮压缩后进行冷却，使气体温度降低，每一级的压缩都接近等温压缩过程，耗功也就最小。

3）级数少，由于每一级的叶轮周速都尽可能地增大，每一级的轮周功都趋近最大值，要实现相同的压比，组装式比传统的单轴式压缩机所需的级数就少。

4）流量调节方便，结构简单。考虑到单轴式压缩机的进口导叶装置只能安装在级前，对于压比较小的压缩机可以勉强实现，对于高压比多级的压缩机，在结构上是无法实现的。而采用整体齿轮式压缩机可以很理想地完成所有压缩机级的导叶安装，可在不改变转速的条件下，较好调节流量。

5）变型容易，对于单轴的压缩机，由于受到转子的支撑中心距（即转子的级数和级间距）的限制和影响，若要安装多级，首先受到转子临界转速、振动和强度等多方的制约，而对整体齿轮式压缩机可以几乎不受限制地完成这一设想。如果装置需要提高压力可以很容易地再多安装一个或多个齿轮轴，相应地就可以多增加两个或多个叶轮级。

6）占地面积小，压缩机、增速箱（如果需要）、冷却器、油站及高位油箱等对于离心压缩机来说都是必不可少的部件，对于单轴的离心压缩机来说，大都是分散布置的，占地面积较大，通常通过基础、外接管线将这些部件连接起来，用户现场管路安装烦琐，安装的工作量较大，而组装式压缩机则避免了上述的麻烦。

整体齿轮式压缩机除具有上述优点外，也有不足：

1）每级都带有轴封，除增加费用外，泄漏量增加，密封数量的增加也对压缩机的可靠性产生影响，压缩易燃、易爆、有毒介质时尤其需要特殊考虑。

2）多对齿轮啮合，加之叶轮转速较高，气流速度较大，机组噪声也较高，严重时，需要考虑隔声罩等降噪措施。

综上，在压缩非危险介质，如空气、氮气等气体时，可优先考虑整体齿轮式压缩机，此时轴封可选择密宫梳齿密封或碳环密封，并回收泄漏气体。对易燃、易爆的天然气、烃类及其混合后组成的制冷剂的压缩，用优先选择单轴多级式离心压缩机。

1. 离心压缩机主要性能参数

（1）离心压缩机效率　叶轮如前所述，离心压缩机一般是由多级，甚至多段组成，所谓“级”是由一个叶轮及其配套的固定元件组成。以空气为例，单级离心压缩机的升压为进口压力的1.2～2倍，为了获得所需压力，一般采用多级压缩。随固定元件的不同，级的结构可分为中间级与末级两种，气体从中间级流出后，将进入下一级继续压缩。而末级是由叶轮、扩压器及蜗壳组成，也就是蜗壳取代了弯道和回流器。有的还取代了级中扩压器，从末级排出的气体进入排气管。

当压缩机的压比较高（一般超过4）时，为了压缩及避免压缩终了的压力过高，并且使压缩机各级压力均衡，因此将气体压缩到某一压力，引入冷却器进行冷却，而后继续压缩，此时称为段。按冷却次数的多少，离心压缩机又分成几段，一段可以包括几级，也可仅有一级，离心压缩机一般有多变效率、流动效率、总效率等。

1）段的多变效率 η_{pol} 是段的多变能头（h_{pol}）和该段压缩机实际消耗功（h_{tot}）之比，多段多级压缩又可分为级效率和段效率，当段内只有一级时，段效率和级效率是一致的，段效率可表达为

$$\eta_{pol}=\frac{h_{pol}}{h_{tot}}=\frac{\frac{m}{m-1}RT_1\left[\left(\frac{p_d}{p_s}\right)^{\frac{m-1}{m}}-1\right]}{\sum(1+\beta_1+\beta_{df})h_{th}} \tag{9-1}$$

式中，β_1 为压缩机段内各级泄漏损失系数，通常取0.01～0.07；β_{df} 为压缩机段内各级轮阻损失系数，通常取0.01～0.06；h_{th} 为压缩机段内各级的理论能量

头，$h_{th}=\dfrac{c_{2u}u_2-c_{1u}u_1}{g}$，其中 c_{1u}、c_{2u} 为该级叶轮进、出口处绝对速度在圆周方向上的分速度（m/s），u_1、u_2 为叶轮进、出口直径的圆周速度（m/s）；R 为气体常数，$R=8314/\mu$[J/(kg·K)]，μ 为混合气体分子量；p_s，p_d 为压缩机段的进、出口压力（MPa）；T_1 为压缩机入口温度（K）；m 为多变指数，

$$\frac{m}{m-1}=\frac{k}{k-1}\eta_{pol} \tag{9-2}$$

式中，k 为气体绝热指数。

压缩机通常采用模化法设计，各级效率按采用基本级/模型级的不同而不同，实际的工程设计中可将同段内各级的平均效率作为该段的效率（压缩机厂家按基本级逐级计算），段效率可参考图 9-5 所示的离心压缩机典型性能曲线。

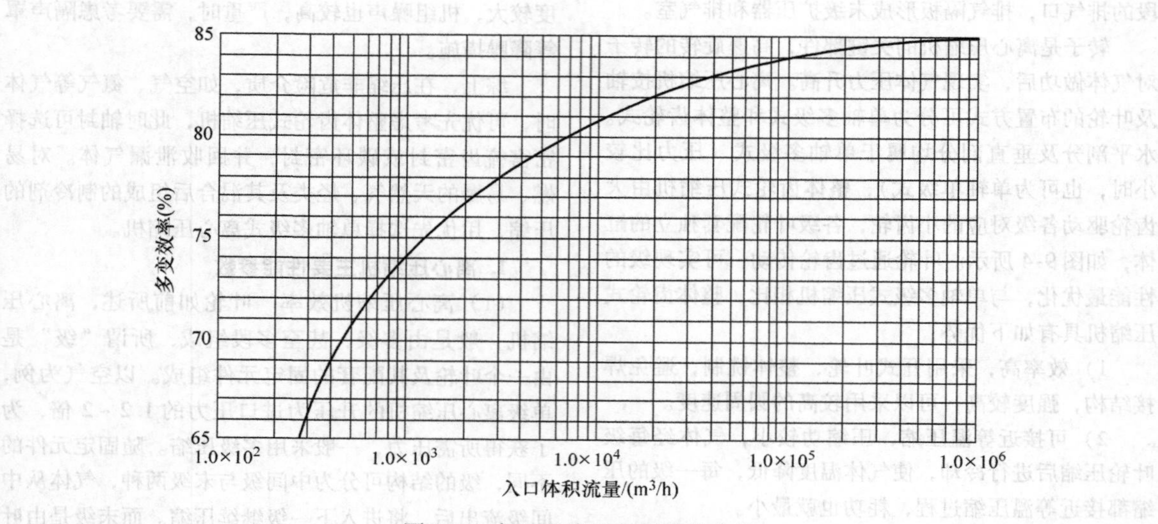

图 9-5 离心压缩机典型性能曲线

2）流动效率 η_{hyd}。为了评价级中气流流动的情况，把级的多变能头（h_{poli}）和该级叶轮对气体所做的功 h_{th} 之比称为流动效率：

$$\eta_{hyd}=\frac{h_{poli}}{h_{th}}=(1+\beta_1+\beta_{df})\eta_{pol} \tag{9-3}$$

3）总效率。压缩机的输入功率除以上损失外，还有机械传动损失，它与传动方式、联轴器、轴承等结构有关，机械传动损失用机械效率 η_m 衡量，通常 η_m 取 0.985～0.995，大功率压缩机取大值，小功率压缩机取小值，压缩机段的总效率 η_{tot} 为

$$\eta_{tot}=\eta_{pol}\eta_m \tag{9-4}$$

（2）转速、多变能头、压比及出口压力 一般情况下，叶轮进气没有预旋，即 $c_{1u}=0$，则上述理论能量头 $h_{th}=\dfrac{u_2c_{2u}}{g}$，经理论推导得出级的实际耗功 $h_{toti}=(1+\beta_1+\beta_{df})h_{th}=xu_2^2$，其中 x 称为能头系数，对已经完成制造的压缩机，x 几乎为定值，所以压缩机产生的理论能头主要和圆周速度的平方有关，而圆周速度 $u_2=\dfrac{\pi nD_2}{60}$，式中，n 为转速（r/min），D_2 为叶轮直径（m），则段内各级叶轮合计产生的能头 h_{pol} 除去自身耗损外，转化为气体的多变能头，即

$$h_{pol}=\sum xu_2^2=\frac{m}{m-1}RT_1\left[\left(\frac{p_d}{p_s}\right)^{\frac{m-1}{m}}-1\right] \tag{9-5}$$

式中符号意思同前，式（9-5）表明了转速和多变能头、压比及排出压力的关系，由于 $R=8314/\mu$，$\dfrac{m}{m-1}=\dfrac{k}{k-1}\eta_{pol}$，$\dfrac{1}{k-1}=\sum\dfrac{r_i}{k_i-1}$，$\mu$ 为混合气体的分子量，r_i 为混合气体中各个组分的体积百分比，k_i 为混合气体中各个组分的绝热指数，所以：

1）压缩机产生的多变能头仅和结构参数有关，和气体介质无关。

2）在转速不变时，气体组成变化时，多变指数 m 将变化，产生的压比也将变化。

3）在转速不变时，分子量 μ 减小，R 增大，压比减小，反之亦然。

4）在转速不变时，分子量不变，入口温度升高，压比减小，反之亦然。

5）在转速不变时，分子量不变，入口温度不

变，入口压力升高，出口压力必然升高，反之亦然。

6）要提高（或降低）压缩机出口压力，需要改变转速。

能头系数 x 表征叶轮旋转功转换为压缩功的能力，一般通过已有机器测绘或试验等方式获得，可以用于确定级数，选取时可按 0.55～0.7，圆周速度 u_2 受叶轮材料及制造方式的影响，对闭式叶轮一般小于 300～320m/s，半开式叶轮一般小于 400～500m/s。

（3）流量系数　通过压缩机的流量决定着压缩机的容量，是压缩机的重要性能参数。在设计和性能分析中常常用到无量纲流量系数，有三种：

其一，是通过截面的流量系数，为通过截面积的流量计算速度除以特征牵连运动速度，为无因次值，应用于叶轮进出口，常以 $\varphi_{2r}=\dfrac{c_{2r}}{u_2}$ 或 $\varphi_{1r}=\dfrac{c_{1r}}{u_2}$ 表示，c_{1r}、c_{2r} 为叶轮进出口处绝对速度在径向方向上的分速度（m/s），又称为径向分速度系数，在通流部分设计和气动计算中常用到的参数。

其二，在工程上还常常用到压缩机级的假想流量系数，亦简称压缩机级的流量系数 φ，即

$$\varphi=\frac{Q_{in}}{\dfrac{\pi D_2^2u_2}{4}}\tag{9-6}$$

式中，Q_{in} 为入口状态流量（m^3/s），其余符号意义同前。流量系数在轴流压缩机应用得少而在离心压缩机常用到，对固定式离心压缩机来说级的假想流量系数一般为 0.05～0.08，流量偏大的可达到 0.1 甚至 0.12，流量偏小的级可以小到 0.01～0.02。

其三，根据 ASME PTC10 定义，流量系数（flow efficiency）为

$$c=Q_{in}/(u_2D_2^2)\tag{9-7}$$

可见，式（9-6）和式（9-7）的差别在 $\pi/4$，国外通常采用式（9-7）对压缩机进行性能分析，国内一般采用式（9-6）。

（4）雷诺数和马赫数　雷诺数是说明流体黏性影响的一个准则，对于离心压缩机和轴流压缩机动叶，习惯上定义假想的雷诺数

$$Re_u=\frac{u_2b_2}{\nu}\tag{9-8}$$

式中，u_2 叶轮出口圆周速度（m/s）；叶轮 b_2 叶轮出口宽度（m/s）；ν 气体的运动黏度（m^2/s）。

雷诺数表示气体运动惯性力和黏性力的比值，雷诺数越大，表示惯性力对流动起主要作用；反之，黏性力起主要作用。大量试验和计算表明，阻力损失系数基本不随雷诺数变化，这种现象称为黏性力的自动模化现象。对于离心压缩机中气体流动，由实验得出临界雷诺数为 $Re_u=5\times10^6\sim10^7$，轴流压缩机稍大，压缩机一般运行工况都在自模区工作，因而可以不考虑雷诺数的影响。但在进行模化实验和一些特殊条件下运行时，则应注意雷诺数对性能的影响。

马赫数是惯性力和气体弹性力之比，是气体可压缩性准则，按照速度的不同分为绝对速度马赫数 M_c、相对速度马赫数 M_w，表征压缩机的潜力和工作范围大小，分别表示为

$$M_c=\frac{c}{a}\text{或}M_w=\frac{w}{a}$$

式中，c 为气体绝对速度（m/s）；w 为气体的相对速度（m/s）；a 为当地声速（m/s）；$a=\sqrt{kRT}$，实际气体时 $a=\sqrt{k_vzRT}$，其中 z 为气体的压缩性系数，k_v－容积绝热指数，其余符号意义同前。

当 $M_w\geqslant1$ 时，在气流中会出现激波现象，损失剧增，使得压缩机不能正常工作，因此，压缩机的马赫数有一定限制。实际流动中气体的摩擦影响存在，使得附面层增厚，减小有效通流面积，所以相对速度马赫数不可能达到1，叶轮的最小截面通常在叶轮喉口（叶轮轮眼），此处流速最快，一般对轴流压缩机来说，相对马赫数不超过 $M_w=0.85\sim0.95$，对离心压缩机来说，$M_w=0.75\sim0.85$。

另外，还定义一种定型马赫数，它是叶轮圆周速度 u_2 和进口截面声速 a_1 之比，即：

$$M_u=\frac{u_2}{a_1}\tag{9-9}$$

上式称为周速马赫数，表征级的相似性的原则之一，也称为机器马赫数，特征马赫数，一般限制在 1.2～1.3，$M_u=(1.5\sim1.8)M_{\omega1}$。

上述各类马赫数真正起作用的是 M_w 和 M_c，而不是 M_u，即使压缩机的 M_u 相同，M_w 和 M_c 也可以完全不一样，而且还随级的工况不同而不同。

（5）性能曲线　对离心压缩机级来说，反映其性能的最主要参数为压力比、效率及流量等，为了便于把压缩机级的性能清晰地表示出来，常常在某个转速及进口气体状态下，把不同流量时的级压力比（或出口压力）和级效率与进口流量的关系用曲线形式表示出来，称为性能曲线。有了这样的性能曲线，对不同流量、压比、效率间的关系就可以一目了然，在实际应用中，由于段能够较好地表达操作特性，段内又包含诸多级，通常将段内各级的性能曲线叠加后，作为段的性能曲线，对于变转速驱动的压缩机，需要以一定梯度表示出压缩机最低运行转速到最大连续转速间的曲线，图9-6所示为离心压缩机典型性能曲线。

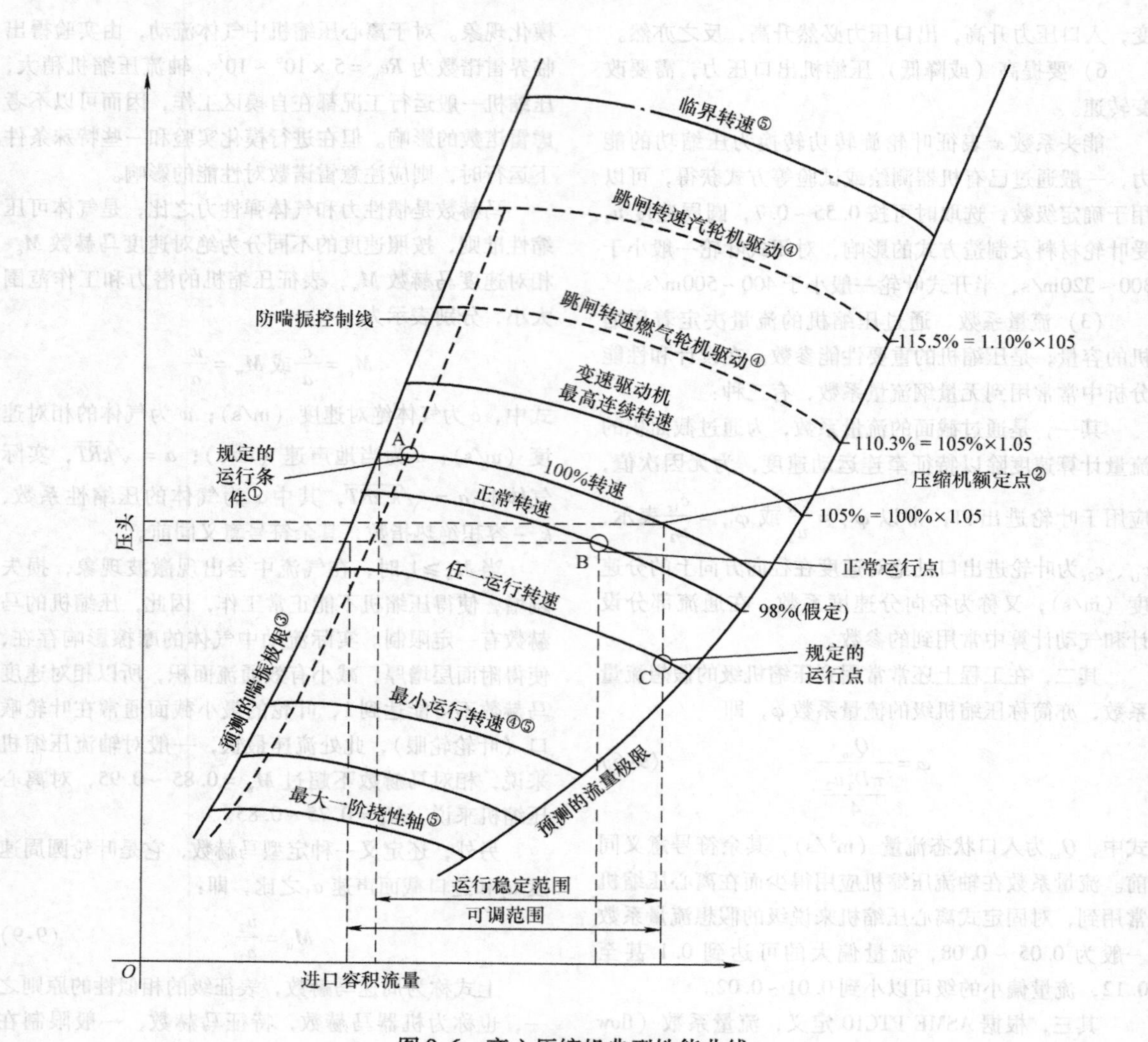

图 9-6　离心压缩机典型性能曲线

①100% 转速曲线是由要求最高能量头的运行点来确定，如图示中的 A 点；②压缩机的额定工况点（CRP）是相应于 100% 转速曲线上的最大流量运行点；③100% 转速的能量头 - 流量特性曲线延伸到 CRP 点（额定工况点）流量的 115% 处，其他转速的能量头 - 流量曲线应分别延伸到相应转速的流量 115% 处。如 105% 转速的能量头 - 流量曲线应延伸到 CRP 点流量的 1.05 × 1.15 倍的流量处，90% 转速的能量头 - 流量曲线延伸到 CRP 点流量的 0.9 × 1.15 倍的流量处等。而这些点就形成了近似的流量极限曲线。④关于跳闸转速和最小运行转速极限，请参见压缩机驱动机的有关标准。⑤关于临界转速到工作转速的允许隔离裕度，参见压缩机相关标准。

注：除了特定参数的相互关系外，本图所示的相对值仅为图解用。

压缩机性能曲线的左边受到喘振工况的限制，右边受到堵塞工况的限制，在这两个工况之间的区域称为压缩机的稳定工作范围。压缩机变工况的稳定工作范围越宽越好。对性能曲线还要以下注意情况。

1）分段能量头 - 流量特性曲线从额定点到预计喘振点是连续上升的。在没有旁通的情况下，压缩机应适于在大于报价书所示预计喘振流量 10% 的任一流量下连续运行。

2）稳定操作范围宽（同一转速曲线上，额定点到喘振点对应的流量范围）。

3）调节范围宽（同一排出压力时，额定点到喘振点对应的流量范围）。

4）性能曲线的类别较多，可以相互换算，性能曲线通常有：

$h_p - Q_{in}$（多变能头 - 入口流量），与压缩机叶轮能头系数、圆周速度等有关，气体介质参数（压力、组成、温度等）会影响喘振线。

$p_d - Q_{in}$（排出压力－入口流量），与气体介质参数（压力、组成、温度）有关联，参数变化时需要修正。

$\varepsilon - Q_{in}$（压比－入口流量），与气体介质参数（压力、组成、温度）有关联，参数变化时需要修正。

$\Delta T - Q_{in}$（温升－入口流量），与气体介质参数（压力、组成、温度）有关联，参数变化时需要修正。

$P - Q_{in}$（功率－入口流量），与气体介质参数（压力、组成、温度）有关联，参数变化时需要修正。

$\eta - Q_{in}$（效率－入口流量）等和气体介质参数（压力、组成、温度）有关联，参数变化时需要修正。

多变能头、排出压力、压比、温升的性能曲线可根据前述公式进行换算。

（6）宽径比与轮径比　宽径比为叶轮出口宽度与叶轮外径之比，即定义 b_2/D_2 为宽径比，也称相对宽度。由于保持流动的连续性，宽径比是在一定的范围内，一般推荐：$0.02 \sim 0.035 \leqslant b_2/D_2 \leqslant 0.065 \sim 0.07$。对于三元叶轮可提高至0.09～0.12，大流量取大值，小流量取小值。通过叶轮流动损失分析，宽径比还影响到压缩机的效率，图9-7所示为多变效率和宽径比的关系。通常为提高多级离心压缩机末级叶轮的 b_2/D_2，常常采用压缩机分缸的方法，提高高压缸的转速，以便降低 D_2、增加 b_2，如大化肥装置的二氧化碳压缩机、工艺空气压缩机等。

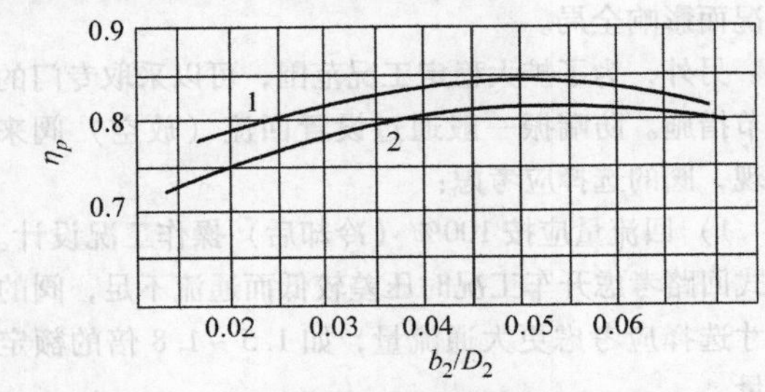

图9-7　多变效率和宽径比的关系

1—带叶片扩压器的级　2—带无叶扩压器的级

轮径比 $\dfrac{D_0}{D_2}$ 及 $\dfrac{D_1}{D_2}$（D_0 为叶轮进口直径，D_1 为叶轮叶道进口直径，D_2 为叶轮出口直径）受到进口气流马赫数的限制，确定的原则是期望获得最小的相对速度 ω_1，一般 $\dfrac{D_1}{D_2} = (1.00 \sim 1.05)\dfrac{D_0}{D_2}$，通常 $\dfrac{D_1}{D_2}$ 应在0.45～0.65之间，适宜值为0.5～0.6。

（7）模型级和基本级　压缩机一般是按相似原理设计的，相似的概念来自几何学，两个几何图形的对应长度成比例，则两者相似。压缩机的相似通常是指气体在相对应的压缩机中流动相似，即当气体流过几何相似系统时，在所对应点上各同名值参数（P、T、c 等）的比值保持为常数，并且用相同方程式来表达。通过几何相似、运动相似、动力相似理论得出两个压缩机中流动相似条件是：

1）几何相似。

2）进口速度三角形相似，无旋绕时，流量系数 $\varphi=\varphi'$，有旋绕时，尚需 $\alpha_1 = \alpha'_1$（叶片进口安放角）。

3）特征马赫数相等，即 $M_u = M'_u$。

4）绝热指数 k 相等，即 $k = k'$。当绝热指数 $k \neq k'$ 时，可保持进出口比容比相等及特征马赫数相同。上标“′”表示了另一台机器的参数。

按照如上相似理论，设计一个新机器需要另一个已知的机器作为比照的“模型”，亦即已知的气动模型作为基础，多级压缩机由于各级的参数不同，各级需要对应的模型，该级称为“模型级”，是压缩机厂最为重要的核心技术。模型级需要通过初步计算后加工出实物模型经过试验反复修正而得到有关重要参数，包括几何尺寸、流量系数、能头系数、多变效率、机器马赫数等。

模型级不会太多，一般厂家有几个或十多个。主要是由于开发成本极高，但各类工况千差万别，此时采用小尺寸的模型级就会带来较大误差，需要在模型级的基础上通过相似换算和有关分析得到基本级，如某厂通过450mm的模型级开发出300mm、500mm、700mm、1000mm等C系列、D系列基本级。基本级一般大厂有近千个，是压缩机设计的基础，设计中每级叶轮就对应一个基本级。采用基本级的模化法设计方法如下：

1）几何尺寸之间的比例常数：

$$m_t m_t^2 = \frac{Q'_{in}}{Q_{in}} \frac{\sqrt{RT_{in}}}{\sqrt{R'T'_{in}}} \tag{9-10}$$

只要把模型机器的所有尺寸，除以比例常数 m_t，就得到所需设计的新机器的尺寸。

2）进出口压力比：$\varepsilon = \varepsilon'$。

3）多变效率：$\eta_{pol} = \eta'_{pol}$。

4）转速：

$$n = m_t^3 \frac{Q_{in}}{Q'_{in}} n' = m_t \sqrt{\frac{RT_{in}}{R'T'_{in}}} n' \tag{9-11}$$

5）功率：

$$P=\frac{Q_{in}p_{in}}{Q'_{in}p'_{in}}P'=\frac{p_{in}}{m_t^2p'_{in}}\sqrt{\frac{RT_{in}}{R'T'_{in}}}P' \quad (9\text{-}12)$$

上述各式中，Q_{in}、T_{in}、p_{in}为压缩机入口状态流量、温度和压力，其余符号同前。根据已有模型机器的性能曲线ε'、η'、P'、随Q'、G'变化的关系，利用上述关系式就可以得到新设计机的性能。

2. 离心压缩机的配套系统

（1）防喘振系统　喘振是离心压缩机的固有特性，当压缩机在运转过程中气体流量不断减小达到一定值时，就会在压缩机流道中出现严重的旋转脱离，流动严重恶化，使压缩机出口压力突然下降。由于压缩机总是和管网系统联合工作的，这时管网中的压力并不马上降低，于是管网中的气体压力就反大于压缩机出口处的压力，管网中的气体就倒流向压缩机，一直到管网中的压力下降至低于压缩机出口压力时倒流停止。压缩机又开始向管网供气，经过压缩机的气体流量增大，压缩机又恢复正常工作。但当管网中的压力也恢复到原来的压力时，压缩机的流量又减小，系统中气体又会产生倒流。如此周而复始，在整个系统中产生了周期性的气流振荡现象，这种现象称为“喘振”。

导致喘振的先决条件，首先是压缩机气体流量低于最小流量值，产生了严重的旋转脱离及脱离区急剧扩大的情况。当管网性能曲线与压缩机性能曲线的交点，进入喘振界限线之内，才会发生喘振现象，而压缩机的操作点是由性能曲线和系统的阻力曲线决定的，如图 9-8 所示。从图中可以看出，入口流量减小，系统的压力高于压缩机产生的排出压力，均可引起喘振。至今为止，对离心压缩机的喘振还不能从理论上比较准确地计算出性能曲线及喘振工况点，只是依据基本级性能数据相似法确定或者在压缩机的性能测试时，根据经验来近似地判断是否已进入喘振工况了，其判断方法大致有下面几点：

1）听声，即听压缩机进出气管道气流的噪声。离心压缩机在稳定运转的正常工况下，其噪声较低且是连续性的。而当接近喘振工况 时，由于整个系统产生气流周期性的振荡，因而在进排气管道中气流发出的噪声时高时低，且产生周期性变化。当进入喘振工况时，噪声立即大大增加，甚至有爆声出现。

2）观量，即观测压缩机出口压力和进口流量的变化。压缩机在稳定工况下运行时，其出口压力和进口流量的变化是不大的且有规律的，所测得的数据在平均值附近波动，变动的幅度也小。接近或进入喘振

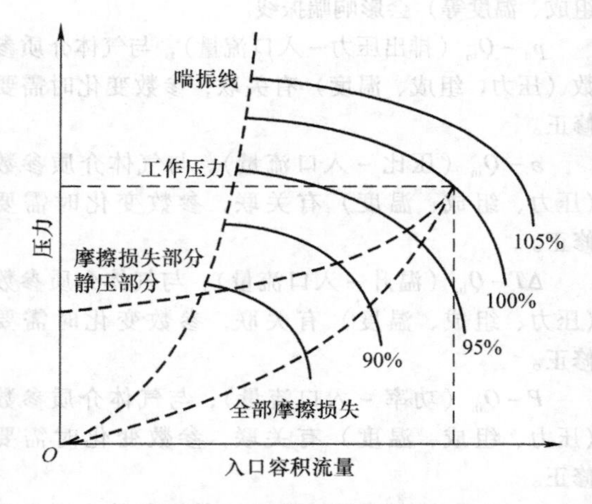

图 9-8　压缩机的操作点

工况时，两者的变化都很大，发生了周期性大幅度的脉动。有时甚至可发现有气体从压缩机进口处被倒推出来。

3）测振，观测机体和轴承的振动情况：当接近或进入喘振工况时，机体和轴承都发生强烈的振动，其振幅要比平常正常运行时大大增加。

为了避免压缩机在运转中发生喘振现象，在设计时就要注意使压缩机有较宽的稳定工况范围，设计工况点要离喘振点有一定的距离。一般要求最小流量为设计工况流量的 70% ~85%（随分子量的不同而有差别）。特别要注意加宽多级压缩机后面几级的稳定工况范围。对小流量或多缸压缩机的高压缸或最后段，均采用无叶扩压器。对多缸、多段的压缩机，还要注意相互之间的性能协调，避免局部过早进入喘振工况而影响全局。

另外，为了扩大稳定工况范围，可以采取专门的调节措施。防喘振一般通过设置回流（放空）阀来实现，阀的选择应考虑：

1）回流量应按 100%（冷却后）操作工况设计。闭式回路考虑开车工况时压差较低而通流不足，阀的尺寸选择应考虑更大通流量，如 1.5 ~1.8 倍的额定流量。

2）压力和温度对流量的影响应校正到入口状态。

3）两回路之间应设置止回阀，避免高压回路流向低压回路，如图 9-9 所示。

4）多段高压压缩机在可能的情况下，应尽量每段设置防喘振回路，避免延误。

基本的防喘振方案如下。

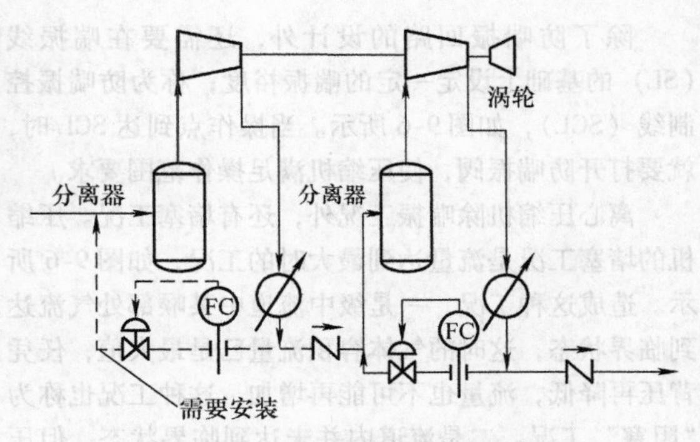

图9-9 回路之间设置止回阀

① 恒定流量控制，如图9-10所示。喘振流量为定值，不随工况变化，此方案为早期压缩机的防喘振方式之一。

② 恒定防喘振线控制，如图9-11所示。防喘振线为定斜率的直线，随入口流量变化，此方案也属于早期压缩机的防喘振方式之一。

③ 动态调整的防喘振控制，如图9-12所示。此时，喘振线依据操作条件动态调整，如转速、分子量等是目前压缩机常用的方式。

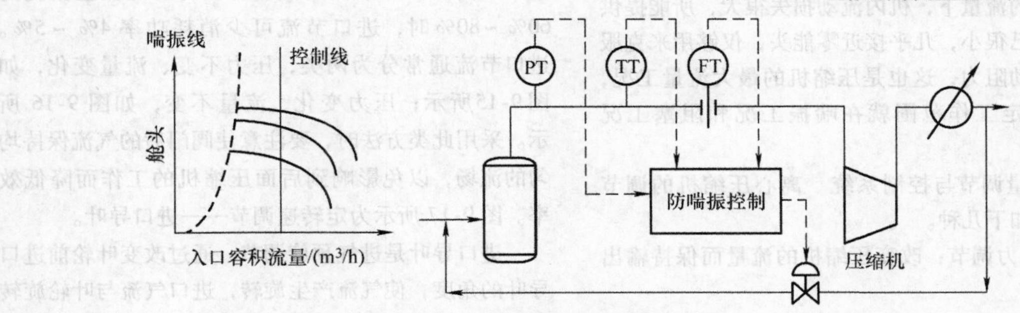

图9-10 防喘振－恒定流量控制

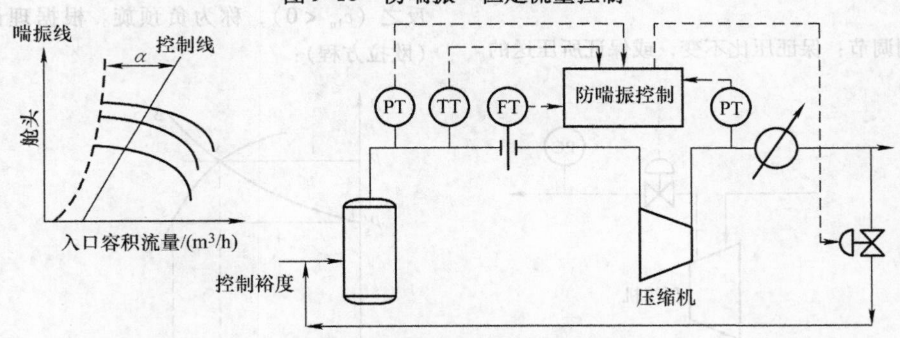

图9-11 防喘振－恒定防喘振线控制

注：α为控制裕度（通常为10%）。

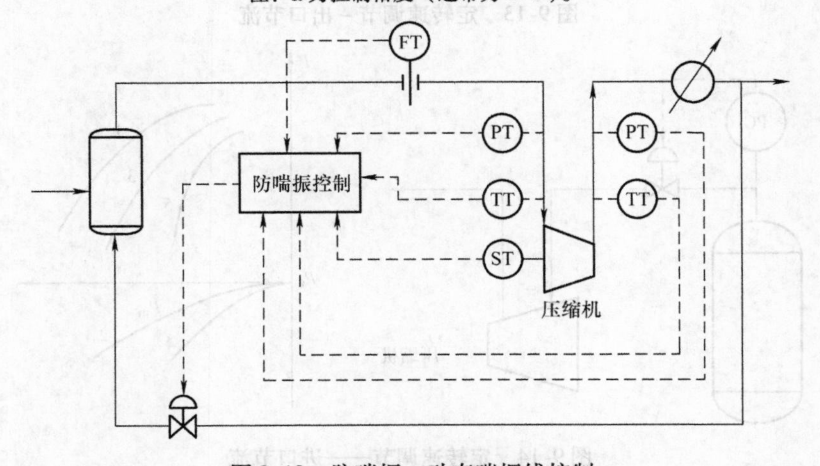

图9-12 防喘振－动态喘振线控制

除了防喘振回路的设计外，还需要在喘振线（SL）的基础上设定一定的喘振裕度，称为防喘振控制线（SCL），如图9-6所示。当操作点到达SCL时，就要打开防喘振阀，使压缩机满足操作范围要求。

离心压缩机除喘振工况外，还有堵塞工况。压缩机的堵塞工况是流量达到最大时的工况，如图9-6所示。造成这种工况，一是级中流道中某喉部处气流达到临界状态，这时的气体容积流量已是最大值，任凭背压再降低，流量也不可能再增加，这种工况也称为“阻塞”工况。二是流道内并未达到临界状态，但压缩机在最大的流量下，机内流动损失很大，所能提供的排气压力已很小，几乎接近零能头，仅够用来克服排气管的流动阻力，这也是压缩机的最大流量工况，压缩机的稳定工作范围就在喘振工况和阻塞工况之内。

（2）流量调节与控制系统　离心压缩机的调节方式可分为如下几种。

1）等压力调节：改变压缩机的流量而保持输出压力不变。

2）等流量调节：改变压缩机的输出压力而保持流量稳定。

3）比例调节：保证压比不变，或保证所压送的两种气体的容积流量百分比不变。

离心压缩机的调节通常维持一定的压力范围，而调节流量，主要采用如下几种方式。

1）出口节流：在压缩机的出口安装调节阀，实际是改变管网的特性曲线，压缩机的性能曲线完全没有变动，所以喘振界限及稳定工况范围都没有变化，如图9-13所示。

2）进口节流：在压缩机的进口安装调节阀，节流后喘振流量向小流量方向移动，如图9-14所示，进口节流比出口节流的经济性要好。当流量变化为60%～80%时，进口节流可少消耗功率4%～5%。进口节流通常分为两类，压力不变、流量变化，如图9-15所示；压力变化、流量不变，如图9-16所示。采用此类方法时，要注意使阀门后的气流保持均匀的流场，以免影响到后面压缩机的工作而降低效率。图9-17所示为定转速调节——进口导叶。

进口导叶是进气预旋调节，通过改变叶轮前进口导叶的角度，使气流产生旋转，进口气流与叶轮旋转方向一致的（进气周向分速度 $c_{1u}>0$），称为正预旋；反之（$c_{1u}<0$），称为负预旋。根据理论能头方程（欧拉方程）：

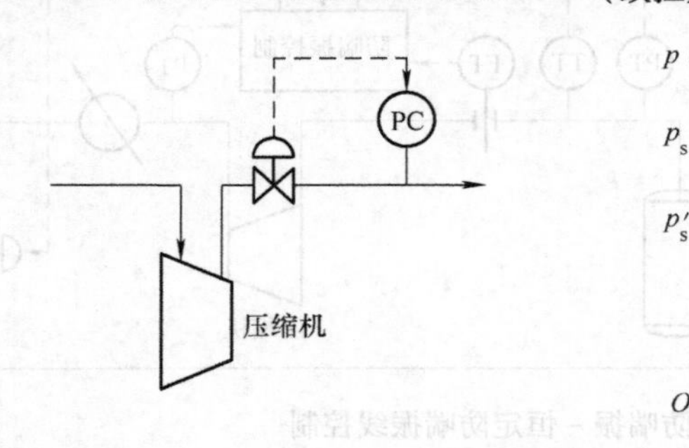

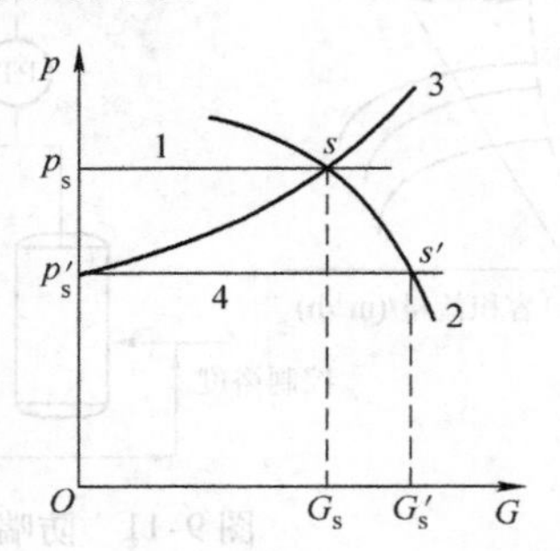

图9-13　定转速调节－出口节流

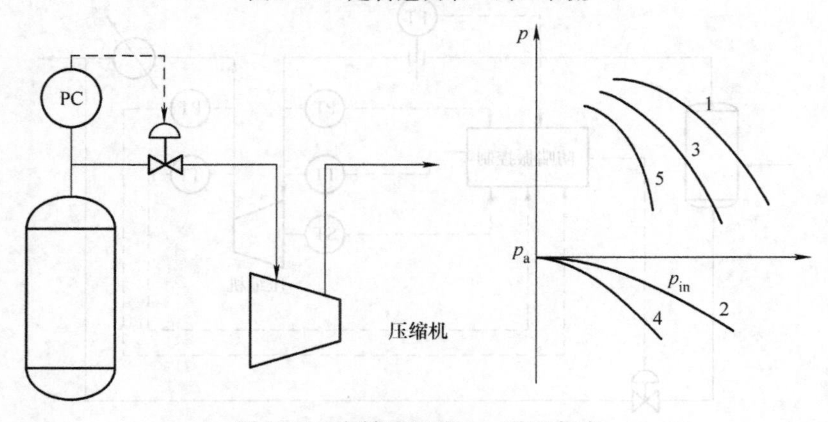

图9-14　定转速调节——进口节流

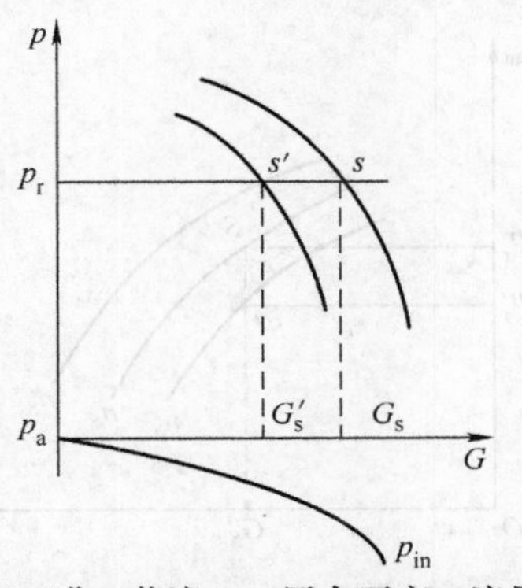

图 9-15　进口节流——压力不变、流量变化

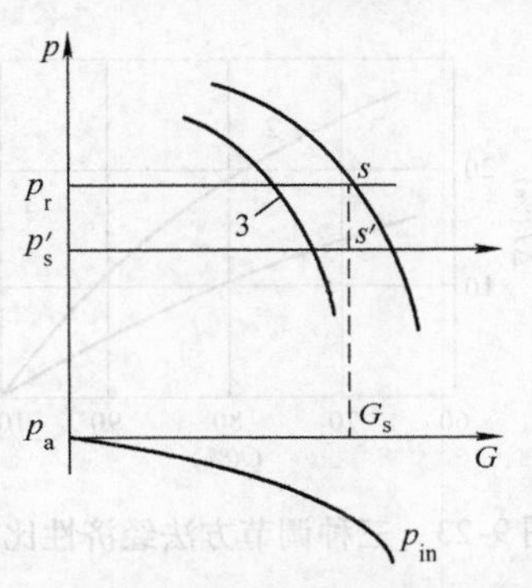

图 9-16　进口节流——压力变化、流量不变

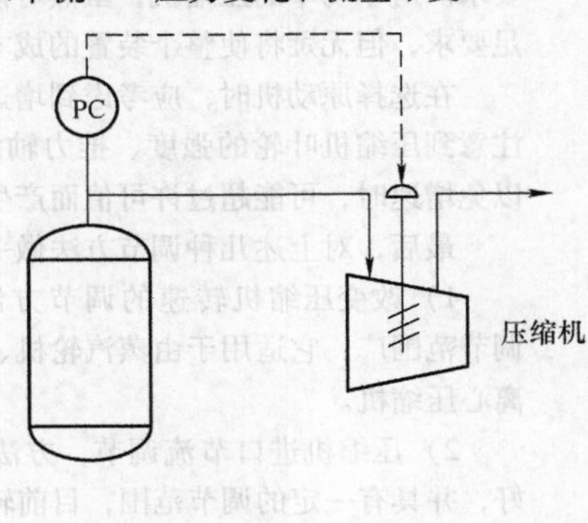

图 9-17　定转速调节——进口导叶

$$h_{th}=\frac{1}{g}(u_2c_{2u}-u_1c_{1u})=\frac{u_2^2}{g}\left[1-\frac{c_{2r}}{u_2}\cot\beta_{2A}-\left(\frac{D_1}{D_2}\right)^2\frac{c_{1u}}{u_1}\right] \tag{9-13}$$

式中，符号意义同前。c_{2r} 叶片出口径向分速度系数；β_{2A} 叶片出口安放角；D_1、D_2 为叶轮进、出口直径。理论能量头 h_{th} 将随着进口周向分速度 c_{1u} 的改变而变化，$c_{1u}>0$，h_{th} 将减小，$c_{1u}<0$，h_{th} 将增大，从式（9-13）还可以看出，能量头 h_{th} 的影响还和轮径比（D_1/D_2）有关，当 D_1/D_2 较大时，预选调节效果较好。

当进口由正预旋变到负预旋时，整个压缩机性能曲线向大流量方向移动。试验表明，这个过程中，最高效值变化并不大，如图 9-18 所示，但要注意在采用负预旋调节过大时，流量较大，进口气流相对马赫数过大，使效率显著降低，这种调节方式较进口节流的经济性要好，图 9-19 所示为某压缩机采用进口预旋比进口节流所少消耗的功率，当流量减小 60% 时，前者比后者少消耗功率 17%。

可转动导叶装置的结构比较复杂，特别对多级压缩机来说，如每一级前都采用可动导叶，则整个装置太复杂。如只对第一级采用可动导叶，效果就不大明显，这是其不足之处。

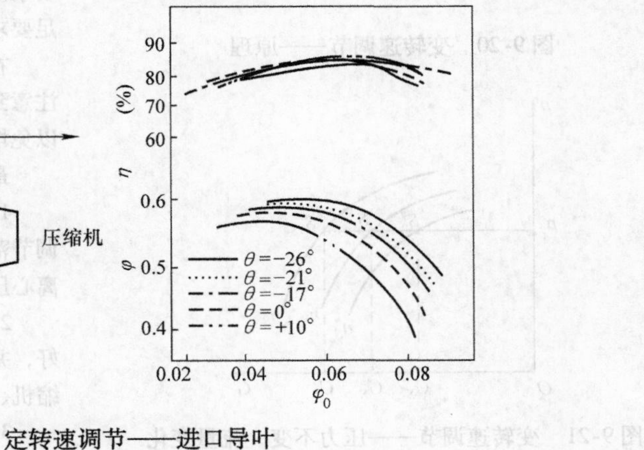

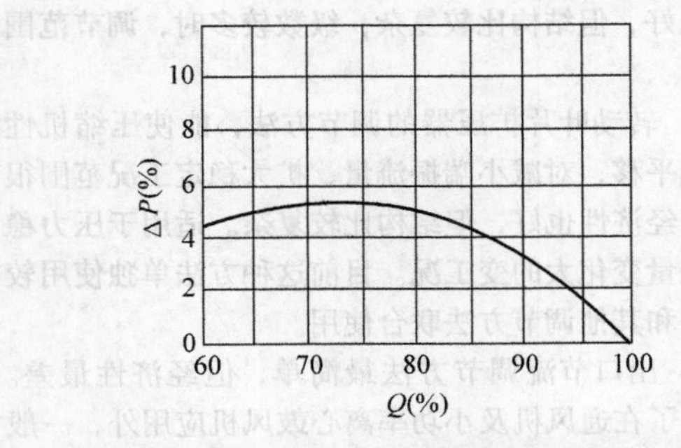

图 9-18　进口节流比出口节流少消耗的功率

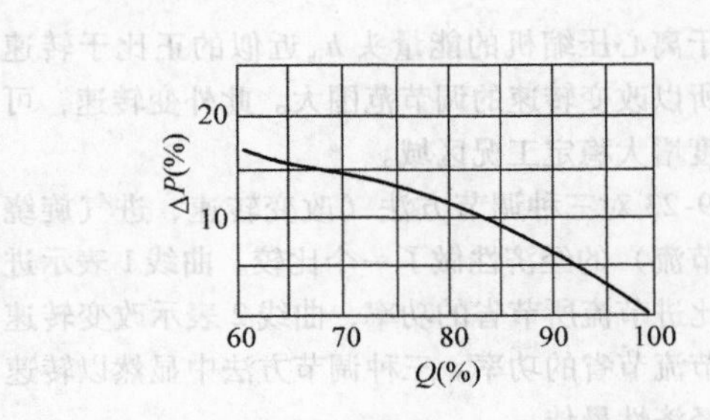

图 9-19　进口预旋比进口节流少消耗的功率

3）采用可转动的扩压器叶片调节：与无叶扩压器相比，叶片扩压器有较陡的性能曲线，当减小叶片几何角时，可使性能曲线向小流量区大幅移动，同时最高效率值和能量头变化较小，可使压缩机性能曲线近似平移，所以能满足改变流量的变工况。不过这类调节装置结构比较复杂，特别对多级压缩机，各级若都要调节就更为复杂，所以在离心压缩机中应用较少，多用于轴流压缩机。

4）变转速调节：转速改变时，其性能曲线也跟着改变。所以当用户要求产量有所改变时，就可用调节压缩机转速的方法，移动压缩机性能曲线，改变工况点来满足用户的要求，如图9-20～图9-22所示。

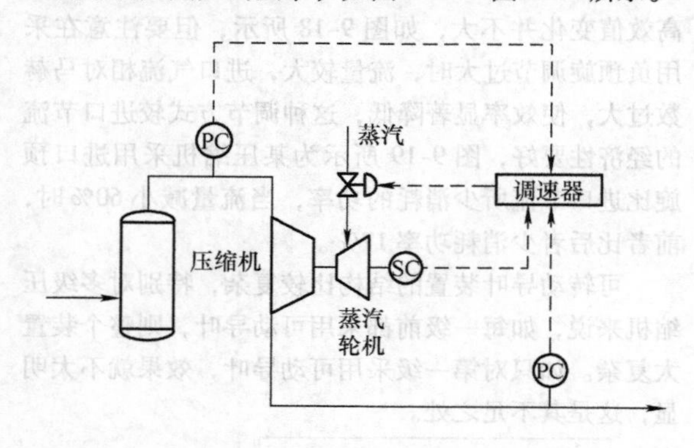

图9-20 变转速调节——原理

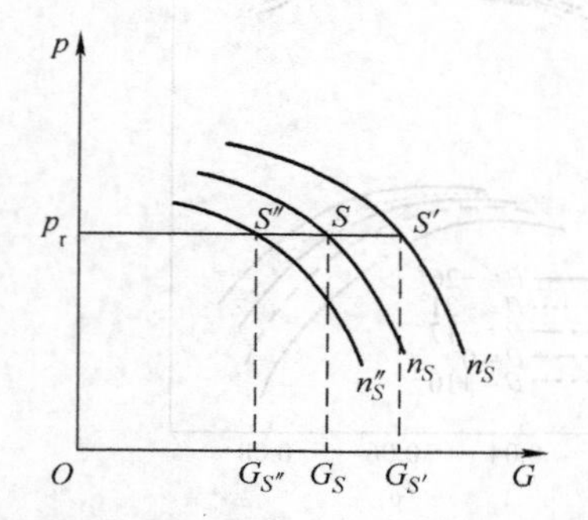

图9-21 变转速调节——压力不变、流量变化

由于离心压缩机的能量头 h_{th} 近似的正比于转速平方，所以改变转速的调节范围大。此外变转速，可以大幅度增大稳定工况区域。

图9-23对三种调节方法（改变转速、进气旋绕及进口节流）的经济性做了一个比较。曲线1表示进气旋绕比进节流所节省的功率，曲线2表示改变转速比进口节流节省的功率。三种调节方法中显然以转速调节的经济性最佳。

目前大型压缩机大都采用蒸汽透平、燃气透平、变频电机拖动，这样就可以很方便地满足转速改变的

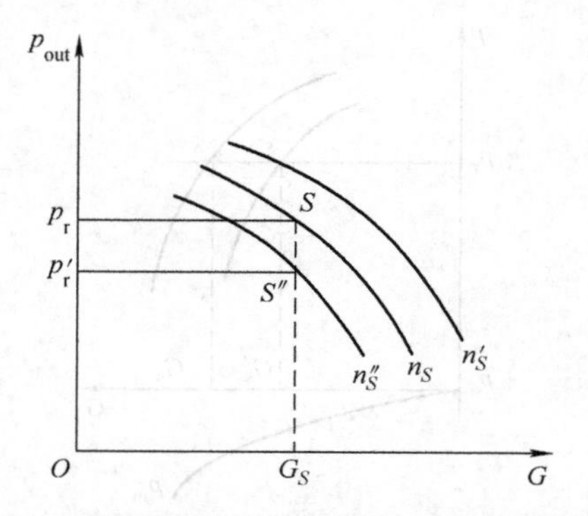

图9-22 变转速调节——流量不变、压力变化

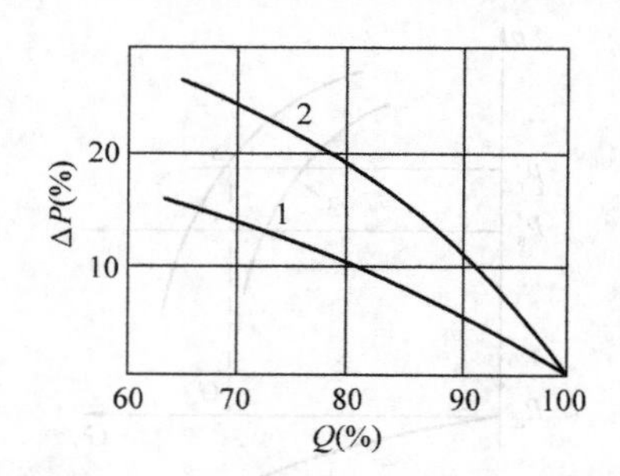

图9-23 三种调节方法经济性比较

要求。对小功率的压缩机，虽然可以用变速方法来满足要求，但无疑将使整个装置的成本提高。

在选择原动机时，应考虑到增速的余地。同时要注意到压缩机叶轮的强度、推力轴承的负荷等因素，以免增速时，可能超过许可值而产生事故。

最后，对上述几种调节方法做一综合比较：

1）改变压缩机转速的调节方法，经济性最好、调节范围广，它适用于由蒸汽轮机、燃气轮机拖动的离心压缩机。

2）压缩机进口节流调节，方法简单，经济性较好，并具有一定的调节范围，目前转速固定的离心压缩机、鼓风机经常采用此法。

3）转动进口导叶调节方法，调节范围较宽，经济性也好，但结构比较复杂，级数较多时，调节范围有限。

4）转动叶片扩压器的调节方法，能使压缩机性能曲线平移，对减小喘振流量、扩大稳定工况范围很有效，经济性也好，但结构比较复杂。适用于压力稳定、流量变化大的变工况。目前这种方法单独使用较少，常和其他调节方法联合使用。

5）出口节流调节方法最简单，但经济性最差。目前除了在通风机及小功率离心鼓风机应用外，一般很少使用。

6）也可是同时采用几种调节方法，取长补短，

最有效地扩大压缩机的稳定工况范围。

(3) 密封系统 离心压缩机主要的密封方式有迷宫密封、机械密封、油膜密封、碳环密封、干气密封等，迷宫密封常用于压缩无危险的介质（非易燃、易爆、有毒气体)，如空气、氮气、二氧化碳等，且压力相对较低的场合（一般不高于2.0MPa)。压力较高时可采用碳环密封或干气密封。

机械密封常用于压缩介质对含油无特别要求的场合，如制冷剂压缩；油膜密封常用于压力很高及气体介质不干净的场合。

干气密封是一种新型的无接触轴封，由它来密封旋转机器中的气体或液体介质。与其他密封相比，干气密封具有泄漏量少、磨损小、寿命长、能耗低、操作简单可靠、维修量低、被密封的流体不受油污染等特点。因此，干气密封正逐渐替代油膜密封、碳环密封、油润滑机械密封等，干气密封的设计选用主要取决于气体成分、气体压力、工艺状况和安全要求等工况条件。实际应用中，干气密封主要有四种布置形式：单端面干气密封、双端面干气密封、串联式干气密封、串联带中间迷宫干气密封。各种形式的干气密封结构形式和应用场合如下：

1）单端面干气密封，又称单级密封，主要用于中、低压条件下，允许少量介质气体泄漏到大气环境中的场合。密封气体通常为压缩介质本身或洁净的外供气体，是现场条件而定。

2）双端面干气密封，双端面密封相当于面对面布置的两套单端面密封，有时两个密封分别使用两个动环。它适用于没有火炬条件，允许少量阻封气进入工艺介质中的情况。在两组密封之间通入氮气作为阻塞气体而成为一个性能可靠的阻塞密封系统，控制氮气的压力使其始终维持在比工艺气体压力高0.2～0.3MPa的水平，这样密封气泄漏的方向总是朝着工艺气和大气，从而保证了工艺气不会向大气泄漏。

3）串联式干气密封，一套串联式干气密封可看作是两套或更多套干气密封按照相同的方向首尾相连而构成的。与单端面结构相同，主密封介质所用气体可用压缩工艺气本身，也可采用外供洁净其他气体，视现场条件而定，隔离气则通常采用氮气。常用串联干气密封通常是两级结构，第一级（主密封）密封承担全部或大部分负荷，而另外一级作为备用密封不承受或承受小部分压力降，通过主密封泄漏出的工艺气体被引入火炬燃烧。剩余极少量的未被燃烧的工艺气通过二级密封漏出，引入安全地带排放。当主密封失效时，第二级密封可以起到辅助安全密封的作用，可保证工艺介质不大量向大气泄漏。由于仍然有少量工艺气漏出，因此串联干气密封不适用于处理易燃、易爆、可燃性气体或有毒气体的压缩机组。

4）串联带中间迷宫的干气密封，串联带中间迷宫串联干气密封同串联干气密封一样，也是由两个（也可以是多个）干气密封按照相同的方向，首尾相接排列而成。所不同的是在每两个密封面之间增加一个迷宫密封，如图9-24所示，该结构所用密封气除主密封可以是工艺气本身或外供洁净气体以外，还需另引气体（通常是氮气）作为第二级密封的密封气。通过一级密封泄漏出的工艺气体和二级密封漏入的氮气形成的混合气被引入火炬系统。而通过二级密封向外泄漏的则全部是安全气体——氮气。当主密封失效时，第二级密封同样起到辅助安全密封的作用。

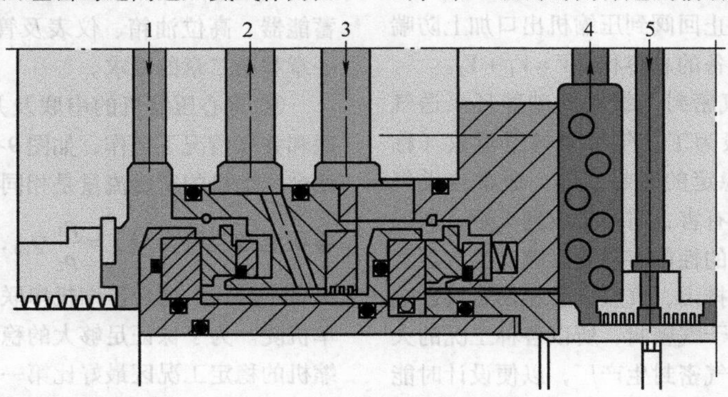

图9-24 串联带中间迷宫的串联干气密封

1—主密封气 2—主密封泄漏气 3—二级密封气 4—二级密封泄漏气 5—隔离气

当压缩气体是易燃、易爆、有毒气体时，一般环保要求不允许工艺介质泄漏到大气中，同时也不允许外界气体泄漏到工艺介质中，此时可用串联带中间迷宫的干气密封。这是石油化工领域最常用的一种密封形式，如LNG装置的烃类冷剂压缩机、天然气压缩机、BOG压缩机等，都可以采用这种密封形式。

5）选择干气密封时的注意事项：

① 螺旋槽形式的选择。单向螺旋槽形使流体气膜的刚度和轴承能力最大化，密封气泄漏量较小，但压缩机反转时流体不能在密封面之间建立起足够刚度和厚度的气膜，使压缩机轴封端面处于干摩擦状态，造成密封损坏。双向螺旋槽氮气泄漏量较大，但压缩机反转时仍能建立起足够刚度和厚度的气膜，保证密封效果。如果压缩机存在反转可能性，为了降低压缩机反向运行的实际风险，采用双向螺旋槽式干气密封。

② 摩擦副材料。了解压缩介质的特点，如压缩机处理介质的气体组分：是否是易燃、易爆、可燃性气体，是否是有毒气体，是否是腐蚀性气体。

③ 系统滞留压力。当压缩机停止工作时，该压缩机系统内的压力称为滞留压力（settling out pressure），此时压缩机系统回路内，出口压力通过防喘振阀回到入口，各处压力平衡。干气密封承受的密封压力较高，且远高于压缩机正常工作时密封系统的承受压力（缸内入口压力），所以滞留压力一般作为干气密封的设计压力。滞留压力和防喘振回路的设置、压缩机进/出口压力及容积密切相关，在一个防喘振回路内的滞留压力 p 可按式（9-14）计算：

$$p=(p_1V_1+p_2V_2)/V \tag{9-14}$$

p_1为防喘振回路内压缩机入口压力；p_2为防喘振回路内压缩机出口压力；V_1为防喘振回路内压缩机入口系统体积，为压缩机入口系统管道和设备的总容积，通常为压缩机停车时切断阀后至压缩机入口的容积；无切断阀时，计算到气源处；V_2为回路内压缩机出口系统体积，为压缩机出口系统管道和设备的总容积，通常为压缩机出口止回阀到压缩机出口加上防喘振阀前的系统管道和设备的总容积；$V=V_1+V_2$。

④ 火炬背压。干气密封一级密封动静环泵送气体产生的气膜气体一般为工艺气体要通过泄放（称为泄漏气）才能形成稳定的密封气膜。通常这类气体为工艺气体，有毒、有害，需要排放到火炬，所以火炬的背压对干气密封的性能有重要影响。当火炬背压过高时，泄漏气不能排出，气膜产生振荡直接影响到密封效果，甚至烧毁干气密封，所以各种工况的火炬背压都要明确告知干气密封生产厂，以便设计时能够考虑这些工况。对于火炬背压较高干气密封不能克服时，在一级密封气加注工艺气体。

⑤ 干气密封的泄漏。如前所述，干气密封在正常工作时会有气体泄漏，实际上在停车时也同样有泄漏，这是由于缸内气体的滞留压力通常大于火炬背压，缸内气体通过密封的环槽进入密封面而漏入火炬中。

⑥ 表9-4列出了某个干气密封的泄漏量，对于中间带迷宫密封的串联密封，正常工作时，密封中泄漏的气体中约10%为工艺气体，约90%为二次密封气（氮气），所以在闭式制冷系统的制冷压缩机需要经常补充制冷剂。

表9-4　干气密封的泄漏量（烃类、一级密封气）

轴径/mm	转速/(r/min)	密封压力/bar	泄漏量/(L/min)	
			预计量	保证量
$\phi190$	7024	2	8	11
	0	9.7	7	13
$\phi150$	7024	17	34	51
	0	30.6	15	27

注：1bar = 0.1MPa。

⑦ 密封气的增压器。干气密封的一次密封气压力一般高于缸内密封平衡压力0.1～0.3MPa，以保证缸内不洁气体串入密封面，这个条件一般作为压缩机的启动条件。正常操作时，压缩机的排气作为一次密封气。开车时，需要外供气体作为一次密封气。当外供一次密封气压力低于缸内密封平衡压力不能满足启动要求时，就需要增压器加压，满足启动条件。此外，对于升压较低的压缩机（如单级压缩机），其排气压力不能满足启动要求时，也需要增设增压器，增压器通常为氮气驱动。

⑧ 油系统。离心压缩机一般采用压力油润滑系统，组成油站的油箱、油泵、油冷却器、油过滤器、蓄能器、高位油箱、仪表及管道等应按照API614第一章和第二章的要求。

⑨ 离心压缩机的串联及并联。压缩机可以在串联和并联情况下工作，如图9-25所示。串联工作时，两台压缩机的质量流量是相同的，两台压缩机的进口容积流量应符合 $Q_{\text{inII}}=\dfrac{\rho_1}{\rho_2}Q_{\text{inI}}$，$\dfrac{\rho_1}{\rho_2}$为第一台压缩机进出口密度比。两台压缩机串联后，总的性能曲线要比单机陡。为了保证足够大的稳定工况范围，第二态压缩机的稳定工况区最好比第一台宽。

图9-26为串联工作时的总性能曲线。曲线Ⅰ为第一台压缩机的性能曲线，Ⅱ为第二台压缩机的性能曲线，然后根据同样的质量流量下，将两者的压比"叠加"后的Ⅰ+Ⅱ为串联后的总性能曲线，总的压比 $\varepsilon_b=\varepsilon_a\varepsilon_c$。

压缩机的并联工作一般用于这样几种情况：

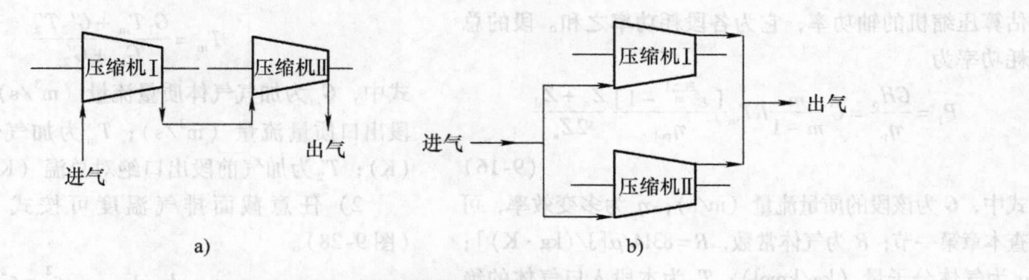

图9-25 离心压缩机的串联及并联

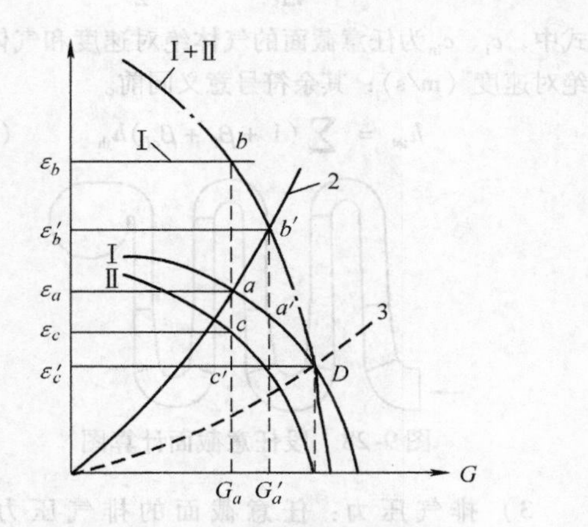

图9-26 串联工作时的性能曲线

1）必须增加气体供应量而不对现有的压缩机做重新地改建。

2）气体需用量很大，用一台压缩机可能尺寸过大或制造上有困难，这时可考虑用两台较小的压缩机并联供气。

3）用户的用气量经常在变化，这时用两台机器并联，一台作为主要工作机，另一台作为辅助工作机。辅助工作机在所需的流量大时，同主机一同供气，所需的流量小时，就可停机。

压缩机并联时的总性能曲线，可以根据两台压缩机各自的性能曲线，在同样压比下流量“叠加”而得，如图9-27所示。图中曲线Ⅰ和Ⅱ为两台压缩机各自的性能曲线，曲线Ⅰ+Ⅱ为并联后的总性能曲线。压缩机并联工作后的效果如何，也要根据用户的特点来确定。如果和压缩机联合工作的是等压容器，压比为ε_b，则在压缩机Ⅰ工作时，流量为G_a，压比为$\varepsilon_a=\varepsilon_b$，压缩机Ⅱ的流量为$G_c$，压比$\varepsilon_c=\varepsilon_b$，两台压缩机并联工作时，质量流量为$G_b=G_a+G_c$。如果和压缩机联合工作的是管网系统，管网性能曲线为曲线2，则当两台压缩机并联工作时，工作点为b'，流量为G'_b，压比为ε'_b。压缩机Ⅰ的工作点也移到a'点，流量为G'_a，压比为ε'_a（$=\varepsilon'_b$）。压缩机Ⅱ的工作点为c'点，流量为G'_c，压比为ε'_c（$=\varepsilon'_b$），这里看到，这时当两台压缩机并联工作时，总的流量增加，但每台压缩机本身的流量，要比单独运转时减小了。所以并联工作后的总流量，要比每台机器独立工作于同一管网系统时的各自流量之和小，并且并联后个压缩机的工况点，也不同于单独工作时的工况点，这一点是采用并联工作时需要注意的地方。

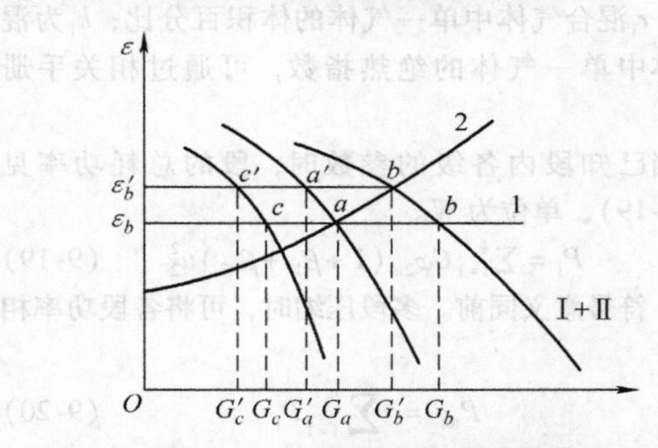

图9-27 并联工作时的性能曲线

3. 工程计算

离心压缩机热力计算包含诸多内容，本节简单介绍工程设计中用于方案设计的轴功率、排气温度、转速、级数及分段、分缸及变工况等。

（1）轴功率

1）总压比和各段压比的确定。

① 工艺数据表已分配，此时将各段出口压力（p_{di}）除以各段进口压力（p_{si}）、即可得到本段的压比，即：$\varepsilon_i=p_{di}/p_{si}$

② 工艺数据表未分配，此时将总出口压力（p_d）除以总进口压力（p_s）、得到总压比，即：$\varepsilon=p_d/p_s$，各段压比（ε_i）可按式（9-15）估算：

$$\varepsilon_i=\left(\frac{\varepsilon}{\lambda^{N-1}}\right)^{\frac{1}{N}} \tag{9-15}$$

式中，N为总段数；估算此时将总出口压力（p_d）除以总进口压力（p_s）、得到总压比，即：$\varepsilon=p_d/p_s$，一般以单段压比3～4为基础，得到段数，估算时，一般可取$\lambda\approx0.965$。

2）轴功率计算。当已知进、排气条件和性质来

估算压缩机的轴功率，它为各段耗功率之和。段的总耗功率为

$$P_i = \frac{GH_p}{\eta_p} = G\frac{m}{m-1}RT_{in}\frac{[\varepsilon^{\frac{m-1}{m}}-1]}{\eta_{pol}}\frac{Z_s+Z_d}{2Z_s} \tag{9-16}$$

式中，G为该段的质量流量（m/s）；η_p为多变效率，可查本章第一节；R为气体常数，$R=8314/\mu[\mathrm{J/(kg \cdot K)}]$；$\mu$为气体分子量（kg/kmol）；$T_{in}$为本段入口气体的绝对温度（K）；$Z_s$、$Z_d$为本段进出口气体的压缩性系数，通过工艺数据表获得，或查阅有关手册；m为段的多变指数，可通过如下公式得到：

$$\frac{1}{k-1} = \sum\frac{r_i}{k_i-1} \tag{9-17}$$

$$\sigma = \frac{m}{m-1} = \frac{k}{k-1}\eta_{pol} \tag{9-18}$$

式中，r_i混合气体中单一气体的体积百分比；k_i为混合气体中单一气体的绝热指数，可通过相关手册查询。

当已知段内各级的参数时，段的总耗功率见式（9-19），单位为W。

$$P_i = \sum_{i=1}^{z} G\varphi_{2ui}(1+\beta_{li}+\beta_{dfi})u_{2i}^2 \tag{9-19}$$

式中，符号意义同前。多段压缩时，可将各段功率相加得

$$P_{tot} = \sum_{i=1}^{n} P_i \tag{9-20}$$

轴功率为各段功率加机械损失，见式（9-21），单位为W。

$$P_s = P_{tot} + P_m \text{或} P_s = \frac{P_{tot}}{\eta_m} \tag{9-21}$$

通常机械效率η_m取0.985～0.995，大功率压缩机取大值，小功率压缩机取小值。按式（9-21）确定轴耗功率后，就可以根据它来选配驱动机。另外，还可通过入口压力、入口体积流量计算：

$$P_i = 1.634p_{si}V_{si}\frac{m}{m-1}\frac{[\varepsilon^{\frac{m-1}{m}}-1]}{\eta_{pol}}\frac{Z_s+Z_d}{2Z_s} \tag{9-22}$$

式中，p_{si}本段入口压力（bar）；V_{si}本段入口流量（m³/min）；其余符号意义同前。

（2）驱动机功率　燃气轮机除外，需要根据当地的气象条件，按下式计算，详见9.2。

$$P_d \geqslant 110\% P_s$$

（3）排气温度及排气压力

1）段排气温度：

$$T_d = T_{in}\varepsilon^{\frac{m-1}{m}} \tag{9-23}$$

式中，符号意义同前。

对中间加气的段，混合进气温度为

$$T_{in} = \frac{G_1T_{in} + G'_2T'_2}{G_{in} + G'_2} \tag{9-24}$$

式中，G_{in}为加气气体质量流量（m³/s）；G'_2为加气前段出口质量流量（m³/s）；T_{in}为加气气体绝对总温（K）；T'_2为加气前段出口绝对总温（K）。

2）任意截面排气温度可按式（9-25）计算（图9-28）。

$$T_i - T_m = \frac{k-1}{kR}\left(h_{in} - \frac{c_i^2 - c_{in}^2}{2}\right) \tag{9-25}$$

式中，c_i、c_{in}为任意截面的气体绝对速度和气体进口绝对速度（m/s）；其余符号意义同前。

$$h_{tot} = \sum(1+\beta_f+\beta_{df})h_{th} \tag{9-26}$$

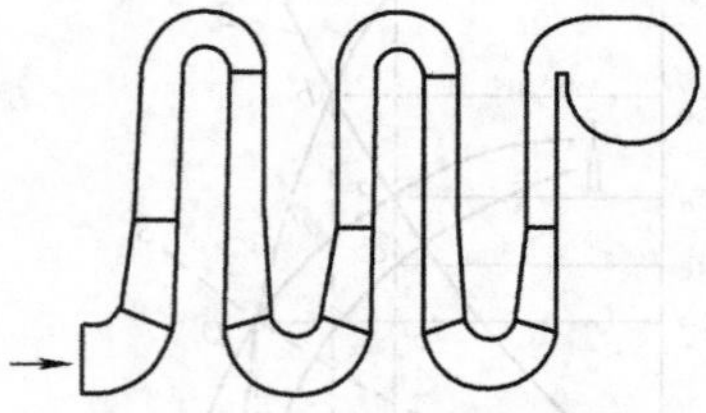

图9-28　段任意截面计算图

3）排气压力：任意截面的排气压力可按式（9-27）计算（图9-28）。

$$\frac{p_i}{p_{in}} = \left(1 + \frac{h_{tot}}{RT_{in}\frac{k}{k-1}} - \frac{c_i^2 - c_{in}^2}{2RT_{in}\frac{k}{k-1}}\right)^{\frac{m}{m-1}} \tag{9-27}$$

（4）级数、分段及分缸　按照本节所述，分段完成后，需要对各段的级数（i）按式（9-28）进行计算。

$$i = \frac{h_{pol}}{\chi u_2^2} \tag{9-28}$$

式中，χ为级的能头计算系数，可取0.45～0.65；u_2^2为叶轮圆周速度，可取200～320m/s；h_{pol}为段的多变能头，计算式如下：

$$h_{pol} = \frac{m}{m-1}RT_1\left[\left(\frac{p_d}{p_s}\right)^{\frac{m-1}{m}} - 1\right] \tag{9-29}$$

式中，符号意义同前。

级数和分子量、效率、叶轮周速、能头系数等密切相关，表9-5列出了一些项目中这些参数不同时单级叶轮的压比，段的压比为段内各级压比的乘积。

表9-5　某些项目中单级叶轮的压比

分子量	绝热指数	多变效率	叶轮周速/(m/s)	单级压比
3.2	1.4	0.83	290	1.05
8.5	1.4	0.8	280	1.12

（续）

分子量	绝热指数	多变效率	叶轮周速/(m/s)	单级压比
17	1.31	0.8	255	1.22
29	1.4	0.82	280	1.51
44	1.28	0.8	253	1.72

一般单缸内最多叶轮不超过9个，直径较大叶轮更少，在粗略估算时，可按 L/D（转子支撑跨距/叶轮处轴径）=8~10。

主轴直径 D(m)可由经验公式（9-30）确定：

$$D=K_{\mathrm{d}}(i+2.3)D_{2\mathrm{m}}\sqrt{\frac{n_{\mathrm{k1}}}{1000}} \tag{9-30}$$

式中，i 为叶轮数（即级数）；$D_{2\mathrm{m}}$ 为缸内叶轮的平均外径（m）；n_{k1} 为轴的第一阶临界转速（r/min）；刚性轴 $n\leqslant\frac{n_{\mathrm{k1}}}{1.25}$，柔性轴 $n\geqslant1.3n_{\mathrm{k1}}n\leqslant\frac{n_{\mathrm{k2}}}{1.3}$；$K_{\mathrm{d}}$ 为计算系数，其值在0.019~0.027之间，对于轴端密封较长和大流量的压缩机，应选择大的值。

支撑跨距可按式（9-31）估算：

$$L=(3\sim4)b_2i+(4\sim4.5)D \tag{9-31}$$

式中，b_2 为一级叶轮宽度（m），参见9.1.2；i 为缸内级数；其余符号意义同前。

（5）转速　压缩机的转速一般由缸内一级叶轮的参数决定的，转速 n（r/min）为

$$n=\frac{60}{\sqrt{\pi}}\sqrt{\frac{K_{\mathrm{v2}}\tau_2b_2/D_2\varphi_{2\mathrm{r}}}{Q_{\mathrm{in}}}u_2^3}=33.9\sqrt{\frac{K_{\mathrm{v2}}\tau_2b_2/D_2\varphi_{2\mathrm{r}}}{Q_{\mathrm{in}}}u_2^3} \tag{9-32}$$

式中，K_{v2} 为一级叶轮出口气体比容比：

$$k_{\mathrm{v2}}=\frac{v_0}{v_2}=\left(\frac{T_2}{T_{\mathrm{in}}}\right)^{\frac{1}{m-1}}=\left(1+\frac{\Delta T_1}{T_{\mathrm{in}}}\right)^{\sigma-1} \tag{9-33}$$

T_2 为一级叶轮出口温度；ΔT_1 为一级叶轮温升（K）：

$$\Delta T_1=\frac{1}{R\dfrac{k}{k-1}}\left(\frac{h_{\mathrm{pol}}}{\eta_{\mathrm{pol}}}-\frac{c_2^2}{2}\right) \tag{9-34}$$

式中，h_{pol} 为一级叶轮多变能头（J/kg），$h_{\mathrm{pol}}=\frac{m}{m-1}RT_{\mathrm{in}}\left[\left(\frac{p_{\mathrm{d}}}{p_{\mathrm{s}}}\right)^{\frac{m-1}{m}}-1\right]/i$，其中 i 为本段级数，或者 $h_{\mathrm{pol}}=xu_2^2$，x 为一级叶轮能头系数，详见9.1.2。c_2 为一级叶轮出口绝对速度（m/s），$c_2=\frac{c_{2\mathrm{r}}}{\sin\alpha_2}$，$c_{2\mathrm{r}}=\varphi_{2\mathrm{r}}u_2$，$\varphi_{2\mathrm{r}}$ 为流量系数，α_2 为一级叶轮绝对速度和圆周速度的夹角，$\alpha_2=\arctan\frac{\varphi_{2\mathrm{r}}}{\varphi_{2\mathrm{u}}}$，$\varphi_{2\mathrm{u}}$ 为周速系数，详见9.1.2。

1）τ_2，阻塞系数，工程计算时可取0.90~0.95。

2）b_2/D_2，宽径比，详见9.1.2。

3）$\varphi_{2\mathrm{r}}$，流量系数，详见表9-6。

4）u_2，一级叶轮圆周速度，可取280~320m/s。

5）Q_{in}，一级叶轮入口流量（m³/s）。

表9-6　不同形式叶轮流量系数值

叶轮形式	强后弯形	后弯形	径向形
$\varphi_{2\mathrm{r}}$	0.10~0.20	0.18~0.32	0.24~0.40

大的出口安放角（$\beta_{2\mathrm{A}}$）虽可使压缩机有较大的压力比，但使级的效率下降。一般固定式离心压缩机叶轮取 $\beta_{2\mathrm{A}}=30°\sim60°$，称后弯型叶轮；小流量级叶轮或同一段的后面几级叶轮取 $\beta_{2\mathrm{A}}=15°\sim30°$，称强后弯形叶轮。

（6）变工况　已完成制造的压缩机，当入口温度、压力、分子量、出口压力等变化时，以规定条件设计的压缩机的性能也将发生变化，这些变化将通过转速等调节手段来实现与工艺系统的匹配，以“′”表示变化后的参数，通过相似原理，可以得到。

1）流量：

$$\frac{Q'_{\mathrm{in}}}{n'}=\frac{Q_{\mathrm{in}}}{n} \tag{9-35}$$

2）多变能头：

$$\frac{h'_{\mathrm{pol}}}{h_{\mathrm{pol}}}=\frac{x'_{\mathrm{pol}}u'^2_2}{x_{\mathrm{pol}}u_2^2}=\frac{u'^2_2}{u_2^2}=\frac{n'^2}{n^2} \tag{9-36}$$

3）压比：

$$\varepsilon'=\left[1+\left(\frac{n'}{n}\right)^2\frac{RT_{\mathrm{in}}}{R'T'_{\mathrm{in}}}\left(\varepsilon^{\frac{m-1}{m}}-1\right)\right]^{\frac{m'}{m'-1}} \tag{9-37}$$

4）轴功率：

$$P'=\frac{Q'_{\mathrm{in}}\rho'_{\mathrm{in}}h'_{\mathrm{pol}}}{Q_{\mathrm{in}}\gamma\rho_{\mathrm{in}}h_{\mathrm{pol}}}P=\left(\frac{n'}{n}\right)^3\frac{\rho'_{\mathrm{in}}}{\rho_{\mathrm{in}}}P \tag{9-38}$$

符号意义同前。

4. 天然气液化装置典型的离心压缩机

天然气液化装置典型的离心压缩机有冷剂压缩机、BOG压缩机等，一般属于低温压缩，具有流量大、功率大等特点。

（1）冷剂压缩机　天然气液化装置中需要将制冷循环中的气态制冷剂压缩后冷却为装置提供冷量，制冷剂大多为混合组分，与一般流程用压缩机相比，冷剂压缩机的特别之处有如下几点。

1）分子量大，且混合冷剂组成变化，以适应原料气波动影响、冬季夏季环境温度变化、开车过程冷剂配

置过程组分变化，能够适应正常操作时工况条件变化。

2）操作范围要求宽（一般为 50% ~110%），适应工厂生产负荷调节需要。

3）运行条件苛刻，单级压比一般为 1.4 ~1.7，叶轮口圈和平衡盘密封两侧差压大，泄漏量大，流场分布不均，易产生二次效应，泄漏气体造成的激振力大，造成转子本身抗干扰性能差，易产生气体激振。

4）流量大，功率大。

目前，世界上最大的压缩机为 780 万 t/a 天然气液化装置的冷剂压缩机，轴功率达 10.6×10^4kW。

按照液化工艺技术的不同（单循环、双循环、三循环等），冷剂压缩即有各种不同配置。

（2）单循环流程中的冷剂压缩机　该类压缩机一般为单台配置，单缸两段压缩，叶轮背靠背布置，配置增速箱提速，如图 9-29 所示。图 9-29 所示为某 $30\times10^4 m^3/d$ 的天然气液化装置单循环冷剂压缩机，分别由电动机、液力耦合器、增速箱、压缩机组成，输出轴功率 3538kW。

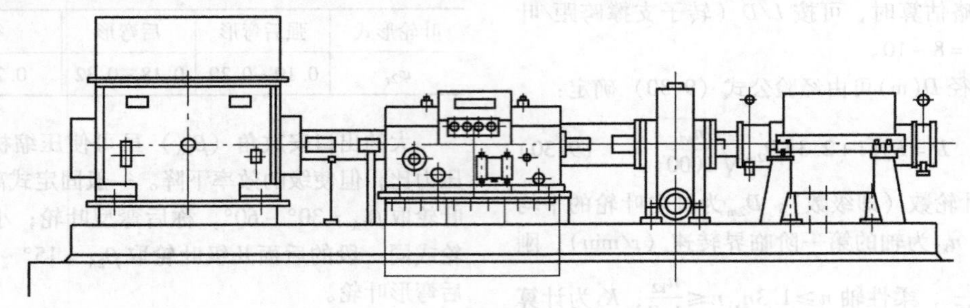

图 9-29　单循环液化装置冷剂压缩机

（3）双循环流程中的冷剂压缩机　该类压缩机一般为两台配置，图 9-30 所示为某 $260\times104 m^3/d$ 的天然气液化装置 MR1 冷剂压缩机，分别由电动机、增速箱、压缩机组成，输出轴功率 11995kW。图 9-31 所示为某 $260\times104 m^3/d$ 液化装置 MR2 冷剂压缩机，分别由电动机、增速箱、压缩机组成，输出轴功率 16980kW。

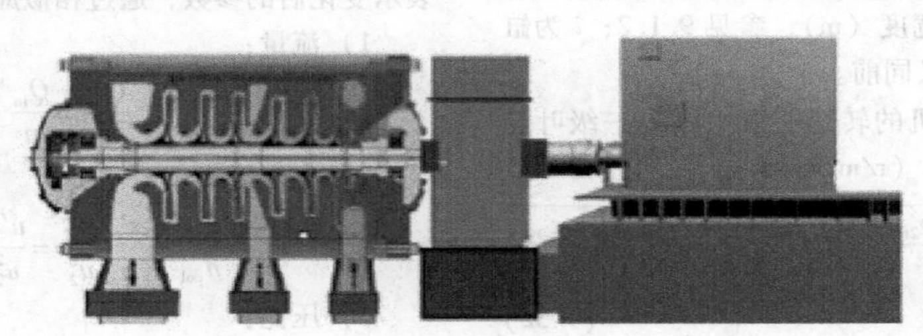

图 9-30　双循环液化装置 MR1 冷剂压缩机

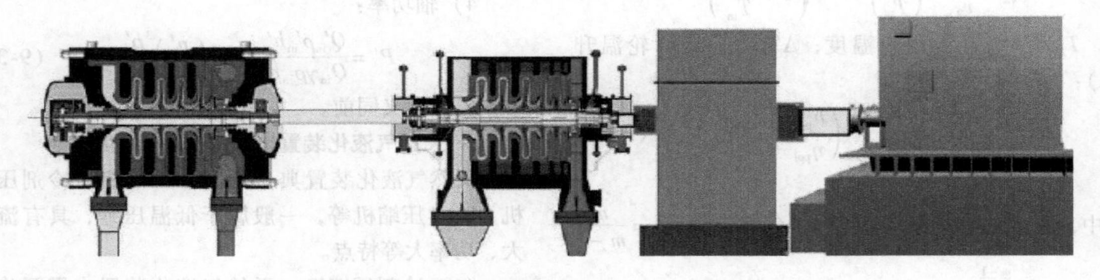

图 9-31　双循环液化装置 MR2 冷剂压缩机

（4）三循环流程中的冷剂压缩机　一般为三台配置，图 9-32 所示为某 780×10^4t/a 液化装置三台冷剂压缩机，分别为丙烷预冷压缩机（轴功率为 81MW）、混合冷剂压缩机（轴功率为 109MW）、氮膨胀制冷压缩机（轴功率为 86MW），每台压缩机均由 Fr9E 燃气轮机驱动。

冷剂压缩机一般选用离心压缩机（见9.1.5）。我国沈阳鼓风机集团公司（简称“沈鼓”）能够生产此类压缩机，该公司产品按使用压力分为水平剖分式（MCL）和垂直剖分式（BCL），其意义如图9-33所示，使用范围如图9-34和图9-35所示。

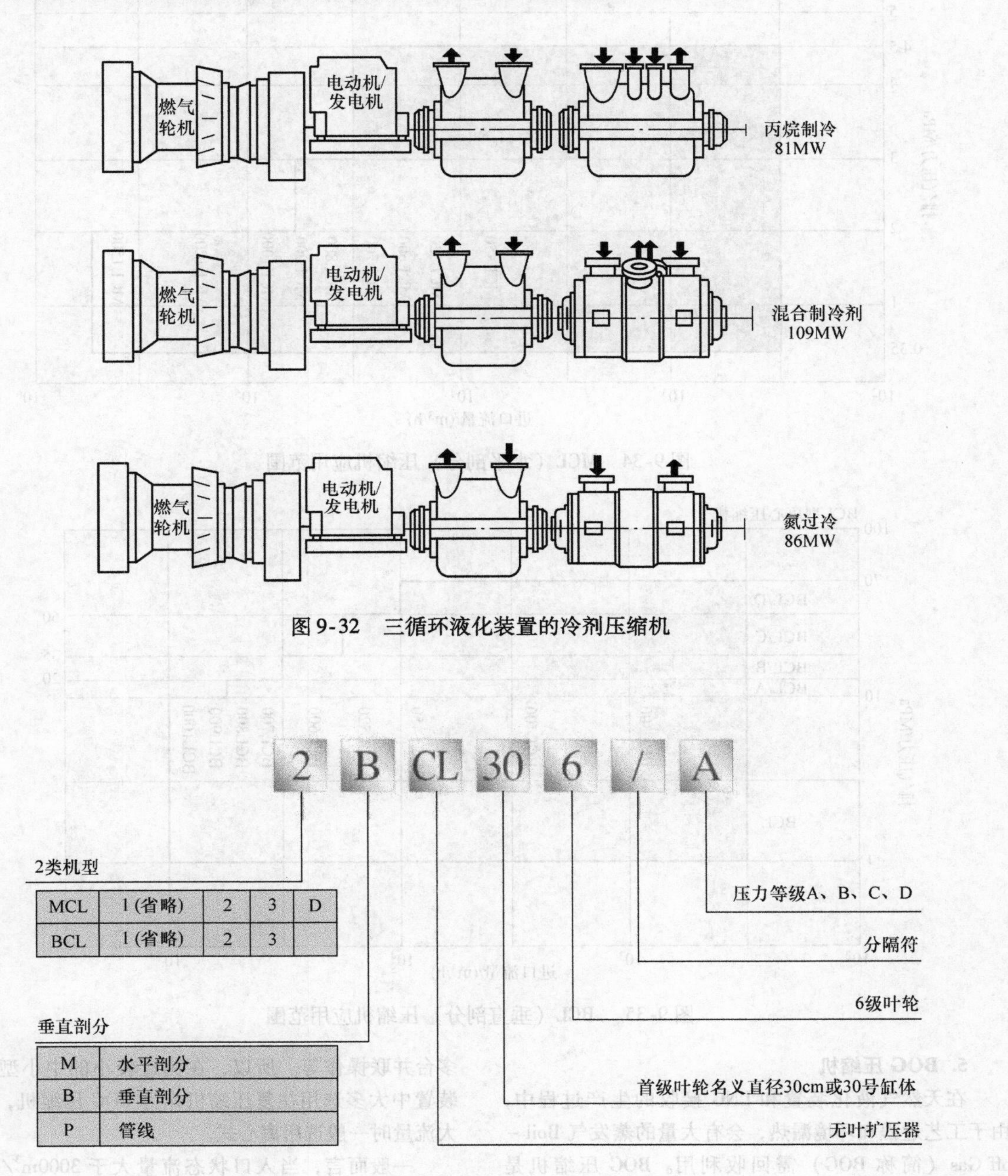

图9-32　三循环液化装置的冷剂压缩机

图9-33　沈鼓压缩机型号含义

国外也有较多生产此类压缩机的厂家，如西门子、三菱、埃里奥特、新比隆等，其中三菱的垂直剖分式（V）及水平剖分式（H）其使用范围如图9-36所示，代号含义如图9-37所示。

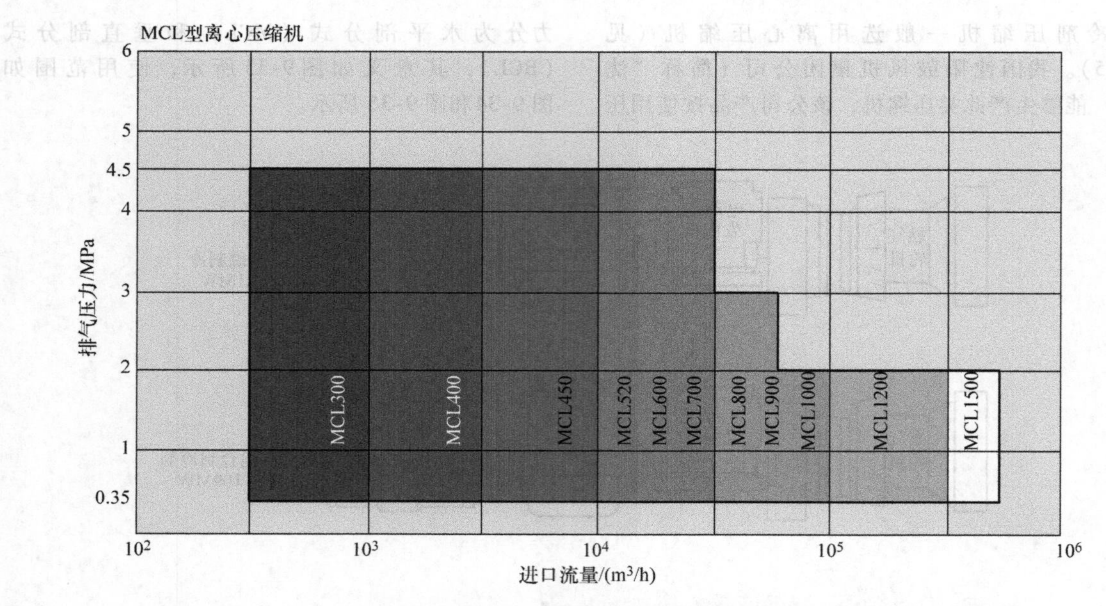

图 9-34　MCL（水平剖分）压缩机应用范围

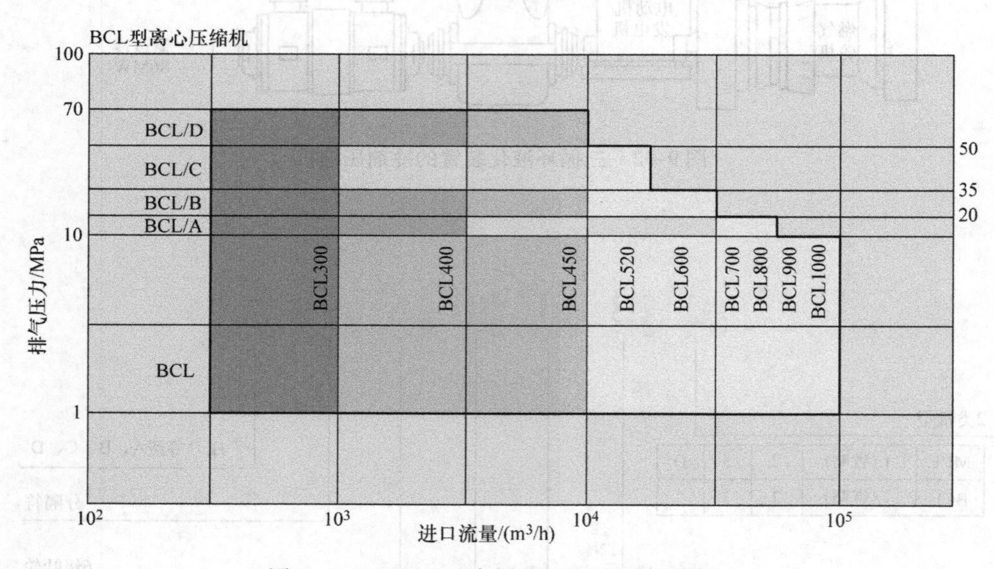

图 9-35　BCL（垂直剖分）压缩机应用范围

5. BOG 压缩机

在天然气液化装置和 LNG 接收的生产过程中，由于工艺过程和环境漏热，会有大量的蒸发气 Boil－off Gas（简称 BOG）需回收利用。BOG 压缩机是 BOG 回收利用中的关键设备。

按照流量及排出压力的不同 BOG 压缩机可选用离心或往复压缩机，由于 BOG 的产生量随环境温度及装卸条件而有较大变化，而离心压缩机对变工况条件适应性稍差，且价格昂贵，往复压缩机有卸荷器等多种手段进行负荷调节，并且价格相对较低，可采取多台并联操作等。所以，在流量较小的中小型 LNG 装置中大多选用往复压缩机作为 BOG 压缩机，而在大流量时一般选用离心式。

一般而言，当入口状态流量大于 3000m³/h 时，排出压力低于 0.7MPa 左右时，可考虑选用离心压缩机，排出压力较高时，后几级叶轮宽度已很小，离心压缩机难以满足要求，所以，出口压力较高时，需要的流量也会增大。此类压缩机有整体齿轮式、单轴多级式，前者用于排气压力较低的场合，后者用于排气压力较高的场合。

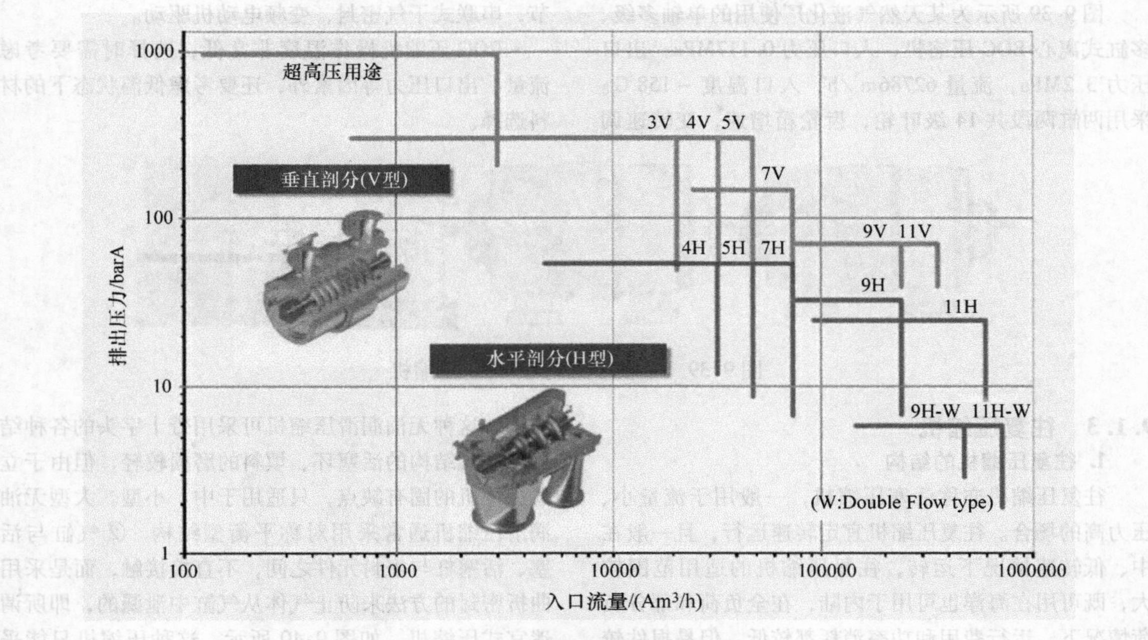

图 9-36　三菱压缩机应用范围

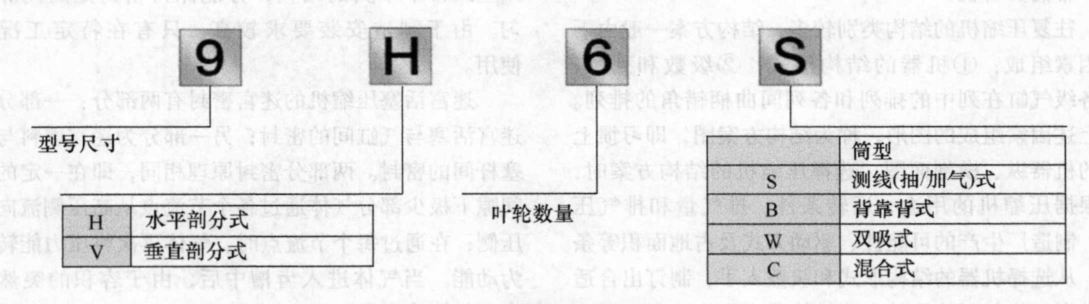

图 9-37　三菱压缩机代号含义

图 9-38 所示为某接收站使用的整体齿轮式离心 BOG 压缩机，入口压力 0.1234MPa，出口压力 0.99MPa，流量 12000m³/h，入口温度 -153℃，采用三级压缩，入口导叶调节，碳环密封，电动机驱动。

图 9-38　多轴整体齿轮式离心 BOG 压缩机

图9-39所示为某天然气液化厂使用的单轴多级、多缸式离心BOG压缩机，入口压力0.117MPa，出口压力3.2MPa，流量62786m³/h，入口温度-158℃。采用两缸两段共14级叶轮，齿轮箱增速，变转速调节，串联式干气密封，变频电动机驱动。

BOG压缩机操作温度非常低，选择时需要考虑流量、出口压力等因素外，还要考虑低温状态下的材料选择。

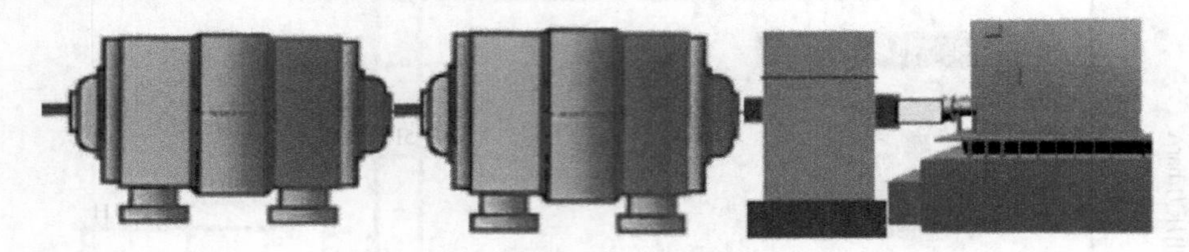

图9-39　单轴多缸离心BOG压缩机

9.1.3　往复压缩机

1. 往复压缩机的结构

往复压缩机亦称活塞压缩机，一般用于流量小、压力高的场合。往复压缩机宜定转速运行，且一般在中、低转速情况下运转，往复压缩机的适用范围较大，既可用在海洋也可用于内陆，在全负荷和部分负荷情况下，运行费用和功率消耗都较低，但易损件较多，常需要备机。

往复压缩机的结构类别较多，结构方案一般由下列因素组成：①机器的结构形式；②级数和列数；③各级气缸在列中的排列和各列间曲柄错角的排列。由上述因素组成的图形，称为结构方案图，即习惯上说的机器纵、横剖面图。选择压缩机的结构方案时，应根据压缩机的用途、运转条件、排气量和排气压力、制造厂生产的可能性、驱动方式及占地面积等条件，从选择机器的结构形式和级数入手，制订出合适的方案，往复压缩机的主要结构形式见表9-7。

另外，压缩机结构形式的选择，还应注意到需在无油情况下运转的使用情况。目前，无油润滑压缩机有以下类型：①活塞环及填料元件都用自润滑材料制成的，这种无油润滑压缩机可采用带十字头的各种结构。立式结构的活塞环、填料的磨损较轻，但由于立式压缩机的固有缺点，只适用于中、小型。大型无油润滑压缩机通常采用对称平衡型结构。②气缸与活塞、活塞杆与密封元件之间，不直接接触，而是采用曲折密封的方法来防止气体从气缸中泄漏的，即所谓迷宫式压缩机，如图9-40所示。这种压缩机只能采用立式带十字头的结构，方能保持密封处的间隙均匀。由于制造安装要求较高，只有在特定工况下使用。

迷宫活塞压缩机的迷宫密封有两部分：一部分为迷宫活塞与气缸间的密封；另一部分为迷宫填料与活塞杆间的密封。两部分密封原理相同，即在一定的小间隙下极少部分气体通过各个节流点从高压侧流向低压侧；在通过每个节流点时，气体再次将压力能转化为动能。当气体进入齿槽中后，由于容积的突然扩大，气体速度急速下降（近乎零），其一部分动能转化为热能，另一部分转化为涡流能。经过连续均布的节流和齿槽旋涡室的重复作用，泄漏气体的压力降低到低压侧压力，达到气密性要求。

表9-7　往复压缩机的主要结构形式、特点及使用场合

结构形式	结构示意图	特点	使用场合
立式		有单列、双列和多列，两列以上动力平衡性能好。气缸不承受重力、润滑剂分布均匀，活塞和气缸不易偏磨；活塞杆摆动小，占地面积小，基础设置和整机安装方便 大型机维修监控不便，管路布置较困难，气阀通道面积受限制	宜于制成无油润滑机型适宜于车辆、船舶上空间小的条件

（续）

结构形式		结构示意图	特点	使用场合
角度式	L形	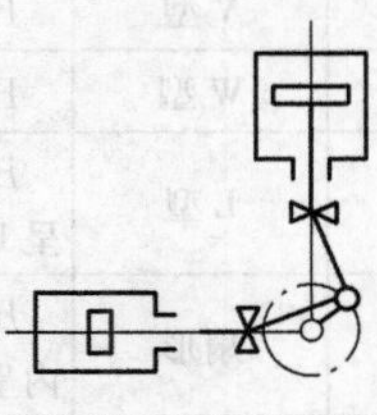	动力平衡性能好，曲轴拐数小、长度小，管道和级间冷却器易于布置，便于产品变型和系列化；风冷结构迎风面大，架构紧凑，占地面积小，基础要求低 在微小型中，曲轴制成悬臂梁式的曲柄轴，连杆大头不需要剖分 L形的二阶往复惯性力在于地面成45°方向时，较其他角度式运行平稳，并且增加气缸长度无大妨碍	宜于制成带十字头的大中型机器
	V形	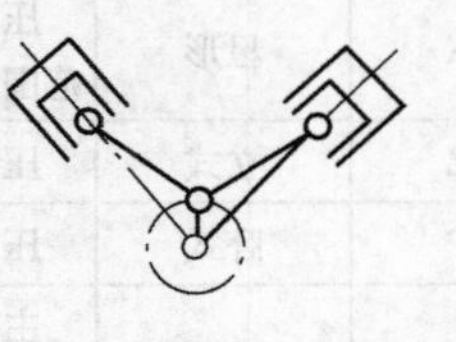		宜于制成不带十字头的小型机
	W形	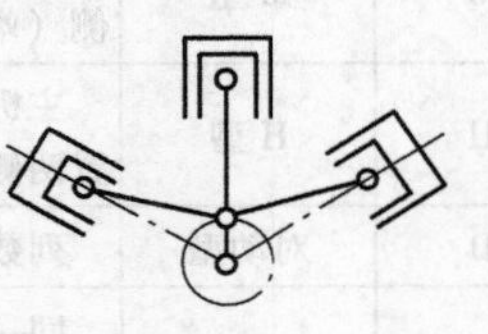		宜于制成与立式、V形构成系列的移动式空气压缩机或制冷压缩机
	扇形	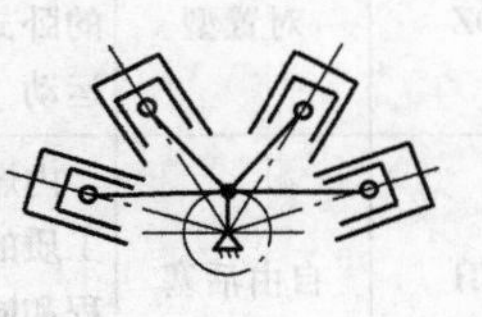		主要用于制冷压缩机
对置式	框架式	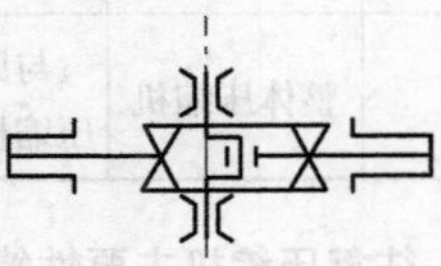	每列可串联多级，相对列的部分活塞力能在框架内抵消；主轴瓦和连杆轴瓦负荷较小，但往复惯性力大	主要用于超高压结构
	三列对置	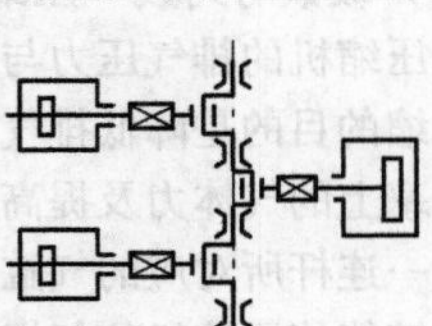	也可与五列、七列构成系列，阻力矩波动小，往复惯性力能较好平衡，易实现多列结构	主要用于工艺流程压缩机
对称平衡式	两列对动	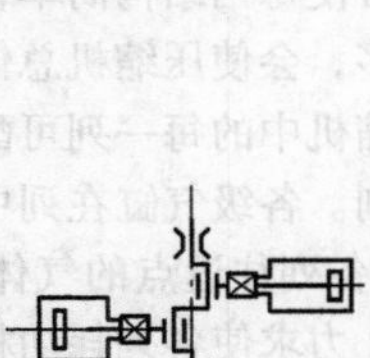	阻力矩波动大 往复惯性力能完全平衡，每列可串联多级，相对列的活塞力能完全抵消，故主轴受力及磨损较小，便于布置管道；易实现多级压缩，高度小，易于监控维修 占地面积较大	宜用于级数较少的大中型结构

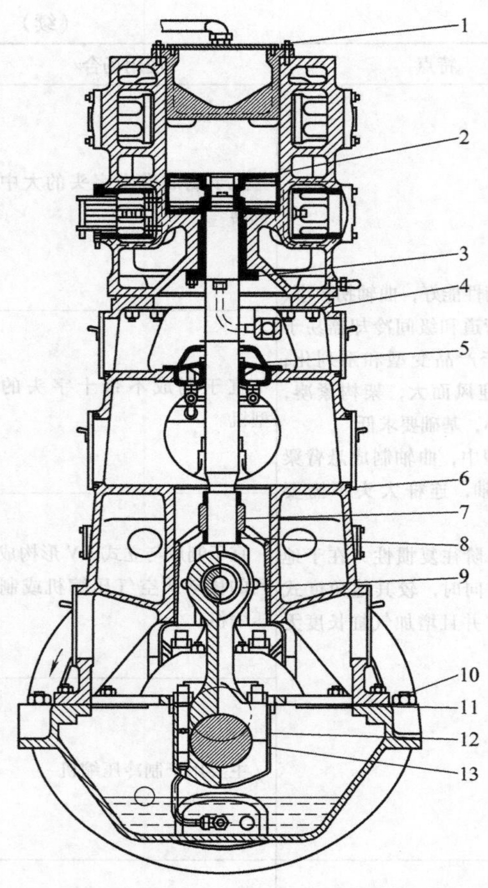

图 9-40　立式迷宫往复式压缩机

1—气缸盖　2—活塞顶端　3—活塞杆密封法兰　4—气缸　5—导向轴承　6—活塞杆上螺母　7—十字头　8—活塞杆下螺母　9—十字头销子　10—机架　11—底板　12—连杆　13—连杆

我国往复压缩机通常采用结构代码、入口流量、进出口压力来表达其型号，如图 9-41 所示，结构代号见表 9-8。通过压缩机的型号，就可以知道压缩机的结构和主要操作参数。

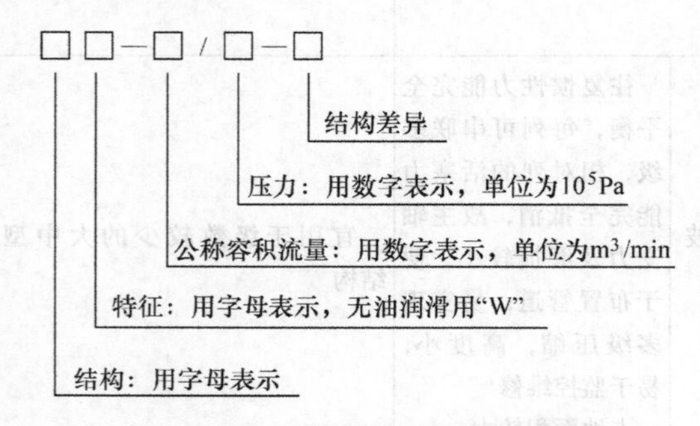

图 9-41　往复活塞压缩机型号表示法

表 9-8　往复活塞压缩机结构代号

结构代号	代号名称	结构代号的含义
V	V 型	压缩机列呈 V 形布置
W	W 型	压缩机列呈 W 形布置
L	L 型	压缩机列做水平和垂直布置，呈 L 形
S	扇形	压缩机列数≥3，在 180°范围内呈辐射状布置
X	星形	压缩机列数≥3，在大于 180°范围内呈辐射状布置
Z	立式	压缩机列呈垂直布置
P	卧式	压缩机呈水平布置
M	M 型	主机位于驱动机或传动装置一侧（端）的对动型压缩机
H	H 型	主机分别位于驱动机或传动装置两侧（端）的对动型压缩机
D	对动型	列数为 2 列时的对动型压缩机
DZ	对置型	同一列的气缸分置于曲轴两侧的卧式压缩机，其活塞做同步运动
ZH	自由活塞	内燃动力通过对活塞直接压缩工质的无曲轴压缩机，活塞的返程和同步，利用气垫作用和同步机构来完成
ZT	整体压缩机	与原动机共用部分运动机构的压缩机

2. 往复压缩机主要性能参数

（1）级数与列数　压缩机的级数主要根据压力比，即压缩机的排气压力与吸气压力之比确定。采用多级压缩的目的是降低排气温度、节省功率、降低作用在活塞上的气体力及提高气缸的容积效率。

每一连杆所对应的气缸、活塞组件称为列。采用多列压缩能使压缩机往复惯性力得到完全或大部分平衡，也可使每列结构简单，列的最大气体力减小。但列数增多，会使压缩机总体结构复杂，零部件增多。

压缩机中的每一列可配置若干级，每一级也可采用若干列。各级气缸在列中合理配置的原则是：

1）各列往返点的气体力求相等。在超高压压缩机汇总，力求使各列耗功相等、切向力均匀。

2）有利于减少气体的泄漏。

3）有利于缩短级间管道，并便于拆装修理。

4）同级若分为几个气缸压缩时，应使各缸的吸气和排气按时间错开，以减小气体脉动。

（2）活塞平均速度　转速和行程的选取对机器的尺寸、重量、制造难易和成本有很大影响，并且还直接影响机器的效率、寿命和动力特性。如果压缩机与驱动机直接连接，则也影响驱动机的经济性和成本。近代设计活塞压缩机的总趋势是提高转速。转速、行程和活塞平均速度的关系如下：

$$v_m = \frac{nS}{30} \tag{9-39}$$

式中，v_m为活塞平均速度（m/s）；n为压缩机转速（r/min）；S为活塞行程（m）。

在活塞压缩机设计中，一定的参数和使用条件下，首先应考虑选择适宜的活塞平均速度。因为活塞平均速度的高低，不仅对运动机件中的摩擦和磨损有直接的影响，对易损件的寿命及气缸的工作过程也有影响。活塞速度过高，气阀在气缸上难以得到足够的工作面积，所以气阀、管道中的阻力损失很大，功率的消耗及排气温度将会过高，进而严重地影响压缩机运转的经济性和使用的可靠性。

一般来说，对于工艺流程中使用的大、中型压缩机无油润滑压缩机，活塞速度可取3～3.5m/s；有油润滑时，活塞速度可取3.5～4.5m/s。移动压缩机为了尽量减小机器重量和外形尺寸，所以取4～5m/s；微型和小型压缩机，为使结构紧凑而只能采用较小行程，虽有较高转速，但活塞平均速度较低，只有2m/s左右。个别小型压缩机由于气阀结构改进（如采用直流阀），也有高达6m/s的。

（3）排气量及排气系数　压缩机实际入口状态下通过压缩机的体积流量称为压缩机的排气量，多级压缩机中，第一级气缸的排气量和理论排气量亦称压缩机的排气量和理论排气量，排气量取决于压缩机气缸的行程容积和排气系数。

单位时间（每分钟或每小时）内气缸的理论吸气容积值称为气缸的行程容积，以V_t表示（m^3/min）。若已知压缩机的转速，行程和气缸直径，则单作用气缸的行程容积按式（9-40）计算：

$$V_t = \frac{\pi}{4}D^2Sni \tag{9-40}$$

式中，D为气缸直径（m）；S为活塞行程（m）；n为曲轴转速（r/min）；i为同级气缸数。

当活塞杆不贯穿时，双作用气缸的行程容积按式（9-41）计算：

$$V_t = \frac{\pi}{4}(D^2 - d^2)\ Sni \tag{9-41}$$

式中，d为活塞杆直径（m）。

实际上压缩机运行时，由于存在余隙容积的影响、吸气阀的弹簧力和管线上的压力波动、吸气时气体与气缸壁之间的热交换，气体泄漏等因素，使气缸行程容积的有效值减小。在气缸行程容积相同的情况下，上述四因素的影响越大，则排气量越小。设计计算中，考虑上述因素对排气量的影响而引用的系数称排气系数，以λ表示：

$$\lambda = \frac{V_m}{V_t} = \lambda_v\lambda_p\lambda_t\lambda_l \tag{9-42}$$

式中，λ_v为容积系数；由于余隙容积中气体的膨胀，气缸工作容积中有部分失去了吸气作用，所以该系数表示余隙容积对气缸有效行程容积V'（真正吸气容积）的影响。

对于理想气体：

$$\lambda_v = 1 - a(\varepsilon^{\frac{1}{m}} - 1) \tag{9-43}$$

式中，a为相对余隙容积；多在一下范围内：压力≤20bar；a = 0.07～0.12，压力 > 20～321bar；a = 0.12～0.16；$\varepsilon = \frac{p_d}{p_s}$为气缸的公称压力比；$p_d$、$p_s$为气缸的排气和吸气公称压力；$m$为膨胀过程指数，表示余隙容积中的气体膨胀时。气缸和缸壁、活塞端部的热交换情况。若是绝热膨胀，则$m = k$；吸热越多，过程越接近于等温。各种气体的大、中型多级压缩机，各级的m值可参照表9-9选取。λ_p为压力系数；吸气过程中的压力损失使吸气能力下降而引用的系数，主要原因是吸气阀存在弹簧力与吸气管中的压力波动。一般压缩机常压吸气时，$\lambda_p = 0.95 \sim 0.98$，吸气压力较高时，$\lambda_p = 0.98 \sim 1.0$，多级压缩机从第三级开始，就可以认为$\lambda_p = 1.0$；$\lambda_t$为温度系数；用来表示在吸气过程中，因气体加热而对气缸吸气能力影响的系数，在吸气过程同气体接触的气缸和活塞的壁面传给气体的热量，使气体膨胀，气缸的行程容积的吸气能力再次降低。计算时可根据压比大小，从图9-42选择适当的λ_t；λ_l为气密系数；由于气阀、活塞环、填料及管道、附属设备等密封不严而造成泄漏，使得压缩机的排气量总是比气缸的吸气量小，气密系数一般取$\lambda_l = 0.90 \sim 0.98$。

表9-9　不同压力下的 m 值

吸入压力 p(绝)/bar	m	
	k为任意值	$k = 1.4$
达1.5	$m = 1 + 1.5\ (k-1)$	$m = 1.2$
大于1.5～4	$m = 1 + 0.62\ (k-1)$	$m = 1.25$
大于4～10	$m = 1 + 0.75\ (k-1)$	$m = 1.3$
大于10～30	$m = 1 + 0.88\ (k-1)$	$m = 1.35$
大于30	$m = k$	$m = 1.4$

对于实际气体，计算时还要考虑气体的压缩性系数，λ_v须按式（9-44）计算：

$$\lambda_v = 1 - \alpha\left(\frac{z_s}{z_d}\varepsilon^{\frac{1}{m}} - 1\right) \tag{9-44}$$

式中，z_s、z_d为吸气和排气状态下的压缩性系数；应该指出，上述各系数只考虑了由于压缩机气缸的各种因素使排气量降低的数值。此外，气体本身在中间冷却器中因温度、压力条件的改变，冷凝出液体，使得最后的质量排气量也减少，还有在某些情况下，级间要抽出或加入一部分气量；所以，在多级压缩机中，除第一级外，还要考虑这些因素对各级气缸工作容积的影响，否则压缩机的各中间级压力将达不到要求的数值。

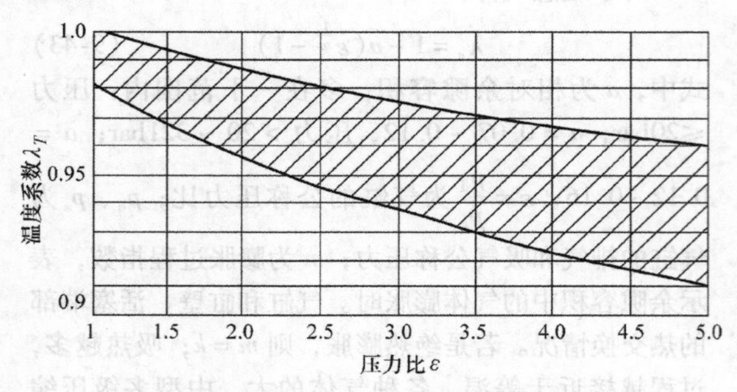

图 9-42　温度系数与压力比的关系

（4）转速、行程与行程容积　在一定的活塞速度下，活塞行程的选取，与下列因素有关：排气量的大小；排气量大者行程应取得长些，反之则应短些；机器的结构形式，考虑到压缩机的使用维护条件，对于立式、V 形、W 形、扇形等结构，活塞行程不宜取得太长；气缸的结构，主要考虑 1 级缸径与行程要保持一定比例，如果行程太小，则进、排气接管在气缸上的布置将发生困难（特别是径向布置气阀的情况），在常压进气时，一般当转速低于 500r/min 时，$\frac{S}{D_1}$=0.4～0.7（D_1为 1 级气缸直径）；转速高于 500r/min 时，$\frac{S}{D_1}$=0.32～0.45。现代活塞压缩机的行程与活塞力之间，按统计与分析，有下列关系：$S = A\sqrt{F}$，式中 F 为活塞力（tf）；A 为系数，其值在 0.065～0.095 之间，较小值相应与短行程的机器，较大值相应与长行程的机器。

选择压缩机转速时应注意到惯性力影响，惯性力的大小与转速成平方关系；通常应遵循惯性力不超过活塞力的原则（因为运动部件的强度是按活塞力来计算的）。另外转速过高对阀片、活塞环、填料的使用寿命也会产生不利影响。

一般来说，活塞力较大的机器，转速相应地较低，因为活塞力较大则运动部件的尺寸和重量也相应地增加，惯性力增长的程度往往显著地超过活塞力增长的程度。此外，由于各种结构的压缩机的动力平衡性不同，所以转速也会有所区别。压缩机与驱动机直联时，应达到驱动机的额定转速。

压缩机的活塞力、行程是压缩机系列化的基础。固定式十字头压缩机的主要结构参数，设计时刻按系列选用，见表 9-10。

表 9-10　推荐的行程与转速

行程 S/mm	推荐转速 n/(r/min)	行程 S/mm	推荐转速 n/(r/min)
80	980	220	500
100	980	240	500
100	980	280	428
140	730	320	375
140	730	360	375
180	600	400	333
180	600	450	300

活塞在一个行程中所扫过的气缸容积称为行程容积。行程容积与转速的乘积亦称为压缩机气缸的理论排气量。按气缸结构尺寸计算行程容积的关系式见表 9-11。

表 9-11　行程容积的计算式

名称		单作用气缸	双作用气缸	带贯穿活塞杆的双作用气缸	级差活塞的双作用气缸
气缸形式	图例				
行程容积		$\frac{\pi}{4}D^2Si$	$\frac{\pi}{4}(2D^2-d^2)Si$	$\frac{\pi}{2}(D^2-d^2)Si$	$\frac{\pi}{2}\left[D^2-\left(\frac{D_n^2+d^2}{2}\right)\right]Si$
备注		D—气缸直径（m）；S—活塞直径（m）；d—活塞杆直径（m）；D_n—级差活塞的小端直径（m）；i—同级气缸数			

压缩机1级的气缸行程容积按下式计算：$V_t=\frac{V_m}{\lambda}$

式中，V_m为压缩机的排气量（m^3/min）；λ为压缩机的排气系数，$\lambda=\lambda_{v1}\lambda_{p1}\lambda_{t1}\lambda_{l1}$

多级压缩机各级的气缸行程容积可按式（9-45）计算：

$$V_{ti}=\frac{\mu_{\varphi i}\mu_{di}}{\lambda_{vi}\lambda_{pi}\lambda_{ti}\lambda_{li}}\times\frac{p_{s1}}{p_{si}}\times\frac{T_{si}}{T_{s1}}\times\frac{z_{s1}}{z_{d1}}V_m \quad (9\text{-}45)$$

式中，p_{s1}、p_{si}为1级和i级的公称吸气压力；T_{s1}、T_{si}为Ⅰ级和i级的公称吸气温度；z_{s1}、z_{si}为Ⅰ级和i级的气体在吸气状态下的压缩性系数；λ_i为i级的排气系数；$\mu_{\varphi i}$、μ_{di}为i级的抽气和凝气系数，无抽气、凝气时，取1。

（5）效率及其选取

1）等温效率η_t，主要用来衡量水冷式压缩机的经济性。常用气体压缩机的等温效率见表9-12。

表9-12　常用气体压缩机的等温效率

介质	参数			η_t
	排气量/（m^3/min）	排气压力/MPa	级数	
空气	<3	0.8	1	0.35～0.42
		0.8～1.1		0.53～0.60
	3～12	0.8	2	0.53～0.60
	10～100	0.9		0.65～0.70
氮氢气	13～40	32.1	6	0.60～0.70
	>100			0.62～0.68
石油气	10～100	4.3	4	0.64～0.68
二氧化碳气	50	21.1	5	0.54～0.73
氧气	33～100	2.1～4.5	3	0.5.3～0.60

2）绝热效率η_{ad}，其数值范围主要与压缩机的大小有关，大型压缩机$\eta_{ad}=0.80～0.85$，中型压缩机$\eta_{ad}=0.70～0.80$，小型压缩机$\eta_{ad}=0.65～0.70$。

压缩机的轴功率与排气量之比值称比功率，主要用以评价工作条件相同、压缩介质相同的压缩机的经济性。例如，排气压力为0.7MPa（G）的固定式动力用两级水冷空气压缩机，其排气量$Q_{v,o}=10～100m^3/min$时，比功率$q=4.8～5.15kW/(m^3/min)$；而同类干运转的压缩机（无油润滑），$q=5.0～5.6kW/(m^3/min)$。

（6）气体力、惯性力与综合活塞力　压缩机中的主要作用力有气体压力、曲柄连杆机构运动时产生的惯性力和摩擦力。

活塞力F是指每列的各气缸中，作用在活塞面积A上气体压力p的代数和。在压缩机设计中，假定连杆（或活塞杆）受拉伸的活塞力为正，连杆（或活塞杆）受压缩的活塞力为负，则

$$F=\sum pA \quad (9\text{-}46)$$

式中，F为每列的活塞力；p为每一列中各气缸的气体压力；A为每一列中各气缸气体压力对活塞的作用面积。

往复质量m_p在运动时产生的往复惯性力I为

$$I=m_p r\omega^2(\cos\alpha+\lambda\cos2\alpha) \quad (9\text{-}47)$$

式中，r为曲柄半径（m）；α为曲柄转角（度）；ω为旋转角速度，$\frac{\pi n}{30}$，n为曲轴转速（r/min）。

惯性力I可看作两部分之和，即

$$I=I'+I'' \quad (9\text{-}48)$$

$$I'=m_p r\omega^2\cos\alpha \quad (9\text{-}49)$$

$$I''=m_p r\omega^2\cos2\alpha \quad (9\text{-}50)$$

I'称为一阶惯性力，它的变化周期等于曲轴转一转的时间。I''称为二阶惯性力，其变化周期等于曲轴半转的时间。

作用在活塞上的气体力称为活塞力。活塞力沿着活塞、活塞杆、十字头传给十字、头销，把压缩机每列中各气缸气体作用力、往复运动惯性力及往复运动摩擦力按各列活塞行程展开，并叠加成为一个综合作用力曲线，即所谓综合活塞力图，如图9-43所示。表示一双作用气缸的综合活塞力图。

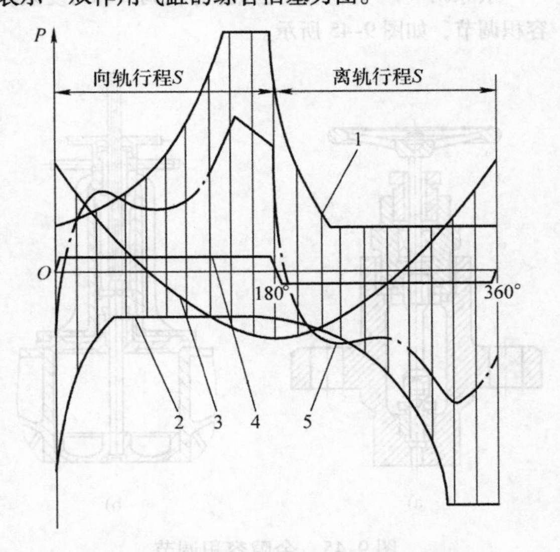

图9-43　双作用气缸的综合活塞力图

1、2—展开指示图　3—惯性力曲线

4—往复摩擦力曲线　5—综合活塞力曲线

（7）活塞杆综合负荷 活塞杆所受负荷是往复运动惯性力、气体力、摩擦力的合力称之为综合活塞力，也称为活塞杆综合负荷。惯性力的大小与转速的平方及质量成正比，在一个压缩周期内总有反向并有很大的反向角。而气体力在一个周期中可能有反向角，但反向角很小，也可能无反向角。各气缸受力如图9-44所示。

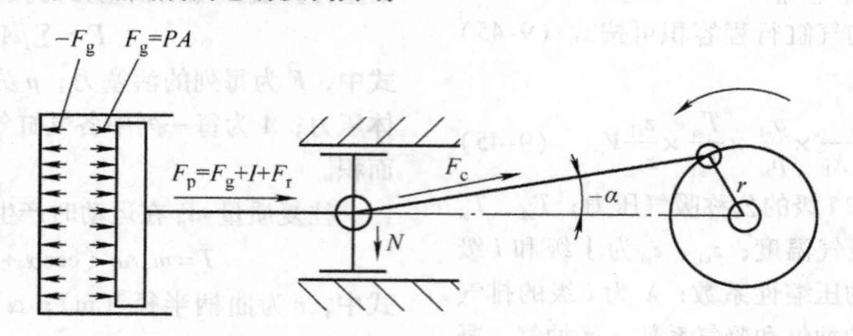

图9-44 气缸受力

F_p—综合活塞力 F_g—气体力 I—惯性力 F_r—往复摩擦力 F_c—连杆受力

N—十字头滑道受压力 r—曲柄销半径

注：F_p 在每转中活塞杆负荷受力方向的改变（拉伸到压缩或相反）导致十字头销上负荷反向。

3. 往复压缩机的配套系统

（1）气量调节系统 往复压缩机气量调节，一般有回流调节、顶开进气阀调节（通常25%、50%、75%、100%）、余隙调节、贺尔碧格（HOERBIGER）气量无级调节（HydrCOM）等。

回流调节就是将压缩的气体，经回流管回流到压缩机的进气管，如果多级压缩，回流的方式有多种，这种调节方式可以实现压缩机气量的无级调节，但这种方式对气体反复压缩，是浪费能量。

余隙调节，可分为固定余隙容积调节和可变余隙容积调节，如图9-45所示。

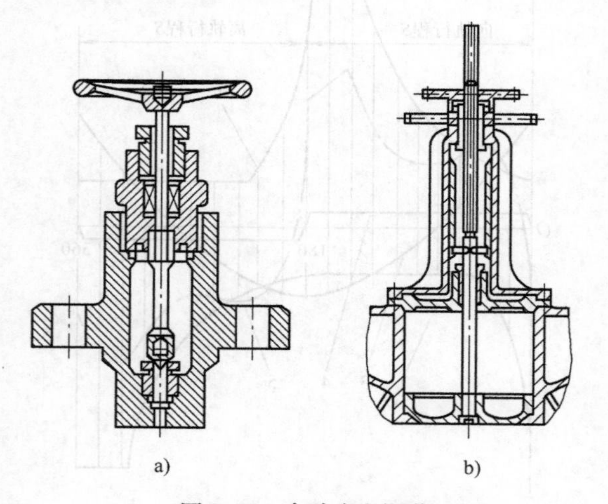

图9-45 余隙容积调节

a）固定余隙容积 b）可变余隙容积

顶开进气阀调节是目前最常用的一种压缩机气量调节方式，通常在双作用气缸上采用，即活塞的两端是同一级的两个不同的压缩腔（轴侧腔、盖侧腔），如50%负荷，通过执行机构，将压缩机每一级任意一侧压缩腔的进气阀顶开（使之常开），这一侧的压缩腔就不能压缩，而另一侧仍在压缩工作，此时压缩机的负荷就只有50%了。这种调节方式只能实现气量的有级调节，如25%、50%、75%、100%。执行机构在顶开进气阀调节气量时，必须将进气阀的阀片压死，而不是调节阀片的行程，否则阀片很容易损坏。

贺尔碧格气量无级调节，是一种较为先进的气量调节方式，通常的应用范围在30%～100%连续调节，通过控制进气阀关闭的时间，使部分已吸入气缸的气体压回进气管线，从而实现气量调节，关键在于控制进气阀关闭的时刻。

转速调节，转速调节一般用于驱动机功率较小的电动机或者驱动机为内燃机或汽轮机的压缩机。API STD 618：2016规定，为避免扭振、声学和/或机械共振的激发，往复压缩机通常宜规定为恒速运行，使用变速驱动机时，所有设备应设计成在跳闸转速前整个运行速度范围内安全运行，对于变速驱动，卖方应列出不希望的运行转速表提供给采购方，运行范围内不希望的转速的出现应减到最少。

（2）缓冲系统气流脉动与管道振动 往复活塞压缩机吸气和排气的周期性，造成吸气管和排气管（包括级间管道）内气流脉动，这不仅使压缩机的功耗增加，也影响了压缩机的安全运行。

吸、排气的激发频率与管段内气柱的固有频率相同或成倍数时，会出现共振。激发频率（rad/s）为

$$\omega=\frac{\pi mn}{30} \tag{9-51}$$

式中，n 为曲轴转速（r/min）；m 为曲轴一转中，气缸吸气和排气次数。

管道内气柱固有频率的计算可参见有关资料。引起压缩机管道共振的主要原因有压缩机和基础的振动或管道中的气流脉动。

在多数情况下，后者是主要的。另外，管道若有急剧拐弯，将会加剧管道振动。管道振动对管道连接件的强度和密封性有不利影响，同时会导致检测仪表工作失灵。激发频率与管段结构固有频率相同时，也会引起共振。

管段机械固有频率的近似计算公式可参阅有关资料。API STD 618：2016 规定，机械固有频率应设计成与显著激振频率至少相差 20%，压缩机或者管路系统元件的最小机械固有频率应设计为大于最大的额定转速的 2.4 倍。调整管道支座的距离或方式能改变管段机械固有频率，消振装置主要有在靠近气缸吸、排气口处设置缓冲器（图 9-46），这是减少气流脉动和消除共振的简单而有效的措施。

声学过滤器也是降低气流脉动振幅的有效消振装置，其作用原理与消声器相同，分为声阻式、声抗式和组合式三种。往复压缩机中主要用声抗式和组合式结构，组合式滤波器结构尺寸（图 9-47）由以下关系确定：容器直径 $D_i=4d$，容器长度 $l=(3\sim4)D_i$，带孔管的通流截面等于或大于吸气管的通流截面，带孔管上小孔的孔径为带孔管直径的 1/4，孔间距离为带孔管直径的 1/3。

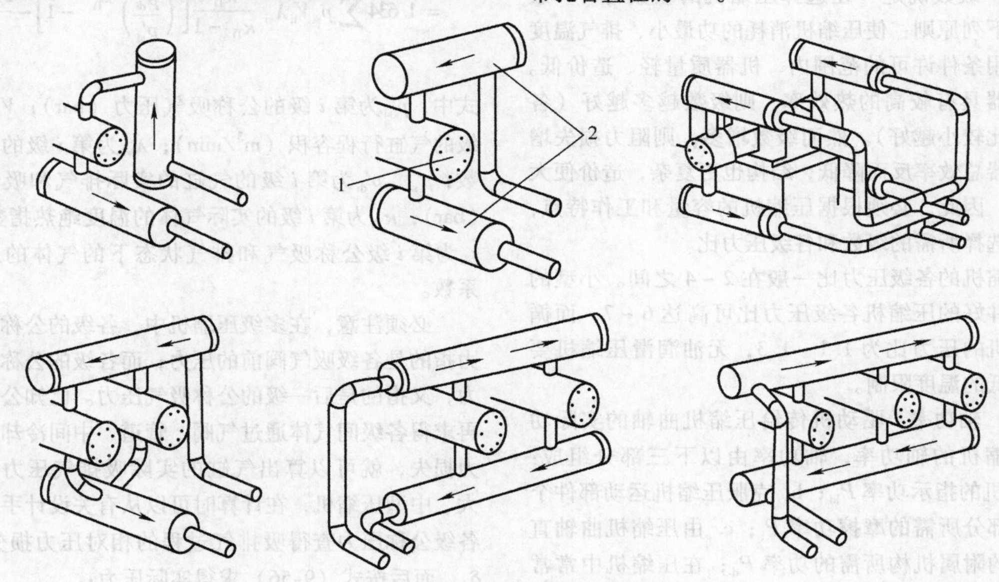

图 9-46　缓冲器在气缸上的配置

1—气缸　2—缓冲器

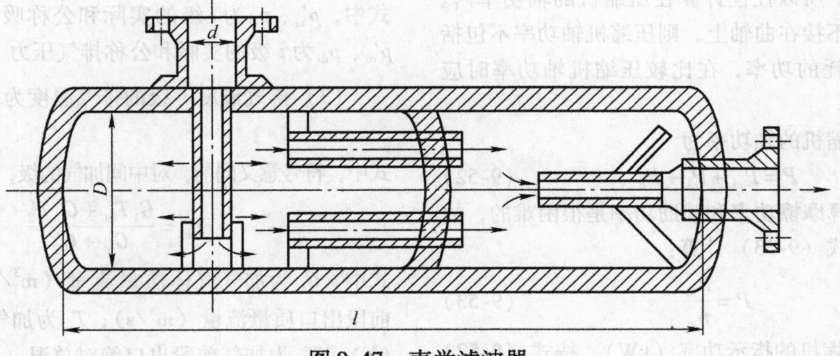

图 9-47　声学滤波器

在运行条件下，容器进、出口管口安装节流孔板，能降低脉动幅度。孔板的内径与管径之比取0.42～0.5。

API STD 618：2016规定了不同的脉动分析方法：

方法1：经验的脉动抑制装置尺寸。

方法2：声学模拟和管路约束力分析。

方法3：声学模拟和管路约束力分析加上力学分析。

设计时，可根据具体情况选择。

4. 工程计算

往复压缩机计算主要有热力计算、动力计算、强度计算等，本节主要介绍级数确定、排气温度、轴功率及变工况等内容。

（1）级数确定　在选择压缩机的级数时，一般应遵循下列原则：使压缩机消耗的功最小、排气温度应在使用条件许可的范围内、机器质量轻、造价低。要使机器具有较高的热效率，则级数越多越好（各级压力比较小越好）。然而级数增多，则阻力损失增加，机器总效率反而降低，结构也更复杂，造价便大大上升。因此，必须根据压缩机的容量和工作特点，恰当地选择所需的级数和各级压力比。

压缩机的各级压力比一般在2～4之间。小型的冷却条件好的压缩机各级压力比可高达6～7，而循环压缩机的压力比为1.1～1.3，无油润滑压缩机要注意较低的温度限制。

（2）轴功率　驱动机传给压缩机曲轴的实际功率为压缩机的轴功率，轴功率由以下三部分组成：a. 压缩机的指示功率P_{id}；b. 克服压缩机运动部件个各摩擦部分所需的摩擦功率P_i；c. 由压缩机曲轴直接驱动的附属机构所需的功率P_d；在压缩机中常常将润滑油泵和注油器（空冷式的压缩机则还有风扇）直接连接到压缩机的主轴上，它们所消耗的功率很难单独分开计算。所以往往计算在压缩机的轴功率内。如果附属机构不接在曲轴上，则压缩机轴功率不包括这些部分所消耗的功率，在比较压缩机轴功率时应注明。

因此，压缩机的轴功率为

$$P = P_{id} + P_i + P_d \tag{9-52}$$

因为要计算摩擦功率和辅助功率是很困难的，故轴功率通常按式（9-53）计算：

$$P = \frac{P_{id}}{\eta_m} \tag{9-53}$$

式中，P_{id}为压缩机的指示功率（kW），按式（9-52）计算；η_m为压缩机的机械效率。

机械效率η_m表示压缩机运动机构完善程度，与压缩机的结构方案、制造质量，装配质量及其运行状态有关。大、中型压缩机，$\eta_m=0.90\sim0.95$；小型压缩机，$\eta_m=0.85\sim0.90$；微型压缩机，$\eta_m=0.80\sim0.87$。

高压循环压缩机，机械效率较低，$\eta_m=0.80\sim0.85$。无油润滑压缩机比同类的有油润滑压缩机的机械效率低些。

理论功率由可分为等温功率与绝热功率。等温功率是理论上的最小功率。在多级压缩机中，以各级等压力比分配的绝热功率为理论绝热功率。实际气体的理论功率计算中及气体的压缩性系数。

对于实际气体：

$$P_{id} = \sum P_{idi} = 1.634\sum p_{si}V_{ti}\lambda_{vi}\frac{\kappa_{Ti}}{\kappa_{Ti}-1}\left[\left(\frac{p'_{di}}{p'_{si}}\right)^{\frac{\kappa_{Ti}-1}{\kappa_{Ti}}}-1\right]-\frac{z_{di}+z_{si}}{2z_{si}} \tag{9-54}$$

式中，p'_{si}为第i级的公称吸气压力（bar）；V_{ti}为第i级的气缸行程容积（m^3/min）；λ_{vi}为第i级的容积系数；p'_{si}、p'_{di}为第i级的气缸的实际排气和吸气压力（bar）；κ_{Ti}为第i级的实际气体的温度绝热指数；z_{si}、z_{di}为第i级公称吸气和排气状态下的气体的压缩性系数。

必须注意，在多级压缩机中，各级的公称吸气压力指的是各级吸气阀前的压力；而各级的公称排气压力，又指的是后一级的公称吸气压力。已知公称压力再求得各级间气体通过气阀、管道、中间冷却器的阻力损失，就可以算出气缸的实际吸排气压力。对于大、中型压缩机，在计算时可以从有关设计手册中按各级公称压力查得吸排气过程的相对压力损失δ_t和δ_d，而后按式（9-56）求得实际压力：

$$p'_{si} = p_{si}(1-\delta_{si}) \tag{9-55}$$

$$p'_{di} = p_{di}(1-\delta_{di}) \tag{9-56}$$

式中，p'_{si}、p_{si}为i级的实际和公称吸气压力（bar）；p'_{di}、p_{di}为i级的实际和公称排气压力（bar）；

（3）排气温度　级的排气温度为

$$T_d = T_{in}\varepsilon^{\frac{m-1}{m}} \tag{9-57}$$

式中，符号意义同前，对中间加气的级，混合进气温度为

$$T_{in} = \frac{G_1T_{in}+G'_2T'_2}{G_{in}+G'_2} \tag{9-58}$$

式中，G_{in}为加气气体质量流量（m^3/s）；G'_2为加气前段出口质量流量（m^3/s）；T_{in}为加气气体绝对总温（K）；T'_2为加气前段出口绝对总温（K）。

（4）变工况

1）吸气压力改变。在高原上使用的压缩机，当

吸气压力降低而排气压力不变时，对于单级压缩机，则压力比势必升高，容积系数降低，排气量将明显下降；对于多级压缩机，主要导致末级压力比升高，容积系数下降，并使末级吸气压力也相应回升，依次影响各级压力比的回升，所以Ⅰ级排气量亦将有所下降。但是级数越多，回升的影响越小，所以对排气量的影响越小。

吸气压力改变时，功率的变化可以从图9-48中看出。只有当压缩机的设计压力比大于1.1（$\kappa+1$）时（κ为气体绝热指数），吸气压力p降低，则功率也降低（因为吸气压力下降所减少的功率，超过因压力比上升所增加的功率）。但是，当设计压力比低于1.1（$\kappa+1$）时（如循环机），则吸气压力下降时功率反而上升。

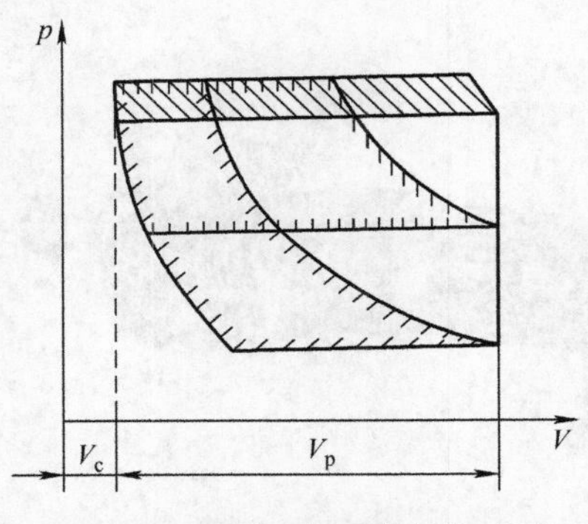

图9-48　不同吸气压力的指示图
p—压力　V—排气量

2）排气压力改变。如果使用中要提高压缩机的排气压力（吸气压力不变），在多级压缩机中，主要影响末级压力比。但各级的压力比也略有上升，Ⅰ级压力比的上升，使得容积系数下降，排气量减少；在相反的情况下，排气量将有所增加，提高排气压力，功率多半是增加的。

3）压缩介质改变。

① 容积系数同气体的绝热指数大小有关，压缩具有较高绝热指数的气体，容积系数较大，排气量将比压缩低绝热指数的气体大些；绝热指数高的气体，所需压缩功率比绝热指数低的气体大。

② 压缩具有不同相对密度的气体时，相对密度大的气体，阻力损失大，使气体吸气终了压力下降，故排气量略有降低。根据同样原因，也使得轴功率增加。如氢气压缩机，当用空气试车时，要特别注意，否则将引起电动机超载。

③ 导热系数大的气体，吸气过程气体受热强烈，具有降低的温度系数，这是使得压缩机排气量降低的一个因素。

④ 不同气体的压缩性系数也不同，这也要影响排气量和功率。不同压缩气体的膨胀过程，在相同的吸排气压差下，z值大的气体，膨胀过程要短些。

4）变工况计算，也称为复算性计算，主要应用在下述情况：

① 设计计算所得缸径，按标准尺寸圆整后，引起各级压力比及排气温度的变化，这时要进行核算。

② 当压缩机的使用条件改变，如各段的气体成分和中间抽气量变化，这时要通过复算性计算确定压缩机的合理改造方案。

③ 气量调节时，由于1级气量的改变，引起各级压力比的重新分配，各级排气温度也随之改变，机器的平衡性因之引起变化，也要进行复算。

复算性计算通常是在下列数值已经的情况下进行的：a. 各级气缸的行程容积V_t和各级的相对余隙容积。b. Ⅰ级吸气压力和末级排气压力（如果中间分段，则为相应段的吸排气压力）。c. 各级的吸气温度。

在复算性计算中，为了简化计算，假定各级的气密系数λ_g相等，同时假定各级的温度系数λ_T，干气系数μ_0也相等。由于这些假设，可能出现各中间压力与计算值之间有些不同。根据各级排气量相等的原则，对理想气体可以认为

$$\lambda_{v1}V_{t1}=\frac{P_{s1}}{P_{s2}}\times\frac{T_{s1}}{T_{s2}}\times\frac{\lambda_{v2}}{\mu_{02}}V_{t2}=\cdots\cdots=\frac{P_{si}}{P_{si}}\times\frac{T_{si}}{T_{si}}\times\frac{\lambda_{vi}}{\mu_{0i}}V_{ti} \tag{9-59}$$

对于实际气体，应考虑压缩系数的影响，则

$$\lambda_{v1}V_{t1}=\frac{P_{s2}}{P_{s1}}\times\frac{T_{s1}}{T_{s2}}\times\frac{\lambda_{v2}}{\mu_{02}}\times\frac{\xi_{s1}}{\xi_{s2}}V_{t2}=\cdots\cdots=\frac{P_{si}}{P_{s1}}\times\frac{T_{s1}}{T_{s2}}\times\frac{\lambda_{vi}}{\mu_{01}}\times\frac{Z_{s1}}{Z_{si}}V_{ti} \tag{9-60}$$

5. 天然气液化装置典型的往复压缩机

天然气液化装置中典型的往复压缩机主要有BOG（蒸发气）压缩机和再生气压缩机。

（1）BOG压缩机　如前所述，当流量小、调节范围大，排气压力高时可选用往复式BOG压缩机，按照压缩后气体的压力不同可分为不同的压缩级数，将蒸发后的低温气体通过换热升温至常温的压缩机称为常温BOG压缩机，此类压缩机和普通的往复压缩机无区别，而将蒸发后的低温气体直接送入压缩机称为低温BOG压缩机，前者由于升温后体积流量增大，在同样排气压力的情况下，压缩机的尺寸和功耗较后者增加许多，但后者对低温材料及压缩机结构提出了许多特殊要求，常用的低温结构形式有立式迷宫型和卧式活塞环式。立式迷宫型压缩机活塞和填料密封处

采用不接触往复迷宫密封，解决了常规往复压缩机易损件多、可靠性差的问题。图 9-49 所示为某 60×104t/a 天然气液化装置的国产立式迷宫型低温 BOG 压缩机。其采用四列二级压缩结构，将 -161℃的BOG 气体由 0.01MPa 压缩至 1.7MPa，每级气缸数量均为 2 个。配置低温隔冷结构，采用乙二醇的水溶液，将气缸与机身结合面的冷量引导至润滑系统，避免机身及其他部件过冷。压缩机过流部件采用耐低温的高镍球墨铸铁，缓冲器采用带保冷块的弹簧支架，避免管线发生冷缩变形时在局部产生应力集中。

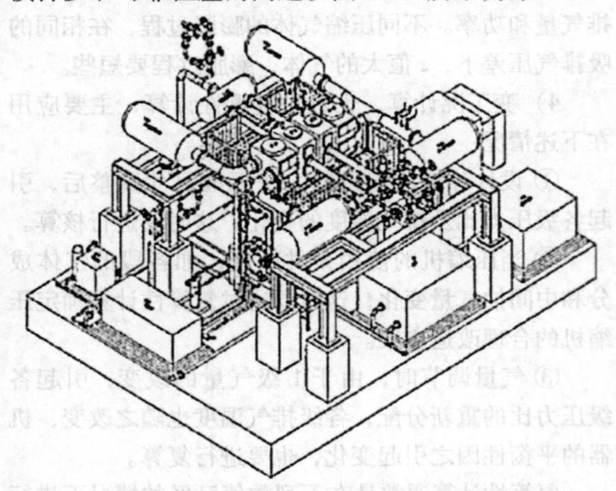

图 9-49 四列立式迷宫低温型往复压缩机

卧式活塞环式低温 BOG 压缩机需要解决低温状态下无油润滑活塞环、填料函等的冷脆问题，以及过流部件的低温材料。图 9-50 所示为某接收站卧式低温 BOG压缩机，它将 -161℃的 BOG 气体由0.01MPa 压缩至 0.7MPa。

图 9-50 卧式两列低温型往复压缩机

（2）再生气压缩机 再生气压缩机用于将净化干燥后的气体压缩到规定的压力。流量小的时候，一般采用往复压缩机，如某 60×10^4t/a 天然气液化装置的再生气压缩机，将 38℃、11100m³/h 的再生气体由 5.7MPa 压缩至 6.1MPa，并采用了卧式对称平衡型结构。

9.1.4 螺杆压缩机

螺杆压缩机分为单螺杆压缩机和双螺杆压缩机，通常所称的螺杆压缩机是指双螺杆压缩机。螺杆压缩机的基本结构如图 9-51 和图 9-52 所示。在压缩机的机体中，平行配置着一对相互啮合的螺杆转子。一般阳转子与原动机连接，由阳转子带动阴转子转动。因此，阳转子又称为主动转子，阴转子又称为从动转子。转子上的球轴承使转子实现轴向定位，并承受压缩机中的轴向力。同样，转子两端的圆柱滚子轴承使转子实现径向定位，并承受压缩机中的径向力。在压缩机机体的两端，分别开设一定形状和大小的孔口。一个供吸气用，称为吸气孔口；另一个供排气用，称作排气孔口。螺杆压缩机的工作循环可分为吸气、压缩和排气三个过程。随着转子旋转，每对相互啮合的齿相继完成相同的工作循环，螺杆压缩机中，阳转子与阴转子的齿数比为 3/3、3/4、4/6、5/6 和 6/8，一般取 4/6 或 5/6。

螺杆压缩机与活塞压缩机都属于容积式压缩机。但从主要部件的运动形式看，又与离心压缩机相似，所以螺杆压缩机同时兼有两类压缩机的特点。

1. 螺杆压缩机的优点

1）可靠性高。螺杆压缩机零部件少，没有易损件，因而它运转可靠、寿命长，大修间隔期可达 4 万~8 万 h。

2）操作维护方便。操作人员不必经过长时间的专业培训，可实现无人值守运转。

3）动力平衡性好。螺杆压缩机没有不平衡惯性力，机器可平稳地高速工作，还可实现无基础运转，特别适合用作移动式压缩机，且体积小占地面积少、质量轻。

4）适应性强。螺杆压缩机具有强制输气的特点，

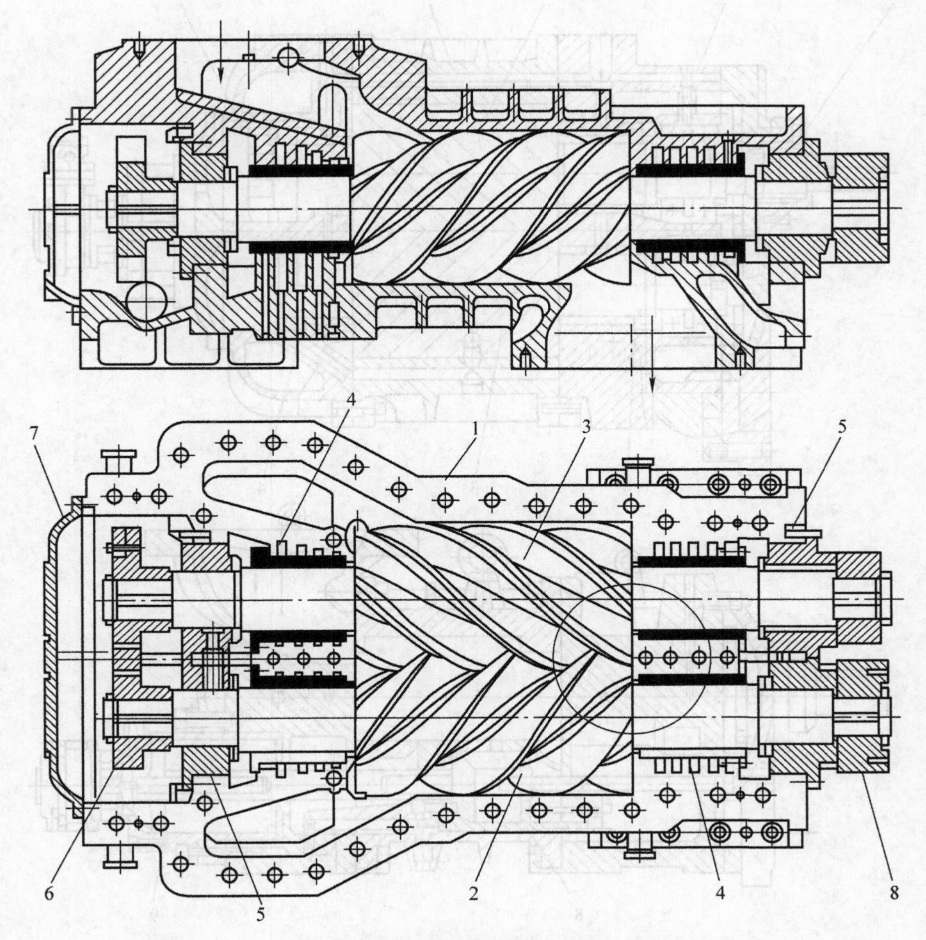

图9-51　无油螺杆压缩机的基本结构

1—缸体　2—阳转子　3—阴转子　4—轴封

5—径向/推力轴承　6—同步齿轮　7—端盖　8—驱动轴

排气量几乎不受排气压力的影响，在宽广的范围内能保持较高的效率。

5）多相混输。螺杆压缩机的转子齿面间实际上留有间隙，因而能耐液体冲击，可压送含液气体，以及含粉尘气体、易聚合气体等。

2. 螺杆压缩机的主要缺点

1）造价高。螺杆压缩机的转子齿面是一空间曲面，需利用特制的刀具在价格昂贵的专用设备上进行加工。另外，对螺杆压缩机气缸的加工精度也有较高的要求。所以，螺杆压缩机的造价较高。

2）不能用于高压场合。由于受到转子刚度和轴承寿命等方面的限制，螺杆压缩机只能适用于中、低压范围，排气压力一般不能超过4.5MPa。

3）不能制成微型。螺杆压缩机依靠间隙密封气体，目前一般只有体积流量大于$0.2m^3/min$时，螺杆压缩机才具有优越的性能。

4）由于转子型线复杂，加工精度要求高，以致噪声较大，目前的工艺技术还不能很好地降噪。

螺杆压缩机有多种分类方法：按运行方式的不同，分为无油压缩机和喷油压缩机两类。按被压缩气体种类和用途的不同，又分为空气压缩机、制冷压缩机和工艺压缩机三种。按结构型式的不同，还分为移动式和固定式、开启式和封闭式等。螺杆压缩机分类见表9-13。

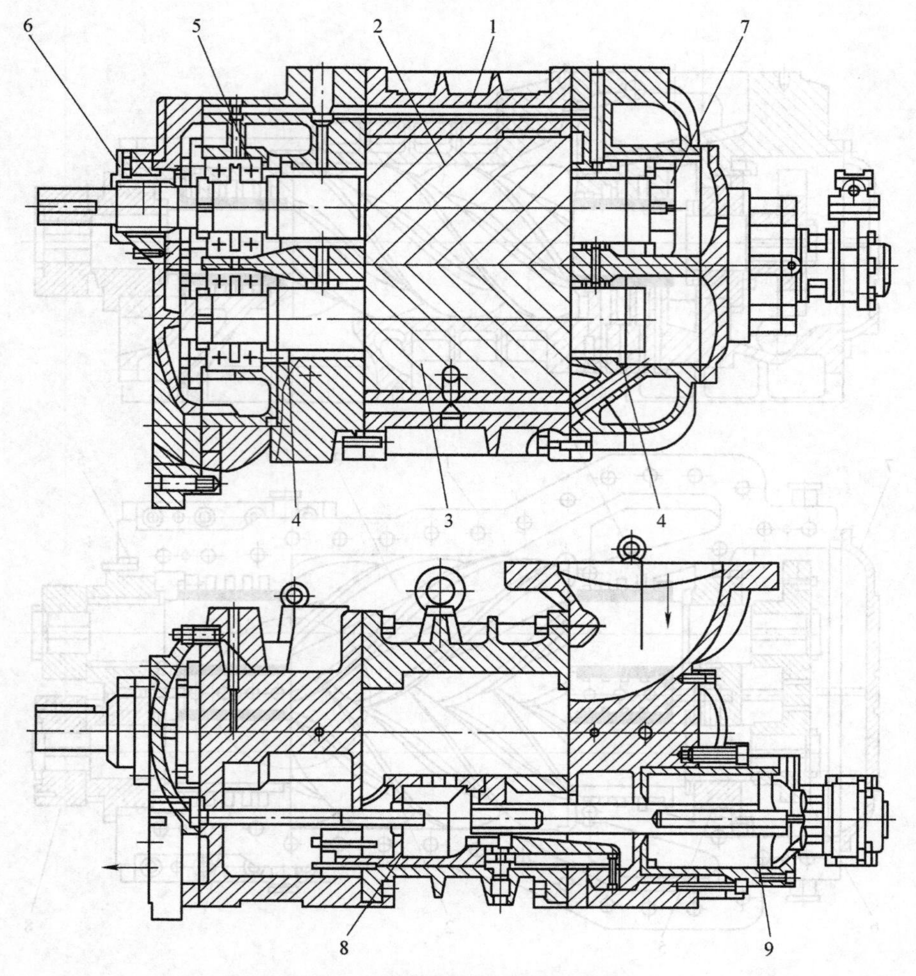

图 9-52　有油螺杆压缩机的基本结构

1—缸体　2—阳转子　3—阴转子　4—径向轴承　5—推力轴承　6—轴封
7—液压推力补偿活塞　8—流量控制滑阀　9—双作用液压活塞

表 9-13　螺杆压缩机分类

螺杆压缩机	喷油压缩机	空气压缩机	固定式压缩机
			移动式压缩机
		制冷压缩机	开启式压缩机
			半开式压缩机
			全封闭式压缩机
		工艺压缩机	
	无油压缩机	干式压缩机	空气压缩机
			工艺压缩机
			混流式压缩机
		喷水压缩机	空气压缩机
			工艺压缩机

级的压力差是限制无油螺杆压缩机压力比提高的重要因素，对于高压级或增压压缩机，虽然级的压比不大，但此时吸、排气压差已很大，转子刚度会明显不足，使转子产生不允许的机械变形，变形严重时会出现啮合部位咬死等事故。通常限制级的压力差不大于 980kPa。

3. 螺杆压缩机的主要参数

（1）内压缩比和外压缩比　螺杆压缩机的理想工作过程，即假定压缩机是在无摩擦、无热交换、无泄漏、无吸排气压力损失的情况下，进行吸气、压缩和排气。图 9-53 所示为这种理想工作过程的指示图。螺杆压缩机的实际工作过程与上述的理论工作过程有很大的差别。这是因为在实际工作过程中，齿间容积内的气体要通过间隙产生泄漏，气体流经吸、排气孔口时，会产生压力损失，被压缩气体要与外界发生热交换等，图9-54所示为一种螺杆压缩机的实测指示图。压缩机的齿间容积与排气孔口即将连通之前，齿间容积内的气体压力 p_i，称为内压缩终了压力；内压缩终了压力与吸气压力之比，称为内压力比。排气管内的气体压力 p_d 称为外压力或背压力，它与吸气压力的比值称为外压力比。螺杆压缩机吸、排气孔口的位置和形状决定了内压力比。运行工况或工艺流程中所要求的吸、排气压力，决定了外压力比。与一般活塞压缩机不同，螺杆压缩机的内、外压力比可以不相等。

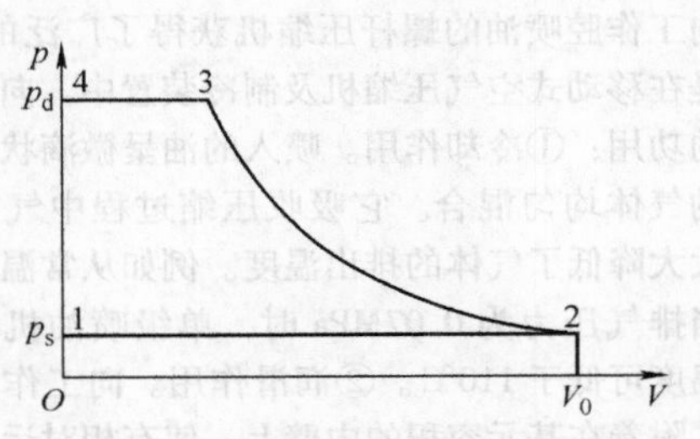

图9-53　理想工作过程的指示图

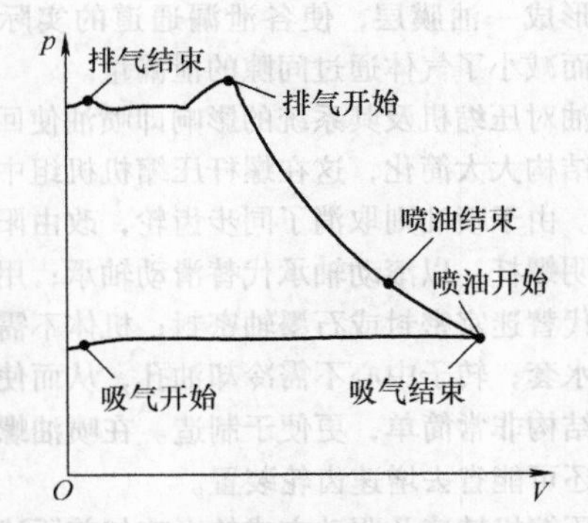

图9-54　螺杆压缩机实测指示图

螺杆压缩机的内压比，是指齿间容积的内压缩终了压力 p_i 与吸气压力 p_s 之比。若被压缩气体可作为理想气体处理，并假定压缩过程为可逆绝热过程，则齿间容积所达到的压缩终了内压比 ε_i 为

$$\varepsilon_i=\frac{p_i}{p_s}=\left(\frac{V_0}{V_i}\right)^k=\varepsilon_V^k \tag{9-61}$$

式中，p_i 为齿间容积与排气孔口相连通时，该容积内的气体压力，即内压缩终了压力；p_s 为齿间容积与次气孔口断开瞬时，其内至气体压力，即吸气终了压力；V_i 为齿间容积与排气孔口相连通时的容积值，及压缩过程结束时的容积值；V_0 为齿间容积与吸气孔口断开瞬时的容积值，即吸气过程结束时的容积值；ε_V 为压缩机的内容积比；κ 为气体的等熵指数，即 c_p/c_V。

由上式可见，内压比与气体性质密切相关。对于螺杆压缩机，每台压缩机一般都有一个固定的内容积比，但内压力比却随着被压缩的气体性质的不同而不同。不同种类的气体，等熵指数差别很大。

（2）转子型线　典型的转子型线主要有摆线、圆弧、椭圆及抛物线等齿曲线组成，典型转子型线有以下四种。

1）对称圆弧型线。

2）单边修正不对称摆线-圆弧型线。

3）双边修正不对称摆线-包络圆弧（SRM）型线。

4）派生转子型线，这些型线是在典型型线的基础上研究出来的，如SIGMA齿型、X齿型等、GHH齿型等，一种好的转子型线满足以下几点要求：①横向气密性。接触线（两螺旋面的交线）应连续，即啮合线（两转子型线的啮合轨迹）应封闭；②轴向气密性。在排气一侧啮合线的顶点应通过气缸两内孔的交点；③泄漏小。接触线长度应尽可能短；④具有较小的吸入和排除封闭容积（阴、阳转子齿形之间月牙形面积行程的封闭空间）；⑤具有较大的面积利用系数；⑥具有足够的刚度和强度。

（3）最佳圆周速度　螺杆齿顶的圆周速度影响极其尺寸、质（重）量、效率及传动方式。提高圆周速度能使压缩机的尺寸缩小、质量减小。圆周速度对压缩机内各间隙处气体的相对泄漏、气体在吸排孔口和齿槽内的流动级摩擦鼓风损失都有关系。实际上，最佳圆周速度受齿形、运行方式（是否喷液）、压力比、气体性质等原因影响。考虑气体性质和气体吸入状态的影响，可有用无因次速度 M（圆周速度 u 与气体声速 a 之比值）来表征最佳圆周速度，见表9-14。

表9-14　螺杆齿顶最佳圆周速度和最佳无因次速度

齿形	干螺杆压缩机		喷油螺杆压缩机	
	u/(m/s)	$M=u/a$	u/(m/s)	$M=u/a$
对称圆弧齿形	80～120	0.22～0.35	30～45	0.085～0.13
不对称齿形	60～100	0.17～0.29	15～35	0.043～0.00

（4）转子直径　推荐选用的不对称型线转子公称直径（mm）为：63、80、100、125、160、200、250、315、400、500、630、800。

（5）级数的选择　以空气为介质的螺杆压缩机的压力和级数的关系见表9-15。

表9-15　螺杆压缩机的压力和级数的关系
（空气、常压进气）

类型	级数	压力/MPa	类别	级数	压力/MPa
干式	一级	≤0.4	喷油	一级	0.7～1.7
	二级	0.4～1.0			
	三级	1.0～2.0		二级	1.3～2.5
	四级	2.0～3.0			

干式螺杆压缩机的前两级主要受温升限制，每级的压力比应小于4，可按等压比原则分配。从第三级开始，主要受转子变形的限制，每级允许的压力差应小于1MPa。喷油螺杆压缩机一般按实际体积流量大小来选择级数，实际体积流量在20m³/min以下为单级，20m³/min以上取两级。

（6）效率及其选取

1）容积效率。

① 螺杆压缩机的容积效率λ_v是实际体积流量与理论体积流量的比值$\eta_v=q_v/q_{vt}$，可以看出，体积效率λ_v反映了压缩机几何尺寸利用的完善程度。q_{vt}与q_v的差值，对于螺杆压缩机主要是由于气体的泄漏所致。螺杆压缩机的容积效率λ_v受型线种类、喷油与否、压差、转速、气体性质等众多因素的影响。各种螺杆压缩机容积效率的变化范围有所不同，一般$\lambda_v=0.75\sim0.95$。对转速低、体积流量小、压力比高、不喷液的压缩机，容积效率较低；转速高，体积流量大、压力比低、喷液的压缩机，容积效率较高。

② 干式螺杆压缩机的容积效率　由于没有起密封作用的液体存在，气体通过泄漏三角形、接触线、转子齿顶和排气端面的泄漏都较为严重。因此，容积效率通常较低，为了达到一定的容积效率，干式螺杆压缩机的转速往往很高，其阳转子齿顶线速度一般为50～100m/s。

③ 喷油螺杆压缩机的容积效率　喷油的最大作用之一，就是对许多内泄漏通道具有密封作用，从而显著降低了内部泄漏。喷油压缩机为10～50m/s。另外，喷油螺杆压缩机通常运行在高压比和高压差的工况下，这也使得它与干式螺杆压缩机的应用范围不同。

2）绝热效率。等熵绝热压缩所需的功率P_{ad}与压缩机实际轴功率P的比值，称为绝热效率η_{ad}，即

$$\eta_{ad}=P_{ad}/P \tag{9-62}$$

螺杆压缩机的绝热效率η_{ad}反映了压缩机能量利用的完善程度，根据机型和工况不同，η_{ad}会有明显的差别。例如低压力比、在中容量时，$\eta_{ad}=0.75\sim0.85$；高压力比、小容量时，$\eta_{ad}=0.65\sim0.75$。

4. 螺杆压缩机的配套系统

（1）喷液系统　气体流经压缩机的时间非常短暂（一般小于0.02s），因此，气体与冷却介质为金属壁面所隔开，两者之间的热交换是极不充分的，故可近似地认为气体的压缩过程是绝热的，由于受排气温度的限制，无油螺杆压缩机的压力比通常不超过4。在另外一类螺杆压缩机中，压缩气体的同时，向工作腔内喷入具有一定压力的液体，液体与压缩气体直接接触，吸收气体的压缩热，这种机器称为喷液螺杆压缩机。喷入的液体通常是油，也有喷水或者其他液体的。喷水或其他液体时，要考虑转子、机体及管系的防腐、防锈等问题。

向工作腔喷油的螺杆压缩机获得了广泛的应用，特别是在移动式空气压缩机及制冷装置中。向工作腔喷油的功用：①冷却作用。喷入的油呈微滴状，与被压缩的气体均匀混合。它吸收压缩过程中气体的热量，大大降低了气体的排出温度。例如从常温常压吸气，当排气压力为0.07MPa时，单级喷油机器，其排气温度可低于110℃。②润滑作用。向工作腔喷入的油，附着在基元容积的内壁上，使有相对运动的构件表面间得以润滑。③密封作用。喷入的油在工作腔周壁上形成一油膜层，使各泄漏通道的实际间隙减小，从而减小了气体通过间隙的泄漏量。

喷油对压缩机及其系统的影响即喷油使回转式压缩机的结构大大简化，这在螺杆压缩机机组中表现尤为突出。由于喷油则取消了同步齿轮，改由阳螺杆直接带动阴螺杆；以滚动轴承代替滑动轴承；用简单的油密封代替迷宫密封或石墨轴密封；机体不需要夹层的冷却水套；转子中心不需冷却油孔，从而使机体与转子的结构非常简单，更便于制造。在喷油螺杆压缩机中，还可能省去增速齿轮装置。

对压缩机转速及驱动方式的影响如前所述，由于油膜的密封作用，减少了气体通过间隙的泄漏，在比“干式”更加低的转速下也能取得较高容积效率。例如，喷油式螺杆压缩机的转速约比无油式螺杆压缩机低一半，相应的最佳圆周速度为50m/s，小尺寸的螺杆压缩机的速度还可进一步降低。这样，就有可能与原动机直接连接，或通过增速比不大的增速装置得到所需的转速。同样，由于允许低的圆周速度，所以在很小排量时，压缩机的尺寸不致过小，有利于回转式压缩机向小排气量方向发展。

对压缩机热力参数及性能的影响即喷油器可得到高的级压力比，这是由于喷油内冷作用所决定的。如无油螺杆压缩机最大压力比为3～5，两同类型的喷油器级压力比可高达9～10，甚至更高。喷油器的轴承与转子间只加装端板，使轴承跨距减小，也允许提

高压力比（或压差）。

提高了压缩机的容积效率和绝热效率。这是因为直接冷却使压缩过程接近等温，减少了压缩功；在低额圆周速度下，使气体的空气动力损失大大降低；油膜减少了气体通过间隙的泄漏量，因冷却完善，使吸气管、转子、机体等温度低，减少了气体在吸气过程中的被加热的程度。此外，由于油膜层的吸声作用及油分离器有消声作用，使其噪声比无油式压缩机低得多。

喷油回转式压缩机的排气温度由压缩机的热平衡决定。它与喷油温度、喷油量、进气温度、排气量及压缩机消耗的轴功率有关。

（2）流量控制系统　螺杆压缩机的理论体积流量 q_{vt}(m^3/min)为单位时间内转子转过的齿间容积之和，它只取决于压缩机的几何尺寸和转速。若 $\psi = L/D_1$，则

$$q_{vt} = C_{\varphi} q_{v0} z_1 n = C_{\varphi} C_{n1} n \lambda D_1^3 \tag{9-63}$$

式中，z_1 为阳转子的齿数；n 为阳转子的转速（r/min）；λ 为转子长径比；D_1 为阳转子的外径（m）；C_{φ} 为扭角系数；C_{n1} 为螺杆压缩机的面积利用系数。

实际体积流量螺杆压缩机的实际流量，是指折算到吸气状态的实际体积流量。考虑容积效率 η_v，则

$$q_v = \eta_v q_{vt} = \eta_v C_{\varphi} C_{n1} n \lambda D_1^3 \tag{9-64}$$

式中，η_v 为容积效率，其概略值见表9-16，一般低速、高压、小流量取下限制，高速、低压、大流量取上限值。

表9-16　容积效率的参考值

螺杆齿形	容积效率 η_v	
	无油螺杆	喷油螺杆
对称圆弧齿形	0.65~0.85	0.75~0.90
单边不对称齿形	0.70~0.90	0.80~0.95

体积流量调节有以下方法：

1）变转速调节　用于可变转速的驱动机。螺杆压缩机的经济调速范围为

$$n = (0.5 \sim 0.6) n_0 \sim n_0 \tag{9-65}$$

式中，n_0 为驱动机的额定转速（r/min）。

2）关闭进气阀调节　简单方便，广泛用于小于 20m^3/min 的压缩机。空载功率较大，为额定功率的50%~60%，经济性较差。若关闭进气口后能自动较少喷油量并导致积油，空载功率可降至额定功率的20左右。

3）滑阀调节经济性较高，能实现无级调节，但结构复杂。调节范围为额定排气量的50%~100%。广泛用于制冷、空调螺杆压缩机，如图9-57所示。压缩机起动时，滑阀应处于最小排气量位置，以减小气动力矩。

（3）润滑油与密封油系统　无油螺杆压缩机共用油系统向两个或多个机组（如一个压缩机，一个传动机和一个电动机）的部件供给时，需确保共用系统所服务的所有设备的油的类型、等级、压力和温度的兼容性，无油螺杆压缩机的压力油系统应遵照API STD 614：2022中第1、2章的要求。

有油螺杆压缩机油系统应根据下列各项特征来考虑：①润滑油与工艺气体接触；②润滑油系统构成工艺气体系统的一个部分；③润滑油系统与大气隔离。

润滑油被压缩到出口气体压力。有时润滑油在不需要油泵的情况下可以流入压缩机轴承和密封部分，油系统需要带压的油箱和油气分离器，一些典型的配置如图9-55~图9-57所示。

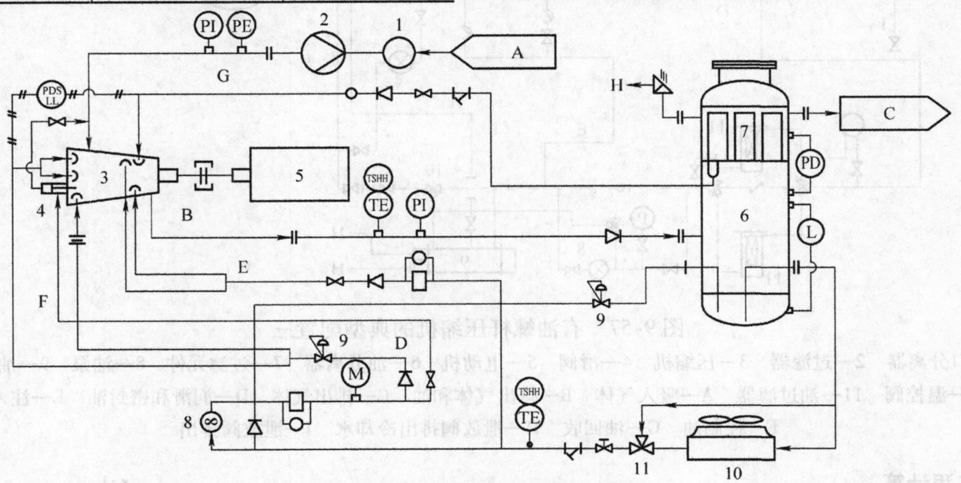

图9-55　有油螺杆压缩机的典型配置一

1—入口分离器　2—过滤器　3—压缩机　4—滑阀　5—电动机　6—油分离器　7—过滤元件　8—油泵　9—压力控制阀　10—油冷却器　11—温控阀　A—吸入气体　B—排出气体和油　C—排出气体　D—润滑和密封油　E—注入油　F—控制油　G—油回收　H—泄放阀排出

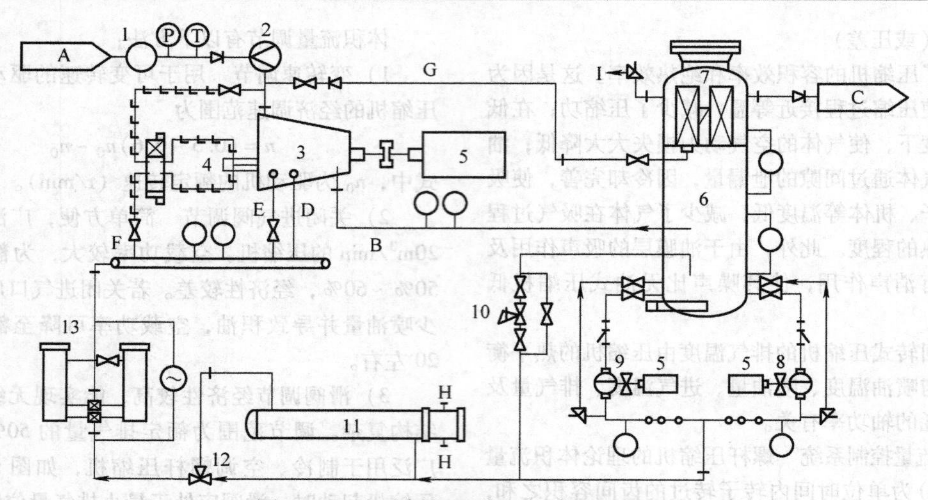

图 9-56　有油螺杆压缩机的典型配置二

1—入口分离器　2—过滤器　3—压缩机　4—滑阀　5—电动机　6—油分离器　7—过滤元件　8—油泵　9—油泵（备用）　10—压力控制阀　11—油冷却器　12—温控阀　13—油过滤器　A—吸入气体　B—排出气体和油　C—排出气体　D—润滑和密封油　E—注入油　F—控制油　G—油回收　H—冷却水　I—泄放阀排出

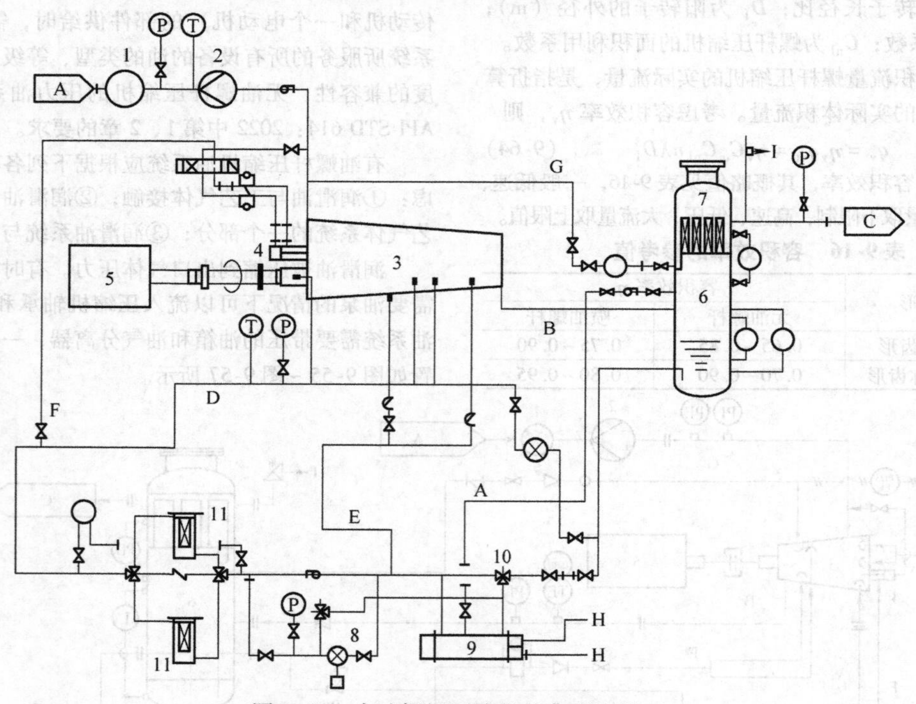

图 9-57　有油螺杆压缩机的典型配置三

1—入口分离器　2—过滤器　3—压缩机　4—滑阀　5—电动机　6—油分离器　7—过滤元件　8—油泵　9—油冷却器　10—温控阀　11—油过滤器　A—吸入气体　B—排出气体和油　C—排出气体　D—润滑和密封油　E—注入油　F—控制油　G—油回收　H—泄放阀排出冷却水　I—泄放阀排出

5. 工程计算

(1) 轴功率　轴功率主要考虑绝热功率。

① 内压比和外压比相等时，P_{id} 工程估算可按式 (9-66)计算：

$$P_{id}=\frac{\kappa}{\kappa-1}p_s q_V\left[\left(\frac{p_d}{p_s}\right)^{\frac{\kappa-1}{\kappa}}-1\right]/\eta_{ad} \qquad (9\text{-}66)$$

式中，P_{id} 为压缩机的等熵绝热功率（W）；p_s 为压缩机的吸气压力（绝压）（Pa）；p_d 为压缩机的排气压力（绝压）（Pa）；q_V 为压缩机实际状态体积流量（m^3/s）；κ 为被压缩气体的等熵指数；η_{ad} 为压缩机的绝热效率。

② 内压比和外压比相等，详细计算时可按如下方式。

对于干螺杆压缩机，绝热功率 P_{id}（kW）为

$$P_{id}=\frac{1}{60}\frac{p_s q_V}{\eta_V}\frac{\kappa}{\kappa-1}\left(\varepsilon^{\frac{n_1-1}{n_1}}-1\right)\times10^{-3} \tag{9-67}$$

式中，n_1 为压缩机多变指数，空气取 1.5～1.6；η_V 为压缩机的容积效率。

对于喷油螺杆压缩机，绝热功率 P_{id}（kW）为

$$P_{id}=\frac{1}{60}\frac{p_s q_V}{\eta_V}\left[\frac{n_2}{n_2-1}\left(\varepsilon^{\frac{n_2-1}{n_2}}-1\right)+\left(\frac{\kappa}{\kappa-1}-\frac{n_1-1}{n_1}\right)\times\left(\varepsilon^{\frac{n_1-1}{n_1}}-1\right)\right]\times10^{-3} \tag{9-68}$$

式中，n_2 为喷油冷却压缩过程多变指数，空气取 1.05～1.1。

③ 内压比和外压比不相等时，详细计算时可按如下方式（也可参见有关设计手册）。

对于干螺杆压缩机，绝热功率 P_{id}（kW）为

$$P_{id}=\frac{1}{60}\frac{q_V}{\eta_V}\left[\frac{\kappa}{\kappa-1}\left(\varepsilon^{\frac{n_1-1}{n_1}}-1\right)p_s+\varepsilon^{-\frac{1}{n_1}}(p_d-p_i)\right]\times10^{-3} \tag{9-69}$$

对喷油螺杆压缩机，绝热功率 P_{id}（kW）为

$$P_{id}=\frac{1}{60}\frac{q_V}{\eta_V}\left[\frac{n_2}{n_2-1}\left(\varepsilon^{\frac{n_2-1}{n_2}}-1\right)p_s+\left(\frac{\kappa}{\kappa-1}-\frac{n_1}{n_1-1}\right)\times\left(\varepsilon^{\frac{n_1-1}{n_1}}-1\right)p_s+\varepsilon^{-\frac{1}{n_1}}(p_d-p_i)\right]\times10^{-3} \tag{9-70}$$

轴功率

$$P_{sh}=P_{id}/\eta_m \tag{9-71}$$

式中，η_m 为压缩机的机械效率。

(2) 干螺杆压缩机排气温度　干式螺杆压缩机的排气温度一般干式螺杆压缩机的排气温度可按式（9-72）计算：

$$T_d=T_s\varepsilon_0^{\frac{n_1-1}{n_1}} \tag{9-72}$$

式中，T_d 为压缩机的排气温度（K）；T_s 为压缩机的排气温度（K）；ε_0 为压缩机的外压力比；n_1 为多变过程指数。

n_1 由式（9-73）计算：

$$n_1=\frac{\kappa\eta_V}{1-\kappa(1-\eta_V)} \tag{9-73}$$

工程估算时，T_d 可按式（9-74）计算：

$$T_d=T_s\varepsilon_0^{\frac{\kappa-1}{\kappa}} \tag{9-74}$$

式中，κ 为绝热指数。

干式螺杆压缩机的排气温度取决于许多因素。从理论上讲，在没有热损失情况下，由于被压缩气体吸收了功，从而引起温度从吸气温度升高到理论的排气温度。但在实际过程中，热量会通过许多途径从被压缩气体中传出，这些途径包括壳体冷却套、润滑系统、转子冷却系统、对流及辐射。从被压缩气体中传出热量的多少，除取决于上述因素外，这取决于压缩机所产生的温升、气体与转子及机壳间的温差，还与气体的密度有关，因为气体的密度会影响到热传导率。

当排气温度低于100℃时，转子和机壳并不需要专门的冷却装置，向空气的散热即足以保证机壳的几何尺寸不发生改变。若排气温度更高时，由于螺杆压缩机的气缸是双孔形状，其整个表面的膨胀是不均匀的，为保证气缸的形状不发生改变，常在气缸的周围布置冷却套，用水、油或其他液体冷却。冷却介质吸收的热量，与气缸内气体的压力和温度有关，一般为压缩机输入功率的5%～10%。

(3) 喷液螺杆压缩机排气温度　喷油螺杆压缩机的排气温度不是由于工作压力比和介质物性决定，而是压缩机功耗、被压缩气体的比热容，以及所喷入的油量联合作用的结果。事实上，如果喷入足量温度低的油或其他液体，甚至可以使这类压缩机的排气温度低于进气温度。在这种情况下，有时会误认为实现了等温压缩过程，能获得比绝热压缩时更高的效率。但实测数据表明，实际压缩机的最高效率仍比绝热压缩时的效率低一点。所以在实际工作中，一般将压缩机效率与绝热压缩联系起来，而不是与等温压缩联系起来。

允许的排气温度越高，所需的冷却油越小和循环流动的流量越少。但排气温度越高，压缩机中为考虑膨胀影响而留的间隙也越大，压缩机的效率越低。高的排气温度也会导致更多的润滑油处于气相，增加油分离的困难，并降低油的寿命。尤其是矿物油，在高温的情况下，会发生氧化、碳化或分解。所以喷油螺杆压缩机的排气温度，通常由高温对油的影响确定。对空气压缩机，额定的排温极限一般设定为100℃。

需要指出的是，对喷油螺杆空气压缩机，排气温度还有一个下限。即不得低于气体压缩后水蒸气分压力所对应的饱和温度，它与压力比及吸气状态下水蒸气的原始分压力有关。在100%的相对湿度时，从20℃的环境温度压缩到0.8MPa时，相应的饱和温度约为59℃。考虑到工况的不稳定，为了保证在这种条件下绝对不出现冷凝水，通常控制排气温度不得低于70℃，一旦在系统中出现冷凝水，应将压缩机停

车5~6h，让油与水充分分离并排放水分。否则，会使油质恶化并降低轴承寿命。

喷油影响在喷油螺杆压缩机中，常向工作腔内喷入具有一定压力的润滑油，喷入的油与压缩气体直接接触，吸收气体的压缩热。另外，有的螺杆压缩机中，也有向工作腔喷水、喷制冷剂或喷其他液体的，其作用与喷油类似。

油的喷入使螺杆压缩机的特性发生了很大变化，提高了能适应压力和压比，可简化结构设计，并使排气温度得到了有效控制，还降低了噪声。喷入压缩机内的油主要有冷却、密封、润滑和降噪四个功能。由于喷入的油是黏性流体，对声能和声波具有吸收和阻尼作用，一般喷油后噪声可降低10~20dB（A）。因此，喷油螺杆压缩机不管是在吸气还是排气口，都不需要安装消声器。

喷油压缩机中，喷油量非常小，通常喷入油量与气体的体积比小于1%，有的研究者指出以（0.24~1.1)%为宜。如以质量表示，相当于液、气质量比为1.5~10。转速较高时，相对泄漏损失小，但扰动油的损失功较大。故上述小的数值适用于高转速，大的数值适用于低转速。

喷油回转式压缩机的排气温度由压缩机的热平衡决定。它与喷油温度、喷油量、进气温度、排气量及压缩机消耗的轴功率有关，根据能量守恒关系可得压缩机的热平衡式：

$$P_t \times 10^3 = GC_p(T_d - T_{sg}) + G_0 C_{p0}(T_d - T_{s0}) \tag{9-75}$$

式中，P_t 为压缩机轴功率（kW）；G 为排气质量流量（kg/s）；G_0 为喷油质量流量（kg/s）；C_p 为气体的比热容（J/kgK）；C_{p0} 为油的比热容（J/kgK）；T_{sg} 为气体的进气温度（K）；T_{s0} 为油的进口温度（K）；T_d 为排气（排油）温度（K）。

根据式（9-75），如已知喷油量等参数，可求出排气温度；反之，根据预计的排气温度，可决定喷油量。

应该指出，式（9-75）是在假定没有想外界散失热量，以及认为排气时油及气的温度相等的条件下获得的，存在一定的偏差。

6. 螺杆压缩机的应用

（1）喷油螺杆空气压缩机　分为固定式和移动式两类。固定式需适用场所不变，用电动机驱动，具有较好的消声措施，主要为各种气动工具及气控仪表提供压缩气。移动式适合于在野外流动作业场所，采用内燃机或电动机驱动。

动力用的喷油螺杆空气压缩机系列化，一般都是在大气压力下吸入气体，单级排气压力有0.8MPa、1.1MPa和1.4MPa等不同形式。少数用于驱动大型风钻的两级压缩机，排气压力可达到2.6MPa。喷油螺杆空气压缩机越来越多地应用于对空气品质要求非常高的使用场合，如视频、医药及棉纺企业，占据了许多原属无油压缩机的市场。

（2）喷油螺杆制冷压缩机　螺杆制冷压缩机都采用喷油润滑的方式运行。按与电动机连接方式的不同，分为开启式、半封闭式和全封闭式三种。开启式通过联轴器与电动机相连，要求在压缩机伸出轴上加装可靠的轴封，以防制冷剂和润滑油泄漏。半封闭式的电动机与压缩机为一体，中间采用法兰连接，能有效防止制冷剂和润滑油的泄漏，并采用制冷剂冷却电动机，消除了开启式机组中电动机冷却风扇的噪声。全封闭把电动机与压缩机封闭在一容器内，彻底消除了制冷和润滑油的泄漏，噪声也比较低。

（3）喷油螺杆工艺压缩机　喷油螺杆工艺压缩机用来压缩各种工业气体，既包括 CO_2 和 N_2 这样的惰性气体，也包括 H_2 和 He 这样的轻气体，还包括一些化学性质活泼的气体，如 HCl、Cl_2 等。通常这类喷油螺杆压缩机是由喷油螺杆制冷压缩机改制而成，喷油螺杆工艺压缩机的工作压力由工艺条件确定，单级压比可达10，排气压力通常小于4.5MPa，最高可达9.0MPa，容积流量范围为1~200m³/min。

（4）干式螺杆压缩机　可作为空气压缩机或工艺压缩机，压缩过程中没有液体内冷却和润滑。干式螺杆压缩机转速往往很高，对轴承和轴封要求较高，在压缩腔与轴承、齿轮之间，应设有可靠的隔离轴封。而且排气温度也较高。单级压比小，目前为1.5~3.5，双级压比可达9~10，排气压力通常小于2.5MPa，容积流量为3~500m³/min。

（5）喷水螺杆压缩机　为了降低干式螺杆压缩机的排气温度，提高单级排气压力，发展了向压缩腔喷水的无油螺杆压缩机。由于水不具有润滑性，故这类压缩机中也设有同步齿轮，结构基本与干式无油螺杆压缩机相同。在压缩腔与轴承、齿轮间，也需有可靠的轴封，以使喷入的水与润滑油相隔离。

9.1.5 压缩机结构形式的选择

压缩机结构形式的选择需要结合介质的流量、进出口压力、温度、分子量等工艺条件及腐蚀/磨蚀性、含液、含固量等介质的特性，还有业主管理和运行经验等，LNG装置中主要配置的压缩机有离心压缩机、往复压缩机和螺杆压缩机。

离心压缩机，适用于流量大的压缩循环系统。其结构紧凑、质量轻、尺寸小，因而占地面积小。在相同的制冷量下，离心压缩机的质量只有往复压缩机的

1/5～1/8；制冷量越大，优势越明显。其易损件少，可靠性高。离心压缩机在运行过程中几乎无磨损，因而经久耐用、维修运转费用较低。离心压缩机由于运转时的剩余惯性力极微，因而运转平稳、振动小，能够经济地进行调节。离心压缩机易于实行多级压缩，对于中等至大型装置，维护费用相对往复压缩机低许多，且具有较高的开工率。

往复压缩机，热效率较高，大、中型机组绝热效率可达 0.80～0.85。在气量调节时，排气量受排气压力变动的影响极小，气体的相对密度和特性对压缩机的工作性能影响不大，同一台压缩机可以用于不同的介质，驱动机比较简单，大都采用电动机，一般不调速。但结构复杂笨重，易损件多，占地面积大，维修工作量大，机器运转中有振动，排气不连续，气流有脉动，容易引起管道振动，严重时往往因气流脉动、共振而造成管网或机件的损坏，流量调节采用补助容积或旁路阀，虽然简单、方便、可靠，但功率损失大，在部分载荷操作时效率降低。有油润滑的压缩机，气体中带油需要脱除，油带入工艺系统中容易引起设备堵塞，否则需要选择无油润滑的压缩机，其设备购置费用大大增加，连续操作时间受到限制。采用多台压缩机机组并联时，操作人员多或工作强度较大。设备一次性投资费用相对较低，但使用周期短，维护费用高，开工率低。通常用于天然气处理量较小的液化装置。普通往复压缩机易损件较多，如气阀、活塞环、填料、十字头滑道等，造成压缩机连续运行周期短，故对连续操作的往复压缩机应设置备用机。

螺杆压缩机零部件少，操作维护方便，动力平衡性好，体积小、质量轻、占地面积少，且适应性强。螺杆压缩机具有强制输气的特点，排气量几乎不受排气压力的影响，在宽广范围内能保证较高的效率。螺杆压缩机的转子齿面实际上留有间隙，因而能耐液体冲击，可压送含液气体、含粉尘气体、易聚合气体等。但造价高，螺杆压缩机的转子齿面是一个空间曲面，需利用特制的刀具，在价格昂贵的专用设备上进行加工。由于受到转子刚度和轴承寿命等方面的限制，螺杆压缩机只适用于中低压范围排气压力。

1. 压缩机选型的基本原则

1）满足工艺条件（流量、压力等）的要求，输送介质的物理、化学性能及现场条件。

2）运行可靠性高，使用寿命长。

3）运行经济性好，公用工程消耗低、维护工作量小。

4）排气量较大且压比较小的工况，一般选用离心压缩机。

5）对于高压或超高压，排气量小及富氢工况一般选用往复压缩机。

6）往复压缩机易损件较多，如气阀、活塞环、填料、十字头滑道等，造成压缩机连续运行周期短，故对连续操作的往复式压缩机应设置备用机。

7）而离心压缩机运行可靠，使用期限较长，故一般不设置备用机。

8）在流量适中及排气压力不高时，可选用螺杆压缩机。

各类压缩机的适用范围可参考图 9-58，其中入口流量可按式（9-76）计算。

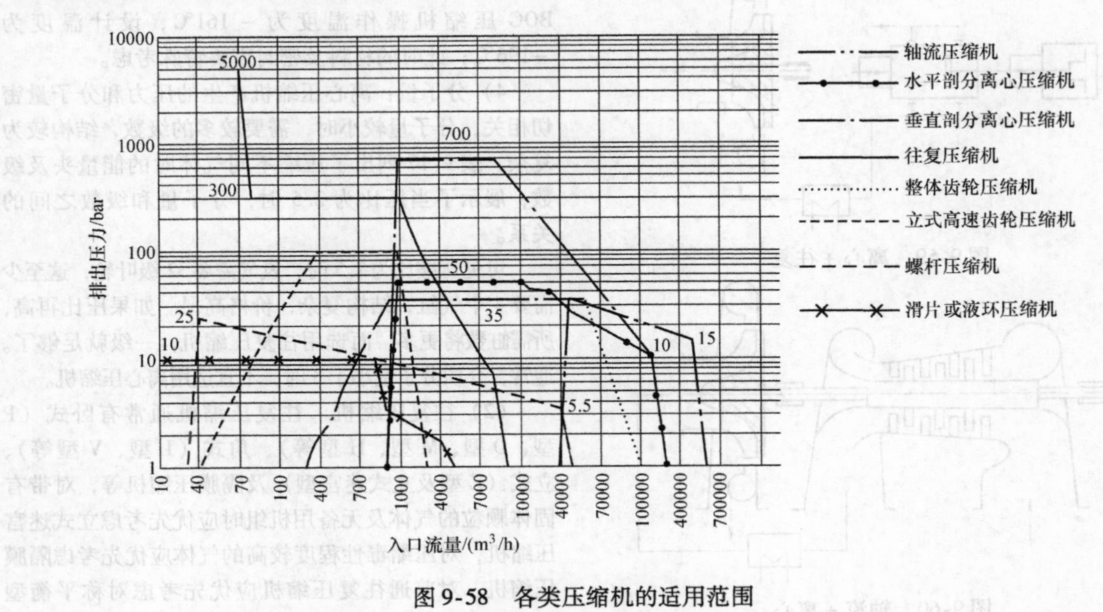

图 9-58　各类压缩机的适用范围

$$Q_{in}=Q_0\frac{p_0T_1}{(p_1-\phi p_{s1})T_0} \tag{9-76}$$

式中，Q_0 为标准状况流量（m^3/h）；Q_{in} 为入口状态体积流量（m^3/h）；p_0 为标准大气压，1bar；T_0 为 273K；p_1 为入口压力（绝压，bar）；T_1 为入口温度（K）；p_{s1} 为入口凝气饱和蒸汽压（绝压，bar）；ϕ 为相对湿度；当已知质量流量 G（kg/h）时，Q_0 = G22.4/μ（μ 为分子量）。

2. 压缩机选用的注意事项

（1）离心压缩机　离心压缩机通常有两端支撑式、悬臂式、整体齿轮式、立式高速齿轮压缩机，整体齿轮式压缩机通常具有较高的效率（一般采用半开式叶轮，整体铣制，可以采用较高的圆周速度如 400～450m/s），级数少、结构紧凑，在压缩空气、氮气、二氧化碳等无危险的介质时，可优先考虑；压缩易燃、易爆等危险气体时，多级（3 级以上）压缩时，由于叶轮为悬臂结构，需要较多的密封，可靠性较低不宜选用。对普通离心压缩机的选择而言，可从如下几个方面考虑：

1）入口流量：由于离心压缩机在小流量时，效率很低，加工难度也较大，故一般常用的两端支撑式离心压缩机的入口状态流量宜大于 1000m^3/h。级的入口流量较大时（大于 200000m^3/h）宜采用双吸，流量较大，排气压力又要求较高时，可选用离心+往复，如图 9-59 所示，压缩空气等无危险的介质，流量特别大时，也可选用轴流＋离心或轴流式，如图 9-60～图 9-62 所示。

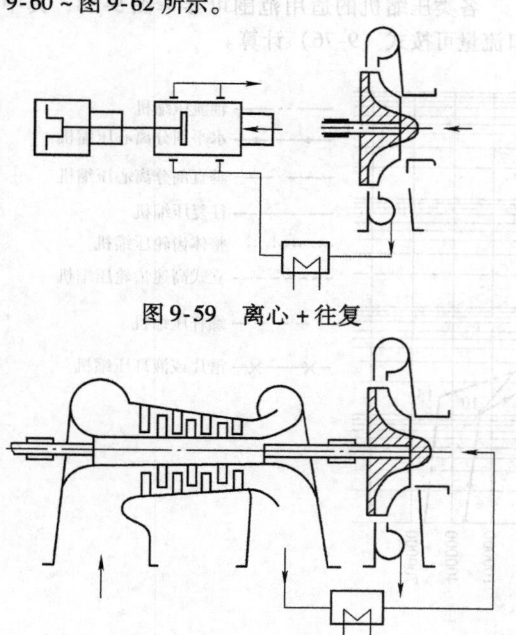

图 9-59　离心＋往复

图 9-60　轴流＋离心

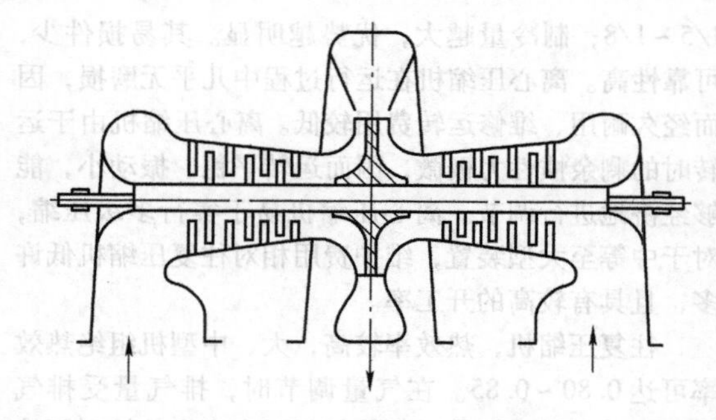

图 9-61　轴流＋离心＋轴流

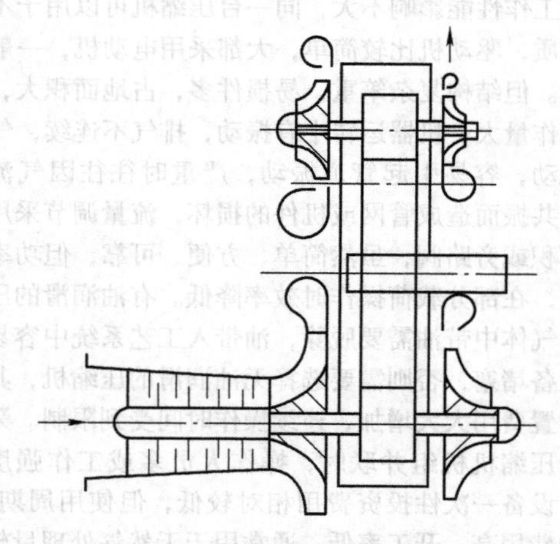

图 9-62　轴流＋多轴齿轮离心

2）出口压力：排出压力宜小于 20MPa，高于此压力需要较好的业绩支持。

3）入口温度：－196～250℃，如 LNG 装置的 BOG 压缩机操作温度为－161℃，设计温度为－196℃；此时的材料及密封需要特殊考虑。

4）分子量：离心压缩机产生的压力和分子量密切相关，分子量较小时，需要较多的级数，结构较为复杂，表 9-17 列出了压缩不同气体时的能量头及级数，展示了当压比为 2.5 时，分子量和级数之间的关系。

可见压缩比为 2.5 时，氢气需要 32 级叶轮，这至少需要 4 个气缸，结构复杂，价格高昂。如果压比再高，所需缸数将更多，而选用往复压缩机，一级就足够了。通常，介质分子量小于 3 时，不宜选用离心压缩机。

（2）往复压缩机　往复压缩机通常有卧式（P 型、D 型、M 型、H 型等）、角式（L 型、V 型等）、立式（Z 型及立式迷宫型）及隔膜压缩机等，对带有固体颗粒的气体及无备用机组时应优先考虑立式迷宫压缩机，对压缩毒性程度较高的气体应优先考虑隔膜压缩机，对普通往复压缩机应优先考虑对称平衡型（M 型、H 型），并考虑如下因素。

表 9-17　压缩不同气体时的能量头及级数

气体	γ (0℃，60mmHg)	R	k	h_{pol}	级数 ($u_2 = 280\text{m/s}$)
氟利昂-11	6.15	6.17	1.10	1730	1 ($u_2 = 186\text{m/s}$)
空气	1.293	29.30	1.40	9400	2
焦炉煤气	0.525	72.00	1.36	22000	5
氮	0.178	212.00	1.66	71500	17
氧	0.090	421.00	1.41	134500	32

1）入口流量：级的入口状态流量不宜大于18000m³/h，较大流量时应优先考虑离心压缩机，流量较大，且分子量较小时，不得已采用往复压缩机时，宜采用多台并联。

2）出口压力：排出压力理论上无限制，目前在高压聚乙烯装置中的二次机排出压力超过200MPa。

3）温度：普通活塞环式有油润滑时，操作温度可为-30～150℃，主要防止低温下气缸油凝固，高温下碳化、结焦。采用无油润滑时，选用特殊结构及材料，操作温度宜为-161～135℃。为防止高温时非金属活塞环、填料环软化失去耐磨性，用于高温用途时，可选用立式迷宫压缩机，如某火炬气压缩机的入口温度为175℃。采用立式迷宫结构的压缩机既可用于高温，也可以用于低温工况。目前运行的此类压缩机的运行温度范围为：-161～350℃，还可用于含有固体颗粒的介质。

（3）螺杆压缩机　螺杆制造工艺要求较高，且价格昂贵，所以其运行中噪声大。由于存在运转间隙不适用做高压压缩机用，除压力和流量外，螺杆压缩机的选择还需要考虑以下两点。

① 喷油和无油结构。应考虑喷油对下游设备及工艺流程的影响，当有油螺杆配置的分离器分离不充分时，宜采用无油螺杆；如用于天然气液化装置冷剂压缩时，需要考虑残留油对冷箱等换热设备的冻堵；无油螺杆压力比大于3～4时，常采用多级（2级和3级）压缩，有油螺杆的压力比不宜大于12。

② 压力比、压力差和级数对结构的影响。压力比、压力差和级数为影响无油螺杆式压缩机的重要因素。压力比影响排气温度，温度高变形大，对运转间隙造成影响，一般限制排气温度低于160℃；压力差影响转子刚度，也影响到运转间隙，一般限制不超过1.0MPa；级数影响布置，一般不应超过4级。

如介质中还有固体颗粒（如焦油、粉尘等）、液体，不宜采用其他压缩机时，可选用喷水螺杆压缩机。

9.2　驱动机

压缩机属于从动机械，需要由原动机来驱动，驱动用原动机称为驱动机，本节的内容是基于压缩机的驱动机。

9.2.1　概述

内燃机、膨胀机由于结构及介质条件限制，一般输出功率较小，不适宜作为大功率驱动机使用，故作为LNG装置的压缩机的驱动机常用燃气轮机、蒸汽轮机和电动机。表9-18列出了可以用来驱动压缩机的原动机及其分类。

表 9-18　可以用来驱动压缩机的原动机及其分类

<table>
<tr><td rowspan="6">电动机</td><td rowspan="4">交流电动机</td><td rowspan="2">异步电动机（感应电动机）</td><td>单相</td></tr>
<tr><td>三相</td></tr>
<tr><td rowspan="2">同步电动机</td><td>励磁</td></tr>
<tr><td>永磁</td></tr>
<tr><td rowspan="2">直流电动机</td><td colspan="2">励磁</td></tr>
<tr><td colspan="2">永磁</td></tr>
<tr><td rowspan="3">内燃机</td><td>煤气机</td><td colspan="2">（以天然气或炼厂气为燃料）</td></tr>
<tr><td colspan="3">柴油机</td></tr>
<tr><td colspan="3">汽油机</td></tr>
<tr><td rowspan="2">涡轮机</td><td colspan="3">蒸汽轮机</td></tr>
<tr><td colspan="3">燃气轮机</td></tr>
<tr><td rowspan="3">膨胀机</td><td>烟气轮机</td><td colspan="2" rowspan="3">主要用于有能量回收的场合</td></tr>
<tr><td>液力涡轮机</td></tr>
<tr><td>螺杆或滑片</td></tr>
</table>

一般固定式压缩机用原动机选择原则如下：

1）考虑动力来源、价格及投资费用，即初投资与运行费用最小。

2）驱动机满足转矩，尤其是起动转矩与加速的要求。

3）工况改变时可能出现的低负荷或过载荷

要求。

9.2.2 燃气轮机

燃气轮机是以连续流动的燃气作为工质带动叶轮高速旋转，将燃气的能量转变为有用功的动力机械。由于燃气轮机系统流程简单，联合蒸汽（或导热油）后循环效率较高，再加上天然气液化工厂中有充足的燃气，所以大型天然气液化装置用大功率离心压缩机的较佳驱动方案为燃气轮机。

按废气排放的方式不同，燃气轮机分为开式循环燃气轮机和闭式循环燃气轮机。大多数燃气轮机采用开式等压循环，就是以空气作工质，以内燃的方式加热，并把废气放回大气来排热。少数燃气轮机采用闭式循环，工质加压后用外燃的方式加热，膨胀做功后用热交换器排热，周而复始。本节主要讨论开式燃气轮机。

图 9-63 所示为一个简单开式等压内燃式燃气轮机工作原理的示意图，其中压气机从外界大气中吸入空气，把它压缩成具有较高的压力，同时空气的温度也相应升高。再将空气送入燃烧室与喷入的燃气相混合，点火等压燃烧，产生高温烟气。具有高温和较高压力的烟气进入涡轮中膨胀做功，推动涡轮并带动着压气机转子一起旋转。这样，燃气轮机就把燃气中的化学能转变成机械功。一般燃气涡轮中所做的机械功大约三分之二被用来带动压气机，消耗在提高空气的压力和温度上，其余三分之一左右的机械功则通过轴输出去驱动压缩机等从动机械。

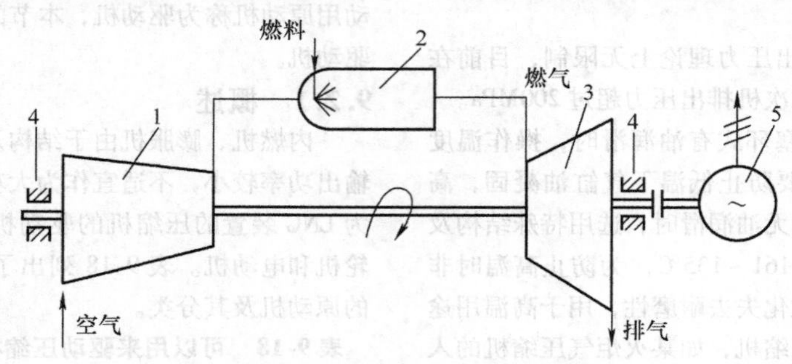

图 9-63　燃气轮机工作原理示意图

1—压气机　2—燃烧室　3—燃气涡轮　4—轴承　5—被驱动机

工业燃气轮机按照用途可分为重型、重载型、航改型。a. 重型是由汽轮机技术发展起来的，一般为单轴结构，主要用于发电。b. 重载型是吸收了重型和轻型燃气轮机的优点而发展起来的，可用于发电和驱动。c. 航改型是由航空发动机技术发展起来的，一般为分轴结构，多用于驱动机。

从机械结构上划分，燃气轮机可分为单轴、双轴和多轴燃气轮机。单轴燃气轮机因其压气机、燃气涡轮与负载共轴，负载的转速变化规律直接影响压气机转速，使吸入压气机的空气量发生变化，甚至使压气机喘振而发生事故。为了使负载变化规律对压气机转速的影响降低到最低程度，人们设法使压气机与负载不共轴，因而产生了双轴和多轴燃气轮机。在实际选型时，选用单轴、双轴还是多轴燃气轮机，取决于系统中负载的变化情况。当系统负载变化不大时，一般选用单轴燃气轮机，如拖动发电机的燃气轮机；当系统负荷变化较大时，可视其具体情况选用双轴或多轴燃气轮机。

燃气轮机主要由压气机、燃烧室和燃气涡轮三大部件组成。压气机所用的形式有轴流式和离心式两种，轴流式流量大、效率高，在大中型燃气轮机中获得广泛应用。离心式主要用在小功率燃气轮机中，因空气流量小，离心式的效率高于轴流式，且用离心式还简化了结构。某些中小功率的燃气轮机中，在多级轴流压气机的末级后加一离心级，或在一离心级前加一级或二级轴流式的形式，形成组合式压气机，使两种形式的优点得到综合应用。

燃烧室是开式燃气轮机的基本元件之一，燃烧室由外壳和火焰管等零件组成。燃烧室的结构型式可以分为四种基本类型，即圆筒形燃烧室、分管式燃烧室、环管式燃烧式和环形燃烧室。圆筒形燃烧室在固定式燃气轮机中被广泛采用，通常是一台燃气轮机有一个或两个圆筒形燃烧室，安置在机组近旁或机体上，其特点是结构尺寸相对较大，因而流动损失较小，燃烧效率高、燃烧稳定性好。

燃气涡轮（又称燃气透平）目前大量应用的是轴流式。相对于压气机来说，燃气涡轮机的一个显著不同是工作气体温度高，工业型燃气轮机的燃气涡轮进口温度为 900～1200℃。另一不同是涡轮级中转换能量大，因而燃气涡轮级的气动负荷大，整个燃气涡轮的级数少。一些小功率的燃气涡轮只有一级，而大多数的燃气涡轮则为2~4级，有的高达5~7级。多级燃气涡轮的通流部分，常用的是等内径或等平均直径，或与该两者近似的流道。燃气涡轮主要包括气缸、喷嘴、转子、燃气导管等，气缸一般采用双层结构，外层工作温度低，主要承力；内层工作温度高，主要承热，所以外缸可以用普通材料，如球墨铸铁。转子由轴、喷嘴、动叶和复环构成。排气室由排气柜架和排气扩压器组成。轴承由径向轴承和推力轴承组成。燃气轮机和蒸汽轮机、内燃机相比较，具有以下优缺点：

（1）主要优点

1）体积小质量轻。机器质量和所占体积往往只有汽轮机或内燃机的几分之一。金属材料消耗少。厂房基建规模小，投资成本仅为蒸汽动力装置的20%~80%左右，尤其适合移动式、运输式的驱动机。

2）燃料适应性强、公害少。可使用便宜的燃料，如重油、煤油、核燃料（采用闭式循环）甚至可利用废气、余气等。排气比较干净，对空气污染较少。

3）节省水、电、润滑油。不用水作为工质，有的仅需少量的冷却水，因此可在缺水地区运行，易做无电源起动，有的用电和润滑油仅占燃料费的1%左右，而蒸汽轮机和内燃机需占6%左右。

4）起动快，自动化程度高。从冷车起动到满负荷只需几十秒到几分钟，而蒸汽轮机起动到满负荷往往需要几十分钟到数小时；自动化程度高，便于遥控，甚至现场可不需要操作人员。

5）设备简单，磨损少。

6）无湿汽带来的水击锈蚀问题。

7）循环效率（热效率）高，目前燃气轮机的效率已达到40%，同超高压汽轮机机组的效率相当，电站采用燃气－蒸汽联合循环可使效率达到55%以上，但需要配套余热回收系统。

（2）主要缺点　燃气轮机具有上述比较优势的同时，也存在不足之处及发展中急待解决的问题：

1）内效率低。目前，燃气轮机的内效率仅相当于低参数汽轮机的内效率，与内燃机和高参数的汽轮机相比，燃气轮机的内效率较低。

2）蒸汽轮机是高初压，而初温不是太高；但燃气轮机是高初温而初压不太高。燃气的初温越高做功能力越大，且热效率越高，因此，研制既耐高温又具有高强度等良好力学性能的材料，是十分重要的问题，设备制造成本高。

3）改进高温叶片和燃烧室壁面的冷却技术，对提高燃气温度有很大的辅助作用。

4）燃用便宜的燃料与废气，需要进行处理，以减少环境污染与腐蚀问题。

5）变工况性能较差，需要改善。

6）运行维护水平要求较高。

1. 燃气轮机的主要性能指标

循环过程中工质是空气，可视为理想气体，且其比热不随温度和压力的变化而变化；整个工作过程假定没有流动损失、热损失和机械损失，这样的过程可称为理想循环。理想的简单循环燃气轮机性能参数如下。

1）输入比功 ω_n。每千克工质对外输出的功（kJ/kg），也称比功或输出功，可按式（9-77）计算：

$$\omega_n = c_p T_3\left[1-\frac{1}{\pi^{(\kappa-1)/\kappa}}\right] - c_p T_1\left[\pi^{(\kappa-1)/\kappa}-1\right] \tag{9-77}$$

式中，T_3 为循环最高温度（K）；T_1 为循环最低温度（K）；π 为压力比，$\pi = p_2/p_1$（p_2 为压气机排气压力；p_1 为压气机进气压力）；κ 为绝热指数；c_p 为工质比热容（kJ/kg·K）；

2）输出功率（可供带外部负荷的功率）。燃气轮机的额定输出功率是燃气轮机中燃气涡轮与压气机的额定功率之差。

$$P = G\omega_n \tag{9-78}$$

式中，G 为工质流量（kg/s），其余符号同式（9-77）。

3）循环效率 η。输出功 ω_n 与加热量之比。

$$\eta = 1-\frac{1}{\pi^{(\kappa-1)/\kappa}} \tag{9-79}$$

4）燃料消耗率 b[kg/(kWh)]。

$$b = \frac{3600G}{P} = 3600/\eta H_L \tag{9-80}$$

式中，H_L 为燃料低热值（kJ/kg），其余符号同式（9-77）和式（9-79）。

5）有用功系数（功比）ϕ 输出功与燃气涡轮功之比。

$$\phi = 1-\pi^{(\kappa-1)/\kappa}/(T_3/T_1) \tag{9-81}$$

式中，符号意义同式（9-77）。

燃气轮机实际性能参数应在理想循环基础之上，考虑各种损失（功率、压力等）因素，具体计算参见相关设计资料。

2. 燃气轮机的主要配置

对于一台燃气轮机来说，除了上述主要部件外，还必须具有完善的调节、控制和保护系统，并配备良好的附属系统和设备。

1）起动装置的作用是使机组得以起动并投入运行。主要由起动机和离合器组成，起动机有电动机、内燃机、膨胀涡轮、液压马达等；离合器一般都是能自动分离的超越离合器。

2）盘车装置的作用是停机后带动机组转子旋转使之冷却均匀。

3）油系统是给各个机械运动部件如轴承、传动齿轮等提供润滑油，使它们得到冷却和润滑。主要由油箱、油泵、油冷却器、油过滤器、调压阀等组成。

4）燃料系统可供给燃气轮机以合格和充足的燃料。

5）通流部分清洗设备是在机组的使用过程中，用来清除叶片上的积垢。

6）空气滤清设备可使进入燃气轮机的空气足够清洁，防止压气机叶轮流道结垢，确保机组达到长期安全运行的目的。

7）消声设备可使燃气轮机的噪声降低至允许水平，减少对环境的污染，改善劳动条件。

8）控制系统由程序控制系统、保护系统，以及主控、调节系统三大部分组成。程序控制系统是联系机组的主机、辅机、各辅助系统和自动控制系统各部分协调动作的开环控制系统，程序控制系统可以完成启动、停机、带负载、正常过程的控制与调节等程序功能；保护系统在燃气轮机发生超速、超温、振动值过高或熄火等故障状态时，发出信号，同时切断燃油或燃气使机组迅速停机；主控与调节系统是对燃气轮机工作过程的状态进行控制的调节系统，它是对燃气轮机工作过程中某个参量实现恒值闭环自动调节，是自动控制的重要部分。

9）其他辅助设备　视机组的不同，可能配有冷却水系统、仪表空气系统、雾化空气系统、密封系统等。此外，还有整台动力装置所要求的系统和设备，如防火灭火设备等。

3. 燃气轮机的工程计算

燃气轮机燃料消耗估算见式（9-82）：

$$L=\frac{BPq}{H_L} \tag{9-82}$$

燃料消耗量按式（9-83）估算：

或
$$L=\frac{BP860\times 4.18}{H_L\eta} \tag{9-83}$$

式中，L 为燃料耗量（kg/h 或 m^3/h）；P 为燃气轮机现场实发最大功率（kW）；q 为燃气轮机现场最大热耗率[kJ/(kW·h)]；H_L 为燃料的低热值（kJ/kg 或 kJ/Nm^3）；B 为裕量系数，B=1.05～1.10。η 为燃气轮机效率，由制造厂提供，一般 24%～40%；也可参考表9-19中部分机械驱动燃气轮机参数。

表9-19　部分机械驱动燃气轮机参数

公司	型号 Model	ISO 功率/kW	热耗率/(kJ/kW·h)	燃气轮机效率(%)	涡轮转速/(r/min)	排烟温度/℃
GE	GE10-2	11982	10822	33.3	7900	480
	PGT16	14240	9924	36.3	7900	491
	PGT20	18121	9867	36.5	6500	475
	PGT25	23266	9548	37.7	6500	525
	PGT25+	31372	8751	41.1	6100	500
	PGT25+G4	34302	8719	41.2	6100	510
	LM6000	43854	8468	43	3600	455
	LMS100	100200	8160	44.1	3600	417
	MS5002C	28340	12467	28.8	4670	517
	MS5002E	32000	10000	36	5714	511
	MS5002D	32580	12325	29.4	4670	509
	MS6001B	43530	10820	33.3	5111	544
	MS7001EA	86226	10920	33	3600	535
	MS9001E	130140	10397	34.6	3000	540

(续)

公司	型号 Model	ISO 功率/ kW	热耗率/ (kJ/kW·h)	燃气轮机效率 (%)	涡轮转速/ (r/min)	排烟温度/ ℃
日立	H15	16900	11020	34.5	9710	564
	H25	32000	10650	33.8	7280	564
	H80	97700	10900	36.5	3000	538
	H100	118000	10920	38.2	3000	538
西门子	SGT-100	5250	11815	30.5		530
	SGT-200	6750	11418	31.5	10950	466
	SGT-300	7900	11532	31.2		537
	SGT-400	12900	10355	34.8	9500	555
	SGT-500	18600	11180	32.1		375
	SGT-600	24770	10533	34.2	7700	543
	SGT-700	29060	9999	36.0		518
	SGT-800	45000	9720	37.0	6600	538
	SGT-A30 (RB211)	32000	10314	39.1	4800	503
	SGT-A65(TRENT 60)	58532	8399	40.1	3600	440

燃气轮机的铭牌功率是在标准大气条件下确定的，称为ISO功率，当现场大气条件偏离标准大气条件时，燃气轮机的现场实发功率应按制造厂提供的技术资料对功率进行修正。

(1) ISO工况（标准工作条件）

1）压气机进口截面处，空气进口总压力101.325kPa（海拔为0m）；空气温度15℃；空气相对湿度60%（除采用中间冷却或喷水冷却外，湿度的影响可以忽略）。

2）排气条件，高温燃气出口截面处的静压力为101.325kPa。

一般燃气轮机厂家样本提供的资料都是在ISO工况下的参数。

(2) 进口和出口的压力损失引起的功率修正 空气进入燃气轮机的压气机之前，一般装有室外空气过滤器、进气管道、消声器及进气喷水冷却装置等设备，燃气轮机后部通常装有排气消声器、排烟管道波纹补偿器、三通管、烟道阀和余热锅炉等设施。进、排气系统的压力损失应做水力计算确定或按制造厂提供数据（通常中小型燃气轮机进气损失在750～1500Pa；排气损失在750～1500Pa，如有余热锅炉或者废热回收设施的，还应加入烟气通过余热锅炉或废热回收设施的压力损失）。因进排气压力损失引起的功率降低值应按燃气轮机制造厂提供的进、排气压力损失功率下降曲线来确定，估算时可按1%～3%的铭牌功率计算功率降。

(3) 现场大气温度和压力（海拔）引起的功率修正 由于大气温度和压力偏离标准大气条件，会引起燃气轮机压气机进气的质量流量变化，进而影响燃气轮机的功率。现场大气温度按夏季最热月份的平均气温、冬季最冷月份的平均气温和全年月平均气温三个典型气温进行核算，以取得燃气轮机在这三种气温下的现场功率。其功率随气温变化应按制造厂提供的特性曲线或数据进行修正，一般情况下，环境温度对燃气轮机的输出功率影响很大，无资料可供进行估算时，可按(0.7～1)%/℃功率升降进行估算。大气环境温度低于15℃时，在一定范围内，燃气轮机输出功率略有增大，增大值应按制造厂的特性曲线。图9-64所示为Trent60在ISO工况下的输出功率随温度变化的曲线，大气压力（或现场海拔）对燃机的输出功率的影响很大，应按制造厂的特性曲线进行修正。

(4) 长期运行引起的功率修正 经过长期运行后，由于进入压气机的空气中，仍然含有小量灰尘，压气机和燃气轮机的叶片上，虽然定期清洗，仍会产生结垢，甚至燃气轮机叶片在长期高温状态下，可能产生变形，这些因素都会引起燃气轮机的功率下降，因此一般燃气轮机机组需要定期进行大修。无资料可供进行估算时，可按0.5%～2%功率降计。

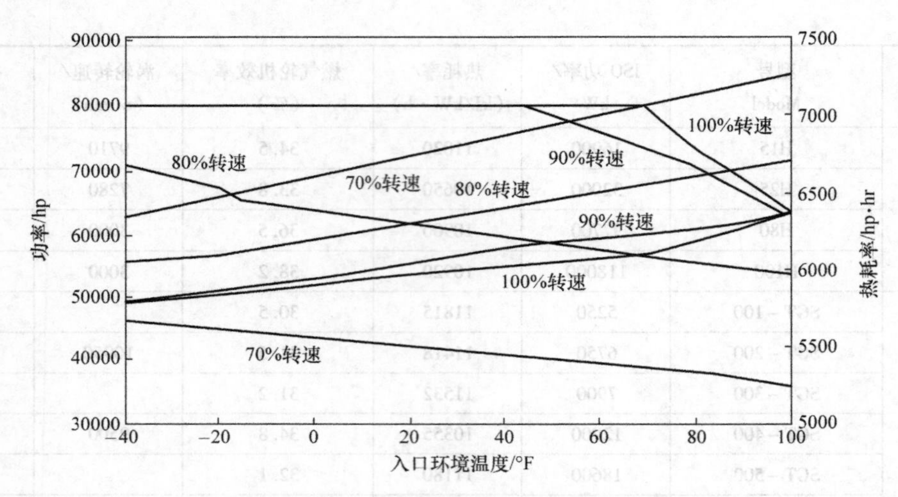

图 9-64 Trent 60 在 ISO 工况下的输出功率

注：1hp = 745.700W，1℉ = $\frac{5}{9}$K。

4. 燃气轮机的应用

工业型燃气轮机在 LNG 行业中应用得非常多。典型的输出功率范围为 30 ~ 130MW，其热效率为 29% ~38%，燃气轮机的功率输出随着环境温度的增加而降低，工业型燃气轮机分为单轴和双轴两种类型。与双轴相比，单轴更加简单，维护费用更低，但运行速度范围更小，另外还需要起动机，该起动机常为一个独立的燃气涡轮或电动机。一旦起动之后，起动用的燃气涡轮或电动机可作为一个辅助电动机，以增加燃气轮机输出功率。

航改型燃气轮机：这种燃气轮机是航空发动机的衍生产品。其重量相对较轻，热效率高，为 41% ~ 43%。缺点是一年需要两次内窥检查。与工业型燃气轮机一样，航改型燃气轮机型号有限。最大功率等级小于工业型燃气轮机。航改型燃气轮机有双轴和三轴两大类，且速度调节范围一般较大，为额定转速的 50% ~105%。航改型燃气轮机对于周围环境温度的变化更加敏感，环境温度增加引起的功率降约为 1.2%/℃。

自 20 世纪 90 年代以来，燃气轮机已得到广泛应用，表 9-20 列出了一些典型 LNG 装置使用燃气轮机驱动的情况。

表 9-20 一些典型 LNG 装置的燃气轮机驱动机

序号	业主或用户	装置总能力/(万 t/a)	冷剂压缩机驱动机	开车时间/年
1	马来西亚 MLNG Dua（T1 – T3）	780	燃气涡轮	1995
2	卡塔尔 Qatargas（T1）	320	燃气涡轮	1997
3	卡塔尔 Qatargas（T3）	310	燃气涡轮	1998
4	印度尼西亚 Bontang LNG（T7）	270	燃气涡轮	1998
5	马来西亚 MLNG Tiga（T1 – T2）	680	燃气涡轮	2003
6	卡塔尔 Ras gas Ⅱ（T2）	470	燃气涡轮	2005
7	卡塔尔 Qatargas Ⅱ（T1）	780	燃气涡轮	2009
8	俄罗斯萨哈林 2（T1 – T2）	480	燃气涡轮	2009
9	秘鲁 LNG	445	燃气涡轮	2010
10	阿尔及利亚（Skikda – GL1K）	450	燃气涡轮	2013
11	俄罗斯 YAMAL（T1 – T3）	550	燃气涡轮 + 电动机	2017

9.2.3　蒸汽轮机

汽轮机是以蒸汽为工质，将蒸汽的热能转变为转子旋转的机械能的动力机械，具有单机功率大、转速可变、运转安全、使用寿命长等特点，可用于热力发电厂驱动发电机、船舶运输驱动螺旋桨、工矿企业驱动压缩机等旋转机械，后者通常称为工业汽轮机，其结构和运行工况与前两者有一定区别，本节所指的汽轮机是指工业汽轮机。

蒸汽轮机的种类繁多，根据其工作原理、性能、结构特点等，可按表9-21列出的几个方面进行分类。

表9-21　蒸汽轮机分类

分类	名称	说明
按工作原理分	冲动式汽轮机	蒸汽主要在喷嘴叶栅内膨胀
	反动式汽轮机	蒸汽在静叶栅与动叶栅内膨胀
按所具的级数分	单级汽轮机	通流部分只有一个级
	多级汽轮机	通流部分有两个以上的级
按蒸汽在汽轮机内流动的方向分	轴流汽轮机	蒸汽流动方向与轴平行
	辐流汽轮机	蒸汽流动方向与轴垂直
	周流汽轮机	蒸汽流动方向沿圆周流动
按汽轮机热力系统特征分类	凝气汽轮机	排汽压力低于大气压力
	抽气背压式汽轮机	排汽压力高于大气压力，中间有抽气
	背压式汽轮机	排汽压力高于大气压力
按用途分	电站汽轮机	用于发电
	工业汽轮机	用于带动泵、压缩机泵
	船用汽轮机	作为船舶的动力装置
按汽轮机进汽压力分	低压汽轮机	1.2~1.5MPa
	中压汽轮机	2~4MPa
	次高压汽轮机	5~6MPa
	高压汽轮机	6~12MPa
	超高压汽轮机	12~14MPa
按转速分	低速汽轮机	$n<3000$r/min
	中速汽轮机	$n=3000$r/min
	高速汽轮机	$n>3000$r/min

蒸汽在汽轮机中将热力势能转换成机械功的全过程是需要在喷嘴叶栅和动叶栅内共同完成的，一列喷嘴叶栅和相应的一列动叶栅组成了汽轮机中能量转换的基本单元，称为“级”，一台汽轮机可由一级或若干级串联组合成为单级汽轮机或多极汽轮机。汽轮机级的主要元件是由喷嘴（也称静叶）与动叶（也称叶片）两大部件组成。喷嘴固定在机壳或隔板上，动叶固定在轮盘上，如图9-65所示。固定在转轴上的叶轮装有许多叶片，具有一定压力和温度的蒸汽首先通过固定环状布置的喷嘴，蒸汽在喷嘴中压力降低、速度增加，在喷嘴出口处得到速度很高的气流，在喷嘴中完成了由蒸汽的热能转变为动能的能量转换过程。从喷嘴出来的高速气流以一定的方向进入装在叶轮上的工作叶片通道，其速度的大小及方向发生变化，对叶片产生一个作用力，推动叶轮旋转做功，完成由蒸汽动能到轮轴旋转的机械功的转变。蒸汽只在喷嘴中膨胀、压力降低，在动叶中不膨胀、压力保持不变，其动叶片为对称叶片（图9-66a），进出口安装角相等，称为冲动级式叶片，所在的级称为纯冲动级。纯冲动级做功能力大，但流动效率低，为了改善级的效率，允许一小部分蒸汽在动叶中继续膨胀，加速气流，改善流动状况，也称为冲动级（图9-66b）。蒸汽通过喷嘴膨胀后，在动叶中继续膨胀加速，不仅气流方向发生变化，而且其相对速度也增加，动叶片不仅受到喷嘴出口高速气流的冲击力作用，还受到蒸汽离开动叶时的反作用力，称为反动级，所以反动级既有冲动力做功又有反动力做功，其压力和速度变化如图9-66c所示。

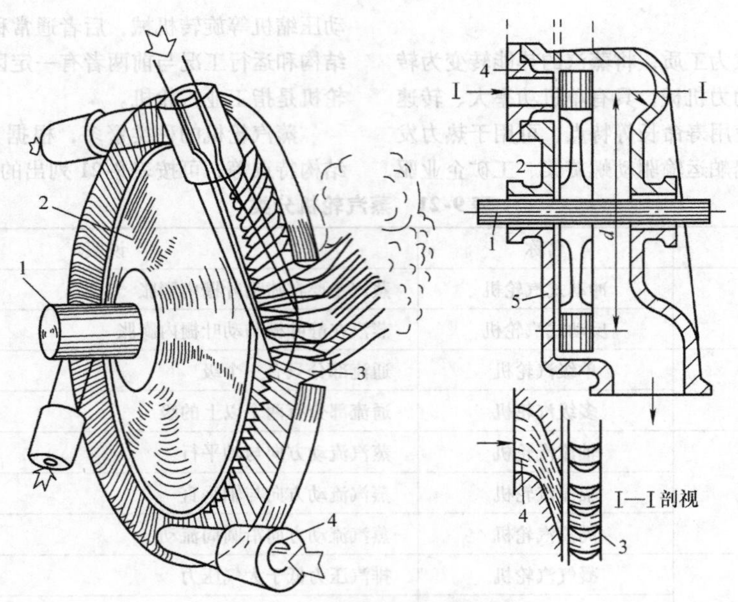

图 9-65　汽轮机结构示意图

1—轴　2—叶轮　3—动叶　4—喷嘴　5—缸体

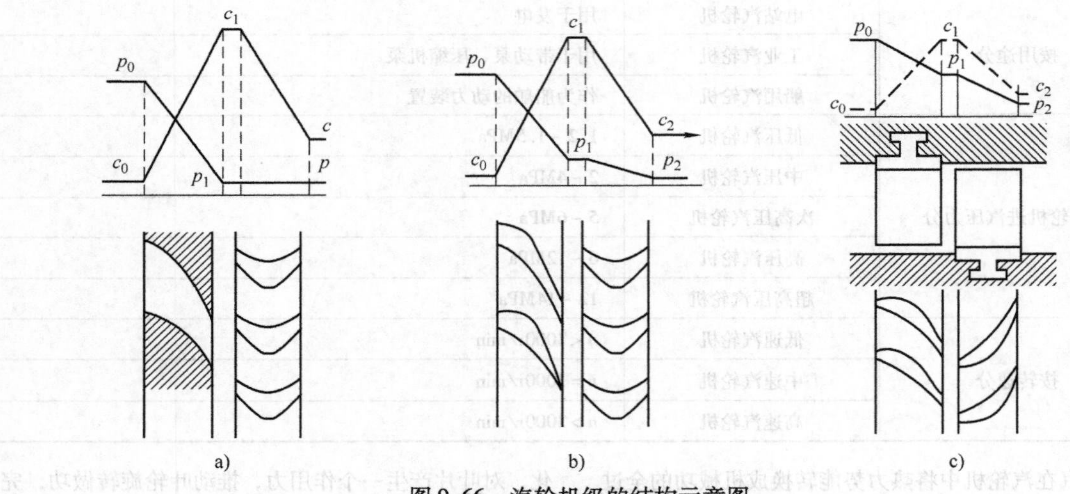

图 9-66　汽轮机级的结构示意图

a）纯冲动级　b）冲动级　c）反动级

此外，按照蒸汽的动能转换为转子机械能的过程不同，级也可分为压力级和速度级。压力级是以利用级组中合理分配的压力压力降或比焓降为主的级，又称单列级，压力级可以是冲动级，也可以是反动级；而速度级以利用蒸汽流速为主的级，有双列和多列之分，如复速级，速度级只能采用冲动级。

冲动级式汽轮机的效率曲线呈抛物线型，反动式汽轮机效率曲线呈指数型分布，如图 9-67 和图 9-68 所示，在功率、转速都有变化的变工况条件下，冲动级式汽轮机的效率曲线下降幅度较大，反动级式汽轮机的效率曲线趋于平缓变化不大。因此，在石油、化工等流程工业领域反动级式汽轮机长期运行效率要明显高于冲动式汽轮机。在定功率、定转速条件下两者效率相差不大。

单级汽轮机更多的是作为理论分析的单元，而实际应用时绝大多数是多级汽轮机。从级的工作原理可知，级只有在最佳速比下工作，才具有较高的效率。由于级的圆周速度受到材料强度的限制，一个级所能利用的焓降也受到限制，即使采用速度级，它所能利用的焓降也是有限的，而且效率还比单列级低，现代

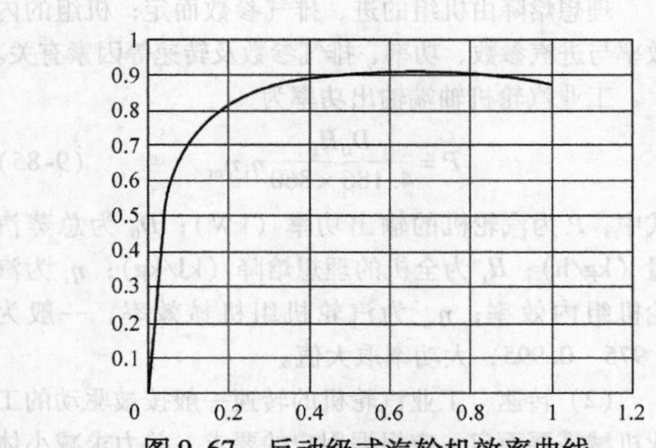

图 9-67　反动级式汽轮机效率曲线

注：图中纵坐标为汽轮机效率，横坐标为速比 x（$x=u/c$，u 为叶轮圆周速度，c 为喷嘴出口气流速度）。

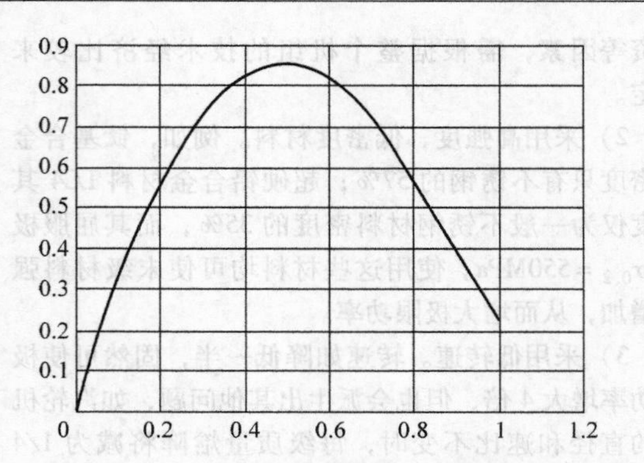

图 9-68　冲动级式汽轮机效率曲线

注：图中纵坐标为汽轮机效率，横坐标为速比 x（$x=u/c$，u 为叶轮圆周速度，c 为喷嘴出口气流速度）。

工业汽轮机要求功率大，效率高，为此采用了高的蒸汽参数和低的排汽压力，汽轮机的理想焓降很大，任何形式的单级汽轮机都不能有效利用这样大的焓降，此时可将单级叠置成一台多级汽轮机，蒸汽依次在各级中膨胀做功，各级均按最佳速比选择恰当的焓降，根据总的焓降确定多级汽轮机的级数，这样既能利用很大的焓降，根据总的焓降确定多级汽轮机的级数。多级汽轮机有如下特点：能够提高单机功率；提高循环效率；提高汽轮机的相对内效率；降低汽轮机单位功率投资，图 9-69 所示为典型的多级汽轮机结构。

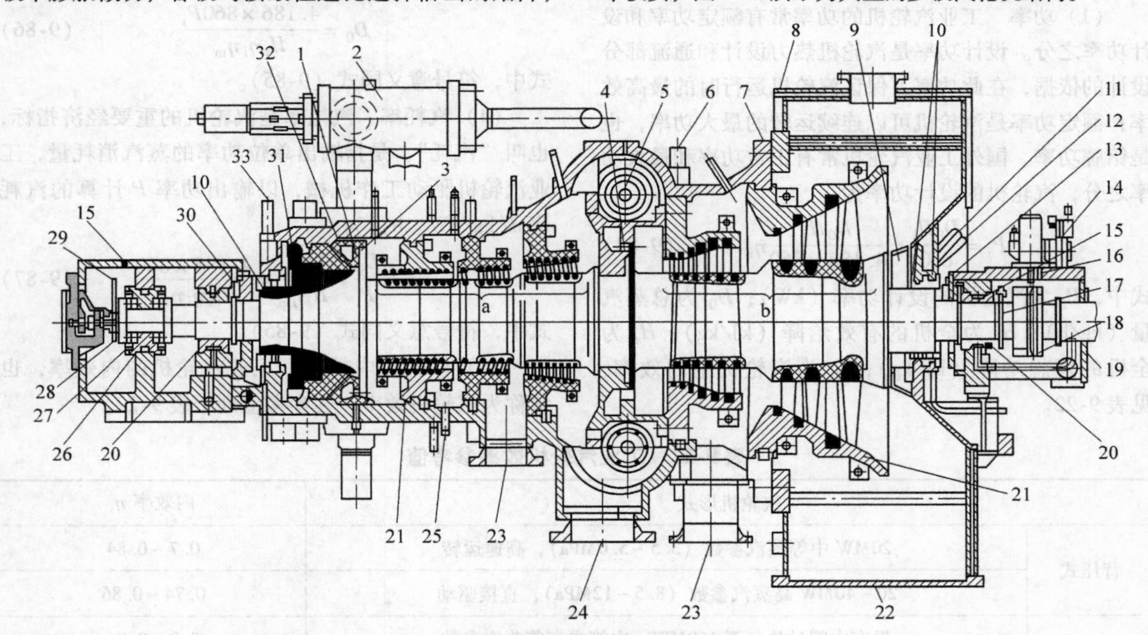

图 9-69　典型多级汽轮机结构

1—高压喷嘴元件　2—入口控制阀　3—速度级反动式叶片　4—低压喷嘴内壳　5—低压控制阀　6—平衡线　7—机壳　8—排气缸　9—扩压器　10—迷宫密封　11—蒸汽喷嘴　12—密封蒸汽供应　13—转子接地　14—盘车齿轮　15—膨胀传感器　16—轴承箱　17—转子　18—飞轮　19—轴承端密封　20—径向轴承　21—导叶持环　22—排气管接头　23—放气/注入喷嘴　24—控制抽气/注气喷嘴　25—缸体排水　26—推力轴承　27—垫　28—多齿转速传感面　29—速度传感器　30—轴振动传感器　31—平衡活塞　32—高压喷嘴内壳　33—平衡线

在一定的初终态参数和转速下，汽轮机都有自己的极限功率，也称为最大功率，要提高最大功率，可通过以下途径：

1）提高新气参数。使全机理想质量焓降增大，以及降低凝气器真空度，使末级排气比体积减小，都可使极限功率增大。汽轮机的初终态参数涉及材料、投资等因素，需根据整个机组的技术经济比较来确定。

2）采用高强度、低密度材料。例如，钛基合金的密度只有不锈钢的57%；超硬铝合金材料LC4其密度仅为一般不锈钢材料密度的35%，而其屈服极限$\sigma_{0.2}$=550MPa。使用这些材料均可使末级材料强度增加，从而增大极限功率。

3）采用低转速。转速如降低一半，固然可使极限功率增大4倍，但也会派生出其他问题，如汽轮机级的直径和速比不变时，每级质量焓降将减为1/4（级的理想质量焓降与转速的平方成正比），全机级数和钢材耗量增加；或者各级质量焓降不变，则级的直径将增大1倍，使汽轮机尺寸和钢材耗量增加。

4）增加汽轮机的排气口。增加单级功率的最有效措施是增加汽轮机的排汽口，采用双排气口就可使单机功率比单排汽口增大1倍左右，还可采用四个排气口。这是目前国内外大型机组普遍采用的方法。

1. 蒸汽轮机的主要性能参数

（1）功率 工业汽轮机的功率常有额定功率和设计功率之分。设计功率是汽轮机热力设计和通流部分设计的依据，在此功率下保证汽轮机运行时的最高效率：额定功率是汽轮机可以连续运转的最大功率，也是铭牌功率。国外工业汽轮机常有正常功率和最大功率之分，汽轮机的设计功率为

$$P_i = \frac{D_0 H_i}{860} = \frac{D_0 H_t}{4.186 \times 860}\eta_i \tag{9-84}$$

式中，P_i为汽轮机的设计功率（kW）；D_0为总蒸汽量（kg/h）；H_i为全机的有效焓降（kJ/kg）；H_t为全机的理想焓降（kJ/kg）；η_i为汽轮机组内效率，见表9-22。

理想焓降由机组的进、排气参数而定；机组的内效率与进汽参数、功率、排气参数及转速等因素有关。

工业汽轮机轴端输出功率为

$$P = \frac{D_0 H_t}{4.186 \times 860}\eta_i \eta_m \tag{9-85}$$

式中，P为汽轮机的输出功率（kW）；D_0为总蒸汽量（kg/h）；H_t为全机的理想焓降（kJ/kg）；η_i为汽轮机组内效率；η_m为汽轮机组机械效率，一般为0.975～0.995，大功率取大值。

（2）转速 工业汽轮机的转速一般按被驱动的工业机械需要而定。应根据用户的要求，并力求减小体积和质量，提高效率，同时根据蒸汽参数，功率和强度等条件，选择最佳转速。如要汽轮机的最佳转速与被驱动的工业机械转速无法协调的话，必要时中间可增设变速器，以满足输出的需要。一般对一定功率的机组，进气参数较高，转速也可高一些，背压式级抽气式机组，可比冷凝式机组选用较高的转速。

（3）汽耗量 汽耗量D_0由式（9-86）计算：

$$D_0 = \frac{4.186 \times 860 P_i}{H_t \eta_i \eta_m} \tag{9-86}$$

式中，符号意义同式（9-85）。

（4）汽耗率 汽耗率是汽轮机的重要经济指标，也叫“汽耗”，是指输出单位功率的蒸汽消耗量，工业汽轮机驱动工作机械，以输出功率P计算的汽耗率d(kg/kW·h)为

$$d = \frac{D_0}{P} = \frac{D_0}{H_i \eta_m} = \frac{4.186 \times 860}{H_t \eta_i \eta_m} \tag{9-87}$$

式中，符号意义同式（9-85）。

（5）汽轮机内效率 工业汽轮机的内效率，也常称为汽轮机效率，其参考值列于表9-22。

表9-22 工业汽轮机效率参考值

汽轮机形式		内效率 η_i
背压式	20MW中等蒸汽参数（3.5～5.0MPa），高速运转	0.7～0.84
	20～40MW高蒸汽参数（8.5～12MPa），直接驱动	0.74～0.86
冷凝式	没有中间过热，至150MW，中等或高等蒸汽参数	0.8～0.86
	有中间过热，至150MW，高等蒸汽参数	0.85～0.87

2. 汽轮机的附属系统

为保证汽轮机安全经济地进行能量转换，除汽轮机本体外，尚需配置若干附属设备。汽轮机及其附属设备通过管道和阀门等附件连成系统，再由各种功能的系统组成一整体，称为汽轮机设备或汽轮机装置，如图9-70所示。

1）保护装置：主要包括主汽阀，超速保护装置，轴位移、振动及轴温，低油压等保护系统。

2）调节装置：调节装置的主要任务是在工艺系统中满足压缩机等工作机械经常改变转速的需要，对抽气式汽轮机，还要满足外界对抽气压力的要求，调节装置主要包括调节阀及其附属系统，一般由传感机

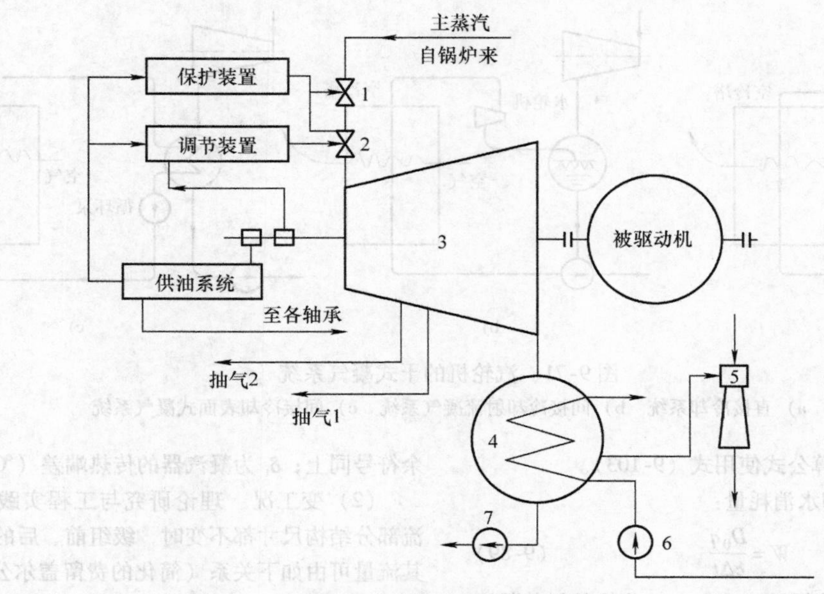

图9-70　汽轮机的装置示意图

1—主气门　2—调节阀　3—汽轮机　4—凝气器　5—抽气器　6—循环水泵　7—凝结水泵

构、传动放大机构，执行机构组成，传感机构感受机组的转速/压力变化并转变为其他物理量（油压或电信号）；传动放大机构把从传感机构接收到的信号进行放大并传送给执行机构，同时发出反馈信号；执行机构接收到经放大的信号而动作，来改变调节机构的开度，达到设定的调节目的。工业汽轮机按配气方式的不同可分为节流调节、喷嘴调节、旁通调节和滑参数调节。

3）供油系统：为机组润滑及调节系统提供作用油，由油箱、油泵、油冷却器、油过滤器、调节阀等组成。

4）凝气器：凝气器的主要任务之一是在汽轮机排气侧建立并维持高度真空状态。为了提高蒸汽动力装置的效率，就需要降低汽轮机的排气压力，从而增大其做功焓降；但不能理解为真空越高越好，当排气压力降至一定极限后，由于容积流量过大引起的损失使末级组的功率不但不增加反而减少，此时的排气压力称为极限排汽压力。凝气器的主要任务之二是回收凝结水，可大大减少符合锅炉水质要求的洁净水补水量。凝气器主要由水冷式和空冷式，水冷式凝气器的水室一般分为两半，可以一半运行，另一半进行维修清洗，凝气器管材依据水质可选用铜管、钛管及不锈钢管。空冷式也称为干式冷却系统，按工作原理可分为直接冷却系统，间接冷却射流凝气系统和间接冷却表面式凝气系统，如图9-71所示。

5）抽气器：其作用是将凝气器在运行中所积聚的不凝结气体抽出，以维持凝气器中的真空度，通常有射气抽气器、射水抽气器及水环真空泵。

3. 蒸汽轮机的工程计算

（1）耗汽量估算　大中型天然气液化装置工程设计中，经常使用汽轮机驱动冷剂压缩机。这类汽轮机的设置多采用高速简单的系统，有时带减速齿轮箱，形式包括背压式、纯凝式或凝汽抽气式，基本不考虑回热系统。其设置原则是满足功率要求的前提下，根据全厂蒸汽平衡的情况，合理配置汽轮机形式，并对气轮机的耗汽量进行计算。

1）背压式汽轮机或纯凝式汽轮机的耗汽量（t/h）：

$$D_0=\frac{860\times4.18P_0}{1000\eta_i(h_0-h_{n1})}\tag{9-88}$$

式中，D_0为背压式汽轮机或纯凝式汽轮机的耗汽量（t/h）；P_0为汽轮机的额定功率（kW）；h_0为汽轮机的进汽初焓（kJ/kg）；h_{n1}为汽轮机理想过程（等熵过程）的终焓，根据背压或排汽压力查焓熵图（kJ/kg）。

空负荷运行所需的功空载功率，对冷凝式汽轮机。空负荷流量约占负荷流量的4%左右；对背压式汽轮机，约占全部汽耗量的30%左右，因为背压式汽轮机排汽压力高，焓降小，所以需要气量大。

2）抽气凝汽式汽轮耗汽量：驱动用抽凝式汽轮机的汽量计算，一般根据蒸汽平衡的情况，首先确定抽气量，由抽气量计算出抽气所产生的功率后，然后余下的功率要求通过计算凝汽量产生，这样就可以得

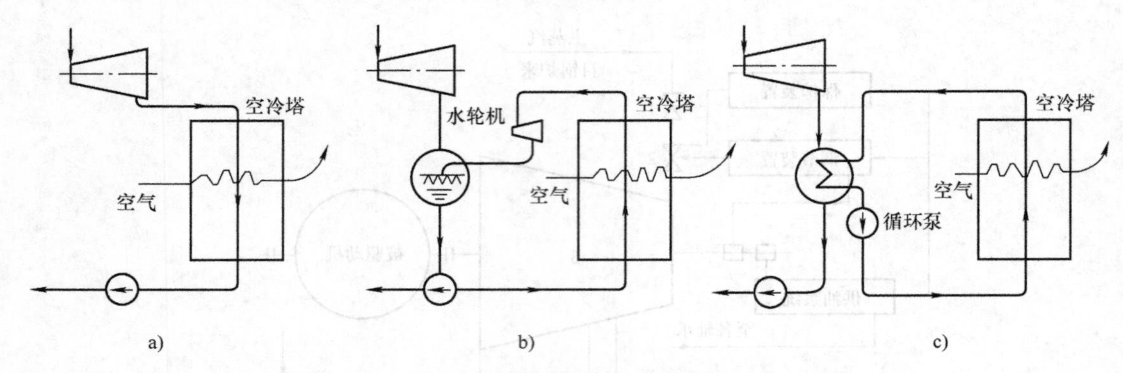

图 9-71　汽轮机的干式凝气系统

a）直接冷却系统　b）间接冷却射流凝气系统　c）间接冷却表面式凝气系统

到总蒸汽耗量。计算公式使用式（9-103）。

3）凝汽器冷却水消耗量：

$$W=\frac{D_0 q}{c\Delta t} \tag{9-89}$$

式中，W 为冷却水消耗量（t/h）；D_0 为汽轮机的凝汽量（t/h）；q 为乏汽的汽化潜热，为 2140～2220kJ/kg（因为有10%左右的湿度，所以要低于蒸汽的汽化潜热）；c 为常温水的比热容，工程上习惯取 4.18kJ/(kg·℃)；Δt 为循环水在凝汽器内的温升（℃），工程估算时，式（9-104）可简化为 $W=(40\sim55)D_0$，低环境温度取小值，高环境温度取大值。

4）凝汽器蒸汽凝结温度：

$$t_s=t_{w1}+\Delta t+\delta_t \tag{9-90}$$

式中，t_s 为凝汽器中蒸汽凝结温度（℃）；t_{w1} 为冷却水的进水温度（℃）；Δt 为循环水在凝汽器内的温升（℃），不能确定时，可按 $\Delta t=\frac{q}{C_m}$，m 为循环倍率，是指单位质量的乏汽量用几倍于它的循环水冷却，其余符号同上；δ_t 为凝汽器的传热端差（℃）。

（2）变工况　理论研究与工程实践标明，当通流部分结构尺寸都不变时，级组前、后的蒸汽参数与其流量可由如下关系（简化的费留盖尔公式）：

$$\frac{D_{0n}}{D_0}=\frac{p_{0n}}{p_0}\frac{\sqrt{T_0}}{\sqrt{T_{0n}}} \tag{9-91}$$

式中，D_{0n}、p_{0n}、T_{0n} 为新工况下通过该级组的蒸汽流量、压力、温度；D_0、p_0、T_0 为原工况下通过该级组的蒸汽流量、压力、温度。

当参数变化时，可用式（9-106）进行估算。

4. 蒸汽轮机的应用与选择

蒸汽轮机作为离心压缩机的驱动机在国内外较为成熟，机器型号齐全，无设计缺口，可选择的厂商较多，工艺调节方便，安全性较高。国外在早期基本负荷型 LNG 装置中绝大部分使用蒸汽轮机驱动，表 9-23列出了早期国外一些 LNG 装置用蒸汽轮机作为冷剂压缩机的驱动机。

表 9-23　国外驱动机用蒸汽轮机的典型 LNG 装置

业主	装置规模/(万 t/a)	开车（出厂）时间
印度尼西亚 Bontang LNG（T1－2）	540（两线）	1977
印度尼西亚 Arun LNG（T1）	165	1978
印度尼西亚 Bontang LNG（T3－4）	540（两线）	1983
马来西亚 MLNG Satu（T1－3）	810（三线）	1983
文莱 Brunei LNG（T1－5）	720（五线）	1972

在我国的一些小型 LNG 装置中，由于依托条件较好，也采用了蒸汽轮机驱动，表 9-24 列出了一些 LNG 装置用蒸汽轮机作为冷剂压缩机的驱动机。

蒸汽轮机的内效率较高，为 65%～85%，但需要复杂的锅炉蒸汽系统和水系统，投资及占地面积加大；在缺水及严寒地区，适应性差。此外，蒸汽循环系统（朗肯循环）的效率不高，为 25%～40%，投资成本和运行费用较高。

表9-24 国内驱动机用蒸汽轮机的典型LNG装置

业主	装置规模/(m^3/d)	开车(出厂)时间
云南先锋	100	2011
陕西龙门煤业	150	2011
攀枝花华益能源有限公司	30	2011
辽宁哈深冷鹤岗	50	2012

蒸汽轮机作为驱动机技术已较为成熟，我国杭州汽轮机股份有限公司（简称杭汽）的系列化模块化反动式工业汽轮机技术，可以利用的蒸汽，下至0.1MPa的饱和蒸汽，上至14MPa的高压蒸汽。可以输出500～150000kW的功率，以及2200～15000r/min的转速，杭汽产品的覆盖范围是：新蒸汽［0.2～14MPa(A)/540℃］、抽气或排汽［≤4.5MPa（A）］、转速(2200～15000r/min)、输出功率（500～150000kW)。这些产品可以很好地满足LNG装置中冷剂压缩机等的驱动需求。

9.2.4 电动机

电动机由定子和转子组成。按照定子和转子绕组中流过的电流的不同，旋转电动机又可分为：

1）直流电动机，定子和转子绕组中都是直流电流。

2）同步电动机，定子和转子绕组中，一个是交流电动机，另一个是直流电动机。

3）异步电动机，定子和转子中，都是交流电流（转子不通电，电是通过电磁感应产生的）。

1. 异步电动机

异步电动机又称感应电动机，是由气隙旋转磁场与转子绕组感应电流相互作用产生电磁转矩，从而实现机电能量转换的一种交流电动机。异步电动机是可逆的，就是即可用作发电机也可用于电动机，但异步发电机性能较差，主要还是用作电动机。

异步电动机同其他类型电动机相比较，具有结构简单、制造方便、运行可靠、维护方便、价格便宜等优点，因此应用最为广泛。据统计，异步电动机的用量占电网总负荷的60%以上。但异步电动机存在着功率因数较低、调速性能较差等缺点，所以在某些场合，如在大功率、低转速的一些机械，异步电动机的应用就受到了一定的限制。

异步电动机按照定子的相数可分为单相、三相；按转子绕组的结构可分为笼型和绕线转子，笼型异步电动机可根据铁心槽的形式分为普通型、深槽型、双笼型；按防护方式可分为开启式、封闭式、防爆式等。

（1）异步电动机的型号　产品型号是为了简化技术条件对产品名称、规格、型号等的叙述而引入的一种代号，我国现在用汉语拼音大写字母、国际通用符号和阿拉伯数字组成电动机产品型号，其组成形式如图9-72所示。

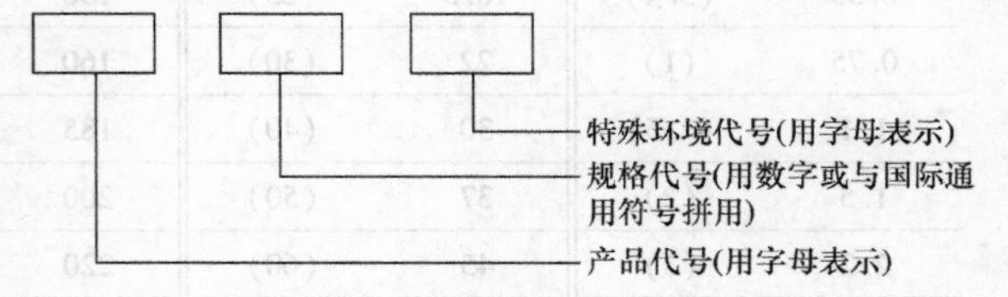

图9-72　异步电动机的型号

异步电动机的产品代号由类型代号（Y）、特点代号（用字母表示）和设计序号3个小节组成。表9-25列出了部分异步电动机产品代号的含义。规格代号用中心高（mm)，或铁心外径（mm）或机座号或凸缘代号、机座长度、铁心长度、功率、转速或磁极数表示。中小型电动机机座长度可用国际通用字符表示，如S表示短机座，M表示中机座，L表示长机座。

表9-25 部分异步电动机产品代号的含义

名称	字母代号	名称	字母代号	名称	字母代号
交流异步	Y	高起动转矩	Q	起重、冶金	Z
铝线	L	双笼	S	高转差率	H
多速	D	防爆	B	电磁调速	CT
绕线转子	R	高速	K	立式深井泵用	LB

异步电动机的特殊环境代号按表9-26的规定，如果同时具备一个以上的特殊环境条件，则按表中顺序排列。

表9-26 异步电动机的特殊环境代号

名称	环境代号	名称	环境代号
高原	G	热带	T
海洋	H	湿热	TH
户外	W	干热	TA
化工防腐	F		

（2）异步电动机的额定值　额定值是制造厂根据国家标准，对电动机每一电量或机械量所规定的数值。

1）额定功率P_n　是指轴上输出的机械功率，单位为W或kW。小功率时，额定功率已标准化，见表9-27，可靠档选用。

表 9-27 小型异步电动机的标准额定功率 [单位：kW（HP）]

37	(1/2)	15	(20)	132	(175)	335	(450)	600	(800)
0.55	(3/4)	18.5	(25)	150	(200)	355	(475)	630	(850)
0.75	(1)	22	(30)	160	(220)	375	(500)	670	(900)
1.1	(1.5)	30	(40)	185	(250)	400	(530)	710	(950)
1.5	(2)	37	(50)	200	(270)	425	(560)	750	(1000)
2.2	(3)	45	(60)	220	(300)	450	(600)	800	(1060)
3.7	(5)	55	(75)	250	(350)	475	(630)	850	(1120)
5.5	(7.5)	75	(100)	280	(375)	500	(670)	900	(1180)
7.5	(10)	90	(125)	300	(400)	530	(710)	950	(1250)
11	(15)	110	(150)	315	(425)	560	(750)	1000	(1320)

2）额定电压 U_n 是指电动机在额定运行时的线电压，单位为 V 或 kV。

3）额定电流 I_n 是指电动机在额定运行时的线电流，单位为 A。

4）额定频率 f_n 是指电动机在额定运行时的频率，单位为 Hz。

5）额定转速 n_n 是指电动机在额定运行时转子。

6）额定联结是指电动机在额定电压下，定子三相绕组应采用的连接方法。目前电动机铭牌上给出的联结有两种，一种是额定电压为 380/220V，Y/△联结，这表明定子每相绕组的额定电压是 220V。如果电源线电压是 220V，定子绕组则应接成△联结；如果电源线电压是 380V，则应接成 Y 联结。切不可误将 Y 联结错为△联结，否则每相绕组电压大大超过其额定值，电动机将被烧毁。

7）温升是指运行是电动机温度高出环境温度的数值。允许温升的大小与电动机采用的绝缘材料的耐热性有关。

8）绝缘等级是指电动机所用绝缘材料的耐热等级。它一般用字母表示。电动机允许温升与绝缘等级的关系见表 9-28。有的铭牌只标允许温升，不标绝缘等级。

表 9-28 电动机允许温升与绝缘等级的关系

绝缘等级	A	E	B	F	H	C
绝缘材料允许的温度/℃	105	120	130	155	180	≤180
电动机允许的温度/℃	60	75	80	100	125	125

9）定额是指电动机允许持续使用的时间，也称工作期限或运行方式。通常分为三种：①连续定额，按定额运行可长时间持续使用；②短时定额，只允许在规定的时间内按额定运行使用，标准的持续时间限制分别为 10min、30min、60min 和 90min 四种；③断续定额，间歇运行，但可按一定周期重复运行，每周期包括一个定额负载时间和一个停止时间。额定负载时间与一个周期之比成为负载持续率，用百分数表示。标准的负载持续率为 15%、25%、40%、60% 四种，每个周期 10min。短时定额和断续定额运行时，由于有一段时间电动机不发热，所以同容量的这类电动机的体积可以做得小一些。连续定额的电动机用短时定额或断续定额运行时，所带负载可以超过额定数值。但要注意，短时定额和断续定额运行的电动机不能按容量做连续定额运行，否则电动机将过热，甚至被烧毁。

10）防护形式是指电动机外壳防水、防尘能力的程度，如图 9-73 所示。

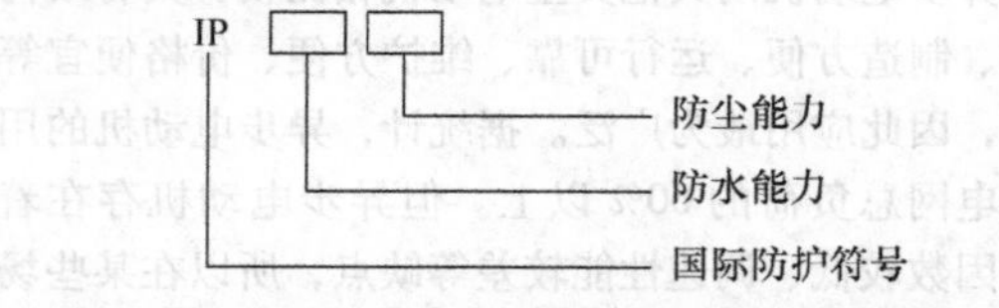

图 9-73 异步电动机的防护形式意义

异步电动机防尘能力有 7 级，见表 9-29。防水能力共有 9 级，见表 9-30。

表 9-29 异步电动机防尘能力

防护等级	简称	防护性能
0	无防护	没有专门防护
1	防护大于 50mm 的固体	能防止直径大于 50mm 的固体异物进入壳内 能防止人体的某一大部分（如手）偶然或意外地触及壳内带电或运动部分，但不能防止有意识地接近这些部分

（续）

防护等级	简称	防护性能
2	防护大于12mm的固体	能防止直径大于12mm、长度不大于80mm的固体异物进入壳内 能防止手指触及壳内带电或运动部分
3	防护大于2.5mm的固体	能防止直径大于2.5mm的固体异物进入壳内 能防止厚度或直径大于2.5mm的工具、金属线等触及壳内带电或运动部分
4	防护大于1mm的固体	能防止直径大于1mm的固体异物进入壳内 能防止厚度或直径大于1mm的工具、金属线等触及壳内带电或运动部分
5	防尘	不能完全防止尘埃进入，但进入量不能达到妨碍电机的运行程度 完全防止触及壳内带电或运动部分
6	尘密	完全防止尘埃进入壳内 完全防止触及壳内带电或运动部分

表9-30　异步电动机防水能力

防护等级	简称	防护性能
0	无防护	没有专门防护
1	防滴	防处置的滴水
2	15°防滴	防与铅直线成15°角范围的滴水
3	防淋水	防与铅直线成60°角范围的滴水
4	防溅	防任何方向的溅水
5	防喷水	防任何方向的喷水
6	防海浪或防强力喷水	防强海浪或强力喷水
7	浸入	在规定压力和时间内可浸入水中
8	潜水	按规定条件，可长期潜水

异步电动机的额定数据除以上内容外，绕线转子异步电动机铭牌上，还标有转子绕组的开路电压和额定电流，用作配用电阻的依据。

（3）异步电动机的转速　异步电动机要转动起来，就需要有旋转磁场，而旋转磁场的转速可按式（9-92）进行计算。

$$n_1=\frac{60f}{p} \tag{9-92}$$

式中，n_1 为旋转磁场的同步转速（r/min）；f 为定子电源的频率（Hz）；p 为旋转磁场的磁极数。

式（9-92）说明，当电源频率固定不变时，旋转磁场的转速与磁极对数成反比。旋转磁场的磁极对数越多，它的转速越低。由于磁极对数只能是整数倍，因此，旋转磁场的转速是成倍变化的，例如：

$p=1$，$n_1=3000$r/min；$p=2$，$n_1=1500$r/min；$p=3$；$n_1=1000$r/min；$p=4$，$n_1=750$r/min；$p=5$，$n_1=600$r/min。因为磁极必然成对出现，所以电动机的磁极数肯定是偶数。常见电动机的磁极数通常有2极、4极、6极、8极、10极，磁极再多就少见了，对应的名义转速就是3000r/min、1500r/min、1000r/min、750r/min、600r/min。用得最多的是2极和4极电动机。异步电动机的实际转速总是低于其同步转速，并且随负载大小稍有变化。满载时的转速比同步转速低3%～4%，称为转差率 $s=\frac{n_1-n}{n_1}\times 100\%$，$n$ 为电动机转速。空载时的转速接近同步转速，转差率约1%。电动机依靠与同步转速之间的转速差来获取电能运转，所以不可能达到同步转速。

（4）异步电机的功率因数　由于转子导体中的电是通过电磁感应产生的，转子的每相绕组都有电阻和电感，是个感应电路，其电流比电动势滞后 φ_2 角，用 $\cos\varphi_2=\frac{R_2}{Z_2}$（$R_2$ 为转子电阻，Z_2 为转子一相阻抗）来表征其特性，称为功率因数。转子电流 I_2 和转子的电路功率因数 $\cos\varphi_2$ 都随转差率 s 而变化。当转差率 s 增加时（电动机转速下降），转子电流 I_2 增大，功率因数 $\cos\varphi_2$ 变小。转子电流 I_2 和功率因数 $\cos\varphi_2$ 随转差率 s 变化的曲线如图9-74所示，效率曲线如图9-75所示。

由于转子电路是旋转的，转子旋转的速度不同时，转子绕组和旋转磁场之间的相对转速不同，所以转子电路中的各个量，如电动势、电流、电感和功率因数等，都与转差率有关，也是与电动机的转速有关。

（5）异步电动机的输出功率　可按式（9-93）

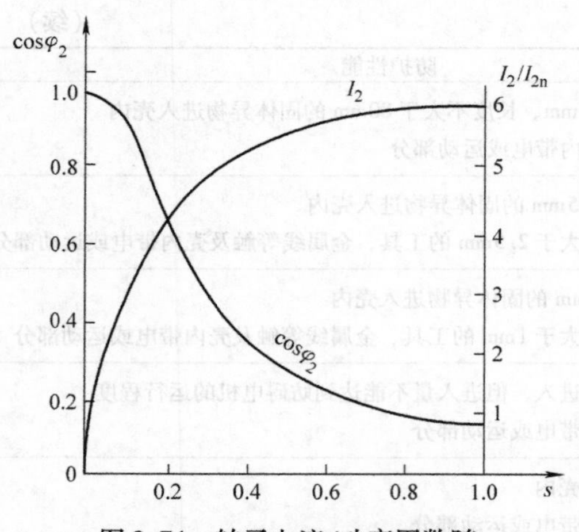

图 9-74 转子电流/功率因数随转差率 s 变化的曲线

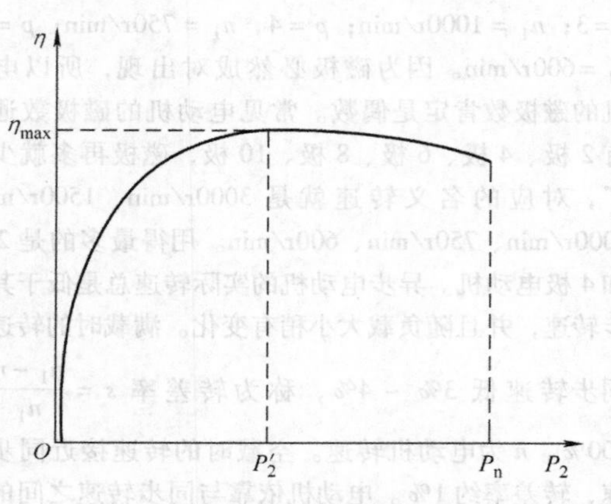

图 9-75 效率曲线

计算。

$$P_1 = \sqrt{3}U_n I_N \cos\varphi_n \eta \tag{9-93}$$

式中，P_1 为电动机的额定输出功率（W）；U_n 为电源的额定电压（V）；I_N 为通过电动机的额定电流（A）；$\cos\varphi_n$ 为额定功率因数；η 为电动机效率。

电动机效率和输出功率密切相关，如图 9-74 所示，当电动机输出功率低，即负载小时，效率也较低；当输出功率增加即负载增加时，效率值也增加；但当电动机输出功率最高即额定负载时，电动机的效率不是最大值，这是因为此时电动机的损耗较大。一般异步电动机的最高效率，出现在负载为（75% ~ 80%）P_n 时，目前一般异步电动机的效率为 75% ~ 92%，且容量较大效率越高。容量在 10kW 以下的电动机其效率为 75% ~86%，容量在 10 ~ 100kW 的电动机其效率为 86% ~92%，大功率电动机效率可达 97% ~99%，图 9-75 所示为电动机效率与功率的关系。

（6）异步电动机的特性曲线

1）转矩特性，表征电磁能和机械能之间的转换，异步电动机的电磁转矩与电源的电压和频率、转子的电阻和感抗有关，还与转差率也有关系。其中转子的电阻与感抗是电动机的固定参数，它们基本上是个常数。因此，要是电源的电压与频率也不变，异步电动机的电磁转矩就会随着转差率的变化而变化。这样，当电动机电源的电压 U_1 与频率 f_1 也不变时，M_{em} 与 s 的关系为异步电动机的转矩特性，记做：$M_{em}=f(s)$，如图 9-76 所示，从曲线中可以看出，在电动机刚刚起动的瞬间（$n=0$，$s=1$），尽管转子的电流很大（从图 9-74 中得到），可是，由于转子电路此时电流的频率最高（$f_1=f_2$），使得转子的感抗远大于转子电路的电阻，所以转子电路此时功率因数 $\cos\varphi_2$ 却很小，所以电动机的起动转矩不大。电动机起动后，随着转矩的逐渐升高，转差率就会逐渐减小，转子的电流也较小，但减小的速度较慢（从图 9-74中得到），转子电路此时功率因数 $\cos\varphi_2$ 却在增大，电动机的转矩也在逐渐上升。当转速上升到一定值时，电动机的转矩就不再升高；称这时的转差率为临界转差率 s_m，这时的转矩为最大转矩 M_{max}；因为当转速继续上升时，电动机的转矩不升反而要下降了。当转矩达到 $n=n_1$，$s=0$ 时，电动机的转矩为零，这也就是前面提到的理想空载状态，实际中电动机是达不到这个状态的。图 9-76 所示为异步电动机的转矩特性曲线。

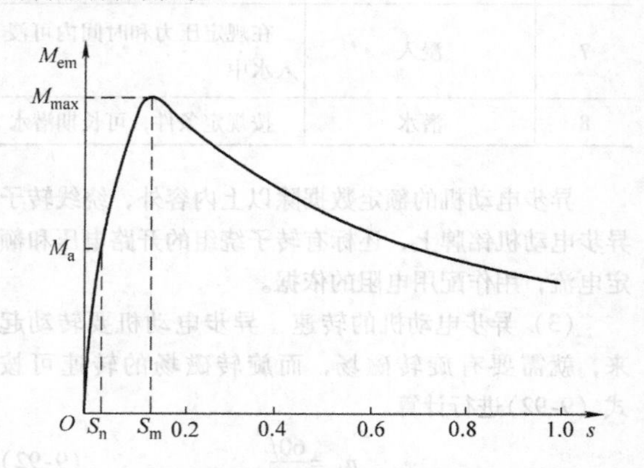

图 9-76 转子电流/功率因数随转差率 s 变化的曲线图

电动机额定转矩 M_n 的数值，不能太接近最大转矩 M_{max}，因为在电动机带额定负载工作时，电源电压 U_1 的下降，使 M_{max} 小于额定负载因某种原因增大，这时电动机也会因为电磁转矩上升的空间太小，不能与负载转矩达到新的平衡而停止转动。所以，一般电动机的额定转矩要比最大转矩小得多，它们的比值叫电动机的过载系数β，即

$$\beta(\lambda)=\frac{M_{max}}{M_n} \tag{9-94}$$

通常电动机的过载系数$\beta=1.8\sim2.5$。

2）机械特性，电动机的机械运动主要体现在转子转速和轴上的电磁转矩上。把异步电动机的转矩与转子的转速关系称之为异步电动机的机械特性，记做：$n=f(M_{em})$，电动机在旋转过程中，其转轴上作用有两种转矩，一种为电动机产生的电磁转矩M，另一种为生产机械作用在电动机轴上的负载转矩M_F，当$M=M_F$时，电动机便以某种相应的转速稳定旋转了；如果当$M>M_F$时，电动机则提高转速；如果当$M<M_F$时，电动机则降低转速，图9-77所示为异步电动机的机械特性曲线，表明了电动机从起动到正常运行的过程。

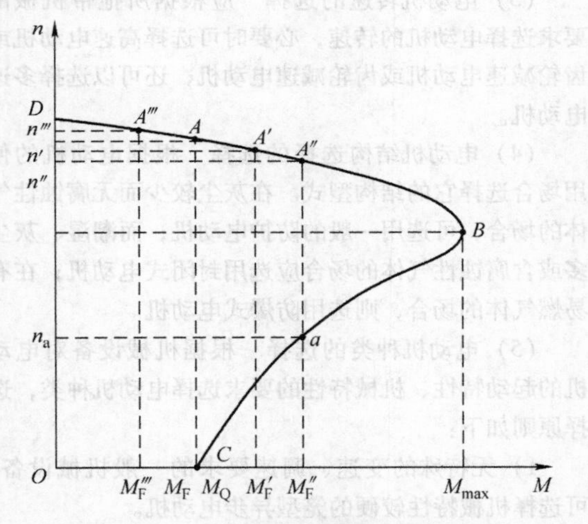

图9-77　异步电动机的机械特性曲线

（7）异步电动机的控制

1）起动笼型异步电动机的起动方法有两种：直接起动（或全压起动）和间接起动（降压起动），对异步电动机的起动有以下几点要求：

① 有足够大的起动转矩。因为起动转矩必须大于起动时电动机的反抗转矩，电动机才能起动。起动转矩越大，加速越快，起动时间越短。

② 在具有足够起动转矩的前提下，起动电流应尽可能地小。

③ 起动设备应简单、经济；操作应可靠、方便。

④ 起动过程中能量损耗要小。

2）调速异步电动机的调速方法有三种：变频调速、变极调速、改变转差率调速。

变频调速是以电源频率$f_1=50\text{Hz}$为基本频率。在50Hz以下变频调速时，电磁转矩不变，这属于恒转矩的调速方法。从50Hz往高变频调速时，如果也按比例升高电压，则电压会超过电动机的额定电压，这是不允许的，因此保持电压不变，是一种弱磁调节方法，这属于恒功率的调速方法。

变极调速当电源的频率不变时，若改变定子的旋转磁场的磁极对数，可以实现电动机的变极调速，例如，磁极从一对改为两对，转速下降为原来的一半。这种调速方法只适用于笼型异步电动机，不适用于绕线转子异步电动机。

改变转差率调速改变外加电源电压或者改变转子电路的电阻，都可以使转差率得到改变，从而改变了电动机的转速。

2. 同步电动机

同步电动机是相对异步电机而言的，异步电动机的特点是定子磁场的转速与转子的转速不相同，而同步电动机则是定子磁场的转速与转子的转速相同，凡是容量较大，转速要求稳定的通常采用同步电动机，有时为了改善供电质量，提高功率因数，常采用同步电动机来专门产生和吸收电网的无功功率。

同步电动机与同步发电机基本结构是相似的，同步电动机同其他电动机一样也是使用电能的机械。当三相交流电通入三相定子绕组时产生空间旋转磁场，转子绕组通入直流电产生极性固定的磁极，转子的磁极与定子旋转磁极的磁极对数相同。当转子上的N极也对齐，此时异性磁极相互吸引，转子也就旋转起来了。其工作实质是定子旋转磁场以磁拉力拖着转子磁场一起旋转。与异步电动机不同，同步电动机转子与旋转磁场无相对运动，所以其转速等于旋转磁场的速度。

（1）同步电动机的额定值　额定值是制造厂根据国家标准，对每一台电动机电量或机械性能所规定的数值。

1）额定功率P_n额定功率是指同步电动机轴上输出的机械功率或同不发电机额定运行时向输出的电功率，单位为W或者kW。

2）额定电压U_n额定电压是指电机在额定运行时定子绕组上的线电压，单位为V或kV。

3）额定电流I_n额定电流是指电动机在额定运行时定子绕组上的线电流，单位A或kA。

4）额定频率f_n额定频率是指电动机在额定运行时的产生或使用的交流电频率，单位为Hz。我国交

流电能的标准频率为50Hz。

5）额定转速 n 额定转速是指电动机在额定运行时的效率。

6）额定功率因素 $\cos\varphi_n$ 额定功率因数指额定运行时的功率因数。

此外还有相数、绝缘等级、励磁电压、励磁电流等数据。

（2）起动方式　常用的起动方法有异步起动法、辅助电动机法、调频起动法。

1）异步起动法这种方法就是让同步电动机在异步的方式下起动，当起动结束后（同步电动机的转速接近于同步转速时），再给同步电动机的转子绕组同于励磁电流使之建立主磁场。此时同步电动机在自己产生的电磁转矩和异步起动转矩的作用下，进入同步运行状态。

2）辅助电动机起动法如果同步电动机中没有设起动绕组，可以用辅助电动机起动法解决起动问题。就是用一台异步电动机或其他动力机械（如柴油机等），把转子加速到结同步转速是脱开，再通入定子电流及励磁电流，就可以使电动机进入同步运行。

3）调频起动法调频起动法是通过改变定子电流的频率，来改变定子旋转磁场的转速，从而使同步电动机起动的方法。

3. 电动机的选择

选择电动机之前，必须了解下列相关问题：

1）电动机所带负载的工作方式。

2）电动机所带负载是否在调速上有要求。

3）电动机所带负载是否频繁起动，起动的频繁程度如何。

4）电动机所带负载起动转矩有无要求。

5）电动机所带负载转向有无要求。

6）电动机所带负载是否要求控制。

还应了解电动机所接电源情况（变压器的容量）、安装环境的情况托问题根据了解的情况，再对电动机进行选择。一般选择的顺序是首先确定了电动机的功率，再依次确定种类、形式、电压、转速等方面。

（1）电动机的容量选择　正确选择电动机功率的原则，应当在电动机能胜任生产机械负载要求的前提下，最经济合理的决定电动机的功率。如果功率选择过大，会造成浪费，设备投资增大，而且电动机经常轻载运行，其效率和功率因数均在较低状态，此时设备运行费用高，极不经济。反之，若功率选择过小，电动机则经常要过载运行，其使用寿命就会降低。确定电动机功率时，要从运行温度、过载能力、起动能力等方面来考虑，一般以发热为最主要问题。目前，国内电动机已运行30000kW，最大可以达到75000kW；国外电动最大可达100000kW。

（2）电动机电压的选择　要求电动机的额定电压必须与电源电压相符。电动机只能在铭牌上规定的电压条件下使用，一般允许工作电压的上下偏差为+10%～－5%。例如，额定电压为380V的异步电动机，当电源电压在361～418V范围内波动时，此电动机可以使用。当超出此范围，电压过高将引起电动机绕组过载过热，电压过低时，电动机出力下降，甚至带不动机械负载引起“堵转”，也可能发热烧毁。如果电动机铭牌上标有两个电压值，写作220V/380V，则表示这台电动机由两种额定电压。当电源电压为380V时，将电动机绕组接成Y形使用；而电源电压是220V时，将绕组接成△形使用。

（3）电动机转速的选择　应根据所拖带机械的要求选择电动机的转速，必要时可选择高速电动机或齿轮减速电动机或齿轮减速电动机，还可以选择多速电动机。

（4）电动机结构选择的选择　根据电动机的使用场合选择它的结构型式。在灰尘较少而无腐蚀性气体的场合，可选用一般的防护电动机；而潮湿、灰尘多或含腐蚀性气体的场合应选用封闭式电动机；在有易燃气体的场合，则选用防爆式电动机。

（5）电动机种类的选择　根据机械设备对电动机的起动特性、机械特性的要求选择电动机种类，选择原则如下：

1）无特殊的变速、调速要求的一般机械设备，可选择机械特性较硬的笼型异步电动机。

2）要求起动性能好、在不大的范围内平滑调速的设备，应选用绕线转子异步电动机。

3）有特殊要求的设备，则选用特殊结构的电动机，如小型卷扬机、升降机及电动葫芦，可选择锥形转子制动电动机。

（6）防爆及和火灾危险性环境的电动机选择　按照GB 50058—2014《爆炸危险环境电力装置设计规范》，进行分区和选择。

9.2.5　驱动机形式选择

离心压缩机通常的驱动方式有蒸汽轮机、燃气轮机和电动机。

1）蒸汽轮机无设计缺口、工质安全性好、单机效率高（约50%～85%）、易与工艺系统匹配，调节性好；国内外技术相对成熟，易选取，交货期短。但用水蒸气作为工质，需要锅炉系统、冷凝器、给水处理等大型配套辅助设备，投资及占地面积加大。

2）燃气轮机具有装置小、重量轻、起动快，自动化程度高，便于遥控；设备简单、磨损少、无湿气带来的水击锈蚀问题；但存在供应商少，基本为定型产品，仅较少规格可选，存在设计缺口；变工况性能较差、运行维护水平要求较高；输出功率受环境影响较大等特点。

3）电动机无设计缺口、建设工程量少、定期维护频率低、可减少计划关停时间、设备可靠性高，但需要建大型中心电厂及变配电设施，增加了资金投入与占地面积。变速驱动时，需要变频器或无级变速液力耦合器等辅助设施，投资加大。

作为一般原则，驱动机选择可考虑如下几个方面：

1）当蒸汽条件具备时，优先考虑汽轮机驱动。

2）当电力条件具备时，优先考虑电动机驱动，但对大功率电动机及调速设备需要进行可行性分析。

3）当蒸气及电力条件都不具备时，优先考虑燃气轮机驱动；燃气轮机“断档”时，可考虑“燃气轮机+电动机”的复合驱动方式。

燃气轮机系统流程简单，联合蒸汽（或导热油）后循环效率较高，对依托的公用工程要求较少，所以，在蒸汽及电力等依托条件不具备时，大功率离心压缩机的较佳驱动方案为燃气轮机，特别在FLNG装置中。由于空间受限，需要尽可能减少设备，燃气轮机驱动就突出了整个系统的优势。燃气轮机、蒸汽轮机和电动机驱动各有其特点，其性能比较见表9-31。

表9-31 驱动机性能比较

驱动机	工业型燃气轮机	航改型燃气轮机	电动机	蒸汽轮机
热效率	29%~34%	41%~43%	无①	65%~85%（涡轮机内效率） 循环效率30%~45%
提供的功率等级	型号有限	型号有限（最大型功率较小）	可变	可变
实用性	良好	良好	最好	取决于整个蒸汽系统
受大气温度的影响	适中	大	无	小
投资成本	较小	最小	较高②	最高

① 热耗率取决于发电系统的热耗率。

② 假设由燃气轮机发电机现场发电。

可以看出，如果在蒸汽条件或电力条件具备的情况下，电动机或蒸汽轮机驱动有一些优势。另外，在不同的条件下，驱动机自身适应性也有差别，其适用性比较见表9-32。

表9-32 驱动机适应性比较

形式	优势	劣势	应用场合
电动机	无设计缺口 配套设施少，建设工程量少 定期维护频率低，可减少计划关停时间 设备可靠性高	需要建大型中心电厂及变配电设施，增加了资金投入与占地面积 开、停车时，对外部电网影响较大 变速驱动时，需要变频器或无级变速液力耦合器等辅助设施，投资加大 需要特殊的防爆措施 目前国内制造最大电动机驱动能力为4×10^4kW	适用于小功率的压缩机驱动，如BOG压缩机（<1000kW） 具有方便廉价的供电系统 适宜偏远、水源不宜得的地区 业主特殊要求
蒸汽轮机	无设计缺口 工质安全性好，单机效率高 易与工艺系统匹配，调节性好 国内外技术相对成熟，易选取，且竞争激烈，交货期短	用水蒸气作为工质，需要锅炉系统、冷凝器、给水处理等大型配套辅助设备，投资及占地面积加大 在缺水及严寒地区，适应性差	适用于较大功率的压缩机驱动（~13×10^4kW） 具有方便廉价的蒸汽供应系统 业主特殊要求

（续）

形式	优势	劣势	应用场合
燃气轮机	装置小、质量轻、投资少 起动快，自动化程度高，便于遥控 设备简单，磨损少 无湿气带来的水击锈蚀问题	CO_2排放，热效率低 供应商少，设备制造成本高 变工况性能较差，需要改善 运行维护水平要求较高 输出功率受环境影响较大	典型输出功率范围：3×10^4kW ~ 13×10^4kW

国外自20世纪70年代以来，蒸汽轮机、电动机和燃气轮机作为压缩机的驱动机得到了较大发展，现有大型天然气液化装置中，由于大功率燃气轮机和电机技术发展处于初期，所以早期的天然气液化装置，大量采用了蒸汽轮机，但自20世纪90年代以后，燃气轮机已得到广泛应用。图9-78所示为自20世纪70年代以来天然气液化装置冷剂压缩机驱动机的发展趋势，图9-79分析了同期各类驱动机的占比。

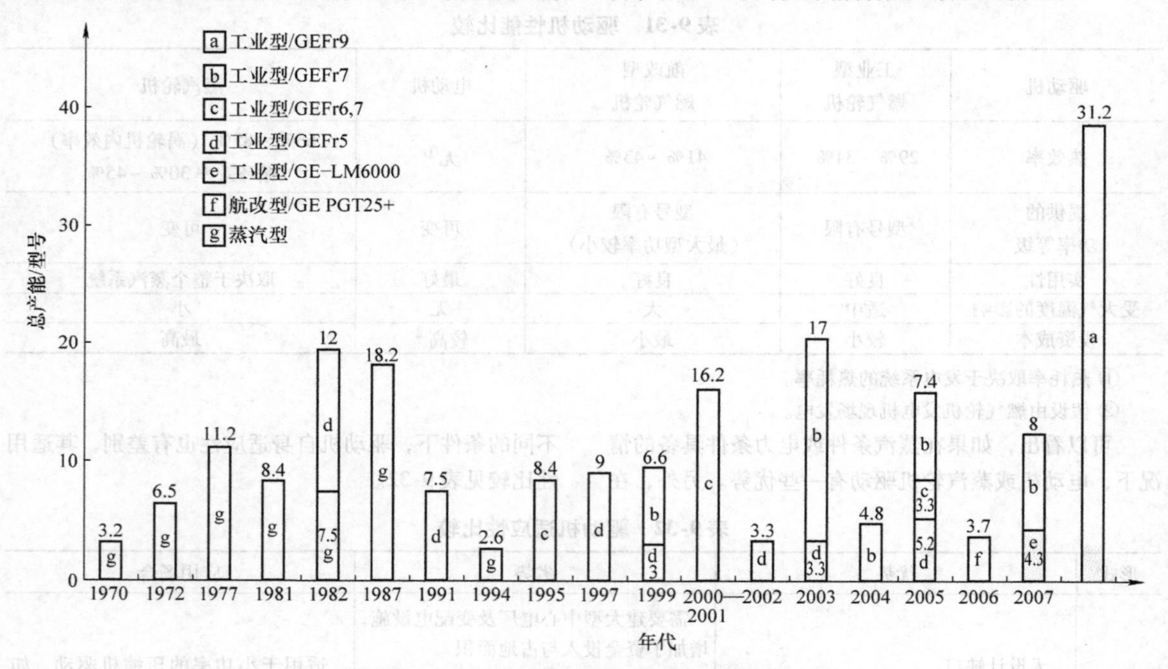

图9-78　世界天然气液化装置冷剂压缩机驱动机

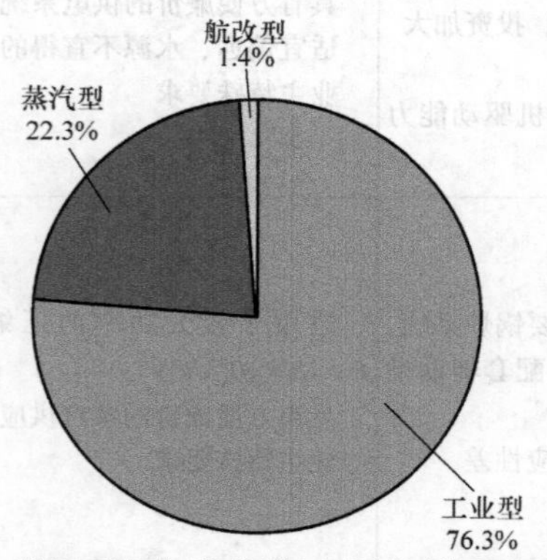

图9-79　世界天然气液化装置冷剂压缩机驱动机占比

从图9-78和图9-79可以看出：

1）20世纪七八十年代，主要采用蒸汽轮机，最大规模的应用到270万t/a的天然气液化装置上。

2）20世纪90年代后，对于大型的天然气液化装置的制冷剂压缩机主要采用工业燃气轮机，航改型燃气轮机直到21世纪才有部分应用。

3）目前在大型天然气液化装置中使用的工业型和航改型燃气轮机都是GE公司的产品，其中工业型燃气轮机的型号有GEFr5、GEFr6、GEFr7、GEFr9和GE－LM6000；航改型型号为GE PGT25＋。

4）近年来应用较多的驱动机有GEFr9、GEFr7、GEFr5（C，D）和GEFr6，7。

尽管在一般情况下，燃气轮机在天然气液化装置中作为驱动机有一些优势，但燃气轮机自身价格昂贵，在项目前期研究和工程设计阶段，需要进行全面比较。

1. 驱动方式比较

压缩机驱动方式的选择，是一项复杂的工作，需要依据依托条件，考虑一次投资、操作费用、占地面积、技术可行性等方面进行全面技术经济比较。此外，在敏感受限地区，还要考虑设备的可获得性，表9-33列出了压缩机驱动方式的比较选择，供具体设计时参考。

表9-33　压缩机驱动方式的比较选择

序号	项目	电动机		蒸汽轮机	燃气轮机
		电动机+液力变速器+软起动	电动机+变频器	燃气锅炉+蒸汽驱动透平	燃气轮机+余热锅炉（可选）
1	选用的主要设备及规格	电动机 液力耦合器 软起动器 高压变压器 开关柜等 循环冷却水系统（电动机、变频器冷却）	电动机 变频器 变压器 开关柜 循环冷却水系统（电动机、变频器冷却）	蒸汽轮机 锅炉岛 高压燃气锅炉 鼓风机 引风机 烟囱 给水除氧系统 除氧器 锅炉给水泵 低压加热器 疏水泵 加药系统 除盐水站 循环水场	燃气轮机机组： 旁路烟囱及三通烟道阀 余热锅炉（可选） 余热锅炉烟囱 除氧器 锅炉给水泵 加药系统 除盐水站
2	设备的可获得性	依项目建设地点确定	依项目建设地点确定	依项目建设地点确定	依项目建设地点确定
3	一次投资估算	根据项目具体确定	根据项目具体确定	根据项目具体确定	根据项目具体确定
4	操作消耗	电、水	电、水	电、水、水蒸气	电、水、气
5	操作费用	根据项目具体确定	根据项目具体确定	根据项目具体确定	根据项目具体确定
6	可靠性	一般	高	高	较高
7	其他问题	液力耦合器和变频器驱动的技术经济比较： 调速范围：变频器调速范围宽（10:1），液力耦合器约4:1 调速精度：调速精度达到0.1Hz，而且稳定性高，液力耦合器精度低 效率：高压频器效率高，无转差损失，其效率达0.95以上，并且不随调速范围而变化，液力耦合器效率低，其效率与调速比成正比，负载转速越低，效率越低 额定转差率：高压变频器没有转差率问题，液力耦合器的转差率大于等于3% 起动性能：高压变频器具有真正意义上的软起动功能，液力耦合器需要加上软起动器，存在晶闸管可靠性问题 可靠性：高压变频器可靠性高，故障率低，液力耦合器可靠性差，特别是漏油和打坏齿轮 维修工作量：液力耦合器的维修工作量远大于变频器 高压变频器一旦发生故障，则可立即切出，并切换到工频电源上，不影响压缩机运转，液力耦合器需要全面停机 功率因数：高压变频器由于采用二极管整流，可以保证电网测的功率因数在0.95以上，液力耦合器调速使电网测功率因数降低，因为电动机的余量较大，输入电流中无功分量就越大，导致其在低功率因数下运行 价格：变频器价格高于液力耦合器			

2. 联合驱动

燃气轮机作为驱动机由于系统简单（可就地采用天然气，无须经过能量转化）、质量轻、投资少、起动快，自动化程度高等优势。但燃气轮机均为定型产品，覆盖面较小，存在断档。在压缩机功率一定的情况下，不得不选用很大规格的燃气轮机，往往存在“大马拉小车”的情况。这样燃气轮机常常不在最佳效率区工作，增加了单位产品的能耗，同时调节性能更差。所以进入21世纪以来，国外多个项目综合考虑能耗、投资等因素，采用燃气轮机发电由电动机驱动压缩机或者燃气轮机＋电动机联合驱动的方式，如：

1）挪威（Hammerfest）的430万t/a的天然气液化装置采用了5台GE－6B燃气轮机发电机组（四开一备）发电后由电动机驱动三台冷剂压缩机，如图9-80所示。

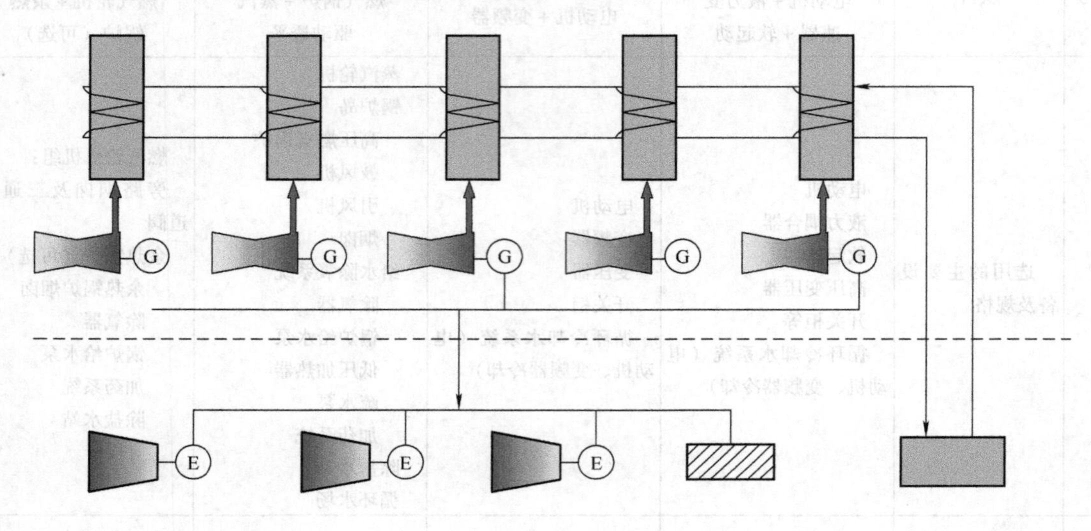

图9-80 Hammerfest 430万t/a的天然气液化装置压缩机驱动配置

G—发电机 E—电动机

2）俄罗斯（YAMAL）的550万t/a天然气液化装置的冷剂压缩机采用燃气轮机＋电动机联合驱动的方案，其中预冷压缩机为单缸，功率为26MW；深冷压缩机为双缸，功率为74MW（LP5.2MW＋HP2.2MW），采用GE Fr7燃机＋24MW的电动机联合驱动，如图9-81所示。

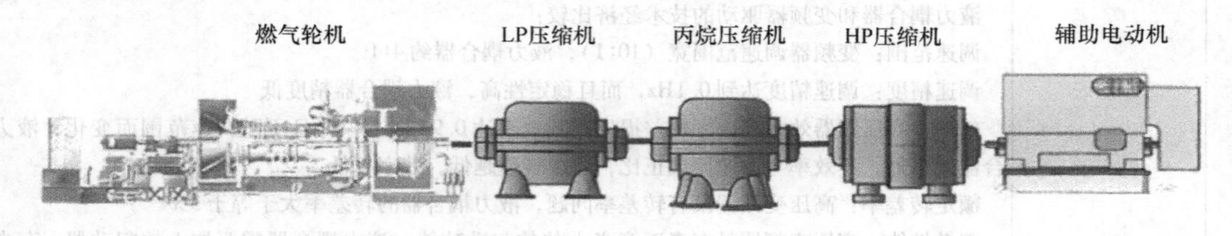

图9-81 YAMAL 550万t/a的天然气液化装置压缩机驱动配置

9.3 膨胀机

膨胀机是利用工作介质压差而输出能量的原动机。按工作原理可分为离心式和容积式，容积式又可分为螺杆式和往复式等。按照工作介质的状态又可分为气体膨胀机和液体膨胀机（液力透平），本节主要介绍天然气液化装置中常用的离心式（也称为透平式）、螺杆式和液力透平。

9.3.1 透平膨胀机

透平膨胀机是通过旋转叶轮，使气体膨胀对外做功的机械，它与活塞式相比，具有流量大、体积小、结构简单、效率高、维护方便等特点。在天然气液化的工艺流程中，利用透平膨胀机，获得天然气液化需要的冷量，是当前天然气液化工艺过程中的重要设备之一。

透平膨胀机的应用主要有两个方面：一是利用它的制冷效应，通过流体膨胀，获得所需要的温度和冷量；二是利用膨胀对外做功的效应，利用或回收高能流体的能量。在制冷的具体应用方面，主要应用于空气低温液化和分离（是空气低温液化和分离装置中获得低温的关键设备）、天然气液化、轻烃回收、极低温的获得和飞机空调等。在能量回收的应用方面，主要有高炉气发电、LNG冷能发电、化工尾气能量回收、废热的能量回收等。

目前透平膨胀机进口压力最高可达到20.0MPa；进口温度最高可达到475℃，最低可达到－270℃；流量最大可达到5×10^6kg/h，转速最高可达1.2×10^5r/min。国际上一些著名的透平膨胀机制造商主要有美国的Rotoflow公司、DresRand（德莱赛）公司、ACD公司、Atlas（阿特拉斯）公司、AirProduct（空气产品）公司，法国的Cryostar，德国的ManTurbo和日本的三菱重工等。

目前我国也有一定的透平膨胀机的制造能力，能生产空分装置用的透平膨胀机和轻烃回收用的部分透平膨胀机。但大型的透平膨胀机还需要从国外进口，特别是应用于天然气液化工艺流程的透平膨胀机，因为处理量大，这类透平膨胀机基本上都是采用进口设备。

1. 透平膨胀机的构成及其结构特点

根据能量转换和守恒定律，气体在透平膨胀机内进行绝热膨胀对外做功时，气体的热能减少（焓值下降），从而使气体本身温度降低，达到制冷的目的。

在透平膨胀机中，气体的能量转换发生在导流器的喷嘴叶片间与工作叶轮内。高压气流在喷嘴内进行部分膨胀，然后以一定的速度进入叶轮，推动叶轮旋转。气流进入叶轮后还会进一步膨胀，气流的反冲力进一步推动叶轮旋转，旋转的叶轮轴具有对外做功的能力。工作流体的压力在导流器和工作轮中的分两次降低。气体的焓值变化也是如此，在导流器中转换一部分能量，到叶轮中又转换一部分能量。通常把离心膨胀机在工作叶轮内能量转换的多少（即焓值的降低数值）与通过导流器和叶轮整个级的热能转换的数量（总焓降）之比，称为离心膨胀机的反动度，大多数膨胀机是属于反动式膨胀机。

进入透平膨胀机的气体流量可以通过导流叶片来调节，改变透平膨胀机的进气量，以适应系统负荷的变化。透平膨胀机的结构如图9-82所示，气体流经的通道程为通流部分，其中一个喷嘴环（导流器）和一个叶轮组成透平膨胀机的一个级，喷嘴环如图9-83所示。

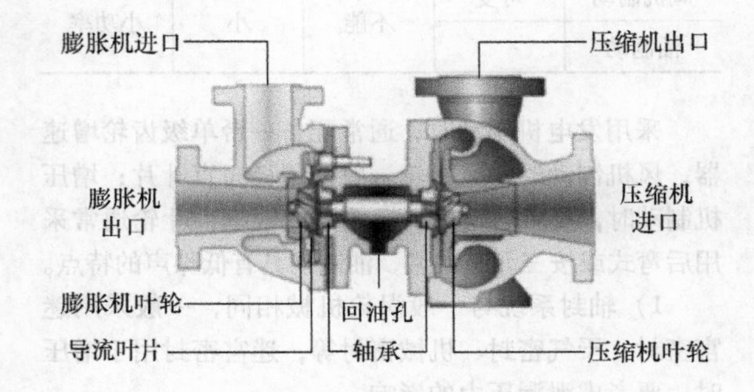

图9-82 透平膨胀机的结构

图9-83 喷嘴环

按照工质的性质、工作参数、用途及制动方式等，来区分不同类型的透平膨胀机。根据工作流体在叶轮中流动的方向可以分为径流式、径轴流式和轴流式。按照工作流体从外周向中心或从中心向外周的流动方向，径流式和径轴流式又可分为向心式和离心式。实际上，由于离心式工作轮的流动损失大，因此大都采用向心式。

要保证透平膨胀机正常工作，还必须配以其他一些设备，一起组成透平膨胀机组，机组除包括膨胀机本体外，还包括制动设备、减速器与联轴器等传动设备、润滑系统和冷却系统、气封系统、安全保护设备和监测控制系统等。

制动系统制动设备用来消耗或回收膨胀机发出的机械功，以维持机组的稳定运转，常用的制动方式见表9-34。

表 9-34　透平膨胀机制动方式比较

制动方式	转速	功率回收	投资费用	适用场合
发电机制动	不可变	能	较大	大功率
增压机制动	可变			
风机制动	可变	不能	小	小功率
油制动				

采用发电机制动时，通常配备一台单级齿轮增速器，风机制动时，风机轮一般采用径向直叶片；增压机制动时，要求增压机具有较高的效率，叶轮通常采用后弯式或按三元流成型，油制动具有低噪声的特点。

1）轴封系统与一般涡轮机械相同，一般采用迷宫密封、干气密封、机械密封等，迷宫密封用于增压时，要考虑泄漏压力的影响。

2）润滑系统与一般涡轮机械相同，气体轴承的润滑系统则要求提供达到规定的压力，不含机械杂质的干燥气体。

3）安全保护设备可使透平膨胀机处于先兆事故状态和事故状态时得到有效保护，其保护内容视机组不同有所增减，主要有油压低、轴承温度高、转速高、轴向力大、密封气压力低、增压机防喘振、发电机脱电网等。

2. 透平膨胀机的主要性能参数

（1）速比 u_2/c_0　是透平膨胀机最重要的参数，u_2为叶轮圆周速度，c_0为气体通过喷嘴后气体的流速。典型的膨胀机的 u_2/c_0　比（无量纲数）的设计峰值在0.7以上，一般通过速比可查的膨胀机效率，如图9-84所示。

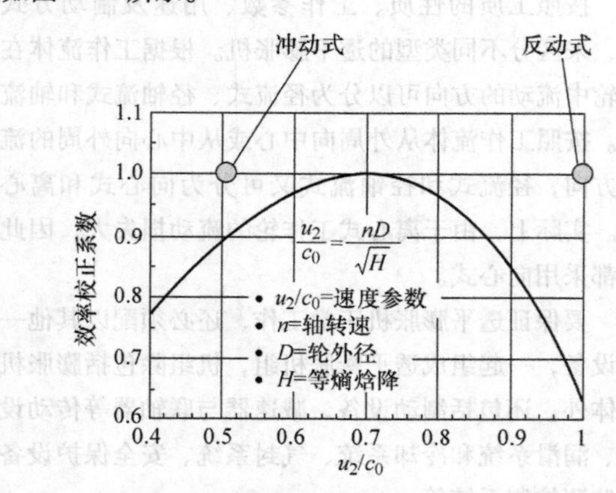

图 9-84　透平膨胀机效率和速比的关系

（2）效率　指等熵膨胀效率；一般为70%～85%，小流量取小值，大流量取大值。为了使膨胀机运行效率高，应选择设备正常生产工况所需冷量作为膨胀机的设计工况，再采取合理的调节方法来适应其他工况的要求。API 617要求膨胀机正常工况点上的预测效率至少应达到98%；在正常工况下压缩机的功率消耗应不大于膨胀机所得功率的106%，但也不得少于膨胀机所得功率的96%。

（3）透平膨胀机的调节范围

1）转动喷嘴叶片调节是最广泛的调节方法，具有良好的调节特性，能在正负方向很大范围内实现连续无级调节。

2）入口节流调节优点是结构简单，但经济性差。

3. 透平膨胀机的工程计算

1）透平膨胀机输出功率：

$$P = G\Delta H\eta_T \tag{9-95}$$

式中，P 为膨胀机输出功率（kW）；G 为质量流量（kg/s）；ΔH 为绝热焓降（kJ/kg），$\Delta H = c_p T_1\left[1-\left(\frac{p_2}{p_1}\right)^{\frac{\kappa}{\kappa-1}}\right]$；$c_p$为等压热容[kJ/(kgK)]；$T_1$为入口温度（K）；$p_2$为出口压力；$p_1$为入口压力；$\kappa$ 为等熵指数；η_T 为膨胀机的效率，一般为70%～85%，小流量取小值，大流量取大值。

2）透平膨胀机的出口温度：

$$T_2 = T_1\left(\frac{P_2}{P_1}\right)^{\frac{m-1}{m}} \tag{9-96}$$

式中，T_2为膨胀机的出口温度（K）；m 为膨胀指数，$\frac{m}{m-1}=\frac{\kappa}{\kappa-1}\eta_T$；其余符号同式（9-95）。

3）变工况：新工况与基准工况状态流量间的换算公式为

$$q'_v = \frac{p'_0}{p_0}\sqrt{\frac{\kappa' Z_0 R T_0\left(\frac{2}{\kappa'+1}\right)^{\frac{\kappa'+1}{\kappa'-1}}}{\kappa Z'_0 R' T'_0\left(\frac{2}{\kappa+1}\right)^{\frac{\kappa+1}{\kappa-1}}}}\,q_v \tag{9-97}$$

式中，Z_0、Z'_0为新工况进口处与基准状态下气体的压缩性系数；R、R'为新工况进口处与基准状态下气体的气体常数；T_0、T'_0为新工况进口处与基准状态下气体的进口温度（K）；p_0、p'_0为新工况进口处与基准状态下气体的进口压力（Pa）；κ、κ'为新工况与基准状态下气体的等熵指数；q_v、q'_v为新工况与基准状态下气体的流量（m³/h）。

4. 透平膨胀机的应用

天然气液化装置中应用较多的有带发电机的透平膨胀机和带增压机的透平膨胀机。发电透平膨胀机一般为定转速，需要配置齿轮减速器。增压透平膨胀机其原理与结构与风机制动基本相同，只不过风机制动不回收功率，空气由大气吸入并排向大气，而增压机则以参加气体分离或液化流程的方式回收机械功来提高设备的经济性。膨胀机与增压机一般为一个共轴整体，两者的性能匹配是十分重要的，正常工作时必须满足以下关系：

1）质量流量相等。

2）功率平衡，即膨胀机发出的功率扣除机械损耗后等于增压机的功率。

3）转速相等。事实上两机总是处于一种自平衡状态。透平膨胀机的工作温度一般比环境温度低，需要有良好的保冷措施。对于压力高，焓降大或带液的透平膨胀机由于转速高、轴向力大，对轴承有较高的要求。同时，还要采取相应的轴向力平衡措施。对于尺寸精度要求高及有严格配合要求低温工作零件，不应选用降温过程中会发生马氏体转变的奥氏体不锈钢，如确需采用这类不锈钢，应调整合金成分使其降到转变温度以下，或对材料进行低温预处理后再精加工。表9-35示出了ATLAS膨胀机的一些参数，可在实际工程中参考。

表9-35　ATLAS公司膨胀机的参数

机壳尺寸	最大功率/kW	法兰尺寸	
		膨胀机	压缩机
Frame 1	200	3″/4″	6″/6″
Frame 2	1200	4″/6″	8″/8″
Frame 2. 5	2000	6″/8″	10″/10
Frame 3	3500	8″/10″	12″/12″
Frame 3. 5	6000	10″/12″	18″/18″
Frame 4	8000	12″/14″	20″/18″
Frame 5	11000	20″/24″	24″/24″
Frame 6	15000	24″/30″	36″/36″
Frame 7 * *	22000	30″/36″	42″/42″

注：1. * * 该型号尚未开发完成。
　　2. ″表示 in。

9.3.2　螺杆膨胀机

螺杆膨胀机是一种按容积变化原理工作的双轴回转式螺杆机械。它没有活塞式机械那样的气阀、活塞等滑动部件，因而可进行高速运转，气流速度比普通容积式机械大得多。它不但具有螺杆压缩机的转速高、工艺性良好和无磨损、无不平衡的质量力等特点，而且可应用现有的螺杆压缩机的生产技术来进行生产但其制造工艺和控制系统要比螺杆压缩机复杂得多。

1. 螺杆膨胀机的构成及其结构特点

螺杆膨胀机的结构与螺杆压缩机基本相同，主要由一对螺杆转子、缸体、轴承、同步齿轮、密封组件及联轴器等极少的零件组成，结构简单，其气缸呈两圆相交的“∞”字形，两根按一定传动比反向旋转相互啮合的螺旋形阴、阳转子平行地置于气缸中，如图9-85所示。

螺杆式与透平式相比，螺杆膨胀机的特点为：

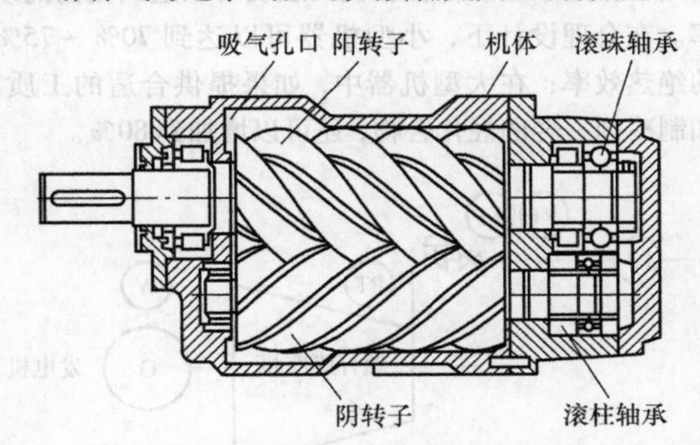

图9-85　螺杆膨胀机

1）螺杆膨胀机除适用于过热蒸汽外，也适用于气液两相、热水和饱和蒸汽。

2）螺杆膨胀机结构简单，主要部件仅两根螺杆和外壳，安装维修容易。

3）螺杆膨胀机除轴承、密封外，无其他磨损件，螺杆转速不高，机组寿命长，维修费用低，安全可靠性高。

4）螺杆膨胀机允许单机和并网运行，转矩大，能直接拖动风机、水泵或压缩机，当带动发电机发电时能承受较大的冲击负荷。

5）螺杆膨胀机对于工业锅炉蒸汽或工厂热水品质要求不高，因为螺杆与螺杆、螺杆与机壳的相对运行是具有除垢自洁能力的，而未能除去的剩余污垢可起到减少间隙的作用，减少了泄漏损失，提高了机组效率。

6）螺杆膨胀机是小型汽轮机的替代产品，可广泛用于工业余热余压动力回收及作为地热、太阳能等新能源动力机。

7）螺杆膨胀机采用新型微机调速控制装置，机组起动及带负荷操作很简单，正常运行可以实现全自动无人管理。

2. 螺杆膨胀机的主要性能参数

螺杆膨胀机和螺杆压缩机的主要性能参数类似。

3. 螺杆膨胀机的工程计算

螺杆膨胀机的工程计算可参考透平膨胀机。

4. 螺杆膨胀机的应用

目前，对螺杆膨胀机的应用主要集中在以下两个方向：一是单循环系统；二是有机工质双循环系统。

单循环系统是指含热流体即气液两相，直接被引入螺杆膨胀机做功，也称为背压式，如图9-86所示。此类膨胀机除了用于天然气液化装置的余压回收外，还可应用在地热发电厂、化工厂及用于空调和热泵系统的大型蒸汽压缩设备的节流过程来代替节流阀，通过利用径流透平和螺杆膨胀机回收功可以达到更高的效率。在合理设计下，小型机器可以达到70%～75%的绝热效率；在大型机器中，如果提供合适的工质，如制冷剂、轻的烃化合物，还可以增加到80%。

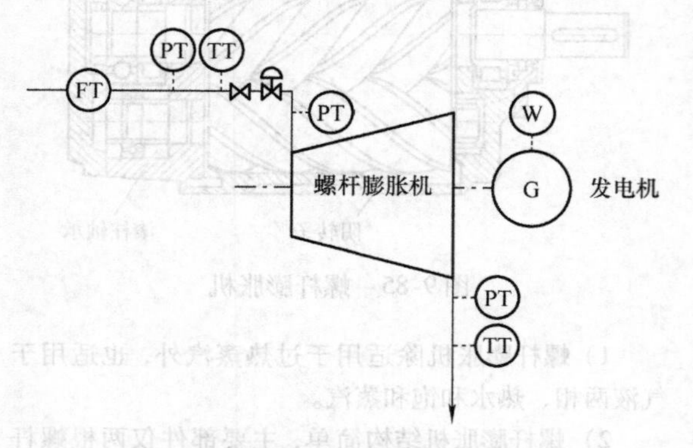

图9-86　背压式螺杆膨胀机组示意图

PT—压力测量　TT—温度测量
FT—流量测量　W—功率测量

有机工质双循环螺杆机系统是一种含热流体与低沸点工质换热，再将低沸点工质引入螺杆膨胀机进行能量回收的系统方式。整个系统主要是由蒸发器、螺杆机、冷凝器、工质泵等设备和一些管道组成。含热废水（汽）在经过一定的杂质处理过程后，进入蒸发器加热有机工质，使工质温度升高，到达饱和温度，生成饱和蒸汽或气液两相。从蒸发器排出的工质（饱和蒸汽或气液两相）进入螺杆膨胀机膨胀做功，驱动发电机发电，做功后的气液混合物从螺杆机排出进入冷凝器，将其中的蒸汽冷凝，最后再经工质泵返回蒸发器（图9-87）。这种有机工质发电循环系统，具有回收余热量大、设备紧凑、发电效率高等特点。

9.3.3　液力透平

在工业生产装置中，通常有压力较高的液体需要减压到较低的压力等级，如天然气液化装置气体净化单元吸收和解吸过程，液化后的LNG减压达到存储压力，海水淡化系统高压浓盐水排放，大型合成氨装置的CO_2脱除，加氢裂化装置中高压分解器降压等。此时就需要将高低位压力能进行回收，有效利用这部分液力能。液力透平就是这样一种能量回收装置，其基本工作原理是：利用流体所具有的能量流过叶轮冲击叶片，推动叶轮转动从而驱动透平轴旋转。透平轴直接或经传动机构带动其他机械，输出机械功。理论上，凡是存在液体压力差的地方，都有能量可以回收利用。

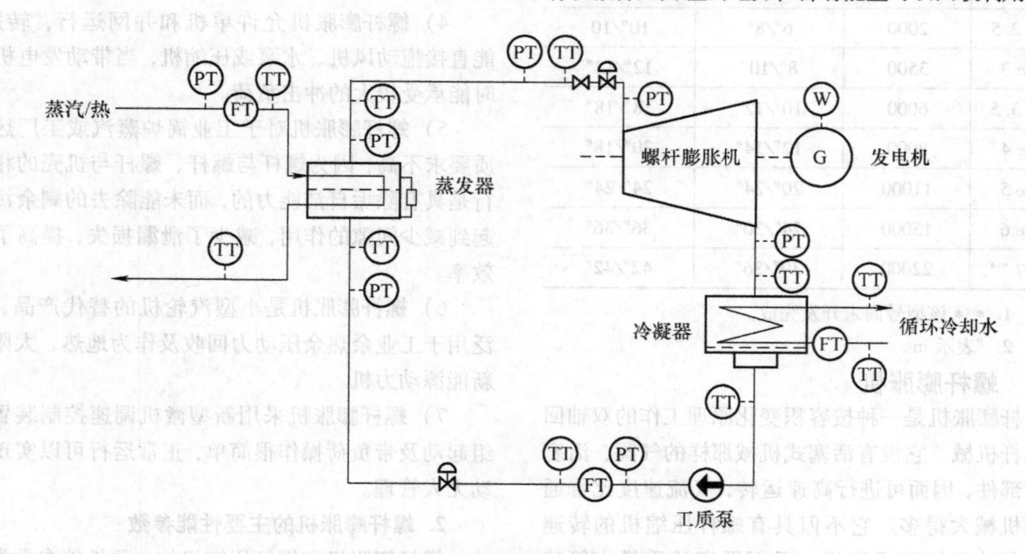

图9-87　双循环螺杆膨胀机组示意图

PT—压力测量　TT—温度测量　FT—流量测量　W—功率测量　□—水位测量

液力透平按设计方法的不同分为液力涡轮和反转泵，前者主要有冲击式（水轮机）和转桨式（水轮机），后者可分为离心式和螺杆式，在使用上，由于后者离心式结构简单、经济性好，所以常常以反转离心泵做液力透平。另外像海水淡水化是将减压的液体送回海里，此类液体能与空气接触的装置，多数使用水轮机。而石油化工里的装置因输送的介质多是易燃、易爆或有毒的，所以一般使用泵反转式液力透平。

一般而言，比转速在35～500之间的普通泵都可作为液力透平使用，但还要具体分析，据国外公司经验，单级泵功率在22kW以上，多级泵在75kW以上，用作反转运行的能量回收透平在经济上是合理的，如瑞士苏尔寿公司则把反转离心泵的经济运行功率下限定为50kW。具体应用时，还要结合设备投资，运行费用、在设备寿命期内的节能成果进行综合估算。

1. 液力透平的构成及其结构特点

（1）反转离心泵的特性　一般装置中常见常用比转速范围的离心泵，其反转做液力透平时的特性曲线与泵工况时的特性曲线比较如图9-88所示。由图可以看出：

1）液力透平与泵的扬程－流量特性曲线的趋势相反。

2）液力透平作用时，最佳效率值与泵用的最佳效率值基本相等，但在较大的流量点处，而且在该点右侧效率下降缓慢，因此宜于在最佳效率点或较大流量下运行。

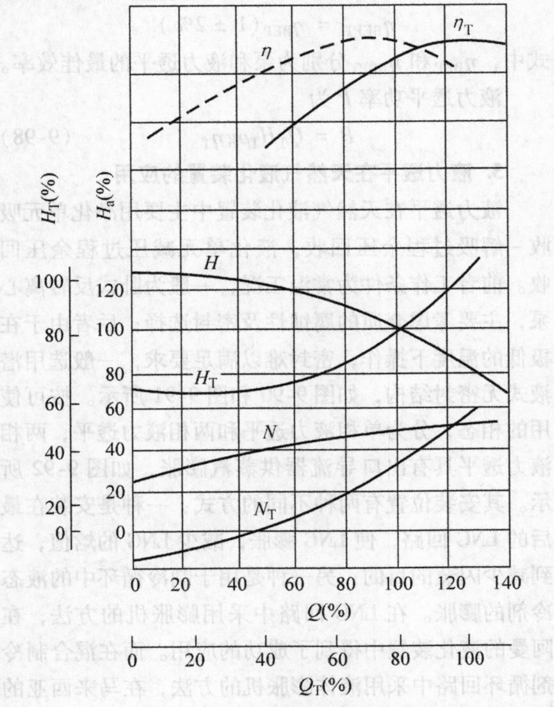

图9-88　泵与液力透平比较

3）液力透平的输出功率和效率随流量的下降而迅速降低，当流量下降至最佳效率点的40%时，输出功率级效率均为零；当流量低于该值时，透平即处于耗功状态。正因为此，液力透平常与电动机串联驱动泵，当流量变小时，依靠电动机驱动。

另外，在液力透平工况下液体离开叶片表面产生的压降比在泵工况下液体流向叶片表面所产生的压降小，因此对汽蚀不如泵敏感。

图9-88中：H_T、Q_T、N_T、η_T分别为液力透平的扬程、流量、功率、效率；H、Q、N、η为泵的扬程、流量、功率、效率。

（2）反转离心泵的结构及系统配置　反转离心泵作为液力透平的工作条件和所用工质不同，所以它的结构型式多种多样，水轮机的优点是从小流量到大流量都能有高效率，入口处设计的控制阀方便调整负荷。但出口侧必须进行排气，因此使用的液体有限制，因叶片要承受高速喷流，所以易受腐蚀。泵反转式透平的优点是不用打开出口侧，对使用的液体几乎没有限制。因为压力能是在蜗壳及叶轮内部逐步转换成运动能，所以不易腐蚀。缺点是小流量时效率低，低于一定流量时会产生负荷，所以必须设置单向离合器，因此装置要比水轮机占的空间大些。

离心泵反转液力透平按结构分为单级和多级形式。根据回收介质的流量、压力，各种形式的泵都可以充当液力透平，如悬臂式、两端支撑式等，即泵的出口是透平入口，泵的入口是透平的出口，泵的叶轮反向旋转。其作为辅助手段协助其他原动机（电动机或汽轮机）共同驱动从动设备，额定转速和原动机相同时（图9-89a），应考虑在无液力透平协助的情况下，主驱动机的额定功率应能驱动从动设备，即主驱动机（电动机或汽轮机）应按全功率选取，在液力透平和机组之间应当设置超速离合器，在液力透平维修及不具备开车条件时，不影响从动设备运转。如果流往液力透平的流量可能大幅度或频繁变化，当流量降到额定流量的大约40%时，液力透平不仅不输出功率，而且还会对主驱动机施加阻力，装设超速离合器可以防止这种阻力。此外，要防止把液力透平放置在主驱动机和从动设备之间。

图9-89b布置原理和图9-89a相同，液力透平作为辅助手段协助其他原动机（电动机或汽轮机）共同驱动从动设备，但转速高于主驱动机，此时需要配置齿轮箱，电动机为双出轴。图9-89c所示为液力透平作为主驱动机单独驱动发电机。使用含富气的液力透平来驱动发电机，发电机的功率应足够，通常由于

逸出的气体和闪蒸液体的影响，液力透平的输出功率要比水试验预测的输出功率能够高出20%～30%，这种形式与液力透平双驱动相比，减少了原动机、超速离合器等配套设施，机组所占空间较小。

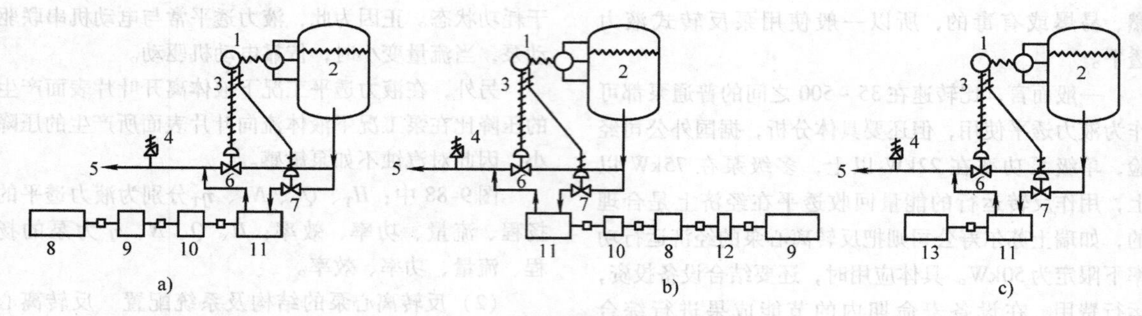

图9-89 液力透平布置形式

a）和原动机同速 b）转速高于原动机 c）发电机驱动机

1—液位指示器、控制器 2—高压容器 3、4—安全阀 5—通往低压容器 6—旁通阀 7—进口节流阀 8—电动机 9—泵 10—超速离合器 11—液力透平 12—齿轮箱 13—发电机

液力透平一般配置有密封冲洗系统、超速跳闸装置、节流阀、旁通阀、安全阀。

1）密封冲洗系统：为了避免缩短密封的使用寿命，必须考虑密封冲洗系统中地气体逸出问题和汽化（形成蒸汽）问题，一般建议外供液作为密封冲洗液。

2）超速跳闸装置：如果机组中的液力透平和其他设备不能允许计算的飞车转速（当不带负荷和承受进出口工况规定的最恶劣组合时，液力透平达到的最大转速）。一般超速跳车转速设定在额定转速的115%～120%的范围内。

3）节流阀：用于控制流量，对于大多数应用场合，节流阀应放置在靠近液力透平的进口，这可以使机械密封在该液力透平的出口压力下工作，对于含有富气的流体，可以使气体释放，增加功率输出。

4）旁通阀：液力透平无论如何布置，都必须安装一个具有调节能力的全流量旁通阀，以便液力透平故障时，从流程中隔离出来，此外，此阀和节流阀对液力透平实现共同控制。

5）安全阀：为保护液力透平出口部件（机壳、密封等）免于下游背压瞬时变化引起的安全问题，应设置安全阀。

2. 液力透平的工程计算

输出功率，做液力透平用和作泵用的最佳效率点的压头和流量都有一定的对应关系，视泵的比转速 n_s 不同，其转换系数也不同，即：$Q=Q_T/C_Q$，$H=H_T/C_H$，$\eta=\eta_T/C_n$，式中：C_Q、C_H、C_n分别为流量、扬程、效率的换算系数

当比转速 n_s 为35～200时，这些系数一般为：C_Q、$C_H=2.2\sim1.1$，$C_n=0.92\sim0.99$。比转速高的，C_Q、C_H取小值，C_n取大值。在未取得这些数据时，也可按下面关系式求取用作液力透平的泵的工况参数。

$$Q=Q_T\eta_{BEPT};\quad H=H_T\eta_{BEPT};$$

$$\eta_{BEPT}=\eta_{BEP}(1\pm2\%)$$

式中，η_{BEP}和η_{BEPT}分别为泵和液力透平的最佳效率。

液力透平功率 P 为

$$P=Q_TH_T\rho g\eta_T \tag{9-98}$$

3. 液力透平在天然气液化装置的应用

液力透平在天然气液化装置中主要用净化单元吸收-解吸过程余压回收，液化单元减压过程余压回收。前者工作条件为常温工况，一般为卧式反转离心泵，主要考虑介质的腐蚀性及密封选择；后者由于在极低的温度下操作，密封难以满足要求，一般选用潜液式无密封结构，如图9-90和图9-91所示。按可使用的相态，分为单相液力透平和两相液力透平，两相液力透平具有出口导流器供蒸汽膨胀，如图9-92所示。其安装位置有两种不同的方式：一种是安装在最后的LNG回路，使LNG膨胀，减少LNG的焓值，达到减少闪蒸的目的；另一种是用于制冷循环中的液态冷剂的膨胀。在LNG回路中采用膨胀机的方法，在阿曼的液化装置中得到了成功的应用。而在混合制冷剂循环回路中采用液体膨胀机的方法，在马来西亚的LNG装置中也得到了成功的应用。

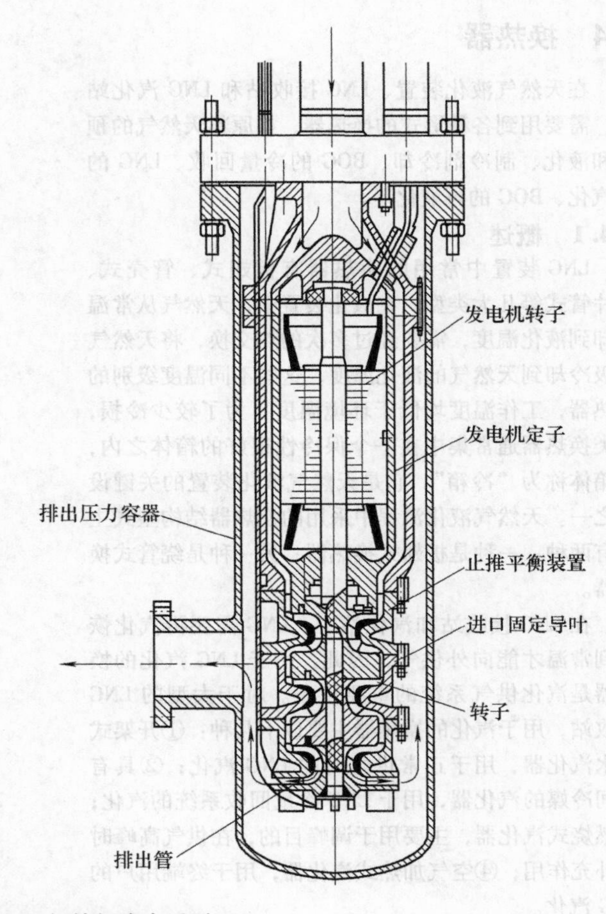

图 9-90　下行单相液力透平

图 9-91　上行单相液力透平

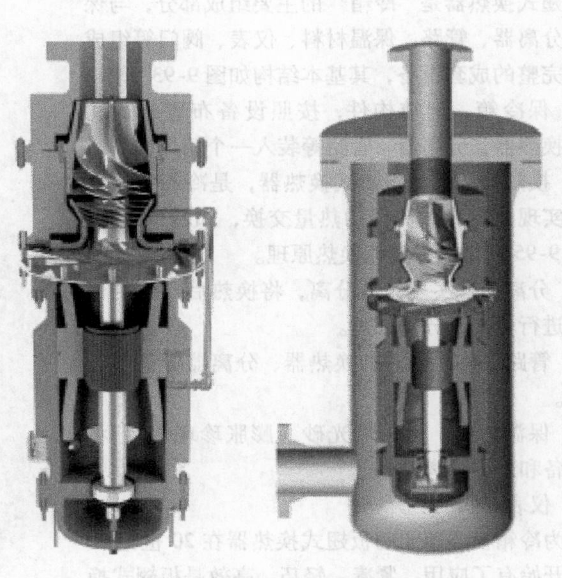

图 9-92　用于液体 – 蒸汽两相的液力透平

9.4 换热器

在天然气液化装置、LNG接收站和LNG汽化站中，需要用到各种形式的换热器，如原料天然气的预冷和液化、制冷剂冷却、BOG的冷量回收、LNG的再汽化、BOG的再液化等。

9.4.1 概述

LNG装置中常用的换热器有板翅式、管壳式、翅片管式等几大类型。在液化装置中，天然气从常温冷却到液化温度，需要经过多次的热交换，将天然气逐级冷却到天然气的液化温度，这些不同温度级别的换热器，工作温度均低于环境温度，为了较少冷损，此类换热器通常集中在一个保冷性很好的箱体之内，该箱体称为“冷箱”，它是天然气液化装置的关键设备之一。天然气液化流程中采用的换热器结构型式主要有两种：一种是板翅式换热器；另一种是绕管式换热器。

在LNG接收站和汽化站中，LNG需要再汽化恢复到常温才能向外供气，因此，用于LNG汽化的换热器是汽化供气系统的重要设备。对于大型的LNG接收站，用于汽化的换热器主要以下几种：①开架式海水汽化器，用于正常供气时的LNG汽化；②具有中间冷媒的汽化器，用于LNG冷量回收系统的汽化；③燃烧式汽化器，主要用于调峰目的，在供气高峰时起补充作用；④空气加热式汽化器，用于终端用户的LNG汽化。

9.4.2 板翅式换热器

板翅式换热器是“冷箱”的主要组成部分，与保冷箱、分离器、管路、保温材料、仪表、阀门等组成了一个完整的成套设备，其基本结构如图9-93所示。

1）保冷箱，钢结构件，按照设备布置组成构件，将换热器、分离器、管路等装入一个箱体内。

2）换热器，铝制板翅式换热器，是冷箱的核心单元，实现多股冷热流体的热量交换，如图9-94所示，图9-95所示为多股流换热原理。

3）分离器，实现气液分离，将换热后产生的气液两相进行分离，分别处理。

4）管路，将冷箱内的换热器、分离器等设备连接起来。

5）保温材料，多由珠光砂（膨胀珍珠岩），将低温设备和外界隔离开来。

6）仪表、阀门。

作为冷箱核心单元的板翅式换热器在20世纪30年代就开始有了应用，紧凑、轻巧、高效是板翅式换热器的显著优点，它被广泛应用于低温、航空、汽车、

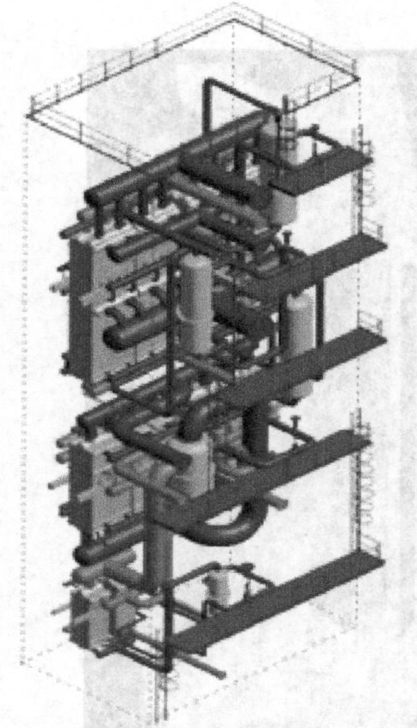

图9-93 冷箱结构示意图

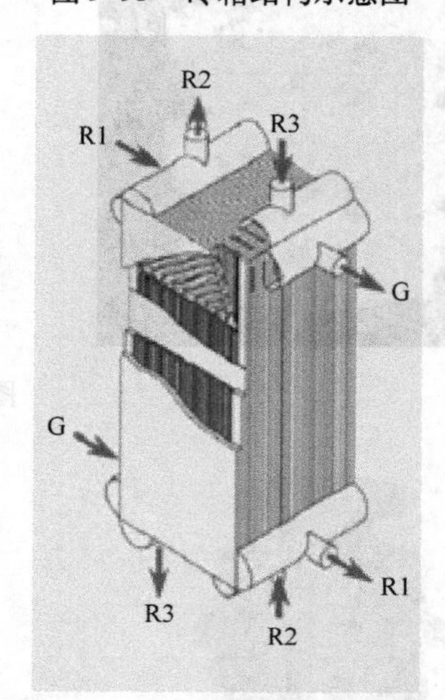

图9-94 多股流板翅式换热器

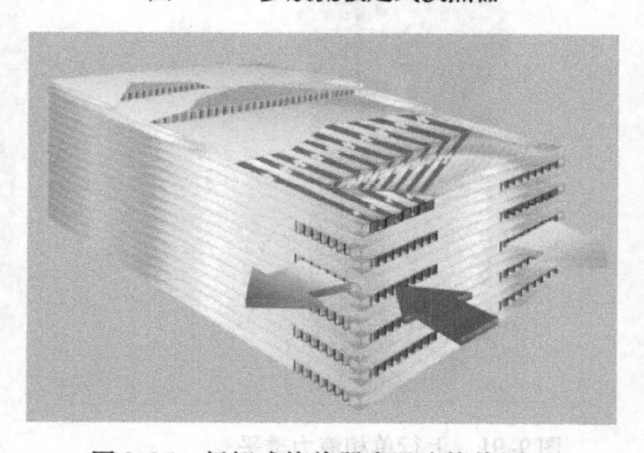

图9-95 板翅式换热器多股流换热原理

内燃机车、工程机械、化工、空调等领域。尤其是在空气分离设备中，板翅式换热器的结构型式、制造水平均得到了快速的发展。天然气液化装置和空分装置有很多相似之处，所以板翅式换热器也是天然气液化装置中的主流换热器。

国内从20世纪70年代初开始研发空分装置中的板翅式换热器，经过几十年的发展，现在已经具备了一定的板翅式换热器开发、设计和生产能力，而且也能制造板翅式换热器的大型真空钎焊炉。板翅式换热器的承压能力已达到9MPa，已广泛应用于空分、乙烯、天然气液化等领域。

板翅式换热器主要采用铝合金制造，之所以能得到广泛的应用，主要是它具有以下突出的优点：

1）传热效率高。由于翅片加强了对换热流体的扰动和接触，因而具有较大的传热系数。制造材料导热性好，同时由于隔板和翅片的厚度很薄，传热的热阻小，因此板翅式换热器可以达到很高的效率。

2）结构紧凑。单位体积换热面积为管壳式换热器的5倍以上，最大可达几十倍。管壳式换热器一般为150～200m^2/m^3，板翅式换热器具有扩展的二次表面，比表面积达到800～2500m^2/m^3。

3）铝合金制造，质量轻。铝材密度为2.7g/cm^3，而钢材为7.8g/cm^3，铜材为8.9g/cm^3。

4）板翅式换热器适应性强，可适用于：气－气、气－液、液－液不同流体之间的换热。改变流道布置，比较方便地实现：逆流、错流、多股流、多程流等不同的换热模式。换热器单元可以通过串联、并联、串并联等不同组合方式，可以用多个换热器单元组成热交换能力更大的换热器，以适应大型设备的换热需要。这种积木式组合方式扩大了互换性，容易形成规模化生产标准产品。

5）制造工艺要求严格，工艺过程复杂，必须具备了生产条件的厂商才能生产，提高了行业的准入门槛，有利于质量保障。

6）板翅式换热器的主要缺点是容易堵塞；不耐腐蚀；清洗检修困难，故只适合于干净、无腐蚀、不易结垢、不易沉积、不易堵塞的换热流体。

1. 结构特点

板翅式换热器由板束、封头、接管、支承等组成，其中的板束是板翅式换热器的核心。配以相应的就形成了板翅式换热器。板束的结构与基本元件如图9-96所示，它是由隔板、翅片、封条、导流片组成。在相邻两隔板之间，由翅片、导流片及封条组成一夹层作为流体的通道。将这样的夹层按不同的设计方案叠置起来，形成换热流体不同的方式。在真空钎焊炉内焊接成一整体，组成板束。

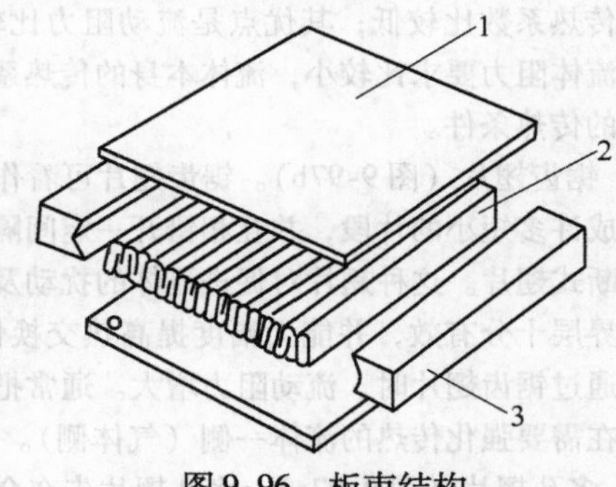

图9-96　板束结构

1—隔板　2—翅片　3—封条

（1）翅片　是板翅式换热器的基本元件，板翅式换热器中的传热过程，主要是通过翅片的热传导，以及翅片与流体之间的对流换热。翅片的作用是：①扩大传热面积，翅片可看成隔板的延伸与扩展，由于翅片表面积比隔板大得多，因而使换热器的外形尺寸大大缩小；②提高传热效率，由于翅片的特殊结构，流体在流道中形成强烈的扰动，使边界层不断破裂、更新，从而有效地降低了热阻，提高了传热效率；③提高了换热器的强度和承压能力，由于翅片具有加强肋的作用，经过焊接以后，使板束形成一个牢固的整体，尽管翅片与隔板都很薄，却能承受一定的压力。

根据不同工质的特性和不同的换热条件，可以选用不同结构型式的翅片，常见的几种翅片结构如图9-108所示。

1）平直翅片（图9-97a）。平直翅片由金属片冲压而成，具有较高的强度。其换热与流体动力特性和

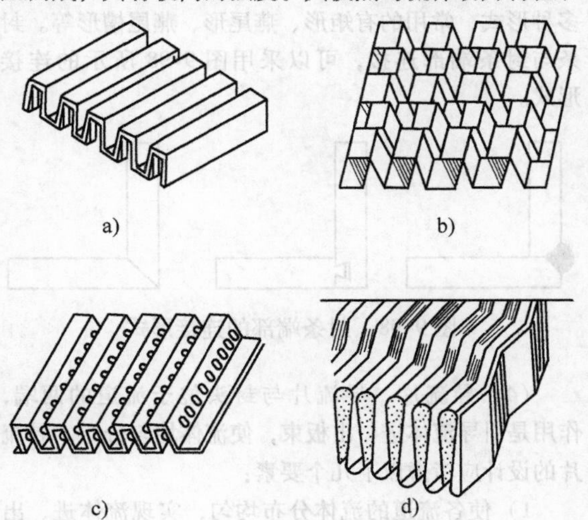

图9-97　翅片形式

a）平直翅片　b）锯齿形翅片　c）多孔翅片　d）波纹翅片

管内流动相似。相对于其他结构型式的翅片，其缺点是表面传热系数比较低；其优点是流动阻力比较小，适用于流体阻力要求比较小，流体本身的传热系数又比较大的传热条件。

2）锯齿翅片（图9-97b）。锯齿翅片可看作平直翅片切成许多短小的片段，并互相错开一定间隔而形成的间断式翅片。这种翅片对促进流体的扰动及破坏热阻边界层十分有效，并能大幅度提高热交换性能。但流体通过锯齿翅片时，流动阻力增大。通常把锯齿翅片用在需要强化传热的流体一侧（气体侧）。

3）多孔翅片（图9-97c）。多孔翅片先在金属片上打孔，然后冲压成形。翅片上密布的小孔使热阻边界层不断破裂、更新，从而提高了传热性能，也有利于流体均匀分布。但打孔以后翅片传热面积减小，强度降低。多孔翅片比较适合于导流片或有相变的热交换情况。

4）波纹翅片（图9-97d）。波纹翅片是将薄金属片冲压或滚轧成一定形状的波形，形成弯曲流道，使流体在其中不断改变流动方向，促进流体的扰动、分离，或破坏热边界层。波纹越密，波幅越大，强化传热的效果越好。

（2）隔板　隔板的作用是分隔换热流体，形成流道，同时还起着一次传热表面的作用。故其厚度在满足承压能力的前提下，应尽可能减薄。隔板通常使用两面涂覆铝硅合金的复合板，隔板与翅片、隔板与封条之间的钎焊连接，就是依靠这一薄层的铝硅合金作为焊料，钎焊成整体。

（3）封条　封条也叫侧条，它位于通道的四周，起到分割、封闭流道的作用。板翅式换热器的封条有多种形式，常用的有矩形、燕尾形、燕尾槽形等。封条与封条端部连接，可以采用图9-98所示的连接形式。

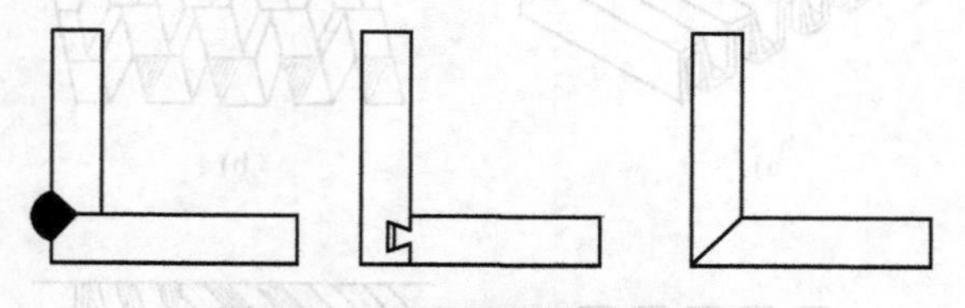

图9-98　封条端部的连接形式

（4）导流片　导流片与封头位于流道的两端，作用是引导流体进、出板束，使流体均匀分布。导流片的设计应考虑以下几个要素：

1）使各流道的流体分布均匀，实现流体进、出换热器的平稳过渡。

2）在导流片中流动阻力应力求达到最小。

3）导流片的耐压强度应与整个板束的承压能力匹配。

4）便于制造。

导流片的布置形式与封头及换热器的结构型式密切相关。图9-99示出导流片的几种布置形式。封头的设计主要取决于工作压力、流体股数、换热器的流道布置及是否需要切换等。

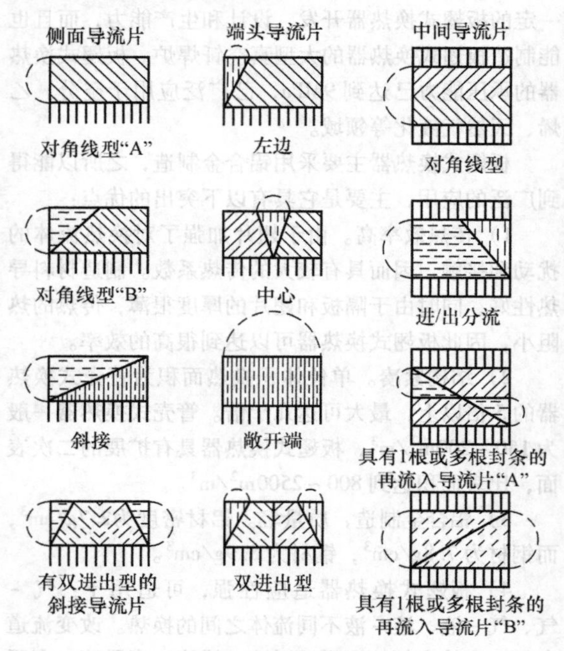

图9-99　导流片类型

（5）流道布置　板翅式换热器流道布置形式，根据不同操作条件可布置成顺流、逆流、错流、错逆流等多种形式。逆流应用最普遍，顺流应用较少。通常流道布置形式如图9-100所示。逆流布置是用得最

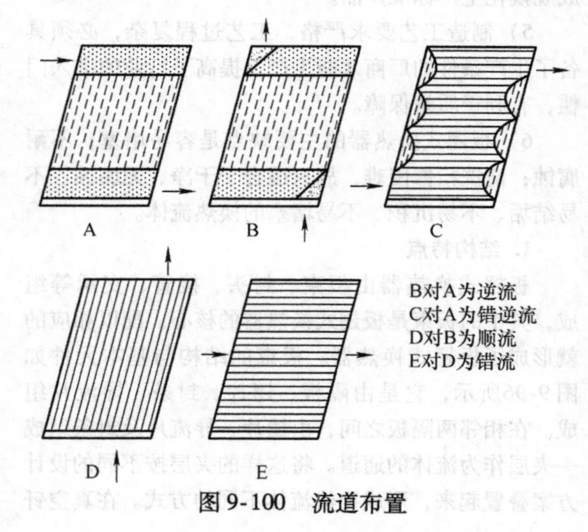

图9-100　流道布置

普遍也是最基本的流道布置形式。错流一般用在有效温差并不明显低于逆流，或一侧流体的温度变化不大于冷、热流体最大温差的一半的场合。例如空分设备中的液化器，采用错流布置可以向低压气流提供较大的自由流通截面和较短的流道长度。

（6）换热器组合　由于工艺条件和设备限制，板翅式换热器的单元尺寸受到限制，所以在大型设备中换取器需要通过多个单元的串联或并联加以组合。多个单元组合的时候，很重要的一个问题，就是要使流体再各个单元中能够均匀分配，减小和防止偏流。

单元组合时，基本上有三种方式：对称形、对流形和并流形。从均布观点出发应尽量采用对称形，避免并流形。同时由于各单元流体阻力可能不相等，组合时应注意阻力的匹配，工艺管道布置也需注意这点。单元组合方式如图9-101所示。

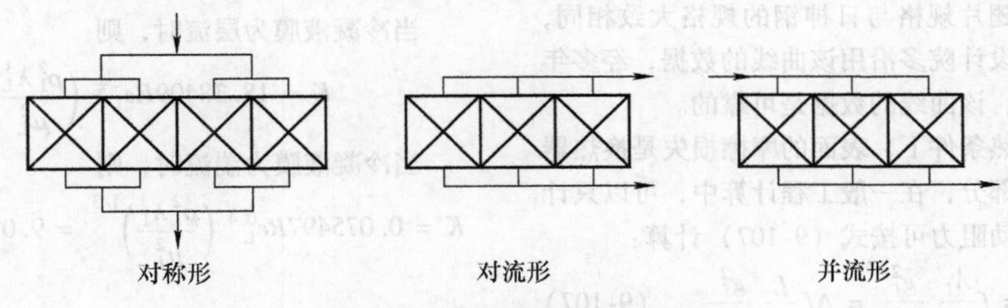

图9-101　换热器单元组合方式

板翅式换热器由于工艺条件的限制，单元尺寸不能做得太大，目前最大的单个板束单元尺寸约为1100mm×1300mm×8800mm。大型板翅式换热器需要通过许多单元板束的串联、并联、串并联进行组合。在进行单元组合时，特别要注意的是如何使流体在单元板束中均匀分配。工艺管道的布置也同样需要注意这类问题。

2. 翅片的结构参数

翅片的几何形状和尺寸如图9-102所示。根据几何尺寸的关系，翅片的结构参数计算公式如下：

1）水力半径 R_h：

$$R_h = \frac{A}{U} = \frac{xy}{2(x+y)} \tag{9-99}$$

式中，A 为流通面积；U 为湿周；其余如图9-103所示。

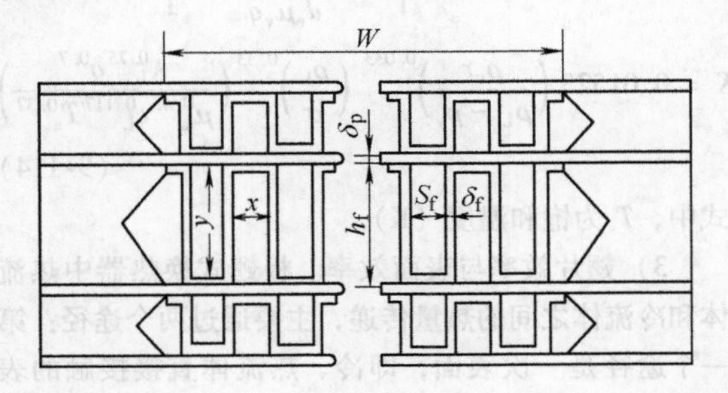

图9-102　翅片的几何形状和尺寸

h_f—翅片高度　δ_f—翅片厚度　S_f—翅片间距

δ_p—隔板厚度　W—翅片有效宽度　x—翅内距

y—翅内高

注：$x = S_f - \delta_f$，$y = h_f - \delta_f$。

2）当量直径 d_h：

$$d_e = 4r_h = 4\frac{A}{U} = \frac{xy}{2(x+y)} \tag{9-100}$$

3）每层通道自由流通面积 A_i：

$$A_i = \frac{xyW}{S_f} \tag{9-101}$$

4）每层通道的热传热面积 A_{Fi}：

$$A_{Fi} = \frac{2(x+y)W_{Ln}}{S_f} \tag{9-102}$$

5）板束 n 层通道的自由流通面积 A：

$$A = \frac{xyW_n}{S_f} \tag{9-103}$$

6）板束 n 层通道的传热表面积：

$$A_F = \frac{2(x+y)W_{Ln}}{S_f} \tag{9-104}$$

7）一次表面面积 A_{F1}：

$$A_{F1} = \left(\frac{x}{x+y}\right)F \tag{9-105}$$

8）一次表面面积 A_{F2}：

$$A_{F2} = \left(\frac{x}{x+y}\right)F \tag{9-106}$$

3. 基本计算公式

（1）无相变特征数关系式　板翅式换热器的传热系数，通常是用传热因数 j、斯坦登数 St、普朗特数 Pr 与雷诺数 Re 的关系式来表示。

传热因数 $j = StPr^{2/3}$；斯坦登数 $St = \dfrac{K}{g_f c_p}$；普朗特数 $Pr = \dfrac{\mu c_p}{\lambda}$；雷诺数 $Re = \dfrac{g_f d_e}{\mu}$

式中，g_f 是按自由流通截面计算的质量流速[kg/

(m²·s)]；K是传热系数[W/(m²·s)]；c_p是比定压热容[kJ/(kg·K)]；λ是热导率[W/(m·K)]；μ是动力黏度（Pa·s）；d_e为当量直径（m）。

钱颂文主编的《换热器设计手册》指出：对于无相变的板翅式换热器，与雷诺数有关的传热因数$j=f(Re)$可以采用图9-103所示的日本神钢"ALEX"的翅片性能曲线，适合于平直形、锯齿形、多孔形翅片。该曲线只区别翅片形式，不区分每种形式的翅片尺寸。由于国产翅片规格与日神钢的规格大致相同，国内各专业厂、设计院多沿用该曲线的数据，经多年的实践考核证明，该曲线的数据是可靠的。

在无相变换热条件下，表面的摩擦损失是换热器流动阻力的主要部分，在一般工程计算中，可以只计算这一部分，流动阻力可按式（9-107）计算：

$$\Delta p = f\frac{A_f}{A}\frac{g_f^2}{2\rho_m} = \Delta f\frac{L}{d_e}\frac{g_f^2}{2\rho_m} \tag{9-107}$$

式中，Δp为换热器进出口压差（Pa）；ρ_m为平均密度（kg/m²）；g_f为质量流速[kg/(m²·s)]；d_e为当量直径（m）；f为传热表面积（m²）；A为流通截面积（m²）；L为流道长度（m）；f为摩擦因数（查图9-103，或按$f=f(Re)$计算）。

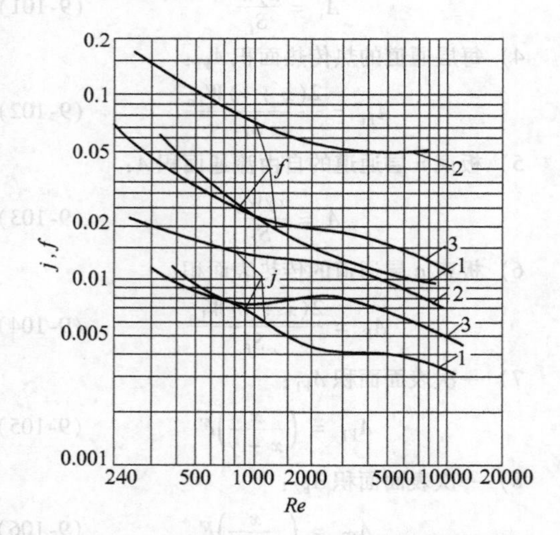

图9-103　日本神钢"ALEX"的翅片性能曲线
1—平直翅片　2—锯齿翅片　3—多空翅片

（2）有相变的特征数关系式　有关狭小通道表面相变换热的设计理论正处于研究发展之中，计算方法也尚未完全成熟。

1）冷凝换热模型：

$$K = 4.34829\times10^{-4}g_m\left(\frac{c_L\rho_L\lambda_L}{2\mu_L\rho_L}\right)Re_v^{-0.2762} \tag{9-108}$$

$$g_m = \left(\frac{g_{iv}^2 + g_{iv}g_{0v} + g_{0v}^2}{3}\right) \tag{9-109}$$

式中，K为冷凝传热系数[W/(m²·K)]；g_m为平均质量流速[kg/(m²·h)]；g_{iv}为进口气相质量流速[kg/(m²·h)]；g_{0v}为出口气相质量流速[kg/(m²·h)]；c_L为液相比热容[kJ/(kg·K)]；λ_L为液相热导率[W/(m·K)]；μ_L为液相动力黏度（Pa·s）；Re_v为气相雷诺数。

当冷凝液膜为层流时，则

$$K = 18.38409Re_L^{-\frac{1}{3}}\left(\frac{\rho_L^2\lambda_L^3}{\mu_L^2}\right)^{1/3} \tag{9-110}$$

当冷凝液膜为湍流时，则

$$K = 0.075497Re_L^{0.4}\left(\frac{\rho_L^2\lambda_L^3}{\mu_L^2}\right)^{1/3} = 9.079419\left(\frac{r\rho_L^2\lambda_L^3}{d_e\mu_L q}\right) \tag{9-111}$$

式中，Re_L为液相雷诺数；r为汽化潜热（J/g）；q为热流密度（W/m²）。

2）沸腾传热模型：

$$K = 2.295112\left(\frac{c_L q}{r}\right)^{0.69}\left(\frac{p\lambda_L}{\sigma}\right)^{0.31}\left(\frac{\rho_L}{\rho_v}-1\right)^{0.33} \tag{9-112}$$

式中，K为沸腾传热系数[W/(m²·K)]；c_L为液相比热容[kJ/(kg·K)]；p为压力（Pa）；σ为表面张力（N/m）。

对复杂的狭小通道的相变换热，没有单一、普适的换热准则关系式。对不同工质、不同热力参数、各种相变的场合，应采用不同的沸腾、冷凝换热模型，需要进行许多选择、匹配、验算与校核。如其他不同的准则关系式：

$$K = 9.078924\left[\frac{r\lambda_v^3\rho_v(\rho_L-\rho_v)}{d_e\mu_v q}\right]^{1/3} \tag{9-113}$$

$$K = 0.01525\left(\frac{\rho_v r}{\rho_L-\rho_v}\right)^{0.033}\left(\frac{\rho_L}{\sigma}\right)^{0.33}\left(\frac{\lambda_L^{0.75}q^{0.7}}{\mu_L^{0.45}c_L^{0.117}T_s^{0.37}}\right) \tag{9-114}$$

式中，T_s为饱和温度（K）。

3）翅片效率与表面效率。板翅式换热器中热流体和冷流体之间的热量传递，主要通过两个途径：第一个途径是一次表面，即冷、热流体直接接触的表面，通常为隔板。第二个途径是二次表面，通常为翅片。板翅式换热器相对于光管管壳式或者板式换热器，其主要差别就在于它有二次表面，而且二次表面的传热还占重要作用，翅片表面温度分布的示意图如图9-104所示。

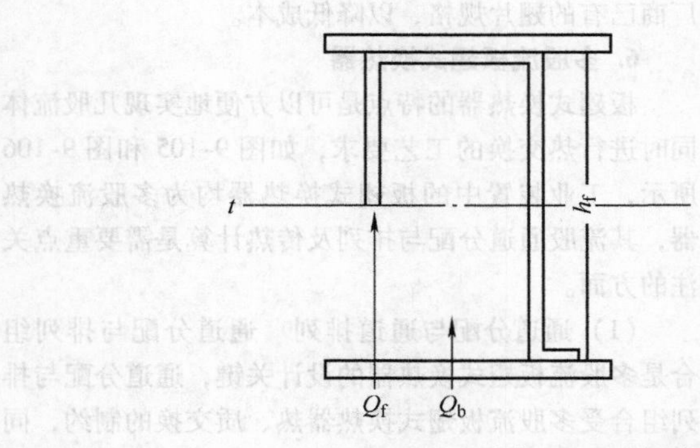

图 9-104　翅片表面温度分布示意图

板翅式换热器的热量传递可用式（9-115）表达：

$$Q = Q_1 + Q_2 = K(A_1 + A_2\eta_f)\theta_0 \quad (9\text{-}115)$$

式中，Q 为总传热量（W）；Q_1 为一次表面传热量（W）；Q_2 为二次表面传热量（W）；K 为传热系数 [W/(m^2·K)]；A_1 为一次表面面积（m^2）；A_2 为二次表面面积（m^2）；θ_0 为翅片根部即一次表面的传热温差（K）；η_f 为翅片效率。

按一次表面传热温差统一处理时，二次表面面积应打折扣。翅片效率表达式为

$$\eta_f = \frac{th(ml)}{ml} \quad (9\text{-}116)$$

$$m = \left(\frac{2\alpha}{\lambda\delta_f}\right)^{1/2} \quad (9\text{-}117)$$

式中，m 为翅片参数，它取决于翅片厚度 δ_f，材料的热导率 λ 及流体与翅片的表面传热系数 α；l 是翅片根部至温度梯度为零处的传导距离。

4. 换热流体的布置方式

1）单叠布置在两股流板翅式换热器中，热流体与冷流体成对称布置，翅片的温度分布曲线是对称的，如图 9-105 所示。对于热流体通道，有

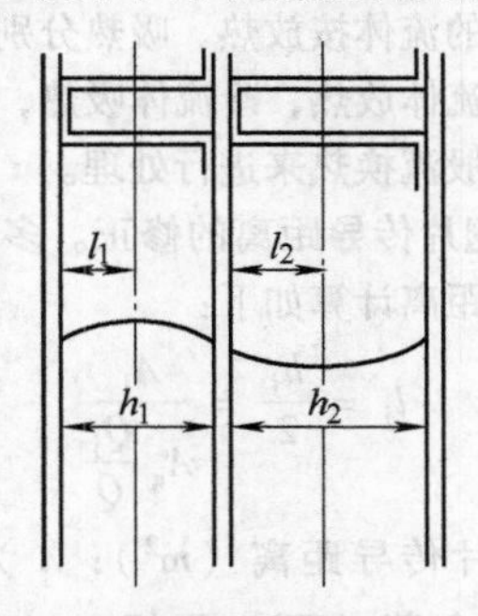

图 9-105　两股流、单叠布置的翅片温度分布

$$x = 0, \theta = \theta_h, x = l_1 = \frac{h_1}{2}, \left(\frac{d\theta}{dx}\right) = 0$$

对于冷流体通道，有

$$x = 0, \theta = \theta_c, x = l_2 = h_2, \left(\frac{d\theta}{dx}\right) = 0$$

热流体通道温度分布曲线的对称截面为通道的中间截面，翅片的传导距离为翅片高度的一半。冷流体通道温度分布曲线的对称截面为两个流体通道的中间截面，翅片的传导距离等于翅片高度。图 9-105 所示为两股流、单叠布置的翅片温度分布。

2）复叠布置两股流板翅式换热器中，两个热流体通道之间夹着两个冷流体通道，或者两个冷流体通道之间夹着两个热流体通道。两股流、复叠布置的翅片温度分布如图 9-106 所示。对于热流体通道，有

$$x = 0, \theta = \theta_h, x = l_1 = \frac{h_1}{2}, \left(\frac{d\theta}{dx}\right) = 0$$

对于冷流体通道，有

$$x = 0, \theta = \theta_c, x = l_2 = h_2, \left(\frac{d\theta}{dx}\right) = 0$$

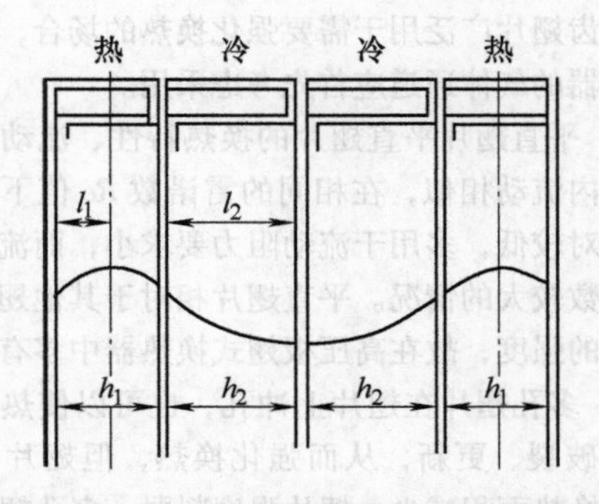

图 9-106　两股流、复叠布置的翅片温度分布

热流体通道温度分布曲线的对称截面为通道中间截面，翅片传导距离为翅片高度的一半。冷流体通道温度分布曲线的对称截面，为两个冷流体通道的中间截面，翅片传导距离等于翅片高度，即 $l_2 = h_2$。

3）多股流复杂布置　在石油化工的工艺流程中，通常需要多股流体参与热交换。用于多股流板翅

式换热器通道的排列组合，比单叠、复叠布置要复杂得多，翅片传导距离 l，翅片效率 η_f 的计算。应用表面效率 η_f，板翅式换热器的热量传递表达式如下。

$$Q = 1 - \frac{A_f}{A}(1 - \eta_f) \tag{9-118}$$

式中，A 为一次表面与二次表面传热面积之和（m^2）。

表面效率 η_s 计算如下：

$$\eta_s = 1 - \frac{A_f}{A}(1 - \eta_f) \tag{9-119}$$

表面效率可理解为：当把一次表面与二次表面等同看待时，统一按一次表面的传热温差 θ_0 处理时，整个表面（含一次表面与二次表面）打了一个折扣，用表面效率表示。这样就可以在设计计算中，沿用原有的光滑表面（如壳管式）的相应公式，只要加上表面效率的修正即可。

5. 翅片形式选择

在换热器的选型设计中，一般根据换热器的使用要求、换热表面的特点、工作流体、工作压力、工作温度，选择换热器的类型。而对于板翅式换热器，需要根据工程具体情况予以专门设计制造，不大可能形成标准化产品。翅片形式与翅片结构参数的选择是板翅式换热器设计的第一步。选择的原则如下：

1）锯齿翅片能有效促进流体的扰动，破坏热阻边界层，属高性能翅片，传热因数 j 和摩擦因数 f 均大于平直翅片。目前板翅式换热器中，应用最广泛的高效能翅片，其热交换与流动特性随切开长度而变，切开长度越短，传热性能越好，但流动阻力也相应增大。锯齿翅片广泛用于需要强化换热的场合，如板翅式换热器的气体通道应首先考虑采用。

2）平直翅片平直翅片的换热特性、流动阻力特性与管内流动相似，在相同的雷诺数 Re 值下，j 和 f 的值相对较低，多用于流动阻力要求小，而流体自身传热系数较大的情况。平直翅片相对于其他翅片，具有较高的强度，故在高压板翅式换热器中多有采用。

3）多孔翅片在翅片上冲孔，也可以使热阻边界层不断破裂、更新，从而强化换热，但翅片冲孔以后，使换热面积减少、翅片强度削弱。多孔翅片多用作导流片，使气、液均布，亦用于相变换热的再沸器、冷凝蒸发器。

4）翅片结构参数的选择主要取决于传热系数，在传热系数较小的场合，宜采用高而薄的翅片，目的在于增大换热面积；而在传热系数较大的场合，宜采用低而厚的翅片，提高翅片效率。

翅片参数的选择还要考虑标准化，尽量套用制造厂商已有的翅片规格，以降低成本。

6. 多股流板翅式换热器

板翅式换热器的特点是可以方便地实现几股流体同时进行热交换的工艺要求，如图 9-105 和图 9-106 所示，工业装置中的板翅式换热器均为多股流换热器，其流股通道分配与排列及传热计算是需要重点关注的方面。

（1）通道分配与通道排列　通道分配与排列组合是多股流板翅式换热器的设计关键，通道分配与排列组合受多股流板翅式换热器热、质交换的制约，同时又必须在传热计算之前先行确定，这种相互矛盾的要求使设计比较困难。通道分配、通道排列的一些定性原则是：

1）尽可能做到局部热负荷平衡。沿换热器的横向，各个通道的热负荷在尽可能小的范围内达到平衡，以减小过剩热负荷与过剩热负荷的影响距离，使沿换热器的同一横断面的壁面温度尽可能接近。

2）通道分配应使各个通道的计算长度基本相近。

3）为使流体均匀分布，应使同一股流体的各个通道的阻力基本相同。

4）通道排列应避免温度交叉，减少内部能量损耗。

5）切换式换热器的切换通道的数量应该相等，以免气流切换时产生压力波动，且切换通道在排列上应该毗邻。

6）通道排列原则上要求对称，以便于制造、安装，使有较好的受力状态。

（2）综合法　很多使用的多股流板翅式换热器通常是一股热流体与多股冷流体同时换热，也有热、冷流体同时均为多股的情况。针对具体情况，有一种简化的计算方法，即综合法。综合法的基本思路是将所有参加换热的流体按放热、吸热分别综合，相当为两股流，即热流体放热，冷流体吸热，从而把多股流换热简化成两股流换热来进行处理。

1）关于翅片传导距离的修正。多股流板型式换热器翅片传导距离计算如下：

$$l_j = \frac{h_j}{2} = \frac{A_j}{A_g \dfrac{Q_j}{Q}} \tag{9-120}$$

式中，l_j 为翅片传导距离（m^2）；A 为传热表面积（m^2）；Q 为热负荷（W）；下标 g、j 分别代表热流体、冷流体。

2）换热器长度的确定。综合以后相当的两股流的热导 G 为

$$G=\frac{\alpha_g A_g \eta_g \sum \alpha_{rj} A_{rj} \eta_{rj}}{\alpha_g A_g \eta_g + \sum \alpha_{rj} A_{rj} \eta_{rj}} \tag{9-121}$$

综合成两股流后的换热器长度 l 为

$$l=\frac{h_j}{2}=\frac{Q}{G\Delta T} \tag{9-122}$$

在综合法中，还要分别计算各股冷流体与对应的、按传热面积比例分配的热流体之间的热导 G_{j-g}。

$$G_{j-g}=\frac{\alpha_j A_j \eta_j \alpha_g A_g \eta_g \left(\frac{A_j}{\sum A_j}\right)}{\alpha_j A_j \eta_j + \alpha_g A_g \eta_g \left(\frac{A_j}{\sum A_j}\right)} \tag{9-123}$$

相应的通道长度为

$$l_j=\frac{Q_j}{G_{j-g}\Delta T_{j-g}} \tag{9-124}$$

对于一股冷流体与多股热流体进行换热的情况，上面公式照样适用，只是将编码 i、g 与 j、r 对调即可。多股流板翅式换热器通道分配是否合理，可按综合与分解计算所得长度是否相接近来判断，一般希望此长度偏差小于10%。

7. 流体分配的不均匀性

（1）流体分配不均匀　与换热器性能的关系在换热器设计中，通常假定流体沿通道均匀分配。实际上由于制造、安装、分配结构等诸方面的因素，总是存在不均匀性。流体的不均匀分配使换热器效率降低，压降加大，这种影响随着换热器传热单元数的增大而加剧，故在高效、紧凑式换热器中，流体不均匀分配是个不容忽视的问题。尤其在两相流换热器中存在着复杂的流动工况，两相流入口分配结构设计困难，以及两相流流量振荡等不稳定因素，均匀分配只是理想化的条件。在多组分、有相变的换热器中，流体不均匀分配使沸腾或冷凝在不同的相平衡条件下进行，传热和流动阻力将严重地偏离设计工况。

（2）流体不均匀分配的基本类型　根据流体不均匀分配的原因可分为两种：

1）由于封头、配管设计不当，上游压力分布不均匀，或板束内部严重堵塞，造成在板束入口截面流体分配不均匀。这种不均匀性波及范围大，影响也比较严重。它主要由上游因素引发而与通道结构无关。这种分配不均匀性使换热器传热效果显著降低，流动阻力也明显增大。

2）由于翅片结构的制造公差、制造、安装过程中产生的变形等原因造成板束内部通道的不均匀分配。这种不均匀性的波及范围小，影响也相对小些。通道之间分配不均匀性对中断发展型层流，湍流的影响并不严重，但对充分发展型层流却很敏感，使传热因数降低的同时，使摩擦因数也略有降低。

（3）改善流体不均匀分配的措施

1）改进封头、配管、分配结构的设计。

2）采用中间混合再分配的措施，以减小分配不均匀性的影响。

3）两相流入口分配结构，采用气、液两相分别引入混合器。

8. 板翅式换热器在天然气液化装置的应用

板翅式换热器已在我国天然气液化装置中得到了广泛的应用，图9-107所示为陕西安塞50万t/a天然气液化装置板翅式换热器冷箱，图9-108所示为山东泰安60万t/a天然气液化装置板翅式换热器冷箱。

某些装置还采用了板翅式和绕管式组合的方式，如挪威 Hammerfest 430万t/a的天然气液化装置预冷段采用板翅式换热器，液化和过冷段采用绕管式换热器，如图9-109所示。

图9-107　50万t/a液化装置板翅式换热器冷箱

图9-108　60万t/a液化装置板翅式换热器冷箱

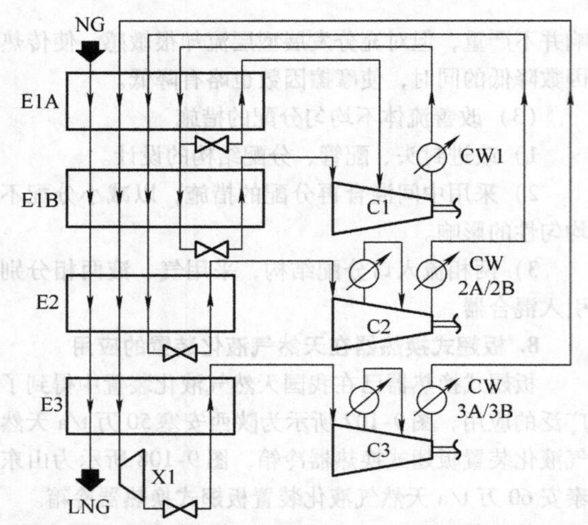

图 9-109　Hammerfest 430 万 t/a 的 LNG 装置换热器

9.4.3　绕管式换热器

绕管式换热器也是天然气液化装置中经常采用的换热器。与板翅式换热器相比，绕管式换热器有其独特的地方。它最显著的特点是牢固结实、可靠性高、无机械损坏和管路泄漏，其运行时间记录已经超过 160000h。

1. 结构特点

绕管式换热器结构如图 9-110 ~ 图 9-112 所示。该换热器由承压壳体、换热器、管板、中心筒和集箱等组成。换热管缠绕在中心筒上，由内向外逐层缠绕至所需要的层数。换热管的两头与换热器两端的管板相连接。相邻层换热管的缠绕方向相反，以使缠绕得比较紧密及增加介质的扰动。为保证换热管层间距，两层之间用等厚度垫条隔开。为使管程介质均匀分布，同一管程中换热管应是等长度的。在处理多种介质的场合，每个流道选择等管长是容易的，调整每一流程的换热面积也是很方便的。

缠绕管外径一般为 6 ~ 20mm，也有用外径 25mm 换热管的，换热管的缠绕角在 5° ~ 20°之间。

天然气液化装置绕管式换热器常采用铝管或不锈钢管作为换热管，用于石油化工大型装置中高压低温设备，材料可为碳素钢、铝、铜、不锈钢和特殊的耐腐蚀合金材料。铝管（或不锈钢管）被绕成螺旋形，从一根芯轴或内管开始绕，一层接一层，每一层的卷绕方向与前一层相反。管路在壳体的顶部或底部连接到管板。高压气体在管内流动，制冷剂在壳体内流动，传统的绕管式换热器的换热面积达 9000 ~ 28000m^2，绕管式换热器的制造方式各有不同，缠绕时要拉紧，保证均匀。管的端部插入管板的孔中，然后进行涨管。管板起到固定管子的作用，涨管起到密封的作用。在壳体内部还需要设置一些挡板，以增加流体的流速和扰动，提高传热效率。然后管束置于壳体内，壳体与管板焊接成一个封闭的容器。此后要进行压力试验，如果其中的任何一根管道有泄漏，可以在管路的两端堵死管口，防止高压侧流体串通导到低压侧。堵管的方法在现场也可以应用。由于在天然气液化流程中，换热器中通常存在有多股流体，每股流体可能还是气液两相混合状态，使换热器的结构更为复杂。

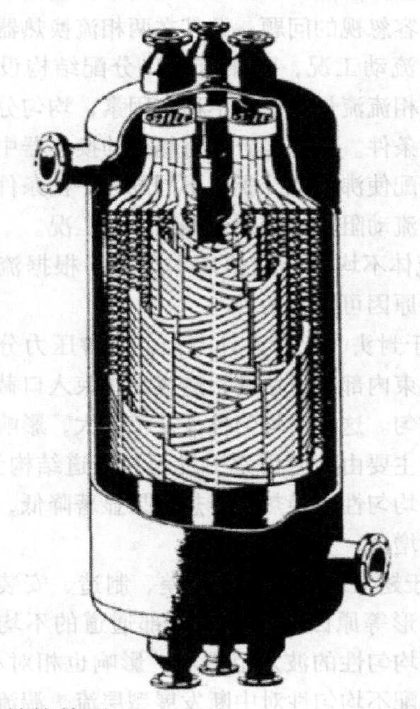

图 9-110　　绕管换热器结构简图

图9-111　绕管换热器内部结构图

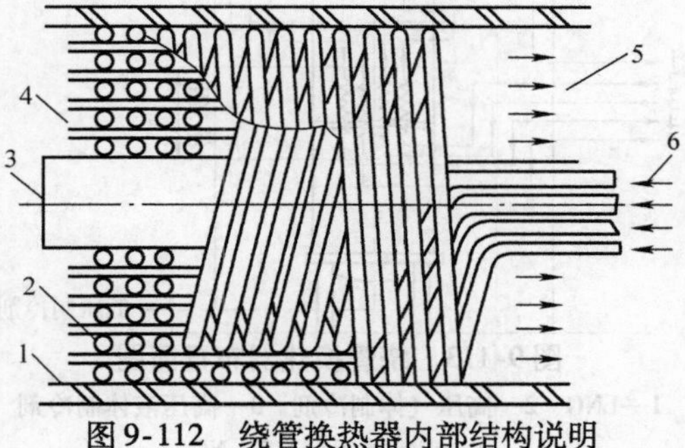

图9-112　绕管换热器内部结构说明

1—壳体　2—换热管　3—中心筒
4—隔板　5—壳程介质　6—管程介质

各组换热器通过特殊形状的支撑杆自由悬挂在几个支撑臂上，目的是为了在起动或停车时，温度变化比较大，确保管束和壳体之间的热胀冷缩产生的应力最小。每组管束用护套包起来，上端与壳体密封焊接，以防止密封剂的旁通。几组换热器管整体组装到外壳体内，形成一个完整换热器。其主要特点为

1）所用换热管直径较小，缠绕紧密，单位体积内所容纳的换热面积较大，一般在 $125m^2/m^3$ 以上，结构紧凑。

2）因换热管管径很小，在低流速下就可达到湍流，故传热效率较高。

3）因换热管径很小，强度结构好，承压能力高，设备压力可达22MPa。

4）管束绕制呈弹簧形状，自身有热补偿能力，能很好地解决壳体与管束之间的热膨胀问题，对热冲击变化适应性强。

5）可做多个通道，同时进行多种介质的换热，壳体只有一股流。

6）可在较短的停车期处理泄漏管。

绕管式换热器可用于：①小温差传递大热量的场合；②多种介质间进行换热的场合；③高温、高压操作的场合；④壳体与管束大温差操作的场合；⑤低温操作的场合。由于换热管直径较小，而且绕制多层，层间的间隙很小，且为不可拆结构，管内外都不便于清洗，故要求介质清洁，无污垢和不宜结垢。

2. 结构与强度设计

（1）结构设计　绕管式换热器的结构尺寸主要取决于绕管束的结构尺寸，绕管束中心筒在制造中起支撑作用，因而要求有一定的强度和刚度，中心筒的外径由换热管的最小弯曲半径决定。管束由多层螺旋缠绕的换热管组构成，每层换热管以相反的方向缠绕，每层换热管用垫条隔开，垫条厚度由工艺计算的流体通道要求确定，并采用异形垫条控制换热管的螺旋升角。在设计盘管时同一层使用相同长度的管子绕制，在同一管程的流道上管子应均匀布置。在多股物流时，各个通道本身应有相同的管长，同时可根据工艺要求选择各通道管子的长度，这样就大大地增加了调整各股物流传热面积的适应性和灵活性。

绕管束绕制完成后用薄钢板夹套捆扎包紧，由此夹套还起到导流作用，夹套与设备壳体间应保持一定的间隙。设备壳体的直径和高度取决于绕管束的外径和高度。上下管板及管箱的尺寸以管孔的排列、管程的程数和工艺流通面积而定。

绕管式换热器的结构设计还包括中心筒、夹套和垫条（特别是异形垫条）等结构元件的设计及中心筒与管板间、换热管与管板间、壳体与管板间等连接部位的焊接结构设计。这些部件和部位的设计可采用多种方案，选择何种方案则取决于换热器的操作条件、介质特性和管束结构特点，还应根据所设计的换热器的具体条件进行分析后而确定。

（2）强度设计　除了壳体、管箱、换热管等受压部件要按照 GB 150（所有部分）—2011、GB/T 151—2014 进行常规强度计算外，绕管式换热器不同于一般管壳式换热器主要是中心筒的刚性和强度计算、管板的强度计算。作为绕管束的骨架，中心筒在绕制过程中需要承受管束重量和绕管机的拉力等载荷，并且不能出现挠曲。绕管试验证明，如果不能将中心筒的挠曲控制在一定的范围内，所绕出的管层外形不是均匀的圆形，而是呈多角形，这将严重影响下一层管子的绕制和换热器的工艺应用状态。因此对于

中心筒的刚性和强度进行分析计算是十分必要的。中心筒的力学模型需要根据绕管机的转速、拉力和对管束的支撑情况确定，其强度满足结构件强度要求，挠度范围控制在使最后一层绕管的外形不出现较大偏差为宜。

对于一般管壳式换热器中的固定管板式换热器，通常管板的计算考虑换热管对管板的支撑作用和热膨胀引起的管－壳膨胀差；对于U形管类换热器由于换热管一端不固定，可自由膨胀，其管板计算不考虑换热管对管板的支撑作用和管－壳膨胀差。绕管式换热器的管板受力状态介于两者之间，由于绕管束具有一定的弹性，既会在壳体内伸缩吸收一定的热膨胀和约束力，也会对管板起到一定的支撑作用。绕管束对于管板有多少支撑和约束（考虑热膨胀时）是进行管板计算的关键。对于低温甲醇洗单元的绕管式换热器而言多数是按照不考虑换热管的支撑和约束来考虑的，这种方法显然不能反映管板的实际受力情况。为了绕管式换热器的发展和在工业领域里大量应用，有必要对绕管式换热器管板进行多方案力学分析，建立适合的力学模型和计算公式，使管板设计优化，从而大量节省管板锻件材料，降低设备费用。

（3）关键技术

1）连接技术。换热管和管板连接和换热管与中心筒的连接，前者主要有强度胀接＋密封或焊贴胀＋强度焊及连接性能检验：拉脱、连接和低温。

2）热负荷均匀。预冷段、液化段和过冷段热负荷合理分配，互相协调。

3）应力载荷均匀。中心筒缠绕技术：芯体总层数较多时，为了解决芯体受力不均匀问题，在缠绕到某层时增加第二个中心筒。通过翼板把两个中心与壳体连接在一起。

林德公司于1993年开发的绕管式换热器，1997年用于南非Mossel Bay的基本负荷型混合制冷循环的天然气液化装置，该装置名义液化能力为135t/h。

图9-113示出绕管式换热器内部结构。根据工艺要求，绕管式换热器设计成三组，每组的直径为1325mm。总的换热面积为3900m²。壳程设计压力为2.8MPa，管程设计压力为4.8MPa。设计温度为－175～55℃。第一组换热器液化碳氢化合物中的重组分，第二组液化部分天然气，第三组则完全液化并过冷，温度达到－161℃。

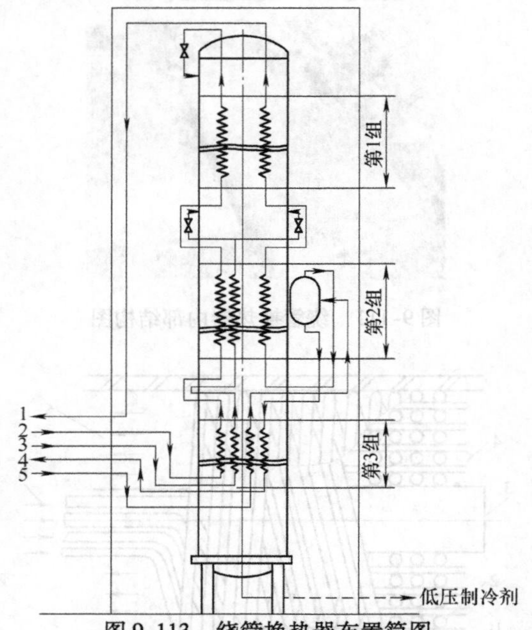

图9-113　绕管换热器布置简图

1—LNG　2—高压气体制冷剂　3—高压液体制冷剂　4—碳氢重组分　5—NG

林德公司对绕管式换热器用于天然气液化流程进行了一些试验。图9-114所示为第3组换热器起动阶段温度变化。

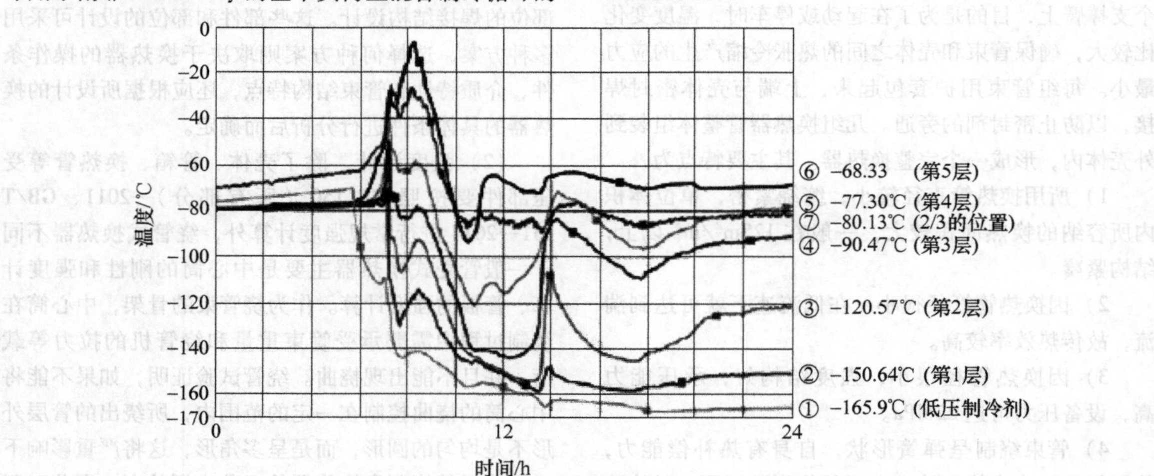

图9-114　第3组换热器起动阶段温度变化

9.4.4　LNG 汽化器

LNG 汽化器是 LNG 接收站、汽化站和液态天然气调峰站的核心设备。汽化器所需热量可以从环境中获得，如海水、河水、江水、空气和地热等，也可以从毗邻的工艺设施中获得，如蒸汽和工艺热流体。汽化器选择形式应根据气候、海水条件、接收站功能定位、热源种类确定。不同类型汽化器其适用条件、造价和操作费用有较大差别，在满足功能需求的前提下，应以经济性原则选择汽化类型。

常用的汽化器及其工作原理如下：

1）空气加热式汽化器（Ambient Air Vaporizer，AAV）。用环境空气加热 LNG，使其汽化。

2）开架式汽化器（Open Rack Vaporizer，ORV）：以海水作为热源，海水自汽化器顶部的溢流槽中依靠重力自上而下均匀覆盖在汽化器管束的外表面上，液化天然气沿管束内自下而上流动并被海水加热汽化。

3）浸没燃烧式汽化器（Submerged Combustion Vaporizer，SCV）：以天然气作为燃料，天然气与空气混合并通过燃烧器燃烧，产生的高温烟气直接进入水浴中将水加热，液化天然气流过浸没在水浴中的换热盘管后被热水加热汽化。也可以采用毗邻工厂的热源（如循环水）加热换热盘管使 LNG 汽化。

4）中间介质汽化器（Intermediate Fluid Vaporizer，IFV）：利用一种中间介质蒸发冷凝的相变过程将热源的热量传递给液化天然气，使其汽化。

1. 空气加热型汽化器

空气加热型汽化器通常称为空温式汽化器或空浴式汽化器（AAV）。空气加热型汽化器是卫星式汽化站等小型供气站的核心设备。AAV 通常采用星形等截面直翅型翅片管制造，以增大与空气的换热面积。AAV 不需要消耗燃料和动力、结构简单、运行成本低，也不需要很多的维护工作，属于非常环保的汽化器。

由于空气加热的传热系数比较小，一般 AAV 的单台汽化量不大，当需要较大汽化量的时候，需要多台并联使用。空气加热型汽化器的另一缺点是受环境条件的影响非常大，如温度和湿度的影响，因为结冰会减少有效的传热面积和阻塞空气的流动，因此 AAV 需要设置备用，定期切换运行。在标准状况下，AAV 的单台最大汽化能力约为 10000m^3/h，相对于其他型式的汽化器，单位容量的投入费用比较高。还有，AAV 将 LNG 的冷量释放至周围的空气中，会造成空气中的水汽凝结，严重时会引起 AAV 周边的能见度降低，可能会对操作带来影响，选用时应进行评估。

（1）截面直翅型翅的传热计算　翅片管上的翅片是 AAV 的基本传热单元，其传热量的计算是 AAV 传热计算的核心内容。用于直翅片传热计算的结构参数如图 9-115 所示。假设：a. 翅片材料的热导率 λ 等于常数；b. 翅片厚度 δ 远小于翅高 l 和翅宽 L；c. 翅基温度 t_0、翅周围介质温度 t_f、翅表面与周围介质间的表面传热系数 α 均为常数；d. 翅端绝热。

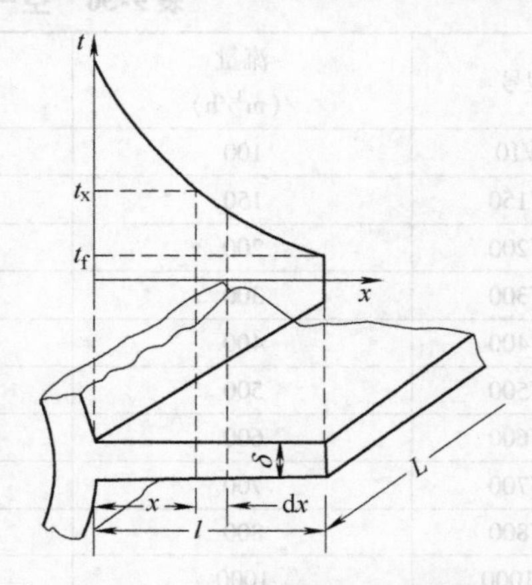

图 9-115　直翅片的结构参数

在上述前提条件下，导热微分方程式为

$$\frac{d^2\theta}{dx^2} = m^2\theta$$

边界条件为 $x=0$，$\theta = t_0 - t_f = \theta_0$；$x = l$，$\frac{d\theta}{dx} = 0$。

参数 m 定义为

$$m = \sqrt{\frac{\alpha U}{\lambda A}\frac{l}{m}}$$

式中，$\theta = t - t_f$；A 为翅片的横截面积（m^2），$A = \delta L$，δ 为以 t_f 为基准过余温度（℃）；U 是翅片的横截面的周长（m）。翅片的温度分布为

$$\theta = \theta_0 \frac{c\alpha[m(l-x)]}{c\alpha(ml)} \tag{9-125}$$

传热量计算如下：

$$Q = -\lambda A\left(\frac{d\theta}{dx}\right)_{x=0} = \lambda A m \theta_0 t\alpha(ml) \tag{9-126}$$

如果翅片端部有对流换热，则边界条件应改写为

$$x = l,\ -\lambda A\left(\frac{d\theta}{dx}\right)_{x=l} = \alpha A\theta_1$$

其中，$\theta = t_1 - t_f$，（t_1 为翅片端部温度），则翅片的温度分布改变为

$$\theta = \theta_0 \frac{c\alpha[m(l-x)] + \frac{h}{\lambda m}s\alpha[m(l-x)]}{c\alpha(ml) + \frac{h}{\lambda m}s\alpha(ml)} \tag{9-127}$$

相应的传热量为

$$Q=\lambda A m\theta_0\frac{t\alpha(ml)+\frac{\alpha}{\lambda m}}{1+\frac{\alpha}{\lambda m}t\alpha(ml)} \quad (9\text{-}128)$$

（2）产品规格和技术参数　空气加热型汽化器通常为定型产品，其汽化量和换热面积存在一定对应关系，也会因制造厂不同有一定的差异。工作压力低的 AAV 一般采用 LF21 铝合金型材制造。高压汽化器一般采用奥氏体不锈钢制造。这种汽化器占地面积比较大，通常做成立式结构。空气加热型和高压空气加热型汽化器技术参数，见表 9-36 和表 9-37。

表 9-36　空气加热型汽化器技术参数（典型）

型号	流量 /(m^3/h)	表面积 /m^2	外形尺寸 /mm×mm×mm	重量 /kg
CV10	100	33.3	781×524×4044	150
CV150	150	33.3	1064×524×4044	180
CV200	200	71.4	781×806×4044	295
CV300	300	85.7	1089×1064×4044	386
CV400	400	104.8	1346×1064×4044	585
CV500	500	133.4	1629×1064×4044	675
CV600	600	172.5	1140×1140×7045	710
CV700	700	191.5	1140×1140×7045	710
CV800	800	239.5	1422×1140×7045	990
CV1000	1000	268	1705×1140×7045	1160
CV1250	1250	382	1705×1422×7045	1474
CV1500	1500	421	1629×1629×7045	1769
CV2000	2000	650	2270×1705×7045	2431
CV2500	2500	827	2270×2270×7045	3130
CV3000	3000	950	2270×2553×7045	3515

表 9-37　高压空气加热型汽化器技术参数（典型）

型号	尺寸 (长/mm×宽/mm)	表面积 /m^2	8h 额定流量 /(m^3/h)	重量 /kg
HAI1812 SXX	1041×812	41.8	140	175
HAI1816 SXX	1041×1041	55.7	185	227
HAI1820 SXX	1041×1270	69.7	235	286
HAI1824 SXX	1041×1524	83.6	280	370
HAI1830 SXX	1270×1524	104.5	355	426
HAI1836 SXX	1524×1524	125.4	425	500
HAI1848 SXX	1981×1524	167.2	565	658

注：摘自 Cryoquip 产品目录，设备最大高度 2895mm；传热管中心间距 235mm；离地高度 508mm；工作压力规格：20MPa、30MPa、45MPa、100MPa。

（3）强制流动空气加热汽化器　常规的空气加热型汽化器依靠空气的自然对流和 LNG 进行热量交换，随着换热器表面结霜面积增大和霜层厚度增加，传热能力下降，汽化量减小。强制流动型空气加热汽化器能有效地改善空气的流通，加强空气与翅片管表面的热交换，增大气化能力。图 9-116 所示为强制流动的空气加热汽化器。图 9-117 所示为强制流动空气加热汽化器的排气温度随时间变化曲线。

（4）空气加热型汽化器的降温操作　对于采用铝合金制造的空气加热型汽化器，和 LNG 管路的连接通常采用法兰结构，连接处存在两种材料间的密封。当汽化器从静止状态快速起动时，低温 LNG 迅速冷却管路，由于两种材料的连接，线膨胀系数不一致，在法兰接缝处容易产生 LNG 的泄漏。为了避免 LNG 的泄漏，特别要注意在降温操作阶段，应把流量控制在较小的范围。空气加热型汽化器一般应用至LNG汽化站及小型LNG接收站中。图9-118所示为国内某汽化站的现场安装图，单台汽化器的汽化能力为$10000Nm^3/h$。

图9-116 强制流动的空气加热汽化器图

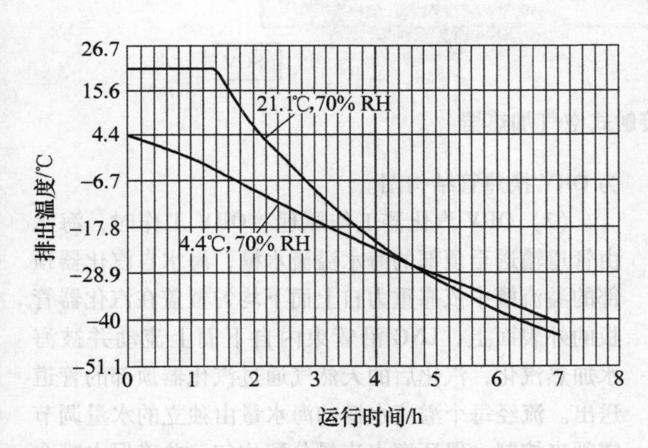

图9-117 强制流动空气加热汽化器的排气温度随时间变化曲线

图9-118 空气加热汽化器（$10000Nm^3/h$）安装现场

此外，对于大气温度较高的LNG接收站，也可采用间接接触式空气加热器。此类型汽化器主要由空气翅片式空温换热器、管壳式换热器、循环泵、乙二醇循环系统等组成，主要应用至大气温度较高的地区，在印度和美国的应用最为广泛。当环境温度较低不足以汽化LNG时，可以并联或串联SCV汽化器使LNG达到汽化温度要求外输。

例如，印度古吉拉特的Dahej LNG接收于2004年4月投入商业运营，该站址所在海域的海水悬浮颗粒物和铜离子远高于ORV通常可接受标准，如采用ORV需每6个月锦绣2~3天的涂层保养，设备可靠性降低，维护成本较高，此LNG项目选用了间接接触式空气加热器技术，配置了112台空气翅片式空气换热器及7台管壳式换热器，中间循环介质采用36%的乙二醇水溶液，汽化能力为$1550m^3/h$，为了解决冬季环境温度过低可能带来汽化效率大幅度降低问题，设置2台SCV汽化器备用。图9-119所示为间接接触式空气加热器技术流程图。

2. 开架式汽化器

开架式汽化器（Open Rack Vaporize，ORV）是目前LNG接收站最常用的汽化器。ORV的换热管材质为铝合金，一般采用海水作为加热介质。海水从汽化器上部进入，依靠重力自上而下流经铝合金管的外表面，与自下而上流经铝合金管的内部的LNG换热，从而使得LNG被加热和汽化。

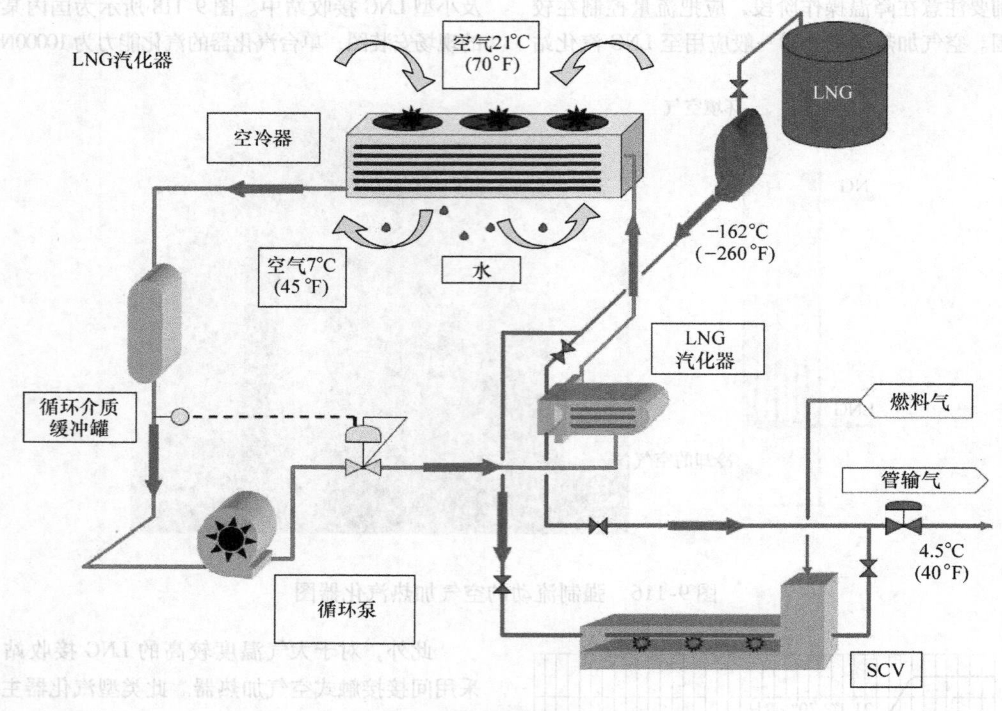

图 9-119　间接接触式空气加热器

开架式汽化器通过海水管线上的流量调节阀来控制海水流量，满足LNG汽化热负荷要求。随着海水温度的降低，汽化能力相应下降。汽化量可以在0～100%的负荷范围内调节。

（1）ORV汽化器基本结构　ORV由换热管束、溢流水槽、水量调节蝶阀、外部框架等组成。图9-120所示为ORV典型结构图。其中热交换管板（包括换热管）用铝合金，溢流水槽（加热介质供给系统）用铝合金或者不锈钢，加热介质供给管道用FRP或内衬管，上甲板用铸钢并油漆，水量调节蝶阀用ASTM A536，外部框架结构用混凝土，热交换管板及上下集管外表面铝锌合金热喷涂处理。

汽化器的管束和溢流水槽安装在外部框架上，对于汽化量小的汽化器，其外部框架可以是金属结构，大型汽化器的外部框架一般都是混凝土结构。汽化器的基本单元是传热管，由若干传热管组成板状排列，两端与集气管或集液管焊接形成一个管板，再由若干个管板组成一个传热板束，一个或者几个传热板束组成一台汽化器。根据汽化能力要求不同，通过换热管、管板和板束的组合进行调整，从而达到设计能力要求。通常，汽化能力较小的汽化器由一个板束组成，而汽化能力大的将会用到3组或4组板束。图9-121所示为ORV换热板束吊装图，图9-122所示为ORV换热管结构图。

（2）ORV汽化器工作原理　ORV工作时，海水由管道输送至顶部的海水溢流水槽，海水自汽化器顶部的溢流槽中依靠重力自上而下均匀覆盖在汽化器管板的外表面上，LNG沿管束内自下而上流动并被海水加热汽化，汽化后的天然气通过汽化器顶部的管道送出。流经每个溢流水槽的海水量由独立的水量调节蝶阀来控制，保证海水流量分配均匀，并确保水膜全部覆盖换热管束。其工作原理如图9-123所示。这种汽化器也称之为“降膜式汽化器（faling film）”，海水与LNG是逆流换热的。虽然水的流动是连续的，但由于进入汽化器底部的LNG温度非常低，因此汽化器工作时底部的管板可能会结冰，结冰会使传热系数有所降低，在汽化器设计时需要考虑这些因素。

为了改善水在管外结冰和提高汽化器的传热性能，使汽化器的结构更加紧凑，汽化器供货商不断改进传热管的结构，加强单位管长的换热能力和避免外表结冰，日本大阪燃气和神户钢铁联合研制开发了新一代改进型汽化器，改进型汽化器采用双层结构换热管，LNG从底部的分配器进入内管，然后进入内、外管之间的夹套，夹套内的LNG直接被海水加热并立即汽化，在内管内流动LNG是通过夹套中已经汽化的LNG蒸气来加热，汽化是逐渐进行。夹套虽然厚度较薄，但能提高传热管外表面的温度，所以能抑制传热管外表结冰，保持所有的传热面积有效性，提高了海水与LNG之间的传热效率。图9-124所示为常规和改进后传热管管壁的温度分布。

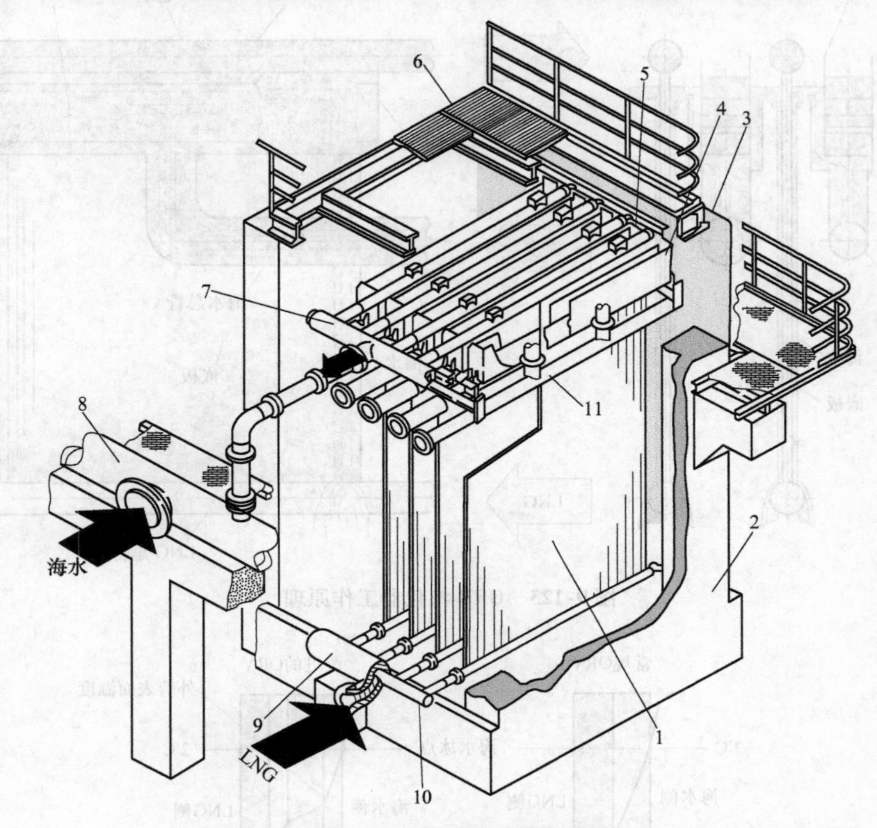

图9-120 ORV气化器结构

1—平板型换热管 2—水泥基础 3—挡风屏 4—单侧流水槽 5—双侧流水槽 6—平板换热器悬挂结构 7—多通道出口 8—海水进口管 9—绝热材料 10—多通道进口 11—海水分配器

图9-121 ORV换热板束吊装图

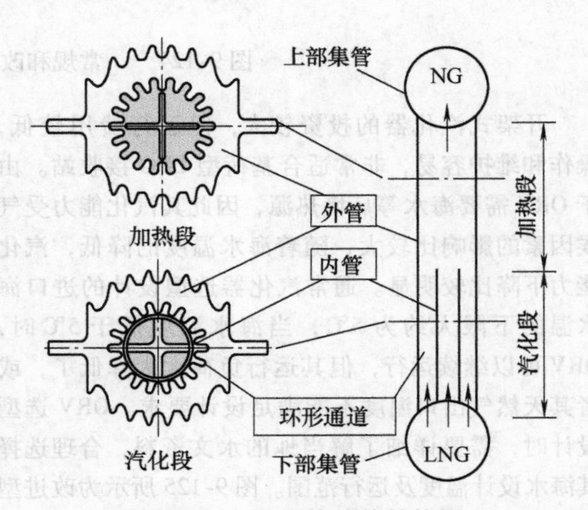

图9-122 ORV换热管结构图

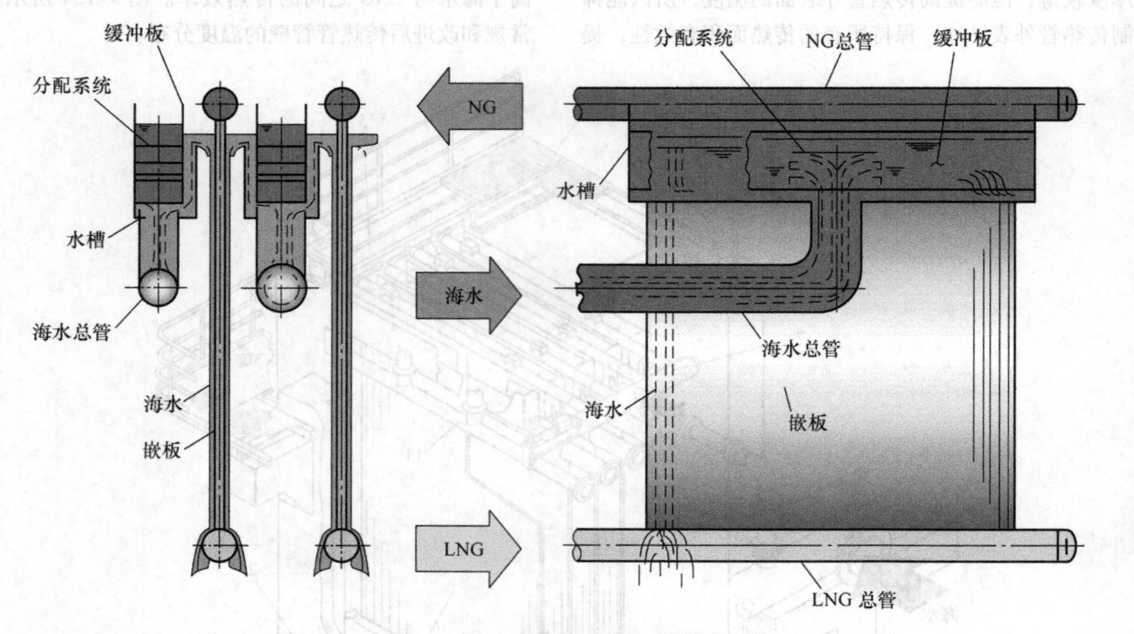

图 9-123　ORV 汽化器工作原理

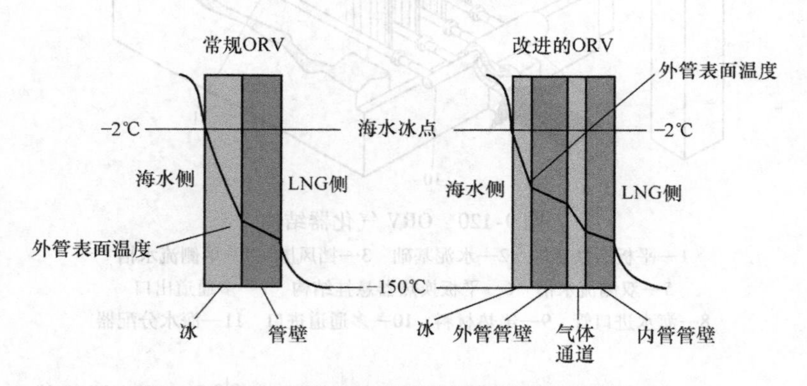

图 9-124　常规和改进后传热管管壁的温度分布

开架式汽化器的投资较大，但运行费用较低，操作和维护容易，非常适合基荷型 LNG 接收站。由于 ORV 需要海水等环境热源，因此其汽化能力受气候因素的影响比较大，随着海水温度的降低，汽化能力下降比较明显。通常汽化器选型设计的进口海水温的下限大约为 5℃，当海水温度低于 5℃时，ORV 可以继续运行，但其运行负荷大大降低了，或者其天然气出口温度不能满足设计要求。ORV 选型设计时，需要详细了解当地的水文资料，合理选择其海水设计温度及运行范围。图 9-125 所示为改进型 ORV 在额定海水流量下海水温度和 LNG 流量的曲线图。

ORV 具有以下特点：

1）紧凑型设计，节省空间。

2）传热效率高，海水量需要减少，节约能源。

3）可靠性增强。所有与天然气接触的组件都用铝合金制造，可承受很低的温度；所有与海水接触的平板表面镀以铝锌合金，防止锈蚀。

4）LNG 管道连接处安装了过渡接头，减少了泄漏，加强了运行的安全性。

5）能够快速起动，并可根据需求变化调整天然气的流量，改善了运行操作性能。

6）开放式管道输送水，易于维护和清洁。

表 9-38 列出了某 LNG 接收站改进型 ORV 汽化器的技术参数。表 9-39 列出了 ORV 汽化器的有关说明。

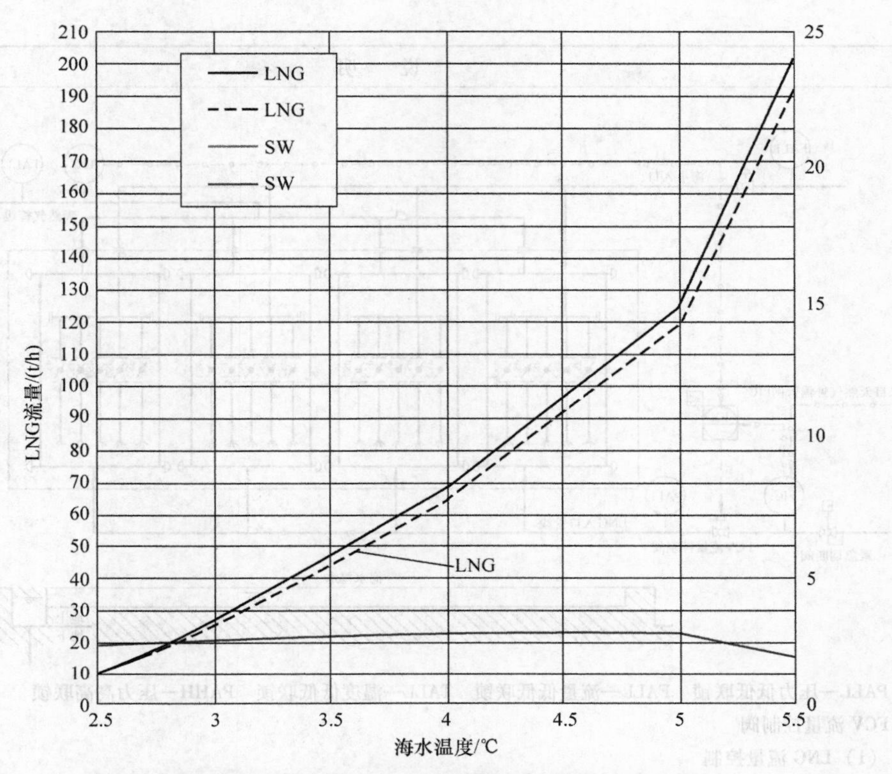

图9-125 改进型ORV海水温度和LNG流量的曲线图

表9-38 改进型ORV汽化器的技术参数

项目	数值	项目	数值
LNG汽化能力/(t/h)	202	海水最大流量/(t/h)	9180
操作压力/MPa	9.75	传热量/MW	37.57
设计压力/MPa	15	管板数量	16
海水进温度（进/出口）/℃	5.5/1.8	每个管板的传热管数量	86
海水进出口温度差/℃	<5	传热管的长度/m	6.27
天然气最低出口温度/℃	≥1		

表9-39 ORV汽化器的有关说明

项目	说　明
特征	LNG接收站的主汽化器，也可用于其他低温液化气体的汽化和加热，如LPG加热器等 对负荷波动反应灵敏，可以实现大范围的汽化量调节 一般会选用多台汽化器，每台可以独立控制负荷操作范围，也可灵活启停，便于调节LNG接收站的外输气量，也方便定期维护保养 高效的海水分配系统造成运行成本低，热导率高 传热水膜是自上而下的重力系统，不易断流，传热体系稳定性好 汽化器设计时，可以通过添加传热板束，即可提升单台汽化器的能力；扩建时，只要简单增加ORV的台数，就可方便地提升接收站的总汽化能力 可采用模块化制造，最大限度缩短现场建设的时间

（续）

<table>
<tr><th>项目</th><th>说　　明</th></tr>
<tr><td>控制联锁系统</td><td>
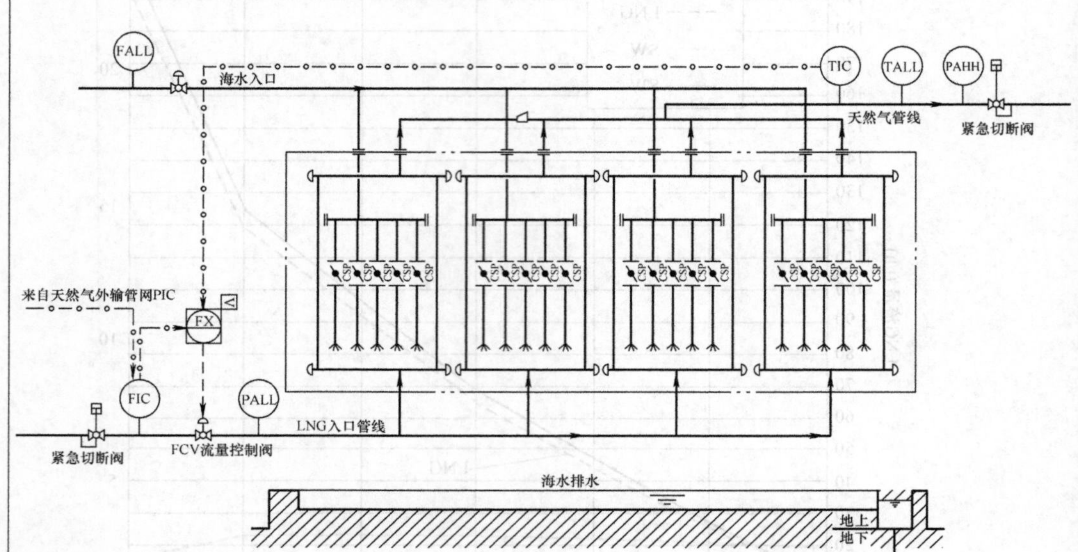

PALL—压力低低联锁　FALL—流量低低联锁　TALL—温度低低联锁　PAHH—压力高高联锁
FCV 流量控制阀
（1）LNG 流量控制
进入每台 ORV 的 LNG 流量，通过流量控制器作用于 LNG 进口流量控制阀来进行控制。流量控制器的设定值与接收站天然气输出总管的压力控制器串级控制。当汽化器出口的天然气温度过低时，可通过温度控制仪表屏蔽其入口流量控制，此控制通过一个低选器来实现
运行的海水开架式汽化器的数量由操作人员根据接收站总输出气量来确定
（2）出口天然气温度的控制
每台 ORV 出口的天然气温度由温度传感器和调节器测量、控制。所测得的温度信号送至 LNG 入口流量调节器。如果出口天然气温度过低，LNG 入口阀由出口温度调节器控制而减小开度，直到出口温度达到设定值，满足输出温度要求
（3）联锁说明
每台 ORV 设置有入口压力低低（PALL）、出口温度低低（TALL）、出口压力高高（PAHH）及海水进口流量低低（FALL），联锁关闭进出口切断阀
</td></tr>
<tr><td>运行程序</td><td>
（1）典型操作程序
准备工作：对工艺管路干燥并加压，测试热媒泵（海水泵）的运行情况
起动：起动海水泵并确认海水保持在要求的流量，确认各槽的海水分布均匀之后，开始供应 LNG，出口温度满足要求后逐步加大 LNG 供应量，最终达到设计负荷
停车：停止供应 LNG，继续维持海水供应 15min，以溶化管板上的冰，然后停止供应海水
（2）典型控制方法
LNG：用天然气压力或天然气需求量控制流量
SW（海水）：在运行中保持流量不变，当海水温度较高的夏季，可以适当减少水量，但是必须保证高于制造厂给出的最低水量
天然气温度：取决于海水的温度
海水出口温度：取决于 LNG 流量和海水的流量
</td></tr>
</table>

（续）

<table>
<tr><th>项目</th><th>说　明</th></tr>
<tr><td>可操作性</td><td>预冷：设备本身没有要求，不需要过渡性接头；如果要求快速起动，需要选择法兰连接形式
最低载荷：ORV 自身没有限制，取决于 LNG 控制阀的可控性（标准 10%）
最低海水量：保持从溢流水槽中流出的水流在管板外表面的水膜分布良好，一般制造厂会给出一个最低水量的限值
紧急停车速率取决于 ESD 阀门关闭的时间
起停预冷要求：起机预冷时应时刻关注 ORV 入口管线的表面温度计的读数，应严格按照 ORV 供货商操作规程中预冷速率的要求实施</td></tr>
<tr><td>热喷涂保护膜</td><td>作用：热喷涂铝锌合金保护膜，其化学电位比基材金属低［B22－3003（铝－锰合管），集管 B241－5083（铝－镁合金）］，作用是补偿阳极电位，防止基材点腐蚀
方法：采用熔丝火焰喷涂方法，如下示意图
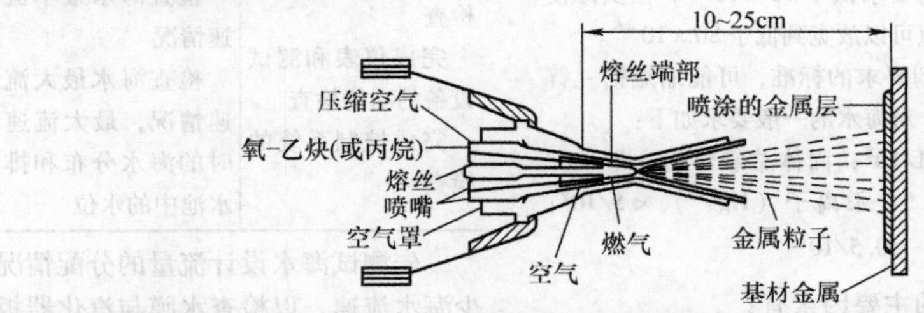

标准寿命：海水质量满足质量要求的情况下，保护膜的标准使用寿命约为 25000h（ORV 总运行时间）</td></tr>
</table>

（3）ORV 汽化器对海水的要求　采用海水做热源的汽化器对海水有比较高的要求：要求过滤器在海水取水处能够去处 10mm 以上的固体颗粒，以保持水流的畅通，防止堵塞管路。ORV 对海水的理化指标要求见表 9-40。海水所含物质的分析方法见表 9-41。

表 9-40　ORV 对海水的理化指标要求

物理性质	正常海水	允许范围	备　注
pH 值	7.5~8.4	7.5~8.4	污染的海水为 6.5~7.5
导电性/(μS/cm)	40000~50000	没有要求	
悬浮固体物/(mg/L)	≤5	≤80	引起侵蚀、冲蚀
COD/(mgO/L)	约 2	≤4	污染的海水≥4
溶解的氧/(mgO/L)	5~7	≥4	污染的海水≤4
残留的氯/(mgCl/L)		≤0.5	造成坑腐蚀
Cl^-/(mg/L)	1800~20000	没有要求	海水中的主要离子
SO_4^{2-}/(mg/L)	2500~2800	没有要求	海水中的主要离子
可溶解的铜/(mg/L)	0.0002~0.0006	≤0.01	造成坑腐蚀
总的铁/(mg/L)	0.002~0.02	没有要求	通常没有伤害
盐分/(mg/L)	35000	没有要求	海水中的盐含量
钠/(mg/L)	11000	没有要求	海水中的主要离子
钾/(mg/L)	410	没有要求	通常没有伤害
锌/(mg/L)	0.005	没有要求	比铜离子腐蚀性小，也会造成坑腐蚀
铅/(mg/L)	0.00003		坑腐蚀或 LME①，比铜离子腐蚀性大
镉/(mg/L)	0.0001	没有要求	
汞/(mg/L)	0.00003	0.0005	

注：S^{2-}、$NH4^+$ 会腐蚀铜材料，因此如果海水管道中有铜材料，当海水中含有这些离子时，铜离子将会溶解到海水中，造成腐蚀。

① LME 是指液相金属脆变。

表 9-41 海水所含物质的分析方法

物质	分析方法
铜	电热法 AAS
汞	蒸发缩减法 AAS
悬浮固体①	过滤－重量分析法
pH 值	格拉斯电极法
铅	电加热 AAS
镉	电加热 AAS
锌	ICP－AES
硫酸	离子交换色谱仪
铵离子	离子交换色谱仪

注：AAS－原子吸收光谱法；ICP－AES－电感耦合等离子原子光谱法。

① 以前对悬浮固体的值要求低于 10×10^{-6}，但实际使用的情况表明，该值可以放宽到低于 80×10^{-6}。

如果使用海水达不到要求的标准，可能缩短铝－锌喷涂保护层的寿命，对海水的一般要求如下：

铜离子（Cu^{2+}）$<1/10^8$；固体总悬浮物含量 $<8/10^5$；pH 为 7.5～8.5；汞离子（Hg^{2+}）$<5/10^9$；含量氯气残留（Cl）$<0.5/10^7$。

影响铝－锌保护膜的主要因素有：

1）固体悬浮物总量：如果固体悬浮物总量偏高，ORV 的管板下部的腐蚀会加速，保护膜使用寿命将比预期的缩短。

2）重金属离子和氯气残留及 pH 值。铜离子和汞离子均可以造成对 ORV 的严重腐蚀，但是很难对每一项指标偏高对使用寿命的影响做出判断。要保持 ORV 处于良好状态，要求做好定期检查，在点腐蚀 ORV 基材金属之前，进行适当的保护膜重新热喷涂。为了防止海水对基体金属的腐蚀，可以在金属表面喷涂保护层，以增加腐蚀的阻力。涂层材料可用质量分数为 85% Al＋15% Zn 的锌铝合金。

（4）ORV 汽化器的调试试验 ORV 汽化器投入使用前需要进行调试，以确认海水的分布是否均匀，汽化器的汽化能力和海水流量的关系。海水分配性能测试见表 9-42。

表 9-42 海水分配性能测试

测试前的准备	性能测试步骤	测量内容
完成海水系统的冲洗/吹扫 完成阀门的功能检查 完成仪表和测试设备的功能检查 完成控制系统的检查	调节海水流量，以设计流速均匀分布在各个水槽中 检查海水最小流速情况 检查海水最大流速情况，最大流速时的海水分布和排水池中的水位	测量水槽边缘的深度 检查管接头的泄漏情况海水流速 进/排口的海水温度 排水中的水位

先测试海水设计流量的分配情况，然后按程序减少海水流速，以检查水膜与汽化器板表面产生分离时的海水流量。

第 1 步：设计流量下限（报警值）。

第 2 步：停机流量（停机值）。

第 3 步：按 10～15t/h 的速率降低海水流量，直至水膜与汽化器表面分离。

第 4 步：按 10t/h 的速率增加海水流量，确定传热板表面水膜恢复时的流量。

第 5 步：锁定所有海水集管上的蝶阀开度。

表 9-43 为某项目 ORV 海水分布器测试记录表。

表 9-43 海水分布器测试记录表

海水流量/(t/h)	海水分布系统的振动	液膜是否均匀	海水分布槽溢流水的高度/mm									海水分布蝶阀开度/(°)					
			Block	水槽1	水槽2		水槽3		水槽4		水槽5	Block	阀1 8”	阀2 12”	阀3 12”	阀4 12”	阀5 8”
				a	b	a	b	a	b	a	b						
7000	无	均匀	1	31	25	24	32	30	27	22	29	1	85°	45°	56°	44°	56°
			2	27	23	23	27	28	25	25	30	2	90°	68°	65°	56°	88°
			3	27	27	26	26	26	31	30	26	3	90°	63°	58°	63°	90°
			4	29	25	24	26	24	25	36	30	4	90°	63°	56°	56°	90°
8000	无	均匀	1	33	27	26	33	32	27	24	32	1	85°	45°	56°	44°	56°
			2	29	26	24	31	31	30	28	31	2	90°	68°	65°	56°	88°
			3	31	30	31	32	29	34	33	32	3	90°	63°	58°	63°	90°
			4	34	30	32	32	31	32	31	34	4	90°	63°	56°	56°	90°

汽化性能测试见表9-44。

表9-44　汽化性能测试

测试前的准备	性能测试步骤	测量内容
LNG泵和海水供应系统的性能测试完成，流量处于受控状态 海水能均匀分配至每个换热面板完成系统检查 上游工艺管线冷却（液体充注） 完成管道的清洗、干燥和升压	使用少量LNG进行测试	冷却时间 冷却速率 LNG温度 LNG流量 NG温度 LNG/NG压力 海水流量 海水温度（进/排口） 海水压力
工作压力符合要求 海水温度符合要求	以每分钟±30%的流量增加/降低负荷 测试负载范围 设计流速的25% 设计流速的50% 设计流速的75% 设计流速的100%	LNG流量 NG温度 LNG/NG压力 海水压力 海水进口温度① 海水出口温度① 海水流量② LNG温度

① 海水进出口之间的最大温差<5℃。

② LNG/NG设计流量为202t/h。

以表9-40中ORV的技术参数为例，性能测试流量变化曲线如图9-126所示。

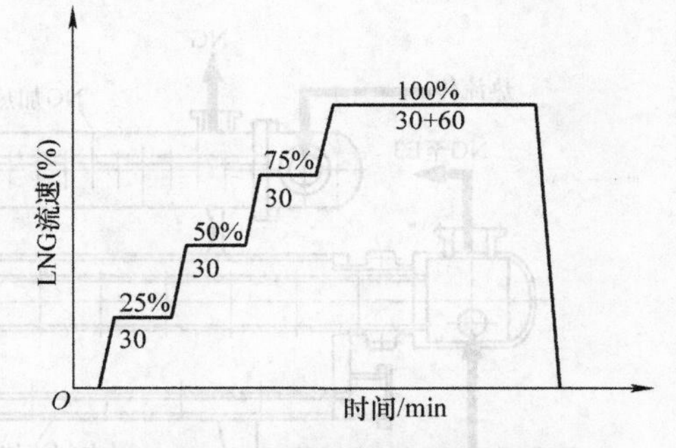

图9-126　性能测试流量变化曲线

3. 中间介质汽化器（IFV）

采用中间传热流体的实现LNG汽化的方法，可以实现外部工艺热源和LNG冷能利用，对于海水水质无法满足ORV使用条件的场合，采用IFV可以满足LNG接收站的汽化要求。实际使用的汽化器的传热过程是由两级换热组成：第一级是由LNG和中间传热流体进行热交换，第二级是由中间传热流体和海水进行热交换。IFV汽化器的换热管采用钛合金管，不会产生腐蚀，对海水的质量要求也没有过多的限制。

这种汽化器也已经广泛应用在基本负荷型LNG汽化系统，IFV汽化器为壳管式的换热器结构，应用于以下场合：①有热流体可利用的汽化器。②在LNG浮式贮存和汽化装置（FSRU）上的汽化器。③利用LNG冷能发电系统中的汽化器。

（1）工作原理　IFV型汽化器结构紧凑，两级热交换都是在同一设备内完成。从图9-127中可以看出，中间传热流体处于换热器的壳程空间中汽化和冷凝（通常采用丙烷、丁烷或氟利昂等介质）。壳程的下半部分为液态的中间传热流体，海水热交换的换热管浸没在中间传热流体中使海水在管程中流过，并加热中间传热流体。管程为无相变的强迫对流换热，管外为有相变的强制对流换热。中间传热流体被海水加热汽化，中间传热流体蒸汽处于上半部分空间。上半部分空间中有LNG和中间传热流体蒸汽进行热交换的换热管，LNG在管程中流动。LNG被中间传热流体蒸汽加热汽化；而中间传热流体蒸汽被LNG冷凝，又变成液体，自然下落。中间传热流体在IFV汽化器中不断地被加热汽化和冷却凝结。图9-128所示为利用热流体的分体式IFV汽化器。图9-129所示为典型IFV汽化器结构。

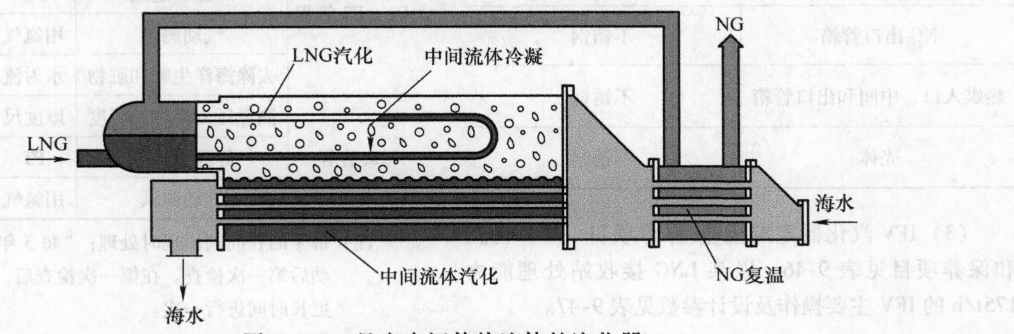

图9-127　具有中间传热流体的汽化器

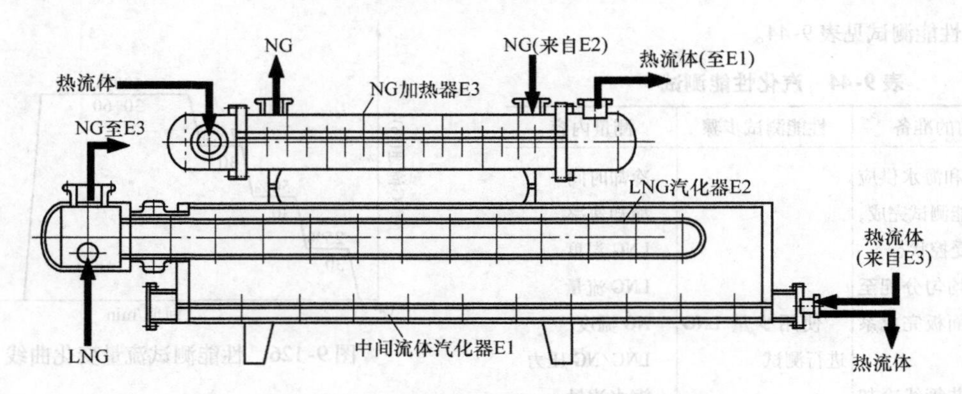

图 9-128 利用热流体的分体式 IFV 汽化器

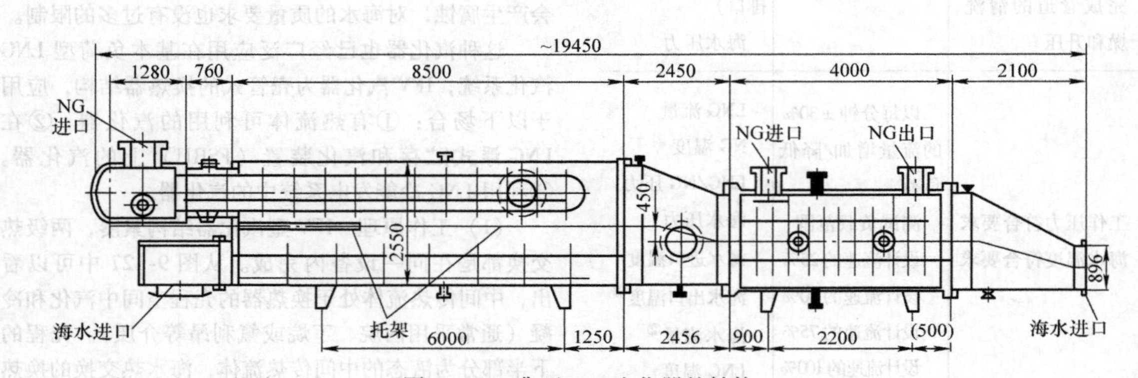

图 9-129 典型 IFV 汽化器的结构

(2) IFV 汽化器材料 中间介质汽化器（IFV）的主要材质见表 9-45。

表 9-45 IFV 零部件材料

零部件名称	材料
LNG 换热管束	不锈钢
热媒换热管束	不锈钢或钛管（海水）
LNG 入口管箱	不锈钢
NG 出口管箱	不锈钢
热媒入口、中间和出口管箱	不锈钢
壳体	不锈钢

(3) IFV 汽化器定期检查/保养项目 IFV 检查和保养项目见表 9-46。以某 LNG 接收站处理能力 175t/h 的 IFV 主要操作及设计参数见表 9-47。

表 9-46 IFV 检查和保养项目

名称	项目	方法	期间
E－1、E－2、E－3（壳程）	核查变形和腐蚀检查	目测	每 3 年＊＊
	测量压力部件的厚度	厚度尺	
	焊缝渗透剂	PT	
	大修检查	目测	＊
	气动测试	用氮气	
E1、E3 管程	测量压力部件的厚度	厚度尺	每 3 年＊＊
	焊缝渗透剂	PT	
	气动测试	用氮气	＊
	去除海洋生物和脏物	水射流	每年
E2 管程	测量压力部件的厚度	厚度尺	＊
	焊缝渗透剂	PT	
	气动测试	用氮气	

注：带＊的在问题出现时处理；“每 3 年＊＊”是指起动后第一次检查。在第一次检查后，可以每 3 年或更长时间进行一次。

表9-47 中间介质汽化器的设计参数

换热器	设计压力/MPa (G)	设计温度/℃	操作压力/MPa (G)	操作温度/℃	换热管径/mm	换热管厚/mm	中间介质
E-1(壳程)/(管程)	2.03/0.8	60/60	0.367/0.14	-8.82/6.3~2.6	20	1.2	C3H8/H_2O
E-2(壳程)/(管程)	2.03/11.6	60/-170~60	7.2	-160~-32	16	1.6	CH_4
E-3(壳程)/(管程)	11.6/0.8	60/-170~60	7.2/0.74	-32~1/6.85~6.3	20	2	CH_4/H_2O

4. 浸没燃烧式汽化器（SCV）

浸没式燃烧加热型汽化器是通过燃料燃烧的高温烟气直接与水混合，将热量传递到水中。用于加热LNG的热交换盘管浸没在热水中，使加热盘管内的LNG加热汽化。由于热水和LNG之间的温差较大（与常温海水相比），因此SCV汽化器的汽化能力更强、设备结构更紧凑，且占地面积小。SCV汽化器可以是单个燃烧器或多个燃烧器。改变燃烧器的数量，能方便地调整气化量。SCV的汽化量可以在10%~100%的范围内进行调节，能对负荷的突然变化做出反应，特别适合于负荷变化幅度比较大的情况。SCV汽化器的另一个特色是起动速度快，适合于紧急情况或调峰时的快速起动要求。在大型的LNG汽化供气中心，通常配备相应的SCV汽化器，以备用气负荷急增的情况下，迅速起动，提高系统的应变能力。用于调峰的SCV汽化器通常采用多个燃烧器的结构，便于根据调峰负荷的大小，确定需要工作的燃烧器数量。典型的SCV汽化器的可达200t/h。由于负荷比较稳定，不需要改变燃烧器的数量，因此用于基本负荷型SCV汽化器的燃烧器设计成单燃烧器结构。

SCV汽化器需消耗燃料，使SCV的运行成本较高，另一方面，SCV燃烧产生的烟气排放会对环境造成一定影响，因此要求控制排放废气中氮氧化物浓度，以满足当地的排放标准。同时水池不断吸收燃烧产物而呈酸性，需要加入碱液（碳酸钠溶液或碳酸氢钠溶液）以调整水的pH值。

（1）热交换机理　SCV汽化器工作原理主要是燃烧产生热气和水直接进行热质交换，它使用了一个直接向水中排出燃气的燃烧器。由于燃气与水直接接触，燃气激烈地搅动水，使传热效率非常高。水沿着汽化器的管路向上流动，运用气体提升的原理，在传热管外部获得激烈的循环水流，管外侧的传热系数可以达到580~800W/(m^2·K)，汽化器的热效率可以达到99%以上。图9-130所示为SCV汽化器工作原理图，图9-131和图9-132所示为SCV汽化器的结构示意图。

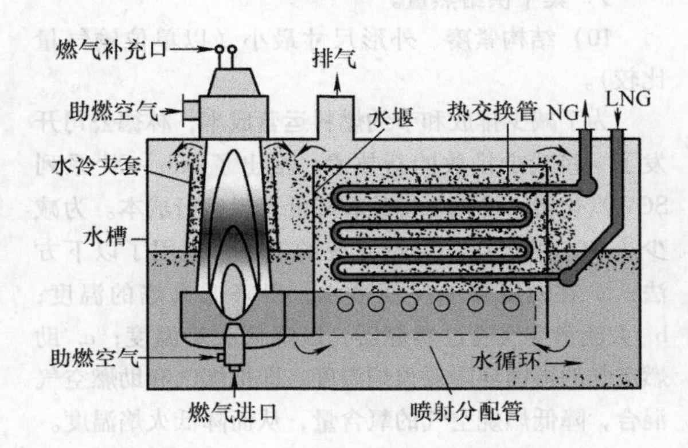

图9-130　SCV汽化器工作原理图

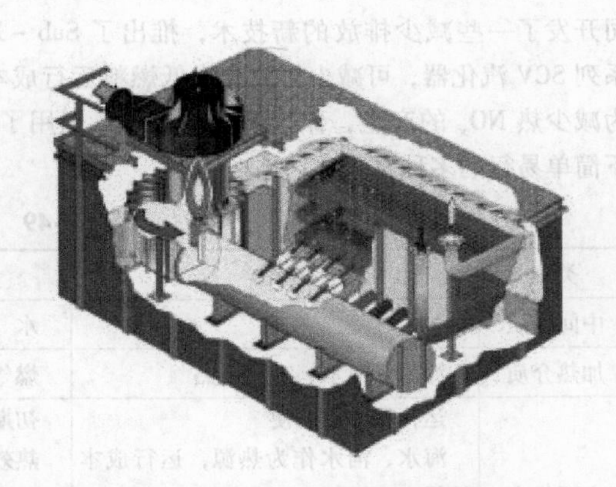
图9-131　SCV汽化器结构示意图（1）

图9-132　SCV汽化器结构示意图（2）

（2）SCV 汽化器的主要优点

1）在水浴中加热，安全性好。

2）管壁温度均匀。

3）起动迅速（15～30min）。

4）热效率高，约99%。

5）水侧不会结冰。

6）不会形成生物污垢。

7）停机维护检修的时间相对比较最短。

8）改变工艺参数时能快速做出反应。

9）集中供给热量。

10）结构紧凑、外形尺寸最小（以单位输气量比较）。

为了减少排放和节约燃料运营成本，林德公司开发了一些减少排放的新技术，推出了 Sub－X^R 系列 SCV 汽化器，可减少排放和降低燃料运行成本。为减少热 NO_x 的产生，保持系统的效率，运用了以下方法：a. 在燃烧器的反面喷水，以降低火焰的温度；b. 大流量空气通过燃烧器，以降低火焰温度；c. 助燃空气的再循环降低火焰温度，即把烟气和助燃空气混合，降低燃烧空气的氧含量，从而降低火焰温度。

表9-48 列出了某 LNG 接收站 SCV 的技术参数。

表 9-48　SCV 的技术参数

技术性能		数值
汽化量/(t/h)		202
压力/MPa	设计	15
	运行	9.75
温度/℃	液体	－162
	气体	≥1
燃烧器供热能力/MW		37.2
槽内温度/℃		23
空气流量/(m³/h)		26000
燃料气消耗/(kg/h)		2500
热效率（%）		98.3

为了强调减少排放和节约燃料运营成本，林德公司开发了一些减少排放的新技术，推出了 Sub－XR 系列 SCV 汽化器，可减少排放和降低燃料运行成本。为减少热 NO_x 的产生，保持系统的效率，运用了以下简单易行的多种方法：

1）在燃烧器的反面喷水，以降低火焰的温度。

2）大流量空气通过燃烧器，以降低火焰温度。

3）助燃空气的再循环降低火焰温度，即把烟气和助燃空气混合，降低燃烧空气的氧含量，从而降低火焰温度。

Sub－XR 型 LNG 汽化器：管子数量 60～80 根；管子直径 25～6mm；管子平均壁厚 1.65～2.4mm；管道长度 40～60mm；通路数 6～8；材料 304/304L。

9.4.5 汽化器特点

表9-49 列出了汽化器的主要特点。

表 9-49　汽化器的主要特点

类型	ORV	SCV	IFV
中间介质	—	水	丙烷、乙二醇、氟利昂、水等
加热介质	海水、河水、工艺废热	燃气	海水、空气、废热、其他热源
主要优点	运行和维护方便 海水、河水作为热源，运行成本较低 制造简单 安全性高	初期投入成本低 热效率高 可在寒冷地区使用 设计紧凑，占地少 系统起动快，多用于调峰	对海水水质要求低 可实现废热的利用 可实现 LNG 冷能的利用
主要缺点	当海水中固体悬浮颗粒 >8/10^5、铜含量较高时不宜使用 当海水温度 <5℃时，不宜使用	运行成本较高 需要处理废水 维修和操作复杂	安装空气热回收系统占地面积较大 消耗中间热源丙烷或乙二醇 维护和周期检查相对复杂 费用较高

对于承担基本负荷汽化的场合，汽化器使用率高（通常在80%以上），汽化量大。重点考虑的因素是设备运行成本，尽可能利用廉价的低品位热源，如从环境空气或水中获取热量，以降低运行费用。以空气

或水作为热源的汽化器，结构最简单，几乎没有运转部件，运行和维护的费用很低，比较适合于基本负荷汽化的场合。

对于承担调峰型系统使用的汽化器，是为了补充用气高峰时供气量不足的装置，其工作特点是使用率低，工作时间是随机性的。应用于调峰系统的汽化器，要求起动速度快、汽化速率高、维护简单、可靠性高，并具有紧急起动的功能。由于使用率相对较低，因此要求设备初投资尽可能低，而对运行费用则不大苛求。

9.5　LNG 装卸臂

LNG 装卸臂（Loading/Unloading Arm）是用于车、船装卸 LNG 的专用设备，是贮存设备之间转移 LNG 的过渡连接设施。如 LNG 船在码头装卸 LNG，装卸臂就是把岸上管线和船上管线连接在一起的中间过渡设备，通常称为装船臂或卸船臂；对于给公路运输槽车装载 LNG 的连接设备，通常称为装车臂。LNG 装卸臂是 LNG 接收站或液化厂的关键设备之一。

9.5.1　概述

装车臂使用环境在陆地，流通速率较小，公称直径通常为 2～3in（DN50～DN80）。装/卸船臂使用环境在船岸连接处，可用于将 LNG 从 LNG 运输船储罐输送至陆上 LNG 储罐，也可用于将 LNG 从陆上储罐输送至 LNG 船储罐，还可以实现 FLNG 与 LNG 运输船之间的 LNG 传递。当 LNG 船停泊在码头进行装卸操作时，由于风浪、水流、涨潮或落潮等原因，LNG 船和码头之间会有相对的起伏或移动，装卸臂可适应这些工作条件，在一定范围内自动对 LNG 运输船的飘逸做相应位移补偿，允许 LNG 船和码头在一定的幅度范围内的相对运动。

装卸臂的操作通常是由控制台操纵，控制台（简称 LAOP）通常固定安装在码头上。为了便于操作，通常配有无线控制器（简称 RCT），可以灵活的移动和携带，并能带到 LNG 船的甲板上来操控卸料臂的移动。在卸料过程中，无线控制器（RCT）应值守在船上，直至卸料操作完成。

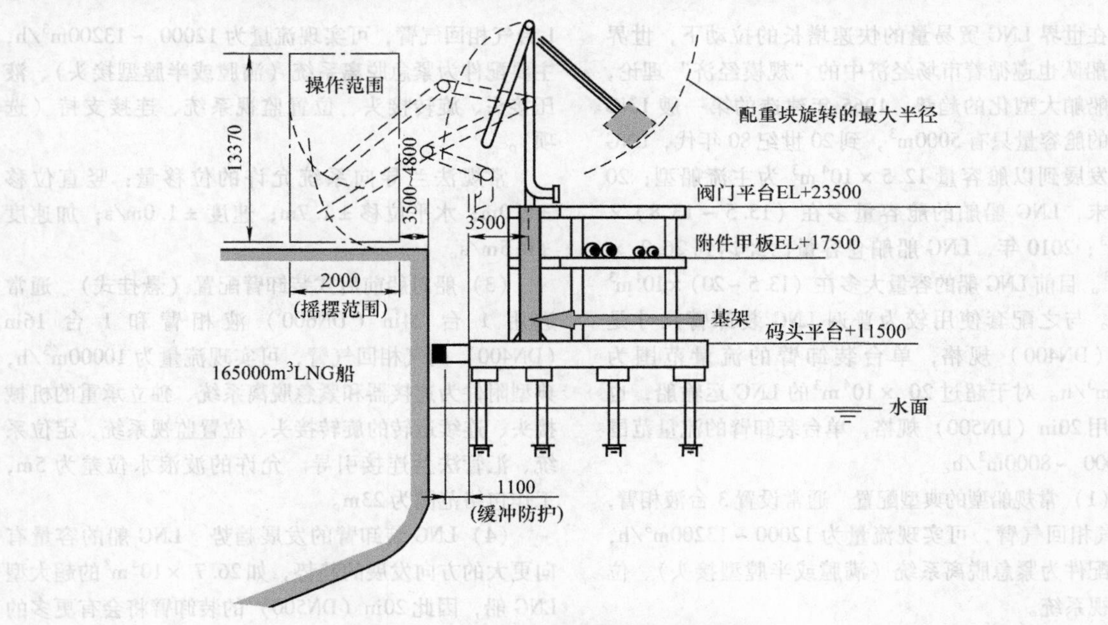

图 9-133　装卸臂的包络线范围

LNG 船卸料前，应停泊妥当并定位，尽量避免 LNG 船有过大幅度的漂移甚至超出卸载臂的包络线范围。卸载臂上每个旋转接头组件的弯头，可以像关节一样活动，因此关节组件周围至少要有 300mm 的活动空间。如小于 300mm 则不能进行卸载操作。图 9-133所示为装卸臂的包络线范围。

此外，装卸臂还配有液压动力单元（HPU）、蓄能器以及位置检测系统，位置检测系统全面检测装卸臂所在位置，并能给出必要的动作，如对位置偏移能进行预报警、第一次报警、第二次报警、停泵、关阀、脱离等。

9.5.2　装卸臂的类型和规格

根据装卸臂的使用环境，可以分为两种类型：a. 陆用型，有防浪墙保护、直接面对海水（无防浪墙）；b. 海上型，船对船、船对海上浮式设施。

根据配重的方式，装卸臂主要分为三种：a. 完全平衡式（Fully Balanced）；b. 转动配重型（Rotary Counterweighted）；c. 双重配重型（Double Counterweighted）。图 9-134 所示为装卸臂的结构形式。

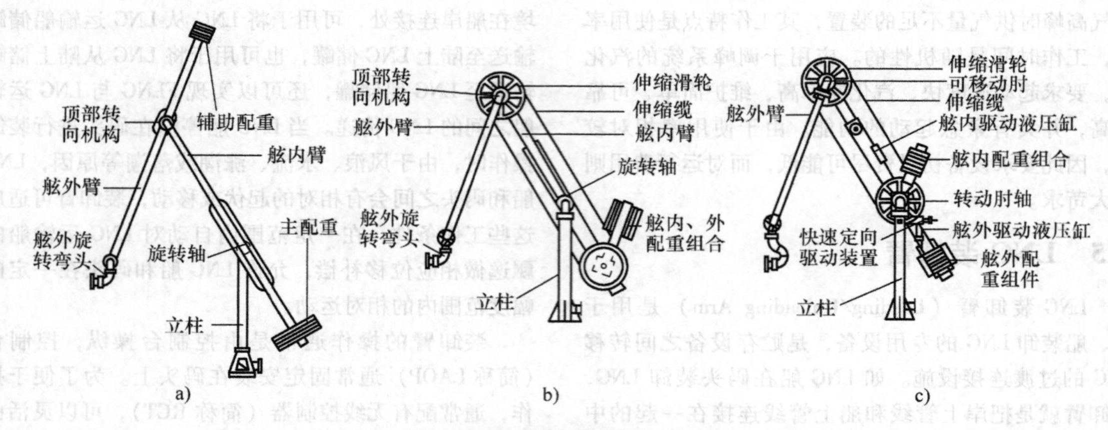

图 9-134　装卸臂的结构形式

a）完全平衡型　b）转动配置型　c）双重配重型

在世界 LNG 贸易量的快速增长的拉动下，世界 LNG 船队也遵循着市场经济中的“规模经济”理论，呈现船舶大型化的趋势。1965 年建造的第一艘 LNG 船舶的舱容量只有 $5000m^3$，到 20 世纪 80 年代，LNG 船舶发展到以舱容量 $12.5\times10^4m^3$ 为主流船型；20 世纪末，LNG 船舶的舱容量多在 $(13.5\sim13.8)\times10^4m^3$；2010 年，LNG 船舶仓容量已经达到 $26.2\times10^4m^3$。目前 LNG 船的容量大多在 $(13.5\sim20)\times10^4m^3$ 左右。与之配套使用较为普遍 LNG 装卸臂尺寸是 16in（DN400）规格，单台装卸臂的流量范围为 $4000m^3/h$。对于超过 $20\times10^4m^3$ 的 LNG 运输船，也有采用 20in（DN500）规格，单台装卸臂的流量范围为 $6000\sim8000m^3/h$。

（1）常规船型的典型配置　通常设置 3 台液相臂，1 台气相回气臂，可实现流量为 $12000\sim13200m^3/h$，主要配件为紧急脱离系统（满膛或半膛型接头）、位置监视系统。

常规法兰导向系统允许的位移量：竖直位移 ±0.1m；水平位移 ±0.1m；速度 ±0.05m/s；加速度 ±0.025m/s。

需要考虑的因素包括水位变化、波浪条件、装卸船型规格、允许法兰漂移的范围及码头管理。

（2）船对船的典型配置　通常设置 3 台液相臂，1 台气相回气臂，可实现流量为 $12000\sim13200m^3/h$，主要配件为紧急脱离系统（满膛或半膛型接头）、液压接头、旋转接头、位置监视系统、连接支持（选项）。

常规法兰导向系统允许的位移量：竖直位移 ±2.0m；水平位移 ±1.7m；速度 ±1.0m/s；加速度 ±0.5m/s。

（3）船对船前后式装卸臂配置（悬挂式）　通常选用 1 台 24in（DN600）液相臂和 1 台 16in（DN400）的气相回气臂，可实现流量为 $10000m^3/h$，典型附件为连接器和紧急脱离系统、独立承重的机械接头、连续运转的旋转接头、位置监视系统、定位系统、汇管法兰连接引导。允许的波浪水位差为 5m，工作包络范围为 23m。

（4）LNG 装卸臂的发展趋势　LNG 船的容量有向更大的方向发展的趋势，如 $26.7\times10^4m^3$ 的超大型 LNG 船，因此 20in（DN500）的装卸臂将会有更多的应用。LNG 接收站选择装卸臂规格时应结合装卸船速率、LNG 船型规格、装卸船臂包络线范围、备用率、项目功能定位等因素综合考虑。图 9-135 所示为 16in（1in = 25.4mm）和 20in 装卸臂允许 LNG 船移动范围比较。表 9-50列出了某 LNG 接收站卸船臂选型的技术比较表。

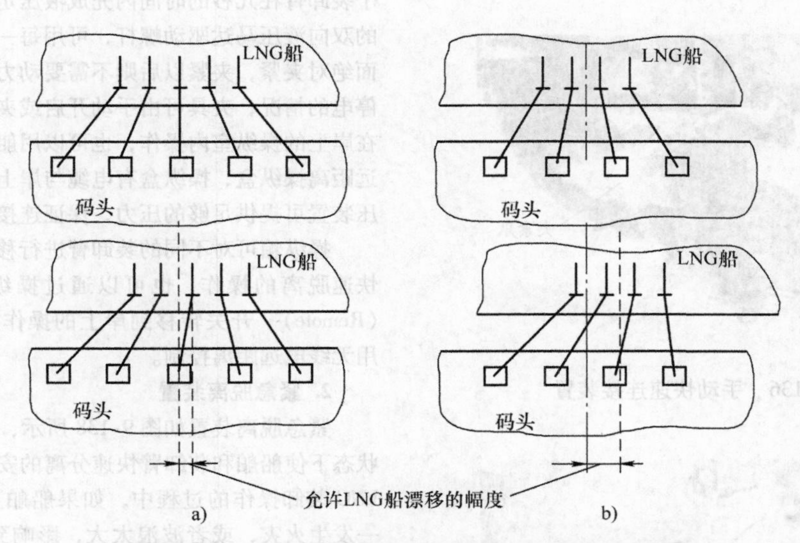

图9-135 16in和20in装卸臂允许LNG船移动范围比较
a) 16in装卸臂 b) 20in装卸臂

表9-50 卸船臂技术比较表

规格	卸船臂（16in）	卸船臂（20in）
卸料流量/(m^3/h)	3000~4000	5100~6000
性能特点	操作灵活，适用范围较广 检修维护方便灵活，不影响卸船 单台臂检维修期间，对卸船操作影响较小，备用性强 产品成熟度高，质量稳定，备品备件较易获取 单臂阻力降较大，但对本项目影响较小	卸船速率较快，卸船时间较短 26.6×10^4 m^3船的卸船要求，无须安装大小头 (8~21.6)×10^4 m^3船到港时，卸船需要安装大小头，增加操作运行时间和泄漏源 单台臂检维修期间，对卸船操作影响较大，备用性差

9.5.3 装卸臂的主要部件

装卸臂主要由组合式旋转接头、输送臂、配重机构、转向机构及支撑立柱组成。组合式旋转接头是装卸臂补偿LNG船起伏、摇晃的装置，应能准确、快速地与LNG船上的接口进行连接或脱离，并能自由旋转，以补偿不同方向的位移。装卸过程中LNG船产生摇晃或上下起伏时装卸臂在三个方向进行相应的调整使之随着LNG船灵活移动。

低温旋转器是组合式旋转接头中的关键部件，不仅要能承受LNG的低温工作环境，而且要能够轻松地转动，还要有良好的密封性。低温旋转器采用具有聚乙烯树脂做唇边的不锈钢密封结构，通过不锈钢弹簧的压紧力形成密封。通常采用两道内密封，一道为主密封，另一道为辅助密封。另外设置有水密封，目的是为了保护旋转轴承。

1. 快速连接装置

快速连接装置（Quick Connect/Disconnect Couplers，QCDC）是在装卸臂的组合式旋转接头的法兰与船上装卸口法兰对接准确以后，通过液压驱动对连接法兰实施压紧的设施。操作方式有手动操作和无线电遥控操作两种。

（1）手动快速连接器 用液压驱动的快速连接器来实现装卸臂与船舶装卸口的对接，手动快速连接器是通过手动操作的方式，把装卸臂法兰和甲板上装卸口的法兰牢固地连接在一起。由于是通过专门的夹具来实施夹紧，不需传统法兰连接时使用的螺栓和螺母，因此可以实现快速的连接。只需要传统操作方式十分之一的时间。当装卸臂或连接器在向目标位置移动时，连接器上的摩擦装置控制夹具处于张开的状态，每个夹紧爪的夹紧力是独立的，确保了连接的密封性。手动快速连接器能快速取下和更换，也能很方便地装到法兰上。图9-136所示为手动快速连接装置。

（2）液压快速连接器 图9-137所示为液压快速连接器，它是装卸臂系统中的一个集成部件，可以将多

图 9-136 手动快速连接装置

图 9-137 液压快速连接器

个装卸臂在几秒的时间内完成液压定位和连接。独立的双向液压马达驱动螺杆，可用每一个夹具把法兰平面绝对夹紧，夹紧以后则不需要动力维持。如果出现停电的情况，夹具可由手动开启或夹紧。连接时可以在岸上的操纵室内操作，也可以用船上携带的便携式远距离操纵盒，操纵盒有电缆与岸上操作室相连。液压装置可提供足够的压力，保证连接处的密封性。

操纵箱可对不同的装卸臂进行移动、快速连接和快速脱离的操作，也可以通过操纵盒上的“远程（Remote）”开关转移到岸上的操作室控制，也可采用无线电远距离控制。

2. 紧急脱离装置

紧急脱离装置如图 9-138 所示，它是为了在紧急状态下使船舶和装卸臂快速分离的安全装置。在进行 LNG 装卸操作的过程中，如果船舶上或者码头上万一发生火灾，或者波浪太大，影响到 LNG 装卸安全作业的其他事故，需将船舶和装卸臂快速脱离，使船舶能尽快驶离码头。

紧急脱离装置由两个阀门、中间脱离机构和动力驱动系统组成。一般有双球阀型紧急脱离系统（DBV + PERC）、双蝶阀型紧急脱离系统（DBFV + PERC）两类，紧急脱离装置是 LNG 卸料系统中的关键设备。动作时，系统首先关闭两侧的阀门，然后通过机械机构打开中间的脱离机构，实现船岸分离；同时确保管线和装卸臂中的 LNG 最低限度的外漏。紧急脱离装置的设计制造规范包括 OCIMF1999、EN 1474 - 2：2020 等规范。

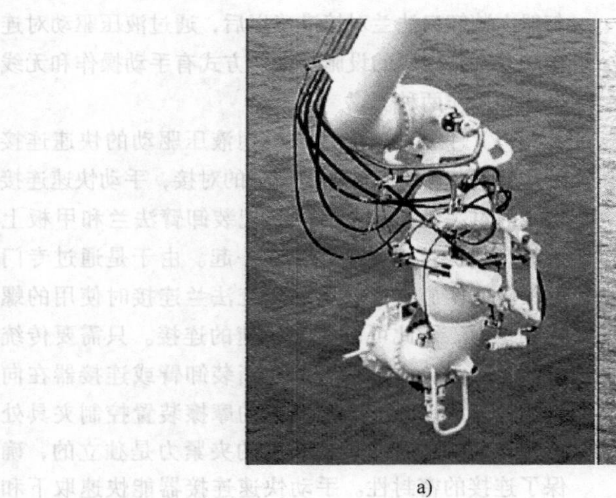

a)

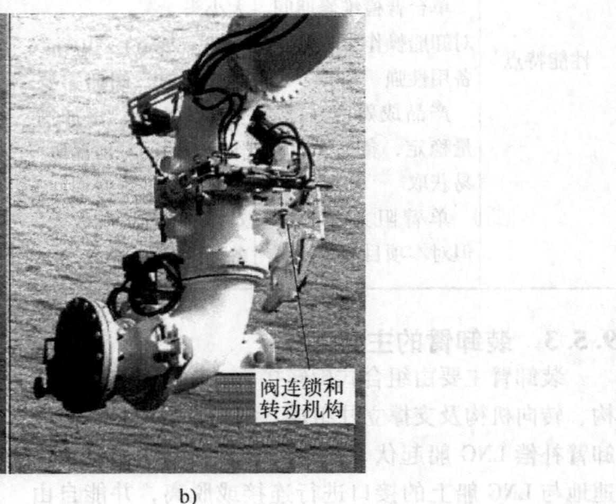

b)

图 9-138 紧急脱离装置

a）双球阀型 b）双蝶阀型

3. 旋转接头

图9-139所示为用于LNG装卸臂的低温旋转接头，它是装卸臂的关键部件。装卸臂工作时，LNG船会有一定幅度的飘移和晃动，装卸臂随着船体的移动和摇摆做出相应的移动。装卸臂上的旋转接头在低温状态下不仅能自由旋转，而且仍然有良好的密封性。旋转接头应具备以下功能：氮气吹扫通道、密封性检测接口、转动平稳、嵌入式滚珠轨道、可靠的密封性和及时复位能力。

OCIMF规范对卸料臂的旋转接头的测试内容和要求有具体的规定，主要的测试项目有局部真空测试、旋转测试、环境温度下的强度试验、最低设计温度下的强度试验和氮气冲扫测试。

图9-139　用于LNG装卸臂的低温旋转接头

（1）局部真空测试

1）局部真空测试的测试要求：①水压测试压力/保压时间；②真空测试绝对压力/保压时间；③真空测试压力/保压时间后的操作压力；④测试温度为环境温度；⑤用于静水压和操作压力测试的测试介质为水或甲醇。

2）测试程序：①用规定的测试介质，使旋转接头的压力达到液压测试的压力水平（如3MPa）；②在30min的静置时间内，对焊缝、法兰连接处，以及旋转接头进行检查并确认没出现变形、损坏及表面渗漏现象；③清除所有测试压力和介质；④使旋转接头的绝对真空水平在2MPa，并维持5min；⑤在操作压力（2MPa）下，对密封性进行确认；⑥30min的保压时间后，检测并确认旋转接头没有出现任何表面渗漏。

（2）旋转测试　旋转接头的渗漏测试需要在以下的旋转状态下进行：

1）旋转：频率为最少每0.1Hz下旋转±5°角。

2）内压：设计压力2MPa。

3）测试温度：环境温度。

4）测试介质：水和甲醇。

5）测试时间：20min。

在测试时间，需要进行检查和确认没有任何表面渗漏。

（3）环境温度下的强度测试

1）强度测试的要求：①测试温度为环境温度；②设计压力（内压）为2MPa；③测试介质为水或甲醇；④旋转接头的设计联合负荷（F_{CA}）为700kN；⑤试验负荷系数（T_{LF}）为第一阶段1.5；第二阶段2.0；第三阶段3.0；第四阶段1.5（针对液化气）；⑥测试负荷（F_{CT}）为$F_{CA}T_{LF}$；⑦测试保压时间为5min。

2）测试程序：①把用于测试的旋转接头和一根梁，安装在测试固定装置上；②把测试介质灌入旋转接头，并加压到设计压力；③对负荷缸加压，直到压力水平达到第一阶段；④负荷和内压需要维持最少5min；⑤清除外部负荷、压力和测试介质；⑥拆下测试旋转接头，并检验其滚珠座圈是否有剥蚀；⑦记录其最大的剥蚀痕迹；⑧重装互动接头；⑨重复上述步骤，并把压力按阶段进行调整。

（4）设计温度下的强度试验　在最低设计温度下进行的强度测试，其测试方法与在环境温度下进行的略有差别。

1）测试温度：最低设计温度-165℃。

2）测试介质：液氮（冷却）、氮气（加压）。

3）容许泄漏标准。

（5）氮气冲扫测试

1）氮气冲扫测试的测试：①氮气冲扫压力为表压4kPa；②内压为液氮汽化压力，小于0.5MPa；③测试温度为最低设计温度，-165℃；④结冰层厚度为10mm。

2）测试程序：①开启氮气冲扫系统；②旋转接头旋转最少±5°；③监察和维持氮气压力，直到旋转接头的温度恢复到环境温度；④把液氮灌进接头，并稳定在设计温度；⑤对接头喷水，直到冰层厚度达到10mm，然后保持温度1h；⑥从旋转接头进行吹扫氮气；⑦停止旋转接头；⑧允许旋转接头恢复到环境温度并外部干燥；⑨拆下旋转接头，并进行内部检查。

9.5.4　装卸臂的流动阻力

装卸臂的流动阻力与其管道和配件的直径、材质、表面粗糙度、LNG的密度及黏性有关，图9-140所示为常用装卸臂在不同流量下压降曲线。工程详细设计时，需要根据项目选用的LNG装卸臂厂家提供的数据进行验算。

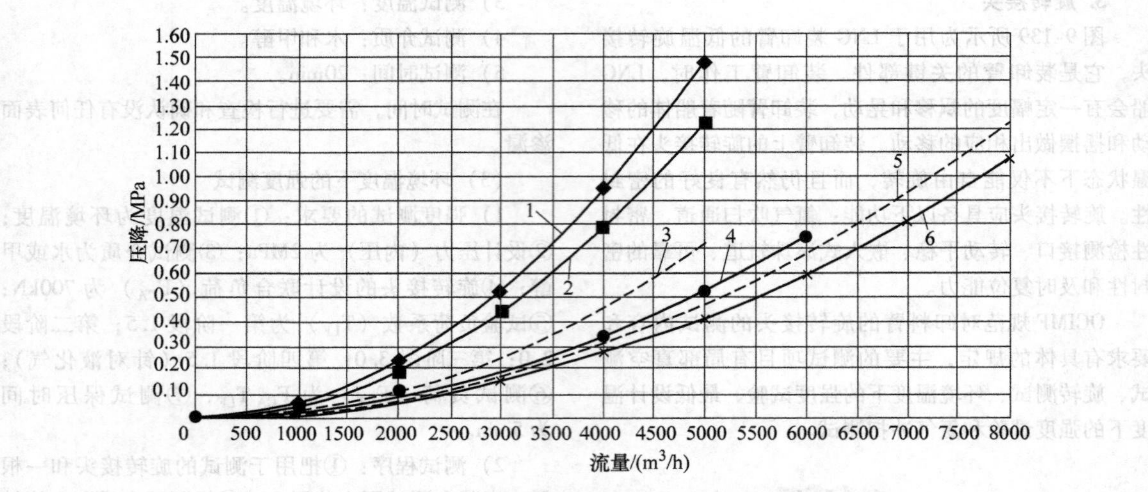

图 9-140 常用装卸臂在不同流量下压降曲线

1—16in 卸液臂 + 16in 接头 + 16in 紧急脱离装置 + 12in 缩径球阀 2—16in 卸液臂 + 16in 接头 + 16in 紧急脱离装置 + 16in 缩径球阀
3—20in 卸液臂 + 16in 接头 + 16in 紧急脱离装置 + 16in 通径球阀 4—20in 卸液臂 + 20in 接头 + 20in 紧急脱离装置 + 16in 缩径球阀
5—20in 卸液臂 + 16in 转接 20in 接头 + 20in 紧急脱离装置 + 16in 缩径球阀
6—20in 卸液臂 + 20in 接头 + 20in 紧急脱离装置 + 20in 通径球阀

9.6 LNG 装置特殊泵

泵按照工作原理可分为容积式和速度式。容积式依靠工作腔体的容积变化实现液体的能量增加，速度式依靠旋转叶轮使液体能量增加，泵的分类见表 9-51。

表 9-51 泵的分类

泵	容积式	往复式	机动泵	电动机驱动	柱塞式
					隔膜式
					活塞式
				柴油机驱动	活塞式
			直动泵	蒸汽驱动	柱塞式
					活塞式
				气或液驱动	柱塞式
					隔膜式
			手动泵	人力驱动	隔膜式
					柱塞式
		回转式		齿轮式	
				螺杆式	
				叶片式	
				轴向柱塞式	
	速度式	离心式	单级	悬臂式	
				两端支撑式	
			多级	两端支撑式	
		混流式	单级	蜗壳式	
				导流壳式	
			多级	导流壳式	
		轴流式		固定叶片	
				可调叶片	
		旋涡式			
		特殊作用		旋流泵、旋壳泵	
				射流泵、水锤泵	

LNG 中常用的有离心式、往复式、回转式等，各类泵的性能范围如图 9-141 所示，本节主要介绍 LNG 装置特殊离心泵—潜液泵和长轴立式海水泵。

9.6.1 离心泵的基本参数

1. 扬程

流体通过泵后所获得的能量。离心泵的基本方程为

$$H_{\mathrm{T}}=\frac{1}{g}\left(u_2 v_{u2}-u_1 v_{u1}\right) \tag{9-129}$$

式中，H_{T}为泵的扬程（m）；g 为重力加速度；u_2 为叶轮出口圆周速度（m/s）；v_{u2} 为叶轮出口绝对速度

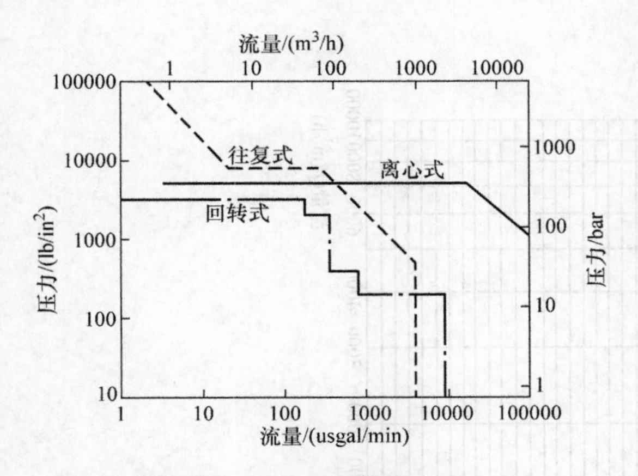

图9-141 泵的使用范围

注：1lb/in² = 6894.76Pa，1bar = 10⁻⁵MPa，1usgal/min = 3.7854L/min。

圆周分量（m/s）；u_1为叶轮进口圆周速度（m/s）；v_{u1}为叶轮进口绝对速度圆周分量（m/s）。

从该方程可以看出：

1）扬程仅与液体在叶片出入口的速度和方向有关。

2）扬程仅与液体的流动状态有关，与液体的种类无关，用同一台泵输送不同的流体，如水、空气或水银等，所产生的扬程数值是一样的。

3）尽管扬程与介质无关，但离心泵的扬程对应的压力 $p=\rho gH$，需要的功率为 $P=\rho gHQ/\eta$（式中，ρ 为液体密度，g 为重力加速度，Q 为流量，η 为泵的效率），所以，当输送不同液体时需要核算排出压力和功率及零部件的强度、刚度是否超限。

在一般情况下，$v_{u2}\approx u_2/2$，当液体无旋地进入叶轮，即在液体进入叶轮的绝对速度没有圆周分速度，$v_{u1}=0$，则离心泵的基本方程变为

$$H=\frac{u_2^2}{2g} \tag{9-130}$$

此为离心泵扬程的重要计算式，有较为广泛的应用。

2. 流量

单位时间内排出液体的数量，有体积流量、质量流量。设计条件下的体积流量一般可以认为是不变的，但质量流量随着输送流体的密度不同而不同。

3. 转速

是指泵轴每分钟的转数，单位是 r/min。泵的同步转速一般和电动机转速一致，如，2 级 -3000r/min，4 级 -1500r/min 等，详见电动机章节。

4. 比转速

是表征泵相似性的重要特征数，编制型谱及效率选择的主要依据。离心泵通常是按照相似理论设计的，几何相似的泵，比转速相等，其流量、扬程及转速符合如下关系：

$$n_s=\frac{n\sqrt{Q}}{H^{\frac{3}{4}}} \tag{9-131}$$

式中，n_s为比转速；n 为泵的转速（r/min）；Q 为单侧进口流量（m³/s）；H 为扬程（m）。

比转速是在相似条件下导出的，但不是无因次数，所以采用不同的单位体系，它的值不同，我国采用的n_s定义稍有不同，

$$n_s=\frac{3.65n\sqrt{Q}}{H^{\frac{3}{4}}}。 \tag{9-132}$$

国际标准化组织推荐使用无因次比转速，称为型式数K，即

$$K=\frac{2\pi n\sqrt{Q}}{60\ (gH)^{\frac{3}{4}}} \tag{9-133}$$

n_s和 K 的换算关系为：

$$K=0.00518\ n_s \tag{9-134}$$

5. 离心泵的效率

石油化工流程用离心泵的效率及修正曲线如图 9-142所示。

为水功率与输入功率（轴功率）之比，一般小流量泵（5 ~ 30m³/h）其效率大致在 45% ~65% 之间；中流量泵（30 ~ 150m³/h）其效率大在 70% ~75%之间；大流量泵（>150m³/h）可达 70% ~85%之间；单级泵效率在同等流量下，要比多级水泵效率高，平均约高出 5%。离心泵高效区的范围大致在最高效率的 90%。图 9-142a 表示出了比转速［见式（9-132）］$n_s=120\sim210$ 时的效率，其中曲线 A 表示最高效率点，曲线 B 表示允许工作范围内最低效率。当比转速超出上述范围时，可用图 9-142b 和图 9-142c 进行修正。

示例：某一离心泵流量 $Q=120\text{m}^3/\text{h}$，扬程 $H=71\text{m}$，求其最高点效率。

取转速 $n=2960\text{r/min}$，按式（9-132）求出 $n_s=90$，需要修正。查图 9-142a 曲线 A，求出最高点效率 $\eta_1=0.75$，查图 9-142b，求出 $\Delta\eta=2\%$，则该泵最高点效率：$\eta=0.75-0.02=0.73$。

6. 泵的功率

泵的功率是指离心泵的轴功率，即原动机传给泵的功率：

$$P=\frac{\rho QH}{102\eta} \tag{9-135}$$

式中，P 为轴功率（kW）；ρ 为流体密度（kg/m³）；Q 为进口流量（m³/s）；H 为扬程（m）；η 为泵的效率。

图 9-143 所示为高速泵的效率曲线。

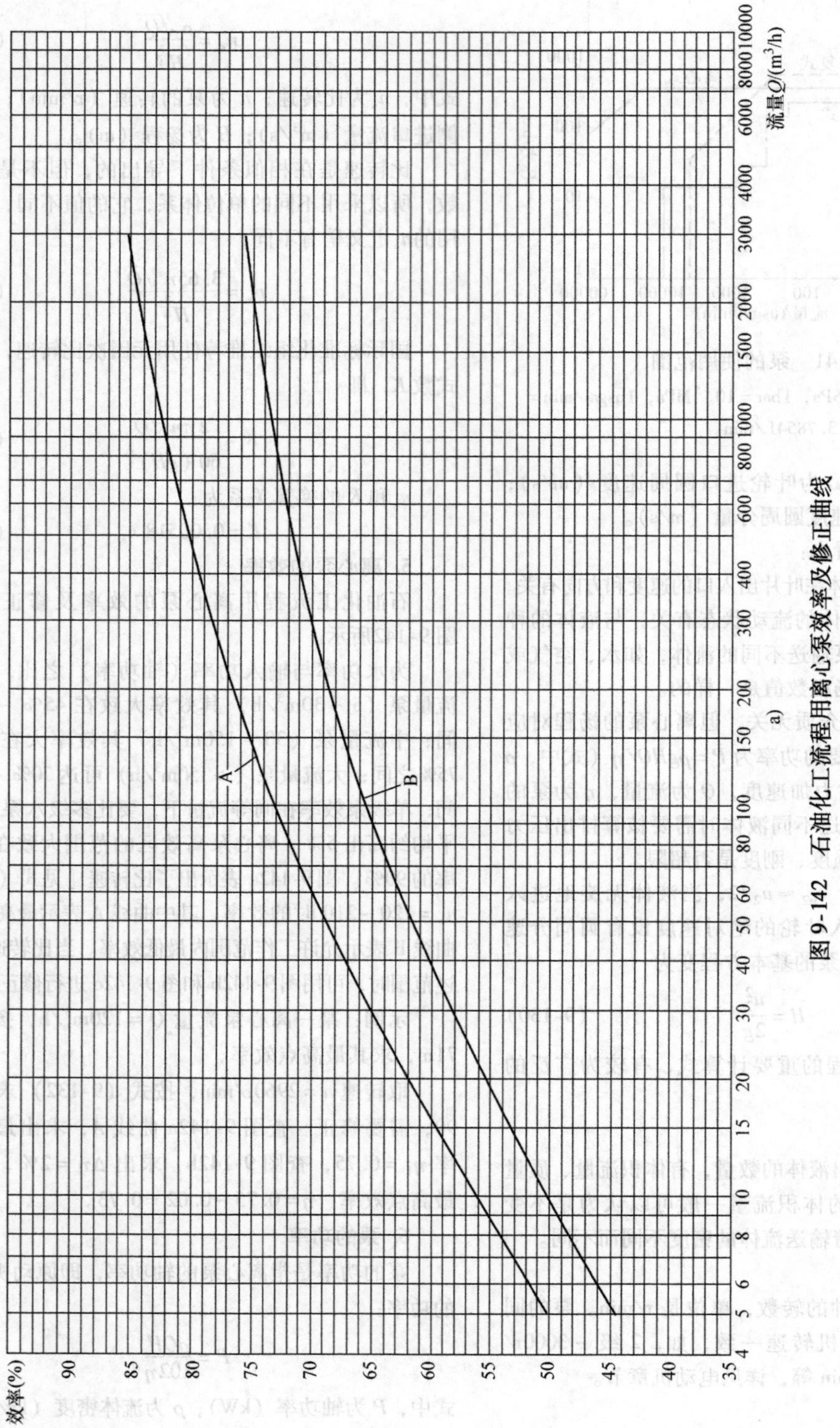

a) 效率（n_s=120～210）

图9-142　石油化工流程用离心泵效率及修正曲线

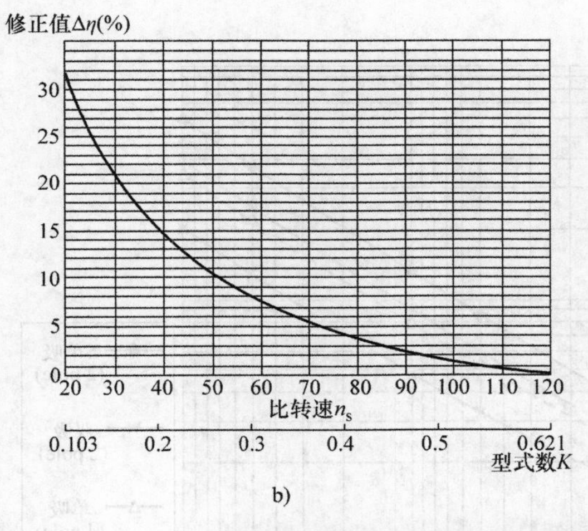

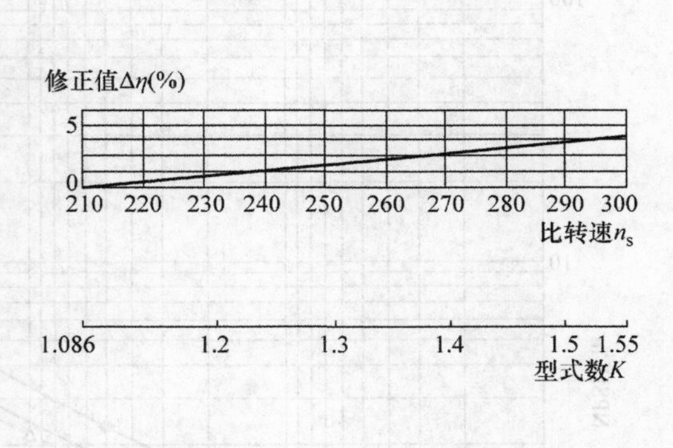

图9-142 石油化工流程用离心泵效率及修正曲线（续）

b）效率修正（n_s=20～120） c）效率修正（n_s=210～300）

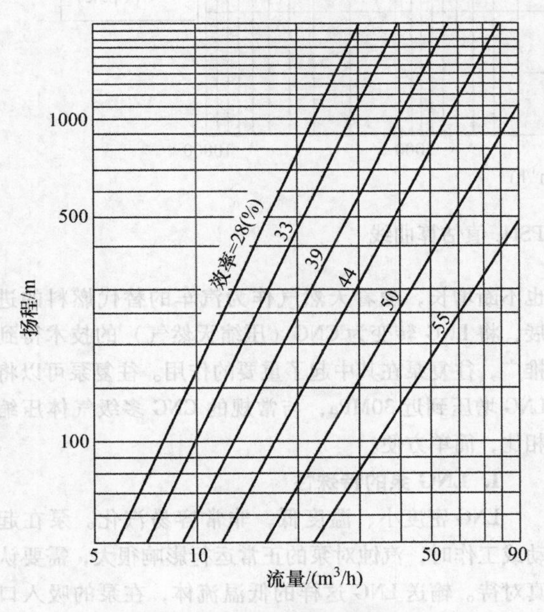

图9-143 高速泵的效率曲线

7. 离心泵的汽蚀余量

由系统确定的汽蚀余量称装置的汽蚀余量（亦称有效汽蚀余量），即$NPSH_a$，主要与泵的工作系统有关，而与泵的结构无关。由泵厂根据试验确定的汽蚀余量，称为泵的必需汽蚀余量，即$NPSH_r$，该值通常在测试时以扬程下降3%作为汽蚀判定依据，所以又称为$NPSH_3$，一般情况下，$NPSH_a - NPSH_r$应大于1m。

$NPSH_r$理论上与介质无关，是泵固有的参数，所以泵出厂时，一般用清水测试。

$$NPSH_r = \lambda_1 \frac{v_1^2}{2g} + \lambda \frac{\omega_2^2}{2g} \tag{9-136}$$

式中，λ_1为绝对速度压降系数；λ为相对速度压降系数；v_1为泵入口流速（m/s）；ω_2为叶轮出口介质相对速度（m/s）。

实际上，压降系数与流速受到泵送液体的温度及性质影响，一般情况下，这种影响可以忽略，但在输送烃类介质和高温水时，需要修正，即

$$NPSH_{r介质} = NPSH_{r水} - \Delta NPSH \tag{9-137}$$

ΔNPSH可通过有关手册查得，实际应用时，API规范建议对$NPSH_r$不修正，将上述修正值看成额外的安全余量，认为无论输送何种介质，$NPSH_r$不变，即

$$NPSH_{r介质} = NPSH_{r水} \tag{9-138}$$

图9-144所示为离心泵的NPSHr值估算曲线，可在缺乏资料时，粗略估算。

9.6.2 LNG泵

LNG泵是液化天然气系统常见的关键性设备，主要用于液化天然气的装卸、输送、增压等目的。液化天然气的温度较低、易汽化，汽化后又是易燃易爆的危险品，因此LNG泵的制造要求比较高。

输送LNG的低温泵不仅要具备一般低温液体泵的要求，而且对泵的密封性能和防爆性能要求很高。在LNG系统的应用中，潜液泵得到了更广泛的应用。LNG泵的主要用途如下：

1）LNG船的液货装卸。LNG船在液化天然气生产基地装货时，需要依靠岸上液化天然气装置中LNG泵，将陆上储罐内的LNG输送到船舱内。LNG船到达目的地（LNG接收站）码头时，需要用船舱内LNG泵将船上LNG输向岸上的LNG储罐。

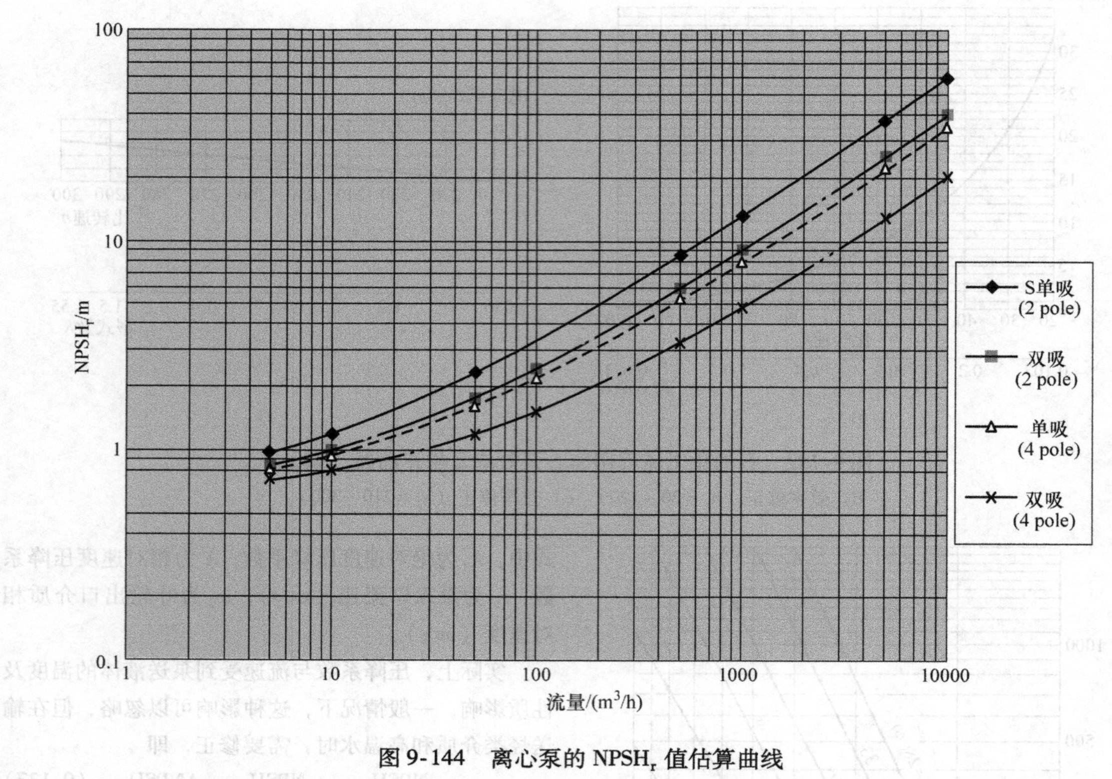

图 9-144　离心泵的 NPSH$_r$ 值估算曲线

2）LNG 接收站向外供气时，液化天然气首先由储罐内的低压泵，将 LNG 输送到储罐外的系统，再由高压泵增压到所需要的压力，加热汽化后向外输出常温的天然气，LNG 接收站用高压泵将液化天然气增压。

3）LNG 加气站为液化天然气汽车补充燃料时，也需要专用的 LNG 泵，向车上 LNG 容器充装液化天然气。

4）在 L/CNG 的加气站，利用高压泵将 LNG 增压到高达 30MPa 的压力，然后在汽化器中汽化，使 LNG 转变为 CNG，实现 CNG 充装。

5）LNG 槽车装载液化天然气，使用 LNG 泵，从 LNG 接收站或者天然气液化厂的储罐中向 LNG 槽车装载 LNG。

用于液化天然气工业领域的 LNG 泵，从结构型式上主要是离心泵和往复泵两大类型。离心泵多用于 LNG 的输送，而往复泵多用于 LNG 增压。由于 LNG 的特殊性，用于输送 LNG 的离心泵大多采用潜液式离心泵，也就是泵体和驱动电动机全部浸没在 LNG 液体中。这种形式的泵在 LNG 的各种使用场合得到了广泛应用。往复泵在 LNG 汽车燃料加注站的应用也不断增长，随着天然气作为汽车的替代燃料的进展，将 LNG 转变为 CNG（压缩天然气）的技术得到推广，往复泵在其中起了重要的作用。往复泵可以将 LNG 增压到近 30MPa，与常规的 CNG 多级气体压缩相比，简单方便。

1. LNG 泵的特殊性

LNG 密度小、温度低，非常容易汽化。泵在起动或工作时，汽蚀对泵的正常运行影响很大，需要认真对待。输送 LNG 这样的低温流体，在泵的吸入口形成负压，如果流体在泵入口处的压力低于流体温度所对应饱和压力时，流体就会加速汽化，产生大量的气泡。这些气泡随液体向前流动，由于叶轮高速旋转给予能量，流体在泵内压力升高。当压力足够高时，气泡受周围高压液体压缩，致使气泡急剧缩小乃至破裂。气泡破裂时产生很高的压力和空间，液体质点将以高速填充空穴，发生互相撞击而形成液击。这种现象发生在固体壁上将使过流部件受到腐蚀破坏，同时还会引起泵的振动和噪声的产生；严重时，泵的流量、扬程和效率会显著下降，甚至使泵无法运转。泵发生汽蚀的初始阶段，特性曲线并无明显的变化，发生明显变化时，说明汽蚀已经发展到一定的程度。

LNG泵输送的介质温度低，特别容易汽化。好在低温流体的气泡能量较低，因此汽蚀对叶片的影响并不像水蒸气气泡那样严重，但还是会影响泵的性能。防止LNG泵产生汽蚀的方法主要有：

1）抑止热量进入低温流体（采取绝热措施），尽量减少低温流体气化。

2）确保有足够的装置汽蚀余量（$NPSH_a$）。

3）采用导出气泡的措施。

由于LNG的温度接近其沸点，根据以往的经验，需要重视以下几个重要因素：

1）系统设计不合理。

2）不恰当地操作会引起汽蚀。

3）泵的流量长期远离最佳效率点。

4）液体里有固体杂质。

为了保证输气系统的可靠性，系统的设计和操作人员需要得到良好训练，了解设计和操作中关键问题。

1）绝热措施：为了减少低温流体的汽化，输送管道通常采用绝热的管道，采用适当厚度的耐低温的泡沫塑料包裹管道，并在外面包上阻挡水蒸气的保护层，或者采用真空绝热型的真空保温管。泵体则安装在一个有低温流体的容器内。容器采用真空绝热措施，减少低温流体进泵时的蒸发。

2）装置汽蚀余量：在输送LNG时，改善流体在泵的入口流动非常重要，因此，在入口设置诱导轮，改善系统吸入状态。进口导流器的特征是叶片较少，向内叶片角度薄，水力设计比较复杂，分为“风扇型”和“螺旋型”两大类型。低温型进口导流器采用螺旋型结构，通常设计为两个轴向叶轮，在吸力方面有良好性能，其运行流量范围和机械强度也很好。在比转速 $n_s=40\sim90$ 范围内，进口诱导轮实际上是一台高速、轴流泵，在比转速 $n_s=250\sim350$ 范围内，两叶螺旋进口导流器比较合适。

3）气泡导出措施：对于带压力容器的潜液式低温泵，由于LNG的汽化产生的蒸发气，可能影响流体的流动。尤其是LNG泵起动阶段，会产生大量的LNG蒸发气。因此，这类带压力容器的潜液式低温泵，设计有专门蒸发气排出接管。接管处于容器的上部位置，容器起到了一个气液分离器的作用。气体在容器上部，通过排出管排出。只有当整个泵被充分冷却后，蒸发气的数量才不会影响泵的运行。

4）效率：影响潜液式低温泵效率的关键因素主要有两个：一个是流体在叶轮流道中加速时的水力学性能；另一个是流体在扩压器中能量转换时的水力性能。每个叶轮的水力特性应该是对称的，流体在流道中的流动必须是平滑。扩压器主要用于将流体的动能转变为压力能。扩压器的设计应确保在能量转换过程中，使流体流动的不连续性和涡流现象减少到最低的程度。有些低温泵采用扩压器，使能量转换更加对称和平滑。水力对称性越好，就越有利于消除径向不平衡引起的载荷。

2. 潜液式LNG电动泵

潜液式LNG电动泵（Submerged Motor LNG Pumps），也称浸没式电动泵，或简称潜液泵。从20世纪60年代开始应用于LNG系统，自此以后几乎所有的大型LNG装置都使用这种泵。主要原因是这种泵安全性好。该类泵与传统的泵相比具有以下优点：

1）采用潜液型电动机，泵和电动机共用一根轴，不需要轴封。

2）没有联轴器的对中问题，不会有两轴不同心引起的轴封磨损漏泄问题。

3）由于电动机在容器内，电动机不需要防爆罩壳，设计更安全。

4）不需要润滑系统。

5）电动机直接浸在液化天然气中，降低了汽化器的总加热负荷（针对LNG输出汽化供气的应用）。

6）电动机处于低温液化天然气中，冷却效果好，使电动机的尺寸缩小。

7）电动机浸没在液体中，大大降低了整机的噪声，比外置型电动机安静得多。

潜液泵最显著的特点就是电动机和泵直接连接在一起，整体完全浸没在LNG液体中。由于LNG中没有氧气，也就是说电动机虽然浸在LNG里，但没有氧气的存在，仍然是很安全的。电动机和泵装配在同一轴上，不需要传统离心泵的轴封机构，消除了可燃气体通过密封结构泄漏到大气中，与空气形成爆炸性混合物的可能性。另外，整个泵浸在液体中，不仅有效地隔绝了噪声，使泵的起动也变得非常容易。为了使泵完全浸在流体中，有两种结构型式：①直接把泵安装在LNG储罐中——罐内安装的潜液泵，通过泵井实现；②专门为泵制造一个安装容器——带安装容器的潜液泵（容器连接在LNG管路上）。

潜液泵在不同的LNG站场应用中，根据使用环境的不同，也形成了不同的类型，如用于大型LNG储罐的罐内泵、LNG船用泵、输气用的高压泵、燃料泵等。表9-52列出了潜液泵的型号和用途。

表 9-52　潜液泵的型号和用途

型号系列	应用场合	说明
EC 型	海上液货或固定型储罐	设备安装在储罐内，如在液化天然气船、大型 LNG 储罐
EC 型	安装在吸入容器内	设备安装在吸入容器内，如立式泵、增压泵 本身有吸入、排出和排气管道连接口
ECR 型	可取出型的罐内泵	单独安装到储罐的泵井内，底部有吸入阀，用于储罐有液体时泵的取出或安装
ECM 型	安装在储罐内的泵	安装在一个卧式储罐中，储罐通常用膨胀珍珠岩绝热
ECV 型	汽车燃料加注泵	设备专供车辆加注燃料用
ECL 型	管道泵	设备是独立的，没有容器。外壳就是泵的外表（不再生产）
ACR 型	化学品泵	电动机和泵是分开的，用磁力联轴器驱动，电动机内充干燥氮气

潜液泵型号的表示方式如下：

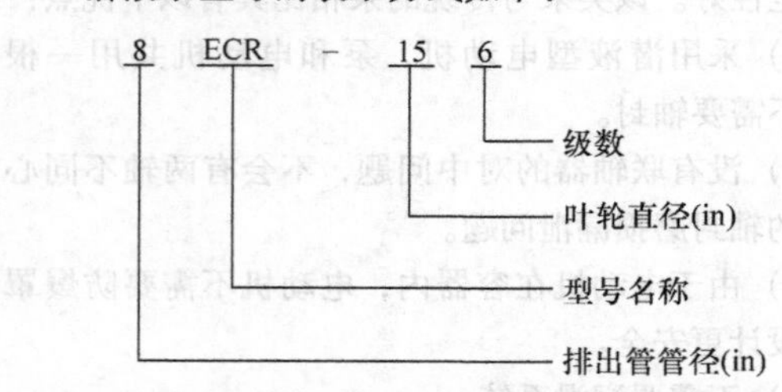

典型的潜液泵如图 9-145 所示。潜液泵的驱动电动机通常采用高压电动机，供电频率有 50Hz 和 60Hz 两种。Ebara 公司的潜液泵的流量和扬程的范围如图 9-146所示，SHINKO IND LTD 泵的流量和扬程范围如图 9-147 所示。在进行 LNG 泵选型和订货时，对工况条件需要明晰。

（1）罐内泵　该泵是一种安装在大型 LNG 储罐的泵井内的潜液泵，对 LNG 接收站的输气系统来说也称其为低压输送泵，驱动电动机的电源通常为380～400V 的三相交流电，也可采用更高的电压，取决于电网的电力供应。

储罐内的 LNG 温度接近其常压沸点，极易汽化。当储罐液位比较低的情况下，或者泵井底部泵入口处温度较高时，都会影响泵的装置汽蚀余量（$NPSH_a$）。

泵在起动前，泵井内的空气必须置换出来。大多数泵井设计有排气管道，可使储罐顶部和泵井之间的压力平衡。储罐处在低液位时，假设储罐中的液位只有 2m 时，压力相当于 9kPa，如果泵井中的压力太高，在泵井下部和泵的位置就可能没有液体，这种情况下泵的起动就可能出问题，发生汽蚀。

对于大型 LNG 储罐内安装的泵，需要考虑维修的问题，如果泵产生故障，需要进行修理，而泵安装在储罐底部，将给维修带来困难。采用一个专用的泵井，可解决大型 LNG 储罐的潜液泵的维修问题。泵

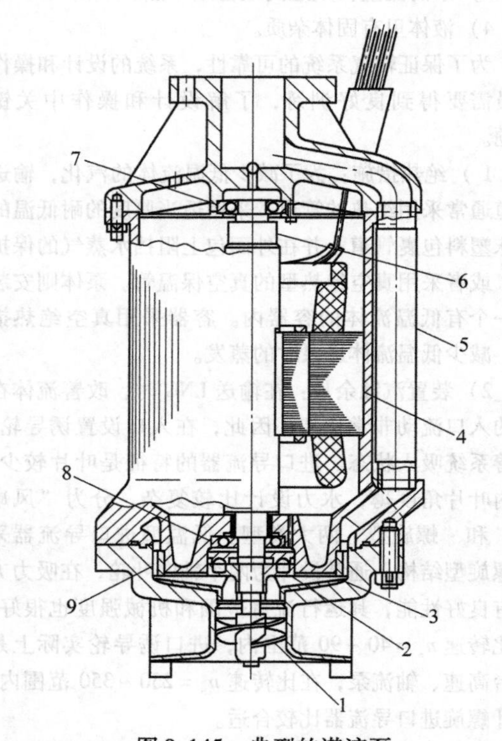

图 9-145　典型的潜液泵

1—螺旋导流器　2—推力平衡机构　3—叶轮　4—电动机　5—排出管　6—主轴　7、8—轴承　9—扩压器

井是一根竖管，从储罐顶部直通储罐底部。泵安装在泵井的底部，储罐与泵井通过底部一个阀门隔开，泵的底座位于阀的上面，当泵安装到底座上以后，依靠泵的重力将阀门打开，使泵井与 LNG 储罐连通，泵井内充满 LNG。如果泵有故障，需要取出维修，通过安装在 LNG 罐顶的吊索卷轴适当的操作，可以把泵从泵井内取出，在罐外实现维修。当泵提起以后，泵井底部的阀门没有了泵的重力作用，在弹簧的作用

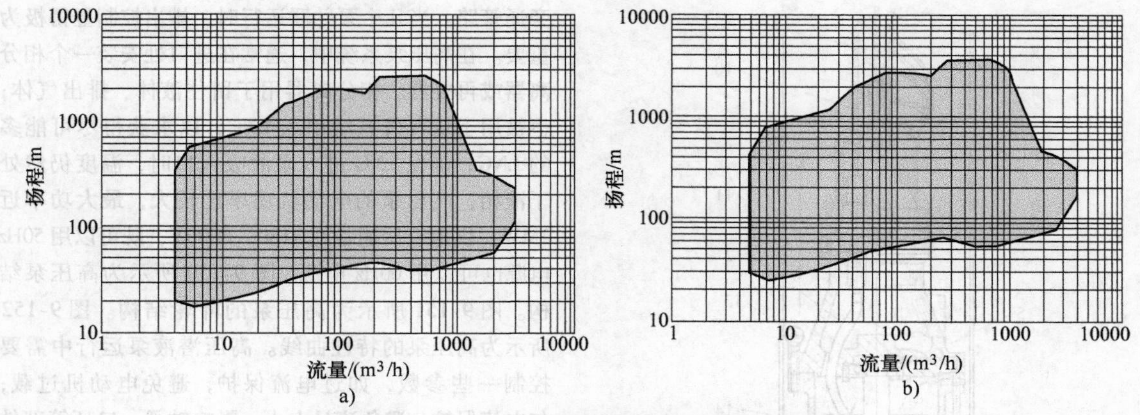

图 9-146　Ebara 公司的潜液泵的流量和扬程范围

a）电源频率 50Hz　b）电源频率 60Hz

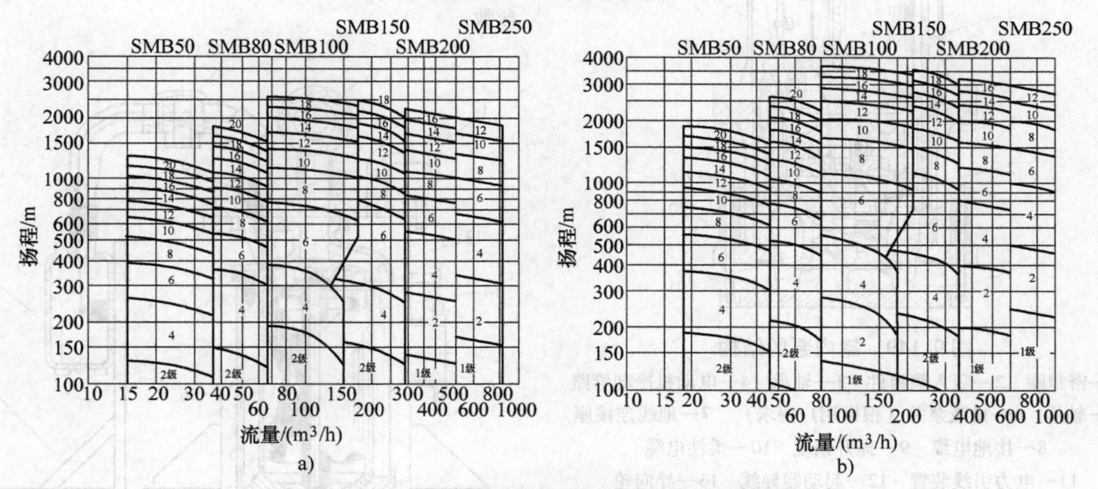

图 9-147　SHINKO IND LTD 泵的流量/扬程范围

a）电源频率 50Hz　b）电源频率 60Hz

力和储罐内 LNG 的静压共同作用下，使阀门关闭。充入氮气到一定的压力，把泵井内的 LNG 压入储罐内，再释放掉泵井内的压力，就可以利用起动装置把泵提起来，解决了泵的维修问题。图 9-148 所示为安装在 LNG 储罐泵井内的潜液泵，其结构如图 9-149 罐内泵的结构所示。

泵井在进行泵安装时，还起导向的作用，使泵可以准确就位；另外，泵井也是泵的排出管，与储罐顶部的排液管连接。

（2）高压泵　高压泵可利用若干个叶轮高速旋转给流体增压，使之获得需要的压力。流体出口的压力主要和叶轮数量、电动机转速和叶轮直径有关。高压泵的叶轮数量多达十几个，每一个叶轮相当于 1 级增压。对于大型的高压泵，泵的扬程需要按实际需求，由制造商来设计泵的级数。

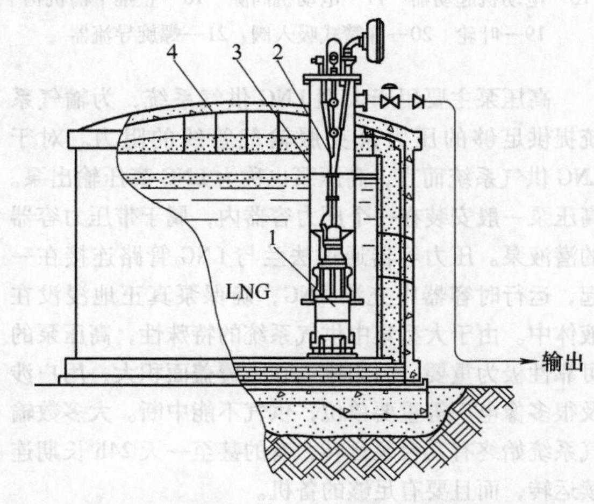

图 9-148　安装在 LNG 储罐泵井内的潜液泵

1—潜液泵　2—电缆和升降缆

3—泵井　4—LNG 储罐

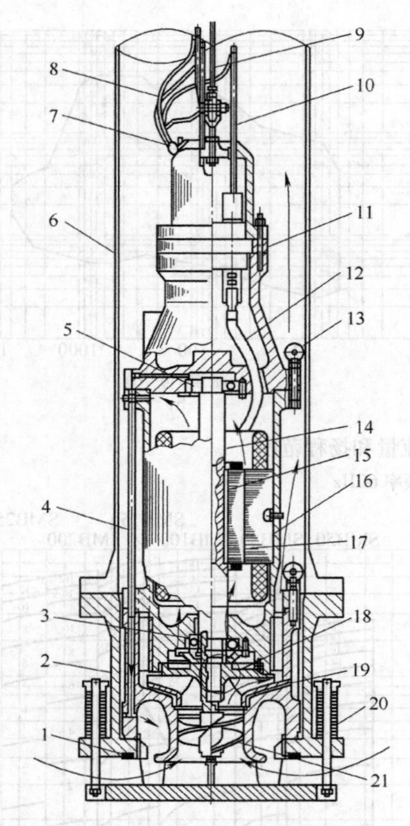

图 9-149　罐内泵的结构

1—密封圈　2—吸入阀组件　3—轴承　4—电动机冷却管路　5—轴承　6—排液泵井（根据用户要求）　7—地线连接座　8—接地电缆　9—提升钢缆　10—柔性电缆　11—电力引线装置　12—起动器导线　13—导向轮　14—电动机转子/轴组件　15—轴/转子组件　16—电动机起动器　17—电动机间隙　18—止推平衡机构　19—叶轮　20—弹簧式吸入阀　21—螺旋导流器

高压泵主要用于大型 LNG 供气系统，为输气系统提供足够的压力来克服输气管线的阻力。对于 LNG 供气系统而言，高压泵也称为 LNG 高压输出泵。高压泵一般安装在一个压力容器内，属于带压力容器的潜液泵。压力容器通过法兰与 LNG 管路连接在一起，运行时容器中充满 LNG，确保泵真正地浸没在液体中。由于大型集中供气系统的特殊性，高压泵的可靠性极为重要。因为输气管线覆盖面积大，用户涉及很多像电厂等重要单位，供气不能中断。大多数输气系统始终有几台泵运转，有的甚至一天 24h 长期连续运转，而且要有足够的备机。

高压泵一般为立式安装，通常并联安装，吸入管全部连接到公共的吸入集管上，排出管也连接到一公共排出集管上。但是每台泵有它自己的排出控制阀和旁通管路。当几个泵并联运行时，排出控制显得极为重要。在高压泵系统中，通常在进口处安装一个相分离器或再凝器。相分离器用于留住液体、排出气体；也被用于从蒸发系统引入 LNG，以求获得尽可能多的 LNG，确保 LNG 进入泵的吸入口时，温度仍然处于液相，高压泵的电动机功率比较大，最大功率近 2MW。供电电压通常在 4160 ~ 6000V，既可以用 50Hz 电源也可以用 60Hz 电源，图 9-150 所示为高压泵结构。图 9-151 所示为高压泵的叶轮结构。图 9-152 所示为高压泵的特性曲线。高压潜液泵运行中需要控制一些参数，如过电流保护，避免电动机过载；欠电流保护，避免流量太小，影响轴承、口环等部件的性能。表 9-53 列出了高压潜液泵的一些典型控制参数。

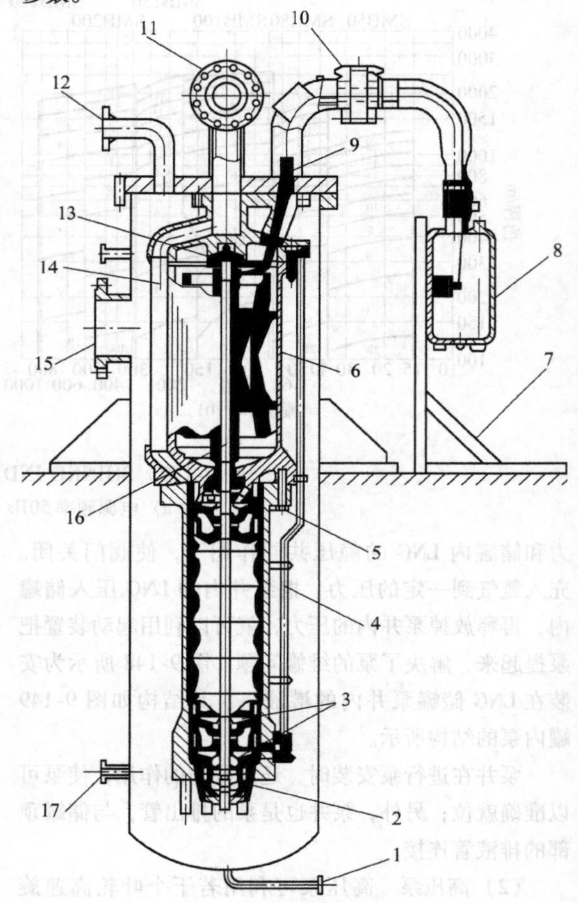

图 9-150　高压泵结构

1—排放口　2—诱导轮　3—叶轮　4—冷却回气管　5—推力平衡装置　6—电动机定子　7 —支撑　8—接线盒　9—电缆　10—电源连接装置　11—排液口　12—放气口　13—轴承　14—排出管　15—吸入口　16—主轴　17—纯化气体口

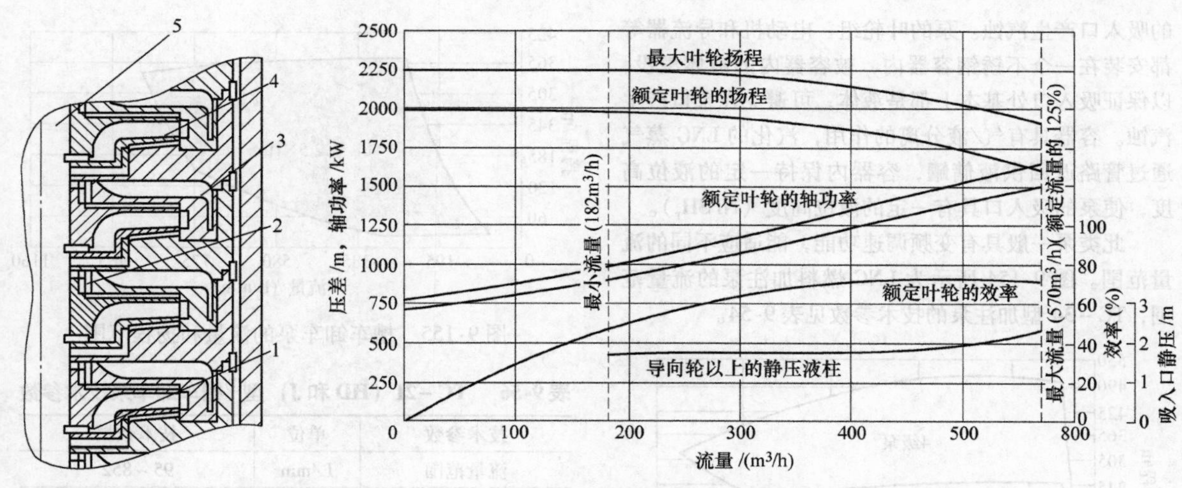

图 9-151　高压泵的叶轮结构（8EC－1515）

1—锁紧环　2—级间垫片　3—径向扩压室/返回通道　4—叶轮　5—主轴

图 9-152　高压泵的特性曲线（8EC－1515）

表 9-53　高压潜液泵的典型控制参数（8EC1510）

参数名称	数据
过电流跳闸	206 3A
过电流警报	187 6A
过电流时间延迟	5～7s
欠电流继电器	75 7A
欠电流时间延迟	5～10s

（3）汽车燃料加注泵　该泵是为LNG汽车加注液化天然气的泵，也是一种带压力容器的潜液泵。扬程一般不是很高，但要求流量比较大。因为汽车补充燃料的时间一般在5～7min。汽车燃料加注泵的结构如图9-153所示。其结构紧凑、立式安装，在吸入口有入口导流器，减少流体在吸入口的阻力，防止在泵

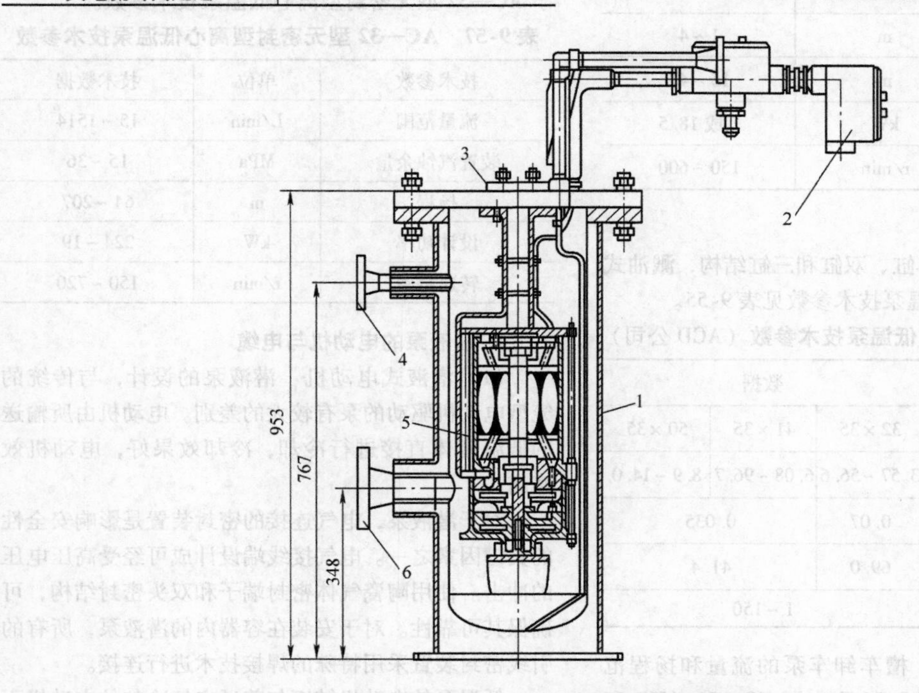

图 9-153　汽车燃料加注泵的结构

1—压力容器壳　2—接线盒　3—排出管法兰　4—回气管法兰　5—电动机　6—进液管法兰

的吸入口产生汽蚀。泵的叶轮组、电动机和导流器等都安装在一个不锈钢容器内，被容器内的液体浸没，以保证吸入口处基本上都是液体，可避免在泵口产生汽蚀。容器具有气/液分离的作用，汽化的LNG蒸气通过管路返回供液储罐，容器内保持一定的液位高度，使泵的吸入口具有一定的液位高度（$NPSH_r$）。

此类泵一般具有变频调速功能，能适应不同的流量范围。图9-154所示为LNG燃料加注泵的流量范围，TC－34型加注泵的技术参数见表9-54。

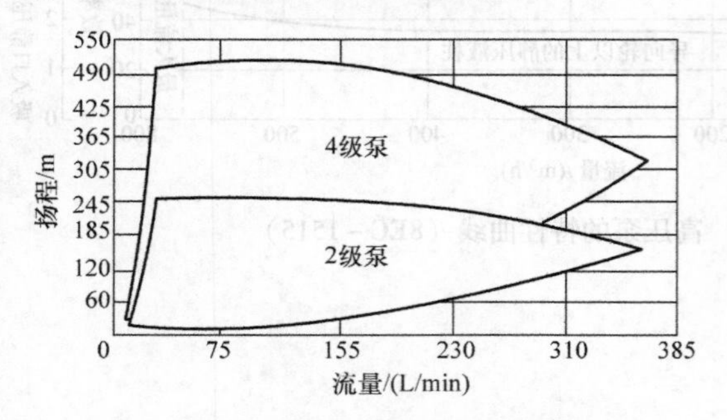

图9-154 燃料加注泵的流量范围

（转速范围150～600r/min）

表9-54 TC－34型加注泵的技术参数

技术参数	单位	数据
流量	L/min	8～340
装置汽蚀余量	m	1～4
扬程	m	15～48
设计功率	kW	1或18.5
转速范围	r/min	150～600

3. 往复式低温泵

往复式低温泵有单缸、双缸和三缸结构，溅油式润滑。X9型往复式低温泵技术参数见表9-55。

表9-55 X9型往复式低温泵技术参数（ACD公司）

技术参数	单位	数据		
缸径×行程	mm×mm	32×35	41×35	50×35
流量范围	L/min	3.57～56.6	6.08～96.7	8.9～14.0
装置汽蚀余量	MPa	0.07	0.035	
扬程	MPa	69.0	41.4	
设计功率	kW	1～150		

（1）槽车卸车泵 槽车卸车泵的流量和扬程范围如图9-155所示，表9-56列出了TC－21（HD和J）型槽车卸车泵技术参数。

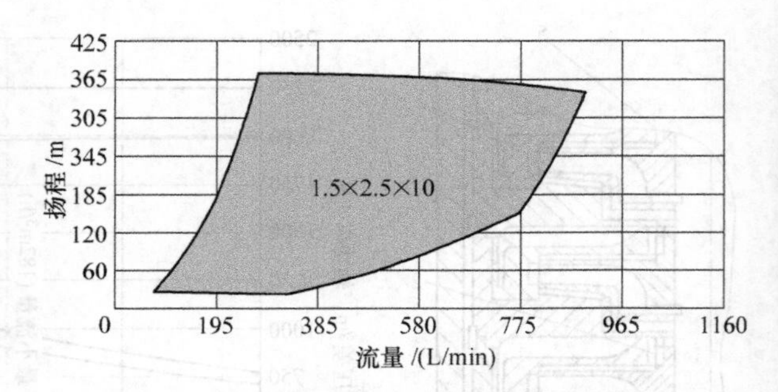

图9-155 槽车卸车泵的流量和扬程范围

表9-56 TC－21（HD和J）型①槽车卸车泵技术参数

技术参数	单位	技术数据
流量范围	L/min	95～852
装置汽蚀余量	m	1～3.5
扬程	m	31～36
转速范围	r/min	150～50

① 该型号为美国ACD公司产品。HD为液压驱动；J为汽车中间转轴驱动。

（2）无密封型离心低温泵 此泵将电动机和泵体连接在一起，避免了轴封处的泄漏；采用调频电动机驱动，电动机和轴承的冷却由输送流体带走热量，冷却充分；转速范围为150～720r/min。图9-156所示为无密封型离心低温泵的流量范围。表9-57列出了AC—32型无密封型离心低温泵技术参数。

表9-57 AC—32型无密封型离心低温泵技术参数

技术参数	单位	技术数据
流量范围	L/min	15～1514
装置汽蚀余量	MPa	15～36
扬程	m	64～207
设计功率	kW	224～19
转速范围	r/min	150～720

4. 潜液泵的电动机与电缆

（1）潜液式电动机 潜液泵的设计，与传统的笼型电动机驱动的泵有较大的差别。电动机由所输送的低温流体直接进行冷却，冷却效果好，电动机效率高。

对于潜液泵，电气连接的密封装置是影响安全性的关键因素之一。电气接线端设计成可经受高压电压的冲击。使用陶瓷气体密封端子和双头密封结构，可确保其可靠性。对于安装在容器内的潜液泵，所有的引线密封装置采用特殊的焊接技术进行连接。

低温泵的电动机转矩与普通空气冷却的电动机不同，转矩与速度的对应关系和电流与速度的关系曲线

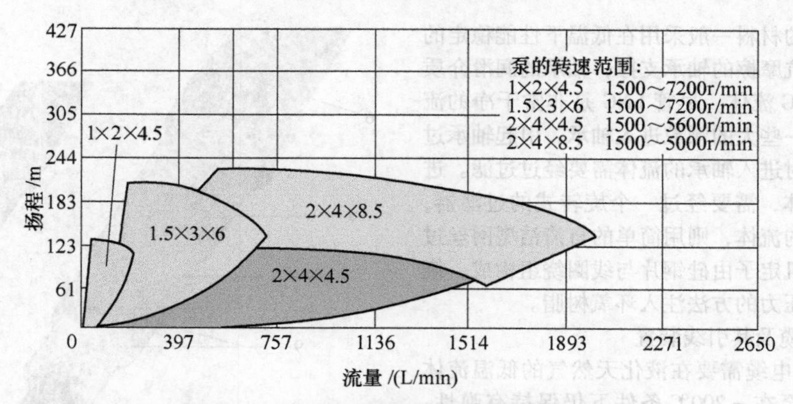

图 9-156 无密封型离心低温泵的流量范围

类似。在低温状态下，转矩会有较大的降低，因而一个泵从起动到加速至全速运转，对于同样功率的电动机来说，低温条件下的起动转矩会大大减少。由于电阻和磁力特性的变化，电动机的电力特性在低温下会发生改变。起动转矩在低温下会有较大的降低。如果电压降低，起动转矩也会大幅度地降低，如图 9-157 所示。潜液式高压泵的电动机性能曲线如图 9-158 所示。

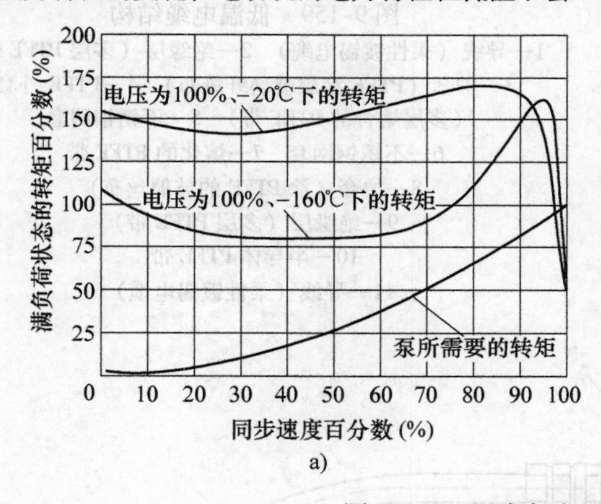

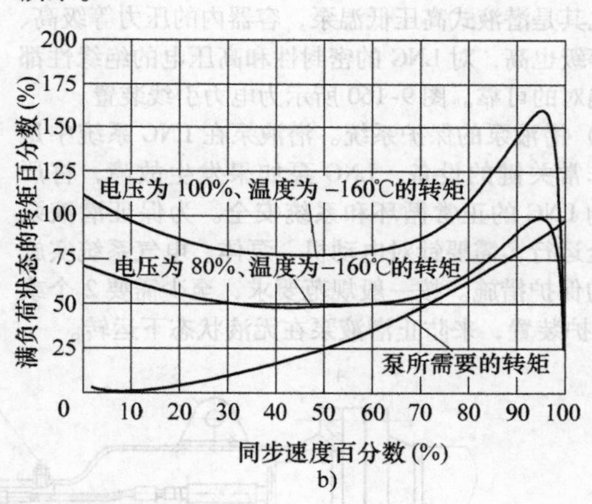

图 9-157 温度与电压对电动机转矩的影响

a）温度的影响 b）压力的影响

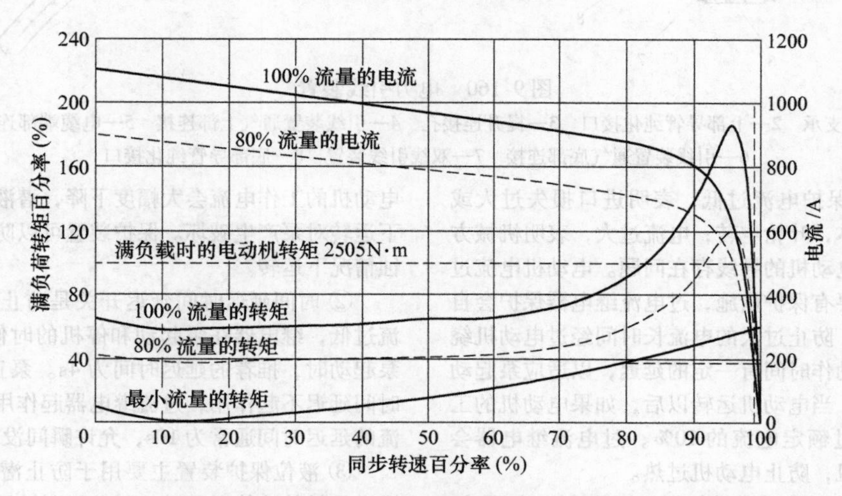

图 9-158 潜液式高压泵的电动机性能曲线（8EC—1510 电动机）

制造主轴用的材料一般采用在低温下性能稳定的不锈钢。主轴由抗摩擦的轴承支撑，轴承的润滑介质就是被输送的LNG流体。尽管LNG是非常干净的流体，但为了防止一些大的颗粒进入轴承，引起轴承过早的失效，因此对进入轴承的流体需要经过过滤。进入底部轴承的流体，需要经过一个旋转式的过滤器，而经过上部轴承的流体，则用简单的自清洁型网丝过滤器。泵的电动机定子由硅钢片与线圈绕组构成，绕组分别用真空和压力的方法注入环氧树脂。

（2）低温电缆及其引线装置

1）潜液泵的电缆需要在液化天然气的低温流体中长期工作，甚至在-200℃条件下仍保持有弹性。电缆用聚四氟乙烯材料（PTFE）绝缘，并用不锈钢丝编成的网套加以保护。有60V、500V、800V等级的电缆。低温电缆结构如图9-159所示。

2）引线装置。由于电动机浸没在LNG液体中，电动机的动力电缆连接是潜液式低温泵的关键技术之一，尤其是潜液式高压低温泵，容器内的压力等级高、电压等级也高，对LNG的密封性和高压电的绝缘性都是要绝对的可靠。图9-160所示为电力引线装置。

3）潜液泵的保护系统。潜液泵在LNG系统中是属于非常关键的设备，LNG泵如果发生故障，将严重影响LNG的正常循环和系统安全。为保证潜液泵的安全运行，需要针对电动机、泵体、电气系统实施可靠的保护措施。按一般规范要求，至少需要2个或3个保护装置，来防止潜液泵在无液状态下运转。

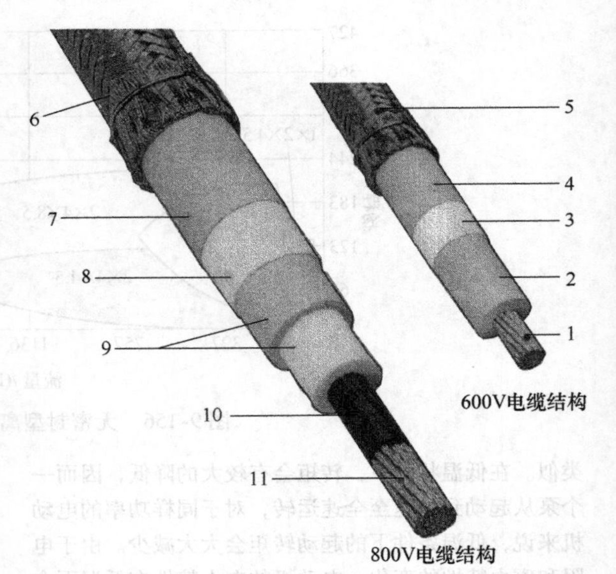

图9-159 低温电缆结构

1—导线（柔性镀锡电缆） 2—绝缘层（多层PTFE带） 3—护套（PTFE涂层玻璃纤维布） 4—PTFE外套（多层熔合的PTEF带） 5—不锈钢网套 6—不锈钢网套 7—熔化的PTFE带 8—护套（涂PTFE的玻璃丝布） 9—绝缘层（多层PTFE带） 10—半导体PTFE带 11—导线（柔性镀锡电缆）

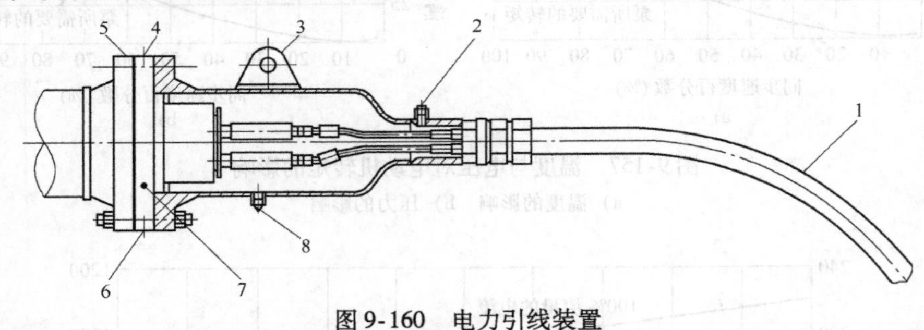

图9-160 电力引线装置

1—电缆支承 2—上部导管纯化接口 3—提升连接孔 4—引线装置通气上部连接 5—电缆端部连接法兰 6—引线装置通气底部连接 7—双线引线装置 8—底部导管纯化接口

① 过电流保护电流过低，表明进口损失过大或是进口缺少液体，叶轮空转；电流过大，表明机械方面的问题或是电动机的导线存在问题。电动机电流过高或过低都需要有保护措施，过电流继电器保护会自动关闭电动机，防止过大的电流长时间经过电动机绕组。继电器的动作时间有一定的延迟，以适应泵起动期间的大电流。当电动机运转以后，如果电动机的工作电流持续超过额定电流的10%，过电流继电器会自动关闭电动机，防止电动机过热。

电流过低时也需要提供保护，因为产生汽蚀时，电动机的工作电流会大幅度下降，潜液泵在汽蚀情况下运转对泵产生破坏。保护装置可以防止潜液泵在汽蚀情况下运转。

② 时间延迟时间延迟开关是防止电流过高和电流过低，继电器在泵起动和停机的时候产生误动作。泵起动时，推荐的延迟时间为4s。泵正常运转期间，时间延迟不起作用，过流继电器起作用。推荐的低电流的延迟时间通常为10s，允许瞬间没有流体。

③ 液位保护装置主要用于防止潜液泵在容器中没有足够的液体时起动，对已经起动了的泵，如果液

位降低到影响泵的运行时，可使泵在设定的液位关机。

④ 排出压力过低保护，排出压力过低也表明流量下降，保护装置用于泵起动以后，排出压力低于设定的压力时自动关机。

⑤ 排气接口对带压力容器的潜液泵，或者可取出型的罐内潜液泵，其顶部需要有通径适合的排出管，排出通道必须能够使预冷期间生产的蒸气顺利排出去。

⑥ 止回阀的作用是防止 LNG 倒流，或者潜液泵反转产生的倒流。止回阀的安装位置始终应在泵和排出控制阀之间。

⑦ 流量自动控制旁通阀是防止泵在低流量状态下连续运行，当系统流量需求比潜液泵的额定流量低很多的时候，对潜液泵的运行是不利的。采用旁通循环的办法提高潜液泵的流量，而不改变系统的需求流量。通常，当系统需求流量为潜液泵的最佳效率点对应流量的 10% ~40%，需要实施旁通循环。在系统流量处于正常的时候，旁通阀关闭。当流量下降到小于旁通控制流量时，流量变送器将信号发给旁通阀的执行机构，执行机构按比例打开旁通阀，并且保持在允许的最小流量条件下运行。

⑧ 电缆引出和密封保护系统。潜液泵的电缆的工作条件与普通电缆不同的地方是，进入潜液泵内部的电缆所处温度在 -160 ~ -150℃；电缆需从常压状态引入高压环境；电缆引入装置的密封性必须高度可靠。电缆引出装置及密封装置有两种模式供选择：a. 封闭的惰性气体空间和压力监控，在两道密封之间安装有压力开关或压力变送器，并设定好压力的控制参数；在两道密封之间的空间内充入惰性气体，选择合适的控制压力，可以防止空气渗漏到封闭空间内而形成爆炸混合物；b. 惰性气体流动纯化。为防止空气渗漏到封闭空间内形成爆炸混合，供给封闭空间的惰性气体是连续流动的，但流量很小，惰性气体最后被排放到大气（适合于1级防火区）。

(3) 潜液泵的有关测试项目

1）电气方面的测试：

① 潜液式低温电动机。潜液泵的电动机测试由制造商根据有关标准（NEMA）进行，需要测试的主要内容有：a. 耐高电压强度；b. 绝缘电阻；c. 电动机绕组电阻；d. 电压冲击；e. 启动电流。

② 电力引线装置。需要测试的主要内容有：a. 耐高电压强度；b. 绝缘电阻；c. 耐压测试；d. 密封性测试（氦检漏）。

2）潜液泵性能测试：需要测试的主要内容有：a. 振动测试；b. 必需汽蚀余量（NPSHr）；c. 连续运转测试；d. 相平衡测试（TEM 验证）；e. 噪声测试；f. 水力性能测试。

3）潜液泵水力性能测试：潜液泵的水力性能需要经过测试，验证其主要性能参数是否达到要求。潜液泵水力性能测试系统如图 9-161 所示。根据潜液泵性能测试得到的数据，可以计算整理出潜液泵的性能参数。潜液泵的性能测试一般要求采用 LNG 介质进行。

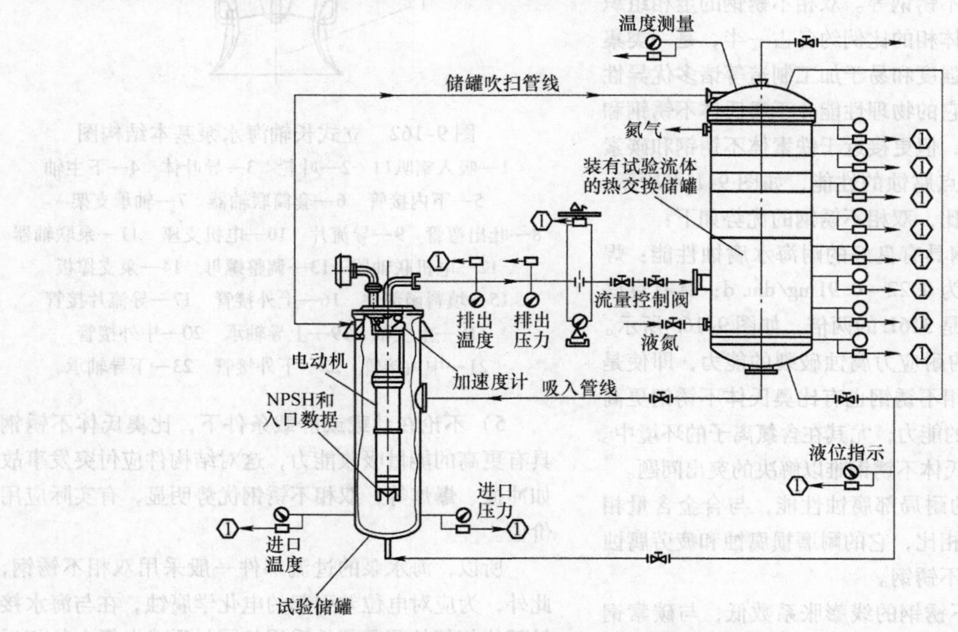

图 9-161　潜液泵水力性能测试系统

①—数据接口　⊘—现场显示仪表　□—信号变送器

9.6.3　海水泵

LNG接收站通常采用海水作为LNG汽化热源，或作为全厂消防用水的水源。海水通过自流或者取水管道经闸板、过滤器等引入海水池，然后经海水泵提升进入海水管网。

鉴于LNG接收站潮位落差大的特点，工艺海水泵和海水消防泵均为立式长轴、湿坑型，单基础安装（图9-162），属于立式斜流泵（介于离心泵和轴流泵之间），海从泵吸入口进入叶轮，通过多段筒体后由出口排出，传递动力的立式长轴也由多段组成，通过套筒联轴器连接为长度为15~20m的轴系（取决于泵池底面到地面的高度，见图9-163），该轴系由多个装在筒体中的轴承定位实现稳定运转，轴承润滑和冷却采用海水，海水的腐蚀性及水质含沙量高对海水泵用材料，以及轴瓦结构、材料提出了比较苛刻的要求。同时，长轴的稳定性也直接影响泵的运行及易损件的寿命，需要对立式长轴的稳定性专门研究。此外，海水泵流量较大，为LNG接收站汽化器提供热源，其可靠性直接影响接收站的正常运行，属于接收站的关键设备。

1. 海水泵选择主要考虑因素

（1）主要部件材质选择　立式长轴海水泵主要部件包括叶轮、轴、筒体、弯头、吸入口、轴承、轴套等，在海水中主要面临点腐蚀、缝隙腐蚀、应力腐蚀和电化学腐蚀等。可选用材质有300系列不锈钢、高性能合金、双相不锈钢等。双相不锈钢的金相组织中铁素体相和奥氏体相的比例约各占一半，是一类集优良的耐腐蚀、高强度和易于加工制造等诸多优异性能于一身的钢种。它的物理性能介于奥氏体不锈钢和铁素体不锈钢之间，但更接近于铁素体不锈钢和碳素钢，具有优良的耐点腐蚀的性能，如图9-164所示。与奥氏体不锈钢相比，双相不锈钢的优势如下：

1）双相不锈钢具有良好的耐海水腐蚀性能：焊接接头点腐蚀速率为0.22~0.91mg/dm.d；具有良好的力学性能，强度是316L的两倍，如图9-165所示。

2）具有优异的耐应力腐蚀破裂的能力，即使是合金含量最低的双相不锈钢也有比奥氏体不锈钢更高的耐应力腐蚀破裂的能力，尤其在含氯离子的环境中。应力腐蚀是普通奥氏体不锈钢难以解决的突出问题。

3）具有良好的耐局部腐蚀性能，与合金含量相当的奥氏体不锈钢相比，它的耐磨损腐蚀和疲劳腐蚀性能都优于奥氏体不锈钢。

4）比奥氏体不锈钢的线膨胀系数低，与碳素钢接近，适合与碳素钢连接，具有重要的工程意义，如生产复合板或衬里等。

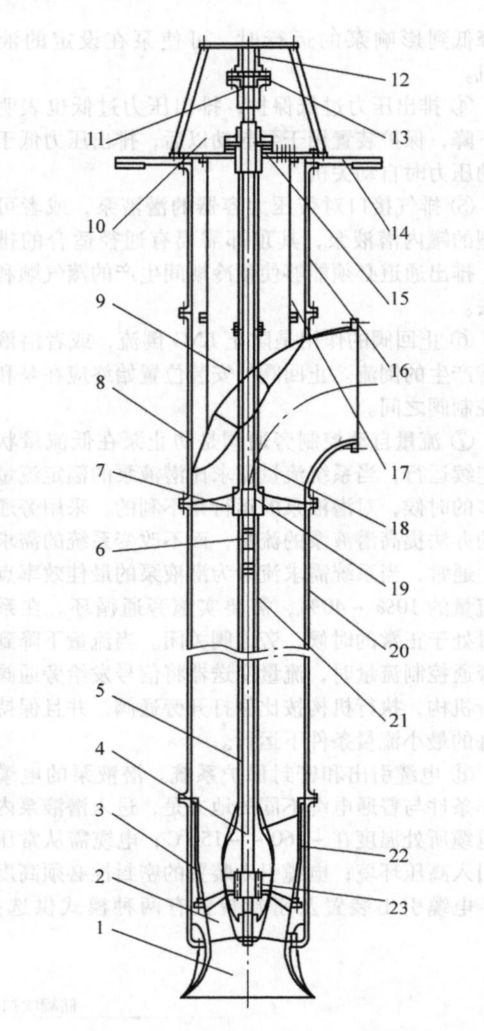

图9-162　立式长轴海水泵基本结构图
1—吸入喇叭口　2—叶轮　3—导叶体　4—下主轴　5—下内接管　6—套筒联轴器　7—轴承支架　8—吐出弯管　9—导流片　10—电机支座　11—泵联轴器　12—电机联轴器　13—调整螺母　14—泵支撑板　15—填料函部件　16—上外接管　17—导流片接管　18—上主轴　19—上导轴承　20—中外接管　21—中内接管　22—下外接管　23—下导轴承

5）不论在动载或静载条件下，比奥氏体不锈钢具有更高的能量吸收能力，这对结构件应付突发事故如冲撞、爆炸等，双相不锈钢优势明显，有实际应用价值。

所以，海水泵的过流部件一般采用双相不锈钢，此外，为应对电位差引起的电化学腐蚀，在与海水接触部位相邻的两零部件采用相同材质或电极电位相近的材质。

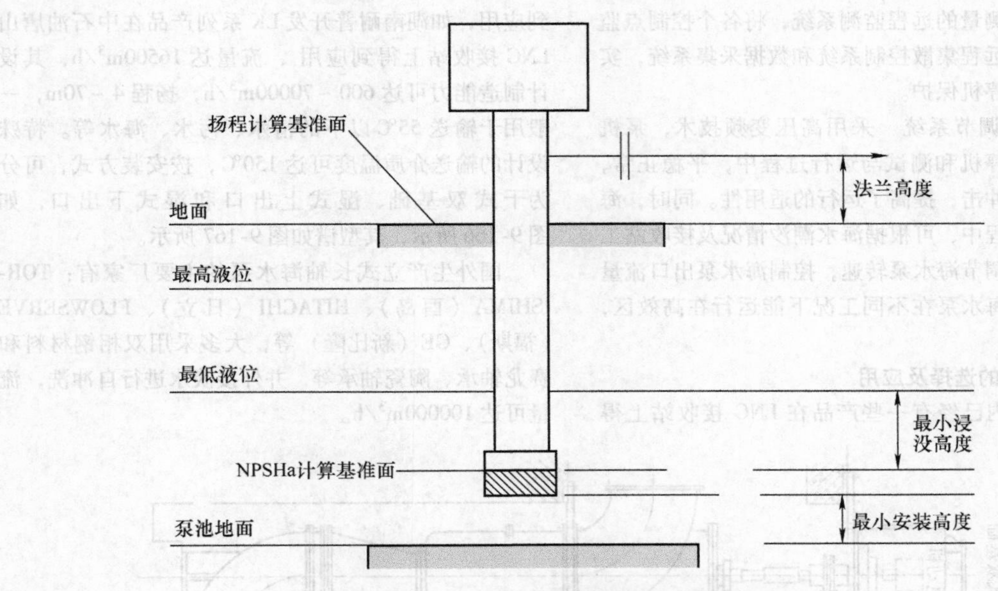

图 9-163　立式长轴海水泵安装示意图

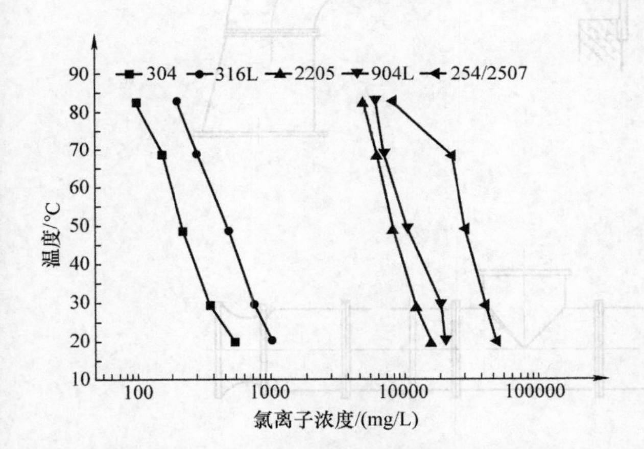

图 9-164　双相钢与其他不锈钢的点腐蚀比较

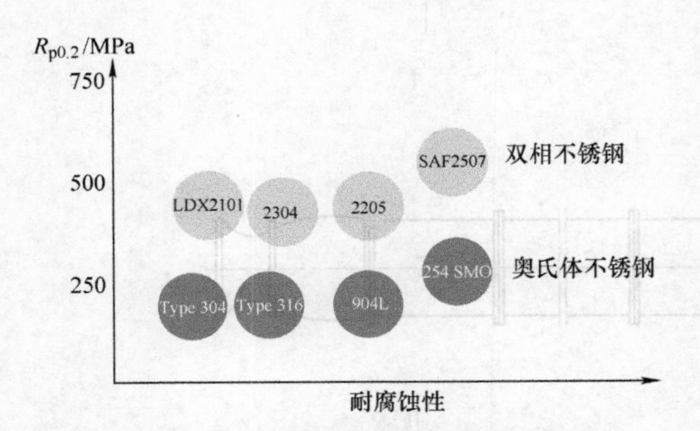

图 9-165　双相钢的耐腐蚀性和强度

（2）水力模型的选择　海水泵一般流量较大，消耗较高，海况对泵的性能影响较大，应优先选用效率较高，应用成熟的水力模型，在各种经验系数的选取上，尽可能对多种相同或相近比转速的模型进行比对，必要时进行 CFD 流场分析，降低泵内流动损失。

（3）长轴轴系的可靠性海水泵　因轴系较长，稳定性要求较高，应进行转子部件的扭转分析和零部件的瞬态分析；对主要的零部件应进行有限元分析，包括强度和应力分析。

（4）海水泵的润滑　海水中泥沙含量较大，现场一般缺少清洁淡水，而立式长轴海水泵导轴承一般选用赛龙轴承、陶瓷轴承等，其润滑清洁水是水泵稳定运行的关键指标，如采用含泥沙海水给（导）轴承直接润滑会加速其磨损，给运行带来安全隐患。所以，需要配套自润滑一体装置。该装置利用泵组自身水源实现海水过滤、循环润滑和冷却，不外接水源，可节约了淡资源，降低了组能耗，并可实现自动控制。

（5）阴极保护金属　在海水中的腐蚀为电化学腐蚀，阴极保护是防止金属腐蚀的最有效途径。在特殊情况下，海水泵除了过流部件采用双相不锈钢外，还需配置外加电流阴极保护系统。阴极保护系统包括直流电源、辅助阳极、极电流屏蔽层、极电缆、极回流电缆、极密封接头阳极支架和参比电极等。循环水泵内壁、轴及叶轮部分采用外加电流阴极保护，循环水泵外壁接触海水部分采用铁合金牺牲阳极保护防腐。

（6）振动测量及监控　对比较重要的海水泵，还需配置振动监测保护系统。可采用壳振检测或者壳振和轴振同时测量的远程监测系统，将各个控制点监测数据连接到远程集散控制系统和数据采集系统，实现报警和设备停机保护。

（7）流量调节系统　采用高压变频技术，泵机组及系统在开停机和测试与运行过程中，平稳正常，降低对电网的冲击，提高了运行的适用性。同时，海水泵在运行过程中，可根据海水潮汐情况及接收站工艺需求，适当调节海水泵转速，控制海水泵出口流量及扬程，保证海水泵在不同工况下能运行在高效区，节能效果明显。

2. 海水泵的选择及应用

目前，国内已经有一些产品在LNG接收站上得到应用，如湖南耐普开发LK系列产品在中石油唐山LNG接收站上得到应用，流量达16500m³/h，其设计制造能力可达600～70000m³/h，扬程4～70m，一般用于输送55℃以下的清水、污水、海水等。特殊设计的输送介质温度可达150℃，按安装方式，可分为干式双基础、湿式上出口和湿式下出口，如图9-166所示，其型谱如图9-167所示。

国外生产立式长轴海水泵的主要厂家有：TORISHIMA（酉岛）、HITACHI（日立）、FLOWSERVE（福斯）、GE（新比隆）等，大多采用双相钢材料和赛龙轴承、陶瓷轴承等，并外接淡水进行自冲洗，流量可达100000m³/h。

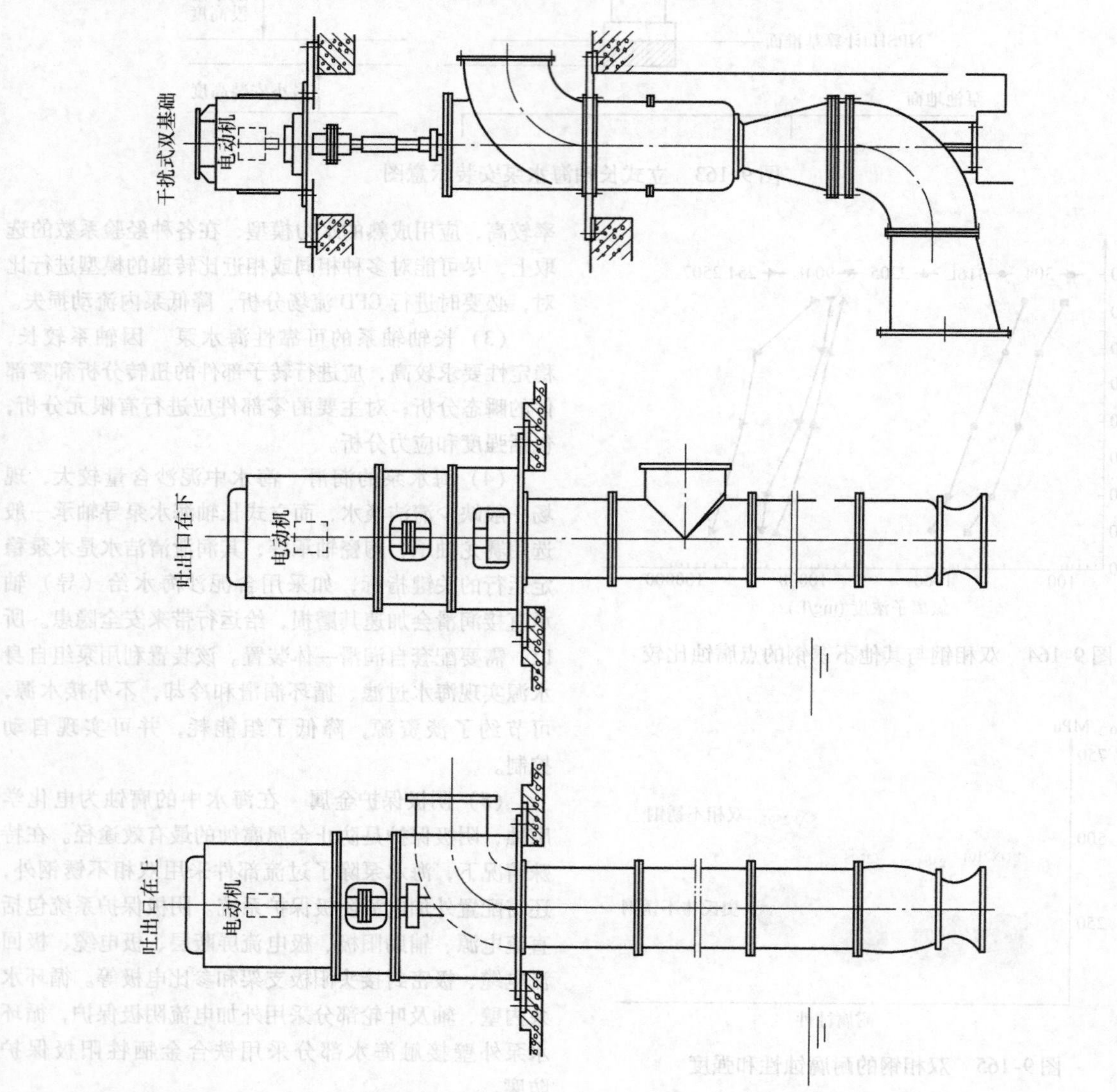

图9-166　立式长轴海水泵安装示意图

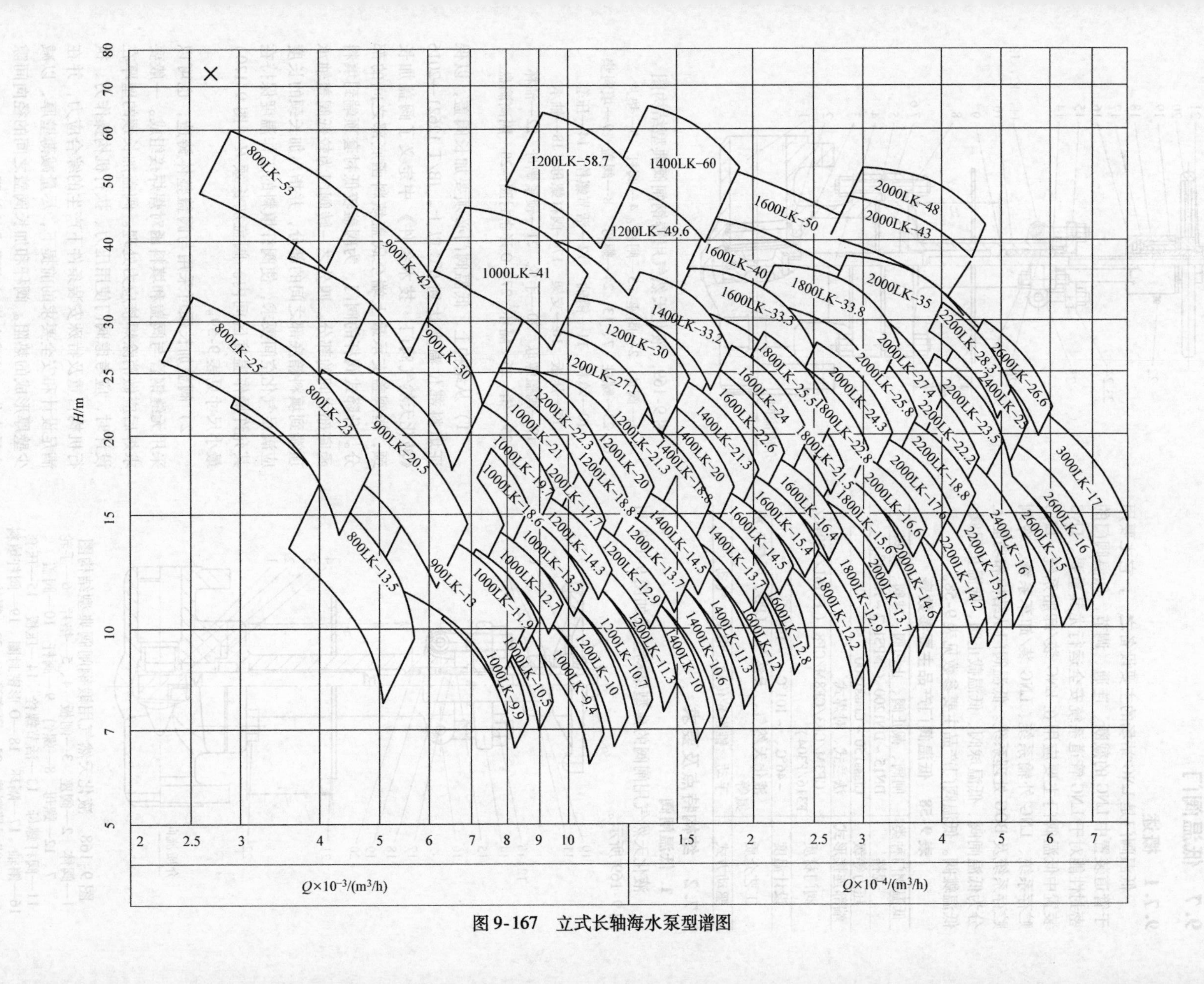

图 9-167　立式长轴海水泵型谱图

9.7 低温阀门

9.7.1 概述

低温阀门是LNG站场的主要设备之一，它主要用于管道装置中LNG的截断、连通、调节，低温阀门的密封性能对于LNG管道系统安全运行尤其重要。LNG装置中低温阀门主要应用在LNG装/卸船系统、LNG贮存系统、LNG外输系统、LNG装/卸车系统、冷剂贮存系统及BOG处理系统。低温阀门从结构和功能上分为低温闸阀、低温球阀、低温截止阀、低温止回阀、低温蝶阀。低温阀门产品主要参数见表9-58。

表9-58 低温阀门产品主要参数表

低温阀门种类	闸阀、截止阀、止回阀、球阀、蝶阀
规格	DN15～DN1200（NPS1/2～NPS48）
压力等级	Class150～Class1500
端部连接形式	法兰式、对焊式
阀门材质	CF3M/CF3/CF8M/CF8（F316L/F304L/F316/F304）
设计温度	-46℃、-101℃、-196℃
工艺介质	液化天然气、天然气、LPG、丙烷、液氮等
驱动方式	手动、锥齿轮传动、电动、气动

9.7.2 结构特点及要求

1. 低温闸阀

液化天然气用闸阀的典型结构型式如图9-168和图9-169所示。

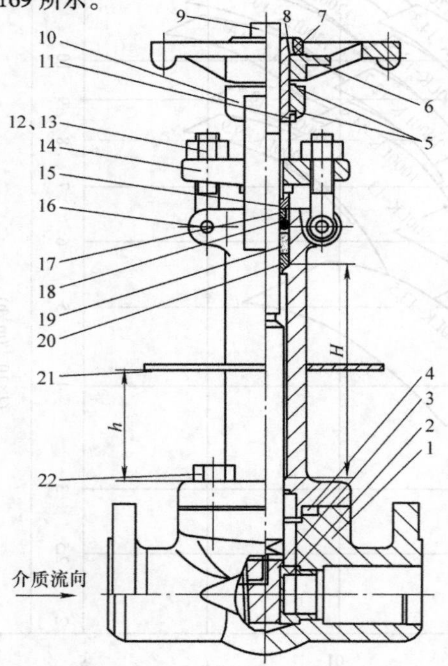

图9-168 液化天然气用锻钢闸阀典型结构图
1—阀体 2—阀座 3—闸板 4、5—垫片 6—手轮 7、12—螺母 8—螺钉 9—阀杆 10—阀盖 11—阀杆螺母 13—活节螺栓 14—压板 15—压套 16—销轴 17—隔环 18—O形密封圈 19—阀杆填料 20—填料垫 21—隔离滴盘 22—螺栓

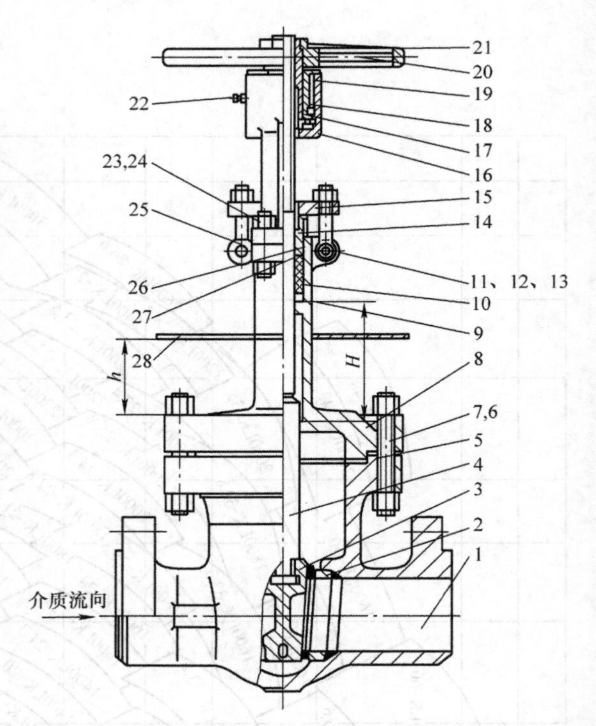

图9-169 液化天然气用铸钢闸阀典型结构图
1—阀体 2—阀座 3—闸板 4—阀杆 5—垫片 6、23—螺柱 7、13、24—螺母 8—阀盖 9—填料垫 10—填料 11—销轴 12—活节螺栓 14—压套 15—压板 16—支架 17—阀杆螺母 18—轴承 19—阀盖螺母 20—手轮 21—锁紧螺母 22—油杯 25—销 26—隔环 27—O形密封圈 28—隔离滴盘

1）从结构上，低温阀门必须要加长阀盖，以保证填料部位温度达到0℃以上。JB/T 12621—2016《液化天然气阀门 技术条件》中定义了阀盖加长颈，指阀盖支承最上端至阀盖填料函底部之间的部分。升降式阀杆的阀门，为阀盖较低衬套顶端到填料函底部之间的部分。四分之一转阀门为较低阀盖轴承顶端到填料箱底部之间的部分，并指出加长颈的长度应满足气化空间要求，使阀杆填料的工作温度保持在其允许操作温度区间内。阀盖加长颈 H（图9-170）最小尺寸见表9-59。

2）阀盖加长颈可采用与阀盖整体铸造，也可以采用无缝钢管与阀盖和填料函对焊焊接组成。一般要求焊后应做消除焊接应力处理。阀盖加长颈的壁厚在设计时，应考虑阀门使用压力、执行机构操作力、执行机构自重及特殊安装条件下产生的综合应力，并在满足设计和安全要求的前提下，尽量减薄壁厚，以减少壁厚形成的热阻。阀杆和加长阀盖之间的径向间隙应最小化，以减少热对流形成的热阻。

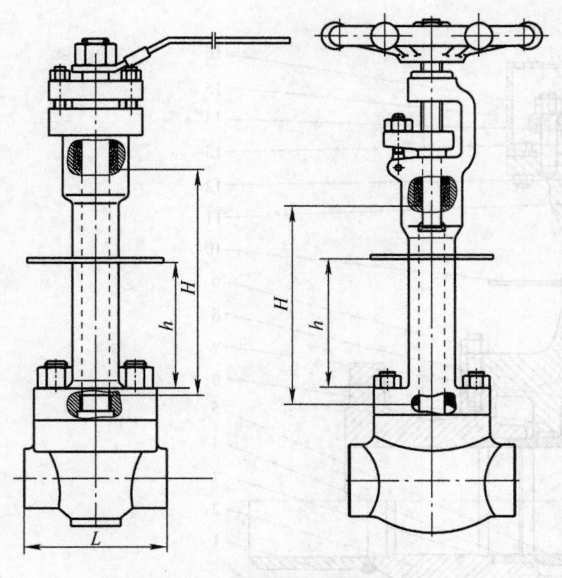

图9-170　阀盖加长颈示意图

表9-59　阀盖加长颈最小尺寸 H

阀门公称尺寸	阀盖加长颈最小尺寸 H/mm	阀门公称尺寸
DN25	200	NPS1
DN32～DN65	250	NPS1¼～NPS2½
DN80～DN125	300	NPS3～NPS5
DN150～DN200	350	NPS6～NPS8
DN250～DN300	400	NPS10～NPS12
DN350～DN400	450	NPS14～NPS16
DN450～DN650	500	NPS18～NPS26
DN700～DN850	600	NPS28～NPS34
DN900～DN1200	700	NPS36～NPS48

3）另外一个典型的低温阀门结构是隔离滴盘，隔离滴盘一般固定在阀盖加长颈上。隔离滴盘的间距 h（图9-170）最小尺寸按表9-60的规定。一般有泄压方向要求的阀门，也会把泄压方向的标识标在滴盘上。由于滴盘在保冷层外，所以在阀体被保冷层包裹后仍可通过滴盘上的标识，判断泄压方向。

表9-60　隔离滴盘的最小间距尺寸

公称尺寸	DN15～DN25	DN40～DN50	DN80～DN100	DN150～DN200	DN250～DN300	DN350～DN400	DN450～DN600	DN700～DN800	DN900～DN1200
隔离滴盘最小间距 h/mm	100	110	125	150	175	180	220	220	250

4）低温闸阀的闸板，一般会有中腔压力泄压孔的结构，以防止封闭空间中的LNG气化、升压，导致阀门破坏。中腔压力泄压孔设置在闸板非密封面区域，最小直径不小于3mm。另外，闸板与阀体设有导向平面（包括导轨和导向槽），在阀门操作时可减少密封面的磨损，避免闸板黏着和拉毛。公称尺寸大于DN50时，常采用弹性闸板，且闸板密封面应堆焊硬质合金。

5）阀杆与楔式闸板之间应采用T形头连接，为防止阀杆旋转或防止阀杆与闸板脱离，其连接处强度须大于阀杆梯形螺纹根部的强度，且阀杆采用整体锻造结构。阀杆有一个锥面形或球面形的倒密封面，当闸板在全开位置时，与阀盖加长颈顶部的倒密封面吻合。

6）上密封，低温闸阀应设置上密封，上密封应设置在加长阀盖靠近填料函的下部。

7）阀杆应采用防吹出结构，即阀体与阀杆的配合，应设计成在介质压力作用下，拆开填料压盖、阀杆密封挡圈时，阀杆不会脱出阀体。

2. 低温球阀

低温球阀分为固定球阀和浮动球阀两种，典型结构型式如图9-171和图9-172所示。

1）液化天然气用球阀不建议使用分体式阀门。为便于维护，阀门建议采用一体顶装式结构，以便于现场可以在线打开阀盖，并对内部构件进行维修。

2）液化天然气用球阀须要有专门的泄压结构，避免封闭在球腔内的LNG汽化后，压力瞬间增加，损坏了阀门。考虑到工艺系统需要双向密封的工况，在阀球和阀座上开泄压孔的结构已经不能满足要求，于是提出了阀门双向密封并具有自泄压功能的要求。图9-173所示为双向密封自泄压阀座结构，上游阀座使用单活塞效应阀座（图中左侧阀座），利用同压差下受力面积不同，产生自泄压效应；下游阀座采用双活塞效应结构（图中右侧阀座），利用同压差下受力面积不同，使得阀座所受合力总是靠向阀座，实现密封。这样，既可以截断来自正反两个方向的流体，又可以实现中腔超压时阀腔自动泄压。此种结构广泛用于口径大于等于DN50的一体顶装式球阀；对于小口径低温阀门，由于阀腔空间限制，具有一定难度。此要求对应于API 6D中DIB－2型阀门设计。

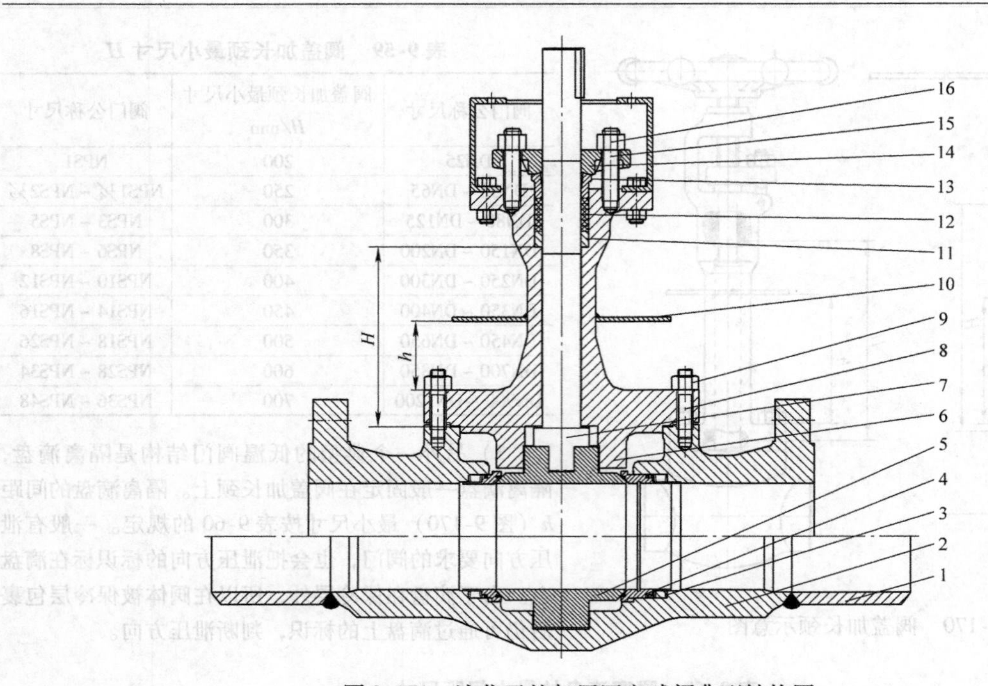

图 9-171　液化天然气用固定球阀典型结构图

1—袖管　2—阀体　3—碟簧　4—阀座　5—球体　6—阀盖　7—阀杆　8、15—螺柱　9、16—螺母　10—隔离滴盘　11—填料垫　12—填料　13—填料压套　14—填料压板

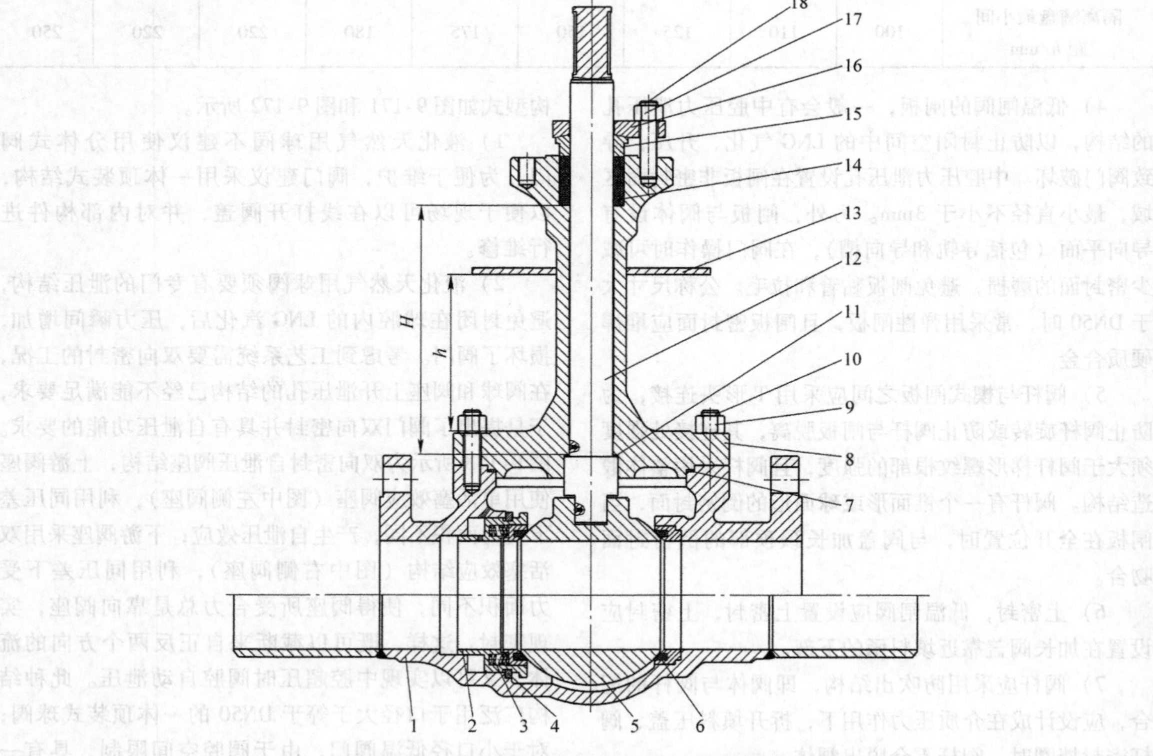

图 9-172　液化天然气用浮动球阀典型结构图

1—阀体　2—阀座　3—弹簧　4—挡圈　5—球体　6—密封圈　7—阀盖垫片　8—阀盖　9、17—螺柱　10、18—螺母　11—止推垫片　12—阀杆　13—隔离滴盘　14—填料　15—填料压套　16—填料压盖

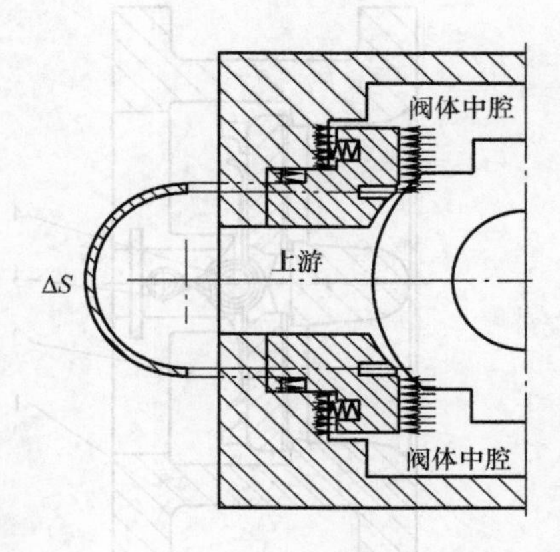

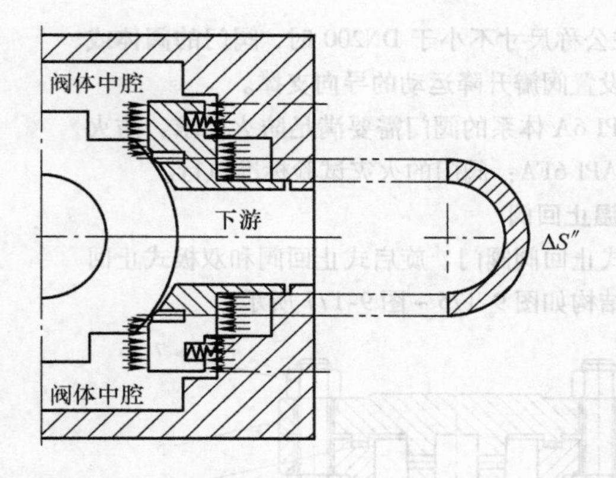

图9-173　阀座自泄压的双向密封结构图

3）考虑到阀门的流阻效应，$1\frac{1}{2}$in 及以下口径阀门推荐通径球阀，2in 及以上口径阀门推荐缩颈球阀，对于缩颈球阀，内球一般要求只能缩小一个级别。对于有通径球阀要求的管道上必须安装通径球阀。

4）防静电结构，球阀应设计成防静电结构，阀杆、阀体、球体之间的防静电电路应有小于 10Ω 的电阻。

5）防火结构、球阀应设计成防火结构。防火检测按照 API 607 中规定的90°开关非金属阀座阀门的防火试验标准执行，以确保软密封在火灾失效时，阀门能够实现安全密封。

6）阀杆结构，低温球阀的阀杆需要有足够的强度，能够保证在使用各类执行机构直接操作时，不产生永久变形或损伤。阀杆需要承受至少2倍球阀最大计算操作力矩。阀杆应采用防吹出结构。在介质压力作用下，拆开球阀的填料压盖、阀杆密封挡圈时，阀杆不会脱出阀体。

7）球阀全开时应保证球体通道与阀体通道在同一轴线上。球体与阀杆的连接面应能够承受2倍球阀最大计算操作力矩。

8）从结构上，低温球阀同样需要加长阀盖结构，其原理和相关要求与闸阀一致。

9）隔离滴盘要求与闸阀一致。

3. 低温截止阀

液化天然气用截止阀如图9-174所示。

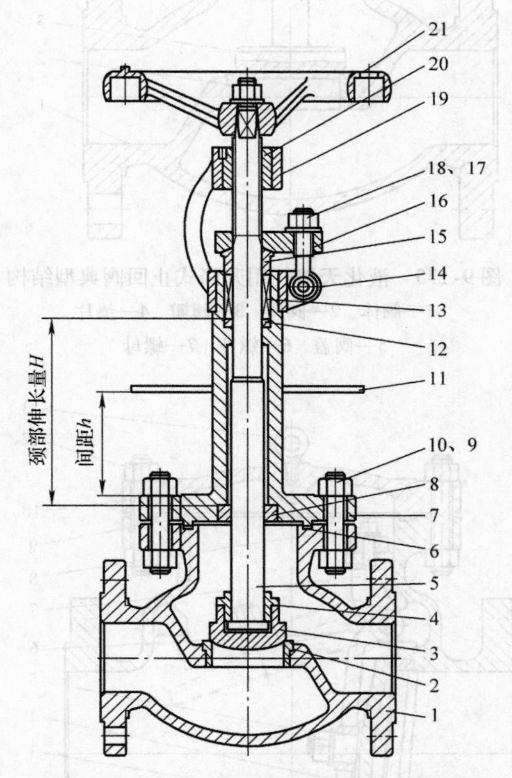

图9-174　液化天然气用截止阀典型结构图

1—阀体　2—阀座　3—阀瓣　4—阀瓣盖　5—阀杆　6—垫片　7—阀盖　8—导向套　9—螺柱　10、18—螺母　11—隔离滴盘　12—填料垫　13—填料　14—销　15—填料压套　16—填料压板　17—活节螺栓　19—支架　20—阀杆螺母　21—手轮

1）低温截止阀的结构要求，与闸阀要求基本一致，如加长阀盖要求、隔离滴盘要求、上密封要求等。但因为截止阀在关闭时不会形成自身的密闭空间，所以截止阀不需要特别考虑阀腔结构的泄压。

2）阀体内腔表面应光滑、流畅，流道各处截面积应符合 GB/T 12235—2007 和 GB/T 28776—2012 的规定。

3）在公称尺寸不小于 DN200 时，阀门的阀体或阀座上应设置阀瓣升降运动的导向支撑。

4）API 6A 体系的阀门需要满足防火要求，防火检测按照 API 6FA：阀门的火灾试验标准执行。

4. 低温止回阀

升降式止回阀阀门、旋启式止回阀和双板式止回阀的典型结构如图 9-175 ~ 图 9-177 所示。

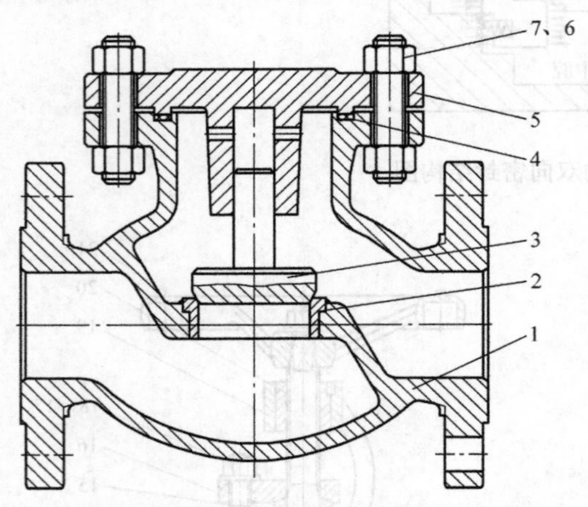

图 9-175　液化天然气用升降式止回阀典型结构

1—阀体　2—阀座　3—阀瓣　4—垫片
5—阀盖　6—螺柱　7—螺母

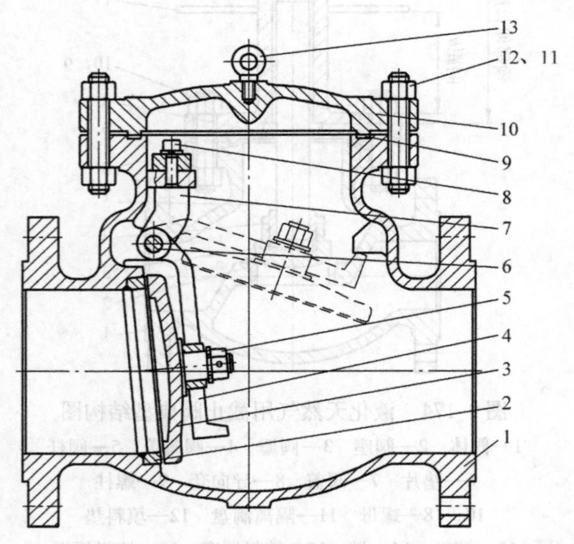

图 9-176　液化天然气用旋启式止回阀典型结构

1—阀体　2—阀座　3—阀瓣　4—摇杆
5、12—螺母　6—销轴　7—支架　8—螺栓
9—垫片　10—阀盖　11—螺柱　13—吊环螺钉

1）止回阀主要实现流体止回的功能，阀门关闭时没有形成自身的封闭空间，所以不需要考虑阀腔泄压结构；阀门没有阀杆转动和填料的问题，所以也不需要加长阀盖。

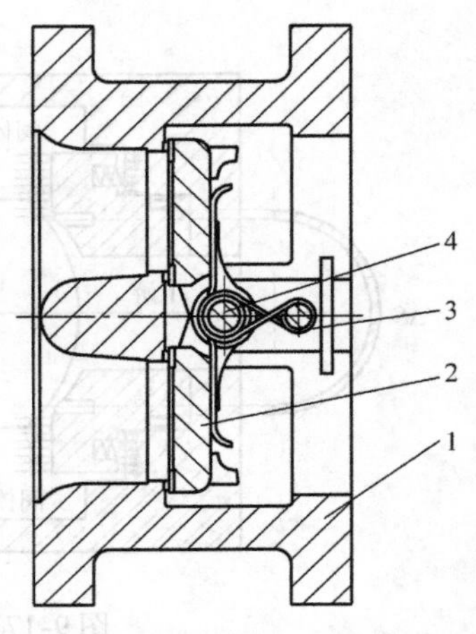

图 9-177　液化天然气用双板式止回阀典型结构

1—阀体　2—阀板　3—弹簧　4—销轴

2）对于升降式止回阀来说，阀瓣需要有导向结构。阀瓣结构可以采用有弹簧或无弹簧的柱塞形式或圆球形式，介质逆流时应能正常关闭。

3）对于旋启式止回阀来说，阀体上必须设有阀瓣开启的限位机构，介质逆流时应能正常关闭。对于流场不稳定的管路，不建议使用旋启式止回阀。公称尺寸不小于 DN50 时，在阀盖上应安装起吊用吊环。

4）对于双板式止回阀来说，结构短于旋启式，结构轻巧，重量也比同口径同 Class 级的旋启式止回阀轻很多。在低温设计时，建议使用暗销结构，阀体没有销轴结构引起的泄漏点。

5）止回阀需要满足防火要求，防火检测按照 API 6FD：止回阀的火灾试验标准执行。

5. 低温蝶阀

蝶阀的基本结构型式及主要零部件名称如图 9-178 和图 9-179 所示。在符合标准要求的条件下，允许设计成其他结构型式。

1）低温蝶阀的结构要求，加长阀盖要求和隔离滴盘要求与闸阀要求基本一致；阀杆防吹出要求和双向密封要求与球阀一致。因为关闭时不会形成自身的密闭空间，所以蝶阀没有阀腔泄压的要求。在大口径管线上低温三偏向蝶阀应用很多，对于工艺管道阀门来说，可在线维修低温三偏心蝶阀的结构应用较多，此种结构往往采用侧向加检修孔，以实现低温蝶阀的在线维修需求。

2）对于阀门的阀体铸件来说，铸造的法兰端阀体，法兰和阀体应整体铸造，不允许在阀体上焊接阀兰；相反铸造的焊接端阀体，不允许使用法兰端阀体去除端法兰后成为焊接端阀体。

9.7.3　材料要求

1）在工作温度下，液化天然气用低温阀门的材料必须要具有优秀的低温冲击韧度，而且要求材质中碳含量较低为佳——低碳不锈钢具有良好的焊接性，能够有效降低焊接施工难度，对焊接后的质量容易保证，从而可以提高整个系统的安全性；因此材质建议使用低碳奥氏体不锈钢。阀门主要零件材料推荐选用见表9-61。

2）由于阀门在低温下工作，所以需要考虑材料在低温下的密封性能。对于低温球阀来说，阀座密封结构较为特殊，设计多以唇式密封（lip seal）为主，如图9-180所示。唇式密封圈是一种带有聚四氟乙烯（或其他聚合材料）夹套的压力辅助密封装置，其内部设置一种耐腐蚀的金属蓄能弹簧。密封圈装在密封沟槽空腔内，弹簧因受压驱动唇边紧贴密封面形成密封。弹簧给密封夹套提供弹簧弹力弥补了空间缩放产生的空隙，而且系统压力也会辅助撑开唇边，促使密封越加紧密。图9-181所示为唇式密封工作原理。

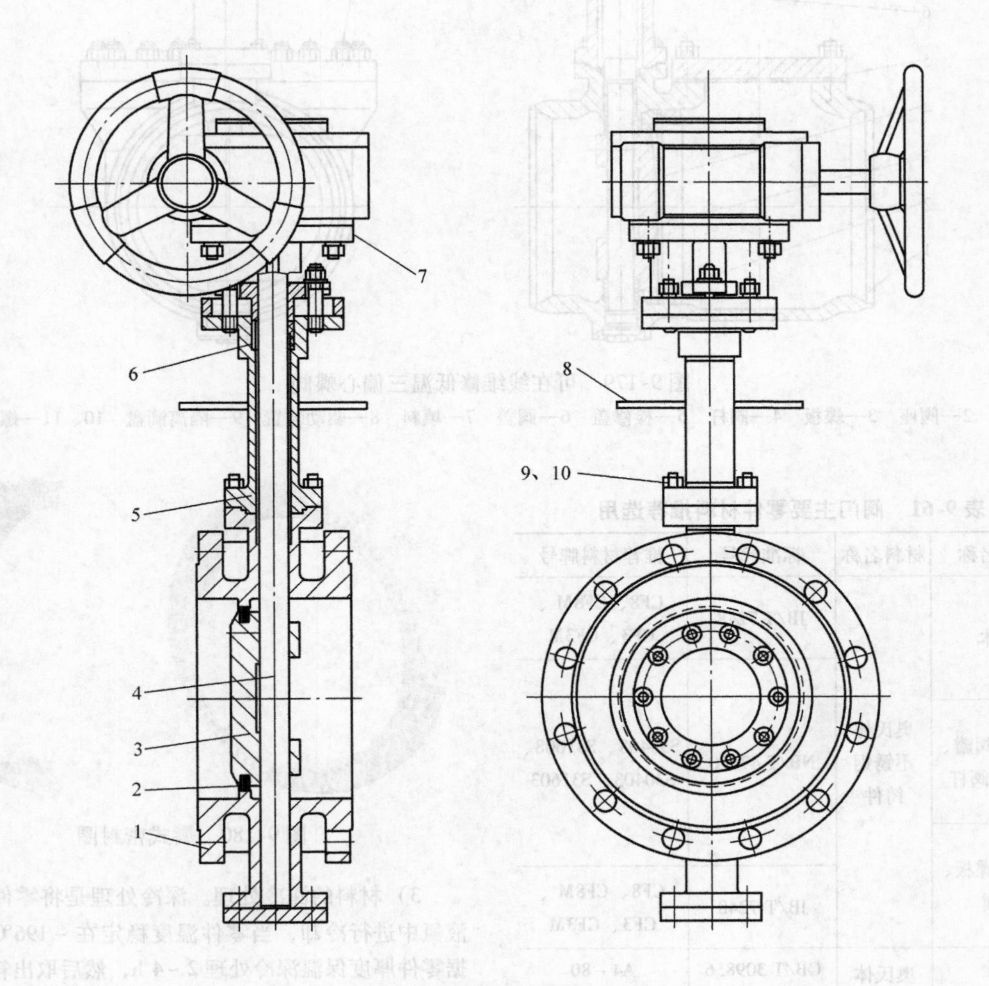

图9-178　法兰端低温三偏心蝶阀示意图

1—阀体　2—阀座　3—蝶板　4—阀杆　5—阀盖　6—填料　7—驱动装置　8—隔离滴盘　9、10—螺栓、螺母

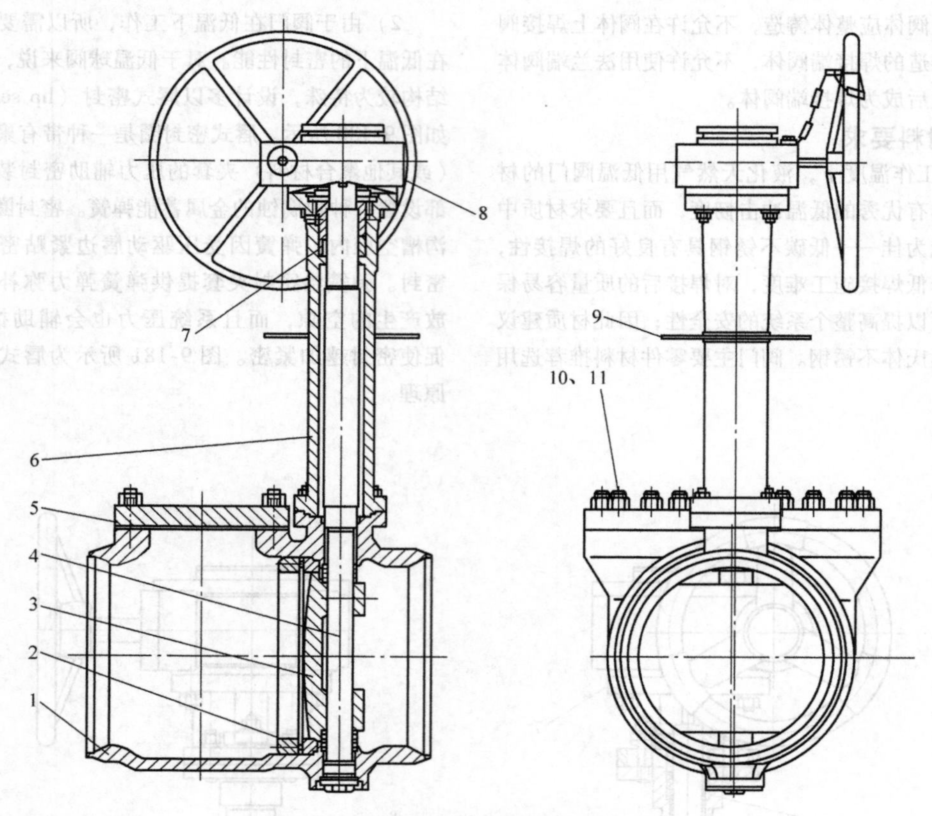

图 9-179　可在线维修低温三偏心蝶阀

1—阀体　2—阀座　3—蝶板　4—阀杆　5—检修盖　6—阀盖　7—填料　8—驱动装置　9—隔离滴盘　10、11—螺栓、螺母

表 9-61　阀门主要零件材料推荐选用

<table>
<tr><th>零件名称</th><th>材料名称</th><th>标准代号</th><th>推荐材料牌号</th></tr>
<tr><td rowspan="2">壳体</td><td rowspan="5">奥氏体不锈钢铸件</td><td>JB/T 7248</td><td>CF8、CF8M、CF3、CF3M</td></tr>
<tr><td rowspan="3">NB/T 47010</td><td rowspan="3">S30408、S31608、S30403、S31603</td></tr>
<tr><td>球体、阀瓣、阀座、阀杆</td></tr>
<tr><td rowspan="2">闸板、蝶板、阀瓣</td></tr>
<tr><td>JB/T 7248</td><td>CF8、CF8M、CF3、CF3M</td></tr>
<tr><td>螺栓</td><td rowspan="2">奥氏体不锈钢</td><td>GB/T 3098.6</td><td>A4 – 80</td></tr>
<tr><td>螺母</td><td>GB/T 3098.15</td><td>A4 – 70</td></tr>
</table>

此种结构的密封效果良好，但需要结合自身阀门特点进行二次设计，通常包括唇部、内簧和支撑环的设计。

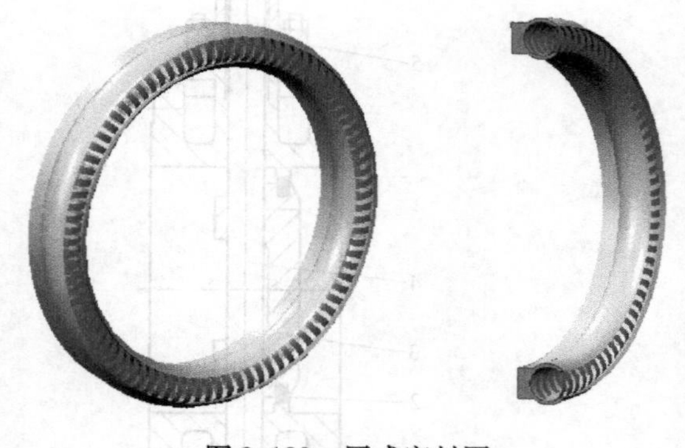

图 9-180　唇式密封圈

3）材料的深冷处理。深冷处理是将零件浸没在液氮中进行冷却，当零件温度稳定在 – 196℃时，根据零件厚度保温深冷处理 2 ~ 4 h，然后取出箱外，自然恢复到常温的处理过程。阀体、阀盖、阀座、闸板、阀杆和金属密封垫必须进行深冷处理。深冷处理应在粗加工后、精加工前进行（有的厂家根据自身经验，也会根据材料特性在粗加工之前进行深冷处理）。深冷处理的次数和时间与工件的口径、壁厚和

成形工艺有关。

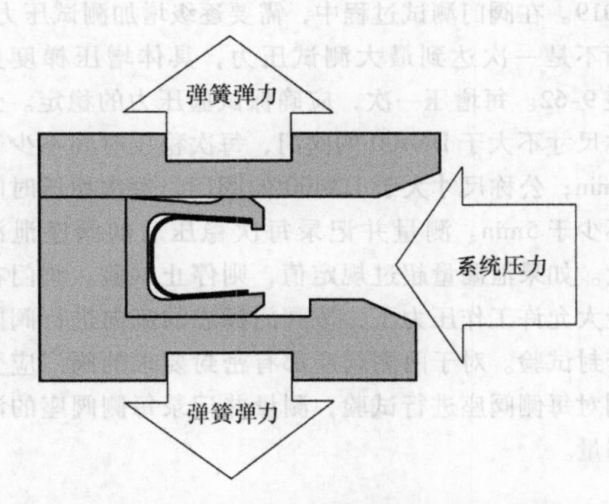

图9-181 唇式密封工作原理

4）逸散性要求。在LNG站场的设计中，对阀门的逸散性有明确的规定。因此，往往需要对填料函的表面粗糙度进行控制，控制值需要符合密封元件对表面粗糙度的要求，这样才能满足阀门的逸散性的要求。填料具有摩擦因数小、耐磨性好的性能要求，并在使用工况下有材料韧性、延展性的要求。对于高压阀门，多采用PTFE、柔性石墨、唇形密封圈等多重组合的填料。逸散性可以按照ISO 15848：2015中的分级要求，进行测试和取证。

5）阀门的安装要求。国家标准GB/T 51257—2017《液化天然气低温管道设计规范》中明确规定：阀门（止回阀除外）应能在阀杆与竖直方向成45°范围内的安装条件下正常操作，如图9-182所示。需要指出的是，阀门允许安装角度的要求不仅是对阀门配管布置的要求，同时也是对阀门设计的要求。对于阀门的设计来说，加长阀盖的颈部长度应该考虑阀门的安装要求，在热力学模拟设计阀盖高度时，需要充分考虑阀门的安装工况。

6）检验要求。低温阀门材料除了要进行外观检验尺寸检查、材料成分分析、材料力学性能、无损检测，还需要进行低温冲击试验（图9-183）。材料检测之后，需要进行阀门的性能试验：分为常温性能试验和低温性能试验。

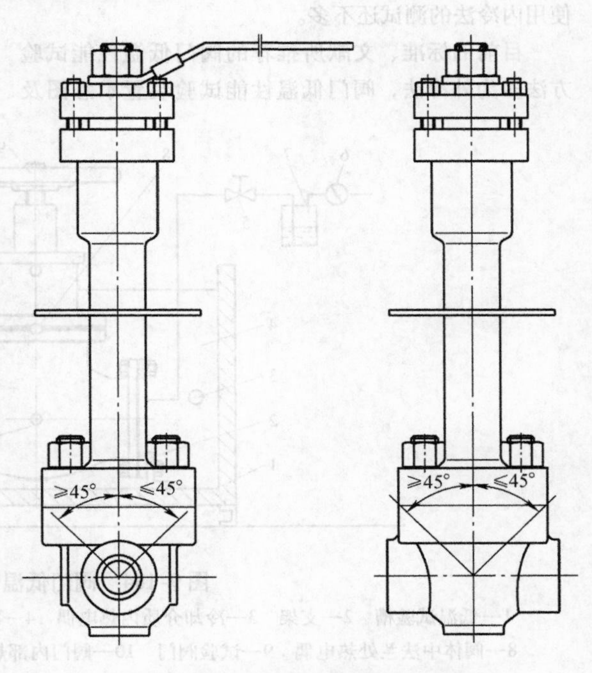

图9-182 阀门安装方向示意图

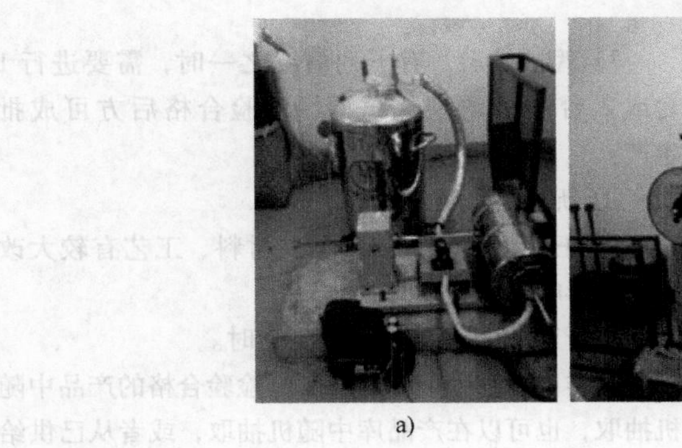

a) b) c)

图9-183 冲击试验设备

a）冷却装置 b）摆锤 c）温控系统

常温性能试验项目主要包括壳体试验、高压气体密封试验、低压气体密封试验。常温性能试验方法按GB/T 26480—2011的规定进行。试验结束后，阀门内部应保持清洁和干燥。

低温性能试验必须在常温性能试验合格后进行。低温性能试验项目主要包括启闭动作试验、低压密封试验、高压密封试验、逸散性试验、低温循环寿命试验。低温性能试验的方法有两种：外部冷却法和内部冷却法。外部冷却法是通过将阀体浸泡在冷却介质中的方式以达到所需试验温度的方法；内部冷却法是通过低温介质从阀门内部流过阀体进行冷却的方式。内冷法的测试状态与阀门的实际使用工况最为贴合，但由于测试装置和检漏方法比外冷法难度大，所以国内使用内冷法的测试还不多。

目前的标准、文献所推荐的阀门低温性能试验方法多为外冷法，阀门低温性能试验装置示意图及组成如图9-184所示。测试过程可以参见GB/T 24925—2019。在阀门测试过程中，需要逐级增加测试压力，而不是一次达到最大测试压力，具体增压梯度见表9-62。每增压一次，应确保试验压力的稳定。公称尺寸不大于DN400的阀门，每次稳压时间不少于3min；公称尺寸大于DN400的阀门，每次稳压时间不少于5min。测量并记录每次稳压后的阀座泄漏量。如果泄漏量超过规定值，则停止试验。阀门在最大允许工作压力下，按阀门标志的流向进行阀门密封试验。对于两侧阀座都有密封要求的阀门应分别对每侧阀座进行试验，测量并记录每侧阀座的泄漏量。

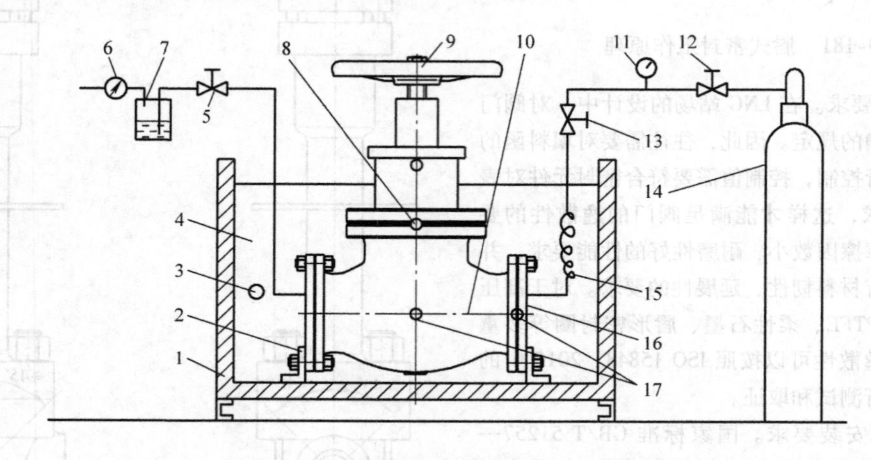

图9-184　阀门低温性能试验装置示意图

1—低温试验槽　2—支架　3—冷却介质内热电偶　4—冷却介质　5—下游隔离阀　6—流量计　7—酒精计泡器　8—阀体中法兰处热电偶　9—试验阀门　10—阀门内部热电偶　11—压力表　12—压力调节阀　13—上游隔离阀　14—氦气瓶　15—蛇形管　16—法兰盲板　17—阀体或法兰盲板处热电偶（可选）

表9-62　测试压力增压梯度

公称压力	测试压力增量值/MPa	压力等级
PN16	0.4	Class 150
PN20	0.5	
PN25	0.5	Class 300
PN40	1.0	
PN63	1.25	Class 400
PN100	2.0	Class 600
PN150	3.0	Class 900
PN250	5.0	Class 1500

7）型式检验。有下列情况之一时，需要进行1台或2台阀门的型式试验，试验合格后方可成批生产：

① 新产品试制定型鉴定。

② 正式生产后，如结构、材料、工艺有较大改变可能影响产品性能时。

③ 产品长期停产后恢复生产时。

抽样可以在生产线的终端经检验合格的产品中随机抽取，也可以在产品库中随机抽取，或者从已供给用户但未使用并保持出厂状态的产品中随机抽取。每一规格供抽样的最少基数和抽样数按表9-63的规定。到用户抽样时，供抽样的最少基数不受限制，抽样数仍按表9-63的规定。对整个系列产品进行质量考核时，根据该系列范围大小情况从中抽取2个或3个典型规格进行检验。对于每一规格的阀门，抽样的最小批量和抽样数量按表9-63的规定执行。

表9-63 抽样的最少基数和抽样数量

公称尺寸	供抽样的最小批量/台	抽样数量/台
<DN50	10	3
DN50～DN200	5	2
>DN200	3	1

9.7.4 阀门的应用案例

以大型LNG接收站为例，阀门的合同总额在（2～3）亿元。其中LNG低温阀门大概有2000台左右，多为国外进口，尤其是大口径、高压力的关键部位的低温阀门。近年来，国内阀门厂家在低温阀门的研发上有了长足的发展，国产化低温阀门也逐渐应用在国内LNG装置的建设中。表9-64列出了近年来国产低温阀门在液化天然气接收站项目中的应用情况。

表9-64 液化天然气国产阀门应用情况

序号	投用时间/年	项目名称	阀门种类	口径/in	压力等级	材料	设计温度/℃
1	2007～2011	中海油大鹏LNG接收站	低温（球阀、截止阀）、常温（闸阀、截止阀、止回阀、球阀）	3/4～6	Class150、Class800	WCB、A105N、F316、CF8M	−196～常温
2	2010～2011	中石油江苏LNG接收站	常温（闸阀、截止阀、止回阀、球阀）	1/2～12	Class150～Class1500	WCB、A105N、LF2	−45～常温
			低温（球阀、止回阀、截止阀）、低温气动球阀、低温调节阀	3/4～32	Class150～Class300	F316、CF8M	−196
3	2011	大连LNG接收站	低温（球阀、止回阀、截止阀）	1～3	Class150	F316、F304	−196
4	2011	东莞九丰LNG接收站	低温（闸阀、截止阀、止回阀）	1～16	Class150～Class300	CF8M、F316	−196
			低温浮动球阀、低温固定球阀	1～12	Class150～Class300	CF8M、F316	−196
5	2012	唐山LNG接收站外输工程	超低温（球阀、止回阀）	3/4～2	Class150	CF8M、F316	−196
6	2013～2017	中海油天津LNG接收站	低温浮动球阀	1～1-1/2	Class300	F316	−196
			低温固定球阀	2、4	Class150	F316、CF8M	−196
			低温截止阀	1	Class800	F316	−196
			低温止回阀（升降式、旋启式）	1、2	Class150～Class900	F316	−196
			低温上装浮动/固定球阀	3/4～2	Class150～Class800	CF8、F304	−196
7	2014～2017	中石化青岛LNG接收站	低温球阀（上装式）	1/2～3/4	Class300	F316	−196
			低温（球阀、截止阀）	1/2～1	Class300～Class1500	F316	−196

（续）

序号	投用时间/年	项目名称	阀门种类	口径/in	压力等级	材料	设计温度/℃
8	2014	福建 LNG 接收站	低温球阀（上装式）	3	Class150	CF3	-196
			低温球阀（上装）低温截止阀	3/4～4	Class150～Class300、Class800	F304、CF8	-196
9	2014～2015	广西 LNG 接收站	低温球阀（上装）	3/4～1-1/2	Class300	F316	-196
			低温气动球阀 低温截止阀	1-1/2	Class150	F316	-196
			低温（球阀、止回阀、调节阀、蝶阀）	3/4～4	Class150～Class300 Class800	F304、CF8	-196
			低温球阀（上装）、低温截止阀	3/4～6	Class150～Class300、Class800	F304、CF8	-196
10	2015	中海油深圳 LNG 接收站	低温球阀（上装）、低温截止阀	2～12	Class150～Class900	F304L/LCC	-196～常温
11	2015～2017	中石化天津 LNG 接收站	低温球阀	3/4	Class150	F316	-196
			低温（球阀、截止阀、止回阀）	3/4～8	Class150～Class900	CF8M/F316	-196
			低温（截止阀、止回阀）	3/4～14	Class150～Class1500	CF8M/F316	-196
			低温气动上装球阀	2～3	Class150	CF3M	-196
			低温（球阀、截止阀）	3/4～2	Class150	CF8M/F316	-196
12	2015～2017	杨凌液化天然气(LNG)项目一期	低温三偏心蝶阀、低温球阀	1/2～14	Class300	F304/CF8/F316/CF8M	-196
			低温（止回阀、截止阀、三偏心蝶阀、球阀）	1/2～14	Class150～Class300	F304/CF8/F316/CF8M	-196
			低温（球阀、截止阀、止回阀）	1/2～3	Class150～Class800	F304/CF8M/F316	-196
			低温（球阀、截止阀、止回阀）	1/2～3	Class150～Class800	F304/CF8M/F316/CF8	-196
			低温（球阀、截止阀、止回阀、蝶阀）	1/2～12	Class150～Class800	F304/CF8M/F316/CF8	-196
13	2016	FSRU 项目	低温（球阀、截止阀、止回阀）	3/4～2	Class150～Class1500	CF8M/F316	-196
14	2016	中海油浙江 LNG 接收站	低温球阀	1～3	Class150～Class800	CF3M/F316L/CF8	-196
			低温（球阀、截止阀、止回阀）	3/4～3	Class150～Class800	CF3M/F316L	-196

（续）

序号	投用时间/年	项目名称	阀门种类	口径/in	压力等级	材料	设计温度/℃
15	2016	中原石化乙烯装车项目	低温（球阀、截止阀、止回阀）	1/2～2	Class150～Class800	F304/CF8/F316	－196
16	2016	新奥舟山LNG接收站	低温（球阀、截止阀、止回阀） 常温（球阀、截止阀）	1/2～14	Class900～Class1500	CF8M/F316/WCB/A105	－196～常温
17	2017	山东日照钢铁集团LNG装车撬项目	低温（球阀、闸阀、截止阀、止回阀）	1/2～2	Class300～Class800	LCB/LF2 F304	－196～常温
			低温（闸阀、截止阀、止回阀、球阀）	1/2～3	Class150～Class800	CF8/F304	－196
18	2017	中海油福建LNG站扩建工程	低温（球阀、截止阀、止回阀）	3/4～2	Class150～Class300	CF3/F304/F304L	－196
19	2017	晋煤天庆LNG项目	低温硬密封气动球阀 常温球阀	1/2～2	Class600～Class800	F304/F316L	－196

参考文献

[1] 机械工程手册电机工程手册编辑委员会．机械工程手册，通用设备卷［M］.2版．北京：机械工业出版社，1997.

[2] 徐忠．离心压缩机原理［M］．北京：机械工业出版社，1990.

[3] 全国风机标准化技术委员会．石油、化学和气体工业用轴流、离心压缩机及膨胀机－压缩机：JB/T 6443—2002［S］．北京：机械工业出版社，2002.

[4] 全国勘察设计注册工程师公用设备专业管理委员会秘书处．全国勘察设计注册公用设备工程师动力专业考试复习教材［M］.3版．北京：机械工业出版社，2014.

[5] 黄钟岳，王晓放．透平压缩机［M］．北京：化学工业出版社，2004.

[6] 活塞式压缩机设计编写组．活塞式压缩机设计［M］．北京：机械工业出版社，1974.

[7] 张文升．电动机原理与入门［M］．北京：中国电力出版社，2008.

[8] 王强．海水泵选材分析［J］．城市建设理论研究，2013（08）.

[9] 毛绍融，等．现代空分设备技术与操作原理［M］．杭州：杭州出版社，2005.

[10] 全国化工设备技术中心站机泵技术委员会．工业泵选用手册［M］．北京：化学工业出版社，1998.

[11] 全国螺杆膨胀机标准化技术委员会．螺杆膨胀机（组）性能验收试验规程：GB/T 30555—2014［S］．北京：中国标准出版社，2014.

[12] 吴正兴，魏光华，胡锦武．卸料臂维修［M］．北京：石油工业出版社，2018.

[13] 全国石油天然气标准化技术委员会液化天然气分委会．液化天然气低温管道设计规范：GB/T 51257—2017［S］．北京：中国计划出版

社，2017.
[14] 全国阀门标准化技术委员会．阀门的检验和试验：GB/T 26480—2011 [S]．北京：中国标准出版社，2011.
[15] 全国阀门标准化技术委员会．液化天然气阀门技术条件：JB/T 12621—2016 [S]．北京：机械工业出版社，2016.
[16] 全国阀门标准化技术委员会．液化天然气用闸阀：JB/T 12626—2016 [S]．北京：机械工业出版社，2016.
[17] 全国阀门标准化技术委员会．液化天然气用阀门 性能试验：JB/T 12622—2016 [S]．北京：机械工业出版社，2016.
[18] 全国阀门标准化技术委员会．液化天然气用球阀：JB/T 12625—2016 [S]．北京：机械工业出版社，2016.
[19] 全国阀门标准化技术委员会．液化天然气用蝶阀：JB/T 12623—2016 [S]．北京：机械工业出版社，2016.
[20] 全国阀门标准化技术委员会．液化天然气用截止阀、止回阀：JB/T 12624—2016 [S]．北京：机械工业出版社，2016.
[21] 全国阀门标准化技术委员会．低温阀门 技术条件：GB/T 24925—2019 [S]．北京：中国标准出版社，2019.

第 10 章 液化天然气相关的安全技术

液化天然气（LNG）与天然气的差别主要是液相存在、温度低、密度大。对于 LNG 行业来说，无论生产设施还是储运设施，LNG 处理量都比较大，且会积聚大量的能量。当 LNG 汽化成为天然气后，天然气的易燃、易爆特性凸显出来。对于大量易燃、易爆介质集中的场所，无论何时安全问题都是重中之重。在 LNG 行业发展早期，由于人们对 LNG 性能的不完全了解，曾经出现过如下多起 LNG 接收站或液化厂重大安全事故。

1944 年，建立于美国俄亥俄州克里富兰（Cleveland）市西维吉尼亚的 LNG 调峰站，因扩建需要增设一个 LNG 储罐。由于第二次世界大战时期不锈钢短缺，储罐采用了 3.5% 低镍合金钢。在储罐投用后，因其材质无法耐受 -161℃ 的存储温度，发生了低温脆变，导致储罐失效、破裂，使 LNG 泄漏及大量天然气扩散，引发了第一次火灾、爆炸。此次新建储罐的火灾在 20min 后得到控制，被疏散的居民也回到家中。由于邻近 LNG 球罐其支腿没有进行有效的耐火保护，受到第一次火灾热辐射影响后承重结构失效，造成了球罐破裂，15t LNG 泄漏、迅速蒸发并被点燃，导致了二次火灾、爆炸。由于连续泄漏的 LNG 没有得到有效收集，LNG 漫流至附近社区的街道和下水道系统。泄漏出的 LNG 很快汽化形成天然气蒸气云团，扩散至街区的蒸气云遇明火源即被点燃，进而引发系列火灾、爆炸事故，最终导致了周边地区 128 人死亡。

1973 年，美国纽约州 Stane 岛上的一个调峰站也发生过一起事故。操作员发现 LNG 储罐有泄漏，即停止了设备的工作。等到储罐内的 LNG 倒空后，在储罐内层发现了裂缝。但在修复过程中，由于操作不慎点燃了 LNG 的蒸发气（即天然气）。随后大火使储罐里的温度快速上升，并产生了足够的压力，导致储罐 6in（152.44mm）厚的混凝土顶盖坍塌，致使罐内 40 名正在作业的工人死亡。

1979 年，美国马里兰州 Cove Point 地区的 LNG 接收站也发生过一起爆炸。液化天然气从 LNG 泵的电源密封件中泄漏出来，汽化的天然气穿过地下长 20ft（60.96m）的导线管进入变电所。天然气和空气的爆炸性混合物被电路开关产生的电火花点燃引爆。爆炸导致 1 人死亡、1 人重伤，并造成了 30 万美元的经济损失。

2004 年，阿尔及利亚 Skikda 市郊一个天然气液化工厂的烃类冷剂大量泄漏，易燃、易爆的烃类冷剂气相与空气的混合物经风扇进入锅炉炉膛。一方面炉膛内大量气体燃烧使得锅炉蒸汽压力急剧上升，另一方面炉膛内大量易燃、易爆混合物的增加也使得锅炉发生了剧烈的破坏性爆炸，飞溅的火花引燃了锅炉外的可燃蒸气云团，使 3 条液化生产线相继发生火灾爆炸。由于人员集中的控制室过于靠近冷箱、锅炉及生产线，爆炸最终导致 27 人死亡、72 人受伤，经济损失巨大。

过去的事故和教训，为 LNG 行业后面的安全建设、安全生产和安全管理提供了很多很好的启示。LNG 行业发展数十年，在 LNG 安全建设法规、技术标准规范、LNG 设备材料选择和制造、安全防护和监测技术等方面均取得了丰硕成果，提升了 LNG 行业设施的本质安全，创造了 LNG 行业当前较为良好的安全表现。目前全球有 200 多座天然气液化工厂和 LNG 接收站，70 多年来发生的严重事故，包括上面所提及的案例在内，有报道的约有 13 起，相对于传统炼油化工行业的安全统计事故而言，LNG 行业表现出更好的安全记录。

尽管如此，安全仍然是 LNG 行业一直以来的关注重点。LNG 在汽化后会形成易燃、易爆的天然气。天然气属于我国重点监管的危险化学品，在 LNG 接收站、天然气液化厂大量贮存时，能量集中，极易形成重大危险源。无论是工厂设计、试运投产，还是生产运行或是下游使用，都必须对液化天然气特性进行准确把握，对其安全控制要点进行准确理解，真正做到安全第一、预防为主、综合治理，从根本上实现 LNG 的安全生产和使用。

10.1 液化天然气特性

10.1.1 一般特性

液化天然气是天然气在一定条件下经过净化和冷却液化后呈现的状态，常压下 LNG 温度约为 -161℃。低温是液化天然气（LNG）的最大特点。

由于 LNG 温度低，其汽化后初期的密度比空气重，而不是像人们所以为的，LNG 和天然气一样、比空气轻；LNG 的密度大约为水的密度的 45%。因此当 LNG 泄漏时，会看到从泄漏口开始、近地面出现大量白色气云，随着距离的增加，白色气云逐步抬升、消散（图 10-1）。

图 10-1　LNG 扩散组图

这是因为泄漏出的低温 LNG 迅速汽化、与空气混合，空气中的水蒸气大量凝结形成白雾所致。白雾的形成、消散过程可以显示泄漏 LNG 气化、扩散的轨迹。随着与环境不断换热，汽化的低温天然气温度逐步上升、密度逐渐变小，最后白雾消散、近地天然气云随空气抬升至高空。

BP 公司曾进行了一个试验，将点燃的烟头放入盛装了 LNG 的烧杯中，结果是烟头因为 LNG 的低温而熄灭，液化天然气未被点燃。2013 年中国寰球工程有限公司委托 GEXCON 公司开展的大型 LNG 泄漏、扩散和火灾试验。火灾试验发现，采用电火花很难点燃所形成的天然气蒸气云团，试验了 4 次均以失败而告终，最后采用了碳烤火架才将火灾试验完成；即便如此，依然需要几分钟时间点燃蒸气云团，并成功观测到后续闪火、喷射火现象。

由此可见，液化天然气的危险特性主要是低温特性，当其汽化、形成天然气后，其火灾爆炸危险特性才随着天然气的出现而体现。

液化天然气、天然气主要是由甲烷、乙烷、丙烷、碳 4 以上组分、氮气等物质组成的混合物。产地不同，液化天然气、天然气组成成分不尽相同，从气田获得的天然气中可能还含有硫化氢等其他组分。甲烷是液化天然气和天然气的主要成分，占 80% ~ 95%（体积分数）。

根据国家原安全生产监管总局（现应急管理部）2015 年发布的《危险化学品目录（2015 版）》《危险化学品目录（2015 版）实施指南（试行）》，富含甲烷的天然气（CAS 号 8006 - 14 - 2），危险性类别为“易燃气体，类别 1；加压气体”；甲烷（CAS 号74 - 82 - 8），危险类别为“易燃气体，类别 1；加压气体”。在 GB6944—2015《危险货物分类和品名编号》、SOLAS《国际海上人命安全公约（经修订）》等文献中，甲烷分类为“2.1 类：易燃气体”，在 HG/T 20660—2017《压力容器中化学介质毒性危害和爆炸危险程度分类标准》中，天然气（混合物）、甲烷（单一物质）均被列为“爆炸危险介质”。

一般条件下，天然气中各组分的化学性质都较稳定，不会与氧气、氧化剂、浓酸和浓碱等溶液发生化学反应。但天然气与氯气在日光照射或受热条件下，即能发生反应，与氟化氢混合会自燃。在环境条件下，甲烷的密度低于空气，易聚集于建筑物顶部而形成爆鸣性气体。

甲烷的一般特性见表 10-1。天然气中主要成分的燃烧特性数据见表 10-2。

表10-1 甲烷的一般特性

标识	分子式：CH_4	相对分子质量：16.4	UN编号：1971；1972（液态天然气）
	危规号：21007	RTECS号：PA1490000	CAS号：74-82-2
	爆炸性气体分类：IIAT2		
理化特性	性状：无色、无味	溶解性：微溶于水，溶于乙醇、乙醚、苯、甲苯等有机溶剂	
	熔点：-182.5℃	热值：890.8kJ/mol	
	沸点：-161.4℃	饱和蒸汽压：53.32kPa	
	临界温度：-82.25℃	与水的相对密度（水=1）：0.42	
	临界压力：4.59MPa	与空气的相对密度（空气=1）：0.6	
燃烧特性	燃烧性：易燃	燃烧分解的产物：二氧化碳、水	
	闪点：-218℃	聚合危害：无	
	爆炸极限（体积分数）：5.0%~15%	稳定性：稳定	
	自燃温度：537℃	禁忌物：强氧化剂、卤素、强酸、强碱	
	危险性：与空气混合能形成爆炸性混合物，遇热源或明火有燃烧和爆炸的危险。在一定条件下，能与氧气、臭氧、二氧化氮、卤素（氟气、液氯、溴、碘）等氧化剂发生剧烈反应，实质导致燃烧或爆炸。黄色氧化汞催化剂存在时，室温下与液氯的反应即能导致爆炸。在氯气的混合物中氯气含量超过20%（体积分数）即有爆炸危险。接触氟气会自燃		
健康危害	对人体基本无毒，只有在极高浓度时有单纯性的窒息作用，空气中甲烷体积分数达到25%~30%时，可引起头痛、头晕、乏力、注意力不集中、呼吸和心跳加速、共济失调，若不及时脱离，可引起窒息死亡。液态甲烷与人体接触可引起低温冻伤		

表10-2 天然气中主要成分的燃烧特性数据

组分		甲烷	乙烷	丙烷	正丁烷	异丁烷
分子式		CH_4	C_2H_6	C_3H_8	$n-C_4H_{10}$	$i-C_4H_{10}$
爆炸极限（体积分数，%）	下限	5.0	2.0	2.1	1.86	1.8
	上限	15.0	13.0	9.5	8.41	8.44
着火温度/℃		540	472	450	365	
自燃温度/℃		537		480	441	544
燃烧温度/℃		-182.5	-172	-189.9	-135	-145
最小点燃能/mJ	空气中	0.2800	0.2400	0.2500	0.2500	0.5200
	氧气中	0.0027	0.0019	0.0021		
最大燃烧速度/(cm/s)		38	42	43	38	38
燃烧理论空气量/(m^3/m^3)		9.52	16.66	23.8	30.94	
燃烧耗氧量/(m^3/m^3)		2.0	3.5	5.0	6.5	
燃烧理论烟气量/(m^3/m^3)	CO_2	1.0	2.0	3.0	4.0	总量 33.52
	H_2O	2.0	3.0	4.0	5.0	
	N_2	7.52	13.16	18.80	24.44	
燃烧热值/($kcal/m^3$)	低	8570	15371	22256	29513	
	高	9510	16792	24172	31957	

10.1.2 低温特性

1. LNG的温度

准确地说，LNG的温度与它的组分情况及其所处的状态有关。通常说的LNG温度为-161℃，是指一个大气压状态下，纯液态甲烷的温度。实际的LNG并不是纯甲烷，而是还有少量的乙烷、丙烷、氮气等其他组分。因此，不同产地的LNG由于组分的差异，其温度有所不同，通常为-166～-157℃范围内。在实际工程中，应该注意这种温度的差异可能带来的不利影响。表10-3列出了三种LNG实例，反映了LNG不同组分对沸点的影响。

此外，对于组分相同的LNG，沸点温度随压力而变化，其变化梯度大约为1.25×10^{-4}℃/Pa。表10-4列出了液态甲烷的沸点随压力的变化。

表10-3 LNG不同组分对沸点的影响

LNG	组分1	组分2	组分3
N_2摩尔分数（%）	0.5	1.79	0.36
CH_4摩尔分数（%）	97.5	93.9	87.2
C_2H_6摩尔分数（%）	1.8	3.26	8.61
C_3H_8摩尔分数（%）	0.2	0.69	2.74
iC_4H_{10}摩尔分数（%）		0.12	0.42
nC_4H_{10}摩尔分数（%）		0.15	0.65
C_5H_{12}摩尔分数（%）		0.09	0.02
摩尔质量/(kg/kmol)	16.41	17.07	18.52
沸点温度/℃	-162.6	-165.3	-161.3

表10-4 液态甲烷的沸点随压力的变化

压力/MPa	沸点/K
0.1	111.5
0.15	116.6
0.2	120.6
0.25	123.9
0.3	126.7
0.35	129.2
0.4	131.4
0.45	133.5
0.5	135.3
0.55	137.1
0.6	138.7
0.65	140.3

2. LNG的密度

LNG的密度也和其组分有关系，通常为430～470kg/m³，在某些情况下可高达520kg/m³。甲烷含量越高，密度就越小。密度还是温度的函数，温度越高，其密度越小，变化的梯度大约为1.35kg/(m³·℃)。LNG的密度可以直接通过测量得到，但是通常通过气体色谱仪分析的组分结果计算得到密度。该方法可参见ISO 6578。

3. LNG的蒸发

LNG属于低温液化气体，即使贮存在绝热储罐中，微小热量渗透都会导致一定量的LNG汽化，这种气体称为蒸发气（BOG）。通常沸点低的组分最容易蒸发，在蒸发气中的比例远大于液体中的比例；相反，沸点高的组分在蒸发气中的比例远低于液体中的比例，例如蒸发气中N_2的含量比LNG中N_2含量可高达20倍。典型样例中，BOG中通常含有20%氮气、80%的甲烷及痕量乙烷。

常压状态下，LNG形成的蒸气温度在-13℃时，其密度与空气密度相当。与其他液化气体一样，当LNG的压力低于沸点压力以下时，LNG内部将产生蒸发，即闪蒸，使液体温度下降，达到平衡压力下的平衡温度。由于LNG为多组分的混合物，闪蒸气体的组分与剩余液体的组分不一样。一般情况下，在压力为1×10^5～2×10^5Pa时的沸腾温度条件下，压力每下降1×10^3Pa，1m³的液体产生大约0.4kg的气体。若需较精确地计算闪蒸，如LNG类多组分液体所产生的气体和剩余液体的数量及组分都是很复杂的，要应用有效的热力学或装置模拟软件包，并结合适当的数据库，在计算机上进行计算。

4. 天然气水合物的形成及其危害

水合物（GH）是水和烃类气体物理-化学结合的产物，是状似冰雪的白色晶体，在晶格的水分子结点之间的空穴中。水合物各分子靠范德华力维持平衡。

天然气中各组分的水合物分子式为$CH_4\cdot6H_2O$；$C_2H_6\cdot8H_2O$；$C_3H_8\cdot17H_2O$；$n-C_4H_{10}\cdot17H_2O$；$i-C_4H_{10}\cdot17H_2O$；$H_2S\cdot6H_2O$；$CO_2\cdot6H_2O$。

水合物的形成条件是足够低的温度和足够高的压力，以及水的存在。在5～9MPa的压力下，甲烷不形成水合物的温度高达294.5K；当压力达33MPa以上时，甲烷水合物的形成温度升至301.8K。压力越高，形成水合物的温度条件越宽松；反之温度越低，压力条件越宽松。因此，常温高压压缩天然气（CNG）设备和低温高压CNG气化设备中，如有水的存在，都可能形成天然气水合物（NGH）或冰。

预防水合物和冰堵的根本措施是天然气脱水净化。因此，在脱水净化后的天然气系统中，是不存在

HGH和冰堵危险的。在脱水净化前的系统中，则往往采取添加抑制剂方法抑制NGH的形成。抑制剂的种类有聚合物抑制剂、表面活性剂及热力学抑制剂等。

据目前研究的情况报道，应用最广泛的是热力学抑制剂。抑制剂主要品种有甲醇、乙醇、异丙醇、氨、氯化钠、乙二醇及二乙二醇等。抑制的机理是通过抑制剂的分子或离子与天然气竞争结合力。改变水和烃分子的热力学平衡，从而避免NGH的形成。应该说，根据抑制机理，有效的抑制剂品种很多，但是抑制剂的加入又势必会改变天然气的品质。抑制剂选用不当，会产生严重的副作用。一般抑制剂应满足如下要求：能较大幅度降低NGH形成温度（加入量少而抑制效果明显）；不与天然气中各气、液态组分发生化学反应；不生成固体污染物；不增加天然气和其燃烧产物的毒性；对设备无腐蚀；完全溶于水；易于再生；低黏度、低蒸汽压、低凝点；经济性好等。

抑制剂的抑制效果需要评估，以便根据目标要求的、产生NGH的温度下降值，来判断抑制剂的加入量。据目前的研究进展报道，可以使用的公式为冰点下降公式：

$$\Delta T=\frac{n_1\lambda_1}{n_2\lambda_2}\left(\frac{r_1}{r_2}\right)\Delta T_2 \tag{10-1}$$

式中，n_1为水分子数；n_2为抑制剂分子数；T_2为抑制剂凝固点（K）；λ_1为水的凝固热（kJ/kg）；λ_2为抑制剂的凝固热（kJ/kg）；ΔT_2为抑制剂冰点下降温度（测定）（K）。

其他的评估公式还有经验型的汉麦什米德公式和理论型的Pieroen方程。但因各自的局限性，未经修正尚不具实用性。

10.1.3 燃烧和爆炸

1. 燃烧特性与现象

如前所述，由于LNG的低温特性，极难被点燃。因此在讨论其燃烧特性时，多指其气化后天然气的燃烧特性。

气体的燃烧速度很快，受热和氧化后就会燃烧。在气体燃烧中，燃烧速度的表述和确定比较困难，通常采用火焰的传播速度来表示燃料的燃烧速度。表10-5列出了甲烷和空气混合物火焰在管内的传播速度。表10-6列出了烃类气体的火焰传播速度。表10-7列出了烃类气体在空气中的燃烧速度。图10-2～图10-6所示分别为甲烷、丙烷、其他烃类物质在各种气体中的燃烧速度。

表10-5 甲烷和空气混合物火焰在管内的传播速度

甲烷含量（体积分数，%）	管径/mm				
	100	200	400	600	800
	传播速度/(cm/s)				
6	43.5	63	95	118	137
8	80	100	154	183	203
10	110	136	188	215	236
12	74	80	123	163	185
13	45	62	104	130	138

表10-6 烃类气体的火焰传播速度（在25.44mm管道内）

气体名称	火焰传播最大速度/(m/s)	可燃气体在空气中的含量（体积分数，%）
甲烷	0.67	9.8
乙烷	0.85	6.5
丙烷	0.82	4.6
丁烷	0.82	3.6
乙烯	1.42	7.1

表10-7 烃类气体在空气中的燃烧速度

气体名称	火焰传播最大速度/(cm/s)	最大燃烧速度时的含量（体积分数，%）
甲烷	33.8	10
乙烷	40.1	6.3
丙烷	39.0	4.5
正丁烷	37.9	3.5
异丁烷	34.9	3.5
乙烯	68.3	7.4
丙烯	43.8	5.0

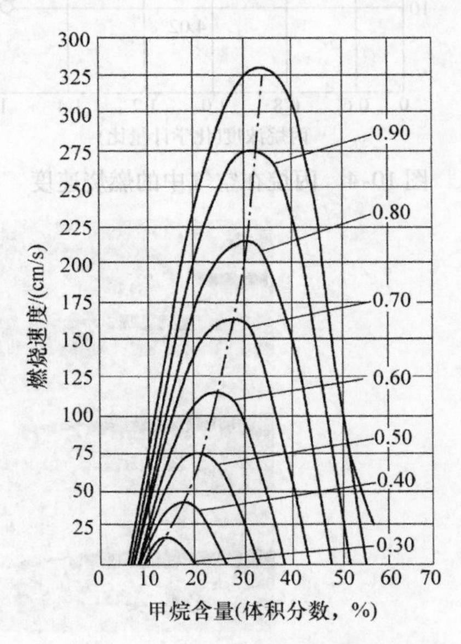

图10-2 甲烷在氧和二氧化碳混合气体中的燃烧速度

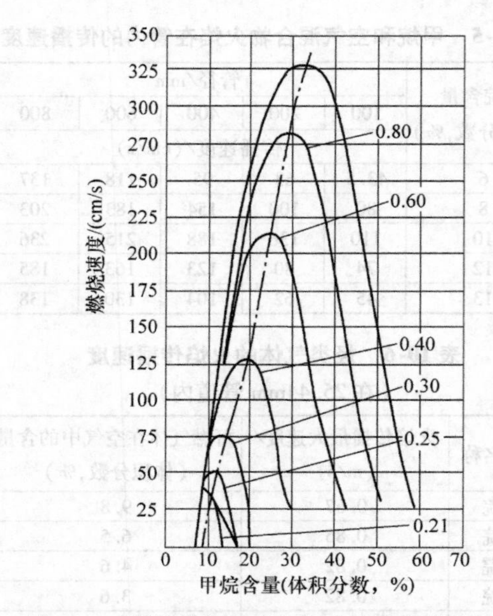

图 10-3　甲烷在氧和氮气混合物中的燃烧速度

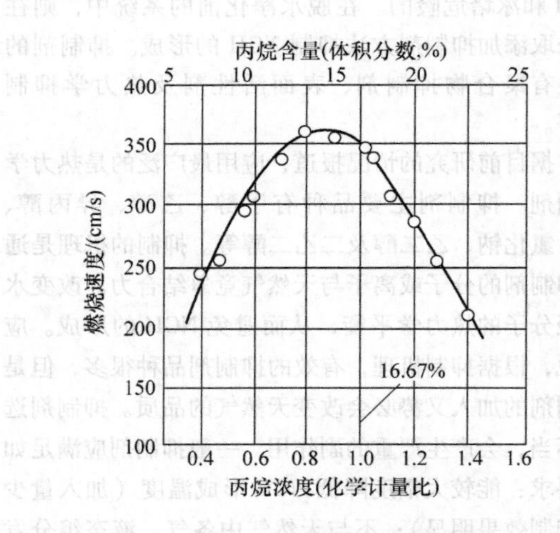

图 10-5　丙烷在氧气中的燃烧速度

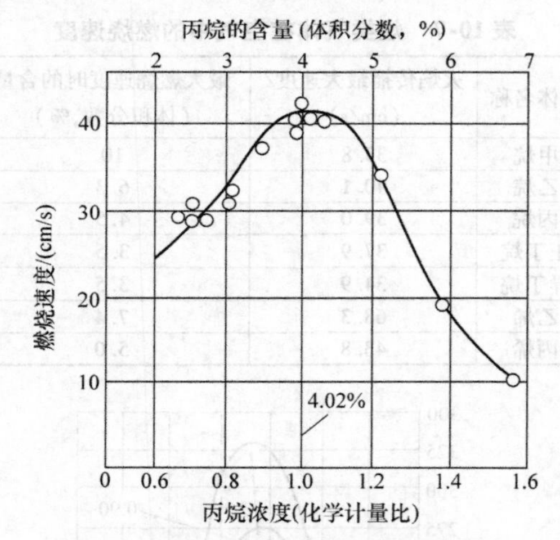

图 10-4　丙烷在空气中的燃烧速度

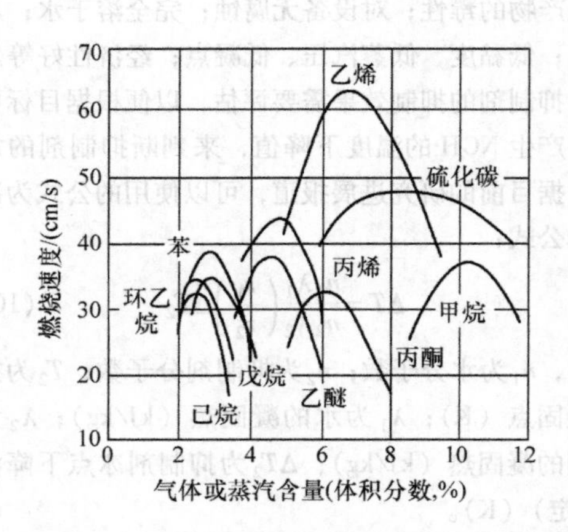

图 10-6　烃类物质在空气中的燃烧速度

液化天然气、天然气燃烧表征为闪火、喷射火和池火，如图 10-7 ~ 图 10-10 所示。

图 10-7　天然气闪火

图 10-8 天然气闪火火焰细节

图 10-9 天然气喷射火

图 10-10 LNG 池火

（取自 The Phoenix Series Large Scale LNG Pool Fire Experiments，SANDIA REPORT，SAND2010-8676 Unlimited Release，Printed December 2011）

扩散的云团遇点火源，获得足够的点火能，被点燃，在敞开的空间则发生闪火，如图 10-7 所示。闪火火焰肉眼不可见，但可以通过白色蒸气云团的消失观测到其燃烧过程。图 10-8 所示为天然气闪火火焰细节，图片上看到的模糊图像即为从火焰传出的热量影响了光线的传播所致。闪火通常只能持续几秒时间。

闪火将火焰传递回泄漏端，若 LNG 带压泄漏持续，带压扩散的云团被点燃，则会引发喷射火，如图 10-9所示。若闪火火焰传递回 LNG 液池，则在液池上方形成池火，如图 10-10 所示。

2. 爆炸特性与分类

爆炸是突然的、灾难性的能量释放，与火灾主要是热辐射影响不同，爆炸主要是产生冲击波，并伴随有弹片破坏。爆炸不一定伴随火灾，如压力容器或管道的物理爆炸。LNG 行业通常发生的爆炸有物理爆炸、蒸气云爆炸（VCE）和沸腾液体扩展蒸气爆炸（BLEVE）。

LNG 如果在压力容器内储存，压力如果超过容器的承压能力，有可能发生爆炸。这种蒸汽膨胀型的爆炸就属于物理爆炸。物理爆炸时，释放到环境中的 LNG 迅速汽化、并与空气混合，形成天然气－空气爆炸性混合物，物理爆炸时产生的机械能或引火源可能将混合物点燃，若此时点燃的气相混合物处于拥塞空间，则有可能引发蒸气云爆炸（VCE）。

贮存在容器中LNG如果处于高压状态，压缩能在炸裂时释放，能量就是LNG的热力学能。热力学能u_1的计算如下：

$$u_1 = V\left(\bar{\rho} h_g - P + \rho g \Delta H \frac{\rho_g - \bar{\rho}}{\rho_e - \rho_g}\right) \quad (10\text{-}2)$$

式中，V是容器的容积（m^3）；$\bar{\rho}$是容器内液体的平均密度（kg/m^3）；ρ_e是LNG密度（kg/m^3）；ρ_g是蒸汽空间CNG密度（kg/m^3）；h_g是LNG蒸汽比焓（J/kg）；ΔH是LNG汽化热（J/kg）。

当讨论蒸气云爆炸时，必须区分爆轰和爆燃的不同。如果混合物发生爆轰，则反应区以超声速（约300m/s以上）扩展，主要的加热机理是冲击压缩。爆轰的冲击波能够达到2.0MPa。在爆燃时，燃烧过程和混合物的常规燃烧过程一样，燃烧区以亚声速扩展，压力积聚慢而且通常低于1.0MPa。气体－空气混合物是发生爆轰还是爆燃取决于很多因素，如混合物浓度、点火能、混合空间受限程度等。在受限空间，譬如体积受限的设备、管道或建筑物内，爆燃能够发展成爆轰。

天然气的燃爆特性是主要的危险因素。常温常压的天然气在自由空间中与空气混合，即使被点燃，其燃烧速度约为0.3m/s，低于“爆轰”速度（100m/s），一般只燃烧而不会爆炸。若天然气与空气混合物进入拥塞空间，如布置有许多管道、设备、钢结构的净化或液化单元，遇点火源则可能发生爆燃，形成蒸气云爆炸。

任何液体（包括液化天然气）在其沸点或接近沸点且一定压力下会迅速蒸发；此时若贮存LNG的压力球罐受外部火灾热辐射影响失效、罐体破裂，则受热沸腾的LNG及其蒸气突然释放、膨胀，会产生强大破坏作用，表现为巨大的火球、冲击波和弹片破坏。这就是所谓的沸腾液体扩展蒸气爆炸。

10.1.4 翻滚和快速相变

1. 翻滚

翻滚是指大量蒸发气短时间内从LNG储罐释放出来的过程。当LNG储罐内贮存的物料未得到良好混合、出现分层现象时，就可能出现翻滚：LNG中较重的组分富集在储罐下部、形成不同层，由于外部热传导，不同层之间发生热量、质量传递，不同层的密度要趋于平衡，蒸发自然发生。当储罐下层温度对应罐顶部压力过热时，蒸发加剧；若出现罐内下层出现大量、快速蒸发气时，则会导致储罐超压。在个别案例中，就曾因此出现过储罐罐顶安全阀起跳的现象。因此，应尽可能避免LNG储罐出现翻滚。

通常，出现翻滚前都会出现蒸发速率显著降低的情况。因此，控制合理蒸发速率，可以防止热不积聚在罐内所贮存的LNG物料内。LNG储罐定期自循环、不同产地LNG进入不同储罐贮存、新鲜LNG进料根据与贮存LNG密度差选择上进料或下进料方式，都是比较好的避免翻滚事故的措施。

此外，若接收站接收的新鲜LNG中氮气含量过高，也是引发翻滚的一个原因。根据经验，控制所接收的LNG氮气含量低于1%、并密切控制蒸发速率，可以有效避免翻滚。

2. 快速相变

当两种不同温度的液体接触时、在一定条件下会产生爆炸力，这就是所谓的快速相变（RPT）。尽管没有燃烧，但是快速相变具有爆炸的所有特点。

LNG和水接触时，就有可能发生快速相变。但是，根据经验LNG泄漏到水面上发生RPT的实际案例极少、产生的破坏性后果影响也有限。

10.2 泄漏防控技术

10.2.1 泄漏

泄漏（Loss of Containment，LOC）通常是指由于系统部件连接处的密封件、焊缝或材料本身的缺陷，系统内的物料在压力的作用下向系统外漏出。泄漏（LOC）包括渗漏（seep）、微孔或小孔或大孔泄漏（leak）、全破裂（rupture）和遗洒（spill）。遗洒是特指液相物料从密闭系统里漏出、湿润地面，甚至形成一定规模液池的现象。

天然气作为一种易燃危险品，泄漏到空气中，与空气容易形成易燃易爆的混合物，如果遇到点火源就可能引起燃烧或爆炸。因此，泄漏也是引发事故的主要原因。天然气系统中所有的焊缝、阀门、法兰及与管路的连接，都是容易产生泄漏的地方。

LNG泄漏是比一般的天然气泄漏更为严重的事件。一是由于液相物料泄漏、迅速汽化后生成的天然气比单纯气相泄漏导致的泄漏量大；二是LNG的低温特性，它可能导致较为严重的人员伤害和承重结构失效，并可能引发更大规模的火灾或爆炸。LNG泄漏不仅对现场安全造成威胁，而且有可能影响到周边地区的安全。虽然没有一个明确的数量指标来界定LNG各种孔径的遗洒，但泄漏量往往远大于通常所说的气相大孔泄漏。LNG泄漏通常是因为操作失误、控制失灵或设备失效损坏等原因引起。

液化天然气工程的工艺设备或管线，如果发生LNG泄漏，泄漏出的LNG会完全蒸发或部分蒸发，其余部分保持液态并且在地面形成液池。液池蒸发的天然气由于低温，其密度比空气大，会随着风扩散至远离泄漏点的区域，就可能发生延迟点燃的闪火或蒸气云爆炸。因此，液化天然气泄漏防控技术就显得尤为重要。

对于压力系统，泄漏是一种比较常见的故障。尤其是工作温度变化范围比较大的部件，在经过不断地膨胀和收缩之后，容易使焊缝疲劳而产生裂纹，接头松动使密封失效，很多事故也是因泄漏而引起。必须从系统的本质上确保系统密封的可靠性，尽可能地避免危险介质的泄漏，以及配备监测报警装置和应急措施。泄漏一旦发生，监测报警系统能尽快反应，并立即启动应急措施，及早控制泄漏可有效地把损失降低至最小。

1. 常规孔径泄漏量的计算

泄漏分单纯气体泄漏、液体泄漏或气液两相同时泄漏几种情况。当泄漏在可能出现的各种孔径或裂缝处发生时，其泄漏量的计算可按以下方法进行。

（1）气体的泄漏量计算　气体或蒸气经过裂缝或漏孔向外泄漏，属于膨胀过程，泄漏量可按式（10-3）估算。

$$Q = C_d pA\sqrt{\frac{2\kappa}{\kappa-1}\frac{M}{RT}\left[\left(\frac{p_0}{p}\right)^{\frac{2}{\kappa}}-\left(\frac{p_0}{p}\right)^{\frac{\kappa+1}{\kappa}}\right]} \tag{10-3}$$

式中，Q为气体泄漏量（kg/s）；C_d为流量系数（通常取1）；A为漏孔面积（m^2）；p为容器内压力（Pa）；p_0是环境压力（Pa）；κ为等熵指数（C_p/C_v）；M为摩尔质量（kg/mol）；R为气体常数，$R=8.314J/(mol \cdot K)$；T为容器内气体温度（K）。

当容器内气体压力大于临界压力时，气体泄漏流速达到了声速，式（10-3）不适用，计算公式应为

$$Q = C_d pA\sqrt{\frac{\kappa M}{RT}\left(\frac{2}{\kappa+1}\right)^{\left(\frac{\kappa+1}{\kappa-1}\right)}} \tag{10-4}$$

表10-8列出了几种气体的临界压力和等熵指数。

表10-8　几种气体的临界压力和等熵指数

气体名称	甲烷	丙烷	丁烷
等熵指数	1.307	1.131	1.096
临界压力/MPa	0.186	0.175	0.173

（2）液体的泄漏量计算　液体泄漏量可按式（10-5）计算。

$$Q = C_d A\rho\sqrt{\frac{2(p-p_0)}{\rho}+2gh} \tag{10-5}$$

式中，Q为液体泄漏量（kg/s）；C_d为流量系数，$C_d=0.6 \sim 0.64$，也可按表10-9取；A是漏孔面积（m^2）；ρ为泄漏液体的密度（kg/m^3）；p为容器内介质的压力（Pa）；p_0为环境压力（Pa）；g为重力加速度，$g=9.8m/m^2$；h为泄漏口以上的液位高度（m）。

表10-9　不同形状漏孔的流量系数

雷诺数	漏孔形状		
	圆形	三角形	长条形
>10	0.65	0.60	0.5
≤10	0.50	0.45	0.40

（3）液体的蒸发　LNG泄漏到外面会迅速的蒸发，产生大量的蒸发气体（BOG），蒸发的速率与LNG获得的热量有关。蒸发速率计算公式为

$$m = \frac{\lambda_s(T_a - T_b)}{H_v(\pi a_s \tau)^{1/2}} \tag{10-6}$$

式中，m为液体蒸发的速率［$kg/(m^2 \cdot s)$］；λ_s为表面热导率［$W/(m \cdot K)$］，可查表10-10；a_s为热扩散率（m^2/s），可查表10-10；T_a为环境温度（K）；T_b为液体温度（K）；H_v为汽化热（J/kg）；τ为蒸发时间（s）。

表10-10　某些材料表面/热导率和热扩散率

表面材料	表面热导率 λ_s /［W/(m·K)］	热扩散率 a_s /(m^2/s)
混凝土	1.1	1.29×10^{-7}
土壤（含水率8%）	0.9	4.3×10^{-7}
干沙土	0.3	2.3×10^{-7}
湿沙土	0.6	3.3×10^{-7}
沙砾地	2.5	11.0×10^{-7}

2. 遗洒

因为操作失误、控制系统失灵或设备损坏，可能造成LNG较大量的泄漏，形成遗洒。遗洒一般为LNG的大量泄漏，基本上处于难以控制的状态，只能靠外部的集液设施（如集液盘或集液池）控制其扩散。

遗洒可分为泄漏遗洒到地面和水面两种情况。LNG遗洒到地面主要是指陆地上LNG系统内的LNG泄漏流淌到地面。LNG遗洒到水面通常是指LNG船装卸LNG过程中产生的大量LNG泄漏情况。

（1）LNG在地面的气化速率　LNG泄漏到地面时，由于LNG与地面之间存在很大的温差，LNG被地面加热后迅速汽化。初始的汽化速率非常高，只有当土壤中的水分被冻结以后，汽化速率才会逐渐下降。但是周围空气与LNG的热交换及太阳辐射，仍然会使LNG维持一定速率汽化。也就是说，发生

LNG 泄漏后，LNG 蒸气将会持续产生，对当地和周边的安全带来危险。通常在 LNG 可能发生泄漏并形成液池的地方，都设计有集液盘、集液池或围堰等 LNG 泄漏收集设施（即 LNG 拦蓄区），以收集可能泄漏的 LNG，使其限制在拦蓄区这一有限范围内，并采取一定措施（如喷放高倍泡沫、敷设泡沫塑料等）抑制 LNG 的蒸发。拦蓄区内的 LNG 在地面和空气的加热作用下，也会产生大量蒸气。

通常，LNG 在地面的蒸发速度计算如下：

$$m = \frac{kp_s M}{RT_a} \tag{10-7}$$

式中，m 为液体蒸发的速度 [kg/(m² · s)]；k 为扩散传质系数；p_s为 LNG 的饱和蒸气压（Pa）；M 为摩尔质量（kg/mol）。

传质系数的计算如下：

$$k = 0.0292 Sc^{2/3} \mu^{0.78} \rho^{-0.11} \tag{10-8}$$

式中，μ 为空气的黏度 [kg/(m · h)]；Sc 为施密特数，$Sc = \mu/\rho D$；ρ 为空气的密度（kg/m³）；D 为 LNG 的扩散系数（m²/h）。

传质系数的简易计算如下：

$$k = 0.02u \tag{10-9}$$

式中，u 为 10m 高处的平均风速（m/h）。

经过试验测得，小型 LNG 集液池（1.5m × 1.5m）LNG 的蒸发速率 $7\times10^{-3} \sim 1.1\times10^{-2}$kg/(m² · s)。

（2）LNG 在水面的汽化速率　LNG 遗洒到水面主要是指 LNG 在装卸船时大量泄漏至水面的情况。LNG 遗洒到水面上，由于流体直接接触，热量交换速率剧增，会产生强烈的扰动，则可能形成 9.1.4 提到的快速相变（RPT）。与 LNG 遗洒到地面相比，LNG 泄漏到水面的蒸发速度要快得多。无论是海水还是江河，海水和河水都是一个无限大的热源，水的流动性使 LNG 的汽化速率能一直保持很高的状态，基本上不受时间的影响。未点燃的 LNG 在水面的汽化速率通常可维持在 (0.11 ± 0.085) kg/(m² · s) 左右，点燃的 LNG 在水面的汽化速率通常可维持在 (0.21 ± 0.04) kg/(m² · s) 左右。

10.2.2 扩散

LNG 泄漏后产生的蒸发气体沿地面或水面形成一个层流，从环境中吸收热量逐渐上升和扩散，同时将周围的环境空气冷却至露点以下，形成一个可见的云团，即蒸气云团。移动的蒸气云团容易产生燃烧的区域，尤其比较危险的是蒸气云团在漂移的过程中，可能遇到点火源，然后产生闪火或蒸气云爆炸。闪火的持续时间比较短，一般在几十秒之内。但是对处于闪火内部的人员的损伤是致命的。而闪火对于处于其外部设施的火灾辐射热相对喷射火和池火要低。此外，泄漏产生的危害还包括低温冻伤、体温降低、肺部伤害及窒息等。美国联邦法规 49CFR 规定泄漏到液化天然气储罐拦蓄区的天然气的 1/2 哩（1 哩 = 1609m）范围不能扩散至界区以外。GB 50183—2015《石油天然气工程设计防火规范》也有液化天然气站场内重要设施不能设置在天然气蒸气云扩散隔离区内的要求。对于危险性气体泄漏和扩散，国内外科研者都依据很多模型来进行研究，如高斯模型、BM 模型、UDM 模型、FEM3 模型和 CFD 模型等。LNG 溢出或泄漏后形成蒸气云的过程比较复杂，它和 LNG 的物理、化学性质、贮存方式和泄漏状态密切相关。

1. LNG 蒸气云团的形成阶段

根据 LNG 的性质可以知道，LNG 泄漏后，无论和地面还是和水面接触，都会从环境和接触物中大量吸热，且急剧汽化，并导致周围空气温度迅速降低，形成可见的蒸气云团。剩下的部分液相 LNG 以液滴形式悬浮在气团中，从而形成含有液滴夹带的混合蒸气云团。虽然甲烷的相对分子质量很小，但由于低温气液两相云团密度要比空气大得多，从而形成冷而重的低温云团。蒸气云团不断被空气加热，体积会逐渐膨胀，随空气气流漂移并扩散。

2. 蒸气云团的扩散阶段

LNG 云团扩散的物理过程变化规律是由两种主要作用引发的，即 LNG 云团与周围空气密度差导致的重力效应及大气湍流效应在扩散过程中主导地位的变化。大气湍流会导致各部分剧烈混合，而 LNG 云团由高浓度向低浓度扩散、稀释，扩散速率比分子扩散大几个数量级。LNG 云团的扩散过程可以分为以下四个过程。

（1）初始时刻的泄放过程　泄放模式对气体扩散过程往往具有决定性影响，泄放状态不同，导致 LNG 云团扩散过程出现显著的不同。对于液相泄漏而言，爆炸式泄放的 LNG 一次性释放到大气中，当作瞬时源处理；具有初始动量的喷射过程当作连续源处理。如果液态 LNG 泄放后留在水面，会形成液池蒸发源。由于初始闪蒸和湍流的复合作用，在 LNG 云团内会形成较大的浓度梯度，以致在较短的距离内，云团内浓度急剧减小。

（2）蒸气云团重力沉降阶段　由于 LNG 云团与周围空气在密度差的作用下，导致其发生重力塌陷，向地表沉降，云团向外扩展，即 LNG 重气扩散过程中横风向扩散特别快，而垂直风向扩散非常缓慢。空气混入云团中，云团被稀释，同时和环境进行热量交换。此时，以 LNG 重力效应为主，它对空气混入云团起抑制作用，空气的夹带速率较小。因此这个阶段LNG云团的外形尺寸、空气卷吸及分布起支配作用的是重力塌陷引起的湍流，大气湍流起辅助作用。

（3）重力效应和大气湍流共同作用阶段 在此阶段因为空气的大量进入，将LNG云团稀释冲淡，使得重力效应减弱，逐步让位于大气湍流作用。LNG云团向外扩展速率减小，大气湍流效应使云团高度增大，空气卷吸速率增大，在热量交换和空气卷吸作用下，云团密度和温度逐步和环境趋同。

（4）大气湍流扩散阶段 LNG云团密度和温度与环境基本相同，扩散过程完全受大气湍流特性控制，气团的稀释取决于大气的湍流状况，相对于前面的扩散行为又可称为被动扩散。

3. 环境因素对蒸气云团扩散的影响

LNG云团泄放到大气中，自然受到环境因素的影响。受不同环境因素的影响，LNG云团扩散过程差别很大，主要影响LNG云团扩散的环境因素有风、气温、稳定度、地形条件等。

（1）风的影响 风对LNG云团扩散表现在两个方面：对湍流强度的影响和平流输送作用。大气的不规则运动称为湍流。LNG云团在湍流漩涡的作用下稀释开来，而稀释速率和湍流强度有关。风速越大，湍流扩散越强烈，LNG云团的扩散速率更快，风速对气体的平流输送作用更为显著。在海平面平静的条件下，风速越大，单位时间内LNG云团被输送的距离越远，混入的空气越多，浓度越低；反之风速较小，LNG云团扩散距离变小，气体浓度较高。因此风速越大，越有利于LNG云团的扩散，但同时也将LNG输送到更远的地方。

（2）气温和大气稳定度的影响 大气稳定度是指在垂直方向上大气稳定的程度。它可以分为三种情况：①当外力去除后，气团减速并有返回原来高度的趋势，则称这种大气是稳定的；②当外力去除后，气团加速上升和下降，称这种大气是不稳定的；③当外力去除后，气团停留不动或作等速运动，称这种大气是中性的。由此可以看出，大气湍流结构和大气层温度分布有密切关系：不稳定大气对流强烈，会促使湍流运动的发展，使大气扩散稀释能力加强；而稳定大气则对湍流起抑制作用，减弱大气的稀释能力。

大气是否稳定和气温的垂直分布有关，通过气温的垂直递减率和干绝热递减率的比较可以简单地判断气层的稳定性。一般来说，对于近地源，不稳定条件下可以把LNG云团扩散开，减小向地面的扩散，比较有利；而稳定条件下，则抑制了LNG云团的扩散，使LNG云团集中在地面附近，是不利的。对于高架源，不稳定条件扩散快，容易扩散到地面附近，也是不利的；反之，稳定条件则是有利的。因此在逆温条件下，一旦发生LNG泄漏事故，由于泄漏源较低，LNG云团可紧贴地面向下风向扩散，危害纵深较远，是极端不利的天气条件。

（3）海面、地形、地势的影响 海面、地形及地势的非均匀性，对气流运动和气象条件会产生动力和热力的影响，局部改变风场，从而改变LNG云团的扩散条件，甚至改变LNG云团的方向。例如在大气边界层内大气在地表移动时，LNG云团流动属性受到下垫面的强烈影响。海面或地表面粗糙度越大，越有利于机械湍流的发生，从而有利于LNG云团的稀释扩散。大的地形起伏会改变LNG云团路径和局地风场，一些障碍物的背风处、局地分流和滞留会使LNG云团积聚。下垫面性质上的差异和起伏会引起热力情况的变化，影响大气温度场，进而影响大气的扩散能力和LNG气团的浓度分布。因此受地表粗糙度的影响，在城市和乡村、丘陵和平原地区的大气扩散过程是有差别的。

4. 蒸气云团扩散的数学模型

与液化天然气泄漏后形成的重气相关的数值模型有BM模型、高斯模型、箱板模型、三维CFD数值方法和浅层理论等。

（1）BM模型 BM模型是Briter和McQuaid在他们的《重气扩散手册》中推荐的一套简单而实用的方程式和列线图。Briter和McQuaid收集了许多重气扩散的实验室和现场实验研究的结果，以量纲为1的形式将数据连线，并绘制成与数据匹配的曲线或列线图。这些关系式能够很好地用于重气的瞬时或连续释放的地面面源或体源。连续和瞬时释放的浓度关系式分别为

$$\frac{C_m}{C_0}=f_c\left(\frac{x}{(V_{c_0}/u)^{1/2}}\frac{(g_0q_{V\infty})^{1/2}}{u^{5/2}}\right) \quad (10\text{-}10)$$

$$\frac{C_m}{C_0}=f_i\left(\frac{x}{V_{c_0}^{1/3}}\frac{(g_0q_{V\infty})^{1/3}}{u^2}\right) \quad (10\text{-}11)$$

式中，C_m为气云横截面上的平均浓度（kg/m^3）；C_0为气云横截面上的初始浓度（kg/m^3）；$q_{V\infty}$为连续烟流释放的初始气云体积流量（m^3/s）；V_{c_0}为瞬时烟团释放的初始气云体积（m^3）；u为10m高处的风速（m/s）；g_0为初始的折算重力项，$g_0=g(\rho_0-\rho_a)/\rho_a$；$\rho_0$、$\rho_a$为初始气云密度和空气外界密度；$f_c$、$f_i$为普遍化无因次函数。

式（10-10）、式（10-11）中，右边第一项为无因次距离，第二项为源理查逊数。BM模型以源理查

逊数为横轴，以因次距离为纵轴，将各种 C_m/C_0 实验数据绘制成图。该列线图不能解决所有类型的地形与外界条件、所有距离处的所有重气扩散问题，而是提供了一个指南，即可确定工厂警戒线处所发生的主要影响的基本物理要素。BM 模型只能用作基准的筛选模型，而不能适用于超出范围之外的情形，如城市或工业区，因为这些地方的表面粗糙度大。

（2）高斯模型　高斯模型的基础是湍流扩散梯度理论。梯度理论采用欧拉法，讨论空间固定点上，由于湍流运动引起的质量通量的变化。湍流通量正比于该点上的浓度梯度，比例系数称为湍流扩散系数，用常数 K 表示。以此理论推导出的高斯模型，认为气体云服从正态分布，在许多试验中被认为是合理的。

高斯模型主要有高斯烟絮模型、烟团模型及它们的系列衍生公式。烟絮模型适用于风速大于 1m/s 的点源的连续扩散；高斯烟团模型适用于小风（风速小于 1m/s）或静风时，点源的连续扩散和瞬时源扩散。

人们最早研究的是中性气体连续扩散，在此基础上最早提出的烟絮模型应用比较成熟。烟絮模型在应用中有如下假设：①定常态，基本参数不随时间变化；②不考虑重力或浮力的作用，在扩散过程中气体不发生化学转化；③扩散质到达地面后，完全反射，没有任何吸收；④地表水平；⑤坐标系的 x 轴与流动方向重合，气体的横向和垂直速度分量均为零。连续扩散模型表达式见式（10-12）。

$$f(x,y,z,H)=\frac{Q}{2\pi u\sigma_y\sigma_z}\exp\left[-\frac{y^2}{2\sigma_y^2}\right]\times\left\{\exp\left[-\frac{(z-H)^2}{2\sigma_z^2}\right]+\exp\left[-\frac{(z+H)^2}{2\sigma_z^2}\right]\right\} \tag{10-12}$$

式中，Q 为源强；u 为风速；H 为有效源高；σ_y、σ_z 分别为横风向和垂直风向的扩散系数。

瞬时烟团模型表达见式（10-13）。

$$f(x,y,z,t)=\frac{Q}{(2\pi)3/2\sigma x\sigma_y\sigma_z}\exp\left[-\frac{(x-ut)^2}{2\sigma_x^2}\right]\times\exp\left[-\frac{y^2}{2\sigma_y^2}\right]\left\{\exp\left[-\frac{(z-H)^2}{2\sigma_z^2}\right]+\exp\left[-\frac{(z+H)^2}{2\sigma_z^2}\right]\right\} \tag{10-13}$$

高斯模型主要考虑泄漏速率对扩散的影响，并且该模型假设大气湍流主导泄漏气体和空气的混合。高斯模型为解析模型，其模型简单、易于理解、计算方便，提出的时间早，实验数据多，故较为成熟。但是高斯烟絮和烟团模型没有考虑冷重气体扩散中的重力影响，只适用于气体密度和空气差不多中性，或正浮性气体的被动扩散。由于 LNG 蒸气云的重力效应对其扩散影响很大，但是高斯模型未考虑重（质）气（体）效应，故高斯模型不能被应用于 LNG 蒸气云扩散模拟。在高斯模型的基础上，人们提出了许多改进的高斯模型。

（3）箱板模型　1970 年，Van Ulden 的重气云实验，使人们认识到应该采用不同的方法，因为他所观察到的重气云在侧风方向和垂直方向的扩散系数，与中性气云的完全不同。侧风向扩散系数是中性气云的 4 倍，而垂向扩散系数仅为中性气云的 1/4，这是重力下沉现象的特征。针对瞬时重气释放，他最先提出了箱模型的概念。瞬时气团释放后，假设云团呈圆筒状，在圆筒内部密度、浓度、温度处分布均匀。气团在重力作用下下落，以它的中心为基准径向扩散，垂直方向高度减小，同时气团也随风飘动。与被动气体高斯模型相比，主要改进是考虑了气云的重力下沉现象，即在重力作用下，气云下沉，半径增加同时高度减小。该过程由式（10-14）描述。

$$U_f=\frac{\mathrm{d}R}{\mathrm{d}t}=k\sqrt{g(\rho-\rho_a)H/\rho_r} \tag{10-14}$$

式中，U_f 为蒸气云径向扩展速度；k 为常数，不同的模型开发者，k 取值也略有不同；ρ 为蒸气云/空气混合物密度；ρ_a 为空气密度；ρ_r 为蒸气云的“参考”密度。

通过观察可以直观地看出，被释放气体云团因大量空气被卷吸进入其中而逐渐被混合稀释。于是 Van Ulden 假定，初期的混合稀释效应主要是当蒸气云向下降落并向四周扩展时，外界空气通过蒸气云的周边进入；在后期，外界空气是在蒸气云顶部较强的湍流作用下从顶部进入。空气卷吸速率计算式见式（10-15）。

$$\mathrm{d}V/\mathrm{d}t=2\pi RHU_e+\pi R^2U_t \tag{10-15}$$

式中，U_e、U_t 为周边空气卷、吸速度。

当气团稀释的平均密度和环境很接近时，蒸气云表现为大气湍流作用下的被动扩散，浓度分布接近高斯分布，计算模式也由重气扩散转为高斯模式。转变准则可以采用 Richardson 数，或者蒸气云与空气的密度差来判断。对于转变后的扩散采用虚源技术衔接，即假设在转变点的逆风向上方存在一个虚拟源。

板模型用于模拟持续时间比较长的泄放过程，它是箱模型基础上的拓展。板模型将泄漏扩散气体沿下风向分成一个一个连续的板块，板块横截面为矩形，假定在同一板块横截面内气体的性质（密度、温度、运动速度等）呈均匀分布，蒸气云在重力作用下横向扩展。这类模型重在考虑不同板块间的浓度和速度分布。比较简单的板模型采用同箱模型相似的方法，可以建立絮状云横向扩展速率方程和空气夹带速率方程，见式（10-16）和式（10-17）。

$$U=\frac{dB}{dx}=\sqrt{gh\frac{\rho-\rho_a}{\rho_r}} \tag{10-16}$$

$$\frac{dV}{dx}=HU_e+BU_t \tag{10-17}$$

式中，U 为风速；B、H 为云羽横向宽度、高度；不同的模型开发者，k 取值也略有不同；ρ 为蒸气云/空气混合物密度；ρ_a 为空气密度；ρ_r 为蒸气云的“参考”密度。

复杂一些的板模型对板块微元就动量平衡、质量平衡、能量平衡进行分析，分别列出相应的 x、y、z 方向动量守恒、质量守恒等控制方程。经历质量和能量交换后，蒸气云逐步转化为湍流扩散，最终表现为一个纯粹的高斯分布。这种模型可以视为改进的二维模型，絮状云边沿分布具有高斯模型的特征。壳牌公司开发的稳态模型 HEGADAS（Heavy Gas Dispersion from Area Sources）就是在此原理基础上开发的，也称为相似模型。1977 年，Te Riele 开发了稳态条件下面源释放的地面絮状云浓度数值模型。HEGADAS 模型在此基础上，经过多次改进，成为 HYSSTEM 软件包的重要部分。

（4）UDM 模型　最初的 UDM（Unified Dispersion Model）模型由 Woodward 和 Cook 在 20 世纪 90 年代初期开发，UDM 模型可以模拟地面或高处的两相带压泄漏。该模型有效的包含了以下模块：喷射扩散、液滴蒸发和液池形成、液池漫流和蒸发、重气扩散、被动扩散。该模型经过 Witlox 等人的验证，包括近场喷射泄漏扩散、重气扩散和被动扩散，此外，还包括将空气与泄漏的物质混合的热动力学模型、液滴破裂和蒸发模型、液池形成和液池蒸发模型。

美国的交通部的 PHMSA（Pipeline and Hazardous Materials Safety Administration）机构已认可 DNV 的 UDM 模型进行 LNG 工程项目特定条件下的蒸气云扩散模拟预测，如：

1）圆形 LNG 液池的扩散。

2）LNG 液池在集液池中的扩散（集液池长宽比接近 1）。

3）LNG 在水平、竖直或其他方向上泄漏的扩散。

UDM 模型不能用来以下扩散模拟：

1）不规则形状的 LNG 液池。

2）多个从不同泄漏点发生的泄漏后的扩散情况。

3）变化及倾斜的地形上的扩散。

4）存在可能影响风场的大障碍物间的扩散。

箱模型和板模型的前提假设终究是理想化的，它的局限性使它不适合于复杂地形条件下的模拟。但箱和板模型具有概念清晰的特点，求解方便，计算量相对较小，对非复杂条件下的扩散预测结果和实验结果的一致性而言，并不比复杂的三维模型差。该类模型在重气云的扩散分析中得到广泛应用，主要用于危险评价方面，其结果已成为安全性预测和安全设计的重要工具。

（5）三维 CFD 数值方法　20 世纪 70 年代以来，随着计算机的普及和计算能力的不断提高，加上数值计算方法，如有限差分法、有限元法、有限体积法等的发展，基于数值计算的计算流体力学（Computational Fluid Dynamics，CFD）方法形成并得到了蓬勃的发展。1978 年，England 等人开始采用三维传递现象模型，利用 CFD 方法模拟重气扩散的三维非定常态湍流流动过程。这种数值方法是通过建立各种条件下的基本守恒方程，包括质量、动量、能量及组分等，结合一些初始条件和边界条件，加上数值计算理论和方法，从而实现预报真实过程各种场的分布，如流场、温度场、浓度场等，以达到对扩散过程的详细描述。大气扩散研究的一个关键的问题，是对湍流运动的模拟。不同三维计算模型对于湍流的处理方法有所不同，但是都是基于流体力学中的基本方程 Navier－Stokse 质量守恒方程的基础上，针对流体在复杂条件下的真实流动过程，建立各种条件下的动量、能量及组分等方程。例如，FEM3 模型的主要公式见式（10-18）~式（10-22）。

$$\nabla(\rho U)=0 \tag{10-18}$$

$$\frac{\partial(\rho U)}{\partial t}+\rho U\nabla U=\nabla(\rho k_m\nabla U)+(\rho-\rho_\alpha)g \tag{10-19}$$

$$\frac{\partial T}{\partial t}+U\nabla T=\frac{1}{\rho c_p}\nabla(\rho c_p k_T\nabla T) \tag{10-20}$$

$$\frac{\partial w}{\partial t}+U\nabla w=\frac{1}{\rho}(k_w\nabla w) \tag{10-21}$$

$$\rho=\frac{pM}{RT}=\frac{p}{RT\left(\frac{w}{M_N+M_A}\right)} \tag{10-22}$$

式中，U 为蒸气运动速度；R 为摩尔气体常数；T 为温度；k_m 为速度的扩散系数；k_T 为温度的扩散系数；k_w 为浓度的扩散系数；w 为扩散质浓度；ρ 为蒸气云密度；M_N 为扩散质的相对分子质量；M_A 为空气的相对分子质量；c_p 为混合气体的比热容。

FEM3 模型是 3D Finite Element Model 的缩写。该模型采用三维有限元数值解法求解。以上各式依次为质量连续方程、动量守恒方程、能量守恒方程、扩散质的质量守恒方程及理想气体状态方程。FEM3 模型所用的湍流扩散模型是 K 理论，是一种局部平衡模型，并假设 $k_T = k_m$。

竖直方向扩散系数为

$$K_v = \frac{k[(u^* z)^2 + (w^* h)]}{\phi} \tag{10-23}$$

水平方向的扩散系数为

$$K_h = \frac{\beta k u^* z}{\phi h} \tag{10-24}$$

式中，z、h 为高度和气体云内的高度；u^* 为摩擦速度；w^* 为蒸气云内部的摩擦速度；ϕ 为 Monin - Obukhov 函数。

采用计算流体力学的方法模拟重气扩散的三维湍流流动过程的优点是：它能更好地描述蒸气在大气湍流运动中的物理现象；更本质地反映实际流动中浓度场、流场变化规律。但缺点是模拟方法复杂，在多数情况下方程是不可解的，所需要的输入数据通常不可得到。为简化计算，常利用稳态假设经验数据封闭方程组，但数值计算较为困难，要花费大量的计算机时，在多数应用情况下是不切实际的。

可以用来模拟 LNG 泄漏扩散的 CFD 模型有 GEXCON 的 FLACS、ComputIT 的 KFX、AEA Technology 的 CFX 等软件。

美国的交通部的 PHMSA 机构（Pipeline and Hazardous Materials Safety Administration）已认可 GEXCON 的 FLACS 模型进行 LNG 工程项目特定条件下的蒸气云扩散模拟预测。比如：

1）圆形或不规则形状的 LNG 液池的扩散。

2）LNG 液池在集液池或收集沟中的扩散。

3）LNG 在水平、竖直或其他方向上泄漏的扩散。

4）多个从不同泄漏点发生的泄漏后的扩散情况。

5）变化及倾斜的地形（坡度小于 10%）上的扩散。

6）存在大障碍物的扩散。

FLACS 模型不能用于以下扩散模拟：

1）大气稳定度条件为不稳定（如 A、B、C）的扩散。

2）大气压力低（小于 90kPa）的扩散。

3）变化及倾斜的地形（坡度大于 10%）上的扩散。

（6）浅层模型　由于三维流体力学模型需要大量的计算时间，在工程应用中受到很大的限制，而箱模型又存在过多的假设，因此就需要一种折中的方法，即对重气扩散的控制方程加以简化来描述其物理过程。由于垂直方向上重气的抑制作用及近似均一的速度，因此可采用浅水方程来描述重气扩散，即重气扩散的浅层模型，它是基于浅层理论（浅水近似）推广得到的。

浅层理论常用于非互溶的流体中，Wheatley 和 Webber 对带卷吸和热量传递的浅层模型进行了推导。早在 1982 年，Zema 就推荐采用浅层模型；后来由 Ermak 等发展为 SLAB 模型；Wutrz 等开发了一维和二维两种浅层模型，运用于不同复杂程度的泄漏情形。

对于危险性气体泄漏和扩散，国内外科研者都依据很多模式来进行研究。但这些模式中都采用了大量的数学假设，由于假设条件与实际情况可能不符，所建立的模式势必有些不确定性。此外，模型中许多参数的选取也具有不确定性，如对模式影响较大的气象因素，因为所采用的气象历史资料与实际状况的差异，也造成了评价和预测的不确定性。

目前使用较为广泛地用于模拟 LNG 蒸气云扩散的模型有 FEM3A、UDM 模型和 CFD 模型。

10.2.3 LNG 泄漏的预防与控制

在 LNG 站场中，对一些可能产生 LNG 泄漏的地方，需要设置集液池或拦蓄区，如码头、储罐区、LNG 装卸区、LNG 工艺区等设备场地。

对于 LNG 工厂，由于储罐内 LNG 的数量多，是泄漏预防的重点。在 LNG 装置设计时就需要考虑泄漏的预防措施，减少 LNG 泄漏时影响范围。

单包容储罐适宜在远离人口密集区、场地较为宽阔、不容易遭受灾害性破坏的地区使用。由于其结构特点，单包容储罐必须设置围堰，因此加大了工厂布置安全距离及占地面积。

双包容储罐是由一个单容罐及其外包容器组成的储罐。双容罐是在单容罐的基础上进行改进的，提高了其围堰的高度，且内罐与外罐壁之间的距离比较近。相比单容罐，所需的安全间距将大幅度减小，从而提高了安全性。

全包容储罐由内罐和外罐组成，内罐为钢制自支撑式结构，用于贮存 LNG，外罐为独立的自支撑式带拱顶的闭式结构，用于承受气相压力和绝热材料，并可容纳内罐泄漏的 LNG，其材质一般为钢制或预应力混凝土。由于全包容储罐的外罐可以承受内罐泄漏的 LNG，不会向外界泄漏，不需设置围堰，其安全防护距离也小得多。

在 LNG 码头、储罐、工艺区、转运区等有可能发生泄漏的区域，设置的拦蓄区（或集液池），应防止 LNG 泄漏发生后危及四邻，同时也要防止 LNG 溢出后流入下水道。拦蓄区的目的就是阻拦泄漏的

LNG四处流淌，把它们限制在一个很小的范围内，尽可能缩小LNG液体的漫流面积和影响范围。拦蓄区可利用自然地势作屏障，也可修建防护堤、围堰或围墙等。

围堰内或拦蓄区的空间，应该足够能容纳单一事故最大可能泄漏的LNG。为了减少LNG泄漏后的汽化速率，在某些设计中，拦蓄区用低热导率的材料（如具有隔热作用的水泥）建造，以减少蒸发的速率。另一种减少蒸发速率的安全措施是围绕围堰，安装有固定的泡沫发生器，在发生LNG泄漏时，用泡沫覆盖围堰中LNG的表面，使LNG表面不能和空气直接接触，从而降低LNG的蒸发速率。另外，FOAMGLASTM是一种平时可以放置于集液池或拦蓄区的方形防火材料，当发生池火时，其聚乙烯外包装被烧毁，每个边长为7.5寸（1寸=0.03m）的FOAMGLAS^{TM}可以释放125个小的不燃材料，其覆盖在LNG液池上可以降低火焰高度及缩小火灾辐射热范围。

1. 拦蓄区和集液池的设计原则

LNG储罐拦蓄区的最小容积，应按照储罐容量和储罐的数量进行考虑；同时还要考虑排水和积雪等因素的影响，需要适当增加一定的裕量。设计原则如下：

1）单个储罐拦蓄区容量不小于储罐的总容积。

2）多个储罐分两种情况：如果无防范措施，拦蓄区容量应等于所有储罐的容量之和；如有防范措施，拦蓄区容量不小于最大储罐的容量。

3）储罐区的集液池分两种情况，管道从罐顶进出的液化天然气储罐应按照输送泵额定工况下计算其附属设施泄漏量，在设有紧急切断设施的情况下，应按照单条管道连续输送10min的最大可能泄漏量计算；泄漏位置按操作液位以下管道接口处，泄漏口径取该管口内径，泄漏时间可按10min计算。

4）汽化区、工艺区的集液池，应按某单一事故泄漏源10min内最大可能的泄漏量计算。

5）卸船/装船臂发生泄漏的频率较高（3×10^{-8}/h），故需要考虑卸船/装船臂发生全破裂的事件，该泄漏事件的反应很快，通常在45s到1min内即可切断。

6）装、卸车区域的集液池的LNG收集量不小于最大罐车的罐容量。

7）无论防护堤、拦蓄墙和集液池，都应能承受LNG低温的影响、液体高度产生的静压力、自然灾害及火灾的影响。图10-11所示为拦蓄区容量示意图。

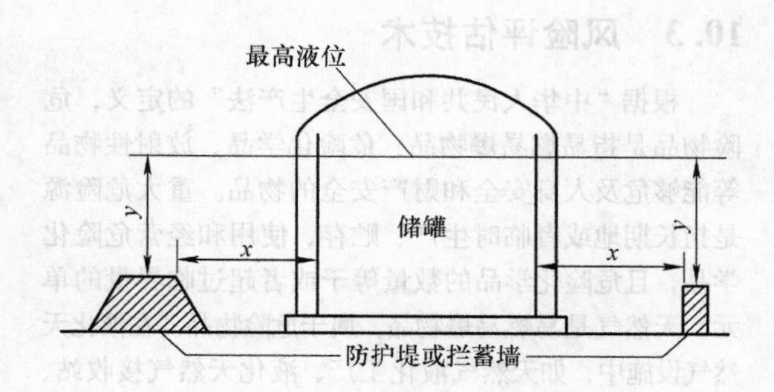

图10-11 拦蓄区容量示意图

图10-11中，x为储罐的内壁到防护堤或拦蓄墙最近砌面的距离；y为储罐中最高液位到防护堤或拦蓄墙顶部的距离。其中x应等于或大于y加液面以上蒸汽压力的LNG当量压头。当防护堤或拦蓄墙的高度达到或超过最高液位时，x可为任意值。

2. 拦蓄区和集液池的平面布置设计

拦蓄区和集液池的平面布置需要考虑采取措施，在泄漏的LNG万一发生火灾的情况下，控制火焰的辐射热，减少火焰的辐射对四周的影响。

拦蓄区和集液池至需要考虑的热辐射量值（不含太阳辐射热）为：

1）热辐射量大于或等于4.73kW/m^{2}的界线以内，不得有办公楼。

2）热辐射量大于或等于9kW/m^{2}的界线以内，不得有控制室、维修车间、化验室和仓库等建筑物。

3）热辐射量大于或等于15kW/m^{2}的界线以内，不得有压力容器、工艺设施及金属外壁储罐。

4）热辐射量大于或等于32kW/m^{2}的界线以内，不得有混凝土外壁储罐。

5）集液池内液化天然气引燃产生的热辐射量大于等于4.73kW/m^{2}的界线不得超出站场边界。

如果泄漏到拦蓄区和集液池的LNG未被点燃，天然气蒸气云扩散隔离区（空气中气体平均浓度不应超过甲烷爆炸下限的50%的区域）边界不应超出LNG站场围墙，并且扩散隔离区内不应有LNG站场重要设施。

在考虑预防LNG泄漏时，应按照有关标准或规范，考虑拦蓄区与建筑物的间距、工艺设备之间间距、装卸设施的间距；建筑的耐火等级、防火隔离设施的设置、通风条件；设备制造和工程验收试验的监督，材料的适用性；地质条件和土壤勘察、土壤的低温保护；防止设施和设备安装地点的土壤冻结引起的升降而形成破坏力，自然灾害可能对设备造成的损害等。

10.3 风险评估技术

根据“中华人民共和国安全生产法”的定义，危险物品是指易燃易爆物品、危险化学品、放射性物品等能够危及人身安全和财产安全的物品。重大危险源是指长期地或者临时生产、贮存、使用和经营危险化学品，且危险化学品的数量等于或者超过临界量的单元。天然气是易燃易爆物品，属于危险物品。在液化天然气设施中，如天然气液化工厂、液化天然气接收站、液化天然气贮存供气站、液化天然气调峰站、天然气管网或 LNG 汽车加气站等。贮存和处理的液化天然气或气态天然气数量都非常大，远远超过规定的临界量，因此，大多数液化天然气装置均属于重大危险源。

对于风险性比较大的 LNG 工程，在进行方案论证时，有必要对工程或建设项目的风险性进行评估，为设计者提供最坏情况下可能造成危害和损失情况，以便在设计时予以充分考虑预防措施和应急预案，将工程项目的风险程度降至最低。

10.3.1 风险评估技术介绍

针对 LNG 工程的固有危险源，选用合适的风险评估方法，在设计阶段确定有针对性的风险削减和控制措施，按照风险控制目标，进行风险评估，保证 LNG 工程的风险控制在当前可接受范围内。

在建设期间，合理应用工艺本质安全分析、过程危险源分析（Process Hazard Analysis，PHA）、安全仪表系统分析（Safety Instrumented System Analysis）、量化风险分析（Quantitative Risk Analysis，QRA）等技术，可以有针对性地评估 LNG 工程的风险水平，寻求适当的风险削减和控制措施，建成满足当前风险控制指标、符合安全性能化要求的装置和设施。

开展风险评估，提升安全水平，也是国家对危险化学品行业的安全管理要求。原国家安监总局、住建部发布的《关于进一步加强危险化学品建设项目安全设计管理的通知》（安监总管三〔2013〕76号），对 PHA（包括 HAZOP 等方法）、SIS 分析、QRA 等风险评估、安全审查同样进行了多次强调：“涉及‘两重点一重大’建设项目的工艺包设计文件应当包括工艺危险性分析报告”“涉及‘两重点一重大’和首次工业化设计的建设项目，必须在基础设计阶段开展 HAZOP 分析”“涉及重点监管危险化工工艺的大、中型新建项目要按照《过程工业领域安全仪表系统的功能安全》（GB/T 21109 系列标准）和《石油化工安全仪表系统设计规范》（GB 50770—2013）等相关标准开展安全仪表系统设计。”

1. 危险、有害因素

危险、危害因素辨识是风险评估的基本环节。了解生产或使用的物料性质是危险辨识的基础。危险物料性质有：燃烧性、爆炸性、毒性、反应性等。生产过程中的状态下，对应的物理、化学性质及危险危害性，进行危险辨识分析时，首先要详细了解这些物料的固有危险特性。表 10-11 列出了天然气安全技术说明书。

表 10-11 天然气安全技术说明书

项目	中文名	甲烷	英文名	methane
	性状	无色无臭气体	爆炸性气体分类	IIAT2
理化性质	熔点/℃	−182.5	燃烧热/(kJ/mol)	890.8
	沸点/℃	−161.4	饱和蒸气压/kPa	53.32（−168.8℃时）
	溶解性	微溶于水，溶于醇、乙醚等		
	临界温度/℃	−82.25	相对密度（水=1）	0.42（−164℃时）
	临界压力/MPa	4.59	相对密度（空气=1）	0.6
	燃烧性	易燃	燃烧分解产物	二氧化碳、水
	闪点/℃	−218	聚合危害	无
	爆炸极限（%，体积分数）	5~15	稳定性	稳定
	自燃温度/℃	537	禁忌物	强氧化剂、卤素、强酸、强碱
燃烧爆炸危险性	危险特性：与空气混合能形成爆炸性混合物，遇热源或明火有燃烧和爆炸的危险。在一定条件下，能与氧气、臭氧、二氧化氮、卤素（氟气、液氯、溴、碘）等氧化剂发生剧烈反应，实质导致燃烧或爆炸。黄色氧化汞催化剂存在时，室温下与液氯的反应即能导致爆炸。和氯气的混合物中氯气含量超过20%（体积分数）即有爆炸危险。接触氟气会自燃			
	灭火方法：切断气源，若不能立即切断气源，则不允许熄灭正在燃烧的气体；喷水冷却容器或将容器从货场移至安全处			
	灭火剂：干粉、泡沫			

（续）

项目	中文名	甲烷	英文名	methane
毒性	接触限值：中国 MAC，未制定标准；俄罗斯 MAC，300mg/m^3； 美国 TWA，ACGIH 窒息性气体；美国 STEL，未制定标准 属微毒类：允许气体安全地扩散到大气中或当作燃料使用，有单纯性窒息作用，在高浓度时因缺氧窒息而引起中毒。空气中体积分数达到 25% ~30%时，出现头昏呼吸加速、运动失调 急性毒性：小鼠吸入体积分数 42%，60min 死亡 麻醉作用；兔子吸入体积分数 42%，60min 起麻醉作用			
健康危害	甲烷对人基本无毒，但浓度过高时，使空气中氧含量明显降低，使人窒息。当空气中甲烷体积分数达 25% ~30%时，可引起头痛、头晕、乏力、注意力不集中、呼吸和心跳加速、动作失调。若不及时脱离，可致窒息死亡，皮肤接触液化天然气，可致冻伤			
急救	皮肤接触：若有冻伤，就医治疗 眼睛接触：立即提起眼睑，用大量流动清水或生理盐水冲洗，就医治疗 吸　　入：迅速脱离现场至空气新鲜处，保持呼吸道通畅如呼吸困难，给输氧；如呼吸停止，立即进行人工呼吸、就医治疗			
防护	呼吸系统防护：一般不需要特殊防护；特殊情况下，佩带目吸过滤式防毒面具 眼睛防护：一般不需要特别防护；高浓度接触时可戴安全防护眼镜 防护服：穿防静电工作服 手防护：戴一般作业防护手套 其他：工作现场严禁吸烟；避免长期、反复接触；进入高浓度区作业须有人监护			
储运	易燃压缩气体储运：贮存于阴凉处，温度不宜超过 30℃；远离火种、热源，防止阳光直射；应与氧气、压缩空气、卤素（氟、氯、溴）等分开存放，切忌混储、混运；贮存间内的照明、通风等设施应采用防爆型，配备相应品种和数量的消防器材；罐储时要有防火、防爆措施；露天储罐夏季要有降温措施；禁止使用易产生火花的机械设备和工具 验收：验收时要注意品名，注意验瓶日期；搬运时轻装轻卸，防止钢瓶及附件破损			
泄漏处理	污染区人员迅速撤离至泄漏上风处，并进行隔离，严格限制出入；切断火源，建议应急处理人员戴自给正压式呼吸器，穿消防防护服；尽可能切断泄漏源，合理通风，加速扩散；喷雾状水稀释、溶解，构筑围堤或挖坑收容产生的大量废水；如有可能，将漏气用排风机送至空旷地方，也可以将漏气的容器移至空旷处，注意通风；漏气容器要妥善处理，检验确认后方可再用			

2. 安全评价

安全评价分为安全预评价、安全验收评价、安全现状评价三类。安全预评价是在建设项目作可靠性研究时进行，预测发生事故的可能性和严重程度，提出科学、合理、可行的安全对策方面的建议。安全验收评价是在建设项目竣工以后，正式投产之前，主要检查安全设施和设备是否齐备、使用是否正常、安全生产管理措施是否到位、项目建设是否符合相关的标准和规范。安全现状评价则是针对生产过程中的安全管理和事故风险进行评价，对生产设施已经存在的危险、有害因素进行辨识和分析，预测发生事故和危害的可能性及其严重程度。提出科学、合理、可行的安全对策方面的建议。

安全评价工作的程序如下：

1）辨识危险、有害因素。

2）划分评价单元。

3）确定安全评价方法。

4）定性、定量分析危险、有害程度。

5）分析安全条件和安全生产条件。

6）提出安全对策与建议。

7）整理、归纳安全评价结论。

8）与建设单位交换意见。

9）安全评价报告。

3. 危险和可操作性分析（HAZOP）

危险和可操作性分析（Hazard & Operability Study，HAZOP）作为一种过程危险源分析（有时被称为工艺危害分析或工艺危险性分析）方法，在危险化学品行业广泛应用。该方法以小组分析会的形式，在分析小组长的带领下，分析小组围绕设计意图，采用“关键词”引导“参数”形成“偏差”的系统分析方法，辨识导致发生偏离设计意图的原因，分析设计意图偏离后可能引发的后果，找出现有设计中已有的安全措施，最后根据风险可接受程度确定是否提出补充建议。HAZOP 基本分析程序如图 10-12 所示。

HAZOP 分析技术旨在通过“引导词 + 参数”的偏差为线索的系统分析，辨识工艺过程中潜在的安全隐患，以及可能影响装置或设施正常生产的操作问题（不论这些操作问题是否是危险源）。

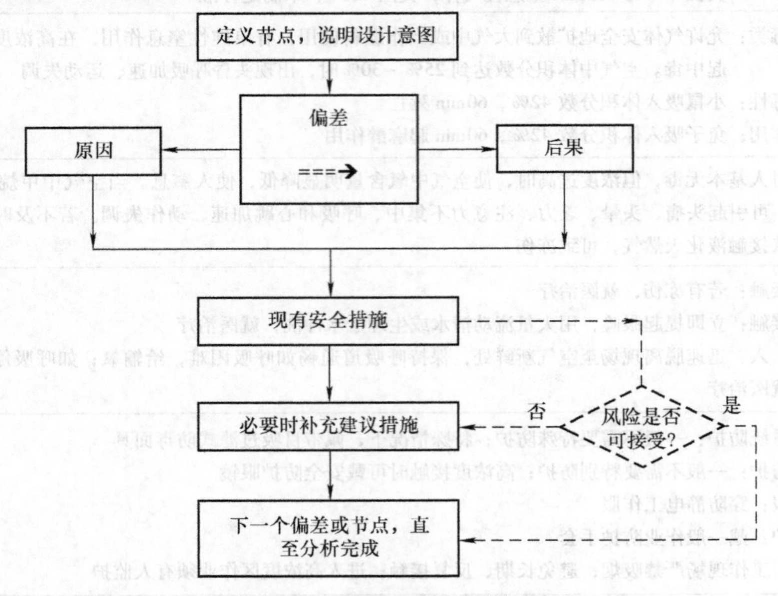

图 10-12　HAZOP 基本分析程序

注：实线、实框代表必须执行步骤；虚线、虚框代表可选执行步骤（通常在具备风险可接受标准（如风险矩阵）时开展）。

如前所述，常规 HAZOP 分析是将工艺流程（按照管道仪表流程图 P&ID 上的管线和/设备）划分成若干系统或“节点”，围绕节点的“设计意图”、就设计意图偏离情况开展的讨论分析，其简化的分析程序如图 10-12 所示。

由图 10-12 可以看出，HAZOP 分析方法的一个默认前提是“按照设计意图实现的工艺生产过程其本质应该是可操作、且风险是可以接受的”。不建议将 HAZOP 方法作为不同工艺方案比选的手段，HAZOP 无法分析出由于设计意图的固有缺陷或错误而引发的安全问题。因此在进行 HAZOP 分析前，工艺过程及其设计意图应该是已经确定且已被最终用户认可的。在研究不同工艺技术方案或工艺路线的安全问题时，推荐本质安全设计审查与传统设计审查相结合的方式进行。

所谓“设计意图”是指所研究的工艺系统或“节点”按照设计所必须实现的功能或完成的动作，如某个轻烃分离塔节点，其设计意图是将进料（某操作温度、压力和流量下）中较轻组分（如甲烷等）在一定操作条件下从较重组分中分离出来，塔顶轻组分在一定压力控制下送至站内轻烃回收系统，而塔底较重组分则送入下一个分离系统进行重烃分离。描述设计意图时，可参照工艺流程说明，重点应描述可能的操作工况、控制参数及其在各种操作工况下的设计允许波动范围、控制回路或控制方式、关键联锁设置情况等。

不同的分析团队、在不同的时间段，对同一套装置节点划分情况都不尽相同。如在早期工艺研发阶段，HAZOP 分析所划分的节点较少，每个节点包含设备较多；但在基础工程设计阶段，由于信息量已有极大丰富，则划分的节点范围小、节点数量相对较多，每个节点所包含设备数量则相对较少、节点的设计意图相对集中、单一。节点划分没有绝对标准，基于分析团队对拟分析装置或设施的熟悉程度、分析时间的长短、分析时可用资料的详细程度而定。只要能够清楚而准确描述出节点的设计意图，分析过程中可以将节点内，以及节点之间可能出现的问题或潜在隐患尽可能多地辨识出来，没有重大或明显遗漏，就是一个可以接受的节点划分。

完成节点划分，说明了设计意图后，分析小组应按照分析开始前小组约定并认可的偏离清单开始原因 – 后果分析。表 10-12 列出了典型偏离清单及其可能原因分析示例。在实际应用时，还需根据分析对象特点对有意义偏差和可信原因进行筛选。

表10-12　典型偏差清单及可能原因举例

典型偏差 引导词	参数	可能原因举例
无	流量	阀门关闭、错误路径、堵塞、盲板法兰遗留、错误的隔离（阀/隔板）、爆管、气锁、流量变送器/控制阀误操作、泵或容器失效、伴热失效、泵或容器故障、泄漏等
偏多（或偏高）	流量	泵能力增加（泵运转台数错误增加）、需要的输送压力降低、入口压力增高、换热器管泄漏高浓度流体、控制阀持续开、流量控制器（限流孔板）误操作
	压力	压力控制失效、安全阀等的故障、从高压连接处泄漏（管线和法兰）、压力管道过热、环境辐射热、液封失效导致高压气体冲入、添注时气体/蒸气放空不足、与高压系统的连接、容积式泵
	温度	冷却器管结垢、冷却水故障、换热器故障、热辐射、高环境温度、火灾、加热器/反应器控制失效、加热介质泄漏入工艺侧
	液位	进入容器物料超过了溢流能力、高静压头、液位控制失效、液位测量失效、控制阀持续关闭、下游流股受阻、出口隔断或堵塞
偏少（或偏低）	流量	部分堵塞、容器/阀门/流量控制器故障或污染、泄漏、泵效率低、密度/黏度变化
	压力	压力控制失效、释放阀开启但没座回、容器抽出泵造成真空、蒸气冷凝或气体溶于液体、泵或压缩机入口管线堵塞、倒空时容器排放受阻、泄漏、排放
	温度	结冰、压力降低、加热不足、换热器故障、低环境温度
	液位	相界面的破坏、气体窜漏、泵气蚀、液位控制失效、液位测量失效、控制阀持续开、排放阀持续开、入口流股受阻、出料大于进料
反向	流量	参照无流量，外加：下游压力高/上游压力低、虹吸、错误路径、阀故障、事故排放（紧急放空）、泵或容器失效、双向流管道、误操作、在线备用设备
部分	组成	换热器内漏、不当的进料、相位改变、原料规格问题
伴随	流量	突然压力释放导致两相混合、过热导致气液混合、换热器破裂导致被换热介质污染、分离效果差、空气/水进入、残留的水压试验物料、物料穿透隔离层
	污染物（杂质）	空气进入、隔离阀泄漏、过滤失效、夹带
其他	维修	隔离、排放、清洗、吹扫、干燥、隔板、通道、催化剂更换、基础和支撑
	开、停车	

在分析原因－后果、查找安全应对措施时，建议按照“原因主导”原则开展分析。即首先辨识出导致某个偏差的所有原因，针对每个原因，分析偏差所导致的后果、已有的安全措施，以及相对应的、必要的补充建议。如分析“压力偏高”时，其原因可能是某个压力控制回路故障、上游供给压力偏高、下游出口堵塞等原因，找出所有可能原因后，列出该偏差所导致的后果，以及每对原因－后果组合所对应的特定的安全措施、必要时提出针对改组原因－后果组合的补充建议。

这种“原因主导型”分析记录方式比“偏差主导型”分析记录方式其安全措施和原因－后果之间的对应关系更为明确、清晰，有助于HAZOP分析结果的利用、方便HAZOP分析清单查阅时的理解。所谓“偏差主导型”的分析，是围绕偏差，列出导致偏差的所有原因、所有后果、所有安全措施；其原因、后果、已有安全措施之间没有相关性、没有针对性，可能出现某项安全措施可能也是导致偏差产生的原因之一的情况。如上面提及的“压力偏高”分析，导致压力偏高的某个原因“某个故障了的压力控制回路”可能可以作为“供给压力偏大”情况出现时的一个安全措施（如该液位控制回路的液位高报警）。

详尽而严谨的“原因主导性”分析记录有利于装置后续开展的其他风险分析和安全审查活动，如SIS分析，有助于根据原因－后果特定场景，判断已有安全措施的充分性和有效性，在安全仪表系统可靠性分析（如安全完整性定级）时发挥积极作用。

4. SIL 分析

安全仪表系统（Safety Instrumented System，SIS），连同其他风险削减措施一起，将LNG工程的固有风险降低到当前可接受风险水平，从而保证场站生产安全。是否需要安全仪表系统？如若必须设置SIS，安全仪表系统应具有怎样的安全仪表功能（Safety Instrumented Function，SIF）、对其可靠性或者说安全完整性（Safety Integrity）的要求是怎样的？如何设计SIS？如何验证达到了此要求？……以上这些问题，都是安全仪表系统分析、设计及操作维修所需考虑的内容。

安全完整性（safety integrity）是指在规定的条件下、规定的时间内，安全仪表系统完成安全仪表功能的概率；安全完整性等级（safety integrity level，SIL）是安全完整性的等级，由SIL1～SIL4四个离散等级表示，用于规定安全仪表系统所具有的安全仪表功能的安全完整性。SIL4具有最高的安全完整性等级，SIL1具有最低的安全完整性等级。

SIL等级表征了SIF对风险削减的贡献水平，即固有风险与风险可接受水平之间的差值在考虑了其他风险削减措施的贡献后其仍待削减的部分。安全完整性定级（SIL assignment 或 SIL target selection）就是针对某个安全仪表功能（SIF）确定其所需要的安全完整性等级（required SIL）。

对于LNG工程而言，安全仪表功能操作模式均为低要求模式。

表10-13列出了低要求模式下的安全完整性等级划分情况。不同安全完整性等级的安全仪表功能对风险削减贡献不同，体现在不同SIL对应不同风险削减因子（Risk Reduction Factor，RRF）；按照安全仪表功能所需要的风险削减贡献值（表征为RRF），也可确定所需要的SIL。

表10-13 低要求模式下安全仪表功能的安全完整性等级

SIL	PFDavg	RRF
1	$\geqslant 10^{-2}$且$<10^{-1}$	>10且$\leqslant 100$
2	$\geqslant 10^{-3}$且$<10^{-2}$	>100且$\leqslant 1000$
3	$\geqslant 10^{-4}$且$<10^{-3}$	>1000且$\leqslant 10000$
4	$\geqslant 10^{-5}$且$<10^{-4}$	>10000且$\leqslant 100000$

安全仪表系统作为一个保护层，需要明确是其需要实现的所有安全功能，或安全仪表功能，并为每一个安全仪表功能指明所要求的安全完整性等级。需要强调的是，无法对安全仪表系统进行安全完整性等级划分，所有SIL定级一定是针对某个SIF开展的活动；在进行SIL定级时，应假定所分析的安全仪表功能（SIF）失效。

SIL定级通常以小组会议的形式开展，由一位熟悉IEC 61508/61511并在SIS分析、SIL定级和验证、PHA等方面具有丰富经验的人员担任小组长，引导小组成员开展定级分析。其他小组成员应至少包括熟悉分析对象（如天然气液化场站或LNG接收站）工艺流程的工艺、仪表及安全工程师，建设方或将来负责操作运行维护的运营方工艺和/仪表技术亦应参与此会议。

SIL定级分析所需的资料与PHA分析所需准备的输入资料基本相同，如PFD、P&ID、联锁因果表、控制说明、工艺流程说明，除此之外，SIL定级分析还需PHA报告（如HAZOP报告等）。根据SIL定级方法是偏定性还是偏定量的不同，在选用定量或半定量方法（如LOPA）进行SIL定级时，还应收集准备安全措施的失效率、故障率、PFD或RRF等基础数据，必要时，还需要提供定量风险分析报告QRA，以便给出具体的风险值。

与之前介绍的HAZOP分析一样，定级分析过程同样需要经历分析准备、召开分析会及分析跟踪关闭的过程。除所需要的分析准备资料略有差异外，其他分析过程要求基本相同，本节不再一一赘述。下面主要介绍标准中提及的几种SIL定级方法。

安全完整性定级方法有后果分析法（consequence-based method）、HAZOP风险矩阵法（HAZOP Risk Matrix Method）、风险图法（Risk Graph Method）、安全层矩阵法（Safety Layer Matrix Method）、保护层分析法（Layer of Protection Analysis，LOPA）等。除保护层分析法（LOPA）具有量化特征、属于半定量评估方法外，其他方法均为定性评估方法。

量化分级评估方法可以给出量化的风险削减指标（如具体的风险削减因子RRF），而定性分级评估方法则只能将风险削减效果以分段形式体现，如SIL1段（风险削减因子RRF在（10，100］区间内）。所以定量分级评估方法可以给出更为精确的SIL等级要求，而定性分级评估则通常可能获得更大、相对保守的SIL等级要求。因此，在实际定级分析中，若通过风险图表法、矩阵法等得到的SIL3等级要求的SIF，可以采用LOPA等半定量或定量评估方法重新对该SIF进行评估，寻求更精确的SIL等级要求，通常有可能将SIL3等级降至具有某RRF值的低等级SIL。

5. 量化风险分析

量化风险分析被认为是LNG工程安全设计的重要组成部分，无论从国家标准规范（GB 50183—2015《石油天然气工程设计防火规范》、GB 51156—2015《液化天然气接收站工程设计规范》等）的要求，还是建设成本与风险的权衡都需要进行量化风险分析。

量化风险分析最早起源于20世纪40年代中期，用于核工业的风险分析。石油化工行业于20世纪60年代开始运用该方法进行安全风险管理。近年来，随着国内天然气液化及接收站项目的建设，量化风险分析作为安全风险控制方法之一，已开始广泛应用于液化天然气建设项目的安全管理。

量化风险分析最主要的手段是将风险量化，对影响风险的因素进行分析，从而达到在确保项目经济合理的前提下最大限度的降低风险。

量化风险分析首先需要进行危害辨识，来识别LNG工程中可能发生较大危害事故的单元；在后果分析阶段，将使用后果分析模型来确定每一个单元可能发生的事故后果；频率分析需要计算每一个在危害辨识阶段识别出来的单元的事故后果频率；将后果分析和频率分析的综合可得出LNG工程的风险，通过与风险可接受准则对比得知计算出的风险是否可以接受，如果风险不可接受，则需要通过降低事故频率或减小事故后果的措施来降低风险，并使风险可控。图10-13所示为量化风险分析的主要步骤。量化风险分析的方法可见AQ/T 3046—2013《化工企业定量风险评价导则》、Q/SY 1646—2013《定量风险分析导则》。

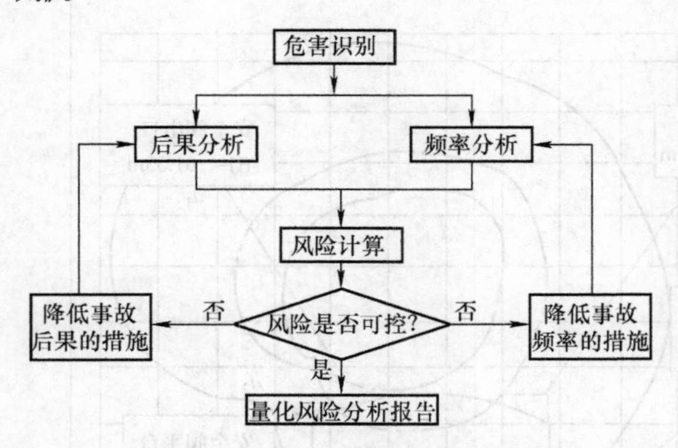

图10-13　量化风险分析的主要步骤

量化风险分析在LNG工程中的主要用于以下几个方面。

1）平面布置和厂址选择：目前国内石油化工建设项目主要依据国家法律法规和标准规范的要求进行平面布置和厂址选择，并确定厂界与周边的距离及项目内部装置设施的间距。而在液化天然气建设项目中多运用计算火灾、爆炸影响范围及天然气泄漏的扩散范围，来确定建设项目与周边环境及邻近企业的安全间距。

2）确定导致风险的主要因素：通过量化风险分析的方法对装置、设施的风险进行计算，从而确定影响项目整体风险的最主要因素，进而在设计过程中针对主要危险有害因素采取相应风险削减措施，以降低项目整体风险。量化风险分析方法中的重要组成部分是后果分析，这种分析方法不考虑事故的发生频率，而仅考虑某些指定的事故后果产生的影响。2009年以前的NFPA 59A针对天然气液化及接收站项目的选址就采用后果分析的方法，考虑一些后果非常严重但发生频率很低的事故，如大的工艺管径发生全破裂的蒸气云扩散范围。相比纯粹的后果分析，量化风险分析需要考虑所有可能发生事故产生的风险，这样就导致一些后果很严重但发生频率很低的事故产生的风险对总的风险贡献不显著。欧洲的BS EN 1473：2021要求天然气液化及接收站项目需要通过量化风险分析来综合评估项目产生的个人风险及社会风险是否可以接受。NFPA 59A从2013年起也引入了量化风险分析的章节。我国的GB 50183—2015《石油天然气工程设计防火规范》针对集液池泄漏量、扩散隔离区等的规定也都属于后果分析的要求，但是在2011年原国家安全生产监督管理总局发布的《危险化学品重大危险源监督管理暂行规定》已经要求涉及一级或二级重大危险源的危险化学品单位需要采用量化风险方法来确定项目的个人风险和社会风险，2018年发布了GB 36894—2018《危险化学品生产装置和储存设施风险基准》，给出了可接受的个人风险和社会风险基准，用于指导量化风险分析评估工作的开展。目前我国已建、在建或者拟建的天然气液化工厂及LNG接收站项目大多构成一级或二级重大危险源，所以针对国内天然气液化及接收站项目的选址和总平面布置，量化风险分析已经是不可或缺的控制手段。

10.3.2　技术应用案例

本节主要讨论量化风险分析在LNG工程安全设计中的应用，主要应用有火灾辐射热的计算、扩散范围的确定、蒸气云爆炸超压值的计算、个人风险和社会风险的计算等。

1. 火灾辐射热的计算

LNG工程可能发生的主要火灾类型为喷射火和池火。

1）LNG储罐罐顶安全阀尾管抬升高度的确定。

当 LNG 储罐罐顶安全阀排放，天然气被点燃时，热辐射对储罐顶部、工艺泵平台、地面都会有一定影响。由图 10-14 看出，罐顶安全阀尾管排放口在高度（距安全阀平台）为 5m 时，4.2kW/m²、14.5kW/m²、31.5kW/m²的热辐射强度（未包含 0.5kW/m²的太阳辐射热）分别覆盖到了储罐顶部、泵平台、地面，均不能满足 10.2.3 有关辐射热范围的规定。

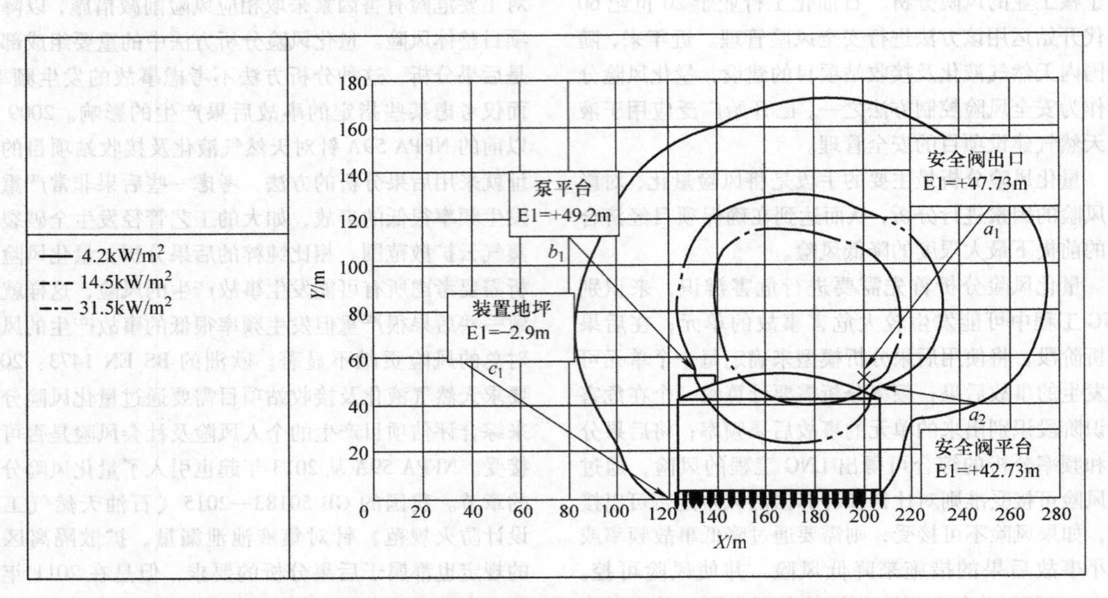

图 10-14　罐顶安全阀尾管排放口高度为 5m 时的辐射热范围

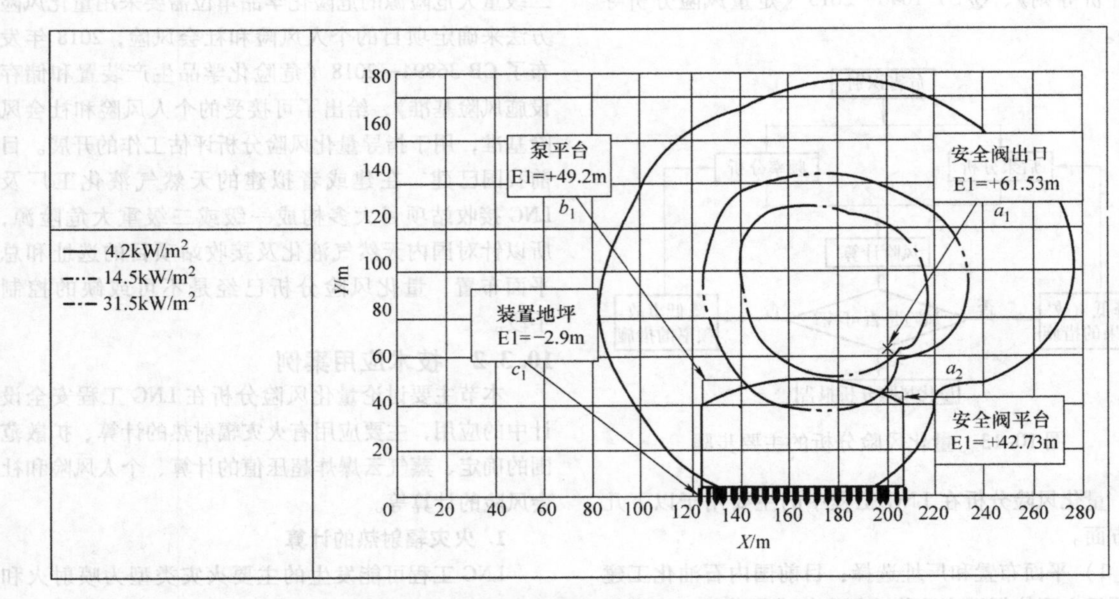

图 10-15　罐顶安全阀尾管排放口高度抬升一定高度后的辐射热范围

当尾管排放口高度抬升一定高度（距安全阀平台）后，由图 10-15 看出，辐射热范围的均能要求。

2）LNG 储罐围堰池火辐射热计算。当 LNG 储罐采用常压单包容储罐贮存时，需在计算储罐围堰内全部容积的表面着火的辐射热范围。图 10-16 所示为使用某 CFD 软件计算的 LNG 储罐围堰发生池火的辐射热范围。

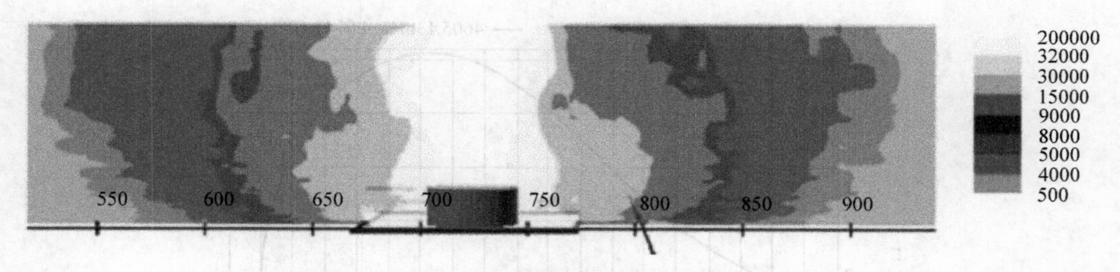

图10-16　LNG储罐围堰发生池火的辐射热范围

2. 扩散范围的确定

如果LNG储罐安全阀排放的天然气未被点燃，使用扩散模型计算，通过图10-17可以看出，1/2LFL（50%可燃下限）：2.258×10^4 ppm（1ppm $=10^{-6}$）；LFL（可燃下限）：4.516×10^4 ppm；UFL（可燃上限）：1.698×10^5 ppm，三种浓度下的天然气蒸气云均未落地。

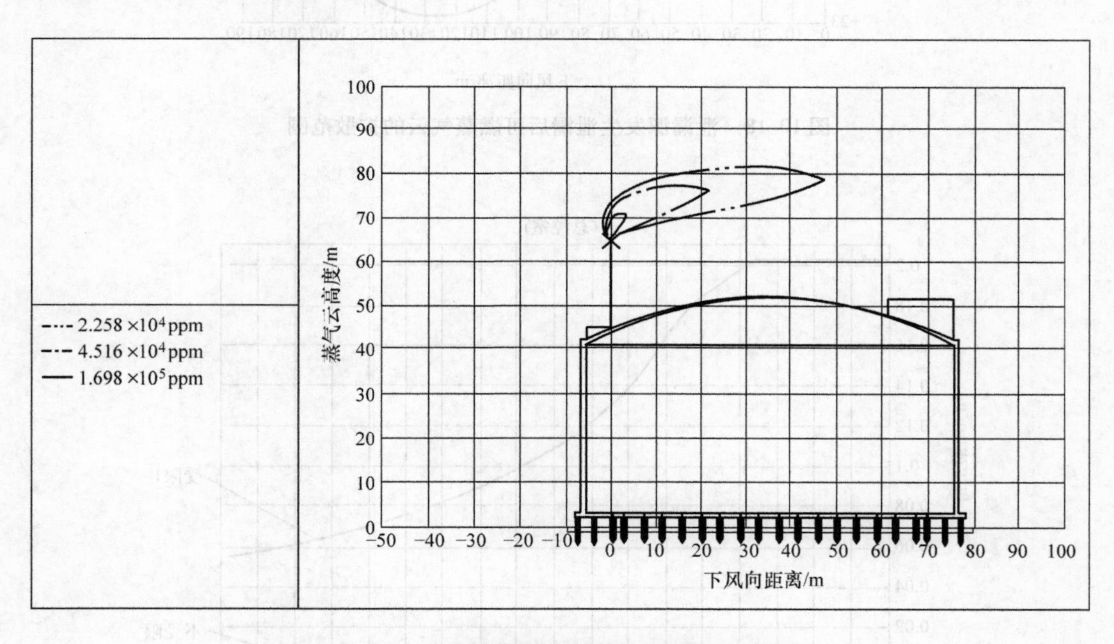

图10-17　LNG储罐围堰发生池火的辐射热范围

3. 蒸气云爆炸超压值的计算

蒸气云爆炸的模拟分析涉及两种情况，第一种情况是需要设置成抗爆结构的建筑物位置已经确定，通过模拟其附近可能发生的蒸气云爆炸的超压值和持续时间来确定其抗爆结构的设计；第二种情况是建筑物（如中央控制室）的位置还没有确定，并希望其设置为普通建筑物，通过计算该工厂的蒸气云爆炸的超压值（需要考虑建筑物抗爆的超压值）阈值范围来确定该建筑物的布置。

1）情况一。本应用实例，通过计算扩散至受限区域的天然气发生蒸气云爆炸的爆炸超压值和持续时间来确定主控室的抗爆结构设计。

首先通过对装置总图的研究，确定了主控室附近可能发生泄漏事故的工艺设备和可能聚集天然气蒸气云的区域。通过扩散模拟，确认泄漏源泄漏的LNG形成可燃蒸气云后，可以扩散到可能聚集天然气蒸气云的区域内，如图10-18所示。

通过软件计算模拟分别得出受限区域发生蒸气云爆炸后爆炸超压和持续时间随距离变化如图10-19和图10-20所示。

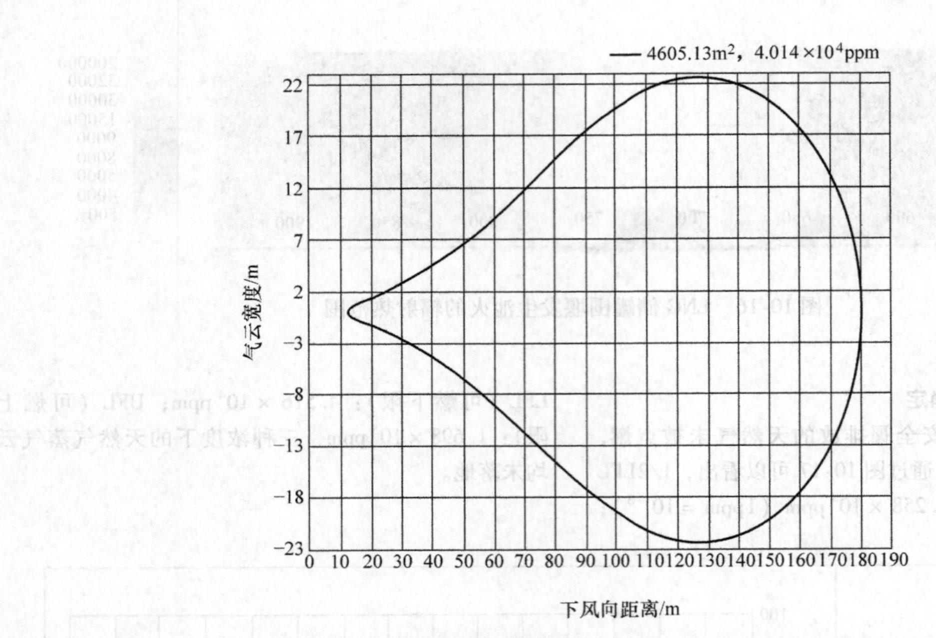

图 10-18　泄漏源发生泄漏后可燃蒸气云的扩散范围

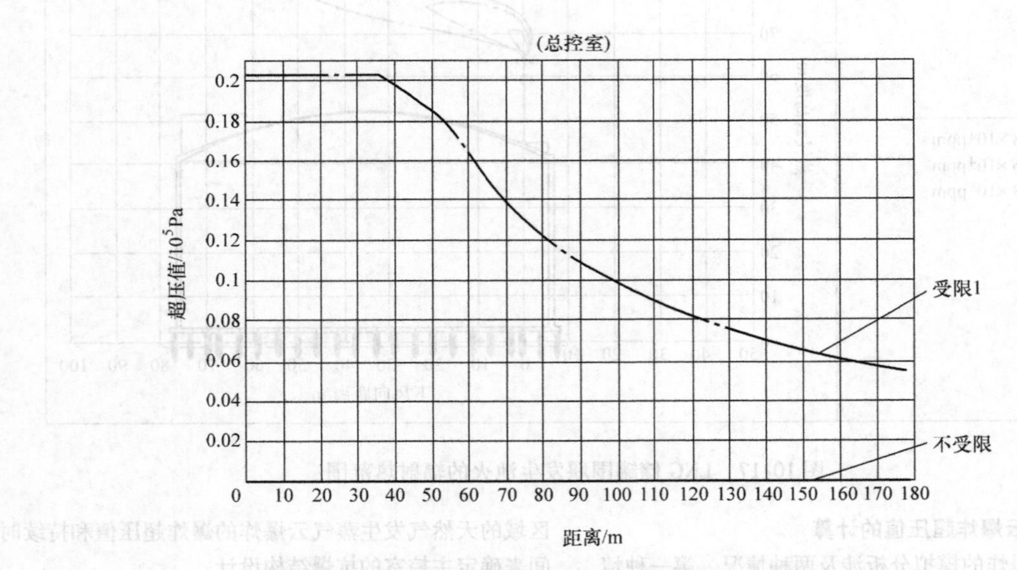

图 10-19　受限区域发生蒸气云爆炸后爆炸超压随距离变化

2）情况二。本应用实例，通过计算某 LNG 接收站发生蒸气云爆炸的爆炸超压等高线（线 1 为 6.9kPa，线 2 为 12kPa），如图 10-21 所示，来确定中央控制室需要采取的建筑形式。中央控制室布置在爆炸超压值小于 6.9kPa 的区域时，建筑的门应采用抗爆防护门，外窗应选用抗爆防护窗。中央控制室布置在爆炸超压值为 6.9～12kPa 之内时，建筑应采用单层钢筋混凝土结构，面向冲击波方向的墙体应为混凝土实体墙；建筑的门应采用抗爆防护门，外窗应选用抗爆防护窗。中央控制室布置在爆炸超压值为大于或等于 12kPa（120mbar）区域，建筑物的主要梁、柱、框架应能承受外部装置爆炸所产生的冲击波超压。

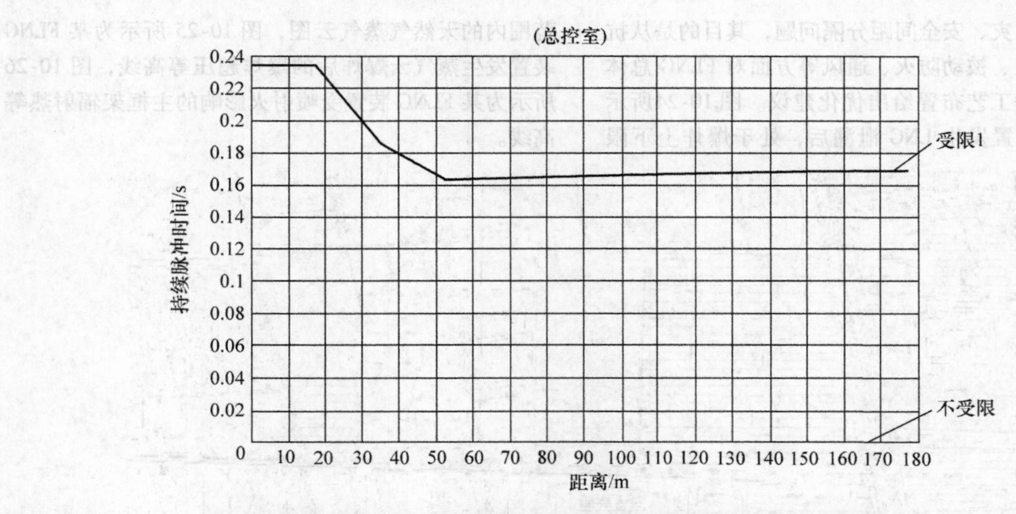

图 10-20 受限区域发生蒸气云爆炸后爆炸超压持续时间随距离变化

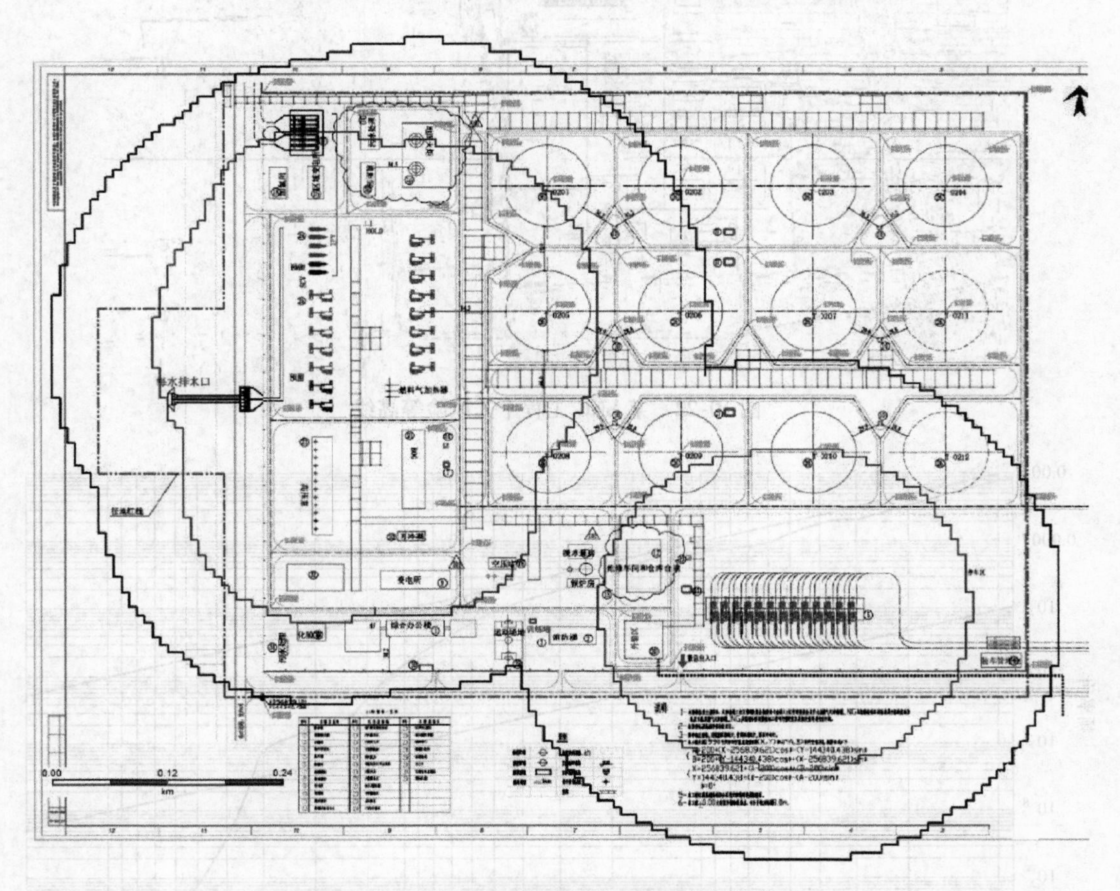

图 10-21 某 LNG 接收站爆炸超压等高线范围

4. 个人风险和社会风险的计算

本应用实例给出了某 LNG 工程的个人风险等高线和社会风险曲线，如图 10-22 和图 10-23 所示。

FLNG 风险分析：由于浮式液化天然气（FLNG）平台上可用于工艺设施布置的空间十分有限，工艺设备布置密集，因此风险较大。研究 FLNG 工艺甲板上部的爆炸、火灾、安全间距分隔问题，其目的是从抗爆、主动防火、被动防火、通风等方面对 FLNG 总体布置，尤其是工艺布置给出优化建议。图 10-24所示为某 FLNG 装置发生 LNG 泄漏后，处于爆炸上下限范围内的天然气蒸气云图，图 10-25 所示为某 FLNG 装置发生蒸气云爆炸后的爆炸超压等高线，图 10-26 所示为某 FLNG 装置受喷射火影响的主框架辐射热等高线。

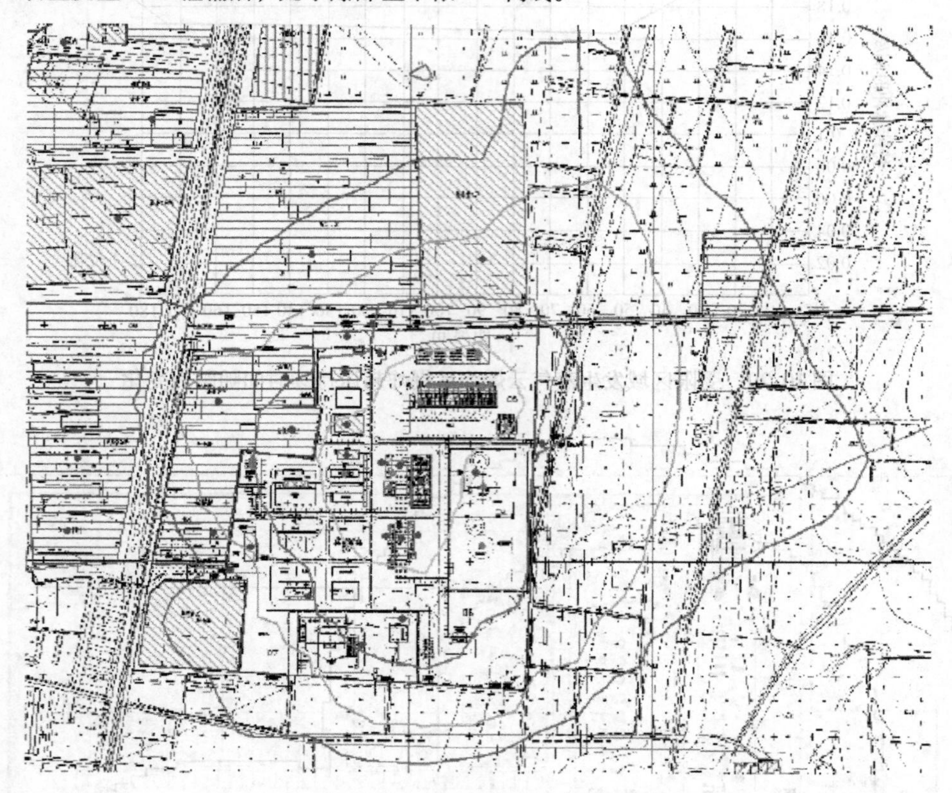

图 10-22　某 LNG 工程个人风险等高线

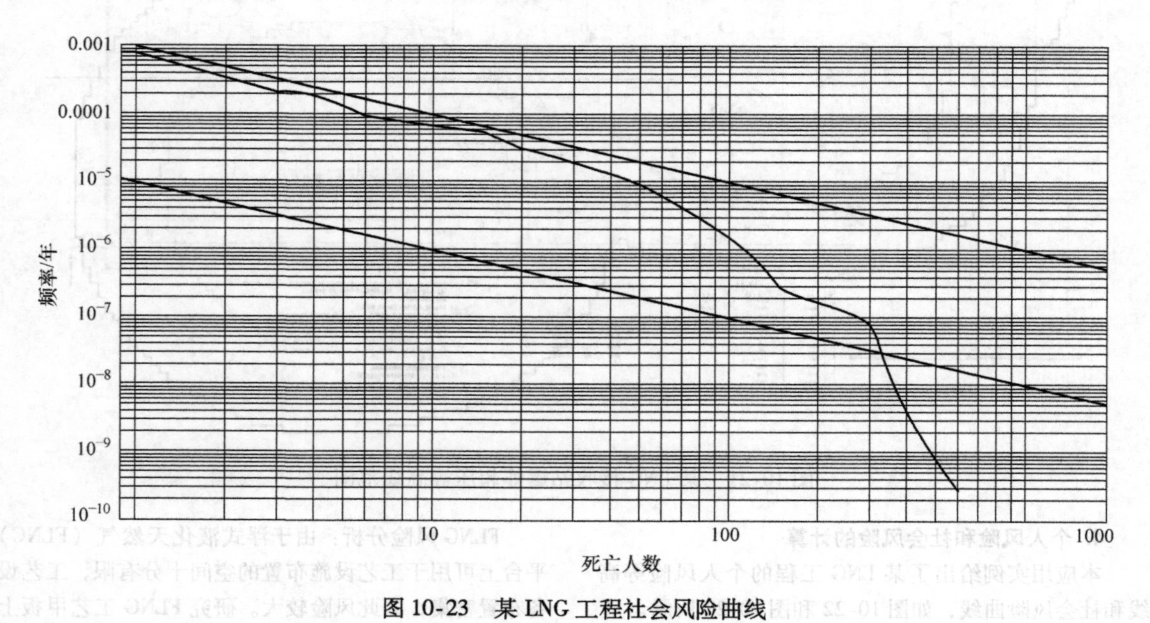

图 10-23　某 LNG 工程社会风险曲线

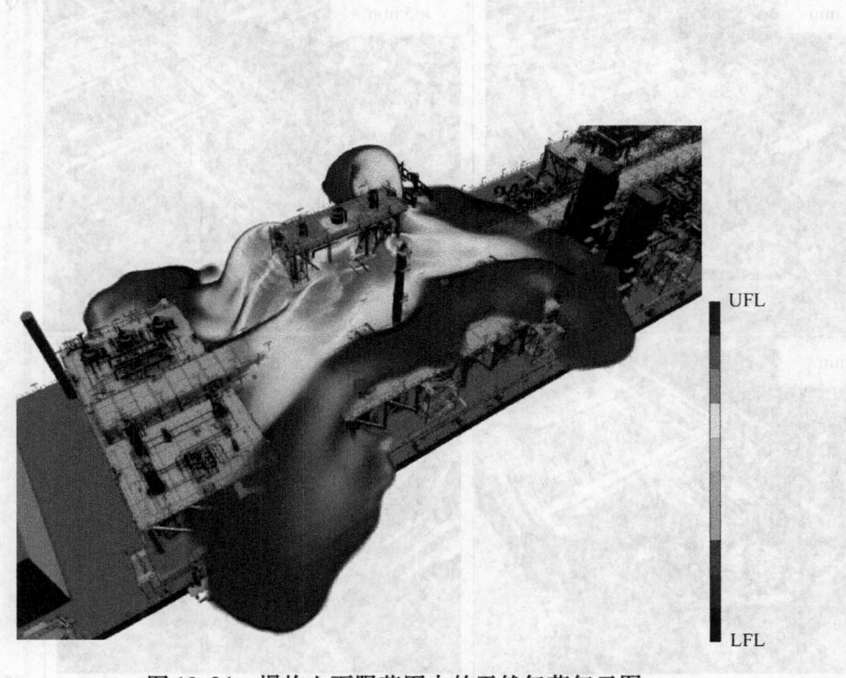

图 10-24　爆炸上下限范围内的天然气蒸气云图

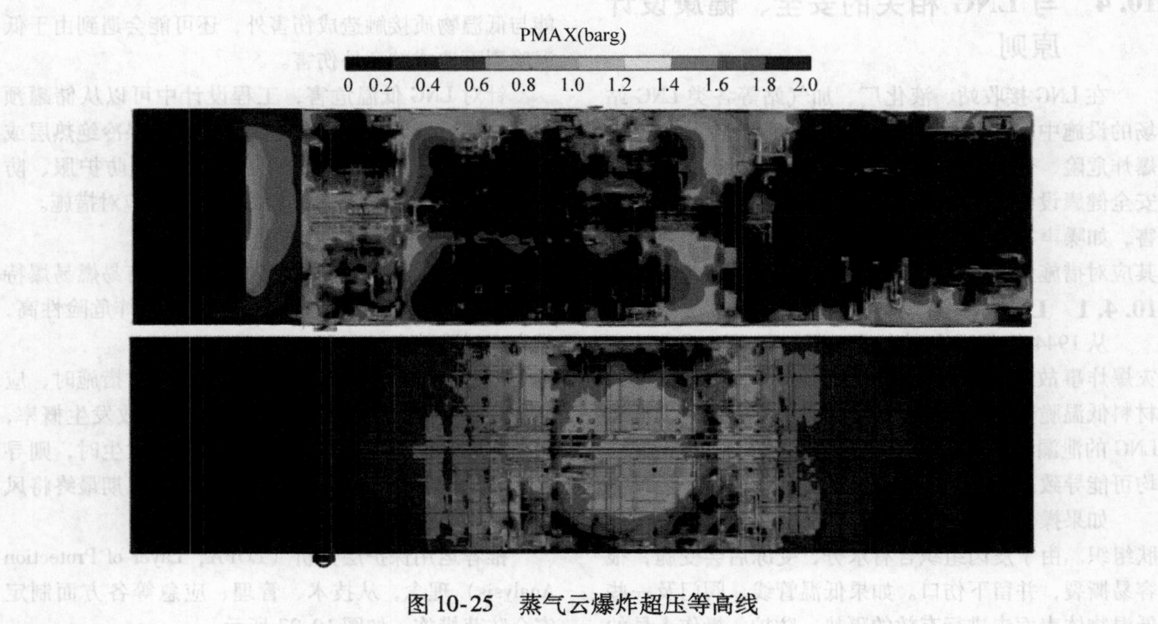

图 10-25　蒸气云爆炸超压等高线

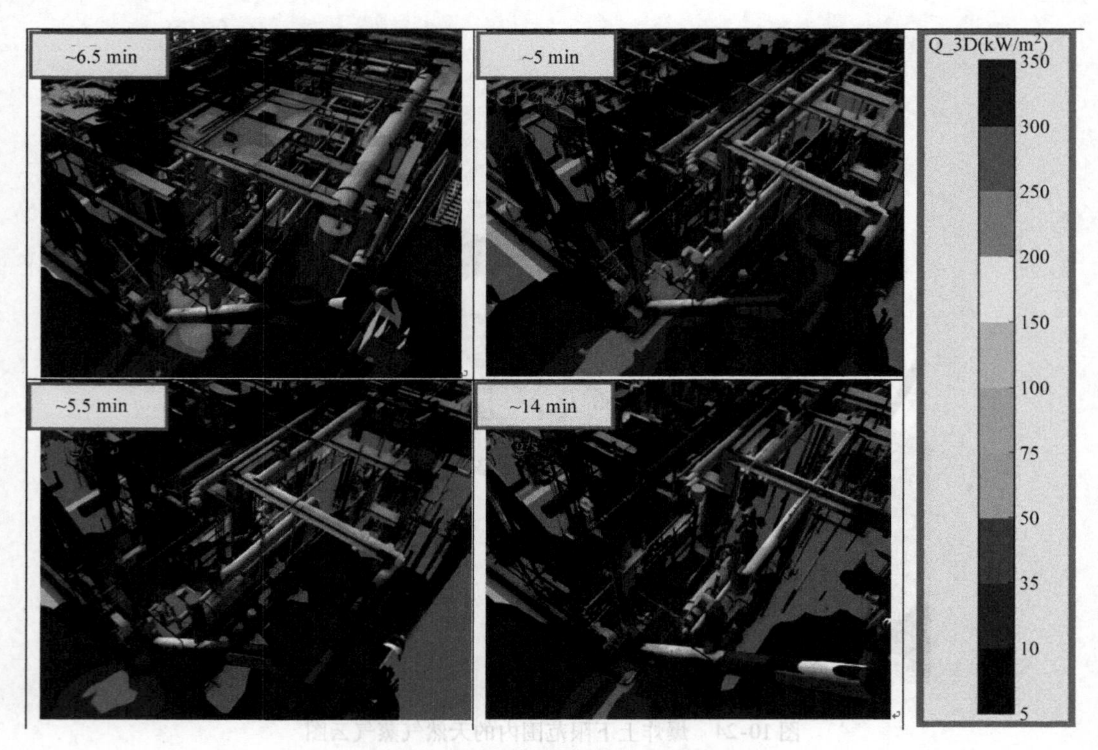

图 10-26　受喷射火影响的主框架辐射热等高线

10.4　与 LNG 相关的安全、健康设计原则

在 LNG 接收站、液化厂、加气站等各类 LNG 站场的设施中，其与 LNG 相关的突出危险特性为火灾爆炸危险、低温危害，本节围绕这两个突出危害探讨安全健康设计原则。在常规过程行业常见的其他危害，如噪声、高空坠落、机械伤害等不在本节讨论，其应对措施为常规设计内容。

10.4.1　LNG 低温危害及应对措施

从 1944 年美国克利夫兰（Cleveland）调峰站火灾爆炸事故，就可以看到 LNG 低温所带来的危害，材料低温脆变对设备完整性的威胁。不仅如此，低温 LNG 的泄漏或低温 LNG 设备、管道保温层的破损，均可能导致现场作业人员的低温冻伤。

如果操作人员与低温 LNG 接触，会迅速冻伤皮肤组织。由于皮肉组织含有水分，受冻后会变脆，很容易撕裂，并留下伤口。如果低温管线、阀门及一些低温物体表面未进行有效的隔热、防护，操作人员的皮肤如与之接触也会产生严重伤害，即直接接触时，皮肤表面的潮气会凝结，并粘在低温物体表面上。

此外，在某些不正常情况或事故时，一些常温管道或阀门，或者其他一些常温设备设施，意外接触低温 LNG，会出现脆裂现象。因此，作业人员除了可能与低温物质接触造成伤害外，还可能会遇到由于低温脆裂而造成的意外伤害。

针对 LNG 低温危害，工程设计中可以从储罐预冷设施的设置、设备及管道材料选择、保冷绝热层或防护罩的设置、个人防护用品（如低温防护服、防护手套、防护鞋等）的配置等方面采取应对措施。

10.4.2　火灾爆炸危害及应对措施

由于液化天然气汽化后的天然气具有易燃易爆特性，与 LNG 相关的工业设施其火灾、爆炸危险性高，具有高风险特点。

有鉴于此，在制定防火防爆安全应对措施时，应从控制事故风险源着手，尽可能降低事故发生概率，避免或减少事故的发生。当无法避免其发生时，则寻求尽力降低事故后果严重程度的办法，以期最终将风险控制在当前可以接受的水平。

推荐运用保护层分析（LOPA，Layer of Protection Analysis）理念，从技术、管理、应急等各方面制定安全防范措施，如图 10-27 所示。

“工艺设计”“基本工艺控制系统”“关键报警和人员干预”“安全仪表系统”“主动物理保护系统”“被动物理保护系统”“工厂级应急预案”“社区级应急预案”这 8 个保护层将防护措施细分在 8 个可实施

的方面。从图 10-27 中可看出，每一层防护措施的实施，都可以在一定程度上削减风险。

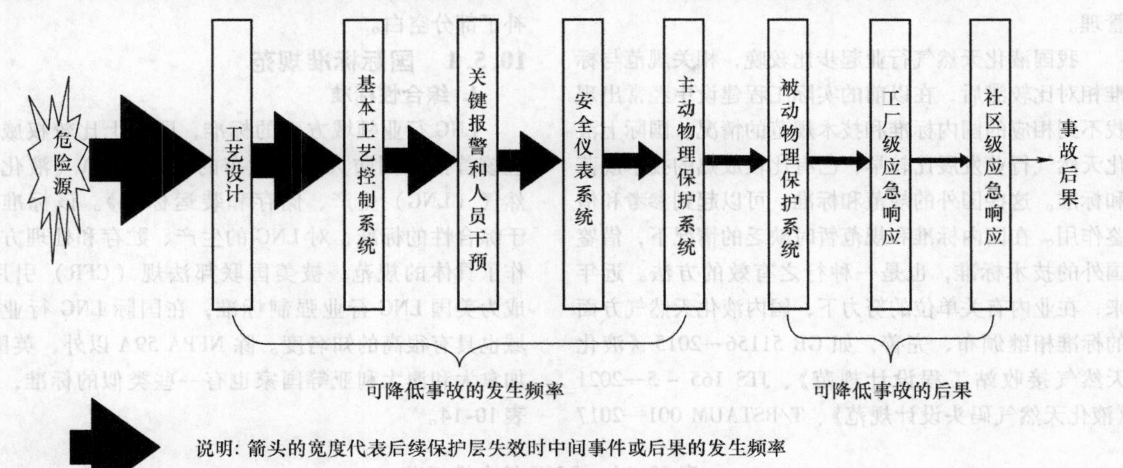

图 10-27　基于 LOPA 理念的风险削减策略

本质安全的工艺设计是风险防范的根本和核心，其风险防范的力度最大，可以从根本上消除或削弱危险源，如选择本质更安全的预应力混凝土外罐的 LNG 全容罐、合理确定最高操作压力、设置两条进料管线满足不同密度差时顶部和底部进料需要、选择危险性相对较低的冷剂或液化工艺、优化流程降低工艺过程中易燃易爆介质持有量。

基本工艺控制系统（简称为 BPCS，包括 DCS 控制和正常手动控制）旨在将工艺过程控制在安全操作范围内。例如，每个大型 LNG 储罐设有连续的罐内液位、温度和密度安全监测系统，以及气相压力监测系统；储罐及 BOG 压力控制系统；卸船控制系统；装车控制系统等。

关键报警和人员干预其本质属于管理性防范措施，在受到 BPCS 报警或人员报警信号后，训练有素的操作人员根据安全操作规程要求采取的一系列正确干预动作（报警确认、启动或切断某个工艺过程），确保出现偏离的生产过程回归正常操作范围。

在 LNG 场站设置有安全仪表系统（SIS），该系统由多个安全仪表功能（SIF）回路构成，可检测异常操作工况、并自动将工艺过程恢复到功能安全状态。安全仪表系统安全独立于基本工艺控制系统 BPCS。如 BOG 压缩机停车系统、LNG 液位低低联锁、天然气外输压力高高联锁保护等。

主动物理保护系统是指合理设计并得到完好维护的安全机械保护设施，如 LNG 储罐罐顶安全阀、真空阀等。

被动物理保护系统是指合理设计并得到完好维护的被动防护设施，具有较高的可靠性，主要用于降低事故发生后的后果严重程度和影响范围，如足够的防火间距、储罐围堰、抗爆建筑物、事故集液池、火灾和气体检测报警系统、自动灭火系统等。

工厂级应急响应主要包括消防队、消防站、手动消防系统、人员疏散设施、厂区紧急避难所、应急通信设施等。

社区级应急响应包括社区疏散设施、紧急避难所等。

10.5　安全规范与相关标准

液化天然气（LNG）汽化后的天然气属于易爆类的危险化学品。常见的液化天然气设施，如天然气液化工厂、LNG 接收站、LNG 调峰站、LNG 汽化供气站、液化天然气或天然气储罐、天然气管网和 LNG 汽车加气站等，都是生产或处理大宗 LNG 和天然气的设施，处理的天然气数量都比较大，存在较高的火灾爆炸危险性。对这些工程设施的设计、建设、验收、生产和管理，都必须遵循国家的相关法令法规。对于工程所采用的工艺和设备，也应符合相关的技术标准。按照 GB 18218—2018《危险化学品重大危险源辨识》的规定，其处理的危险化学品数量大多远远超过临界量（甲烷 50t），经辨识确定多属于重大危险源。根据《中华人民共和国安全生产法》、原国家安全监督管理总局令第 40 号《危险化学品重大危险源监督管理暂行规定》（2011 年 8 月 5 日原国家安全监督管理总局令第 40 号公布根据 2015 年 5 月 27 日原国家安全监督管理总局令第 79 号修正），对这些属于重大危险源的设施需要加强安全设计和安全管理。

我国液化天然气行业起步比较晚，相关规范与标准相对比较滞后，在以前的实际工程建设中经常出现找不到相应的国内标准和技术规范的情况。国际上液化天然气行业发展比较早，已有比较成熟的技术规范和标准。这些国外的规范和标准，可以起到参考和借鉴作用。在国内标准和规范暂时缺乏的情况下，借鉴国外的技术标准，也是一种行之有效的方法。近年来，在业内有关单位的努力下，国内液化天然气方面的标准相继颁布、完善，如 GB 51156—2015《液化天然气接收站工程设计规范》、JTS 165 - 5—2021《液化天然气码头设计规范》、T/BSTAUM 001—2017《小型液化天然气气化站技术规程》等，都较好地弥补了部分空白。

10.5.1 国际标准规范

1. 综合性标准

LNG 行业领域方面的标准，国际上比较权威的应该首推美国防火协会颁布的 NFPA 59A《液化天然气（LNG）生产、储存和装运标准》。该标准属于综合性的标准，对 LNG 的生产、贮存和处理方面作了具体的规范，被美国联邦法规（CFR）引用，成为美国 LNG 行业强制标准，在国际 LNG 行业领域也具有很高的知名度。除 NFPA 59A 以外，英国、加拿大和澳大利亚等国家也有一些类似的标准，见表 10-14。

表 10-14 LNG 综合性标准

序号	标准名称	标准号	最新版本
1	液化天然气（LNG）生产、贮存和处置标准 [Standard for the Production, Storage, and Handling of Liquefied Natural Gas (LNG)]	NFPA 59A （美国）	2019
2	液化天然气的安装和设备 - 陆上设施的设计 [Installation and equipment for liquefied natural gas - Design of onshore installations]	BS EN 1473 （英国/欧盟）	2021
3	液化天然气的贮存和处置 [The Storage and Handling of Liquefied Natural Gas]	AS 3961 （澳大利亚）	2017
4	液化天然气的生产、贮存和处置 [Liquefied natural gas (LNG) - Production, storage, and handing]	CAN/CSA - Z276 （加拿大）	2018

几十年来，NFPA 59A 历经数次修订，目前现行版本为 2019 版。在 1944 年 Cleverland 爆炸事故后，1960 年美国气体协会起草了液化天然气的标准，1964 年向美国防火协会（NFPA）提交了 NFPA 59A 标准草案。1966 年成立了燃气委员会，由燃气委员会和公用设施气体分委员会共同负责标准的起草。NFPA 59A 的第一个正式版本于 1967 年在美国防火协会的年会上通过。1969 年初，LNG 使用的范围已经超过了 1967 年版本所涵盖的公用设施气体工厂。美国石油协会建议用 API PUBL 2510A《液化石油气（LPG）设施的设计与施工 Design and construction of Liquefied Petroleum Gas（LPG）installations》来完善 NFPA 59A。因此，液化天然气技术委员会为此目的而成立，由液化天然气技术委员会编制 NFPA 59A。

1971 年的版本是扩大了适用范围以后的第一个版本，此后，经过 1972、1975、1979、1985、1990、1994、1996、2001、2006、2009、2013、2015 年多次修订、升级版，于 2019 年发布了最新版。

2006 年版的 NFPA 59A 在格式上有较大的修改。与以前的版本相比，版面更清楚。修改第 5 章，增加了 LNG 双容罐和全容罐罐型，在标准中加入了这类储罐罐型的定义。LNG 储罐的抗震标准也做了相应修改，以符合 ASCE7“建筑和其他结构最低设计载荷 Minimum Design Loads for Buildings and other structures”的要求。第 11 章增加了 LNG 海上转移事故（LNG marine transfer incidents）应急预案的要求。

2009 版增加了允许使用其他蒸气云扩散模型的条件：只要这些模型由独立团体参照 NFPA 研究机构（NFPA Research Foundation）发布的新模型评估协议进行了评估并批准。设计泄漏量表格进行了修订，以区分上进上出储罐、其他储罐和工艺区对设计泄漏量的不同计算要求。用辐射热通量（radiant heat flux）替代原条文中的热辐射（thermal radiation）。

在 2013 年版中，原 2009 年版附录 E“性能化工厂选址替代标准”经过修订调整为第 15 章“基于性能化（风险评估）的液化天然气工厂选址 Performance（Risk Assessment）based LNG plant siting”。选用性能化评估的方法进行工厂选址要求得到审批部门的认可。基于性能化方法要求结合设计中采用的风险削减措施，评估拟建工厂对厂外周边人员和财产的风险水平。第15章以前各章的最低要求还需同时满足。第15章提供了图表、帮助设计人员辨识风险、确定风险是否可容忍。同时为保证与联邦法规的一致性，修订了NFPA 59A的部分内容、调整了储罐系统新的技术术语，并修订了第7章和第14章以更好使用。

2016版NFPA增加了LNG设施“*LNG facility*”定义，相应调整了原有的LNG工厂“LNG plant”和组成“component”的定义。为避免混凝土外罐在火灾事故时发生爆裂，新增了混凝土外罐的火灾安全设计要求；为保证系统的持续安全和完整性，还增加了检维修检验、泄漏检测、震后事件方面的要求。2016版将上版附录A中部分要求移至第12章，以加强有关消防设计方面的要求。此外，也新增、修改了大量资料性附录。

2019版NFPA 59A对工厂选址和布置内容进行了重新整合，上版第5章原有内容被分散到第5章“工厂选址”、第6章“工厂布置”、第12章“工厂设计”、第13章“收集区”，以及第14章“移动和临时LNG设施”各章中。附录C“安保”和附录D“培训”删除，其中内容已成为标准强制执行条文。2019版的另一个显著变化是增加了一个新的章节“小型LNG设施”。该章基于NFPA 59A上版中有关ASME容器的相关内容进行编制，但同时考虑到全球LNG市场大量小型、中型设施建设所催生的可用储存技术（包括单壁ASME容器single-wall ASME container）的重新评估现状，技术委员会编制了第17章“小型LNG设施设置要求Requirements for stationary application for small scale LNG facilities”，以确保单壁ASME容器可在LNG设施厂界内安全贮存LNG。

BS EN 1473《液化天然气的安装和设备-陆上设施的设计》由欧洲标准委员会技术委员会CEN/TC 282“LNG设施和设备”编制，由欧洲标准委员会发布，同时为英国认可。该欧洲标准在欧洲标准委员会成员国以及英国范围内具有国家标准地位，各成员国内与其冲突的国家标准将废止。BS EN 1473 1997年颁布，经过2007年、2016年两次修订，目前现行版为2021年版。该标准编制的目的在于为LNG设施制定功能指南，所推荐的程序和做法旨在保证LNG工厂的设计、施工、运营是安全和环境可接受的。该标准不必要追溯运用于已建设施，但已建设施发生重大调整变更时建议考虑采用该标准。

2016年修订的BS EN 147对比2007年的版本，调整了标准适用范围（新增了对浮式设施和工厂改扩建界面和限值的要求）、修改了部分要求（如储罐形式、新的汽化器及2007版里遇到的问题）、根据新的市场发展补充了新的术语和定义、更新了标准附录。2016年版本明确BS EN 1473适用于LNG贮存压力低于50kPa、容量大于200t的工厂，适用的工厂类型包括：

1）LNG液化设施（工厂），从所设计的气体输入界区接点到输出接点，通常是LNG船汇集总管和/或槽车装车站；原料气可以来自于气田、油田或输送管网。

2）LNG再汽化设施（工厂），从LNG船汇集总管到所设计的气体外输界区接点。

3）调峰站，从所设计的气体输入界区节点到气体外输界区接点。

4）LNG船用燃料储运加注站（bunkering station）。

即便BS EN 1473的某些概念、原则或建议适用于离岸或近岸的浮式设施（FPSO、FSRU、SRV），但BS EN 1473的适用范围不包括这些浮式设施。但是，靠泊的FSRU通过不超过3000m长的码头栈桥输送LNG时，该标准可适用于码头栈桥和FSRU上部设施。

FSU形式的浮式设施，BS EN 1473适用于其岸上部分。

BS EN 1473不适用于其他标准特别规定的设施，譬如LNG燃料站（fuelling station）、LNG公路或铁路槽车及LNG燃料船。

LNG贮存容量在50~200t之间且压力高于50kPa工厂的设计执行参见EN 13645：2021。

EN 1473：2016包括前言、介绍、18个章节和13个附录（其中5个规范性附录，8个资料性附录）及参考文献。

18个章节分别是“范围Scope”“标准参考Normative references”“术语和定义Terms and definitions”“安全和环境Safety and environment”“码头和海上设施Jetties and marine facilities”“贮存系统Storage and retention systems”“LNG泵LNG pumps”“LNG气化Vaporization of LNG”“管道Pipe-work”“天然气的接收和外输Reception/send out of natural gas”“蒸发气回收和处理工厂Boil off recovery and treatment plants”“辅助设施和建筑物Auxiliary circuits and buildings”“危险源管理Hazard management”“控制系统Control and monitoring systems”“施工、试车和停车Construction, commissioning and turnaround”“防腐保护 Preservation and corrosion protection”“操作培训 Training for operations”“海上操作前培训 Pre - operational marine training”。

5个规范性附录包括附录A“热辐射阈值 Thermal radiation threshold values”、附录B“参考流速的定义 Definitions of reference flow rates”、附录D“LNG泵的特别要求 Specific requirements for LNG pumps”、附录E“LNG汽化器的特别要求 Specific requirements for LNG vaporisers”、附录F“管道的设计标准 Criteria for the design of pipes”。

8个资料性附录包括附录C“地震分级 Seismic classification”、附录G“不同陆上LNG设施类型的介绍 Description of the different types of onshore LNG installations”、附录H“不同LNG储罐的定义 Definition of different types of LNG tanks”、附录I“频率范围 Frequency ranges”、附录J“后果分级 Classes of consequence”、附录K“风险级别 Levels of risk”、附录L“典型液化工艺步骤 Typical process steps of liquefaction”、附录M“臭剂系统 Odourant systems”。

澳大利亚AS 3961—2017《液化天然气的贮存和处置》标准，由澳大利亚标准委员会ME - 70编写，取代AS 3961—2005，是一个综合类LNG标准。编写这个标准的目的是为液化天然气贮存和处置设施的设计、建造和运行提供规范，涵盖了为海上中断、管输气调峰站和压力储罐供应LNG的常压储罐设施。2017年版AS 3961作为澳大利亚LNG行业目前最新版本，吸取了以往版本的经验和精华，其主要变化体现在：

1）删除了小于$5m^3$压力贮存的要求，因为如此少量的贮存工业上没有实际应用，而LNG的低温特性也使得这种小量贮存是不现实的做法。

2）提高了消防方面防泄漏和防火隔离的要求，因为水喷雾的应用会加剧火灾后果。

3）删除了其他规范所包括的内容，如A1210“压力容器”适用范围内压力容器的要求，ADG法规和AS 2809“危险货物公路槽车”第1、第6部分有关运输的要求。

4）修改了装车接口要求以符合国际标准，推荐使用拉断阀（dry - break couplings）。

AS 3961—2017共有7章、5个附录（包括规范性附录和资料性附录），其中第1章范围和概要；第2章一般建造要求；第3章压力储罐；第4章常压储罐；第5章自动加注站；第6章操作运行；第7章防火；附录A参考文献清单（规范性附录）；附录B LNG特性（资料性附录）；附录C爆炸危险区（规范性附录）；附录D压力储罐最高装填液位（规范性附录）；附录E影响保护（规范性附录）。

CSA Z276《液化天然气的生产、贮存和处置》是加拿大标准协会发布的LNG行业标准，确立并给出了LNG设施设计、建造和安全运行的必要要求和最低标准。目前最新版为2018年版CSA Z276 - 18。该标准适用于天然气液化设施和LNG贮存、汽化、转输、处置及槽车运输设施的设计、选址、施工、运行和检维修。该标准还包含了从卸船/装船臂到储罐之间管道，以及码头设施的要求。在CSA Z276 - 18中，附录B给出了小型LNG设施、车载式和移动式LNG设备的要求。该标准不适用于冻土储罐、浮式LNG设施、冷剂任何形式的运输、LNG铁路运输或船运、规范1.2.1规定以外的设施围墙外LNG的运输或再汽化LNG的管输、LNG作为燃料使用的设施，以及LNG车船加注站。该标准共有14章，4个附录（1个规范性附录，2个资料性附录，1个删除）。

2. 有关LNG储罐方面的标准

LNG储罐可以分为两大类：压力容器型储罐和常压型储罐。一般情况下，压力容器型储罐容量比较小，属于低温压力容器，应符合压力容器的标准（美国为ASME标准，在国际上得到广泛应用），在工厂进行生产，产品形成系列化。常压型储罐都是大型LNG储罐，根据不同工程项目和当地条件进行单独设计和建造。LNG储罐是LNG系统的关键设施，建造一个储罐就是一个较大的工程项目。因此，有关LNG低温储罐的标准也是LNG工程中的广为关注的重要标准。对于容量在几万立方米以上的大型LNG储罐，很多国家缺乏设计能力，也没有自己的标准。我国目前也是这种情况，建造大型的LNG储罐，通常采用国际招标的方法，标准也只能是采用国外的，因此有必要了解国际上的有关标准。国际上有关LNG储罐的标准见表10-15。

表10-15 国际上有关LNG储罐的标准

序号	标准名称	标准号	颁布时间
1	现场组装操作温度介于 - 165 ~ 0℃的立式圆筒平底低温液化气钢制储罐的设计与建造（Design and manufacture of site built, vertical, cylindrical, flat - bottomed, steel tanks for the storage of refrigerated, liquefied gases with operating temperatures between 0℃ and - 165℃）	BS EN 14620（英国）	2006

（续）

序号	标准名称	标准号	颁布时间
2	平底立式圆柱形低温储罐（Flat - bottomed, Vertical, Cylindrical Storage Tanks for Low Temperature Service（4 parts in total））	BS 7777（英国）	1993
3	大型焊接低压储罐设计和建造（Design and Construction of Large, Welded, Low - Pressure Storage Tanks）	API 620（美国）	2002 颁布 2013 修订 2014 增补 2018 增补
4	地面平底圆柱形金属储罐结构（Above - ground Cylindrical Flat - bottomed Tand Structures of Metallic Materials）	DIN 4119（德国）	1980

（1）关于LNG储罐的设计规范　LNG储罐属于冷冻液化气体（RLG）储罐。关于冷冻液化气体储罐的设计原则和实施规则，不同的标准有一定的差异。对于一些大型的LNG接收站储罐，国际上也只有少数国家有这类储罐的标准。大型LNG储罐的设计和建设，一般是通过国际招标方式，来确定储罐的设计者或工程总承包人。业主本身可能没有自己国家的标准，需要采用或参考国际上比较成熟并为国际上认可的规范和标准。有些储罐设计者提出的具体技术规格要求，可能涉及一个或多个国际标准，业主也可能提出具体的设计要求。储罐设计很容易出现究竟应遵循哪些标准的问题。对于选用标准的规则和如何处理标准之间的差异，缺少明确的方法和规定。大型LNG储罐设计中最常引用的标准见表10-16。

表10-17列出标准的应用范围限制。

表10-16　大型LNG储罐设计有关标准①

标准号	年份	标　题
BS 7777②	1993	低温平底、立式、圆柱形储罐
BS EN 1473	2021	液化天然气的安装和设备 - 陆地安装的设计
API 620	2013 增补 1 - 2014 增补 2 - 2018	大型、焊接、低温储罐的设计与建造（附件Q - 液化烃低压储罐）
NFPA 59A	2019	LNG生产、贮存和处理标准
EN 14620	2006	现场组装操作温度介于 - 165 ~ 0℃ 的立式圆筒平底低温液化气钢制储罐的设计与建造

① EN 14620、BS 7777、EN 1473、API 620、NFPA 59A等，对冷冻液化气体储罐都提出具体要求。

② BS 7777（06.12.29）已被BS EN 14620：2006取代。

表10-17　标准的应用范围限制

标准号	最高设计压力/kPa	介质类型	储罐容量/t	温度/℃	LNG设计密度/(kg/m³)
BS EN 1473	50	LNG	>200	- 165 ~ - 5	
API 620 附件Q	1.03bar	LNG		约 - 168	
NFPA 59A		LNG		- 168 ~ - 29	470
BS EN 14620	50	沸点低于环境温度的产品		- 165 ~ - 5	
GB 51156	50	LNG		- 168 ~ - 5	

这些标准为储罐的设计条件、贮存方法选择的评判准则、设计准则、测试、委托/解除委托、检查和监测提供了技术定义和指南。标准的适用范围如下：

1）BS EN 1473 和 NFPA 59A 主要针对 LNG 储罐及设备安装。

2）API 620 主要针对钢制低压液化烃储罐。

3）BS EN 14620 主要针对钢制储罐。

(2) LNG 储罐设计和概念准则的差别　在标准中提到和定义了大量的设计准则，其详细程度的差异非常大。

1）地震载荷。OBE 和 SSE 重现期，在所有的标准中，OBE 是 475 年，但 SSE 略有不同。如 API 620 第 1 部分中 7.3.3.3，SSE 的重现期是 4975 年；又如 BS EN 1473：2016 中 4.3.2.4，SSE 的重现期是 5000 年，这两个标准设置基准基本相当；而 NFPA 59A—2019 中 8.4.14.3/8.4.1.14.2，规定 SSE 的重现期是 2475 年。表 10-18 列出现有国际标准中大型储罐设计 OBE 和 SSE 工况下的安全设计要求。

表 10-18　大型储罐设计 OBE 和 SSE 工况安全设计要求

标准	设计要求
EN 1473：2016 中［4.5.2.2］	内罐 OBE 期间及之后可运行，并保证 SSE 工况下的罐体完整性；外罐均应保证在 OBE 和 SSE 期间均可运行
BS EN 14620－1：2006 中规范性附录 C.1	所有罐型的储罐 OBE 期间及之后可运行； SSE 工况：单容罐、双容罐、全容罐内的 LNG 物料能够持留在内罐里，液晃高度不超过罐壁高度；薄膜罐，其物料应由薄膜内罐或混凝土外罐（包括底\角保护系统）持留在罐内
NFPA 59A—2019	所有结构和系统 OBE 期间及之后可运行； SSE 工况时，单容罐、双容罐、全容罐内罐，以及薄膜罐的液体金属围护结构不会发生泄漏，并看在 SSE 期间及之后可以对 LNG 储罐进行隔离、维修

2）关于物体撞击或飞行物影响的考虑。BS EN 1473：2016 中 4.4.2.2 和 BS EN 14620－1：2006 中 4.2.4 要求评估物体撞击或飞行物影响，但通常在进行设计时要明确撞击场景，以确定具体设计要求。唯一提供了设计指南的是 BS 7777：1993 第 1 部分中 7.3.2，提到了“重 50kg 以 45m/s 飞行的物体”。

许多设计都引用了这一段，但这点信息是不够的，需要更多的信息，如物体的规格（口径）和物体可塑性（deformability）等。显然，飞机和恐怖活动的影响会成为设计的准则。问题在于需要对准则做出明确和定量的规定。

3）外部爆炸及其影响。一个比较传统的提法是蒸气云爆炸引起的冲击波，这些标准可能都提到了，例如：在 BS 7777：1993 第 1 部分中 7.3.2］或 BS EN 1473：2016 中 4.4.2.5.5、BS EN 14620－1：2006 中 7.3.3.4，但这些标准都没有提供具体的指南。爆炸波的强度是蒸气云数量的函数，如果进行风险的量化评定（QRA），冲击波应该用压力峰值和持续时间来表示。

4）泄漏影响。对于双容罐、全容罐或薄膜型储罐的情况，如果内罐或薄膜（membrane）发生泄漏，外罐直接受液化天然气压力和温度的影响。除了可能出现的结构问题外，泄漏导致大量蒸发气（BOG）产生，对压力安全系统也有影响。

5）内罐泄漏定义。大多数标准提到了大量泄漏和轻微泄漏。轻微泄漏通常与低温部位有关，见 EN 14620－1：2006 中 7.3.3.1；大量泄漏则涉及外罐的容纳能力，见 BS 7777：1993 第 1 部分中 7.3.4，规定外罐应能容纳内罐的最大容量。

在这些标准中，EN 14620－1：2006 中 7.2.2.1 中，全容罐安全阀的泄放能力提到按照内罐罐壁 20mm 孔径的泄漏场景进行考虑；而在 BS EN 14620－1：2006 中 7.3.3.2，则推荐考虑法兰垫片的失效作为管道法兰和阀门接口泄漏场景。但上述定义没有澄清与泄漏现象相关的技术问题。例如对流动的热动力影响，流动的液体与隔热材料（珍珠岩、弹性层）的相互影响；在外罐壁飞溅区形成的冷区的形状和大小等。这些现象比单独的液体通过特定的孔自由流动复杂得多。

如何正确理解溢出的 LNG 穿过有隔热材料的罐内绝热空间时的气化，也没有给出比较清楚的定义。比较多的考虑是在可能的地震载荷下，与 OBE 相关的重大泄漏，要求外罐有能力控制这些液体。其理由在 NFPA 59A—2006 的 B.3.4 中提到：“如果在 SSE 之后 LNG 储罐失效，围堰系统必须保持不受影响，并且在余震后能确保 LNG 储罐中的物料不会漫流。”

6）外部溢出定义。在几个标准中都强调了外部溢出，如 BS 7777：1993 第 1 部分中 C3.6 的建议：

“外罐应该防止多余的产品从罐顶溢出，造成对外壳的不利影响”。溢出收集系统在标准中没有涉及，EN 14620－1：2006中7.3.3.2简单提到了“在液体物料可能泄漏，应该设计成可耐受低温液体喷溅的影响，或设置收集和排放系统”，而没有进一步明确。在NFPA 59A—2001中4.1.2.5和NFPA 59A—2006中7.2.1.5，也有类似的要求，提出“LNG外表面的任何部分，可能会由于LNG泄漏，或者从法兰、阀门密封处，或其他非焊接接口而暴露在低温下，应该对低温的影响有所防备，或者对其后果有防护措施。”

7）储罐罐体上管道开口位置要求。BS EN 14620－1：2006中7.1.6.1，要求薄膜罐的所有管道必须顶部进出储罐；建议其他罐型的所有进出口管道则尽可能在储罐顶部开口，当侧壁开口时，需安装遥控内部切断阀，或者底部接口为内罐的一部分，根部阀为遥控阀且焊接至底部接口。BS EN 1473：2016中6.4.3则明确禁止LNG储罐的内罐、外罐底部和侧部开口。而NFPA 59A—2019中8.4.2.1、13.8则要求双容罐、全容罐和薄膜罐液面下不允许管道开口；对于小型LNG场站，17.6.2要求：除非储罐系统可以按照API std 625划分为带管道开口的储罐类别，否则储罐液面下不允许管道开口。

8）BS 7777：1993第1部分中C3.2提到：“外部泄漏到大气的风险可以通过下列方式降至最低：①所有的接管都应避免低于最高液面；②如果无法避免低于最高液面的接头，则应限制其数量和大小”。

EN 14620－1：2006中7.1.6中规定：“考虑预应力钢筋混凝土外罐密封性，任何管线都必须从储罐的顶部进出，对其他储罐而言，任何与主罐或辅助罐的连接都应当控制在最少”；“所有的进出管线最好是通过顶部”。

NFPA 59A—2006中5.2.2.7规定：“双容或全容罐应当没有管道从液面下进出。”

9）辅助罐的LNG密封性。各种标准在考虑辅助罐的密封性方面有所不同。所有的标准对衬板的作用理解不一致。

BS 7777：1993第3部分中6.7.2中，建议使用低温衬板，“如果由于溢出/泄漏造成与低温产品的接触，衬板和膜应该选择能够经受低温的材料。”

BS 7777对位于轻微溢出的液面上、下的衬板做出明确的区别。显然，需要对“轻微泄漏”做出明确定义。

EN 14620－1：2006中7.1.5中，考虑了预应力混凝土外罐的密封性，没有液体密封衬板能提供充分的“最小压缩区域”及“裂缝宽度的限制”。

对预应力混凝土制造的外罐，EN 1473：1977中6.2.2，将其要求限制在“预应力钢筋应该保持与最大静压强度相匹配”。此外，这个标准在同一段写道：应该用内衬混凝土保证辅助容器LNG密封性。

EN 1473：2005中6.3.2的要求与EN 1473：1977相似，但是与“混凝土”一起的“衬板”被删除。增加了一个要求：“在硬基础/墙连接出口使用热保护”。

NFPA 59A—2006中5.2.2.5和7.2.1.5，关于围堰和低温设计适应性的要求都比较笼统。

10）辅助罐最小压缩范围和最小压缩应力。加强辅助罐密封性的一个关键因素，是在内容器泄漏时，“剩余受压区”的“最小剩余压缩应力”。

BS 7777：1993第3部分中8.7.2，要求在预应力主要方向，最低平均压缩应力1.0MPa，但没有提到在热应力和其他内、外产生的应力共同作用，应该在多大程度上考虑剩余压缩应力。

许多招标文件的定义更具体，经常要求在达到壁厚10%的剩余压缩区预应力，主要方向最低要有1.0MPa的压应力。

EN 14620－3：2006中6.5.2.2，考虑要求压缩区最小厚度为10mm，同时考虑根据混凝土质量和实际的弯曲和轴向压力，限制混凝土张力。

11）外罐裂缝开度限制。EN 14620－3：2006中6.5.2.1，提供了一点简单的信息：“裂缝宽度基于建造环境条件，但不得大于0.25mm。”这一标准是业主和审查人员讨论较多的问题，可是所有标准几乎都没有提及。

（3）其他设计内容

1）外壳可允许的沉降。BS 7777：1993第3部分中7.5.4，规定了限制储罐倾斜、储罐底面沉降及储罐周边沉降的要求。其他标准只是一般性地提到这些问题。它们要求在设计时应当证明储罐的组件可以吸收沉降，如EN 14620－1：2006中7.1.9。

2）地震安全停车（SSE）情况下的周向应力。NFPA 59A—2001中4.1.3.6和NFPA 59A—2019中7.2.2.8，预应力混凝土容器规定了压力限制检查、轴向张力和压缩力，以及最高限的压力限制。被动的和预应力加强都要做上述限制检查。这一方法比其他标准提到的适用的设计规则允许的限制更严格。

3）液位和容量的定义。储罐容量容易引起一些混淆。“工作容积”“储罐净容积”“最大有效容量”或“储罐总容积”这些术语经常被用到。在考虑储罐能力和根据不同定义引起的规格差异时，需要有明确的定义。另一个可能引起误解的是对不同液面的定义，如运行液面、最低液面、最高设计液面等，以及提出使用的警戒液面的缩写，如 LALL、LAH、LAHH 等。

BS 7777：1993 第1部分中 A.2，提供了一些细节，有“液面警报的典型例子”。EN 1473：1997 中 6.5.1、EN 1473：2006 草案的 6.6.2 和 EN 14620-1：2006 中 7.2.1.2，在涉及仪表时，间接提到了一些液面的问题。

液位和容量这两个问题紧密相关，因为储罐容量取决于基础和顶部的参考液位。

4）钢筋低温应力的评价。评价钢筋的低温特性时，大多数标准的温度基准低于 -20℃，NFPA 59A 低于 -29℃。标准中评价钢筋在低温下的许用拉伸应力有两种方法。

① 等效许用应力。NFPA 59A—2001 中 4.3.2.3 和 NFPA 59A—2006 中 7.4.1.3，要求在设计条件下达到 LNG 温度时，应当大大降低许用应力，BS 7777：1993 第3部分中 6.3.3 重复了这一要求，作为一个可选方案，但也明确指出了这一极限值的不经济性。

② 非等效许用应力。BS 7777：1993 中 6.6.3 和 6.6.4，认为钢筋在正常应力水平下的使用，可满足延展性和韧性方面的标准。通过在设计温度下对无缺口或缺口钢筋进行拉伸试验可以证明这些标准。该标准主要比较了无缺口和缺口样本的拉伸强度和塑性延展。

EN 14620-3：2006 中 A.3 也认为钢筋在正常应力水平下的使用，可以满足延展性和韧性的标准。测试程序以及钢筋的开槽与 BS 中相似，但是标准之间也略有不同。

BS 7777 和 BS EN 14620 之间的差别，是在钢材市场中对钢筋的选择，因此在费用上也就不同。表 10-19 列出了 BS 7777 和 BS EN 14620 冷态测试差异。表 10-20 列出了低温条件下的混凝土标准。

表 10-19　BS 7777 和 BS EN 14620 的冷态测试差异

标准名称	BS 7777：1993 第3部分中 6.3.4.2	BS EN 14620-3：2006 中 A.3
不开槽钢筋	每个样品的弹性延伸率不小于 3%	每个样品弹性延伸率不小于 5%
		屈服强度至少是设计中最低的屈服强度的 1.15 倍
开槽钢筋	在 100mm 的样品段上，弹性延伸率不低于 1%	
开槽敏感度（NSR）	≥1	≥1

表 10-20　低温条件下的混凝土标准

标准号	低温性能	低温下测试内容	取样频率	低温特性应用
BS 7777	混凝土的配比应可以在低温下提供可接受的特性［第3部分，6.4］	混凝土应能承受冰冻/融化循环考验，并测试证明其适应性［第3部分，6.4］		
BS EN 1473		-196℃循环一次，冻结/融化循环20次［C.1.1］	没 1/4 储罐壁的混凝土，或每 5000m³ 混凝土，每改一次混凝土配方	
NFPA 59A（2001）	对可能因 LNG 泄漏，容器外表面遭遇低温的情况有所考虑，否则需对此提供保护［4.1.2.5］	对混凝土应该进行低温下的压缩强度和收缩系数测试［4.3.3.1］		普通设计下可允许的压力考虑，应该基于室温-最低力值［4.3.2.2］
NFPA 59A（2006）	同上［7.2.1.5］	同上［7.4.2.1］		同上［7.4.1.2］
BS EN 14620				如果可以得到充足的测试数据，低温特性可以利用［第3部分，A.1］

3. 涉及LNG运输的标准

IMDG 32—2004《国际海运危险货物规则》。国际海事组织（IMO）海上LNG运输船舶的三个主要规则：《散装运输液化气体船舶构造和设备规则》《现有散装运输液化气体船舶规则》《国际散装运输液化气体船舶构造和设备规则》及其修正案。

《散装运输液化气体船舶构造和设备规则》，是国际海事组织在1975年1月12日通过A.328（X）决议后实施的。该规则简称GC规则，于1976年10月31日生效。它对1976年12月31日及以后至1986年7月1日前安放龙骨，或处于相应阶段、重大改建的液化气船适用；同时，对于1976年12月31日前安放龙骨，在1980年6月30日以后交付使用的液化气船也适用。《现有散装运输液化气体船舶规则》也是这次会议通过A329（I）决议后实施的。该规则简称现有船GC规则，于1976年12月31日生效。它是对GC规则的补充，主要适用于1976年10月31日以前交付使用的液化气船。《国际散装运输液化气体船舶构造和设备规则》，是国际海事组织海安会于1983年6月17日通过决议MSC.5（48）后实施的。该规则简称IGC规则，于1986年7月1日生效。该规则主要适用于1986年7月1日以后安放龙骨或，处于相应阶段、重大改建的液化气船。该规则生效以来已进行了多次修改，最近的一次修正是在2014年5月22日，以海安会MSC.370（93）号决议通过的修正案。

1990年，中国船级社首次颁布了适用于CCS船级的液化气体船规范——《散装运输液化气体船舶构造与设备规范》。根据1990年、1992年、1994年、1996年、2000年等IGC规则和修正案及相关的经验，于2005年再次颁布了《散装运输液化气体船舶构造与设备规范》。该规范在编排上做了较大改动，共分三个部分：第一部分为总则，这部分是CCS所有独立规范具有的特定章节；第二部分为入级检验与船体结构补充规定；第三部分为IGC规则，并在相应条款下增加特别标明的CCS条款（进行补充和解释）。这样的编排将船级要求和法定要求有效地进行了分离。该规范主要新增/修改内容包括补充了IMO以MSC.32（63）、MSC.59（67）和MSC.103（73）决议通过的IGC规则修正案，使之包括了现已生效的IGC规则全部条款内容；全面地纳入了IACS的统一要求及部分统一解释；增加了CCS相关法律条款，使该规范从形式上成为一本独立的规范。

2017年12月，中国船级社发布了《散装运输液化气体船舶构造与设备规范》（2018），并于2018年1月1日生效。新版规范新增内容如下：

1）纳入最新科研成果——适用于双体和三体罐的超大型液化气运输船C型独立液货罐强度有关规范技术要求，如双体和三体罐的液货内部静-动压力载荷体系（双体罐和三体罐液货加速度椭球/椭圆计算方法和直接计算设计载荷工况）、罐体及其加强环和支撑构件尺寸要求、基于ASME标准和IGC Code的直接强度分析强度标准、基于块单元-应力线性化的精细有限元模型分析方法、C型独立罐Y型接头疲劳评估要求；C型独立液货舱区域温度场简化计算、舱段结构有限元分析体系要求更新、三体罐构件尺度等要求。

2）纳入其他相关课题研究成果，如新编“B型独立液货舱结构疲劳强度评估”和“B型独立液货舱断裂裂纹扩展评估和泄漏分析”有关技术要求。

3）新增第2篇附录3，补充散液化船型的船体结构疲劳评估相关要求，如薄膜型LNG运输船的船体结构疲劳评估要求（引用）、A/B/C型独立舱型船舶的船体及其液货舱支撑结构的疲劳评估要求，以及C型独立罐Y型接头疲劳评估要求等。

4）纳入新修订的IACS UR W1（Rev.3，Aug 2016）和UR G3要求，增加IACS UR GC7和UR GC8的内容，纳入IMO MSC.411（97）和MSC.420（97）决议的内容，纳入指向IACS Rec.149、Rec.109和Rec.150的说明。

IMO三大公约：①《1974年国际海上人命安全公约（SOLAS)》，SOLAS公约的主要目标，是制定符合船舶安全要求的构造、装备和船舶操作的最低标准，是关于船舶安全的；②《73/78防污公约(MARPOL73/78)》，是关于海洋环境保护的；③《78/95海员培训、发证和值班标准国际公约（STCW78/95)》，是关于船员质量的，是一份为了提高海员的素质来保障航海安全的国际公约，用于规范海员培训、发证和值班标准，以实现提高航海人员的整体素质。这三大公约及它们的修正案很有代表性，已经成为国际公认的行为规范。此外，还有一个公约和一个规则也很重要，即《1966年国际船舶载重线公约》和《1972年国际海上避碰规则》，都是有关人命财产和航行安全的。

国际海事组织（IMO）于2004年5月的第78届海上安全委员会会议上，通过了《国际海运危险货物规则》第32次修正案（IMDG32-2004)。2006年1月1日生效，规定了海上运输危险品的规则。

10.5.2　国内标准规范

虽然我国有关LNG方面标准和规范还比较滞后，但LNG行业的迅速发展，也推进了有关标准的编制工作。目前我国已经颁布的与 LNG 相关的主要国家、行业和团体标准列举如下：

1）AQ 2012—2007《石油天然气安全规程》。

2）GB 50156—2021《汽车加油加气加氢站技术标准》。

3）GB 50183—2015《石油天然气工程设计防火规范》。

4）GB 51081—2015《低温环境混凝土应用技术规范》。

5）GB 51156—2015《液化天然气接收站工程设计规范》。

6）GB/T 19204—2020《液化天然气的一般特性》。

7）GB/T 20368—2021《液化天然气（LNG）生产、储存和装运》。

8）GB/T 22724—2022《液化天然气设备与安装 陆上装置设计》。

9）GB/T 26980—2011《液化天然气（LNG）车辆燃料加注系统规范》。

10）JTS 165-5—2021《液化天然气码头设计规范》。

11）SY/T 6933.1—2013《天然气液化工厂设计建造和运行规范 第 1 部分：设计建造》。

12）SY/T 6933.2—2014《天然气液化工厂设计建造和运行规范 第 2 部分：运行》。

13）SY/T 6711—2014《液化天然气接收站技术规范》。

14）T/BSTAUM 001-2017《小型液化天然气气化站技术规程》。

可以看到，过去二十年国内陆续编制、修订了多个与 LNG 设施的设计、施工、安全运营等息息相关的标准规范，LNG 技术标准正在逐步与世界 LNG 行业要求接轨。举例说明，GB 51156—2015 结合国内建造实际情况，在充分吸收国外标准规范安全设置要求的基础上，在第 7 章“液化天然气储罐”对国内当前主流大型 LNG 储罐罐型，从储罐自身结构设计、设备设计、保冷、检验试验、干燥、置换和冷却，以及储罐场地、地基和基础各个方面，给出了设计要求和规定。如 9.5.1 中提到的储罐设计中采用的 OBE、SSE 工况的确定，OBE 反应谱关键参数的确定同国际标准通用标准，即重现期规定为 475 年，而 SSE 则参照了美国 NFPA 59A 的标准，按照 50 年内超越概率为 2%、即重现期 2475 年设定。

作为危险化学品相关的行业，LNG 工程建设、LNG 设备制造、LNG 运输和 LNG 装置的运行管理，必须遵循国家有关安全生产的法令、法规，特别是关于易燃易爆危险化学品的强制性法令、法规。由于 LNG 相关标准体系尚待完善，且 LNG 设施与传统炼油化工工艺存在一定共同特点，因此，对具有普遍适用性的安全技术和管理要求，如安全仪表系统、火灾报警系统、耐火保护材料、建构筑物的防火防爆等，还要遵循国内有关石油化工、电气安全、工程建设等其他方面适用的技术标准规范。

1. 有关的法令、法规

LNG 工程不仅涉及易燃易爆的危险品，也涉及压力容器、压力管道等特种设备。国家和相关部门对危险化学品和特种设备的安全极为重视，颁布了一系列的相关法令和法规，对此类工程项目的申请、设计、建设、投产、管理和经营都有严格的要求。当 LNG 设施建设在港区内时，还应遵守交通运输部有关港口危险货物安全管理规定等系列法令法规。

需要严格遵循的法令、法规文件主要如下：

1）《中华人民共和国劳动法》1995 年 1 月 1 日起施行，2018 年 12 月 29 日修正，国家主席令〔1994〕第 28 号。

2）《中华人民共和国安全生产法》2002 年 11 月 1 日起施行，2021 年 6 月 10 日修正，国家主席令〔2002〕第 70 号。

3）《中华人民共和国职业病防治法》2002 年 5 月 1 日起施行，2018 年 12 月 29 日修正，国家主席令〔2001〕第 60 号。

4）《中华人民共和国消防法》1998 年 9 月 1 日起施行，2021 年 4 月 29 日修正，国家主席令〔1998〕第 4 号。

5）《中华人民共和国特种设备安全法》2014 年 1 月 1 日起施行，国家主席令〔2013〕第 4 号。

6）《中华人民共和国港口法》2004 年 1 月 1 日起施行，2018 年 12 月 29 日修正，国家主席令〔2003〕第 5 号。

7）《危险化学品安全管理条例》2002 年 3 月 15 日起施行，国务院令第 344 号，2011 年 3 月 2 日国务院令第 591 号修正，2013 年 12 月 7 日国务院令第 645 号修正。

8）《安全生产许可证条例》2004 年 1 月 13 日起施行，国务院令第 397 号，2014 年 7 月 29 日国务院令第 653 号修正。

9）《使用有毒物品作业场所劳动保护条例》2002 年 5 月 12 日起施行，国务院令第 352 号。

10）《特种设备安全监察条例》2003 年 6 月 1 日起施行，国务院令第 373 号，2009 年 1 月 24 日国务院令第549号修正。

11）《危险化学品建设项目安全监督管理办法》2012年04月01日施行，国家安全生产监督管理总局令〔2012〕第45号，2015年5月27日国家安全生产监督管理总局令第79号修正。

12）《危险化学品重大危险源监督管理暂行规定》2011年12月1日施行，国家安全生产监督管理总局令〔2011〕第40号，2015年5月27日国家安全生产监督管理总局令第79号修正。

13）《建设项目安全设施“三同时”监督管理办法》国家安全生产监督管理总局令〔2015〕第77号，2015年5月1日起施行。

14）《建设项目职业病防护设施“三同时”监督管理办法》2017年5月1日起施行，国家安全生产监督管理总局令第90号。

15）《建设工程消防监督管理规定》2012年11月1日施行，公安部令第119号。

16）《危险化学品经营许可证管理办法》2012年7月17日国家安全生产监督管理总局令第55号公布，根据2015年5月27日国家安全生产监督管理总局令第79号修正。

17）《危险化学品登记管理办法》2012年7月1日国家安全生产监督管理总局令53号。

18）《危险化学品生产企业安全生产许可证实施办法》国家安全生产监督管理总局令〔2011〕第41号，根据国家安全生产监督管理总局79号令修改。

19）《危险化学品输送管道安全管理规定》国家安全生产监督管理总局令〔2012〕43号，根据国家安全生产监督管理总局令〔2015〕79号修改。

20）《港口危险货物安全管理规定》交通运输部令〔2017〕第27号。

21）《港口工程建设管理规定》［交通运输部关于修改《港口工程建设管理规定》的决定（中华人民共和国交通运输部令〔2018〕第42号）］。

22）《港口经营管理规定》［交通运输部关于修改《港口经营管理规定》的决定（中华人民共和国交通运输部令〔2019〕第8号）］。

23）《关于进一步加强危险化学品建设项目安全设计管理的通知》，国家安全生产监督管理总局令〔2013〕第76号，2013年6月20日起施行。

24）《建设项目安全设施“三同时”监督管理办法》，国家安全生产监督管理总局令〔2015〕第77号，2015年5月1日起施行。

25）《原国家安全监管总局关于加强化工安全仪表系统管理的指导意见》国家安全生产监督管理总局令〔2014〕116号。

26）《首批重点监管的危险化学品名录》国家安全生产监督管理总局令〔2011〕第95号。

27）《第二批重点监管危险化学品名录》国家安全生产监督管理总局令〔2013〕第12号。

28）《首批重点监管的危险化学品安全措施和应急处置原则》国家安全生产监督管理总局令〔2011〕第142号。

29）《高毒物品目录（2003年版）》卫法监发〔2003〕142号。

30）《危险化学品目录（2015版）》国家安全生产监督管理总局等十部门公告〔2015〕第5号，2015年5月1日起实施。

2. 国内的相关规范和标准

国内与LNG工程建设、生产、运输和经营的规范和标准见表10-21。

表10-21　国内与LNG工程建设、生产、运输和经营的主要标准规范

序号	标准编号	标准名称
1	AQ 2012—2007	石油天然气安全规程
2	AQ/T 3033—2022	化工建设项目安全设计管理导则
3	GB 2893—2008	安全色
4	GB 2894—2008	安全标志及其使用导则
5	GB 4053（所有部分）—2009	固定式钢梯及平台安全要求
6	GB 12158—2006	防止静电事故通用导则
7	GB 15603—2022	危险化学品仓库储存通则
8	GB 18218—2018	危险化学品重大危险源辨识
9	GB 18265—2019	危险化学品经营企业安全技术基本要求
10	GB 30077—2013	危险化学品单位应急救援物资配备要求
11	GB 36894—2018	危险化学品生产装置和储存设施风险基准
12	GB 50011—2010	建筑抗震设计规范（2016年版）
13	GB 50016—2014	建筑设计防火规范（2018年版）
14	GB 50019—2015	工业建筑供暖通风与空气调节设计规范
15	GB 50028—2006	城镇燃气设计规范（2020年版）
16	GB 50033—2013	建筑采光设计标准
17	GB 50034—2013	建筑照明设计规定
18	GB 50052—2009	供配电系统设计规范
19	GB 50054—2011	低压配电设计规范
20	GB 50057—2010	建筑物防雷设计规范

（续）

序号	标准编号	标准名称
21	GB 50058—2014	爆炸危险环境电力装置设计规范
22	GB 50116—2013	火灾自动报警系统设计规范
23	GB 50153—2008	工程结构可靠性设计统一标准
24	GB 50156—2021	汽车加油加气加氢站技术标准
25	GB 50183—2015	石油天然气工程设计防火规范
26	GB 50187—2012	工业企业总平面设计规范
27	GB 50222—2017	建筑内部装修设计防火规范
28	GB 50343—2012	建筑物电子信息系统防雷技术规范
29	GB 50351—2014	储罐区防火堤设计规范
30	GB 50453—2008	石油化工建（构）筑物抗震设防分类标准
31	GB 50475—2008	石油化工全厂性仓库及堆场设计规范
32	GB 50493—2019	石油化工可燃气体和有毒气体检测报警设计标准
33	GB 50650—2011	石油化工装置防雷设计规范（2022 年版）
34	GB 50779—2022	石油化工建筑物抗爆设计标准
35	GB 50974—2014	消防给水及消火栓系统技术规范
36	GB 51081—2015	低温环境混凝土应用技术规范
37	GB 51156—2015	液化天然气接收站工程设计规范
38	GB/T 39800. 1—2020	个体防护装备配备规范　第 1 部分：总则
39	GB/T 12801—2008	生产过程安全卫生要求总则
40	GB/T 18442—2019	固定式真空绝热深冷压力容器（第 1~6 部分）
41	GB/T 19204—2020	液化天然气的一般特性
42	GB/T 20368—2021	液化天然气（LNG）生产、储存和装运
43	GB/T 21109—2007	过程工业领域安全仪表系统的功能安全（所有部分）
44	GB/T 21447—2018	钢质管道外腐蚀控制规范
45	GB/T 22724—2022	液化天然气设备与安装　陆上装置设计
46	GB/T 26980—2011	液化天然气（LNG）车辆燃料加注系统规范
47	GB/T 37243—2019	危险化学品生产装置和储存设施外部安全防护距离确定方法
48	GB/T 50770—2013	石油化工安全仪表系统设计规范
49	GB/T 50087—2013	工业企业噪声控制设计规范
50	GBZ 1—2010	工业企业设计卫生标准

（续）

序号	标准编号	标准名称
51	GBZ 2. 1—2019	工作场所有害因素职业接触限值　第 1 部分：化学有害因素
52	GBZ 2. 2—2007	工作场所有害因素职业接触限值　第 2 部分：物理因素
53	GBZ 230—2010	职业性接触毒物危害程度分级
54	GBZ/T 194—2007	工作场所防止职业中毒卫生工程防护措施规范
55	GBZ/T 223—2009	工作场所有毒气体检测报警装置设置规范
56	HG 20571—2014	化工企业安全卫生设计规范
57	HG/T 20660—2017	压力容器中化学介质毒性危害和爆炸危险程度分类标准
58	JB/T 6898—2015	低温液体贮运设备　使用安全规则
59	JTS 165 - 5—2021	液化天然气码头设计规范
60	SH 3009—2013	石油化工可燃性气体排放系统设计规范
61	SH 3047—2021	石油化工企业职业安全卫生设计规范
62	SH 3137—2013	石油化工钢结构防火保护技术规范
63	SH/T 3006—2012	石油化工控制室设计规范
64	SH/T 3007—2014	石油化工储运系统罐区设计规范
65	SH/T 3022—2019	石油化工设备和管道涂料防腐蚀技术标准
66	SH 3097—2017	石油化工静电接地设计规范
67	SH/T 3146—2004	石油化工噪声控制设计规范
68	SH/T 3153—2021	石油化工电信设计规范
69	SY/T 6933. 1—2013	天然气液化工厂设计建造和运行规范　第 1 部分：设计建造
70	SY/T 6933. 2—2014	天然气液化工厂设计建造和运行规范　第 2 部分：运行
71	SY/T 6711—2014	液化天然气接收站技术规范
72	TSG 21—2016	固定式压力容器安全技术监察规程
73	TSG D0001—2009	压力管道安全技术监察规程——工业管道
74	TSG 11—2020	锅炉安全技术规程
75	TSG ZF001—2006	安全阀安全技术监察规程
76	T/BSTAUM 001 - 2017	小型液化天然气气化站技术规程

3. 关于危险化学品安全管理条例

为了加强危险化学品的安全管理，规范危险化学品的生产、运输、储存、经营、使用等行为，预防和减少危险化学品事故，保障人民群众生命财产安全，保护环境，2002年1月26日国务院发布了第344号令《危险化学品安全管理条例》，自2002年3月15日起施行，该条例经2011年3月2日国务院令第591号第一次修正，2013年12月7日国务院令第645号第二次修正。

条例第三条明确规定："具有毒害、腐蚀、爆炸、燃烧、助燃等性质，对人体、设施、环境具有危害的剧毒化学品和其他化学品"，均为危险化学品；"危险化学品目录由国务院安全生产监督管理部门会同国务院工业和信息化、公安、环境保护、卫生、质量监督检验检疫、交通运输、铁路、民用航空、农业主管部门，根据化学品危险特性的鉴别和分类标准确定、公布，并适时调整"。

2015年，国家安全生产监督管理总局（现应急管理部）发布了《危险化学品目录（2015年）》，以及《危险化学品目录（2015版）实施指南（试行）》。其中，LNG行业涉及的天然气、甲烷、乙烷、丙烷、正丁烷、异丁烷、液化石油气等化学品均被纳入危险化学品目录。根据国家安全生产监督管理总局2011年发布的《首批重点监管的危险化学品名录》，甲烷、乙烷、天然气、液化石油气为重点监管危险化学品。

因此与天然气处理相关的LNG工业设施，必须严格按照《危险化学品安全管理条例》的要求，开展危险化学品的生产、贮存、经营、使用和运输。

生产、贮存、经营、运输或使用危险化学品的单位，主要负责人必须对本单位危险化学品的安全管理工作全面负责，遵守有关法律、法规、规章的规定和标准的要求。危险化学品单位应当具备法律、行政法规规定和国家标准、行业标准要求的安全条件，建立、健全安全管理规章制度和岗位安全责任制度，设置安全生产管理机构，配备专职安全生产管理人员。对从业人员进行安全教育、法制教育和岗位技术培训。从业人员应当接受教育和培训，考核合格后上岗作业；对有资格要求的岗位，应当配备依法取得相应资格的人员。

安全生产监督管理部门负责危险化学品安全监督管理综合工作，组织确定、公布、调整危险化学品目录，对新建、改建、扩建生产、贮存危险化学品（包括使用长输管道输送危险化学品，下同）的建设项目进行安全条件审查，核发危险化学品安全生产许可证、危险化学品安全使用许可证和危险化学品经营许可证，并负责危险化学品登记工作。

公安机关负责危险化学品的公共安全管理，核发剧毒化学品购买许可证、剧毒化学品道路运输通行证，并负责危险化学品运输车辆的道路交通安全管理。

质量监督检验检疫部门负责核发危险化学品及其包装物、容器（不包括贮存危险化学品的固定式大型储罐，下同）生产企业的工业产品生产许可证，并依法对其产品质量实施监督，负责对进出口危险化学品及其包装实施检验。

环境保护主管部门负责废弃危险化学品处置的监督管理，组织危险化学品的环境危害性鉴定和环境风险程度评估，确定实施重点环境管理的危险化学品，负责危险化学品环境管理登记和新化学物质环境管理登记；依照职责分工调查相关危险化学品环境污染事故和生态破坏事件，负责危险化学品事故现场的应急环境监测。

交通运输主管部门负责危险化学品道路运输、水路运输的许可及运输工具的安全管理，对危险化学品水路运输安全实施监督，负责危险化学品道路运输企业、水路运输企业驾驶人员、船员、装卸管理人员、押运人员、申报人员、集装箱装箱现场检查员的资格认定。铁路主管部门负责危险化学品铁路运输的安全管理，负责危险化学品铁路运输承运人、托运人的资质审批及其运输工具的安全管理。民用航空主管部门负责危险化学品航空运输及航空运输企业及其运输工具的安全管理。

卫生主管部门负责危险化学品毒性鉴定的管理，负责组织、协调危险化学品事故受伤人员的医疗卫生救援工作。

工商行政管理部门依据有关部门的许可证件，核发危险化学品生产、贮存、经营、运输企业营业执照，查处危险化学品经营企业违法采购危险化学品的行为。

新建、改建、扩建生产、贮存危险化学品的建设项目（以下简称建设项目），由安全生产监督管理部门进行安全条件审查。

新建、改建、扩建贮存、装卸危险化学品的港口建设项目，由港口行政管理部门按照国务院交通运输主管部门的规定进行安全条件审查。

危险化学品生产企业进行生产前，应当依照《安全生产许可证条例》的规定，取得危险化学品安全生产许可证。

依法设立的危险化学品生产企业在其厂区范围内

销售本企业生产的危险化学品，不需要取得危险化学品经营许可。

依照《中华人民共和国港口法》的规定取得港口经营许可证的港口经营人，在港区内从事危险化学品仓储经营，不需要取得危险化学品经营许可。

（1）危险化学品登记　2012年，为了加强对危险化学品的安全管理，规范危险化学品登记工作，为危险化学品事故预防和应急救援提供技术、信息支持，根据《危险化学品安全管理条例》，国家安全生产监督管理总局发布了总局令第53号《危险化学品登记管理办法》，自2012年8月1日起施行。国家经济贸易委员会2002年10月8日公布的《危险化学品登记管理办法》同时废止。

该办法适用于危险化学品生产企业、进口企业（以下统称登记企业）生产或者进口《危险化学品目录》所列危险化学品的登记和管理工作。原国家安全生产监督管理总局（现国家应急管理部）化学品登记中心（以下简称登记中心），承办全国危险化学品登记的具体工作和技术管理工作。省、自治区、直辖市人民政府原安全生产监督管理部门（现应急管理部门）设立危险化学品登记办公室或者危险化学品登记中心（以下简称登记办公室），承办本行政区域内危险化学品登记的具体工作和技术管理工作。

登记范围为《危险化学品目录》所列危险化学品，登记内容包括登记应当包括分类和标签信息，物理、化学性质，主要用途，危险特性，贮存、使用、运输的安全要求，出现危险情况的应急处置措施。

新建的生产企业应当在竣工验收前办理危险化学品登记。进口企业应当在首次进口前办理危险化学品登记。登记企业应当对本企业的各类危险化学品进行普查，建立危险化学品管理档案。危险化学品管理档案应当包括危险化学品名称、数量、标识信息、危险性分类和化学品安全技术说明书、化学品安全标签等内容。

危险化学品登记证书的有效期为3年，持证单位应在有效期满前3个月应进行复核。危险化学品的生产、贮存和使用单位如有以下违规行为，可处以3万元以下的罚款。

1）未按规定进行危险化学品登记，或在接到登记通知，6个月内未进行登记。

2）未向用户提供应急咨询服务。

3）转让、出租或伪造登记证书。

4）生产规模或产品品种及其理化特性发生重大变化，未按规定及时办理重新登记手续。

5）危险化学品登记证书有效期满以后，未按规定申请复核。

6）生产和使用单位终止生产或停止使用危险化学品时，未按规定及时办理注销手续。

（2）重大危险源管理　条例规定，危险化学品生产装置或者贮存数量构成重大危险源的危险化学品贮存设施（运输工具加油站、加气站除外），与下面八大类场所、设施、区域的距离应当符合国家有关规定：

1）居住区及商业中心、公园等人员密集场所。

2）学校、医院、影剧院、体育场（馆）等公共设施。

3）饮用水源、水厂及水源保护区。

4）车站、码头（依法经许可从事危险化学品装卸作业的除外）、机场及通信干线、通信枢纽、铁路线路、道路交通干线、水路交通干线、地铁风亭及地铁站出入口。

5）基本农田保护区、基本草原、畜禽遗传资源保护区、畜禽规模化养殖场（养殖小区）、渔业水域及种子、种畜禽、水产苗种生产基地。

6）河流、湖泊、风景名胜区、自然保护区。

7）军事禁区、军事管理区。

8）法律、行政法规规定的其他场所、设施、区域。

已建的危险化学品生产装置或者贮存数量构成重大危险源的危险化学品贮存设施不符合前款规定的，由所在地设区的市级人民政府安全生产监督管理部门会同有关部门监督其所属单位在规定期限内进行整改；需要转产、停产、搬迁、关闭的，由本级人民政府决定并组织实施。

重大危险源的辨识和分级按照国家标准GB 18218—2018《危险化学品重大危险源辨识》进行确定。按照原国家安监总局第40号令《危险化学品重大危险源监督管理暂行规定》，重大危险源根据其危险程度，分为一级、二级、三级和四级，一级为最高级别。

LNG接收站、液化厂等工业设施通常贮存有大量液化天然气，天然气储量远远超过GB 18218—2018所规定的临界量，往往构成一级重大危险源。根据40号令的要求，需由建设单位委托具有相应资质的安全评价机构，按照有关标准（如GB/T 37243—2019）的规定采用定量风险评价方法进行安全评估，确定个人和社会风险值，以及外部安全防护距离，确保其风险满足GB 36894—2018《危险化学品生产装置和储存设施风险基准》控制要求。

危险化学品单位须制定重大危险源事故应急预案，建立应急救援组织或者配备应急救援人员，配备必要的防护装备及应急救援器材、设备、物资，并保障其完好和方便使用；配合地方人民政府安全生产监督管理部门制定所在地区涉及本单位的危险化学品事故应急预案。

（3）危险化学品的运输　危险化学品的运输实行运输资质认定制度；承运人必须获得危险化学品的运输的资质认定，方可运输危险化学品。运输工具须是专业生产企业定点生产，并经检测、检验合格的设备。充装的容器或槽罐由质检部门进行定期的或者不定期的检查。

从事危险化学品运输的企业，应当对其驾驶员、船员、装卸管理人员、押运人员进行有关安全知识培训，他们必须掌握危险化学品运输的安全知识，并经交通部门考核合格（船员经海事管理机构考核合格），取得上岗资格证方可上岗作业。运输人员必须了解所运载的危险化学品的性质、危害特性、包装容器的使用特性和发生意外时的应急措施。运输危险化学品，必须配备必要的应急处理器材和防护用品。危险化学品的装卸作业，必须在装卸管理人员的现场指挥下进行。

运输危险化学品的船舶及其配载的容器，必须按照国家关于船舶检验的规范进行生产，并经海事管理机构认可的船舶检验机构检验合格，方可投入使用。托运危险化学品时，应当向承运人说明运输的危险化学品的品名、数量、危害、应急措施等情况。

运输的危险化学品中有需要添加抑制剂或者稳定剂的，托运人交付托运时，应当添加抑制剂或者稳定剂，并告知承运人。

运输、装卸危险化学品，应当依照有关规定和国家标准的要求以外，还要采取必要的安全防护措施。运输危险化学品的槽罐及其他容器必须封口严密，能够承受正常运输条件下产生的内部压力和外部压力，保证危险化学品在运输中不因温度、湿度或者压力的变化而发生任何泄漏。

公路运输危险化学品，必须配备押运人员，并随时处于押运人员的监管之下，不得超装、超载，不得进入危险化学品运输车辆禁止通行的区域；确需进入禁止通行区域的，应当事先向当地公安部门报告，由公安部门为其指定行车时间和路线，运输车辆必须遵守公安部门规定的行车时间和路线，不得进入禁止通行区域。途中需要停车住宿或者遇有无法正常运输的情况时，应当向当地公安部门报告。

（4）危险化学品事故应急救援　如果发生危险化学品事故，单位主要负责人应当按照本单位制定的应急救援预案，立即组织救援，并立即报告当地负责危险化学品安全监督管理综合工作的部门和公安、环境保护、质检部门。

有关地方人民政府应当做好指挥、领导工作。负责危险化学品安全监督管理综合工作的部门和环境保护、公安、卫生等有关部门，应当按照当地应急救援预案组织实施救援，不得拖延、推诿。为了减少事故损失，防止事故蔓延、扩大，有关地方人民政府及其有关部门应当按照下列规定，采取必要措施。

1）立即组织营救受害人员，组织撤离或者采取其他措施保护危害区域内的其他人员。

2）迅速控制危害源，并对危险化学品造成的危害进行检验、监测，测定事故的危害区域、危险化学品性质及危害程度。

3）针对事故对人体、动植物、土壤、水源、空气造成的现实危害和可能产生的危害，迅速采取封闭、隔离、洗消等措施。

4）对危险化学品事故造成的危害进行监测、处置，直至符合国家环境保护标准。

危险化学品单位需制订重大危险源事故应急预案演练计划，对重大危险源专项应急预案，每年至少进行一次事故应急预案演练；对重大危险源现场处置方案，则每半年至少进行一次。应急预案演练结束后，危险化学品单位应当对应急预案演练效果进行评估，撰写应急预案演练评估报告，分析存在的问题，对应急预案提出修订意见，并及时修订完善。

4. 对从业人员有关规定

LNG行业设施建成投用后，作为危险化学品生产单位或经营单位，企业主要负责人、分管安全负责人和安全生产管理人员必须具备与其从事的生产经营活动相适应的安全生产知识和管理能力，参加安全生产培训，并经考核合格，取得安全资格证书。

企业分管安全负责人、分管生产负责人、分管技术负责人应当具有一定的化工专业知识或者相应的专业学历，专职安全生产管理人员应当具备国民教育化工化学类（或安全工程）中等职业教育以上学历或者化工化学类中级以上专业技术职称，其中应配备危险物品安全类注册安全工程师从事安全生产管理工作。

危化品生产、经营单位其他从业人员应当按照国家有关规定，经安全教育培训合格。

按照《注册安全工程师管理规定》国家安全生产监督管理总局令第11号要求，从业人员300人以上的危险化学品生产、经营单位，应当按照不少于安全生产管理人员15%的比例配备注册安全工程师；安全生产管理人员在7人以下的，至少配备1名。

在LNG行业也存在各种特种作业，如电工作业、焊接与热切割作业作业、高处作业、危险化学品安全作业等。特种作业人员应当依照《特种作业人员安全技术培训考核管理规定》，经专门的安全技术培训并考核合格，取得特种作业操作证书。

由于气体储运设备属于特种设备，因此从事工业气体生产、运输和管理的有关人员，需取得相应的资格方可从事特种设备的作业。2010年，国家质量监督检验检疫总局发布的第140号令，修改《特种设备作业人员监督管理办法》，自2011年7月1日起施行。该办法规定：锅炉、压力容器（含气瓶）、压力管道、电梯、起重机械、场（厂）内机动车辆等特种设备的作业人员及其相关管理人员统称特种设备作业人员；从事特种设备作业的人员应按照《特种设备作业人员监督管理办法》的规定，经考核合格取得《特种设备作业人员证》，方可从事相应的作业或者管理工作。特种设备作业人员应当持证上岗，按章操作，发现隐患及时处置或者报告。《特种设备作业人员证》每4年复审一次，复审合格，证件有效。

特种设备的用人单位（特种设备的生产或使用单位），应聘（雇）用已经取得《特种设备作业人员证》的人上岗操作。

特种设备作业人员考核发证工作由县以上质量技术监督部门分级负责，具体分级范围由省级质量技术监督部门决定，并在本省范围内公布。对于数量较少的压力容器和压力管道带压密封、氧舱维护、长输管道安全管理、客运索道作业及管理、大型游乐设施安装作业及管理等作业人员的考核发证工作，由国家市场监督管理总局确定考试机构，统一组织考试，由设备所在地质量技术监督部门审核、发证。

持有《特种设备作业人员证》的人员，必须经用人单位的法定代表人（负责人）或其授权人聘（雇）用后，方可在许可的项目范围内作业。用人单位有义务和责任作好以下工作：

1）制定特种设备操作规程和有关安全管理制度。

2）聘用持证作业人员，并建立特种设备作业人员管理档案。

3）对作业人员进行安全教育和培训。

4）确保持证上岗和按章操作。

5）提供必要的安全作业条件。

如出现违章指挥特种设备作业的、作业人员违反特种设备的操作规程和有关的安全规章制度操作，或者在作业过程中发现事故隐患或者其他不安全因素未立即向现场管理人员和单位有关负责人报告，用人单位未给予批评教育或者处分的，均可处用人单位0.1~3万元的罚款，并责令限期整改。

持有《特种设备作业人员证》的人员，必须遵守以下规定：

1）作业时随身携带证件，自觉接受用人单位的安全管理和质量技术监督部门的监督检查。

2）积极参加特种设备安全教育和安全技术培训。

3）严格执行特种设备的安全操作规程和安全规章制度。

4）拒绝执行违章指挥。

5）如发现事故隐患或不安全因素应及时报告。

如发现持证人员有下列情形的，应吊销《特种设备作业人员证》：

1）持证人员考试作弊，或以其他欺骗方式取得证书的。

2）违章操作或管理造成特种设备事故的。

3）发现事故隐患和不安全因素未及时报告并造成事故的。

4）逾期不申请复审，或复审不合格且不参加考试的。

5）考试机构和发证部门工作人员滥用职权、玩忽职守、违反法定程序或者超越发证范围考核发证的。

持证人属于1）~4）情形的，3年内不得再次申请；属于2）、3）情形并造成特大事故的，终身不得申请。

10.5.3 国内外LNG标准规范的异同

国外有关LNG法规及标准规范的制定、颁布，和传统炼油化工行业一样，都是从生产事故经验教训中总结获得，也得益于公众、政府部门整体安全意识的提高。以美国为例，本章开篇所提及的1944年美国俄亥俄州Cleveland的液化天然气（LNG）调峰站的事故促使美国消防协会着手制定专门针对陆上LNG设施设计、施工和运营安全的NFPA 59A，美国交通运输部（DOT）随后出台了联邦法规（Code of Federal Regulation，CFR）49交通，第193部分，液化天然气设施：联邦安全标准（Title 49 Transportaion on Part 193，LIQUEFIED NATURAL GAS FACILITIES：FEDERAL SAFETY STANDARDS），对陆上LNG设施安全标准从选址要求、设计、施工、设备、运行、维修、人员资质和培训、消防、安保等方面提出了明确规定。

国际法律法规及设计标准体系的多年发展，形成了以国家强制性法律法规为基础、行业或学会推荐性设计标准和技术指南为支撑的标准体系。从执行强制力上来讲，法律法规为强制性，是必须满足的；而各行业或学会所发布的系列标准如 NFPA、API、ASME、IEEE 等则属于推荐性标准，企业自愿采纳，或可参考这些标准执行编制企业标准，奉行“风险自担”的原则。譬如美国联邦法规 49 CFR 193 中引用了 NFPA 59A 2001 年版和 2006 年版有关条文，作为强制条文，这样本为推荐标准的 NFPA 59A，其 2001 版和 2006 版中有关条文则变成了强制条文，必须在设计或建设时予以执行。

国际上，欧美两大主流 LNG 行业的标准规范或者说其设计理念也是不尽相同。欧洲标准 EN 1473 编制理念是“基于风险”，为性能化设计做支撑，其重点是采取各种措施保证对界区内外人员和财产的风险可控可接受，在 BS EN 1473：2016 中 4.4“危险源评估”里要求通过采用确定性或概率性的评估方法，确定必要地限制后果影响或在可接受风险范围内的必要的安全措施。该标准一般没有具体的设计或设置要求或评估场景，它仅给出了开展评估分析时需要考虑的范围、因素等内容，要求通过后果或概率综合评估确定适当的、必要的措施设置方案。美国 NFPA 59A 则是“确定性的”，在规范中会给出比较具体的设置要求或要求进行模拟计算的危险场景，除工厂选址外原则上不要求对整个设施进行系统的风险评估，且其重点是保证界区外人员和财产的风险满足要求。

我国有关 LNG 综合标准的制定，很大程度上受到了美国 NFPA 59A 的影响，GB 50183—2015 中 LNG 设施的关键要求，基本来自于 NFPA 59A。但不可否认的是，在 LNG 储罐的设计、建造和施工及后续检维修方面，欧洲 BS EN 系列标准则更为完备，在国内 LNG 设施的工程建设中有着更为广泛的予以借鉴和采用。

参考文献

[1] Standard for the Production, Storage, and Handling of liquefied Natural Gas (LNG): NFPA 59A [S/OL]. [2023 - 03 - 24]. https://catalog.nfpa.org/NFPA - 59A - Standard - for - the - Production - Storage - and - Handling - of - Liquefied - Natural - Gas - LNG - P1189. aspx.

[2] 刘诗飞，詹予忠，等. 重大危险辨识及危害后果分析 [M]. 北京：化学工业出版社，2004.

[3] 徐晓楠. 灭火剂与应用 [M]. 北京：化学工业出版社，2006.

[4] 中华人民共和国国家标准局. 液化天然气(LNG) 生产、储存和装运：GB/T 20368—2006 [S]. 北京：中国质检出版社，2007.

[5] CENTER FOR CHEMICAL PROCESS SAFETY. 保护层分析：简化的过程风险评估 [M]. 白永忠，党文义，于安峰，译. 北京：中国石化出版社，2010.

[6] MEULENET PV. RLG Tankdesign, Principles, and application rules: inventory and variations across various standerds [C]. Barcelona: LNG 15, 2007.

[7] Kevin Westwodet Fast and effective response to LNG va porrelerses and fires [C]. Barcelona: LNG 15, 2007.

[8] 张海峰. 危险化学品安全技术大典（第 1 卷）[M]. 北京：中国石化出版社，2009.

[9] 高维民. 石油化工安全技术 [M]. 北京：中国石化出版社，2005.

[10] 宋少光，白改玲，罗凯副. 天然气液化厂及 LNG 接收站建设运行技术 [M]. 北京：石油工业出版社，2019.

[11] 杨晓东，鲁雪生，舒小匠，等. QRA 方法在 LNG 项目中的应用及存在的问题 [J]. 化工学报，2018 (S2): 431 - 435.

[12] 张玉龙，舒小匠，赵欣，等. A new equivalent approach to obtain the homogenous stoichiometric fuel - air cloud based on the inhomogeneous fuel - air cloud from FLACS dispersion simulation [C] //第六届世界油气大会论文集，WCOGI 2016.

第11章　液化天然气应用装置

液化天然气应用装置主要介绍近年来应用比较广泛的车、船燃料（液化天然气）加注装置和工业及民用的液化天然气供气装置。此类装置均直接面向终端用户。

车、船燃料（液化天然气）加注装置指的是汽车和船舶的LNG燃料加注站，其主要功能是临时贮存液化天然气，并通过LNG加注设施将LNG加注到车、船燃料箱中。工业及民用液化天然气供气装置指的是直接面向终端用户的小型LNG汽化装置，其主要功能是将短期贮存的LNG加热汽化为终端用户所需的温度、压力，供下游用户做燃料使用。

近年来，为减少污染物排放、改善空气质量，国家大力推进“煤改气”“油改气”等天然气替代项目。大力推进天然气替代步伐，替代燃油车、船用燃料油，替代燃煤锅炉、工业窑炉、燃煤设施用煤和散煤。在此背景下，LNG因其贮存效率高、不受天然气管网限制、方便灵活、适应性强等特点，逐步广泛地用来作为煤和油的替代燃料。

11.1　汽车LNG燃料加注站

11.1.1　类型和特点

汽车LNG燃料加注站是指具有LNG贮存设施，使用LNG加注设备为LNG汽车储气瓶充装车用LNG，并可提供其他便利性服务的场所。

1. 汽车LNG燃料加注站的等级划分

对汽车LNG燃料加注站进行等级划分，应充分考虑加注站设置的规模与周边环境的协调性，考虑LNG储罐的容积能接受LNG槽车的卸料量，同时考虑汽车LNG燃料加注的市场概况。汽车LNG燃料加注站应按照国家标准《汽车加油加气加氢站技术标准》（GB 50156—2021）的规定进行分等级划分，具体划分见表11-1。

表11-1　LNG加气站的等级划分

等级	LNG储罐总容积V/m^3	LNG储罐单罐容积$/m^3$
一级	$120<V\leqslant180$	≤60
二级	$60<V\leqslant120$	≤60
三级	$V\leqslant60$	≤60

2. 汽车LNG燃料加注站的建站类型

汽车LNG燃料加注站形式一般分为固定式LNG加注站和移动式LNG加注站两种。固定式LNG加注站又分为分离式LNG加注站和橇装式LNG加注站两种；橇装式LNG加注站又分为分体式橇装LNG加注站和箱式橇装设备LNG加注站两种。各种LNG加注站工艺设备最大的区别在于设备、管道、阀门等集成的程度，详见表11-2。

表11-2　LNG加注站主要设备区别

<table>
<tr><th rowspan="2">类型</th><th rowspan="2">分离式固定</th><th colspan="2">橇装式固定</th><th rowspan="2">移动式</th></tr>
<tr><th>分体式</th><th>箱式</th></tr>
<tr><td>主要设备</td><td>1）LNG储罐
2）LNG潜液泵
3）卸车/储罐增压器
4）EAG加热器
5）LNG加注机</td><td>1）LNG储罐
2）LNG潜液泵橇（包含LNG潜液泵、卸车/储罐增压器、EAG加热器）
3）LNG加注机</td><td>箱式LNG橇装设备（包含LNG储罐、LNG潜液泵、卸车/储罐增压器、EAG加热器、LNG加注机、钢制拦蓄池）</td><td>1）箱式LNG橇装设备（包含LNG储罐、LNG潜液泵、卸车/储罐增压器、EAG加热器、LNG加注机、供配电及控制系统）
2）牵引车、拖挂车</td></tr>
</table>

3. 各种车用LNG加注站特点

（1）分离式固定LNG加注站　分离式固定LNG加注站是指各种设备，包括储罐、LNG泵、增压器、EAG加热器、加气机等设备在站区分开设置，设备、管道、阀门等集成的程度较低的加注站。分离式加注站设备之间分区明确，具有一定的距离。这种站加注规模较大，站区占地面积较大，设备之间距离较大，安装和检修方便，但施工时管线敷设比较复杂。这种站多建设于LNG加注站普及阶段。

（2）分体式橇装LNG加注站　分体式橇装LNG加注站指部分设备橇装在一起，一般为LNG泵、增压器及EAG加热器橇装在一起的LNG加注站，也有将 LNG 储罐、LNG 泵、增压器及 EAG 加热器橇装在一起的 LNG 加注站。这种加注站设备、管道、阀门等集成的程度较高，克服了分离式固定 LNG 加注站设备比较凌乱，管线敷设比较复杂的缺点，是目前 LNG 加注站较多的一种建站类型。

（3）箱式橇装设备 LNG 加注站　箱式橇装设备 LNG 加注站是指所有 LNG 工艺设备橇装在一个箱体内的建站类型，其特点为设备、管道、阀门等高度集成，整座站就是一台设备，箱式橇装设备 LNG 加注站与分体式橇装 LNG 加注站的主要区别在于，分体式橇装 LNG 加注站的 LNG 加注设备与其余设备一般不橇装在一起，设备一般露天设置，需要建设单独的防护堤和加注区；箱式橇装设备 LNG 加注站的所有设备，包括加注设备设置在箱体内，箱体底部设置有钢制拦蓄池，不再单独设置防护堤，受设备尺寸所限，箱式橇装设备 LNG 加注站加注设备一般设置 1 台或 2 台，加气规模较小。

（4）移动式 LNG 加注站　移动式 LNG 加注站也叫 LNG 移动加液车（图 11-1），是一种高度集成的 LNG 汽车加气装置，具有全套的汽车 LNG 燃料加注站功能。特点是占地面积小、加注作业灵活、能耗低。LNG 移动加液车主要用于特定用户、试验等场合，当汽车 LNG 燃料加注站不能正常工作时，当工业区的 LNG 瓶组需要补充加液时，也可做应急使用。LNG 移动加液车具有 LNG 加注及配送二合一的特点。

图 11-1　LNG 移动加液车

11.1.2　总体布局

1. 汽车 LNG 燃料加注站站址选择的基本原则

1）汽车 LNG 燃料加注站的站址选择，应符合所在地总体规划、用地规划、环境保护规划及道路交通等规划，并应选在交通便利的地方。

2）站址应尽量远离城市居住区、村镇、学校、医院及体育馆等人员集聚的场所。

3）站址应具有适宜的地形、工程地质条件，应避开油库、桥梁、铁路枢纽、军事管理设施等重要战略目标，应有良好的交通、供电、供水和通信等条件。

4）在城市建成区不宜建一级加气站、一级加油加气合建站。在城市中心区不应建一级加气站、一级加油加气合建站。

5）站内设施与站外建（构）筑物的安全间距应满足《汽车加油加气加氢站技术标准》（GB 50156—2021）和《建筑设计防火规范》（GB 50016—2014）中规定的要求，具体要求见表 11-3。

表 11-3　站内设施与站外建（构）筑物之间防火间距　（单位：m）

站外建（构）筑物		站内 LNG 设备				
		地上 LNG 储罐			放散管管口、加气机	卸车点
		一级站	二级站	三级站		
重要公共建筑物		80	80	80	50	50
明火地点或散发火花地点		35	30	25	25	25
民用建筑物保护类别	一类					
	二类	25	20	16	16	16
	三类	18	16	14	14	14
乙类生产厂房、库房和甲、乙类液体储罐		35	30	25	25	25
丙、丁、戊类物品厂房、库房和丙类液体储罐及单罐容积不大于 $50m^3$ 的埋地甲、乙类液体储罐		25	22	20	20	20
室外变配电		40	35	30	30	30
铁路		80	60	50	50	50
城市道路	快速路、主干路	12	10	8	8	8
	次干路、支路	10	8	6	6	6

（续）

<table>
<tr><th colspan="3" rowspan="3">站外建（构）筑物</th><th colspan="5">站内 LNG 设备</th></tr>
<tr><th colspan="3">地上 LNG 储罐</th><th rowspan="2">放散管管口、加气机</th><th rowspan="2">卸车点</th></tr>
<tr><th>一级站</th><th>二级站</th><th>三级站</th></tr>
<tr><td colspan="2">架空通信线</td><td>1 倍杆高</td><td colspan="5">0.75 倍杆高</td></tr>
<tr><td rowspan="2">架空电力线</td><td>无绝缘层</td><td rowspan="2">1.5 倍杆高</td><td colspan="2">1.5 倍杆（塔）高</td><td colspan="3">1 倍杆（塔）高</td></tr>
<tr><td>有绝缘层</td><td colspan="2">1 倍杆（塔）高</td><td colspan="3">0.75 倍杆（塔）高</td></tr>
</table>

2. 汽车 LNG 燃料加注站总平面布置的基本原则

1）总平面布置应满足所在地规划控制指标、建筑退让、交通组织及其他相关要求。

2）总平面布置应根据站内设施的功能性质、生产流程和实际危险性，结合四邻状况及风向，分区集中布置。布置时应避免流程交叉，迂回往复，使物料的输送距离最小，减少 LNG 输送的压损，减少 BOG 的产生量。

3）站内道路要通畅，各种车辆之间、人流和车辆之间尽量避免交叉迂回。加注区尽量开阔，加注区应尽量靠近道路布置，加注区与道路之间应通畅，或设置非实体透视围墙，确保进出站的车辆视野开阔，行车安全，方便操作人员对加注车辆、LNG 槽车等车辆的管理。

4）综合考虑建筑物朝向，以创造良好的生产环境，最大限度的利用日照和通风。

5）竖向设计充分考虑地形特点，减少土石方工程量。站内场地能满足及时排除雨水的要求。

6）满足安全生产与工业卫生要求。LNG 卸车、贮存、加注等作业过程具有易燃易爆的特点，站区布置应充分考虑安全布局，严格遵守《汽车加油加气加氢站技术标准》（GB 50156—2021）和《建筑设计防火规范》（GB 50016—2014）等相关标准的要求。

3. 汽车 LNG 燃料加注站总平面布置的基本要点

1）为了方便车辆进出，加强进出站车辆管理，避免车辆在加注站内拥堵，汽车 LNG 燃料加注站车辆入口和出口应分开设置。

2）站内车道或停车位宽度应按车辆类型确定，单车车道或停车位宽度不应小于4.5m，双车车道宽度不应小于6m。道路转弯半径按行驶车型确定，液化天然气罐车及消防车行驶道路的交叉口或弯道的路面内缘转弯半径不小于 12m，其他道路转弯半径不小于9m。罐车及消防车行驶道路的净空高度不应小于5m。

3）汽车 LNG 燃料加注站的卸车点、LNG 槽车固定停车位、储罐区、LNG 泵、增压器、EAG 加热器及加注机等设备的爆炸危险区域边界线加 3m，称为加注作业区，该区域是加注站介质最容易发生泄漏，从而引起火灾和爆炸的地方，所以应重点对该区域进行安全管理。加注站的辅助服务区，包括汽车服务、经营性餐饮、可燃气体的房间、便利店、变配电间、室外变压器、“明火地点”或“散发火花地点”等设施应布置在加注作业区之外。为了方便管理，加注气作业区与辅助服务区之间应有界线标识。

4）汽车 LNG 燃料加注站爆炸危险区域内一旦出现明火或火花，若发生天然气泄漏，极容易发生火灾和爆炸事故。由于加注站的围墙或和用地界线外为不可控区域，故加注站在平面布置时，其站内的卸车点、LNG 槽车固定停车位、储罐区、LNG 泵、增压器、EAG 加热器及加注机等设备的爆炸危险区域边界线不应超出加注站的围墙或和用地界线。

4. 汽车 LNG 燃料加注站的总体布局

汽车 LNG 燃料加注站主要分为加注区、储存区、卸车区、营业办公区及辅助区等。加注区是 LNG 汽车加注燃料的场所，主要设施有加注罩棚、LNG 加注机。加注机根据加注站的等级一般设置 2～6 台；贮存区是贮存 LNG 的场所，主要设施有 LNG 储罐，根据加注站的等级一般设置 1～3 台，储存区另外还设置有防火堤、储罐增压器、LNG 泵、BOG 回收装置、EAG 加热器等；卸车区是接卸 LNG 的地点，主要有卸车软管、卸车增压器等设备及 LNG 槽车固定停车位等；营业办公区主要是设施为站房，是加注站值班、办公、收银、控制及其他便利性服务的场所；辅助区主要是消防设施、变配电设施等区域。

（1）汽车 LNG 燃料加注站（一级站）总平面布局　图 11-2 所示为典型的汽车 LNG 燃料加注站（一级站）总平面布局。

LNG 燃料加注站（一级站）主要技术指标见表 11-4。

（2）汽车 LNG 燃料加注站（二级站）总平面布局　图 11-3 所示为典型的汽车 LNG 燃料加注站（二级站）总平面布局。

LNG 燃料加注站（二级站）主要技术指标见表 11-5。

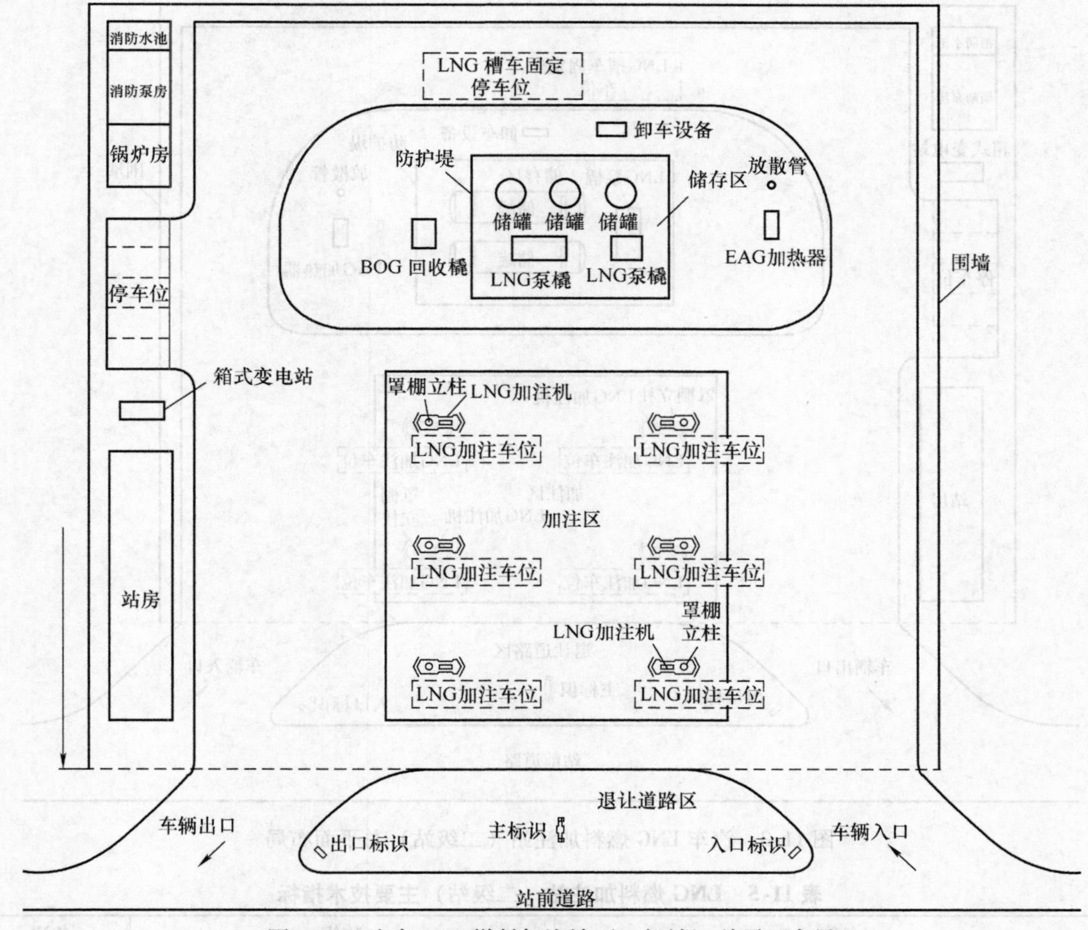

图 11-2　汽车 LNG 燃料加注站（一级站）总平面布局

表 11-4　LNG 燃料加注站（一级站）主要技术指标

名称		数值	备注
综合技术指标	加注站净占地面积/m^2	6000	约 9.0 亩
	总建（构）筑物占地面积/m^2	1572.0	
	总建筑面积/m^2	755.6	
	建筑系数（%）	26.2	
	容积率	0.13	

名称			规格	数值	备注
主要建筑物面积/m^2	站房		26.2m×6.0m	157.2	
	加注罩棚		34.0m×32.0m	1088.0	投影面
	消防泵房		7.2m×6.0m	43.2	
	消防水池		10.0m×6.0m	60.0	
	储罐区		18.5m×14.0m	259.0	
主要工艺设备/台	LNG 储罐		$V=60m^3$	3	立式
	LNG 泵橇			2	
	LNG 泵橇	LNG 泵	$Q=0.48\sim100m^3/h$	3	
		卸车增压器	$Q=300m^3/h$	1	
		储罐增压器		1	
	LNG 加注机		$Q=3\sim80kg/min$	6	
	EAG 加热器		$Q=300m^3/h$	1	

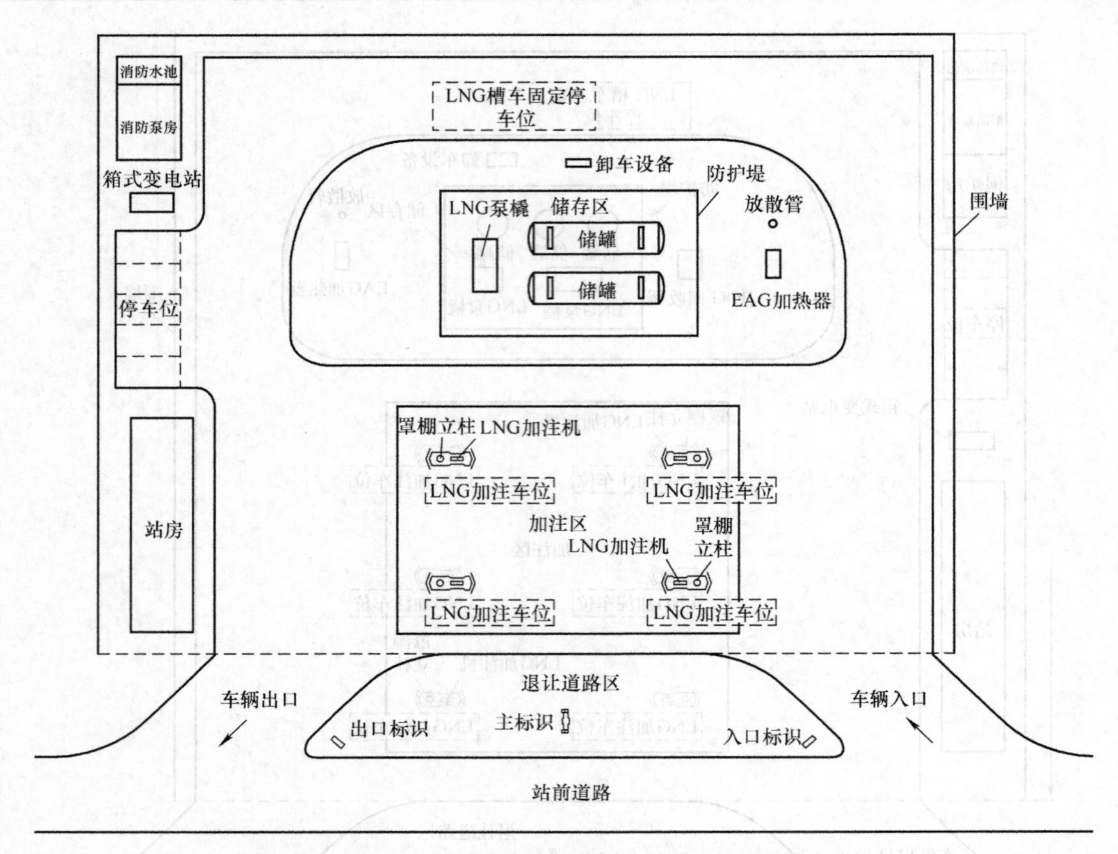

图 11-3　汽车 LNG 燃料加注站（二级站）总平面布局

表 11-5　LNG 燃料加注站（二级站）主要技术指标

名称			数值		备注
综合技术指标	加注站净占地面积/m^2		4800		约 7.2 亩
	总建筑物占地面积/m^2		1232.5		
	总建筑面积/m^2		531.1		
	建筑系数（%）		25.7		
	容积率		0.11		
名称			规格	数值	备注
主要建筑物面积/m^2	站房		21.0m×6.0m	126.0	
	加注罩棚		32.0m×22.0m	704.0	投影面
	消防泵房		7.2m×6.0m	43.2	
	消防水池		10.0m×6.0m	60.0	
	储罐区		24.0m×14.0m	336.0	
主要工艺设备/台	LNG 储罐		$V=60m^3$	2	卧式
	LNG 泵橇			1	
	LNG 泵橇	LNG 泵	$Q=0.48\sim100m^3/h$	2	
		卸车/储罐增压器	$Q=300m^3/h$	1	
	LNG 加注机		$Q=3\sim80kg/min$	4	
	EAG 加热器		$Q=200m^3/h$	1	

（3）汽车 LNG 燃料加注站（三级站）总平面布局　图 11-4 所示为典型的汽车 LNG 燃料加注站（三级站）总平面布局。LNG 燃料加注站（三级站）主要技术指标见表 11-6。

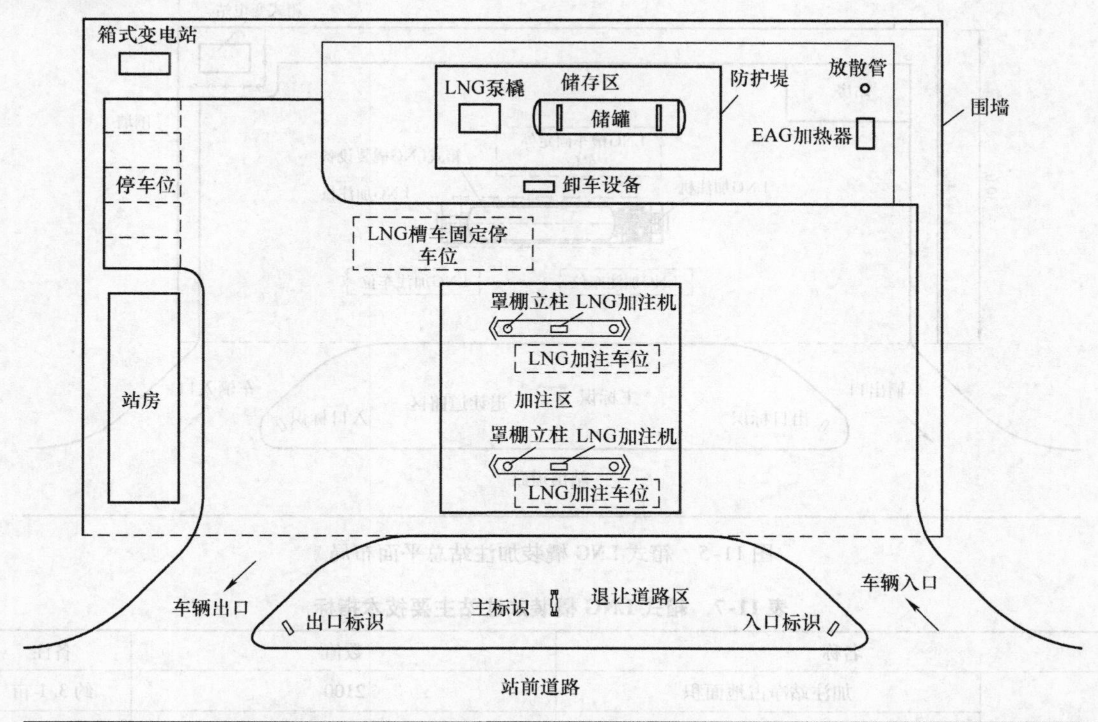

图 11-4　汽车 LNG 燃料加注站（三级站）总平面布局

表 11-6　LNG 燃料加注站（三级站）主要技术指标

<table>
<tr><th colspan="3">名称</th><th colspan="2">数值</th><th>备注</th></tr>
<tr><td rowspan="5">综合技术指标</td><td colspan="2">加注站净占地面积/m²</td><td colspan="2">3150</td><td>约 4.7 亩</td></tr>
<tr><td colspan="2">总建筑物占地面积/m²</td><td colspan="2">732.3</td><td></td></tr>
<tr><td colspan="2">总建筑面积/m²</td><td colspan="2">316.3</td><td></td></tr>
<tr><td colspan="2">建筑系数（%）</td><td colspan="2">23.2</td><td></td></tr>
<tr><td colspan="2">容积率</td><td colspan="2">0.10</td><td></td></tr>
<tr><th colspan="3">名称</th><th>规格</th><th>数值</th><th>备注</th></tr>
<tr><td rowspan="3">主要建筑物面积/m²</td><td colspan="2">站房</td><td>18.4m×6.0m</td><td>110.4</td><td></td></tr>
<tr><td colspan="2">加注罩棚</td><td>20.0m×20.0m</td><td>400.0</td><td>投影面</td></tr>
<tr><td colspan="2">储罐区</td><td>24.0m×9.0m</td><td>216.0</td><td></td></tr>
<tr><td rowspan="6">主要工艺设备/台</td><td colspan="2">LNG 储罐</td><td>$V=60m^2$</td><td>1</td><td>卧式</td></tr>
<tr><td colspan="2">LNG 泵橇</td><td></td><td>1</td><td></td></tr>
<tr><td rowspan="2">LNG 泵橇</td><td>LNG 泵</td><td>$Q=0.48\sim100m^3/h$</td><td>1</td><td></td></tr>
<tr><td>卸车/储罐增压器</td><td>$Q=300m^3/h$</td><td>1</td><td></td></tr>
<tr><td colspan="2">LNG 加注机</td><td>$Q=3\sim80kg/min$</td><td>2</td><td></td></tr>
<tr><td colspan="2">EAG 加热器</td><td>$Q=200m^3/h$</td><td>1</td><td></td></tr>
</table>

(4) 箱式 LNG 橇装加注站总平面布局　图 11-5 所示为典型的箱式 LNG 橇装加注站总平面布局。箱式 LNG 橇装加注站主要技术指标见表 11-7。

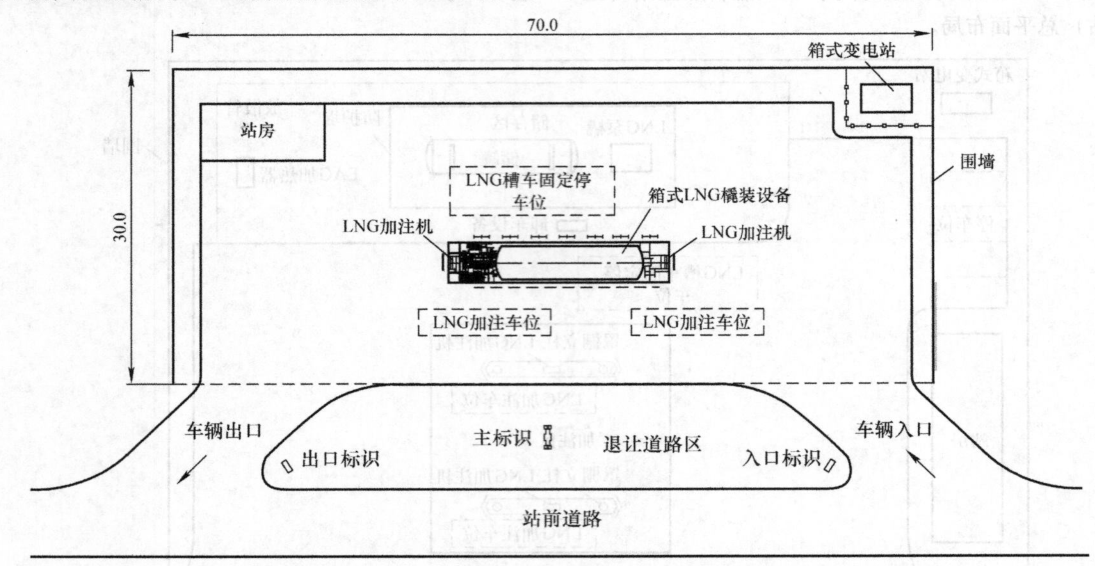

图 11-5　箱式 LNG 橇装加注站总平面布局

表 11-7　箱式 LNG 橇装加注站主要技术指标

名称		数值		备注
综合技术指标	加注站净占地面积	2100		约 3.1 亩
	总建筑物占地面积	142.0		
	总建筑面积	64.0		
	建筑系数	6.8		
	容积率	0.03		
名称		规格	数值	备注
主要建筑物面积/m^2	站房	11.1m × 5.4m	59.9	
	箱式 LNG 橇装设备区	20.0m × 3.9m	78.0	
主要工艺设备/台	LNG 储罐	$V = 60m^3$	1	卧式
	LNG 泵	$Q = 0.48 \sim 100m^3/h$	1	
	卸车/储罐增压器	$Q = 300m^3/h$	1	
	LNG 加注机	$Q = 3 \sim 80kg/min$	2	
	EAG 加热器	$Q = 200m^3/h$	1	

11.1.3　加注工艺

LNG 槽车内的液化天然气在卸车点，由 LNG 泵和卸车增压器联合作业输送至 LNG 贮罐贮存。由储罐增压器对储罐内 LNG 进行调压至工艺设定值，当有车辆来加气时，用 LNG 泵将 LNG 从储罐经管道输送至 LNG 加注机，并通过 LNG 加注机加注给 LNG 汽车（图 11-6）。

汽车 LNG 燃料加注站工艺流程可分为卸车流程、升压流程及加注流程等。

1. 卸车流程

把 LNG 槽车内的 LNG 转移至 LNG 储罐内，使 LNG 从储罐进液口进入 LNG 储罐。卸车有三种方式：增压器卸车、LNG 泵卸车、增压器和 LNG 泵联合卸车。

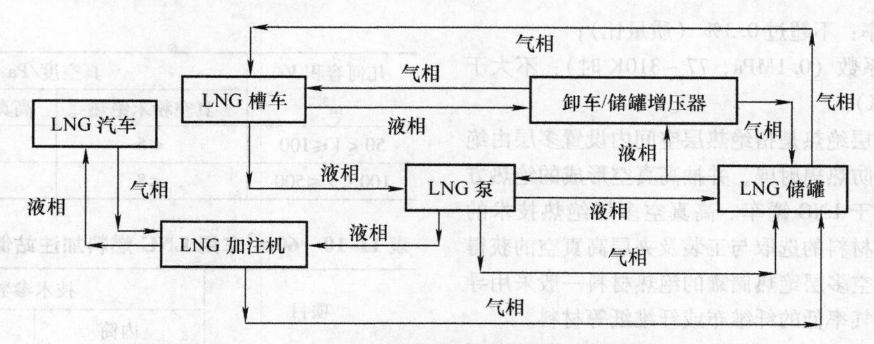

图11-6　汽车LNG燃料加注站工艺流程框图

（1）增压器卸车　通过卸车增压器将汽化后的气态天然气送入LNG槽车，增大槽车的气相压力，使LNG槽车的气相压力大于LNG储罐0.3~0.5MPa，槽车内的LNG进入LNG储罐。

（2）LNG泵卸车　将LNG槽车和LNG储罐的气相空间连通，LNG通过LNG泵加压后，从储罐进液口进入LNG储罐。

（3）增压器和LNG泵联合卸车　当LNG储罐的气相压力高于LNG槽车时，将LNG储罐和LNG槽车的气相空间连通，当压力平衡后，通过增压器增大LNG槽车的气相压力，使LNG槽车的气相压力大于LNG储罐0.3~0.5MPa，同时开启LNG泵将槽车内的LNG卸入储罐。

增压器卸车方式的优点是节约电能，工艺流程简单，缺点是产生较多的放空气体，卸车时间较长；LNG泵卸车方式的优点是不用产生放空气体，工艺流程简单，缺点是耗电能；增压器和LNG泵联合卸车方式优点是卸车时间较短，耗电量略小于LNG泵卸车方式，缺点是工艺流程较复杂。汽车LNG燃料加注站多采用增压器和LNG泵联合卸车的方式。

2. 升压流程

LNG的汽车发动机需要车载气瓶内饱和液体压力较高，一般在0.4~0.8MPa，而运输和贮存需要LNG饱和液体压力越低越好。所以在给汽车加气之前须对储罐中的LNG进行升压升温。LNG加气站储罐升压的目的是得到一定压力的饱和液体，在升压的同时饱和温度相应升高。汽车LNG加注站的升压采用下进气，升压方式有两种：一种是通过增压器升压，另一种是通过增压器与泵联合使用进行升压。第一种方式优点是不耗电能，缺点是升压时间长。第二种方式优点是升压时间短，减少放空损失，缺点是需要电耗。

3. 加注流程

汽车LNG燃料加注站储罐中的饱和液体LNG通过LNG泵加压后由加注机通过计量装置后加给LNG汽车。车载储气瓶为上进液喷淋式，加进去的LNG直接吸收车载气瓶内气体的热量，使瓶内压力降低，减少放空气体，并提高了加注速度。

通过对目前国内外采用先进的汽车LNG燃料加注站工艺的调查了解，正常工作状态下，系统的放空与操作和流程设计有很大关系。操作和设计过程中应尽量减少使用增压器。如果需要给储罐增压时，根据储罐液体压力情况进行增压。

11.1.4　主要设备

汽车LNG燃料加注站主要设备有LNG储罐、LNG泵、卸车增压器、储罐增压器、EAG加热器、加注机等。

1. LNG储罐

（1）LNG储罐的种类　汽车LNG燃料加注站的储罐为小型储罐，属于压力容器。其材料选择、设计、制造、检验及安全防护执行现行TSG 21—2016《固定式压力容器安全技术监察规程》、GB 150（所有部分）—2011《压力容器》和GB/T 18442（所有部分）—2019《固定式真空绝热深冷压力容器》的有关规定。

LNG储罐按照设置方式、结构型式可分为立式和卧式两种。卧式储罐又分为地上式（或地坑式）和埋地式两种。立式储罐占地面积小、但受风载、雪载的影响较大，检验不方便；地上式（或地坑式）储罐占地面积大，但受风载、雪载的影响较小，检验方便；埋地式储罐安全性最高，对周边环境影响最小，但检修不方便，投资较高。

目前市场上的LNG储罐绝热方式常用的有真空粉末绝热和高真空多层绝热两种，以真空粉末绝热方式居多。

真空粉末绝热是指绝热层空间内充填多孔微粒绝热材料，并抽真空形成的绝热方式，多孔微粒多采用膨胀珍珠岩（珠光砂）粉末，具有造价低、运行维护相对灵活、方便，安全可靠的特点。真空粉末绝热用膨胀珍珠岩（珠光砂）粉末要求如下：

1）粒度：0.1~1.2mm；

2）堆积密度：30~60kg/m^3；

3）含水率：不超过0.3%（质量比）；

4）导热系数（0.1MPa，77～310K时）：不大于0.03W/(m·K)。

高真空多层绝热是指绝热层空间内设置多层由绝热材料间隔的防热辐射屏，并抽高真空形成的绝热方式，一般多用于LNG罐车。高真空多层绝热技术的关键在于绝热材料的选取与工装及夹层高真空的获得和保持，高真空多层绝热储罐的绝热材料一般采用导热系数小、放气率低的纤维布或纤维纸等材料。

（2）LNG储罐的技术要求　汽车LNG燃料加注站的LNG储罐预冷和调试一般采用液氮，故其设计温度一般为－196℃。

考虑到汽车LNG燃料加注站位置可能设在城市、居住区等重要的地方，LNG储罐的安全度相比于GB 150（所有部分）—2011的规定略有提高，储罐内罐设计压力一般不应小于最高工作压力的1.2倍，储罐外罐外压设计压力不应小于100kPa。

LNG储罐设置全启封闭式安全阀，且不少于2个（1用1备），安全阀的开启压力及阀口总通过面积应符合现行TSG 21—2016《固定式压力容器安全技术监察规程》的有关规定；安全阀与储罐之间设切断阀，切断阀在正常操作时设置铅封。

储罐配置液位计、压力表、温度计和真空表，并应设置高、低液位报警装置；液位、压力和温度检测信号应传送至控制室集中显示。

LNG储罐真空夹层漏放气速率和及夹层封口真空度是衡量LNG储罐绝热性能的重要参数。LNG储罐真空夹层漏放气速率是指真空夹层漏气速率和放气速率之和；夹层封口真空度是指常温下储罐夹层封口时夹层空间的真空度。LNG储罐真空夹层漏放气速率和夹层封口真空度一般要求见表11-8和表11-9。汽车LNG燃料加注站储罐的单罐容积一般不小于60m³，其主要技术参数见表11-10。

表11-8　LNG储罐真空夹层漏放气速率

几何容积 V/m³	漏放气速率/（Pa·m³/s）	
	真空粉末绝热	高真空多层绝热
1≤V≤10	≤2×10^{-5}	≤2×10^{-6}
10＜V≤100	≤6×10^{-5}	≤6×10^{-6}
100＜V≤500	≤2×10^{-4}	≤2×10^{-5}

表11-9　LNG储罐夹层封口真空度

几何容积 V/m³	真空度/Pa	
	真空粉末绝热	高真空多层绝热
1≤V≤10	≤2	≤0.001
10＜V≤50	≤3	≤0.01
50＜V≤100	≤5	≤0.02
100＜V≤500	≤8	≤0.03

表11-10　60m³车用LNG燃料加注站储罐技术参数

项目	技术参数	
	内筒	外筒
容器类别	Ⅱ类、低压贮存容器	
结构型式	立式	
绝热方式	真空粉末绝热	
充装介质	LNG	
几何容积/m³	60	—
有效容积/m³	54	—
充装系数	0.9	
蒸发率LN2/（%/d）	≤0.316	
真空夹层漏放气速率/（Pa·m³/s）	≤6×10^{-5}	
夹层封口真空度/Pa	≤5.0	
主体材质	06Cr19Ni10	Q345R
工作温度/℃	≥－162	环境温度
设计温度/℃	－196	－40～50
最大工作压力/MPa	1.2	真空
设计压力/MPa	1.44	－0.1
直径/mm	3004	2500
外形尺寸/mm	14825×3020×3020	
空重/kg	22500	
最大充装质量/kg	23004	

2. LNG泵

LNG泵具有低温和易爆特性，与普通货物泵相比，LNG泵不仅要考虑泵内汽蚀、轴向与径向力平衡等普通货物泵存在的共性问题，还需具备耐低温性能。在气密性和电气设备防爆性能方面也要求更高。根据工作原理、结构型式和安装方式，LNG泵的分类可分为以下几种方式（图11-7）。

（1）往复泵　往复泵是指依靠活塞、柱塞或隔膜在泵缸内做往复运动，使缸内工作容积交替增大和缩小来输送液体或使之增压的容积式泵。往复泵具有

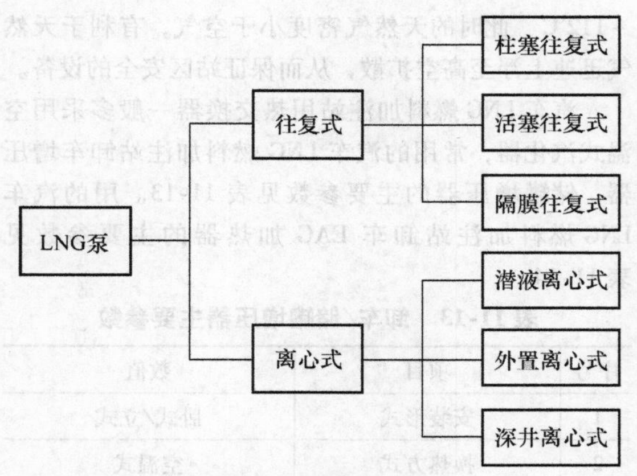

图11-7 LNG泵分类

较强的自吸能力，可获得较高的排压，但容易造成抽真空，产生气蚀。由于LNG往复泵容易产生较高的排压，自吸能力强，其多用于需要产生高压LNG的场所，如车用L-CNG加气站中，生产压缩天然气的泵都采用柱塞往复式LNG泵。

（2）离心泵 离心泵是利用叶轮旋转而使液态介质发生离心运动来工作的。离心泵在起动前，必须使泵壳和吸液管内充满液态介质，然后起动电动机，使泵轴带动叶轮和液态介质做高速旋转运动，液态介质发生离心运动，被甩向叶轮外缘，经蜗形泵壳的出口流入管路。

汽车LNG燃料加注站的LNG泵一般都采用潜液离心泵，其配置根据加注站的设计规模及加注机的流量和数量确定。LNG潜液泵包括泵体和泵池两部分，泵体为浸没式两级离心泵，整体浸入泵池中，无密封件，所有运动部件由低温液体冷却和润滑，其技术特点表现在：

1）泵体完全浸没在液体中，工作噪声非常小。

2）不含转动轴封，泵内有封闭系统使电机和导线与液体隔绝。

3）电动机不受潮湿、腐蚀的影响，其绝缘不会因为温度变化而恶化。

4）消除了可燃气体与空气接触的可能，保证了安全性。

5）叶轮和轴承通过液体自身润滑，不需要附加的润滑油系统。

6）进口设置诱导轮，减少了对系统装置气蚀余量的要求。

7）电动机为高速变频电动机，泵的工作范围较广。

典型的LNG潜液泵及泵池结构图如图11-8所示。典型的LNG潜液泵及泵池主要组成件见表11-11。常用的汽车LNG燃料加注站LNG潜液泵主要参数见表11-12。

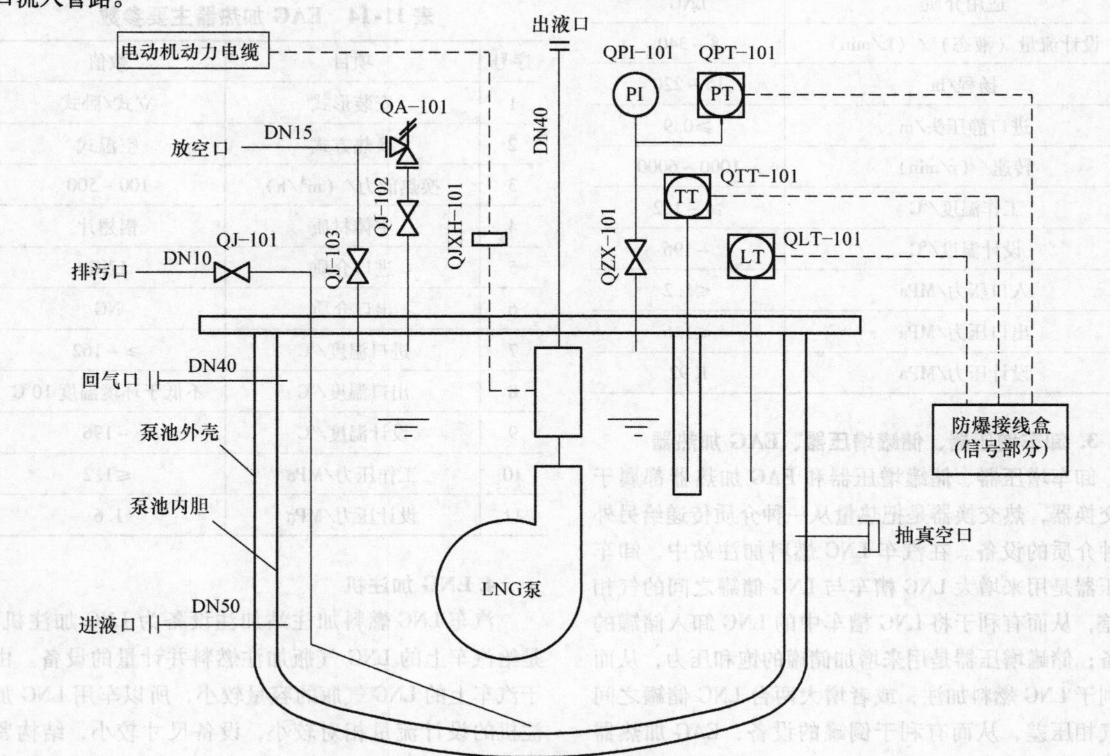

图11-8 LNG潜液泵及泵池结构图

表 11-11　LNG 潜液泵及泵池主要组成件

序号	代号	名称	数量	备注
1	QJ－101	低温手动截止阀 DN10	1	长柄
2	QJ－102、QJ－103	低温手动截止阀 DN15	2	短柄
3	QA－101	低温安全阀 DN15	1	
4	QZX－101	低温仪表针型阀 DN8	1	
5	QJXH－101	LNG 泵电动机电源接线盒	1	
6	QPI－101	就地压力表	1	
7	QPT－101	压力变送器	1	
8	QTT－101	温度变送器	1	
9	QLT－101	液位变送器	1	
10		防爆接线盒	1	
11		泵池	1	
12		LNG 泵头	1	

表 11-12　汽车 LNG 燃料加注站 LNG 潜液泵主要技术参数

项目	数值
适用介质	LNG
设计流量（液态）/（L/min）	8～340
扬程/m	15～220
进口静压头/m	≥0.9
转速/（r/min）	1000～6000
工作温度/℃	≥－162
设计温度/℃	－196
入口压力/MPa	≤1.2
出口压力/MPa	≤1.6
设计压力/MPa	1.92

3. 卸车增压器、储罐增压器、EAG 加热器

卸车增压器、储罐增压器和 EAG 加热器都属于热交换器，热交换器是把热量从一种介质传递给另外一种介质的设备。在汽车 LNG 燃料加注站中，卸车增压器是用来增大 LNG 槽车与 LNG 储罐之间的气相压差，从而有利于将 LNG 槽车中的 LNG 卸入储罐的设备；储罐增压器是用来增加储罐的饱和压力，从而有利于 LNG 燃料加注，或者增大两台 LNG 储罐之间的气相压差，从而有利于倒罐的设备；EAG 加热器是对放空的低温天然气进行升温，使其温度高于－112℃，此时的天然气密度小于空气，有利于天然气迅速上浮至高空扩散，从而保证站区安全的设备。

汽车 LNG 燃料加注站用热交换器一般多采用空温式汽化器，常用的汽车 LNG 燃料加注站卸车增压器、储罐增压器的主要参数见表 11-13。用的汽车 LNG 燃料加注站卸车 EAG 加热器的主要参数见表 11-14。

表 11-13　卸车/储罐增压器主要参数

序号	项目	数值
1	安装形式	卧式/立式
2	换热方式	空温式
3	换热能力/（m^3/h）	300～500
4	主体材质	铝翅片
5	进口介质	LNG
6	出口介质	BOG
7	进口温度/℃	≥－162
8	出口温度/℃	≥－137
9	设计温度/℃	－196
10	工作压力/MPa	≤1.2
11	设计压力/MPa	1.6

表 11-14　EAG 加热器主要参数

序号	项目	数值
1	安装形式	立式/卧式
2	换热方式	空温式
3	换热能力/（m^3/h）	100～500
4	主体材质	铝翅片
5	进口介质	LNG
6	出口介质	NG
7	进口温度/℃	≥－162
8	出口温度/℃	不低于环境温度 10℃
9	设计温度/℃	－196
10	工作压力/MPa	≤1.2
11	设计压力/MPa	1.6

4. LNG 加注机

汽车 LNG 燃料加注站加注设备为 LNG 加注机，是给汽车上的 LNG 气瓶加注燃料并计量的设备。由于汽车上的 LNG 气瓶的容量较小，所以车用 LNG 加注机的设计流量相对较小，设备尺寸较小，结构紧凑，其部件包括流量计、LNG 加液枪组件、回气枪

组件、拉断装置、阀门、安全阀、连接管路、电气设备和显示控制系统等高度集成在一起。LNG 加注机中的流量计是计量设备，多采用质量流量计，具有温度补偿功能；LNG 加液枪的加注枪头是给车载 LNG 气瓶加气的快装接头，加注软管附带有拉断阀等组件。典型的车用 LNG 加注机的工艺流程，如图 11-9 所示。典型的车用 LNG 加注机主要组成件见表 11-15。LNG 加注机加液枪组件如图 11-10 所示。

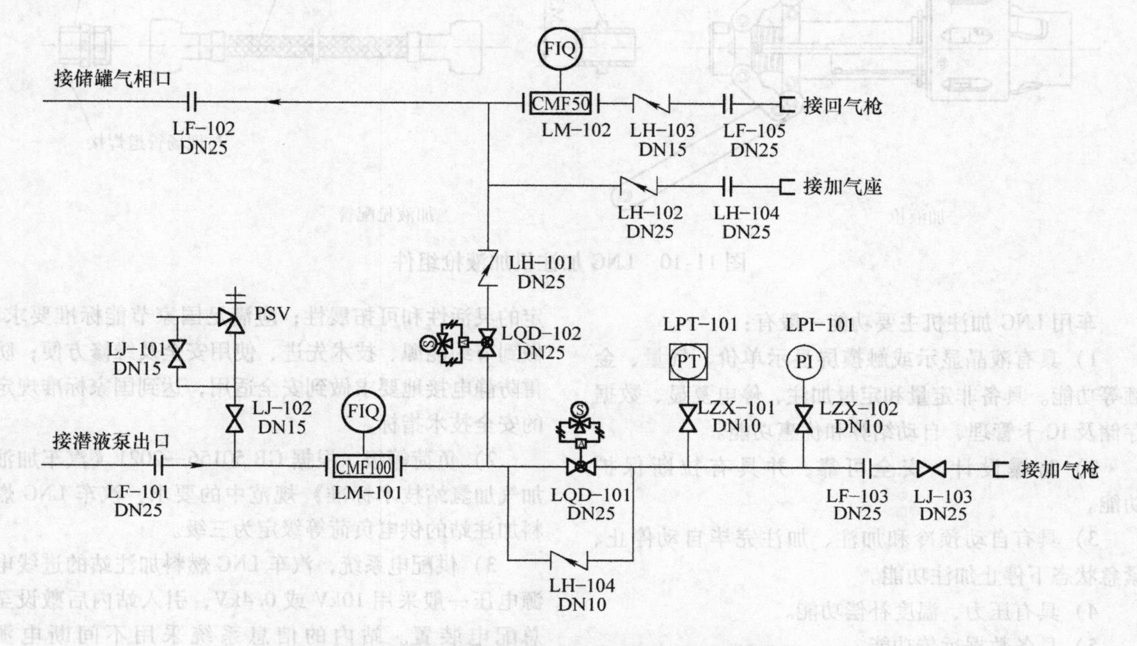

图 11-9 典型车用 LNG 加注机工艺流程图

表 11-15 LNG 加注机主要组成件一览表

序号	代号	名称	数量	备注
1	LM-101	质量流量计	1	
2	LQD-101、LQD-102	紧急切断阀	2	
3	LH-101～LH-104	止回阀	4	
4	LZX-101、LZX-102	针形阀 DN10、PN4.0	2	
5	LT-101	压力变送器	2	
6	LP-101	就地压力表	1	
7	LF-101～LF-104	法兰 WN25（B）-2.5	4	HG/T 20592
8	LF-105	法兰 WN15（B）-2.5	1	HG/T 20592
9		LNG 加液枪组件	1	含加液枪头 1 只、软管 1 条、转换接头 1 个、焊接接管嘴 1 个
10		加注口组件	1	含 LNG 加气座 1 个、软管 1 条、焊接接管嘴 1 个
11		回气枪组件	1	含 LNG 回气枪 1 个、软管 1 条、焊接接管嘴 1 个
12		回气座	1	

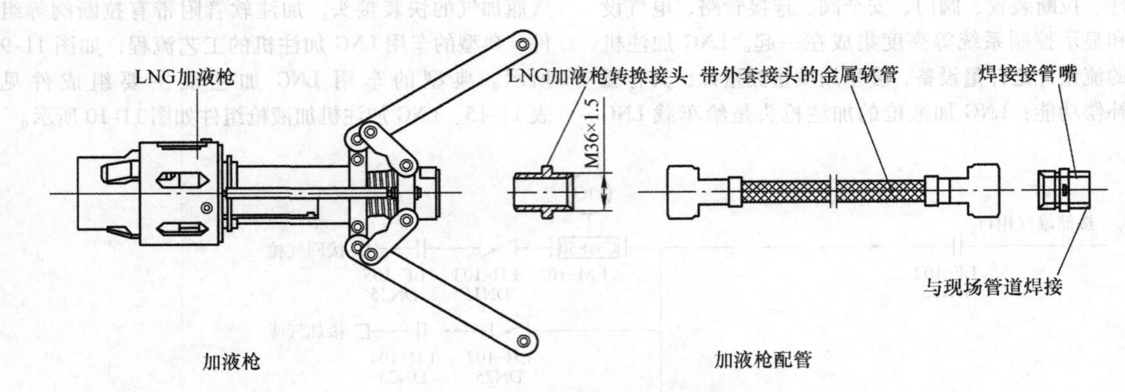

图 11-10　LNG 加注机加液枪组件

车用 LNG 加注机主要功能一般有：

1）具有液晶显示或触摸屏显示单价、气量、金额等功能。具备非定量和定量加注、停电复显、数据存储及 IC 卡管理、自动结算和优惠功能。

2）防爆设计、安全可靠，并具有拉断保护功能。

3）具有自动预冷和加注、加注完毕自动停止、紧急状态下停止加注功能。

4）具有压力、温度补偿功能。

5）具备数据远传功能。

常用车用 LNG 加注机的主要参数见表 11-16。

表 11-16　车用 LNG 加注机主要参数

序号	项目	数值
1	工作介质	LNG
2	计量准度（%）	±1.0
3	流量/(kg/min)	3～80
4	环境温度/℃	-40～55
5	工作温度/℃	-196～50
6	工作压力/MPa	≤1.6
7	设计压力/MPa	2.5
8	功率/W	≤200
9	电源/V	220
10	频率/Hz	50
11	单次计量范围/kg 或 L 或 m^3	0～9999.99
12	累计计量上限/kg 或 L 或 m^3	99999999.99

11.1.5　供配电、控制及仪表系统

1. 供配电

1）汽车 LNG 燃料加注站的供配电的原则要求，在确保供电安全、运行可靠、技术先进、经济合理的前提下，使系统接线简单、操作和维护方便并具有一定的灵活性和可拓展性；应满足国家节能标准要求，做到节约能源、技术先进、使用安全及维修方便；防雷防静电接地要求做到安全适用，达到国家标准规定的安全技术指标。

2）负荷等级，根据 GB 50156—2021《汽车加油加气加氢站技术标准》规范中的要求，汽车 LNG 燃料加注站的供电负荷等级定为三级。

3）供配电系统，汽车 LNG 燃料加注站的进线电源电压一般采用 10kV 或 0.4kV，引入站内后敷设至总配电装置。站内的信息系统采用不间断电源（UPS）供电。低压配电系统采用 TN－S 系统，对站内用电设备采用放射式配电。

4）线路敷设要求，应在满足设备用电需要和保证电压损失控制在 5% 以内的前提下，按照经济电流密度选取电缆截面；消防配电线路采用耐火型电缆；室外电缆宜采用直埋敷设方式，直埋电缆应埋至冻土层以下且不得小于 -0.7m；电缆不得平行敷设于地下管道的正上方或正下方，电缆不得与燃气管道及热力管道敷设在同一沟内。电缆在车行道下、穿墙及出地面时应钢管保护；敷设电气线路的套管所穿过的不同区域之间墙或楼板处的孔洞应采用非燃性材料严密堵塞。在爆炸性气体环境内钢管配线的电气线路应做好隔离密封。

5）爆炸危险区域划分，汽车 LNG 燃料加注站的爆炸危险区域应根据 GB 50156—2021《汽车加油加气加氢站技术标准》及 GB 50058—2014《爆炸危险环境电力装置设计规范》的规定划分。爆炸危险区域内的电气设备应按照 GB 50058—2014《爆炸危险环境电力装置设计规范》要求选型，在爆炸场所选用符合环境条件的防爆型电气产品，防爆等级不低于 dⅡBT4，设备保护级别 Gb 级。汽车 LNG 燃料加注站的爆炸危险区域划分见表 11-17。

表11-17　爆炸危险区域划分

场所	分区	分区范围
LNG加注机	1	LNG加注机内部空间
	2	LNG加注机的外壁四周4.5m的半径内，自地面高度为5.5m的范围空间内
卸车口	1	以LNG卸车口为中心，半径1.5m以内的空间
	2	距LNG卸车口为中心，半径4.5m的空间及至地坪以上的范围内
LNG泵	2	距露天设置的LNG泵等设备或装置的外壁4.5m，高出顶部7.5m，地坪以上的范围；当设置于防护堤内时，设备或装置外壁至防护堤，高度为堤顶高度的范围
水浴式LNG汽化器	2	距设备外壁和顶部3m的范围内；当设置于防护堤内时，设备外壁至防护堤，高度为堤顶高度的范围内
LNG储罐	2	距LNG储罐的外壁和顶部3m的范围内；储罐区的防护堤至储罐外壁，高度为堤顶高度的范围内
放散管	2	以放散管管口为中心，半径为3m的球形空间
1区、2区内坑、沟	1	整个坑、沟内
	2	坑、沟边界4.5m半径范围内

6）防雷、防静电。

① 建筑物防雷分类。根据当地气象条件及GB 50057—2010《建筑物防雷设计规范》的规范要求进行划分。易燃易爆场所的建（构）筑物按第二类防雷分类。

② 工艺生产装置的防雷设计应满足GB 50650—2011《石油化工装置防雷设计规范》的规范要求。根据规范要求，储罐等金属设备外壳壁厚大于4mm，可利用设备本体兼做接闪器，其接地点不应少于2处。第二类防雷建筑物采用屋面装设接闪器，其接闪网（线）网格不大于10m×10m或12m×8m，第三类防雷建筑物屋面的接闪网（线）网格不大于20m×20m或24m×16m。

③ 金属管道在进出装置区的外侧应进行接地，平行敷设的金属管道净距小于100mm或交叉小于100mm时，应用金属线跨接。爆炸危险区域内的工艺管道上的法兰、胶管两端等连接处，应用金属线跨接。当法兰的连接螺栓不少于5根时，再非腐蚀环境下可不跨接。

④ 卸车场地设置防静电接地装置，即在罐车卸车时用专用防静电接地夹将罐车与站内接地网可靠连接，并具有能检测跨接线及监视接地装置状态的功能。在工艺区入口、卸车作业口等处设置导除人体静电接地装置，防止工作人员带静电操作，消除隐患。

⑤ 接地系统。防雷接地、防静电接地、电气设备工作接地、保护接地及信息系统的接地采用共用接地装置，其接地电阻值应符合表11-18列出的要求。

表11-18　接地电阻最大允许值

接地装置名称		接地电阻最大允许值/Ω
电气设备保护接地		4
变压器中心点工作接地		4
1kV以下重复接地		10
防雷接地	一类建筑物	10
	二类建筑物	10
	三类建筑物	30
防静电接地		100
信息系统接地		1

2. 控制系统

为了保证汽车LNG燃料加注站系统可靠，安全运行，必须对加注站的管理和运行过程进行实时监测、调节和控制，在发生紧急情况时报警和采取安全动作。

（1）控制系统的设置原则

1）较高的可靠性。可靠性是控制系统的生命，若系统设置不可靠，即使功能再完善也没有用。因此，在控制系统设置中，除了尽可能选用高可靠性的元件和产品外，还要考虑系统的主要性能指标和试用场所。

2）功能的完善性。在保证完成基本的过程控制功能的基础上，应将自检、报警、紧急切断、安全保护等功能考虑在内，使系统功能更加完善。

3）方案的合理性。控制系统应与车船LNG燃料加注站的实际工艺过程紧密结合，应完全满足加注站工艺过程的具体要求，做到简单经济。同时，要给控制系统的容量和功能预留一定的裕度，便于以后的调整和扩充。

（2）控制系统的主要功能

1）生产实时监控：主要包括监控工艺流程和单台设备运行情况等。

2）生产异常报警：实时监控各生产环节运行情况及参数、可燃气体报警信号等，发现异常后及时报警，并储存报警信息，方便用户查询。

3）历史数据查询：对实时监控数据做历史保存，用户可查询选定参数、选定时间段内的历史数据。

4）报表生成与打印：对用户关心的、需要打印的监控数据生成对应的报表，同时提供打印功能。

5）远程控制：实时监控采集可燃气体报警信号，一旦产生报警，提示远程监控用户是否进行远程紧急停车。

6）数据交互：将上层管理软件需要的设备运行数据写入指定的数据源，给管理软件提供生产、销售分析的基础数据。

（3）控制系统的分类　汽车LNG燃料加注站控制系统一般由站控系统、加注管理系统、可燃气体报警控制系统等组成。

1）站控系统。站控系统是汽车LNG燃料加注站的基本过程控制系统，以可编程逻辑控制器（PLC）和站控计算机为核心设备。站控系统的作用是连续监视和控制站内所有设备的运行状态、工艺参数，并记录和产生报警，使得整站处于可控、可视、安全、可靠、稳定的运行状态。由于场站重要并且站内介质易燃易爆，需要有人长期监控运行，所以汽车LNG燃料加注站站控系统均为有人值守站。站控系统一般主要功能配置见表11-19。

表11-19　站控系统主要功能配置

序号	设备	配置
1	站控PLC控制柜	小型断路器
		直流电源
		中间继电器
		PLC控制器（CUP模块、电源模块、以太网通信模块、AI/AO/DI/DO模块）
		浪涌保护器
		安全栅
2	站控计算机	监控软件、PLC编程软件
3	打印机	
4	不间断电源（UPS）	后备时间≥0.5h

2）加注管理系统。加注管理计算机通过计算机网络与监控计算机进行通信，把LNG加注设备的加注数据实时传送到后台监控管理系统。实时传输的数据包括车辆编号、车型、本次加注量、本次金额、交易时间、加注设备编号等加注详细信息，并能反映当前加注状态及流水账号。

3）可燃气体报警控制系统。系统由可燃气体探测器、可燃气体报警控制器等组成，完成对各个区域的可燃气体泄漏的动态监测、区域识别、声光报警和联锁控制信号输出等功能，通过RS－485通信接口与站控系统控制器通信。

3. 测量仪表

汽车LNG燃料加注站的主要测量仪表有压力、温度及流量等参数的检测仪表，包括就地及远传压力、温度、流量、液位等仪表。

（1）主要检测仪表简介

1）压力仪表。压力仪表是指将压力转换为电信号输出的仪表，一般由弹性敏感元件和位移敏感元件（或应变计）组成。弹性敏感元件的作用是使被侧压力作用于某个面积上并转换为位移或应变，然后由位移敏感元件（或应变计）转换为与压力成一定关系的电信号。

压力仪表的种类很多，常用的有电容式、变磁阻式差动变压器式、霍耳式、光纤式、谐振式、压阻式和压电式等，以压阻式和压电式最为常用。

2）温度仪表。温度仪表一般分为接触式和非接触式两大类。接触式的特点是感温元件直接与被测量对象接触，两者进行充分的热交换，最后达到热平衡，此时感温元件与被测量对象温度相等，温度计的示值就是被测量对象的温度。接触式测温的精度较高，直观可靠，测温仪表价格较低。根据测温转换的原理，接触式温度传感器可以分为膨胀类、电阻类（铂热电阻、铜热电阻、热敏电阻）、热电类、光纤类等。非接触式的特点是感温元件不与被测量对象直接接触，而是通过接受被测量物体的热辐射实现热交换，据此测出被测量对象的温度。其特点是具有不改变被测量物体的温度分布，热惯性小，测温上线可设计的很高，便于测量运动物体和快速变化物体的温度。

汽车LNG燃料加注站工艺系统的主要介质为LNG，具有低温和易燃易爆的特点，其采用的温度仪表一般为铂热电阻接触式，其原理是利用感温元件的电阻随温度的变化而测出被测量对象的温度，其温度测量范围为-260～850℃。

3）液位检测仪表。液位检测仪表是安装于容器上常见的一种测量装置，通常是测量物质的高度或位置。按照工作原理，液位仪表可分为直接式（含反射式、透射式）、静压式（含压力式、差压式、吹气法压力式）、浮力式（含浮球式、浮筒式、磁性翻板式）、电气式（含电接点式、电容式、磁致伸缩式）、超声波式、雷达液位式和辐射式等几种形式。

汽车LNG燃料加注站LNG储罐常用差压式液位计。差压式液位测量仪表在石油化工行业使用比较广泛，其基本原理如图11-11所示。

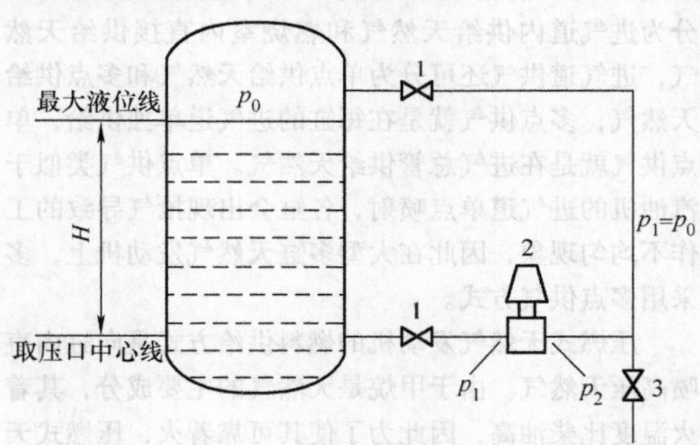

图11-11　差压式液位测量原理图

1—切断阀　2—差压仪表　3—气相排液管

液位高度计算公式为

$$H=\Delta p/\rho g \tag{11-1}$$

$$\Delta p=p_2-p_1 \tag{11-2}$$

式中，H为液位高度；Δp为测得压差；ρ为介质密度；p_2为液相取压口压力；p_1为气相取压口压力；g为加速度。

4）流量检测仪表。流量检测仪表主要功用是作为控制系统的检测仪表之一，用于LNG物料的检测。汽车LNG燃料加注站的流量检测仪表主要用于补给或加注作业的贸易结算。流量检测仪表种类繁多，根据LNG的流体特点及汽车LNG燃料加注站补给或加注作业的特点，汽车LNG燃料加注站的流量测量仪表要求有良好的可靠性、重复性、精密度及范围度，常用的有质量流量计和差压式流量计等。质量流量计分为间接式和直接式两种，间接式质量流量计以压力温度补偿式最为常用，直接式质量流量计常用的有科里奥利质量流量计（简称CMF）和热式质量流量计（简称TMF）。目前汽车LNG燃料加注站上使用的流量计大多为CMF。

CMF可直接测量流体介质的质量流量，还可以测量温度、密度等其他参数。具有抗干扰能力强、测量精度高、量程比大、工作稳定可靠、测量范围宽等优点，其测量值不受流体密度、黏度、流速及温度的影响。科里奥利质量流量计的缺点是体积和重量较大，价格较贵，压损较大、零点不稳定等。

CMF由传感器（一次仪表）和变送器（二次仪表）组成。传感器为本质安全型，它是质量流量计的机械部分，内部一般装有激振器、位移传感器或温度传感器等部件；变送器是质量流量计的显示和电气部分，其内部装有电源、数字电路、显示器、安全栅和输出等部件。变送器用于接受并处理传感器的电信号，转化为质量流量、温度、密度等所需测量的参数，可以显示、贮存、远程传输数据，修改流量参数，变送器由本安型或符合防爆型两种。

常用汽车LNG燃料加注站CMF通用技术参数见表11-20。

表11-20　CMF通用技术参数

序号	项目	参数
1	测量介质	LNG/BOG
2	公称通径	DN15～DN80
3	测量范围	1.5～1800kg/min
4	准确度等级	0.15级、0.2级、0.5级、1.0级
5	重复性	0.075%、0.1%、0.25%、0.5%
6	工作压力	≤4.0MPa
7	工作温度	-196～50℃
8	环境温度	-40～55℃
9	相对湿度	≤95%
10	外壳材料	316L（传感器）铝合金（变送器）
11	通信	RS-458
12	防爆等级	ExdibⅡBT5
13	电源	15～40V，15W

（2）检测仪表的选型要求

1）仪表选型依据：采用适用于天然气介质、爆炸危险区域、室外使用要求的仪器仪表，同时考虑环境温度、湿度、振动加速度等因素。系统数据输出和导入采用RS-485/MODBUS串口通信。检测仪表的选型应遵循具有技术成熟、信誉良好、质量可靠、便于维护，经济实用的原则。

现场采用本安或隔爆型仪表，各仪表均带就地显示及4～20mA标准信号输出。现场本安仪表和二次仪表之间设置隔离式安全栅，以防止控制室危险能量及高电压、高电流窜入现场，同时增强系统的抗干扰能力，提高系统的可靠性。控制电缆和计算机电缆均采用阻燃型。

2）仪表选型要求：仪表信号应为4～20mA直流信号或MODBUS总线信号。仪表应具有高可靠性并满足准确度要求，准确度要求不低于0.2级，重复性应优于0.2%。

爆炸危险区内选用与爆炸、火灾危险环境等级相适应的仪器仪表，防爆等级不低于Exd Ⅰ BT4或Exia Ⅱ BT4，防护等级为IP65。仪表短时过载能力应为1.60 max时仪表无损。

电气特性为：二线制无源，输出信号为4～20mA和支持Hart通信，电源电压为12～45V DC。

11.1.6 LNG汽车技术

1. LNG汽车的特点

LNG汽车是燃料为液化天然气的汽车的简称。其突出优点是相对于CNG汽车，LNG能量密度大（约为CNG的3倍），汽车续驶里程长。天然气是一种理想的汽车燃料，它充分显示了环保、经济、安全、资源上的优越性，在世界范围内得到广泛的重视和迅速的发展，与普通汽、柴油车相比具有以下几大优势。

（1）天然气的环保性　天然气是一种洁净环保的优质能源，几乎不含硫、粉尘和其他有害物质，燃烧时产生的二氧化碳少于其他化石燃料，造成温室效应较低，因而能改善环境质量。天然气在液化过程中进一步得到净化，纯度更高，无色、无味、无毒且无腐蚀性，为汽车尾气排放满足更加严格的标准创造了条件。因此，天然气汽车是减少城市环境污染的理想交通工具，属国家鼓励发展的高新节能环保项目。

（2）天然气的经济性　用天然气作为汽车燃料，可节省燃料费用，以气代油的经济效益较为可观。

（3）天然气燃料可延长设备使用寿命，降低维修费用　天然气的辛烷值在130左右，而高辛烷值汽油仅在98左右，所以天然气作为汽车燃料不需要添加剂。天然气燃烧完全，无积炭，燃烧产物为气态，不稀释润滑油，能有效减轻零件磨损；燃烧运转平稳，噪声小，从而减少了气阻和爆震，使发动机寿命延长，大修理间隔里程延长2～2.5万km，年降低维修费用50%以上。

（4）天然气燃料比汽油燃料更安全　天然气的燃点为650℃，爆炸极限为5.0%～15.0%，汽油燃点为427℃，爆炸极限为1%～7.6%，天然气比汽油高出2～4倍；天然气比空气轻，如有泄漏，会很快扩散，而不会向汽油那样积聚在发动机周围形成爆炸混合物，遇明火引起爆炸。

2. 天然气发动机

LNG汽车的发动机为天然气燃料发动机，天然气在LNG汽车车载气瓶中的存储状态为低温液态，进入发动机燃烧时则为常温气态。天然气燃料发动机与使用传统柴油的发动机在结构型式、工作原理等方面均有所不同。而不同类型天然气发动机，其自身的结构与工作原理也存在差异。

（1）按点火方式划分　按天然气的点火方式，天然气发动机可分为点燃式天然气发动机，压燃式天然气发动机和柴油引燃式天然气发动机。

点燃式天然气发动机技术就是类似汽油机的工作方式，用火花塞引燃天然气混合气，其供气方式可以分为进气道内供给天然气和燃烧室内直接供给天然气，进气道供气还可分为单点供给天然气和多点供给天然气，多点供气就是在每缸的进气道单独供给，单点供气就是在进气总管供给天然气。单点供气类似于汽油机的进气道单点喷射，各缸会出现抢气导致的工作不均匀现象，因此在大型多缸天然气发动机上，多采用多点供气方式。

压燃式天然气发动机的燃料供给方式是向缸内直喷高压天然气。由于甲烷是天然气的主要成分，其着火温度比柴油高，因此为了使其可靠着火，压燃式天然气发动机一般需要助燃措施，常用的为电热塞辅助着火。压燃式天然气发动机像柴油机一样没有节气门，不存在节流损失和容积效率损失，高压天然气喷入燃烧室内，边混合边燃烧，属于扩散燃烧的范畴。该类型的天然气发动机可以采用相对较高的压缩比，能够获得与柴油机相当的热效率，另外可以通过控制燃料的供应量来控制发动机负荷，可有效改善进气道供气的天然气发动机普遍存在的小负荷性能差的缺点。

柴油引燃式天然气发动机是指点火方式通过着火温度较低、较易压燃的引燃柴油的预先燃烧，在燃烧室内形成大量火核，继而引燃周围的可燃混合气，是一种多点着火方式，多用于双燃料发动机。

（2）按燃料类型划分　按使用的燃料类型，天然气发动机可分为单一气体燃料发动机、双燃料发动机和混烧发动机。

单一气体燃料发动机是指只能使用天然气燃料工作，且不能转换到纯燃油模式工作的发动机。由于天然气燃点高，仅靠压缩难以点燃，所以一般由火花塞点火，或少量燃油引燃。

双燃料发动机指既能单独使用天然气燃料，又可单独使用燃油的发动机。与单一气体燃料发动机相比，双燃料发动机最大的特点是具有纯燃油工作模式，即在气体燃料不足时发动机可完全使用燃油工作。

混烧发动机指燃油和气体燃料在缸内按照某种比例混合燃烧的发动机。燃油不仅起到引燃气体燃料的作用，同时还提供相当一部分对外做功的能量，发动机可根据工况变化来调整燃油和天然气的比例，来适应符合的变化，同时也具备纯燃油模式。

表11-21列出了不同燃料类型发动机的优缺点分析。

表11-21 不同燃料类型天然气发动机优缺点分析

优/缺点	单一气体燃料发动机	双燃料发动机	混烧发动机
优点	1）使用纯气体燃料，无须依赖石油燃料 2）NO_x 能达到 IMO Tier Ⅲ排放标准 3）SO_x、PM 排放效果较好； 4）热效率较高	1）采用多点喷射技术，节能减排效果较好，NO_x 减少可达85%，能达到 IMO Tier Ⅲ排放标准 2）热效率较高 3）具有纯燃油后备模式，安全度较高	1）动态特性相对较好（变工况下可直接调节燃油量） 2）具有纯燃油后备模式，安全度较高 3）SO_x、PM 排放效果相对较好
缺点	1）动态特性较柴油机差 2）无纯燃油后备模式，安全度较低	1）气体模式下动态特性较柴油机差 2）SO_x、PM 排放效果较差 3）建造成本相对较高 4）由于主要优化了气体模式下的性能，因而牺牲了部分柴油模式下的性能，导致柴油模式下能耗和排放增加	1）排放性能较差，如采用总管，HC 排放大幅增加，NO_x 排放也有一定程度增加 2）热效率较低

另外天然气发动机还可以按照进气方式，分为缸内直喷式、缸外进气式；按照热力循环划分为等容加热循环及混合加热循环式等方式等。

3. 车用 LNG 气瓶

LNG 汽车车用燃料气瓶属于移动式压力容器，其材料选择、设计、制造、检验及安全防护执行现行的 TSG 23—2021《气瓶安全技术规程》和 GB 150（所有部分）—2011《压力容器》等标准的有关规定。

LNG 汽车车用燃料气瓶系统由气瓶、鞍座、拉带、外置增压汽化器、阀门及外部管路等部件组成。气瓶为低温容器，双层结构，由内胆、外壳、绝热结构、支撑系统和刚性组件组成（图11-12）。内胆通过支撑件与外壳相连，内部有加注喷淋管、液位传感器等，内胆贮存低温液体，承受介质的压力和低温。外壳为内胆的保护层，并对整个瓶体起支撑作用。内胆与外壳之间的空间为绝热层，采用高真空多层绝热方式。内胆和外壳的材料均采用耐低温的奥氏体不锈钢（06Cr19Ni10）。

气瓶的出液以气瓶的内压为动力。液体送出后，液位下降，气相空间增大，导致罐内压力下降。因此，必须不断向罐内补充气体，维持罐内压力不变，才能满足发动机供气工艺要求。在储罐的下面设有一个增压汽化器和一个增压阀。增压汽化器是空温式汽化器，它的安装高度低于气瓶的最低液位。增压过程如下：当气瓶内压力低于增压阀的设定值时，增压阀打开，气瓶内液体靠液位差流入增压汽化器，液体汽化产生的气体流经增压阀和气相管补充到气瓶内。气体的不断补充使得气瓶内压力回升，当压力回升到增压阀设定值以上时，增压阀关闭。这时，增压汽化器内的压力会阻止液体继续流入，增压过程结束。

LNG 汽车车用燃料气瓶规格范围为150～1000L。LNG 客车常用的规格为275L、375L、450L及500L；LNG 轻型载货车常用的规格为275L、335L及375L；LNG 重型载货车早期多采用2台或3台450L及500L气瓶，目前市场上的 LNG 重型载货车多采用1台850L、995L或1000L规格的气瓶。

常用 LNG 汽车车用燃料气瓶技术规格见表11-22。

11.1.7 消防工程

1. 消防工程的原则要求

汽车 LNG 燃料加注站主要有天然气的燃烧危险性、爆炸危险性、扩散危险性、自燃危险性、毒害和窒息危险性、液化天然气的低温危险性及生产过程的各种危险、有害因素。在设计工作中做到符合国家有关防火规范的要求，对不同建筑物和设施的危险等级和生产特性，采取相应的消防措施，防止火灾的发生和蔓延，积极贯彻“预防为主、防消结合”的方针，防患于未然，以保护站内生产的安全和全体员工的生命财产安全。

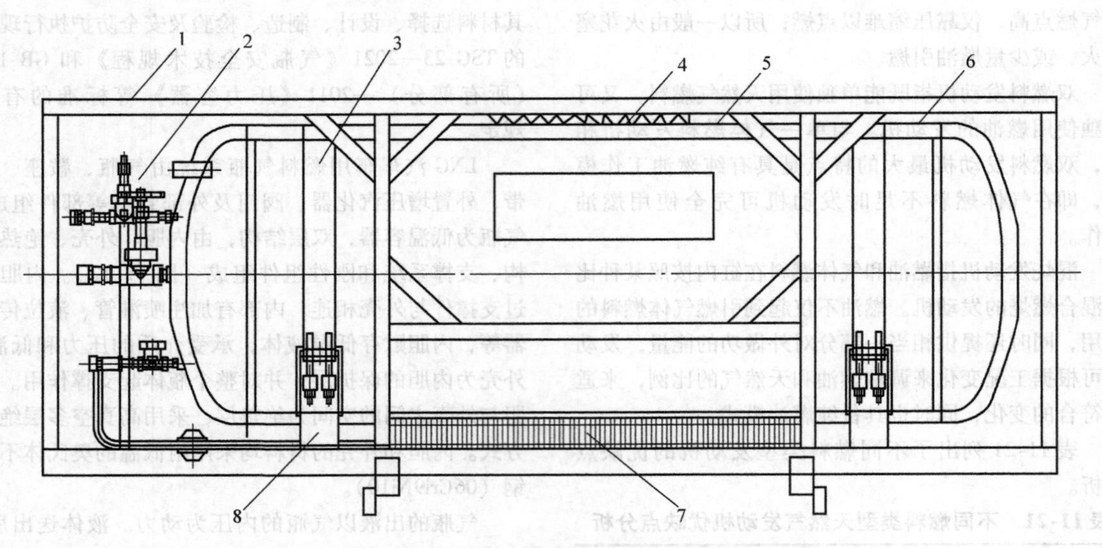

图11-12 车用LNG燃料气瓶结构简图

1—保护框架 2—阀门组件 3—拉带 4—绝热层 5—内胆 6—外壳 7—外置增压汽化器 8—鞍座

表11-22 LNG汽车车用燃料气瓶技术规格

序号	项目	规格							
		275L	330L	375L	450L	500L	850L	995L	1000L
1	公称容积/L	275	330	375	450	500	850	995	1000
2	有效容积/L	247.5	297	337.5	405	450	731	855.7	860
3	内胆直径/mm	500	500	600	600	600	800	800	800
4	外壳直径/mm	550	550	650	650	650	858	858	858
5	空重/kg	190	216	240	250	280	470	494	535
6	最大充装量/kg	105	127	143.5	172.5	191.7	266	311	313
7	工作压力/MPa	1.59	1.59	1.59	1.59	1.59	1.59	1.59	1.59
8	工作温度/℃	-196	-196	-196	-196	-196	-196	-196	-196
9	一级安全阀压力/MPa	1.9	1.9	1.9	1.9	1.9	1.9	1.9	1.9
10	一级安全阀压力/MPa	2.41	2.41	2.41	2.41	2.41	2.41	2.41	2.41
11	日蒸发率（液氮）/(%/d)	< 2.2	< 2.0	< 2.0	< 2.0	< 2.0	<1.88	<1.5	<1.5

汽车LNG燃料加注站的消防措施主要为配置灭火器材和设置消防给水系统。

2. 灭火器材配置

根据GB 50140—2005《建筑灭火器配置设计规范》及GB 50156—2021《汽车加油加气加氢站技术标准》的相关规定，在汽车LNG燃料加注站可能发生火灾的各类建筑物、工艺装置区、仪表及电器设备间等区域，根据其火灾危险性、区域大小等实际情况，分别设置一定数量的移动式灭火器，以便有效地扑救初期火灾，减少火灾损失，保护人身和财产的安全。

（1）灭火器配置原则

1）在加注区、贮存区、卸车区、营业办公区及辅助区等区域设置干粉灭火器，干粉灭火器主要有推车式干粉灭火器和手提式干粉灭火器两种。干粉一般采用磷酸铵盐干粉。

2）在变配电间等处设置二氧化碳灭火器，防止电气火灾的发生。

3）灭火器应在有效期内，各种技术指标应满足消防要求。

4）灭火器应设置在位置明显和便于取用的地点，且不得影响安全疏散。

5）灭火器摆放应稳固，其铭牌应朝外。手提式灭火器宜设置在灭火器箱内，灭火器箱不得上锁。

6）灭火器不宜设置在潮湿或强腐蚀的地点，当必须设置时，应有相应的保护措施。

（2）灭火器配置数量　见表11-23。

表11-23　灭火器配置一览表

序号	区域	规格	数量
1	加注区	5kg手提式干粉	每2台加注机配置1台，且不少于2具
2	贮存区	35kg推车式干粉	35kg推车式不少于2具
3	LNG泵等工艺装置	5kg手提式干粉	每50m²区域配置不少于2具
4	卸车区	5kg手提式干粉	按卸车设备台数，每1台配置不少于2具

注：其他建筑的灭火器配置，应符合现行GB 50140—2005的有关规定。

3. 消防给水系统

规模较大的汽车LNG燃料加注站，如一级及二级汽车LNG燃料加注站，一般应设置消防给水系统。因为汽车LNG燃料加注站内单罐容积均小于等于60m³，其消防给水系统只采用室外消火栓系统。

（1）消防水量确定　汽车LNG燃料加注站消火栓消防用水量根据GB 50156—2021的相关规定设置。

1）汽车LNG燃料加注站消防给水系统的连续给水时间不小于2h。

2）一级站消火栓消防用水量不应小于72m³/h，二级站消火栓消防用水量不应小于54m³/h。一级加注站消火栓消防总用水量不应小于144m³；二级加注站消火栓消防总用水量不应小于108m³。

（2）消防给水系统组成　消防给水宜利用城市或企业已建的消防给水系统。当无消防给水系统可依托时，应自建消防给水系统。

自建消防给水系统一般采用临时高压系统，最不利点消防压力不低于0.2MPa，平时由稳压设施维持系统压力，火灾时能自动启动消防水泵以满足水灭火设施所需的工作压力和流量。

消防给水系统设施由消防水源、供水设施（消防水泵及稳压设施）、消防管网、消火栓等组成。

因为汽车LNG燃料加注站规范不允许建地下和半地下室，所以自建消防给水系统宜采用地上泵房，地下水池的模式，消防水泵采用轴流深井泵。

图11-13所示为典型的汽车LNG燃料加注站消防给水系统原理。

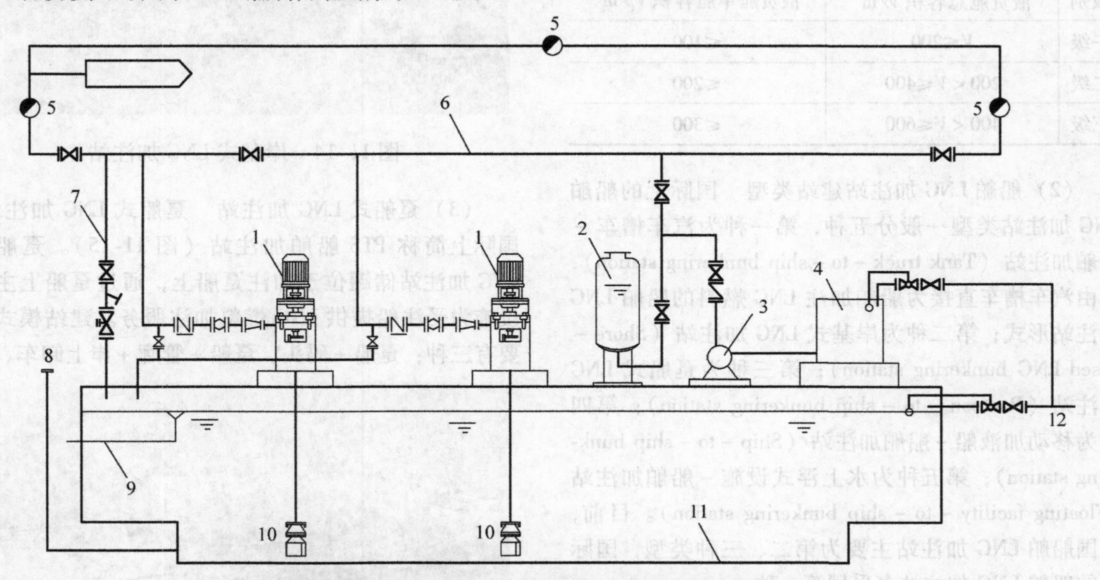

图11-13　汽车LNG燃料加注站消防给水系统原理

1—立式长轴消防泵　2—稳压罐　3—稳压泵　4—缓冲水箱　5—消火栓　6—环形消防干管　7—泄压管　8—消防取水口　9—溢流管　10—底阀　11—消防水池　12—补水口

11.2　船舶LNG燃料加注站

11.2.1　类型和特点

1. 船舶LNG加注站类型

船舶LNG加注站是指为受注船加注液化天然气的设施。具有液化天然气的补给、贮存、加注等功能，并提供其他便利性服务。

（1）船舶LNG加注站等级划分　岸基式船舶LNG加注站按照GB 51312—2018《船舶液化天然气加注站设计标准》划分等级，具体划分见表11-24。趸船式船舶LNG加注站按照《液化天然气燃料加注趸船规范》（2017）划分等级，具体划分见表11-25。

表11-24　岸基式船舶LNG加注站等级划分

级别	储罐总容积 V/m^3	地上储罐单罐容积 V_t/m^3	埋地储罐单罐容积 V_t/m^3	坑式储罐单罐容积 V_t/m^3
一级	$1000<V\leqslant2000$	≤250	≤60	≤100
二级	$500<V\leqslant1000$	≤250	≤60	≤100
三级	$180<V\leqslant500$	≤250	≤60	≤100
四级	$120<V\leqslant180$	≤60	≤60	≤60
五级	$V\leqslant120$	≤60	≤60	≤60

表11-25　趸船式船舶LNG加注站等级划分

级别	液货舱总容积 V/m^3	液货舱单舱容积 V_t/m^3
一级	$V\leqslant200$	≤100
二级	$200<V\leqslant400$	≤200
三级	$400<V\leqslant600$	≤300

（2）船舶LNG加注站建站类型　国际上的船舶LNG加注站类型一般分五种，第一种为汽车槽车-船舶加注站（Tank truck - to - ship bunkering station），即由汽车槽车直接为船舶加注LNG燃料的船舶LNG加注站形式；第二种为岸基式LNG加注站（Shore - based LNG bunkering station）；第三种为趸船式LNG加注站（Pontoon - to - ship bunkering station）；第四种为移动加液船-船舶加注站（Ship - to - ship bunkering station）；第五种为水上浮式设施-船舶加注站（Floating facility - to - ship bunkering station）。目前，我国船舶LNG加注站主要为第二、三种类型，国际上的船舶LNG加注站多采用第一种。

2. 船舶LNG加注站特点

（1）汽车槽车-船舶加注站　汽车槽车-船舶加注站国际上简称TTS船舶加注站，是指LNG槽车在批准的码头为受注船提供LNG燃料加注服务的设施，北欧大部分中小型船舶加注站均采用此种方式。其具有机动性好、投资和操作成本低等优点。出于安全考虑，目前我国LNG槽车最大容量限定在52.6m³，且不允许拖挂，所以槽车加注的容量有限，一般多用于中小型船舶的加注。槽车加注需要在码头上开辟单独的作业区域，而且操作和管理十分严格，槽车加注随意性较大，监管难度较大，所以在我国很少有这种加注站。

（2）岸基式LNG加注站　岸基式LNG加注站国际上简称TPS船舶加注站（图11-14）。岸基式LNG加注站储罐位于码头陆域，通过岸基码头主要设施为受注船提供LNG燃料加注服务。岸基式LNG加注站将LNG储罐等危险源固定于岸上，具有危险源集中、不易扩散、消防逃生救援容易、便于政府管理等优势。岸基式LNG加注站适用于水位变化不大的水域。岸基式LNG加注站相对于趸船式LNG加注站虽然投资低，但具有不可移动性，因此前期市场调研、选址非常重要。

图11-14　岸基式LNG加注站

（3）趸船式LNG加注站　趸船式LNG加注站，国际上简称PTS船舶加注站（图11-15）。趸船式LNG加注站储罐位于加注趸船上，通过趸船上主要设施为受注船提供LNG燃料加注服务。建站模式主要有三种：趸船+码头、趸船+管廊+岸上卸车、独

图11-15　趸船式LNG加注站

立趸船；趸船式LNG加注站优势在于具有可移动性和适应航道的水位变化，但设备成本相对较高。趸船式LNG加注站在水上，即LNG储罐为水上设施，水流、河势不确定因素较多，存在趸船移位、漂移，以及其他船体撞击等危险性，且危险性极易随水扩散。

（4）移动加液船－船舶加注站　移动加液船－船舶加注站，国际上简称STS船舶加注站。其通过移动式LNG加液船在码头、锚地或航行中给液化天然气受注船加注燃料，具有加注速度快、加注灵活等特点。移动加液船－船舶加注站适用于各种类型的船舶LNG燃料加注，在国际上是大中型液化天然气受注船的主要加注方式。其缺点与趸船式LNG加注站类似，受水域环境影响较大，加注工况复杂。

（5）水上浮式设施－船舶加注站　水上浮式设施－船舶加注站，国际上简称FTS船舶加注站。其类似于第三种趸船式LNG加注站，但趸船一般与岸连接，水上浮式设施与岸不连接。

各种船舶LNG加注站主要优缺点见表11-26。

表11-26　各种船舶LNG加注站主要优缺点

项目	类型				
	TTS	TPS	PTS	STS	FTS
优点	机动性好、投资和操作成本低，多用于中小型船舶的加注	危险源岸上固定，有利于风险控制，加注量大，加注速度快	设施相对固定，可适用于水位高差变化较大的水域	机动性好，加注效率高，适合中大型船舶的加注	适合大型船舶的加注，适用于远洋船舶
缺点	加注量小，监管困难	占用岸站空间较大	加注量小	投资较大，操作性差	投资较大，操作性差

11.2.2　总体布局

目前国内的船舶LNG加注站主要为岸基式和趸船式，趸船式LNG加注站在制造厂已建造完成，本节重点介绍岸基式LNG加注站的总体布局。

1. 船舶LNG加注站站址选择的基本原则

1）船舶LNG加注站选址应符合岸线利用规划、江河流域规划、港口总体规划及城镇规划，并应满足港口防火及通航安全的要求。

2）船舶LNG加注站选址应符合水上设施和临水建（构）筑物的安全要求，并应满足集约、节省岸线资源的要求。

3）船舶LNG加注站宜布置在城镇、居住区、客运渡口和人员集中的户外活动场所全年最小频率风向的上风侧，并宜布置在临近江河的城镇、重要桥梁、大型锚地、船厂等下游。

4）船舶LNG加注站的选址应与航道的通航条件、通航密度、受注船数量等因素相适应。

5）船舶LNG加注站应选在河势稳定、水流平顺、水深适宜、水域面积充足，且具备船舶安全加注和锚泊条件的水域。

6）船舶LNG加注站不应影响主航道畅通；平原河流船舶液化天然气加注站顺直河段宜选在稳定深槽的下段，微弯河段宜选在凹岸弯顶下段；山区河流船舶LNG加注站宜选在急流卡口上游的缓水段和顺流区；通航湖泊内的船舶LNG加注站宜选在具有天然掩护的湾内或风浪较小的区域。

7）在航道急弯、狭窄、急流、滩险航段；地质构造复杂和存在晚近期活动性断裂等抗震不利地段；水底电缆、水底管线保护区内等位置不应建设船舶LNG加注站。

8）船舶LNG加注站与桥梁、渡槽、大坝的防火间距不应小于表11-27的规定。

表11-27　船舶LNG加注站与桥梁、渡槽、大坝的防火间距

（单位：m）

站外建（构）筑物	加注码头、加注趸船在上游	加注码头、加注趸船在下游
桥梁	4L	2L
渡槽		
大坝		

注：1. 加注码头与桥梁、渡槽、大坝的防火间距系指加注码头设计船舶至桥梁、渡槽、大坝边线的净距。

2. L为加注码头设计船型的实际长度（m）。

9）站内设施与站外建（构）筑物的安全间距应满足GB 51312—2018《船舶液化天然气加注站设计标准》和GB 50016—2014《建筑设计防火规范（2018年版）》中规定的要求，具体要求见表11-28。

2. 总平面布置的基本原则

1）总平面布置应满足所在地的规划及其他有关

要求。

2）总平面布置应根据站内设施的功能性质、生产流程和实际危险性，结合四邻状况及风向，分区集中布置，作业区宜布置在明火或散发火花地点的全年最小频率风向的上风侧，布置时应尽量减少管线长度，节约投资，方便以后的安全作业和经营管理。

3）综合考虑建筑物朝向，以创造良好的生产环境，最大限度地利用日照和通风。竖向设计充分考虑地形特点，减少土石方工程量。站内场地能满足及时排除雨水的要求。

表11-28　站内设施与站外建（构）筑物之间防火间距表　（单位：m）

<table>
<tr><th colspan="2" rowspan="3">站外建（构）筑物</th><th colspan="7">站内设备</th></tr>
<tr><th colspan="5">地上储罐</th><th rowspan="2">集中放散管</th><th rowspan="2">卸料设备加注设备</th></tr>
<tr><th>一级</th><th>二级</th><th>三级</th><th>四级</th><th>五级</th></tr>
<tr><td colspan="2">居住区、村镇、学校、医院等重要公共建筑</td><td>110</td><td>90</td><td>80</td><td>80</td><td>80</td><td>60</td><td>60</td></tr>
<tr><td colspan="2">明火或散发火花地点</td><td>70</td><td>60</td><td>55</td><td>35</td><td>30</td><td>30</td><td>30</td></tr>
<tr><td colspan="2">工业企业</td><td>50</td><td>40</td><td>35</td><td>30</td><td>30</td><td>20</td><td>20</td></tr>
<tr><td colspan="2">民用建筑</td><td>65</td><td>55</td><td>50</td><td>35</td><td>30</td><td>25</td><td>25</td></tr>
<tr><td colspan="2">甲类、乙类生产厂房、库房和甲类、乙类液体储罐及易燃材料堆场</td><td>65</td><td>55</td><td>50</td><td>35</td><td>30</td><td>25</td><td>25</td></tr>
<tr><td colspan="2">丙类、丁类、戊类物品厂房、库房、丙类液体储罐及可燃气体储罐</td><td>55</td><td>45</td><td>40</td><td>25</td><td>22</td><td>20</td><td>20</td></tr>
<tr><td colspan="2">室外变配电站</td><td>70</td><td>60</td><td>55</td><td>40</td><td>35</td><td>30</td><td>30</td></tr>
<tr><td rowspan="2">铁路</td><td>国家线</td><td>80</td><td>80</td><td>70</td><td>70</td><td>60</td><td>50</td><td>50</td></tr>
<tr><td>企业专用线</td><td>45</td><td>40</td><td>40</td><td>35</td><td>35</td><td>30</td><td>30</td></tr>
<tr><td rowspan="2">公路、道路</td><td>高速公路
一级、二级公路</td><td>35</td><td>35</td><td>35</td><td>12</td><td>10</td><td>8</td><td>8</td></tr>
<tr><td>三级、四级公路</td><td>25</td><td>25</td><td>25</td><td>10</td><td>8</td><td>6</td><td>6</td></tr>
<tr><td rowspan="2">架空通信线或（塔）</td><td>国家Ⅰ级、Ⅱ级</td><td colspan="2">1.5倍杆高且不小于40m</td><td colspan="3" rowspan="2">1.5倍杆（塔）高</td><td colspan="2">1.5倍杆（塔）高</td></tr>
<tr><td>其他</td><td colspan="2">1.5倍杆（塔）高</td><td colspan="2">1.0倍杆（塔）高</td></tr>
<tr><td rowspan="2">架空电力线</td><td>35kV及以上</td><td colspan="2">1.5倍杆高且不小于40m</td><td colspan="3" rowspan="2">1.5倍杆高</td><td colspan="2">2.0倍杆高</td></tr>
<tr><td>35kV以下</td><td colspan="2">1.5倍杆高</td><td colspan="2">1.0倍杆高</td></tr>
</table>

4）船舶LNG加注站加注码头与其他货类码头停靠船舶的净距应按相邻码头装卸货物的性质确定，与普通货物类码头距离不应小于50m；与危险化学品码头距离不应小于150m。

5）液化天然气受注船加注作业期间，加注口周边25m半径范围内不应进行与加注无关的作业；加注口周边25m半径处应设置禁止船舶停泊和通行的标识。

3. 船舶LNG加注站陆域部分布置的要点

1）三级及三级以上船舶LNG加注站陆域部分至少应有两个通向外部道路的出入口，且其间距不应小于30m，四级、五级加注站陆域部分至少应有一个通向外部道路的出入口。

2）储存区宜布置在船舶LNG加注站陆域地势较低处，当受条件限制时，可布置在地势较高处，布置在地势较高处时应使贮存区周边局部低凹，且应采取有效的防止液体漫流的措施。

3）三级及以上船舶LNG加注站宜设环形消防车道，四级及以下船舶液化天然气加注站可设有回车场的尽头式消防车道，回车场长×宽不宜小于15m×15m；供重型消防车使用时，长×宽不宜小于18m×18m；消防车道与贮存区防火堤外坡脚线之间的距离不应小于3m，储罐中心与最近的消防车道之间的距离不应大于80m，与船舶LNG加注站工艺设备的距离不应小于5m。

4）船舶液化天然气加注站陆域内的道路转弯半径应按行驶车型确定，液化天然气罐车及消防车行驶道路的交叉口或弯道的路面内缘转弯半径不应小于12m，其他道路转弯半径不宜小于9m。罐车及消防车行驶道路的净空高度不应小于5m。

5）船舶LNG加注站陆域部分应考虑合理的绿化，作业区内不应种植含油脂多的树木，防火堤周围不应种植绿篱或灌木，尽量减少可燃气体在工艺装置区的滞留。

4. 船舶LNG加注站水域域部分布置的要点

（1）加注站水域部分布置的一般规定

1）船舶LNG加注站水域平面布置应合理利用自然条件，充分利用岸线与水域资源。加注码头应尽量采用直立式顺岸式码头，码头前沿线宜利用天然水深，沿水流方向和自然地形等深线布置，并应考虑船舶LNG加注站建成后对航道通航、防洪、水流、河床冲淤、岸坡稳定和相邻泊位的影响。

2）船舶液化天然气加注站加注码头前沿停泊水域、回旋水域和进出码头航道等水域可根据具体情况单独设置或组合设置。水域布置应符合到港船舶航行、调头、靠离泊、防台风，以及受注船频繁进出港和快速加注的要求。

（2）加注码头前沿受注船停泊和回旋水域

1）加注码头前沿受注船停泊水域宽度确定。加注码头前沿受注船停泊水域不应占用主航道。对于顺岸式加注码头，当水流平缓时，受注船停泊水域宽度可按2倍设计船型确定；当水流较急时，受注船停泊水域宽度可按2.5倍设计船型确定。

2）加注码头前沿受注船回旋水域宽度确定。受注船回旋水域原则上不应占用航行水域，当无法避免时，应保证航行安全。

① 当受注船为单船或顶推船队时，受注船回旋水域沿水流方向的长度不宜小于受注船长度的2.5倍，水流速度大于1.5m/s时，回旋水域长度应适当加大，但不应大于受注船长度的4倍；受注船回旋水域沿垂直水流方向的宽度不应小于受注船长度的1.5倍；当船舶为单舵时，受注船回旋水域沿垂直水流方向的宽度不应小于受注船长度的2.5倍。

② 当受注船为拖带船队时，回旋水域的长度和宽度可在以上基础上适当减小。

（3）加注泊位长度的确定

1）设计船型。受注船设计船型应根据客户受注船现有船型和受注船未来船型发展趋势，港口及主航道的现状及规划等因素，综合分析确定。

2）加注泊位长度。加注泊位长度应满足受注船安全靠离、系缆和加注作业的要求。对于岸基式内河船舶LNG燃料加注站，受注船加注泊位长度和加注码头长度确定可按现行GB 50139—2014《内河通航标准》确定；对于停靠海船的船舶LNG燃料加注站，受注船加注泊位长度和加注码头长度确定可按现行JTS 165—2013《海港总体设计规范》确定。

① 内河船舶LNG燃料加注站单个加注泊位长度确定按式（11-3）计算：

$$L_b = L + 2d \tag{11-3}$$

式中：L_b 为加注泊位长度（m）；L 为受注船设计船型长度（m）；d 为泊位富裕长度（m）。

② 内河船舶LNG燃料加注站多个加注泊位长度（连续布置）确定按式（11-4）和式（11-5）计算：

$$L_{b1} = L + 1.5d \tag{11-4}$$

$$L_{b2} = L + d \tag{11-5}$$

式中，L_{b1} 为端部加注泊位长度（m）；L_{b2} 为中间加注泊位长度（m）；L 为受注船设计船型长度（m）；d 为泊位富裕长度（m）。

内河船舶LNG燃料加注站多个加注泊位长度（连续布置）如图11-16所示。

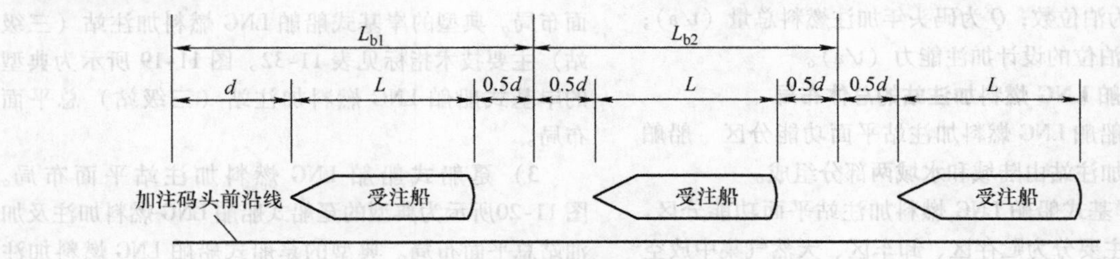

图11-16　连续布置的加注泊位长度示意图

③ 加注泊位富裕长度（d）的确定：普通加注泊位富裕长度（d）可按表11-29取值；当加注码头前沿线布置成折线或与护岸相交，转折处的加注泊位富裕长度（d_0）可按表11-30取值；加注码头前沿线布

置成折线转折处的加注泊位富裕长度如图11-17所示。

表11-29　普通加注泊位富裕长度 d

（单位：m）

项目	受注船设计船型长度 L/m			
	$L\leqslant40$	$40<L\leqslant85$	$85<L\leqslant150$	$150<L\leqslant200$
直立式码头加注泊位	5	8～10	12～15	18～20
斜坡码头加注泊位	8	9～15	16～25	26～35
浮式码头加注泊位	8	9～15	16～25	26～35

表11-30　加注码头前沿线相交转折处加注泊位富裕长度

项目	转折处夹角 θ		
	$90°\leqslant\theta\leqslant120°$	$120°<\theta\leqslant150°$	$\theta>150°$
富裕长度 d_0/m	$(1.5\sim1.0)\ d$	$0.7d$	$0.5d$

注：富裕长度 d 按表11-29取值，转折处夹角 θ 小于120°时 d_0 不得小于受注船设计船型宽度，θ 小于90°时 d_0 应适当加大。

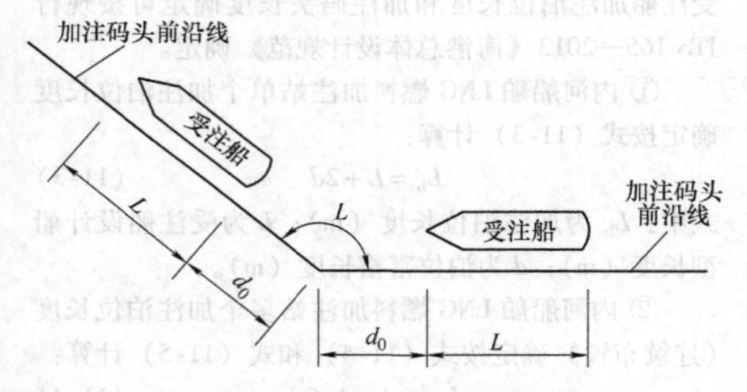

图11-17　加注码头前沿线成折线相交时富裕长度

（4）加注泊位数量的确定　加注码头泊位数应根据码头年作业量、泊位性质和船型等因素按式（11-6）计算。

$$N=Q/P_t \tag{11-6}$$

式中，N 为泊位数；Q 为码头年加注燃料总量（t/a）；P_t 为单个泊位的设计加注能力（t/a）。

5. 船舶LNG燃料加注站的总体布局

（1）船舶LNG燃料加注站平面功能分区　船舶LNG燃料加注站由陆域和水域两部分组成。

1）岸基式船舶LNG燃料加注站平面功能分区。陆域部分主要分为贮存区、卸车区、天然气集中放空区及营业办公区及生产辅助区等。贮存区是贮存LNG的场所，主要设施有LNG储罐，贮存区另外还设置有防火堤、储罐增压器、LNG加注泵、BOG回收装置等设备；卸车区是接卸LNG的地点，主要有卸车软管（卸车臂）、卸车增压器、LNG卸车泵等设备及LNG槽车固定停车位等；天然气集中放空区主要有放散塔及EAG加热器等，对于小型岸基式船舶LNG燃料加注站，天然气集中放空区与贮存区、卸车区及其他工艺设备可共用一个区域等区域；营业办公区主要是设施为站房，是加注站值班、办公、收银、控制及其他便利性服务的场所；辅助区主要是消防设施、变配电设施等区域。

水域部分主要分为加注设备区、受注船停泊和回旋水域区及进出站航道等。加注设备区是受注船加注燃料的场所，其位置可能在水域设置的平台或栈桥上，也可能设置在加注码头前沿陆域部分，主要设施有加注软管及附件、加注软管配套的浮船或吊架、加注臂、加注控制柜、加注栈桥等。

2）趸船式船舶LNG燃料加注站平面功能分区。陆域部分主要分为卸车区、管道输送区；卸车区是接卸LNG的地点，主要有卸车软管（卸车臂）、卸车增压器、LNG卸车泵等设备及LNG槽车固定停车位等；管道输送区位于卸车区和加注趸船之间，由卸车管道及管廊组成，考虑到枯水期及丰水期水位存在位差，管道输送区与加注趸船之间设置可调节的链接装置（或软管连接），保证卸车的正常进行。

水域部分为加注趸船区。加注趸船由加注作业区、LNG储罐区、油舱区及甲板室组成，甲板室设有消防泵房、发电机房及空压机房、储物间、卫生间、票务室、休息室、配电室、电控室、氮气瓶间、蓄电池室及电工间、厨房、餐厅、休息室和卫生间等。

（2）典型的船舶LNG燃料加注站平面布局

1）岸基式船舶LNG燃料加注站（五级站）平面布局。图11-18所示为典型的岸基式船舶LNG燃料加注站（五级站）总平面布局。岸基式船舶LNG燃料加注站（五级站）主要技术指标见表11-31。

2）岸基式船舶LNG燃料加注站（三级站）平面布局。典型的岸基式船舶LNG燃料加注站（三级站）主要技术指标见表11-32。图11-19所示为典型的岸基式船舶LNG燃料加注站（三级站）总平面布局。

3）趸船式船舶LNG燃料加注站平面布局。图11-20所示为典型的趸船式船舶LNG燃料加注及加油站总平面布局。典型的趸船式船舶LNG燃料加注站主要技术指标见表11-33。

11.2.3　加注工艺

船舶LNG燃料加注站工艺流程一般包括五个部分：吹扫流程、卸车流程、加注流程和泄压流程、

BOG 回收利用流程（图11-21）。

1. 吹扫流程

吹扫流程主要包括氮气吹扫、BOG 吹扫两部分。在卸车管道连接后，先用氮气吹扫，置换连接管道中的空气，经放散管排出。再用 BOG 气体吹扫置换氮气，经放散管排出，置换合格后开始卸液。

卸车完成后先用 BOG 吹扫，将管道中的液体吹入 LNG 储罐中，再用氮气将管道中的 BOG 吹扫排放，置换合格后断开卸车管道。

2. 卸车流程

先将 LNG 槽车和加注站 LNG 储罐的气相空间连通，待压力平衡后，通过卸车增压器增大 LNG 槽车的气相压力，也可同时用 LNG 潜液泵加压，将 LNG 槽车内的 LNG 经过卸车设施、卸车液相管道，计量后卸入加注站 LNG 储罐内。卸完液后，连通 LNG 槽车和 LNG 储罐气相管道，待压力平衡后，卸车完成。

3. 加注流程

先将加注管路与加注站 LNG 储罐进液口相连接，待加气系统预冷完毕后，将 LNG 通过潜液泵输送到受注船的 LNG 船载瓶中，通过加气面板来控制泵运转输送的流量，同时用 LNG 流量计计量出输送的液体。加注时，加注管道中 LNG 的流速一般不宜超过 12m/s，以免因非线性流动产生静电、摩擦生热和持续闪蒸汽化。

4. 泄压流程

系统热交换及外界带进的热量致使 LNG 汽化，产生的气体会使系统压力升高。当系统压力大于设定值时，为确保系统安全，需释放系统的气体来降低系统压力。当设备或管道上压力大于安全阀排放压力时，放散气体通过安全阀经放散分支管路到达放散总管，集中排放。

5. BOG 回收利用流程

当加注站 LNG 储罐内气相压力高于燃气发电机的供气压力且低于安全阀的设定压力时，可提前对 LNG 储罐进行泄压，利用 BOG 进行发电。减少排放，提高经济效益。

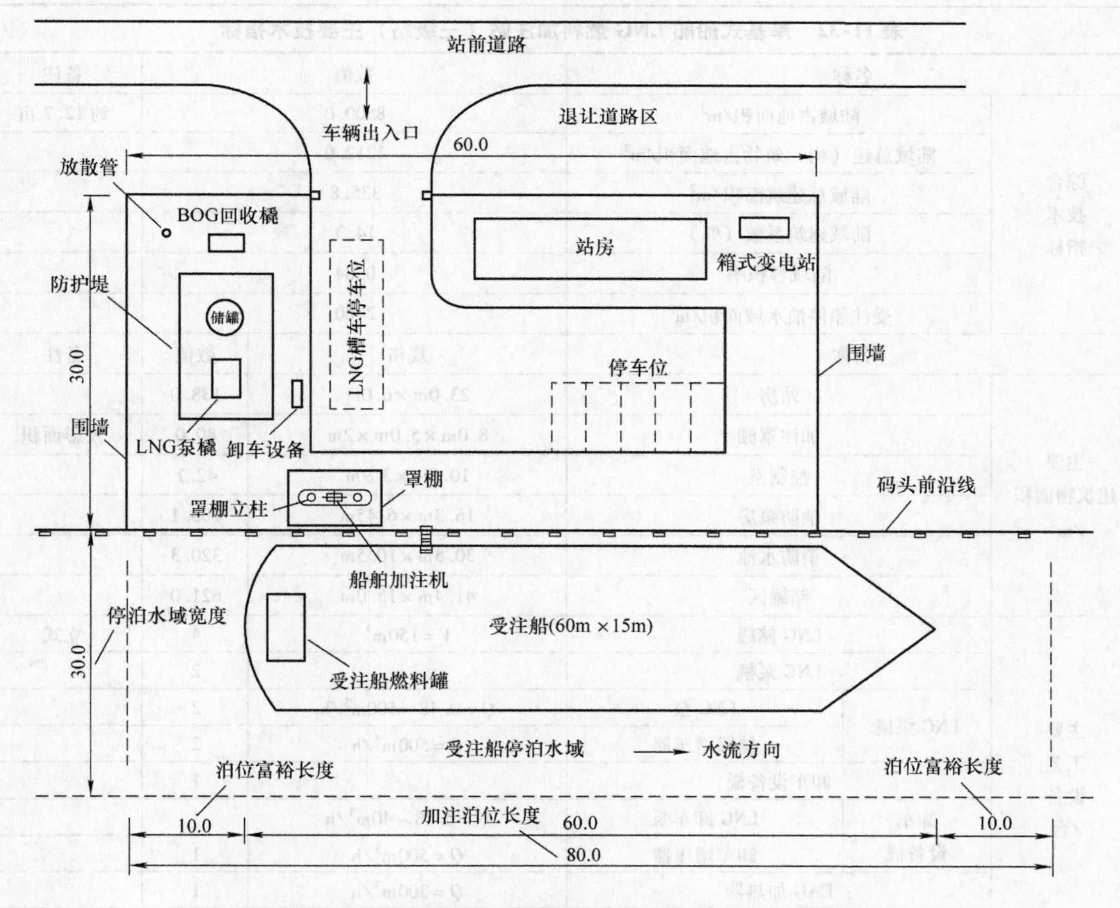

图11-18　岸基式船舶 LNG 燃料加注站（五级站）总平面布局

表11-31　岸基式船舶 LNG 燃料加注站（五级站）主要技术指标

<table>
<tr><th colspan="3">名称</th><th colspan="2">数值</th><th>备注</th></tr>
<tr><td rowspan="6">综合技术指标</td><td colspan="2">陆域占地面积/m^2</td><td colspan="2">1800.0</td><td>约2.7亩</td></tr>
<tr><td colspan="2">陆域总建（构）筑物占地面积/m^2</td><td colspan="2">261.6</td><td></td></tr>
<tr><td colspan="2">陆域总建筑面积/m^2</td><td colspan="2">135.0</td><td></td></tr>
<tr><td colspan="2">陆域建筑系数（%）</td><td colspan="2">14.5</td><td></td></tr>
<tr><td colspan="2">陆域容积率</td><td colspan="2">0.08</td><td></td></tr>
<tr><td colspan="2">受注船停泊水域面积/m^2</td><td colspan="2">2400</td><td></td></tr>
<tr><th colspan="3">名称</th><th>规格</th><th>数值</th><th>备注</th></tr>
<tr><td rowspan="3">主要建筑物面积/m^2</td><td colspan="2">站房</td><td>20.1m×5.4m</td><td>108.5</td><td></td></tr>
<tr><td colspan="2">加注罩棚</td><td>8.0m×5.0m</td><td>40.0</td><td>投影面积</td></tr>
<tr><td colspan="2">储罐区</td><td>13.0m×8.2m</td><td>106.6</td><td></td></tr>
<tr><td rowspan="6">主要工艺设备/台</td><td colspan="2">LNG储罐</td><td>$V=60\mathrm{m}^3$</td><td>1</td><td>立式</td></tr>
<tr><td colspan="2">LNG泵橇</td><td></td><td>1</td><td></td></tr>
<tr><td rowspan="3">LNG泵橇</td><td>LNG泵</td><td>$Q=0.48\sim50\mathrm{m}^3/\mathrm{h}$</td><td>1</td><td></td></tr>
<tr><td>卸车/储罐增压器</td><td>$Q=300\mathrm{m}^3/\mathrm{h}$</td><td>1</td><td></td></tr>
<tr><td>EAG加热器</td><td>$Q=200\mathrm{m}^3/\mathrm{h}$</td><td>1</td><td></td></tr>
<tr><td colspan="2">船舶LNG加注机</td><td>$Q=1.3\sim300\mathrm{kg/min}$</td><td>1</td><td></td></tr>
</table>

表11-32　岸基式船舶 LNG 燃料加注站（三级站）主要技术指标

<table>
<tr><th colspan="3">名称</th><th colspan="2">数值</th><th>备注</th></tr>
<tr><td rowspan="6">综合技术指标</td><td colspan="2">陆域占地面积/m^2</td><td colspan="2">8500.0</td><td>约12.7亩</td></tr>
<tr><td colspan="2">陆域总建（构）筑物占地面积/m^2</td><td colspan="2">1212.0</td><td></td></tr>
<tr><td colspan="2">陆域总建筑面积/m^2</td><td colspan="2">335.8</td><td></td></tr>
<tr><td colspan="2">陆域建筑系数（%）</td><td colspan="2">14.3</td><td></td></tr>
<tr><td colspan="2">陆域容积率</td><td colspan="2">0.04</td><td></td></tr>
<tr><td colspan="2">受注船停泊水域面积/m^2</td><td colspan="2">2400</td><td></td></tr>
<tr><th colspan="3">名称</th><th>规格</th><th>数值</th><th>备注</th></tr>
<tr><td rowspan="6">主要建筑物面积/m^2</td><td colspan="2">站房</td><td>23.0m×6.0m</td><td>138.0</td><td></td></tr>
<tr><td colspan="2">加注罩棚</td><td>8.0m×5.0m×2m</td><td>80.0</td><td>投影面积</td></tr>
<tr><td colspan="2">控制室</td><td>10.8m×3.9m</td><td>42.1</td><td></td></tr>
<tr><td colspan="2">消防泵房</td><td>16.3m×6.45m</td><td>105.1</td><td></td></tr>
<tr><td colspan="2">消防水池</td><td>30.5m×10.5m</td><td>320.3</td><td></td></tr>
<tr><td colspan="2">储罐区</td><td>41.4m×15.0m</td><td>621.0</td><td></td></tr>
<tr><td rowspan="9">主要工艺设备/台</td><td colspan="2">LNG储罐</td><td>$V=150\mathrm{m}^3$</td><td>4</td><td>立式</td></tr>
<tr><td colspan="2">LNG泵橇</td><td></td><td>2</td><td></td></tr>
<tr><td rowspan="2">LNG泵橇</td><td>LNG泵</td><td>$Q=0.48\sim100\mathrm{m}^3/\mathrm{h}$</td><td>2</td><td></td></tr>
<tr><td>储罐增压器</td><td>$Q=500\mathrm{m}^3/\mathrm{h}$</td><td>2</td><td></td></tr>
<tr><td colspan="2">卸车设备橇</td><td></td><td>1</td><td></td></tr>
<tr><td rowspan="2">卸车设备橇</td><td>LNG卸车泵</td><td>$Q=0.48\sim40\mathrm{m}^3/\mathrm{h}$</td><td>1</td><td></td></tr>
<tr><td>卸车增压器</td><td>$Q=500\mathrm{m}^3/\mathrm{h}$</td><td>1</td><td></td></tr>
<tr><td colspan="2">EAG加热器</td><td>$Q=300\mathrm{m}^3/\mathrm{h}$</td><td>1</td><td></td></tr>
<tr><td colspan="2">船舶LNG加注机</td><td>$Q=2.0\sim600\mathrm{kg/min}$</td><td>2</td><td></td></tr>
</table>

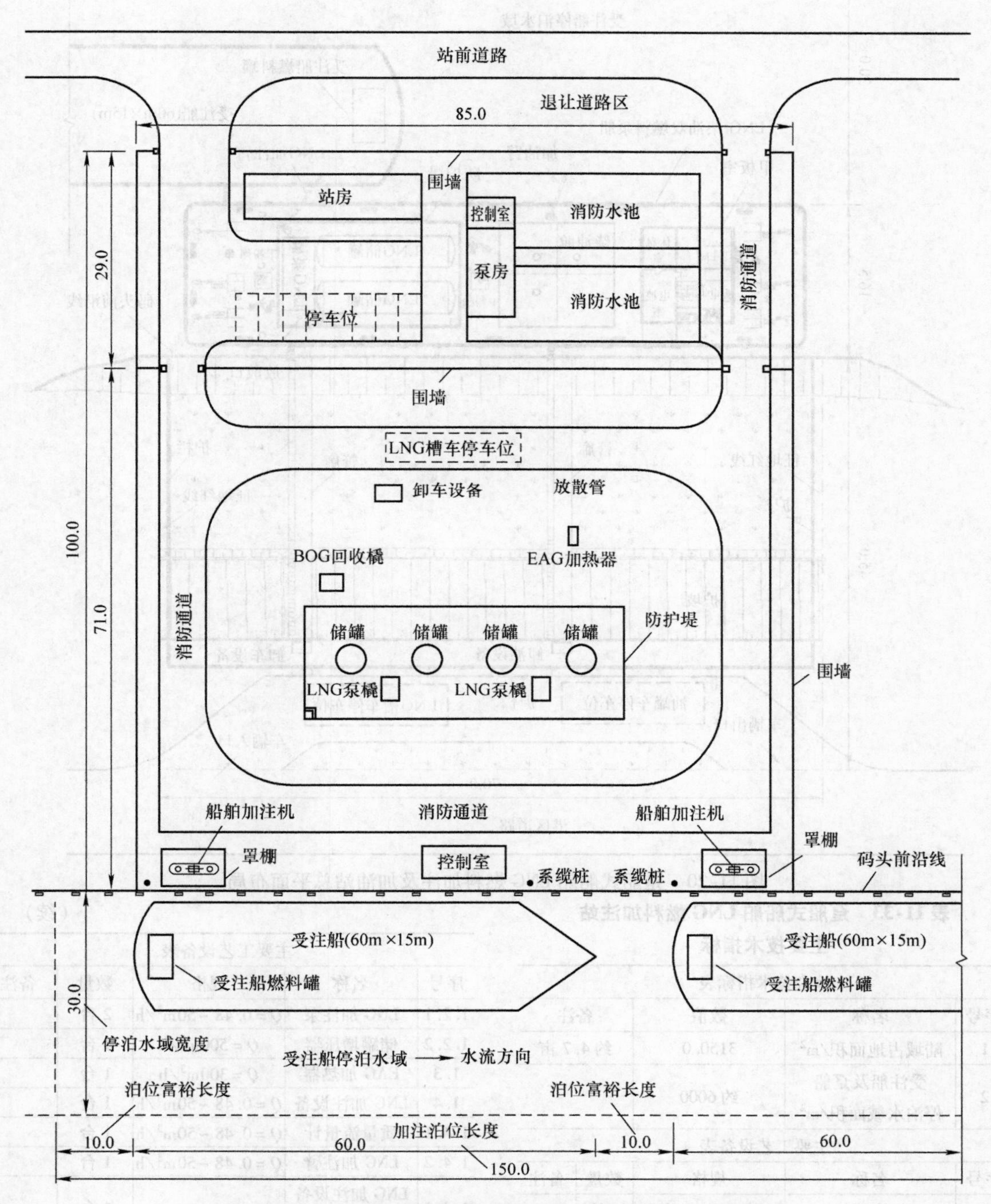

图 11-19　岸基式船舶 LNG 燃料加注站（三级站）总平面布局

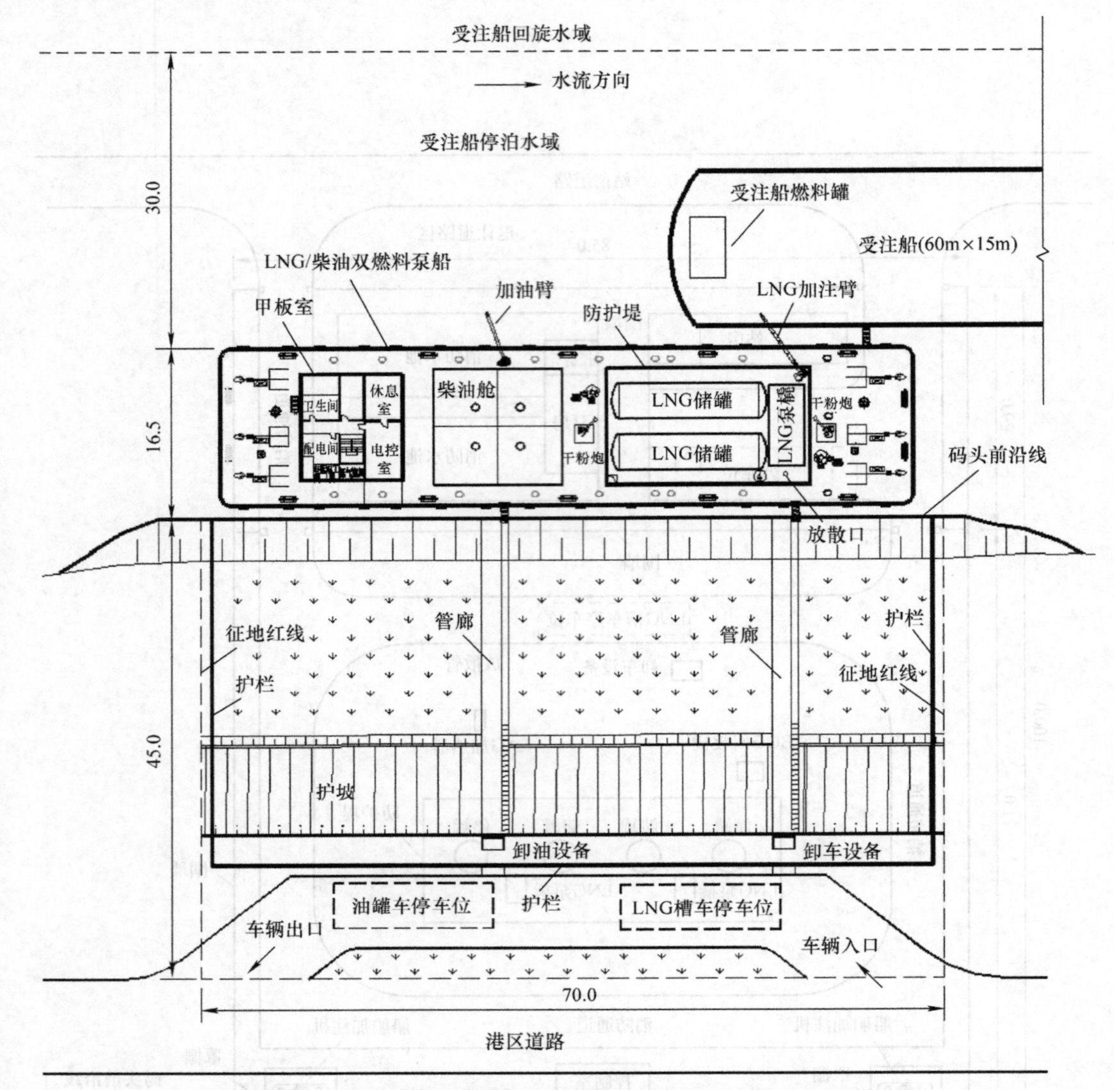

图 11-20　趸船式船舶 LNG 燃料加注及加油站总平面布局

表 11-33　趸船式船舶 LNG 燃料加注站主要技术指标

综合技术指标表

序号	名称	数值	备注
1	陆域占地面积/m²	3150.0	约 4.7 亩
2	受注船及趸船停泊水域面积/m²	约 6000	

主要工艺设备表

序号	名称	规格	数量	备注
1	加注趸船		1 艘	
1.1	LNG 储罐	$V = 100\ m^2$	2 台	卧式
1.2	LNG 加注泵橇		1 台	

（续）

主要工艺设备表

序号	名称	规格	数量	备注
1.2.1	LNG 加注泵	$Q = 0.48 \sim 50m^3/h$	2 台	
1.2.2	储罐增压器	$Q = 500m^3/h$	1 台	
1.3	EAG 加热器	$Q = 300m^3/h$	1 台	
1.4	LNG 加注设备	$Q = 0.48 \sim 50m^3/h$	1 台	
1.4.1	质量流量计	$Q = 0.48 \sim 50m^3/h$	1 台	
1.4.2	LNG 加注臂	$Q = 0.48 \sim 50m^3/h$	1 台	
1.4.3	LNG 加注设备控制柜		1 台	
1.5	BOG 储罐	$V = 2\ m^2$	1 台	
2	卸车设备橇	$Q = 0.48 \sim 30m^3/h$	1 台	

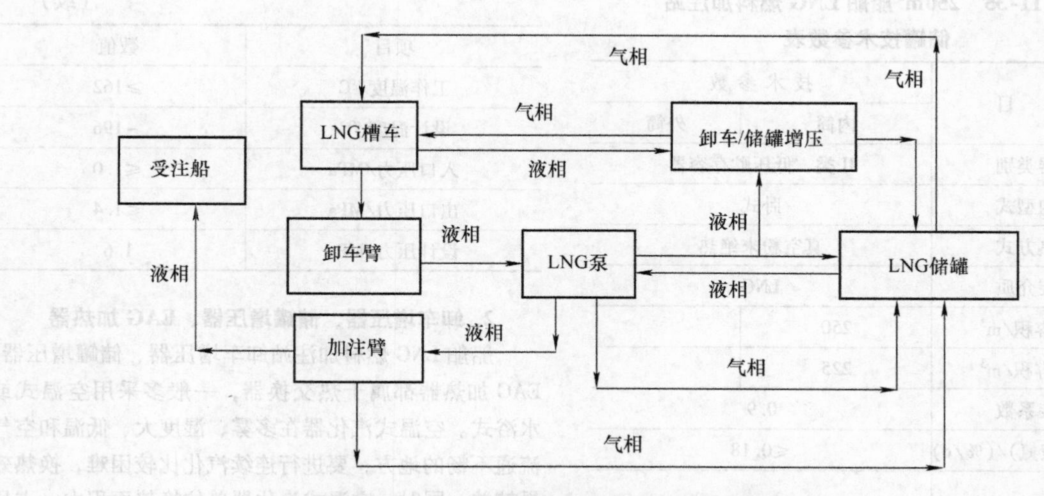

图11-21　船用LNG加注站工艺流程框图

11.2.4　主要设备

船舶LNG燃料加注站主要设备与汽车LNG燃料加注站主要设备基本类似，有LNG储罐、LNG泵、卸车增压器、储罐增压器、EAG加热器、加注设备及惰化设施等。

1. LNG储罐

船舶用LNG燃料加注站的储罐与汽车LNG燃料加注站一样，同属于压力容器，其材料选择、设计、制造、检验及安全防护执行现行TSG 21—2016《固定式压力容器安全技术监察规程》、GB 150（所有部分）—2011《压力容器》和GB/T 18442（所有部分）—2019《固定式真空绝热深冷压力容器》的有关规定。船舶用LNG燃料加注站的储罐的结构型式、安装方式、绝热方式和要求、储罐附件设置、压力及温度等技术参数的一般要求与汽车LNG燃料加注站基本类似。

由于运输能力和道路通行限制，目前LNG储罐陆上运输的最大容量一般不超过150m³，水上运输的最大容量一般不超过300m³。目前我国LNG槽车最大容量限定在52.6m³，为了保证汽车LNG燃料加注站内一台储罐可以接纳一辆LNG槽车的卸量，汽车LNG加注站储罐的单罐容积一般不小于60m³；考虑到LNG动力船燃料罐较大，船舶LNG加注站的LNG储罐的单罐容积应适当放大。参考美国消防协会标准NFPA 59A—2019《液化天然气（LNG）生产、储存和装运标准》的有关规定，我国船舶LNG加注站的LNG储罐的单罐容积一般限制在300m³以内。

表11-34所列为150m³船舶LNG燃料加注站常用的150m³LNG储罐主要技术参数。表11-35所列为250m³船舶LNG燃料加注站常用的250m³LNG储罐主要技术参数。

表11-34　150m³船舶LNG燃料加注站储罐技术参数表

项　目	技术参数	
	内筒	外筒
容器类别	Ⅱ类、低压贮存容器	
结构型式	立式/卧式	
绝热方式	真空粉末绝热	
充装介质	LNG	
几何容积/m³	150	
有效容积/m³	135	
充装系数	0.9	
蒸发率（液氮）/(%/d)	≤0.225	
真空夹层漏放气速率/Pa·m³/s	≤2×10⁻⁴	
夹层封口真空度/Pa	≤8.0	
主体材质	06Cr19Ni10	Q345R
工作温度/℃	≥-162	环境温度
设计温度/℃	-196	-40~50
最大工作压力/MPa	1.0	真空
设计压力/MPa	1.2	-0.1
外形尺寸/mm	φ3700×21000	
空重/kg	58525	
最大充装重量/kg	57510	

表11-35　250m³船舶LNG燃料加注站储罐技术参数表

项　目	技术参数	
	内筒	外筒
容器类别	Ⅱ类、低压贮存容器	
结构型式	卧式	
绝热方式	真空粉末绝热	
充装介质	LNG	
几何容积/m^3	250	
有效容积/m^3	225	
充装系数	0.9	
蒸发率（液氮）/(%/d)	≤0.18	
真空夹层漏放气速率/$Pa\cdot m^3/s$	$\leq 2\times10^{-4}$	
夹层封口真空度/Pa	≤8.0	
主体材质	06Cr19Ni10	Q345R
工作温度/℃	≥－162	环境温度
设计温度/℃	－196	－40～50
最大工作压力/MPa	1.0	真空
设计压力/MPa	1.2	－0.1
直径/mm	3640	4500
外形尺寸/mm	24000×4500×4800	
空重/kg	115650	
最大充装重量/kg	100910	

船舶LNG燃料加注站的卸车泵、加注泵与汽车LNG燃料加注站用LNG泵一样，采用潜液离心泵，其配置根据加注站的设计规模及加注机的流量和数量确定。船舶LNG燃料加注站的LNG加注泵流量，根据船舶加注的特点，一般都不小于汽车LNG燃料加注站用LNG泵。表11-36所列为常用的船舶LNG燃料加注站LNG潜液泵主要参数。

表11-36　船舶LNG燃料加注站用LNG潜液泵主要技术参数表

项目	数值
适用介质	LNG
设计流量（液态）/(L/min)	0.48～100
扬程/m	15～450
进口静压头/m	≥0.9
转速/(r/min)	1000～6000
工作温度/℃	≥162
设计温度/℃	－196
入口压力/MPa	≤1.0
出口压力/MPa	≤1.4
设计压力/MPa	1.6

2. 卸车增压器、储罐增压器、EAG加热器

船舶LNG燃料加注站卸车增压器、储罐增压器、EAG加热器都属于热交换器，一般多采用空温式或水浴式。空温式汽化器在多雾、湿度大、低温和空气流通不畅的地方，要进行连续汽化比较困难，换热效果较差。同时，空温式汽化器单位换热面积大，占用空间大。汽车LNG燃料加注站和岸基式船舶LNG燃料加注站卸车增压器、储罐增压器和EAG加热器一般采用空温式汽化器较多，趸船式LNG燃料加注站一般采用水浴式汽化器较多。空温式汽化器和水浴式汽化器对比见表11-37。

表11-37　空温式和水浴式汽化器对比

空温式汽化器特点	水浴式汽化器特点
由于空气比热容小，且冷却效果取决于干球温度，通常不能把介质加热到环境温度	换热效果好，通常能把介质加热到环境温度
大气温度波动大，风、雨、雪、雾、阳光及季节变化，均会影响到其性能	对环境变化不敏感
由于空气侧膜传热系数低，故需要的换热面积大得多，设备尺寸较大	结构紧凑，换热面积比空温式小得多，设备尺寸较小
不能靠近大的障碍物，否则会引起热风循环	可以设置在其他设备之间，相邻设施对其换热效果影响很小
需要用特殊工艺制造翅片管	用一般列管式换热器即可满足要求

3. LNG加注设备

与汽车LNG燃料加注站相比，船舶LNG燃料加注站加注作业受到天气、波浪、水流、台风等不利因素影响，作业风险较大，不安全因素多，事故发生的概率也大，因此船舶LNG燃料加注站选择可靠、安全的加注设备尤为重要。

船舶LNG燃料加注站加注设备主要有柔性加注（图11-22）设备和刚性加注设备两种。

1）柔性加注设备主要由质量流量计、加注软管、软管操作设备、拉断阀、加注接头、刚性管道系统和加注控制柜等部件组成，其核心部件为加注软管和其操作设备。加注软管采用奥氏体不锈钢波纹软管或复合软管等能满足要求的软管，其设计温度不应高于-196℃，软管的公称压力不应小于卸料系统最大工作压力的2倍，其最小爆破压力应大于公称压力的4倍，软管前端或末端应设安全拉断阀，安全拉断阀的设计压力、设计温度应与系统相匹配，加注软管每年应进行一次水压试验，若在试验过程中有任何瑕疵出现，就必须进行更换。加注软管操作设备应操作方便，支撑应适用于加注软管的许用弯曲半径，该支撑应设置足够的缓冲，以满足加注设备与受注船之间可能发生的相对位移。

图11-22　船舶LNG燃料柔性加注

2）船舶LNG燃料加注站刚性加注设备主要由质量流量计、加注臂和加注控制柜等部件组成，其核心部件为加注臂。加注臂是陆上大型装卸臂的缩小版，通常由立柱、臂、旋转接头、紧急脱离装置、加注接头、刚性管道系统等部件组成。加注臂驱动方式可采用手动、气动或液压传动等方式。加注臂的设计制造应满足OCIMF的《船用装卸臂设计规范》、HG/T 21608—2012《液体装卸臂工程技术要求》及BS EN 1474-1：2008《船用传输系统的设计与试验》等。

船舶LNG燃料加注站采用刚性加注时，应充分考虑使用过程中遇到的所有因素和工况，包括船舶运动、干舷变化、气象水文等因素。加注臂应设有紧急脱离装置，紧急脱离装置分离后，加注臂外臂末端应向上移动使受注船安全离开，并能上抬至水平位置以上；加注臂的三维旋转接头应能在所有姿态下保持平衡，从而使接口法兰保持在与垂直面成30°角内，便于与受注船LNG管路法兰对接；加注臂应进行空载平衡设计，空载时加注臂的任意位置均应处于平衡状态，当加注臂不使用时，应能安全固定；加注臂应在受注船的正常漂移范围内与其随动，并应具有声光报警功能；加注臂应在不拆卸主要部件的情况下，对加注臂进行整体检查、维修及更换；加注臂采用独立的支撑结构。

常用的船舶LNG燃料加注站LNG加注臂的主要参数见表11-38。

表11-38　船舶LNG燃料加注站LNG加注臂的主要参数

项目	数值
适用介质	LNG
计量方式	自动
计量准度（%）	±1.0
流量（液态）/(L/min)	0.48~100
工作温度/℃	-196~50
设计温度/℃	-196
工作压力/MPa	≤1.4
设计压力/MPa	1.6
单次计量范围/kg或L或m^3	0~9999.99
累计计量上限/kg或L或m^3	99999999.99

适用于船舶LNG燃料加注接头的形式有法兰接头、干式快速接头和液压快速连接器。干式快速接头在最小的泄漏量下能够实现快速连接和脱离，接头两端带有自动快速关闭的密封阀瓣或其他装置。由于内部结构复杂，使用快速接头后对管道的传输压力影响较大，因此在设计系统时，应充分考虑快速接头带来的压降损失，并考虑避免由于外部结霜导致无法脱离。

加注控制柜用于船舶LNG燃料加注的过程控制，实现了流量计运行参数的采集与显示，可完成加注量的结算，并具有液晶显示单价、气量、金额、压力、温度、增益、自动停止及紧急状态停止加注等功能；同时，可设定加注量、计量方式等参数。

4. 惰化设施

船舶LNG燃料加注站应设置有氮气瓶或其他惰化设施。惰性气体在化学性质和操作上，在所有惰化空间内可能产生的温度下，应与该空间的结构材料和液化天然气相容。

惰化系统应有安全除气和驱气的管路系统，管路系统的布置应使在除气和驱气后，气体存留死角可能性降至最低限度。利用惰性气体对储罐和管路进行除气作业时，易燃气体混合物存在于储罐和管路内的可能性降至最低限度。

惰性气体系统的布置，应防止可燃气体倒流。

船舶LNG燃料加注站惰性气体的含氧量不应超过5%。装有惰性气体发生装置的处所不应设置与营业室、办公室、控制室、配电室及生活后勤相关的设施。

11.2.5 供配电、控制及仪表系统

1. 供配电

船舶LNG燃料加注站与汽车LNG燃料加注站功能类似，其供配电的原则要求、负荷等级、供配电设施、线路敷设要求、爆炸危险区域划分、电气设备选型及防雷、防静电的具体规定都基本类似。

2. 控制系统

与汽车LNG燃料加注站一样，船舶LNG燃料加注站的控制系统一般由站控系统、加注管理系统、可燃气体报警控制系统组成，但船舶LNG燃料加注站一般还设置低温检测报警系统。站控系统、加注管理系统和可燃气体报警控制系统与汽车LNG燃料加注站的这些系统设置区别不大，本节不再赘述。本节主要描述一下低温探测报警系统。

当液化天然气发生大量泄漏时，就需要在LNG可能聚集的地方设置低温探测器，如在储罐可能发生LNG泄漏的设置导液沟，在导液沟的末端也就是最低处设置低温探测器。低温探测器一般为一体化温度变送器，报警温度设置一般为比环境温度低10℃。低温探测器安装时，可比导液沟沟底高1mm左右，以便LNG泄漏时，低温探测系统及时报警，上传控制系统，提醒值班人员采用应急措施。

3. 仪表防爆选型

船舶LNG燃料加注站的防爆仪表，应按GB 50058—2014《爆炸危险环境电力装置设计规范》及相关规范和加注站“爆炸危险区域划分图”的要求进行选型。由于加注站项目一般较小，为了线路敷设方便，防爆仪表选型可统一为隔爆型，其防爆等级不应低于ExdⅡBT4。

4. 仪表的防雷

根据SH/T 3164—2012《石油化工仪表系统防雷设计规范》相关规定，在雷电多发区的现场检测仪表及控制系统的所有I/O点、供电接口、通信接口等部位均应安装防浪涌保护器，以避免雷电过电压、造成设备损坏。

11.2.6 LNG燃料船舶技术

1. LNG燃料船舶简介

LNG燃料船舶是指主发动机采用天然气作为单一燃料或采用天然气和燃油两种燃料且天然气贮存状态为液态的船舶。LNG燃料船舶的燃料系统由LNG贮存、供气系统、天然气发动机及相关的控制系统组成。

LNG储存由专门的燃料舱承担，燃料舱与常规船舶燃油舱有很大的区别，燃料舱要与液化天然气介质相适应，具备耐低温和良好的绝热性能。同时，由于船舶行驶的不稳定性，对燃料舱冲击较大且液化天然气黏度较低，LNG燃料舱要具有足够的强度。LNG燃料舱一般布置在船舶开阔的甲板上；也可布置在围蔽或半围蔽处，一般布置在船舶的尾部。

供气系统是指将LNG汽化、加压、升温并输送至发动机的装置，包括从LNG燃料仓出液阀到天然气发动机及发电机之间的管道系统和设备。天然气发动机是船舶的动力系统，其类型、技术特点与车用天然气发动机类似；LNG燃料控制系统是确保整个燃料船舶可靠运行和系统安全的保障，包括液位、温度、压力监测，可燃气体探测、报警、紧急切断等。

LNG燃料船舶与普通燃油动力船舶相比，在燃料加注、贮存、燃料供应等方面有诸多不同。与燃油不同，LNG为深冷液体，若发生泄漏，可能会对船体钢板产生低温损伤，破坏船体结构，人若接触LNG也会发生冻伤事故，因此需要采取低温防护措施。如设备和管道应采用耐低温的材料制造并要设置绝热保护层，在容易泄漏的位置下方设置集液盘，系统设置紧急切断系统等，相对于普通燃油系统复杂得多。与燃油供应不同的是，LNG燃料供应过程中要完成从液体到气体的相态转变，因此需要对液体材料进行汽化加热。加热后产生的气体燃料还可能需要加压，然后再输送至发动机。与柴油发动机不同，天然气发动机既可以采用柴油引燃，也可以采用火花塞点火引燃，燃气供应既可以采用缸内直喷，也可以采用缸外低压进气。在安全性能方面，由于采用气体燃料，相比于柴油机，带来了一些额外风险，因此需要对发动机的曲轴箱、排气管等重要系统和零部件的防爆问题予以特别设计和制造。

表11-39所列为LNG燃料船舶与普通燃油船舶燃料动力系统的差异性对比。

表11-39　LNG燃料船舶与普通燃油船舶燃料动力系统差异性对比

环节	项目	燃料	
		LNG	燃油
燃料加注	低温防护	需要	不需要
	紧急切断	需要	不需要
	加注操作程序	复杂	简单
	贮存环境	深冷、带压	常温常压
燃料储存	燃料仓材质	耐低温、耐一定压力的奥氏体不锈钢	普通碳素钢
	绝热	很好的绝热性能	不需要
	次屏壁保护（防护堤）	取决于燃料仓类型，一般需要全部次屏壁	不需要
	BOG处理	需要	不需要
燃料供应	相态转变	需要	不需要
	燃料加热加压	需要	不需要
	系统冗余	单燃料需设置	无须设置
燃料利用	发动机型式	天然气发动机	柴油机
	进气管防爆	总管进气发动机需要	不需要
	排气管防爆	需要	不需要
	曲轴箱防爆	加强措施	普通措施

2. LNG燃料贮存

根据LNG用作燃料的特点，LNG燃料船舶燃料贮存设施即燃料舱分为独立型燃料舱和薄膜型燃料舱。

1）独立型燃料舱是指靠自身结构支持的燃料舱，它不构成船体结构的一部分，不分担船体强度，对船体结构不是必需的，其结构强度主要取决于设计压力的大小。独立型燃料舱又分为A型舱、B型舱和C型舱三种。A型舱是根据传统的船舶结构分析程序设计和建造的燃料舱；B型舱是采用模型试验、精确分析手段和方法确定应力水平、疲劳寿命和裂纹扩展特性进行设计和建造的燃料舱；C型舱即低温深冷压力容器，与陆上LNG储罐设计建造类似，是LNG燃料船舶最常用的燃料舱。

2）薄膜型燃料舱系指非自身支持的燃料舱，它由邻接的船体结构通过绝热层支持的一层液体气密薄膜组成。

LNG燃料船舶燃料舱类型如图11-23所示。

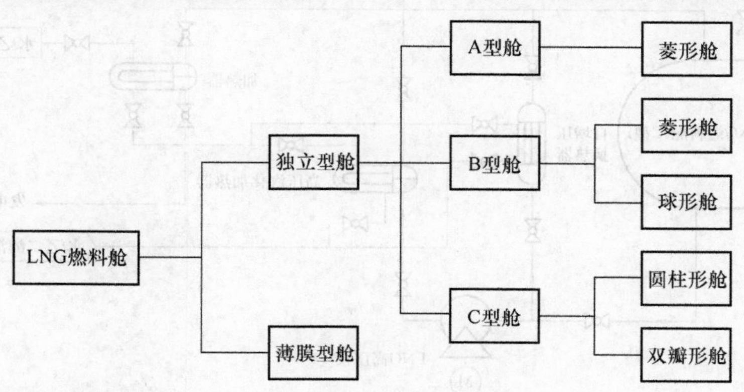

图11-23　LNG燃料舱分类

目前 LNG 燃料船舶尺度相对较小，一般多采用 C 型圆柱形。C 型燃料舱其材料选择、设计、制造、检验及安全防护执行现行 TSG R0005—2011《移动式压力容器安全技术监察规程》、GB 150（所有部分）—2011《压力容器》和《天然气燃料动力船舶规范》的有关规定。C 型燃料舱具有承压能力强，设计、制造、检验成熟，价格较低，安装方便等优点，其缺点是受外形限制，舱容利用率低。C 型燃料舱一般适用于体积较小的燃料舱。

3. 供气系统

LNG 燃料船舶供气系统一般分为低压供气系统、中压供气系统和高压供气系统。低压供气系统是为低压四冲程气体发动机供气的系统。供气压力小于 1.0MPa，一般为 0.5～0.8MPa。低压供气系统通常由汽化器、加热器、燃料舱自增压换热器、阀门、管路系统及相关控制系统组成。低压供气系统一般设置在 LNG 燃料舱一侧或两侧的燃料舱连接处所（即冷箱）处。冷箱的结构型式可以有效防止 LNG 泄漏而造成对船体结构的破坏。对于 LNG 单一燃料船舶，一般采用一路低压供气系统，对于 LNG 和燃油双燃料船舶，一般采用二路低压供气系统。目前市场上的小型 LNG 燃料船舶供气系统大多采用低压供气系统。LNG 燃料船舶低压供气系统工艺流程示意图如图 11-24所示。

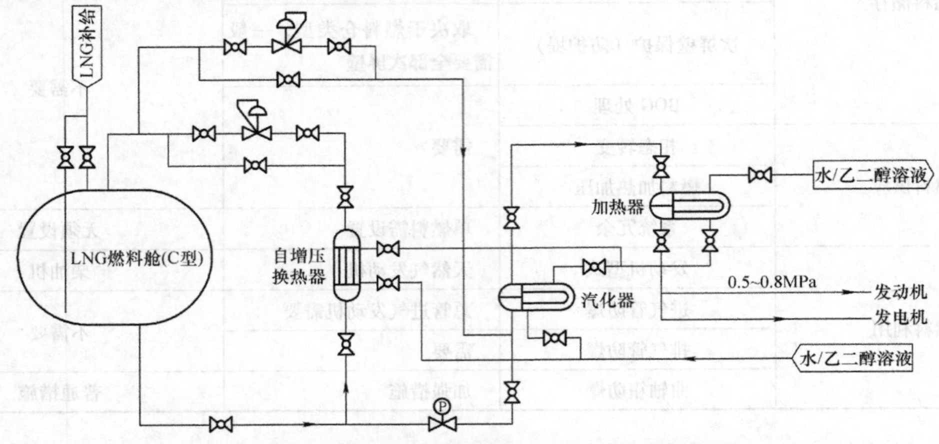

图 11-24　LNG 船舶低压供气系统工艺流程示意图

中压供气系统是为中压二冲程气体发动机供气的系统。供气压力大于 1.0MPa，但远小于高压供气系统供气压力，一般为 1.6MPa 左右。中压供气系统工艺与低压供气系统类似，仅在低压供气系统出口增设压缩机升压，再供应气体发动机使用。

高压供气系统是为高压喷射气体发动机供气的系统，喷射压力最高可达 45MPa。高压供气系统由两种形式，一种是 LNG 汽化升温 + 气体多级压缩升压；另一种是 LNG 高压泵高压液体压缩 + 高压汽化升温。LNG 燃料船舶高压供气系统常用第二种供气方式，在 LNG 运输船上，由于存在大量的蒸发气体（BOG），所以一般采用第一种方式。高压供气系统（第二种）工艺流程示意图如图 11-25 所示。

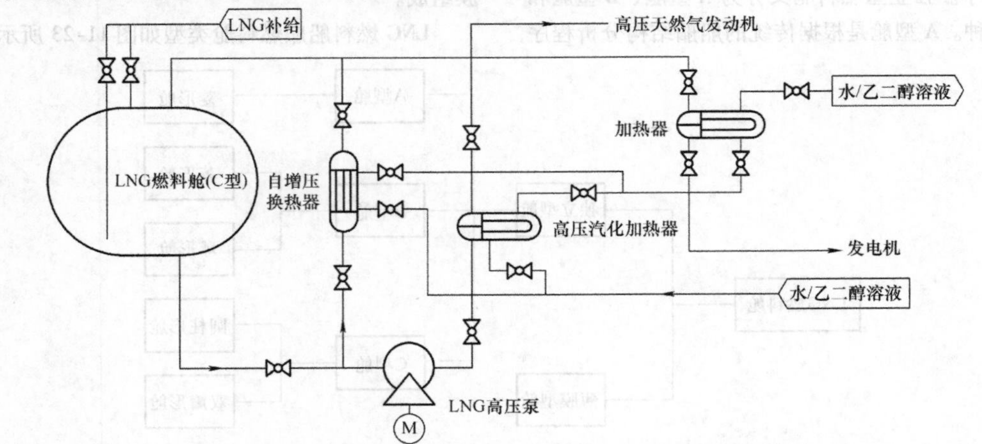

图 11-25　高压供气系统（第二种）工艺流程示意图

4. 船用天然气发动机

LNG燃料船舶天然气发动机和汽车天然气发动机一样，按照天然气的点火方式，可分为点燃式天然气发动机、压燃式天然气发动机和柴油引燃式天然气发动机；按使用的燃料类型，可分为单一气体燃料发动机、双燃料发动机和混烧发动机；按照热力循环，可划分为等容加热循环（奥拓循环）及混合加热循环（迪塞尔循环）等方式；按照天然气的进气方式，可分为缸内直喷式、缸外进气方式。缸内直喷式又分为低压缸内直喷、中压缸内直喷和高压缸内直喷几种；缸外进气方式又分为总管进气和支管（进气道）进气方式，而总管进气方式又有增压器前进气和增压器后进气两种。

（1）船用天然气发动机的关键技术

1）天然气燃料供气技术。对于船舶天然气发动机而言，天然气供气技术直接影响其经济性、动力性和排放性能。目前，船舶天然气发动机的供气方式主要有支管电控多点喷射和缸内高压直喷两种。

支管电控多点喷射，即在发动机各缸进气支管根部分别安装电控燃气喷射阀，并依照电控系统指令定时定量向相应气缸进气支管喷射天然气，与空气混合后进入气缸。同时，依照发动机的控制脉谱向各缸供给合理的引燃油量。这种供气方式虽然控制策略复杂，成本较高，但可实现各缸天然气喷射量与喷射时间的精确控制，并可根据发动机转速和负荷调节空燃比，实现稀薄燃烧，进一步提高动力性和经济性，而且其排放性能也明显优于同类型柴油机。目前国内外先进的双燃料发动机大多采用这种供气方式。

如前所述，缸内高压直喷，是指在压缩冲程终点附近将高压天然气通过电控燃气喷射阀直接喷入气缸内，通过微量柴油引燃混合气。这种供气方式由于需要高压燃气系统，因此成本高昂。但发动机采用了混合加热循环，消除天然气对充气效率的影响，无爆燃风险，可采用较高的压缩比，实现与柴油机相当的动力性与热效率，且动态特性好。此外，它还具有支管电控多点喷射的所有优点。

支管电控多点喷射和缸内高压直喷均能实现单缸空燃比控制，具有充分发挥气体燃料优势的潜力，获得较好的经济性和排放性能。但支管电控多点喷射技术需要开发精确的燃气、燃油喷射系统及电子控制系统，而缸内高压直喷则需要克服高压燃气供应系统结构复杂、控制精度要求高、成本高昂和控制泄漏风险等问题。

2）稀薄燃烧技术。对于非缸内高压直喷的天然气发动机来说，其燃烧过程均为等容加热循环，通常天然气与空气的混合气会参与整个缸内压缩过程。在此过程中，燃烧室中的高温高压可能会引起气体燃料的非受控燃烧，产生高压冲击波作用燃烧室壁上，即产生爆燃现象。爆燃不仅使发动机工作状态恶化，还会大大缩短发动机零部件寿命。船用发动机为改善其动力性、提升功率，一般会采用较高的增压度和压缩比，但这同时也会增加爆燃的风险。

为解决发动机动力性与爆燃之间的矛盾，一个较好的方法就是采用稀薄燃烧技术。稀薄燃烧就是向缸内供给过量的空气，采用很高的空燃比。即在相同的放热量条件下，由于部分热量用来加热多余的空气，从而起到降低缸内燃烧温度的作用，抑制爆燃倾向。同时，稀薄燃烧技术还能够大大降低 NO_x 排放，并有利于提高发动机热效率。

图11-26所示为典型的等容加热循环气体燃料发动机燃烧工作区域，从图中可以看出，当平均有效压力较小时，空燃比在较大范围内变化时也不会造成爆燃。但是，为提高发动机动力性，采用较高的平均有效压力，此时为避免爆燃，势必要提高空燃比，但空燃比又不能过高，否则可能造成火焰猝熄甚至失火。因此，对于天然气发动机来说，要实现稳定高效的稀薄燃烧，必须实现空燃比的精确控制，主要采用进气旁通和废气旁通技术，前者由控制系统根据发动机转速、负荷、进气压力、进气温度等参数来决定进气旁通阀的开度，从而控制进入气缸的新鲜空气量，达到控制空燃比的目的；后者则是通过控制废气旁通阀的开度，控制进入涡轮机的废气量，间接实现空燃比的控制。

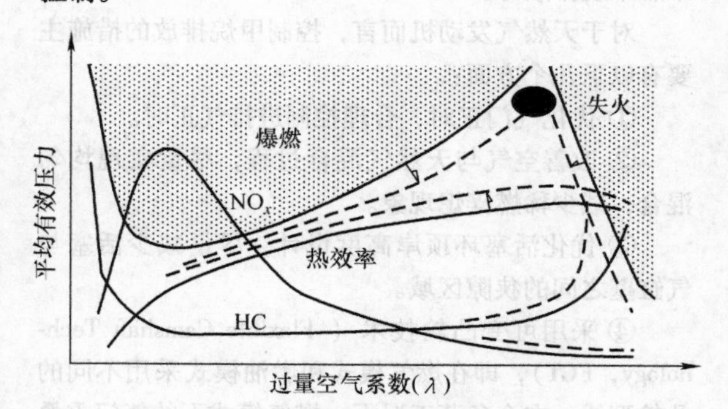

图11-26　典型的等容加热循环气体燃料发动机工作区域

另外，稀薄燃烧技术还需要解决稀薄混合气的稳定点火问题。利用柴油引燃可燃混合气，为天然气发动机提供了一种实现稀薄燃烧的途径，即在压缩上止点附近，将引燃油喷入气缸内，引燃油自行压燃之后，在燃烧室内形成多个火核，提供充分的点火能量，实现可燃混合气的多点着火。

3）动态响应特性。动态响应特性反映了发动机通过燃料供给系统的调节作用来响应负荷变化从而保持转速稳定的能力。柴油机采用混合加热循环，无爆燃风险，当负荷突变时，可以通过调速器增加或减少燃油喷射量来保持发动机转速稳定。对于采用混合加热循环的气体发动机（如缸内高压直喷发动机），也没有爆燃风险，其动态响应特性基本与柴油机相当。

而对于采用等容加热循环的天然气发动机而言，缸内燃烧存在爆燃区和失火区。当负荷突增时，如果大量增加燃气喷射量，而增压器涡轮转速来不及快速提高，导致新鲜空气充量不能迅速增加，则会造成空燃比下降，使得发动机进入爆燃区的风险增加；相反，当负荷突卸时，如果大量减少燃气喷射量，则有可能由于空燃比增大使得发动机进入失火区。因此，等容加热循环天然气发动机能承受的负载突变量是受到限制的。可从改善空气进气能力的角度来改善动态响应特性。目前，比较常用的是可变截面增压技术，即通过调整安装在涡轮外侧的由电控系统控制的导流叶片的角度，控制流过涡轮叶片的气体流量和流速，从而控制涡轮转速，改善空气进气响应工况变化的能力。

4）甲烷排放控制技术。天然气发动机在燃气模式运行过程中通常会产生较高的甲烷（CH_4）排放。甲烷排放不仅会影响发动机的热效率，还会造成比二氧化碳更为严重的温室效应。甲烷排放的主要来源于发动机换气过程中的甲烷“逃逸”及燃烧室产生的未燃甲烷排放等。

对于天然气发动机而言，控制甲烷排放的措施主要有以下几个方面：

① 优化气门正时，合理控制进排气正时。

② 改善空气与天然气混合过程，尽量实现均匀混合，减少稀燃猝熄现象。

③ 优化活塞环顶岸高度设计，尽量减少活塞与气缸壁之间的狭隙区域。

④ 采用可变凸轮技术（Flexible Camshaft Technology，FCT），即在燃气模式和燃油模式采用不同的凸轮型线；在全负荷工况下，燃气模式下的气门重叠角较燃油模式显著减小，有利于减少甲烷“逃逸”。

（2）船用天然气发动机天然气发动机的风险控制 天然气发动机相对柴油机增加了供气系统，因此增加了运行过程中的风险。为保证天然气发动机与柴油机具有同等的安全水平，应对与燃气操作相关的所有发动机系统及部件进行风险分析，并提出相应的控制措施，从而保证天然气发动机的安全运转。

以支管多点喷射双燃料发动机为例，与发动机燃气操作相关的部件和系统包括引燃油系统、燃气进气阀、废气旁通阀、曲轴箱、进气管、外部辅助系统（冷却水、润滑油等）和排气管等。

1）进气管。对于总管进气发动机，由于总管内始终存在可燃混合气，一旦发生回火现象或出现其他点火源，总管内将有可能发生燃烧和爆炸危险。为减轻此类危险发生后带来的不良后果，可在总管上安装合适的防爆安全阀或通过强度校核，适当提高总管壁厚，从而保证进气管能承受最恶劣情况下的爆炸。

如果在增压器之前进气，则可燃混合气会流经增压器。由于增压器是高速旋转机械，一旦产生火星，有可能引燃混合气而造成爆炸。因此，可将增压器设置成非火花结构或在增压器或中冷器上安装合适的防爆安全阀。

对于支管进气发动机，总管内一般不会存在可燃混合气。只有当燃气喷射阀和空气进气阀均发生故障时，才有可能造成总管内发生爆炸。但风险分析一般只考虑“单一故障”，因此上述危险可不予考虑。这类发动机的进气总管可不设置专门的防爆措施。

2）曲轴箱。对于四冲程发动机，由于活塞环与缸套之间的磨损，可能造成燃烧室内的可燃混合气泄漏进曲轴箱。而曲轴箱内的主轴承和连杆大端轴承一旦出现润滑不良现象，有可能产生高温点，从而带来爆炸风险。因此，曲轴箱可安装合适的防爆安全阀或进行强度校核，设置单独的透气系统，其末端安装火焰消除器，安装气体探测设备，或安装油雾探测器或轴承温度探测器。

对于二冲程发动机，由于可燃混合气通常不会泄漏进曲轴箱，而是进入活塞下部的分隔空间。因此，可采取曲轴箱内安装油雾探测器或轴承温度探测器及活塞下部空间安装气体探测设备等措施。

3）排气管。对于总管进气发动机，由于部分可燃混合气在气门叠开期间不可避免地要直接排出缸外，因此排气管内有可能出现可燃混合气的积聚。对于支管进气和直喷式发动机，虽可避免可燃混合气在气门叠开期间直接排出缸外，但一旦发生某缸失火现象，排气管内也有可能出现可燃混合气。而排气管内温度较高，从而带来较大的燃气爆炸危险。因此，排气管可安装合适的防爆安全阀或通过强度校核，保证排气管能够承受最恶劣情况下的爆炸。

11.2.7 消防工程

1. 消防工程的原则要求

船舶 LNG 燃料加注站主要有天然气的燃烧危险性、爆炸危险性、扩散危险性、自燃危险性、毒害和窒息危险性、液化天然气的低温危险性及生产过程的各种危险、有害因素。在设计工作中做到符合国家有关防火规范的要求，对不同建筑物和设施的危险等级和生产特性，采取相应的消防措施，防止火灾的发生和蔓延，积极贯彻“预防为主、防消结合”的方针，防患于未然，以保护站内生产的安全和全体员工的生命财产安全。

船舶 LNG 燃料加注站的消防措施主要为配置灭火器材和设置消防给水系统。

2. 灭火器材配置

根据 GB 50140—2005《建筑灭火器配置设计规范》及 GB/T 51312—2018《船舶液化天然气加注站设计标准》的相关规定，在船舶 LNG 燃料加注站可能发生火灾的各类建筑物及作业区域，根据其火灾危险性、区域大小等实际情况，分别设置一定数量的移动式灭火器，以便有效地扑救初期火灾，减少火灾损失，保护人身和财产的安全。

(1) 灭火器配置原则

1) 在加注区、贮存区、卸车区、营业办公区及辅助区等区域设置干粉灭火器，干粉灭火器主要有推车式干粉灭火器和手提式干粉灭火器两种。干粉一般采用磷酸铵盐干粉。

2) 在变配电间等处设置二氧化碳灭火器，防止电气火灾的发生。

3) 灭火器应在有效期内，各种技术指标应满足消防要求。

4) 灭火器应设置在位置明显和便于取用的地点，且不得影响安全疏散。

5) 灭火器的摆放应稳固，其铭牌应朝外。手提式灭火器宜设置在灭火器箱内，灭火器箱不得上锁。

6) 灭火器不宜设置在潮湿或强腐蚀的地点，当必须设置时，应有相应的保护措施。

(2) 灭火器配置数量

1) 贮存区、卸车区、加注区应设置灭火器材。灭火器材的配置应符合表 11-40 的规定。

表 11-40　灭火器材配置

<table>
<tr><th rowspan="3">场　所</th><th rowspan="3">配置方法</th><th colspan="4">每台配置数量</th></tr>
<tr><th colspan="2">推车式干粉灭火器</th><th colspan="2">手提式干粉灭火器</th></tr>
<tr><th>规格</th><th>数量</th><th>规格</th><th>数量</th></tr>
<tr><td>贮存区</td><td>按储罐台数</td><td>50kg</td><td>≥1</td><td>8kg</td><td>2</td></tr>
<tr><td>卸料区</td><td>按卸料台数</td><td>—</td><td>—</td><td rowspan="2">5kg</td><td rowspan="2">≥2</td></tr>
<tr><td>加注区</td><td>加注机台数</td><td></td><td></td></tr>
</table>

2) 其他建筑的灭火器配置，应符合现行 GB 50140—2005《建筑灭火器配置设计规范》的有关规定。

3. 消防给水系统

(1) 站区消防给水设计原则划分　根据 GB/T 51312—2018《船舶液化天然气加注站设计标准》的规定，船舶加注站消防给水系统总用水量应按同一时间内扑救作业区或其余建筑火灾的最大一处设计用水量确定。

其余建筑，一般指生产辅助用房等建筑，其的消防设施设置应按现行 GB 50016—2014《建筑设计防火规范》及 GB 50974—2014《消防给水及消火栓系统技术规范》的有关规定执行，在这里不再赘述。

(2) 加注作业区消防给水系统设置依据　加注站作业区的消防给水系统设置应按 LNG 贮存规模和储罐布置形式来确定，对于满足以下情形之一的可不设消防给水系统，如：加注站内的 LNG 储罐采用埋地式布置；五级加注站内 LNG 储罐总容积不大于 $60m^3$；LNG 储罐分组布置，组与组之间的防火间距不小于 35m，且每组储罐的容积不大于 $60m^3$。

因为加注站站内作业区内主要包含卸料、贮存、加注等工艺设施的区域，而最大危险区域为贮存区，储罐一旦发生泄漏事故或火灾事故，影响范围和处理事故的难度比较大，对消防要求最高；而其他卸料区和加注区主要由管道和阀门组成，在事故状态下相对容易控制和隔离。因此，一般按照 LNG 贮存规模和储罐布置形式来确定整个作业区的消防给水系统的设置。

埋地式储罐因埋设在地下罐池内，抵御外部火灾的性能好；一旦发生泄漏事故，泄漏的 LNG 被限制在罐池内，影响范围小。因此，采用埋地式 LNG 储罐的加注站作业区不设消防给水系统是可行的。

当五级加注站内 LNG 储罐总容积不大于 $60m^3$，不设消防给水系统，主要是考虑贮存规模小，与 GB 50156—2021 中 LNG 汽车加气站要求是一致的。

LNG 储罐分组布置，组与组之间的防火间距不小于35m，且每组储罐的容积不大于60m³时不设消防给水系统，是考虑分组布置的两个罐区之间有一定的安全距离，相互之间影响很小，每组储罐的容积不大于60m³，相当于两个独立的五级站场，与上述条件一致。

（3）加注站作业区消防给水系统组成　加注站作业区消防给水系统由储罐固定冷却水系统、室外消火栓系统和加注区设备前沿隔离水幕系统组成，GB/T 51312—2018《船舶液化天然气加注站设计标准》规定只有三级及以上船舶液化天然气加注站区设备前沿才设隔离水幕系统；趸船式船舶LNG燃料加注站加注区设备前一般都设置隔离水幕系统，以保护LNG燃料加注趸船和受注船。

（4）作业区消防水量及设计参数确定　根据GB/T 51312—2018《船舶液化天然气加注站设计标准》和GB 50974—2014《消防给水及消火栓系统技术规范》，综合判定确需设置消防给水系统的船舶LNG燃料加注站作业区，其消防设计水量应按储罐固定冷却水系统、室外消火栓系统及加注区设备前沿隔离水幕系统同时开启时的设计水量之和确定。其计算参数如下。

储罐固定冷却水系统与室外消火栓系统设计流量参数和供水延续时间应下列规定执行：

1）储罐固定冷却水设计流量应按着火罐和距着火罐直径（卧式罐按其直径和长度之和的一半）1.5倍范围内邻近罐的固定冷却水设计流量之和确定。固定冷却水设计流量参数不应小于表11-41或表11-42的数值。

表11-41　立式储罐固定冷却水设计流量

储罐形式	保护范围	喷水强度/[L/(min·m²)]
着火罐	罐壁表面	2.5
	罐顶表面	4.0
邻近罐	罐壁表面的1/2	2.5
	罐顶表面	4.0

表11-42　卧式储罐固定冷却水设计流量

储罐形式	保护范围	喷水强度/[L/(min·m²)]
着火罐	储罐表面	4.0
邻近罐	罐壁表面的1/2	4.0

2）室外消火栓设计流量不应小于表11-43的规定。

表11-43　室外消火栓设计流量

最大单罐贮存容积/m³	室外消火栓设计流量/(L/s)
$100 < V_t \leqslant 250$	30
$V_t \leqslant 100$	15

3）作业区冷却水供水延续时间应不小于6h。但当储罐总容积小于220m³且单罐容积小于或等于50m³时，作业区冷却水供水延续时间应不小于3h。

4）三级及以上船舶液化天然气加注区设备前沿隔离水幕系统设计应按以下规定执行：

① 水幕系统的喷水强度应不小于2.0L/(s·m)，喷水时间不应小于1h。

② 水幕系统保护范围应超出加注设备两端各5m，喷水高度应高于被保护对象1.50m。

③ 水幕系统的控制阀门应具有现场和远程控制功能，控制阀及其按钮应设置在距保护对象外缘不小于15m的安全区域。

（5）消防给水系统设施组成及设置要求　消防给水系统设施由消防水源、供水设施、消防管网、消火栓、储罐固定式消防喷淋冷却水装置（或水炮）等组成。

1）储罐固定冷却水宜采用固定式水喷雾（水喷淋）或固定式消防水炮系统。当储罐采用固定消防水炮作为固定冷却设施时，其设计流量不宜小于固定冷却水设计流量的1.3倍，并应符合下列规定：

① 消防水炮每台设计出水量不宜小于30L/s，且不应少于两台。

② 消防水炮射程应覆盖所保护的储罐。

③ 消防水炮应具有直流和水雾两种喷射方式，且应具有变幅和回转功能。

2）室外消火栓的设置数量应根据设计流量计算确定。消火栓的设置间距应不大于60m，并应能保证作业区内（包括船岸界面）任何地方至少有两支水枪的充实水柱同时覆盖。消火栓处应配置消防水带和直流、水雾两用水枪。

3）消防水源、供水设施、消防管网、消火栓等设计应符合现行GB 50974—2014《消防给水及消火栓系统技术规范》的有关规定。

图11-27所示为典型的船舶LNG燃料加注站消防给水系统典型原理。

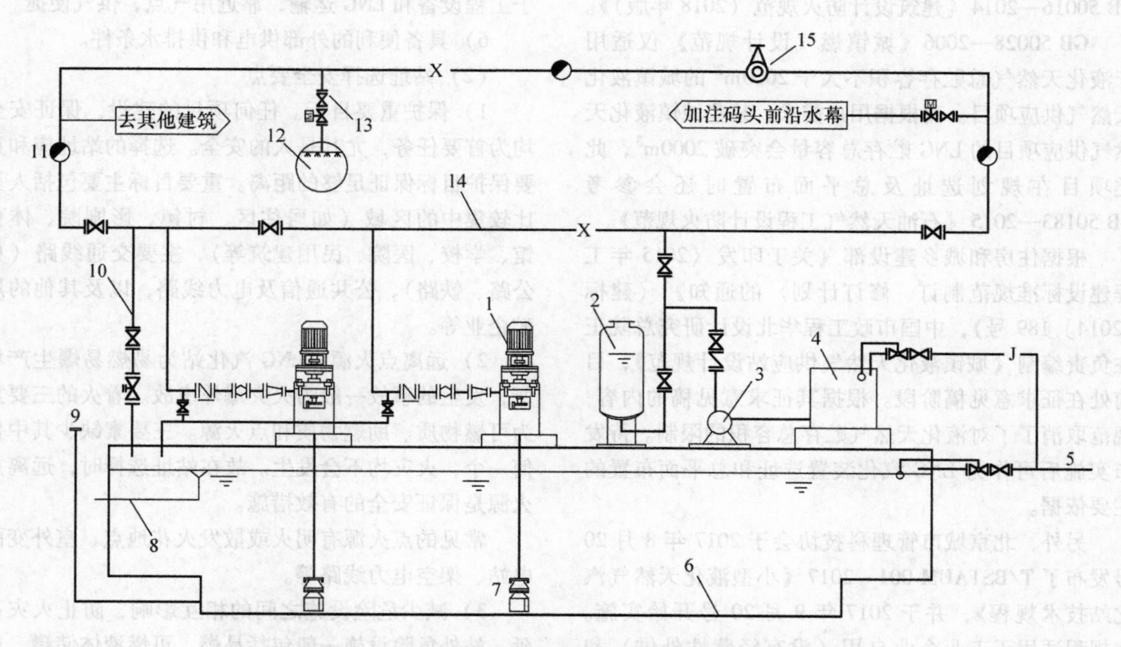

图11-27　船舶LNG燃料加注站消防给水系统典型原理

1—立式长轴消防泵　2—稳压罐　3—稳压泵　4—缓冲水箱　5—补水口
6—消防水池　7—底阀　8—溢流管　9—消防取水口　10—泄压管　11—消火栓
12—LNG储罐　13—LNG储罐冷却水管路　14—环形消防干管　15—消火水炮

11.3　小型LNG汽化装置

这里介绍的小型LNG汽化装置主要是指应用于工业及民用煤改气项目燃料替代的LNG汽化装置。装置直接面向工业企业和民用用户供气，汽化后的天然气不进入长输和公用输气管道。

工业及民用煤改气项目的燃料替代方案，一般采用管道天然气代替燃煤，CNG减压后的天然气代替燃煤，LNG汽化后的天然气代替燃煤等形式。这几种供气形式各有特点，而小型LNG汽化供气装置因其灵活、分散的优势，近几年应用逐渐增多。尤其2016年以来，LNG点供项目日渐增多。所谓LNG点供，即LNG单点直供，是和管道供气系统并行，针对终端用户的独立供气系统，其主要建设内容即为小型LNG汽化装置。

LNG汽化装置是贮存、汽化和输配天然气的装置，是供气企业把LNG从LNG供应商转往工业及民用用户的中间场所。由于LNG本身具有易燃、易爆危险性，又具有低温特性，因此，LNG汽化站在选址、平面布置、设备安装、操作管理等方面都有一些特殊要求。本节重点讨论小型LNG汽化装置的工程技术及消防安全。

11.3.1　小型LNG汽化装置的常见类型和特点

小型LNG汽化装置是具有将槽车运输的LNG进行卸车、贮存、汽化、调压、计量和加臭，并通过管道输送给工业和民用用户的汽化站。根据储气设施的不同，常见的有两种类型：采用真空绝热储罐贮存LNG的汽化站和采用LNG气瓶组储气的LNG瓶组汽化站。

LNG瓶组汽化站一般采用撬装化设计，主要设备是瓶组撬和LNG汽化撬。LNG汽化撬集成了汽化、调压、计量、加臭等多种功能，成品一次性运至现场，安装简便快捷。LNG瓶组汽化站具有占地面积小、建设周期短、操作简单等特点，可迅速向城镇居民和工业用户供气，应用更灵活，但供气能力有限，仅适用于用气量小的场合。

11.3.2　总体布局

1. 适用的主要标准规范介绍

用于向城市、乡镇或居民点供给居民生活、商业、工业企业生产、采暖通风和空调等各类用户做燃料用的LNG汽化装置均属于城镇燃气工程的范畴。项目选址及总平面布置依据的主要规范有GB 50028—2006《城镇燃气设计规范（2020年版）》和

GB 50016—2014《建筑设计防火规范（2018年版）》。

GB 50028—2006《城镇燃气设计规范》仅适用于液化天然气总贮存容积不大于2000m³的城镇液化天然气供应项目。而根据用户需求，某些城镇液化天然气供应项目的LNG贮存总容量会突破2000m³，此类项目在规划选址及总平面布置时还会参考GB 50183—2015《石油天然气工程设计防火规范》。

根据住房和城乡建设部《关于印发〈2015年工程建设标准规范制订、修订计划〉的通知》（建标〔2014〕189号），中国市政工程华北设计研究总院正在负责编制《城镇液化天然气供应站设计规范》，目前处在征求意见稿阶段。根据其征求意见稿的内容，规范取消了了对液化天然气贮存总容积的限制。待发布实施后可作为LNG汽化装置选址和总平面布置的主要依据。

另外，北京城市管理科技协会于2017年8月20号发布了T/BSTAUM 001－2017《小型液化天然气汽化站技术规程》，并于2017年9月20号开始实施。本规程适用于工业企业自用（没有经营性外供）和非城镇区域的用户LNG汽化供气装置，其对LNG总贮存容积限制到不大于120m³（几何容积）。建议采用团体标准设计时应提前征得建设项目当地行政主管部门（如规划、消防、安全）的同意。

2. 站址选择

（1）站址选择的基本原则　小型LNG汽化装置因其功能特点，选址均尽量靠近下游用户。所选站址一般均位于用气企业附近或内部、城镇建成区，故站址选择首先要符合城镇总体规划要求。同时还要满足以下要求。

1）考虑不良地质对工程建设的影响。站址选择避开地质不良地段，如地震带、地基沉陷、废弃矿井等地段；避免布置在山体崩塌、滑坡、泥石流等地质灾害易发区和重点防治区。

2）防涝要求。避开蓄滞洪区、堤坝溃决后可能淹没的地区。

3）保护重要目标及人的安全。天然气为易燃易爆介质，为保证人的生命安全，选址时应考虑对人的不利影响。站址应选在城镇和居民区的全年最小风向的上风侧。应尽量远离人口密集区，以满足卫生和安全防护要求。

贮存量较大的场站尽量避开油库、桥梁、铁路枢纽站、飞机场等重要战略目标。

4）选址要考虑有利于可燃气体的扩散，避开窝风地带。

5）具备便利的交通运输条件。所选站址要有利于工程设备和LNG运输，靠近用气点，供气便捷。

6）具备便利的外部供电和供排水条件。

（2）站址选择安全要点

1）保护重要目标。任何项目的建设，保证安全均为首要任务，尤其是人的安全。选择的站址应和重要保护目标保证足够的距离。重要目标主要包括人员比较集中的区域（如居住区、村镇、影剧院、体育馆、学校、医院、民用建筑等）、主要交通线路（如公路、铁路）、公共通信及电力线路，以及其他的厂矿企业等。

2）远离点火源。LNG汽化站为易燃易爆生产场所，发生的事故一般为火灾爆炸事故。着火的三要素为可燃物质、助燃物质和点火源。三要素缺少其中任何一个，火灾均不会发生。故在站址选择时，远离点火源是保证安全的有效措施。

常见的点火源有明火或散发火花地点、室外变配电站、架空电力线路等。

3）减少危险设施之间的相互影响，防止火灾蔓延。站外危险设施一般包括易燃、可燃液体储罐，甲类、乙类生产厂房，甲类、乙类、丙类物品仓库，易燃材料的堆场等。

以上三个选址安全要点同样适用于LNG汽化站的站场总平面布置。

3. 总平面布置

（1）功能分区　LNG汽化站内总平面布置按功能分区，一般分为生产区（包括储罐区、卸车区、汽化及调压等装置区）和辅助区。

（2）布置原则

1）满足安全和卫生防护要求。LNG汽化站工艺介质为LNG和气态天然气，具有易燃、易爆特性，LNG还具有低温特性，站内总平面布置应首先满足国家相关规范的规定。

① 考虑风向对站内安全的影响。考虑风向对站内安全的影响主要是采取措施减少可燃气体乘风势向人员集中区和其他非防爆区域扩散的可能性。总平面布置时，可能散发可燃气体的生产区宜布置在全年最小频率风向的上风侧。

② 防火间距应满足相关规范要求。站内的各建构筑物之间及与站外建构筑物之间的防火间距应符合GB 50016—2014《建筑设计防火规范（2018年版）》的有关规定；站内露天工艺装置区边缘距明火或散发火花地点、放散管，距办公、生活建筑，距围墙等的距离应符合GB 50016—2014《建筑设计防火规范（2018年版）》中门站和储配站总平面布置的有关规定；LNG储罐和放散管与站内其他设施的防火间距

应符合 GB 50028—2006《城镇燃气设计规范（2020年版）》的有关规定。LNG 贮存总容积超过 $2000m^3$ 的汽化站，总平面布置还需要参照 GB 50183—2015《石油天然气工程设计防火规范》的有关规定。场地受限，希望参照 T/BSTAUM 001 - 2017《小型液化天然气汽化站技术规程》进行建设的项目，建议项目前期阶段先征得建设项目当地行政主管部门（如规划、消防、安全）的同意。

③ 环境汽化器的布置应考虑通风良好，并考虑其周围低温环境对邻近设施的影响。

④ 站内建筑物的布置应有利于自然通风和采光。

2）满足生产和运输要求。

① 设备布置顺应工艺流程要求，使管道布置短捷。

② 各公用及辅助设施尽量靠近负荷中心布置。

③ 人流和物流通道避免交叉，物流通道靠近站区边缘布置，物流出入口靠近站外运输道路布置。

④ 生产设施的布置还应考虑方便与站外气体输送管道对接的便利性。

3）满足工程建设施工要求。总平面布置应为施工安装创造便利条件（如 LNG 储罐和大型汽化设备的吊装）。站内道路布置应满足设备运输及施工安装要求。

4）本着节约土地的原则。

（3）安全防护设施及出入口设置　LNG 汽化站应设有高度不低于 2m 的不燃烧体实体围墙。生产区和辅助区至少应各设置一个对外出入口。当 LNG 储罐总容积超过 $1000m^3$ 时，生产区应设置两个对外出入口，其间距不应小于相关规范规定。

（4）消防通道　LNG 汽化站的生产区应设置消防车道，车道最小宽度应保证一个单车道。当储罐总容积小于 $500m^3$ 时，可设置尽头式消防车道和面积不应小于 12m × 12m 的回车场。

（5）LNG 储罐和罐区的布置要求

1）一个罐组内储罐之间的净距不应小于相邻储罐直径之和的 1/4，且不应小于 1.5m；储罐组内的储罐不应超过两排。

2）储罐组四周必须设置拦蓄区，拦蓄区周边为封闭的不易燃烧的实体防护墙，即防火堤，以保证储罐发生事故时对周围设施造成的危害降低到最低程度。防火堤的设计应保证在接触 LNG 时不应被破坏。

3）防火堤内的有效容积（V）应符合下列规定：

① 对因低温或因防火堤内任一储罐泄漏着火而可能引起防火堤内其他储罐泄漏，当储罐采取了防护措施时，V 不应小于防火堤内最大储罐的容积。

② 当储罐未采取防护措施时，V 不应小于防火堤内所有储罐的总容积。

4）防火堤内不应设置其他可燃液体储罐。

5）严禁在储罐区防火堤内设置 LNG 钢瓶灌装口。

6）容积大于 $0.15m^3$ 的 LNG 储罐（或容器）不应设置在建筑物内。任何容积的 LNG 容器均不应永久的安装在建筑物内。

7）防火堤内应设有排除雨水或消防废水的措施。一般是在防火堤内设置集液池，集液池内设排水泵，泵的启停与低温探测报警系统连锁，当检测到低温时，连锁切断排水泵。

（6）汽化器、低温泵布置要求

1）空温式汽化器布置应考虑通风良好，利于和空气换热。还应考虑换热过程产生的雾气对周边的影响。

2）LNG 低温泵的布置应考虑泵的汽蚀余量的要求，确保泵的正常运转。

3）设备的布置要考虑顺应流程、节约管线，并方便安装、操作和检修。

（7）放散总管布置要求　集中放散装置的汇集总管，应经加热将放散物加热成比空气轻的气体后方可排入放散总管；放散总管管口高度按规范确定。

（8）办公、生活和辅助生产建筑布置要求

1）人员集中的建筑物宜位于生产区全年最小频率风向的下风侧。

2）办公、生活建筑应靠近站场边缘，方便事故状态下人员逃生。

3）生产建筑应靠近负荷中心。

4）宜位于站内地势较高处。

5）宜集中布置，生产建筑在满足规范要求的前提下尽量合建，以减少占地面积和土建投资。

6）与生产设施的防火间距应满足相关规范要求。

4. LNG 瓶组汽化站布置

LNG 瓶组汽化站采用气瓶组作为贮存及供气设施，其储气容量受有关规范限制，气瓶组总容积最大允许 $4m^3$。

瓶组汽化站因受 LNG 总贮存容积的限制，汽化规模很小，装置组成很简单，一般采用撬装式供货。常见的有两种建站形式：一种由瓶组撬和汽化调压计量撬（含加臭设施）两个撬块建站，另一种是由一个综合的一体撬建站。布置比较简单。

气瓶组要求布置在站内固定地点，露天（可设置罩棚）设置。气瓶组与建、构筑物的防火间距按相关规范的规定执行。

设置在露天（或罩棚下）的空温式汽化器与气瓶组的间距应满足操作的要求，其与明火、散发火花地点或其他建、构筑物的防火间距应符合相关规范要求。

瓶组汽化站的四周宜设置高度不低于2m的不燃烧体实体围墙。

11.3.3　工艺及管道系统

1. 工艺方案

（1）主要设计参数选取

1）设计压力。LNG储罐内罐的设计压力应根据储罐的型式、LNG组分及供气压力等参数综合确定，外罐的设计压力按全真空考虑（-0.1MPa）。

LNG泵、汽化设备及管道系统的设计压力根据汽化装置的供气压力确定；LNG泵前管道系统的设计压力根据储罐的设计压力确定。

2）设计温度。LNG储罐内罐设计温度取-196℃，外罐设计温度取当地50年月平均最低温度的最低值。

空温式汽化器的设计温度取-196℃；空温式汽化器出口天然气计算温度一般取低于环境温度10℃，环境温度取当地50年月平均最低温度的最低值。

管道系统的设计温度根据上游设备出口温度确定，并考虑环境温度的影响。

3）主汽化器设计流量。主汽化器的设计流量根据用户小时最大用气量确定，在小时最大用气量基础上考虑一定的安全余量。对于空温式换热器，安全余量的大小根据项目所在地的环境条件及设备的性能参数进行调整。

（2）工艺组成及方案比较　LNG汽化站包括卸车、贮存、汽化、BOG回收等工艺过程。

1）LNG卸车。LNG卸车工艺主要有三种方式，即增压器卸车、泵卸车、增压器和泵联合卸车。

① 增压器卸车，增压器卸车流程是利用空温式汽化器对槽车储罐进行升压，使槽车与LNG储罐之间形成一定的压差，利用此压差将槽车中的LNG卸入汽化站储罐内。卸车结束时，通过卸车台气相管道回收槽车中的气相天然气。

随着LNG槽车内液体的减少，要不断对LNG槽车气相空间进行增压。如果卸车初始储罐气相空间压力较高，则需要对储罐及LNG槽车进行均压。

增压器卸车不采用动设备，流程简单，无附加能耗，安全性好，但卸车时间较长。

② 泵卸车，它是使LNG液体从槽车卸液口通过卸车泵增压后充入LNG储罐，LNG槽车气相与储罐的气相连通，LNG储罐中的BOG进入LNG槽车，一方面解决卸车过程中LNG槽车因液体减少造成的气相压力降低；另一方面解决LNG储罐因液体增多造成的气相压力升高，整个卸车过程不需要对储罐泄压。

该卸车方式的优点是卸车速度快、时间短、自动化程度高；缺点是工艺流程及管道相对比较复杂、卸车过程需要消耗电能，而且对卸车泵的安装有要求。

③ 增压器和泵联合卸车，它是指LNG槽车卸车伊始主要采用泵卸车，随着卸车过程进行，槽车液位逐渐下降，槽车气相压力逐渐降低；当低到一定程度时，泵容易发生汽蚀，此时启动卸车增压器，增大槽车中的气相压力，使LNG泵能正常运行。

该方法综合了增压器和泵卸车的优点，但是设备较多、流程复杂，以及占地面积和投资相对较大，对卸车泵的安装也有要求。

对于小型LNG汽化站，一般选择增压器卸车方式，可以简化流程及设备管道，并降低成本，节省空间，同时便于设备整体成撬。

2）LNG贮存和汽化。小型LNG汽化装置一般采用真空粉末绝热储罐贮存LNG。

小型汽化装置汽化工艺常用热源有空气、热水两种。对应的汽化设备为空温式汽化器、热水加热式汽化器（包括热水循环式加热汽化器和水浴式电加热器）。

① 空温式汽化器，利用大气环境中自然对流的空气作为热源，通过导热性能良好的铝材挤压成星形翅片管与低温液体进行热交换并使LNG汽化成一定温度的气体。采用空温式汽化器汽化工艺，系统无须额外动力和能源消耗。汽化设备为静设备，性能稳定，维护简单，是一种高效、环保、节能的换热设备。小型LNG汽化装置的主汽化器绝大部分采用空温式汽化器。

② 热水加热式汽化器，一般有两种形式，一种是采用循环热水对LNG进行加热汽化，一种是水浴式电加热器，利用电加热壳程内的水，对浸在内部的缠绕管中的低温介质进行加热，使其出口温度符合用户的需要。水浴式电加热器内的热水不循环。

采用循环热水加热LNG的汽化器，循环热水来源一般有燃气热水锅炉、工厂含有可利用废热的循环水。采用循环热水加热LNG的汽化器需要消耗附加能源，但占地面积比空温式汽化器小。

在小型LNG汽化装置中，这种形式的汽化器一般可使用于受选址条件所限，采用空温式汽化器比较困难的项目。如所选站址可利用土地面积较小，布置空温式汽化器不利于和环境进行热交换。也适用于有可回收废热循环热水条件的项目。有些工业企业内建设的LNG汽化供气装置有可供利用的循环热水资源。

水浴式电加热器一般不用做主汽化器，而是作为主汽化器下游天然气复热使用。

小型LNG汽化站一般选择空温式汽化器与水浴式电加热器相结合的汽化工艺。夏季环境温度高，不开启水浴式汽化器。冬季环境温度低时，开启水浴式电加热器对天然气进行复热。这种方案在满足工艺要求的基础上比较节能，且无附加的供热设备设施，系统比较简单，系统运行稳定，节约投资。

3）BOG处理。LNG汽化站内BOG主要来源：储罐的日蒸发量；向LNG储罐内充装LNG时，瞬时汽化所产生的BOG；卸车时产生的BOG。

LNG汽化站站内BOG量最大的是储罐的日蒸发量和卸车时产生的BOG。日蒸发量按照储罐厂家提供的日蒸发率计算；卸车产生的BOG量根据卸车时间及同时卸车的数量进行计算。

系统产生BOG需要进行回收。对于小型LNG汽化站，因其服务对象为工业及民用气，系统产生的BOG经加热后并入汽化后的天然气系统直接供给下游用户。

4）EAG放空系统。为了防止安全阀放空的低温气态天然气向下积聚形成爆炸性混合物，系统应设置EAG加热器，放散气体先通过加热器加热，使其密度小于空气，然后再引入高空放散。

5）调压、计量、加臭。汽化成气态的天然气需经调压、计量后进入供气管道，从而保证输入管道中的燃气压力稳定。由于天然气无色无味，泄漏时不易觉察。为保证用户用气安全，天然气出站前需经过加臭处理。天然气经过计量后，将流量信号传送至加臭装置，根据流量信号自动控制加臭量。加臭介质采用国内比较成熟的——四氢噻吩（THT）。按20mg THT/m³天然气控制加臭量。

（3）典型的汽化工艺流程 典型的汽化工艺流程如图11-28所示。

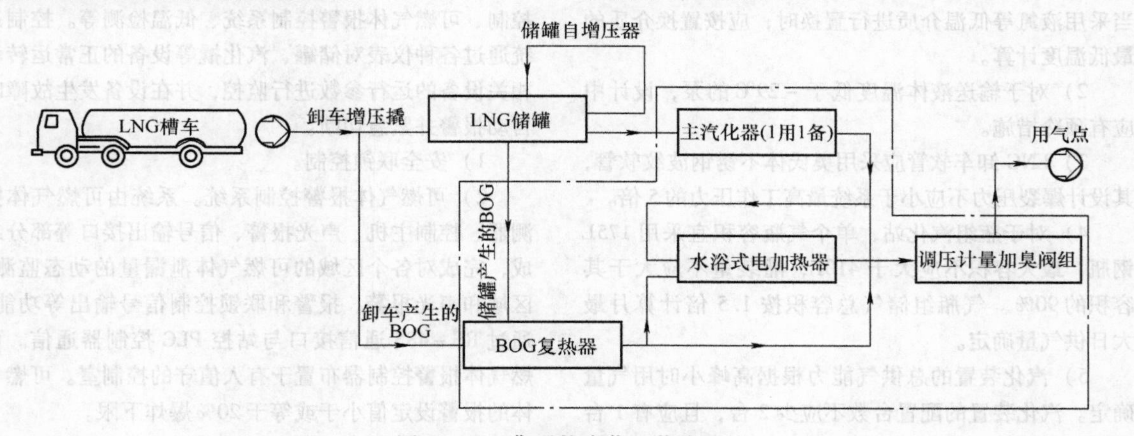

图11-28 典型的汽化工艺流程

2. 阀门设置

1）储罐进出液管必须设置紧急切断阀，并与储罐液位控制联锁。

2）LNG汽化器的液体进口管道上宜设置紧急切断阀，该阀门应与天然气出口的测温装置联锁。

3）LNG储罐安全阀的设置应符合下列要求：

① 必须选用奥氏体不锈钢弹簧封闭全启式。

② 单罐容积为100m³或100m³以上的储罐应设置2个或2个以上安全阀。

③ 安全阀应设置放散管，其管径不应小于安全阀出口I的管径。放散管宜集中放散。

④ 安全阀与储罐之间应设置切断阀。

4）LNG汽化器或其出口管道上必须设置安全阀，安全阀的泄放能力应满足下列要求：

① 环境汽化器的安全阀泄放能力必须满足在1.1倍的设计压力下，泄放量不小于汽化器设计额定流量的1.5倍。

② 加热汽化器的安全阀泄放能力必须满足在1.1倍的设计压力下。泄放量不小于汽化器设计额定流量的1.1倍。

5）液态天然气管道上的两个切断阀之间必须设置安全阀，放散气体宜集中放散。

6）LNG卸车口的进液管道应设置止回阀。

3. 系统管道

1）对于使用温度低于－20℃的管道选用奥氏体不锈钢无缝钢管，其技术性能符合现行GB/T

14976—2012《流体输送用不锈钢无缝钢竹》的规定。

2）管道建议采用焊接连接。公称直径不大于50mm的管道与储罐、容器、设备及阀门可采用法兰、螺纹连接；公称直径大于50mm的管道与储罐、容器、设备及阀门连接应采用法兰或焊接连接；法兰连接采用的螺栓、弹性垫片等紧固件应确保连接的紧密度。阀门应能适用于LNG介质，液相管通应采用加长阀杆和能在线检修结构的阀门（LNG钢瓶自带的阀门除外），连接建议采用焊接。

3）管道应根据设计条件进行柔性计算，柔性计算的范围和方法应符合现行GB 50316—2000《工业金属管道设计规范（2008年版）》的规定。

4）管道宜采用自然补偿的方式，不宜采用补偿器进行补偿。

5）管道的保温材料应采用不燃烧材料，该材料应有良好的防潮性和耐候性。

4. 其他要求

1）LNG储罐、设备的设计温应按－168℃计算，当采用液氮等低温介质进行置换时，应按置换介质的最低温度计算。

2）对于输送液体温度低于－29℃的泵，设计中应有预冷措施。

3）LNG卸车软管应采用奥氏体不锈钢波纹软管，其设计爆裂压力不应小于系统最高工作压力的5倍。

4）对于瓶组汽化站，单个气瓶容积宜采用175L钢瓶，最大容积不应大于410L，灌装量不应大于其容积的90%。气瓶组储气总容积按1.5倍计算月最大日供气量确定。

5）汽化装置的总供气能力根据高峰小时用气量确定。汽化装置的配置台数不应少2台，且应有1台备用。

6）LNG汽化站内兼有灌装LNG钢瓶功能时，应注意有关规范对站内贮存LNG实瓶的总容积限制（不应超过2m^3）。

11.3.4 控制系统

1. 控制方案

LNG汽化站自控设计以可编程逻辑控制器（PLC）和监控计算机为核心设备，完成汽化站的管理、调度、集中操作、监视、系统功能组态；自动化逻辑控制、紧急停车控制、数据报警、控制参数在线修改和设置、记录、报表生成及打印，故障报警及打印等功能。通过计算机显示器可直接监控全站各工艺流程的实时工况、各工艺参数的趋势画面，使操作人员及时掌握全站运行情况。

自动化监控系统主要由站控计算机、站控PLC控制柜、可燃气体报警控制系统、低温检测系统等组成，系统主要设备配置如下：

1）站控计算机，即工业计算机1台。

2）组态软件，1套。

3）PLC控制器，由模块化组成，包括底板、电源、通信、CPU、I/O。

4）可燃气体报警控制系统，由可燃气体探测器和可燃气体报警控制器组成。

5）低温检测系统，由低温探测器和PLC控制器组成。

6）安全隔离栅和浪涌保护器数量根据I/O点确定。

7）电缆及镀锌钢管。

8）防爆施工材料及辅材。

9）通信及网络通信系统。

10）仪器仪表及第三方通信系统。

11）预留RS－485通信接口。

2. 控制流程

LNG汽化站包含如下自动控制流程：安全联锁控制、可燃气体报警控制系统、低温检测等。控制系统通过各种仪表对储罐、汽化撬等设备的正常运转和相关设备的运行参数进行监控，并在设备发生故障时自动报警并紧急切断。

1）安全联锁控制。

2）可燃气体报警控制系统。系统由可燃气体探测器、控制主机、声光报警、信号输出接口等部分组成，完成对各个区域的可燃气体泄漏量的动态监测、区域和声光报警、报警和联锁控制信号输出等功能。通过RS－485通信接口与站控PLC控制器通信。可燃气体报警控制器布置于有人值守的控制室。可燃气体的报警设定值小于或等于20%爆炸下限。

3）低温检测。在储罐区集液池、汽化区设置低温检测报警装置，信号上传至站控PLC控制柜集中声光报警，完成对储罐区、汽化区等有可能发生液化天然气泄漏区域的泄漏检测及相应的报警联锁动作。

3. 控制要求

1）LNG汽化器和天然气气体加热器的天然气出口应设置测温装置并应与相关阀门联锁；热媒的进口应设置能遥控和就地控制的阀门。

2）对于有可能受到土壤冻结或冻胀影响的储罐基础和设备基础，必须设置温度监测系统并应采取有效保护措施。

3）储罐区、汽化装置区域或有可能发生LNG泄漏的区域内应设置低温检测报警装置和相关的连锁装置，报警显示器应设置在值班室或仪表室等有值班人员的场所。

4）爆炸危险场所应设置燃气浓度检测报警器。报警浓度应取爆炸下限的20%，报警显示器应设置在值班室或仪表室等有值班人员的场所。

5）LNG汽化站内应设置事故切断系统，事故发生时应切断或关闭LNG或可燃气体来源，还应关闭正在运行可能使事故扩大的设备。

LNG汽化站内设置的事故切断系统应具有手动、自动或手动自动同时启动的性能，手动启动器应设置在事故时方便到达的地方，并与所保护设备的间距不小于15m。手动启动器应具有明显的功能标志。

4. LNG储罐仪表的设置要求

1）应设置两个液位计，并应设置液位上、下限报警和连锁装置。容积小于3.8m^3的储罐和容器，可设置一个液位计（或周定长度液位管）。

2）应设置压力表，并应在有值班人员的场所设置高压报警显示器，取压点应位于储罐最高液位以上。

3）采用真空绝热的储罐，真空层应设置真空表接口。

11.3.5　主要设备选型

LNG汽化站主要工艺设备一般包括LNG储罐、卸车增压器、储罐增压器、主汽化器、BOG加热器、EAG加热器、水浴式电加热器、调压计量加臭装置。

1. LNG储罐

LNG储罐按围护结构的隔热方式分类，大致有以下两种。

（1）真空粉末隔热　目前在小型LNG汽化站、LNG储配站使用较多。隔热方式为夹层抽真空，填充粉末（珠光砂）。真空粉末绝热储罐目前国内生产厂家的制造技术很成熟，其运行维护方便、灵活。

（2）高真空多层缠绕绝热　多用于LNG槽车或真空度要求高的产品。LNG储罐的绝热材料一般有20层到50层不等。多层材料在内容器外面的包装方式目前国际上有两种：以美国为代表的机器多层缠绕和以俄罗斯为代表的多层绝热被。多层缠绕是利用专门的机器对内容器进行旋转，其缺点是不同类型的容器需要不同的缠绕设备，尤其是大型容器旋转缠绕费时费力。多层绝热被是将反射材料和隔热材料先加工成一定尺寸和层数（一般为10的倍数）的棉被状半成品，然后根据内容器的需要裁剪成合适的尺寸固定包扎在容器外。

2. 卸车增压器

卸车增压器是用于LNG卸车增压的设备，一般选用空温式换热器。LNG液体汽化借助于翅片管和空气的换热，使管内LNG吸热后汽化。空温式汽化器使用空气作为热源，节约能源，运行费用低。

换热器的换热面积可按式（11-7）进行计算：

$$Q_{总} = Q_1 + Q_2 \tag{11-7}$$

式中，$Q_{总}$为吸收总热负荷；Q_1为预热热负荷，Q_2为升温热热负荷。

$$Q_1 = q_m \Delta t_1 c_{p1} \tag{11-8}$$

$$Q_2 = q_m \Delta t_2 c_{p2} \tag{11-9}$$

式中，Δt_1为工作压力下LNG的汽化温度与进口LNG温度差（K）；c_{p1}为表示在工作压力下LNG的平均比定压热容[kJ/(kg·K)]；Δt_2为表示外界环境温度温度与气体出口温度差（K）；c_{p2}为表示在工作压力下NG的比定压热容[kJ/(kg·K)]；

质量流量q_m根据式（11-10）计算：

$$q_m = \rho \frac{u\pi d^2}{4} \times 3600 \tag{11-10}$$

式中，q_m为表示质量流量（kg/h）；u为进口LNG的流速（m/s），根据手册《石油化工工艺管道设计与安装》查取；ρ为进口LNG的密度（kg/m^3）；d为汽化器换热管内衬管道内径（m）。

根据以上公式可确定总热负荷Q总，再根据式（11-11）计算换热面积：

$$S = \frac{Q_{总}}{K\Delta t} \tag{11-11}$$

式中，Δt为加权平均温度（K）；K为平均传热系数为4.3kcal/(K·m^2·h)[1kcal/(m^2·h·K)=1.163W/(m^2·K)]。

3. 储罐增压器

储罐增压器的增压能力根据汽化站小时最大供气量确定。增压器宜采用卧式。增压器的传热面积按式（11-12）计算：

$$S = \frac{wQ_0}{k\Delta t} \tag{11-12}$$

式中，$Q_0 = h_2 - h_1$；S为增压器的换热面积（m^2）；w为增压器的汽化能力（kg/s）；h_2为进入增压器时液化天然气的比焓（kJ/kg）；h_1为离开增压器时气态天然气的比焓（kJ/kg）；k为增压器的传热系数[kW/(m^2·K)]；Δt为加热介质与液化天然气的平均温差（K）。

4. 主汽化器

小型LNG汽化装置大部分采用空温式汽化器作为主汽化器。当项目有可依托的热水资源时，也可选用循环热水加热汽化器作为主汽化器。

空温式汽化器依靠LNG介质自身显热和吸收外界大气环境热量而实现汽化功能。其汽化能力受环境条件（温度和湿度）的影响较大。在气温较低时

(我国北方地区)和湿度较大时，汽化量可能达不到额定值。这时需要在后边串接同等处理量的水浴式电加热器对空温式汽化器出口气体进行复热。

空温式汽化器由于不需要消耗燃料和动力，结构简单，运行成本低，也不需要很多的维护工作。又因为空气加热的能量比较小，一般用于汽化量比较小的场合。目前，小型 LNG 汽化站所用的空温式汽化器，标准状况下单台容量可做到 $8000m^3/h$。

5. BOG 加热器

BOG 加热器一般采用空温式换热器。BOG 加热器的理论处理量为：

储罐的单位时间蒸发量 + 卸车增压产生的 BOG 量 + 向储罐充装 LNG 瞬时汽化量

根据计算的 BOG 理论处理量和出口温度要求来确定 BOG 汽化器的规格。

6. EAG 加热器

EAG 加热器一般采用空温式换热器。其处理能力根据系统总泄放量 W_s 确定。

安全阀在排放气体时，气体流速都处于临界状态。安全阀的排放量即可按临界流量公式计算，即临界条件为

$$\frac{p_0}{p_d} \leqslant \left(\frac{2}{\kappa+1}\right)^{\frac{\kappa}{\kappa-1}} \tag{11-13}$$

$$W_{tg} = 10Cp_d\sqrt{\frac{M}{ZT}} \tag{11-14}$$

式中：W_{tg}为安全阀的理论排放能力（kg/h）（理论排放量 W_{tg} = 实际排放量/排放系数）；C 为实际特性系数；p_d 为临界流动压力（绝压）（MPa）；p_0 为安全阀的出口侧压力（绝压）（MPa）；M 为气体摩尔质量（kg/mol）；T 为气体的温度（K）；Z 为气体在操作温度下的压缩系数；κ 为气体的绝热指数（理想气体而言 $\kappa = c_p/c_V$）。

储罐安全阀泄放的气体与理想气体的差异不大，可取压缩系数 $Z=1$，实际特性系数 C 如下计算：

$$C = 520\sqrt{\kappa\left(\frac{2}{\kappa+1}\right)^{\frac{\kappa+1}{\kappa-1}}} \tag{11-15}$$

式中：κ 为气体绝热指数 $\kappa = c_p/c_V$；

全启式安全阀流道面积计算公式如下：

$$A = \pi\frac{d_0^2}{4} \tag{11-16}$$

式中：d_0 为安全阀座喉径（mm）。

根据系统中安全阀的公称直径、数量及开启释放时间，可计算出系统总泄放量 W_s。

7. 水浴式电加热器

水浴式电加热器一般是串接在主汽化器之后，对主汽化器出来的天然气进行复热的设备。项目是否设置水浴式电加热器，需根据建设项目当地气象条件确定。当 LNG 经主汽化器汽化后，温度不能满足供气温度要求时，需设置水浴式电加热器对气体进行复热后外输。其处理能力与主汽化器相同，出口温度根据下游用气要求确定。

水浴式电加热器一般还设置有一路对 BOG 进行复热的流道。

8. LNG 钢瓶

LNG 钢瓶用于储存和运输 LNG，采用低温绝热设计。钢瓶为双层结构，两层之间抽真空，具有很好的绝热性能，内层用于盛装低温 LNG。

LNG 钢瓶国内外均有生产，可根据供气规模选择不同规格的钢瓶。瓶组站常用钢瓶容积有 175L 立式和 410L 卧式两种。

9. 调压计量

调压器一般采用有内装式消声器及紧急切断阀的自力式调压器。小型 LNG 汽化装置中，调压计量系统一般采用成撬装置，直接从供货商采购。

11.3.6 消防

1. 消防系统组成

LNG 汽化站消防给水系统由消防水池（消防水罐或其他水源）、消防水泵房（消防水泵组、稳压泵组）、消防给水管网、地上式消火栓、储罐固定喷淋装置组成。

2. 消防水量确定

LNG 汽化站在同一时间内的火灾次数按一次考虑，其消防水量按储罐区一次消防用水量确定。LNG 储罐消防用水量按其储罐固定喷淋装置和水枪用水量之和计算。

(1) 储罐固定喷淋装置用水量计算

1) 总容积大于 $50m^3$ 或单罐容积大于 $20m^3$ 的 LNG 储罐或储罐区需设置固定喷淋装置。

2) 固定喷淋装置的供水强度按大于等于 $0.15L/(s \cdot m^3)$计算。

3) 着火储罐的保护面积按其全表面积计算，距着火储罐直径（卧式储缺按其直径和长度之和的一半）1.5 倍范围内（范围的计算以储罐的最外侧为准）的储罐按其表面积的一半计算。

4) 液化天然气立式储罐固定喷淋装置在罐体上部和罐顶均匀分布。

5) 储罐固定喷淋装置出口供水压力按大于等于 0.2MPa 设计。

(2) 水枪用水量计算 水枪宜采用带架水枪。

水枪用水量不应小于表11-44的规定。

表11-44　水枪用水量

储罐总容积/m^3	≤200	>200
单罐容积/m^3	≤50	>50
水枪用水量/(L/s)	20	30

注：1. 水枪用水量按本表总容积和单罐容较大者确定。
2. 总容积小于50m^3且单罐容积小于等于20m^3的液化天然气储罐或储罐区，可单独设置固定喷淋装置或移动水枪，其消防水量按水枪用水量计算。

3. 消防水池的容量确定

消防水池的容量按火灾连续时间和单位时间内消防总用水量计算确定。

LNG汽化站火灾连续时间按6h计算。总容积小于220m^3且单罐容积小于或等于50m^3的储罐或储罐区，火灾连续时间可按3h计算。当火灾情况下能保证连续向消防水池补水时，消防水池的容量可减去火灾连续时间内的补水量。

4. 消防给水管网和消火栓

LNG汽化站消防给水管网采用临时高压消防给水系统，消火栓和喷淋合用一套给水系统。临时高压消防给水系统包括消防泵（应考虑备用）和消防稳压设备（稳压泵、稳压罐）。消防水泵在接到报警后2min以内可投入运行。

站区消防给水管道按环状布置，环状管道的进水管，不少于两条；环状管道用阀门分成若干独立管段。

室外消火栓配备室外消火栓箱，消火栓箱内设水枪、水龙带。汽化区、罐区四周的消火栓保护半径按60m确定。

5. 灭火器配置

在可能发生火灾的各类场所、汽化区、主要建筑物、仪表及电器设备间等，根据其火灾危险性、区域大小等实际情况，分别设置一定数量的移动式灭火器，以便及时扑救初始零星火灾。灭火器的型号和数量根据现行GB 50140—2005《建筑灭火器配置设计规范》、GB 50028—2006《城镇燃气设计规范（2020年版）》确定。

11.3.7 公用工程

1. 电气

（1）负荷等级　LNG汽化站的负荷等级按二级负荷设计。用电负荷统计时，消防负荷与正常负荷按不同时运行考虑。

（2）供电电源　LNG汽化站需引一路上级电源接入站内配电室，一般为0.4kV低压配电。上级配电系统应100%满足站内用电需求，并保证消防泵能正常启动。站内设置一套UPS（t≥30min）分别为信息系统、自控系统、火灾报警系统、视频监控等系统提供不间断供电。

另一路电源为站内柴油发电机组。柴油发电机组作为停电和事故状态下消防负荷或其他负荷的备用电源。柴油发电机组设置自动和手动启动装置。正常工作电源和备用电源间设置双电源转换开关，当正常工作电源中断供电时，自动切换恢复到备用电源，备用电源应能自启动，并在15s内供电。当正常工作电源恢复时，自动切换恢复到工作电源。两路电源之间设置机械及电气闭锁，严禁并列运行。

（3）配电系统　配电室设置工作电源配电箱、备用电源配电箱、动力配电箱各一台，消防泵房设置消防双电源切换柜、消防控制柜、消防巡检柜、稳压泵电控箱各一台。控制室内设置一套消防电源监控系统，用于监控消火栓系统、应急照明系统等消防设备电源的工作状态。

低压配电系统采用TN－S系统，由动力配电箱向站内主要动力设备放射式配电。

（4）配电线路

1）在满足设备用电需要和保证电压损失控制在5%以内的前提下，按照经济电流密度选用电缆截面。

2）室外电缆一般采用直埋敷设的方式，电缆埋至冻土层以下。电缆穿越道路、穿墙及出地面时穿钢管保护。和爆炸危险区域内电缆与设备连接采用防爆挠性管保护连接且做好隔离密封处理。

3）敷设电气线路的套管所穿过的不同区域之间墙或楼板处的孔洞应采用非燃性材料严密堵塞。在爆炸性气体环境内钢管配线的电气线路应做好隔离密封。

4）电缆不得与其他任何管道同沟敷设，并应满足施工安全距离的要求。

（5）照明　在保证照度的前提下优先采用高效节能灯具和使用寿命长光色好的光源，以降低能源损耗和运行费用。

室外爆炸危险区域灯具选择防爆等级不低于ExdIIBT4、防护等级不低于IP65、保护级别不低于Gb的防爆LED灯具；非爆炸危险区域的灯具选择防护等级不低于IP65的防水防尘LED灯具。

配电室、控制室、发电机房、消防泵房设置事故照明灯具，事故照明灯具自带蓄电池，供电时间不小于90min。配电室、控制室、发电机房、消防泵房的照明灯具在事故状态下不低于正常照度。

(6) 爆炸危险区域划分及防爆电器

1) 爆炸危险区域划分。

① 下列部位划为1区：爆炸危险区域内地坪下的坑、沟；以LNG卸车口为中心，半径1.5m以内的空间。

② 下列部位划为2区：距LNG储罐的外壁和顶部4.5m的范围内，设置于防护堤内的设备或装置外壁至防护堤，高度为堤顶高度的范围；距露天设置的工艺设备外壁4.5m，高出顶部7.5m，地坪以上的范围；LNG距卸车口为中心，半径为4.5m的空间；以放散管管口为中心，半径为4.5m，放散管管口以上7.5m内的空间范围。

2) 防爆电器。天然气爆炸性级别为ⅡA，组别为T1。爆炸危险场所内的用电设备防爆等级选用不低于ExdIIBT4、保护级别不低于Gb的产品，室外用电设备的防护等级要求不低于IP65。

(7) 防雷、防静电及接地

1) 防雷类别划分。辅助用房和消防泵房按第三类防雷设计，其余按第二类防雷设计。

2) 防雷设计。

① 防直击雷：壁厚大于4 mm的设备，利用设备本体做防直击雷接闪器，且保证两点接地，不单独设置接闪杆。设备本体与工艺装置区接地网连接。建筑物屋面装设接闪带进行防雷保护，经接闪带引下线与室外接地网可靠相连，形成电气通路。

② 防雷电感应：站内所有设备、管道、管架、平台、电缆金属外皮等金属物均与接地装置可靠连接。

③ 防雷电波侵入：低压电缆埋地敷设，电缆金属外皮均接到接地装置上，所有管道在进出建筑物时与接地装置相连。

④ 防雷击电磁脉冲：低压电磁脉冲主要侵害对象为计算机信息系统，信息系统进线处设置相应等级电涌保护器，信息系统的配电线路首、末端与电子器件连接时，装设与电子器件耐压水平相适应的电涌保护器。

站内所有动力配电箱等配电设备电源进线侧装设与电子器件耐压水平相适应的电涌保护器。所有建筑物电源进线处设置等电位端子箱，实现室内等电位联结；站内各接地系统均采用热镀锌扁钢连接，形成全场等电位。

3) 防静电设计。设备每台至少两处接地；管道在进出装置区处、分岔处及爆炸危险场所分界处应进行接地，平行管道净距小于100mm时，每隔20m加跨接线。当管道交叉且净距小于100mm时，加跨接线。

卸车设施旁设置防静电接地装置，并设置能检测跨接线及监视接地装置状态的静电接地仪，布置于防爆1区以外。卸车作业前利用防静电接地夹将车辆与全场接地网可靠连接，形成等电位连接。

防火堤入口处、卸车区设置人体静电释放仪，防止工作人员带静电操作；管道首末端、分支处及跨接处均作可靠接地。

除绝缘接头外的阀门、法兰加跨接线，当金属法兰采用金属螺栓或卡子相紧固时，可不另装接跨接线，但应保证至少有5个螺栓或卡子间具有良好的导电接触面，并测试导电的连续性，若连接处导电不良，则需加跨接线（$16mm^2$铜芯软绞线）。

4) 接地系统。所有接地系统如防雷接地、防静电接地、电气设备的工作接地、保护接地及自控仪表、信息系统的接地等，共用接地装置，其接地电阻不大于1Ω，如达不到，应增打接地极或采用其他相应的降阻措施。

2. 电信

(1) 电话及网络业务 电话业务主要解决控制室的行政电话和生产调度电话。在控制室安装电话出线盒，行政电话和生产调度电话共用一套系统。在控制室设宽带局域网口，实现站内数据传输。外线接入当地通信网络，实现本站的对外数据传输。

(2) 视频监控系统 站内设置1套视频监控系统，监控系统主机设置于控制室，在站区内主要部位设置摄像前端。各摄像前端将采集到的视频图像信号传输到监控主机，进行监视并对前端进行控制。

(3) 火灾自动报警系统 在控制室设置火灾报警控制器。在建筑物内设置火灾探测器（感烟、感温）、声光报警器及手动报警按钮。在汽化区和储罐区设置防爆型火焰探测器、防爆型手动火灾报警按钮及防爆型声光报警器。当所辖区域内发生火灾时，探测器或手动报警按钮将火警信号报警至控制室内的火灾报警控制器，以便采取措施及时扑救。

3. 暖通空调

(1) 采暖 强制采暖区建设的汽化站，采用分体式空调来满足供暖需求，空调室内机根据实际情况灵活安装，室外机安装在实体外墙上。

(2) 通风 发电机房采用防爆型边墙排风机进行机械排风，通过门窗自然补风，换气次数为12次/h；配电室采用边墙型排风机进行机械排风，通过门窗自然补风，换气次数为8次/h；消防泵房和空压机室采用边墙型排风机进行机械排风，通过门窗自然补风，换气次数为10次/h；其他房间采用门窗自然通风。

（3）空调　考虑到夏季室内人员的舒适性要求，设计分体式空调来进行夏季降温。分体空调根据空调房间面积及冷负荷情况，采用分体式柜机或分体式挂机。

4. 建构筑物

（1）建、构筑物的防火、防爆设计

1）站内具有爆炸危险的建、构筑物耐火等级不应低于二级，且门窗应向外开启；

2）站内具有爆炸危险的封闭式建筑应采取泄压措施；

3）站内具有爆炸危险的建、构筑物地面面层应采用撞击时不产生火花的材料。

（2）具有爆炸危险的建筑　其承重结构应采用钢筋混凝土或钢框架、排架结构。钢框架和钢排架涂刷防火保护层。

5. 排水系统

液化天然气汽化站生产区的排水系统应采取防止液化天然气流入下水道或其他以顶盖密封的沟渠中的措施。

11.3.8　应用实例

本小节以某小型LNG汽化站的设计实例对LNG汽化站的选址、总平面布置及系统组成进行介绍。

1. 项目概况

1）供气目标：陕西关中某污水处理厂燃烧炉，连续运行。

2）汽化规模：500Nm^3/h。

3）贮存规模：1台50m^3 的LNG储罐。

4）供气规格：LNG汽化站输出天然气温度≥5℃，输出压力7～14kPa，添加加臭剂，不进行热值调整；产品天然气质量符合GB 17820—2012《天然气》的质量要求。

5）建设内容：储罐区（含1台50m^3 的LNG储罐、1台储罐增压），LNG汽化区（含1台汽化撬、1台卸车增压撬、1台调压计量撬、1台BOG加热器、1台EAG加热器），放散总管，公用及辅助设施（含1座辅助用房、消防水池）。

2. 总图

（1）站址及采用的防火规范　本汽化站为企业煤改气项目，建于用气单位厂内，以实体围墙独立成区。站内设施与站外设施及站内设施之间的防火间距按GB 50028—2006《城镇燃气设计规范（2020年版）》、GB 50016—2014《建筑设计防火规范（2018年版）》确定。

（2）总平面布置　总平面按功能分区布置，分为生产区（含储罐区、汽化区）、辅助区。辅助区设有辅助用房和消防水池。辅助用房包含以下功能：消防泵房、消防泵房控制室、站区控制室、配电室、工具间等。因场地限制，放散总管在站外附近另行选址，如图11-29所示。

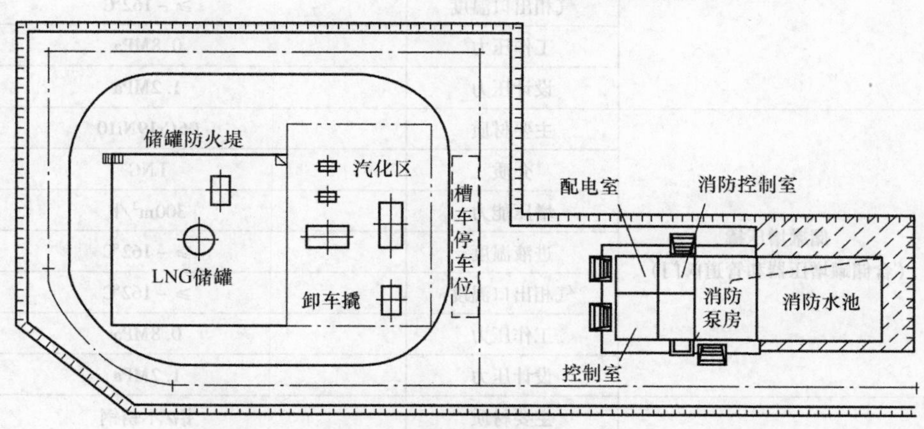

图11-29　总平面布置

（3）主要技术经济指标　主要技术经济指标见表11-45。

表11-45　主要技术经济指标

项目	数值
围墙内占地面积/m^2	2614
建、构筑物占地面积/m^2	1057
总建筑面积/m^2	1397
道路及广场占地面积/m^2	1630
建筑系数（%）	45.4
利用系数（%）	80.4
容积率	0.53
绿化率（%）	19

(4) 道路及围护设施 道路呈环形布置，主要路面宽度4m，行车路面采用混凝土路面结构类型。主要道路转弯半径为9m，能满足大型消防车及检修车辆通行。

站区采用实体围墙进行封闭，高度为2.2m。东侧设置出入口，供槽车、消防车出入。

(5) 运输设备 LNG槽车依托专业运输公司，站内未设汽车衡，依托企业原有设备。

3. 工艺

(1) 设计参数 设计参数见表11-46。

表11-46 设计参数表

设备位号	名称	设计参数				
		参数	数据			
V-101	LNG低温储罐	主要材质	内容器	S30408	外壳	Q345R
		总容积	$V=50m^3$			
		贮存介质	液化天然气			
		外形尺寸（直径×高）	ϕ3000mm×12221mm			
		工作压力	0.8MPa			
		设计压力	0.84MPa			
		工作温度	内容器	-162℃	外壳	-40~50℃
		设计温度	内容器	-196℃	外壳	50℃
		最大日静态蒸发率	≤0.35%			
E-101	卸车撬（含卸车增压器和管道阀门）	主要材质	铝/不锈钢			
		介质	LNG			
		增压能力	$300m^3/h$			
		进液温度	≥-162℃			
		气相出口温度	≥-162℃			
		工作压力	0.8MPa			
		设计压力	1.2MPa			
E-102	储罐增压撬（含储罐增压器和管道阀门）	主要材质	06Cr19Ni10			
		介质	LNG			
		增压能力	$300m^3/h$			
		进液温度	≥-162℃			
		气相出口温度	≥-162℃			
		工作压力	0.8MPa			
		设计压力	1.2MPa			
E-103	主汽化器	主要材质	铝/不锈钢			
		介质	LNG/NG			
		汽化能力	$500m^3/h$			
		设计温度	-196~60℃			
		气相出口温度	≥空气温度-10℃			
		工作压力	≤0.8MPa			
		设计压力	1.6MPa			

（续）

<table>
<tr><th rowspan="2">设备位号</th><th rowspan="2">名称</th><th colspan="2">设计参数</th></tr>
<tr><th>参数</th><th>数据</th></tr>
<tr><td rowspan="7">E-103</td><td rowspan="7">调压计量撬</td><td colspan="2">调压计量加臭（一开一备）</td></tr>
<tr><td>介质</td><td>天然气（气态）</td></tr>
<tr><td>流量</td><td>500m³/h</td></tr>
<tr><td>一级入口压力</td><td>0～0.6MPa</td></tr>
<tr><td>二级出口压力</td><td>7～14kPa</td></tr>
<tr><td>水浴式电加热器</td><td>500m³/h</td></tr>
<tr><td>加臭量</td><td>25mg/m³</td></tr>
<tr><td rowspan="6">E-105</td><td rowspan="6">BOG 加热器</td><td>主要材质</td><td>铝/不锈钢</td></tr>
<tr><td>加热能力</td><td>300m³/h</td></tr>
<tr><td>进气温度</td><td>≥-162℃</td></tr>
<tr><td>出口温度</td><td>≥空气温度-10℃</td></tr>
<tr><td>工作压力</td><td>0～1.6MPa</td></tr>
<tr><td>设计压力</td><td>1.92MPa</td></tr>
<tr><td rowspan="7">E-106</td><td rowspan="7">EAG 加热器</td><td>主要材质</td><td>铝/不锈钢</td></tr>
<tr><td>介质</td><td>天然气（气态）</td></tr>
<tr><td>加热量</td><td>200m³/h</td></tr>
<tr><td>气相入口温度</td><td>≥-162℃</td></tr>
<tr><td>气相出口温度</td><td>≥空气温度-10℃</td></tr>
<tr><td>工作压力</td><td>0～1.6MPa</td></tr>
<tr><td>设计压力</td><td>1.92MPa</td></tr>
</table>

（2）工艺流程　汽化站主要功能有卸车、贮存、增压、汽化、BOG 处理、调压计量加臭外输。工艺流程如图 11-30 所示。

1）卸车。LNG 槽车停靠完毕与卸车增压撬连接，通过卸车增压器为槽车增压，连通 LNG 卸液管线，将 LNG 输送至储罐中。卸车完毕，槽车中的气相进入 BOG 处理系统回收。将氮气管线与卸车设备的氮气接口连接，利用氮气吹扫管道残留的 LNG 至 LNG 槽车，槽车脱离。

卸车操作初期，用较小的卸车流量来冷却卸车设施，从而避免产生过量的 BOG 超过 BOG 系统处理能力。冷却完成后，逐渐增加流量到设计值。

每台卸车设备上都安装有快速紧急脱离接头，在紧急情况下，LNG 运输车能快速安全地与卸车管脱离。

2）贮存。卸车时，LNG 可从储罐底部进料，也可从上部进料。

储罐压力保护通过表压控制。当储罐压力达到 0.84MPa，安全阀打开，超压气体排入放空系统。

负压保护依靠储罐增压撬补压，当储罐在操作中压力降到 0.40MPa（G）时，自储罐增压撬经减压的 BOG 补入储罐，以维持罐内相对稳定的工作压力。

为保证储罐安全运行，需对储罐的液位进行监控（参数见表 11-47）。

3）汽化外输。储罐的 LNG，通过储罐增压器增压进入主汽化器，主汽化器采用空温式汽化器，选用 2 台，定时切换，气温高时 6h 切换，气温低时 4h 切换。

根据建设地的气候条件，汽化加热分常温和低温两种运行方式。春、夏、秋季气温较高，汽化加热通过空温式汽化器完成；冬季气温低，空温式汽化器出口气体温度达不到要求，汽化后的气体再经过水浴式电加热器提高出站气体温度。

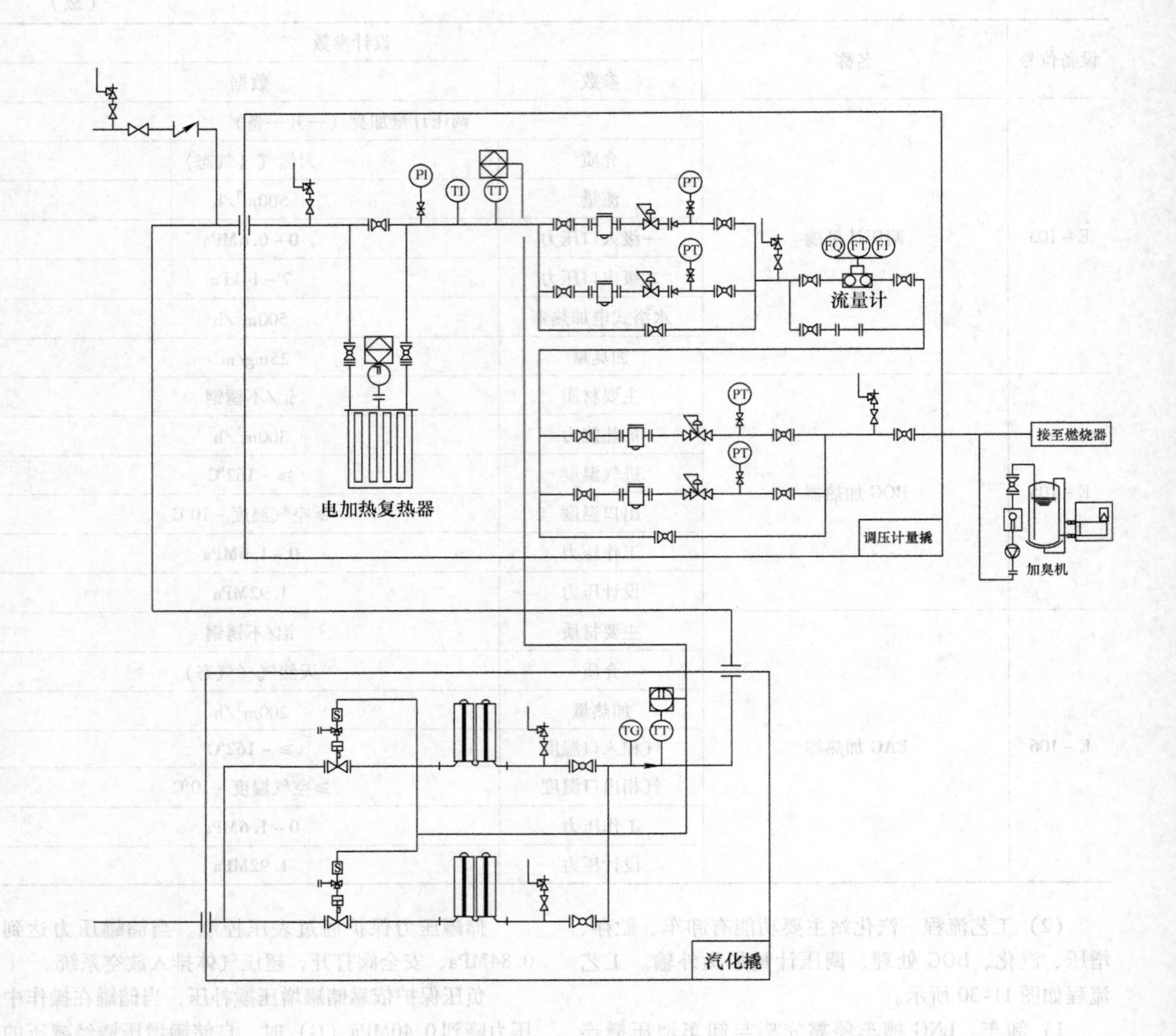

仪表符号说明

首位符号	后继符号	其他
L–液位	I–指示	
P–压力	T–变送	
T–温度	A–报警	
F–流量		

图 11-30　汽化站

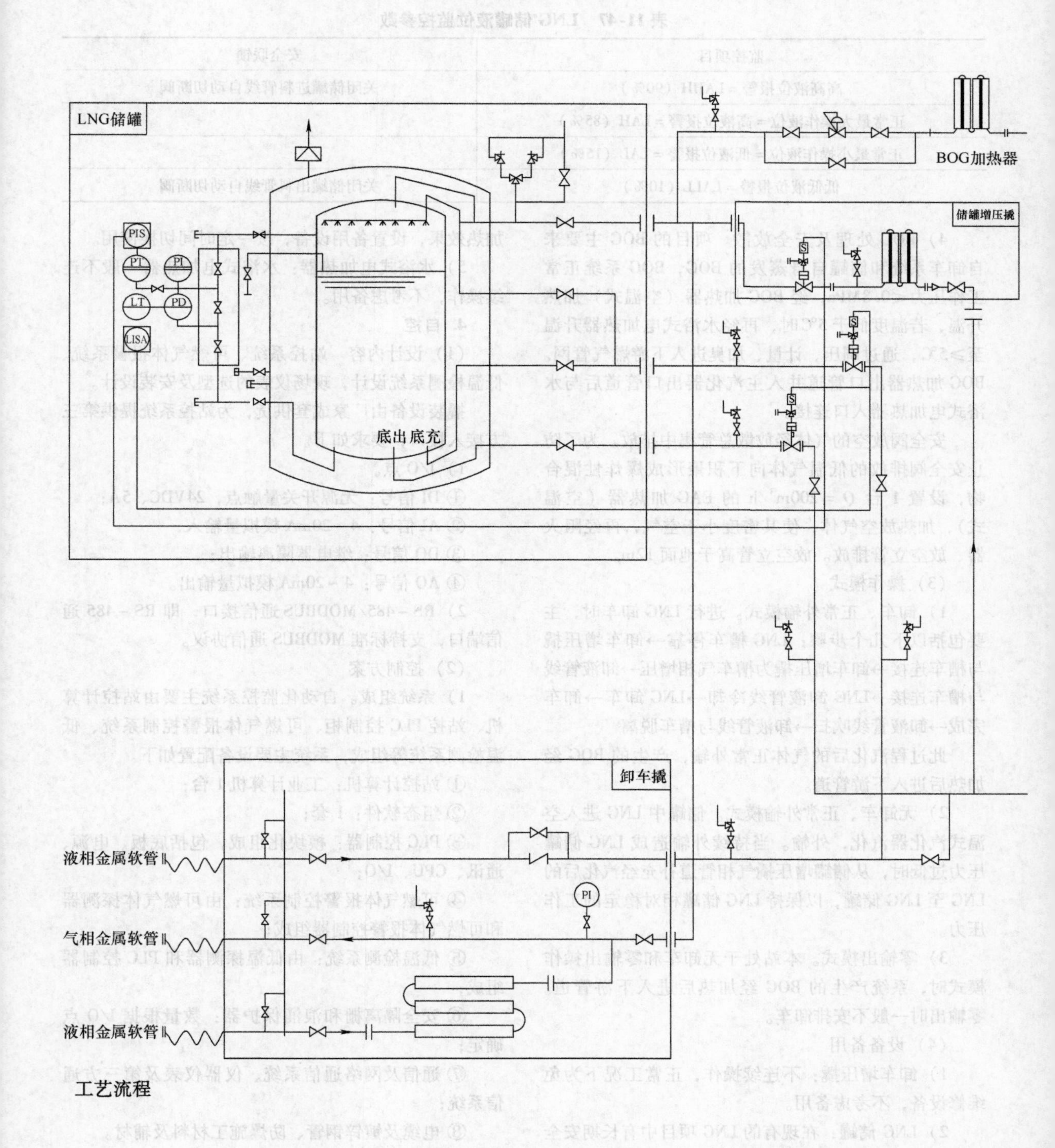
LNG储罐
BOG加热器
储罐增压撬
PIS
PT
PI
LT
PD
LISA
底出底充
卸车撬
液相金属软管
气相金属软管
PI
液相金属软管

工艺流程

表 11-47 LNG 储罐液位监控参数

监控项目	安全联锁
高高液位报警 = LAHH（90%）	关闭储罐进料管线自动切断阀
正常最大操作液位 = 高液位报警 = LAH（85%）	
正常最小操作液位 = 低液位报警 = LAL（15%）	
低低液位报警 = LALL（10%）	关闭储罐出料管线自动切断阀

4）BOG 处理及安全放散。项目的 BOG 主要来自卸车系统和储罐自身蒸发的 BOG，BOG 系统正常工作压力≤0.8MPa，经 BOG 加热器（空温式）加热升温，若温度低于 5℃时，再经水浴式电加热器升温至≥5℃，通过调压、计量、加臭进入下游燃气管网。BOG 加热器出口管道并入主汽化器出口管道后与水浴式电加热器入口连接。

安全阀放空的气体经放散总管集中排放。为了防止安全阀排放的低温气体向下积聚形成爆炸性混合物，设置 1 台 $Q=200\text{m}^3/\text{h}$ 的 EAG 加热器（空温式），加热放空气体，使其密度小于空气，再经阻火器、放空立管排放。放空立管高于地面 12m。

（3）操作模式

1）卸车、正常外输模式。进行 LNG 卸车时，主要包括以下几个步骤：LNG 槽车停靠→卸车增压撬与槽车连接→卸车增压撬为槽车气相增压→卸液管线与槽车连接→LNG 卸液管线冷却→LNG 卸车→卸车完成→卸液管线吹扫→卸液管线与槽车脱离

此过程汽化后的气体正常外输，产生的 BOG 经加热后进入下游管道。

2）无卸车、正常外输模式。储罐中 LNG 进入空温式汽化器汽化，外输。当持续外输造成 LNG 储罐压力过低时，从储罐增压撬气相管道补充经汽化后的 LNG 至 LNG 储罐，以保持 LNG 储罐相对稳定的工作压力。

3）零输出模式。本站处于无卸车和零输出操作模式时，系统产生的 BOG 经加热后进入下游管道。零输出时一般不安排卸车。

（4）设备备用

1）卸车增压撬：不连续操作，正常工况下为免维修设备，不考虑备用。

2）LNG 储罐：在现有的 LNG 项目中有长期安全运行的记录，不需考虑备用。储罐的仪表系统考虑在不影响正常作业情况下可拆卸检修。

3）储罐增压撬：不连续操作，正常工况下为免维修设备，不考虑备用。

4）主汽化器：主汽化器长时间连续运行会影响加热效果，设置备用设备，按一定时间切换使用。

5）水浴式电加热器：水浴式电加热器一般不连续操作，不考虑备用。

4. 自控

（1）设计内容　站控系统、可燃气体报警系统、低温检测系统设计，现场仪表的选型及安装设计。

撬装设备由厂家成套供货，为站控系统提供第三方接入接口，要求如下。

1）I/O 点。

① DI 信号：无源开关量触点，24VDC、5A；

② AI 信号：4～20mA 模拟量输入；

③ DO 信号：继电器隔离输出；

④ AO 信号：4～20mA 模拟量输出。

2）RS－485/MODBUS 通信接口，即 RS－485 通信端口，支持标准 MODBUS 通信协议。

（2）控制方案

1）系统组成。自动化监控系统主要由站控计算机、站控 PLC 控制柜、可燃气体报警控制系统、低温检测系统等组成，系统主要设备配置如下。

① 站控计算机：工业计算机 1 台；

② 组态软件：1 套；

③ PLC 控制器：模块化组成，包括底板、电源、通讯、CPU、I/O；

④ 可燃气体报警控制系统：由可燃气体探测器和可燃气体报警控制器组成；

⑤ 低温检测系统：由低温探测器和 PLC 控制器组成；

⑥ 安全隔离栅和浪涌保护器：数量根据 I/O 点确定；

⑦ 通信及网络通信系统、仪器仪表及第三方通信系统；

⑧ 电缆及镀锌钢管、防爆施工材料及辅材。

2）系统主要功能。

① 生产实时监控：主要包括监控工艺流程及单台设备运行情况等；

② 生产异常报警：实时监控各生产环节停机情况、运行参数、可燃气体报警信号等，发现异常后及

时报警。对出现的报警存入数据库，用户可查询历史报警数据；

③ 历史数据查询：对实时监控数据做历史保存，用户可查询选定参数、选定时间段内的历史数据。

④ 报表生成与打印：对用户关心的、需要打印的监控数据生成对应的报表，同时提供打印功能；

⑤ 远程控制：实时监控采集可燃气体报警信号，一旦产生报警，提示远程监控用户是否进行紧急停车操作；

⑥ 数据交互：将上层管理软件需要的设备运行数据写入指定的数据源，给管理软件提供生产、销售分析的基础数据。

3）控制点要求见表11-48。

表11-48　汽化站主要检测及控制点

序号	位号	用途	现场显示	控制室 PLC							备注
				指示	累积	记录	报警	控制	联锁	PLC 供电	
1	LIAS-101	储罐液位指示报警联锁	√	√			√		√	√	
2	PIA-201	储罐压力指示报警	√	√			√			√	
3	PI-001	消防试水管压力指示	√	√						√	
4	FI-001	消防试水流量指示	√	√						√	外供24V DC
5	LIA-001	消防水池液位显示报警	√	√			√			√	
6	TIAS-101	LNG汽化器出口温度指示报警联锁	√	√			√		√	√	
7	TIAS-201	罐区低温泄漏检测指示报警联锁	√	√			√		√	√	
8	TIA-202	汽化区低温泄漏检测指示报警	√	√			√			√	
9	TIA-203	卸车区低温泄漏检测指示报警	√	√			√			√	
10	KV-101	储罐进液口切断阀控制						√			
11	ZSO-101	储罐进液口切断阀开到位		√							
12	ZSC-101	储罐进液口切断阀关到位		√							
13	KV-102	储罐出液口切断阀控制						√			
14	ZSO-102	储罐出液口切断阀开到位		√							
15	ZSC-102	储罐出液口切断阀关到位		√							
16	KV-103	储罐增压撬出口切断阀控制						√			
17	ZSO-103	储罐增压撬出口切断阀开到位		√							
18	ZSC-103	储罐增压撬出口切断阀关到位		√							
19	KV-104	1#汽化器进口切断阀控制						√			
20	ZSO-104	1#汽化器进口切断阀开到位		√							
21	ZSC-104	1#汽化器进口切断阀关到位		√							
22	KV-105	2#汽化器进口切断阀控制						√			
23	ZSO-105	2#汽化器进口切断阀开到位		√							
24	ZSC-105	2#汽化器进口切断阀关到位		√							
25	HC-01	流量联锁						√			去加臭控制器
26	FT-301	调压计量撬出口流量	√	√						√	
27	TT-301	电加热复热器出口温度	√	√						√	

4）可燃气体报警控制系统。由可燃气体探测器、可燃气体报警控制器等组成，完成对各个区域的可燃气体泄漏量的动态监测、区域和声光报警、报警和联锁控制信号输出等功能。通过 RS－485/MODBUS 通信接口与站控 PLC 控制器通信。

可燃气体报警控制器布置于有人值守的控制室。可燃气体的一级报警设定值小于或等于 20% 爆炸下限。二级报警设定值小于或等于 50% 爆炸下限。

5）低温检测。在储罐区、汽化区、卸车区设置低温探测器，信号上传至站控 PLC 控制柜集中声光报警，完成对储罐区、汽化区、卸车区等有可能发生液化天然气泄漏区域的泄漏检测及相应的报警联锁动作。

6）紧急停车。在储罐区、卸车区及控制室设置紧急停车按钮，当操作或值班人员在操作、巡检、值班时发现系统偏离设定的运行条件，如系统超压、液位超限、温度过高及出现天然气泄漏，能自动或手动在设备现场或控制室远距离快速停车，快速切断危险源，使系统停运在安全位置上。

5. 公用工程和辅助设施

（1）电气

1）电源 0.4kV 双回路供电，分别由企业原有变配电系统低压侧和发电机配电系统经电缆穿管埋地引入站内配电室。

站内设置 1 套 3kVA 的 UPS 不间断电源（备用时间不小于 30min）为信息系统、自控系统、火灾报警系统及视频监控系统提供不间断供电。

备用电源设有自动和手动启动装置。正常工作电源和备用电源间设置双电源转换开关，当正常工作电源发生故障或停电时，备用电源应能自启动，并在 15s 内供电；当正常工作电源恢复时，自动切换恢复到工作电源。

2）用电负荷。生产工艺设备、消防系统及应急照明系统用电按二级负荷考虑，其余用电按三级负荷考虑。项目总计算负荷为 37.12kW，年耗电量约为 16.02 万 kW · h。消防泵与工作负荷不考虑同时运行。

3）配电系统，辅助用房配电室设置工作电源配电箱 AP1、备用电源配电箱 AP2、动力配电箱 AP3 各一台。在消防泵房设置消防设备双电源柜、消防泵控制柜、消防巡检柜各一台。由动力配电箱 AP3 向站内各主要用电负荷进行放射式配电。消防设备双电源柜、消防电动阀控制箱及双电源应急照明配电箱由工作电源配电箱 AP1 及备用电源配电箱 AP2 专用回路直接配电。

控制室内设置一套消防设备电源监控系统，用于监控火灾自动报警系统、消火栓系统、应急照明系统等消防设备电源的工作状态。

消防泵采用星三角降压启动方式，其他电动机负荷较小均采用直接启动。

4）配电线路。

①电缆截面按照经济电流密度计算确定；

② 电源电缆采用 0.4kV 电缆埋地引入站内配电室。配电线缆由动力配电箱至其他动力柜（箱）、设备均采用阻燃型交联聚乙烯绝缘铠装电缆直埋敷设；

③ 消防用电设备采用耐火型交联聚乙烯铠装电缆直埋敷设；

④ 道路照明电源线路均采用阻燃型交联聚乙烯铠装电缆直埋敷设；

⑤ 直埋电缆埋至冻土层以下且不小于－0.8m，电缆穿越道路、穿墙、出地面穿钢管保护；爆炸危险区域用电设备电缆接线采用防爆挠性管保护；

⑥ 敷设电气线路的套管所穿过的不同区域之间墙或楼板处的孔洞采用非燃性材料严密堵塞。

5）照明。

① 灯具选择。控制室及配电室采用双管高效节能 LED 灯具，吸顶安装，多联控制；工具间采用单管高效节能防水防尘 LED 灯具，吸顶安装，多联控制；消防泵房采用高效节能防水防尘 LED 灯具，吸顶安装，单联/双联控制。

② 事故照明。控制室、配电室及消防泵房设置一定数量的事故照明灯具。事故照明灯具自带蓄电池，事故照明持续供电时间不小于 90min。控制室、配电室及消防泵房在事故照明状态下保持正常照度。

③ 室外照明。爆炸危险区域的厂区道路照明设置防爆型 LED 灯具，防爆等级：ExdIIBT4，保护级别：Gb，防护等级：IP65；非爆炸危险区域的生活区道路照明采用防水防尘型 LED 灯具，防护等级：IP65。路灯采用道路单侧布置方式、220V、配电室集中控制。

6）防爆等级及防爆电器。

① 爆炸危险区域划分，如图 11-31 所示。

a. 下列部位划为防爆 2 区：LNG 储罐的外壁至围堰，高度为堤顶高度；汽化器、调压计量撬、卸车撬、储罐增压撬外壁 4.5m，高出顶部 7.5m，地坪以上的范围；距卸车口 4.5m 以内并延至地面的空间区域；以放散管管口为中心，半径为 4.5m 的球形空间。

b. 下列部位划为防爆 1 区：以卸车口为中心，半径 1.5m 以内的空间；爆炸危险区域内的地坪下坑、沟。

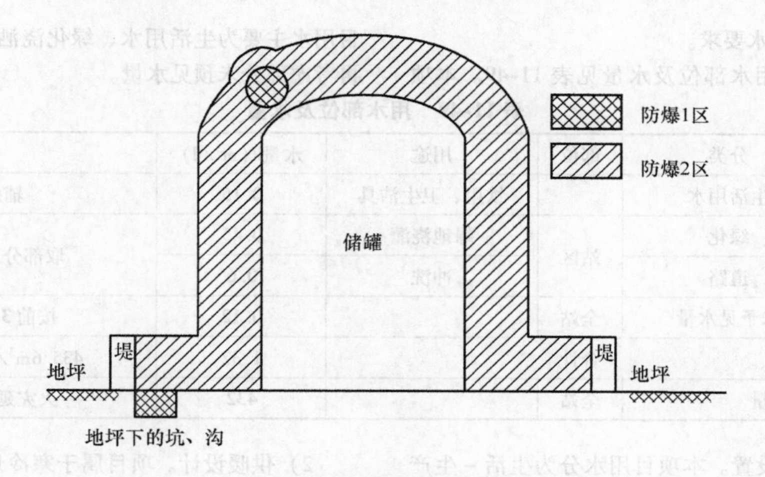

图11-31　LNG储罐爆炸危险区域划分

② 防爆等级。天然气爆炸性级别为IIA，组别为T1。爆炸危险区用电设备防爆等级为Ex dIIBT4，室外各类用电设备的防护等级为IP65。

7）防雷、防静电。

① 防雷措施。

a. 储罐壁厚大于4mm，利用设备本体兼做接闪器，不专设接闪杆。放散管壁厚大于4mm，且安装有防爆阻火器，利用钢制放散管管口作为接闪器，不单独设置接闪杆。汽化器、调压计量撬、卸车撬、储罐增压撬高度相对较低，均在LNG储罐接闪器保护范围之内。设备本体与汽化区接地网不少于两点连接。

b. 防雷电感应：所有金属设备、管道、管架、电缆金属外皮等金属物均与接地装置可靠连接。

c. 防雷电波侵入：低压电缆埋地敷设，电缆金属外皮均接到接地装置上，管道分支处、直行管道每隔20m接地一次。

d. 防雷击电磁脉冲：信息系统的配电线路首、末端与电子器件连接时，装设与电子器件耐压水平相适应的电涌保护器。低压进线柜内设置电涌保护器，低压线路进入用电设备的控制柜处加装电涌保护器。辅助用房电源进线处设置等电位端子箱，实现室内等电位联结；站内各接地系统均采用热镀锌扁钢连接，形成全场等电位。

② 防静电措施：管道在进出装置区处、分岔处及爆炸危险场所分界处进行接地，管道每隔20m接地一次，金属固定管道、钢支架等进行等电位接地。

卸车撬旁防爆1区以外设置防静电接地装置，槽车卸气前利用防静电接地夹将槽车与全场接地网可靠连接，形成等电位连接；汽化区、围堰入口处和卸车撬旁设置人体静电释放仪，防止工作人员带静电操作。阀门、法兰加跨接线。

8）主要电气设备选择。

① 动力配电柜、照明箱。动力配电箱采用XL型，挂墙安装，中心距地1.5m；照明箱采用PZ-30型，嵌墙安装。

② 消防泵。采用星三角降压启动方式，消防控制系统由设备厂家成套提供，防护等级IP55。

(2) 通信　站内设有电话及网络业务、视频监控系统、火灾自动报警系统。

在控制室安装电话出线盒，行政电话和生产调度电话共用一套系统。在控制室设宽带局域网口，实现站内数据传输。外线接入当地通信网络，实现本站的对外数据传输。

设视频监控系统1套，视频监控主机设置于控制室内，以站内主要设备实时监控为原则，选用5台高清网络红外枪式摄像机及硬盘录像机等设备，监视整个站区，并保留录像数据，以备查询。本系统能实现现场无人值守，对生产区进行24h实时监控。系统预留通信接口，可将生产区视频信号上传至上层管理中心。高清络红外枪式摄像机外壳防护等级为IP66。

在控制室设置火灾报警控制器。在辅助用房内设置火灾探测器（感烟）、声光报警器及手动报警按钮。在卸车口、汽化区和储罐区设置防爆型火焰探测器、防爆型手动火灾报警按钮及防爆型声光报警器。当所辖区域内发生火灾时，探测器或手动报警按钮将火警信号报警至控制室内的火灾报警控制器，以便采取措施及时扑救。

(3) 给水、排水

1）给水水源。给水设计压力为0.25MPa，接自站外已有给水管，接口管径为DN100，经计量后进入站区，满足站区用水要求。

2）用水量。用水部位及水量见表 11-49。本项目用水主要为生活用水、绿化浇洒用水和消防用水，再考虑部分未预见水量。

表 11-49 用水部位及水量

项目	分类	部位	用途	水量/(m^3/d)	备注
日常用水	生活用水		饮用、卫生洁具	0.15	辅助用房
	绿化	站区	绿地浇灌	0.45	取部分面积 $300m^2$
	道路		冲洗	0.6	
	未予见水量	全站		0.12	按前3项的10%
		合计		1.32	435.6m^3/a（330d 计）
消防水量		全站		432	火灾延续时间3h

3）给水系统设置。本项目用水分为生活－生产给水系统和临时高压消防给水系统。

① 生活－生产给水系统。项目依托站外已有生活设施，站内无生活给水系统；消防补水及其他用水由站外已有给水管直接供给，满足站内用水要求。

② 临时高压消防给水系统。站区设室外消防给水系统，包括室外消火栓和喷淋给水系统。事故状态下通过水泵将消防水输送至消防管网，消防管网采用临时高压消防系统，消火栓和喷淋合用一套给水系统。

4）排水方案。排水体制采用雨污分流制。站内雨水优先通过下凹式绿地下渗回用，多余部分顺坡自流外排。防火堤内设集液池，集液池内设防爆型潜水泵，雨水经过潜水泵排出围堰，事故状态下，切断潜水泵。消防水池溢流水接至站外已有污水管；工艺生产过程中不产生污水。室外排水管采用 HDPE 双壁波纹管，承插连接，橡胶圈接口。

（4）暖通空调

1）设计参数。

① 室内空气设计参数

a. 供暖室内计算温度：控制室、消防水泵控制室：20℃ ±2℃；消防泵房：5℃。

b. 空调室内计算温度：控制室、消防水泵控制室：26℃ ±2℃。

② 冷、热负荷指标参数。冷负荷指标：120W/m^2；热负荷指标：100W/m^2。

③ 热负荷见表 11-50。

表 11-50 热负荷

序号	工程名称	生活设施用热		
		热负荷/kW	温度/℃	备注
1	控制室	2.0	—	分体空调
2	消防泵控制室	1.3	—	
3	消防泵房	5.0	—	电暖器

2）供暖设计。项目属于寒冷地区，供暖面积较小且附近无热源可供利用，控制室、消防泵控制室设计采用热泵分体式空调来满足冬季极端温度下的供暖需求。消防泵房采用防水型电暖器满足冬季供暖要求，电气专业预留空调及电暖器插座。

3）通风设计。配电间采用边墙型排风机进行机械排风，通过门窗自然补风，换气次数为 10 次/h；消防泵房采用边墙型排风机进行机械排风，通过门窗自然补风，换气次数为 8 次/h；其他房间采用门窗自然通风。

4）空调设计。控制室、消防泵控制室设计分体式空调来进行夏季降温。分体空调根据空调房间面积及冷负荷情况，采用分体式柜机或分体式挂机。

（5）土建

1）建筑地面。配电室、控制室地面采用防静电细石混凝土地面，控制室采用架空防静电活动地板。其他房间采用水泥地面。

2）建、构筑物结构类型。

① 消防泵房：一层，现浇钢筋混凝土框架，筏板基础，地面下墙为钢筋混凝土墙，地面上填充墙采用非承重空心砖。抗震等级四级。

② 消防水池：埋地钢筋混凝土水池，钢筋混凝土结构。

③ 汽化区设备础：钢筋混凝土设备基础。

④ 储罐区：防火堤及储罐基础采用现浇钢筋混凝土结构。

（6）消防设计

1）消防给水系统。

① 系统组成。消防给水系统由消防水池、消防水泵、稳压泵组、消防给水管网、地下式室外消火栓、储罐喷淋装置组成。

② 消防水量确定。消防用水量按按罐区一次灭火用水量计算，包括储罐固定喷淋用水和水枪用水。喷淋

装置的供水强度不应小于 0.15L/(s·m²)，水枪用水量为 20L/s，火灾延续时间按 3h 计算（表 11-51）。

表 11-51　消防用水量

项目	储罐类别	供水强度/[L/(s·m²)]	保护面积/m²	冷却用量/(L/s)	冷却时间/h	消防冷却总需水量/m³
固定式	着火罐	0.15	133.3	20	3	216
移动式	—	—	20	3	216
合计						432

③ 系统设计。站区设室外消防给水系统。室外消防给水包括室外消火栓和喷淋给水系统。消防管网采用临时高压消防给水系统，消火栓和喷淋合用一套给水系统，由于消防用水量大，压力高，因此需设置专用消防水池和消防水泵。

消防水池有效容积为 453.6m³，设计为一座，平面尺寸 18m×8.4m，有效水深 3.0m。消防水池进水管管径 DN100，补水时间小于 48h。

该临时高压消防给水系统总供水量 $Q=40L/s$，供水压力 $H=0.5MPa$，选用立式长轴消防泵两台（一用一备）：$Q=40L/s$，$H=52m$，$P=37kW$；消防稳压设备一套，其稳压泵：$Q=1.11L/s$，$H=76m$，$P=2.2kW$ 两台（一用一备）；稳压罐：SQL1200x1.0 有效容积 450L。消防水泵在接到报警后 2min 以内可投入运行。

室外设 SA100/65－1.0 型地下式消火栓和室外消火栓箱；消火栓箱内设水枪、水龙带，生产辅助区和生活区的消火栓保护半径按 120m 确定，汽化区、罐区四周的消火栓保护半径按 60m 确定。

站区消防给水管道按环状布置，环状管道的进水管，不少于两条；环状管道用阀门分成若干独立管段。消防给水干管采用 DN200 焊接钢管，焊接连接。管道基础采用 3∶7 灰土垫层，管道外采用复合聚乙烯胶粘带防腐层。

2）灭火器配置（表 11-52）。在可能发生火灾的各类场所、工艺装置、主要建筑物、仪表及电器设备间等，根据其火灾危险性、区域大小，分别设置一定数量的移动式灭火器，以便及时扑救初始零星火灾。

表 11-52　灭火器配置

配置灭火器区域	灭火器配置规格及数量/具					
	手提式二氧化碳灭火器		手提式ABC 类干粉灭火器		推车式ABC 类干粉灭火器	
	规格/kg	数量	规格/kg	数量	规格/kg	数量
辅助用房	7	2	5	2	—	—
LNG 槽车停车位	—	—	8	2	—	—
储罐区及汽化区	—	—	8	4	35	2